河合塾
SERIES

2025 大学入学

共通テスト
過去問レビュー

数 学 I,A,II,B,C

河合出版

はじめに

　大学入学共通テスト（以下、共通テスト）が、2024年1月13日・14日に実施されました。

　その出題内容は、大学入試センターから提示されていた、問題作成の基本的な考え方、各教科・科目の出題方針に概ね則したもので、昨年からの大きな変化はありませんでした。

　共通テストでは、大学入試センター試験（以下、センター試験）に比べて、身につけた知識や解法を様々な場面で活用できるか — 思考力や判断力を用いて解けるか — を問われる傾向が強くなっています。また、読み取る資料の分量は多く、試験時間をより意識して取り組む必要もあります。

　こうした出題方針は、新課程になっても引き継がれていくことでしょう。

　一方で、センター試験での出題形式を踏襲した問題も見られました。

　センター試験自体、年々「思考力・判断力・表現力」を求める問題が少しずつ増えていき、それが共通テストに引き継がれたのは、とても自然なことでした。

　センター試験の過去問を練習することは、共通テスト対策にもつながります。

　本書に収録された問題とその解説を十分に活用してください。みなさんの共通テスト対策が充実したものになることを願っています。

本書の構成・もくじ

▶解答・解説編◀

2025年度　実施日程、教科等

9月上旬	受験案内を配付

⇩

9月下旬～10月上旬	出願受付・成績通知希望受付

⇩

12月上旬～12月中旬	受験票等を送付

⇩

2025年 1月18日㈯、19日㈰	共通テスト（本試験）実施

共通テストの正解等を発表

⇩

国公立大学出願受付

「実施日程」は、本書発行時には未発表であるため2024年度の日程に基づいて作成してあります。また、「2025年度出題教科・科目等」の内容についても2024年3月1日現在大学入試センターが発表している内容に基づいて作成してあります。2025年度の詳しい内容は大学入試センターホームページや2025年度「受験案内」で確認してください。

2025年度出題教科・科目等

　大学入学共通テストを利用する大学は、大学入学共通テストの出題教科・科目の中から、入学志願者に解答させる教科・科目及びその利用方法を定めています。入学志願者は、各大学の学生募集要項等により、出題教科・科目を確認の上、大学入学共通テストを受験することになります。

　2025年度大学入学共通テストにおいては、次表にあるように7教科21科目が出題されます。教科・科目によっては、旧教育課程履修者等に対する経過措置があります。

教科	グループ・科目	時間・配点	出 題 方 法 等
国語	『国語』	90分 200点	「現代の国語」及び「言語文化」を出題範囲とし、近代以降の文章及び古典（古文、漢文）を出題する。 『国語』の分野別の大問数及び配点は、近代以降の文章が3問110点、古典（古文・漢文各45点）とする。
地理歴史 公民	『地理総合，地理探究』 『歴史総合，日本史探究』 『歴史総合，世界史探究』→(b) 『公共，倫理』 『公共，政治・経済』 『地理総合/歴史総合/公共』→(a) (a)：必履修科目を組み合わせた出題科目 (b)：必履修科目と選択科目を組み合わせた出題科目 6科目のうちから最大2科目を選択・解答。 受験する科目数は出願時に申し出ること。	1科目選択 60分 100点 2科目選択 130分 （うち解答時間120分） 200点	『地理総合/歴史総合/公共』は、「地理総合」、「歴史総合」及び「公共」の3つを出題範囲とし、そのうち2つを選択解答（配点は各50点）。 2科目を選択する場合、以下の組合せを選択することはできない。 (b)のうちから2科目を選択する場合は、『公共，倫理』と『公共，政治・経済』の組合せを選択することはできない。 (b)のうちから1科目及び(a)を選択する場合は、(b)については、(a)で選択解答するものと同一名称を含む科目を選択することはできない。 地理歴史及び公民で2科目を選択する受験者が、(b)のうちから1科目及び(a)を選択する場合において、選択可能な組合せは以下のとおり。 ・『地理総合，地理探究』を選択する場合、(a)では「歴史総合」及び「公共」の組合せ ・『歴史総合，日本史探究』又は『歴史総合，世界史探究』を選択する場合、(a)では「地理総合」及び「公共」の組合せ ・『公共，倫理』又は『公共，政治・経済』を選択する場合、(a)では「地理総合」及び「歴史総合」の組合せ
数学	数学① 『数学Ⅰ，数学A』 『数学Ⅰ』 2科目のうちから1科目を選択・解答。	70分 100点	「数学A」については、図形の性質、場合の数と確率の2項目に対応した出題とし、全てを解答する。
	数学② 『数学Ⅱ，数学B，数学C』	70分 100点	「数学B」及び「数学C」については、数列（数学B）、統計的な推測（数学B）、ベクトル（数学C）及び平面上の曲線と複素数平面（数学C）の4項目に対応した出題とし、4項目のうち3項目の内容の問題を選択解答する。
理科	『物理基礎／化学基礎／生物基礎／地学基礎』 5科目のうちから最大2科目を選択・解答。 受験する科目数は出願時に申し出ること。 『物理』 『化学』 『生物』 『地学』	1科目選択 60分 100点 2科目選択 130分（うち解答時間120分） 200点	『物理基礎／化学基礎／生物基礎／地学基礎』は、「物理基礎」、「化学基礎」、「生物基礎」及び「地学基礎」の4つを出題範囲とし、そのうち2つを選択解答する（配点は各50点）。
外国語	『英語』『ドイツ語』 『フランス語』『中国語』 『韓国語』 5科目のうちから1科目を選択・解答。 科目選択に当たり、『ドイツ語』、『フランス語』、『中国語』及び『韓国語』の問題冊子の配付を希望する場合は、出願時に申し出ること。	『英語』 【リーディング】 80分 100点 【リスニング】 60分（うち解答時間30分） 100点 『ドイツ語』 『フランス語』 『中国語』 『韓国語』 【筆記】 80分 200点	『英語』は、「英語コミュニケーションⅠ」、「英語コミュニケーションⅡ」及び「論理・表現Ⅰ」を出題範囲とし、【リーディング】及び【リスニング】を出題する。受験者は、原則としてその両方を受験する。その他の科目については、『英語』に準じる出題範囲とし、【筆記】を出題する。 【リスニング】は、音声問題を用い30分間で解答を行うが、解答開始前に受験者に配付したICプレーヤーの作動確認・音量調節を受験者本人が行うために必要な時間を加えた時間を試験時間とする。なお、『英語』以外の外国語を受験した場合、【リスニング】を受験することはできない。
情報	『情報Ⅰ』	60分 100点	

1. 『　』は大学入学共通テストにおける出題科目を表し、「　」は高等学校学習指導要領上設定されている科目を表す。
　また、『地理総合／歴史総合／公共』や『物理基礎／化学基礎／生物基礎／地学基礎』にある"／"は、一つの出題科目の中で複数の出題範囲を選択解答することを表す。
2. 地理歴史及び公民並びに理科の試験時間において2科目を選択する場合は、解答順に第1解答科目及び第2解答科目に区分し各60分間で解答を行うが、第1解答科目及び第2解答科目の間に答案回収等を行うために必要な時間を加えた時間を試験時間とする。

2024〜2020年度結果概要

本試験科目別平均点の推移 （注）2021年度は第1日程のデータを掲載

科目名(配点)	2024年度	2023年度	2022年度	2021年度	2020年度
国語(200)	116.50	105.74	110.26	117.51	119.33
世界史A(100)	42.16	36.32	48.10	46.14	51.16
世界史B(100)	60.28	58.43	65.83	63.49	62.97
日本史A(100)	42.04	45.38	40.97	49.57	44.59
日本史B(100)	56.27	59.75	52.81	64.26	65.45
地理A(100)	55.75	55.19	51.62	59.98	54.51
地理B(100)	65.74	60.46	58.99	60.06	66.35
現代社会(100)	55.94	59.46	60.84	58.40	57.30
倫理(100)	56.44	59.02	63.29	71.96	65.37
政治・経済(100)	44.35	50.96	56.77	57.03	53.75
倫理, 政治・経済(100)	61.26	60.59	69.73	69.26	66.51
数学Ⅰ(100)	34.62	37.84	21.89	39.11	35.93
数学Ⅰ・数学A(100)	51.38	55.65	37.96	57.68	51.88
数学Ⅱ(100)	35.43	37.65	34.41	39.51	28.38
数学Ⅱ・数学B(100)	57.74	61.48	43.06	59.93	49.03
物理基礎(50)	28.72	28.19	30.40	37.55	33.29
化学基礎(50)	27.31	29.42	27.73	24.65	28.20
生物基礎(50)	31.57	24.66	23.90	29.17	32.10
地学基礎(50)	35.56	35.03	35.47	33.52	27.03
物理(100)	62.97	63.39	60.72	62.36	60.68
化学(100)	54.77	54.01	47.63	57.59	54.79
生物(100)	54.82	48.46	48.81	72.64	57.56
地学(100)	56.62	49.85	52.72	46.65	39.51
英語[リーディング](100)	51.54	53.81	61.80	58.80	−
英語[筆記](200)	−	−	−	−	116.31
英語[リスニング](100)	67.24	62.35	59.45	56.16	−
英語[リスニング](50)	−	−	−	−	28.78

※2023年度及び2021年度は得点調整後の数値

本試験科目別受験者数の推移　　（注）2021年度は第1日程のデータを掲載

科目名	2024年度	2023年度	2022年度	2021年度	2020年度
国語	433,173	445,358	460,966	457,304	498,200
世界史A	1,214	1,271	1,408	1,544	1,765
世界史B	75,866	78,185	82,985	85,689	91,609
日本史A	2,452	2,411	2,173	2,363	2,429
日本史B	131,309	137,017	147,300	143,363	160,425
地理A	2,070	2,062	2,187	1,952	2,240
地理B	136,948	139,012	141,375	138,615	143,036
現代社会	71,988	64,676	63,604	68,983	73,276
倫理	18,199	19,878	21,843	19,954	21,202
政治・経済	39,482	44,707	45,722	45,324	50,398
倫理，政治・経済	43,839	45,578	43,831	42,948	48,341
数学Ⅰ	5,346	5,153	5,258	5,750	5,584
数学Ⅰ・数学A	339,152	346,628	357,357	356,492	382,151
数学Ⅱ	4,499	4,845	4,960	5,198	5,094
数学Ⅱ・数学B	312,255	316,728	321,691	319,696	339,925
物理基礎	17,949	17,978	19,395	19,094	20,437
化学基礎	92,894	95,515	100,461	103,073	110,955
生物基礎	115,318	119,730	125,498	127,924	137,469
地学基礎	43,372	43,070	43,943	44,319	48,758
物理	142,525	144,914	148,585	146,041	153,140
化学	180,779	182,224	184,028	182,359	193,476
生物	56,596	57,895	58,676	57,878	64,623
地学	1,792	1,659	1,350	1,356	1,684
英語[リーディング]	449,328	463,985	480,762	476,173	518,401
英語[リスニング]	447,519	461,993	479,039	474,483	512,007

志願者・受験者の推移

区分		2024年度	2023年度	2022年度	2021年度	2020年度
志願者数		491,914	512,581	530,367	535,245	557,699
内訳	高等学校等卒業見込者	419,534	436,873	449,369	449,795	452,235
	高等学校卒業者	68,220	71,642	76,785	81,007	100,376
	その他	4,160	4,066	4,213	4,443	5,088
受験者数		457,608	474,051	488,383	484,113	527,072
内訳	本試験のみ	456,173	470,580	486,847	(注1)482,623	526,833
	追試験のみ	1,085	2,737	915	(注2) 1,021	171
	本試験＋追試験	344	707	438	(注2) 407	59
欠席者数		34,306	38,530	41,984	51,132	30,627

（注1）2021年度の本試験は、第1日程及び第2日程の合計人数を掲載

（注2）2021年度の追試験は、第2日程の人数を掲載

出題分野一覧

＜数学Ⅰ・Ａ＞

	旧課程科目	'14本試	'14追試	'15本試	'15追試	'16本試	'16追試	'17本試	'17追試	'18本試	'18追試	'19本試	'19追試	'20本試	'20追試	'21第1	'21第2	'22本試	'22追試	'23本試	'23追試	'24本試
（数学Ⅰ）数と式																						
１次不等式	Ⅰ					○	○		○			○	○	●		○		○		○		
解の公式	ⅠⅠ		○	●					●			○	○	○		○		○			●	
展開・因数分解	ⅠⅠ	○	○	●	○	○	○	○		○	○		○		○	○		○		○		
実数	ⅠⅠ		●		○	○					○											○
整数	★		●	○	○							○			○	○						○
集合と命題	Ａ	○	○		○	○	○	○	○		○		○	○	○	○		○		○		○
（数学Ⅰ）２次関数																						
２次関数のグラフ	Ⅰ	○	○	○	○	○	○	○	○	○	○	○	○	●	○	●		○	○	○	○	
最大・最小	Ⅰ	○	○	○	○	○	○	○	○	○	○	○	○	●	○	●		○	○	○	○	
２次方程式・不等式	Ⅰ	○	○	○	○	○	○	○	○	○	○	○	○	●	○	●		○	●	○	○	
（数学Ⅰ）図形と計量																						
相互関係・三角比	Ⅰ	○	●	○	○	○	○	○	○	○	○	○	○	○	○	○		○	○	○	○	○
正弦定理・余弦定理	ⅠⅠ	○	●	○	○	○	○	○	○	○	○	○	○	●	○	○		○	○	○	○	○
面積（比）計算	Ⅰ	○	●	○	○	○		○	○	○		○		●	○	○		○	○	○	○	○
図形の計量	Ⅰ		●		●							○		●								
（数学Ⅰ）データの分析（＊注）																						
平均，分散，標準偏差	Ｂ	●	○			○	○	○		○		○		○	○	○		○				
四分位数，箱ひげ図	－			○	○	○		○		○		○			○			○		○		
共分散，相関係数	Ｂ	●	○			○		○		○		○		○	○	○				○		
散布図，ヒストグラムなど	Ｂ	●	○		○	○		○		○		○		○	○	○		○		●		
（数学Ａ）場合の数と確率																						
順列	Ａ	○						○						○								
組合せ	Ａ	●												○								
確率	Ａ	●				○		○		○		○		○		○		○		○		○
独立試行（反復試行）	Ａ		○			○						○		○				○		○		
条件付き確率	Ｃ									○		○		○						○		○
（数学Ａ）整数の性質（新課程）																						
約数・倍数	－			○	○			○		○		○		○						○		
余りによる分類	－			○		○				○		○										
不定方程式	－			○	○			○		○		○	○	○						○		
位取り記数法	－											○										
（数学Ａ）図形の性質																						
相似・合同・比	Ａ			○	○			○	○	○		○		○	○	○		○		○		
三角形の五心	Ａ	○	○		○			○	○			○		○		○				○		
円の性質	Ａ	○	○	○	○	○	○	○	○	○		○		○	○	○		○		○		
基本的な定理	Ａ	○	○	○	○	○	○	○	○	○		○		○	○	○		○		○		

★旧課程では，「整数の性質」は教科書の学習内容としては位置づけられていなかったが，「方程式と不等式」の応用として出題されていた。また，新課程においても，中学校レベルの整数の知識は数学Ⅰの問題で扱われている。

●は「数学Ⅰ」専用問題のみで扱われた部分。

（＊注）旧課程初年度の2006年度から2014年度ではデータの分析と内容的に重なりの大きい「統計とコンピュータ」が『数学Ⅱ・数学Ｂ』に出題されていた。

＜数学Ⅱ・B＞

	旧課程科目	'14 本試	'14 追試	'15 本試	'15 追試	'16 本試	'16 追試	'17 本試	'17 追試	'18 本試	'18 追試	'19 本試	'19 追試	'20 本試	'20 追試	'21 第1	'21 第2	'22 本試	'22 追試	'23 本試	'23 追試	'24 本試
（数学Ⅱ）いろいろな式																						
整式の割り算	Ⅱ	●			●	●	●	●		●		●	●	●	●	●	●	●	●	●	●	
展開・二項定理	I/A							●		●		●	●									
分数式	Ⅱ									●			●									
恒等式	Ⅱ		●					●		●						●	●					
相加・相乗など	Ⅱ			◐	◐					●												
解と係数の関係	Ⅱ	●	●	●	●	●		●				●	●			●	●		●	●		
剰余定理・因数定理	Ⅱ	●	●	●	●	●	●		●	●	●	●	●	●	●	●		●	●			
高次方程式	Ⅱ			●	●	●								●		●						
（数学Ⅱ）図形と方程式																						
点・直線・距離	Ⅱ	●		●	●													●				
円，円と直線	Ⅱ	●	●	●	●			●		●		●	●	●	●	●	●	●		●		
放物線と直線	Ⅱ				●					●												
軌跡	Ⅱ			●												●						
不等式と領域	Ⅱ							●		●						●	●					
（数学Ⅱ）三角関数																						
加法定理・倍角公式	Ⅱ	●	◐	●		●						●								●	◐	●
三角関数の合成	Ⅱ	●	◐	●	●									●						●	◐	●
グラフ	Ⅱ			●	●															●		
融合問題	Ⅱ			◐			◐		●					●				◐		●		
（数学Ⅱ）指数・対数																						
指数・対数の計算	Ⅱ	●	◐	●	◐	●		●	●			●	●		●	●			●	●	●	
方程式・不等式	Ⅱ	●	◐	●	◐		◐						●		●	●				●	●	
桁数	Ⅱ																◐					
融合問題	Ⅱ								●											●		
（数学Ⅱ）微積分																						
極限値	Ⅱ																					
接線	Ⅱ	●		●		●		●		●		●		●		●		●		●		
極値・最大最小	Ⅱ	●		●		●		●		●		●		●		●		●		●		
方程式への応用	Ⅱ	●				●		●		●		●				●	●					
面積	Ⅱ	●	●	●	●	●	●	●	●	●	●	●	●	●		●	●	●		●		
積分（面積を除く）	Ⅱ		◐						●							●				●		
（数学B）数列																						
等差数列・等比数列	B	●		◐						◐		◐		●		●	●			◐		
階差数列	B									◐		◐		●			●					
いろいろな和	B	●		●		◐		●		●		●		●		●	●	●		●		
漸化式	B	●		●		●		●		●		●		●		●	●	●		●		
その他	B	●						●		◐		●		●		●	●					
（数学B）ベクトル																						
平面ベクトル	B		◐	●	●			●		●		●		◐		●		◐				
空間ベクトル	B	●				●				●		●		●		●	●			●		
（数学B）確率分布																						
確率変数の期待値，分散	C		◐	◐	◐	◐		◐		◐		◐		◐		●	●	◐		●	●	
二項分布，正規分布	C		◐	◐	◐	◐		◐		◐		◐		◐		●	●	◐		●	●	
推定	C			◐	◐			◐				◐		◐			●	◐		●	●	

●は「数学Ⅱ」専用問題のみで扱われた部分。

— 9 —

出題傾向と学習対策

出題傾向

〈数学Ⅰ・A〉

(1) 数と式

1次方程式・不等式，2次方程式・不等式，対称式の計算，無理数の計算，高次式の値，絶対値を含む方程式・不等式などについての出題が予想される。無理数の計算では，有理化や無理数の整数部分・小数部分などの出題も注意が必要。

集合と論理も重要である。ド・モルガンの法則，命題の反例，命題の逆・対偶などをはじめ，必要条件・十分条件を判断する問題も十分に演習を積んでおこう。また，他の分野との融合問題も出題されるので注意しておこう。

(2) 2次関数

2次関数のグラフの平行移動・対称移動，2次関数の決定問題，頂点の座標を求める問題をはじめ，最大値および最小値を放物線の軸の位置によって場合分けを行い求める問題や置き換えを行う問題をまず勉強しておこう。また，放物線と x 軸との位置関係を利用する2次方程式・不等式との融合問題にも注意が必要である。

そして，**日常の事象（速さ，利益など）を題材とした文章題や図形と計量の分野と融合した問題**を中心にしっかり演習しておこう。

(3) 図形と計量

三角比の相互関係，$180°-\theta$ の三角比，正弦定理，余弦定理，面積公式に加えて，中学校で学習した円の性質，平行線の性質，相似比と面積比・体積比の関係などを用いた**測量の出題**が考えられる。また，定理や性質などの証明の問題および角や辺の大小関係の問題，さらに，図形から最大・最小を読み取る問題も出題されるので演習が必要である。そして，2次関数との融合問題も気をつけておきたい。

(4) データの分析

平均値，分散，標準偏差，四分位数，相関係数などの統計量を求めることができるようにすること。新課程では，外れ値について勉強しておこう。ヒストグラム，箱ひげ図，散布図などの読み取りも重要である。さらに，変量の変換に関する問題も出題されているから，しっかり演習を積んでおこう。また，図から情報を引き出す練習も十分にしておきたい。

(5) 場合の数と確率

この分野は，問題文が長く，読み取るのに時間がかかる問題が多い。したがって，設定を読み間違えると正しい答えが得られないので，文章を正確に捉えられるように国語力の養成をしておくことも必要である。

また，文字の並べ方，サイコロ，カード・球の取り出し方，くじ引き，経路など，扱われるテーマは多岐にわたるので，幅広く練習しておこう。

さらに，確率の基本性質を使う問題や反復試行の確率はもちろんだが，条件付き確率や新課程では期待値について特に力を入れて学習しておこう。

(6) 整数の性質（旧課程）

まずは，不定方程式 $ax + by = c$ の解法を理解しよう。x, y の組を1つ求めるためにはユークリッドの互除法も有効である。

他に，倍数の判定法，最大公約数・最小公倍数，余りによる整数の分類，n 進法なども重要であり，難易度は高い。記述レベルの問題まで演習しておいた方がよい。

(7) 図形の性質

相似，三角形の重心・内心・外心，円の性質，角の二等分線の性質など基本的な内容を理解して使いこなせるようにしておきたい。特に，方べきの定理，チェバ・メネラウスの定理などを使う問題は十分に演習を積み重ねてもらいたい。また，定理や性質の証明および図形と計量の分野との融合や作図にも気をつけておこう。

〈数学Ⅱ・B〉

2021年度から従来のセンター試験に代わって共通テストが行われている。共通テストの試行調査や，これまでの共通テストを見る限りでは，共通テストにはセンター試験ではあまり見られなかったいくつかの特徴がある。

- ・数学の日常現象への応用。
- ・会話文の読み取り。
- ・問題文で2個の方針を提示して，いずれかの方針に沿って問題を解く。
- ・間違いの発見。
- ・選択肢を選ぶ問題の増加。

等である。これらによって，問題文が従来のセンター試験よりも長くなる傾向にあるため，短時間で正確に文章を読む訓練が必要となる。また，解法を丸暗記するだけでは通用しない論理的な思考力も従来以上に要求される。

以上のことも踏まえて，センター試験の過去問もしっかり研究しよう。

以下に過去のセンター試験の特徴を記す。

過去のセンター試験の特徴として，

 ① **60分の試験時間に対して問題量が多い**

 ② **ほとんど全分野から偏りなく出題される**

という2点が挙げられる。②の特徴のため，学習すべき範囲が多く，受験生にとって負担であり，①の特徴のため，数学を得意とする受験生でもこの科目が思わぬ落とし穴になる場合がある。また，

 ③ **出題が特定のテーマに集中しないように，出題が多様化している**

という特徴も目立ってきた。過去問では扱われていないようなテーマの問題にも注意を払う必要がある。分野ごとに過去の出題傾向と今後の出題予想，注意点を見ていこう。

(1)　**いろいろな式**

　　この単元は，過去の『数学Ⅱ・数学B』の試験においては単独では出題されてこ
なかった。今後もこの傾向は続くものと思われる。ただし，2008年度，2015年度，
2021年度の試験では，指数関数・対数関数との融合問題として，「相加平均と相乗
平均の大小関係」が出題されている。一通りのことを学習しておきたい。

(2)　**図形と方程式**

　　過去においては，微分法・積分法との融合問題が多かった。2013年度と2014年度，
2022年度の本試においては，第1問にこの単元単独の問題が出題されているので，
この分野の学習も怠らないようにすべきである。

(3)　**指数関数・対数関数**

　　指数・対数に関する基本的理解力を問う問題が過去の問題の主流であるが，2次
関数や数と式の知識を必要とする融合問題も出題されているので要注意である。

(4)　**三角関数**

　　加法定理，2倍角の公式，合成の公式などの種々の公式の運用力を問う典型問題
が出題の中心である。$\sin\alpha = \dfrac{1}{5}$ のように明示的に書き表せないような角を用い
た問題も出題されている。

(5)　**微分・積分の考え**

　　接線，微分して増減や極値を調べる問題をはじめとして，図形と方程式の内容に
絡めて面積を計算する問題などが出題されるだろう。この単元の問題は，これまで
30点の配点であったが，今後も出題の中心となる可能性が高いので，問題演習を積
み重ねてもらいたい。

(6)　**数列**

　　等差数列・等比数列の一般項や和，$\sum$ 記号による和の計算，階差数列，漸化式，
群数列，数学的帰納法など内容が多く，計算力が必要である。見かけが少々複雑で，
いくつかのテーマを融合した問題もよく出題されている。この分野は特に出題者の
意図する誘導にうまく乗ることが必要となる。

(7)　**ベクトル**

　　過去10年間，空間と平面の違いはあっても，内積を含むベクトルの計算が出題さ
れてきた。空間ベクトルが出題される場合は，平面と直線の垂直条件が出題される
こともある。また，空間座標の問題も出題されており，計算量が多い年もある。
　　共通テスト向けの問題集を解き，苦手意識を払拭しよう。

(8)　**確率分布と統計的な推測**

　　平均（期待値）と分散，二項分布，正規分布，推定など多様なテーマのある単元
である。数列やベクトルが苦手であるという理由でこの単元を選択するのはお勧め
できない。選択するのであれば，かなりの学習が必要である。

〈数学Ⅰ・A〉

① まずは，基本公式・定理を正しく使えるようにしよう。特に，正弦定理，余弦定理，方べきの定理，チェバ・メネラウスの定理などは素早く的確に使えるように十分な演習を積んでおきたい。

② 不得意分野については，設問全体の半分くらいでよいので，**得点しやすい部分をきちんと取る**ように努力しよう。この辺りの粘りが大きな差を生むことになる。

③ 得意分野については，正確に，しかも速く解けるように心がけよう。もちろん，**正確**であることの方が大切である。余力があれば，少し面倒な計算にも挑戦しよう。

④ 問題文の長さに慣れよう。読み取るのに時間がかかる反面，**問題文の中に多くのヒント**が隠されている（特に，会話には要注意）。図形問題や確率などでは文章が長いものが多いが，設問の流れを読み取り，出題者が意図した誘導に乗ることができれば，スムーズに解答することが可能である。ただ，配点の割には時間を消費してしまうような最後の設問部分には気をつけたい。場合によっては後回しにしてもよいだろう。

⑤ 上手に時間配分ができるようになろう。まず，**易しい問題**から手をつけたい。

⑥ 日常の事象を題材とした問題などは計算が煩雑なことが多いので，日頃から計算用紙の使い方，書き方を意識しながら**計算の工夫**をする練習をしておこう。

以下は問題における取り組み方について述べる。

場合分けを丁寧に

２次関数の最大・最小の問題や，確率の問題では，面倒がらずに場合分けをすれば解ける問題が多い。また，確率では，個数の少ない場合やある特定の場合を具体的に考えると，よいアイデアが浮かぶことが多い。

計算とグラフ・図・表の連携で解こう

計算式を連ねるだけでは，途中で行き詰まることが多い。といって，図だけでは正確な数値は求めにくい。両方の長所を使って，互いに補い合うような解き方を目指そう。時間的にとても忙しい試験であるから，正確さと速さの両方を追求するにはこれしかない。

２次関数でのグラフの利用，三角形・四角形・円などの図の利用，確率での表の利用などはとても有効である。

図を正確に描く練習をしておこう

数学Ⅰの「図形と計量」と数学Aの「図形の性質」では図形を正確に描かないと問題が解けないことがしばしばある。2018年度本試では線分の長さの大小から図形の形状を読み取る問題が２題も出題された。日頃から意識して正しい図を描く練習をしておこう。

定形部分は手早くこなそう

公式を当てはめるだけ，代入するだけ，係数を比較するだけのような，決まりきっ

た形の設問は時間をかけずにこなせるようになろう。そこで余裕を生じさせ，考えなければいけない部分にはじっくり時間をかけて取り組もう。易しい部分は速く，難しい部分はゆっくりというように強弱をつけ，より効率的に時間を活用できるようにしよう。

問題の流れをしっかりつかもう

(1)，(2)，(3)，…と順に積み上げていく問題では，たとえば，(5)が最後の設問だったとすると，(1)～(4)までの設問がヒントとなる場合が極めて多いので注意しよう。(2019年本試第4問整数の性質，2021年本試第1日程第5問図形の性質の問題を参照しておこう)

また，最後の設問がその前の設問までの解き方を模範にして初めから自分で解くスタイルのものも近年多いのでこのような問題の演習をしておきたい。

一方，(1)と(2)で設定が変わる問題もあるので注意しなければならない。このような問題では，(1)が解けなくても(2)が解けることもある。

文章題の問題をたくさん解いておこう

共通テストでは文章題の出題が多いのが特徴であるから，日頃から少しずつ解いておくことが大切である。

証明の練習もしておこう

図形の問題では証明が出題される可能性が高いので，少なくとも教科書に載っている証明は必ず手を動かして証明しておこう。

解答時間を変えてみよう

最初は時間を気にせず最後まで解くようにしよう。まずは，内容の理解が大切である。

また，制限時間内に解くためには，大問1題に15分強くらいしか割り当てることができない。ある程度の練習をこなした後は，きちんと時間を測って，短い時間の中ですべて解けるように頑張ってみよう。

いずれにしても，きちんと目標をもって問題演習をこなすことが，実力アップへの早道である。計画的に毎日コツコツと努力を重ねよう。

〈数学Ⅱ・B・C〉

(1) 分野に偏らない演習

『数学Ⅱ・数学B・数学C』の試験では，試験範囲のほとんど全分野から出題される。しかも，出題内容も多様化の傾向が見られるので，特定の分野やテーマに偏って(いわゆる「ヤマをかけて」)学習するのは避けるべきである。

教科書の章末問題を利用して，基本的な定理や公式を確認し整理した上で，分野ごとに問題を並べた問題集を利用するとよいだろう。典型問題を繰り返し解くことで，粘り強い計算力としっかりとした思考力を身につけることができるはずである。

(2) 実戦的な練習

70分で6題の問題を解かなければならない。問題の文章が長いものも多く，効率よく解かなければならない。共通テストで高得点を得るためには，分野ごとの演習に加えて共通テスト向けの問題を70分という時間の中で解答する訓練が必要である。なお，正解をマークするのにもある程度の時間はかかるので，演習の際は注意が必要である。

(3) 融合問題に慣れる

「出題傾向」でも述べたように，過去においては複数分野の融合問題が少なからず出題されている。数多くの問題を1つの問題に盛り込もうとした結果，このような出題形式になったとも考えられる。今後もこの傾向は続くだろう。

これは，分野ごとに学習を進めた場合，見落としがちな部分である。本書には様々な融合問題が含まれているので，本書の学習を終えた後に，再度融合問題だけを採り上げて研究してもよいだろう。

(4) 図形問題の練習

センター試験の成績を分析すると，図形的な判断力を要する設問で得点差が開いていることが多い。これは，図形と方程式やベクトルに限ったことではない。他の分野でも図形的要素を含む設問で同様の傾向が見られる。図形問題を苦手とする受験生は多いが，共通テストにおいても避けることのできない分野である。きちんと練習して対処の仕方を身につけてほしい。

数学Ⅰ，数学A
数学Ⅱ，数学B，数学C

2

数学 I ，数学 A

（全 問 必 答）

第 1 問 （配点 30）

〔1〕 2次方程式 $x^2 - 2\sqrt{13}x + 5 = 0$ の解のうちで，大きい方を α とするとき，

$$\alpha = \sqrt{\boxed{アイ}} + \boxed{ウ}\sqrt{\boxed{エ}}$$

であり，この α の値に対して，

$$\alpha^2 - 4\sqrt{2}\,\alpha = \boxed{オ}$$

$$\alpha^2 + \frac{25}{\alpha^2} = \boxed{カキ}$$

である。

また，α は $\boxed{ク}$ を満たす。

$\boxed{ク}$ の解答群

⓪ $\alpha < \sqrt{41}$	① $\sqrt{41} < \alpha < \sqrt{42}$	② $\sqrt{42} < \alpha$

（数学 I ，数学 A 第 1 問 は次ページに続く。）

[2]　実数 x, y に対する条件 p, q, r, s を次のように定める。

$p : x$ は有理数

$q : y$ は有理数

$r : x+y$ は有理数

$s : xy$ は有理数

（p かつ q）は（r かつ s）であるための $\boxed{\text{ケ}}$。

（$\bar{p}$ または q）は（r または s）であるための $\boxed{\text{コ}}$。

$\boxed{\text{ケ}}$，$\boxed{\text{コ}}$ の解答群（同じものを繰り返し選んでもよい。）

⓪　必要十分条件である

①　必要条件であるが，十分条件ではない

②　十分条件であるが，必要条件ではない

③　必要条件でも十分条件でもない

（数学Ⅰ，数学A　第1問 は次ページに続く。）

4

[3] BC $= a$, CA $= b$, AB $= c$ の △ABC があり，△ABC の外接円の半径を R とする。また，∠CAB $= A$，∠ABC $= B$，∠BCA $= C$ とする。

(1) 次の**問題 A** について考えよう。

問題 A 等式 $\sin A \cos B = \sin B \cos A$ を満たす △ABC はどのような三角形か求めよ。

正弦定理と余弦定理を利用することより，与えられた等式は

$$\frac{\boxed{サ}}{4cR} = \frac{\boxed{シ}}{4cR}$$

と変形でき，これをさらに整理すると

$$\boxed{ス}$$

となるので，△ABC は $\boxed{セ}$ とわかる。

（数学 I，数学 A 第 1 問 は次ページに続く。）

$\boxed{\text{サ}}$，$\boxed{\text{シ}}$ の解答群（解答の順序は問わない。）

⓪ $a^2+b^2-c^2$　　① $b^2+c^2-a^2$　　② $c^2+a^2-b^2$

③ $a^2-b^2-c^2$　　④ $b^2-c^2-a^2$　　⑤ $c^2-a^2-b^2$

$\boxed{\text{ス}}$ の解答群

⓪ $a^2+b^2=c^2$　　① $b^2+c^2=a^2$　　② $c^2+a^2=b^2$

③ $a=b$　　④ $b=c$　　⑤ $c=a$

$\boxed{\text{セ}}$ の解答群

⓪ $AB=AC$ の二等辺三角形　　① $BA=BC$ の二等辺三角形

② $CA=CB$ の二等辺三角形　　③ $A=90°$ の直角三角形

④ $B=90°$ の直角三角形　　⑤ $C=90°$ の直角三角形

（数学 I，数学 A 第 1 問 は次ページに続く。）

6

(2) 次の**問題 B** について考えよう。

問題 B　等式 $\sin^2 A = \sin^2 B + \sin^2 C$ と $\cos A + \cos B + 2\cos C = 2$ の両方を満たす $\triangle ABC$ の内角 A, B, C のうち，一番小さい角を求めよ。

まず，$\sin^2 A = \sin^2 B + \sin^2 C$ から，正弦定理を用いることで

$$\boxed{\text{ソ}}$$

が得られ，これより，$\cos A + \cos B + 2\cos C = 2$ は

$$c = \boxed{\text{タ}}(a - b) \qquad \cdots\cdots\cdots ①$$

と変形できるので，$\boxed{\text{ソ}}$ と①より，

$$a : b : c = \boxed{\text{チ}}$$

とわかる。

よって，$\triangle ABC$ の内角のうち，一番小さい角は $\boxed{\text{ツ}}$ である。

（数学 I，数学 A 第 1 問 は次ページに続く。）

$\boxed{\text{ソ}}$ の解答群

⓪ $a^2 = b^2 + c^2$ ① $b^2 = a^2 + c^2$ ② $c^2 = a^2 + b^2$

$\boxed{\text{チ}}$ の解答群

⓪ $5:4:3$ ① $5:3:4$ ② $2:1:\sqrt{3}$ ③ $2:\sqrt{3}:1$

④ $\sqrt{5}:1:2$ ⑤ $\sqrt{5}:2:1$ ⑥ $\sqrt{2}:1:1$ ⑦ $1:1:1$

$\boxed{\text{ツ}}$ の解答群

⓪ A ① B ② C

③ $A と B$ ④ $B と C$ ⑤ $C と A$

第2問 （配点 30）

〔1〕 2次関数 $y = ax^2 + bx + c$ についてコンピューターのグラフ表示ソフトを用いて考察している。このソフトでは，図1の画面上の a, b, c の値を入力すると，その値に応じたグラフが表示される。さらに，a, b, c のそれぞれの下にある ● を左に動かすと値が減少し，右に動かすと値が増加するようになっており，値の変化に応じて2次関数のグラフが座標平面上を動く仕組みになっている。

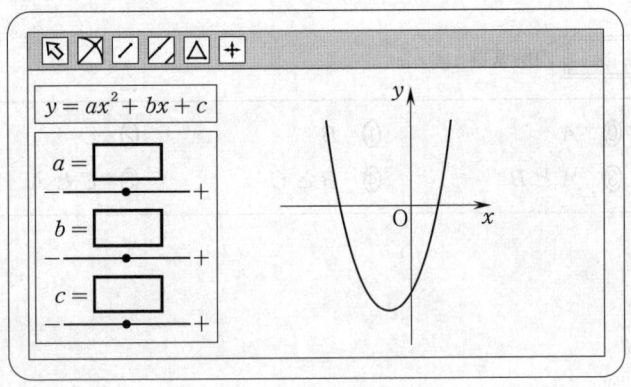

図1

（**数学 I，数学 A 第2問** は次ページに続く。）

(1) はじめに，図1の画面のようなグラフが表示された。このときの a，b，c の値の組合せとして最も適当なものは $\boxed{\text{ア}}$ である。

このときの ax^2+bx+c を $f(x)$ とする。2次方程式 $f(x)=0$ の解は

$$x=\boxed{\text{イウ}}\pm\sqrt{\boxed{\text{エ}}}$$

である。以下 $\alpha=\boxed{\text{イウ}}-\sqrt{\boxed{\text{エ}}}$，$\beta=\boxed{\text{イウ}}+\sqrt{\boxed{\text{エ}}}$ とする。

(2) 次に，a，b，c の値を変化させて，図1のグラフを x 軸に関して対称移動させたグラフを画面に表示させたいとき，a，b，c の値の組合せとして最も適当なものは $\boxed{\text{オ}}$ である。

このとき，2次不等式 $ax^2+bx+c\leqq 0$ の解は $\boxed{\text{カ}}$。

$\boxed{\text{ア}}$，$\boxed{\text{オ}}$ の解答群（同じものを繰り返し選んでもよい。）

	a	b	c
⓪	1	2	4
①	−1	2	4
②	1	−2	4
③	1	2	−4
④	−1	−2	4
⑤	−1	2	−4
⑥	1	−2	−4
⑦	−1	−2	−4

$\boxed{\text{カ}}$ の解答群

⓪ $\alpha\leqq x\leqq\beta$ である　　　① $x\leqq\alpha$，$\beta\leqq x$ である

② 存在しない　　　③ すべての実数である

（数学I，数学A 第2問 は次ページに続く。）

10

(3) 次に a, b の値を (1) の値のまま変えずに，c の値だけを変化させる操作を行う。このとき 2 次不等式 $ax^2 + bx + c \leqq 0$ の解について正しく述べたものは，次の ⓪～④ のうち **キ**，**ク** である。

キ，**ク** の解答群（解答の順序は問わない。）

> ⓪ 不等式を満たす実数 x はつねに存在する。
>
> ① 不等式を満たす実数 x が存在しないことがある。
>
> ② 不等式の解が $x \leqq p$, $q \leqq x$（p, q は $p < q$ を満たす実数）となることがある。
>
> ③ 不等式を満たす実数がただ一つとなることがある。
>
> ④ すべての実数 x に対して不等式が成り立つことがある。

(4) 次に，a, c の値を (1) の値のまま変えずに，b の値だけを変化させる操作を行う。このときの頂点の移動について述べたものとして最も適当なものは，次の ⓪～⑤ のうち **ケ** である。

ケ の解答群

> ⓪ 移動しない。
>
> ① $b > 0$ のとき，第 3 象限内を移動する。
>
> ② $b > 0$ のとき，第 3, 4 象限内を移動する。
>
> ③ $b < 0$ のとき，第 3 象限内を移動する。
>
> ④ $b < 0$ のとき，第 1, 2 象限内を移動する。
>
> ⑤ $b < 0$ のとき，第 1, 4 象限内を移動する。

（数学 I，数学 A 第 2 問 は次ページに続く。）

〔2〕　太郎さんと花子さんは，ここ数年，訪日外国人旅行者が増加しているという ニュースに接するようになった。そこで，訪日外国人旅行者の「人数」，「滞在 日数」，「1 人あたりの旅行支出額」を調べた。

　　花子さんは，1973 年から 2022 年までの 50 年間について，訪日外国人旅行 者数の変化の様子について詳しく調べようと考え，棒グラフを作成したとこ ろ，図 1 のようになった。

図 1　年度別訪日外国人旅行者数

(出典：日本政府観光局(JNTO)の Web ページより作成)

　　以下では，データが与えられた際，次の値を外れ値とする。

　　　　「(第 1 四分位数) − 1.5 × (四分位範囲)」以下のすべての値

　　　　「(第 3 四分位数) + 1.5 × (四分位範囲)」以上のすべての値

（数学 I，数学 A 第 2 問 は次ページに続く。）

(1) 次のデータは，太郎さんが 50 の年度別の訪日外国人旅行者数を四捨五入して十万の位までの概数にし，小さい順に並べたものである。

20	80	80	80	90	100	100	110	130	160
180	200	210	210	220	230	240	280	320	330
340	350	350	360	380	380	410	410	420	440
480	480	520	520	610	620	670	680	730	830
840	840	860	1040	1340	1970	2400	2870	3120	3190

このデータにおいて，第 1 四分位数は コサシ であり，外れ値の個数は ス である。

（数学 I，数学 A 第 2 問 は次ページに続く。）

(2)　20 の国・地域の首都からの東京までの「距離」，及び 2015 年と 2019 年に
おけるそれらの国・地域からの訪日外国人旅行者の「平均滞在日数」，「1 人
あたりの旅行支出額」を調べた。図 2 は 2015 年の，図 3 は 2019 年の，20 の
国・地域別の「距離」と「平均滞在日数」の散布図で，図 4 は 2015 年の，図 5
は 2019 年の，20 の国・地域別の「平均滞在日数」と「1 人あたりの旅行支出
額」の散布図である。ただし，2015 年と 2019 年で，この 20 の国・地域の首
都は変わっていない。なお，「平均滞在日数」と「1 人あたりの旅行支出額」の
散布図には，原点を通り，傾きが異なる直線（点線）を補助的に描いている。
また，これらの散布図には，完全に重なっている点はない。

図 2　2015 年の距離と平均滞在日数の散布図　　図 3　2019 年の距離と平均滞在日数の散布図

図 4　2015 年の平均滞在日数と支出額の散布図　　図 5　2019 年の平均滞在日数と支出額の散布図

（出典：日本政府観光局（JNTO）の Web ページより作成）

（数学Ⅰ，数学A 第 2 問 は次ページに続く。）

14

(i) 「1人あたりの旅行支出額」を「平均滞在日数」で割った「1人1日あたりの
旅行支出額」を考えよう。外れ値を＊で示した「1人1日あたりの旅行支出
額」の 2015 年の箱ひげ図は $\boxed{セ}$ であり，2019 年の箱ひげ図は
$\boxed{ソ}$ である。また，2015 年の外れ値は図4のA〜Gのうちの
$\boxed{タ}$ と $\boxed{チ}$ である。

$\boxed{セ}$，$\boxed{ソ}$ については，最も適当なものを，次の⓪〜④のうち
から一つずつ選べ。

1人1日あたりの旅行支出額

$\boxed{タ}$，$\boxed{チ}$ の解答群（解答の順序は問わない。）

⓪ A	① B	② C	③ D
④ E	⑤ F	⑥ G	

（数学Ⅰ，数学A 第2問 は次ページに続く。）

(ii)　次の(I)，(II)，(III)は，図2～図5の散布図に関する記述である。

(I)　「距離」と「平均滞在日数」との相関係数は，2019年は2015年より小さい。

(II)　図4(2015年)のFにあたる国・地域は，図5(2019年)ではXである。

(III)　図5(2019年)でYにあたる国・地域を除くと，分散は小さくなる。

(I)，(II)，(III)の正誤の組合せとして正しいものは　ツ　である。

　ツ　の解答群

	⓪	①	②	③	④	⑤	⑥	⑦
(I)	正	正	正	正	誤	誤	誤	誤
(II)	正	正	誤	誤	正	正	誤	誤
(III)	正	誤	正	誤	正	誤	正	誤

（数学Ⅰ，数学A 第2問 は次ページに続く。）

(3) 太郎さんは，訪日外国人消費動向調査について，観光庁の Web サイトで調べたところ，調査対象空海港 (17 空海港) の出国ロビーにいる訪日外国人に調査員が協力を求めて行われていることを知った。また，日本滞在中に日本食を食べた人に，満足したかどうかを調査していることを知った。

> 太郎：ある調査員が，今回の旅行で日本食を食べた外国人 30 人に，日本食に満足したかどうかをたずねたとき，どのくらいの人が「満足した」と回答したら，回答者全体のうち満足だと思う人が多いとしてよいのかな。
>
> 花子：例えば，21 人だったらどうかな。

　二人は，30 人のうち 21 人が「満足した」と回答した場合に，「日本食に満足した」といえるかどうかを，次の方針で考えることにした。

方針

- "今回の旅行で日本食を食べた外国人のうちで「満足した」と回答する割合と，「満足した」と回答しない割合が等しい" という仮説をたてる。
- この仮説のもとで，30 人抽出したうちの 21 人以上が「満足した」と回答する確率が 5% 未満であれば，その仮説は誤っていると判断し，5% 以上であれば，その仮説は誤っているとは判断しない。

（**数学 I，数学 A 第 2 問 は次ページに続く。**）

　次の**実験結果**は，30 枚の硬貨を投げる実験をコンピュータを用いて 10000 回行ったところ，次のような結果が得られた。

実験結果

表の枚数	0	1	2	3	4	5	6	7	8	9	
度数	0	0	0	0	0	2	5	17	61	147	
表の枚数	10	11	12	13	14	15	16	17	18	19	
度数	301	498	814	1141	1314	1421	1350	1153	767	533	
表の枚数	20	21	22	23	24	25	26	27	28	29	30
度数	273	128	48	16	8	1	2	0	0	0	0

　実験結果を用いると，30 枚の硬貨のうち 21 枚以上が表となった割合は，

　テ ．**トナ** ％である。これを，30 人のうち 21 人以上が「満足した」と回答する確率とみなし，方針に従うと，「満足した」と回答する割合と回答しない割合が等しいという仮説は　**ニ**　，日本食に満足した人の方が　**ヌ**　。

　ニ　の解答群

⓪ 誤っていると判断され	① 誤っているとは判断されず

　ヌ　の解答群

⓪ 多いといえる	① 多いとはいえない

第3問 (配点 20)

　平面上に △ABC をつくり，その内心を I，内接円 I の半径を r，外心を O，外接円 O の半径を R とする。

　太郎さんは，下図のように，コンピューターソフトを使って円 O 上に1点 A_1 をとり，点 A_1 から円 I に1本接線を引き，その接線と円 O との交点のうち A_1 でない点を点 B_1 とした。ただし，O と I は異なる点とする。さらに，点 B_1 から円 I に別の接線を引き，その接線と円 O との交点のうち点 B_1 でない点を点 C_1 とした。そして，点 C_1 から円 I に別の接線を引くと，その接線が点 A_1 を通った。

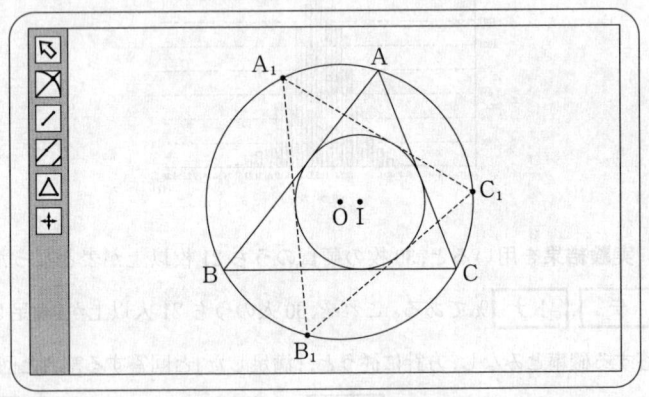

　太郎さんは，このことが偶然なのかどうかがわからなかったため，先生に質問をしたところ，先生から次の**定理**を証明するように指示があった。

定理　三角形の外接円の半径を R，内接円の半径を r とし，その中心間の距離を d とすると
$$R^2 - d^2 = 2Rr$$
が成り立つ。

（数学 I，数学 A 第3問 は次ページに続く。）

(1)　まず，AI の延長線が外接円 O と交わる点を D とすると，　$\boxed{\text{ア}}$　から

$$AI \cdot ID = R^2 - d^2$$

が成り立つ。

　　次に，直線 DO と外接円 O が交わる D 以外の点を E とし，内接円 I が辺 AB

に接する点を F とすると，　$\boxed{\text{イ}}$　と　$\boxed{\text{ウ}}$　が相似であることから

$$AI \cdot DB = \boxed{\text{エ}}$$

となる。

$\boxed{\text{ア}}$　の解答群

⓪　円 I において，直線 AI と直線 AO を引いて方べきの定理

①　円 I において，直線 AI と直線 AB を引いて方べきの定理

②　円 O において，直線 AI と直線 OI を引いて方べきの定理

③　円 O において，直線 AI と直線 BC を引いて方べきの定理

$\boxed{\text{イ}}$，$\boxed{\text{ウ}}$　の解答群（解答の順序は問わない。）

⓪　$\triangle BDE$　　①　$\triangle BDI$　　②　$\triangle BDA$　　③　$\triangle BDC$

④　$\triangle FIA$　　⑤　$\triangle BIA$　　⑥　$\triangle CIA$　　⑦　$\triangle EIA$

$\boxed{\text{エ}}$　の解答群

⓪　$R + r$　　　　　　①　$R - r$　　　　　　②　Rr

③　$2Rr$　　　　　　④　R^2　　　　　　　⑤　r^2

（数学Ⅰ，数学A　第3問 は次ページに続く。）

20

(2) DI＝DB を証明しよう。

∠BAC＝α, ∠ABC＝β とおくと

$$\angle DIB = \angle IAB + \angle I\boxed{オ} = \boxed{カ}$$

$$\angle DBI = \angle CBI + \angle C\boxed{キ} = \boxed{カ}$$

が成り立つので，∠DIB＝∠DBI より，DI＝DB が成り立つ。

$\boxed{オ}$, $\boxed{キ}$ の解答群(同じものを繰り返し選んでもよい。)

⓪ BA		① AD		② BE	
③ CA		④ CB		⑤ DC	

$\boxed{カ}$ の解答群

⓪ $\alpha + \beta$	① $2(\alpha + \beta)$	② $\dfrac{\alpha + \beta}{2}$
③ $|\beta - \alpha|$	④ $2|\beta - \alpha|$	⑤ $\dfrac{|\beta - \alpha|}{2}$

(数学 I，数学 A 第 3 問 は次ページに続く。)

(3)

太郎：これで 定理 の証明ができましたね。

先生：では，この 定理 を利用して，最初の疑問を解決しましょう。

　　円O上の点A_1からIを中心とする半径r_1の円K_1に接線を引き，円Oとの交点のうち，A_1でない点をそれぞれB_1，C_1とする。

　　r_1の長さを調整すると，A_1の位置を変えなくても，円K_1が$\triangle A_1 B_1 C_1$の内接円になるようにできるので，定理 より

$$R^2 - d^2 = 2Rr_1$$

が成り立つ。一方，$\triangle ABC$では$R^2 - d^2 = 2Rr$が成り立つから，$r_1 = r$となり，円K_1は$\triangle ABC$の内接円に一致する。

　　したがって　　ク　　。

（数学Ⅰ，数学A 第3問 は次ページに続く。）

$\boxed{\text{ク}}$ の解答群

⓪ 円 O 上の点 C を含まない弧 AB 上に点 A_1 をとり，3 点 A_1，B_1，C_1 から円 I に 1 本ずつ順に異なる 3 本の接線を引いたときだけ，円 I が $\triangle A_1 B_1 C_1$ の内接円になる

① 円 O 上の点 C を含まない弧 AB 上または点 B を含まない弧 CA 上に点 A_1 をとり，3 点 A_1，B_1，C_1 から円 I に 1 本ずつ順に異なる 3 本の接線を引いたときだけ，円 I が $\triangle A_1 B_1 C_1$ の内接円になる

② 円 O 上の点 C を含まない弧 AB 上または点 A を含まない弧 BC 上に点 A_1 をとり，3 点 A_1，B_1，C_1 から円 I に 1 本ずつ順に異なる 3 本の接線を引いたときだけ，円 I が $\triangle A_1 B_1 C_1$ の内接円になる

③ 円 O 上のどんなところに点 A_1 をとったとしても，3 点 A_1，B_1，C_1 から円 I に 1 本ずつ順に異なる 3 本の接線を引くと，円 I が $\triangle A_1 B_1 C_1$ の内接円になる

④ 円 O 上のどんなところに点 A_1 をとったとしても，3 点 A_1，B_1，C_1 から円 I に 1 本ずつ順に異なる 3 本の接線を引いても，円 I が $\triangle A_1 B_1 C_1$ の内接円にならない

第4問 （配点　20）

　図のように，正八角形の透明な板をその中心を通る4本
の対角線で8等分して，1，2，3，…，8の8個の領域に
分ける。

　このような正八角形の板を2枚用意し，太郎さんと花子
さんに1枚ずつ渡し，ゲームを行う。

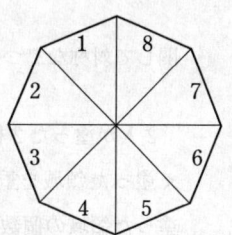

(1)　太郎さんに1，2，3，…，8の領域のうち二つを黒く塗ってもらう。

太郎：二つの領域を塗る方法は何通りあるのかな。

花子：大きく分けると，次の四つのパターンがあるね。

　㋐　1と2のように，隣り合う二つの領域を塗る場合。

　㋑　1と3のように，間に一つの領域をはさんだ二つの領域を塗る場
　　　合。

　㋒　1と4のように，間に二つの領域をはさんだ二つの領域を塗る場
　　　合。

　㋓　1と5のように，中心に関して対称な二つの領域を塗る場合。

　黒く塗る二つの領域の選び方は　アイ　通りあり，太郎さんが黒く塗る領域

が隣り合う確率は　$\dfrac{ウ}{エ}$　である。

（数学Ⅰ, 数学A　第4問 は次ページに続く。）

(2) 太郎さんと花子さんにそれぞれ 8 個の領域のうち二つを黒く塗ってもらう。

太郎さんが中心に関して対称な二つの領域を黒く塗り，かつ花子さんも中心に関して対称な二つの領域を黒く塗る確率は $\dfrac{\boxed{オ}}{\boxed{カキ}}$ である。

2 人が塗った 2 枚の正八角形の板を周をそろえて重ねて，できる限り多くの黒く塗った領域を重ねることを考える。このようにして重ねることができる黒く塗った領域の個数を X とする。なお，2 枚の正八角形の板の大きさは等しく，2 枚を重ねる際には板を回転，裏返すことは許されるものとし，例えば，太郎さんも花子さんも隣り合う 2 つの領域を黒く塗った場合は $X = 2$ となる。

太郎：回転したり裏返したりすることが許されるから，X の値は最低でも 1 となるね。

花子：$X = 2$ となる塗り方の数を求めたいね。

$X = 2$ となる確率は $\dfrac{\boxed{クケ}}{\boxed{コサ}}$ であり，X の期待値は $\dfrac{\boxed{シス}}{\boxed{セソ}}$ である。

数学Ⅰ，数学A

解答・採点基準　　(100点満点)

問題番号(配点)	解答記号	正　解	配点	自己採点
第1問 (30)	$\sqrt{アイ}+ウ\sqrt{エ}$	$\sqrt{13}+2\sqrt{2}$	1	
	オ	5	1	
	カキ	42	2	
	ク	①	2	
	ケ	②	2	
	コ	③	2	
	サ，シ	①，② (解答の順序は問わない)	2	
	ス	③	3	
	セ	②	2	
	ソ	⓪	3	
	タ	2	3	
	チ	①	4	
	ツ	①	3	
第1問　自己採点小計				
第2問 (30)	ア	③	2	
	イウ±$\sqrt{エ}$	$-1\pm\sqrt{5}$	2	
	オ	④	2	
	カ	①	2	
	キ，ク	①，③	4 (各2)	
	ケ	①	3	
	コサシ	210	1	
	ス	5	2	
	セ	③	2	
	ソ	①	2	
	タ，チ	⓪，① (解答の順序は問わない)	2 (各1)	
	ツ	⑥	3	
	テ.トナ	2.03	1	
	ニ，ヌ	⓪，⓪	2	
第2問　自己採点小計				

問題番号(配点)	解答記号	正　解	配点	自己採点
第3問 (20)	ア	②	3	
	イ，ウ	⓪，④ (解答の順序は問わない)	3	
	エ	③	3	
	オ	⓪	3	
	カ	②	3	
	キ	①	3	
	ク	③	2	
第3問　自己採点小計				
第4問 (20)	アイ	28	3	
	$\dfrac{ウ}{エ}$	$\dfrac{2}{7}$	3	
	$\dfrac{オ}{カキ}$	$\dfrac{1}{49}$	3	
	$\dfrac{クケ}{コサ}$	$\dfrac{13}{49}$	6	
	$\dfrac{シス}{セソ}$	$\dfrac{62}{49}$	5	
第4問　自己採点小計				
自己採点合計				

第1問　数と式，集合と論証，図形と計量

〔1〕　2次方程式 $x^2-2\sqrt{13}x+5=0$ を解くと

$$x=\sqrt{13}\pm2\sqrt{2}$$

となり，α は大きい方の解だから

$$\alpha=\sqrt{\boxed{13}}+\boxed{2}\sqrt{\boxed{2}}.$$

よって，この α の値に対して，

$$\begin{aligned}\alpha^2-4\sqrt{2}\,\alpha&=\alpha(\alpha-4\sqrt{2})\\&=(\sqrt{13}+2\sqrt{2})(\sqrt{13}+2\sqrt{2}-4\sqrt{2})\\&=(\sqrt{13}+2\sqrt{2})(\sqrt{13}-2\sqrt{2})\\&=13-8\\&=\boxed{5}.\end{aligned}$$

別解

$\alpha=\sqrt{13}+2\sqrt{2}$ より，$\alpha-2\sqrt{2}=\sqrt{13}$ と変形し，両辺を2乗すると

$$(\alpha-2\sqrt{2})^2=13$$

$$\alpha^2-4\sqrt{2}\,\alpha+8=13$$

$$\alpha^2-4\sqrt{2}\,\alpha=5.\qquad\text{（別解終わり）}$$

さらに，$\alpha^2-4\sqrt{2}\,\alpha=5$ において，$\alpha\neq0$ より

$$\alpha-4\sqrt{2}=\frac{5}{\alpha}$$

$$\left(\alpha-\frac{5}{\alpha}\right)^2=(4\sqrt{2})^2$$

$$\alpha^2-2\cdot\alpha\cdot\frac{5}{\alpha}+\left(\frac{5}{\alpha}\right)^2=32$$

$$\alpha^2-10+\frac{25}{\alpha^2}=32$$

$$\alpha^2+\frac{25}{\alpha^2}=\boxed{42}.$$

また，α と $\sqrt{41}$ と $\sqrt{42}$ の大小を調べる．

$\sqrt{13}>3,\ 2\sqrt{2}>2$ から，$\alpha>5$ であるので

$$0<\frac{25}{\alpha^2}<1.$$

よって，$\alpha^2+\dfrac{25}{\alpha^2}=42$ より，$41<\alpha^2<42$ とわかるので

$$\sqrt{41}<\alpha<\sqrt{42}$$

より，$\boxed{ク}$ には $\boxed{①}$ が当てはまる．

〔2〕 x と y がともに有理数ならば，$x+y$ と xy もともに有理数になるが，$x=\sqrt{2}$，$y=-\sqrt{2}$ とすると，$x+y=0$, $xy=-2$ だから，$x+y$ と xy がともに有理数であっても，x と y がともに有理数であるとは限らない．

よって，(p かつ q) は (r かつ s) であるための十分条件であるが，必要条件ではない．

したがって，$\boxed{\text{ケ}}$ には $\boxed{②}$ が当てはまる．

次に，$(\overline{p}$ または $q)$ ならば $(r$ または $s)$ と $(r$ または $s)$ ならば $(\overline{p}$ または $q)$ において，それぞれの対偶を考える．

$(\overline{p}$ または $q)$ ならば $(r$ または $s)$ の対偶は
$$(\overline{r} \text{ かつ } \overline{s}) \text{ ならば } (p \text{ かつ } \overline{q})$$

つまり

「$x+y$, xy がともに無理数ならば，x は有理数かつ y は無理数」

であり，$x=\sqrt{2}$，$y=1$ とすると反例となるので，成り立たない．

$(r$ または $s)$ ならば $(\overline{p}$ または $q)$ の対偶は
$$(p \text{ かつ } \overline{q}) \text{ ならば } (\overline{r} \text{ かつ } \overline{s})$$

つまり

「x が有理数かつ y が無理数ならば $x+y$,
xy はともに無理数」

であり，$x=0$，$y=\sqrt{2}$ とすると反例となるので，成り立たない．

よって，$(\overline{r}$ かつ $\overline{s})$ は $(p$ かつ $\overline{q})$ であるための必要条件でも十分条件でもない．

したがって，もとの命題と対偶の真偽は一致するので，$(\overline{p}$ または $q)$ は $(r$ または $s)$ であるための必要条件でも十分条件でもない．

以上より，$\boxed{\text{コ}}$ には $\boxed{③}$ が当てはまる．

〔3〕

(1) △ABC において，正弦定理より
$$\sin A = \frac{a}{2R}, \quad \sin B = \frac{b}{2R}$$

が成り立ち，また，余弦定理より
$$\cos A = \frac{b^2+c^2-a^2}{2bc}, \quad \cos B = \frac{c^2+a^2-b^2}{2ca}$$

が成り立つので，これらを等式

正弦定理

　△ABC の外接円の半径を R とすると
$$\frac{a}{\sin A} = \frac{b}{\sin B} = \frac{c}{\sin C} = 2R.$$

余弦定理

　△ABC において
$$a^2 = b^2+c^2-2bc\cos A.$$
$$b^2 = c^2+a^2-2ca\cos B.$$
$$c^2 = a^2+b^2-2ab\cos C.$$

$$\sin A \cos B = \sin B \cos A$$

に代入すると

$$\frac{a}{2R} \cdot \frac{c^2+a^2-b^2}{2ca} = \frac{b}{2R} \cdot \frac{b^2+c^2-a^2}{2bc}$$

$$\frac{c^2+a^2-b^2}{4cR} = \frac{b^2+c^2-a^2}{4cR}.$$

よって，$\boxed{サ}$ ，$\boxed{シ}$ に当てはまるのは

$\boxed{①}$ ，$\boxed{②}$ である（順不同）．

さらに，$\dfrac{c^2+a^2-b^2}{4cR} = \dfrac{b^2+c^2-a^2}{4cR}$ を変形する

と

$$c^2+a^2-b^2 = b^2+c^2-a^2$$

$$2a^2-2b^2 = 0$$

$$2(a+b)(a-b) = 0.$$

$a+b \neq 0$ より

$$a = b.$$

よって，$\boxed{ス}$ には $\boxed{③}$ が当てはまる．

したがって，$\triangle ABC$ は $BC = CA$ つまり

$CA = CB$ の二等辺三角形であるから，$\boxed{セ}$ には

$\boxed{②}$ が当てはまる．

(2)　$\triangle ABC$ において，正弦定理より

$$\sin A = \frac{a}{2R}, \quad \sin B = \frac{b}{2R}, \quad \sin C = \frac{c}{2R}$$

が成り立つので，$\sin^2 A = \sin^2 B + \sin^2 C$ に代入す

ると

$$\frac{a^2}{4R^2} = \frac{b^2}{4R^2} + \frac{c^2}{4R^2}$$

$$a^2 = b^2 + c^2$$

となるので，$\boxed{ソ}$ には $\boxed{⓪}$ が当てはまる．

そして，$a^2 = b^2 + c^2$ より，$\angle BAC = 90°$ とわか

るので，$\cos A = 0$，$\cos B = \dfrac{c}{a}$，$\cos C = \dfrac{b}{a}$ であり，

これらを $\cos A + \cos B + 2\cos C = 2$ に代入すると

$$\frac{c}{a} + \frac{2b}{a} = 2$$

$$c + 2b = 2a$$

$$c = \boxed{2}\,(a-b) \qquad \cdots ①$$

と変形できるので，$c = 2(a-b)$ を $a^2 = b^2 + c^2$ に

代入すると

$$a^2 = b^2 + 4(a-b)^2$$
$$a^2 = b^2 + 4a^2 - 8ab + 4b^2$$
$$3a^2 - 8ab + 5b^2 = 0$$
$$(3a - 5b)(a - b) = 0.$$

$a = b$ のとき，① より $c = 0$ となり △ABC が存在しないので，$a - b \neq 0$.

ゆえに

$$3a - 5b = 0$$
$$a = \frac{5}{3}b.$$

よって，① より

$$c = 2\left(\frac{5}{3}b - b\right) = \frac{4}{3}b.$$

したがって

$$a : b : c = \frac{5}{3}b : b : \frac{4}{3}b = 5 : 3 : 4$$

となるので，| チ | には | ⓪ | が当てはまる.

これより，△ABC の内角のうち，一番小さい角は B とわかるので，| ツ | には | ⓪ | が当てはまる.

第2問　2次関数・データの分析

〔1〕

(1) $y = ax^2 + bx + c$ のグラフを考えるので
$$y = a\left(x + \frac{b}{2a}\right)^2 - \frac{b^2 - 4ac}{4a}.$$

　画面に表示されたグラフは下に凸のグラフだから，$a > 0$ である．そして，頂点の x 座標について，$-\dfrac{b}{2a} < 0$ であるから，$b > 0$ とわかる．さらに，y 軸との交点は y 軸の負の部分にあるので，$c < 0$ である．

　よって，$\boxed{\text{ア}}$ に当てはまる最も適当なものは $\boxed{③}$ である．

　したがって，
$$f(x) = x^2 + 2x - 4$$
であるから，2次方程式 $f(x) = 0$ は
$$x^2 + 2x - 4 = 0$$
となり，
$$x = \boxed{-1} \pm \sqrt{\boxed{5}}.$$

　以下，$\alpha = -1 - \sqrt{5}$，$\beta = -1 + \sqrt{5}$ とおく．

(2) (1)の結果より，2次関数の式は
$$y = x^2 + 2x - 4$$
であり，これを x 軸に関して対称移動させた2次関数の式は
$$-y = x^2 + 2x - 4.$$
$$y = -x^2 - 2x + 4.$$

　よって，$\boxed{\text{オ}}$ に当てはまるものは $\boxed{④}$ である．

　このとき，
$$-x^2 - 2x + 4 \leqq 0$$
は
$$x^2 + 2x - 4 \geqq 0$$
となるから，解は
$$x \leqq \alpha,\quad \beta \leqq x.$$

$\boxed{\text{カ}}$ には $\boxed{①}$ が当てはまる．

(3) c の値のみを変化させるので，$y = ax^2 + bx + c$ のグラフは，以下のいずれかの形となる．

← $y = f(x)$ のグラフを下のように対称移動させたグラフの式は
$$x \text{軸}：-y = f(x).$$
$$y \text{軸}：y = f(-x).$$
$$\text{原点}：-y = f(-x).$$

←

(ア)　(イ)　(ウ)

(ア)の場合，2次不等式 $ax^2+bx+c \leqq 0$ の解は

$$p \leqq x \leqq q \quad (p, q は p < q を満たす実数)$$

の形．

(イ)の場合，2次不等式 $ax^2+bx+c \leqq 0$ の解は

$$x = p \quad (p は実数)$$

の形．

(ウ)の場合，2次不等式 $ax^2+bx+c \leqq 0$ の解は存在しない．

以上より，　キ　，　ク　には　①　，　③　が当てはまる（順不同）．

(4)　$a=1$，$c=-4$ より，

$$y = x^2 + bx - 4 = \left(x + \frac{b}{2}\right)^2 - \frac{b^2+16}{4}$$

となり，頂点は $\left(-\dfrac{b}{2},\ -\dfrac{b^2+16}{4}\right)$ とわかる．

よって，頂点の y 座標は b の値によらずつねに負であるから，第 3，4 象限のどちらかにあり，また，頂点の x 座標は，$b>0$ のとき第 2，3 象限にあり，$b<0$ のとき第 1，4 象限にある．

したがって，　ケ　に当てはまるものは　①　である．

〔2〕

(1)　値が 50 個あるから，下位の値 25 個と，上位の値 25 個に分ける．下位の値 25 個の中央値が第 1 四分位数 Q_1 で，上位の値 25 個の中央値が第 3 四分位数 Q_3 である．

よって，第 1 四分位数 Q_1 は小さい方から数えて 13 番目であるから　210　，第 3 四分位数 Q_3 は小さい方から数えて 38 番目であるから 680 である．

次に，外れ値の基準は，以下であると問題に示されている．

「（第 1 四分位数）$-1.5 \times$（四分位範囲）」以下のすべての値

「（第 3 四分位数）$+1.5 \times$（四分位範囲）」以上のすべての値

第2象限　第1象限
第3象限　第4象限

データの大きさが 50 のときの四分位数

小 ← データの値 → 大
25 個　　25 個

12個　12個　12個　12個
第1四分位数　中央値　第3四分位数
Q_1　　Q_2　　Q_3

データを値の小さい方から順に並べたとき，4 等分する位置の値を四分位数という．四分位数は，小さい方から順に第1四分位数 Q_1，第2四分位数（中央値）Q_2，第3四分位数 Q_3 という．

また，第 3 四分位数から第 1 四分位数を引いた Q_3-Q_1 を四分位範囲という．

四分位範囲 $Q_3 - Q_1$ は

$$680 - 210 = 470$$

であるから，外れ値は

$$210 - 1.5 \times 470 = -495$$

以下または

$$680 + 1.5 \times 470 = 1385$$

以上の値である．この範囲に該当する値は，1970,

2400, 2870, 3120, 3190 の $\boxed{5}$ 個である．

(2)(i) 外れ値がある場合，箱ひげ図は，外れ値を除い
た最小値および最大値を箱ひげ図のひげの両端と
し，次の図のように表す．ただし，外れ値は * で
示している．

したがって，ひげの長さは，四分位範囲の 1.5 倍
より短い．選択肢の箱ひげ図をみると，すべて外
れ値がある箱ひげ図で，⓪ は右のひげの長さが四
分位範囲の 1.5 倍より長く，② は左のひげの長さ
が四分位範囲の 1.5 倍より長いため，いずれの箱
ひげ図もあり得ない．また，④ は，右の外れ値が
「(第 3 四分位数) ＋ 1.5 ×（四分位範囲）」未満であ
るため，あり得ない．残りの ① と ③ について見て
いく．

　問題の図 4，図 5 の補助的な線を基準に検討す
る．「1 人 1 日あたりの旅行支出額」であるので，
同一の補助的な線上の点は，値が同じになること
に注意しよう．2015 年は，図 4 の散布図から，「1
人 1 日あたりの旅行支出額」の最大値(点 A)は

$$300,000 \div 6 = 50,000 \quad (\text{円/日})$$

よりやや小さい値，最小値(点 G)は

$$150,000 \div 16 = 9,375 \quad (\text{円/日})$$

よりやや小さい値であることがわかる．

　同様に，2019 年は，図 5 の散布図から，「1 人 1
日あたりの旅行支出額」の最大値は

$$300,000 \div 8 = 37,500 \quad (\text{円/日})$$

よりやや小さい値，最小値は，ほぼ

$$150{,}000 \div 16 = 9{,}375 \ (\text{円／日})$$

であることがわかる.

これらから,「1人1日あたりの旅行支出額」の 2015年の箱ひげ図は ③ で, 2019年の箱ひげ 図は ① である.

また, 2015年の外れ値は, 箱ひげ図③より上から1番目と2番目であることから, 図4よりAとBであることがわかる. したがって, タ , チ には ⓪ , ① が当てはまる(順不同).

← 図の補助的な線を基準に, 第1四分位数 Q_1, 中央値 Q_2, 第3四分位数 Q_3について, 確認すると, 正しいことがわかる.

(ii) 問題の図2〜図5の散布図を参照しながら, (I), (II), (III)を順に見ていく.

(I) 「距離」と「平均滞在日数」との散布図である図2(2015年)と図3(2019年)を見ると, 図2 (2015年)の方が図3(2019年)よりも点の分布が右上がりの直線状ではなく広く散らばる, つまり, 2015年の方が相関係数が小さい. したがって, (I)は誤りである.

← 実際に, 相関係数を算出すると, 図2 (2015年)は0.41, 図3(2019年)は0.63である.

(II) 図4(2015年)のFにあたる国・地域は, 平均滞在日数が13日程度(12日と14日の間)である. 次に, 図2より, 平均滞在日数が13日程度(12日と14日の間)である国・地域は, 東京までの「距離」が7,000 kmから8,000 kmの間であると読み取れる. 国・地域の首都からの東京までの「距離」は, 年度が変わっても同じであるので, 図3(2019年)より, 「距離」が7,000 kmから8,000 kmの間であるFの平均滞在日数は, 10日強である. ところが, 図5(2019年)ではXの平均滞在日数は, 11日付近であるので, 図4 (2015年)のFにあたる国・地域は, 図5(2019年)ではXではない. したがって, (II)は誤りである.

(III) 図5(2019年)でYにあたる国・地域を除くと, 点の分布が右上がりの直線状に近く, 散らばり方が小さくなる. したがって, (III)は正しい.

← 分散や標準偏差が小さくなるほど, 散らばりが小さい.

以上より, ツ には ⑥ が当てはまる.

(3)　問題の**実験結果**の表から，30 枚の硬貨のうち 21
　　枚以上が表となった度数は，10000 回行ったうち
$$128＋48＋16＋8＋1＋2＝203（回）$$
　　である．よって，その割合は
$$203÷10000×100＝\boxed{2}.\boxed{03}（\%）$$
　　である．これより，30 人抽出したうちの 21 人以上
　　が「満足した」と回答する確率が 5% 未満であるの
　　で，**方針**に従うと，その仮説は誤っていると判断さ
　　れる．したがって，日本食に満足した人の方が多い
　　といえる．

　　　以上より，$\boxed{ニ}$ には $\boxed{0}$ が，$\boxed{ヌ}$ には
$\boxed{0}$ が当てはまる．

第3問　平面図形

　図のように，直線 OI と外接円 O との交点を P，Q とする．円 O において，直線 AI と直線 OI について方べきの定理を用いると

$$AI \times ID = PI \times IQ$$

が成り立ち，$PI = R+d$，$IQ = R-d$ であるから，

$$AI \times ID = (R+d) \times (R-d) = R^2 - d^2$$

よって，　ア　には　②　が当てはまる．

　次に，直線 DO と外接円 O が交わる D 以外の点を E とし，内接円 I が辺 AB に接する点を F とすると，次のような図になる．

　よって，$\angle EBD = \angle AFI = 90°$ であり，弧 BD に対する円周角は等しいから，$\angle BED = \angle FAI$ より

$$\triangle BDE \backsim \triangle FIA.$$

　したがって，　イ　，　ウ　にはそれぞれ　⓪　，

④　が当てはまる（順不同）．

　このことから，$AI:ED = IF:DB$ で，$ED = 2R$，$IF = r$ より，

$$AI \cdot DB = ED \cdot IF = 2R \cdot r = 2Rr.$$

以上より，　エ　には　③　が当てはまる．

　次に，$DI = DB$ が成り立つことを示すために，下のような図を考える．

方べきの定理

$$PA \times PC = PB \times PD.$$

図のように，$\angle DBC = \angle BAD = \angle CAD$ であり，$\angle BAC = \alpha$ とおくと

$$\angle DBC = \angle BAD = \angle CAD = \frac{\alpha}{2}$$

であり，$\angle ABI = \angle CBI$ で，$\angle ABC = \beta$ とおくと

$$\angle ABI = \angle CBI = \frac{\beta}{2}.$$

よって

$$\angle DIB = \angle IAB + \angle IBA = \frac{\alpha}{2} + \frac{\beta}{2} = \frac{\alpha + \beta}{2}.$$

$$\angle DBI = \angle CBI + \angle DBC = \angle CBI + \angle CAD$$
$$= \frac{\beta}{2} + \frac{\alpha}{2} = \frac{\alpha + \beta}{2}.$$

したがって，$\boxed{オ}$，$\boxed{カ}$，$\boxed{キ}$ にはそれぞれ

$\boxed{⓪}$，$\boxed{②}$，$\boxed{①}$ が当てはまる．

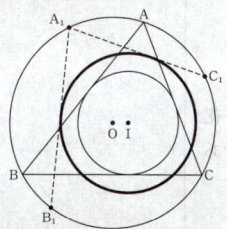

r_1 の長さを調整すると，ちょうど円 K_1 が $\triangle A_1B_1C_1$ の内接円になるようにできる．

よって，円 O 上の点であれば，どこにとっても，円 I に対する接線を 1 本ずつ順に異なるように 3 本引くと，円 I が $\triangle A_1B_1C_1$ の内接円になるので，$\boxed{ク}$ には $\boxed{③}$ が当てはまる．

第4問　場合の数と確率

(1)　8個の領域の中から黒く塗る異なる2つの領域の選ぶ方法は

$$_8C_2 = \frac{8 \cdot 7}{2 \cdot 1} = \boxed{28} \quad (\text{通り})$$

であり，これらは同様に確からしい．

　このうち，黒く塗る領域が隣り合うような2つの領域の選び方は，塗る領域が1と2のとき $(1, 2)$ と表すとすれば，

$$(1, 2), (2, 3), (3, 4), \cdots, (8, 1)$$

の8通りある．

　よって，太郎さんが黒く塗る領域が隣り合う確率は

$$\frac{8}{28} = \frac{\boxed{2}}{\boxed{7}}.$$

(2)　中心に関して対称な2つの領域の選び方は

$$(1, 5), (2, 6), (3, 7), (4, 8)$$

の4通りある．

　よって，太郎さんが中心に関して対称な2つの領域を塗る確率は

$$\frac{4}{28} = \frac{1}{7}$$

であり，花子さんについても，同様に

$$\frac{1}{7}$$

である．

　太郎さんが選んだ2つの領域に色を塗ることと，花子さんが選んだ2つの領域に色を塗ることは独立であるから，求める確率は

$$\frac{1}{7} \times \frac{1}{7} = \frac{\boxed{1}}{\boxed{49}}.$$

　黒く塗る2つの領域の位置関係に着目すると，塗り方は次の(ア)〜(エ)の場合があり，それぞれの場合の数と確率は次の通りである．

←　黒く塗る領域が隣り合うような塗り方の一例．

←　黒く塗る領域が中心に関して対称であるような塗り方の一例．

(ア)	(イ)	(ウ)	(エ)
8通り	8通り	8通り	4通り
$\dfrac{2}{7}$	$\dfrac{2}{7}$	$\dfrac{2}{7}$	$\dfrac{1}{7}$

← (イ) は，

$(1,\ 3),\ (2,\ 4),\ (3,\ 5),\ (4,\ 6),$

$(5,\ 7),\ (6,\ 8),\ (7,\ 1),\ (8,\ 2)$

の8通りある．

(ウ) は，

$(1,\ 4),\ (2,\ 5),\ (3,\ 6),\ (4,\ 7),$

$(5,\ 8),\ (6,\ 1),\ (7,\ 2),\ (8,\ 3)$

の8通りある．

$X=2$ となるのは，太郎さんと花子さんが

　　　ともに(ア)の塗り方をする，

　　　ともに(イ)の塗り方をする，

　　　ともに(ウ)の塗り方をする，

　　　ともに(エ)の塗り方をする

場合があり，これらは排反である．

　よって，$X=2$ となる確率 $P(X=2)$ は

$$P(X=2)=\left(\frac{2}{7}\right)^2+\left(\frac{2}{7}\right)^2+\left(\frac{2}{7}\right)^2+\left(\frac{1}{7}\right)^2$$

$$=\frac{\boxed{13}}{\boxed{49}}.$$

　また，X のとり得る値は1と2であるから，$X=1$ となる確率 $P(X=1)$ は

$$P(X=1)=1-P(X=2)$$

$$=1-\frac{13}{49}$$

$$=\frac{36}{49}.$$

　よって，X の期待値は

$$1\times P(X=1)+2\times P(X=2)$$

$$=1\cdot\frac{36}{49}+2\cdot\frac{13}{49}$$

$$=\frac{\boxed{62}}{\boxed{49}}.$$

← 太郎さん，花子さんが(ア)〜(エ)のいずれの塗り方をしても，できる限り多くの領域を重ねようとすれば，少なくとも1か所の領域は重ねることができる．よって，$X=0$ となることはない．

(注)　$X=1$ となる確率は，次のように考えて求めることもできる．

　　$X=1$ となるのは，太郎さんと花子さんが(ア)〜(エ)のうちの異なる塗り方をしたときであるから，次の表のようになる．

太郎さん	花子さん	確率
(ア)	(イ)	$\dfrac{2}{7} \cdot \dfrac{2}{7} = \dfrac{4}{49}$
(イ)	(ア)	$\dfrac{2}{7} \cdot \dfrac{2}{7} = \dfrac{4}{49}$
(ア)	(ウ)	$\dfrac{2}{7} \cdot \dfrac{2}{7} = \dfrac{4}{49}$
(ウ)	(ア)	$\dfrac{2}{7} \cdot \dfrac{2}{7} = \dfrac{4}{49}$
(ア)	(エ)	$\dfrac{2}{7} \cdot \dfrac{1}{7} = \dfrac{2}{49}$
(エ)	(ア)	$\dfrac{1}{7} \cdot \dfrac{2}{7} = \dfrac{2}{49}$
(イ)	(ウ)	$\dfrac{2}{7} \cdot \dfrac{2}{7} = \dfrac{4}{49}$
(ウ)	(イ)	$\dfrac{2}{7} \cdot \dfrac{2}{7} = \dfrac{4}{49}$
(イ)	(エ)	$\dfrac{2}{7} \cdot \dfrac{1}{7} = \dfrac{2}{49}$
(エ)	(イ)	$\dfrac{1}{7} \cdot \dfrac{2}{7} = \dfrac{2}{49}$
(ウ)	(エ)	$\dfrac{2}{7} \cdot \dfrac{1}{7} = \dfrac{2}{49}$
(エ)	(ウ)	$\dfrac{1}{7} \cdot \dfrac{2}{7} = \dfrac{2}{49}$

これらの事象は互いに排反であるから，これら
の確率を加えることにより，

$$P(X=1) = \frac{36}{49}$$

が得られる．

数学Ⅱ，数学B，数学C

問　題	選　択　方　法
第1問	必　　答
第2問	必　　答
第3問	必　　答
第4問	
第5問	いずれか3問を選択し，解答しなさい。
第6問	
第7問	

42

(注) この科目には，選択問題があります。（41ページ参照。）

第1問 （必答問題）（配点 15）

太郎さんと花子さんは，次の問題について考えている。

問題 原点を中心とする半径2の円 C と，点 $(4, 0)$ を中心とする半径1の円 D がある。

円 C 上には点 P があり，$(0, 2)$ から反時計回りに毎秒1の速さで回転する。また，円 D 上には点 Q があり，$(5, 0)$ から反時計回りに毎秒1の速さで回転する。P と Q が同時に動き出すとき，線分 PQ の長さの最大値と最小値を求めよ。

ここで，円 C を表す方程式は

$$x^2 + y^2 = \boxed{\ \text{ア}\ }$$

であり，円 D を表す方程式は

$$\left(x - \boxed{\ \text{イ}\ }\right)^2 + y^2 = \boxed{\ \text{ウ}\ }$$

である。

花子：点 P，Q の動きをそれぞれの円の中心に対して何ラジアン回転するかを考えてみると良いかもしれないね。

太郎：点 P は円 C 上を毎秒1の速さで回転するから，1秒あたり $\boxed{\ \text{エ}\ }$ ラジアン回転することになるね。

花子：点 Q は円 D 上を毎秒1の速さで回転するから，1秒あたり $\boxed{\ \text{オ}\ }$ ラジアン回転することになるね。

太郎：となると，点 P が θ ラジアン回転したとき，点 Q は $\boxed{\ \text{カ}\ }\theta$ ラジアン回転することになるね。

（数学Ⅱ，数学B，数学C 第1問 は次ページに続く。）

この θ について，$\theta=0$ のときに点 P が $(0, 2)$，点 Q が $(5, 0)$ にある場合，点 P，Q の座標は

$$P\left(2\cos\left(\theta+\dfrac{\pi}{\boxed{\textbf{キ}}}\right),\ 2\sin\left(\theta+\dfrac{\pi}{\boxed{キ}}\right)\right),$$

$$Q\left(\boxed{\textbf{ク}}+\cos\boxed{\textbf{カ}}\,\theta,\ \sin\boxed{カ}\,\theta\right)$$

と表すことができる。

$\boxed{\text{エ}}$ ，$\boxed{\text{オ}}$ の解答群（同じものを繰り返し選んでもよい。）

⓪ $\dfrac{1}{4}$　　① $\dfrac{1}{2}$　　② 1　　③ $\dfrac{\pi}{4}$　　④ $\dfrac{\pi}{2}$　　⑤ π

$\boxed{\text{カ}}$ の解答群

⓪ $\dfrac{1}{4}$　　　　① $\dfrac{1}{2}$　　　　② 2　　　　③ 4

（数学II，数学B，数学C 第1問 は次ページに続く。）

44

線分 PQ の長さの 2 乗 PQ² は

$$PQ^2 = -\boxed{\text{ケコ}}\sin^2\theta + \boxed{\text{サシ}}\sin\theta + \boxed{\text{スセ}}$$

と表される。

これより，線分 PQ の長さは

$$\sin\theta = \boxed{\text{ソ}} \text{ のとき，最大値 } \frac{\boxed{\text{タ}}\sqrt{\boxed{\text{チ}}}}{\boxed{\text{ツ}}}$$

$$\sin\theta = \boxed{\text{テ}} \text{ のとき，最小値 } \boxed{\text{ト}}$$

をとる。

また，点 P，Q の座標は，線分 PQ の長さが最小のとき

$$P(\boxed{\text{ナ}}, \boxed{\text{ニ}}), \quad Q(\boxed{\text{ヌ}}, \boxed{\text{ネ}})$$

となる。

$\boxed{\text{ソ}}$ ， $\boxed{\text{テ}}$ の解答群(同じものを繰り返し選んでもよい。)

⓪ $\frac{1}{6}$	① $\frac{1}{4}$	② $\frac{1}{3}$	③ $\frac{1}{2}$	④ $\frac{3}{8}$
⑤ $-\frac{1}{6}$	⑥ $-\frac{1}{4}$	⑦ $-\frac{1}{3}$	⑧ $-\frac{1}{2}$	⑨ -1

第2問 （必答問題）（配点 15）

以下の問題を解答するにあたっては，必要に応じて 49 ページの常用対数表を用いてもよい。

(1) 太郎さんと花子さんは，地震の規模を表すマグニチュードについて話している。

> 太郎：地震の規模を表すマグニチュードは，地震のエネルギーが 1000 倍になると，2 大きくなるように定義されているんだって。
>
> 花子：ということは，マグニチュード3の地震のエネルギーに対して，マグニチュード7の地震のエネルギーは ア 倍ということだね。

マグニチュード M の地震のエネルギーを E とする。マグニチュード 0 の地震のエネルギーを E_0 とすると

$$\frac{E}{E_0} = 1000^{\boxed{イ}}$$

が成り立つ。

ここで，$\alpha = \log_{10} E_0$, $p = \dfrac{\boxed{ウ}}{\boxed{エ}}$ とすると

$$\log_{10} E = \boxed{オ}$$

となる。

（数学II，数学B，数学C 第2問 は次ページに続く。）

ア の解答群

⓪ 4	① 32	② 400	③ 1000
④ 4000	⑤ 100万	⑥ 400万	

イ の解答群

⓪ $\dfrac{M}{2}$	① M	② $\dfrac{3}{2}M$	③ $2M$
④ $\dfrac{2}{M}$	⑤ $\dfrac{1}{M}$	⑥ $\dfrac{2}{3M}$	⑦ $\dfrac{1}{2M}$

オ の解答群

⓪ $pM + \alpha$	① $pM - \alpha$	② $pM\alpha$	③ $\dfrac{pM}{\alpha}$

（数学Ⅱ，数学B，数学C 第2問 は次ページに続く。）

(2)　花子さんと太郎さんは，恒星の明るさを表す「等級」について話している。なお，星の明るさはすべて，地球から見たときのものとする。

花子：夜見える星の明るさは「等級」というもので表されるらしいね。

太郎：昔は，最も明るく見える星を1等星，肉眼で見える最も暗い星を6等星としていたらしいんだけど，望遠鏡とかの技術が発達したから，それまでの「○等星」に代わるものとして「等級」という単位が定義されたんだって。

花子：こと座のベガを0等級とするらしいね。

太郎：そうなんだ。その上，明るさが100倍になったら，等級が5小さくなるんだ。

花子：ということは，5等級の星の明るさはこと座のベガの明るさの　カ　倍ということになるね。

こと座のベガの明るさを L_0 とし，ある恒星の明るさを L，この星の等級を M 等級として，$a = \boxed{カ}$ とすると

$$\frac{L}{L_0} = a^{\boxed{キ}}$$

が成り立つ。

ここで，$\beta = \log_{10} L_0$，$q = \dfrac{\boxed{クケ}}{\boxed{コ}}$ とすると

$$\log_{10} L = \boxed{サ}$$

となる。

おおいぬ座のシリウスは -1.44 等級の恒星であるので，シリウスの明るさは，ベガの明るさの

$$\boxed{シ}.\boxed{ス} \text{ 倍}$$

となる。

（数学II，数学B，数学C　第2問 は次ページに続く。）

カ の解答群

⓪ $\dfrac{1}{10^{10}}$　　① $\dfrac{1}{10^8}$　　② $\dfrac{1}{10^4}$　　③ $\dfrac{1}{10^2}$　　④ $\dfrac{1}{10}$

⑤ 10　　⑥ 10^2　　⑦ 10^4　　⑧ 10^8　　⑨ 10^{10}

キ の解答群

⓪ $\dfrac{M}{10}$　　① $\dfrac{M}{5}$　　② M　　③ $5M$　　④ $10M$

⑤ $-10M$　　⑥ $-5M$　　⑦ $-M$　　⑧ $-\dfrac{M}{5}$　　⑨ $-\dfrac{M}{10}$

サ の解答群

⓪ $qM+\beta$　　① $qM-\beta$　　② $qM\beta$　　③ $\dfrac{qM}{\beta}$

（数学Ⅱ，数学B，数学C 第2問 は次ページに続く。）

常用対数表(一)

数	0	1	2	3	4	5	6	7	8	9
1.0	0.0000	0.0043	0.0086	0.0128	0.0170	0.0212	0.0253	0.0294	0.0334	0.0374
1.1	0.0414	0.0453	0.0492	0.0531	0.0569	0.0607	0.0645	0.0682	0.0719	0.0755
1.2	0.0792	0.0828	0.0864	0.0899	0.0934	0.0969	0.1004	0.1038	0.1072	0.1106
1.3	0.1139	0.1173	0.1206	0.1239	0.1271	0.1303	0.1335	0.1367	0.1399	0.1430
1.4	0.1461	0.1492	0.1523	0.1553	0.1584	0.1614	0.1644	0.1673	0.1703	0.1732
1.5	0.1761	0.1790	0.1818	0.1847	0.1875	0.1903	0.1931	0.1959	0.1987	0.2014
1.6	0.2041	0.2068	0.2095	0.2122	0.2148	0.2175	0.2201	0.2227	0.2253	0.2279
1.7	0.2304	0.2330	0.2355	0.2380	0.2405	0.2430	0.2455	0.2480	0.2504	0.2529
1.8	0.2553	0.2577	0.2601	0.2625	0.2648	0.2672	0.2695	0.2718	0.2742	0.2765
1.9	0.2788	0.2810	0.2833	0.2856	0.2878	0.2900	0.2923	0.2945	0.2967	0.2989
2.0	0.3010	0.3032	0.3054	0.3075	0.3096	0.3118	0.3139	0.3160	0.3181	0.3201
2.1	0.3222	0.3243	0.3263	0.3284	0.3304	0.3324	0.3345	0.3365	0.3385	0.3404
2.2	0.3424	0.3444	0.3464	0.3483	0.3502	0.3522	0.3541	0.3560	0.3579	0.3598
2.3	0.3617	0.3636	0.3655	0.3674	0.3692	0.3711	0.3729	0.3747	0.3766	0.3784
2.4	0.3802	0.3820	0.3838	0.3856	0.3874	0.3892	0.3909	0.3927	0.3945	0.3962
2.5	0.3979	0.3997	0.4014	0.4031	0.4048	0.4065	0.4082	0.4099	0.4116	0.4133
2.6	0.4150	0.4166	0.4183	0.4200	0.4216	0.4232	0.4249	0.4265	0.4281	0.4298
2.7	0.4314	0.4330	0.4346	0.4362	0.4378	0.4393	0.4409	0.4425	0.4440	0.4456
2.8	0.4472	0.4487	0.4502	0.4518	0.4533	0.4548	0.4564	0.4579	0.4594	0.4609
2.9	0.4624	0.4639	0.4654	0.4669	0.4683	0.4698	0.4713	0.4728	0.4742	0.4757
3.0	0.4771	0.4786	0.4800	0.4814	0.4829	0.4843	0.4857	0.4871	0.4886	0.4900
3.1	0.4914	0.4928	0.4942	0.4955	0.4969	0.4983	0.4997	0.5011	0.5024	0.5038
3.2	0.5051	0.5065	0.5079	0.5092	0.5105	0.5119	0.5132	0.5145	0.5159	0.5172
3.3	0.5185	0.5198	0.5211	0.5224	0.5237	0.5250	0.5263	0.5276	0.5289	0.5302
3.4	0.5315	0.5328	0.5340	0.5353	0.5366	0.5378	0.5391	0.5403	0.5416	0.5428
3.5	0.5441	0.5453	0.5465	0.5478	0.5490	0.5502	0.5514	0.5527	0.5539	0.5551
3.6	0.5563	0.5575	0.5587	0.5599	0.5611	0.5623	0.5635	0.5647	0.5658	0.5670
3.7	0.5682	0.5694	0.5705	0.5717	0.5729	0.5740	0.5752	0.5763	0.5775	0.5786
3.8	0.5798	0.5809	0.5821	0.5832	0.5843	0.5855	0.5866	0.5877	0.5888	0.5899
3.9	0.5911	0.5922	0.5933	0.5944	0.5955	0.5966	0.5977	0.5988	0.5999	0.6010
4.0	0.6021	0.6031	0.6042	0.6053	0.6064	0.6075	0.6085	0.6096	0.6107	0.6117
4.1	0.6128	0.6138	0.6149	0.6160	0.6170	0.6180	0.6191	0.6201	0.6212	0.6222
4.2	0.6232	0.6243	0.6253	0.6263	0.6274	0.6284	0.6294	0.6304	0.6314	0.6325
4.3	0.6335	0.6345	0.6355	0.6365	0.6375	0.6385	0.6395	0.6405	0.6415	0.6425
4.4	0.6435	0.6444	0.6454	0.6464	0.6474	0.6484	0.6493	0.6503	0.6513	0.6522
4.5	0.6532	0.6542	0.6551	0.6561	0.6571	0.6580	0.6590	0.6599	0.6609	0.6618
4.6	0.6628	0.6637	0.6646	0.6656	0.6665	0.6675	0.6684	0.6693	0.6702	0.6712
4.7	0.6721	0.6730	0.6739	0.6749	0.6758	0.6767	0.6776	0.6785	0.6794	0.6803
4.8	0.6812	0.6821	0.6830	0.6839	0.6848	0.6857	0.6866	0.6875	0.6884	0.6893
4.9	0.6902	0.6911	0.6920	0.6928	0.6937	0.6946	0.6955	0.6964	0.6972	0.6981
5.0	0.6990	0.6998	0.7007	0.7016	0.7024	0.7033	0.7042	0.7050	0.7059	0.7067
5.1	0.7076	0.7084	0.7093	0.7101	0.7110	0.7118	0.7126	0.7135	0.7143	0.7152
5.2	0.7160	0.7168	0.7177	0.7185	0.7193	0.7202	0.7210	0.7218	0.7226	0.7235
5.3	0.7243	0.7251	0.7259	0.7267	0.7275	0.7284	0.7292	0.7300	0.7308	0.7316
5.4	0.7324	0.7332	0.7340	0.7348	0.7356	0.7364	0.7372	0.7380	0.7388	0.7396

小数第5位を四捨五入し，小数第4位まで掲載している。

（数学Ⅱ，数学B，数学C　第2問 は次ページに続く。）

常用対数表(二)

数	0	1	2	3	4	5	6	7	8	9
5.5	0.7404	0.7412	0.7419	0.7427	0.7435	0.7443	0.7451	0.7459	0.7466	0.7474
5.6	0.7482	0.7490	0.7497	0.7505	0.7513	0.7520	0.7528	0.7536	0.7543	0.7551
5.7	0.7559	0.7566	0.7574	0.7582	0.7589	0.7597	0.7604	0.7612	0.7619	0.7627
5.8	0.7634	0.7642	0.7649	0.7657	0.7664	0.7672	0.7679	0.7686	0.7694	0.7701
5.9	0.7709	0.7716	0.7723	0.7731	0.7738	0.7745	0.7752	0.7760	0.7767	0.7774
6.0	0.7782	0.7789	0.7796	0.7803	0.7810	0.7818	0.7825	0.7832	0.7839	0.7846
6.1	0.7853	0.7860	0.7868	0.7875	0.7882	0.7889	0.7896	0.7903	0.7910	0.7917
6.2	0.7924	0.7931	0.7938	0.7945	0.7952	0.7959	0.7966	0.7973	0.7980	0.7987
6.3	0.7993	0.8000	0.8007	0.8014	0.8021	0.8028	0.8035	0.8041	0.8048	0.8055
6.4	0.8062	0.8069	0.8075	0.8082	0.8089	0.8096	0.8102	0.8109	0.8116	0.8122
6.5	0.8129	0.8136	0.8142	0.8149	0.8156	0.8162	0.8169	0.8176	0.8182	0.8189
6.6	0.8195	0.8202	0.8209	0.8215	0.8222	0.8228	0.8235	0.8241	0.8248	0.8254
6.7	0.8261	0.8267	0.8274	0.8280	0.8287	0.8293	0.8299	0.8306	0.8312	0.8319
6.8	0.8325	0.8331	0.8338	0.8344	0.8351	0.8357	0.8363	0.8370	0.8376	0.8382
6.9	0.8388	0.8395	0.8401	0.8407	0.8414	0.8420	0.8426	0.8432	0.8439	0.8445
7.0	0.8451	0.8457	0.8463	0.8470	0.8476	0.8482	0.8488	0.8494	0.8500	0.8506
7.1	0.8513	0.8519	0.8525	0.8531	0.8537	0.8543	0.8549	0.8555	0.8561	0.8567
7.2	0.8573	0.8579	0.8585	0.8591	0.8597	0.8603	0.8609	0.8615	0.8621	0.8627
7.3	0.8633	0.8639	0.8645	0.8651	0.8657	0.8663	0.8669	0.8675	0.8681	0.8686
7.4	0.8692	0.8698	0.8704	0.8710	0.8716	0.8722	0.8727	0.8733	0.8739	0.8745
7.5	0.8751	0.8756	0.8762	0.8768	0.8774	0.8779	0.8785	0.8791	0.8797	0.8802
7.6	0.8808	0.8814	0.8820	0.8825	0.8831	0.8837	0.8842	0.8848	0.8854	0.8859
7.7	0.8865	0.8871	0.8876	0.8882	0.8887	0.8893	0.8899	0.8904	0.8910	0.8915
7.8	0.8921	0.8927	0.8932	0.8938	0.8943	0.8949	0.8954	0.8960	0.8965	0.8971
7.9	0.8976	0.8982	0.8987	0.8993	0.8998	0.9004	0.9009	0.9015	0.9020	0.9025
8.0	0.9031	0.9036	0.9042	0.9047	0.9053	0.9058	0.9063	0.9069	0.9074	0.9079
8.1	0.9085	0.9090	0.9096	0.9101	0.9106	0.9112	0.9117	0.9122	0.9128	0.9133
8.2	0.9138	0.9143	0.9149	0.9154	0.9159	0.9165	0.9170	0.9175	0.9180	0.9186
8.3	0.9191	0.9196	0.9201	0.9206	0.9212	0.9217	0.9222	0.9227	0.9232	0.9238
8.4	0.9243	0.9248	0.9253	0.9258	0.9263	0.9269	0.9274	0.9279	0.9284	0.9289
8.5	0.9294	0.9299	0.9304	0.9309	0.9315	0.9320	0.9325	0.9330	0.9335	0.9340
8.6	0.9345	0.9350	0.9355	0.9360	0.9365	0.9370	0.9375	0.9380	0.9385	0.9390
8.7	0.9395	0.9400	0.9405	0.9410	0.9415	0.9420	0.9425	0.9430	0.9435	0.9440
8.8	0.9445	0.9450	0.9455	0.9460	0.9465	0.9469	0.9474	0.9479	0.9484	0.9489
8.9	0.9494	0.9499	0.9504	0.9509	0.9513	0.9518	0.9523	0.9528	0.9533	0.9538
9.0	0.9542	0.9547	0.9552	0.9557	0.9562	0.9566	0.9571	0.9576	0.9581	0.9586
9.1	0.9590	0.9595	0.9600	0.9605	0.9609	0.9614	0.9619	0.9624	0.9628	0.9633
9.2	0.9638	0.9643	0.9647	0.9652	0.9657	0.9661	0.9666	0.9671	0.9675	0.9680
9.3	0.9685	0.9689	0.9694	0.9699	0.9703	0.9708	0.9713	0.9717	0.9722	0.9727
9.4	0.9731	0.9736	0.9741	0.9745	0.9750	0.9754	0.9759	0.9763	0.9768	0.9773
9.5	0.9777	0.9782	0.9786	0.9791	0.9795	0.9800	0.9805	0.9809	0.9814	0.9818
9.6	0.9823	0.9827	0.9832	0.9836	0.9841	0.9845	0.9850	0.9854	0.9859	0.9863
9.7	0.9868	0.9872	0.9877	0.9881	0.9886	0.9890	0.9894	0.9899	0.9903	0.9908
9.8	0.9912	0.9917	0.9921	0.9926	0.9930	0.9934	0.9939	0.9943	0.9948	0.9952
9.9	0.9956	0.9961	0.9965	0.9969	0.9974	0.9978	0.9983	0.9987	0.9991	0.9996

小数第5位を四捨五入し，小数第4位まで掲載している。

第3問 （必答問題）（配点 22）

(1) a, b, c を実数とし，次の二つの2次関数

$$f(x) = -x^2 + 2x$$
$$g(x) = ax^2 + bx + c$$

について考える。ただし，$a \neq 0$ である。

$$f'(x) = \boxed{アイ}\, x + \boxed{ウ}$$

であるので，$y = f(x)$ のグラフ上の点 $(0, f(0))$ における接線を ℓ とすると，ℓ の方程式は

$$y = \boxed{エ}\, x$$

となる。

$y = f(x)$ のグラフと $y = g(x)$ のグラフの共有点の x 座標が 0 となるとき

$$c = \boxed{オ}$$

であり，また，$y = g(x)$ のグラフ上の点 $(0, g(0))$ における接線が，直線 ℓ と垂直になるとき

$$b = \frac{\boxed{カキ}}{\boxed{ク}}$$

となる。

さらに，$y = g(x)$ のグラフの頂点が $y = f(x)$ 上の点となるとき

$$a = \frac{\boxed{ケ}}{\boxed{コ}}$$

となる。

このとき，二つのグラフ $y = f(x)$ と $y = g(x)$ で囲まれる部分の面積は

$$\frac{\boxed{サシス}}{\boxed{セソ}}$$

となる。

（数学Ⅱ，数学B，数学C 第3問 は次ページに続く。）

(2) p, q, r を実数とし，次の 3 次関数

$$h(x) = x^3 + px^2 + qx + r$$

について考える。関数 $h(x)$ が $x = -1$ と $x = 1$ で極値をもつとき $y = h'(x)$ のグラフは ┃ **タ** ┃ となる。

さらに，$y = h(x)$ のグラフが点 $(1, 3)$ を通るとき

$$p = \boxed{\text{チ}} \ , \quad q = \boxed{\text{ツテ}} \ , \quad r = \boxed{\text{ト}}$$

となり，関数 $h(x)$ の極大値は

$$\boxed{\text{ナ}}$$

となる。

┃ **タ** ┃ については，最も適当なものを，次の ⓪ ～ ⑤ のうちから一つ選べ。

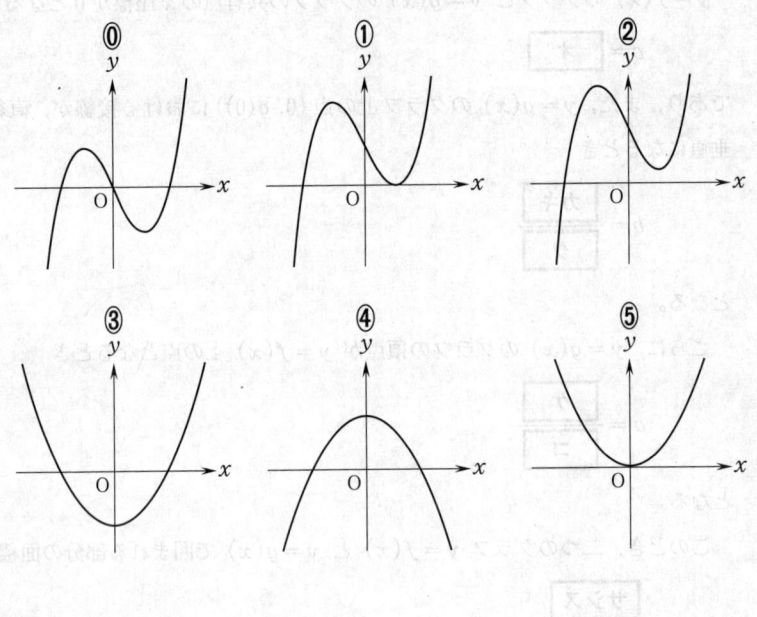

第4問～第7問は，いずれか3問を選択し，解答しなさい。

第4問 （選択問題） （配点　16）

(1) 花子さんと太郎さんは，様々な漸化式に対して，一般項を求めることについて
考えている。まず，次の漸化式で定められる数列 $\{a_n\}$ について考えている。

$$a_1 = 1$$
$$a_{n+1} = 2a_n + 3 \qquad\qquad\cdots\cdots\cdots\cdots\cdots ①$$

花子：数列 $\{a_n\}$ を具体的に計算してみよう。

太郎：そうだね。$a_1 = 1$ だから

$$a_2 = \boxed{\text{ア}}, \quad a_3 = \boxed{\text{イウ}}, \quad a_4 = \boxed{\text{エオ}}$$

となるね。

花子：これ，数列 $\{a_n\}$ の階差数列を考えると，等比数列になっているね。

太郎：本当だ。そのことを使って一般項を求められそうだね。

花子：それ以外にも，① を式変形することで，一般項を求めることもでき
るよね。

（数学Ⅱ，数学B，数学C 第4問 は次ページに続く。）

54

数列 $\{a_n\}$ の階差数列を $\{b_n\}$ とすると

$$b_n = \boxed{\ \text{カ}\ }^{\boxed{キ}}$$

となる。

また，① を変形すると

$$a_{n+1} + \boxed{\ \text{ク}\ } = \boxed{\ \text{ケ}\ }\left(a_n + \boxed{\ \text{ク}\ }\right)$$

となり，$c_n = a_n + \boxed{\ \text{ク}\ }$ とおくと，数列 $\{c_n\}$ は公比 $\boxed{\ \text{ケ}\ }$ の等比数列となる。

数列 $\{a_n\}$ の一般項は

$$a_n = \boxed{\ \text{コ}\ }^{\boxed{サ}} - \boxed{\ \text{シ}\ }$$

となる。

$\boxed{\ \text{キ}\ }$ ，$\boxed{\ \text{サ}\ }$ の解答群(同じものを繰り返し選んでもよい。)

⓪ $n-2$	① $n-1$	② n	③ $n+1$	④ $n+2$

(数学Ⅱ，数学B，数学C 第4問 は次ページに続く。)

(2)　次に花子さんと太郎さんは，次の関係式で定義される二つの数列 $\{a_n\}$，$\{b_n\}$ について考えている。

$$a_1 = 2, \quad b_1 = 1$$

$$a_{n+1} = 2a_n + b_n \qquad \cdots\cdots\cdots\cdots\cdots ②$$

$$b_{n+1} = a_n + 2b_n \qquad \cdots\cdots\cdots\cdots\cdots ③$$

花子：②＋③ をすると

$$a_{n+1} + b_{n+1} = \boxed{\text{ス}}\,(a_n + b_n)$$

となるよ。

太郎：とすると，$\{a_n + b_n\}$ が公比 $\boxed{\text{ス}}$ の等比数列になるね。

花子：だから

$$a_n + b_n = \boxed{\text{ス}}^{\,n}$$

となるんだね。

太郎：それと ②－③ を考えると，数列 $\{a_n\}$，$\{b_n\}$ の一般項が求められそうだね。

②－③ を考えると

$$a_n - b_n = \boxed{\text{セ}}$$

となるので

$$a_n = \frac{\boxed{\text{ソ}}^{\,n} + \boxed{\text{タ}}}{\boxed{\text{チ}}}, \quad b_n = \frac{\boxed{\text{ツ}}^{\,n} - \boxed{\text{テ}}}{\boxed{\text{チ}}}$$

となる。

（数学Ⅱ，数学B，数学C 第4問 は次ページに続く。）

(3) 二つの数列 $\{a_n\}$, $\{b_n\}$ は

$$a_1 = 1, \quad b_1 = 1$$
$$a_{n+1} = 2a_n + 3b_n$$
$$b_{n+1} = a_n + 4b_n$$

という関係式で定義されている。

数列 $\{a_n + \alpha b_n\}$ が等比数列となるような定数 α は

$$\alpha = \boxed{\text{トナ}}, \quad \boxed{\text{ニ}}$$

であり

$$a_n = \boxed{\text{ヌ}}$$

$$a_n + \boxed{\text{ニ}} \, b_n = \boxed{\text{ネ}} \cdot \boxed{\text{ノ}}^{\,n-1},$$

となるので

$$a_n = \boxed{\text{ヌ}} = \boxed{\text{ハ}}^{\,n-1}$$

となる。

$\boxed{\text{ヌ}}$ の解答群

$\textcircled{0}$ $b_n - 1$ $\qquad$ $\textcircled{1}$ $b_n + 1$ $\qquad$ $\textcircled{2}$ b_n $\qquad$ $\textcircled{3}$ $2b_n$

第4問～第7問は，いずれか3問を選択し，解答しなさい。

第5問 （選択問題） （配点 16）

以下の問題を解答するにあたっては，必要に応じて60ページの正規分布表を用いてもよい。

あるコンビニエンスストアーでは，そのプライベートブランドの商品として，チョコレートを販売している。

(1) このチョコレートは，包装込みで1個あたり50gである。

このチョコレートは，全国のいくつかの工場で作っており，その工場の一つにA工場がある。

A工場で作られるこのチョコレートは，1個あたりの重さ X が平均50g，標準偏差0.2gの正規分布に従っているとする。

このとき，A工場で作られるチョコレートの重さが49.9g未満となる確率は $\boxed{\text{ア}}.\boxed{\text{イウエ}}$ である。

また，A工場では，生産したチョコレートの重さが49.8g以上50.3g以下となるものを出荷しており，それ以外は不良品として，工場直売所などで安く売るようにしている。

A工場でチョコレートを500個生産したとき，出荷されるチョコレートの個数は $\boxed{\text{オカキ}}$ 個である。

（数学II，数学B，数学C 第5問 は次ページに続く。）

58

(2) このチョコレートの1ヶ月での1店舗あたりの売り上げ個数は，平均で400個，標準偏差は50個の正規分布に従うものとする。

このコンビニエンスストアーが1000店舗あるとき，売り上げの個数が500個以上となる店舗数は　クケ　となる。

このチョコレートについて，包装を変更して，試験的に無作為に選んだ144店舗で販売したところ，1ヶ月での1店舗あたりの売り上げ個数 $\overline{X}$ が平均で410個となった。

このとき，包装を変更して販売したときの1ヶ月の1店舗あたりの売り上げ個数の平均が，包装を変える前よりも多くなったといえるかどうかを，有意水準5％で仮説検定をする。なお，母標準偏差は50個とする。

帰無仮説は「包装を変更した後の売り上げ個数の平均は　コ　」であり，対立仮説は「包装を変更した後の売り上げ個数の平均は　サ　」である。

帰無仮説が正しいとすると，$\overline{X}$ は平均　シ　，標準偏差　ス　の正規分布に近似的に従う。

これより

$$P(\overline{X} \geq 410) = 0.\boxed{\text{セソタ}}$$

となる。

よって，有意水準5％で，包装を変えた方が売り上げ個数の平均は　チ　。

（数学Ⅱ，数学B，数学C 第5問 は次ページに続く。）

| コ |, | サ | の解答群(同じものを繰り返し選んでもよい。)

⓪	50 である	①	50 より多い
②	50 より少ない	③	50 ではない
④	400 である	⑤	400 より多い
⑥	400 より少ない	⑦	400 ではない

| シ |, | ス | の解答群(同じものを繰り返し選んでもよい。)

| ⓪ | 50 | ① | $\dfrac{50}{144}$ | ② | $\dfrac{50}{\sqrt{144}}$ | ③ | $\dfrac{50}{144^2}$ |
| ④ | 400 | ⑤ | $\dfrac{400}{144}$ | ⑥ | $\dfrac{400}{\sqrt{144}}$ | ⑦ | $\dfrac{400}{144^2}$ |

| チ | の解答群

| ⓪ | 多くなったといえる | ① | 多くなったとはいえない |
| ② | 少なくなったといえる | ③ | 少なくなったとはいえない |

(数学II, 数学B, 数学C 第5問 は次ページに続く。)

正 規 分 布 表

次の表は，標準正規分布の分布曲線における右図の
灰色部分の面積の値をまとめたものである。

z_0	0.00	0.01	0.02	0.03	0.04	0.05	0.06	0.07	0.08	0.09
0.0	0.0000	0.0040	0.0080	0.0120	0.0160	0.0199	0.0239	0.0279	0.0319	0.0359
0.1	0.0398	0.0438	0.0478	0.0517	0.0557	0.0596	0.0636	0.0675	0.0714	0.0753
0.2	0.0793	0.0832	0.0871	0.0910	0.0948	0.0987	0.1026	0.1064	0.1103	0.1141
0.3	0.1179	0.1217	0.1255	0.1293	0.1331	0.1368	0.1406	0.1443	0.1480	0.1517
0.4	0.1554	0.1591	0.1628	0.1664	0.1700	0.1736	0.1772	0.1808	0.1844	0.1879
0.5	0.1915	0.1950	0.1985	0.2019	0.2054	0.2088	0.2123	0.2157	0.2190	0.2224
0.6	0.2257	0.2291	0.2324	0.2357	0.2389	0.2422	0.2454	0.2486	0.2517	0.2549
0.7	0.2580	0.2611	0.2642	0.2673	0.2704	0.2734	0.2764	0.2794	0.2823	0.2852
0.8	0.2881	0.2910	0.2939	0.2967	0.2995	0.3023	0.3051	0.3078	0.3106	0.3133
0.9	0.3159	0.3186	0.3212	0.3238	0.3264	0.3289	0.3315	0.3340	0.3365	0.3389
1.0	0.3413	0.3438	0.3461	0.3485	0.3508	0.3531	0.3554	0.3577	0.3599	0.3621
1.1	0.3643	0.3665	0.3686	0.3708	0.3729	0.3749	0.3770	0.3790	0.3810	0.3830
1.2	0.3849	0.3869	0.3888	0.3907	0.3925	0.3944	0.3962	0.3980	0.3997	0.4015
1.3	0.4032	0.4049	0.4066	0.4082	0.4099	0.4115	0.4131	0.4147	0.4162	0.4177
1.4	0.4192	0.4207	0.4222	0.4236	0.4251	0.4265	0.4279	0.4292	0.4306	0.4319
1.5	0.4332	0.4345	0.4357	0.4370	0.4382	0.4394	0.4406	0.4418	0.4429	0.4441
1.6	0.4452	0.4463	0.4474	0.4484	0.4495	0.4505	0.4515	0.4525	0.4535	0.4545
1.7	0.4554	0.4564	0.4573	0.4582	0.4591	0.4599	0.4608	0.4616	0.4625	0.4633
1.8	0.4641	0.4649	0.4656	0.4664	0.4671	0.4678	0.4686	0.4693	0.4699	0.4706
1.9	0.4713	0.4719	0.4726	0.4732	0.4738	0.4744	0.4750	0.4756	0.4761	0.4767
2.0	0.4772	0.4778	0.4783	0.4788	0.4793	0.4798	0.4803	0.4808	0.4812	0.4817
2.1	0.4821	0.4826	0.4830	0.4834	0.4838	0.4842	0.4846	0.4850	0.4854	0.4857
2.2	0.4861	0.4864	0.4868	0.4871	0.4875	0.4878	0.4881	0.4884	0.4887	0.4890
2.3	0.4893	0.4896	0.4898	0.4901	0.4904	0.4906	0.4909	0.4911	0.4913	0.4916
2.4	0.4918	0.4920	0.4922	0.4925	0.4927	0.4929	0.4931	0.4932	0.4934	0.4936
2.5	0.4938	0.4940	0.4941	0.4943	0.4945	0.4946	0.4948	0.4949	0.4951	0.4952
2.6	0.4953	0.4955	0.4956	0.4957	0.4959	0.4960	0.4961	0.4962	0.4963	0.4964
2.7	0.4965	0.4966	0.4967	0.4968	0.4969	0.4970	0.4971	0.4972	0.4973	0.4974
2.8	0.4974	0.4975	0.4976	0.4977	0.4977	0.4978	0.4979	0.4979	0.4980	0.4981
2.9	0.4981	0.4982	0.4982	0.4983	0.4984	0.4984	0.4985	0.4985	0.4986	0.4986
3.0	0.4987	0.4987	0.4987	0.4988	0.4988	0.4989	0.4989	0.4989	0.4990	0.4990
3.1	0.4990	0.4991	0.4991	0.4991	0.4992	0.4992	0.4992	0.4992	0.4993	0.4993
3.2	0.4993	0.4993	0.4994	0.4994	0.4994	0.4994	0.4994	0.4995	0.4995	0.4995
3.3	0.4995	0.4995	0.4995	0.4996	0.4996	0.4996	0.4996	0.4996	0.4996	0.4997
3.4	0.4997	0.4997	0.4997	0.4997	0.4997	0.4997	0.4997	0.4997	0.4997	0.4998
3.5	0.4998	0.4998	0.4998	0.4998	0.4998	0.4998	0.4998	0.4998	0.4998	0.4998

第4問～第7問は，いずれか3問を選択し，解答しなさい。

第6問　（選択問題）　（配点　16）

三角形 OAB において，$\vec{a} = \overrightarrow{\mathrm{OA}}$, $\vec{b} = \overrightarrow{\mathrm{OB}}$ とすると

$$|\vec{a}| = 2, \quad |\vec{b}| = 3, \quad \vec{a} \cdot \vec{b} = 2$$

であるとする。

$\cos \angle \mathrm{AOB} = \dfrac{\boxed{ア}}{\boxed{イ}}$ であることから，三角形 OAB の面積を S とすると

$$S = \boxed{ウ} \sqrt{\boxed{エ}}$$

である。

辺 OA の中点を M，辺 OB の中点を N とし，点 C を

$$\overrightarrow{\mathrm{MC}} \perp \overrightarrow{\mathrm{OA}}, \quad \overrightarrow{\mathrm{NC}} \perp \overrightarrow{\mathrm{OB}}$$

を満たす点とする。

$$\overrightarrow{\mathrm{OM}} = \dfrac{\boxed{オ}}{\boxed{カ}}\vec{a}, \quad \overrightarrow{\mathrm{ON}} = \dfrac{\boxed{オ}}{\boxed{カ}}\vec{b}$$

であるので，実数 α, β を用いて，$\overrightarrow{\mathrm{OC}} = \alpha\vec{a} + \beta\vec{b}$ と表すと

$$\overrightarrow{\mathrm{MC}} = \left(\alpha - \dfrac{\boxed{オ}}{\boxed{カ}}\right)\vec{a} + \beta\vec{b}$$

であり，$\overrightarrow{\mathrm{MC}} \cdot \overrightarrow{\mathrm{OA}} = \boxed{キ}$ より

$$\boxed{ク}\,\alpha + \beta - 1 = 0 \qquad \cdots\cdots\cdots\cdots\cdots ①$$

となる。

（数学Ⅱ，数学B，数学C 第6問 は次ページに続く。）

また

$$\overrightarrow{NC} = \alpha\vec{a} + \left(\beta - \dfrac{\boxed{オ}}{\boxed{カ}}\right)\vec{b}$$

であり，$\overrightarrow{NC} \cdot \overrightarrow{OB} = \boxed{キ}$ より

$$2\alpha + \boxed{ケ}\beta - \dfrac{\boxed{コ}}{\boxed{サ}} = 0 \qquad\cdots\cdots\cdots\cdots ②$$

となる。

①，②より

$$\alpha = \dfrac{\boxed{シ}}{\boxed{スセ}}, \quad \beta = \dfrac{\boxed{ソ}}{\boxed{タチ}}$$

となる。

点 G を

$$\overrightarrow{OG} = \dfrac{1}{3}\vec{a} + \dfrac{1}{3}\vec{b}$$

を満たす点とする。

線分 CG を 3:2 に外分する点を D とすると

$$\overrightarrow{OD} = \dfrac{\boxed{ツ}}{\boxed{テト}}\vec{a} + \dfrac{\boxed{ナ}}{\boxed{ニ}}\vec{b}$$

となる。

この点 D について

$$\overrightarrow{AD} \cdot \vec{b} = \boxed{ヌ}, \quad \overrightarrow{BD} \cdot \vec{a} = \boxed{ネ}$$

となるので，点 D は三角形 OAB の $\boxed{ノ}$ である。

$\boxed{ノ}$ の解答群

⓪ 重心	① 外心	② 内心	③ 垂心

第4問～第7問は，**いずれか3問を選択し，解答しなさい。**

第7問 （選択問題）（配点　16）

〔1〕　太郎さんと花子さんは，焦点の座標が同じである楕円と双曲線の関係について考えている。ただし，a, b, α, β はすべて正の実数であり，$a > b$ とする。

> 花子：楕円 $E : \dfrac{x^2}{a^2} + \dfrac{y^2}{b^2} = 1$ の焦点と双曲線 $H : \dfrac{x^2}{\alpha^2} - \dfrac{y^2}{\beta^2} = 1$ の焦点の座標が同じだと，2つの曲線の交点でのそれぞれの曲線の接線に関係があるらしいよ。
>
> 太郎：そうなんだね。試しに2つの焦点の座標が $(-3, 0)$, $(3, 0)$ だとしてみようか。
>
> 花子：そうすると
>
> $$a^2 - b^2 = \boxed{\text{ア}} = \boxed{\text{イ}}$$
>
> となるね。
>
> 太郎：さらに，$a = 4$, $\alpha = 2$ としてみようか。
>
> 花子：そうすると
>
> $$b = \boxed{\text{ウ}}, \quad \beta = \boxed{\text{エ}}$$
>
> となるね。

$\boxed{\text{ア}}$ の解答群

⓪ $\alpha + \beta$　　　① $\alpha^2 + \beta^2$　　　② $\alpha - \beta$　　　③ $\alpha^2 - \beta^2$

$\boxed{\text{ウ}}$，$\boxed{\text{エ}}$ の解答群（同じものを繰り返し選んでもよい。）

⓪ 1　　　① 3　　　② 5　　　③ 7　　　④ 9

⑤ $\sqrt{3}$　　　⑥ $\sqrt{5}$　　　⑦ $\sqrt{7}$　　　⑧ 3

（数学Ⅱ，数学B，数学C 第7問 は次ページに続く。）

64

このとき，楕円 E と双曲線 H の交点のうち，第 1 象限にあるものを P とすると

$$P\left(\frac{\boxed{オ}}{\boxed{カ}}, \sqrt{\frac{\boxed{キク}}{\boxed{ケ}}}\right)$$

となる。

また，点 P での楕円 E の接線の方程式は

$$\frac{\boxed{コ}}{\boxed{サ}}x + \sqrt{\frac{\boxed{シス}}{\boxed{セソ}}}y = 1$$

であり，点 P での双曲線 H の接線の方程式は

$$\frac{\boxed{タ}}{\boxed{チ}}x - \sqrt{\frac{\boxed{ツテ}}{\boxed{トナ}}}y = 1$$

となるので，この二つの接線は，$\boxed{ニ}$ である。

$\boxed{ニ}$ の解答群

⓪ 平行

① 垂直

② なす角が $30°$

③ なす角が $45°$

④ なす角が $60°$

（数学Ⅱ，数学B，数学C 第 7 問 は次ページに続く。）

〔2〕

(1)　複素数 α を

$$\alpha = 1 + \sqrt{3}\,i$$

とし，α^n の表す複素数平面上の点を P_n とする。

　　α を極形式で表すと

$$\alpha = \boxed{\text{ヌ}}\left(\cos\frac{\pi}{\boxed{\text{ネ}}} + i\sin\frac{\pi}{\boxed{\text{ネ}}}\right)$$

となる。

　　これより，P_0，P_1，P_2，P_3 の位置関係を表す図は $\boxed{\text{ノ}}$ である。

　　$\boxed{\boxed{\text{ノ}}}$ については，最も適当なものを，次の ⓪〜③ のうちから一つ選べ。

（数学Ⅱ，数学B，数学C 第7問 は次ページに続く。）

(2) 正の実数 a に対して

$$z = 1 + ai$$

とする。

また，複素数平面上で z^n の表す点を R_n とする。

(i) R_3 が実軸上の点となるとき

$$a = \sqrt{\boxed{ハ}}$$

である。

(ii) R_2，R_3，R_4 がすべて第 1 象限，または，第 2 象限にあるとき

$$a < \boxed{ヒ}$$

である。

注 この問題において複素数平面の象限とは，実軸を x 軸，虚軸を y 軸とした座標平面における象限のことをいう。

MEMO

数学Ⅱ，数学B，数学C

解答・採点基準　　(100点満点)

問題番号(配点)	解答記号	正　解	配点	自己採点
第1問 (15)	ア	4	1	
	$(x-イ)^2+y^2=ウ$	$(x-4)^2+y^2=1$	1	
	エ	①	1	
	オ	②	1	
	カ	②	1	
	$\dfrac{\pi}{キ}$	$\dfrac{\pi}{2}$	1	
	ク	4	1	
	$-ケコ\sin^2\theta+サシ\sin\theta+スセ$	$-16\sin^2\theta+12\sin\theta+29$	2	
	ソ	④	1	
	$\dfrac{タ\sqrt{チ}}{ツ}$	$\dfrac{5\sqrt{5}}{2}$	1	
	テ	⑨	1	
	ト	1	1	
	$(ナ, ニ)$	$(2, 0)$	1	
	$(ヌ, ネ)$	$(3, 0)$	1	
	第1問　自己採点小計			

問題番号(配点)	解答記号	正　解	配点	自己採点
第2問 (15)	ア	⑤	2	
	イ	⓪	2	
	$\dfrac{ウ}{エ}$	$\dfrac{3}{2}$	2	
	オ	⓪	1	
	カ	③	2	
	キ	①	2	
	$\dfrac{クケ}{コ}$	$\dfrac{-2}{5}$	1	
	サ	⓪	1	
	シ.ス	3.8	2	
	第2問　自己採点小計			
第3問 (22)	$アイx+ウ$	$-2x+2$	1	
	$エx$	$2x$	2	
	オ	0	2	
	$\dfrac{カキ}{ク}$	$\dfrac{-1}{2}$	2	
	$\dfrac{ケコ}{}$	$\dfrac{1}{9}$	2	
	$\dfrac{サシス}{セソ}$	$\dfrac{135}{64}$	3	
	タ	③	2	
	チ	0	2	
	ツテ	-3	2	
	ト	5	2	
	ナ	7	2	
	第3問　自己採点小計			

問題番号(配点)	解答記号	正　解	配点	自己採点
第4問(16)	ア，イウ，エオ	5, 13, 29	1	
	カ，キ	2, ③	1	
	$a_{n+1}+$ク$=$ケ$(a_n+$ク$)$	$a_{n+1}+3=2(a_n+3)$	1	
	コ，サ，シ	2, ③, 3	2	
	ス	3	1	
	セ	1	2	
	$\dfrac{\text{ソ}^n+\text{タ}}{\text{チ}}$	$\dfrac{3^n+1}{2}$	2	
	$\dfrac{\text{ツ}^n-\text{テ}}{\text{チ}}$	$\dfrac{3^n-1}{2}$	1	
	トナ，ニ	−1, 3	1	
	ヌ	②	1	
	ネ・ノ$^{n-1}$	$4\cdot5^{n-1}$	2	
	ハ$^{n-1}$	5^{n-1}	2	
第4問　自己採点小計				
第5問(16)	ア.イウエ	0.309	2	
	オカキ	387	2	
	クケ	23	2	
	コ	④	1	
	サ	⑤	1	
	シ	④	2	
	ス	②	2	
	0.セソタ	0.008	2	
	チ	⓪	2	
第5問　自己採点小計				

問題番号(配点)	解答記号	正　解	配点	自己採点
第6問(16)	$\dfrac{\text{ア}}{\text{イ}}$	$\dfrac{1}{3}$	1	
	ウ$\sqrt{\text{エ}}$	$2\sqrt{2}$	1	
	$\dfrac{\text{オ}}{\text{カ}}$	$\dfrac{1}{2}$	1	
	キ	0	1	
	ク	2	2	
	$2\alpha+$ケ$\beta-\dfrac{\text{コ}}{\text{サ}}=0$	$2\alpha+9\beta-\dfrac{9}{2}=0$	2	
	$\dfrac{\text{シ}}{\text{スセ}}$	$\dfrac{9}{32}$	2	
	$\dfrac{\text{ソ}}{\text{タチ}}$	$\dfrac{7}{16}$	2	
	$\dfrac{\text{ツ}}{\text{テト}}\vec{a}+\dfrac{\text{ナ}}{\text{ニ}}\vec{b}$	$\dfrac{7}{16}\vec{a}+\dfrac{1}{8}\vec{a}$	2	
	ヌ，ネ	0, 0	1	
	ノ	③	1	
第6問　自己採点小計				
第7問(16)	ア	⓪	1	
	イ	9	1	
	ウ，エ	⑦, ⑥	1	
	$\dfrac{\text{オ}}{\text{カ}}$	$\dfrac{8}{3}$	1	
	$\dfrac{\sqrt{\text{キク}}}{\text{ケ}}$	$\dfrac{\sqrt{35}}{3}$	1	
	$\dfrac{\text{コ}}{\text{サ}}x+\dfrac{\sqrt{\text{シス}}}{\text{セソ}}y$	$\dfrac{1}{6}x+\dfrac{\sqrt{35}}{21}$	1	
	$\dfrac{\text{タ}}{\text{チ}}x-\dfrac{\sqrt{\text{ツテ}}}{\text{トナ}}y$	$\dfrac{2}{3}x-\dfrac{\sqrt{35}}{15}$	1	
	ニ	①	1	
	ヌ	2	1	
	$\dfrac{\pi}{\text{ネ}}$	$\dfrac{\pi}{3}$	1	
	ノ	①	2	
	$\sqrt{\text{ハ}}$	$\sqrt{3}$	2	
	ヒ	1	2	
第7問　自己採点小計				
自己採点合計				

(注)
　第1問，第2問，第3問は必答。
　第4問〜第7問のうちから3問選択。計6問を解答。

— 85 —

第1問　三角関数

円 C は原点を中心とする半径 2 の円より，その方程式は

$$x^2+y^2=2^2=\boxed{4}$$

となる．

また，円 D は $(4, 0)$ を中心とする半径 1 の円より，その方程式は

$$\left(x-\boxed{4}\right)^2+y^2=1^2=\boxed{1}$$

となる．

扇形の半径を r とすると，その中心角 α に対して，弧の長さは $r\alpha$ になる．

これより，点 P は円 C 上を毎秒 1 の速さで回転し，円 C の半径は 2 であるから，1 秒あたり $\dfrac{1}{2}$ ラジアン回転することになる．（　$\boxed{①}$　）

また，点 Q は円 D 上を毎秒 1 の速さで回転し，円 D の半径は 1 であるから，1 秒あたり 1 ラジアン回転することになる．（　$\boxed{②}$　）

したがって，P の 2 倍の速さで，Q が回転することとなるから，P が θ ラジアン回転したとき，Q は 2θ ラジアン回転することになる．（　$\boxed{②}$　）

$\theta=0$ で P が $(0, 2)$，Q が $(5, 0)$ にある場合，図のようになり，P と Q の座標は

$$\mathrm{P}\left(2\cos\left(\theta+\dfrac{\pi}{\boxed{2}}\right),\ 2\sin\left(\theta+\dfrac{\pi}{2}\right)\right)$$

すなわち　$(-2\sin\theta,\ 2\cos\theta)$

$$\mathrm{Q}\left(\boxed{4}+\cos 2\theta,\ \sin 2\theta\right)$$

となる．

◀── 円の方程式 ──

　中心 (a, b)，半径 r の円の方程式は，

$$(x-a)^2+(y-b)^2=r^2$$

となる．

◀── 弧度法 ──

　半径 1 の扇形の弧の長さを ℓ としたとき，この扇形の中心角を，

$$\ell \text{ ラジアン}$$

とする．

これより

$$PQ^2 = \{(4+\cos 2\theta) - (-2\sin\theta)\}^2 + (\sin 2\theta - 2\cos\theta)^2$$

$$= 16 + \cos^2 2\theta + 4\sin^2\theta + 8\cos 2\theta + 16\sin\theta$$
$$\qquad + 4\sin\theta\cos 2\theta + \sin^2 2\theta - 4\sin 2\theta\cos\theta + 4\cos^2\theta$$

$$= 16 + (\cos^2 2\theta + \sin^2 2\theta) + 4(\sin^2\theta + \cos^2\theta) + 8\cos 2\theta$$
$$\qquad + 16\sin\theta - 4(\sin 2\theta\cos\theta - \cos 2\theta\sin\theta)$$

$$= 16 + 1 + 4 + 8(1-2\sin^2\theta) + 16\sin\theta - 4\sin(2\theta-\theta)$$

$$= - \boxed{16}\ \sin^2\theta + \boxed{12}\ \sin\theta + \boxed{29}$$

となる.

$t = \sin\theta$ とすると

$$PQ^2 = -16t^2 + 12t + 29 = -16\left(t - \frac{3}{8}\right)^2 + \frac{125}{4}$$

となり，$-1 \leqq t \leqq 1$ であるから，PQ の長さは，$PQ \geqq 0$ より

$$\sin\theta = t = \frac{3}{8}\ (\boxed{④}\ )\ \text{のとき,}$$

$$\text{最大値}\ \sqrt{\frac{125}{4}} = \frac{\boxed{5}\ \sqrt{\boxed{5}}}{\boxed{2}}$$

$$\sin\theta = t = -1\ (\boxed{⑨}\ )\ \text{のとき,}$$

$$\text{最小値}\ \sqrt{-16-12+29} = \boxed{1}$$

をとる.

また，PQ の長さが最小となるとき，$\sin\theta = -1$ より

$$\theta = \frac{3}{2}\pi + 2n\pi \quad (n\ \text{は整数})$$

となり，このとき

$$P\left(\boxed{2}\ ,\ \boxed{0}\ \right),\quad Q\left(\boxed{3}\ ,\ \boxed{0}\ \right)$$

となる.

← ─ 三角関数の加法定理 ─

$$\sin(\alpha \pm \beta)$$
$$= \sin\alpha\cos\beta \pm \cos\alpha\sin\beta$$
$$\cos(\alpha \pm \beta)$$
$$= \cos\alpha\cos\beta \mp \sin\alpha\sin\beta$$

（複号同順）

← ─ 2倍角の公式 ─

$$\sin 2\theta = 2\sin\theta\cos\theta$$
$$\cos 2\theta = \cos^2\theta - \sin^2\theta$$
$$= 2\cos^2\theta - 1$$
$$= 1 - 2\sin^2\theta$$

第2問　指数関数・対数関数

(1) マグニチュードが2大きくなると，エネルギーは1000倍になるということから，マグニチュード3の地震に対してマグニチュード7の地震は，マグニチュードが4大きくなっているので，エネルギーは

$$1000 \times 1000 = 100 \text{万倍} \quad (\boxed{5})$$

となる．

マグニチュード0の地震のエネルギーを E_0 としたとき，マグニチュード M の地震のエネルギー E について

$$\frac{E}{E_0} = 1000^{\frac{M}{2}} \quad (\boxed{0})$$

が成り立つ．

この両辺の常用対数をとり，$\alpha = \log_{10} E_0$ とすると

$$\log_{10} \frac{E}{E_0} = \log_{10} 1000^{\frac{M}{2}}$$

$$\log_{10} E - \log_{10} E_0 = \log_{10} (10^3)^{\frac{M}{2}}$$

$$\log_{10} E - \alpha = \frac{3}{2} M$$

より

$$p = \frac{\boxed{3}}{\boxed{2}}$$

として

$$\log_{10} E = \frac{3}{2} M + \alpha \quad (\boxed{0})$$

となる．

> **対数法則**
> $$\log_a MN = \log_a M + \log_a N$$
> $$\log_a \frac{M}{N} = \log_a M - \log_a N$$
> $$\log_a M^k = k \log_a M$$

(2) 等級が5小さくなると明るさは100倍になることから，等級が5大きくなると明るさは $\frac{1}{100}$ 倍になる．

つまり，5等級の星の明るさは，0等級であること座のベガの明るさの $\frac{1}{100}$ 倍となる．（$\boxed{3}$）

こと座のベガの明るさを L_0 とし，ある恒星の明るさを L，この星の等級を M 等級とすると，M が5大きくなると明るさが $\frac{1}{100}$ 倍になることから

$$\frac{L}{L_0} = \left(\frac{1}{100}\right)^{\frac{M}{5}} = a^{\frac{M}{5}} \quad (\boxed{1})$$

が成り立つ．

この両辺の常用対数をとり，$\beta = \log_{10} L_0$ とすると

$$\log_{10}\frac{L}{L_0} = \log_{10}\left(\frac{1}{100}\right)^{\frac{M}{5}}$$

$$\log_{10}L - \log_{10}L_0 = \log_{10}(10^{-2})^{\frac{M}{5}}$$

$$\log_{10}L - \beta = -\frac{2}{5}M$$

より

$$q = \boxed{\frac{-2}{3}}$$

として

$$\log_{10}L = qM + \beta \quad (\boxed{0})$$

となる．

シリウスは -1.44 等級の恒星であるから，その明る
さを L とすると

$$\frac{L}{L_0} = \left(\frac{1}{100}\right)^{\frac{-1.44}{5}} = 10^{-\frac{2}{5}\cdot(-1.44)} = 10^{0.576}$$

となり，常用対数表から

$$3.76 = 10^{0.5752} < 10^{0.576} < 10^{0.5763} = 3.77$$

であるから

$$3.76 < \frac{L}{L_0} < 3.77$$

より，シリウスの明るさはベガの明るさの

$$\boxed{3}．\boxed{8} \text{ 倍}$$

となる．

第3問　微分法・積分法

(1) $f(x) = -x^2 + 2x$ について

$$f'(x) = \boxed{-2}\, x + \boxed{2}$$

となるので，$y = f(x)$ のグラフ上の点 $(0, f(0))$ における接線 ℓ の方程式は

$$y = f'(0)(x - 0) + f(0)$$
$$y = 2(x - 0) + 0$$

より

$$y = \boxed{2}\, x$$

となる.

　$y = g(x)$ のグラフが $x = 0$ で $y = f(x)$ と共有点をもつのは，$y = g(x)$ が $(0, 0)$ を通るときであるから

$$g(0) = c = \boxed{0}$$

となるときである.

　このとき

$$g(x) = ax^2 + bx$$

であり

$$g'(x) = 2ax + b$$

となるので，$y = g(x)$ 上の $x = 0$ での接線の傾きは

$$g'(0) = b$$

となる.

　$y = g(x)$ 上の $x = 0$ での接線と ℓ が直交するとき

$$g'(0) \cdot f'(0) = -1$$

より

$$b \cdot 2 = -1 \quad \text{すなわち} \quad b = \frac{\boxed{-1}}{\boxed{2}}$$

のときである.

　このとき

$$g(x) = ax^2 - \frac{1}{2}x$$
$$= a\left(x - \frac{1}{4a}\right)^2 - \frac{1}{16a}$$

より，$y = g(x)$ の頂点の座標は

$$\left(\frac{1}{4a},\ -\frac{1}{16a}\right)$$

となる.

　これが $y = f(x)$ 上の点となるとき

> **接線の方程式**
>
> 　$y = f(x)$ 上の点 $(t, f(t))$ における接線の方程式は，
> $$y - f(t) = f'(t)(x - t)$$
> である.

$$-\frac{1}{16a}=f\left(\frac{1}{4a}\right)$$

より

$$-\frac{1}{16a}=-\left(\frac{1}{4a}\right)^2+2\cdot\frac{1}{4a}$$

$$-\frac{1}{16a}=-\frac{1}{16a^2}+\frac{1}{2a}$$

$$-a=-1+8a$$

$$9a=1 \quad \text{すなわち} \quad a=\boxed{\dfrac{1}{9}}$$

となる．

$y=g(x)$ の頂点の x 座標は

$$x=\frac{1}{4a}=\frac{9}{4}$$

となるので，$y=f(x)$ と $y=g(x)$ のグラフは次の図のようになる．

よって，二つのグラフに囲まれる部分は図の斜線部となり，その面積は

$$\int_0^{\frac{9}{4}}\{f(x)-g(x)\}\,dx=\int_0^{\frac{9}{4}}\left\{(-x^2+2x)-\left(\frac{1}{9}x^2-\frac{1}{2}x\right)\right\}dx$$

$$=-\frac{10}{9}\int_0^{\frac{9}{4}}\left(x^2-\frac{9}{4}x\right)dx$$

$$=-\frac{10}{9}\left[\frac{1}{3}x^3-\frac{9}{8}x^2\right]_0^{\frac{9}{4}}$$

$$=-\frac{10}{9}\left\{\frac{1}{3}\left(\frac{9}{4}\right)^3-\frac{9}{8}\left(\frac{9}{4}\right)^2\right\}$$

$$=\boxed{\dfrac{135}{64}}$$

となる．

(2) $h(x)=x^3+px^2+qx+r$ について

$$h'(x)=3x^2+2px+q$$

となる．

◀── 定積分計算

$$\int_\alpha^\beta(x-\alpha)(x-\beta)\,dx=-\frac{1}{6}(\beta-\alpha)^3$$

であることを用いて，

$$\int_0^{\frac{9}{4}}\left(x^2-\frac{9}{4}x\right)dx=\int_0^{\frac{9}{4}}x\left(x-\frac{9}{4}\right)dx$$

$$=-\frac{1}{6}\left(\frac{9}{4}-0\right)^3$$

と計算することもできる．

$h(x)$ は 3 次関数なので,$x=-1$ と $x=1$ で極値を
もつとき

$$h'(-1)=0 \quad \text{かつ} \quad h'(1)=0$$

より

$$3-2p+q=0 \quad \text{かつ} \quad 3+2p+q=0$$

であるから

$$p=\boxed{0}, \quad q=\boxed{-3}$$

となる.(下の増減表より,$x=-1$ と $x=1$ で極値
を取る.)

　これより

$$h'(x)=3x^2+2\cdot 0x-3=3(x^2-1)$$

となるので,$y=h'(x)$ のグラフは $\boxed{③}$ となる.

　さらに,$y=h(x)=x^3-3x+r$ のグラフが $(1, 3)$
を通るので

$$h(1)=1-3+r=3$$

より

$$r=\boxed{5}$$

となる.

　よって

$$h(x)=x^3-3x+5$$

より

$$h'(x)=3x^2-3=3(x+1)(x-1)$$

となるので,$h(x)$ は表のように増減する.

x	$\cdots$	-1	$\cdots$	1	$\cdots$
$h'(x)$	$+$	0	$-$	0	$+$
$h(x)$	↗	極大	↘	極小	↗

　したがって,$h(x)$ の極大値は

$$h(-1)=(-1)^3-3\cdot(-1)+5=\boxed{7}$$

となる.

第4問　数列

(1)　$a_1 = 1$ と ① より

$$a_2 = 2a_1 + 3 = 2 \cdot 1 + 3 = \boxed{5}$$

$$a_3 = 2a_2 + 3 = 2 \cdot 5 + 3 = \boxed{13}$$

$$a_4 = 2a_3 + 3 = 2 \cdot 13 + 3 = \boxed{29}$$

となる.

①より

$$a_{n+2} = 2a_{n+1} + 3 \qquad \cdots ①'$$

①' − ① より

$$a_{n+2} - a_{n+1} = 2(a_{n+1} - a_n)$$

$b_n = a_{n+1} - a_n,\ b_{n+1} = a_{n+2} - a_{n+1}$ なので

$$b_{n+1} = 2b_n$$

となる.

$$b_1 = a_2 - a_1$$
$$= 5 - 1$$
$$= 4$$

であるから

$$b_n = 2^{n-1} \cdot 4$$
$$= \boxed{2}^{n+1} \quad (\boxed{③})$$

(参考)

この階差数列の第1項から第3項は

$$4,\ 8,\ 16$$

となるから

$$b_n = 2^{n+1}$$

となる.　　　　　　　　　　　　（参考終り）

また，①は

$$a_{n+1} + \boxed{3} = \boxed{2}(a_n + 3)$$

と式変形できるので，$c_n = a_n + 3$ とおくと，数列 $\{c_n\}$ は公比3の等比数列となる.

$c_1 = a_1 + 3 = 1 + 3 = 4$ であるから

$$c_n = c_1 \cdot 2^{n-1} = 4 \cdot 2^{n-1} = 2^{n+1}$$

となるので

$$a_n = c_n - 3 = \boxed{2}^{n+1} - \boxed{3} \quad (\boxed{③})$$

となる.

(2)　②+③ より

$$a_{n+1} + b_{n+1} = (2a_n + b_n) + (a_n + 2b_n)$$
$$= \boxed{3}(a_n + b_n)$$

◀ 階差数列

数列 $\{a_n\}$ に対して，

$$b_n = a_{n+1} - a_n$$

で定義される数列 $\{b_n\}$ を

$$\{a_n\} の階差数列$$

という.

◀ 等比数列

初項 a，公比 r の等比数列 $\{a_n\}$ の一般項は，

$$a_n = ar^{n-1}$$

となる.

となるから, 数列 $\{a_n+b_n\}$ は公比 3 の等比数列となり

$$a_n+b_n=3^{n-1}(a_1+b_1)=3^{n-1}(2+1)=3^n$$

となる.

また, ②－③ より

$$a_{n+1}-b_{n+1}=(2a_n+b_n)-(a_n+2b_n)=a_n-b_n$$

となるから

$$a_n-b_n=a_1-b_1=2-1=\boxed{1}$$

となる.

これらより

$$a_n=\frac{\boxed{3}^{\,n}+\boxed{1}}{\boxed{2}}, \quad b_n=\frac{\boxed{3}^{\,n}-\boxed{1}}{\boxed{2}}$$

となる.

(3) $\alpha=-2$ のとき

$$a_{n+1}-2b_{n+1}=-5b_n$$

となり題意を満たさない. よって, $\alpha\neq-2$

$$\begin{aligned}
a_{n+1}+\alpha b_{n+1}&=(2a_n+3b_n)+\alpha(a_n+4b_n)\\
&=(\alpha+2)a_n+(4\alpha+3)b_n\\
&=(\alpha+2)\left(a_n+\frac{4\alpha+3}{\alpha+2}b_n\right)
\end{aligned}$$

となるので, 数列 $\{a_n+\alpha b_n\}$ が等比数列となるとき

$$\alpha=\frac{4\alpha+3}{\alpha+2}$$

$$\alpha(\alpha+2)=4\alpha+3$$

$$\alpha^2-2\alpha-3=0$$

$$(\alpha+1)(\alpha-3)=0$$

より

$$\alpha=\boxed{-1}, \quad \boxed{3}$$

となる.

$\alpha=-1$ のとき

$$a_{n+1}-b_{n+1}=a_n-b_n$$

となるので

$$a_n-b_n=a_1-b_1=1-1=0$$

から

$$a_n=b_n \quad (\boxed{②}) \qquad \cdots④$$

が成り立つ.

また, $\alpha=3$ のとき

$$a_{n+1}+3b_{n+1}=5(a_n+3b_n)$$

から

$$a_n + 3b_n = 5^{n-1}(a_1 + 3b_1) = \boxed{4} \cdot \boxed{5}^{n-1} \quad \cdots ⑤$$

となる.

よって，④，⑤から

$$a_n = b_n = \frac{1}{4} \cdot 4 \cdot 5^{n-1} = \boxed{5}^{n-1}$$

となる.

第5問　統計的な推測

(1)　A工場で作られるチョコレートの1個あたりの重さ X が，平均 $50\,\mathrm{g}$，標準偏差 $0.2\,\mathrm{g}$ の正規分布に従っているため

$$Z = \frac{X-50}{0.2}$$

とすると，確率変数 Z が標準正規分布 $N(0, 1)$ に従う.

これより，チョコレートの重さが $49.9\,\mathrm{g}$ 未満となる確率は

$$
\begin{aligned}
P(X < 49.9) &= P\left(Z < \frac{49.9-50}{0.2}\right) = P(Z < -0.5) \\
&= P(Z > 0.5) \\
&= P(Z \geqq 0) - P(0 \leqq Z \leqq 0.5) \\
&= 0.5 - 0.1915 = 0.3085 \\
&\fallingdotseq \boxed{0} . \boxed{309}
\end{aligned}
$$

となる.

また，チョコレートの重さが $49.8\,\mathrm{g}$ 以上 $50.3\,\mathrm{g}$ 以下となる確率は

$$
\begin{aligned}
P(49.8 \leqq X \leqq 50.3) &= P\left(\frac{49.8-50}{0.2} \leqq Z \leqq \frac{50.3-50}{0.2}\right) \\
&= P(-1 \leqq Z \leqq 1.5) \\
&= P(-1 \leqq Z \leqq 0) + P(0 \leqq Z \leqq 1.5) \\
&= P(0 \leqq Z \leqq 1) + P(0 \leqq Z \leqq 1.5) \\
&= 0.3413 + 0.4332 = 0.7745
\end{aligned}
$$

であるから，500個生産したとき，出荷されるチョコレートの個数は

$$500 \times 0.7745 = 387.25 \fallingdotseq \boxed{387} \text{ 個}$$

となる.

(2)　1ヶ月の1店舗あたりの売り上げの個数を X とするとき，これは平均400個，標準偏差50個の正規分布に従うとあるので

$$Z = \frac{X-400}{50}$$

とすると，確率変数 Z は標準正規分布 $N(0, 1)$ に従う.

これより，500個以上売り上げる確率は

$$
\begin{aligned}
P(X \geqq 500) &= P\left(Z \geqq \frac{500-400}{50}\right) = P(Z \geqq 2) \\
&= P(Z \geqq 0) - P(0 \leqq Z \leqq 2)
\end{aligned}
$$

> ←　標準化した確率変数
>
> 確率変数 X が，正規分布 $N(m, \sigma^2)$ に従うとき，
>
> $$Z = \frac{X-m}{\sigma}$$
>
> とした確率変数 Z は，標準化した確率変数といい，Z は標準正規分布 $N(0, 1)$ に従う.

$$= 0.5 - 0.4772 = 0.0228$$

より，1000 店舗のうち，500 個以上売り上げる店舗数
は

$$1000 \times 0.0228 = 22.8 \fallingdotseq \boxed{23}$$

となる.

　包装を変更したものを無作為に選んだ 144 店舗で販
売したときの，1 ヶ月の 1 店舗あたりの売り上げの平
均について，包装を変更した方が売り上げ個数の平均
が多くなったといえるかを仮説検定するので，

　帰無仮説は「包装を変更した後の売り上げの個数
の平均は 400 である」（ $\boxed{④}$ ）

　対立仮説は「包装を変更した後の売り上げの個数
の平均は 400 より多い」（ $\boxed{⑤}$ ）

となる.

　帰無仮説が正しいとすると，包装を変えて販売した
店舗が 144 店舗，すなわち，標本の大きさが $n = 144$
であり，標準偏差は 50 であるから，標本平均 $\overline{X}$ は

平均 400 （ $\boxed{④}$ ），標準偏差 $\dfrac{50}{\sqrt{144}}$ （ $\boxed{②}$ ）

の正規分布
に従うので

$$Z = \frac{\overline{X} - 400}{\dfrac{50}{\sqrt{144}}}$$

とすると，確率変数 Z が標準正規分布 $N(0, 1)$ に従
う.

　このとき

$$P(\overline{X} \geqq 410) = P\left(Z \geqq \frac{410 - 400}{\dfrac{50}{\sqrt{144}}} \right) = P(Z \geqq 2.4)$$

$$= P(Z \geqq 0) - P(0 \leqq Z \leqq 2.4)$$

$$= 0.5 - 0.4918 = 0.0082 \fallingdotseq 0.\boxed{008}$$

となり，$P(\overline{X} \geqq 410) < 0.05$ となるから，有意水準 5%
で帰無仮説は棄却される.

　よって，

　包装を変えた方が売り上げ個数の平均は多くなっ
たといえる.（ $\boxed{⓪}$ ）

◀━ **標本平均 $\overline{X}$ の平均，分散，標準偏差**━

　母平均 m，母標準偏差 σ の母集
団から，無作為に抽出した大きさ n
の標本について，標本平均を $\overline{X}$ と
すると，

　平均：$E(\overline{X}) = m$

　分散：$V(\overline{X}) = \dfrac{\sigma^2}{n}$

　標準偏差：$\sigma(\overline{X}) = \dfrac{\sigma}{\sqrt{n}}$

となる.

82

第6問　ベクトル

$|\vec{a}|=2$, $|\vec{b}|=3$, $\vec{a}\cdot\vec{b}=2$ であるから

$$\cos\angle\text{AOB}=\frac{\vec{a}\cdot\vec{b}}{|\vec{a}||\vec{b}|}=\frac{2}{2\cdot3}=\frac{\boxed{1}}{\boxed{3}}$$

となる.

　これより

$$\sin\angle\text{AOB}=\sqrt{1-\cos^2\angle\text{AOB}}$$
$$=\sqrt{1-\left(\frac{1}{3}\right)^2}=\frac{2\sqrt{2}}{3}$$

であるから

$$S=\frac{1}{2}|\vec{a}||\vec{b}|\sin\angle\text{AOB}=\frac{1}{2}\cdot2\cdot3\cdot\frac{2\sqrt{2}}{3}$$

$$=\boxed{2}\sqrt{\boxed{2}}$$

となる.

　点 M, N はそれぞれ辺 OA, OB の中点であるから

$$\overrightarrow{\text{OM}}=\frac{1}{2}\overrightarrow{\text{OA}}=\frac{\boxed{1}}{\boxed{2}}\vec{a}$$

$$\overrightarrow{\text{ON}}=\frac{1}{2}\overrightarrow{\text{OB}}=\frac{1}{2}\vec{b}$$

となる.

　$\overrightarrow{\text{OC}}=\alpha\vec{a}+\beta\vec{b}$ とおくと

$$\overrightarrow{\text{MC}}=\overrightarrow{\text{OC}}-\overrightarrow{\text{OM}}=\alpha\vec{a}+\beta\vec{b}-\frac{1}{2}\vec{a}=\left(\alpha-\frac{1}{2}\right)\vec{a}+\beta\vec{b}$$

より, $\overrightarrow{\text{MC}}\perp\overrightarrow{\text{OA}}$ から, $\overrightarrow{\text{MC}}\cdot\overrightarrow{\text{OA}}=\boxed{0}$ であるから

$$\left\{\left(\alpha-\frac{1}{2}\right)\vec{a}+\beta\vec{b}\right\}\cdot\vec{a}=0$$

$$\left(\alpha-\frac{1}{2}\right)|\vec{a}|^2+\beta\vec{a}\cdot\vec{b}=0$$

$$4\left(\alpha-\frac{1}{2}\right)+2\beta=0$$

$$\boxed{2}\alpha+\beta-1=0 \qquad\cdots①$$

となる.

　また

$$\overrightarrow{\text{NC}}=\overrightarrow{\text{OC}}-\overrightarrow{\text{ON}}=\alpha\vec{a}+\beta\vec{b}-\frac{1}{2}\vec{b}=\alpha\vec{a}+\left(\beta-\frac{1}{2}\right)\vec{b}$$

より, $\overrightarrow{\text{NC}}\perp\overrightarrow{\text{OB}}$ から, $\overrightarrow{\text{NC}}\cdot\overrightarrow{\text{OB}}=0$ であるから

$$\left\{\alpha\vec{a}+\left(\beta-\frac{1}{2}\right)\vec{b}\right\}\cdot\vec{b}=0$$

　┌─ ベクトルの内積 ─
　$\vec{a}$, $\vec{b}$ のなす角を θ とするとき,
　$$\vec{a}\cdot\vec{b}=|\vec{a}||\vec{b}|\cos\theta$$
　である.

$$\alpha \vec{a} \cdot \vec{b} + \left(\beta - \frac{1}{2}\right)|\vec{b}|^2 = 0$$

$$2\alpha + 9\left(\beta - \frac{1}{2}\right) = 0$$

$$2\alpha + \boxed{9}\beta - \frac{\boxed{9}}{\boxed{2}} = 0 \qquad \cdots ②$$

となる.

①，② より

$$\alpha = \frac{\boxed{9}}{\boxed{32}}, \quad \beta = \frac{\boxed{7}}{\boxed{16}}$$

となるから

$$\overrightarrow{\mathrm{OC}} = \frac{9}{32}\vec{a} + \frac{7}{16}\vec{b}$$

となる.

点 G を

$$\overrightarrow{\mathrm{OG}} = \frac{1}{3}\vec{a} + \frac{1}{3}\vec{b}$$

とすると，点 D は線分 CG を 3：2 に外分するから

$$\overrightarrow{\mathrm{OD}} = \frac{-2}{3-2}\overrightarrow{\mathrm{OC}} + \frac{3}{3-2}\overrightarrow{\mathrm{OG}}$$

$$= -2\left(\frac{9}{32}\vec{a} + \frac{7}{16}\vec{b}\right) + 3\left(\frac{1}{3}\vec{a} + \frac{1}{3}\vec{b}\right)$$

$$= \frac{\boxed{7}}{\boxed{16}}\vec{a} + \frac{\boxed{1}}{\boxed{8}}\vec{b}$$

となる.

この点 D について

$$\overrightarrow{\mathrm{AD}} = \overrightarrow{\mathrm{OD}} - \overrightarrow{\mathrm{OA}} = \frac{7}{16}\vec{a} + \frac{1}{8}\vec{b} - \vec{a} = -\frac{9}{16}\vec{a} + \frac{1}{8}\vec{b}$$

より

$$\overrightarrow{\mathrm{AD}} \cdot \vec{b} = -\frac{9}{16}\vec{a} \cdot \vec{b} + \frac{1}{8}|\vec{b}|^2$$

$$= -\frac{9}{16} \cdot 2 + \frac{1}{8} \cdot 3^2$$

$$= \boxed{0}$$

となり，また

$$\overrightarrow{\mathrm{BD}} = \overrightarrow{\mathrm{OD}} - \overrightarrow{\mathrm{OB}} = \frac{7}{16}\vec{a} + \frac{1}{8}\vec{b} - \vec{b} = \frac{7}{16}\vec{a} - \frac{7}{8}\vec{b}$$

より

$$\overrightarrow{\mathrm{BD}} \cdot \vec{a} = \frac{7}{16}|\vec{a}|^2 - \frac{7}{8}\vec{a} \cdot \vec{b}$$

> ← 外分点 ─
>
> 　線分 AB の $m：n$ の外分点を P とすると，
>
> $$\overrightarrow{\mathrm{OP}} = \frac{-n}{m-n}\overrightarrow{\mathrm{OA}} + \frac{m}{m-n}\overrightarrow{\mathrm{OB}}$$
>
> となる.

84

$$= \frac{7}{16} \cdot 4 - \frac{7}{8} \cdot 2$$

$$= \boxed{0}$$

となる.

　よって

$$AD \perp OB, \quad BD \perp OA$$

となるから,

　　　　点 D は三角形 OAB の垂心 （ $\boxed{③}$ ）

である.

第7問　平面上の曲線と複素数平面

〔1〕

楕円 E の焦点は $(\pm\sqrt{a^2-b^2},\, 0)$，双曲線 H の焦点は $(\pm\sqrt{\alpha^2+\beta^2},\, 0)$ より，これらが共に $(-3,\, 0)$，$(3,\, 0)$ であるとき

$$a^2-b^2=\alpha^2+\beta^2\left(\boxed{①}\right)=3^2=\boxed{9}$$

となる．

これと，$a=4$，$\alpha=2$ より

$$4^2-b^2=2^2+\beta^2=9$$

から

$$b=\sqrt{7}\ \left(\boxed{⑦}\right),\quad \beta=\sqrt{5}\ \left(\boxed{⑥}\right)$$

となる．

このとき

$$E:\frac{x^2}{16}+\frac{y^2}{7}=1,\quad H:\frac{x^2}{4}-\frac{y^2}{5}=1$$

となり，これら2式より

$$x^2=\frac{64}{9},\quad y^2=\frac{35}{9}$$

となる．

よって，E と H の第1象限での交点 P は

$$P\left(\frac{\boxed{8}}{\boxed{3}},\ \sqrt{\frac{\boxed{35}}{\boxed{3}}}\right)$$

となる．

点 P での E の接線は

$$\frac{1}{16}\cdot\frac{8}{3}x+\frac{1}{7}\cdot\frac{\sqrt{35}}{3}y=1$$

より

$$\frac{\boxed{1}}{\boxed{6}}x+\sqrt{\frac{\boxed{35}}{\boxed{21}}}y=1\qquad\cdots①$$

となり，また，H の接線は

$$\frac{1}{4}\cdot\frac{8}{3}x-\frac{1}{5}\cdot\frac{\sqrt{35}}{3}y=1$$

より

$$\frac{\boxed{2}}{\boxed{3}}x-\sqrt{\frac{\boxed{35}}{\boxed{15}}}y=1\qquad\cdots②$$

となる．

楕円，双曲線の標準形と焦点

楕円：$\dfrac{x^2}{a^2}+\dfrac{y^2}{b^2}=1$ の焦点の座標は，

$$(\pm\sqrt{a^2-b^2},\, 0)$$

である．（ただし，$0<b<a$）

双曲線：$\dfrac{x^2}{a^2}-\dfrac{y^2}{b^2}=1$ の焦点の座標は，

$$(\pm\sqrt{a^2+b^2},\, 0)$$

である．

楕円の接線

楕円：$\dfrac{x^2}{a^2}+\dfrac{y^2}{b^2}=1$ 上の点 $(x_0,\, y_0)$ における接線の方程式は，

$$\frac{x_0 x}{a^2}+\frac{y_0 y}{b^2}=1$$

である．

双曲線の接線

双曲線：$\dfrac{x^2}{a^2}-\dfrac{y^2}{b^2}=1$ 上の点 $(x_0,\, y_0)$ における接線の方程式は，

$$\frac{x_0 x}{a_2}-\frac{y_0 y}{b^2}=1$$

である．

接線①，②の法線ベクトルを

$$\vec{n_1}=\left(\frac{1}{6},\ \frac{\sqrt{35}}{21}\right),\quad \vec{n_2}=\left(\frac{2}{3},\ -\frac{\sqrt{35}}{15}\right)$$

とする．

$$\vec{n_1}\cdot\vec{n_2}=\frac{1}{6}\cdot\frac{2}{3}-\frac{\sqrt{35}}{21}\cdot\frac{\sqrt{35}}{15}$$

$$=\frac{1}{9}-\frac{1}{9}=0$$

よって，法線①，②の法線ベクトルが垂直となるので，この2つの接線は垂直（ **①** ）である．

〔2〕

(1) $\alpha=1+\sqrt{3}\,i$ より

$$\alpha=2\left(\frac{1}{2}+\frac{\sqrt{3}}{2}i\right)=\boxed{2}\left(\cos\frac{\pi}{\boxed{3}}+i\sin\frac{\pi}{3}\right)$$

となる．

これより

$$\alpha^n=2^n\left(\cos\frac{\pi}{3}+i\sin\frac{\pi}{3}\right)^n=2^n\left(\cos\frac{n}{3}\pi+i\sin\frac{n}{3}\pi\right)$$

となるので，n が大きくなると，OP_n の長さは大きくなり，偏角は $\frac{\pi}{3}$ ずつ大きくなる．

これにあたる図は **①** である．

(2) $z=1+ai$ で，$a>0$ であるから，$\theta=\arg z$ とすると

$$0<\theta<\frac{\pi}{2}\qquad\qquad\cdots③$$

としても，一般性を失わない．

(i) R_3 の偏角は 3θ であり，③ から

$$0<3\theta<\frac{3}{2}\pi$$

であるから，R_3 が実軸上の点となるとき

$$3\theta=\pi$$

より

$$\theta=\frac{\pi}{3}$$

となる．

また，$z=1+ai$ より

$$\cos\theta:\sin\theta=1:a$$

から

極形式

0 でない複素数 z は，

$$z=r(\cos\theta+i\sin\theta)\quad(r>0)$$

の形で表すことができ，これを複素数 z の極形式という．

ド・モアブルの定理

n が整数のとき，

$$(\cos\theta+i\sin\theta)^n$$
$$=\cos n\theta+i\sin n\theta$$

となる．

$$\tan\theta = \frac{\sin\theta}{\cos\theta} = \frac{a}{1} = a$$

であるから

$$a = \tan\frac{\pi}{3} = \sqrt{\boxed{3}}$$

となる.

(ⅱ) R_2, R_3, R_4 の偏角はそれぞれ 2θ, 3θ, 4θ であることと ③ から,この 3 点がすべて第 1 象限または第 2 象限にあるとき

$$0 < 2\theta < 3\theta < 4\theta < \pi$$

より

$$\theta < \frac{\pi}{4}$$

となるから

$$a = \tan\theta < \tan\frac{\pi}{4} = \boxed{1}$$

である.

MEMO

数学Ⅰ・数学A
数学Ⅱ・数学B
数学Ⅰ
数学Ⅱ

（2024年1月実施）

	受験者数	平均点
数学Ⅰ・数学A	339,152	51.38
数学Ⅱ・数学B	312,255	57.74
数学Ⅰ	5,346	34.62
数学Ⅱ	4,499	35.43

2

数学Ⅰ・数学A

解答・採点基準　　(100点満点)

問題番号(配点)	解答記号	正解	配点	自己採点
第1問 (30)	ア	7	2	
	イ，ウ	7，3	2	
	エオカ	−56	2	
	キク	14	2	
	ケ，コ，サ	3，6，0	2	
	シ	4	4	
	ス，セ	4，⓪	4	
	ソ，タ，チ	7，4，②	4	
	ツ	③	4	
	テ，ト，ナ，ニ	7，⑤，0，①	4	
第1問　自己採点小計				
第2問 (30)	ア	9	3	
	イ	8	3	
	ウエ	12	2	
	オ	8	1	
	カキ	13	2	
	ク−√ケ+√コ	$3-\sqrt{3}+\sqrt{2}$	4	
	サ	⑧	2	
	シ	⑥	2	
	ス	④	2	
	セ	⓪	2	
	ソ.タチ	3.51	2	
	ツ	①	2	
	テ	①	3	
第2問　自己採点小計				

問題番号(配点)	解答記号	正解	配点	自己採点
第3問 (20)	ア/イ	$\frac{1}{2}$	2	
	ウ	6	2	
	エオ	14	2	
	カ/キ	$\frac{7}{8}$	2	
	ク	6	2	
	ケ/コ	$\frac{2}{9}$	2	
	サシ	42	2	
	スセ	54	2	
	ソタ	54	2	
	チツ/テトナ	$\frac{75}{512}$	2	
第3問　自己採点小計				
第4問 (20)	アイウ	104	2	
	エオカ	103	3	
	キク	64	2	
	ケコサシ	1728	3	
	スセ，ソ	64，6	3	
	タチツ	518	4	
	テ	③	3	
第4問　自己採点小計				
第5問 (20)	ア	⓪	2	
	イ：ウ	1：4	3	
	エ：オ	3：8	2	
	カ	5	3	
	キク，ケ	45，⓪	3	
	コ，サ，シ	①，⓪，②	4	
	ス，セ	②，②	3	
第5問　自己採点小計				
自己採点合計				

(注)
　第1問，第2問は必答。
　第3問～第5問のうちから2問選択。計4問を解答。

第1問　数と式，図形と計量

〔1〕　　　　　　　　$n < 2\sqrt{13} < n+1.$　　　…①

$2\sqrt{13} = \sqrt{52}$ より，$\sqrt{49} < \sqrt{52} < \sqrt{64}$ であるから，

$$7 < 2\sqrt{13} < 8 \qquad \cdots ①'$$

である．

よって，①を満たす整数 n は $\boxed{7}$ である．

これより，

$$a = 2\sqrt{13} - 7 \quad \cdots ②, \quad b = \frac{1}{a} \quad \cdots ③$$

で定める．このとき，

$$
\begin{aligned}
b &= \frac{1}{2\sqrt{13} - 7} \\
&= \frac{2\sqrt{13} + 7}{(2\sqrt{13} - 7)(2\sqrt{13} + 7)} \\
&= \frac{\boxed{7} + 2\sqrt{13}}{\boxed{3}} \qquad \cdots ④
\end{aligned}
$$

← $\dfrac{1}{\sqrt{a} - \sqrt{b}} = \dfrac{\sqrt{a} + \sqrt{b}}{(\sqrt{a} - \sqrt{b})(\sqrt{a} + \sqrt{b})}.$

である．また，④ より，$3b = 7 + 2\sqrt{13}$ であることに注意すると，

$$
\begin{aligned}
a^2 - 9b^2 &= (a + 3b)(a - 3b) \\
&= \{(2\sqrt{13} - 7) + (7 + 2\sqrt{13})\}\{(2\sqrt{13} - 7) - (7 + 2\sqrt{13})\} \\
&= 4\sqrt{13} \cdot (-14) \\
&= \boxed{-56}\,\sqrt{13}
\end{aligned}
$$

← $X^2 - Y^2 = (X + Y)(X - Y).$

である．

①′ から，

$$(3.5 =) \frac{7}{2} < \sqrt{13} < \frac{8}{2} (= 4) \qquad \cdots ⑤$$

が成り立つ．

次に，$\dfrac{m}{3} < b < \dfrac{m+1}{3}$ …(*) を満たす整数 m を求める．

①′ より，

$$7 + 7 < 7 + 2\sqrt{13} < 7 + 8$$

であるから，

$$\frac{14}{3} < \frac{7 + 2\sqrt{13}}{3} < \frac{15}{3}$$

すなわち，

$$\frac{14}{3} < b < \frac{15}{3} \qquad (④ より)$$

となる．

4

したがって，(＊) を満たす整数は 14 となる．よって，③ から，

$$\frac{14}{3} < \frac{1}{a} < \frac{15}{3}$$

すなわち，

$$\left(\frac{1}{5} =\right) \frac{3}{15} < a < \frac{3}{14} \qquad \cdots ⑥$$

が成り立つ．

⑤ より，$\sqrt{13}$ の整数部分は 3 である．さらに，② より，

$$2\sqrt{13} = a + 7$$

すなわち，

$$\sqrt{13} = \frac{1}{2}(a+7) \qquad \cdots ②'$$

である．

⑥ より，

$$\frac{1}{5} + 7 < a + 7 < \frac{3}{14} + 7$$

すなわち，

$$\frac{36}{5} < a + 7 < \frac{101}{14}$$

であるから，

$$\frac{18}{5} < \frac{1}{2}(a+7) < \frac{101}{28}$$

である．よって，上の不等式は，②′ より，

$$3.60 < \sqrt{13} < 3.6071\cdots$$

となるから，$\sqrt{13}$ の小数第 1 位の数字は 6 ，小数第 2 位の数字は 0 であることがわかる．

〔2〕

与えられた条件より，坂の傾斜角 ∠DCP の大きさと同じ角の大きさをもつ直角三角形 STU を考え，3 点 S，T，U を次図のようにおく．

ST＝100 とすると，与えられた条件より，UT＝7 となるから，

$$\tan\angle UST = \frac{7}{100} = 0.07$$

であり，三角比の表を用いると，

→ 実数 x に対して，

$$n \le x < n+1$$

を満たす整数 n を x の整数部分という．

$$\frac{7}{2} < \sqrt{13} < \frac{8}{2}. \qquad \cdots ⑤$$

直角三角形と三角比

$$\sin\theta = \frac{b}{c},$$
$$\cos\theta = \frac{a}{c},$$
$$\tan\theta = \frac{b}{a}.$$

$(0.0699 =) \tan 4° < \tan \angle \text{UST} < \tan 5° (= 0.0875)$

となる.

よって,

$$4° < \angle \text{UST} < 5°$$

である.

したがって, $\angle \text{DCP} = \angle \text{UST}$ であるから,

$$n° < \angle \text{DCP} < n° + 1$$

を満たす 1 以上 9 以下の整数 n の値は $\boxed{4}$ である.

以下, $\angle \text{DCP} = 4°$ であるとする.

← A, B, C はすべて $0°$ より大きく $90°$ より小さい角とする.

$$A < B < C$$
$$\iff \tan A < \tan B < \tan C.$$

点 D から直線 BP に垂直な直線を引き, 直線 BP との交点を H とすると, 四角形 BEDH は長方形であるから,

$$\text{BE} = \text{HD}, \quad \text{ED} = \text{BH} \qquad \cdots ①$$

である. ここで, 直角三角形 CHD に注目すると,

$$\begin{cases} \text{HD} = \text{CD} \times \sin \angle \text{DCH} = \text{CD} \times \sin \angle \text{DCP}, & \cdots ② \\ \text{CH} = \text{CD} \times \cos \angle \text{DCH} = \text{CD} \times \cos \angle \text{DCP}, & \cdots ②' \end{cases}$$

← $\begin{cases} \sin \angle \text{DCH} = \dfrac{\text{DH}}{\text{CD}}, \\ \cos \angle \text{DCH} = \dfrac{\text{CH}}{\text{CD}}. \end{cases}$

であるから, ① と ② および $\text{CD} = 4$ より,

$$\text{BE} = \text{HD} = \boxed{4} \times \sin \angle \text{DCP} \, (\text{m}) \quad \boxed{0} \cdots \text{セ}$$

であり, ① と ②′ および $\text{CD} = 4$ より,

$$\text{DE} = \text{BH} = \text{BC} + \text{CH}$$
$$= \left(\boxed{7} + \boxed{4} \times \cos \angle \text{DCP} \right) (\text{m})$$
$$\boxed{2} \cdots \text{チ}$$

である.

与えられた条件より, 三角形 ADE が $\text{AE} = \text{DE}$ の直角二等辺三角形であることに注意すると,

$$\text{AB} = \text{AE} + \text{EB}$$
$$= \text{DE} + \text{BE}$$
$$= (7 + 4 \times \cos \angle \text{DCP}) + 4 \times \sin \angle \text{DCP}$$
$$= 7 + 4(\cos 4° + \sin 4°)$$
$$= 7 + 4(0.9976 + 0.0698) \quad (\text{三角比の表より})$$

← $\angle \text{DCP} = 4°$.

$$= 7 + 4 \cdot 1.0674$$
$$= 7 + 4.2696$$
$$= 11.2696$$

である.

　よって，電柱の高さ（線分 AB の長さ）は，小数第2位で四捨五入すると 11.3 m であることがわかる.

 …ツ

　直角三角形 ADE に注目すると，

$$\begin{aligned} AE &= DE \times \tan 42° \\ &= BH \times \tan 42° \quad (\text{① より}) \\ &= (BC + CH) \times \tan 42° \\ &= (7 + CD \times \cos \angle DCP) \times \tan 42° \quad (\text{②' より}) \end{aligned}$$

← $\tan 42° = \dfrac{AE}{DE}$.

であるから，

$$AB = AE + EB$$

より，

$$AB = (7 + CD \times \cos \angle DCP) \times \tan 42° + CD \times \sin \angle DCP$$

← $\begin{aligned} EB &= DH \quad (\text{① より}) \\ &= CD \times \sin \angle DCP \quad (\text{② より}). \end{aligned}$

すなわち，

$$(\sin \angle DCP + \cos \angle DCP \times \tan 42°)CD = AB - 7 \times \tan 42°$$

である.

　よって，

$$CD = \dfrac{AB - \boxed{7} \times \tan 42°}{\sin \angle DCP + \cos \angle DCP \times \tan 42°} \text{ m}$$

$$\left(\boxed{⑤} \cdots\text{ト}, \quad \boxed{⓪} \cdots\text{ナ}, \quad \boxed{①} \cdots\text{ニ} \right)$$

である．AB ＝ 11.3 m として，これを計算することにより，この日の電柱の影について，坂にある部分の長さは，前回調べた4mより約1.2mだけ長いことがわかる.

← 三角比の表を用いて実際に計算してみると，

$$\begin{aligned} CD &= \dfrac{11.3 - 7 \times 0.9004}{0.0698 + 0.9976 \times 0.9004} \\ &\fallingdotseq \dfrac{4.9972}{0.9680} \\ &\fallingdotseq 5.1623 \fallingdotseq 5.2 \text{(m)} \end{aligned}$$

となる.

第2問　2次関数，データ分析

〔1〕

△PBQ の面積を S とする．

(1) 開始時刻から1秒後の点 P，Q は次図の位置にある．

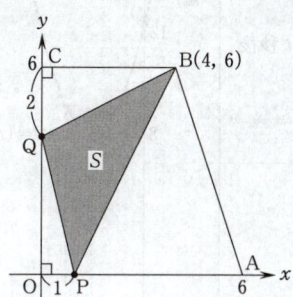

OP $=1$，CQ $=2$，OQ $=4$ より，開始時刻から1秒後の S は，

$$S = \left(\begin{array}{l}\text{台形 OPBC}\\\text{の面積}\end{array}\right) - \triangle\text{OPQ} - \triangle\text{BCQ}$$

$$= \frac{1}{2}(1+4)\cdot 6 - \frac{1}{2}\cdot 1 \cdot 4 - \frac{1}{2}\cdot 4 \cdot 2$$

$$= \boxed{9}$$

である．

これ以降，開始時刻から t 秒後（$0 \leqq t \leqq 6$）の S について考える．

← 開始時刻から3秒間において，P は毎秒1の一定の速さで O から x 軸上を正の向きに移動する．Q は毎秒2の一定の速さで C から y 軸上を負の向きに移動する．

← 終了時刻は6秒後であるから，$0 \leqq t \leqq 6$ とした．

(2) 開始時刻から3秒後までにおいて，t 秒後の点 P，Q は次図の位置にある．

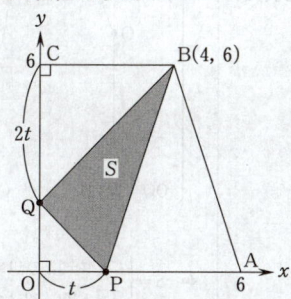

OP $=t$，CQ $=2t$，OQ $=6-2t$ より，開始時刻から t 秒後（$0 \leqq t \leqq 3$）の S は，

$$S = \left(\begin{array}{l}\text{台形 OPBC}\\\text{の面積}\end{array}\right) - \triangle\text{OPQ} - \triangle\text{BCQ}$$

$$= \frac{1}{2}\cdot(t+4)\cdot 6 - \frac{1}{2}\cdot t \cdot (6-2t) - \frac{1}{2}\cdot 4 \cdot 2t$$

← OQ $=$ OC $-$ CQ $= 6-2t$．

$$= t^2 - 4t + 12$$
$$= (t-2)^2 + 8 \quad (0 \leqq t \leqq 3)$$

である.

よって, $0 \leqq t \leqq 3$ より, △PBQ の面積の最小値は

 8 であり, 最大値は 12 である.

(3) 3秒後から終了時刻(6秒後)までにおいて, t 秒後の点 P, Q は次図の位置にある.

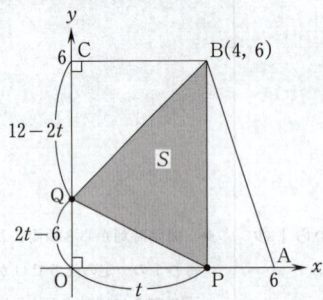

OP $= t$, OQ $= 2t-6$, CQ $= 12-2t$ より, 開始時刻から t 秒後 $(3 \leqq t \leqq 6)$ の S は,

$$S = \begin{pmatrix} \text{台形 OPBC} \\ \text{の面積} \end{pmatrix} - \triangle\text{OPQ} - \triangle\text{BCQ}$$

$$= \frac{1}{2} \cdot (t+4) \cdot 6 - \frac{1}{2} \cdot t \cdot (2t-6) - \frac{1}{2} \cdot 4 \cdot (12-2t)$$

$$= -t^2 + 10t - 12$$

$$= -(t-5)^2 + 13 \quad (3 \leqq t \leqq 6)$$

である.

これより, $0 \leqq t \leqq 6$ の S について次のグラフを得る.

← 線分 OQ, CQ の長さは次のように考えるとよい.

OQ の長さ　　CQ の長さ

OQ $= 2t-6$. 　 CQ $= 12-2t$.

← $S = \begin{cases} t^2 - 4t + 12 & (0 \leqq t \leqq 3 \text{ のとき}), \\ -t^2 + 10t - 12 & (3 \leqq t \leqq 6 \text{ のとき}) \end{cases}$

$= \begin{cases} (t-2)^2 + 8 & (0 \leqq t \leqq 3 \text{ のとき}), \\ -(t-5)^2 + 13 & (3 \leqq t \leqq 6 \text{ のとき}). \end{cases}$

よって，グラフから，開始時刻から終了時刻までの $\triangle$PBQ の面積について，面積の最小値は $\boxed{8}$

であり，最大値は $\boxed{13}$ である．

(4) $S=10$ となる t の値をまず求める．

・$0 \leqq t \leqq 3$ のとき．

$(t-2)^2+8=10$ を解くと，

$$(t-2)^2=2 \quad \text{かつ} \quad 0 \leqq t \leqq 3$$

より，

$$t=2-\sqrt{2}.$$

・$3 \leqq t \leqq 6$ のとき．

$-(t-5)^2+13=10$ を解くと，

$$(t-5)^2=3 \quad \text{かつ} \quad 3 \leqq t \leqq 6$$

より，

$$t=5-\sqrt{3}.$$

これより，$0 \leqq t \leqq 6$ の $\triangle$PBQ の面積について次のグラフを得る．

よって，グラフから，開始時刻から終了時刻までの $\triangle$PBQ の面積について，面積が 10 以下となる時間は，

$$(5-\sqrt{3})-(2-\sqrt{2})$$

$$=\left(\boxed{3}-\sqrt{\boxed{3}}+\sqrt{\boxed{2}}\right) \text{秒間}$$

である．

◆　次のように実際に不等式を解いて求めてもよい．

・$0 \leqq t \leqq 3$ のとき．

$S \leqq 10$ を解くと，

$$t^2-4t+12 \leqq 10$$

$$t^2-4t+2 \leqq 0$$

$$2-\sqrt{2} \leqq t \leqq 2+\sqrt{2}.$$

$0 \leqq t \leqq 3$ より，

$$2-\sqrt{2} \leqq t \leqq 3. \quad \cdots \text{①}$$

・$3 \leqq t \leqq 6$ のとき．

$S \leqq 10$ を解くと，

$$-t^2+10t-12 \leqq 10$$

$$t^2-10t+22 \geqq 0$$

$$t \leqq 5-\sqrt{3}, \ 5+\sqrt{3} \leqq t.$$

$3 \leqq t \leqq 6$ より，

$$3 \leqq t \leqq 5-\sqrt{3}. \quad \cdots \text{②}$$

したがって，$\triangle$PBQ の面積が 10 以下となる t の値の範囲は，①，② より，

$$2-\sqrt{2} \leqq t \leqq 5-\sqrt{3}.$$

ゆえに，面積が 10 以下となる時間は，

$$(5-\sqrt{3})-(2-\sqrt{2})=3-\sqrt{3}+\sqrt{2} \ (\text{秒間})$$

である．

10

〔2〕
(1)(i)　図1のAのヒストグラムと図2のBのヒストグラムを度数分布表にまとめると次のようになる.

図1
A

階級	度数	累積度数
360 秒以上 390 秒未満	1	1
390 秒以上 420 秒未満	2	3
420 秒以上 450 秒未満	1	4
450 秒以上 480 秒未満	9	13
480 秒以上 510 秒未満	10	23
510 秒以上 540 秒未満	19	42
540 秒以上 570 秒未満	8	50

図2
B

階級	度数	累積度数
270 秒以上 300 秒未満	1	1
300 秒以上 330 秒未満	1	2
330 秒以上 360 秒未満	0	2
360 秒以上 390 秒未満	2	4
390 秒以上 420 秒未満	5	9
420 秒以上 450 秒未満	10	19
450 秒以上 480 秒未満	16	35
480 秒以上 510 秒未満	14	49
510 秒以上 540 秒未満	1	50

　　図1の度数分布表からAの最頻値は階級 510 秒以上 540 秒未満の階級値である.（ ⑧ …サ）

　　また，Bの中央値はBの速い方から 25 番目のベストタイムと 26 番目のベストタイムの平均値であり，その値が含まれる階級は図2の度数分布表から 450 秒以上 480 秒未満である.（ ⑥ …シ）

(ii)　速い方から 13 番目の選手のベストタイムは第1四分位数である.

データAは，2018年より前にベストタイムを出した選手のうち，速い方から50人の選手のベストタイム.

　データBは，2018年以降にベストタイムを出した選手のうち，速い方から50人の選手のベストタイム.

　最初の階級からその階級までの度数をすべて合計したものを累積度数という.

　データにおいて最も個数の多い値を最頻値という. とくに，データが度数分布表で与えられているときは，度数の最も大きい階級の階級値を最頻値とする.

　累積度数がはじめて 26 以上になる階級である.

・図3より，Bの速い方から13番目の選手のベスト
タイム(約435秒)は，Aの速い方から13番目の選
手のベストタイム(約480秒)より，およそ45秒速
い．($\boxed{④}$ …ス)

・Aの四分位範囲(約535−約480＝約55秒)からB
の四分位範囲(約485−約435＝約50秒)を引いた
差の絶対値は約5，すなわち，0以上20未満であ
る．($\boxed{⓪}$ …セ)

(iii) ┌─ 式 ──────────────
$\left(\begin{array}{c}\text{あるデータのある}\\ \text{選手のベストタイム}\end{array}\right)=\left(\begin{array}{c}\text{そのデータ}\\ \text{の平均値}\end{array}\right)+z\times\left(\begin{array}{c}\text{そのデータの}\\ \text{標準偏差}\end{array}\right)$

式と表1を用いると，Bの1位の選手のベスト
タイムに対するzの値は，
$$296=454+z\times45$$
より，
$$z=-3.511\cdots=-\boxed{3}.\boxed{51}$$
である．

また，Aの1位の選手のベストタイムに対するz
の値は，
$$376=504+z\times40$$
より，
$$z=-3.2$$
である．

これより，Bの1位の選手のベストタイムは，平
均値より標準偏差のおよそ3.51倍だけ小さく，Aの
1位の選手のベストタイムは，平均値より標準偏差
の3.2倍だけ小さい．

したがって，ベストタイムで比較するとBの1の
位の選手の方が速く，zの値で比較するとBの1位
の選手の方が優れている．

ゆえに，A，Bそれぞれにおける，1位の選手につ
いての記述として，正しいものは $\boxed{①}$ (…ツ)で
ある．

(2)(a) 正しい．
(b) 誤っている．

図3　AとBの箱ひげ図

← $\left(\begin{array}{c}\text{四分位}\\ \text{範囲}\end{array}\right)=\left(\begin{array}{c}\text{第3四分}\\ \text{位数}\end{array}\right)-\left(\begin{array}{c}\text{第1四分}\\ \text{位数}\end{array}\right)$

← 表1　1位の選手のベストタイム，平
均値，標準偏差

データ	1位の選手のベストタイム	平均値	標準偏差
A	376	504	40
B	296	454	45

← (Bのzの値)<(Aのzの値).
‖‖
$-3.51-3.2$

図4　マラソンと10000 m
　　の散布図

図5　5000 m と10000 m
　　の散布図

← 2つの変量の間に相関があるとき，散布図における点の分布の様子が1つの直線に接近しているほど相関が強いといい，散らばっているほど相関は弱いという.

　　図4と図5を比較すると，マラソンと10000 m の間の相関は，5000 m と10000 m の間の相関より弱いことがわかる.

　　よって，(a), (b) の正誤の組合せとして正しいものは

①　(…テ) である.

第3問　場合の数・確率

(1)(i)　2回の試行において，カードの取り出し方は全部で 2^2 通りあり，すべて同様に確からしい．

2回の試行で A，B がそろっている取り出し方は，

　　・1回目に Ⓐ，2回目に Ⓑ を取り出すとき，

　　・1回目に Ⓑ，2回目に Ⓐ を取り出すとき

の2通りがある．よって，2回の試行で A，B がそろっている確率は，

$$\frac{2}{2^2} = \boxed{\dfrac{1}{2}}$$

1回目	2回目
A	B
B	A

である．

(ii)　3回の試行において，カードの取り出し方は全部で 2^3 通りあり，すべて同様に確からしい．

3回の試行で A，B がそろっている取り出し方は，3回の試行のうち，

　　・Ⓐ を1回，Ⓑ を2回取り出すとき，

　　・Ⓐ を2回，Ⓑ を1回取り出すとき

の2つの場合があり，ともに3通りある．

1回目	2回目	3回目
A	A	B
A	B	A
B	A	A

したがって，3回の試行で A，B がそろっている取り出し方は，

$$3+3 = \boxed{6} \quad (\text{通り})$$

ある．よって，3回の試行で A，B がそろっている確率は，

$$\frac{6}{2^3} = \frac{3}{4}$$

である．

(iii)　4回の試行において，カードの取り出し方は全部で 2^4 通りあり，すべて同様に確からしい．

4回の試行で A，B がそろっている取り出し方は，

　　・Ⓐ を1回，Ⓑ を3回取り出すとき，

　　・Ⓐ を2回，Ⓑ を2回取り出すとき，

　　・Ⓐ を3回，Ⓑ を1回取り出すとき

の3つの場合があり，順に4通り，$\dfrac{4!}{2!2!} = 6$（通り），4通りある．

1回目	2回目	3回目	4回目
A	B	B	B
B	A	B	B
B	B	A	B
B	B	B	A

1回目	2回目	3回目	4回目
A	A	B	B
A	B	A	B
A	B	B	A
B	A	A	B
B	A	B	A
B	B	A	A

したがって，4回の試行で A，B がそろっている取り出し方は，

$$4+6+4 = \boxed{14} \text{ (通り)}$$

ある．よって，4回の試行でA，Bがそろっている確率は，

$$\frac{14}{2^4} = \frac{\boxed{7}}{\boxed{8}}$$

である．

(2)(i) 3回の試行において，カードの取り出し方は全部で3^3通りあり，すべて同様に確からしい．

3回目の試行で初めてA，B，Cがそろう取り出し方は，

・2回目でA，Bがそろって，3回目に$\boxed{C}$を取り出すとき，
・2回目でB，Cがそろって，3回目に$\boxed{A}$を取り出すとき，
・2回目でC，Aがそろって，3回目に$\boxed{B}$を取り出すとき

の3つの場合があり，すべて2通りずつある．

したがって，3回目の試行で初めてA，B，Cがそろう取り出し方は，

$$2+2+2 = \boxed{6} \text{ (通り)}$$

ある．よって，3回目の試行で初めてA，B，Cがそろう確率は，

$$\frac{6}{3^3} = \frac{2}{9}$$

である．

(ii) 4回の試行において，カードの取り出し方は全部で3^4通りあり，すべて同様に確からしい．

4回目の試行で初めてA，B，Cがそろう取り出し方は，

・3回目でA，Bがそろって，4回目に$\boxed{C}$を取り出すとき，
・3回目でB，Cがそろって，4回目に$\boxed{A}$を取り出すとき，
・3回目でC，Aがそろって，4回目に$\boxed{B}$を取り出すとき

の3つの場合があり，(1)の(ii)を振り返ることにより，すべて6通りずつあることがわかるから，

$$3 \times 6 \ (=18) \text{ (通り)}$$

ある．よって，4回目の試行で初めてA，B，Cがそろう確率は，

$$\frac{3 \times 6}{3^4} = \frac{\boxed{2}}{\boxed{9}}$$

である．

← 次のように求めてもよい．

4回の試行が終わっても，A，Bがそろっていないカードの取り出し方は，

・4回すべて$\boxed{A}$を取り出すとき，
・4回すべて$\boxed{B}$を取り出すとき

の2通りがあるから，A，Bがそろっている取り出し方は，

$$2^4 - 2 = 14 \text{ (通り)}.$$

←

1回目	2回目	3回目
$\boxed{A}$	$\boxed{B}$	$\boxed{C}$
$\boxed{B}$	$\boxed{A}$	$\boxed{C}$

←

1回目	2回目	3回目	4回目
$\boxed{A}$	$\boxed{A}$	$\boxed{B}$	$\boxed{C}$
$\boxed{A}$	$\boxed{B}$	$\boxed{A}$	$\boxed{C}$
$\boxed{B}$	$\boxed{A}$	$\boxed{A}$	$\boxed{C}$
$\boxed{A}$	$\boxed{B}$	$\boxed{B}$	$\boxed{C}$
$\boxed{B}$	$\boxed{A}$	$\boxed{B}$	$\boxed{C}$
$\boxed{B}$	$\boxed{B}$	$\boxed{A}$	$\boxed{C}$

(iii) 5回の試行において，カードの取り出し方は全部で 3^5 通りあり，すべて同様に確からしい.

5回目の試行で初めて A，B，C がそろう取り出し方は，

・4回目で A，B がそろって，5回目に Ⓒ を取り出すとき，
・4回目で B，C がそろって，5回目に Ⓐ を取り出すとき，
・4回目で C，A がそろって，5回目に Ⓑ を取り出すとき

の3つの場合があり，(1)の(iii)を振り返ることにより，すべて 14 通りずつあることがわかるから，

$$3 \times 14 = \boxed{42} \quad (\text{通り})$$

ある.よって，5回目の試行で初めて A，B，C がそろう確率は，

$$\frac{42}{3^5} = \frac{14}{81}$$

である.

(3) 6回の試行において，カードの取り出し方は全部で 4^6 通りあり，すべて同様に確からしい.

Ⓐ，Ⓑ，Ⓒ のそれぞれが少なくとも1回は取り出されていて6回目の試行で初めて Ⓓ が取り出される場合を考えてみる.

(I) 3回目の試行で初めて A，B，C だけがそろうとき.

・3回目の試行で初めて A，B，C だけがそろう取り出し方…6通り，
・4回目，5回目のカードの取り出し方…3×3=9 (通り)，
・6回目のカードの取り出し方…1通り

← (2)の(i)を振り返るとよい.
← 4回目，5回目はともに Ⓐ，Ⓑ，Ⓒ の中から1枚を取り出せばよい.
└ 6回目は Ⓓ を取り出す.

であるから，(I)の取り出し方は，

$$6 \times 9 \times 1 = \boxed{54} \quad (\text{通り})$$

ある.

(II) 4回目の試行で初めて A，B，C だけがそろうとき.

・4回目の試行で初めて A，B，C だけがそろう取り出し方…18通り，
・5回目のカードの取り出し方…3通り，
・6回目のカードの取り出し方…1通り

← (2)の(ii)を振り返るとよい.
← 5回目は Ⓐ，Ⓑ，Ⓒ の中から1枚を取り出せばよい.
└ 6回目は Ⓓ を取り出す.

であるから，(II)の取り出し方は，

$$18 \times 3 \times 1 = \boxed{54} \quad (\text{通り})$$

ある.

(III) 5回目の試行で初めて A，B，C だけがそろうとき.

16

$$\begin{cases} \text{・5回目の試行で初めてA, B, Cだけがそろう取り出し方…42通り,}\\ \text{・6回目のカードの取り出し方…1通り} \end{cases}$$

であるから，(Ⅲ)の取り出し方は，

$$42 \times 1 = 42 \ （通り）$$

ある．

したがって，$\boxed{A}$，$\boxed{B}$，$\boxed{C}$ のそれぞれが少なくとも1回は取り出されていて6回目の試行で初めて $\boxed{D}$ が取り出されてA，B，C，Dが初めてそろうときの取り出し方は，(Ⅰ)，(Ⅱ)，(Ⅲ)より，

$$54 + 54 + 42 = 150 \ （通り）$$

ある．

また，6回目の試行で初めて $\boxed{A}$ が取り出されてA，B，C，Dが初めてそろう場合や，6回目の試行で初めて $\boxed{B}$ が取り出されてA，B，C，Dが初めてそろう場合や，6回目の試行で初めて $\boxed{C}$ が取り出されてA，B，C，Dが初めてそろう場合も同様に150通りずつある．

以上から，6回目の試行で初めてA，B，C，Dがそろう確率は，

$$\frac{4 \times 150}{4^6} = \frac{\boxed{75}}{\boxed{512}}$$

である．

← 6回目は $\boxed{D}$ を取り出す．

第4問　整数の性質

(1) 10進数40を6進法で表すことを考えるとよいので,

$$40 = 1 \cdot 6^2 + 0 \cdot 6^1 + 4 \cdot 6^0 (= 104_{(6)})$$

となるから, T6は, スタートしてから10進数で40秒後に $\boxed{104}$ と表示される.

2進数 $10011_{(2)}$ を4進法で表すことを考えるとよいので,

$$10011_{(2)} = 1 \cdot 2^4 + 0 \cdot 2^3 + 0 \cdot 2^2 + 1 \cdot 2^1 + 1 \cdot 2^0$$
$$= 1 \cdot 4^2 + 0 \cdot 4^1 + 3 \cdot 4^0 (= 103_{(4)})$$

となるから, T4は, スタートしてから2進数で $10011_{(2)}$ 秒後に $\boxed{103}$ と表示される.

(2) T4をスタートさせた後, 初めて表示が000に戻るのは,

「333と表示された1秒後」

である. よって, 4進数 $333_{(4)}$ を10進法で表すと,

$$333_{(4)} = 3 \cdot 4^2 + 3 \cdot 4^1 + 3 \cdot 4^0$$
$$= 63$$

であるから, T4をスタートさせた後, 初めて表示が000に戻るのは, スタートしてから10進数で $\boxed{64}$ 秒後であり, その後も64秒ごとに表示が000に戻る.

T6をスタートさせた後, 初めて表示が000に戻るのは,

「555と表示された1秒後」

である. よって, 6進数 $555_{(6)}$ を10進法で表すと,

$$555_{(6)} = 5 \cdot 6^2 + 5 \cdot 6^1 + 5 \cdot 6^0$$
$$= 215$$

であるから, T6をスタートさせた後, 初めて表示が000に戻るのは, スタートしてから10進数で216秒後であり, その後も216秒ごとに表示が000に戻る.

64と216の最小公倍数は1728であるから, T4とT6を同時にスタートさせた後, 初めて表示が同時に000に戻るのは, スタートしてから10進数で $\boxed{1728}$ 秒後であることがわかる.

(3) T4が012と表示されるのは, $1 \cdot 4^1 + 2 \cdot 4^0 = 6$ より, 000と表示されてから10進数で6秒後である. このことと T4は64秒後ごとに表示が000に戻ることに注意すると, T4をスタートさせて表示が012となるのは,

---

←
$$\begin{array}{r} 6)\underline{40} \\ 6)\underline{\ 6}\ \cdots 4 \\ 6)\underline{\ 1}\ \cdots 0 \\ 0\ \cdots 1 \end{array}$$

← 2進数 $10011_{(2)}$ をまず10進法で表してから4進法に表してもよく, 次のようになる.

$$10011_{(2)} = 1 \cdot 2^4 + 1 \cdot 2^1 + 1 \cdot 2^0 = 19$$

となるから,

$$19 = 1 \cdot 4^2 + 0 \cdot 4^1 + 3 \cdot 4^0.$$

$$\begin{array}{r} 4)\underline{19} \\ 4)\underline{\ 4}\ \cdots 3 \\ 4)\underline{\ 1}\ \cdots 0 \\ 0\ \cdots 1 \end{array}$$

よって, 2進数 $10011_{(2)}$ を4進数で表すと,

$$103_{(4)}.$$

初めて表示が333となるのは, 10進数で63秒後である.

← 初めて表示が555となるのは, 10進数で215秒後である.

←
$$64 = 2^6,$$
$$216 = 2^3 \times 3^3$$

より, 64と216の最小公倍数は, $2^6 \times 3^3$, つまり, 1728.

---

x を 0 以上の整数として，10 進数で $(64x+6)$ 秒後である．よって，0 以上の整数 ℓ に対して，T4 をスタートさせた ℓ 秒後に T4 が 012 と表示されることと

    ℓ を $\boxed{64}$ で割った余りが $\boxed{6}$ であること

← $\ell = 64x+6$ となる．

は同値である．

    T3 が 012 と表示されるのは，$1 \cdot 3^1 + 2 \cdot 3^0 = 5$ より，000 と表示されてから 10 進数で 5 秒後である．また，T3 の表示が 000 に戻るのは，$2 \cdot 3^2 + 2 \cdot 3^1 + 2 \cdot 3^0 = 26$ より，27 秒ごとであるから，T3 をスタートさせて表示が 012 となるのは，y を 0 以上の整数として，10 進数で $(27y+5)$ 秒後である．よって，0 以上の整数 ℓ に対して，T3 をスタートさせた ℓ 秒後に T3 が 012 と表示されることと

    ℓ を 27 で割った余りが 5 であること

は同値である．

    ここで，T3 と T4 を同時にスタートさせた ℓ 秒後に両方が同時に 012 と表示されるとすると，

$$(\ell =)\ 64x+6 = 27y+5$$

すなわち，

$$27y - 64x = 1 \qquad \cdots ①$$

が成り立つ．

    $x = 8$，$y = 19$ は ① を満たすから，

$$27 \times 19 - 64 \times 8 = 1 \qquad \cdots ②$$

である．

    ①−② より，

$$27(y-19) - 64(x-8) = 0$$

すなわち，

$$27(y-19) = 64(x-8)$$

と変形できる．

    27 と 64 は互いに素であることより，

    $y-19$ は 64 の倍数，$x-8$ は 27 の倍数

であるから，整数 k を用いて，

$$\begin{cases} x-8 = 27k, \\ y-19 = 64k \end{cases}$$

と表せる．

    よって，① を満たす整数 x，y は，

$$(x, y) = (27k+8,\ 64k+19)$$

である．

    これより，ℓ の値は，$x = 27k+8$ を $\ell = 64x+6$ に

← $\ell = 27y+5$ となる．

x と y についての不定方程式
$$ax + by = c$$
$$\begin{pmatrix} a,\ b,\ c \text{ は整数の定数,} \\ a,\ b \text{ は互いに素} \end{pmatrix}$$
の整数解は，一組の解
$$(x, y) = (x_0, y_0)$$
を用いて，
$$a(x - x_0) = b(y_0 - y)$$
と変形し，次の性質を用いて求める．
$$\begin{cases} x - x_0 \text{ は } b \text{ の倍数,} \\ y - y_0 \text{ は } a \text{ の倍数} \end{cases}$$
である．

$$64 = 27 \times 2 + 10,$$
$$27 = 10 \times 2 + 7,$$
$$10 = 7 \times 1 + 3,$$
$$7 = 3 \times 2 + 1.$$
余りに注目して逆をたどると，
$$1 = 7 - 3 \times 2$$
$$= 7 - (10 - 7 \times 1) \times 2$$
$$= 7 \times 3 - 10 \times 2$$
$$= (27 - 10 \times 2) \times 3 - 10 \times 2$$
$$= 27 \times 3 - 10 \times 8$$
$$= 27 \times 3 - (64 - 27 \times 2) \times 8$$
$$= 27 \times 19 - 64 \times 8$$
となるから，
$$27 \times 19 - 64 \times 8 = 1.$$

$y = 64k+19$ を $\ell = 27y+5$ に代入して，
$$\ell = 27(64k+19) + 5$$
$$= 1728k + 518$$
と求めてもよい．

代入すると,

$$\ell = 64(27k+8)+6 = 1728k+518 \qquad \cdots ③$$

となる.

　したがって, T3 と T4 を同時にスタートさせてから, 初めて両方が同時に 012 と表示されるまでの時間を m 秒とするとき, m は 10 進法で表すと, ③において $k=0$ を代入して $\boxed{518}$ と表される.

　T6 が 012 と表示されるのは, $1 \cdot 6^1 + 2 \cdot 6^0 = 8$ より, 000 と表示されてから 10 進数で 8 秒後である. また, T6 は 216 秒ごとに表示が 000 に戻るから, T6 をスタートさせて表示が 012 となるのは, z を 0 以上の整数として, 10 進数で $(216z+8)$ 秒後である. よって, 0 以上の整数 ℓ に対して, T6 をスタートさせた ℓ 秒後に T6 が 012 と表示されることと

　　　ℓ を 216 で割った余りが 8 であること

は同値である.　　　　　　　　　　　　← $\ell = 216z+8$ となる.

　ここで, T4 と T6 を同時にスタートさせた ℓ 秒後に両方が同時に 012 と表示されるとすると,

$$(\ell =) \; 64x+6 = 216z+8$$

すなわち,

$$32x-108z = 1 \qquad \cdots ④$$

が成り立つ.

　ところが, x, z は整数より, 左辺は偶数で, 右辺は奇数であるから ④ を満たす整数 x, z は存在しない.

　したがって, T4 と T6 を同時にスタートさせてから, 両方が同時に 012 と表示されることはない.

$\left(\boxed{③} \cdots \text{テ}\right)$

第5問　図形の性質

図　1

(1)

△AQD と直線 CE にメネラウスの定理を用いると，

$$\frac{QR}{RD} \cdot \frac{DS}{SA} \cdot \frac{AC}{CQ} = 1 \quad \left(\boxed{0} \cdots \mathcal{T} \right)$$

が成り立つので，

$$\frac{QR}{RD} \cdot \frac{3}{2} \cdot \frac{8}{3} = 1$$

すなわち，

$$\frac{QR}{RD} = \frac{1}{4}$$

であるから，

$$QR : RD = \boxed{1} : \boxed{4} \qquad \cdots (*)$$

となる．

メネラウスの定理

図において，

$$\frac{AN}{NB} \times \frac{BL}{LC} \times \frac{CM}{MA} = 1.$$

△AQD と直線 BE にメネラウスの定理を用いると，

$$\frac{AP}{PQ} \cdot \frac{QB}{BD} \cdot \frac{DT}{TA} = 1$$

が成り立つので，

$$\frac{2}{3} \cdot \frac{QB}{BD} \cdot \frac{4}{1} = 1$$

すなわち，

$$\frac{QB}{BD} = \frac{3}{8}$$

であるから，

$$QB : BD = \boxed{3} : \boxed{8} \qquad \cdots (**)$$

となる．したがって，(*), (**) より，

$$BQ : QR : RD = 3 : 1 : 4 \qquad \cdots (※) \quad \leftarrow$$

となる．

(2)

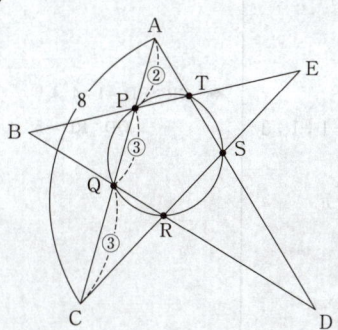

AP : PQ : QC = 2 : 3 : 3 であることと AC = 8 より，

$$AP = 2, \quad PQ = QC = 3$$

である．

(i)

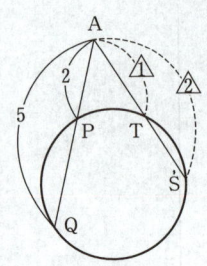

$\Leftarrow$ AQ＝AP＋PQ＝2＋3＝5.

方べきの定理を用いると,

$$AP \cdot AQ = AT \cdot AS$$

が成り立つから, AP＝2, AQ＝5, AT：AS＝1：2 より,

$$2 \cdot 5 = AT \cdot 2AT$$
$$AT^2 = 5$$

となる. よって, AT＞0 より,

$$AT = \sqrt{\boxed{5}}$$

である.

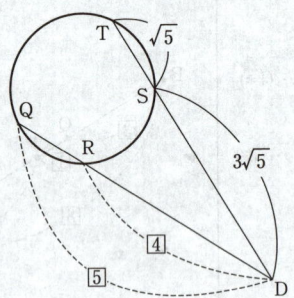

AT＝$\sqrt{5}$ であることと AT：TS：SD＝1：1：3 より,

$$TS = \sqrt{5}, \quad SD = 3\sqrt{5} \quad (DT = 4\sqrt{5})$$

である.

方べきの定理を用いると,

$$DS \cdot DT = DR \cdot DQ$$

が成り立つから, DQ：DR＝5：4 より,

$$3\sqrt{5} \cdot 4\sqrt{5} = DR \cdot \frac{5}{4}DR$$
$$DR^2 = 4^2 \cdot 3$$

となる. よって, DR＞0 より,

$$DR = 4\sqrt{3}$$

である.

$\Leftarrow$ ┌─ 方べきの定理 ─┐
PA・PB＝PC・PD.

$\Leftarrow$ QR：RD＝1：4 より,
QD：RD＝5：4.

(ii)

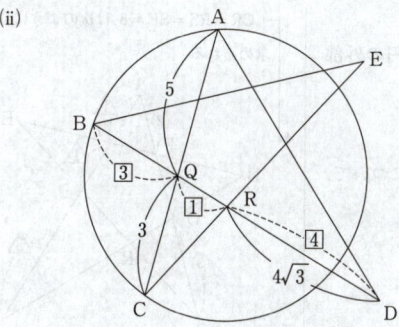

DR $= 4\sqrt{3}$ であることと（※）より，

$$BQ = 3\sqrt{3}, \quad QR = \sqrt{3} \quad (DQ = 5\sqrt{3})$$

であるから，

$$BQ \cdot DQ = 3\sqrt{3} \cdot 5\sqrt{3} = \boxed{45}$$

となる．

これより，AQ・CQ $= 5 \cdot 3 = 15$ かつ BQ・DQ $= 45$ であるから，

$$AQ \cdot CQ < BQ \cdot DQ \quad (\boxed{0} \cdots ケ) \quad \cdots ①$$

が成り立つ．

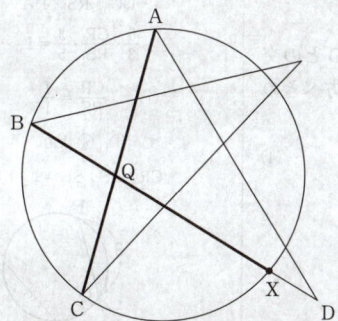

また，3点 A，B，C を通る円と直線 BD との交点のうち，B と異なる点を X とすると，方べきの定理より，

$$AQ \cdot CQ = BQ \cdot XQ \quad (\boxed{①} \cdots コ) \quad \cdots ②$$

が成り立つ．①と②の左辺は同じなので，①と②の右辺を比べることにより，

$$(AQ \cdot CQ =) BQ \cdot XQ < BQ \cdot DQ$$

すなわち，

$$XQ < DQ \quad (\boxed{0} \cdots サ)$$

24

が得られる.

したがって,点 D は 3 点 A, B, C を通る円の外部にある. ②…シ

(iii) $\qquad$ CR = RS = SE = 3.

・3 点 C, D, E を通る円と点 A との位置関係について.

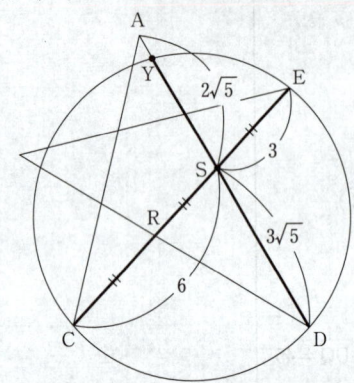

CS·ES = 6·3 = 18 かつ DS·AS = $3\sqrt{5} \times 2\sqrt{5} = 30$
であるから,

$$CS·ES < DS·AS \qquad \cdots ③$$

が成り立つ.

また,3 点 C, D, E を通る円と直線 AD との交点のうち,D と異なる点を Y とすると,方べきの定理より,

$$CS·ES = DS·YS \qquad \cdots ④$$

が成り立つ.

③,④ より,

$$(CS·ES =) \; DS·YS < DS·AS$$

すなわち,

$$YS < AS$$

が得られる.

したがって,点 A は 3 点 C, D, E を通る円の外部にある. ②…ス

CR = RS = SE = 3 は次のようにして求められる.

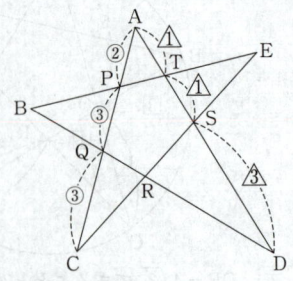

△ACS と直線 BE にメネラウスの定理を用いると,

$$\frac{AP}{PC}·\frac{CE}{ES}·\frac{ST}{TA} = 1$$

$$\frac{2}{6}·\frac{CE}{ES}·\frac{1}{1} = 1$$

$$\frac{CE}{ES} = \frac{3}{1}. \qquad \cdots ①$$

△ACS と直線 BD にメネラウスの定理を用いると,

$$\frac{AQ}{QC}·\frac{CR}{RS}·\frac{SD}{DA} = 1$$

$$\frac{5}{3}·\frac{CR}{RS}·\frac{3}{5} = 1$$

$$\frac{CR}{RS} = \frac{1}{1}. \qquad \cdots ②$$

よって,①,② より,

$$CR : RS : SE = 1 : 1 : 1. \qquad \cdots ③$$

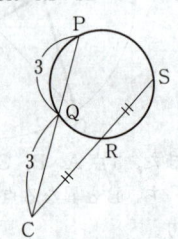

方べきの定理より,

$$CQ·CP = CR·CS$$

$$3·6 = CR·2CR$$

$$CR^2 = 9$$

$$CR = 3.$$

このことと ③ より,

$$CR = RS = SE = 3.$$

— 128 —

・3点C, D, Eを通る円と点Bとの位置関係について.

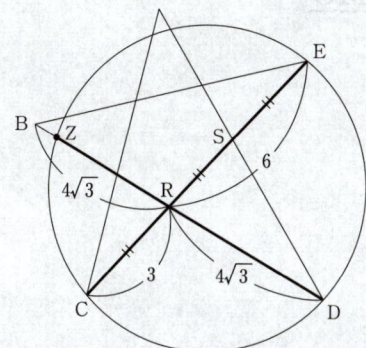

$CR \cdot ER = 3 \cdot 6 = 18$　かつ　$DR \cdot BR = 4\sqrt{3} \cdot 4\sqrt{3} = 48$
であるから,

$$CR \cdot ER < DR \cdot BR \qquad \cdots ⑤$$

が成り立つ.

　また, 3点C, D, Eを通る円と直線BDとの交点のうち, Dと異なる点をZとすると, 方べきの定理より,

$$CR \cdot ER = DR \cdot ZR \qquad \cdots ⑥$$

が成り立つ.

　⑤, ⑥より,

$$(CR \cdot ER =) DR \cdot ZR < DR \cdot BR$$

すなわち,

$$ZR < BR$$

が得られる.

　したがって, 点Bは3点C, D, Eを通る円の外部にある. ② …セ

MEMO

数学Ⅱ・数学B

解答・採点基準　　(100点満点)

問題番号 (配点)	解答記号	正　解	配点	自己採点
第1問 (30)	ア	3	1	
	イウ	10	1	
	(エ, オ)	(1, 0)	2	
	カ	⓪	3	
	キ	⑤	3	
	ク	②	2	
	ケ	②	3	
	コサ, シ	−2, 3	2	
	ス, セ	2, 1	2	
	ソタ	12	1	
	チ	③	3	
	ツ	①	1	
	テ, ト	①, ①	2	
	ナ	③	1*	
	ニヌ	−6	2	
	ネノ	14	1	
第1問　自己採点小計				

問題番号 (配点)	解答記号	正　解	配点	自己採点
第2問 (30)	$\dfrac{ア}{イ}$	$\dfrac{3}{2}$	2	
	ウ, エ	9, 6	1	
	$\dfrac{オ}{カ}$, キ	$\dfrac{9}{2}$, 6	2	
	ク	1	1	
	$\dfrac{ケコ}{サ}$	$\dfrac{5}{2}$	1	
	サ	2	1	
	シ	2	1	
	ス	③	3	
	セ, ソ	⓪, ⑤	2	
	タ	①	2	
	チ	①	4	
	ツ	②	2	
	テ	③	1	
	ト, ナ	④, ②	3	
	ニ, ヌ	⓪, ④	2	
	ネ	②	2	
第2問　自己採点小計				
第3問 (20)	ア	⓪	2	
	イ	③	2	
	ウ, エ	①, ②	3	
	オ	⓪	3	
	カ	3	3	
	キク	33	3	
	$\dfrac{ケコ}{サ}$	$\dfrac{21}{8}$	4	
第3問　自己採点小計				

28

問題番号 (配点)	解答記号	正　解	配点	自己採点
第4問 (20)	アイ，ウエ	24，38	2	
	オカ	14	2	
	キ，$\dfrac{ク}{ケ}$，コ	3，$\dfrac{1}{2}$，3	3	
	サ	1	1	
	シス，セソ	-3，-3	2	
	タ，チツ	1，40	3	
	テ	③	3	
	ト	④	4	
第4問　自己採点小計				
第5問 (20)	(ア，イウ，エ)	(1，-1，1)	2	
	オ	0	2	
	カ	②	3	
	キ，クケ，コサ	3，12，54	3	
	シ	①	3	
	ス	2	3	✕
	(セソ，タチ，ツテ) (トナ，ニヌ，ネノ)	(-3，12，-6) (-7，12，-2)	4	✕
第5問　自己採点小計			13	
自己採点合計				

(注)
1　＊は，解答記号テ，トが両方正解の場合のみ③を
　正解とし，点を与える。
2　第1問，第2問は必答。第3問～第5問のうちか
　ら2問選択。計4問を解答。

第1問　指数関数・対数関数，整式の除法

〔1〕

(1) $$k > 0, \quad k \neq 1.$$

(i) $$3 = \log_3 27 \quad (3^3 = 27)$$

が成り立つから，$y = \log_3 x$ のグラフは点

$\left(27, \boxed{3}\right)$ を通る.

$$1 = \log_2 \frac{10}{5} \quad \left(2^1 = \frac{10}{5}\right)$$

が成り立つから，$y = \log_2 \dfrac{x}{5}$ のグラフは点

$\left(\boxed{10}, 1\right)$ を通る.

> **対数**
> $a > 0, \ a \neq 1, \ M > 0$ のとき
> $$x = \log_a M \iff a^x = M.$$

(ii) k の値によらず

$$0 = \log_k 1 \quad (k^0 = 1)$$

が成り立つから，$y = \log_k x$ のグラフは，k の値に

よらず定点 $\left(\boxed{1}, \boxed{0}\right)$ を通る.

(iii) $$k = 2, \ 3, \ 4.$$

$y = \log_k x$ のグラフは，点 $(1, 0)$ と $(k, 1)$ を通

るから，$y = \log_k x$ のグラフの概形は $\boxed{⓪}$ であ

る.

◀ $1 = \log_k k \quad (k^1 = k).$

$$y = \log_2 kx = \log_2 k + \log_2 x \text{ のグラフは,}$$

$y = \log_2 x$ のグラフを y 軸の正方向に $\log_2 k$ だけ

平行移動したものであるから，$y = \log_2 kx$ のグラ

フの概形は $\boxed{⑤}$ である.

> $a > 0, \ a \neq 1, \ M > 0, \ N > 0$ のとき
> $$\log_a M + \log_a N = \log_a MN.$$

◀ $1 = \log_2 2 < \log_2 3 < \log_2 4.$

(2) $\qquad x>0, \quad x\neq 1, \quad y>0.$

(i) 座標平面において，方程式

$$\log_x y = 2 \quad (y = x^2)$$

の表す図形を図示すると $\boxed{②}$ の $x>0, \; x\neq 1,$ $y>0$ の部分となる．

(ii) $\qquad 0 < \log_x y < 1$

すなわち

$$\log_x 1 < \log_x y < \log_x x$$

より

$$\begin{cases} 1 < y < x \quad (x>1) \\ 1 > y > x \quad (0<x<1) \end{cases}$$

であるから，座標平面において，不等式

$0 < \log_x y < 1$ の表す領域を図示すると $\boxed{②}$ の斜線部分となる．ただし，境界（境界線）は含まない．

〔2〕 $S(x)$ は x の2次式．

x の整式 $P(x)$ を $S(x)$ で割ったときの商が $T(x)$，余りが $U(x)$ であるから

$$P(x) = S(x)T(x) + U(x)$$

が成り立っている．$S(x)$ と $P(x)$ の係数は実数．

(1) $P(x) = 2x^3 + 7x^2 + 10x + 5, \quad S(x) = x^2 + 4x + 7.$

方程式 $S(x) = 0$ の解は $x = \boxed{-2} \pm \sqrt{\boxed{3}}\, i$ である．

また，$T(x) = \boxed{2}\, x - \boxed{1}, \; U(x) = \boxed{12}$ である．

(2) 方程式 $S(x) = 0$ は異なる二つの解 $\alpha, \; \beta$ をもつから

$$S(\alpha) = S(\beta) = 0 \qquad \cdots ①$$

が成り立つ．

← $\log_x 1 = 0, \quad \log_x x = 1.$

← $a>1, \; M>0, \; N>0$ のとき
  $\log_a M < \log_a N \iff M < N.$

← $0<a<1, \; M>0, \; N>0$ のとき
  $\log_a M < \log_a N \iff M > N.$

← これは x についての恒等式．

┌─ 2次方程式の解 ─
2次方程式
$$ax^2 + 2b'x + c = 0$$
の解は
$$\frac{-b' \pm \sqrt{b'^2 - ac}}{a}.$$

(i)　余りが定数になるとき，$U(x)=k$（kは定数)とおける.

　このとき，$P(x)=S(x)T(x)+k$ かつ $S(\alpha)=S(\beta)=0$ が成り立つことから，$P(\alpha)=P(\beta)=k$ となることが導かれる.

（　③　）

　← ① より $P(\alpha)=S(\alpha)T(\alpha)+k=k$, $P(\beta)$ についても同様.

　したがって，余りが定数になるとき，$P(\alpha)=P(\beta)$ が成り立つ.（　①　）

(ii)　逆に，$P(\alpha)=P(\beta)$ が成り立つとき，余りが定数になるかを調べる.

　$S(x)$ が2次式であるから，m, n を定数として $U(x)=mx+n$ とおける. $P(x)$ を $S(x)$, $T(x)$, m, n を用いて表すと

$$P(x)=S(x)T(x)+mx+n$$

となる.（　①　）　この等式の x に α, β を代入すると

$$P(\alpha)=m\alpha+n \quad かつ \quad P(\beta)=m\beta+n$$

となる.（　①　）　辺々を引くと

$$P(\alpha)-P(\beta)=m(\alpha-\beta)$$

となり，$P(\alpha)=P(\beta)$ と $\alpha\neq\beta$ より

$$m=0 \quad （　③　）$$

となる. 以上から余りが定数になることがわかる.

　← ① より
$P(\alpha)=S(\alpha)T(\alpha)+m\alpha+n=m\alpha+n.$
$P(\beta)$ についても同様.

(3)　p は定数.

$$P(x)=x^{10}-2x^9-px^2-5x,$$
$$S(x)=x^2-x-2=(x+1)(x-2).$$

　$S(x)=0$ は異なる二つの解 -1, 2 をもつから，$P(x)$ を $S(x)$ で割った余りが定数 k になるとき

$$P(-1)=P(2)=k$$

すなわち

$$8-p=-4p-10=k$$

が成り立つ. よって，$p=\boxed{-6}$ となり，その余りは $\boxed{14}$ となる.

第2問　微分法・積分法

m は $m>1$ を満たす定数.

$$f(x)=3(x-1)(x-m)=3\{x^2-(1+m)x+m\}.$$

$$S(x)=\int_0^x f(t)\,dt.$$

$$S(0)=\int_0^0 f(t)\,dt=0.$$

$$S'(x)=f(x). \qquad \cdots (*)$$

$S(x)$ の増減は次のようになる.

x	$\cdots$	1	$\cdots$	m	$\cdots$
$S'(x)$	$+$	0	$-$	0	$+$
$S(x)$	↗	極大	↘	極小	↗

よって, $S(x)$ は $x=1$ で極大値 $S(1)$ をとり, $S(x)$ は $x=m$ で極小値 $S(m)$ をとる.

(1)　$f(x)=3(x-1)(x-2)=3(x^2-3x+2)$ $(m=2)$.

(i)
$$f'(x)=3(2x-3)$$

より, $f'(x)=0$ となる x の値は $x=\dfrac{\boxed{3}}{\boxed{2}}$ である.

【参考】

$$f(x)=3(x^2-3x+2)=3\left(x-\frac{3}{2}\right)^2-\frac{3}{4}$$

より, 放物線 $y=f(x)$ のグラフの頂点の x 座標は $\dfrac{3}{2}$ である.

(参考終り)

(ii)
$$S(x)=\int_0^x f(t)\,dt$$
$$=\int_0^x\left(3t^2-\boxed{9}\,t+\boxed{6}\right)dt$$
$$=\left[t^3-\frac{9}{2}t^2+6t\right]_0^x$$
$$=x^3-\frac{\boxed{9}}{\boxed{2}}x^2+\boxed{6}\,x$$

であるから
$$S'(x)=3x^2-9x+6=3(x-1)(x-2)$$
より, $S(x)$ の増減は次のようになる.

$$\int_a^a f(t)\,dt=0.$$

--- 微分と積分の関係 ---

$$\int_a^x f(t)\,dt$$

を x で微分すると

$$f(x).$$

$y=S'(x)=f(x)$ のグラフを描くと $S'(x)$ の符号の変化がわかりやすい.

--- 導関数 ---
$$(x^n)'=nx^{n-1} \quad (n=1,\ 2,\ 3,\ \cdots)$$
$$(c)'=0 \quad (c \text{ は定数}).$$

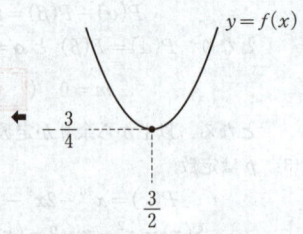

$y=f(x)$

$-\dfrac{3}{4}$

$\dfrac{3}{2}$

--- 定積分 ---
$$\int x^n\,dx=\frac{1}{n+1}x^{n+1}+C$$

(ただし $n=0,\ 1,\ 2,\ \cdots$. C は積分定数) であり, $f(x)$ の原始関数の一つを $F(x)$ とすると

$$\int_\alpha^\beta f(x)\,dx=\left[F(x)\right]_\alpha^\beta$$
$$=F(\beta)-F(\alpha).$$

$(*)$ で $m=2$ としたもの.

x	$\cdots$	1	$\cdots$	2	$\cdots$
$S'(x)$	$+$	0	$-$	0	$+$
$S(x)$	$\nearrow$	$\dfrac{5}{2}$	$\searrow$	2	$\nearrow$

よって，$x=\boxed{1}$ のとき，$S(x)$ は極大値

$\dfrac{\boxed{5}}{\boxed{2}}$ をとり，$x=\boxed{2}$ のとき，$S(x)$ は極小

値 $\boxed{2}$ をとることがわかる.

(iii) $\qquad\qquad f(3)=S'(3)$

であり，これは，関数 $y=S(x)$ のグラフ上の点 $(3,\,S(3))$ における接線の傾きと一致する.

$(\boxed{③})$

(2) $0\le x\le 1$ の範囲で，関数 $y=f(x)$ のグラフと x 軸および y 軸で囲まれた図形の面積が S_1，$1\le x\le m$ の範囲で，関数 $y=f(x)$ のグラフと x 軸で囲まれた図形の面積が S_2 であるとき

$$S_1=\int_0^1 f(x)\,dx \qquad (\boxed{⓪})$$

$$S_2=\int_1^m \{-f(x)\}\,dx \qquad (\boxed{⑤})$$

である.

$$S_1=S_2$$

となるのは

$$S_1-S_2=0$$

$$\int_0^1 f(x)\,dx-\int_1^m \{-f(x)\}\,dx=0$$

$$\int_0^1 f(x)\,dx+\int_1^m f(x)\,dx=0$$

$$\int_0^m f(x)\,dx=0 \qquad (\boxed{①})$$

$$S(m)=0$$

のときであるから，$S_1=S_2$ が成り立つような $f(x)$ に対する関数 $y=S(x)$ のグラフの概形は $\boxed{①}$ である. 同様に考えて，$S_1>S_2$ となるのは，$S(m)>0$ のときであるから，$S_1>S_2$ が成り立つような $f(x)$ に対する関数 $y=S(x)$ のグラフの概形は $\boxed{②}$ である.

接線の傾き
曲線 $y=f(x)$ 上の点 $(t,\,f(t))$ における接線の傾きは $f'(t)$.

区間 $\alpha\le x\le\beta$ においてつねに $g(x)\le f(x)$ ならば2曲線 $y=f(x)$，$y=g(x)$ および直線 $x=\alpha$，$x=\beta$ で囲まれた部分の面積 S は

$$S=\int_\alpha^\beta \{f(x)-g(x)\}\,dx.$$

$\displaystyle\int_a^b f(x)\,dx+\int_b^c f(x)\,dx=\int_a^c f(x)\,dx.$

$S(m)$ は極小値. ($S(1)$ は極大値.)

(3) $y = f(x)$ のグラフは直線 $x = \dfrac{m+1}{2}$ に関して対称

（ ③ ）であるから，すべての正の実数 p に対して

$$\int_{1-p}^{1} f(x)\,dx = \int_{m}^{m+p} f(x)\,dx \quad \cdots ① \quad (\ ④\ )$$

が成り立ち，$M = \dfrac{m+1}{2}$ とおくと $0 < q \le M-1$ で

あるすべての実数 q に対して

$$\int_{M-q}^{M} \{-f(x)\}\,dx = \int_{M}^{M+q} \{-f(x)\}\,dx \quad \cdots ②$$

（ ② ）

が成り立つことがわかる．すべての実数 $\alpha,\ \beta$ に対して

$$\int_{\alpha}^{\beta} f(x)\,dx = \int_{0}^{\beta} f(x)\,dx - \int_{0}^{\alpha} f(x)\,dx = S(\beta) - S(\alpha)$$

が成り立つことに注意すれば，① は

$$S(1) - S(1-p) = S(m+p) - S(m)$$

すなわち

$$S(1-p) + S(m+p) = S(1) + S(m) \quad \cdots ③ \quad (\ ⓪\ )$$

となり，② は

$$S(M) - S(M-q) = S(M+q) - S(M)$$

すなわち

$$2S(M) = S(M+q) + S(M-q) \quad \cdots ④ \quad (\ ④\ )$$

となる．$q = M-1$ のとき，④ は

$$2S(M) = S(M+M-1) + S(M-M+1)$$
$$2S(M) = S(2M-1) + S(1)$$
$$2S(M) = S(m) + S(1)$$

← $2M-1 = 2 \cdot \dfrac{m+1}{2} - 1 = m.$

となる．

以上から，すべての正の実数 p に対して，2点 $(1-p,\ S(1-p))$，$(m+p,\ S(m+p))$ を結ぶ線分の中点

$$\left(\frac{(1-p)+(m+p)}{2},\ \frac{S(1-p)+S(m+p)}{2} \right)$$

すなわち

$$\left(\frac{m+1}{2},\ \frac{S(1)+S(m)}{2} \right)$$

は

$$(M,\ S(M))$$

← p の値によらない．

となるから，p の値によらず一つに定まり，関数 $y = S(x)$ のグラフ上にある．（ ② ）

第3問　確率分布と統計的な推測

(1) **晴れ**の場合は 1, **晴れ**以外の場合は 0 の値をとる確率変数が X. $X=1$ である確率が p であり, 確率分布は表1のようになる.

表1

X	0	1	計
確　率	$1-p$	p	1

確率変数 X の平均(期待値)を m とすると

$$m=0\cdot(1-p)+1\cdot p=p \quad (\boxed{0})$$

となる.

　ある期間における連続した n 週の日曜日の天気を, 表1の確率分布をもつ母集団から無作為に抽出した大きさ n の標本とみなし, それらの X を確率変数 X_1, X_2, …, X_n で表し, その標本平均 $\overline{X}$ を利用して, 母平均 m を推定する. 実際に $n=300$ として**晴れ**の日数を調べたところ, 表2のようになった.

表2

天　気	日　数
晴れ	75
晴れ以外	225
計	300

　母標準偏差を σ とすると, $n=300$ は十分に大きいので, 標本平均 $\overline{X}$ は近似的に正規分布 $N\left(m, \dfrac{\sigma^2}{n}\right)$ に従う. ($\boxed{3}$)

　一般に, 母標準偏差 σ がわからないとき, 標本の大きさ n が大きければ, σ の代わりに標本の標準偏差 S を用いてもよいことが知られている. S は

$$S=\sqrt{\frac{1}{n}\{(X_1-\overline{X})^2+(X_2-\overline{X})^2+\cdots+(X_n-\overline{X})^2\}}$$

$$=\sqrt{\frac{1}{n}(X_1{}^2+X_2{}^2+\cdots+X_n{}^2)-(\overline{X})^2} \quad (\boxed{1})$$

で計算できる. ここで, $X_1{}^2=X_1$, $X_2{}^2=X_2$, …, $X_n{}^2=X_n$ であることに着目し, 右辺を整理すると

$$S=\sqrt{\frac{1}{n}(X_1+X_2+\cdots+X_n)-(\overline{X})^2}$$

$$=\sqrt{\overline{X}-(\overline{X})^2}$$

平均(期待値), 分散

確率変数 X のとり得る値を

$$x_1, \ x_2, \ \cdots, \ x_n$$

とし, X がこれらの値をとる確率をそれぞれ

$$p_1, \ p_2, \ \cdots, \ p_n$$

とすると, X の平均(期待値) $E(X)$ は

$$E(X)=\sum_{k=1}^{n}x_kp_k.$$

　また, X の分散 $V(X)$ は $E(X)=m$ として

$$V(X)=\sum_{k=1}^{n}(x_k-m)^2p_k \quad \cdots(*)$$

または

$$V(X)=E(X^2)-\{E(X)\}^2. \quad \cdots(**)$$

標本平均の平均と標準偏差

　母平均 m, 母標準偏差 σ の母集団から大きさ n の無作為標本を抽出するとき, 標本平均 $\overline{X}$ の平均と標準偏差は

$$E(\overline{X})=m, \quad \sigma(\overline{X})=\frac{\sigma}{\sqrt{n}}.$$

← $\sqrt{V(X)}$ を X の標準偏差という.

← 上の (**).

← $X_1{}^2=X_1$ を満たす X_1 は $X_1=0,1$.

$$= \sqrt{\overline{X}(1-\overline{X})} \quad (\boxed{②})$$

と表されることがわかる.

よって，表2より，大きさ $n=300$ の標本から求められる母平均 m に対する信頼度95%の信頼区間は

$$\overline{X} = \frac{0 \cdot 225 + 1 \cdot 75}{300} = 0.25$$

$$\frac{S}{\sqrt{n}} = \sqrt{\frac{\overline{X}(1-\overline{X})}{n}} = \sqrt{\frac{0.25(1-0.25)}{300}}$$

$$= \sqrt{\frac{3 \cdot (0.25)^2}{3 \cdot 10^2}} = 0.025$$

より

$$0.25 - 1.96 \cdot 0.025 \leqq m \leqq 0.25 + 1.96 \cdot 0.025$$

すなわち

$$0.201 \leqq m \leqq 0.299$$

となる.（$\boxed{⓪}$）

---母平均の推定---

標本平均を $\overline{X}$，母標準偏差を σ とすると，標本の大きさが大きいとき，母平均 m に対する信頼度95%の信頼区間は

$$\left[\overline{X} - 1.96 \cdot \frac{\sigma}{\sqrt{n}}, \ \overline{X} + 1.96 \cdot \frac{\sigma}{\sqrt{n}} \right].$$

---

(2) 表3より，$U_4 = 1$ となるのは

$$(X_1, X_2, X_3, X_4) = (1, 1, 1, 0), \ (0, 1, 1, 1)$$

のときであるから，表1と $p = \dfrac{1}{4}$ より，$U_4 = 1$ となる確率 $P(U_4 = 1)$ は

$$P(U_4 = 1) = 2p^3(1-p) = 2\left(\frac{1}{4}\right)^3 \cdot \frac{3}{4} = \frac{3}{128}$$

である．よって

$$E(U_4) = 1 \cdot \frac{3}{128} + 0 \cdot \left(1 - \frac{3}{128}\right) = \frac{\boxed{3}}{128}$$

となる.

$U_5 = 1$ となるのは

$$(X_1, X_2, X_3, X_4, X_5)$$
$$= (1, 1, 1, 0, 0), \ (0, 1, 1, 1, 0), \ (0, 0, 1, 1, 1),$$
$$(1, 1, 1, 0, 1), \ (1, 0, 1, 1, 1)$$

のときであるから，$U_5 = 1$ となる確率 $P(U_5 = 1)$ は

$$P(U_5 = 1) = 3p^3(1-p)^2 + 2p^4(1-p)$$

$$= 3\left(\frac{1}{4}\right)^3 \cdot \left(\frac{3}{4}\right)^2 + 2\left(\frac{1}{4}\right)^4 \cdot \left(\frac{3}{4}\right)$$

$$= \frac{33}{1024}$$

である．よって

$$E(U_5) = 1 \cdot \frac{33}{1024} + 0 \cdot \left(1 - \frac{33}{1024}\right) = \frac{\boxed{33}}{1024}$$

となる.

2点 $(4, E(U_4))$, $(5, E(U_5))$ を通る直線の方程式は

$$y = \frac{\dfrac{33}{1024} - \dfrac{3}{128}}{5 - 4}(x - 4) + \frac{3}{128}$$

$$= \frac{9}{1024}(x - 4) + \frac{3}{128}$$

であり, この直線上に点 $(300, E(U_{300}))$ があるから

$$E(U_{300}) = \frac{9}{1024}(300 - 4) + \frac{3}{128}$$

$$= \frac{\boxed{21}}{\boxed{8}}$$

となる.

38

第4問　数列

(1) 数列 $\{a_n\}$ は

$$a_{n+1}-a_n=14 \quad (n=1,\ 2,\ 3,\ \cdots)$$

を満たすから，公差 14 の等差数列である．

$a_1=10$ のとき，$a_2=a_1+14=\boxed{24}$，

$a_3=a_2+14=\boxed{38}$ である．

数列 $\{a_n\}$ の一般項は，初項 a_1 を用いて

$$a_n=a_1+\boxed{14}\,(n-1)$$

と表すことができる．

(2) $\qquad 2b_{n+1}-b_n+3=0 \quad (n=1,\ 2,\ 3,\ \cdots)$

は

$$b_{n+1}+3=\frac{1}{2}(b_n+3) \quad (n=1,\ 2,\ 3,\ \cdots)$$

と変形できるから，数列 $\{b_n+3\}$ は初項 b_1+3，公比 $\frac{1}{2}$ の等比数列である．よって，数列 $\{b_n+3\}$ の一般項は，初項 b_1+3 を用いて

$$b_n+3=(b_1+3)\left(\frac{1}{2}\right)^{n-1}$$

と表せる．したがって，数列 $\{b_n\}$ の一般項は，初項 b_1 を用いて

$$b_n=\left(b_1+\boxed{3}\right)\left(\frac{\boxed{1}}{\boxed{2}}\right)^{n-1}-\boxed{3}$$

と表すことができる．

(3) $(c_n+3)(2c_{n+1}-c_n+3)=0 \quad (n=1,\ 2,\ 3,\ \cdots) \quad \cdots ①$

(i) 数列 $\{c_n\}$ が ① を満たし，$c_1=5$ のとき

$$(c_1+3)(2c_2-c_1+3)=0$$
$$(5+3)(2c_2-5+3)=0$$
$$2c_2-2=0$$

より，$c_2=\boxed{1}$ である．

数列 $\{c_n\}$ が ① を満たし，$c_3=-3$ のとき

$$(c_2+3)(2c_3-c_2+3)=0$$
$$(c_2+3)\{2(-3)-c_2+3\}=0$$
$$(c_2+3)^2=0$$

より，$c_2=\boxed{-3}$ である．さらに，このとき

$$(c_1+3)(2c_2-c_1+3)=0$$
$$(c_1+3)\{2(-3)-c_1+3\}=0$$

等差数列の一般項

初項 a，公差 d の等差数列 $\{a_n\}$ の一般項は

$$a_n=a+(n-1)d.$$

漸化式

$$a_{n+1}=pa_n+q \quad (n=1,\ 2,\ 3\cdots)$$
$$(p,\ q\ \text{は定数，}\ p\neq1)$$

は

$$\alpha=p\alpha+q$$

を満たす α を用いて

$$a_{n+1}-\alpha=p(a_n-\alpha)$$

と変形できる．

等比数列の一般項

初項 a，公比 r の等比数列 $\{a_n\}$ の一般項は

$$a_n=ar^{n-1}.$$

$$(c_1+3)^2=0$$

より，$c_1=\boxed{-3}$ である.

(ii) $c_3=-3$ のとき，c_4 がどのような値でも

$$(c_3+3)(2c_4-c_3+3)=0$$

が成り立つ.

数列 $\{c_n\}$ が ① を満たし，$c_3=-3$，$c_4=5$ のとき

$$(c_4+3)(2c_5-c_4+3)=0$$
$$(5+3)(2c_5-5+3)=0$$
$$2c_5-2=0$$

より，$c_5=\boxed{1}$ である.

数列 $\{c_n\}$ が ① を満たし，$c_3=-3$，$c_4=83$ のとき

$$(c_4+3)(2c_5-c_4+3)=0$$
$$(83+3)(2c_5-83+3)=0$$
$$2c_5-80=0$$

より，$c_5=\boxed{40}$ である.

(iii) | **命題 A**　数列 $\{c_n\}$ が ① を満たし，$c_1\neq-3$ であるとする.
　このとき，すべての自然数 n について $c_n\neq-3$ である.

命題 A が真であることを証明するには，**命題 A** の仮定を満たす数列 $\{c_n\}$ について，$n=k$ のとき $c_n\neq-3$ が成り立つと仮定すると，$n=k+1$ のときも $c_n\neq-3$ が成り立つことを示せばよい.

（$\boxed{③}$　）

このようにして**命題 A** が真であることを証明する.

(ア) $n=1$ のとき，$c_n\neq-3$ である.

(イ) $n=k$ のとき $c_n\neq-3$ が成り立つと仮定する.

① より

$$(c_k+3)(2c_{k+1}-c_k+3)=0$$

が成り立つが，仮定より，$c_k+3\neq0$ であるから

$$2c_{k+1}-c_k+3=0$$
$$c_{k+1}=\frac{1}{2}(c_k-3)$$

が成り立ち，仮定より，$n=k+1$ のときも $c_n\neq-3$ が成り立つ.

(ア)(イ)より，**命題 A** は真である．　　　　← 数学的帰納法．

(iv)

(Ⅰ)　$c_1 = 3$ のとき，$c_1 \neq -3$ であるから，**命題 A** よ　　　← **命題 A** は真である．
り，すべての自然数 n について $c_n \neq -3$ である．
よって，$c_{100} \neq -3$ である．（偽）

(Ⅱ)　$c_{100} = -3$ のとき，$c_n = -3$（$n = 1, 2, 3, \cdots, 100$）
が真であることを証明する．

　(ウ)　$n = 100$ のとき，$c_n = -3$ である．

　(エ)　$n = k$（$k = 2, 3, 4, \cdots, 100$）のとき $c_n = -3$ が
成り立つと仮定する．① より
$$(c_{k-1} + 3)(2c_k - c_{k-1} + 3) = 0$$
が成り立つが，仮定より
$$(c_{k-1} + 3)\{2(-3) - c_{k-1} + 3\} = 0$$
$$(c_{k-1} + 3)^2 = 0$$
が成り立ち，$n = k-1$ のときも $c_n = -3$ が成り
立つ．

　(ウ)(エ)より，$c_{100} = -3$ のとき，$c_n = -3$
（$n = 1, 2, 3, \cdots, 100$）は真である．（真）

(Ⅲ)　$c_1 = -3$ のとき，c_2 がどのような値でも
$$(c_1 + 3)(2c_2 - c_1 + 3) = 0$$
が成り立つ，$c_2 \neq -3$ でもこれは成り立つ．

　$c_2 \neq -3$ のとき，**命題 A** と同様にして，2 以上の
すべての自然数 n について $c_n \neq -3$，すなわち
$c_n + 3 \neq 0$ が成り立つから，2 以上のすべての自然数
n について，① は
$$2c_{n+1} - c_n + 3 = 0$$
となる．(2)と同様にして，これを満たす数列 $\{c_n\}$ の
一般項は，c_2 を用いて，
$$c_n = (c_2 + 3)\left(\frac{1}{2}\right)^{n-2} - 3$$
と表すことができる．このとき
$$c_{100} = 3$$
は
$$(c_2 + 3)\left(\frac{1}{2}\right)^{100-2} - 3 = 3$$
$$c_2 = 6 \cdot 2^{98} - 3$$
となるから，c_2 をこのようにとると，$c_1 = -3$ かつ
$c_{100} = 3$ であり，かつ 数列 $\{c_n\}$ は ① を満たす．（真）
以上より，(Ⅰ)(Ⅱ)(Ⅲ)の真偽の組合せとして正しいも
のは　④　である．

第5問　空間ベクトル

O は原点．A$(2, 7, -1)$，B$(3, 6, 0)$，
C$(-8, 10, -3)$，D$(-9, 8, -4)$．

A，B を通る直線が ℓ_1，C，D を通る直線が ℓ_2．

(1)
$$\overrightarrow{AB} = \overrightarrow{OB} - \overrightarrow{OA} = (3, 6, 0) - (2, 7, -1)$$
$$= (\boxed{1},\ \boxed{-1},\ \boxed{1})$$
であり
$$\overrightarrow{CD} = \overrightarrow{OD} - \overrightarrow{OC} = (-9, 8, -4) - (-8, 10, -3)$$
$$= (-1, -2, -1)$$
であるから
$$\overrightarrow{AB} \cdot \overrightarrow{CD} = 1 \cdot (-1) + (-1) \cdot (-2) + 1 \cdot (-1)$$
$$= \boxed{0}$$
である．よって，$\overrightarrow{AB} \perp \overrightarrow{CD}$ である．

(2)　点 P は ℓ_1 上を動く．

P が ℓ_1 上にあるので，$\overrightarrow{AP} = s\overrightarrow{AB}$ を満たす実数 s があり，これより
$$\overrightarrow{OP} - \overrightarrow{OA} = s\overrightarrow{AB}$$
$$\overrightarrow{OP} = \overrightarrow{OA} + s\overrightarrow{AB} \quad \cdots ① \ (\boxed{②})$$
が成り立つ．よって
$$\overrightarrow{OP} = (2, 7, -1) + s(1, -1, 1)$$
$$= (2+s, 7-s, -1+s)$$
であるから
$$\left|\overrightarrow{OP}\right|^2 = (2+s)^2 + (7-s)^2 + (-1+s)^2$$
$$= \boxed{3}s^2 - \boxed{12}s + \boxed{54}$$
$$= 3(s-2)^2 + 42$$
である．よって，$s = 2$ のとき $\left|\overrightarrow{OP}\right|$ が最小となることがわかる．

また，$\left|\overrightarrow{OP}\right|$ が最小となるとき，直線 OP と ℓ_1 の関係に着目すると $\overrightarrow{OP} \perp \overrightarrow{AB}$，すなわち
$$\overrightarrow{OP} \cdot \overrightarrow{AB} = 0 \quad (\boxed{①})$$
$$(2+s) \cdot 1 + (7-s)(-1) + (-1+s) \cdot 1 = 0$$
$$3s - 6 = 0$$
$$s = 2$$
が成り立つことがわかる．

以上より，$s = \boxed{2}$ のとき $\left|\overrightarrow{OP}\right|$ が最小となることがわかる．

内積

$\vec{0}$ でない2つのベクトル $\vec{a}$ と $\vec{b}$ のなす角を θ $(0° \leq \theta \leq 180°)$ とすると
$$\vec{a} \cdot \vec{b} = |\vec{a}||\vec{b}|\cos\theta.$$
$\theta = 90°$ のとき
$$\vec{a} \cdot \vec{b} = |\vec{a}||\vec{b}|\cos 90° = 0$$
であり
$$\vec{a} \cdot \vec{a} = |\vec{a}||\vec{a}|\cos 0° = |\vec{a}|^2$$
である．また
$$\vec{a} = (a_1, a_2, a_3),$$
$$\vec{b} = (b_1, b_2, b_3)$$
のとき
$$\vec{a} \cdot \vec{b} = a_1 b_1 + a_2 b_2 + a_3 b_3.$$

(3) 点 Q は ℓ_2 上を動くから，① と同様にして，実数 t を用いて

$$\overrightarrow{OQ} = \overrightarrow{OC} + t\overrightarrow{CD}$$
$$= (-8, 10, -3) + t(-1, -2, -1)$$
$$= (-8-t, 10-2t, -3-t)$$

と表せる．よって

$$\overrightarrow{PQ} = \overrightarrow{OQ} - \overrightarrow{OP}$$
$$= (-8-t, 10-2t, -3-t) - (2+s, 7-s, -1+s)$$
$$= (-10-t-s, 3-2t+s, -2-t-s)$$

と表せる．したがって

$$|\overrightarrow{PQ}|^2 = (-10-t-s)^2 + (3-2t+s)^2 + (-2-t-s)^2$$
$$= 6t^2 + 12t + 3s^2 + 30s + 113$$
$$= 6(t+1)^2 + 3(s+5)^2 + 32$$

であるから，$t = -1$，$s = -5$ のとき $|\overrightarrow{PQ}|$ が最小となることがわかる．このとき，P, Q の座標はそれぞれ

$$\left(\boxed{-3}, \boxed{12}, \boxed{-6} \right),$$
$$\left(\boxed{-7}, \boxed{12}, \boxed{-2} \right)$$

である．

また，$|\overrightarrow{PQ}|$ が最小となるとき，$\overrightarrow{PQ} \perp \overrightarrow{AB}$，$\overrightarrow{PQ} \perp \overrightarrow{CD}$ すなわち

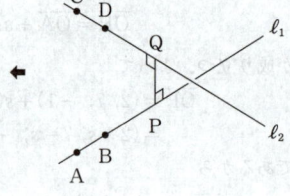

$$(-10-t-s) \cdot 1 + (3-2t+s)(-1)$$
$$+ (-2-t-s) \cdot 1 = 0$$
$$(-10-t-s)(-1) + (3-2t+s)(-2)$$
$$+ (-2-t-s)(-1) = 0$$

が成り立ち，これらより，$t = -1$，$s = -5$ を得る．

MEMO

数学 Ⅰ

解答・採点基準　　　(100点満点)

問題番号(配点)	解答記号	正　解	配点	自己採点
第1問 (20)	ア	7	2	
	イ, ウ	7, 3	2	
	エオカ	−56	2	
	キク	14	2	
	ケ, コ, サ	3, 6, 0	2	
	シ, ス, セ	4, 5, 8	2	
	ソ, タ, チ	2, 4, 8	2	
	ツ, テ	5, 7	2	
	ト, ナ, ニ, ヌ	2, 3, 5, 7	2	
	ネ	②	1	
	ノ	③	1	
第1問　自己採点小計				
第2問 (30)	$\sqrt{\text{アイ}}$	$\sqrt{21}$	2	
	ウ, エ	1, 4 (解答の順序は問わない)	3	
	$\dfrac{\text{オ}}{\text{カ}}$	$\dfrac{5}{2}$	2	
	$\dfrac{\text{キ}\sqrt{\text{ク}}}{\text{ケ}}$	$\dfrac{5\sqrt{3}}{3}$	3	
	コ	4	4	
	サ, シ	4, ⓪	4	
	ス, セ, ソ	7, 4, ②	4	
	タ	③	4	
	チ, ツ, テ, ト	7, ⑤, ⓪, ①	4	
第2問　自己採点小計				

問題番号(配点)	解答記号	正　解	配点	自己採点
第3問 (30)	ア	⓪	1	
	イ	⓪	2	
	ウ	⓪	1	
	エ	②	2	
	オ, カ	⓪, ②	2	
	キ	⑤	4	
	ク	⓪	3	
	ケ	9	3	
	コ	8	3	
	サシ	12	2	
	ス	8	1	
	セソ	13	2	
	ター$\sqrt{\text{チ}}$+$\sqrt{\text{ツ}}$	$3-\sqrt{3}+\sqrt{2}$	4	
第3問　自己採点小計				
第4問 (20)	ア	6	1	
	イウ	18	1	
	エ	⑧	2	
	オ	⑥	2	
	カ	④	2	
	キ	⓪	2	
	ク.ケコ	3.51	2	
	サ	①	2	
	シ	①	3	
	ス	⑦	3	
第4問　自己採点小計				
自己採点合計				

第1問　数と式，集合と命題

〔1〕　数学Ⅰ・数学Aの**第1問〔1〕**の解答を参照.

〔2〕　　　　$U = \{2, 3, 4, 5, 6, 7, 8, 9\}$.

　　a, b, c, d は U の異なる要素である.

　　　　$A = \{n \mid n$ は U の要素かつ a の倍数$\}$,
　　　　$B = \{n \mid n$ は U の要素かつ b の倍数$\}$,
　　　　$C = \{n \mid n$ は U の要素かつ c の倍数$\}$,
　　　　$D = \{n \mid n$ は U の要素かつ d の倍数$\}$.

(1)　$a = 4$, $b = 5$ のとき,

　　　　　　$A = \{4, 8\}$,　$B = \{5\}$

　　であるから,

　　　　$A \cup B = \{\boxed{4},\ \boxed{5},\ \boxed{8}\}$

　　である.

(2)　$a = 2$, $b = 3$ のとき,

　　　　　$A = \{2, 4, 6, 8\}$,　$B = \{3, 6, 9\}$

　　であり, $\overline{B}$ は,

　　　　　　$\overline{B} = \{2, 4, 5, 7, 8\}$

　　である. よって,

　　　　$A \cap \overline{B} = \{\boxed{2},\ \boxed{4},\ \boxed{8}\}$

　　である.

(3)　以下, $a < b < c < d$ とする.

　(i)　$a = 2$, $b = 3$ のとき,

　　　　　$A = \{2, 4, 6, 8\}$,　$B = \{3, 6, 9\}$

　　であるから,

　　　　　$A \cup B = \{2, 3, 4, 6, 8, 9\}$

　　である.

　　　$5 \in \overline{A \cup B}$, $7 \in \overline{A \cup B}$ であるから, $c = 5$, $d = 7$
　　であることが必要である.

　　　このとき, 2つの集合 $\overline{C}$, $\overline{D}$ は,

　　　　　$\overline{C} = \{2, 3, 4, 6, 7, 8, 9\}$,
　　　　　$\overline{D} = \{2, 3, 4, 5, 6, 8, 9\}$

　　となるから,

　　　　　$\overline{C} \cap \overline{D} = \{2, 3, 4, 6, 8, 9\}$

　　であり, 確かに, $A \cup B = \overline{C} \cap \overline{D}$ となる.
　　　よって, $A \cup B = \overline{C} \cap \overline{D}$ が成り立つのは,

　　$c = \boxed{5}$,　$d = \boxed{7}$　のときである.

　(ii)　全体集合 U の要素は 2 の倍数または 3 の倍数ま
　　たは 5 の倍数または 7 の倍数で構成されているか

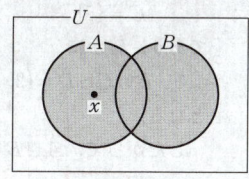

$A \cup B$ は A と B の和集合.

$A \cup B = \{x \mid x \in A$ または $x \in B\}$.

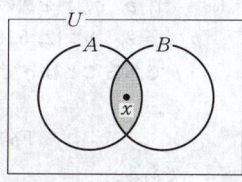

$A \cap B$ は A と B の共通部分.

$A \cap B = \{x \mid x \in A$ かつ $x \in B\}$.

$A \cap \overline{B}$ は次図の網掛部分.

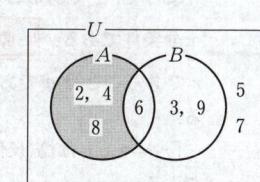

← $A \cup B$ の要素に 5 と 7 がないので,
$5 \in C$ かつ $7 \in D$ とすると, $5 \in \overline{C}$ かつ
$7 \in \overline{D}$ となるから, $c = 5$, $d = 7$ とし
た.

ら, $a=2$, $b=3$, $c=5$, $d=7$ であることが必要である.

このとき,
$$A=\{2, 4, 6, 8\}, \quad B=\{3, 6, 9\},$$
$$C=\{5\}, \quad\quad D=\{7\}$$
であり, 確かに
$$A\cup B\cup C\cup D=\{2, 3, 4, 5, 6, 7, 8, 9\}(=U)$$
となる.

したがって, $A\cup B\cup C\cup D=U$ が成り立つのは, $a=\boxed{2}$, $b=\boxed{3}$, $c=\boxed{5}$, $d=\boxed{7}$ のときである.

(iii) 条件 p, q, r を次のように定める.
$$p: a=2, \quad q: \{2, 6, 8\}\subset A\cup B\cup C, \quad r: b=6.$$

・p であることは q であるための何条件かを求める.
$$\text{「}p \Longrightarrow q\text{」は真}$$
である.
$$\text{「}q \Longrightarrow p\text{」は真}$$
である.

よって, p であることは, q であるための必要十分条件である. $\boxed{②}$ …ネ

・r であることは q であるための何条件かを求める.
$$\text{「}r \Longrightarrow q\text{」は偽(反例 } a=4, b=6, c=8)$$
である.
$$\text{「}q \Longrightarrow r\text{」は偽(反例 } a=2, b=4, c=6)$$
である.

よって, r であることは q であるための必要条件でも十分条件でもない. $\boxed{③}$ …ノ

$X\subset Y$ と表されるとき, X は Y の部分集合である.

$x\in X$ ならば, $x\in Y$.

$a=2$ のとき, 集合 A は 2 の倍数であり, 2, 4, 6, 8 は $A\cup B\cup C$ の要素になるから,
$$\{2, 6, 8\}\subset A\cup B\cup C$$
は成り立つ.

$\{2, 6, 8\}\subset A\cup B\cup C$ のとき, 3つの集合 A, B, C の少なくとも1つは 2 の倍数であり, さらに, 「2」を要素にもつから, A は 2 の倍数, つまり, $a=2$ が成り立つ.

・命題「$\ell \Longrightarrow m$」が真のとき, ℓ は m であるための十分条件であるといい, 「$m \Longrightarrow \ell$」が真のとき, ℓ は m であるための必要条件であるという.

・2つの命題「$\ell \Longrightarrow m$」, 「$m \Longrightarrow \ell$」がともに真であるとき, つまり, 「$\ell \Longleftrightarrow m$」が成り立つとき, ℓ は m であるための必要十分条件であるという.

$a=4$, $b=6$, $c=8$ のとき,
$$A\cup B\cup C=\{4, 6, 8\}$$
となり, $\{2, 6, 8\}\subset A\cup B\cup C$ とはならない.

$a=2$, $b=4$, $c=6$ のとき,
$$A\cup B\cup C=\{2, 4, 6, 8\}$$
となるから, $\{2, 6, 8\}\subset A\cup B\cup C$ は成り立つが, $b=6$ ではない.

第 2 問　図形と計量

〔 1 〕

(1)

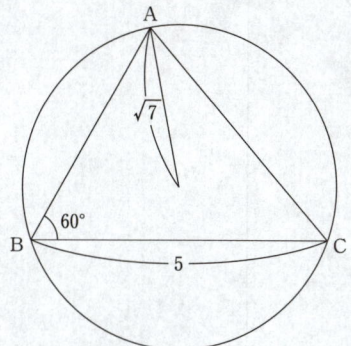

△ABC に正弦定理を用いると，

$$\frac{\text{AC}}{\sin 60°} = 2\sqrt{7}$$

であるから，

$$\text{AC} = 2\sqrt{7}\,\sin 60°$$
$$= 2\sqrt{7} \cdot \frac{\sqrt{3}}{2}$$
$$= \sqrt{\boxed{21}}$$

である．さらに，余弦定理を用いると，

$$(\sqrt{21})^2 = \text{AB}^2 + 5^2 - 2\text{AB} \cdot 5 \cos 60°$$
$$21 = \text{AB}^2 + 25 - 10\text{AB} \cdot \frac{1}{2}$$
$$\text{AB}^2 - 5\text{AB} + 4 = 0$$
$$(\text{AB} - 1)(\text{AB} - 4) = 0$$

となるから，

$$\text{AB} = \boxed{1} \quad \text{または} \quad \text{AB} = \boxed{4}$$

である．

したがって，外接円の半径が $\sqrt{7}$ であるような △ABC は二つある．

━ 正弦定理 ━

$$\frac{a}{\sin A} = \frac{b}{\sin B} = \frac{c}{\sin C} = 2R.$$

（R は外接円の半径）

━ 余弦定理 ━

$$b^2 = c^2 + a^2 - 2ca \cos B,$$
$$\cos B = \frac{c^2 + a^2 - b^2}{2ca}.$$

← 次図のような △ABC が二つ存在する．

(2)

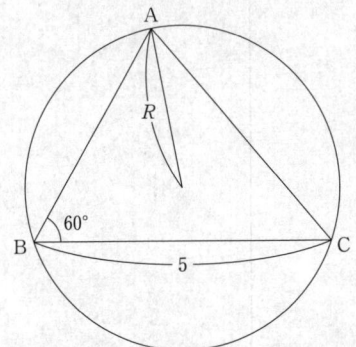

△ABC に正弦定理を用いると,

$$\frac{AC}{\sin 60°} = 2R$$

であるから,

$$AC = 2R\sin 60°$$
$$= \sqrt{3}R$$

である. さらに, 余弦定理を用いると,

$$(\sqrt{3}R)^2 = AB^2 + 5^2 - 2AB \cdot 5\cos 60°$$
$$AB^2 - 5AB + 25 - 3R^2 = 0 \qquad \cdots ①$$

←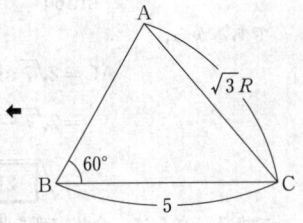

となる.

ここで, $AB = x\,(>0)$ とおくと, ① は

$$x^2 - 5x + 25 - 3R^2 = 0 \qquad \cdots ①'$$

となり,

$$f(x) = x^2 - 5x + 25 - 3R^2$$

とすると,

$$f(x) = \left(x - \frac{5}{2}\right)^2 + \frac{75}{4} - 3R^2$$

である.

← $y = f(x)$ のグラフは, 下に凸の放物線で軸の方程式が $x = \frac{5}{2}$ である.

△ABC が一通りに決まるための必要十分条件は,

(i) ①' が正の重解をもつこと,

(ii) ①' が正の解を1つと0以下の解を1つもつこと

である.

(i)について.

$y = f(x)$ のグラフの軸の方程式が

$$x = \frac{5}{2}(>0)$$

であることに注意すると，①′ が正の重解をもつ条件は，

$(y = f(x)$ のグラフの頂点の y 座標$) = 0$

であるから，

$$\frac{75}{4} - 3R^2 = 0 \quad \text{すなわち} \quad R^2 = \frac{25}{4}$$

となる.

よって，$R > 0$ より，

$$R = \frac{5}{2}$$

である.

(ii)について.

$y = f(x)$ のグラフの軸の方程式が

$$x = \frac{5}{2}(>0)$$

であることに注意すると，①′ が正の解を 1 つと 0 以下の解を 1 つだけもつ条件は，

$$f(0) \leqq 0$$

であるから，

$$25 - 3R^2 \leqq 0 \quad \text{すなわち} \quad R^2 \geqq \frac{25}{3}$$

となる.

よって，$R > 0$ より，

$$R \geqq \frac{5}{\sqrt{3}} = \frac{5\sqrt{3}}{3}$$

である.

したがって，$R = \dfrac{\boxed{5}}{\boxed{2}}$ または

← 次のように判別式を用いて求めてもよい.

2 次方程式 $f(x) = 0$ の判別式を D とすると，$D = 0$ であることが必要である.

これより，

$$D = (-5)^2 - 4 \cdot 1 \cdot (25 - 3R^2) = 0$$

$$R^2 = \frac{25}{4}$$

であり，$R > 0$ であるから，

$$R = \frac{5}{2}.$$

これを ①′ に代入すると，

$$x^2 - 5x + \frac{25}{4} = 0$$

$$\left(x - \frac{5}{2}\right)^2 = 0$$

$$x = \frac{5}{2}$$

となるから，確かに正の重解をもつので，

$$R = \frac{5}{2}.$$

← $f(0) \leqq 0$ のとき，頂点の y 座標は必ず負となり，①′ は異なる 2 つの実数解をもつから，

$(y = f(x)$ のグラフの頂点の y 座標$) < 0$

という条件は不要となる.

$R \geqq$ であることは，△ABC が一

通りに決まるための必要十分条件である.

〔2〕

与えられた条件より，坂の傾斜角 ∠DCP の大きさと同じ角の大きさをもつ直角三角形 STU を考え，3 点 S，T，U を次図のようにおく.

ST＝100 とすると，与えられた条件より，UT＝7 となるから，

$$\tan \angle \mathrm{UST} = \frac{7}{100} = 0.07$$

であり，三角比の表を用いると，

$(0.0699=) \tan 4° < \tan \angle \mathrm{UST} < \tan 5° (=0.0875)$

となる.

よって，

$$4° < \angle \mathrm{UST} < 5°$$

である.

したがって，∠DCP＝∠UST であるから，

$$n° < \angle \mathrm{DCP} < n°+1$$

を満たす 1 以上 9 以下の整数 n の値は 4 である.

以下，∠DCP＝4° であるとする.

点 D から直線 BP に垂直な直線を引き，直線 BP との交点を H とすると，四角形 BEDH は長方形であるから，

$$\mathrm{BE}=\mathrm{HD}, \quad \mathrm{ED}=\mathrm{BH} \qquad \cdots ①$$

である．ここで，直角三角形 CHD に注目すると，

$$\begin{cases} \mathrm{HD}=\mathrm{CD}\times\sin\angle\mathrm{DCH}=\mathrm{CD}\times\sin\angle\mathrm{DCP}, & \cdots ② \\ \mathrm{CH}=\mathrm{CD}\times\cos\angle\mathrm{DCH}=\mathrm{CD}\times\cos\angle\mathrm{DCP} & \cdots ②' \end{cases}$$

であるから，① と ② および CD＝4 より，

― 直角三角形と三角比 ―

$$\sin\theta = \frac{b}{c},$$
$$\cos\theta = \frac{a}{c},$$
$$\tan\theta = \frac{b}{a}.$$

← A，B，C はすべて 0° より大きく 90° より小さい角とする.

$$A < B < C$$
$$\iff \tan A < \tan B < \tan C.$$

← $\begin{cases} \sin\angle\mathrm{DCH}=\dfrac{\mathrm{DH}}{\mathrm{CD}}, \\ \cos\angle\mathrm{DCH}=\dfrac{\mathrm{CH}}{\mathrm{CD}}. \end{cases}$

$$BE = HD = \boxed{4} \times \sin \angle DCP \, (m) \quad \boxed{⓪} \cdots シ$$

であり，① と ②′ および CD＝4 より，

$$DE = BH = BC + CH$$
$$= \left(\boxed{7} + \boxed{4} \times \cos \angle DCP \right) (m)$$
$$\boxed{②} \cdots ソ$$

である．

　与えられた条件より，三角形 ADE が AE＝DE の直角二等辺三角形であることに注意すると，

$$AB = AE + EB$$
$$= DE + BE$$
$$= (7 + 4 \times \cos \angle DCP) + 4 \times \sin \angle DCP$$
$$= 7 + 4(\cos 4° + \sin 4°)$$
$$= 7 + 4(0.9976 + 0.0698) \quad (三角比の表より)$$
$$= 7 + 4 \cdot 1.0674$$
$$= 7 + 4.2696$$
$$= 11.2696$$

である．

　よって，電柱の高さ（線分 AB の長さ）は，小数第2位で四捨五入すると 11.3 m であることがわかる．

$$\boxed{③} \cdots タ$$

∠DCP＝4°.

直角三角形 ADE に注目すると，

$$AE = DE \times \tan 42°$$
$$= BH \times \tan 42° \quad (① より)$$
$$= (BC + CH) \times \tan 42°$$
$$= (7 + CD \times \cos \angle DCP) \times \tan 42° \quad (②′ より)$$

であるから，

$$AB = AE + EB$$

より，

$$AB = (7 + CD \times \cos \angle DCP) \times \tan 42° + CD \times \sin \angle DCP$$

すなわち，

$$\tan 42° = \frac{AE}{DE}.$$

EB＝DH　（① より）
　　＝CD×sin∠DCP　（② より）.

$(\sin \angle DCP + \cos \angle DCP \times \tan 42°)CD = AB - 7 \times \tan 42°$ である.

よって,

$$CD = \dfrac{AB - \boxed{7} \times \tan 42°}{\sin \angle DCP + \cos \angle DCP \times \tan 42°} \text{ m}$$

$$\left(\boxed{⑤} \cdots ツ, \quad \boxed{⓪} \cdots テ, \quad \boxed{①} \cdots ト \right)$$

である.AB＝11.3 m として,これを計算することにより,この日の電柱の影について,坂にある部分の長さは,前回調べた 4 m より約 1.2 m だけ長いことがわかる.

◀ 三角比の表を用いて実際に計算してみると,

$$CD = \dfrac{11.3 - 7 \times 0.9004}{0.0698 + 0.9976 \times 0.9004}$$

$$\fallingdotseq \dfrac{4.9972}{0.9680}$$

$$\fallingdotseq 5.1623 \fallingdotseq 5.2 \text{(m)}$$

となる.

第3問　2次関数

〔1〕

(1)
$$f(x) = ax^2 + bx + c.$$

図　1

与えられた条件より，$a \neq 0$ であるから，

$$f(x) = a\left(x + \frac{b}{2a}\right)^2 - \frac{b^2 - 4ac}{4a} \quad \cdots ①$$

と変形できる．

・a の符号について．

$y = f(x)$ のグラフは上に凸の放物線であるから，

$$a < 0. \quad \boxed{0} \cdots ア$$

・b の符号について．

$y = f(x)$ のグラフの軸の方程式は，① より，

$x = -\dfrac{b}{2a}$ である．図1より $-\dfrac{b}{2a} < 0$ であるから，$a < 0$ より，

$$b < 0. \quad \boxed{0} \cdots イ$$

・c の符号について．

$f(0) = c$ は，$y = f(x)$ のグラフと y 軸との交点の y 座標であり，図1から負より，

$$c < 0. \quad \boxed{0} \cdots ウ$$

・$b^2 - 4ac$ の符号について．

2次方程式 $f(x) = 0$ の判別式を D とすると，
$$D = b^2 - 4ac$$
であり，図1より $y = f(x)$ のグラフは x 軸と異なる2点で交わるから，

$$D = b^2 - 4ac > 0. \quad \boxed{2} \cdots エ$$

・$4a - 2b + c$ の符号について．

$f(-2) = 4a - 2b + c$ は，$y = f(x)$ のグラフと直線 $x = -2$ との交点の y 座標であり，図1から

2次関数 $y = a(x - p)^2 + q$ のグラフの軸の方程式は，

$$x = p$$

であり，頂点の座標は，

$$(p, q).$$

─ 2次関数のグラフと x 軸との位置関係 ─

2次方程式 $ax^2 + bx + c = 0$ の判別式を D とする．

$$y = ax^2 + bx + c. \quad \cdots ★$$

$\begin{pmatrix} ★ と\ x\ 軸が異なる \\ 2点で交わる \end{pmatrix} \iff D > 0.$

$(★ と\ x\ 軸が接する) \iff D = 0.$

$\begin{pmatrix} ★ と\ x\ 軸が交わら \\ ない \end{pmatrix} \iff D < 0.$

─ 次のようにして求めてもよい．

$y = f(x)$ のグラフの頂点の y 座標は，★ より，

$$-\frac{b^2 - 4ac}{4a}$$

であり，図1より正であるから，

$$-\frac{b^2 - 4ac}{4a} > 0.$$

よって，$a < 0$ に注意して，

$$b^2 - 4ac > 0.$$

54

負より，

$$4a-2b+c<0. \quad \boxed{0} \cdots オ$$

・$a-b+c$ の符号について．

$f(-1)=a-b+c$ は，$y=f(x)$ のグラフと直線 $x=-1$ との交点の y 座標であり，図1から正より，

$$a-b+c>0. \quad \boxed{2} \cdots カ$$

(2)

> 操作A：図1の状態から b，c の値は変えず，
> 　　　　a の値だけを減少させる．
> 操作B：図1の状態から a，c の値は変えず，
> 　　　　b の値だけを減少させる．
> 操作C：図1の状態から a，b の値は変えず，
> 　　　　c の値だけを減少させる．

◎　操作A，操作B，操作Cのうち，

　　　　「不等式 $f(x)<0$ の解が，　　　$\cdots(*)$
　　　　すべての実数となること」

が起こり得る操作を考える．

・操作A について．

$D=b^2-4ac$

　$=(-4c)a+b^2$

　　　$\cdots①$

　b，c は，$b<0$，$c<0$ の値で変えないから，①のグラフ

は，傾きが正で，y 切片が正の直線を表す．a の値を減少させると，グラフより，D の値は，$D>0$ から $D<0$ に変化するので，$(*)$ は起こる．

・操作B について．

$D=b^2-4ac$

　　　$\cdots②$

　a，c は $a<0$，$c<0$ の値で変えないから，②のグラフは，頂点の座標が $(0, -4ac)$ で y 切

片が負の下に凸の放物線を表す．b の値を減少

← $(*)$ になる $y=f(x)$ のグラフは次のようなときである．

または

← このときの $y=f(x)$ のグラフは次のようになる．

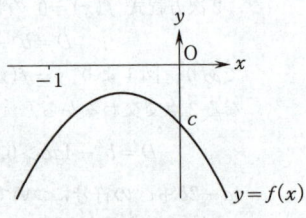

させると，グラフより，D の値は，$D>0$ のままであるから，(*) は起こらない．

・操作 C について．

$$D=b^2-4ac$$
$$=(-4a)c+b^2 \quad \cdots ③$$

a，b は $a<0$，$b<0$ の値で変えな

いから，③ のグラフは，傾きが正で，y 切片が正の直線を表す．c の値を減少させると，グラフより，D の値は，$D>0$ から $D<0$ に変化するので，(*) は起こる．

よって，(*) が起こり得る操作は操作 A と操作 C だけである． ⑤ …キ

◎ 操作 A，操作 B，操作 C のうち，

「方程式 $f(x)=0$ は，
異なる二つの正の解をもつこと」 $\quad \cdots$ (**)

が起こり得る操作を考える．

・操作 A について．

b，c は，$b<0$，$c<0$ の値で変えず，a は $a<0$ の値を減少させるから，軸はつねに x 軸の負の部分で交わる．よって，(**) は起こらない．

・操作 B について．

a，c は $a<0$，$c<0$ の値で変えず，b は $b<0$ の値を減少させるから，軸はつねに x 軸の負の部分で交わる．よって，(**) は起こらない．

・操作 C について．

a，b の値は変えないから，軸の位置はそのままなので，軸は x 軸の負の部分で交わる．よって，(**) は起こらない．

以上から，(**) が起こり得る操作はない．

⓪ …ク

← このときの $y=f(x)$ のグラフは次のようになる．

$y=f(x)$ のグラフの軸の方程式は変化しない．

(**) を満たすとき，$y=f(x)$ のグラフの軸は x 軸の正の部分で交わる．

← $y=f(x)$ のグラフは，操作 A のときと同じ状況になる．

〔2〕

△PBQ の面積を S とする.

(1) 開始時刻から1秒後の点P，Qは次図の位置にある.

OP＝1, CQ＝2, OQ＝4 より，開始時刻から1秒後の S は，

$$S=\begin{pmatrix}台形\ OPBC \\ の面積\end{pmatrix}-\triangle OPQ-\triangle BCQ$$

$$=\frac{1}{2}(1+4)\cdot 6-\frac{1}{2}\cdot 1\cdot 4-\frac{1}{2}\cdot 4\cdot 2$$

$$=\boxed{9}$$

である.

← 開始時刻から3秒間において，Pは毎秒1の一定の速さでOからx軸上を正の向きに移動する．Qは毎秒2の一定の速さでCからy軸上を負の向きに移動する．

これ以降，開始時刻から t 秒後（$0\leqq t\leqq 6$）の S について考える.

← 終了時刻は6秒後であるから，$0\leqq t\leqq 6$ とした．

(2) 開始時刻から3秒後までにおいて，t 秒後の点P，Qは次図の位置にある.

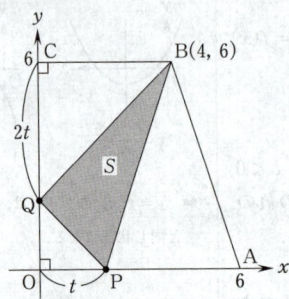

OP＝t, CQ＝$2t$, OQ＝$6-2t$ より，開始時刻から t 秒後（$0\leqq t\leqq 3$）の S は，

$$S=\begin{pmatrix}台形\ OPBC \\ の面積\end{pmatrix}-\triangle OPQ-\triangle BCQ$$

$$=\frac{1}{2}\cdot(t+4)\cdot 6-\frac{1}{2}\cdot t\cdot(6-2t)-\frac{1}{2}\cdot 4\cdot 2t$$

← OQ＝OC－CQ＝$6-2t$.

$$= t^2 - 4t + 12$$
$$= (t-2)^2 + 8 \quad (0 \leqq t \leqq 3)$$

である.

よって, $0 \leqq t \leqq 3$ より, △PBQ の面積の最小値は $\boxed{8}$ であり, 最大値は $\boxed{12}$ である.

(3) 3秒後から終了時刻(6秒後)までにおいて, t 秒後の点 P, Q は次図の位置にある.

OP $= t$, OQ $= 2t - 6$, CQ $= 12 - 2t$ より, 開始時刻から t 秒後 $(3 \leqq t \leqq 6)$ の S は,

$$S = \left(\begin{array}{l} \text{台形 OPBC} \\ \text{の面積} \end{array}\right) - \triangle\text{OPQ} - \triangle\text{BCQ}$$
$$= \frac{1}{2} \cdot (t+4) \cdot 6 - \frac{1}{2} \cdot t \cdot (2t-6) - \frac{1}{2} \cdot 4 \cdot (12-2t)$$
$$= -t^2 + 10t - 12$$
$$= -(t-5)^2 + 13 \quad (3 \leqq t \leqq 6)$$

である.

これより, $0 \leqq t \leqq 6$ の S について次のグラフを得る.

線分 OQ, CQ の長さは次のように考えるとよい.

OQ $= 2t - 6$.　　　CQ $= 12 - 2t$.

$$S = \begin{cases} t^2 - 4t + 12 & (0 \leqq t \leqq 3 \text{ のとき}), \\ -t^2 + 10t - 12 & (3 \leqq t \leqq 6 \text{ のとき}) \end{cases}$$

$$= \begin{cases} (t-2)^2 + 8 & (0 \leqq t \leqq 3 \text{ のとき}), \\ -(t-5)^2 + 13 & (3 \leqq t \leqq 6 \text{ のとき}). \end{cases}$$

よって，グラフから，開始時刻から終了時刻まで
の △PBQ の面積について，面積の最小値は $\boxed{8}$
であり，最大値は $\boxed{13}$ である．

(4)　$S=10$ となる t の値をまず求める．

・$0 \leqq t \leqq 3$ のとき．
$$(t-2)^2+8=10 \text{ を解くと,}$$
$$(t-2)^2=2 \quad \text{かつ} \quad 0 \leqq t \leqq 3$$
より，
$$t=2-\sqrt{2}.$$

・$3 \leqq t \leqq 6$ のとき．
$$-(t-5)^2+13=10 \text{ を解くと,}$$
$$(t-5)^2=3 \quad \text{かつ} \quad 3 \leqq t \leqq 6$$
より，
$$t=5-\sqrt{3}.$$

これより，$0 \leqq t \leqq 6$ の △PBQ の面積について次
のグラフを得る．

よって，グラフから，開始時刻から終了時刻まで
の △PBQ の面積について，面積が 10 以下となる時
間は，
$$(5-\sqrt{3})-(2-\sqrt{2})$$
$$=\left(\boxed{3}-\sqrt{\boxed{3}}+\sqrt{\boxed{2}}\right) \text{ 秒間}$$
である．

← 次のように実際に不等式を解いて求
めてもよい．

・$0 \leqq t \leqq 3$ のとき．
$S \leqq 10$ を解くと，
$$t^2-4t+12 \leqq 10$$
$$t^2-4t+2 \leqq 0$$
$$2-\sqrt{2} \leqq t \leqq 2+\sqrt{2}.$$
$0 \leqq t \leqq 3$ より，
$$2-\sqrt{2} \leqq t \leqq 3. \quad \cdots \text{①}$$

・$3 \leqq t \leqq 6$ のとき．
$S \leqq 10$ を解くと，
$$-t^2+10t-12 \leqq 10$$
$$t^2-10t+22 \geqq 0$$
$$t \leqq 5-\sqrt{3},\ 5+\sqrt{3} \leqq t.$$
$3 \leqq t \leqq 6$ より，
$$3 \leqq t \leqq 5-\sqrt{3}. \quad \cdots \text{②}$$

したがって，△PBQ の面積が 10 以
下となる t の値の範囲は，①，② より，
$$2-\sqrt{2} \leqq t \leqq 5-\sqrt{3}.$$

ゆえに，面積が 10 以下となる時間
は，
$$(5-\sqrt{3})-(2-\sqrt{2})=3-\sqrt{3}+\sqrt{2} \text{ (秒間)}$$
である．

第4問　データの分析

(1)(i)　図1のAのヒストグラムと図2のBのヒストグラムを度数分布表にまとめると次のようになる.

図1
A

階級	度数	累積度数
360 秒以上 390 秒未満	1	1
390 秒以上 420 秒未満	2	3
420 秒以上 450 秒未満	1	4
450 秒以上 480 秒未満	9	13
480 秒以上 510 秒未満	10	23
510 秒以上 540 秒未満	19	42
540 秒以上 570 秒未満	8	50

図2
B

階級	度数	累積度数
270 秒以上 300 秒未満	1	1
300 秒以上 330 秒未満	1	2
330 秒以上 360 秒未満	0	2
360 秒以上 390 秒未満	2	4
390 秒以上 420 秒未満	5	9
420 秒以上 450 秒未満	10	19
450 秒以上 480 秒未満	16	35
480 秒以上 510 秒未満	14	49
510 秒以上 540 秒未満	1	50

これらの度数分布表より, ベストタイムが420秒未満の選手の割合はAでは$\frac{3}{50}$, すなわち $\boxed{6}$ %であり, Bでは$\frac{9}{50}$, すなわち, $\boxed{18}$ %である.

図1の度数分布表からAの最頻値は階級510秒以上540秒未満の階級値である. $\left(\boxed{8}\cdots\text{エ}\right)$

また, Bの中央値はBの速い方から25番目のベストタイムと26番目のベストタイムの平均値であり, その値が含まれる階級は図2の度数分布表から450秒以上480秒未満である. $\left(\boxed{6}\cdots\text{オ}\right)$

(ii)　速い方から13番目の選手のベストタイムは第1四分位数である.

データAは, 2018年より前にベストタイムを出した選手のうち, 速い方から50人の選手のベストタイム.

データBは, 2018年以降にベストタイムを出した選手のうち, 速い方から50人の選手のベストタイム.

最初の階級からその階級までの度数をすべて合計したものを累積度数という.

データにおいて最も個数の多い値を最頻値という. とくに, データが度数分布表で与えられているときは, 度数の最も大きい階級の階級値を最頻値とする.

累積度数がはじめて26以上になる階級である.

・図3より，Bの速い方から13番目の選手のベストタイム（約435秒）は，Aの速い方から13番目の選手のベストタイム（約480秒）より，およそ45秒速い．（ ④ …カ ）

・Aの四分位範囲（約 535 − 約 480 ＝ 約 55 秒）からBの四分位範囲（約 485 − 約 435 ＝ 約 50 秒）を引いた差の絶対値は約 5，すなわち，0 以上 20 未満である．（ ⓪ …キ ）

(iii)　式

$$\binom{\text{あるデータのある}}{\text{選手のベストタイム}}=\binom{\text{そのデータ}}{\text{の平均値}}+z\times\binom{\text{そのデータの}}{\text{標準偏差}}$$

式と表1を用いると，Bの1位の選手のベストタイムに対する z の値は，

$$296=454+z\times45$$

より，

$$z=-3.511\cdots=-\boxed{3}.\boxed{51}$$

である．

また，Aの1位の選手のベストタイムに対する z の値は，

$$376=504+z\times40$$

より，

$$z=-3.2$$

である．

これより，Bの1位の選手のベストタイムは，平均値より標準偏差のおよそ 3.51 倍だけ小さく，Aの1位の選手のベストタイムは，平均値より標準偏差の 3.2 倍だけ小さい．

したがって，ベストタイムで比較するとBの1位の選手の方が速く，z の値で比較するとBの1位の選手の方が優れている．

ゆえに，A，Bそれぞれにおける，1位の選手についての記述として，正しいものは ① （…サ）である．

(2)(i)(a)　正しい．

(b)　誤っている．

最小値　第1四分位数　中央値　第3四分位数　最大値

A
B
280 300 320 340 360 380 400 420 440 460 480 500 520 540 560（秒）

図3　AとBの箱ひげ図

$$\binom{\text{四分位}}{\text{範囲}}=\binom{\text{第3四分}}{\text{位数}}-\binom{\text{第1四分}}{\text{位数}}$$

表1　1位の選手のベストタイム，平均値，標準偏差

データ	1位の選手のベストタイム	平均値	標準偏差
A	376	504	40
B	296	454	45

（Bの z の値）＜（Aの z の値）.
　　‖　　　　　‖
　−3.51　　　−3.2

図4　マラソンと10000 m
　　の散布図

図5　5000 m と10000 m
　　の散布図

　2つの変量の間に相関があるとき，散布図における点の分布の様子が1つの直線に接近しているほど相関が強いといい，散らばっているほど相関は弱いという．

　図4と図5を比較すると，マラソンと10000 m の間の相関は，5000 m と10000 m の間の相関より弱いことがわかる．

　よって，(a)，(b)の正誤の組合せとして正しいものは　①　(…シ)である．

(ii)　5000 m と10000 m の相関係数は，

$$\frac{131.8}{10.3 \times 17.9} = \frac{131.8}{184.37} = 0.71486\cdots$$

となるから，　ス　に当てはまるものは　⑦　である．

┌─ 相関係数 ─────────────────
│　2つの変量 x，y について，
│　　　x の標準偏差を s_x，
│　　　y の標準偏差を s_y，
│　　　x と y の共分散を s_{xy}
│　とするとき，x と y の相関係数は，
│　　　　$\dfrac{s_{xy}}{s_x s_y}$．
└───────────────────────

数学Ⅱ

解答・採点基準　(100点満点)

問題番号(配点)	解答記号	正解	配点	自己採点
第1問(30)	ア	3	1	
	イウ	10	1	
	(エ, オ)	(1, 0)	2	
	カ	⓪	3	
	キ	⑤	3	
	ク	②	2	
	ケ	②	3	
	コサ, シ	−2, 3	2	
	ス, セ	2, 1	2	
	ソタ	12	1	
	チ	③	3	
	ツ	①	1	
	テ, ト	①, ⓪	2	
	ナ	③	1*	
	ニヌ	−6	2	
	ネノ	14	1	
第1問　自己採点小計				

問題番号(配点)	解答記号	正解	配点	自己採点
第2問(30)	$\dfrac{ア}{イ}$	$\dfrac{3}{2}$	2	
	ウ, エ	9, 6	1	
	$\dfrac{オ}{カ}$, キ	$\dfrac{9}{2}$, 6	2	
	ク	1	1	
	$\dfrac{ケ}{コ}$	$\dfrac{5}{2}$	1	
	サ	2	1	
	シ	2	1	
	ス	③	3	
	セ, ソ	⓪, ⑤	2	
	タ	①	2	
	チ	①	4	
	ツ	②	2	
	テ	③	1	
	ト, ナ	④, ②	3	
	ニ, ヌ	⓪, ④	2	
	ネ	②	2	
第2問　自己採点小計				
第3問(20)	ア	③	2	
	イ	⑨	2	
	ウ, エ	⑤, ④	3	
	オ	⑥	2	
	カ	6	3	
	キ	4	2	
	$\dfrac{ク}{ケ}$	$\dfrac{2}{3}$	2	
	コ	⑨	2	
	サ	ⓐ	2	
第3問　自己採点小計				

問題番号 (配点)	解答記号	正　解	配点	自己採点
第4問 (20)	(ア，イ)	(4, 0)	2	
	ウ	1	2	
	エ	⑧	2	
	オ	⑤	2	
	カ	④	3	
	キ	④	3	
	$\left(\dfrac{ク}{ケ}, \dfrac{\sqrt{コサ}}{シ}\right)$	$\left(\dfrac{1}{2}, \dfrac{\sqrt{15}}{2}\right)$	3	
	$\left(\dfrac{ス}{セ}, \dfrac{\sqrt{ソ}}{タ}\right)$	$\left(\dfrac{3}{2}, \dfrac{\sqrt{7}}{2}\right)$	3	
第4問　自己採点小計				
自己採点合計				

(注)

　＊は，解答記号テ，トが両方正解の場合のみ③を正解とし，点を与える。

第1問　指数関数・対数関数，整式の除法

数学Ⅱ・数学B　本試験の**第1問**に同じ。

第2問　微分法・積分法

数学Ⅱ・数学B　本試験の**第2問**に同じ。

第3問　三角関数

(1) $\cos x = 0$ を満たす x は, $0 \leq x < 2\pi$ の範囲に二つある. そのうち, 値が小さい方は $x = \dfrac{\pi}{2}$ (③) であり, 大きい方は $x = \dfrac{3}{2}\pi$ (⑨) である.

(2)(i)
$$0 \leq x < 2\pi.$$
$$\cos 3x + \cos 2x + \cos x = 0 \qquad \cdots ①$$

三角関数の加法定理により
$$\cos 3x = \cos(2x + x)$$
$$= \cos 2x \cos x - \sin 2x \sin x \quad (\text{⑤}),$$
$$\cos x = \cos(2x - x)$$
$$= \cos 2x \cos x + \sin 2x \sin x \quad (\text{④})$$

加法定理
$$\cos(\alpha + \beta)$$
$$= \cos\alpha\cos\beta - \sin\alpha\sin\beta.$$
$$\cos(\alpha - \beta)$$
$$= \cos\alpha\cos\beta + \sin\alpha\sin\beta.$$

が成り立つ. これらを用いると
$$\cos 3x + \cos 2x + \cos x$$
$$= (\cos 2x \cos x - \sin 2x \sin x) + \cos 2x$$
$$\qquad\qquad + (\cos 2x \cos x + \sin 2x \sin x)$$
$$= 2\cos 2x \cos x + \cos 2x$$
$$= (2\cos x + 1)\cos 2x \quad \cdots ② \quad (\text{⑥})$$

が得られる. ② により, ① は
$$(2\cos x + 1)\cos 2x = 0$$

すなわち
$$\cos x = -\frac{1}{2} \quad \text{または} \quad \cos 2x = 0$$

となる. これを満たす x は $0 \leq x < 2\pi$ $(0 \leq 2x < 4\pi)$ において
$$x = \frac{2}{3}\pi, \ \frac{4}{3}\pi \quad \text{または} \quad 2x = \frac{\pi}{2}, \ \frac{3}{2}\pi, \ \frac{5}{2}\pi, \ \frac{7}{2}\pi$$

すなわち
$$x = \frac{2}{3}\pi, \ \frac{4}{3}\pi, \ \frac{\pi}{4}, \ \frac{3}{4}\pi, \ \frac{5}{4}\pi, \ \frac{7}{4}\pi$$

である. よって, ① は 6 個の解をもち, そのうち, 最も小さいものは $x = \dfrac{\pi}{4}$ であり, 2番目に小さい解は $x = \dfrac{2}{3}\pi$ である.

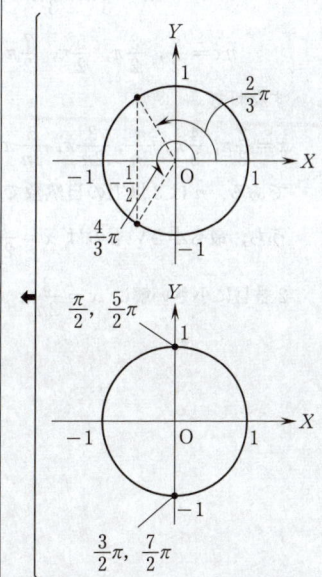

(ii) n は3以上の自然数. $0 \leq x < 2\pi$.
$$\cos(n+1)x + \cos nx + \cos(n-1)x = 0 \quad \cdots ③$$

三角関数の加法定理により

$$\cos(n+1)x = \cos(nx+x)$$
$$= \cos nx \cos x - \sin nx \sin x,$$
$$\cos(n-1)x = \cos(nx-x)$$
$$= \cos nx \cos x + \sin nx \sin x$$

が成り立つ．これらを用いると

$$\cos(n+1)x + \cos nx + \cos(n-1)x$$
$$= (\cos nx \cos x - \sin nx \sin x) + \cos nx$$
$$\qquad + (\cos nx \cos x + \sin nx \sin x)$$
$$= 2\cos nx \cos x + \cos nx$$
$$= (2\cos x + 1)\cos nx$$

が得られる．これにより，③は

$$(2\cos x + 1)\cos nx = 0$$

すなわち

$$\cos x = -\frac{1}{2} \quad \text{または} \quad \cos nx = 0$$

となる．これを満たす x は $0 \leqq x < 2\pi$ $(0 \leqq nx < 2n\pi)$ において

$$x = \frac{2}{3}\pi, \ \frac{4}{3}\pi \quad \text{または}$$

$$nx = \frac{\pi}{2}, \ \frac{3}{2}\pi, \ \frac{5}{2}\pi, \ \frac{7}{2}\pi, \ \cdots, \ \frac{4n-1}{2}\pi$$

すなわち

$$x = \frac{2}{3}\pi, \ \frac{4}{3}\pi, \ \frac{\pi}{2n}, \ \frac{3}{2n}\pi, \ \frac{5}{2n}\pi, \ \frac{7}{2n}\pi, \ \cdots, \ \frac{4n-1}{2n}\pi$$

である．n は3以上の自然数であるから，③の解のうち，最も小さいものは $x = \dfrac{\pi}{2n}$ （ ⑨ ）であり，

2番目に小さい解は $x = \dfrac{3}{2n}\pi$ （ ⓐ ）である．

第4問　図形と方程式

$C_1 : x^2 + y^2 = 4$, $\quad C_2 : x^2 - 8x + y^2 + 15 = 0$.
C_1 の中心は原点 $(0, 0)$, 半径は 2.

(1)　C_2 の方程式は

$$(x-4)^2 + y^2 = 1$$

と変形できる. よって, C_2 の中心は点

$\left(\boxed{4}, \boxed{0} \right)$, 半径は $\boxed{1}$ である.

円の方程式

中心 (a, b), 半径 r の円の方程式は

$$(x-a)^2 + (y-b)^2 = r^2.$$

(2)　点 $P(p, q)$ は C_1 上にあるから

$$p^2 + q^2 = 4 \qquad \cdots ①$$

が成り立つ.

(i)　P における C_1 の接線 ℓ の方程式を求める. $p \neq 0$ かつ $q \neq 0$ の場合を考える. 原点 $(0, 0)$ と P を結ぶ直線を m とすると, ℓ と m は垂直である. m の傾きは $\dfrac{q}{p}$ $(\boxed{⑧})$ であるので, ℓ の傾きは $-\dfrac{p}{q}$

$(\boxed{⑥})$ となる. よって, ℓ の方程式は

$$y = -\frac{p}{q}(x - p) + q$$

である. 両辺に q をかけて, ① を用いると

$$qy = -px + p^2 + q^2$$
$$px + qy = 4 \quad \cdots ② \quad (\boxed{④})$$

となる.

$p = 0$ または $q = 0$ の場合も, この方程式の表す直線は, P における C_1 の接線となることがわかる.

垂直条件

傾き m の直線と, 傾き m' の直線が直交するための条件は

$$mm' = -1.$$

直線の方程式

点 (x_1, y_1) を通り傾き m の直線の方程式は,

$$y = m(x - x_1) + y_1.$$

(ii)　ℓ が C_2 に接するのは, C_2 の中心と ℓ の距離が, C_2 の半径に等しいときである. $(\boxed{④})$　このとき

$$\frac{|p \cdot 4 + q \cdot 0 - 4|}{\sqrt{p^2 + q^2}} = 1$$

が成り立ち, ① より, これは

$$|4p - 4| = 2$$
$$4p - 4 = \pm 2$$

となる. これと ① より, P の座標は

$$(p, q) = \left(\frac{1}{2}, \frac{\sqrt{15}}{2} \right), \left(\frac{1}{2}, -\frac{\sqrt{15}}{2} \right),$$
$$\left(\frac{3}{2}, \frac{\sqrt{7}}{2} \right), \left(\frac{3}{2}, -\frac{\sqrt{7}}{2} \right)$$

である.

(iii)　(i)(ii)での考察から, ℓ が C_2 に接するときの P の座標は

点と直線の距離の公式. (問題文)

$$(p, q) = \left(\frac{\boxed{1}}{\boxed{2}}, \frac{\sqrt{\boxed{15}}}{\boxed{2}} \right), \left(\frac{1}{2}, -\frac{\sqrt{15}}{2} \right),$$

$$\left(\frac{\boxed{3}}{\boxed{2}}, \frac{\sqrt{\boxed{7}}}{\boxed{2}} \right), \left(\frac{3}{2}, -\frac{\sqrt{7}}{2} \right)$$

である．これらの p, q の組を ② に代入すれば，C_1 と C_2 の両方に接する直線の方程式が得られる．

数学Ⅰ・数学A
数学Ⅱ・数学B
数学Ⅰ
数学Ⅱ

（2023年1月実施）

	受験者数	平均点
数学Ⅰ・数学A	346,628	55.65
数学Ⅱ・数学B	316,728	61.48
数学Ⅰ	5,153	37.84
数学Ⅱ	4,845	37.65

数学 I ・数学 A

解答・採点基準 (100点満点)

問題番号 (配点)	解答記号	正 解	配点	自己採点
第1問 (30)	アイ	-8	2	
	ウエ	-4	1	
	オ, カ	2, 2	2	
	キ, ク	4, 4	2	
	ケ, コ	7, 3	3	
	サ	⓪	3	
	シ	⑦	3	
	ス	④	3	
	セソ	27	3	
	$\dfrac{タ}{チ}$	$\dfrac{5}{6}$	2	
	ツ$\sqrt{テト}$	$6\sqrt{11}$	3	
	ナ	⑥	2	
	ニヌ$(\sqrt{ネノ}+\sqrt{ハ})$	$10(\sqrt{11}+\sqrt{2})$	3	
第1問 自己採点小計				
第2問 (30)	ア	②	2	
	イ	⑤	2	
	ウ	①	2	
	エ	②	3	
	オ	②	3	
	カ	⑦	3	
	キ, ク	4, 3	3	
	ケ, コ	4, 3	3	
	サ	②	3	
	$\dfrac{シ\sqrt{ス}}{セソ}$	$\dfrac{5\sqrt{3}}{57}$	3	
	タ, チ	⓪, ⓪	3	
第2問 自己採点小計				

問題番号 (配点)	解答記号	正 解	配点	自己採点
第3問 (20)	アイウ	320	3	
	エオ	60	3	
	カキ	32	3	
	クケ	30	3	
	コ	②	3	
	サシス	260	2	
	セソタチ	1020	3	
第3問 自己採点小計				
第4問 (20)	アイ	11	2	
	ウエオカ	2310	3	
	キク	22	3	
	ケコサシ	1848	3	
	スセソ	770	2	
	タチ	33	2	
	ツテトナ	2310	2	
	ニヌネノ	6930	3	
第4問 自己採点小計				
第5問 (20)	アイ	90	2	
	ウ	③	2	
	エ	④	2	
	オ	③	3	
	カ	②	2	
	キ	③	3	
	$\dfrac{ク\sqrt{ケ}}{コ}$	$\dfrac{3\sqrt{6}}{2}$	3	
	サ	7	2	
第5問 自己採点小計				
自己採点合計				

(注)

第1問, 第2問は必答。

第3問～第5問のうちから2問選択。計4問を解答。

第1問　数と式，図形と計量

〔1〕　実数 x についての不等式 $|x+6| \leqq 2$ の解は，
$$-2 \leqq x+6 \leqq 2$$
すなわち，

$$\boxed{-8} \leqq x \leqq \boxed{-4}$$

である．

$\left|(1-\sqrt{3})(a-b)(c-d)+6\right| \leqq 2$ （a, b, c, d は実数）
は，(*) より，

$$-8 \leqq (1-\sqrt{3})(a-b)(c-d) \leqq -4$$

となるから，$1-\sqrt{3}$ が負であることに注意すると，

$$\frac{-8}{1-\sqrt{3}} \geqq (a-b)(c-d) \geqq \frac{-4}{1-\sqrt{3}}$$

すなわち，

$$\frac{4}{\sqrt{3}-1} \leqq (a-b)(c-d) \leqq \frac{8}{\sqrt{3}-1}$$

となる．

よって，$(a-b)(c-d)$ のとり得る値の範囲は，

$$\boxed{2} + \boxed{2}\sqrt{3} \leqq (a-b)(c-d)$$
$$\leqq \boxed{4} + \boxed{4}\sqrt{3}$$

である．

特に，

$$(a-b)(c-d) = 4+4\sqrt{3}, \qquad \cdots ①$$
$$(a-c)(b-d) = -3+\sqrt{3} \qquad \cdots ②$$

が成り立つときの $(a-d)(c-b)$ の値を求める．

① より，

$$ac-ad-bc+bd = 4+4\sqrt{3}. \qquad \cdots ①'$$

② より，

$$ab-ad-bc+cd = -3+\sqrt{3}. \qquad \cdots ②'$$

①$'$－②$'$ より，

$$ac-ab+bd-cd = 7+3\sqrt{3}$$

すなわち，

$$a(c-b)-d(c-b) = 7+3\sqrt{3}$$

となるから，

$$(a-d)(c-b) = \boxed{7} + \boxed{3}\sqrt{3} \qquad \cdots ③$$

である．

← $|X| \leqq A \Longleftrightarrow -A \leqq X \leqq A$.
　（A は正の定数）．

← 両辺を負の数で割ったり，掛けたりすると不等号の向きは変わる．

← $\dfrac{4}{\sqrt{3}-1} = \dfrac{4(\sqrt{3}+1)}{(\sqrt{3}-1)(\sqrt{3}+1)}$
　$= \dfrac{4(\sqrt{3}+1)}{2}$
　$= 2(\sqrt{3}+1)$
　$= 2+2\sqrt{3},$
　$\dfrac{8}{\sqrt{3}-1} = 2 \cdot \dfrac{4}{\sqrt{3}-1}$
　$= 2(2+2\sqrt{3})$
　$= 4+4\sqrt{3}.$

4

〔2〕

(1)(i)

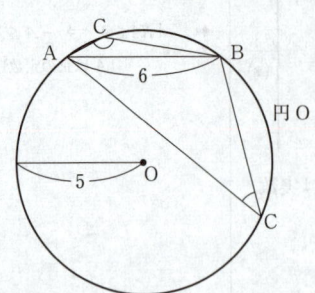

円O

△ABC の外接円の半径は5より，正弦定理を用いると，

$$\frac{6}{\sin\angle ACB}=2\cdot 5$$

となるから，

$$\sin\angle ACB=\frac{3}{5}\quad\boxed{0}\cdots サ$$

である．

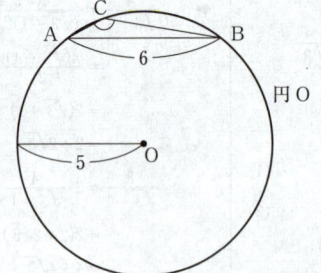

円O

また，∠ACB は鈍角であるから，$\cos\angle ACB<0$ より，

$$\begin{aligned}\cos\angle ACB&=-\sqrt{1-\sin^2\angle ACB}\\&=-\sqrt{1-\left(\frac{3}{5}\right)^2}\\&=-\frac{4}{5}\quad\boxed{7}\cdots シ\end{aligned}$$

である．

(ii) △ABC の面積が最大となるような点 C は，点 O を通り辺 AB に垂直な直線と円 O との2交点のうち，線分 OC と辺 AB が交点をもたない方の点であり，図示すると次のようになる．

正弦定理

$$\frac{a}{\sin A}=\frac{b}{\sin B}=\frac{c}{\sin C}=2R.$$

（R は外接円の半径）

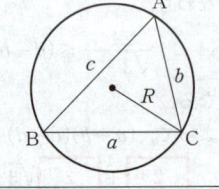

← ∠ACB は鈍角．

$90°<\theta<180°$ のとき，$\cos\theta<0$.

$\sin^2\theta+\cos^2\theta=1$ と $\cos\theta<0$ より，
$$\cos\theta=-\sqrt{1-\sin^2\theta}.$$

点 C と直線 AB の距離を h とすると，
$$\triangle ABC=\frac{1}{2}AB\cdot h=\frac{1}{2}\cdot 6h=3h.$$

これより，h が最大のとき，△ABC の面積は最大となる．

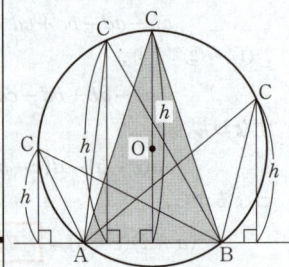

h が最大となるのは，点 C が直線 AB に関して点 O と同じ側にあり，かつ，$CO\perp AB$ のときである．

円 O

点 C から直線 AB に引いた垂線と直線 AB との交点 D は上図の位置にあり，△OAD ≡ △OBD より，D は辺 AB の中点である．

これより，$AD = \dfrac{1}{2}AB = \dfrac{1}{2} \cdot 6 = 3$ となるから，直角三角形 OAD に三平方の定理を用いると，

$$OD = \sqrt{OA^2 - AD^2} = \sqrt{5^2 - 3^2} = 4.$$

よって，直角三角形 OAD に注目して，

$$\tan \angle OAD = \frac{OD}{AD} = \frac{4}{3} \quad \boxed{④} \cdots \text{ス}$$

である．

また，△ABC の面積は，

$$\frac{1}{2} \cdot AB \cdot CD = \frac{1}{2} \cdot AB \cdot (CO + OD)$$

$$= \frac{1}{2} \cdot 6 \cdot (5 + 4)$$

$$= \boxed{27}$$

である．

(2)

球 S

球 S の中心を O とすると，3 点 P，Q，R は球面上にあるから，

$$OP = OQ = OR = 5$$

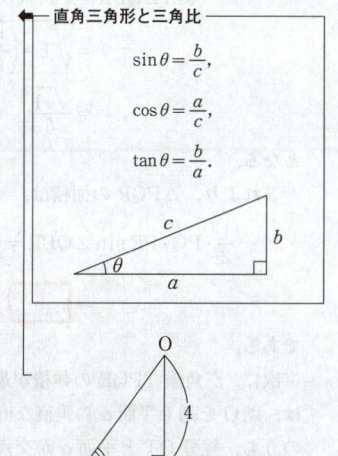

━━ 直角三角形と三角比 ━━

$$\sin \theta = \frac{b}{c},$$

$$\cos \theta = \frac{a}{c},$$

$$\tan \theta = \frac{b}{a}.$$

である.

平面 α 上は次図のようになっている.

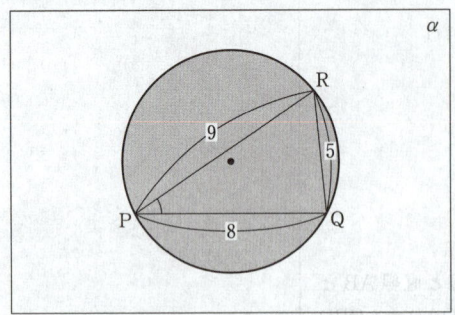

△PQR に余弦定理を用いると,

$$\cos\angle\mathrm{QPR}=\frac{8^2+9^2-5^2}{2\cdot8\cdot9}=\frac{120}{2\cdot8\cdot9}=\frac{\boxed{5}}{\boxed{6}}$$

であり,$0°<\angle\mathrm{QPR}<180°$ より,$\sin\angle\mathrm{QPR}>0$ であるから,

$$\begin{aligned}\sin\angle\mathrm{QPR}&=\sqrt{1-\cos^2\angle\mathrm{QPR}}\\&=\sqrt{1-\left(\frac{5}{6}\right)^2}\\&=\frac{\sqrt{11}}{6}\end{aligned}$$

となる.

これより,△PQR の面積は,

$$\begin{aligned}\frac{1}{2}\cdot\mathrm{PQ}\cdot\mathrm{PR}\sin\angle\mathrm{QPR}&=\frac{1}{2}\cdot8\cdot9\cdot\frac{\sqrt{11}}{6}\\&=\boxed{6}\sqrt{\boxed{11}}\end{aligned}$$

である.

次に,三角錐 TPQR の体積が最大となるような点 T は,点 O を通り平面 α に垂直な直線と球 S との 2 交点のうち,線分 OT と平面 α が交点をもたない方の点であり,図示すると,次のようになる.

余弦定理

$$a^2=b^2+c^2-2bc\cos A,$$

$$\cos A=\frac{b^2+c^2-a^2}{2bc}.$$

三角形の面積

$$(\triangle\mathrm{ABC}\text{ の面積})=\frac{1}{2}bc\sin A.$$

点 T と平面 α の距離を ℓ とし,三角錐 TPQR の体積を V とすると,

$$\begin{aligned}V&=\frac{1}{3}\cdot(\triangle\mathrm{PQR}\text{ の面積})\cdot\ell\\&=\frac{1}{3}\cdot6\sqrt{11}\ell=2\sqrt{11}\ell.\end{aligned}$$

これより,ℓ が最大のとき,V は最大となる.

ℓ が最大となるのは,点 T が平面 α に関して点 O と同じ側にあり,かつ,TO$\perp\alpha$ のときである.

点 T から平面 α に引いた垂線と平面 α との交点 H は上図の位置にあり,

$$\triangle\text{OPH} \equiv \triangle\text{OQH} \equiv \triangle\text{ORH}$$

であるから, PH, QH, RH の長さについて

$$\text{PH} = \text{QH} = \text{RH} \quad \boxed{⑥} \cdots \textbf{ナ}$$

が成り立つ.

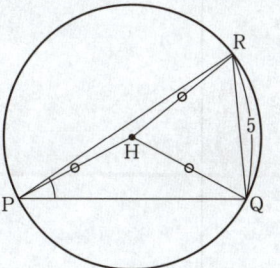

　これより, H は $\triangle\text{PQR}$ の外接円の中心であるから, $\triangle\text{PQR}$ に正弦定理を用いると,

$$\frac{\text{QR}}{\sin\angle\text{QPR}} = 2\text{QH}$$

であるから,

$$(\text{PH} = \text{RH} =)\text{QH} = \frac{\text{QR}}{2\sin\angle\text{QPR}}$$

$$= \frac{5}{2 \cdot \dfrac{\sqrt{11}}{6}}$$

$$= \frac{15}{\sqrt{11}}$$

である.

　さらに, 直角三角形 OQH に三平方の定理を用いると,

$$\begin{cases} \cdot\ \text{OP} = \text{OQ} = \text{OR}\ (=5), \\ \cdot\ \angle\text{OHP} = \angle\text{OHQ} = \angle\text{OHR} = 90°, \\ \cdot\ \text{OH は共通.} \end{cases}$$

　この 3 つより, 直角三角形における合同条件から,

$$\triangle\text{OPH} \equiv \triangle\text{OQH} \equiv \triangle\text{ORH}$$

となる.

$$OH = \sqrt{OQ^2 - QH^2}$$

$$= \sqrt{5^2 - \left(\frac{15}{\sqrt{11}}\right)^2}$$

$$= \frac{5\sqrt{2}}{\sqrt{11}}$$

となるから，TH の長さは，

$$TH = TO + OH = 5 + \frac{5\sqrt{2}}{\sqrt{11}}$$

である．

以上より，三角錐 TPQR の体積は，

$$\frac{1}{3} \cdot (\triangle PQR \text{ の面積}) \cdot TH$$

$$= \frac{1}{3} \cdot 6\sqrt{11} \cdot \left(5 + \frac{5\sqrt{2}}{\sqrt{11}}\right)$$

$$= 2\sqrt{11}\left(5 + \frac{5\sqrt{2}}{\sqrt{11}}\right)$$

$$= \boxed{10}\left(\sqrt{\boxed{11}} + \sqrt{\boxed{2}}\right)$$

である．

第2問　データの分析，2次関数

〔1〕　図1の「52市におけるかば焼きの支出金額のヒストグラム」より，度数分布表は次のようになる．

階　　級	度数	累積度数
1000 円以上 1400 円未満	2	2
1400 円以上 1800 円未満	7	9
1800 円以上 2200 円未満	11	20
2200 円以上 2600 円未満	7	27
2600 円以上 3000 円未満	10	37
3000 円以上 3400 円未満	8	45
3400 円以上 3800 円未満	5	50
3800 円以上 4200 円未満	0	50
4200 円以上 4600 円未満	1	51
4600 円以上 5000 円未満	1	52

← 最初の階級からその階級までの度数をすべて合計したものを累積度数という．

(1)　第1四分位数を Q_1 とすると，Q_1 は小さい方から13番目の値と14番目の値の平均値であるから，

$$1800 \leq Q_1 < 2200.$$

第3四分位数を Q_3 とすると，Q_3 は小さい方から39番目の値と40番目の値の平均値であるから，

$$3000 \leq Q_3 < 3400.$$

四分位範囲 $Q_3 - Q_1$ は，

$$3000 - 2200 < Q_3 - Q_1 < 3400 - 1800$$
$$800 < Q_3 - Q_1 < 1600.$$

← $\begin{pmatrix} 四分位 \\ 範囲 \end{pmatrix} = \begin{pmatrix} 第3四 \\ 分位数 \end{pmatrix} - \begin{pmatrix} 第1四 \\ 分位数 \end{pmatrix}$.

・第1四分位数が含まれる階級は，

1800 以上 2200 未満　②　…ア

である．

・第3四分位数が含まれる階級は，

3000 以上 3400 未満　⑤　…イ

である．

・四分位範囲は，

800 より大きく 1600 より小さい．　①　…ウ

(2)(i)　図2の「東側の地域 E（19市）におけるかば焼きの支出金額の箱ひげ図」と図3の「西側の地域 W（33市）におけるかば焼きの支出金額の箱ひげ図」から最小値，第1四分位数，中央値，第3四分

位数，最大値は次のようになる．ただし，（　）は
データを小さい方から並べたときの順番を表す．

地域 E（19 市）	
最　小　値 (1)	約 1200
第 1 四分位数 (5)	約 2000 強
中　央　値 (10)	約 2200
第 3 四分位数 (15)	約 2700
最　大　値 (19)	約 3700

地域 W（33 市）	
最　小　値 (1)	約 1400
第 1 四分位数 $\binom{8 と 9 の}{平均値}$	約 1800
中　央　値 (17)	約 2600 強
第 3 四分位数 $\binom{25 と 26}{の平均値}$	約 3400
最　大　値 (33)	約 5000

・ ⓪…誤．

地域 E の小さい方から 5 番目は第 1 四分位数
で，2000 より大きい．

・ ①…誤．

（地域 E の範囲）=（約 3700）-（約 1200）=（約 2500），
（地域 W の範囲）=（約 5000）-（約 1400）=（約 3600）．

・ ②…正．

・ ③…誤．

地域 E の 2600 未満の市の割合は 50% 以上，
地域 W の 2600 未満の市の割合は 50% 未満

よって，　エ　に当てはまるものは　②　で
ある．

(ii) 地域 E（19 市）のそれぞれの市におけるかば焼
きの支出金額を小さい方から x_1, x_2, ……, x_{19} と
し，それらのデータの平均値を $\overline{x}$，分散を $s_x{}^2$ と
すると，分散は，

$$s_x{}^2 = \frac{(x_1-\overline{x})^2+(x_2-\overline{x})^2+\cdots\cdots+(x_{19}-\overline{x})^2}{19}$$

として求まる．

よって，地域 E のそれぞれの市におけるかば焼
きの支出金額の分散は，地域 E のそれぞれの市に
おけるかば焼きの支出金額の偏差の 2 乗を合計し
て地域 E の市の数で割った値である．

　②　…オ

(3) 地域 E における，やきとりの支出金額とかば焼き
の支出金額の相関係数は，表 1 より，

最小値　第1四分位数　中央値　第3四分位数　最大値

（小さい方 から 5 番目）

図 2　地域 E におけるかば焼きの
支出金額の箱ひげ図

（範囲）=（最大値）-（最小値）．

━ 偏差・分散 ━

変量 x に関する n 個のデータ

$$x_1, \ x_2, \ \cdots\cdots, \ x_n$$

に対して，x の平均値を $\overline{x}$ とする
と，

$$x_i - \overline{x} \ (i = 1, \ 2, \ \cdots, \ n)$$

を偏差という．

さらに，x の分散を $s_x{}^2$ とすると，

$$s_x{}^2 = \frac{(x_1-\overline{x})^2+\cdots\cdots+(x_n-\overline{x})^2}{n}$$

である．

$$\frac{124000}{590 \times 570} = \frac{1240}{59 \times 57}$$

$$= \frac{1240}{3363}$$

$$= 0.368\cdots$$

$$\fallingdotseq 0.37$$

となるから，　カ　について最も適当なものは

⑦　である．

〔2〕

(1) 放物線 C_1 の方程式を，条件より，

$$y = ax^2 + bx + c \quad (a < 0)$$

とおく．

C_1 は 2 点 $\mathrm{P_0}(0,\ 3)$，$\mathrm{M}(4,\ 3)$ を通るから，

$$\begin{cases} 3 = c, \\ 3 = 16a + 4b + c \end{cases}$$

が成り立つ．

これを解くと，

$$b = -4a, \quad c = 3$$

であるから，C_1 の方程式は，

$$y = ax^2 - \boxed{4}\,ax + \boxed{3} \qquad \cdots ①$$

と表すことができる．

また，① は，

$$C_1 : y = a(x-2)^2 - 4a + 3$$

と変形できるから，プロ選手の「シュートの高さ」
は，

$$-\boxed{4}\,a + \boxed{3} \quad (= Y_1 \text{とおく})$$

である．

さらに，プロ選手の「ボールが最も高くなるとき
の地上の位置」は，

$$2 \quad (= X_1 \text{とおく})$$

である．

放物線 C_2 の方程式は，

$$y = p\left\{x - \left(2 - \frac{1}{8p}\right)\right\}^2 - \frac{(16p-1)^2}{64p} + 2 \quad (p < 0)$$

であるから，花子さんの「ボールが最も高くなると
きの地上の位置」は，

$$2 - \frac{1}{8p} \quad (= X_2 \text{とおく})$$

であり，花子さんの「シュートの高さ」は，

◀── 相関係数 ──

　2つの変量 x，y について，

　　　x の標準偏差を s_x，

　　　y の標準偏差を s_y，

　　　x と y の共分散を s_{xy}

とするとき，x と y の相関係数は，

$$\frac{s_{xy}}{s_x s_y}.$$

表1　地域 E における，やきとりとかば焼
きの支出金額の平均値，分散，標準偏
差および共分散

	平均値	分　散	標準偏差	共分散
やきとりの支出金額	2810	348100	590	124000
かば焼きの支出金額	2350	324900	570	

◀ $\begin{cases} 3 = a \cdot 0^2 + b \cdot 0 + c, \\ 3 = a \cdot 4^2 + b \cdot 4 + c. \end{cases}$

◀ 　2次関数 $y = a(x-m)^2 + n$ のグ
ラフの頂点の座標は，

　　　$(m,\ n)$．

　これより，C_1 の頂点の座標は，

　　　$(2,\ -4a+3)$．

◀ 「シュートの高さ」は頂点の y 座標．

◀ 「ボールが最も高くなるときの地上の
位置」は頂点の x 座標．

◀ C_2 の頂点の座標は，

$$\left(2 - \frac{1}{8p},\ -\frac{(16p-1)^2}{64p} + 2\right).$$

— 183 —

$$-\frac{(16p-1)^2}{64p}+2 \quad (=Y_2 \text{ とおく})$$

である.

　プロ選手と花子さんの「ボールが最も高くなるときの地上の位置」について考える.

⓪…誤.

　　p は負の値をとって変化するから，X_2 は $X_2>2$ の範囲を変化する．よって，X_2 は $X_1=2$ と一致しない.

①，③…誤.

　　$(\text{M の } x \text{ 座標})-X_1=4-2=2$,　　← M(4, 3).

　　$(\text{M の } x \text{ 座標})-X_2=4-\left(2-\dfrac{1}{8p}\right)$　　← $p<0$ より，$\dfrac{1}{8p}<0$ である.

　　　　　　　　　　　$=2+\dfrac{1}{8p}<2 \quad (p<0 \text{ より})$

であるから，花子さんの「ボールが最も高くなるときの地上の位置」の方がつねに M の x 座標に近い.

②…正.

　よって，　サ　に当てはまるものは　②　である.

(2) $AD=\dfrac{\sqrt{3}}{15}$ より，点 D の座標は，

$$\left(3.8, \frac{\sqrt{3}}{15}+3\right), \text{ すなわち, } \left(\frac{19}{5}, \frac{\sqrt{3}}{15}+3\right)$$

である.

　　$C_1 : y=a(x-2)^2-4a+3$ は，D を通るから，

$$\frac{\sqrt{3}}{15}+3=a\left(\frac{19}{5}-2\right)^2-4a+3$$

$$\frac{\sqrt{3}}{15}=\frac{81}{25}a-4a$$

$$\frac{\sqrt{3}}{15}=-\frac{19}{25}a$$

$$a=-\frac{5\sqrt{3}}{57}$$

が成り立つ.

　よって，C_1 の方程式は，

$$y=-\frac{5\sqrt{3}}{57}(x^2-4x)+3$$

となる.

　← $C_1 : y=a(x-2)^2-4a+3$
　　　　　$=a(x^2-4x)+3.$

C_2 が D を通るとき，条件から，花子さんの「シュートの高さ」は，

$$Y_2 = (約 3.4)$$

である．

C_1 と C_2 が D を通るときを考えると，プロ選手の「シュートの高さ」は，

$$Y_1 = -4\left(-\frac{5\sqrt{3}}{57}\right) + 3$$

$$= \frac{20\sqrt{3}}{57} + 3$$

$$\fallingdotseq 0.61 + 3$$

$$= (約 3.61)$$

となるから，

$$Y_1 > Y_2$$

である．

よって，プロ選手の「シュートの高さ」の方が大きく，その差は $(約 3.61) - (約 3.4) = (約 0.21)$ より，ボール約 1 個分である．

$$\left(\boxed{0}\ \cdots タ,\ \boxed{0}\ \cdots チ\right)$$

第3問　場合の数・確率

(1)

図B

球1の塗り方は5通り，

球1を塗った後，球2の塗り方は4通り，

球2を塗った後，球3の塗り方は4通り，

球3を塗った後，球4の塗り方は4通り

あるから，図Bにおいて，球の塗り方は，

$$5×4×4×4=\boxed{320}（通り）$$

ある。

> 球2に塗る色は，球1に塗った色以外の色を塗るから4通りになる。
> 球3に塗る色は，球2に塗った色以外の色を塗るから4通りになる。
> 球4に塗る色は，球3に塗った色以外の色を塗るから4通りになる。

(2)

図C

球1の塗り方は5通り，

球1を塗った後，球2の塗り方は4通り，

球2を塗った後，球3の塗り方は3通り

あるから，図Cにおいて，球の塗り方は，

$$5×4×3=\boxed{60}（通り）$$

ある。

> 球2に塗る色は，球1に塗った色以外の色を塗るから4通りになる。
> 球3に塗る色は，球1に塗った色と球2に塗った色以外の色を塗るから3通りになる。

(3)

図D

1本のひもでつながれた二つの球は異なる色になるようにするから，赤をちょうど2回使う塗り方は，赤を「球1と球3に塗るとき」と「球2と球4に塗るとき」の2つの場合がある。

・球1と球3に赤を塗るとき。

図D

球2と球4の塗り方はともに赤以外の4通りあるから，

$$4×4=16（通り）$$

ある。

> 球1と球2，もしくは球1と球4に赤を塗ると図Dは次図のようになり，条件を満たさない。

・球 2 と球 4 に赤を塗るとき．

同様に考えて，16 通りある．

よって，図 D における球の塗り方のうち，赤をちょうど 2 回使う塗り方は，

$$16+16=\boxed{32}\ (通り)$$

ある．

(4)

図 E

1 本のひもでつながれた二つの球は異なる色になるようにするから，赤をちょうど 3 回，かつ青をちょうど 2 回使うので球 1 に塗る色は，赤，青以外の黄，緑，紫の 3 通りになる．

ここで，球 1 に黄を塗ったときを考える．

図 E

球 2，球 3，球 4，球 5，球 6 に赤をちょうど 3 回使い，かつ青をちょうど 2 回使って塗ることになるから，赤を塗る球の番号の選び方は $_5C_3$ 通り，残り 2 個の球に青を塗る球の番号の選び方は $_2C_2$ 通りある．

このときの塗り方は，

$$_5C_3 \times _2C_2 = 10\ (通り)$$

ある．

また，球 1 に緑および紫を塗ったときも同様に考えると，10 通りずつある．

したがって，図 E における球の塗り方のうち，赤をちょうど 3 回使い，かつ青をちょうど 2 回使う塗り方は，

$$3\times 10=\boxed{30}\ (通り)$$

ある．

図 D

球 1 と球 3 の塗り方はともに赤以外の 4 通りあるから，

$$4\times 4=16\ (通り)$$

ある．

◀　球 1 に青を塗るとき，球 2，球 3，球 4，球 5 のいずれかに青をちょうど 1 回使うから，条件を満たさない．

例えば，青を球 4 に塗ると図 E は次図のようになる．

(5)

図 F

　図 F における球の塗り方は，図 B における球の塗り
方と同じであるから，全部で 320 通りある.

　そのうち，球 3 と球 4 が同色になる球の塗り方は，
球 3 と球 4 が同色より球 4 を球 3 に重ねることができ
るから，重ねると「図 C」と一致する.　**②**　…コ

図 D（再掲）

　図 D における球の塗り方の総数は，図 F における球
の塗り方の総数から図 F において球 3 と球 4 が同色に
なる球の塗り方の総数を引いたものになるから，

$$320 - 60 = \boxed{260} \ \text{（通り）}$$

ある.

(6)

図 G

　図 G における球の塗り方を，(5)で考えた構想と同様
にして求める.

　まず，<u>図 H を考える</u>.

図 H

　図 G における球の塗り方の総数は，

$$\left(\begin{array}{c}\text{図 H における球}\\\text{の塗り方の総数}\end{array}\right) - \left(\begin{array}{c}\text{図 H における球 4 と球 5 が}\\\text{同色になる球の塗り方の総数}\end{array}\right)$$

として求めることができる.

　図 H における球の塗り方は，次図の図 I における球
の塗り方と同じである.

図 B

②

図 C

塗り方は，

$$\underset{\substack{\uparrow\\球1}}{5} \times \underset{\substack{\uparrow\\球2}}{4} \times \underset{\substack{\uparrow\\球3}}{3} = 60 \ \text{（通り）}.$$

⓪

塗り方は，

$$\underset{\substack{\uparrow\\球1}}{5} \times \underset{\substack{\uparrow\\球2}}{4} = 20 \ \text{（通り）}.$$

①

塗り方は，

$$\underset{\substack{\uparrow\\球1}}{5} \times \underset{\substack{\uparrow\\球2}}{4} \times \underset{\substack{\uparrow\\球3}}{4} = 80 \ \text{（通り）}.$$

④

塗り方は，

$$\underset{\substack{\uparrow\\球1}}{5} \times \underset{\substack{\uparrow\\球2}}{4} \times \underset{\substack{\uparrow\\球3}}{4} \times \underset{\substack{\uparrow\\球4}}{3} = 240 \ \text{（通り）}.$$

　球 3 と球 4 が同色になる球の塗り
方の総数は，次のように求めてもよ
い.

　球 3 と球 4 の塗り方は 5 通り，

　球 3 と球 4 を塗った後，球 1 の塗り方は
4 通り，

　球 1 を塗った後，球 2 の塗り方は 3 通り
あるから，

$$5 \times 4 \times 3 = 60 \ \text{（通り）}.$$

図Ⅰ

よって，図H（図Ⅰ）における球の塗り方の総数は，
$$5 \times 4 \times 4 \times 4 \times 4 = 1280 \text{（通り）}$$
ある．

そのうち，球4と球5が同色になる球の塗り方は，球4と球5が同色より球5を球4に重ねることができるから，重ねると「図D」と一致する．

図D

図Dにおける球の塗り方の総数は，(5)の結果より，
$$260 \text{ 通り}$$
ある．

したがって，図Gにおいて，球の塗り方は，
$$1280 - 260 = \boxed{1020} \text{（通り）}$$
ある．

【(6) セソタチ の別解】

図G

図Gにおける球の塗り方の総数を求めるために，
「球1と球4に同色を塗るとき」
と
「球1と球4に違う色を塗るとき」
に分けて考える．

・球1と球4に同色を塗るとき．

図Hを一直線に並べると次図のようになるが，次図の球の塗り方は，図Ⅰの球の塗り方の総数と同じになる．

← 球1と球4に塗る色に注目すると，(5)が使えるため．

この図における球1，球2，球3，球4の塗り方の総数は，(5)の図Fにおいて球3と球4が同色になる球の塗り方の総数と同じになるから，
$$60 \text{ 通り}$$

← 同色を塗る．

図F

― 189 ―

ある．

図 G

そのおのおのに対して，球 5 の塗り方は，

4 通り

ある．

よって，図 G における球の塗り方のうち，球 1 と球 4 が同色になる球の塗り方は，

$$60 \times 4 = 240 \text{（通り）}$$

ある．

・球 1 と球 4 に違う色を塗るとき．

ひもでつないでいない状態

この図における球 1，球 2，球 3，球 4 の塗り方の総数は，(5)の図 D における球の塗り方の総数と同じになるから，(5)の結果より，

260 通り

ある．

図 G

そのおのおのに対して，球 5 の塗り方は，

3 通り．

ある．

よって，図 G における球の塗り方のうち，球 1 と球 4 が違う色になる球の塗り方は，

$$260 \times 3 = 780 \text{（通り）}$$

ある．

したがって，図 G において，球の塗り方は，

$$240 + 780 = \boxed{1020} \text{（通り）}$$

ある．

← 例えば，球 1 と球 4 に赤を塗ると，球 5 に塗る色は青，黄，緑，紫の 4 通りがある．

図 D

球 1 と球 4 は違う色であるから，ひもでつなぐことができる．

よって，ひもでつなぐと図 D ができる．

← 例えば，球 1 に赤，球 4 に青を塗ると，球 5 に塗る色は黄，緑，紫の 3 通りがある．

第4問　整数の性質

(1) 462 と 110 をそれぞれ素因数分解すると，次のようになる．

$$462 = 2 \times 3 \quad \times 7 \times 11,$$
$$110 = 2 \quad \times 5 \quad \times 11.$$

これより，462 と 110 の両方を割り切る素数のうち最大のものは $\boxed{11}$ である．

赤い長方形を並べて正方形や長方形（図1）を作るとき，横の長さを $462x$，縦の長さを $110y$ とする．ただし，x，y は正の整数とする．

赤い長方形を並べて正方形を作るとき，

$$462x = 110y, \quad \text{すなわち，} \quad 21x = 5y$$

が成り立つ．

21 と 5 は互いに素より，

$$x \text{ は 5 の倍数，} \quad y \text{ は 21 の倍数}$$

であり，辺の長さが最小になるのは，x が最小のときであるから，$x = 5$ のときである．

よって，赤い長方形を並べて作ることができる正方形のうち，辺の長さが最小であるものは，一辺の長さが

$$462 \cdot 5 = \boxed{2310}$$

のものである．

また，赤い長方形を並べて正方形ではない長方形を作るとき，横の長さと縦の長さの差の絶対値は，

$$|462x - 110y| = |22(21x - 5y)|$$
$$= 22|21x - 5y|$$

である．

これより，横の長さと縦の長さの差の絶対値が最小になるのは，$|21x - 5y|$ が最小になるときである．

ここで，まず，

$$21x - 5y = \ell \quad (\ell \text{ は 0 以外の整数}) \quad \cdots ①$$

を満たす整数 x，y の組を調べる．

$$21 \cdot \ell - 5 \cdot 4\ell = \ell \quad \cdots ②$$

であるから，①−② より，

$$21(x - \ell) - 5(y - 4\ell) = 0$$

すなわち，

$$21(x - \ell) = 5(y - 4\ell)$$

となる．

21 と 5 は互いに素より，

図1

正方形になる条件は，

$$(\text{横の長さ}) = (\text{縦の長さ})$$

である．

462 と 110 の最大公約数は，2×11，つまり，22 である．

a と b が互いに素な整数，x，y は整数であるとする．

$$ax = by$$

が成り立つとき，

$$x \text{ は } b \text{ の倍数，} \quad y \text{ は } a \text{ の倍数}$$

である．

y が最小になるときを考えてもよく，この場合は，$y = 21$ のとき最小となるから，一辺の長さは，

$$110 \cdot 21 = 2310$$

である．

$\ell = 0$ のときは，赤い長方形を並べてできる四角形は正方形になるから $\ell \neq 0$ として考える必要がある．

x と y についての不定方程式

$$ax + by = c$$

$$(a, b, c \text{ は整数の定数})$$

の整数解は，一組の解

$$(x, y) = (x_0, y_0)$$

を用いて，

$$a(x - x_0) = b(y_0 - y)$$

と変形して求める．

$x-\ell$ は 5 の倍数，　$y-4\ell$ は 21 の倍数

であるから，整数 k を用いて，

$$\begin{cases} x-\ell=5k, \\ y-4\ell=21k \end{cases}$$

と表せる．

よって，① を満たす整数 x，y は，

$$(x, y)=(5k+\ell,\ 21k+4\ell)\quad(k\ は整数)$$

である．

$|21x-5y|$ の最小を考えるから，$\ell=\pm1$ について調べる．

・$\ell=1$ のとき．

① を満たす正の整数 x，y は，

$$(x, y)=(5k+1,\ 21k+4)\quad(k=0, 1, 2, \cdots)$$

であるから，$|21x-5y|=1$ となり得る．

← $(x, y)=(1, 4), (6, 25), (11, 46), \cdots$.

・$\ell=-1$ のとき．

① を満たす正の整数 x，y は，

$$(x, y)=(5k-1,\ 21k-4)\quad(k=1, 2, 3, \cdots)$$

であるから，$|21x-5y|=1$ となり得る．

← $(x, y)=(4, 17), (9, 38), (14, 59), \cdots$.

したがって，横の長さと縦の長さの差の絶対値が最小になるのは，差の絶対値が

$$22\cdot1=\boxed{22}$$

になるときである．

← 横の長さと縦の長さの差の絶対値は，$22|21x-5y|$.

また，縦の長さが横の長さより 22 長いとき，

$$110y-462x=22$$

すなわち，

$$21x-5y=-1$$

が成り立つから，$\ell=-1$ のときを考えるとよい．

これより，$\ell=-1$ のときの横の長さと縦の長さは，

$$\begin{cases} (横の長さ)=462x=462(5k-1)=2310k-462, \\ (縦の長さ)=110y=110(21k-4)=2310k-440 \end{cases}\cdots③$$

である．

← $k=1, 2, 3, \cdots$.

よって，縦の長さが横の長さより 22 長い長方形のうち，横の長さが最小であるものは，③ で $k=1$ を代入した

$$2310\cdot1-462=\boxed{1848}$$

のものである．

← 横の長さが最小になるのは，k が最小になるときであるから，$k=1$ を代入した．

(2)　青い長方形を並べて正方形や長方形(図2)を作るとき，横の長さを $363z$，縦の長さを $154w$ とする．ただし，z，w は正の整数とする．

　　赤い長方形を並べてできる長方形の縦の長さと，青い長方形を並べてできる長方形の縦の長さが等しい長方形を作るとき，

$$110y = 154w,\ \text{すなわち，}\ 5y = 7w$$

が成り立つ．

　5 と 7 は互いに素より，

$$y\ \text{は}\ 7\ \text{の倍数，}\ w\ \text{は}\ 5\ \text{の倍数}$$

であり，縦の長さが最小になるのは，y が最小のときであるから，$y = 7$ のときである．

　よって，赤い長方形を並べてできる長方形の縦の長さと，青い長方形を並べてできる長方形の縦の長さが等しい長方形のうち，縦の長さが最小のものは，縦の長さが，

$$110 \cdot 7 = \boxed{770}$$

のものであり，このような長方形の縦の長さは，y が 7 の倍数より，$110 \cdot 7m = 770m$（m は 1 以上の整数）となるから，770 の倍数である．

$$462 = 2 \times 3 \times 7 \times 11,$$
$$363 = \quad 3 \quad \times 11^2$$

であるから，462 と 363 の最大公約数は，3×11，すなわち，$\boxed{33}$ であり，33 の倍数のうちで 770 の倍数でもあるものは，

$$33 = \quad 3 \quad \times 11,$$
$$770 = 2 \quad \times 5 \times 7 \times 11$$

より，$2 \times 3 \times 5 \times 7 \times 11$，すなわち，2310 の倍数であるから，そのうちで最小の正の整数は $\boxed{2310}$ である．

　これより，赤い長方形と青い長方形を並べてできる正方形の一辺の長さは 2310 の倍数であるから，$2310L$（L は 1 以上の整数）と表せ，このときの赤い長方形を並べたときの横の長さを $462X$（X は 1 以上の整数），青い長方形を並べたときの横の長さを $363Y$（Y は 1 以上の整数）とすると，

$$462X + 363Y = 2310L$$

すなわち，

$$14X + 11Y = 70L \quad \cdots ③$$

図2

$$110 = 2 \times 5 \quad \times 11,$$
$$154 = 2 \quad \times 7 \times 11.$$

◀　w が最小になるときを考えてもよく，この場合は，$w = 5$ のとき最小となるから，縦の長さは，

$$154 \cdot 5 = 770$$

である．

　　赤い長方形と青い長方形を並べてできる長方形の横の長さは，$33t$（t は 1 以上の整数）で，縦の長さは $770m$（m は 1 以上の整数）であるから，これが正方形になる条件は，

$$33t = 770m$$

すなわち，

$$3t = 70m.$$

　3 と 70 は互いに素より，

$$t\ \text{は}\ 70\ \text{の倍数}$$

◀　であるから，$t = 70L$（L は 1 以上の整数）とおけ，これより，正方形の一辺の長さは，

$$33t = 33 \cdot 70L = 2310L$$

と表せる．

◀　$$462 = 2 \times 3 \quad \times 7 \times 11,$$
$$363 = \quad 3 \quad \times 11^2,$$
$$2310 = 2 \times 3 \times 5 \times 7 \times 11.$$

が成り立つ.

ここで,

$$14 \cdot 280L + 11 \cdot (-350L) = 70L \qquad \cdots ④$$

であるから, ③−④ より,

$$14(X - 280L) + 11(Y + 350L) = 0$$

すなわち,

$$11(Y + 350L) = 14(280L - X)$$

となる.

11 と 14 は互いに素より,

$Y + 350L$ は 14 の倍数, $\quad 280L - X$ は 11 の倍数

であるから, 整数 K を用いて,

$$\begin{cases} 280L - X = 11K, \\ Y + 350L = 14K \end{cases}$$

と表せる.

よって, ③ を満たす整数 X, Y は,

$$(X, Y) = (-11K + 280L, \ 14K - 350L)$$

$$(K \text{ は整数})$$

であり, さらに, $X \geqq 1$, $Y \geqq 1$ となる K の範囲は,

$$\begin{cases} -11K + 280L \geqq 1, \\ 14K - 350L \geqq 1 \end{cases}$$

より,

$$\frac{350L + 1}{14} \leqq K \leqq \frac{280L - 1}{11} \qquad \cdots ⑤$$

となる.

ここで, 辺の長さが最小になるのは, L が最小のときであるから, ⑤ を満たす整数 K が存在する L のうち, 最小の L を求めるとよい.

・$L = 1$ のとき.

⑤ は,

$$(25.1 \fallingdotseq) \frac{351}{14} \leqq K \leqq \frac{279}{11} (\fallingdotseq 25.4)$$

となり, これを満たす整数 K は存在しない.

・$L = 2$ のとき.

⑤ は,

$$(50.1 \fallingdotseq) \frac{701}{14} \leqq K \leqq \frac{559}{11} (\fallingdotseq 50.8)$$

となり, これを満たす整数 K は存在しない.

・$L = 3$ のとき.

⑤ は,

$$(75.1 \fallingdotseq) \frac{1051}{14} \leqq K \leqq \frac{839}{11} (\fallingdotseq 76.3)$$

← まず, $14X + 11Y = 1$ を満たす X, Y を 1 組見つける.

$$14 = 11 \times 1 + 3,$$
$$11 = \ 3 \times 3 + 2,$$
$$3 = \ 2 \times 1 + 1.$$

余りに注目して逆をたどると,

$$1 = 3 - 2 \times 1$$
$$= 3 - (11 - 3 \times 3) \times 1$$
$$= -11 + 3 \times 4$$
$$= -11 + (14 - 11 \times 1) \times 4$$
$$= -11 \times 5 + 14 \times 4$$

となるから,

$$14 \times 4 + 11 \times (-5) = 1.$$

両辺に $70L$ を掛けて,

$$14 \cdot (280L) + 11 \cdot (-350L) = 70L.$$

← L は 1 以上の整数.

← X, Y の値は,
$$\begin{cases} X = -11 \cdot 76 + 280 \cdot 3 = 4, \\ Y = 14 \cdot 76 - 350 \cdot 3 = 14. \end{cases}$$
である.

となり，これを満たす整数 K $(K=76)$ は存在する．

　以上から，赤い長方形と青い長方形を並べてできる正方形のうち，辺の長さが最小であるものは，一辺の長さが

$$2310 \cdot 3 = \boxed{6930}$$

のものである．

第5問　図形の性質

(1)

---**構想**---

　直線 EH が円 O の接線であることを証明するためには，∠OEH = $\boxed{90}$ °であることを示せばよい.

→ ---**円の接線**---

∠OHA = 90°.

手順1の(Step 1)より，△OAC ≡ △OBC となるから

$$\angle OCB = 90°$$

であり，(Step 4)より，

$$\angle OGH = 90°$$

であるから，四角形 OCHG に注目すると，

$$\angle OCH + \angle OGH = 180°（対角の和が 180°）$$

← ∠OCH = ∠OCB = 90°.

となる.

　よって，4点 C, G, H, O は同一円周上にあることがわかる. $\boxed{③}$ …**ウ**

← ---**円に内接する四角形の性質の逆（その1）**---

∠A + ∠C = 180°，
または
∠B + ∠D = 180°.

　四角形 ABCD において，対角の和が 180° ならば，4点 A, B, C, D は同一円周上にある.

　四角形 OCHG は円に内接しているから，円に内接する四角形の性質より，

$$\angle CHG = \angle FOG \quad \boxed{④} \quad …エ$$

である.

← ---**円に内接する四角形の性質**---

・四角形の対角の和は 180° である.
　（α + β = 180°）

・四角形の内角は，その対角の外角に等しい.

O は円の中心

$$\angle APB = \frac{1}{2}\angle AOB.$$

一方，点 E は円 O の周上にあるから，円周角と中心角の関係より，$\angle DEG = \frac{1}{2}\angle DOG$ であり，さらに，$\angle FOG = \angle FOD$ であるから，

$$\angle FOG = \angle DEG$$

がわかる．　③ …**オ**

←　$\triangle OGF \equiv \triangle ODF$ より，
$\angle FOG = \angle FOD.$

よって，

$\angle CHG = \angle DEG$，すなわち，$\angle CHG = \angle CEG$ であり，直線 CG に関して同じ側に E, H があるから，円周角の定理の逆より，4 点 C, G, H, E は同一円周上にある．　② …**カ**

←　円周角の定理の逆

直線 AB に関して同じ側に P, Q があり，$\angle APB = \angle AQB$ であれば，4 点 A, B, P, Q は同一円周上にある．

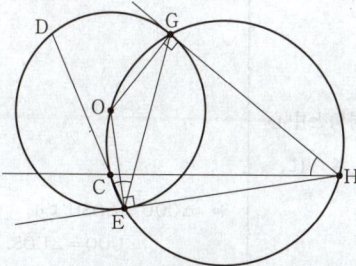

4 点 C, G, H, E を通る円と 4 点 C, G, H, O を通る円は，ともに 3 点 C, G, H を通るから同じ円である．よって，4 点 C, G, H, E を通る円が点 O を通ることにより，$\angle OEH = 90°$ である．

←　3 点を通る円は 1 つしか存在しないから，4 点 C, G, H, E を通る円と 4 点 C, G, H, O を通る円は同じになる．

(2)

手順 2 の (Step 1) と (Step 4) より，

$$\angle OPT = \angle OST = 90° \qquad \cdots ①$$

であるから，四角形 OPTS に注目すると，

$$\angle OPT + \angle OST = 180° \quad （対角の和が 180°）$$

となる．

よって，4 点 P，T，S，O は同一円周上にある．

点 Q を通り直線 OP に垂直な直線と直線 OP との交点を U とする．

四角形 OPTS は円に内接しているから，円に内接する四角形の性質より，

$$\angle PTS = \angle SOU$$

である．

一方，点 R は円 O の周上にあるから，円周角と中心角の関係より，$\angle QRS = \dfrac{1}{2}\angle QOS$ であり，さらに，$\angle UOQ = \angle UOS$ であるから，

$$\angle PTS = \angle QRS \quad \boxed{③} \quad \cdots キ$$

である．

よって，四角形 PTSR に注目すると，円に内接する四角形の性質の逆より，4 点 P，T，S，R は同一円周上にあることがわかる．

したがって，4 点 P，T，S，O を通る円と 4 点 P，T，S，R を通る円は，ともに 3 点 P，T，S を通るから同じ円である．これより，3 点 O，P，R を通る円は 4 点 P，T，S，O を通る円であり，この円の直径は ① より線分 OT である．

← $\triangle OQU \equiv \triangle OSU$ より，

$$\angle UOQ = \angle UOS.$$

← ─── 円に内接する四角形の性質の逆（その2）───

四角形 ABCD において，内角がその対角の外角と等しいならば，4 点 A，B，C，D は同一円周上にある．

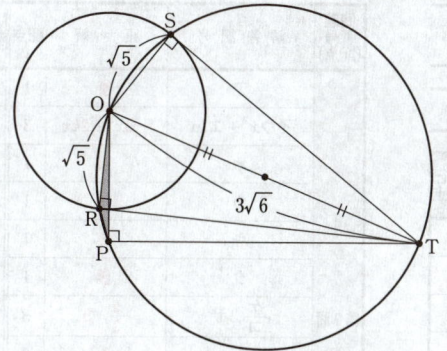

ゆえに，3 点 O，P，R を通る円の半径は，

$$\frac{1}{2}\mathrm{OT} = \frac{1}{2}\cdot 3\sqrt{6} = \frac{\boxed{3}\sqrt{\boxed{6}}}{\boxed{2}}$$

である．

また，4 点 P，T，S，O を通る円は点 R を通ることにより，∠ORT ＝ 90° であるから，直角三角形 OTR に三平方の定理を用いると，

$$\begin{aligned}
\mathrm{RT} &= \sqrt{\mathrm{OT}^2 - \mathrm{OR}^2}\\
&= \sqrt{(3\sqrt{6})^2 - (\sqrt{5})^2}\\
&= \boxed{7}
\end{aligned}$$

である．

← 線分 OR は円 O の半径であるから，

$$\mathrm{OR} = \sqrt{5}.$$

数学Ⅱ・数学B

解答・採点基準　(100点満点)

問題番号(配点)	解答記号	正解	配点	自己採点
	ア	⓪	1	
	イ	②	1	
	ウ, エ	2, 1	2	
	オ	3	2	
	$\dfrac{カ}{キ}$	$\dfrac{5}{3}$	2	
	ク, ケ	ⓐ, ⑦	2	
第1問 (30)	コ	7	2	
	$\dfrac{サ}{シ}, \dfrac{ス}{セ}$	$\dfrac{3}{7}, \dfrac{5}{7}$	2	
	ソ	6	2	
	$\dfrac{タ}{チ}$	$\dfrac{5}{6}$	2	
	ツ	②	3	
	テ	2	2	
	$\dfrac{ト}{ナ}$	$\dfrac{3}{2}$	2	
	ニ	⑤	2	
	ヌ	⑤	3	
第1問　自己採点小計				

問題番号(配点)	解答記号	正解	配点	自己採点
	ア	④	1	
	イウx^2＋エkx	$-3x^2+2kx$	3	
	オ	⓪	1	
	カ	⓪	1	
	キ	③	1	
	ク	⑨	1	
第2問 (30)	$\dfrac{ケ}{コ}$, サ	$\dfrac{5}{3}$, 9	3	
	シ	6	2	
	スセソ	180	2	
	タチツ	180	3	
	テトナ, ニヌ, ネ	300, 12, 5	3	
	ノ	④	3	
	ハ	⓪	3	
	ヒ	④	3	
第2問　自己採点小計				
	ア	0	1	
	$\dfrac{イ}{ウ}$	$\dfrac{1}{2}$	1	
	エ	④	2	
	オ	②	2	
	カ.キク	1.65	2	
第3問 (20)	ケ	④	2	
	$\dfrac{コ}{サ}$	$\dfrac{1}{2}$	1	
	シス	25	2	
	セ	③	1	
	ソ	⑦	1	
	タ	⓪	3	
	チツ	17	2	
第3問　自己採点小計				

問題番号 （配点）	解答記号	正　解	配点	自己採点
第4問 (20)	ア	②	2	
	イ，ウ	⓪，③	3	
	エ，オ	④，⓪	3	
	カ，キ	②，③	2	
	ク	②	2	
	ケ	①	2	
	コ	③	2	
	サシ，スセ	30，10	2	
	ソ	⑧	2	
第4問　自己採点小計				
第5問 (20)	$\dfrac{ア}{イ}$，$\dfrac{ウ}{エ}$	$\dfrac{1}{2}$，$\dfrac{1}{2}$	2	
	オ	①	2	
	カ	9	2	
	キ	2	3	
	ク	⓪	3	
	ケ	③	2	
	コ	⓪	2	
	サ	④	3	
	シ	②	1	
第5問　自己採点小計				
自己採点合計				

（注）
　第1問，第2問は必答。
　第3問～第5問のうちから2問選択。計4問を解答。

第1問　三角関数，指数関数・対数関数

〔1〕

(1) $x = \dfrac{\pi}{6}$ のとき

$$\sin x = \sin \frac{\pi}{6} = \frac{1}{2},$$

$$\sin 2x = \sin \frac{\pi}{3} = \frac{\sqrt{3}}{2}$$

であるから

$$\sin x < \sin 2x$$

である．（　**0**　）

$x = \dfrac{2}{3}\pi$ のとき

$$\sin x = \sin \frac{2}{3}\pi = \frac{\sqrt{3}}{2},$$

$$\sin 2x = \sin \frac{4}{3}\pi = -\frac{\sqrt{3}}{2}$$

であるから

$$\sin x > \sin 2x$$

である．（　**②**　）

(2) $\sin 2x - \sin x = 2\sin x \cos x - \sin x$

$$= \sin x \left(\boxed{2} \cos x - \boxed{1} \right)$$

であるから

$$\sin 2x - \sin x > 0$$

が成り立つことは

$$\sin x (2\cos x - 1) > 0$$

と同値であり，これは

「$\sin x > 0$　かつ　$2\cos x - 1 > 0$」　…①

または

「$\sin x < 0$　かつ　$2\cos x - 1 < 0$」　…②

が成り立つことと同値である．

$0 \leqq x \leqq 2\pi$ のとき，①，すなわち

$$\sin x > 0 \quad かつ \quad \cos x > \frac{1}{2}$$

が成り立つような x の値の範囲は

$$0 < x < \frac{\pi}{\boxed{3}}$$

であり，②，すなわち

$$\sin x < 0 \quad かつ \quad \cos x < \frac{1}{2}$$

──── **2倍角の公式** ────

$$\sin 2\theta = 2\sin\theta\cos\theta.$$

が成り立つような x の値の範囲は

$$\pi < x < \frac{\boxed{5}}{\boxed{3}}\pi$$

である．よって，$0 \leqq x \leqq 2\pi$ のとき，$\sin 2x > \sin x$　　　←　$\sin 2x - \sin x > 0.$
が成り立つような x の値の範囲は

$$0 < x < \frac{\pi}{3}, \quad \pi < x < \frac{5}{3}\pi$$

である．

(3)
$$\alpha + \beta = 4x, \quad \alpha - \beta = 3x$$

より

$$\alpha = \frac{7}{2}x, \quad \beta = \frac{x}{2}$$

であるから

$$\sin(\alpha+\beta) - \sin(\alpha-\beta) = 2\cos\alpha\sin\beta \quad \cdots ③$$

は

$$\sin 4x - \sin 3x = 2\cos\frac{7}{2}x\sin\frac{x}{2}$$

となる．これを用いることにより，
$\sin 4x - \sin 3x > 0$ が成り立つことは

$$\cos\frac{7}{2}x\sin\frac{x}{2} > 0$$

と同値であり，これは

$$\left\lceil \cos\frac{7}{2}x > 0 \quad かつ \quad \sin\frac{x}{2} > 0 \right\rfloor \quad \cdots ④$$

$$(\boxed{ⓐ} , \boxed{⑦})$$

または

$$\left\lceil \cos\frac{7}{2}x < 0 \quad かつ \quad \sin\frac{x}{2} < 0 \right\rfloor \quad \cdots ⑤$$

が成り立つことと同値であることがわかる．

$0 \leqq x \leqq \pi$ のとき，$0 \leqq \frac{x}{2} \leqq \frac{\pi}{2}$ であるから，

$\sin\frac{x}{2} \geqq 0$ である．よって，⑤ は成り立たない．

$0 \leqq x \leqq \pi$ のとき，$0 \leqq \frac{7}{2}x \leqq \frac{7}{2}\pi$ であるから，④

が成り立つような x の値の範囲は

$$0 < \frac{7}{2}x < \frac{\pi}{2}, \quad \frac{3}{2}\pi < \frac{7}{2}x < \frac{5}{2}\pi$$

すなわち

$$0 < x < \frac{\pi}{\boxed{7}}, \quad \frac{\boxed{3}}{\boxed{7}}\pi < x < \frac{\boxed{5}}{\boxed{7}}\pi$$

加法定理
$\sin(\alpha+\beta) = \sin\alpha\cos\beta + \cos\alpha\sin\beta.$
$\sin(\alpha-\beta) = \sin\alpha\cos\beta - \cos\alpha\sin\beta.$

$\left(x = 0 \text{ のとき，} \sin\frac{\pi}{2} = 0 \text{ となり，④} \right.$
は成り立たない$)$

である.

(4) $0 \leq x \leq \pi$ のとき,$\sin 3x > \sin 4x$ が成り立つような x の値の範囲は,(3) より

$$\frac{\pi}{7} < x < \frac{3}{7}\pi, \quad \frac{5}{7}\pi < x < \pi \qquad \cdots ⑥$$

である.

$0 \leq x \leq \pi$ のとき,$X = 2x$ とおくと,$0 \leq X \leq 2\pi$ であり

$$\sin 4x > \sin 2x$$

は

$$\sin 2X > \sin X$$

となるから,これが成り立つような X の値の範囲は,(2) より,

$$0 < X < \frac{\pi}{3}, \quad \pi < X < \frac{5}{3}\pi$$

である.よって,$\sin 4x > \sin 2x$ が成り立つような x の値の範囲は

$$0 < x < \frac{\pi}{6}, \quad \frac{\pi}{2} < x < \frac{5}{6}\pi \qquad \cdots ⑦$$

である.⑥,⑦ より,$\sin 3x > \sin 4x > \sin 2x$ が成り立つような x の値の範囲は

$$\frac{\pi}{7} < x < \frac{\pi}{\boxed{6}}, \quad \frac{5}{7}\pi < x < \frac{\boxed{5}}{\boxed{6}}\pi$$

である.

[2]

(1) $a > 0$,$a \neq 1$,$b > 0$ のとき,$\log_a b = x$ とおくと,$a^x - b$ が成り立つ.($\boxed{②}$)

(2)(i) $\log_5 25 = \log_5 5^2 = \boxed{2}$,

$$\log_9 27 = \frac{\log_3 27}{\log_3 9} = \frac{\log_3 3^3}{\log_3 3^2} = \frac{\boxed{3}}{\boxed{2}}.$$

(ii) $\log_2 3 = \frac{p}{q}$ は,$2^{\frac{p}{q}} = 3$,すなわち,$2^p = 3^q$ と変形できる.($\boxed{⑤}$)

(iii) a,b が 2 以上の自然数のとき,$\log_a b$ が有理数であると仮定すると,$\log_a b > 0$ であるので,二つの自然数 p,q を用いて,$\log_a b = \frac{p}{q}$ と表すことができる.これは,(ii) と同様に $a^p = b^q$ と変形で

← (3) と不等号の向きが逆.

対数

$a > 0$,$a \neq 1$,$b > 0$ のとき

$$a^x = b \iff \log_a b = x.$$

底の変換公式

a,b,c が正の数で,$a \neq 1$,$c \neq 1$ のとき

$$\log_a b = \frac{\log_c b}{\log_c a}.$$

← $a > 0$,x,y が実数のとき

$$(a^x)^y = a^{xy}.$$

きるが, a と b のいずれか一方が偶数で, もう一方
が奇数ならば, 左辺と右辺で偶奇が異なるので,
成り立たない. よって, このとき $\log_a b$ はつねに
無理数である. （　⑤　）

第2問　微分法・積分法

〔1〕

(1) k は正の定数.
$$f(x) = x^2(k-x) = -x^3 + kx^2$$
より, x の方程式
$$f(x) = 0$$
すなわち
$$x^2(k-x) = 0$$
の解は, $x = 0$, k であるから, $y = f(x)$ のグラフと x 軸との共有点の座標は $(0, 0)$ と $(k, 0)$ である.

$$\left(\boxed{4} \right)$$

$f(x)$ の導関数は
$$f'(x) = \boxed{-3}\, x^2 + \boxed{2}\, kx = -3x\left(x - \frac{2k}{3}\right)$$
であるから, $f(x)$ の増減は次のようになる.

x	$\cdots$	0	$\cdots$	$\frac{2}{3}k$	$\cdots$
$f'(x)$	$-$	0	$+$	0	$-$
$f(x)$	$\searrow$	0	$\nearrow$	$\frac{4}{27}k^3$	$\searrow$

よって,
　$x = 0$ のとき, $f(x)$ は極小値 0 をとる.

$$\left(\boxed{0}, \boxed{0} \right)$$

　$x = \frac{2}{3}k$ のとき, $f(x)$ は極大値 $\frac{4}{27}k^3$ をとる.

$$\left(\boxed{3}, \boxed{9} \right)$$

また, $0 < x < k$ の範囲における $f(x)$ の増減は次のようになる.

x	(0)	$\cdots$	$\frac{2}{3}k$	$\cdots$	(k)
$f'(x)$	(0)	$+$	0	$-$	
$f(x)$	(0)	$\nearrow$	$\frac{4}{27}k^3$	$\searrow$	(0)

よって, $0 < x < k$ の範囲において, $x = \frac{2}{3}k$ のとき $f(x)$ は最大となることがわかり, 最大値は $\frac{4}{27}k^3$ である.

◀ 導関数
$$(x^n)' = nx^{n-1} \quad (n = 1, 2, 3, \cdots)$$
$$(c)' = 0 \quad (c \text{ は定数}).$$

$f'(x)$ の符号はグラフをかくとわかりやすい.

(2) 円錐の頂点を A, 底面の円の中心を H とする. 点 A, H を通る平面で円錐と円柱を切った断面は右の図のようになる.

右の図の直角三角形の AKC と AHB は相似であるから

$$\frac{KC}{HB} = \frac{AK}{AH}$$

すなわち

$$\frac{x}{9} = \frac{AK}{15}$$

が成り立つ. よって

$$AK = \frac{5}{3}x$$

であり

$$KH = AH - AK = 15 - \frac{5}{3}x$$

である. したがって

$$V = \pi x^2 \cdot \left(15 - \frac{5}{3}x\right) = \frac{\boxed{5}}{\boxed{3}}\pi x^2\left(\boxed{9} - x\right)$$

である. (1)において $k = 9$ のときを考えると,

$x = \frac{2}{3}k = \frac{2}{3} \cdot 9 = \boxed{6}$ のとき V は最大となることがわかる. V の最大値は

$$\frac{5}{3}\pi \cdot \frac{4}{27}k^3 = \frac{5}{3}\pi \cdot \frac{4}{3^3} \cdot 9^3 = 5 \cdot 4 \cdot 3^2\pi = \boxed{180}\pi$$

である.

〔2〕

(1) $\displaystyle\int_0^{30}\left(\frac{1}{5}x + 3\right)dx = \left[\frac{1}{10}x^2 + 3x\right]_0^{30}$

$\qquad = \frac{1}{10} \cdot 30^2 + 3 \cdot 30 = \boxed{180}$.

$\displaystyle\int\left(\frac{1}{100}x^2 - \frac{1}{6}x + 5\right)dx$

$= \frac{1}{\boxed{300}}x^3 - \frac{1}{\boxed{12}}x^2 + \boxed{5}x + C.$

(2)(i) ソメイヨシノの開花日時は

$$\int_0^t\left(\frac{1}{5}x + 3\right)dx = 400$$

を満たす正の実数 t を求めればよい. これは (1) より

$$\frac{1}{10}t^2 + 3t = 400$$

定積分

$$\int x^n\,dx = \frac{1}{n+1}x^{n+1} + C$$

(ただし, $n = 0, 1, 2, \cdots$. C は積分定数)

であり, $f(x)$ の原始関数の一つを $F(x)$ とすると

$$\int_\alpha^\beta f(x)\,dx = \Big[F(x)\Big]_\alpha^\beta$$

$$= F(\beta) - F(\alpha).$$

すなわち

$$t^2 + 30t - 4000 = 0$$
$$(t-50)(t+80) = 0$$

と変形できる．よって，求める t は $t = 50$ である．

(**④**)

(ii)

$$f(x) = \begin{cases} \dfrac{1}{5}x + 3 & (0 \leq x \leq 30) \\[2mm] \dfrac{1}{100}x^2 - \dfrac{1}{6}x + 5 & (x \geq 30) \end{cases}$$

$x \geq 30$ の範囲において

$$f(x) = \frac{1}{100}x^2 - \frac{1}{6}x + 5$$
$$= \frac{1}{100}\left(x - \frac{100}{12}\right)^2 - \frac{100}{12^2} + 5$$

は増加するから

$$\int_{30}^{40} f(x)\,dx < \int_{40}^{50} f(x)\,dx \quad (\ \boxed{⓪}\ )$$

である．(1) より

$$\int_0^{30} \left(\frac{1}{5}x + 3\right) dx = 180$$

であり

$$\int_{30}^{40} \left(\frac{1}{100}x^2 - \frac{1}{6}x + 5\right) dx = 115$$

である．よって

$$\int_0^{40} f(x)\,dx = \int_0^{30} f(x)\,dx + \int_{30}^{40} f(x)\,dx$$
$$= 180 + 115 = 295$$

であり

$$\int_0^{50} f(x)\,dx = \int_0^{30} f(x)\,dx + \int_{30}^{40} f(x)\,dx + \int_{40}^{50} f(x)\,dx$$
$$> \int_0^{30} f(x)\,dx + \int_{30}^{40} f(x)\,dx + \int_{30}^{40} f(x)\,dx$$
$$= 180 + 115 + 115$$
$$= 410$$

である．したがって，ソメイヨシノの開花時期は，40 日より後，かつ 50 日より前となる．(**④**)

第3問　確率分布と統計的な推測

(1) ある生産地で生産されるピーマン全体を母集団とし，この母集団におけるピーマン1個の重さ（単位はg）を表す確率変数を X とする．m と σ を正の実数とし，X は正規分布 $N(m, \sigma^2)$ に従うとする．よって，$Z = \dfrac{X-m}{\sigma}$ とすると，Z は標準正規分布 $N(0, 1)$ に従う．

◀ **標準正規分布**
　　平均0，標準偏差1の正規分布 $N(0, 1)$ を標準正規分布という．

(i) この母集団から1個のピーマンを無作為に抽出したとき，重さが m g 以上である確率 $P(X \geq m)$ は，

$$P(X \geq m) = P\left(\frac{X-m}{\sigma} \geq \frac{m-m}{\sigma}\right)$$
$$= P\left(\frac{X-m}{\sigma} \geq \boxed{0}\right)$$
$$= P(Z \geq 0)$$
$$= \frac{\boxed{1}}{\boxed{2}}$$

である．

(ii) 母集団から無作為に抽出された大きさ n の標本 $X_1, X_2, \cdots, X_n$ の標本平均を $\overline{X}$ とする．$\overline{X}$ の平均（期待値）と標準偏差はそれぞれ

$$E(\overline{X}) = m, \quad \sigma(\overline{X}) = \frac{\sigma}{\sqrt{n}}$$

となる．（$\boxed{④}$, $\boxed{②}$ ）

◀ **標本平均の平均と標準偏差**
　　母平均 m，母標準偏差 σ の母集団から大きさ n の無作為標本を抽出するとき，標本平均の平均（期待値）と標準偏差はそれぞれ
$$m, \frac{\sigma}{\sqrt{n}}.$$

$n = 400$，標本平均が 30.0 g，標本の標準偏差が 3.6 g のとき，m の信頼度90%の信頼区間を次の**方針**で求める．

方針
　　Z を標準正規分布 $N(0, 1)$ に従う確率変数として，$P(-z_0 \leq Z \leq z_0) = 0.901$ となる z_0 を正規分布表から求める．この z_0 を用いると m の信頼度90.1%の信頼区間が求められるが，これを信頼度90%の信頼区間とみなして考える．

$$P(-z_0 \leq Z \leq z_0) = 0.901$$
$$2P(0 \leq Z \leq z_0) = 0.901$$
$$P(0 \leq Z \leq z_0) = 0.4505$$

を満たす z_0 は正規分布表より

$$z_0 = \boxed{1} . \boxed{65}$$

◀ 正規分布表より
　　$P(0 \leq Z \leq 1.65) = 0.4505$.

である.

　一般に，標本の大きさ n が大きいときには，母標準偏差の代わりに，標本の標準偏差を用いてよいことが知られている. $n=400$ は十分に大きいので，**方針**に基づくと，m の信頼度 90% の信頼区間は

$$30.0-1.65 \times \frac{3.6}{\sqrt{400}} \leqq m \leqq 30.0+1.65 \times \frac{3.6}{\sqrt{400}}$$

$$30.0-0.297 \leqq m \leqq 30.0+0.297$$

$$29.703 \leqq m \leqq 30.297 \quad (\boxed{④})$$

となる.

(2)

> ┌─ ピーマン分類法 ─────────────
> 　無作為に抽出したいくつかのピーマンについて，重さが 30.0 g 以下のときを S サイズ，30.0 g を超えるときは L サイズと分類する. そして，分類されたピーマンから S サイズと L サイズのピーマンを一つずつ選び，ピーマン 2 個を 1 組とした袋を作る.

(i) ピーマンを無作為に 50 個抽出したとき，**ピーマン分類法**で 25 袋作ることができる確率 p_0 を考える. 無作為に 1 個抽出したピーマンが S サイズ，すなわち重さが 30.0 g 以下である確率は $\dfrac{\boxed{1}}{\boxed{2}}$

である. ピーマンを無作為に 50 個抽出したとき，S サイズのピーマンの個数を表す確率変数を U_0 とすると，U_0 は二項分布 $B\left(50, \dfrac{1}{2}\right)$ に従うので

$$p_0={}_{50}C_{\boxed{25}} \times \left(\frac{1}{2}\right)^{25} \times \left(1-\frac{1}{2}\right)^{50-25}$$

となる.

(ii) **ピーマン分類法**で 25 袋作ることができる確率が 0.95 以上となるようなピーマンの個数を考える.

　k を自然数とし，ピーマンを無作為に $(50+k)$ 個抽出したとき，S サイズのピーマンの個数を表す確率変数を U_k とすると，U_k は二項分布 $B\left(50+k, \dfrac{1}{2}\right)$ に従うので，平均と分散はそれぞれ

> ◀─ 二項分布 ──────────
> 　n を自然数とする.
> 　確率変数 X のとり得る値が
> $$0, 1, 2, \cdots, n$$
> であり，X の確率分布が
> $$P(X=r)={}_nC_r p^r (1-p)^{n-r}$$
> $$(r=0, 1, 2, \cdots, n)$$
> であるとき，X の確率分布を二項分布といい，$B(n, p)$ で表す.

$$(50+k) \cdot \frac{1}{2} = \frac{50+k}{2}$$

$$(50+k) \cdot \frac{1}{2}\left(1 - \frac{1}{2}\right) = \frac{50+k}{4}$$

である．$(50+k)$ は十分に大きいので，U_k は近似的に正規分布

$$N\left(\frac{50+k}{2}, \frac{50+k}{4}\right) \quad (\boxed{③}, \boxed{⑦})$$

に従い，$Y = \dfrac{U_k - \dfrac{50+k}{2}}{\sqrt{\dfrac{50+k}{4}}}$ とすると，Y は近似的

に標準正規分布 $N(0, 1)$ に従う．

よって，**ピーマン分類法**で 25 袋作ることができる確率を p_k とすると

$$p_k = P(25 \leq U_k \leq 25+k)$$

$$= P\left(\frac{25 - \dfrac{50+k}{2}}{\sqrt{\dfrac{50+k}{4}}} \leq \frac{U_k - \dfrac{50+k}{2}}{\sqrt{\dfrac{50+k}{4}}} \leq \frac{(25+k) - \dfrac{50+k}{2}}{\sqrt{\dfrac{50+k}{4}}}\right)$$

$$= P\left(-\frac{k}{\sqrt{50+k}} \leq Y \leq \frac{k}{\sqrt{50+k}}\right) \quad (\boxed{⓪})$$

となる．

$k = \alpha,\ \sqrt{50+k} = \beta$ とおく．

$p_k \geq 0.95$ になるような $\dfrac{\alpha}{\beta}$ について．正規分布

表から $\dfrac{\alpha}{\beta} \geq 1.96$ を満たせばよいことがわかる．

ここでは

$$\frac{\alpha}{\beta} \geq 2 \qquad \cdots ①$$

を満たす自然数 k を考える．① の両辺は正であるから，両辺を 2 乗して

$$\alpha^2 \geq 4\beta^2$$

すなわち

$$k^2 \geq 4(50+k)$$

$$k(k-4) \geq 200 \qquad \cdots ②$$

を満たす最小の自然数 k を求める．$k \geq 4$ において k が増加すると，② の左辺も増加し

$$16(16-4) = 192$$

$$17(17-4) = 221$$

であるから，② を満たす最小の自然数 k を k_0 と

二項分布の平均(期待値)，分散

確率変数 X が二項分布 $B(n, p)$ に従うとき，$q = 1-p$ とすると X の平均(期待値) $E(X)$ と分散 $V(X)$ は

$$E(X) = np$$

$$V(X) = npq$$

である．

← $k = 1, 2, 3$ では成り立たない．

すると，
$$k_0 = \boxed{17}$$
であることがわかる．

【 $\boxed{\text{チツ}}$ の別解】

②は，
$$k^2 - 4k - 200 \geqq 0$$
と変形できるから，これを $k > 0$ の範囲で解くと
$$k \geqq 2 + \sqrt{2^2 + 200} = 2 + 2\sqrt{51} = 2 + 2 \times 7.14 = 16.28$$
である．これを満たす最小の自然数 k を k_0 とすると，$k_0 = 17$ である．

$\leftarrow \sqrt{51} = 7.14.$

第4問　数列

花子さんの預金の推移

(1年目) 1年目の初め $\underset{a_1}{\underline{10+p}}$ ……… 1年目の終わり $1.01\underset{a_1}{\underline{(10+p)}}$

p 万円入金

(2年目) 2年目の初め $\underset{a_2}{\underline{1.01(10+p)+p}}$ ……… 2年目の終わり $1.01\underset{a_2}{\underline{\{1.01(10+p)+p\}}}$

p 万円入金

(3年目) 3年目の初め ……… 3年目の終わり

$\vdots$

(1)

> **方針 1**
>
> n 年目の初めの預金と $(n+1)$ 年目の初めの預金との関係に着目して考える.

$a_1 = 10+p$

$a_2 = 1.01a_1 + p = 1.01(10+p) + p$

$a_3 = 1.01a_2 + p = 1.01\{1.01(10+p)+p\} + p$

（ **②** ）

である. すべての自然数 n について

$$a_{n+1} = 1.01a_n + p \quad (\boxed{⓪}, \boxed{③})$$

が成り立つ. これは

$$a_{n+1} + 100p = 1.01(a_n + 100p) \quad (\boxed{④}, \boxed{⓪})$$

と変形できる. 数列 $\{a_n + 100p\}$ は公比 1.01 の等比数列であるから

$$\begin{aligned}
a_n + 100p &= 1.01^{n-1}(a_1 + 100p) \\
&= 1.01^{n-1}(10 + p + 100p) \\
&= 1.01^{n-1}(10 + 101p)
\end{aligned}$$

が成り立つ. よって, 数列 $\{a_n\}$ の一般項は

$$a_n = 1.01^{n-1}(10 + 101p) - 100p$$

である.

> **方針 2**
>
> もともと預金口座にあった 10 万円と毎年の初めに入金した p 万円について, n 年目の初めにそれぞれがいくらになるかに着目して考える.

もともと預金口座にあった 10 万円は, 2 年目の初めには 10×1.01 万円になり, 3 年目の初めには

> **漸化式**
>
> $$a_{n+1} = pa_n + q \quad (n=1, 2, 3, \cdots)$$
>
> （p, q は定数, $p \neq 1$）
>
> は
>
> $$\alpha = p\alpha + q$$
>
> を満たす α を用いて
>
> $$a_{n+1} - \alpha = p(a_n - \alpha)$$
>
> と変形できる.

> **等比数列の一般項**
>
> 初項を a, 公比 r とする等比数列 $\{a_n\}$ の一般項は
>
> $$a_n = ar^{n-1}. \quad (n=1, 2, 3, \cdots)$$

10×1.01^2 万円になる．同様に考えると，n 年目の初めには $10 \times 1.01^{n-1}$ 万円になる．

・1 年目の初めに入金した p 万円は，n 年目の初めには $p \times 1.01^{n-1}$ 万円になる．

・2 年目の初めに入金した p 万円は，n 年目の初めには $p \times 1.01^{n-2}$ 万円になる．

$\vdots$

・n 年目の初めに入金した p 万円は，n 年目の初めには p 万円のままである．

$$(\boxed{②} , \boxed{③})$$

これより

$$a_n = 10 \times 1.01^{n-1} + p \times 1.01^{n-1} + p \times 1.01^{n-2} + \cdots + p$$
$$= 10 \times 1.01^{n-1} + p \sum_{k=1}^{n} 1.01^{k-1} \quad (\boxed{②})$$

となることがわかる．ここで，数列 $\{1.01^{n-1}\}$ は初項 1，公比 1.01 の等比数列であるから

$$\sum_{k=1}^{n} 1.01^{k-1} = \frac{1.01^n - 1}{1.01 - 1} = 100(1.01^n - 1) \quad (\boxed{①})$$

となる．よって，数列 $\{a_n\}$ の一般項は

$$a_n = 10 \times 1.01^{n-1} + 100p(1.01^n - 1)$$
$$= 10 \times 1.01^{n-1} + 100p(1.01 \times 1.01^{n-1} - 1)$$
$$= 10 \times 1.01^{n-1} + 101p \times 1.01^{n-1} - 100p$$
$$= 1.01^{n-1}(10 + 101p) - 100p$$

である．

(2) 10 年目の終わりの預金が 30 万円以上であることを不等式を用いて表すと

$$1.01 a_{10} \geq 30 \quad (\boxed{③})$$

すなわち

$$1.01\{10 \times 1.01^9 + 100p(1.01^{10} - 1)\} \geq 30$$

となる．この不等式を p について解くと

$$p \geq \frac{\boxed{30} - \boxed{10} \times 1.01^{10}}{101(1.01^{10} - 1)}$$

となる．

(3) 1 年目の入金を始める前における花子さんの預金が 10 万円ではなく，13 万円の場合を考える．（年利は 1%．毎年の初めの入金額は p 万円のまま．）このときの n 年目の初めの預金を b_n 万円とおく．**方針 1** と同様に考えると

$$a_1 = 10 + p, \quad a_n = 1.01^{n-1}(10 + 101p) - 100p$$

← 等比数列の和

初項 a，公比 r，項数 n の等比数列の和は，$r \neq 1$ のとき

$$\frac{a(r^n - 1)}{r - 1}.$$

← 方針 1 の結果と同じ

に対して

$$b_1 = 13 + p, \quad b_n = 1.01^{n-1}(13 + 101p) - 100p$$

となるから

$$b_n - a_n = (13 - 10) \times 1.01^{n-1} = 3 \times 1.01^{n-1}$$

である．よって，すべての自然数 n に対して，b_n 万円は a_n 万円よりも $3 \times 1.01^{n-1}$ 万円多い．（ ⑧ ）

【 ソ の別解】

方針 2 と同様に考えると

$$a_n = 10 \times 1.01^{n-1} + p \times \sum_{k=1}^{n} 1.01^{k-1}$$

に対して

$$b_n = 13 \times 1.01^{n-1} + p \times \sum_{k=1}^{n} 1.01^{k-1}$$

となる．（以下略）

44

第5問　空間ベクトル

三角錐 PABC において，辺 BC の中点が M.

∠PAB = ∠PAC = θ. (0° < θ < 90°)

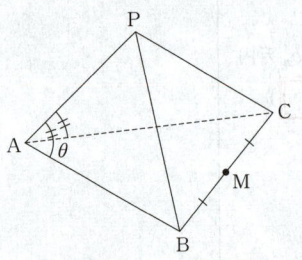

(1)
$$\overrightarrow{AM} = \boxed{\dfrac{1}{2}}\ \overrightarrow{AB} + \boxed{\dfrac{1}{2}}\ \overrightarrow{AC}.$$

$$\dfrac{\overrightarrow{AP}\cdot\overrightarrow{AB}}{|\overrightarrow{AP}||\overrightarrow{AB}|} = \dfrac{\overrightarrow{AP}\cdot\overrightarrow{AC}}{|\overrightarrow{AP}||\overrightarrow{AC}|} = \cos\theta.\quad (\boxed{①})$$

(2) $\theta = 45°$, $|\overrightarrow{AP}| = 3\sqrt{2}$, $|\overrightarrow{AB}| = |\overrightarrow{PB}| = 3$,

$|\overrightarrow{AC}| = |\overrightarrow{PC}| = 3$ のとき

$$\overrightarrow{AP}\cdot\overrightarrow{AB} = |\overrightarrow{AP}||\overrightarrow{AB}|\cos45° = 3\sqrt{2}\cdot3\cdot\dfrac{1}{\sqrt{2}} = \boxed{9}$$

$$\overrightarrow{AP}\cdot\overrightarrow{AC} = |\overrightarrow{AP}||\overrightarrow{AC}|\cos45° = 3\sqrt{2}\cdot3\cdot\dfrac{1}{\sqrt{2}} = 9$$

である．さらに，直線 AM 上の点 D は ∠APD = 90°
を満たしている．このとき，実数 ℓ を用いて，
$\overrightarrow{AD} = \ell\overrightarrow{AM}$ とすると

$$\overrightarrow{PA}\cdot\overrightarrow{PD} = 0$$
$$\overrightarrow{AP}\cdot(\overrightarrow{AD} - \overrightarrow{AP}) = 0$$
$$\overrightarrow{AP}\cdot\overrightarrow{AD} = \overrightarrow{AP}\cdot\overrightarrow{AP}$$
$$\overrightarrow{AP}\cdot(\ell\overrightarrow{AM}) = |\overrightarrow{AP}|^2$$
$$\overrightarrow{AP}\cdot\left\{\dfrac{\ell}{2}(\overrightarrow{AB}+\overrightarrow{AC})\right\} = |\overrightarrow{AP}|^2$$
$$\dfrac{\ell}{2}(\overrightarrow{AP}\cdot\overrightarrow{AB}+\overrightarrow{AP}\cdot\overrightarrow{AC}) = (3\sqrt{2})^2$$
$$\dfrac{\ell}{2}\cdot2\cdot9 = 2\cdot9$$
$$\ell = 2$$

である．よって，$\overrightarrow{AD} = \boxed{2}\ \overrightarrow{AM}$ である．

(3)
$$\overrightarrow{AQ} = 2\overrightarrow{AM}.$$

(i) $$\overrightarrow{AP}\cdot\overrightarrow{AQ} = |\overrightarrow{AP}||\overrightarrow{AQ}|\cos\angle PAQ$$

であるから，$\overrightarrow{PA}$ と $\overrightarrow{PQ}$ が垂直であるとき

分点公式

線分 AB を $m:n$ に内分する点
を P とすると
$$\overrightarrow{OP} = \dfrac{n\overrightarrow{OA}+m\overrightarrow{OB}}{m+n}.$$

内積

$\vec{0}$ でない 2 つのベクトル $\vec{a}$ と
$\vec{b}$ のなす角を θ ($0° \leq \theta \leq 180°$)
とすると
$$\vec{a}\cdot\vec{b} = |\vec{a}||\vec{b}|\cos\theta.$$
$\theta = 90°$ のとき
$$\vec{a}\cdot\vec{b} = |\vec{a}||\vec{b}|\cos90° = 0$$
である．また
$$\vec{a}\cdot\vec{a} = |\vec{a}||\vec{a}|\cos0° = |\vec{a}|^2$$
である．

$$\overrightarrow{AM} = \dfrac{1}{2}(\overrightarrow{AB}+\overrightarrow{AC}).$$

$$\overrightarrow{AP}\cdot\overrightarrow{AB} = \overrightarrow{AP}\cdot\overrightarrow{AC} = 9.$$

$$\overrightarrow{\mathrm{PA}} \cdot \overrightarrow{\mathrm{PQ}} = 0$$

$$\overrightarrow{\mathrm{AP}} \cdot (\overrightarrow{\mathrm{AQ}} - \overrightarrow{\mathrm{AP}}) = 0$$

$$\overrightarrow{\mathrm{AP}} \cdot \overrightarrow{\mathrm{AQ}} - \overrightarrow{\mathrm{AP}} \cdot \overrightarrow{\mathrm{AP}} = 0$$

$$\overrightarrow{\mathrm{AP}} \cdot (2\overrightarrow{\mathrm{AM}}) - \overrightarrow{\mathrm{AP}} \cdot \overrightarrow{\mathrm{AP}} = 0$$

$$\overrightarrow{\mathrm{AP}} \cdot \left\{ \frac{2}{2}(\overrightarrow{\mathrm{AB}} + \overrightarrow{\mathrm{AC}}) \right\} - \overrightarrow{\mathrm{AP}} \cdot \overrightarrow{\mathrm{AP}} = 0$$

$$\overrightarrow{\mathrm{AP}} \cdot \overrightarrow{\mathrm{AB}} + \overrightarrow{\mathrm{AP}} \cdot \overrightarrow{\mathrm{AC}} = \overrightarrow{\mathrm{AP}} \cdot \overrightarrow{\mathrm{AP}} \quad (\boxed{0})$$

$$\left| \overrightarrow{\mathrm{AP}} \right| \left| \overrightarrow{\mathrm{AB}} \right| \cos\theta + \left| \overrightarrow{\mathrm{AP}} \right| \left| \overrightarrow{\mathrm{AC}} \right| \cos\theta = \left| \overrightarrow{\mathrm{AP}} \right|^2$$

$$\left| \overrightarrow{\mathrm{AB}} \right| \cos\theta + \left| \overrightarrow{\mathrm{AC}} \right| \cos\theta = \left| \overrightarrow{\mathrm{AP}} \right| \quad (\boxed{③})$$

が成り立つ.

(ii) k は正の実数.

$$k\overrightarrow{\mathrm{AP}} \cdot \overrightarrow{\mathrm{AB}} = \overrightarrow{\mathrm{AP}} \cdot \overrightarrow{\mathrm{AC}}$$

が成り立つとき

$$k\left| \overrightarrow{\mathrm{AP}} \right| \left| \overrightarrow{\mathrm{AB}} \right| \cos\theta = \left| \overrightarrow{\mathrm{AP}} \right| \left| \overrightarrow{\mathrm{AC}} \right| \cos\theta$$

$$k\left| \overrightarrow{\mathrm{AB}} \right| = \left| \overrightarrow{\mathrm{AC}} \right| \quad (\boxed{0})$$

が成り立つ.

　点 B から直線 AP に下ろした垂線と直線 AP との交点が B′.

　点 C から直線 AP に下ろした垂線と直線 AP との交点が C′.

(ⅰ) より

$$\overrightarrow{\mathrm{PA}} \perp \overrightarrow{\mathrm{PQ}}$$

$$\Longleftrightarrow \left| \overrightarrow{\mathrm{AB}} \right| \cos\theta + \left| \overrightarrow{\mathrm{AC}} \right| \cos\theta = \left| \overrightarrow{\mathrm{AP}} \right|$$

$$\Longleftrightarrow \left| \overrightarrow{\mathrm{AB}} \right| \cos\theta + k\left| \overrightarrow{\mathrm{AB}} \right| \cos\theta = \left| \overrightarrow{\mathrm{AP}} \right|$$

$$\Longleftrightarrow (1+k)\left| \overrightarrow{\mathrm{AB}} \right| \cos\theta = \left| \overrightarrow{\mathrm{AP}} \right|$$

$$\Longleftrightarrow (1+k)\left| \overrightarrow{\mathrm{AB}} \right| \left| \frac{\left| \overrightarrow{\mathrm{AB'}} \right|}{\left| \overrightarrow{\mathrm{AB}} \right|} \right| = \left| \overrightarrow{\mathrm{AP}} \right|$$

$$\Longleftrightarrow \left| \overrightarrow{\mathrm{AB'}} \right| = \frac{1}{1+k}\left| \overrightarrow{\mathrm{AP}} \right|$$

であり

$$\overrightarrow{\mathrm{PA}} \perp \overrightarrow{\mathrm{PQ}}$$

$$\Longleftrightarrow \left| \overrightarrow{\mathrm{AB}} \right| \cos\theta + \left| \overrightarrow{\mathrm{AC}} \right| \cos\theta = \left| \overrightarrow{\mathrm{AP}} \right|$$

$$\Longleftrightarrow k\left| \overrightarrow{\mathrm{AB}} \right| \cos\theta + k\left| \overrightarrow{\mathrm{AC}} \right| \cos\theta = k\left| \overrightarrow{\mathrm{AP}} \right|$$

$$\Longleftrightarrow \left| \overrightarrow{\mathrm{AC}} \right| \cos\theta + k\left| \overrightarrow{\mathrm{AC}} \right| \cos\theta = k\left| \overrightarrow{\mathrm{AP}} \right|$$

$$\Longleftrightarrow (1+k)\left| \overrightarrow{\mathrm{AC}} \right| \cos\theta = k\left| \overrightarrow{\mathrm{AP}} \right|$$

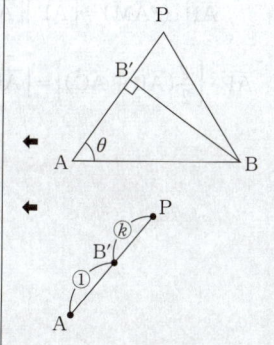

$$\Leftrightarrow (1+k)\left|\overrightarrow{AC}\right|\left|\frac{\overrightarrow{AC'}}{\left|\overrightarrow{AC}\right|}\right|=k\left|\overrightarrow{AP}\right|$$

$$\Leftrightarrow \left|\overrightarrow{AC'}\right|=\frac{k}{1+k}\left|\overrightarrow{AP}\right|$$

であるから，$\overrightarrow{PA}$ と $\overrightarrow{PQ}$ が垂直であることは，B′ と C′ が線分 AP をそれぞれ $1:k$ と $k:1$ に内分する点であることと同値である．（**④**）特に，$k=1$ のとき，$\overrightarrow{PA}$ と $\overrightarrow{PQ}$ が垂直であることは，B′ と C′ が線分 AP をいずれも $1:1$ に内分する点であることと同値であり，これは △PAB と △PAC がそれぞれ BP＝BA，CP＝CA を満たす二等辺三角形であることと同値である．（**②**）

← ∠PAB＝∠PAC より，「△PAB と △PAC がそれぞれ BP＝BA，CP＝CA を満たす二等辺三角形 ⇒ △PAB と △PAC が合同」であるが，⇐ は成り立たない．

【 **キ** の別解】

直線 AM 上の点 D は ∠APD＝90° を満たしている．このとき，実数 ℓ を用いて，$\overrightarrow{AD}=\ell\overrightarrow{AM}$ とすると

$$\overrightarrow{AP}\cdot\overrightarrow{AD}=\left|\overrightarrow{AP}\right|\left|\overrightarrow{AD}\right|\cos\angle DAP$$

$$\overrightarrow{AP}\cdot(\ell\overrightarrow{AM})=\left|\overrightarrow{AP}\right|\left|\overrightarrow{AD}\right|\frac{\left|\overrightarrow{AP}\right|}{\left|\overrightarrow{AD}\right|}$$

$$\overrightarrow{AP}\cdot\left\{\frac{\ell}{2}(\overrightarrow{AB}+\overrightarrow{AC})\right\}=\left|\overrightarrow{AP}\right|^2. \quad(\text{以下略})$$

数学 I

解答・採点基準　（100点満点）

問題番号（配点）	解答記号	正　解	配点	自己採点
第1問（20）	アイ	-8	2	
	ウエ	-4	1	
	オ, カ	2, 2	2	
	キ, ク	4, 4	2	
	ケ, コ	7, 3	3	
	サ	④	3	
	シ, ス, セ	3, 6, 9	2	
	ソ, タ, チ	1, 5, 7	2	
	ツ, テ	①, ①	3	
第1問　自己採点小計				
第2問（30）	ア	⓪	3	
	イ	⑦	3	
	ウ$\sqrt{エ}$ー オ	$3\sqrt{3}-4$	3	
	カ	④	2	
	キク	27	2	
	ケ	①	2	
	コ	②	2	
	$\dfrac{サシ\sqrt{スセ}}{ソ}$	$\dfrac{12\sqrt{10}}{5}$	3	
	$\dfrac{タ}{チ}$	$\dfrac{5}{6}$	2	
	ツ$\sqrt{テト}$	$6\sqrt{11}$	3	
	ナ	⑥	2	
	ニヌ$(\sqrt{ネノ}+\sqrt{ハ})$	$10(\sqrt{11}+\sqrt{2})$	3	
第2問　自己採点小計				

問題番号（配点）	解答記号	正　解	配点	自己採点
第3問（20）	ア	③	1	
	イ	②	2	
	ウ	⑤	2	
	エ	①	2	
	オ	②	3	
	カ	②	3	
	キ	⑦	3	
	ク	⓪	2	
	ケ	②	2	
第3問　自己採点小計				
第4問（30）	ア, イウ	5, -9	3	
	エ	9	3	
	オ	5	3	
	カ	4	3	
	$\dfrac{キ}{ク}$	$\dfrac{8}{3}$	3	
	ケ, コ	4, 3	3	
	サ, シ	4, 3	3	
	ス	②	3	
	$\dfrac{セ\sqrt{ソ}}{タチ}$	$\dfrac{5\sqrt{3}}{57}$	3	
	ツ, テ	⓪, ⓪	3	
第4問　自己採点小計				
自己採点合計				

48

第1問　数と式，集合と命題

〔1〕　実数 x についての不等式 $|x+6| \leqq 2$ の解は，
$$-2 \leqq x+6 \leqq 2$$
すなわち，

　　　　　$\boxed{-8} \leqq x \leqq \boxed{-4}$

である．

$\left| (1-\sqrt{3})(a-b)(c-d)+6 \right| \leqq 2$ $(a, b, c, d$ は実数$)$

は，(*) より，
$$-8 \leqq (1-\sqrt{3})(a-b)(c-d) \leqq -4$$
となるから，$1-\sqrt{3}$ が負であることに注意すると，
$$\frac{-8}{1-\sqrt{3}} \geqq (a-b)(c-d) \geqq \frac{-4}{1-\sqrt{3}}$$
すなわち，
$$\frac{4}{\sqrt{3}-1} \leqq (a-b)(c-d) \leqq \frac{8}{\sqrt{3}-1}$$
となる．

　よって，$(a-b)(c-d)$ のとり得る値の範囲は，
$$\boxed{2} + \boxed{2}\sqrt{3} \leqq (a-b)(c-d)$$
$$\leqq \boxed{4} + \boxed{4}\sqrt{3}$$
である．

　特に，
$$(a-b)(c-d) = 4+4\sqrt{3}, \qquad \cdots ①$$
$$(a-c)(b-d) = -3+\sqrt{3} \qquad \cdots ②$$
が成り立つときの $(a-d)(c-b)$ の値を求める．

　① より，
$$ac-ad-bc+bd = 4+4\sqrt{3}. \qquad \cdots ①'$$
　② より，
$$ab-ad-bc+cd = -3+\sqrt{3}. \qquad \cdots ②'$$
　①′−②′ より，
$$ac-ab+bd-cd = 7+3\sqrt{3}$$
すなわち，
$$a(c-b)-d(c-b) = 7+3\sqrt{3}$$
となるから，
$$(a-d)(c-b) = \boxed{7} + \boxed{3}\sqrt{3} \qquad \cdots ③$$
である．

← $|X| \leqq A \iff -A \leqq X \leqq A.$
　（A は正の定数）．

← 両辺を負の数で割ったり，掛けたりすると不等号の向きは変わる．

← $\dfrac{4}{\sqrt{3}-1} = \dfrac{4(\sqrt{3}+1)}{(\sqrt{3}-1)(\sqrt{3}+1)}$
$= \dfrac{4(\sqrt{3}+1)}{2}$
$= 2(\sqrt{3}+1)$
$= 2+2\sqrt{3},$

$\dfrac{8}{\sqrt{3}-1} = 2 \cdot \dfrac{4}{\sqrt{3}-1}$
$= 2(2+2\sqrt{3})$
$= 4+4\sqrt{3}.$

〔2〕(1)　$(A \cap \overline{C}) \cup (B \cap C)$ は,

$A \cap \overline{C}$ 　または　$B \cap C$

であるから,

 …サ

である.

(2)　全体集合 $U = \{0, 1, 2, 3, 4, 5, 6, 7, 8, 9\}$.

集合 A, B は U の部分集合で,

$A = \{0, 2, 3, 4, 6, 8, 9\}$,　$B = \{1, 3, 5, 6, 7, 9\}$

これより,

$\overline{A} = \{1, 5, 7\}$,　$\overline{B} = \{0, 2, 4, 8\}$

である.

(ⅰ)　$A \cap B = \{\boxed{3}, \boxed{6}, \boxed{9}\}$,

$\overline{A} \cap B = \{\boxed{1}, \boxed{5}, \boxed{7}\}$

である.

(ⅱ)　集合 C は全体集合 U の部分集合で,

$$(A \cap \overline{C}) \cup (B \cap C) = A$$

を満たすとき, (1)の結果より,

　と　

が等しいから,

の網掛部分に要素がないことになる.

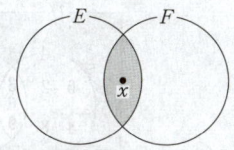

・$E \cap F$ は E と F の共通部分.

$E \cap F = \{x \mid x \in E \text{ かつ } x \in F\}$.

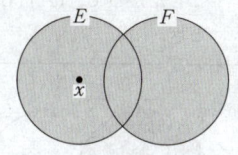

・$E \cup F$ は E と F の和集合.

$E \cup F = \{x \mid x \in E \text{ または } x \in F\}$.

50

一方，

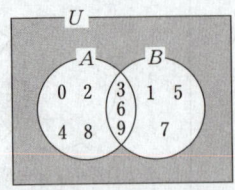

であるから，網掛部分に要素がない.

したがって，$(A \cap \overline{C}) \cup (B \cap C) = A$ を満たすとき，

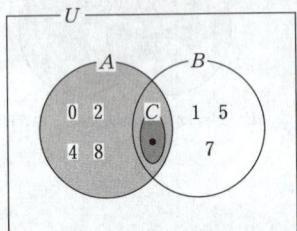

ただし，集合 C は，
$\{3\}, \{6\}, \{9\}$
$\{3, 6\}, \{6, 9\}$
$\{3, 9\}, \{3, 6, 9\}$
のいずれか.

であることがわかる.

・$\overline{A} \cap B$ は，

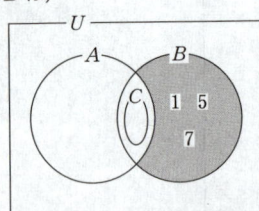

であるから，$\overline{A} \cap B$ のどの要素も C の要素ではない．　①　…ツ

・$A \cap \overline{B}$ は，

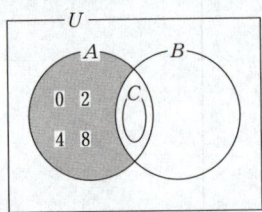

であるから，$A \cap \overline{B}$ のどの要素も C の要素ではない．　①　…テ

C が次図のようなときを考えてみる.

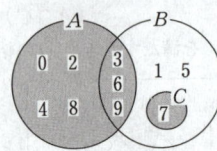

このとき，
$(A \cap \overline{C}) \cup (B \cap C) \neq A$
である.

—222—

第2問　図形と計量

(1)(i)

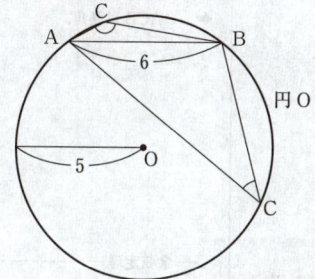

$\triangle$ABC の外接円の半径は 5 より，正弦定理を用いると，

$$\frac{6}{\sin\angle\text{ACB}} = 2\cdot 5$$

となるから，

$$\sin\angle\text{ACB} = \frac{3}{5} \quad \boxed{⓪} \cdots ア$$

である．

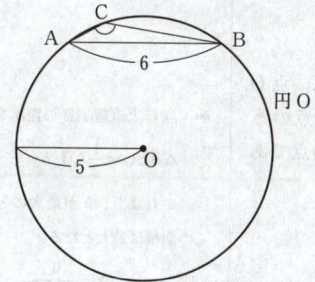

また，$\angle$ACB は鈍角であるから，$\cos\angle\text{ACB}<0$ より，

$$\cos\angle\text{ACB} = -\sqrt{1-\sin^2\angle\text{ACB}}$$
$$= -\sqrt{1-\left(\frac{3}{5}\right)^2}$$
$$= -\frac{4}{5} \quad \boxed{⑦} \cdots イ$$

である．

― 正弦定理 ―

$$\frac{a}{\sin A} = \frac{b}{\sin B} = \frac{c}{\sin C} = 2R.$$

（R は外接円の半径）

← $\angle$ACB は鈍角．

← $90° < \theta < 180°$ のとき，$\cos\theta < 0$.

← $\sin^2\theta+\cos^2\theta=1$ と $\cos\theta<0$ より，
$$\cos\theta = -\sqrt{1-\sin^2\theta}.$$

(ii)

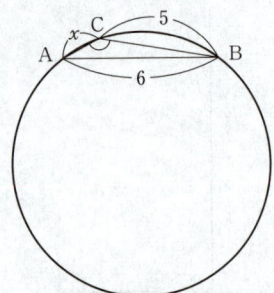

← $\angle ACB$ は鈍角.

$AC=x\,(>0)$ とおき，$\triangle ABC$ に余弦定理を用いると，

$$AB^2=AC^2+BC^2-2AC\cdot BC\cos\angle ACB$$
$$6^2=x^2+5^2-2\cdot x\cdot 5\cdot\left(-\frac{4}{5}\right)\quad(\text{(i)}より)$$
$$x^2+8x-11=0$$
$$x=-4\pm 3\sqrt{3}.$$

よって，$x>0$ より，

$$AC=x=\boxed{3}\,\sqrt{\boxed{3}}-\boxed{4}.$$

余弦定理
$$c^2=a^2+b^2-2ab\cos C,$$
$$\cos C=\frac{a^2+b^2-c^2}{2ab}.$$

(iii) $\triangle ABC$ の面積が最大となるような点 C は，点 O を通り辺 AB に垂直な直線と円 O との2交点のうち，線分 OC と辺 AB が交点をもたない方の点であり，図示すると次のようになる．

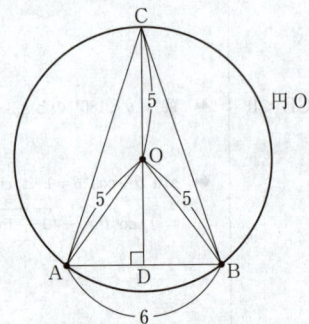

点 C から直線 AB に引いた垂線と直線 AB との交点 D は上図の位置にあり，$\triangle OAD\equiv\triangle OBD$ より，D は辺 AB の中点である．

これより，$AD=\dfrac{1}{2}AB=\dfrac{1}{2}\cdot 6=3$ となるから，直角三角形 OAD に三平方の定理を用いると，

$$OD=\sqrt{OA^2-AD^2}=\sqrt{5^2-3^2}=4.$$

← 点 C と直線 AB の距離を h とすると，
$$\triangle ABC=\frac{1}{2}AB\cdot h=\frac{1}{2}\cdot 6h=3h.$$

これより，h が最大のとき，$\triangle ABC$ の面積は最大となる．

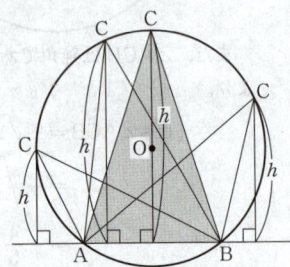

h が最大となるのは，点 C が直線 AB に関して点 O と同じ側にあり，かつ，$CO\perp AB$ のときである．

よって，直角三角形 OAD に注目して，

$$\tan \angle OAD = \frac{OD}{AD} = \frac{4}{3} \quad \boxed{④} \quad \cdots カ$$

である．

また，△ABC の面積は，

$$\frac{1}{2} \cdot AB \cdot CD = \frac{1}{2} \cdot AB \cdot (CO + OD)$$

$$= \frac{1}{2} \cdot 6 \cdot (5+4)$$

$$= \boxed{27}$$

である．

(iv)

∠ACB は鋭角より，cos ∠ACB > 0 であること
に注意すると，(i) と同様に考えて，

$$\sin \angle ACB = \frac{3}{5}, \quad \cos \angle ACB = \frac{4}{5} \quad \cdots ①$$

となる．

これより，

$$\tan \angle ACB = \frac{\sin \angle ACB}{\cos \angle ACB}$$

$$= \frac{\dfrac{3}{5}}{\dfrac{4}{5}}$$

$$= \frac{3}{4} \quad \boxed{①} \quad \cdots ケ$$

である．

∠ACE = 90° と ① より，

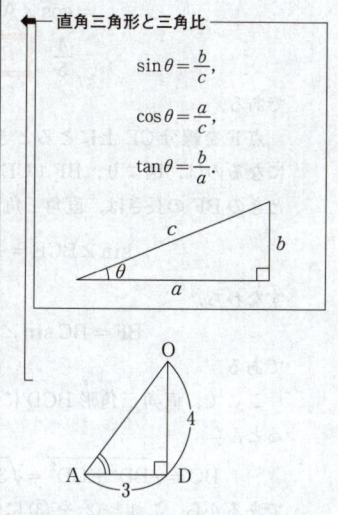

◀ △ABC に正弦定理を用いて，

$$\frac{6}{\sin \angle ACB} = 2 \cdot 5$$

$$\sin \angle ACB = \frac{3}{5}.$$

0° < ∠ACB < 90° より，

cos ∠ACB > 0 であるから，

$$\cos \angle ACB = \sqrt{1 - \sin^2 \angle ACB}$$

$$= \sqrt{1 - \left(\frac{3}{5}\right)^2}$$

$$= \frac{4}{5}.$$

54

$$\begin{aligned}\sin\angle BCE &= \sin(90° - \angle ACB)\\ &= \cos\angle ACB\\ &= \frac{4}{5}\quad\boxed{②}\ \cdots\text{コ}\quad\cdots②\end{aligned}$$

◀── 90° − θ の三角比 ──
$$\sin(90° - \theta) = \cos\theta,$$
$$\cos(90° - \theta) = \sin\theta,$$
$$\tan(90° - \theta) = \frac{1}{\tan\theta}.$$

である.

　点 F を線分 CE 上にとるとき，BF の長さが最小になるのは，図より，BF⊥CE のときであり，このときの BF の長さは，直角三角形 BCF に注目して，

◀　∠CBE は鈍角であるから，BF⊥CE となる点 F は線分 CE 上に存在する.

$$\sin\angle BCE = \frac{BF}{BC}$$

すなわち，

$$BF = BC\sin\angle BCE \qquad \cdots③$$

である.

　ここで，直角三角形 BCD に三平方の定理を用いると，

$$BC = \sqrt{BD^2 + CD^2} = \sqrt{3^2 + 9^2} = 3\sqrt{10}$$

であるから，これと ② を ③ に代入すると，BF の長さの最小値は，

$$BF = 3\sqrt{10} \times \frac{4}{5} = \frac{\boxed{12}\sqrt{\boxed{10}}}{\boxed{5}}$$

である.

(2)

球 S

　球 S の中心を O とすると，3 点 P, Q, R は球面上にあるから，

$$OP = OQ = OR = 5$$

である.

　平面 α 上は次図のようになっている.

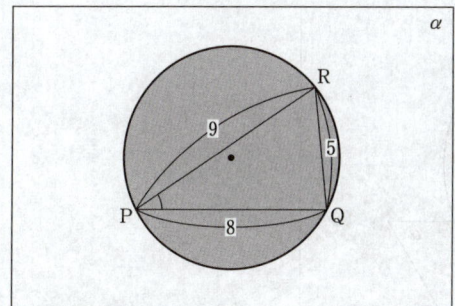

△PQR に余弦定理を用いると，

$$\cos \angle QPR = \frac{8^2 + 9^2 - 5^2}{2 \cdot 8 \cdot 9} = \frac{120}{2 \cdot 8 \cdot 9} = \boxed{\frac{5}{6}}$$

であり，$0° < \angle QPR < 180°$ より，$\sin \angle QPR > 0$ であるから，

$$\sin \angle QPR = \sqrt{1 - \cos^2 \angle QPR}$$
$$= \sqrt{1 - \left(\frac{5}{6}\right)^2}$$
$$= \frac{\sqrt{11}}{6}$$

となる．

これより，△PQR の面積は，

$$\frac{1}{2} \cdot PQ \cdot PR \sin \angle QPR = \frac{1}{2} \cdot 8 \cdot 9 \cdot \frac{\sqrt{11}}{6}$$
$$= \boxed{6} \sqrt{\boxed{11}}$$

である．

次に，三角錐 TPQR の体積が最大となるような点 T は，点 O を通り平面 α に垂直な直線と球 S との 2 交点のうち，線分 OT と平面 α が交点をもたない方の点であり，図示すると，次のようになる．

─ 三角形の面積 ─

$$(\triangle ABC \text{の面積}) = \frac{1}{2}bc \sin A.$$

点 T と平面 α の距離を ℓ とし，三角錐 TPQR の体積を V とすると，

$$V = \frac{1}{3} \cdot (\triangle PQR \text{の面積}) \cdot \ell$$
$$= \frac{1}{3} \cdot 6\sqrt{11}\,\ell = 2\sqrt{11}\,\ell.$$

これより，ℓ が最大のとき，V は最大となる．

ℓ が最大となるのは，点 T が平面 α に関して点 O と同じ側にあり，かつ，TO⊥α のときである．

点 T から平面 α に引いた垂線と平面 α との交点 H は上図の位置にあり，

$$\triangle OPH \equiv \triangle OQH \equiv \triangle ORH$$

であるから，PH，QH，RH の長さについて

$$PH = QH = RH \quad \boxed{⑥} \cdots ナ$$

が成り立つ．

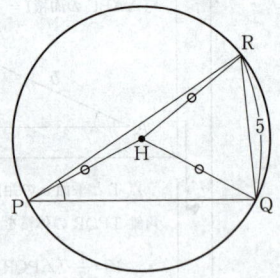

これより，H は △PQR の外接円の中心であるから，△PQR に正弦定理を用いると，

$$\frac{QR}{\sin \angle QPR} = 2QH$$

であるから，

$$(PH = RH =\,)QH = \frac{QR}{2\sin \angle QPR}$$

$$= \frac{5}{2 \cdot \frac{\sqrt{11}}{6}}$$

$$= \frac{15}{\sqrt{11}}$$

である．

さらに，直角三角形 OQH に三平方の定理を用いると，

- OP = OQ = OR（= 5），
- ∠OHP = ∠OHQ = ∠OHR = 90°，
- OH は共通．

この3つより，直角三角形における合同条件から，

$$\triangle OPH \equiv \triangle OQH \equiv \triangle ORH$$

となる．

$$OH = \sqrt{OQ^2 - QH^2}$$
$$= \sqrt{5^2 - \left(\frac{15}{\sqrt{11}}\right)^2}$$
$$= \frac{5\sqrt{2}}{\sqrt{11}}$$

となるから，TH の長さは，

$$TH = TO + OH = 5 + \frac{5\sqrt{2}}{\sqrt{11}}$$

である．

以上より，三角錐 TPQR の体積は，

$$\frac{1}{3} \cdot (\triangle PQR \text{ の面積}) \cdot TH$$
$$= \frac{1}{3} \cdot 6\sqrt{11} \cdot \left(5 + \frac{5\sqrt{2}}{\sqrt{11}}\right)$$
$$= 2\sqrt{11}\left(5 + \frac{5\sqrt{2}}{\sqrt{11}}\right)$$
$$= \boxed{10}\left(\sqrt{\boxed{11}} + \sqrt{\boxed{2}}\right)$$

である．

第3問　データの分析

図1の「52市におけるかば焼きの支出金額のヒストグラム」より，度数分布表は次のようになる．

階　級	度数	累積度数
1000 円以上 1400 円未満	2	2
1400 円以上 1800 円未満	7	9
1800 円以上 2200 円未満	11	20
2200 円以上 2600 円未満	7	27
2600 円以上 3000 円未満	10	37
3000 円以上 3400 円未満	8	45
3400 円以上 3800 円未満	5	50
3800 円以上 4200 円未満	0	50
4200 円以上 4600 円未満	1	51
4600 円以上 5000 円未満	1	52

◆ 最初の階級からその階級までの度数をすべて合計したものを累積度数という．

(1) 中央値を Q_2 とすると，Q_2 は小さい方から 26 番目の値と 27 番目の値の平均値であるから，
$$2200 \leq Q_2 < 2600.$$
第 1 四分位数を Q_1 とすると，Q_1 は小さい方から 13 番目の値と 14 番目の値の平均値であるから，
$$1800 \leq Q_1 < 2200.$$
第 3 四分位数を Q_3 とすると，Q_3 は小さい方から 39 番目の値と 40 番目の値の平均値であるから，
$$3000 \leq Q_3 < 3400.$$
四分位範囲 $Q_3 - Q_1$ は，
$$3000 - 2200 < Q_3 - Q_1 < 3400 - 1800$$
$$800 < Q_3 - Q_1 < 1600.$$

◆ $\left(\begin{array}{c}\text{四分位}\\\text{範囲}\end{array}\right) = \left(\begin{array}{c}\text{第 3 四}\\\text{分位数}\end{array}\right) - \left(\begin{array}{c}\text{第 1 四}\\\text{分位数}\end{array}\right).$

・中央値が含まれる階級は，
2200 以上 2600 未満　③ …ア
である．
・第 1 四分位数が含まれる階級は，
1800 以上 2200 未満　② …イ
である．
・第 3 四分位数が含まれる階級は，
3000 以上 3400 未満　⑤ …ウ
である．

・四分位範囲は，

800 より大きく 1600 より小さい． $\boxed{①}$ …エ

(2)(i)　図2の「東側の地域 E (19市) におけるかば焼きの支出金額の箱ひげ図」と図3の「西側の地域 W (33市) におけるかば焼きの支出金額の箱ひげ図」から最小値，第1四分位数，中央値，第3四分位数，最大値は次のようになる．ただし，（　）はデータを小さい方から並べたときの順番を表す．

地域 E (19市)	
最 小 値 (1)	約 1200
第1四分位数 (5)	約 2000 強
中 央 値 (10)	約 2200
第3四分位数 (15)	約 2700
最 大 値 (19)	約 3700

地域 W (33市)	
最 小 値 (1)	約 1400
第1四分位数 $\left(\begin{smallmatrix}8と9の\\平均値\end{smallmatrix}\right)$	約 1800
中 央 値 (17)	約 2600 強
第3四分位数 $\left(\begin{smallmatrix}25と26\\の平均値\end{smallmatrix}\right)$	約 3400
最 大 値 (33)	約 5000

・ ⓪…誤．

　地域 E の小さい方から5番目は第1四分位数で，2000 より大きい．

・ ①…誤．

　（地域 E の範囲）＝（約 3700）－（約 1200）＝（約 2500），

　（地域 W の範囲）＝（約 5000）－（約 1400）＝（約 3600）．

・ ②…正．

・ ③…誤．

　　地域 E の 2600 未満の市の割合は 50% 以上，
　　地域 W の 2600 未満の市の割合は 50% 未満

よって，$\boxed{オ}$ に当てはまるものは $\boxed{②}$ である．

(ii)　地域 E (19市) のそれぞれの市におけるかば焼きの支出金額を小さい方から $x_1,\ x_2,\ \cdots\cdots,\ x_{19}$ とし，それらのデータの平均値を $\overline{x}$，分散を $s_x{}^2$ とすると，分散は，

$$s_x{}^2 = \frac{(x_1-\overline{x})^2+(x_2-\overline{x})^2+\cdots\cdots+(x_{19}-\overline{x})^2}{19}$$

として求まる．

よって，地域 E のそれぞれの市におけるかば焼きの支出金額の分散は，地域 E のそれぞれの市におけ

最小値　第1四分位数　中央値　第3四分位数　最大値

（小さい方から5番目）

図2　地域 E におけるかば焼きの支出金額の箱ひげ図

（範囲）＝（最大値）－（最小値）．

偏差・分散

　変量 x に関する n 個のデータ

$$x_1,\ x_2,\ \cdots\cdots,\ x_n$$

に対して，x の平均値を $\overline{x}$ とすると，

$$x_i - \overline{x}\ (i=1,\ 2,\ \cdots,\ n)$$

を偏差という．

　さらに，x の分散を $s_x{}^2$ とすると，

$$s_x{}^2 = \frac{(x_1-\overline{x})^2+\cdots\cdots+(x_n-\overline{x})^2}{n}$$

である．

るかば焼きの支出金額の偏差の2乗を合計して地域 Eの市の数で割った値である．　$②$　…カ

(3)(i) 地域Eにおける，やきとりの支出金額とかば焼き の支出金額の相関係数は，表1より，

$$\frac{124000}{590 \times 570} = \frac{1240}{59 \times 57}$$
$$= \frac{1240}{3363}$$
$$= 0.368\cdots$$
$$\fallingdotseq 0.37$$

となるから，　$キ$　について最も適当なものは　$⑦$　である．

(ii) 以下の事柄を用いて，(ii)は解答する．

> 2つの変量 x, y に対し，新しい変量 x', y' を
> $$x' = ax + b, \quad y' = cy + d$$
> (a, b, c, d は定数であり，$a \neq 0$ かつ $c \neq 0$)
> と定義されているとき，次が成り立つ．
> 平均値について：$\overline{x'} = a\overline{x} + b, \ \overline{y'} = c\overline{y} + d$, …(*)
> 分散について：$s_{x'}{}^2 = a^2 s_x{}^2, \ s_{y'}{}^2 = c^2 s_y{}^2$,
> 標準偏差について：$s_{x'} = |a| s_x, \ s_{y'} = |c| s_y$,
> 共分散について：$s_{x'y'} = acs_{xy}$.

　地域Eの19市それぞれにおける，やきとりの支 出金額 x とかば焼きの支出金額 y の値の組は，

$$(x_1, y_1), (x_2, y_2), \cdots, (x_{19}, y_{19}). \quad \text{…①}$$

　地域Eにおいて千円単位に変換した，やきとりの 支出金額 x' とかば焼きの支出金額 y' の値の組は，

$$(x'_1, y'_1), (x'_2, y'_2), \cdots, (x'_{19}, y'_{19}). \quad \text{…②}$$

①，②に対して，

$$\begin{cases} x'_i = \dfrac{x_i}{1000} \\ y'_i = \dfrac{y_i}{1000} \end{cases} (i = 1, 2, \cdots, 19)$$

であるから，

$$x' = \frac{1}{1000}x, \quad y' = \frac{1}{1000}y$$

が成り立つ．

← 相関係数 ─

　2つの変量 x, y について，

> x の標準偏差を s_x,
> y の標準偏差を s_y,
> x と y の共分散を s_{xy}

とするとき，x と y の相関係数は，

$$\frac{s_{xy}}{s_x s_y}.$$

表1　地域Eにおける，やきとりとかば焼 きの支出金額の平均値，分散，標準偏 差および共分散

	平均値	分　散	標準偏差	共分散
やきとりの支出金額	2810	348100	590	124000
かば焼きの支出金額	2350	324900	570	

・x' の分散について.

変量 x, x' に対して，分散をそれぞれ $s_x{}^2$, $s_{x'}{}^2$ とすると，(∗) と表 1 より，

$$s_{x'}{}^2 = \left(\frac{1}{1000}\right)^2 s_x{}^2, \quad s_x{}^2 = 348100$$

であるから，

$$s_{x'}{}^2 = \frac{348100}{1000^2} \quad \boxed{⓪} \cdots ク$$

となる.

・x' と y' の相関係数について.

変量 x, x' に対して，標準偏差をそれぞれ s_x, $s_{x'}$ とし，変量 y, y' に対して，標準偏差をそれぞれ s_y, $s_{y'}$ とする. また，x と y の共分散を s_{xy}，x' と y' の共分散を $s_{x'y'}$ とし，x と y の相関係数を r，x' と y' の相関係数を r' とすると，

$$r' = \frac{s_{x'y'}}{s_{x'}s_{y'}}, \quad r = \frac{s_{xy}}{s_x s_y}$$

である.

(∗) より，

$$r' = \frac{\frac{1}{1000}\cdot\frac{1}{1000}s_{xy}}{\left|\frac{1}{1000}\right|s_x \cdot \left|\frac{1}{1000}\right|s_y}$$

$$= \frac{\left(\frac{1}{1000}\right)^2 s_{xy}}{\left(\frac{1}{1000}\right)^2 s_x s_y}$$

$$= r$$

となるから，x' と y' の相関係数は，x と y の相関係数と等しい. $\boxed{②} \cdots ケ$

(∗) を用いずに計算すると次のようになる.

変量 x, x' に対して，平均値を $\overline{x}$, $\overline{x'}$ とすると，

$$\overline{x} = \frac{x_1 + x_2 + \cdots + x_{19}}{19}$$

であるから，

$$\overline{x'} = \frac{x'_1 + x'_2 + \cdots + x'_{19}}{19}$$

$$= \frac{\frac{1}{1000}x_1 + \cdots + \frac{1}{1000}x_{19}}{19}$$

$$= \frac{1}{1000} \cdot \frac{x_1 + \cdots + x_{19}}{19}$$

$$= \frac{1}{1000}\overline{x}.$$

さらに，

$$s_x{}^2 = \frac{(x_1 - \overline{x})^2 + \cdots + (x_{19} - \overline{x})^2}{19}$$

である.

ここで，

$$x'_i - \overline{x'} = \frac{x_i}{1000} - \frac{\overline{x}}{1000} = \frac{x_i - \overline{x}}{1000}$$

であるから，

$$s_{x'}{}^2 = \frac{(x'_1 - \overline{x'})^2 + \cdots + (x'_{19} - \overline{x'})^2}{19}$$

$$= \frac{\left(\frac{x_1 - \overline{x}}{1000}\right)^2 + \cdots + \left(\frac{x_{19} - \overline{x}}{1000}\right)^2}{19}$$

$$= \left(\frac{1}{1000}\right)^2 \cdot \frac{(x_1 - \overline{x})^2 + \cdots + (x_{19} - \overline{x})^2}{19}$$

$$= \left(\frac{1}{1000}\right)^2 s_x{}^2.$$

$$s_{x'y'} = \frac{1}{1000}\cdot\frac{1}{1000}s_{xy},$$

$$s_{x'} = \left|\frac{1}{1000}\right|s_x,$$

$$s_{y'} = \left|\frac{1}{1000}\right|s_y.$$

第4問　2次関数

〔1〕　$f(x)=(x-2)(x-8)+p$　（p は実数）.

(1)　
$$f(x)=x^2-10x+16+p$$
$$=(x-5)^2-9+p$$

と変形できるから，2次関数 $y=f(x)$ のグラフの頂点の座標は，

$$\left(\boxed{5}, \boxed{-9}+p\right)$$

である.

(2)　2次関数 $y=f(x)$ のグラフと x 軸との位置関係は頂点の y 座標の符号に注目すると，次の三つの場合に分けられる.

$-9+p>0$，すなわち，$p>\boxed{9}$ のとき，2次関数 $y=f(x)$ のグラフは x 軸と共有点をもたない.

$-9+p=0$，すなわち，$p=9$ のとき，2次関数 $y=f(x)$ のグラフは x 軸と点 $\left(\boxed{5}, 0\right)$ で接する.

$-9+p<0$，すなわち，$p<9$ のとき，2次関数 $y=f(x)$ のグラフは x 軸と異なる2点で交わる.

(3)　条件より，2次関数 $y=g(x)$ のグラフの頂点は，2次関数 $y=f(x)$ のグラフの頂点を x 軸方向に -3，y 軸方向に 5 だけ平行移動させた点と一致する. これより，$y=g(x)$ のグラフの頂点の座標は，

$$(5-3, -9+p+5)$$

すなわち，

$$(2, -4+p)$$

である.

また，放物線を平行移動しても x^2 の係数は変わらないから，2次関数 $g(x)$ は，

$$g(x)=(x-2)^2-4+p$$
$$=x^2-\boxed{4}x+p$$

となる.

また，
$$y=|f(x)-g(x)|$$
$$=\left|(x^2-10x+16+p)-(x^2-4x+p)\right|$$
$$=|-6x+16|$$
$$=\begin{cases}-6x+16 & (-6x+16\geqq 0 \text{ のとき}), \\ -(-6x+16) & (-6x+16<0 \text{ のとき})\end{cases}$$

2次関数 $y=a(x-m)^2+n$ のグラフの頂点の座標は，

$$(m, n).$$

$(0<)-9+p$

次のように求めてもよい.

2次関数 $y=f(x)$ のグラフを x 軸方向に -3，y 軸方向に 5 だけ平行移動した放物線が表す方程式は，

$$y-5=f(x+3)$$

と表せるから，

$$y-5=\{(x+3)-2\}\{(x+3)-8\}+p$$

すなわち，

$$y=x^2-4x+p.$$

よって，求める2次関数 $g(x)$ は，

$$g(x)=x^2-4x+p.$$

$$|X|=\begin{cases}X & (X\geqq 0 \text{ のとき}), \\ -X & (X<0 \text{ のとき}).\end{cases}$$

$$= \begin{cases} -6x+16 & \left(x \leqq \dfrac{8}{3} \text{ のとき}\right), \\ 6x-16 & \left(x > \dfrac{8}{3} \text{ のとき}\right) \end{cases}$$

となるから，関数 $y=|f(x)-g(x)|$ のグラフは次のようになる．

よって，関数 $y=|f(x)-g(x)|$ は $x=\dfrac{\boxed{8}}{\boxed{3}}$

で最小値をとる．

〔2〕

(1)　放物線 C_1 の方程式を，条件より，
$$y=ax^2+bx+c \quad (a<0)$$
とおく．

C_1 は2点 $P_0(0,\ 3)$, $M(4,\ 3)$ を通るから，
$$\begin{cases} 3=c, \\ 3=16a+4b+c \end{cases}$$
が成り立つ．

← $\begin{cases} 3=a \cdot 0^2+b \cdot 0+c, \\ 3=a \cdot 4^2+b \cdot 4+c. \end{cases}$

これを解くと，
$$b=-4a, \quad c=3$$
であるから，C_1 の方程式は，
$$y=ax^2-\boxed{4}\,ax+\boxed{3} \qquad \cdots ①$$
と表すことができる．

また，①は，
$$C_1 : y=a(x-2)^2-4a+3$$
と変形できるから，プロ選手の「シュートの高さ」は，

← C_1 の頂点の座標は，
　　　　$(2,\ -4a+3)$.

$$-\boxed{4}\,a+\boxed{3} \quad (=Y_1 \text{ とおく})$$
である．

←「シュートの高さ」は頂点の y 座標.

さらに，プロ選手の「ボールが最も高くなるときの地上の位置」は，

$$2 \ (= X_1 とおく)$$

である.

放物線 C_2 の方程式は,

$$y = p\left\{x - \left(2 - \frac{1}{8p}\right)\right\}^2 - \frac{(16p-1)^2}{64p} + 2 \ (p < 0)$$

← 「ボールが最も高くなるときの地上の位置」は頂点の x 座標.

← C_2 の頂点の座標は,

$$\left(2 - \frac{1}{8p}, \ -\frac{(16p-1)^2}{64p} + 2\right).$$

であるから, 花子さんの「ボールが最も高くなるときの地上の位置」は,

$$2 - \frac{1}{8p} \ (= X_2 とおく)$$

であり, 花子さんの「シュートの高さ」は,

$$-\frac{(16p-1)^2}{64p} + 2 \ (= Y_2 とおく)$$

である.

プロ選手と花子さんの「ボールが最も高くなるときの地上の位置」について考える.

⓪…誤.

p は負の値をとって変化するから, X_2 は $X_2 > 2$ の範囲を変化する. よって, X_2 は $X_1 = 2$ と一致しない.

①, ③…誤.

$$(M の x 座標) - X_1 = 4 - 2 = 2,$$

← M(4, 3).

$$(M の x 座標) - X_2 = 4 - \left(2 - \frac{1}{8p}\right)$$

← $p < 0$ より, $\frac{1}{8p} < 0$ である.

$$= 2 + \frac{1}{8p} < 2 \ (p < 0 より)$$

であるから, 花子さんの「ボールが最も高くなるときの地上の位置」の方がつねに M の x 座標に近い.

②…正.

よって, ス に当てはまるものは ② である.

(2) $AD = \dfrac{\sqrt{3}}{15}$ より, 点 D の座標は,

$$\left(3.8, \frac{\sqrt{3}}{15} + 3\right), すなわち, \left(\frac{19}{5}, \frac{\sqrt{3}}{15} + 3\right)$$

である.

$C_1 : y = a(x-2)^2 - 4a + 3$ は, D を通るから,

$$\frac{\sqrt{3}}{15} + 3 = a\left(\frac{19}{5} - 2\right)^2 - 4a + 3$$

$$\frac{\sqrt{3}}{15} = \frac{81}{25}a - 4a$$

$$\frac{\sqrt{3}}{15} = -\frac{19}{25}a$$

$$a = -\frac{5\sqrt{3}}{57}$$

が成り立つ.

よって, C_1 の方程式は,

$$y = -\frac{\boxed{5}\sqrt{\boxed{3}}}{\boxed{57}}(x^2 - 4x) + 3$$

← $C_1 : y = a(x-2)^2 - 4a + 3$
$\quad = a(x^2 - 4x) + 3.$

となる.

C_2 が D を通るとき, 条件から, 花子さんの「シュートの高さ」は,

$$Y_2 = (約\ 3.4)$$

である.

C_1 と C_2 が D を通るときを考えると, プロ選手の「シュートの高さ」は,

$$Y_1 = -4\left(-\frac{5\sqrt{3}}{57}\right) + 3$$

$$= \frac{20\sqrt{3}}{57} + 3$$

$$\doteqdot 0.61 + 3$$

$$= (約\ 3.61)$$

となるから,

$$Y_1 > Y_2$$

である.

よって, プロ選手の「シュートの高さ」の方が大きく, その差は (約 3.61) − (約 3.4) = (約 0.21) より, ボール約 1 個分である.

$$\left(\boxed{0}\ \cdots ツ,\ \boxed{0}\ \cdots テ\right)$$

数学Ⅱ

解答・採点基準　　(100点満点)

問題番号(配点)	解答記号	正　解	配点	自己採点
第1問 (30)	ア	⓪	1	
	イ	②	1	
	ウ，エ	2, 1	2	
	オ	3	2	
	$\dfrac{カ}{キ}$	$\dfrac{5}{3}$	2	
	ク，ケ	⓪, ⑦	2	
	コ	7	2	
	$\dfrac{サ}{シ}$，$\dfrac{ス}{セ}$	$\dfrac{3}{7}$, $\dfrac{5}{7}$	2	
	ソ	6	2	
	$\dfrac{タ}{チ}$	$\dfrac{5}{6}$	2	
	ツ	②	3	
	テ	2	2	
	$\dfrac{ト}{ナ}$	$\dfrac{3}{2}$	2	
	ニ	⑤	2	
	ヌ	⑤	3	
第1問　自己採点小計				

問題番号(配点)	解答記号	正　解	配点	自己採点
第2問 (30)	ア	④	1	
	$イ ウ x^2 ＋ エ kx$	$-3x^2+2kx$	3	
	オ	⓪	1	
	カ	⓪	1	
	キ	③	1	
	ク	⑨	1	
	$\dfrac{ケ}{コ}$，サ	$\dfrac{5}{3}$, 9	3	
	シ	6	2	
	スセソ	180	2	
	タチツ	180	2	
	テトナ，ニヌ，ネ	300, 12, 5	3	
	ノ	④	3	
	ハ	⓪	3	
	ヒ	④	3	
第2問　自己採点小計				
第3問 (20)	(アイ，ウ)	(10, 5)	2	
	エ	5	2	
	$\dfrac{オ}{カ}$	$\dfrac{2}{5}$	1	
	$\dfrac{キ}{ク}$	$\dfrac{2}{5}$	1	
	ケ，コ	4, 2	1	
	サ	2	1	
	シ	②	2	
	ス	②	2	
	セ	④	2	
	ソ	⓪	2	
	(タ，チ)	(3, 5)	2	
	ツ	1	2	
第3問　自己採点小計				

問題番号 (配点)	解答記号	正　解	配点	自己採点
第4問 (20)	ア, イ	4, 4	1	
	ウ	2	2	
	エ	3	1	
	オ, カ	1, 2	2	
	キ	3	1	
	ク, ケ	2, 1	2	
	コ, サ, シ	⓪, ⑥, ②	3	
	ス	①	2	
	(セ, ソ)	(2, 3)	2	
	(タ, チツ)	(0, −2)	2	
	(テト, ナ)	(−5, 8)	2	
第4問　自己採点小計				
自己採点合計				

第1問　三角関数，指数関数・対数関数

数学Ⅱ・数学B　本試験の**第1問**に同じ。

第2問　微分法・積分法

数学Ⅱ・数学B　本試験の**第2問**に同じ。

第3問　図形と方程式

(1)(ⅰ) $\qquad C_1 : (x-10)^2 + (y-5)^2 = 25$

より, 円 C_1 は, 中心 $\left(\boxed{10}, \boxed{5}\right)$, 半径

$\boxed{5}$ の円である.

> **■ 円の方程式**
>
> 　点 (a, b) を中心とし, 半径を r とする円の方程式は
> $$(x-a)^2 + (y-b)^2 = r^2.$$

(ⅱ) $\qquad$ P(s, t), Q(x, y).

　点 Q は線分 OP を $2:3$ に内分するから

$$x = \frac{3 \cdot 0 + 2s}{2+3} = \frac{\boxed{2}}{\boxed{5}}s,$$

$$y = \frac{3 \cdot 0 + 2t}{2+3} = \frac{\boxed{2}}{\boxed{5}}t$$

> **■ 内分点**
>
> 　2 点 (x_1, y_1), (x_2, y_2) を結ぶ線分を $m:n$ に内分する点の座標は
> $$\left(\frac{nx_1 + mx_2}{m+n}, \frac{ny_1 + my_2}{m+n}\right)$$
> である.

が成り立つ. したがって

$$s = \frac{5}{2}x, \quad t = \frac{5}{2}y \qquad \cdots ②$$

である.

　点 P(s, t) は円 C_1 上にあるから

$$(s-10)^2 + (t-5)^2 = 25$$

が成り立つ. これに ② を代入すると

$$\left(\frac{5}{2}x - 10\right)^2 + \left(\frac{5}{2}y - 5\right)^2 = 5^2$$

すなわち

$$\left(\frac{5}{2}\right)^2 \{(x-4)^2 + (y-2)^2\} = 5^2$$

が成り立つ. これより, 点 Q は方程式

$$\left(x - \boxed{4}\right)^2 + \left(y - \boxed{2}\right)^2 = \boxed{2}^2 \cdots ①$$

が表す円上にあることがわかる. (① の表す円が C_2.)

(ⅲ) 円 C_1 の中心は A$(10, 5)$ であり, 円 C_2 の中心は

$(4, 2)$, すなわち $\left(\dfrac{3 \cdot 0 + 2 \cdot 10}{2+3}, \dfrac{3 \cdot 0 + 2 \cdot 5}{2+3}\right)$ である

から, 線分 OA を $2:3$ に内分する点である.

$$\left(\boxed{②}\right)$$

　また, C_2 の半径は $2 = \dfrac{2}{2+3} \cdot 5$ であるから, C_1

の半径の $\dfrac{2}{2+3}$ 倍である.

(2) (1)と同様に考えると, 点 R の軌跡である円の中心は線分 OA を $m:n$ に内分する点であり, 半径は C_1 の

70

半径の $\dfrac{m}{n+n}$ 倍である.（ ②, ④ ）

(3) D(1, 6)，E(3, 2)．

$C_3 : (x-5)^2 + (y-7)^2 = 9$ （中心 (5, 7)，半径 3）

B(5, 7) とする．

線分 DE の中点 M の座標は $\left(\dfrac{1+3}{2}, \dfrac{6+2}{2}\right)$，すなわち (2, 4) である．

△DEP の重心 G は，線分 MP を 1 : 2 に内分する点である．（ ⓪ ）

(2)と同様に考えると，点 G の軌跡は円であり，この円の中心は線分 MB を 1 : 2 に内分する点

$\left(\dfrac{2\cdot 2 + 1\cdot 5}{1+2}, \dfrac{2\cdot 4 + 1\cdot 7}{1+2}\right)$，すなわち

（ 3 , 5 ）であり，半径は C_3 の半径 3 の

$\dfrac{1}{1+2} = \dfrac{1}{3}$ 倍，すなわち，$\dfrac{1}{3}\cdot 3 = \boxed{1}$ である．

【（ タ , チ ）， ツ の別解】

P(s, t)，G(x, y) とすると，点 G は △DEP の重心であるから

$$x = \frac{1+3+s}{3} = \frac{4+s}{3}, \quad y = \frac{6+2+t}{3} = \frac{8+t}{3}$$

が成り立つ．したがって

$$s = 3x - 4, \quad t = 3y - 8 \qquad \cdots ③$$

である．

点 P(s, t) は円 C_3 上にあるから

$$(s-5)^2 + (t-7)^2 = 9$$

が成り立つ．これに ③ を代入すると

$$(3x-4-5)^2 + (3y-8-7)^2 = 3^2$$

すなわち

$$3^2\{(x-3)^2 + (y-5)^2\} = 3^2$$

が成り立つ．これより，点 G は方程式

$$(x-3)^2 + (y-5)^2 = 1^2$$

が表す円上にあることがわかる．（以下略）

重心

A(x_1, y_1)，B(x_2, y_2)，C(x_3, y_3) とすると，三角形 ABC の重心の座標は

$$\left(\frac{x_1+x_2+x_3}{3}, \frac{y_1+y_2+y_3}{3}\right).$$

第4問　高次方程式

p, q は実数.

$$S(x) = (x-2)\{x^2 - 2(p+1)x + 2p^2 - 2p + 5\}$$

$$T(x) = x^3 + x + q$$

x の3次方程式 $S(x) = 0$ の三つの解が 2, α, β.

x の3次方程式 $T(x) = 0$ の三つの解が r, α', β'. (r は実数)

(1) $S(x) = 0$ の解がすべて実数になるのは，x の2次方程式

$$x^2 - 2(p+1)x + 2p^2 - 2p + 5 = 0 \qquad \cdots ①$$

が実数解をもつときである．①の判別式を D' とおくと

$$\frac{D'}{4} = (p+1)^2 - (2p^2 - 2p + 5)$$

$$= -p^2 + 4p - 4$$

であるから，①が実数解をもつための必要十分条件は

$$D' \geqq 0$$

すなわち

$$p^2 - \boxed{4}\,p + \boxed{4} \leqq 0$$

である．これは

$$(p-2)^2 \leqq 0$$

と変形できる．p は実数であるから，$p = \boxed{2}$ である．このとき，①は

$$x^2 - 6x + 9 = 0$$

すなわち

$$(x-3)^2 = 0$$

となるから

$$S(x) = (x-2)(x-3)^2$$

である．よって，$S(x) = 0$ の解がすべて実数になるとき，その解は $x = 2$, $\boxed{3}$ である．

$p \neq 2$ のとき，$S(x) = 0$ は二つの虚数

$$x = p + 1 \pm \sqrt{-\frac{D'}{4}}\,i$$

$$= p + 1 \pm \sqrt{(p-2)^2}\,i$$

$$= p + \boxed{1} \pm \left(p - \boxed{2}\right)i$$

を解にもつ．このことから，$p \neq 2$ のとき，$S(x) = 0$ の二つの虚数解 α, β は互いに共役な複素数であることがわかる．

2次方程式の解の判別

実数係数の2次方程式

$$ax^2 + bx + c = 0$$

の判別式 $D = b^2 - 4ac$ について

$D > 0 \iff$ 異なる二つの実数解をもつ，

$D = 0 \iff$ 実数の重解をもつ，

$D < 0 \iff$ 異なる二つの虚数解をもつ．

2次方程式

2次方程式

$$ax^2 + bx + c = 0$$

の解は

$$x = \frac{-b \pm \sqrt{b^2 - 4ac}}{2a}$$

であり

$$ax^2 + 2b'x + c = 0$$

の解は

$$x = \frac{-b' \pm \sqrt{b'^2 - ac}}{a}$$

である．

(2) $x=r$ が $T(x)=0$ の解であるので
$$T(r)=0$$
すなわち
$$r^3+r+q=0$$
が成り立つ．これより
$$q=-r^{\boxed{3}}-r$$
となる．よって
$$T(x)=x^3+x-r^3-r$$
$$=(x-r)\left(x^2+rx+r^{\boxed{2}}+\boxed{1}\right)$$
である．ここで $x^2+rx+r^2+1=0$ の判別式を D とおくと
$$D=r^2-4(r^2+1)=-3r^2-4$$
であるから，すべての実数 r に対して $D<0$ となり，$T(x)=0$ の $x=r$ 以外の解は $x=\dfrac{-r\pm\sqrt{-D}i}{2}$ となる．（$\boxed{0}$，$\boxed{6}$）したがって，α'，β' は虚数であり，互いに共役な複素数である．（$\boxed{2}$）

(3) $S(x)=(x-2)\{x^2-2(p+1)x+2p^2-2p+5\}$
$T(x)=(x-r)(x^2+rx+r^2+1)$
$S(x)=0$，$T(x)=0$ が共通の解をもつ場合を考える．

(i) (2)より，$T(x)=0$ の実数解は r のみであるから，共通の解が $x=2$ であるような r の値は $r=2$ のみであり，ちょうど1個存在する．（$\boxed{1}$）

(ii) (1)より，$p=2$ のときのみ $S(x)=0$ は $x=2$ 以外の実数解 $x=3$ をもつ．よって，共通の実数解をもつが，$x=2$ が共通の解ではないとき，p，r の値の組 $(p,\ r)$ は
$$\left(\boxed{2},\ \boxed{3}\right)$$
である．

(iii) (1)より，$p\neq2$ のときのみ $S(x)=0$ は二つの虚数解 $p+1\pm(p-2)i$ をもち，(2)より，すべての実数 r に対して $T(x)=0$ は二つの虚数解
$$x=\frac{-r\pm\sqrt{-D}i}{2}，\ \text{すなわち，}\ x=\frac{-r\pm\sqrt{3r^2+4}i}{2}$$
をもつ．よって，共通の解が虚数のとき
$$p+1=-\frac{r}{2}\quad\cdots\text{②}\quad\text{かつ}\quad p-2=\pm\frac{\sqrt{3r^2+4}}{2}$$

$\leftarrow$ x^3+x-r^3-r
$=(x^3-r^3)+(x-r)$
$=(x-r)(x^2+rx+r^2)+(x-r)$
$=(x-r)(x^2+rx+r^2+1)$

が成り立つ．これらより，p を消去して変形すると

$$\left(-\frac{r}{2}-1\right)-2=\pm\frac{\sqrt{3r^2+4}}{2}$$

$$(r+6)^2=3r^2+4$$

$$r^2-6r-16=0$$

$$(r+2)(r-8)=0$$

$$r=-2,\ 8$$

となる．これと ② より，$(p,\ r)$ は

$$\left(\boxed{0},\ \boxed{-2}\right),\ \left(\boxed{-5},\ \boxed{8}\right)$$

である．

MEMO

数学Ⅰ・数学A
数学Ⅱ・数学B

（2023年 1 月実施）

追試験
2023

数学 I・数学 A

解答・採点基準　　(100点満点)

問題番号(配点)	解 答 記 号	正　解	配点	自己採点
第1問(30)	ア, イ	1, 3	2	
	ウエ, オ	−1, 4	2	
	カ, キ	7, 3	3	
	クケ, コ	−8, 4	3	
	$\dfrac{サ}{シ}$	$\dfrac{1}{4}$	2	
	ス	2	3	
	$\dfrac{セ}{ソ}$	$\dfrac{2}{3}$	3	
	タ, チ	1, 3	3	
	$\dfrac{ツ}{テト}$, $\dfrac{ナ}{ニ}$	$\dfrac{9}{16}$, $\dfrac{5}{8}$	3	
	$\dfrac{ヌ}{ネ}$, $\dfrac{\sqrt{ノ}}{ハ}$	$\dfrac{5}{9}$, $\dfrac{\sqrt{5}}{3}$	3	
	ヒ, フ	②, ⓪	3	
第1問　自己採点小計				
第2問(30)	アイウ	−14	3	
	エ, オ	3, 1	1	
	カ, キクケコ	4, 1480	2	
	サシス	185	3	
	セ, ソ	③, ④ (解答の順序は問わない)	4 (各2)	
	タ	②	2	
	チ, ツ	⓪, ③	2	
	テ, ト	①, ②	2	
	ナ	②	2	
	ニ	③	2	
	ヌ	⓪	3	
	ネ	②	2	
	ノ	③	2	
第2問　自己採点小計				

問題番号(配点)	解 答 記 号	正　解	配点	自己採点
第3問(20)	ア	1	1	
	イ	3	1	
	ウ	2	1	
	$\dfrac{エ}{オ}$	$\dfrac{3}{8}$	3	
	$\dfrac{カキ}{ク}$	$\dfrac{1}{4}$	3	
	$\dfrac{ク}{ケ}$	$\dfrac{2}{3}$	2	
	コ	3	1	
	$\dfrac{サシ}{スセソ}$	$\dfrac{28}{729}$	2	
	$\dfrac{タチ}{ツテトナ}$	$\dfrac{32}{2187}$	3	
	$\dfrac{ニ}{ヌ}$	$\dfrac{3}{4}$	3	
第3問　自己採点小計				
第4問(20)	アイ, ウエ	26, 51	2	
	オ, カキ	6, −3	2	
	クケ, コサ	51, 26	2	
	シ	4	2	
	ス	3	2	
	セ, ソ	7, 4	2	
	タ, チ	0, 2	3	
	ツテ, ト, ナニ	15, 3, 13	4	
第4問　自己採点小計				
第5問(20)	ア：イ	3：4	2	
	ウ	2	2	
	エ	7	2	
	オ	②	3	
	カキ：ク	15：8	2	
	ケコ：サ	20：3	2	
	$\dfrac{シス}{セ}$	$\dfrac{32}{9}$	3	
	ソ：タ	5：3	3	
第5問　自己採点小計				
自己採点合計				

(注)
　第1問，第2問は必答。
　第3問～第5問のうちから2問選択。計4問を解答。

第1問　数と式・図形と計量

〔1〕

$$\sqrt{5}\,x < k - x < 2x + 1 \quad (k \text{ は定数}). \quad \cdots ①$$

(1) 不等式 $k - x < 2x + 1$ を解くと，

$$3x > k - 1$$

$$x > \dfrac{k - \boxed{1}}{\boxed{3}}$$

であり，不等式 $\sqrt{5}\,x < k - x$ を解くと，

$$(\sqrt{5} + 1)x < k$$

$$x < \dfrac{k}{\sqrt{5} + 1}$$

すなわち，

$$x < \dfrac{\boxed{-1} + \sqrt{5}}{\boxed{4}}\,k$$

である．

これより，① を満たす x が存在する条件は，

$$\left\lceil \dfrac{k-1}{3} < \dfrac{-1 + \sqrt{5}}{4}\,k \right. \quad \cdots (\mathrm{I})$$
$$\left. \text{が成り立つこと}\right\rfloor$$

である．

よって，求める k の値の範囲は，不等式 (I) を解いて，

$$4(k-1) < 3(-1 + \sqrt{5})k$$

$$(7 - 3\sqrt{5})k < 4$$

$$k < \dfrac{4}{7 - 3\sqrt{5}}$$

すなわち，

$$k < \boxed{7} + \boxed{3}\sqrt{5} \quad \cdots ②$$

である．

(2) ② が成り立つとき，① の解は，

$$\dfrac{k-1}{3} < x < \dfrac{-1 + \sqrt{5}}{4}\,k$$

であるから，① を満たす x の値の範囲の幅が $\dfrac{\sqrt{5}}{3}$ より大きくなるような k の値の範囲は，

$$\dfrac{-1 + \sqrt{5}}{4}\,k - \dfrac{k-1}{3} > \dfrac{\sqrt{5}}{3}$$

$$3(-1 + \sqrt{5})k - 4(k-1) > 4\sqrt{5}$$

◀ $\dfrac{k}{\sqrt{5}+1} = \dfrac{k(\sqrt{5}-1)}{(\sqrt{5}+1)(\sqrt{5}-1)}$
$= \dfrac{-1+\sqrt{5}}{4}\,k.$

◀ ① を満たす x が存在するとき，① の解を数直線上で表すと次図の網掛部分になる．

なお，$\dfrac{-1+\sqrt{5}}{4}\,k \leq \dfrac{k-1}{3}$ のとき，① を満たす x は存在しない．

◀ $7 - 3\sqrt{5} = \sqrt{49} - \sqrt{45} > 0.$

◀ $\dfrac{4}{7-3\sqrt{5}} = \dfrac{4(7+3\sqrt{5})}{(7-3\sqrt{5})(7+3\sqrt{5})}$
$= \dfrac{4(7+3\sqrt{5})}{4}$
$= 7 + 3\sqrt{5}.$

$$(7-3\sqrt{5})k < -4(\sqrt{5}-1)$$

$$k < \frac{-4(\sqrt{5}-1)}{7-3\sqrt{5}}$$

すなわち,

$$k < \boxed{-8} - \boxed{4}\sqrt{5}$$

である.

〔2〕

← $$\frac{-4(\sqrt{5}-1)}{7-3\sqrt{5}} = \frac{-4(\sqrt{5}-1)(7+3\sqrt{5})}{(7-3\sqrt{5})(7+3\sqrt{5})}$$

$$= \frac{-4(8+4\sqrt{5})}{4}$$

$$= -8-4\sqrt{5}.$$

(1) $\sin\angle ABC = \dfrac{\sqrt{15}}{4}$ と $0° < \angle ABC < 180°$ より,

$$\cos\angle ABC = \pm\sqrt{1-\sin^2\angle ABC}$$

$$= \pm\sqrt{1-\left(\frac{\sqrt{15}}{4}\right)^2}$$

$$= \pm\frac{\boxed{1}}{\boxed{4}}$$

である.

← $0° \le \theta \le 180°$ のとき,

$$\sin^2\theta + \cos^2\theta = 1$$

より,

$$\cos\theta = \pm\sqrt{1-\sin^2\theta}.$$

(2) $\sin\angle ABC = \dfrac{\sqrt{15}}{4}$, $\sin\angle ACB = \dfrac{\sqrt{15}}{8}$. $\cdots$①

(i)

B ∠ A, ∠ C の図, 辺 BC = 1

正弦定理を用いると,

$$\frac{AC}{\sin\angle ABC} = \frac{AB}{\sin\angle ACB}$$

であるから,

$$AC\sin\angle ACB = AB\sin\angle ABC$$

$$\frac{\sqrt{15}}{8}AC = \frac{\sqrt{15}}{4}AB \quad (①より)$$

$$AC = \boxed{2}\ AB \qquad \cdots②$$

である.

← 正弦定理

$$\frac{a}{\sin A} = \frac{b}{\sin B} = \frac{c}{\sin C} = 2R.$$

(R は $\triangle ABC$ の外接円の半径)

(ii)　①，②を満たす三角形は，(1) より次の二つが考えられる.

(I)　$\cos\angle ABC = \dfrac{1}{4}$ のとき.

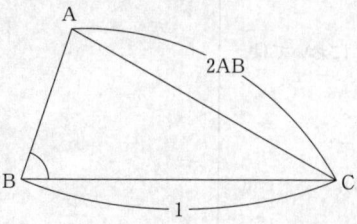

(II)　$\cos\angle ABC = -\dfrac{1}{4}$ のとき.

(I)，(II) はともに △ABC の面積が，

$$(\triangle ABC \text{ の面積}) = \frac{1}{2}\cdot 1\cdot AB\sin\angle ABC$$

$$= \frac{\sqrt{15}}{8}AB \quad (\text{① より})$$

であるから，辺 AB の長さが長い方の面積が大きい.

(I) のとき.

余弦定理を用いると，

$$(2AB)^2 = AB^2 + 1^2 - 2AB\cdot 1\cdot\cos\angle ABC$$

$$4AB^2 = AB^2 + 1 - 2AB\cdot\frac{1}{4}$$

$$6AB^2 + AB - 2 = 0$$

$$(3AB + 2)(2AB - 1) = 0$$

となるから，AB > 0 より，

$$AB = \frac{1}{2}.$$

(II) のとき.

余弦定理を用いると，

$$(2AB)^2 = AB^2 + 1^2 - 2AB\cdot 1\cdot\cos\angle ABC$$

$$4AB^2 = AB^2 + 1 - 2AB\left(-\frac{1}{4}\right)$$

← ∠ACB が鈍角のときを考えると，

$$\cos\angle ACB = -\sqrt{1 - \sin^2\angle ACB}$$

$$= -\sqrt{1 - \left(\frac{\sqrt{15}}{8}\right)^2}$$

$$= -\frac{7}{8} < -\frac{4\sqrt{2}}{8} = \cos 135°$$

であるから，∠ACB > 135° である.

このとき，∠ABC は鋭角より，

$$\cos\angle ABC = \frac{1}{4} < \frac{1}{2} = \cos 60°$$

となるから，∠ABC > 60° である.

これより，

$$\angle ABC + \angle ACB > 60° + 135°$$
$$= 195° \,(> 180°)$$

となるから，△ABC は存在しない.

よって，∠ACB は鋭角である.

数学A を用いると，∠ACB が鋭角であることは次のように示せる.

AC = 2AB より，

$$AB < AC.$$

三角形の辺と角の大小関係より，

$$\angle ACB < \angle ABC.$$

∠ACB が鈍角とすると，∠ABC も鈍角となるから，∠ACB は鋭角である.

┌─ 三角形の面積 ─────

$$(\triangle ABC \text{ の面積}) = \frac{1}{2}ca\sin B.$$

┌─ 余弦定理 ─────

$$b^2 = c^2 + a^2 - 2ca\cos B,$$

$$\cos B = \frac{c^2 + a^2 - b^2}{2ca}.$$

$$6AB^2 - AB - 2 = 0$$
$$(3AB - 2)(2AB + 1) = 0$$

となるから，AB > 0 より，

$$AB = \frac{2}{3}.$$

以上から，面積が大きい方の △ABC においては，

$$AB = \cfrac{\boxed{2}}{\boxed{3}} \ \text{である．}$$

(3)　　　$\sin\angle ABC = 2\sin\angle ACB\ (>0).$　　…③
正弦定理を用いると，

$$\frac{AC}{\sin\angle ABC} = \frac{AB}{\sin\angle ACB}$$

であるから，③ より，

$$AC\sin\angle ACB = AB\sin\angle ABC$$
$$AC\sin\angle ACB = AB\cdot 2\sin\angle ACB.$$

$\sin\angle ACB \neq 0$ より，

$$AC = 2AB.$$

さらに，余弦定理を用いると，

$$\cos\angle ABC = \frac{AB^2 + BC^2 - CA^2}{2AB\cdot BC}$$
$$= \frac{AB^2 + 1^2 - (2AB)^2}{2AB\cdot 1}$$
$$= \frac{\boxed{1} - \boxed{3}\,AB^2}{2AB} \quad \cdots ④$$

である．

④ と $AB^2 = x$ より，

$$\sin^2\angle ABC = 1 - \cos^2\angle ABC$$
$$= 1 - \left(\frac{1 - 3AB^2}{2AB}\right)^2$$
$$= 1 - \left(\frac{1 - 3x}{2\sqrt{x}}\right)^2$$
$$= \frac{10x - 1 - 9x^2}{4x}$$

← $AB^2 = x$ より，$AB = \sqrt{x}$.

であるから，△ABC の面積 S の 2 乗は，

$$S^2 = \left(\frac{1}{2}\cdot AB\cdot BC\cdot\sin\angle ABC\right)^2$$
$$= \frac{AB^2}{4}\sin^2\angle ABC \quad (BC = 1 \ \text{より})$$
$$= \frac{x}{4}\cdot\frac{10x - 1 - 9x^2}{4x}$$

←

$$= \frac{1}{16}(10x - 1 - 9x^2)$$

$$= -\frac{\boxed{9}}{\boxed{16}}x^2 + \frac{\boxed{5}}{\boxed{8}}x - \frac{1}{16}$$

$$= -\frac{9}{16}\left(x - \frac{5}{9}\right)^2 + \frac{1}{9}$$

と表すことができる.

　ここで, x のとり得る値の範囲を調べると, $-1 < \cos \angle ABC < 1$ と④ より,

$$-1 < \frac{1 - 3AB^2}{2AB} < 1$$

$$-2AB < 1 - 3AB^2 < 2AB \quad (2AB > 0 \text{ より})$$

$$-2\sqrt{x} < 1 - 3x < 2\sqrt{x}$$

$$\begin{cases} 3x - 2\sqrt{x} - 1 < 0, \\ 3x + 2\sqrt{x} - 1 > 0 \end{cases}$$

$$\begin{cases} (3\sqrt{x} + 1)(\sqrt{x} - 1) < 0, \\ (3\sqrt{x} - 1)(\sqrt{x} + 1) > 0 \end{cases}$$

$$\begin{cases} -\frac{1}{3} < \sqrt{x} < 1, \\ \sqrt{x} < -1, \ \frac{1}{3} < \sqrt{x} \end{cases}$$

となるから,

$$\frac{1}{3} < \sqrt{x} < 1$$

すなわち,

$$\frac{1}{9} < x < 1$$

である.

　したがって, S^2 が最大となるのは $x = \dfrac{\boxed{5}}{\boxed{9}}$

のとき, すなわち $AB = \sqrt{\dfrac{\boxed{5}}{\boxed{3}}}$ のときである.

$S > 0$ より, このときに面積 S も最大となる.

　また, 面積 S が最大となる $\triangle ABC$ において, $\angle ABC$ は, ④ より,

$$\cos \angle ABC = \frac{1 - 3 \cdot \frac{5}{9}}{2 \cdot \frac{\sqrt{5}}{3}} = -\frac{1}{\sqrt{5}} < 0$$

← x のとり得る値の範囲は, 数学 A の三角形の成立条件を用いて次のように求めてもよい.

　$AB^2 = x$ より, $AB = \sqrt{x}$ であるから, $AB = \sqrt{x}$, $BC = 1$, $CA = 2\sqrt{x}$ となる三角形 ABC が存在する条件は,

$$\left| 2\sqrt{x} - \sqrt{x} \right| < 1 < 2\sqrt{x} + \sqrt{x}$$

である.

　これより,

$$\frac{1}{3} < \sqrt{x} < 1$$

すなわち,

$$\frac{1}{9} < x < 1.$$

← S の最大値は $\frac{1}{3}$ である.

$\begin{cases} 0° < \theta < 180° \text{ とする.} \\ \begin{cases} \cos \theta > 0 \text{ のとき, } 0° < \theta < 90°, \\ \cos \theta = 0 \text{ のとき, } \theta = 90°, \\ \cos \theta < 0 \text{ のとき, } 90° < \theta < 180°. \end{cases} \end{cases}$

であるから，鈍角(② …ヒ)であり，∠ACB は

鋭角(⓪ …フ)である．

← 三角形の3つの内角は，次のどれか
になる．

・3つとも鋭角，

・1つは直角で，残り2つは鋭角，

・1つは鈍角で，残り2つは鋭角．

よって，∠ABC が鈍角とわかったの
で，残り2つの角 ∠ACB と
∠BAC は鋭角となる．

第2問　2次関数・データの分析

〔1〕

$$y = ax^2 + bx + c. \qquad \cdots ①$$

① のグラフが3点 $(100, 1250)$，$(200, 450)$，$(300, 50)$ を通るとき，

$$\begin{cases} 1250 = 10000a + 100b + c, & \cdots ㋐ \\ 450 = 40000a + 200b + c, & \cdots ㋑ \\ 50 = 90000a + 300b + c & \cdots ㋒ \end{cases}$$

が成り立つ．

㋐－㋑ より，

$$800 = -30000a - 100b$$
$$300a + b = -8. \qquad \cdots ㋓$$

㋑－㋒ より，

$$400 = -50000a - 100b$$
$$500a + b = -4. \qquad \cdots ㋔$$

㋓，㋔ より，

$$a = \frac{1}{50}, \quad b = \boxed{-14}.$$

これらを ㋐ に代入して，

$$1250 = 10000 \cdot \frac{1}{50} + 100 \cdot (-14) + c$$
$$1250 = 200 - 1400 + c$$
$$c = 2450.$$

よって，① は，

$$y = \frac{1}{50}x^2 - 14x + 2450. \qquad \cdots ①'$$

与えられた条件より，利益は，1皿あたりの利益 $x - 80$（円）と売り上げ数 ①' の積から，5000円を引いたものになるから，

$$(利益) = (x - 80) \times \left(\frac{1}{50}x^2 - 14x + 2450 \right) - 5000 （円）$$
$$(100 \leq x \leq 300)$$

となる．

よって，利益は x の $\boxed{3}$ 次式となる．一方で，売り上げ数として ①' の右辺の代わりに x の $\boxed{1}$ 次式を使えば，利益は x の2次式となる．

$$y = -4x + 1160 \qquad \cdots ②$$

を考える．

売り上げ数を ② の右辺としたときの利益 z は，

展開して整理すると，利益の式は，

$$(利益) = \frac{1}{50}x^3 - \frac{78}{5}x^2 + 3570x - 201000$$

となり，利益は x の3次式となる．

売り上げ数を $y = dx + e \, (d \neq 0)$ とすると，利益の式は，

$$(利益) = (x - 80)(dx + e) - 5000$$
$$= dx^2 - (80d - e)x - 80e - 5000$$

となり，利益は x の2次式となる．

$$z = (x-80) \times (-4x+1160) - 5000$$
$$= -\boxed{4}\ x^2 + \boxed{1480}\ x - 97800$$
$$(100 \leq x \leq 290)$$

← (利益)$= \binom{1\ 皿あた}{りの利益} \times \binom{売り上}{げ数} - 5000.$

で与えられる．ただし，$290 \leq x \leq 300$ のときは，$z=0$ とする．

← ② の右辺が 0 以上のとき，
$$-4x+1160 \geq 0$$
$$x \leq 290.$$

平方完成すると，
$$z = -4(x-185)^2 + 39100$$
となるから，z が最大となる x を p とおくと，

← $z = -4(x^2-370x) - 97800$
$$= -4(x-185)^2 + 4 \cdot 185^2 - 97800$$
$$= -4(x-185)^2 + 39100.$$

$p = \boxed{185}$ であり，z の最大値は 39100 である．

$$y = -8x + 1968 \qquad \cdots ③$$

を考える．

売り上げ数を ③ の右辺にしたときの利益を w とすると，
$$w = (x-80) \times (-8x+1968) - 5000$$
$$(100 \leq x \leq 246)$$

で与えられる．ただし，$246 \leq x \leq 300$ のときは，$w=0$ とする．

平方完成すると，
$$w = -8x^2 + 2608x - 162440$$
$$= -8(x^2 - 326x) - 162440$$
← $= -8(x-163)^2 + 8 \cdot 163^2 - 162440$
← $= -8(x-163)^2 + 50112.$

← ③ の右辺が 0 以上のとき，
$$-8x + 1968 \geq 0$$
$$x \leq 246.$$

問題文より，w は $x=163$ のときに最大となり，最大値は 50112 となる．$\cdots ㋩$

ここで，
売り上げ数を ① の右辺としたときの利益を $Y(x)$，
売り上げ数を ② の右辺としたときの利益を $Z(x)$，
売り上げ数を ③ の右辺としたときの利益を $W(x)$
とおく．

← $Y(x) = (x-80)\left(\frac{1}{50}x^2 - 14x + 2450\right) - 5000,$
← $Z(x) = (x-80)(-4x+1160) - 5000,$
$W(x) = (x-80)(-8x+1968) - 5000.$

図 3 より，②，③ のグラフは ①（①′）のグラフより下の方にあるから，売り上げ数を ①（①′）のときよりも少なく見積もっているので，$100 \leq x \leq 300$ のとき，
$$\begin{cases} Y(x) > Z(x), \\ Y(x) > W(x) \end{cases}$$
が成り立つ．

図 3

← $100 \leq x \leq 300$ において，
$$\begin{cases} \frac{1}{50}x^2 - 14x + 2450 > -4x + 1160 \geq 0, \\ \frac{1}{50}x^2 - 14x + 2450 > -8x + 1968 \geq 0 \end{cases}$$
であるから，
$$\begin{cases} Y(x) > Z(x), \\ Y(x) > W(x). \end{cases}$$

これより，
$$\begin{cases} Y(185) > Z(185) = 39100 \\ Y(163) > W(163) = 50112 \end{cases}$$
となる．

また，$Y(x)$ の最大値は M より，つねに
$$M \geq Y(x)$$
である．

よって，

$$\begin{cases} M \geq Y(185) > 39100, \\ M \geq Y(163) > 50112 \end{cases}$$

となるから，M は 50112 より大きい．

さらに，$x = 163$ のときの利益 $Y(163)$ は少なくとも 50112 以上であり，$x = 185$ のときの利益 $Y(185)$ は少なくとも 39100 以上である．また，$M \geq Y(x)$ の等号が成り立つ x の値はこのままではわからないので，$x = p = 185$ や $x = 163$ で M となるかどうかはわからない．

したがって，売り上げ数を ①（①'）の右辺としたときの利益の記述として正しいものは　③　と　④

…セ，ソである．

$$y = -6x + 1860 \qquad \cdots ④$$

を考える．

売り上げ数を ④ の右辺にしたときの利益を v とすると，

$$\begin{aligned} v &= (x - 80) \times (-6x + 1860) - 5000 \\ &= -6x^2 + 2340x - 153800 \\ &= -6(x - 195)^2 + 74350 \\ &\qquad (100 \leq x \leq 300) \end{aligned}$$

となるから，v は $x = 195$ のときに最大となり，最大値は 74350 である．

ここで，改めて

売り上げ数を ④ の右辺にしたときの利益を $V(x)$ とおく．

図 4 より，④ のグラフは ①（①'）のグラフより上の方にあるから，売り上げ数を ①（①'）のときよりも多く見積もっているので，$100 \leq x \leq 300$ のとき，

$$Y(x) < V(x) \qquad \cdots ⑤$$

が成り立つ．

また，$V(x)$ の最大値が $V(195) = 74350$ より，つねに

$$V(x) \leq V(195) = 74350 \qquad \cdots ⑥$$

である．

よって，⑤，⑥ より，

$$Y(x) < 74350$$

となる．

したがって，このことと，$Y(x)$ の最大値が M より，

$$M < 74350$$

図 4

← $x = 100$ のとき，① の売り上げ数は表より 1250 であり，④ の売り上げ数は，

$$-6 \cdot 100 + 1860 = 1260$$

であるから，

$$Y(100) < V(100).$$

$x = 300$ のとき，① の売り上げ数は表より 50 であり，④ の売り上げ数は，

$$-6 \cdot 300 + 1860 = 60$$

であるから，

$$Y(300) < V(300).$$

となり，M は 74350 より小さい．

　ゆえに，$Y(x)$ の最大値 M は 50112 より大きく 74350 より小さい値となる．

　したがって，売り上げ数を ①（①'）の右辺としたときの利益の最大値 M についての記述として正しいものは ❷ …タ である．

◆ $Y(x)$ が $x=\alpha$ のとき最大値 M をとるとすると，⑤，⑥ より，
$$Y(\alpha) < V(x) \leq V(195)$$
$$M < 74350.$$

〔2〕

(1) 賛成は 1，反対は 0 と表すから，データの値の総和 $x_1+x_2+\cdots+x_n$ は賛成の人の数（ ❶ …チ）と一致し，平均値 $\overline{x} = \dfrac{x_1+x_2+\cdots+x_n}{n}$ は

$\dfrac{(賛成の人の数)}{n}$，すなわち，n 人中における賛成の人の割合（ ❸ …ツ）と一致する．

◆ 例えば，10 人について調べた結果が，
$$0,\ 1,\ 1,\ 1,\ 0,\ 1,\ 1,\ 1,\ 1,\ 1$$
のとき，
$$x_1+x_2+\cdots+x_{10}=8$$
で，8 は賛成の人の数を表し，平均値
$$\overline{x} = \frac{8}{10} = \frac{4}{5}$$
は 10 人中における賛成の人の割合を表している．

(2) 0 と 1 だけからなるデータの平均値と分散について調べる．
$$m = x_1+x_2+\cdots+x_n \qquad \cdots ①$$
より，
$$\overline{x} = \frac{x_1+x_2+\cdots+x_n}{n} = \frac{m}{n}. \qquad \cdots ②$$

　また，① より，$x_1,\ x_2,\ \cdots,\ x_n$ の中に，「1」は m 個，「0」は $n-m$ 個あるから，分散 s^2 は，

$$s^2 = \frac{(x_1-\overline{x})^2 + (x_2-\overline{x})^2 + \cdots + (x_n-\overline{x})^2}{n}$$

$$= \frac{m \times (1-\overline{x})^2 + (n-m) \times (0-\overline{x})^2}{n}$$

$$= \frac{1}{n}\left\{ m\left(1-\frac{m}{n}\right)^2 + (n-m)\left(0-\frac{m}{n}\right)^2 \right\} \ (② より)$$

$$\left(\boxed{①} \cdots テ,\ \boxed{②} \cdots ト \right)$$

$$= \frac{1}{n}\left\{ m\left(1 - \frac{2m}{n} + \frac{m^2}{n^2}\right) + (n-m) \cdot \frac{m^2}{n^2} \right\}$$

$$= \frac{1}{n}\left(m - \frac{m^2}{n} \right)$$

$$= \frac{m(n-m)}{n^2} \quad \boxed{②} \cdots ナ$$

と表すことができる．

```
分散
　変量 $x$ に関するデータ
$$x_1,\ x_2,\ \cdots,\ x_n$$
に対し，$x$ の平均値を $\overline{x}$ とするとき，$x$ の分散 $s_x{}^2$ は，
$$s_x{}^2 = \frac{(x_1-\overline{x})^2 + \cdots + (x_n-\overline{x})^2}{n}.$$
```

〔3〕

a は実数．変数 x，y の値の組について，

データ W：$(-1, -1),\ (-1, 1),\ (1, -1),\ (1, 1),$

◆ データ W の x と y の相関係数は 0．

データ W' : $(-1, -1)$, $(-1, 1)$, $(1, -1)$, $(1, 1)$, $(5a, 5a)$.

$\overline{x}$ は W' の x の平均値，$\overline{y}$ は W' の y の平均値.

$$\overline{x} = \frac{(-1) + (-1) + 1 + 1 + 5a}{5} = a, \quad \boxed{③} \cdots ニ$$

$$\overline{y} = \frac{(-1) + 1 + (-1) + 1 + 5a}{5} = a.$$

表1の計算表を完成させると次のようになる.

表1　計算表

x	y	$x - \overline{x}$	$y - \overline{y}$	$(x - \overline{x})(y - \overline{y})$
-1	-1	$-1-a$	$-1-a$	$(a+1)^2$
-1	1	$-1-a$	$1-a$	$(a+1)(a-1)$ $(=a^2-1)$
1	-1	$1-a$	$-1-a$	$(a-1)(a+1)$ $(=a^2-1)$
1	1	$1-a$	$1-a$	$(a-1)^2$
$5a$	$5a$	$4a$	$4a$	$16a^2$

W' の x と y の共分散 s_{xy} は，

$$s_{xy} = \frac{(a+1)^2 + (a^2-1) + (a^2-1) + (a-1)^2 + 16a^2}{5}$$

$$= \frac{20a^2}{5}$$

$$= 4a^2 \quad \boxed{⓪} \cdots ヌ$$

となる.

W' の x の標準偏差 s_x は，

$$s_x = \sqrt{\frac{(-1-a)^2 + (-1-a)^2 + (1-a)^2 + (1-a)^2 + (4a)^2}{5}}$$

$$= \sqrt{\frac{20a^2 + 4}{5}}$$

であり，W' の y の標準偏差 s_y も

$$s_y = \sqrt{\frac{(-1-a)^2 + (1-a)^2 + (-1-a)^2 + (1-a)^2 + (4a)^2}{5}}$$

$$= \sqrt{\frac{20a^2 + 4}{5}}$$

となるから，積 $s_x s_y$ は，

$$s_x s_y = \sqrt{\frac{20a^2 + 4}{5}} \cdot \sqrt{\frac{20a^2 + 4}{5}}$$

$$= \frac{20a^2 + 4}{5}$$

$$= 4a^2 + \frac{4}{5} \quad \boxed{②} \cdots ネ$$

──　共分散　──

　変量 x と y に関する n 組のデータ

$$(x_1, y_1), \cdots, (x_n, y_n)$$

に対し，x の平均値を $\overline{x}$，y の平均値を $\overline{y}$ とするとき，x と y の共分散 s_{xy} は，

$$s_{xy} = \frac{(x_1 - \overline{x})(y_1 - \overline{y}) + \cdots + (x_n - \overline{x})(y_n - \overline{y})}{n}.$$

──　標準偏差　──

　変量 x に関するデータ

$$x_1, x_2, \cdots, x_n$$

に対し，x の平均値を $\overline{x}$ とするとき，x の標準偏差 s_x は，

$$s_x = \sqrt{\frac{(x_1 - \overline{x})^2 + \cdots + (x_n - \overline{x})^2}{n}}.$$

となる.

また，相関係数が 0.95 以上となる必要十分条件は，

$$\frac{s_{xy}}{s_x s_y} \geqq 0.95, \quad \text{つまり}, \quad s_{xy} \geqq 0.95 s_x s_y$$

である．これより，相関係数が 0.95 以上となるような a の値の範囲は，

$$4a^2 \geqq \frac{19}{20}\left(4a^2 + \frac{4}{5}\right)$$

$$\frac{1}{5}a^2 \geqq \frac{19}{25}$$

$$a^2 - \frac{19}{5} \geqq 0$$

$$\left(a + \sqrt{\frac{19}{5}}\right)\left(a - \sqrt{\frac{19}{5}}\right) \geqq 0$$

$$a \leqq -\sqrt{\frac{19}{5}}, \quad \sqrt{\frac{19}{5}} \leqq a$$

すなわち，

$$a \leqq -\frac{\sqrt{95}}{5}, \quad \frac{\sqrt{95}}{5} \leqq a \quad \boxed{③} \cdots ノ$$

である．

← ─ 相関係数 ─

2つの変量 x, y について，

x の標準偏差を s_x,

y の標準偏差を s_y,

x と y の共分散を s_{xy}

とするとき，x と y の相関係数は，

$$\frac{s_{xy}}{s_x s_y}.$$

第3問　場合の数・確率

以下の解答において，次の事柄を用いて移動の仕方の総数を求める．

点Aまでの移動の仕方を m 通り

点Bまでの移動の仕方を n 通り

とする．

　点Aから点Cまでの移動の仕方は1通り，

　点Bから点Cまでの移動の仕方は1通り

であるから，出発点から点Cまでの移動の仕方は，和の法則より，

$$m \times 1 + n \times 1 = m + n \text{（通り）}$$

である．

> **─ 和の法則 ─**
>
> ←　2つの事柄 A, B があり，これらは同時に起こらないとする．そして，A の起こり方が m 通り，B の起こり方が n 通りならば，A または B のいずれかが起こる場合の数は，
>
> $$m + n \text{ 通り}$$
>
> である．

(1)(i)　硬貨を3回投げ終えたとき，点Pの移動の仕方の条件が，

$$y_1 \geqq -1 \quad \text{かつ} \quad y_2 \geqq -1 \quad \text{かつ} \quad y_3 \geqq -1. \cdots (*)$$

条件 $(*)$ を満たす点Pの移動の仕方のうち，点 $(3, 3)$ に至る移動の仕方は $\boxed{1}$ 通りあり，点 $(3, 1)$ に至る移動の仕方は $\boxed{3}$ 通りあり，点 $(3, -1)$ に至る移動の仕方は $\boxed{2}$ 通りある．

図2

←　1通り．

←　$1 + 2 = 3$（通り）．

←　2通り．

　よって，点Pの移動の仕方が条件 $(*)$ を満たすような硬貨の表裏の出方の総数は，

$$1 + 3 + 2 \text{（通り）}$$

である．

　したがって，点Pの移動の仕方が条件 $(*)$ を満たす確率は，

$$\frac{1 + 3 + 2}{2^3} = \frac{6}{8} = \frac{3}{4}$$

である．

(ii)　硬貨を4回投げる．

$$y_1 \geqq 0 \quad \text{かつ} \quad y_2 \geqq 0 \quad \text{かつ} \quad y_3 \geqq 0 \quad \text{かつ} \quad y_4 \geqq 0. \cdots ①$$

①を満たす点Pの移動の仕方は図3のようにな

90

る.

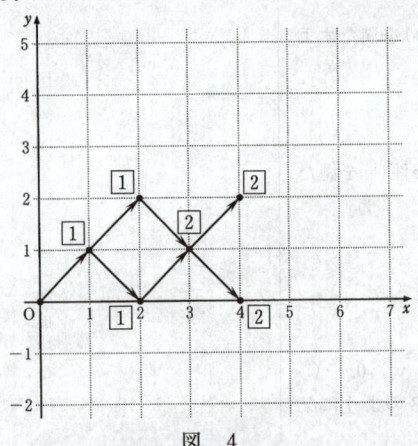

図　3

◀ 四角囲みの中の数字は，点Oからその点までの移動の仕方の総数を表す.

　図3より，①を満たすような硬貨の表裏の出方の総数は，

$$1+3+2=6（通り）$$

である.

　よって，点Pの移動の仕方が①を満たす確率は，

$$\frac{6}{2^4}=\frac{\boxed{3}}{\boxed{8}} \qquad \cdots②$$

となる.

　また，次の条件を満たす確率を考える.

　$y_1 \geqq 0$ かつ $y_2 \geqq 0$ かつ $y_3 = 1$ かつ $y_4 \geqq 0$. $\cdots③$

　③を満たす点Pの移動の仕方は図4のようになる.

図　4

◀ 四角囲みの中の数字は，点Oからその点までの移動の仕方の総数を表す.

図4より，③を満たすような硬貨の表裏の出方の総数は，
$$2+2=4 \text{（通り）}$$
である．

よって，点Pの移動の仕方が③を満たす確率は，
$$\frac{4}{2^4}=\boxed{\frac{1}{4}} \qquad \cdots ④$$
となる．

さらに，2つの事象 A，B を，
$$A：①となる事象，\quad B：y_3=1 となる事象$$
とする．

$y_1 \geqq 0$ かつ $y_2 \geqq 0$ かつ $y_3 \geqq 0$ かつ $y_4 \geqq 0$ であったとき，$y_3=1$ である条件付き確率は，$P_A(B)$ であるから，
$$P_A(B)=\frac{P(A \cap B)}{P(A)}$$
として求まる．

②より，
$$P(A)=\frac{3}{8}.$$

$A \cap B$ は，③となる事象であるから，④より，
$$P(A \cap B)=\frac{1}{4}.$$

したがって，求める条件付き確率は，
$$P_A(B)=\frac{\frac{1}{4}}{\frac{3}{8}}=\boxed{\frac{2}{3}}$$
となる．

(ⅲ) 硬貨を4回投げ終えた時点で点Pの座標が $(4, 2)$ であるときの移動の仕方は図5のようになる．（↗ は表が出た場合を表し，↘ は裏が出た場合を表す．）

条件付き確率

事象 E が起こったときの事象 F が起こる条件付き確率 $P_E(F)$ は，
$$P_E(F)=\frac{P(E \cap F)}{P(E)}.$$

← $y_1 \geqq 0$ かつ $y_2 \geqq 0$ かつ $y_3 \geqq 0$ かつ $y_4 \geqq 0$ となる硬貨の表裏の出方は全部で，
$$6 \text{通り}$$
あり，このうち，$y_1 \geqq 0$ かつ $y_2 \geqq 0$ かつ $y_3=1$ かつ $y_4 \geqq 0$ となる硬貨の表裏の出方が
$$4 \text{通り}$$
あるから，求める条件付き確率を
$$\frac{4}{6}=\frac{2}{3}$$
として求めてもよい．

図　5

　　点 $(4, 2)$ に至る移動の仕方によらず ↗ の矢印は3
本，↘ の矢印は1本あるから，硬貨の表の出る回数
は　3　回，裏の出る回数は $(4-3)$ 回，つまり，
1回となる．

(2)　1個のさいころを投げたとき，

　　　　3の倍数の目が出る確率は $\dfrac{2}{6} = \dfrac{1}{3}$，

　　　　3の倍数でない目が出る確率は $\dfrac{4}{6} = \dfrac{2}{3}$

である．

　　点 Q の移動を，横軸にさいころを投げた回数，縦軸
に数直線上の目盛りをとって，座標平面上で考える．
このとき，3の倍数の目が出たら ↗ の方向に $\sqrt{2}$ 進
み，3の倍数でない目が出たら ↘ の方向に $\sqrt{2}$ 進むも
のとし，(1)と同様に考える．

(i)　さいころを7回投げ終えた時点で点 Q の座標が3
　　であるときの点 Q の移動の仕方は図6のようにな
　　る．

◀　点 $(4, 2)$ に至る移動の仕方は全部で
　　4通りある．

◀　3の倍数の目は3，6である．

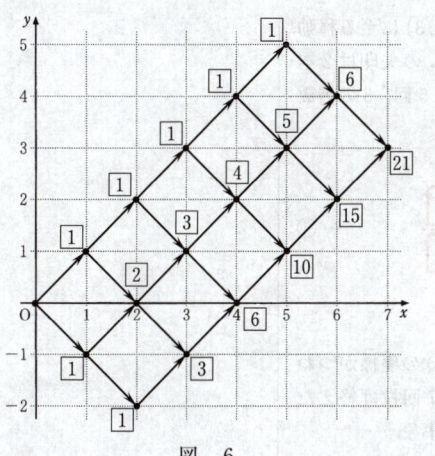

図　6

点 (7, 3) に至る移動の仕方によらず ↗ の矢印は 5
本，↘ の矢印は 2 本あるから，3 の倍数の目が出る
回数は 5 回，3 の倍数でない目が出る回数は 2 回と
なる．

よって，求める確率は，

$$21 \times \left(\frac{1}{3}\right)^5 \left(\frac{2}{3}\right)^2 = \boxed{\frac{28}{729}}$$

となる．

(ii)　さいころを 7 回投げる間，点 Q の座標がつねに 0
以上 3 以下であり，かつ 7 回投げ終えた時点で点 Q
の座標が 3 であるときの点 Q の移動の仕方は図 7 の
ようになる．

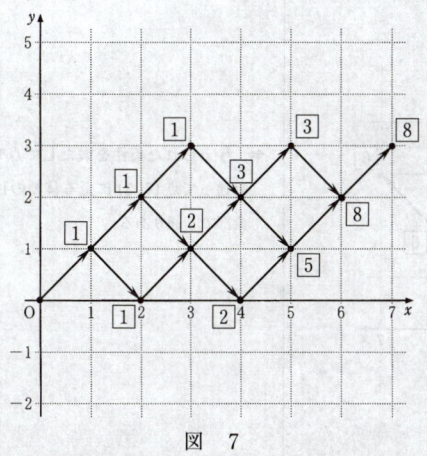

図　7

← 点 (7, 3) に至る移動の仕方は全部で
21 通りある．

← 与えられた条件を満たして点 (7, 3)
に至る移動の仕方は全部で 8 通りある．

与えられた条件を満たして，点 $(7, 3)$ に至る移動の仕方によらず ↗ の矢印は5本，↘ の矢印は2本あるから，3の倍数の目が出る回数は5回，3の倍数でない目が出る回数は2回となる．

よって，求める確率は，

$$8 \times \left(\frac{1}{3}\right)^5 \left(\frac{2}{3}\right)^2 = \boxed{\frac{32}{2187}} \qquad \cdots ⑤$$

となる．

(iii) 2つの事象 C, D を，

　　C：さいころを7回投げる間，点 Q の座標がつねに0以上3以下であり，かつ7回投げ終えた時点で点 Q の座標が3である事象，

　　D：3回投げ終えた時点で点 Q の座標が1である事象

とすると，求める条件付き確率は，$P_C(D)$ であるから，

$$P_C(D) = \frac{P(C \cap D)}{P(C)}$$

として求まる．

⑤より，

$$P(C) = \frac{32}{2187}.$$

$C \cap D$ は，さいころを7回投げる間，点 Q の座標がつねに0以上3以下であり，かつ3回投げ終えた時点と7回投げ終えた時点の点 Q の座標がそれぞれ1と3である事象であり，そのことを満たす点 Q の移動の仕方は図8のようになる．

図　8

← 与えられた条件を満たして点 $(3, 1)$ を通って点 $(7, 3)$ に至る移動の仕方は全部で6通りある．

与えられた条件を満たして，点 $(3, 1)$ を通って点 $(7, 3)$ に至る移動の仕方によらず ↗ の矢印は 5 本，↘ の矢印は 2 本あるから，3 の倍数の目が出る回数は 5 回，3 の倍数でない目が出る回数は 2 回となる．

これより，

$$P(C \cap D) = 6 \times \left(\frac{1}{3}\right)^5 \left(\frac{2}{3}\right)^2 = \frac{24}{2187}$$

となる．

したがって，求める条件付き確率は，

$$P_C(D) = \frac{\dfrac{24}{2187}}{\dfrac{32}{2187}} = \frac{\boxed{3}}{\boxed{4}}$$

となる．

第4問　整数の性質

(1)
$$7x + 13y + 17z = 8, \quad \cdots ①$$
$$35x + 39y + 34z = 37. \quad \cdots ②$$

①，②から x を消去すると，

$$\boxed{26}\, y + \boxed{51}\, z = 3 \quad \cdots ③$$

を得る．

まず，③の右辺を「1」とした $26y + 51z = 1$ の整数解の一つを求めると，$y = 2$，$z = -1$ であるから，

$$26 \cdot 2 + 51 \cdot (-1) = 1.$$

両辺に3を掛けると，

$$26 \cdot 6 + 51 \cdot (-3) = 3. \quad \cdots ㋐$$

③－㋐より，

$$26(y - 6) + 51(z + 3) = 0$$

すなわち，

$$51(z + 3) = 26(6 - y) \quad \cdots ㋑$$

と変形できる．

51と26は互いに素より，

$$z + 3 \text{ は 26 の倍数}$$

であるから，ℓ を整数として，

$$z + 3 = 26\ell \quad \cdots ㋒$$

と表せる．㋒を㋑に代入すると，

$$51 \cdot 26\ell = 26(6 - y)$$

すなわち，

$$51\ell = 6 - y. \quad \cdots ㋓$$

したがって，③の整数解は，㋒，㋓より，

$$(y, z) = (6 - 51\ell,\ -3 + 26\ell)$$

であり，そのうち，y が正の整数で最小になるのは，$\ell = 0$ のときの

$$y = \boxed{6}, \quad z = \boxed{-3}$$

である．

よって，③のすべての整数解は，k を整数として，

$$y = 6 - \boxed{51}\, k, \quad z = -3 + \boxed{26}\, k$$

と表される．

これらを①に代入して x を求めると，

$$7x + 13(6 - 51k) + 17(-3 + 26k) = 8$$
$$7x = 221k - 19$$
$$x = 31k - 3 + \frac{\boxed{4}\, k + 2}{7}$$

① $\times 5 -$ ②より，
$$35x + 65y + 85z = 40$$
$$\underline{-)\ 35x + 39y + 34z = 37}$$
$$26y + 51z = 3.$$

$$51 = 26 \cdot 1 + 25$$
$$26 = 25 \cdot 1 + 1$$

であるから，余りに注目して逆をたどると，

$$1 = 26 - 25 \cdot 1$$
$$= 26 - (51 - 26 \cdot 1) \cdot 1$$
$$= 26 \cdot 2 - 51$$

となるから，

$$26 \cdot 2 + 51 \cdot (-1) = 1.$$

x と y についての不定方程式

$$ax + by = c$$

$$(a,\ b,\ c \text{ は整数の定数})$$

の整数解は，一組の解

$$(x, y) = (x_0, y_0)$$

を用いて，

$$a(x - x_0) = b(y_0 - y)$$

と変形し，次の性質を用いて求める．

a と b が互いに素であるとき，

$$\begin{cases} x - x_0 \text{ は } b \text{ の倍数}, \\ y_0 - y \text{ は } a \text{ の倍数} \end{cases}$$

である．

$6 - 51\ell > 0$ を解くと，$\ell < \dfrac{6}{51}$ であるから，これを満たす整数 ℓ は，

$$\ell = 0,\ -1,\ -2,\ \cdots$$

となるので，$6 - 51\ell$ が正の整数で最小のものは $\ell = 0$ のときである．

$$7x = (7 \cdot 31k + 4k) - 7 \cdot 3 + 2$$
$$= 7(31k - 3) + 4k + 2$$

となるから，

$$x = 31k - 3 + \frac{4k + 2}{7}.$$

となるので，x が整数になる必要十分条件は，

「$4k+2$ が 7 で割り切れること」

である．

これより，k を 7 で割った余りで分類して調べると次の表を得る．（ℓ' は整数）

k	$4k+2$	余り		k	$4k+2$	余り
$7\ell'$	$7\cdot4\ell'+2$	2		$7\ell'+4$	$7(4\ell'+2)+4$	4
$7\ell'+1$	$7\cdot4\ell'+6$	6		$7\ell'+5$	$7(4\ell'+3)+1$	1
$7\ell'+2$	$7(4\ell'+1)+3$	3		$7\ell'+6$	$7(4\ell'+3)+5$	5
$7\ell'+3$	$7(4\ell'+2)$	0				

したがって，x が整数になるのは，表より，k を 7 で割ったときの余りが $\boxed{3}$ のときである．

以上のことから，この場合は，二つの式をともに満たす整数 x, y, z が存在することがわかる．

(2), (3), (4) については，以下の事柄を用いて解く．

> a, b は互いに素な整数，c は整数のとき，$ax+by=c$ を満たす整数 x, y が存在する． $\cdots (*)$

(2) a は整数．

$$2x+5y+7z=a, \qquad \cdots ④$$
$$3x+25y+21z=-1. \qquad \cdots ⑤$$

⑤ − ④ より，

$$x=-20y-14z-1-a \qquad \cdots ⑥$$

を得る．また，⑤ × 2 − ④ × 3 から，

$$35y+21z=-2-3a \qquad \cdots ⑦$$

を得る．

⑦ は，

$$7(5y+3z)=-2-3a$$
$$5y+3z=\frac{-3a-2}{7}$$

と変形できる．

これより，⑦ を満たす整数 y, z が存在するためには，左辺が整数より，

「右辺の $\dfrac{-3a-2}{7}$ が整数になること」

が必要である．

また，5 と 3 は互いに素より，これは ⑦ を満たす整　　← $(*)$ を用いている．

数 y, z が存在するための十分条件でもある.

よって, ⑦ を満たす整数 y, z が存在するための必要十分条件は,

「$-3a-2$ が7で割り切れること」

である.

これより, a を7で割った余りで分類して調べると次の表を得る. (m は整数)

a	$-3a-2$	余り
$7m$	$7(-3m-1)+5$	5
$7m+1$	$7(-3m-1)+2$	2
$7m+2$	$7(-3m-2)+6$	6
$7m+3$	$7(-3m-2)+3$	3

a	$-3a-2$	余り
$7m+4$	$7(-3m-2)$	0
$7m+5$	$7(-3m-3)+4$	4
$7m+6$	$7(-3m-3)+1$	1

したがって, 表より,

a を $\boxed{7}$ で割ったときの余りが $\boxed{4}$ である

ことは, ⑦ を満たす整数 y, z が存在するための必要十分条件であることがわかる. そのときの整数 y, z を ⑥ に代入すると, x も整数になる. また, そのときの x, y, z は ④ と ⑤ をともに満たす.

以上のことから, この場合は, a の値によって, 二つの式をともに満たす整数 x, y, z が存在する場合と存在しない場合があることがわかる.

(3) b は整数.

$$x+2y+bz=1, \qquad \cdots ⑧$$
$$5x+6y+3z=5+b. \qquad \cdots ⑨$$

⑨−⑧×5 から,

$$-4y+(3-5b)z=b \qquad \cdots ⑩$$

を得る.

ここで, b を4で割った余りで分類して ⑩ について調べる. n を整数とする.

・$b=4n$ のとき, ⑩ は,

$$-4y+(3-20n)z=4n$$

となる.

$$3-20n=2(-10n+1)+1$$

より, $3-20n$ は奇数であるから, -4 と $3-20n$ は互いに素である. よって, ⑩ を満たす整数 y, z が存在する.

・$b=4n+1$ のとき, ⑩ は,

$$-4y+(-2-20n)z=4n+1$$

← (*) を用いている.

— 270 —

となる.

$$-2-20n = 2(-10n-1)$$

より, $-2-20n$ は偶数であるから, 左辺は偶数, 右辺は奇数より, ⑩ を満たす整数 y, z は存在しない.

・$b = 4n+2$ のとき, ⑩ は,

$$-4y+(-7-20n)z = 4n+2$$

となる.

$$-7-20n = 2(-10n-4)+1$$

より, $-7-20n$ は奇数であるから, -4 と $-7-20n$ は互いに素である. よって, ⑩ を満たす整数 y, z が存在する.

← (∗) を用いている.

・$b = 4n+3$ のとき, ⑩ は,

$$-4y+(-12-20n)z = 4n+3$$

となる.

$$-12-20n = 2(-10n-6)$$

より, $-12-20n$ は偶数であるから, 左辺は偶数, 右辺は奇数より, ⑩ を満たす整数 y, z は存在しない.

したがって,

b を4で割ったときの余りが

$\boxed{0}$ または $\boxed{2}$ である

ことは, ⑩ を満たす整数 y, z が存在するための必要十分条件であることがわかる.

そのときの整数 y, z を ⑧ に代入すると, x も整数になる. また, そのときの x, y, z は ⑧ と ⑨ をともに満たす.

以上のことから, この場合も, b の値によって, 二つの式をともに満たす整数 x, y, z が存在する場合と存在しない場合があることがわかる.

(4)　c は整数.

$$x+3y+5z = 1, \qquad \cdots ⑪$$
$$cx+3(c+5)y+10z = 3. \qquad \cdots ⑫$$

⑪$\times c-$⑫ より,

$$-15y+5(c-2)z = c-3$$
$$5\{-3y+(c-2)z\} = c-3$$
$$-3y+(c-2)z = \frac{c-3}{5} \qquad \cdots ⑬$$

を得る.

これより, ⑬ を満たす整数 y, z が存在するために

は，左辺が整数より，

「右辺の $\dfrac{c-3}{5}$ が整数になること」

が必要である．

$\dfrac{c-3}{5}$ が整数になるのは，

$$c-3=5p \quad (p \text{ は整数})$$

すなわち，

$$c=5p+3$$

のときである．

このとき，⑬ は，

$$-3y+(1+5p)z=p \qquad \cdots ⑭$$

となる．

ここで，p を 3 で割った余りで分類して ⑭ について
調べる．q を整数とする．

・$p=3q$ のとき，⑭ は，

$$-3y+(1+15q)z=3q$$

となる．

$$1+15q=3 \cdot 5q+1$$

より，-3 と $1+15q$ は互いに素である．よって，
⑭ を満たす整数 y, z は存在する．

・$p=3q+1$ のとき，⑭ は，

$$-3y+(6+15q)z=3q+1$$

となる．

$$6+15q=3(5q+2)$$

より，$6+15q$ は 3 の倍数であるから，左辺は 3 の倍
数，右辺は 3 で割った余りが 1 になる数より，⑭ を
満たす整数 y, z は存在しない．

・$p=3q+2$ のとき，⑭ は，

$$-3y+(11+15q)z=3q+2$$

となる．

$$11+15q=3(5q+3)+2$$

より，-3 と $11+15q$ は互いに素である．よって，
⑭ を満たす整数 y, z は存在する．

したがって，⑭，すなわち，⑬ を満たす c は，

$$\begin{cases} c=5p+3=5 \cdot 3q+3=15q+3, \\ c=5p+3=5(3q+2)+3=15q+13 \end{cases}$$

である．

以上から，

← ⑭ の左辺の y の係数 -3 に着目する
ことにより，p を 3 で割った余りで分類
した．

← (∗) を用いている．

← (∗) を用いている．

c を　15　で割ったときの余りが

3　または　13　である

ことは ⑬ を満たす整数 y, z が存在するための必要十分条件であることがわかる.

そのときの整数 y, z を ⑪ に代入すると, x も整数になる. また, そのときの x, y, z は ⑪ と ⑫ をともに満たす.

よって, c を 15 で割ったときの余りが 3 または 13 であることは, ⑪ と ⑫ をともに満たす整数 x, y, z が存在するための必要十分条件であることがわかる.

第5問　図形の性質

(1)

△ABC にチェバの定理を用いると,

$$\frac{AP}{PB} \times \frac{BS}{SC} \times \frac{CQ}{QA} = 1$$

であるから,

$$\frac{2}{3} \times \frac{BS}{SC} \times \frac{2}{1} = 1$$

すなわち,

$$\frac{BS}{SC} = \frac{3}{4}$$

である.

これより, 点Sは辺BCを $\boxed{3}$: $\boxed{4}$ に内分
する点である.　　　　　　　　　　　…①

> ◀── チェバの定理
> 　図において,
> $$\frac{AN}{NB} \times \frac{BL}{LC} \times \frac{CM}{MA} = 1.$$
>

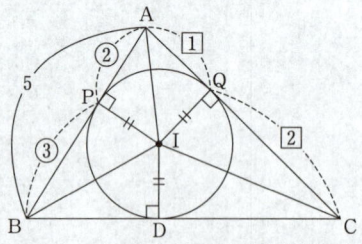

AB = 5 と AP : PB = 2 : 3 より,

$$AP = 2, \quad PB = 3 \qquad …②$$

である.

ここで, △ABC の内接円と辺 BC との接点をD と
し, 内接円の中心をI とすると,

$$\begin{cases} △IAP \equiv △IAQ, \\ △IBP \equiv △IBD, \\ △ICQ \equiv △ICD \end{cases}$$

であるから, このことと②と AQ : QC = 1 : 2 より,

$$\begin{cases} AQ = AP = \boxed{2}, \\ BD = BP = 3, \\ CD = CQ = 4 \end{cases}$$

> △IAP と △IAQ において,
> $$\begin{cases} \angle IPA = \angle IQA = 90°, \\ AI は共通, \\ IP = IQ \end{cases}$$
> であるから, 直角三角形の合同条件
> より,
> $$△IAP \equiv △IAQ.$$
>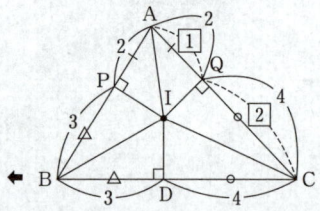

となる.

よって,

$$BC = BD + DC = 3 + 4 = \boxed{7}$$

であり, 点Dは辺BCを3:4に内分する点であるから, ①より, 点Dと点Sは一致する.

したがって, 点Sは△ABCの内接円と辺BCとの接点であることがわかる. $\boxed{②}$ …オ

(2)(i)

△ABQと直線CPにメネラウスの定理を用いると,

$$\frac{BP}{PA} \times \frac{AC}{CQ} \times \frac{QR}{RB} = 1$$

であるから,

$$\frac{3}{2} \times \frac{5}{4} \times \frac{QR}{RB} = 1$$

すなわち,

$$\frac{QR}{RB} = \frac{8}{15} \qquad \cdots ②$$

である.

メネラウスの定理

図において,

$$\frac{AN}{NB} \times \frac{BL}{LC} \times \frac{CM}{MA} = 1.$$

△ACPと直線BQにメネラウスの定理を用いると,

$$\frac{CR}{RP} \times \frac{PB}{BA} \times \frac{AQ}{QC} = 1$$

であるから,

$$\frac{CR}{RP} \times \frac{3}{5} \times \frac{1}{4} = 1$$

すなわち,

$$\frac{CR}{RP} = \frac{20}{3} \qquad \cdots ③$$

である.

　よって，②，③より，点 R は，線分 BQ を

　$\boxed{15}$: $\boxed{8}$ に内分し，線分 CP を

　$\boxed{20}$: $\boxed{3}$ に内分する.

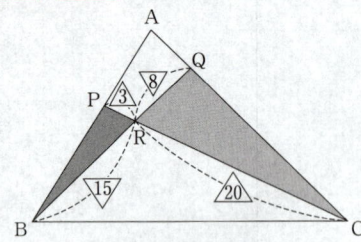

　したがって，②，③より，

$$\frac{\triangle CQR \text{ の面積}}{\triangle BPR \text{ の面積}} = \frac{QR}{RB} \times \frac{CR}{RP}$$

$$= \frac{8}{15} \times \frac{20}{3}$$

$$= \frac{\boxed{32}}{\boxed{9}}$$

である.

(ii) $AQ : QC = a : (1-a) \quad (0 < a < 1)$ とおく.

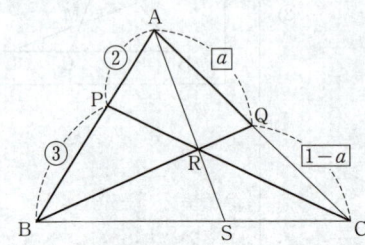

　△ABQ と直線 CP にメネラウスの定理を用いると，

$$\frac{BP}{PA} \times \frac{AC}{CQ} \times \frac{QR}{RB} = 1$$

であるから，

$$\frac{3}{2} \times \frac{1}{1-a} \times \frac{QR}{RB} = 1$$

すなわち，

$$\frac{QR}{RB} = \frac{2(1-a)}{3} \qquad \cdots ④$$

同じ角を共有する三角形の面積比

$$\frac{\triangle ADE \text{ の面積}}{\triangle ABC \text{ の面積}} = \frac{a}{b} \times \frac{s}{t}.$$

である.

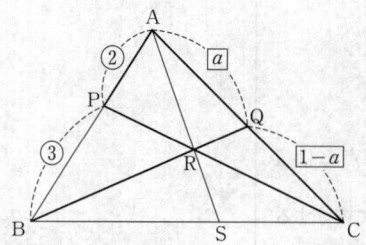

△ACP と直線 BQ にメネラウスの定理を用いる
と，

$$\frac{CR}{RP} \times \frac{PB}{BA} \times \frac{AQ}{QC} = 1$$

であるから，

$$\frac{CR}{RP} \times \frac{3}{5} \times \frac{a}{1-a} = 1$$

すなわち，

$$\frac{CR}{RP} = \frac{5(1-a)}{3a} \qquad \cdots ⑤$$

である.

したがって，④，⑤ より，

$$\begin{aligned}
\frac{\text{△CQR の面積}}{\text{△BPR の面積}} &= \frac{QR}{RB} \times \frac{CR}{RP} \\
&= \frac{2(1-a)}{3} \times \frac{5(1-a)}{3a} \\
&= \frac{10(1-a)^2}{9a}
\end{aligned}$$

である.

これより，$\dfrac{\text{△CQR の面積}}{\text{△BPR の面積}} = \dfrac{1}{4}$ のとき，

$$\frac{10(1-a)^2}{9a} = \frac{1}{4}$$

$$40(1-a)^2 = 9a$$

$$40a^2 - 89a + 40 = 0$$

$$(8a-5)(5a-8)=0$$

となるから，$0<a<1$ に注意すると，

$$a=\frac{5}{8}$$

である．

ゆえに，$\dfrac{\triangle \text{CQR の面積}}{\triangle \text{BPR の面積}}=\dfrac{1}{4}$ のとき，点 Q は辺

AC を $\dfrac{5}{8}:\dfrac{3}{8}$，つまり，$\boxed{5}:\boxed{3}$ に内分する

点である．

数学II・数学B

解答・採点基準　　(100点満点)

問題番号(配点)	解答記号	正解	配点	自己採点
第1問 (30)	$x^2-アx+イ$	x^2-2x+3	2	
	ウ	③	1	
	エ	0	1	
	オ, カ	0, 0	1	
	キ	③	2	
	$クx^2+ケx+コ$	$3x^2+8x+7$	2	
	$(k-サシ)x+\ell-スセ$	$(k-10)x+\ell-21$	2	
	ソタ, チツ	10, 21	2	
	$テ-\sqrt{ト}i$	$1-\sqrt{2}i$	1	
	$\dfrac{-ナ\pm\sqrt{ニ}i}{ヌ}$	$\dfrac{-4\pm\sqrt{5}i}{3}$	2	
	ネ	2	3	
	ノ．ハヒフ	2.566	3	
	ヘ	②	4	
	ホ	⑤	4	
第1問　自己採点小計				

問題番号(配点)	解答記号	正解	配点	自己採点
第2問 (30)	$\dfrac{ア}{イ}$	$\dfrac{9}{2}$	2	
	ウ, エオ, カキク	4, 66, 216	2	
	ケ	2	2	
	コサシ	200	2	
	ス	③	2	
	セ	④	3	
	ソ	②	3	
	タ	④	4	
	チ	1	1	
	$\dfrac{ツ}{テ}$	$\dfrac{1}{2}$	1	
	$\dfrac{ト}{ナ}$	$\dfrac{1}{3}$		
	ニ	1	1	
	ヌネ	-1	2	
	$\dfrac{ノ}{ハ}$	$\dfrac{1}{6}$	2	
	ヒフ	11	2	
第2問　自己採点小計				

問題番号(配点)	解答記号	正解	配点	自己採点
第3問 (20)	ア	7	1	
	イ, ウ, エ	5, 3, 1	2	
	オ, カ, キ	3, 5, 7	1	
	ク	5	1	
	$\dfrac{ケコ}{8}$	$\dfrac{15}{8}$	2	
	$\dfrac{サシ}{8}$	$\dfrac{25}{8}$	1	
	ス	③	2	
	$\dfrac{セソ}{64}$	$\dfrac{11}{64}$	1	
	タ	①	1	
	チ	②	1	
	ツ, テ	④, ⑦	2	
	ト, ナ	④, ⑦	2	
	ニ, ヌ, ネ	①, ⓪, ①	3	
第3問　自己採点小計				

問題番号（配点）	解答記号	正解	配点	自己採点
第4問（20）	アイn＋ウエ	$-3n+26$	2	
	オ	9	2	
	カ	①	1	
	キ	②	2	
	ク，ケ	⓪，⓪	2	
	コサ	10	1	
	シス	20	2	
	セ，ソタ	3，30	2	
	チツ，テ，トナ	20，3，20	2	
	ニ，ヌ	②，①	2	
	ネ	④	2	
第4問　自己採点小計				
第5問（20）	ア，イ，ウ，エ	2，3，3，5	2	
	（オカ，キク，0）	（10，12，0）	1	
	ケ：コ	5：4	2	
	$\dfrac{サシ}{ス}$	$\dfrac{-1}{2}$	2	
	$-7($セ$t-$ソ$)$	$-7(2t-5)$	2	
	$14(t^2-$タ$t+$チ$)$	$14(t^2-5t+7)$	2	
	ツ，テ	2，3	2	
	（ト，ナ，ニ）	（6，6，2）	2	
	ヌネ，ノハ，ヒフ	17，19，35	3	
	ヘ	④	2	
第5問　自己採点小計				
自己採点合計				

(注)
　第1問，第2問は必答。
　第3問～第5問のうちから2問選択。計4問を解答。

第1問　高次方程式，指数関数・対数関数

〔1〕

$P(x)$ は係数が実数である x の整式．方程式 $P(x)=0$ は虚数 $1+\sqrt{2}\,i$ を解にもつ．

(1) 虚数 $1-\sqrt{2}\,i$ も $P(x)=0$ の解であることを示す．

$1\pm\sqrt{2}\,i$ を解とする x の2次方程式で x^2 の係数が1であるものは

$$(1+\sqrt{2}\,i)+(1-\sqrt{2}\,i)=2,\quad (1+\sqrt{2}\,i)(1-\sqrt{2}\,i)=3$$

より

$$x^2-\boxed{2}\,x+\boxed{3}=0$$

である．$S(x)=x^2-2x+3$ とし，$P(x)$ を $S(x)$ で割ったときの商を $Q(x)$，余りを $R(x)$ とすると

$$P(x)=S(x)Q(x)+R(x)\qquad \cdots ① \quad (\boxed{③})$$

が成り立つ．また，$S(x)$ は2次式であるから，m, n を実数として，$R(x)$ は

$$R(x)=mx+n \qquad\qquad \cdots ②$$

と表せる．$1+\sqrt{2}\,i$ は二つの方程式 $P(x)=0$ と $S(x)=0$ の解であるから

$$P(1+\sqrt{2}\,i)=0,\quad S(1+\sqrt{2}\,i)=0$$

が成り立つ．よって，① に $x=1+\sqrt{2}\,i$ を代入すると

$$P(1+\sqrt{2}\,i)=S(1+\sqrt{2}\,i)Q(1+\sqrt{2}\,i)+R(1+\sqrt{2}\,i)$$

より

$$R(1+\sqrt{2}\,i)=\boxed{0}$$

となる．これと ② より

$$m(1+\sqrt{2}\,i)+n=0 \qquad\qquad \cdots ③$$

が成り立つ．これは $m\neq 0$ と仮定すると

$$1+\sqrt{2}\,i=-\frac{n}{m}$$

と変形できるが，左辺は虚数，右辺は実数であるから，成り立たない．よって，$m=\boxed{0}$ であり，③ より，$n=\boxed{0}$ である．したがって，

$$R(x)=0 \ (\boxed{③})$$ であることがわかり，① より

$$P(x)=0$$

$$\left\{\begin{array}{l} \alpha+\beta=p,\quad \alpha\beta=q \\[4pt] \text{を満たす } \alpha,\ \beta \text{ は，}x \text{ の2次方程式} \\[4pt] \qquad x^2-px+q=0 \\[4pt] \text{の2つの解である．} \end{array}\right.$$

← m, n は実数．

110

は
$$S(x)Q(x)=0$$
となる。$1-\sqrt{2}\,i$ は $S(x)=0$ の解であるから，$1-\sqrt{2}\,i$ は $P(x)=0$ の解である．

(2) k, ℓ は実数．
$$P(x)=3x^4+2x^3+kx+\ell$$
を (1) の $S(x)$ で割った商 $Q(x)$，余り $R(x)$ はそれぞれ

$$Q(x)= \boxed{3}\,x^2+ \boxed{8}\,x+ \boxed{7}$$
$$R(x)=\left(k- \boxed{10}\,\right)x+\ell- \boxed{21}$$

となる．$P(x)=0$ は $1+\sqrt{2}\,i$ を解にもつので，(1) の考察を用いると
$$k-10=0, \quad \ell-21=0$$
すなわち
$$k= \boxed{10}, \quad \ell= \boxed{21}$$
である．$P(x)=0$ は
$$S(x)Q(x)=0$$
と変形できる．2 次方程式 $S(x)=0$ の 2 解は $1\pm\sqrt{2}\,i$ であり，$Q(x)=0$ の 2 解は
$$\frac{-4\pm\sqrt{4^2-3\cdot7}}{3}=\frac{-4\pm\sqrt{5}\,i}{3}$$
である．よって，$P(x)=0$ の $1+\sqrt{2}\,i$ 以外の 2 解は
$$x= \boxed{1}\,- \sqrt{\boxed{2}}\,i, \quad \frac{- \boxed{4}\, \pm\sqrt{\boxed{5}}\,i}{\boxed{3}}$$
である．

【 $\boxed{ア}$, $\boxed{イ}$ の別解】

$x=1\pm\sqrt{2}\,i$ より，
$$x-1=\pm\sqrt{2}\,i$$
$$(x-1)^2=(\pm\sqrt{2}\,i)^2$$
$$x^2-2x+1=-2$$
$$x^2-2x+3=0$$
が成り立つ．

〔2〕
$$N_1=285, \quad N_2=368, \quad N_3=475.$$
(1) 常用対数表によると，$\log_{10}2.85=0.4548$ であるので

右側の筆算：
$$x^2-2x+3\,)\overline{3x^4+2x^3+kx+\ell} \quad \frac{3x^2+8x+7}{}$$
$$\underline{3x^4-6x^3+9x^2}$$
$$8x^3-9x^2+kx$$
$$\underline{8x^3-16x^2+24x}$$
$$7x^2+(k-24)x+\ell$$
$$\underline{7x^2-14x+21}$$
$$(k-10)x+\ell-21$$

(1) の $m=0$, $n=0$.

2 次方程式
$$ax^2+bx+c=0$$
の解は
$$x=\frac{-b\pm\sqrt{b^2-4ac}}{2a}$$
であり
$$ax^2+2b'x+c=0$$
の解は
$$x=\frac{-b'\pm\sqrt{b'^2-ac}}{a}$$
である．

$$\log_{10} N_1 = \log_{10} 285$$
$$= \log_{10}(2.85 \times 10^2)$$
$$= \log_{10} 2.85 + \log_{10} 10^2$$
$$= 0.4548 + \boxed{2}$$
$$= 2.4548$$

である．この値の小数第4位を四捨五入したものを p_1 とすると

$$p_1 = 2.455$$

である．常用対数表によると，$\log_{10} 3.68 = 0.5658$ であるので

$$\log_{10} N_2 = \log_{10} 368$$
$$= \log_{10}(3.68 \times 10^2)$$
$$= \log_{10} 3.68 + \log_{10} 10^2$$
$$= 0.5658 + 2$$
$$= 2.5658$$

である．この値の小数第4位を四捨五入したものを p_2 とすると

$$p_2 = \boxed{2} . \boxed{566}$$

である．常用対数表によると，$\log_{10} 4.75 = 0.6767$ であるので

$$\log_{10} N_3 = \log_{10} 475$$
$$= \log_{10}(4.75 \times 10^2)$$
$$= \log_{10} 4.75 + \log_{10} 10^2$$
$$= 0.6767 + 2$$
$$= 2.6767$$

である．この値の小数第4位を四捨五入したものを p_3 とすると

$$p_3 = 2.677$$

である．

$$\frac{p_2 - p_1}{25 - 22} = \frac{2.566 - 2.455}{3} = 0.037$$

$$\frac{p_3 - p_2}{28 - 25} = \frac{2.677 - 2.566}{3} = 0.037$$

より

$$\frac{p_2 - p_1}{25 - 22} = \frac{p_3 - p_2}{28 - 25} = 0.037$$

が成り立つことが確かめられる．$k = 0.037$ とおくとき，座標平面上の3点 $(22, p_1)$, $(25, p_2)$, $(28, p_3)$ は次の方程式が表す直線上にある．

$c > 0$, $c \neq 1$, $p > 0$, $q > 0$ のとき，
$$\log_c pq = \log_c p + \log_c q.$$

┌─ 対数 ─────────
$a > 0$, $a \neq 1$, $M > 0$ のとき
$$a^x = M \iff x = \log_a M.$$

$$y = k(x-22) + p_1 \qquad \cdots ①$$

N を正の実数とし，座標平面上の点 $(x, \log_{10}N)$ が ① の直線上にあるとき

$$\log_{10}N = k(x-22) + p_1 \qquad \cdots ②$$

すなわち

$$N = 10^{k(x-22)+p_1} \qquad (\boxed{②})$$

が成り立つ．

(2) ② において，$x = 32$ とすると

$$\log_{10}N = k(32-22) + p_1$$
$$= 0.037 \times 10 + 2.455$$
$$= 2.825$$

すなわち

$$N = 10^{2.825} = 10^{2+0.825} = 10^2 \times 10^{0.825}$$

が成り立つ．常用対数表より

$$\log_{10}6.68 = 0.8248, \quad \log_{10}6.69 = 0.8254$$

すなわち

$$10^{0.8248} = 6.68, \quad 10^{0.8254} = 6.69$$

であるから

$$10^2 \times 6.68 < N < 10^2 \times 6.69$$

が成り立つ．よって，N の値は 660 以上 670 未満の範囲にある．$(\boxed{⑤})$

← $a > 0$，x, y が実数のとき
$$a^{x+y} = a^x \cdot a^y.$$

第2問　微分法・積分法

〔1〕

(1)　右の図より

$$0 < 2x < 9$$

であるから，箱が作れるための x のとり得る値の範囲は

$$0 < x < \boxed{\dfrac{9}{2}} \qquad \cdots ①$$

◀ このとき，$0 < 2x < 24$ も成立.

である．V を x の式で表すと

$$V = (24 - 2x)(9 - 2x)x$$

$$= \boxed{4}\,x^3 - \boxed{66}\,x^2 + \boxed{216}\,x$$

である．

$$\frac{dV}{dx} = 12x^2 - 132x + 216$$

$$= 12(x^2 - 11x + 18)$$

$$= 12(x - 2)(x - 9)$$

より，V の増減は次のようになる．

x	(0)	$\cdots$	2	$\cdots$	$\left(\dfrac{9}{2}\right)$
$\dfrac{dV}{dx}$		$+$	0	$-$	
V	(0)	↗	200	↘	(0)

よって，V は $x = \boxed{2}$ で最大値

$$V = (24 - 2 \cdot 2)(9 - 2 \cdot 2) \cdot 2 = \boxed{200}$$

をとる．

(2)　右の図のように $x,\ y$ をとると

$$x + y + x + y = 24$$

すなわち

$$x + y = 12$$

であるから，右の図の右側の二つの斜線部分は，それぞれ縦の長さが $x$cm，横の長さが $x + y = 12$cm の長方形となる．（　$\boxed{③}$　）

　W を x の式で表すと

導関数

$$(x^n)' = nx^{n-1} \quad (n = 1,\ 2,\ 3,\ \cdots)$$

$$(c)' = 0 \quad (c \text{ は定数}).$$

$$y = 12(x - 2)(x - 9)$$

$\dfrac{dV}{dx}$ の符号はグラフをかくとわかりやすい．

$$W = y(9-2x)x$$
$$= (12-x)(9-2x)x$$
$$= \frac{1}{2}(24-2x)(9-2x)x$$
$$= \frac{1}{2}V$$

であるから，(1) より，W は $x=2$ で最大値
$\frac{1}{2} \cdot 200 = 100$ をとる．(④ , ②)

(3) 縦の長さを a，横の長さを b とし，このときのふた
のない箱とふたのある箱の容積をそれぞれ V, W と
する．(1)，(2) と同様に考えると
$$V = (b-2x)(a-2x)x$$
$$W = \left(\frac{b}{2}-x\right)(a-2x)x = \frac{1}{2}V$$

である．よって，縦と横の長さに関係なくどのよう
な長方形でも，ふたのある箱の容積の最大値は，ふ
たのない箱の容積の最大値の $\frac{1}{2}$ 倍である．(④)

〔2〕

(1) $\displaystyle\int_t^{t+1} 1\, dx = \Big[x\Big]_t^{t+1} = (t+1)-t = \boxed{1}$

$\displaystyle\int_t^{t+1} x\, dx = \left[\frac{x^2}{2}\right]_t^{t+1} = \frac{(t+1)^2-t^2}{2} = t+\dfrac{\boxed{1}}{\boxed{2}}$

$\displaystyle\int_t^{t+1} x^2\, dx = \left[\frac{x^3}{3}\right]_t^{t+1} = \frac{(t+1)^3-t^3}{3} = t^2+t+\dfrac{\boxed{1}}{\boxed{3}}$

である．ℓ, m, n を定数とし，$f(x) = \ell x^2 + mx + n$
とおくと
$$\int_t^{t+1} f(x)\, dx = \int_t^{t+1} (\ell x^2 + mx + n)\, dx$$
$$= \ell\left(t^2+t+\frac{1}{3}\right) + m\left(t+\frac{1}{2}\right) + n\cdot 1$$
$$= \ell t^2 + (\ell+m)t + \frac{1}{3}\ell + \frac{1}{2}m + n$$

を得る．このことから，t についての恒等式
$$t^2 = \ell t^2 + (\ell+m)t + \frac{1}{3}\ell + \frac{1}{2}m + n$$

を得る．よって
$$1 = \ell, \quad 0 = \ell+m, \quad 0 = \frac{1}{3}\ell + \frac{1}{2}m + n$$

が成り立つ．これより，$\ell = \boxed{1}$，$m = \boxed{-1}$，

このとき，$y=10$．

定義域は
$$0 < x < \frac{a}{2} \quad (a \le b \text{ のとき})$$
または
$$0 < x < \frac{b}{2} \quad (b < a \text{ のとき}).$$

定積分

$$\int x^n\, dx = \frac{1}{n+1}x^{n+1} + C$$

(ただし $n = 0, 1, 2, \cdots$. C は積分定数)
であり，$f(x)$ の原始関数の一つを
$F(x)$ とすると
$$\int_\alpha^\beta f(x)\, dx = \Big[F(x)\Big]_\alpha^\beta$$
$$= F(\beta) - F(\alpha).$$

$t^2 = \displaystyle\int_t^{t+1} f(x)\, dx.$

$$n = \cfrac{\boxed{1}}{\boxed{6}} \text{ とわかる.}$$

(2)　(1)で求めた $f(x)$ を用いれば

$$t^2 = \int_t^{t+1} f(x)\,dx$$

が成り立つから

$$1^2 + 2^2 + \cdots + 10^2 = \int_1^2 f(x)\,dx + \int_2^3 f(x)\,dx + \cdots + \int_{10}^{11} f(x)\,dx$$

すなわち

$$1^2 + 2^2 + \cdots + 10^2 = \int_1^{\boxed{11}} f(x)\,dx$$

が成り立つ.

第3問　確率分布と統計的な推測

(1) 白のカードに書かれた数字が k, 赤のカードに書かれた数字が ℓ であることを (k, ℓ) で表す.

　カードの取り出し方の総数は $4^2 = 16$ である.

　$X = 1$ となるのは

$$(1, 1)$$
$$(1, 2), \ (1, 3), \ (1, 4)$$
$$(2, 1), \ (3, 1), \ (4, 1)$$

の　7　通りある. $X = 2, 3, 4$ についても同様に考えることにより, X の確率分布は

X	1	2	3	4	計
P	$\dfrac{7}{16}$	$\dfrac{5}{16}$	$\dfrac{3}{16}$	$\dfrac{1}{16}$	1

となることがわかる. また, Y の確率分布は

Y	1	2	3	4	計
P	$\dfrac{1}{16}$	$\dfrac{3}{16}$	$\dfrac{5}{16}$	$\dfrac{7}{16}$	1

となる.

　確率変数 Z を $Z = \boxed{5} - X$ とすると, Z の確率分布は

X	4	3	2	1	
Z	1	2	3	4	計
P	$\dfrac{1}{16}$	$\dfrac{3}{16}$	$\dfrac{5}{16}$	$\dfrac{7}{16}$	1

となり, Z の確率分布と Y の確率分布は同じであることがわかる.

(2) 確率変数 X の平均(期待値)は

$$E(X) = 1 \cdot \frac{7}{16} + 2 \cdot \frac{5}{16} + 3 \cdot \frac{3}{16} + 4 \cdot \frac{1}{16} = \frac{15}{8}$$

である. X の分散は

$$V(X) = 1^2 \cdot \frac{7}{16} + 2^2 \cdot \frac{5}{16} + 3^2 \cdot \frac{3}{16} + 4^2 \cdot \frac{1}{16} - \left(\frac{15}{8}\right)^2 = \frac{55}{8^2}$$

であるから, X の標準偏差は $\sigma(X) = \dfrac{\sqrt{55}}{8}$ である.

平均(期待値), 分散

　確率変数 X のとり得る値を

$$x_1, \ x_2, \ \cdots, \ x_n$$

とし, X がこれらの値をとる確率をそれぞれ

$$p_1, \ p_2, \ \cdots, \ p_n$$

とすると, X の平均(期待値) $E(X)$ は

$$E(X) = \sum_{k=1}^{n} x_k p_k.$$

　また, X の分散 $V(X)$ は $E(X) = m$ として

$$V(X) = \sum_{k=1}^{n} (x_k - m)^2 p_k \quad \cdots (*)$$

または

$$V(X) = E(X^2) - \{E(X)\}^2. \quad \cdots (**)$$

ここでは $(**)$ を用いた.

◀ $\sqrt{V(X)}$ を X の標準偏差という.

(1)の確率変数 Z に関する考察から，確率変数 Y の平均は

$$E(Y) = E(Z) = E(5-X) = 5 - E(X) = 5 - \frac{15}{8} = \frac{\boxed{25}}{8}$$

となり，標準偏差は

$$\sigma(Y) = \sigma(5-X) = |-1|\sigma(X) = \sigma(X) \quad (\boxed{③})$$

となる．

> **確率変数の変換**
>
> 確率変数 X と定数 a, b に対して
>
> $$E(aX+b) = aE(X) + b$$
> $$V(aX+b) = a^2 V(X)$$
> $$\sigma(aX+b) = |a|\sigma(X).$$

(3)

(i)

$$X_1 + X_2 = 5$$

となるのは

$$(X_1, X_2) = (1, 4), \ (2, 3), \ (3, 2), \ (4, 1)$$

のときであるから，(1)の X の確率分布表より

$$P(\overline{X} = 2.50)$$
$$= P\left(\frac{X_1 + X_2}{2} = 2.50\right)$$
$$= P(X_1 + X_2 = 5)$$
$$= \frac{7}{16} \cdot \frac{1}{16} + \frac{5}{16} \cdot \frac{3}{16} + \frac{3}{16} \cdot \frac{5}{16} + \frac{1}{16} \cdot \frac{7}{16}$$
$$= \frac{\boxed{11}}{64}$$

となる．Y についても同様に考えると

$$P(\overline{Y} = 2.50) = P(\overline{X} = 2.50) \quad (\boxed{①})$$

が成り立つことがわかる．

(ii) n が大きいとき，$\overline{X}$ は近似的に正規分布 $N(E(\overline{X}), \{\sigma(\overline{X})\}^2)$ に従い，$\sigma(\overline{X}) = \dfrac{\sigma(X)}{\sqrt{n}}$ である．（$\boxed{②}$）$n = 100$ は大きいので，$\overline{X} = 2.95$ であったとすると，推定される母平均を m_X として，m_X の信頼度 95% の信頼区間は

$$2.95 - 1.96 \times \frac{\frac{\sqrt{55}}{8}}{\sqrt{100}} \leqq m_X \leqq 2.95 + 1.96 \times \frac{\frac{\sqrt{55}}{8}}{\sqrt{100}}$$

すなわち

$$2.7687 \leqq m_X \leqq 3.1313 \ \cdots ① \quad (\boxed{④}, \ \boxed{⑦})$$

となる．$\overline{Y} = 2.95$ であったとすると，同様に考えると

$$2.7687 \leqq m_Y \leqq 3.1313 \ \cdots ② \quad (\boxed{④}, \ \boxed{⑦})$$

となることもわかる．

> 母標準偏差 σ の母集団から大きさ n の無作為標本を抽出するとき，標本平均の標準偏差は
>
> $$\frac{\sigma}{\sqrt{n}}.$$

> **母平均の推定**
>
> 標本平均を $\overline{X}$，母標準偏差を σ とすると，標本の大きさ n が大きいとき，母平均 m に対する信頼度 95% の信頼区間は
>
> $$\left[\overline{X} - 1.96 \cdot \frac{\sigma}{\sqrt{n}}, \ \overline{X} + 1.96 \cdot \frac{\sigma}{\sqrt{n}}\right].$$

118

$E(X) = \dfrac{15}{8} = 1.875$ は ① の信頼区間に含まれ

ていない.（ ① ）

$E(Y) = \dfrac{25}{8} = 3.125$ は ② の信頼区間に含まれ

ている.（ ⓪ ）

　以上より，**太郎さんの記憶**については，正しく
ないと判断され，メモに書かれていた t_2 と t_{100} は
「確率変数 Y」の平均値である.（ ① ）

第4問 数列

(1) $a_1 = 23$, $a_{n+1} = a_n - 3$ $(n=1, 2, 3, \cdots)$

より，数列 $\{a_n\}$ は初項 23，公差 -3 の等差数列であるから，一般項は

$$a_n = 23 + (n-1)(-3) = \boxed{-3}\,n + \boxed{26}$$

となる．$a_n < 0$，すなわち

$$-3n + 26 < 0$$

が成り立つのは

$$n > \frac{26}{3} = 8.66\cdots$$

のときであるから，$a_n < 0$ を満たす最小の自然数 n は $\boxed{9}$ である．よって，

$$a_n > 0 \quad (1 \le n \le 8)$$

であり

$$a_n < 0 \quad (n \ge 9)$$

である．

$$a_{n+1} - a_n = -3 < 0 \quad (n=1, 2, 3, \cdots)$$

より，すべての自然数 n について

$$a_{n+1} < a_n$$

となるから，数列 $\{a_n\}$ はつねに減少する．（ $\boxed{①}$ ）

自然数 n に対して，$S_n = \sum_{k=1}^{n} a_k$ とおくと，$n \ge 2$ のとき

$$S_n - S_{n-1} = a_n$$

より

$$S_n > S_{n-1} \quad (2 \le n \le 8)$$
$$S_n < S_{n-1} \quad (n \ge 9)$$

であるから，数列 $\{S_n\}$ は増加することも減少することもある．（ $\boxed{②}$ ）

$n \ge 9$ のとき，$a_n < 0$ である．（ $\boxed{⓪}$ ） $b_n = \dfrac{1}{a_n}$

とおくと，$n \ge 9$ のとき

$$b_{n+1} - b_n = \frac{1}{a_{n+1}} - \frac{1}{a_n} = \frac{a_n - a_{n+1}}{a_{n+1}a_n} = \frac{3}{a_{n+1}a_n} > 0$$

であるから，$b_n < b_{n+1}$ である．（ $\boxed{⓪}$ ）

(2) $c_1 = 30$, $c_{n+1} = \dfrac{50c_n - 800}{c_n - 10}$ $(n=1, 2, 3, \cdots)$

$$c_n \ne 20 \quad (n=1, 2, 3, \cdots)$$

右側：

等差数列の一般項

初項 a，公差 d の等差数列 $\{a_n\}$ の一般項 a_n は

$$a_n = a + (n-1)d.$$

← $n \ge 2$ のとき

$$\begin{aligned} S_n &= a_1 + \cdots + a_{n-1} + a_n \\ -\,)\ S_{n-1} &= a_1 + \cdots + a_{n-1} \\ \hline S_n - S_{n-1} &= a_n. \end{aligned}$$

← $a_{n+1} - a_n = -3$.

$d_n = \dfrac{1}{c_n - 20}$ $(n = 1, 2, 3, \cdots)$ とおくと

$$d_1 = \dfrac{1}{c_1 - 20} = \dfrac{1}{30 - 20} = \dfrac{1}{\boxed{10}}$$

であり，また

$$c_n - 20 = \dfrac{1}{d_n}$$

すなわち

$$c_n = \dfrac{1}{d_n} + \boxed{20} \quad (n = 1, 2, 3, \cdots) \quad \cdots ①$$

が成り立つ．したがって

$$c_{n+1} = \dfrac{50c_n - 800}{c_n - 10}$$

は

$$\dfrac{1}{d_{n+1}} + 20 = \dfrac{50\left(\dfrac{1}{d_n} + 20\right) - 800}{\left(\dfrac{1}{d_n} + 20\right) - 10}$$

となる．これより

$$\dfrac{1}{d_{n+1}} = \dfrac{50(1 + 20d_n) - 800d_n}{(1 + 20d_n) - 10d_n} - 20$$

$$\dfrac{1}{d_{n+1}} = \dfrac{50 + 200d_n}{1 + 10d_n} - 20$$

$$\dfrac{1}{d_{n+1}} = \dfrac{50 + 200d_n - 20(1 + 10d_n)}{1 + 10d_n}$$

$$\dfrac{1}{d_{n+1}} = \dfrac{30}{1 + 10d_n}$$

$$d_{n+1} = \dfrac{1 + 10d_n}{30}$$

である．よって

$$d_{n+1} = \dfrac{d_n}{\boxed{3}} + \dfrac{1}{\boxed{30}} \quad (n = 1, 2, 3, \cdots)$$

が成り立つ．これは

$$d_{n+1} - \dfrac{1}{20} = \dfrac{1}{3}\left(d_n - \dfrac{1}{20}\right) \quad (n = 1, 2, 3, \cdots)$$

と変形できる．数列 $\left\{d_n - \dfrac{1}{20}\right\}$ は初項

$d_1 - \dfrac{1}{20} = \dfrac{1}{10} - \dfrac{1}{20} = \dfrac{1}{20}$，公比 $\dfrac{1}{3}$ の等比数列であ

るから，一般項は

$$d_n - \dfrac{1}{20} = \dfrac{1}{20}\left(\dfrac{1}{3}\right)^{n-1}$$

漸化式

$$a_{n+1} = pa_n + q \quad (n = 1, 2, 3, \cdots)$$
$$(p, \ q \text{ は定数，} p \neq 1)$$

は

$$\alpha = p\alpha + q$$

を満たす α を用いて

$$a_{n+1} - \alpha = p(a_n - \alpha)$$

と変形できる．

等比数列の一般項

初項を a，公比を r とする等比数
列 $\{a_n\}$ の一般項は

$$a_n = ar^{n-1}. \quad (n = 1, 2, 3, \cdots)$$

である．よって，数列 $\{d_n\}$ の一般項は

$$d_n = \boxed{\frac{1}{20}}\left(\boxed{\frac{1}{3}}\right)^{n-1} + \boxed{\frac{1}{20}} > 0$$

である．したがって

$$d_n > \frac{1}{20} \quad (n = 1, 2, 3, \cdots) \quad \cdots ② \quad (\boxed{②})$$

すなわち

$$d_n - \frac{1}{20} > 0 \quad (n = 1, 2, 3, \cdots)$$

である．

$$\frac{d_{n+1} - \dfrac{1}{20}}{d_n - \dfrac{1}{20}} = \frac{1}{3} \quad (n = 1, 2, 3, \cdots)$$

$\leftarrow d_n - \dfrac{1}{20} = \dfrac{1}{20}\left(\dfrac{1}{3}\right)^{n-1}.$

より

$$\frac{d_{n+1} - \dfrac{1}{20}}{d_n - \dfrac{1}{20}} < 1 \quad (n = 1, 2, 3, \cdots)$$

であるから，すべての自然数 n に対して

$$d_{n+1} - \frac{1}{20} < d_n - \frac{1}{20}$$

すなわち

$$d_{n+1} < d_n$$

となる．よって，数列 $\{d_n\}$ はつねに減少する．

$(\boxed{①})$

　$d_n > 0 \ (n = 1, 2, 3, \cdots)$ であるから，数列 $\left\{\dfrac{1}{d_n}\right\}$

$\leftarrow \dfrac{1}{d_{n+1}} - \dfrac{1}{d_n} = \dfrac{d_n - d_{n+1}}{d_{n+1}d_n} > 0.$

はつねに増加する．よって，① より，数列 $\{c_n\}$ はつねに増加する．また，② より，$\dfrac{1}{d_n} < 20$ であるから，① より

$$c_n = \frac{1}{d_n} + 20 < 20 + 20 = 40$$

である．したがって，O を原点とする座標平面上に $n = 1$ から $n = 10$ まで点 (n, c_n) を図示すると $\boxed{④}$ となる．

第5問　空間ベクトル

O を原点とする座標空間において，A(0, −3, 5)，B(2, 0, 4) とし，直線 AB と xy 平面との交点を C とする．また，D(7, 4, 5) である．

$$\overrightarrow{AB} = \overrightarrow{OB} - \overrightarrow{OA}$$
$$= (2, 0, 4) - (0, -3, 5)$$
$$= (2, 3, -1)$$

であり

$$\left|\overrightarrow{AB}\right|^2 = 2^2 + 3^2 + (-1)^2 = 14$$

である．直線 AB 上の点 P について，$\overrightarrow{OP}$ を実数 t を用いて

$$\overrightarrow{OP} = \overrightarrow{OA} + t\overrightarrow{AB}$$
$$= (0, -3, 5) + t(2, 3, -1)$$
$$= (2t, 3t-3, -t+5)$$

と表すことにする．

(1) 点 P の座標は

$$P\left(\boxed{2}\,t,\ \boxed{3}\,t - \boxed{3},\ -t + \boxed{5}\right)$$

と表すことができる．P の z 座標が 0 のときが C であるから

$$-t + 5 = 0$$

すなわち

$$t = 5$$

である．よって，C の座標は

$$C\left(\boxed{10},\ \boxed{12},\ 0\right)$$

である．

$$\overrightarrow{OC} = \overrightarrow{OA} + 5\overrightarrow{AB}$$

であるから，点 C は線分 AB を

$$\boxed{5} : \boxed{4}$$

に外分する．

(2) ∠CPD = 120° となるときの点 P の座標について考える．

∠CPD = 120° のとき

$$\overrightarrow{PC} \cdot \overrightarrow{PD} = \left|\overrightarrow{PC}\right|\left|\overrightarrow{PD}\right|\cos 120° = \boxed{\dfrac{-1}{2}}\left|\overrightarrow{PC}\right|\left|\overrightarrow{PD}\right|$$

$$\cdots ①$$

が成り立つ．ここで，$\overrightarrow{PC}$ と $\overrightarrow{AB}$ が平行であることか

$\vec{a} = (a_1, a_2, a_3)$ のとき

$$\left|\vec{a}\right|^2 = a_1{}^2 + a_2{}^2 + a_3{}^2.$$

内積

$\vec{0}$ でない 2 つのベクトル $\vec{a}$ と $\vec{b}$ のなす角を θ $(0° \leqq \theta \leqq 180°)$ とすると

$$\vec{a} \cdot \vec{b} = \left|\vec{a}\right|\left|\vec{b}\right|\cos\theta.$$

$\theta = 90°$ のとき

$$\vec{a} \cdot \vec{b} = \left|\vec{a}\right|\left|\vec{b}\right|\cos 90° = 0$$

である．また

$$\vec{a} \cdot \vec{a} = \left|\vec{a}\right|\left|\vec{a}\right|\cos 0° = \left|\vec{a}\right|^2$$

である．

ら，0 でない実数 k を用いて $\overrightarrow{\mathrm{PC}}=k\overrightarrow{\mathrm{AB}}$ と表すことができるので，① は

$$k\overrightarrow{\mathrm{AB}}\cdot\overrightarrow{\mathrm{PD}}=-\frac{1}{2}\left|k\overrightarrow{\mathrm{AB}}\right|\left|\overrightarrow{\mathrm{PD}}\right| \quad \cdots ②$$

と表すことができる．

$$\begin{aligned}
\overrightarrow{\mathrm{PD}}&=\overrightarrow{\mathrm{OD}}-\overrightarrow{\mathrm{OP}}\\
&=(7,\,4,\,5)-(2t,\,3t-3,\,-t+5)\\
&=(7-2t,\,-3t+7,\,t)
\end{aligned}$$

であるから，$\overrightarrow{\mathrm{AB}}\cdot\overrightarrow{\mathrm{PD}}$ は

$$\begin{aligned}
\overrightarrow{\mathrm{AB}}\cdot\overrightarrow{\mathrm{PD}}&=2(7-2t)+3(-3t+7)+(-1)t\\
&=-7\left(\boxed{2}\,t-\boxed{5}\right)
\end{aligned}$$

と表され，$\left|\overrightarrow{\mathrm{PD}}\right|^2$ は

$$\begin{aligned}
\left|\overrightarrow{\mathrm{PD}}\right|^2&=(7-2t)^2+(-3t+7)^2+t^2\\
&=14\left(t^2-\boxed{5}\,t+\boxed{7}\right)
\end{aligned}$$

と表される．したがって，② の両辺を 2 乗した

$$k^2(\overrightarrow{\mathrm{AB}}\cdot\overrightarrow{\mathrm{PD}})^2=\frac{1}{4}k^2\left|\overrightarrow{\mathrm{AB}}\right|^2\left|\overrightarrow{\mathrm{PD}}\right|^2 \quad \cdots ③$$

は

$$k^2\cdot(-7)^2(2t-5)^2=\frac{1}{4}k^2\cdot14^2(t^2-5t+7)$$

となる．これは

$$\begin{aligned}
(2t-5)^2&=(t^2-5t+7)\\
t^2-5t+6&=0\\
(t-2)(t-3)&=0
\end{aligned}$$

となるから，② の両辺の 2 乗が等しくなるのは

$$t=\boxed{2}\,,\quad\boxed{3}$$

のときである．

$t=2$ のとき

$$\overrightarrow{\mathrm{AB}}\cdot\overrightarrow{\mathrm{PD}}=-7(2\cdot2-5)=7$$

$\overrightarrow{\mathrm{PC}}=\overrightarrow{\mathrm{OC}}-\overrightarrow{\mathrm{OP}}=(\overrightarrow{\mathrm{OA}}+5\overrightarrow{\mathrm{AB}})-(\overrightarrow{\mathrm{OA}}+2\overrightarrow{\mathrm{AB}})=3\overrightarrow{\mathrm{AB}}$
となり，$k=3$ である．このとき，② の左辺は正，② の右辺は負であるから，② は成り立たない．

$t=3$ のとき

$$\overrightarrow{\mathrm{AB}}\cdot\overrightarrow{\mathrm{PD}}=-7(2\cdot3-5)=-7$$

$\overrightarrow{\mathrm{PC}}=\overrightarrow{\mathrm{OC}}-\overrightarrow{\mathrm{OP}}=(\overrightarrow{\mathrm{OA}}+5\overrightarrow{\mathrm{AB}})-(\overrightarrow{\mathrm{OA}}+3\overrightarrow{\mathrm{AB}})=2\overrightarrow{\mathrm{AB}}$
となり，$k=2$ である．このとき，② の両辺は負となり，② は成り立つ．

以上より，$\angle\mathrm{CPD}=120°$ となる点 P の座標は

$\leftarrow$

$$\overrightarrow{a}=(a_1,\,a_2,\,a_3)$$
$$\overrightarrow{b}=(b_1,\,b_2,\,b_3)$$

のとき

$$\overrightarrow{a}\cdot\overrightarrow{b}=a_1b_1+a_2b_2+a_3b_3.$$

$\leftarrow\ \left|\overrightarrow{\mathrm{AB}}\right|^2=14.$

$\leftarrow\ \overrightarrow{\mathrm{AB}}\cdot\overrightarrow{\mathrm{PD}}=-7(2t-5).$

$\leftarrow\ \overrightarrow{\mathrm{PC}}=k\overrightarrow{\mathrm{AB}}.$

$\leftarrow$ このときも ② を 2 乗した ③ は成り立つ．

$$P\left(\boxed{6} , \boxed{6} , \boxed{2} \right)$$

← $P(2t,\ 3t-3,\ -t+5).$

である.

(3) 点 P が直線 AB から点 A を除いた部分を動くから，$t \neq 0$ である.

点 Q が直線 DP 上にあることから，$\overrightarrow{OQ}$ は実数 s を用いて

$$\overrightarrow{OQ} = \overrightarrow{OD} + s\overrightarrow{DP}$$
$$= (7,\ 4,\ 5) + s(2t-7,\ 3t-7,\ -t)$$
$$= (7+s(2t-7),\ 4+s(3t-7),\ 5-st)$$

と表すことができる. 点 Q が xy 平面上にあることより，Q の z 座標は 0 であるから

$$5 - st = 0$$

すなわち

$$s = \frac{5}{t}$$

である. よって

$$\overrightarrow{OQ} = \left(7 + \frac{5}{t}(2t-7),\ 4 + \frac{5}{t}(3t-7),\ 0 \right)$$
$$= \left(17 - \frac{35}{t},\ 19 - \frac{35}{t},\ 0 \right)$$
$$= \left(\boxed{17} ,\ \boxed{19} ,\ 0 \right) - \frac{\boxed{35}}{t}(1,\ 1,\ 0)$$

と表すことができる.

したがって，点 Q は点 $(17,\ 19,\ 0)$ を通り，ベクトル $(1,\ 1,\ 0)$ と平行な直線上を動くことがわかる. t が 0 以外の実数値を変化するとき $\dfrac{1}{t}$ は 0 以外のすべての実数値をとることに注意すると，点 Q が描く図形は直線から点 $(17,\ 19,\ 0)$ を除いたものである. この除かれた点を R とするとき

$$\overrightarrow{DR} = \overrightarrow{OR} - \overrightarrow{OD} = (17,\ 19,\ 0) - (7,\ 4,\ 5) = (10,\ 15,\ -5) = 5\overrightarrow{AB}$$

より，$\overrightarrow{DR}$ は $\overrightarrow{AB}$ に平行である. ($\boxed{④}$)

R(17, 19, 0)

数学Ⅰ・数学A
数学Ⅱ・数学B
数学Ⅰ
数学Ⅱ

2022 本試験

（2022年1月実施）

	受験者数	平均点
数学Ⅰ・数学A	357,357	37.96
数学Ⅱ・数学B	321,691	43.06
数学Ⅰ	5,258	21.89
数学Ⅱ	4,960	34.41

数学Ⅰ・数学A

解答・採点基準 （100点満点）

問題番号（配点）	解答記号	正　解	配点	自己採点
第1問（30）	アイ	−6	2	
	ウエ	38	2	
	オカ	−2	2	
	キク	18	2	
	ケ	2	2	
	コ.サシス	0.072	3	
	セ	②	3	
	$\dfrac{ソ}{タ}$	$\dfrac{2}{3}$	3	
	$\dfrac{チツ}{テ}$	$\dfrac{10}{3}$	3	
	ト ≦ AB ≦ ナ	4 ≦ AB ≦ 6	3	
	$\dfrac{ニヌ}{ネ}$, $\dfrac{ノ}{ハ}$	$\dfrac{-1}{3}$, $\dfrac{7}{3}$	3	
	ヒ	4	3	
第1問　自己採点小計				
第2問（30）	ア	3	2	
	イ	2	2	
	ウ	5	3	
	エ	9	2	
	オ	⑥	1	
	カ	①	2	
	キ, ク	③, ①	3	
	ケ, コ, サ	②, 2, ⓪	3	
	シ, ス	⓪, ③	2	
	セ	②	4	
	ソ.タチ	0.63	3	
	ツ	③	3	
第2問　自己採点小計				

問題番号（配点）	解答記号	正　解	配点	自己採点
第3問（20）	ア	1	1	
	イ, ウ	1, 2	1	
	エ	2	2	
	オ, カ	1, 3	1	
	キク, ケコ	65, 81	2	
	サ	8	2	
	シ	6	2	
	スセ	15	1	
	ソ, タ	3, 8	2	
	チツ, テト	11, 30	3	
	ナニ, ヌネ	44, 53	3	
第3問　自己採点小計				
第4問（20）	ア, イウ	1, 39	2	
	エオ	17	2	
	カキク	664	2	
	ケ, コ	8, 5	2	
	サシス	125	2	
	セソタチツ	12207	3	
	テト	19	2	
	ナニヌネノ	95624	2	
第4問　自己採点小計				
第5問（20）	ア, イ	1, 2	2	
	ウ, エ, オ	2, ①, ③	2	
	カ, キ, ク	2, ②, ③	2	
	ケ	4	2	
	コ, サ	3, 2	2	
	シス, セ	13, 6	2	
	ソタ, チ	13, 4	2	
	ツテ, トナ	44, 15	3	
	ニ, ヌ	1, 3	3	
第5問　自己採点小計				
自己採点合計				

（注）
第1問，第2問は必答。
第3問～第5問のうちから2問選択。計4問を解答。

第1問　数と式・図形と計量・2次関数

〔1〕

$$a+b+c=1, \quad \cdots ①$$
$$a^2+b^2+c^2=13. \quad \cdots ②$$

(1)　$(a+b+c)^2=a^2+b^2+c^2+2(ab+bc+ca)$

であるから,

$$ab+bc+ca=\frac{(a+b+c)^2-(a^2+b^2+c^2)}{2}$$

$$=\frac{1^2-13}{2} \quad (①, ② より)$$

$$=\boxed{-6}. \quad \cdots ③$$

よって,

$$(a-b)^2+(b-c)^2+(c-a)^2$$
$$=2(a^2+b^2+c^2)-2(ab+bc+ca)$$
$$=2\cdot 13-2\cdot(-6) \quad (②, ③ より)$$
$$=\boxed{38}. \quad \cdots ④$$

(2)　$a-b=2\sqrt{5}, \quad b-c=x, \quad c-a=y. \quad \cdots ⑤$

$$x+y=(b-c)+(c-a) \quad (⑤ より)$$
$$=-(a-b)$$
$$=\boxed{-2}\sqrt{5}. \quad (⑤ より) \quad \cdots ⑥$$

また, ④, ⑤ より,

$$(2\sqrt{5})^2+x^2+y^2=38$$

であるから,

$$x^2+y^2=\boxed{18}.$$

上の等式において左辺は,

$$(x+y)^2-2xy=18$$

と変形できるから, ⑥ を代入して,

$$(-2\sqrt{5})^2-2xy=18$$
$$xy=1. \quad \cdots ⑦$$

よって, ⑤, ⑦ より,

$$(a-b)(b-c)(c-a)=2\sqrt{5}\,xy$$
$$=2\sqrt{5}\cdot 1$$
$$=\boxed{2}\sqrt{5}.$$

◀── 展開公式 ──

$$(x+y+z)^2$$
$$=x^2+y^2+z^2+2xy+2yz+2zx.$$

◀　次の等式はよく使われるので覚えておくとよい.

$$\alpha^2+\beta^2=(\alpha+\beta)^2-2\alpha\beta,$$
$$(\alpha-\beta)^2=(\alpha+\beta)^2-4\alpha\beta.$$

4

〔2〕

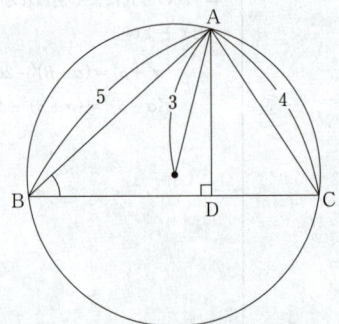

（図1）

図1において線分 AC，BC の長さを定規で測ったときの値をそれぞれ x，y とすると，条件より，

$$\tan 16° = \frac{y}{x}, \quad \text{すなわち，} \quad \frac{y}{x} = 0.2867. \quad \cdots ①$$

さらに，条件より，

（2点 A，C の間の距離）$= AC = 100000x$，

（2点 B，C の間の距離）$= BC = 25000y$

であるから，

$$\begin{aligned}
\tan \angle BAC &= \frac{BC}{AC} \\
&= \frac{25000y}{100000x} \\
&= \frac{1}{4} \cdot \frac{y}{x} \\
&= 0.25 \times 0.2867 \quad （①より） \\
&= 0.071675.
\end{aligned}$$

よって，

$$\tan \angle BAC = \boxed{0} . \boxed{072}$$

であり，∠BAC の大きさは 4° より大きく 5° より小さい． $\boxed{②}$ …セ

→ **直角三角形と三角比**

$$\sin \theta = \frac{b}{c},$$
$$\cos \theta = \frac{a}{c},$$
$$\tan \theta = \frac{b}{a}.$$

$\tan 16°$ の値は三角比の表から読み取る．

← ∠BAC の大きさは三角比の表から読み取る．

〔3〕

(1)

三角形 ABC に正弦定理を用いると，

$$2 \cdot 3 = \frac{4}{\sin \angle ABC}$$

であるから，

正弦定理

$$\frac{a}{\sin A} = \frac{b}{\sin B} = \frac{c}{\sin C} = 2R.$$

（R は外接円の半径）

$$\sin\angle ABC = \frac{\boxed{2}}{\boxed{3}}.$$

さらに，直角三角形 ABD に注目すると，

$$\sin\angle ABD = \frac{AD}{AB}$$

であるから，$\angle ABD = \angle ABC$ より，

$$AD = AB\sin\angle ABC$$

$$= 5\cdot\frac{2}{3}$$

$$= \frac{\boxed{10}}{\boxed{3}}.$$

(2)　$AB = x$，$AC = y$ とおくと，$2AB + AC = 14$ より，

$$2x + y = 14. \qquad \cdots ①$$

このときの辺 AB の長さのとり得る値の範囲を求める．

辺 AB が三角形 ABC の外接円の直径になるときを考える．

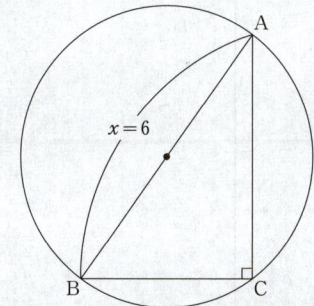

$AB = x = 6$ であり，このときの y の値は，① より，

$$AC = y = 2\,(>0)$$

である（辺 AC は存在している）．

また，① より，

$$x = \frac{14 - y}{2} \qquad \cdots ①'$$

であるから，y が最大のとき，x は最小になる．

辺 AC が三角形 ABC の外接円の直径になるときを考える．

← 辺 AB の長さが最大になるのは，図より，AB が外接円の直径になるときと推定されるので，そのときの場合を考えた．なお，① より y の値が負になれば，AB の長さが最大になるのは，AB が外接円の直径になるときではないことになる．

← 辺 AB の長さが最大になるときと同様に，辺 AC の長さが最大になるときも AC が外接円の直径になるときを考えた．このとき，x の値が正になることを確認しておくこと．

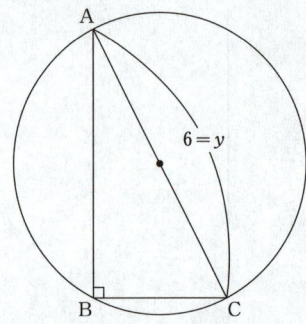

AC $= y = 6$ であり，このときの x の値は，①′ より，

$$\text{AB} = x = 4 \, (> 0)$$

である(辺 AB は存在している)．

よって，図より，辺 AB の長さのとり得る値の範囲は，

$$\boxed{4} \leqq \text{AB} \leqq \boxed{6} .$$

次に，線分 AD の長さを AB を用いて表す．

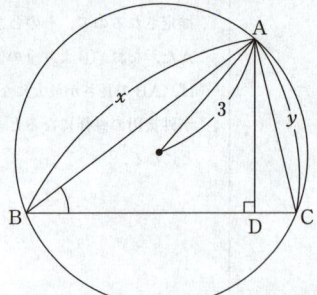

三角形 ABC に正弦定理を用いると，

$$2 \cdot 3 = \frac{y}{\sin \angle \text{ABC}}$$

であるから，

$$\sin \angle \text{ABC} = \frac{y}{6}. \qquad \cdots ②$$

さらに，直角三角形 ABD に注目すると，

$$\sin \angle \text{ABD} = \frac{\text{AD}}{\text{AB}}$$

であるから，$\angle \text{ABD} = \angle \text{ABC}$ より，

$$\text{AD} = \text{AB} \sin \angle \text{ABC}$$

$$= x \cdot \frac{y}{6} \quad (② より)$$

$$= x \cdot \frac{14-2x}{6} \quad (\text{① より})$$

$$= -\frac{1}{3}x^2 + \frac{7}{3}x$$

$$\left(= \frac{\boxed{-1}}{\boxed{3}} AB^2 + \frac{\boxed{7}}{\boxed{3}} AB \right).$$

ここで,

$$f(x) = -\frac{1}{3}x^2 + \frac{7}{3}x \quad (4 \le x \le 6)$$

とおくと,

$$f(x) = -\frac{1}{3}\left(x - \frac{7}{2}\right)^2 + \frac{49}{12}.$$

よって,線分 AD の長さの最大値は,

$$f(4) = -\frac{1}{3} \cdot 4^2 + \frac{7}{3} \cdot 4 = \boxed{4}.$$

第2問　2次関数，データの分析

〔1〕 p, q は実数.

$$x^2+px+q=0, \qquad \cdots ①$$
$$x^2+qx+p=0. \qquad \cdots ②$$

n：① または ② を満たす実数 x の個数.

(1) $p=4$, $q=-4$ のとき，①，② は，

$$x^2+4x-4=0, \qquad \cdots ①'$$
$$x^2-4x+4=0. \qquad \cdots ②'$$

①′ を解くと，

$$x=-2\pm2\sqrt{2}.$$

②′ を解くと，

$$(x-2)^2=0$$
$$x=2.$$

よって，$n=\boxed{3}$ である.

また，$p=1$, $q=-2$ のとき，①，② は，

$$x^2+x-2=0, \qquad \cdots ①''$$
$$x^2-2x+1=0. \qquad \cdots ②''$$

①″ を解くと，

$$(x+2)(x-1)=0$$
$$x=-2,\ 1.$$

②″ を解くと，

$$(x-1)^2=0$$
$$x=1.$$

よって，$n=\boxed{2}$ である.

(2) $p=-6$ のとき，①，② は，

$$x^2-6x+q=0, \qquad \cdots ①'''$$
$$x^2+qx-6=0. \qquad \cdots ②'''$$

①‴ と ②‴ をともに満たす実数を α とすると，

$$\alpha^2-6\alpha+q=0,$$
$$\alpha^2+q\alpha-6=0$$

が成り立つ.

辺々を引くと，

$$-(q+6)\alpha+(q+6)=0$$
$$(q+6)(1-\alpha)=0$$
$$q=-6 \quad または \quad \alpha=1.$$

・$q=-6$ のとき.

①‴ と ②‴ はともに

$$x^2-6x-6=0$$

となり，これを満たす実数 x は，$3\pm\sqrt{15}$ である.

2次方程式の解の公式

2次方程式 $ax^2+bx+c=0$

の解は，

$$x=\frac{-b\pm\sqrt{b^2-4ac}}{2a}.$$

2次方程式 $ax^2+2b'x+c=0$

の解は，

$$x=\frac{-b'\pm\sqrt{b'^2-ac}}{a}.$$

よって，$n=2$ である．

・$\alpha=1$ のとき．

$\alpha^2-6\alpha+q=0$ に代入すると，$q=5$ であるから，①‴，②‴ は，

$$x^2-6x+5=0,$$
$$x^2+5x-6=0.$$

← $\alpha^2+q\alpha-6=0$ に $\alpha=1$ を代入して，$q=5$ を求めてもよい．

$x^2-6x+5=0$ の解は，

$$x=1,\ 5.$$

← $(x-1)(x-5)=0$ より，$x=1,\ 5.$

$x^2+5x-6=0$ の解は，

$$x=-6,\ 1.$$

← $(x+6)(x-1)=0$ より，$x=-6,\ 1.$

よって，$n=3$ である．

また，これ以外に $n=3$ となるのは，

(i)　①‴ が重解をもち，②‴ は ①‴ の重解以外の異なる 2 つの実数解をもつとき，

(ii)　②‴ が重解をもち，①‴ は ②‴ の重解以外の異なる 2 つの実数解をもつとき

の 2 つの場合がある．

ここで，①‴ の判別式を D_1，②‴ の判別式を D_2 とすると，

$$D_1=(-6)^2-4\cdot1\cdot q=4(9-q),$$
$$D_2=q^2-4\cdot1\cdot(-6)=q^2+24.$$

(i)のとき．

$D_1=0$ より，$4(9-q)=0$ であるから，

$$q=9.$$

このとき，①‴ と ②‴ は，

$$x^2-6x+9=0,$$
$$x^2+9x-6=0.$$

$x^2-6x+9=0$ の解は，

$$x=3.$$

$x^2+9x-6=0$ の解は，

$$x=\frac{-9\pm\sqrt{105}}{2}.$$

よって，$n=3$ である．

← ┌─ 2次方程式の解の判別式 ─
　2 次方程式 $ax^2+bx+c=0$ において，b^2-4ac を判別式といい，D で表す．
　$D>0 \iff \left(\begin{array}{l}\text{異なる 2 つの実数解}\\\text{をもつ}\end{array}\right),$
　$D=0 \iff (\text{実数の重解をもつ}),$
　$D<0 \iff (\text{実数解をもたない}).$

← $(x-3)^2=0$ より，$x=3.$

(ii)のとき．

$D_2=q^2+24>0$ より，$x^2+qx-6=0$ は重解をもたないから，$n=3$ となることはない．

以上から，$n=3$ となる q の値は，

$$q=\boxed{5},\ \boxed{9}.$$

(3)
$$y = x^2 - 6x + q, \qquad \cdots ③$$
$$y = x^2 + qx - 6. \qquad \cdots ④$$

③ を平方完成すると，
$$y = (x-3)^2 + q - 9$$

となるから，

頂点の座標は $(3,\ q-9)$，

軸の方程式は $x = 3$.

q の値を 1 から増加させると，

頂点の x 座標と軸の方程式は変わらないが，

頂点の y 座標は大きくなるから，頂点は真上
に上がる.

よって，点線のグラフと実線のグラフの位置関係
は次のようになる. 　⑥ …オ

④ を平方完成すると，
$$y = \left(x + \frac{q}{2}\right)^2 - \left(\frac{q^2}{4} + 6\right)$$

となるから，

頂点の座標は $\left(-\dfrac{q}{2},\ -\left(\dfrac{q^2}{4} + 6\right)\right)$，

軸の方程式は $x = -\dfrac{q}{2}$.

q の値を 1 から増加させると，

頂点の x 座標と y 座標はともに小さくなる
から，頂点は左下に移動するが，点線のグラ
フと実線のグラフはともに点 $(0,\ -6)$ を通
るから，y 切片は変わらない.

よって，点線のグラフと実線のグラフの位置関係
は次のようになる. 　① …カ

← 2次関数 $y = a(x-b)^2 + c$ のグラフ
　の頂点の座標は，
$$(b,\ c).$$
　軸の方程式は，
$$x = b.$$

← 軸は左へ移動していく.

(4)　U は実数全体の集合で，$A \subset U$，$B \subset U$，$5 < q < 9$ であり，

$$A = \{x \mid x^2 - 6x + q < 0\},$$
$$B = \{x \mid x^2 + qx - 6 < 0\}.$$

$f(x) = x^2 - 6x + q$，$g(x) = x^2 + qx - 6$ とおくと，$5 < q < 9$ より，

$$f(1) = g(1) = q - 5 > 0,$$
$$D_1 = 4(9 - q) > 0$$

であるから，$y = f(x)$ …③ と $y = g(x)$ …④ の 2 つのグラフの位置関係は次のようになる.

ここで，$f(x) = 0$ の異なる 2 つの実数解を s，t $(s < t)$ とし，$g(x) = 0$ の異なる 2 つの実数解を u，v $(u < v)$ とすると，図より，$1 < s < t$ であり，$u < v < 1$ であるから，集合 A，B は次のように書き換えることができる.

$$A = \{x \mid 1 < s < x < t \text{ かつ } s < 3 < t\},$$
$$B = \{x \mid u < x < v < 1 \text{ かつ } u < 0 < v\}.$$

・$x \in A$ は，$x \in B$ であるための何条件かを求める.

命題「$x \in A \Longrightarrow x \in B$」は偽（反例 $x = 3$），
命題「$x \in B \Longrightarrow x \in A$」は偽（反例 $x = 0$）
である.

$q = 5$ のとき，$y = f(x)$ …③ と $y = g(x)$ …④ の 2 つのグラフの位置関係は，(2)の結果より，次のようになる.

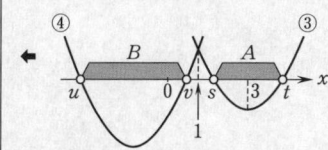

偽である命題「$\ell \Longrightarrow m$」において，仮定 ℓ を満たすが，結論 m を満たさないものを，この命題の反例という.

12

よって，$x \in A$ は，$x \in B$ であるための必要条件でも十分条件でもない．　**③** …キ

・$x \in B$ は，$x \in \overline{A}$ であるための何条件かを求める．
$\overline{A} = \{x \mid (x \leqq s \text{ または } t \leqq x) \text{ かつ } 1 < s < 3 < t\}$．

命題「$x \in B \implies x \in \overline{A}$」は真，
命題「$x \in \overline{A} \implies x \in B$」は偽（反例 $x = 1$）
である．

よって，$x \in B$ は，$x \in \overline{A}$ であるための十分条件であるが，必要条件ではない．　**①** …ク

〔2〕

(1) 29 か国の 2009 年度と 2018 年度における教員 1 人あたりの学習者数のデータについて，

　　最小値を m，第 1 四分位数を Q_1，中央値を Q_2，第 3 四分位数を Q_3，最大値を M

とすると，

　　m は小さい方から 1 番目の値，
　　Q_1 は小さい方から 7 番目の値と 8 番目の値の平均値，
　　Q_2 は小さい方から 15 番目の値，
　　Q_3 は小さい方から 22 番目の値と 23 番目の値の平均値，
　　M は小さい方から 29 番目の値

である．

　図 1 と図 2 のヒストグラムから，度数と累積度数は次のようになる．

← 命題「$\ell \implies m$」が真のとき，ℓ は m であるための十分条件という．また，「$m \implies \ell$」が真のとき，ℓ は m であるための必要条件という．

　2 つの命題「$\ell \implies m$」と「$m \implies \ell$」がともに真であるとき，ℓ は m であるための必要十分条件という．

	2009 年度		2018 年度	
	度数	累積度数	度数	累積度数
0 人以上 15 人未満	0	0	1	1
15 人以上 30 人未満	11	11	9	10
30 人以上 45 人未満	6	17	11	21
45 人以上 60 人未満	4	21	2	23
60 人以上 75 人未満	3	24	1	24
75 人以上 90 人未満	2	26	2	26
90 人以上 105 人未満	0	26	1	27
105 人以上 120 人未満	1	27	0	27
120 人以上 135 人未満	0	27	2	29
135 人以上 150 人未満	1	28	0	29
150 人以上 165 人未満	0	28	0	29
165 人以上 180 人未満	1	29	0	29

← 最初の階級からその階級までの度数を合計したものを累積度数という.

2009 年度と 2018 年度の m, Q_1, Q_2, Q_3, M は次のようになる.

	2009 年度		2018 年度	
	階　級	階級値	階　級	階級値
m	15 人以上 30 人未満	22.5 人	0 人以上 15 人未満	7.5 人
Q_1	15 人以上 30 人未満	22.5 人	15 人以上 30 人未満	22.5 人
Q_2	30 人以上 45 人未満	37.5 人	30 人以上 45 人未満	37.5 人
Q_3	60 人以上 75 人未満	67.5 人	45 人以上 60 人未満	52.5 人
M	165 人以上 180 人未満	172.5 人	120 人以上 135 人未満	127.5 人

← 各階級の中央の値を階級値という.

・2009 年度と 2018 年度の中央値 (Q_2) が含まれる階級の階級値を比較すると，両者は等しい.

　　　　　　　② …ケ

・2009 年度と 2018 年度の第 1 四分位数 (Q_1) が含まれる階級の階級値を比較すると，両者は等しい.

　　　　　　　② …コ

・2009 年度と 2018 年度の第 3 四分位数 (Q_3) が含まれる階級の階級値を比較すると，2018 年度の方が小さい.

　　　　　　　⓪ …サ

・2009 年度と 2018 年度の範囲を比較すると，2018

← （範囲）＝（最大値）−（最小値）.
　2009 年度の範囲は，$M-m$ より，
　　135 人より大きく 165 人より
　　小さい値.
　2018 年度の範囲は，$M-m$ より，
　　105 人より大きく 135 人より
　　小さい値.

年度の方が小さい.　　　　　　$\boxed{0}$ …シ

・2009 年度と 2018 年度の四分位範囲を比較すると，これら二つのヒストグラムからだけでは両者の大小を判断できない.　　　　　　$\boxed{3}$ …ス

(2)　図 3 の 2009 年度における「教育機関 1 機関あたりの学習者数」の箱ひげ図より，

最小値　：50 人　　（小さい方から 1 番目の値），

第 1 四分位数 ：約 85 人 $\left(\begin{array}{l}\text{小さい方から 7 番目の値}\\\text{と 8 番目の値の平均値}\end{array}\right)$,

中央値　：約 140 人（小さい方から 15 番目の値），

第 3 四分位数 ：約 235 人 $\left(\begin{array}{l}\text{小さい方から 22 番目の値}\\\text{と 23 番目の値の平均値}\end{array}\right)$,

最大値　：約 485 人（小さい方から 29 番目の値）

である.

2009 年度について，「教育機関 1 機関あたりの学習者数」（横軸）と「教員 1 人あたりの学習者数」（縦軸）の散布図は，教育機関 1 機関あたりの学習者数の第 1 四分位数と第 3 四分位数に注目して

$\boxed{2}$ …セである.

(3)　表 1 より，S と T の相関係数は，

$$\frac{735.3}{39.3 \times 29.9} = \frac{735.3}{1175.07} = 0.6257\cdots$$

より，

$\boxed{0}$. $\boxed{63}$

である.

$\left(\begin{array}{c}\text{四分位}\\\text{範囲}\end{array}\right) = \left(\begin{array}{c}\text{第 3 四分}\\\text{位数}\end{array}\right) - \left(\begin{array}{c}\text{第 1 四分}\\\text{位数}\end{array}\right)$.

2009 年度の四分位範囲は，$Q_3 - Q_1$ より，

30 人より大きく 60 人より小さい値.

2018 年度の四分位範囲は，$Q_3 - Q_1$ より，

15 人より大きく 45 人より小さい値.

最小値　　　中央値　　　最大値
第 1 四分位数　第 3 四分位数

①と③の散布図は，教育機関 1 機関あたりの学習者数の第 1 四分位数がともに 100 人以上である.

⓪の散布図は，教育機関 1 機関あたりの学習者数の第 3 四分位数が 250 人以上である.

― 相関係数 ―

2 つの変量 x, y について，

x の標準偏差を s_x,

y の標準偏差を s_y,

x と y の共分散を s_{xy}

とするとき，x と y の相関係数は，

$$\frac{s_{xy}}{s_x s_y}.$$

(4)　(3)で求めた相関係数 0.63 は，正の相関が強く，散布図上で点が右上がりに直線状に分布することを表すから，①か③に限られる．さらに，①の散分図の T の値について 70 人以上が 22 か国，70 人未満が 7 か国であり，S の値について 80 人以上が 21 か国，80 人未満が 8 か国である．③の散分図の T の値について 70 人以上が 16 か国，70 人未満が 13 か国であり，S の値について 80 人以上が 14 か国，80 人未満が 15 か国である．表 1 より，T の平均値が 72.9 人，S の平均値が 81.8 人であることを考えると，(3)で算出した 2009 年度の S （横軸）と T （縦軸）の散布図として最も適当なものは **③** …ツである．

◀　相関係数 r は $-1 \leqq r \leqq 1$ を満たす実数で，相関関係の強さを表す指標である．$|r|$ が 1 に近いほど相関が強く，散布図上では点が直線状に分布する．

$r = -0.80$　　　　$r = -0.40$

負の相関が強い

$r = 0.00$

$r = 0.40$　　　　$r = 0.80$

正の相関が強い

第3問　場合の数・確率

交換会に参加する人を A，B，C，D，E とし，それぞれが持参したプレゼントを順に a，b，c，d，e とする.

(1)(i) A，B の2人で交換会を開くとする.

1回目の交換で交換会が終了するプレゼントの受け取り方は，

「A が b を受け取り，B が a を受け取るとき」

の $\boxed{1}$ 通りある.

1回目の交換で2つの袋の配り方は $2!=2$（通り）あるから，1回目の交換で交換会が終了する確率は，

$$\dfrac{\boxed{1}}{\boxed{2}}\ \text{である.}$$

(ii) A，B，C の3人で交換会を開くとする.

1回目の交換で交換会が終了するプレゼントの受け取り方は，

	A	B	C
受け取る プレゼント	b	c	a
	c	a	b

の $\boxed{2}$ 通りある.

1回目の交換で3つの袋の配り方は $3!=6$（通り）あるから，1回目の交換で交換会が終了する確率は，

$$\dfrac{2}{6}=\dfrac{\boxed{1}}{\boxed{3}}\ \text{である.}$$

(iii) 3人で交換会を開く場合，4回以下の交換で交換会が終了する事象の余事象は，

「4回の交換でも交換会が終了しない事象」

である.

ここで，1回の交換で交換会が終了しない確率は，(ii) より，

$$1-\dfrac{1}{3}=\dfrac{2}{3}$$

であるから，余事象の確率は，

$$\left(\dfrac{2}{3}\right)^4=\dfrac{16}{81}$$

となる.

よって，3人で交換会を開く場合，4回以下の交換で交換会が終了する確率は，

← 事象 M の余事象を $\overline{M}$ とすると，
$$P(M)+P(\overline{M})=1$$
であるから，
$$P(\overline{M})=1-P(M)$$
である.

$$1 - \frac{16}{81} = \frac{\boxed{65}}{\boxed{81}}$$

である.

　　以下, 自分の持参したプレゼントを受け取る人数を k 人とする.

(2) A, B, C, D の 4 人で交換会を開くとする.

　　1 回目の交換で交換会が終了しない受け取り方の総数を調べる.

・$k = 1$ のとき.

　　自分のプレゼントを受け取る 1 人の選び方は $_4C_1$ 通りあり, たとえば, その 1 人を D とする. このとき, A, B, C の 3 人が自分以外の人のプレゼントを受け取る方法は, (1)(ii) より 2 通りある. また, 自分のプレゼントを受け取る 1 人が A のときも B のときも C のときも同様に 2 通りある.

　　よって, ちょうど 1 人が自分の持参したプレゼントを受け取る方法は,

$$_4C_1 \times 2 = \boxed{8} \quad (\text{通り})$$

ある.

・$k = 2$ のとき.

　　自分のプレゼントを受け取る 2 人の選び方は $_4C_2$ 通りあり, たとえば, その 2 人を C, D とする. このとき, A, B の 2 人が自分以外の人のプレゼントを受け取る方法は, (1)(i) より 1 通りある. また, 自分のプレゼントを受け取る 2 人が他の 2 人のときも同様に 1 通りある.

　　よって, ちょうど 2 人が自分の持参したプレゼントを受け取る方法は,

$$_4C_2 \times 1 = \boxed{6} \quad (\text{通り})$$

ある.

・$k = 3$ のとき.

　　これは起こり得ない.

・$k = 4$ のとき.

　　受け取り方は 1 通りある.

　　ゆえに, 1 回目のプレゼントの受け取り方のうち, 1 回目の交換で交換会が終了しない受け取り方の総数は,

$$8 + 6 + 1 = \boxed{15}$$

・A が a を受け取るとき.

B	C	D
c	d	b
d	b	c

・B が b を受け取るとき.

A	C	D
c	d	a
d	a	c

・C が c を受け取るとき.

A	B	D
b	d	a
d	a	b

← たとえば, A が a, B が b, C が c を受け取ると, D は自動的に d を受け取ることになる.

←

A	B	C	D
a	b	c	d

である.

　また，1回目の交換で4つの袋の配り方は $4! = 24$ （通り）あるから，1回目の交換で交換会が終了する受け取り方の総数は，

$$24 - 15 = 9 \qquad \cdots ①$$

である.

　したがって，1回目の交換で交換会が終了する確率は，

$$\frac{9}{24} = \boxed{\frac{3}{8}}$$

である.

(3)　(2)と同様に，1回目の交換で交換会が終了しないプレゼントの受け取り方の総数を自分の持参したプレゼントを受け取る人数によって場合分けをして調べる.

　・$k = 1$ のとき.

　　自分のプレゼントを受け取る1人の選び方は $_5C_1$ 通りあり，たとえば，その1人をEとする. このとき，A，B，C，Dの4人が自分以外の人のプレゼントを受け取る方法は，① より9通りある. また，自分のプレゼントを受け取る1人が他の1人のときも同様に9通りある.

　　よって，ちょうど1人が自分の持参したプレゼントを受け取る方法は，

$$_5C_1 \times 9 = 45 \,(通り)$$

ある.

　・$k = 2$ のとき.

　　自分のプレゼントを受け取る2人の選び方は $_5C_2$ 通りあり，たとえば，その2人をD，Eとする. このとき，A，B，Cの3人が自分以外の人のプレゼントを受け取る方法は，(1)(ii)より2通りある. また，自分のプレゼントを受け取る2人が他の2人ときも同様に2通りある.

　　よって，ちょうど2人が自分の持参したプレゼントを受け取る方法は，

$$_5C_2 \times 2 = 20 \,(通り)$$

ある.

　・$k = 3$ のとき.

　　自分のプレゼントを受け取る3人の選び方は $_5C_3$ 通りあり，たとえば，その3人をC，D，Eとする.

← 直接，数え上げると次のようになる.

A	B	C	D
b	a	d	c
b	c	d	a
b	d	a	c
c	a	d	b
c	d	a	b
c	d	b	a
d	a	b	c
d	c	a	b
d	c	b	a

よって，9通りある.

このとき，A，B の 2 人が自分以外の人のプレゼントを受け取る方法は，(1)(i) より 1 通りある．また，自分のプレゼントを受け取る 3 人が他の 3 人のときも同様に 1 通りある．

よって，ちょうど 3 人が自分の持参したプレゼントを受け取る方法は，

$$_5C_3 \times 1 = 10 \text{ (通り)}$$

ある．

・$k = 4$ のとき．

これは起こり得ない．

・$k = 5$ のとき．

受け取り方は 1 通りある．

ゆえに，1 回目のプレゼントの受け取り方のうち，1 回目の交換で交換会が終了しない受け取り方の総数は，

$$45 + 20 + 10 + 1 = 76$$

である．

また，1 回目の交換で 5 つの袋の配り方は $5! = 120$（通り）あるから，1 回目の交換で交換会が終了する受け取り方の総数は，

$$120 - 76 = 44 \qquad \cdots ②$$

である．

したがって，1 回目の交換で交換会が終了する確率は，

$$\frac{44}{120} = \boxed{\frac{11}{30}} \qquad \cdots ③$$

である．

(4) 2 つの事象 F，G を

F：1 回目の交換で A，B，C，D がそれぞれ自分以外の人の持参したプレゼントを受け取る事象

G：1 回目の交換で交換会が終了する事象

とすると，1 回目の交換で A，B，C，D がそれぞれ自分以外の人の持参したプレゼントを受け取ったとき，その回で交換会が終了する条件付き確率は $P_F(G)$ であるから，

$$P_F(G) = \frac{P(F \cap G)}{P(F)} \qquad \cdots ④$$

として求まる．

事象 $F \cap G$ は，

たとえば，A が a，B が b，C が c，D が d を受け取ると，E は自動的に e を受け取ることになる．

A	B	C	D	E
a	b	c	d	e

条件付き確率

事象 F が起こったときの事象 G が起こる条件付き確率 $P_F(G)$ は，

$$P_F(G) = \frac{P(F \cap G)}{P(F)}.$$

「A，B，C，D，E の 5 人全員が 1 回目の交換で自
分以外の人の持参したプレゼントを受け取って
交換会が終了する事象」

であるから，③ より，

$$P(F \cap G) = \frac{11}{30} = \frac{44}{120} \qquad \cdots ⑤$$

である．

事象 F は，

(I) 1 回目の交換で A，B，C，D，E の 5 人全員が自
分以外の人の持参したプレゼントを受け取る，

(II) 1 回目の交換で E は e を受け取り，残りの A，
B，C，D の 4 人は自分以外の人の持参したプレゼ
ントを受け取る

の和事象であり，これらの事象は互いに排反である．

(I)の確率は，② より，

$$\frac{44}{120}$$

である．

(II)の確率は，① より，

$$\frac{9}{120}$$

である．

よって，確率 $P(F)$ は，

$$P(F) = \frac{44}{120} + \frac{9}{120} = \frac{53}{120} \qquad \cdots ⑥$$

である．

したがって，求める条件付き確率は，④ に ⑤，⑥ を
代入して，

$$P_F(G) = \frac{\dfrac{44}{120}}{\dfrac{53}{120}} = \boxed{\dfrac{44}{53}}$$

である．

第 4 問　整数の性質

(1)
$$5^4 x - 2^4 y = 1. \qquad \cdots ①$$

「$5^4 = 625$ を 2^4 で割ったときの余りは 1 に等しい」
ことより，

$$5^4 = 2^4 \cdot 39 + 1$$

であるから，

$$5^4 \cdot 1 - 2^4 \cdot 39 = 1$$

であり，$x = 1$，$y = 39$ は ① を満たす．① の整数解の
うち，x が正の整数で最小になるのは，「1」が正の整数
の中で 1 番小さいから，

$$x = \boxed{1}, \quad y = \boxed{39}$$

であることがわかる．

また，

$$
\begin{array}{r}
5^4 x \qquad - 2^4 y = 1 \\
- \bigl)\ 5^4 \cdot 1 \qquad - 2^4 \cdot 39 = 1 \\
\hline
5^4(x-1) - 2^4(y-39) = 0 \\
5^4(x-1) = 2^4(y-39)
\end{array}
$$

となる．

5^4 と 2^4 は互いに素より，

$$x - 1 \text{ は } 2^4 \text{ の倍数}$$

であるから，整数 k を用いて，

$$x - 1 = 2^4 k$$

と表せる．
これを $5^4(x-1) = 2^4(y-39)$ に代入すると，

$$5^4 \cdot 2^4 k = 2^4(y-39)$$

すなわち，

$$5^4 k = y - 39$$

となる．
よって，① の整数解は，

$$(x, y) = (16k+1,\ 625k+39) \quad (k \text{ は任意の整数})$$

と表せる．

これより，① の整数解のうち，x が 2 桁の正の整数
で最小になるのは，$k = 1$ のときであるから，求める整
数解は，

$$x = \boxed{17}, \quad y = \boxed{664}$$

である．

(2)
$$625^2 = (5^4)^2 = 5^{\boxed{8}}$$

であり，$m = 39$ とすると，$5^4 \cdot 1 = 2^4 \cdot 39 + 1$ より，

← $(2^4 =)\ 16\ \overline{)\ 625\ }\ (= 5^4)$

$$
\begin{array}{r}
39 \\
16\ \overline{)\ 625\ } \\
48 \\
\hline
145 \\
144 \\
\hline
1
\end{array}
$$

← x と y についての不定方程式

$$ax + by = c$$

$\quad(a,\ b,\ c \text{ は整数の定数})$

の整数解は，一組の解

$$(x, y) = (x_0,\ y_0)$$

を用いて，

$$a(x - x_0) = b(y_0 - y)$$

と変形し，次の性質を用いて求める．

a と b が互いに素であるとき，

$$
\begin{cases}
x - x_0 \text{ は } b \text{ の倍数,} \\
y_0 - y \text{ は } a \text{ の倍数}
\end{cases}
$$

である．

← $16k + 1 \geqq 10$ を解くと，

$$k \geqq \frac{9}{16}.$$

これを満たす最小の整数 k は，

$$1$$

である．

$$5^4 = 2^4 m + 1$$

であるから,

$$\begin{aligned}
625^2 &= (5^4)^2 \\
&= (2^4 m + 1)^2 \\
&= 2^8 m^2 + 2^{\boxed{5}} m + 1
\end{aligned}$$

である.

← $(2^4 m + 1)^2 = (2^4 m)^2 + 2 \cdot 2^4 m \cdot 1 + 1^2$
$= 2^8 m^2 + 2^5 m + 1.$

さらに,

$$625^2 = 5^5 \cdot 5^3,$$
$$625^2 = 2^5 (2^3 m^2 + m) + 1$$

と変形できるから,625^2 を 5^5 で割ったときの余りは 0 であり,2^5 で割ったときの余りは 1 である.

(3)
$$5^5 x - 2^5 y = 1. \qquad \cdots ②$$
$$(x,\ y\ は②の整数解)$$

$5^5 x$ と 625^2 はともに 5^5 の倍数であるから,

$$5^5 x - 625^2\ は\ 5^5\ の倍数$$

である.

また,② と $625^2 = 2^5 (2^3 m^2 + m) + 1$ より,

$$\begin{aligned}
5^5 x - 625^2 &= (2^5 y + 1) - \{2^5 (2^3 m^2 + m) + 1\} \\
&= 2^5 \{y - (2^3 m^2 + m)\}
\end{aligned}$$

であるから,

$$5^5 x - 625^2\ は\ 2^5\ の倍数$$

である.

5^5 と 2^5 は互いに素であるから,

$$5^5 x - 625^2\ は\ 5^5 \cdot 2^5\ の倍数$$

である.

このことより,

$$5^5 x - 625^2 = (5^5 \cdot 2^5) M \quad (M\ は整数)$$

と表せるから,

$$\begin{aligned}
5^5 (x - 5^3) &= 5^5 \cdot 2^5 M \\
x - 5^3 &= 2^5 M \\
x &= 32M + 125
\end{aligned}$$

← $625^2 = 5^5 \cdot 5^3.$

となる.

これより,② の整数解のうち,x が 3 桁の正の整数で最小になるのは,$M = 0$ のときであるから,x の値は,

$$x = 32 \cdot 0 + 125 = 125$$

であり,y の値は $x = 125$ を②に代入すると,

$$\begin{aligned}
5^5 \cdot 125 - 2^5 y &= 1 \\
2^5 y &= 5^8 - 1
\end{aligned}$$

← $32M + 125 \geqq 100$ を解くと,
$$M \geqq -\frac{25}{32}.$$
これを満たす最小の整数 M は,
$$0$$
である.

← $5^8 - 1 = 390624.$

$$y = 12207$$

となる.

よって, ② の整数解のうち, x が3桁の正の整数で最小になるのは,

$$x = \boxed{125}, \quad y = \boxed{12207}$$

である.

(4)
$$11^5 x - 2^5 y = 1. \qquad \cdots ③$$

x, y を ③ の整数解とする.

ここで, $11^4 = 2^4 \cdot 915 + 1$ であり, $n = 915$ とおくと,
$$11^4 = 2^4 n + 1$$

であるから,
$$\begin{aligned}
(11^4)^2 &= (2^4 n + 1)^2 \\
&= 2^8 n^2 + 2^5 n + 1
\end{aligned}$$

である.

さらに,
$$\begin{aligned}
(11^4)^2 &= 11^5 \cdot 11^3, \\
(11^4)^2 &= 2^5 (2^3 n^2 + n) + 1
\end{aligned}$$

と変形できるから, $(11^4)^2$ を 11^5 で割ったときの余りは 0 であり, 2^5 で割ったときの余りは 1 である.

これより, $11^5 x$ と $(11^4)^2$ はともに 11^5 の倍数であるから,
$$11^5 x - (11^4)^2 \text{ は } 11^5 \text{ の倍数}$$

である.

また, ③ と $(11^4)^2 = 2^5 (2^3 n^2 + n) + 1$ より,
$$\begin{aligned}
11^5 x - (11^4)^2 &= (2^5 y + 1) - \{2^5 (2^3 n^2 + n) + 1\} \\
&= 2^5 \{y - (2^3 n^2 + n)\}
\end{aligned}$$

であるから,
$$11^5 x - (11^4)^2 \text{ は } 2^5 \text{ の倍数}$$

である.

11^5 と 2^5 は互いに素であるから,
$$11^5 x - (11^4)^2 \text{ は } 11^5 \cdot 2^5 \text{ の倍数}$$

である.

このことより,
$$11^5 x - (11^4)^2 = (11^5 \cdot 2^5) N \quad (N \text{ は整数})$$

と表せるから,
$$\begin{aligned}
11^5 (x - 11^3) &= 11^5 \cdot 2^5 N \\
x - 11^3 &= 2^5 N \\
x &= 32N + 1331
\end{aligned}$$

$\Leftarrow 11^3 = 1331.$

となる.

これより，③ の整数解のうち，x が正の整数で最小になるのは，$N=-41$ のときであるから，x の値は，
$$x=32(-41)+1331=19$$
であり，y の値は $x=19$ を ③ に代入すると，
$$11^5 \cdot 19 - 2^5 y = 1$$
$$2^5 y = 11^5 \cdot 19 - 1$$
$$y = 95624$$
となる．

よって，③ の整数解のうち，x が正の整数で最小になるのは，
$$x = \boxed{19}, \quad y = \boxed{95624}$$
である．

$32N+1331>0$ を解くと，
$$N > -\frac{1331}{32} = -\left(41 + \frac{19}{32}\right).$$
これを満たす最小の整数 N は，
$$-41$$
である．

$11^5 \cdot 19 - 1 = 161051 \cdot 19 - 1$
$\qquad\qquad = 3059969 - 1$
$\qquad\qquad = 3059968$

第5問　図形の性質

(1)

三角形の重心

　三角形の3つの中線が交わる点を，三角形の重心といい，重心は各中線を2:1に内分する.

(注)　三角形の頂点とそれに向かい合う辺の中点を結ぶ線分を中線という.

点 G は △ABC の重心であるから，

$$AG : GE = 2 : 1 \quad \cdots ①$$

である.

　また，点 D は線分 AG の中点であるから，

$$AD : AG = 1 : 2 \quad \cdots ②$$

である.

　①，② より，AD ＝ DG ＝ GE となるから，

$$\frac{AD}{DE} = \frac{AD}{DG + GE} = \frac{AD}{AD + AD} = \boxed{\frac{1}{2}} \quad \cdots ③$$

である.

　△ABE と直線 FP にメネラウスの定理を用いると，

$$\frac{BP}{PA} \times \frac{AD}{DE} \times \frac{EF}{FB} = 1$$

が成り立つから，③ を代入すると，

$$\frac{BP}{AP} \times \frac{1}{2} \times \frac{EF}{BF} = 1$$

すなわち，

$$\frac{BP}{AP} = \boxed{2} \times \frac{BF}{EF} \quad \begin{array}{l} \boxed{①} \cdots エ \\ \boxed{③} \cdots オ \end{array} \quad \cdots ④$$

である.

　△ACE と直線 FD にメネラウスの定理を用いると，

$$\frac{CQ}{QA} \times \frac{AD}{DE} \times \frac{EF}{FC} = 1$$

が成り立つから，③ を代入すると，

$$\frac{CQ}{AQ} \times \frac{1}{2} \times \frac{EF}{CF} = 1$$

すなわち，

$$\frac{CQ}{AQ} = \boxed{2} \times \frac{CF}{EF} \quad \begin{array}{l} \boxed{②} \cdots キ \\ \boxed{③} \cdots ク \end{array} \quad \cdots ⑤$$

である.

メネラウスの定理

$$\frac{AL}{LB} \times \frac{BM}{MC} \times \frac{CN}{NA} = 1.$$

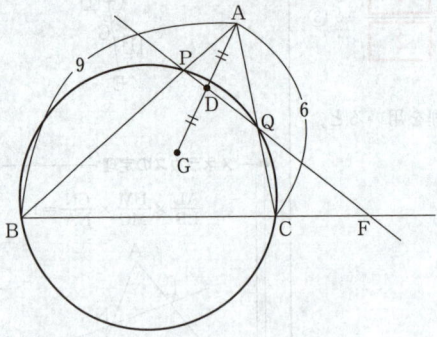

④, ⑤ より,

$$\frac{BP}{AP} + \frac{CQ}{AQ} = 2 \times \frac{BF}{EF} + 2 \times \frac{CF}{EF}$$

$$= \frac{2(BF + CF)}{EF} \quad \cdots ⑥$$

となる.

ここで, 線分 AE は △ABC の中線より, BE = EC であることに注意すると,

$$BF + CF = (BC + CF) + CF$$

$$= 2(EC + CF)$$

$$= 2EF \quad \cdots ⑦$$

← BC = BE + EC
= EC + EC
= 2EC.

となるから, ⑥ に代入すると, つねに,

$$\frac{BP}{AP} + \frac{CQ}{AQ} = \frac{2 \cdot 2EF}{EF}$$

$$= \boxed{4} \quad \cdots ⑧$$

となる.

(2)

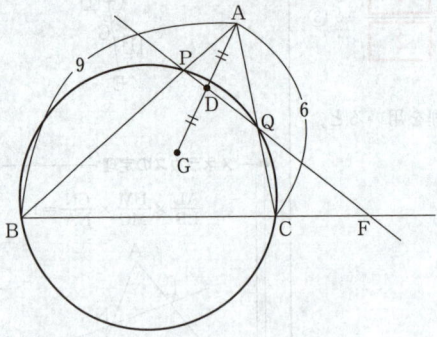

方べきの定理を用いると,

$$AP \cdot AB = AQ \cdot AC$$

が成り立つから, AB = 9, AC = 6 を代入すると,

$$AP \cdot 9 = AQ \cdot 6$$

すなわち,

$$AQ = \frac{\boxed{3}}{\boxed{2}} AP$$

← ─ 方べきの定理 ─
$$PA \cdot PB = PC \cdot PD.$$

となる.

これより,

$$BP = AB - AP = 9 - AP,$$

$$CQ = AC - AQ = 6 - \frac{3}{2} AP$$

となるから, ⑧ に代入すると,

←

$$\frac{9-\text{AP}}{\text{AP}}+\frac{6-\dfrac{3}{2}\text{AP}}{\dfrac{3}{2}\text{AP}}=4$$

$$\frac{\dfrac{3}{2}(9-\text{AP})+\left(6-\dfrac{3}{2}\text{AP}\right)}{\dfrac{3}{2}\text{AP}}=4$$

$$\frac{39}{2}-3\text{AP}=4\cdot\frac{3}{2}\text{AP}$$

$$\text{AP}=\frac{\boxed{13}}{\boxed{6}}$$

であり，

$$\text{AQ}=\frac{\boxed{13}}{\boxed{4}}$$

$\Leftarrow$ $\text{AQ}=\dfrac{3}{2}\text{AP.}$

である．

　よって，

$$\frac{\text{AP}}{\text{BP}}=\frac{\dfrac{13}{6}}{\dfrac{41}{6}}=\frac{13}{41}, \quad \frac{\text{AQ}}{\text{CQ}}=\frac{\dfrac{13}{4}}{\dfrac{11}{4}}=\frac{13}{11} \quad \cdots ⑨$$

$\Leftarrow$ $\text{BP}=9-\dfrac{13}{6}=\dfrac{41}{6},$

　　$\text{CQ}=6-\dfrac{3}{2}\cdot\dfrac{13}{6}=\dfrac{11}{4}.$

となるから，次図を得る．

△ABC と直線 FP にメネラウスの定理を用いると，

$$\frac{\text{AP}}{\text{PB}}\times\frac{\text{BF}}{\text{FC}}\times\frac{\text{CQ}}{\text{QA}}=1$$

であるから，⑨ を代入すると，

$$\frac{13}{41}\times\frac{\text{BF}}{\text{FC}}\times\frac{11}{13}=1$$

すなわち，

$$\frac{\text{BF}}{\text{FC}}=\frac{41}{11}$$

である．

　したがって，

$$\text{BC}:\text{CF}=30:11$$

$\Leftarrow$

であるから，

$$CF = \frac{11}{30}BC$$

$$= \frac{11}{30} \cdot 8$$

$$= \boxed{\frac{44}{15}}$$

である．

(3) $$\frac{BP}{AP} + \frac{CQ}{AQ} = 10.\qquad \cdots ⑩$$

次図で考えてもよい．

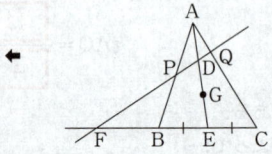

△ABE と直線 FP にメネラウスの定理を用いると，

$$\frac{BP}{PA} \times \frac{AD}{DE} \times \frac{EF}{FB} = 1$$

が成り立つから，

$$\frac{BP}{AP} = \frac{DE}{AD} \cdot \frac{BF}{EF}\qquad \cdots ⑪$$

となる．

△ACE と直線 FD にメネラウスの定理を用いると，

$$\frac{CQ}{QA} \times \frac{AD}{DE} \times \frac{EF}{FC} = 1$$

が成り立つから，

$$\frac{CQ}{AQ} = \frac{DE}{AD} \cdot \frac{CF}{EF}\qquad \cdots ⑫$$

となる．

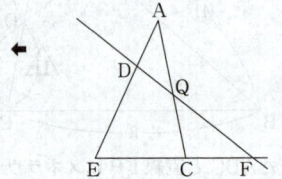

⑪，⑫ より，

$$\frac{BP}{AP} + \frac{CQ}{AQ} = \frac{DE}{AD} \cdot \frac{BF}{EF} + \frac{DE}{AD} \cdot \frac{CF}{EF}$$

$$= \frac{DE}{AD}\left(\frac{BF}{EF} + \frac{CF}{EF}\right)$$

$$= \frac{DE}{AD} \cdot \frac{BF + CF}{EF}$$

$$= \frac{DE}{AD} \cdot \frac{2EF}{EF}\qquad (⑦ より)$$

$$= 2\frac{DE}{AD}$$

となるから，⑩ に代入すると，

$$2\frac{\mathrm{DE}}{\mathrm{AD}} = 10$$

$$\frac{\mathrm{DE}}{\mathrm{AD}} = 5$$

である．

　これより，

$$\mathrm{AD} : \mathrm{AE} = 1 : 6$$

であり，$\mathrm{AG} : \mathrm{GE} = 2 : 1 = 4 : 2$ であるから，

$$\mathrm{AG} : \mathrm{AE} = 4 : 6$$

である．

　したがって，

$$\mathrm{AD} : \mathrm{AG} = 1 : 4$$

となるから，△ABC の形状や点 F の位置に関係なく，

つねに ⑩ となるのは，$\dfrac{\mathrm{AD}}{\mathrm{DG}} = \dfrac{1}{3}$ のときである．

←

数学Ⅱ・数学B

解答・採点基準　　(100点満点)

問題番号(配点)	解答記号	正解	配点	自己採点
第1問 (30)	(ア, イ)	(2, 5)	1	
	ウ	5	1	
	エ	③	2	
	オ	0	2	
	カ	⓪	2	
	$\frac{キ}{ク}$	$\frac{1}{2}$	1	
	ケ	①	2	
	$\frac{コ}{サ}$	$\frac{4}{3}$	2	
	シ	⑤	2	
	ス	2	2	
	セ	8	3	
	ソ	①	2	
	タ	①	1	
	チ	③	2	
	ツ	⓪	2	
	テ	②	3	
第1問　自己採点小計				
第2問 (30)	ア	①	2	
	イ	⓪	2	
	ウ	③	2	◯
	エ	②	2	◯
	オカ$\sqrt{キ}$	$-2\sqrt{2}$	2	
	ク	2	2	◯
	ケ, コ	①, ④ (解答の順序は問わない)	6 (各3)	
	サ, シス	b, 2b	2	◯
	セ, ソ	②, ①	2	◯
	タ	②	2	
	$\frac{チツ}{テ}$, ト, ナ二, ヌ	$\frac{-1}{6}$, 9, 12, 5	4	
	$\frac{ネ}{ノ}$	$\frac{5}{2}$	2	
第2問　自己採点小計				

問題番号(配点)	解答記号	正解	配点	自己採点
第3問 (20)	0.アイ	0.25	2	◯
	ウエオ	100	2	◯
	カ	②	2	
	キ	②	3	
	ク	1	2	◯
	ケ, コ	4, 2	2	
	サ	3	2	
	シス	11	2	
	セ	②	3	
第3問　自己採点小計				
第4問 (20)	ア	4	1	
	イ	8	1	
	ウ	7	1	
	エ	③	2	
	オ	④	2	
	$a_n + カb_n + キ$	$a_n + 2b_n + 2$	2	
	ク	1	2	
	ケ	⑦	2	
	コ	⑨	3	
	サ	4	2	
	シスセ	137	2	
第4問　自己採点小計				

問題番号 (配点)	解答記号	正　解	配点	自己採点
第5問 (20)	$\dfrac{アイ}{ウ}$	$\dfrac{-2}{3}$	1	
	エ, オ	①, ⓪	2	
	カ, キ	④, ⓪	2	
	$\dfrac{ク}{ケ}$	$\dfrac{3}{5}$	2	
	$\dfrac{コ}{サt-シ}$	$\dfrac{3}{5t-3}$	2	
	ス	③	2	
	セ	⓪	2	
	ソ	6	2	
	タ	－	1	
	$チ\overrightarrow{OA}+ツ\overrightarrow{OB}$	$2\overrightarrow{OA}+3\overrightarrow{OB}$	1	
	$\dfrac{テ}{ト}$	$\dfrac{3}{4}$	3	
第5問　自己採点小計				
自己採点合計				

(注)
　第1問，第2問は必答。
　第3問～第5問のうちから2問選択。計4問を解答。

第1問　図形と方程式，指数関数・対数関数

〔1〕

(1) 不等式
$$x^2 + y^2 - 4x - 10y + 4 \leqq 0$$
は
$$(x-2)^2 + (y-5)^2 \leqq 5^2$$
と変形できるから，この不等式の表す領域 D は，中心が点（ 2 , 5 ），半径が 5 の円の周および内部である．（ ③ ）

以下，点 $(2, 5)$ を Q とし，方程式
$$x^2 + y^2 - 4x - 10y + 4 = 0$$
すなわち
$$(x-2)^2 + (y-5)^2 = 5^2$$
の表す円を C とする．

(2) 点 $A(-8, 0)$ を通る直線と領域 D が共有点をもつのはどのようなときかを考える．

(i) (1)により，直線 $y = \boxed{0}$ は点 A を通る C の接線の一つとなることがわかる．

(ii) 点 A を通り，傾きが k の直線を ℓ とすると，ℓ の方程式は $y = k(x+8)$ と表すことができる．これを C の方程式に代入すると
$$x^2 + k^2(x+8)^2 - 4x - 10k(x+8) + 4 = 0$$
すなわち
$$(k^2+1)x^2 + (16k^2 - 10k - 4)x + 64k^2 - 80k + 4 = 0$$
が得られる．この x の2次方程式が重解をもつとき，すなわち
$$(16k^2 - 10k - 4)^2 - 4(k^2+1)(64k^2 - 80k + 4) = 0$$
が成り立つときの k の値が点 A を通る C の接線の傾きとなる．（ ⓪ ）

← この k の方程式を解くのは大変である．

(iii) x 軸と直線 AQ のなす角を $\theta \left(0 < \theta \leqq \dfrac{\pi}{2}\right)$ とすると，$\tan\theta$ は直線 AQ の傾きであるから
$$\tan\theta = \frac{5-0}{2-(-8)} = \frac{\boxed{1}}{\boxed{2}}$$
であり，直線 $y = 0$ と異なる接線の傾きは $\tan 2\theta$ と表すことができる．（ ① ）

(iv) 点 A を通る C の接線のうち，直線 $y=0$ と異なる接線の傾きを k_0 とすると

$$k_0 = \tan 2\theta$$
$$= \frac{2\tan\theta}{1-\tan^2\theta}$$
$$= \frac{2\cdot\frac{1}{2}}{1-\left(\frac{1}{2}\right)^2}$$
$$= \boxed{\frac{4}{3}}$$

である．

直線 ℓ と領域 D が共有点をもつような k の値の範囲は $0 \leqq k \leqq k_0$ である．（ $\boxed{⑤}$ ）

〔2〕

(1)
$$\log_3 9 = \boxed{2}$$
$$\log_9 3 = \frac{1}{2}$$
$$\log_{\frac{1}{4}} \boxed{8} = -\frac{3}{2}$$
$$\log_8 \frac{1}{4} = -\frac{2}{3}$$

であるから

$$\log_3 9 > \log_9 3, \quad \log_{\frac{1}{4}} 8 < \log_8 \frac{1}{4}$$

が成り立つ．

(2)
$$\log_a b = t \qquad \cdots ①$$

とおくと

$$a^t = b \quad \left(\boxed{①} \right)$$

であるから

$$a = b^{\frac{1}{t}} \quad \left(\boxed{①} \right)$$

が得られ

$$\log_b a = \frac{1}{t} \qquad \cdots ②$$

が成り立つことが確かめられる．

(3)
$$t > \frac{1}{t} \qquad \cdots ③$$

を満たす実数 t $(t \neq 0)$ の値の範囲を求める．

$t > 0$ ならば，③ の両辺に t を掛けることにより，

―― 2倍角の公式 ――
$$\tan 2\theta = \frac{2\tan\theta}{1-\tan^2\theta}.$$

対数
$a > 0$, $a \neq 1$, $M > 0$ のとき
$$a^x = M \iff x = \log_a M.$$

$9^{\frac{1}{2}} = (3^2)^{\frac{1}{2}} = 3^{2\cdot\frac{1}{2}} = 3.$

$\left(\frac{1}{4}\right)^{-\frac{3}{2}} = 4^{\frac{3}{2}} = (2^2)^{\frac{3}{2}} = 2^{2\cdot\frac{3}{2}} = 2^3 = 8.$

$8^{-\frac{2}{3}} = (2^3)^{-\frac{2}{3}} = 2^{3\cdot\left(-\frac{2}{3}\right)} = 2^{-2}$
$= \frac{1}{2^2} = \frac{1}{4}.$

$a > 0$, $b > 0$, $a \neq 1$, $b \neq 1$.

$a^t = b$ より，$a^{t\cdot\frac{1}{t}} = b^{\frac{1}{t}}$ すなわち
$a = b^{\frac{1}{t}}.$

$t^2>1$ を得る．このような t $(t>0)$ の値の範囲は $1<t$ である．

　$t<0$ ならば，③ の両辺に t を掛けることにより，$t^2<1$ を得る．このような t $(t<0)$ の値の範囲は $-1<t<0$ である．

　a の値を一つ定めたとき，不等式

$$\log_a b>\log_b a \qquad \cdots ④$$

を満たす実数 b $(b>0,\ b\neq1)$ の値の範囲について考える．

　④ を満たす b の値の範囲は，$a>1$ のときは

$$-1<\log_a b<0,\quad 1<\log_a b$$

より

$$a^{-1}<b<a^0,\quad a^1<b$$

すなわち

$$\frac{1}{a}<b<1,\quad a<b \quad (\boxed{③})$$

であり，$0<a<1$ のときは

$$-1<\log_a b<0,\quad 1<\log_a b$$

より

$$a^{-1}>b>a^0,\quad a>b>0$$

すなわち

$$1<b<\frac{1}{a},\quad 0<b<a \quad (\boxed{⓪})$$

である．

(4) $\quad p=\dfrac{12}{13},\quad q=\dfrac{12}{11},\quad r=\dfrac{14}{13}.$

$$q>1,\quad \frac{1}{q}<p<1\quad \left(\frac{12}{11}>1,\ \frac{11}{12}<\frac{12}{13}<1\right)$$

が成り立つから

$$\log_q p>\log_p q$$

が成り立つ．

$$0<p<1,\quad 1<r<\frac{1}{p}\quad \left(0<\frac{12}{13}<1,\ 1<\frac{14}{13}<\frac{13}{12}\right)$$

が成り立つから

$$\log_p r>\log_r p$$

が成り立つ．以上より

$$\log_p q<\log_q p\quad かつ\quad \log_p r>\log_r p$$

が成り立つ．（$\boxed{②}$）

（右側注記）

← (2) の t を用いると，$t>\dfrac{1}{t}$.

← $-1<t<0,\ 1<t$

← $-1<t<0,\ 1<t$

← (3) の $a>1$，$\dfrac{1}{a}<b<1$.

$\quad \dfrac{11}{12}<\dfrac{12}{13}<1\Leftrightarrow-\dfrac{1}{12}<-\dfrac{1}{13}<0$

$\qquad \Leftrightarrow\dfrac{1}{12}>\dfrac{1}{13}>0.$

← (3) の $\log_a b>\log_b a$.

← (3) の $0<a<1$，$1<b<\dfrac{1}{a}$.

$\quad 1<\dfrac{14}{13}<\dfrac{13}{12}\Leftrightarrow0<\dfrac{1}{13}<\dfrac{1}{12}.$

← (3) の $\log_a b>\log_b a$.

第2問　微分法・積分法

〔1〕

a は実数.

$$f(x) = x^3 - 6ax + 16.$$
$$f'(x) = 3x^2 - 6a = 3(x^2 - 2a).$$

(1)　$a = 0$ のとき

$$f'(x) = 3x^2$$

であるから，$f(x)$ の増減は次のようになる.

x	$\cdots$	0	$\cdots$
$f'(x)$	$+$	0	$+$
$f(x)$	$\nearrow$	16	$\nearrow$

よって，$y = f(x)$ のグラフの概形は次のようにな

る.（　①　）

$a < 0$ のとき，$f'(x) > 0$ より，$f(x)$ の増減は次の
ようになる.

x	$\cdots$
$f'(x)$	$+$
$f(x)$	$\nearrow$

よって，$y = f(x)$ のグラフの概形は次のようにな

る.（　⓪　）

├── 導関数 ────────

$(x^n)' = nx^{n-1}$　$(n = 1, 2, 3, \cdots)$.

$(c)' = 0$　（c は定数）.

$f'(x)$ の符号は $y = f'(x)$ のグラフ
をかくとわかりやすい.

(2) $a > 0$ より

$$f'(x) = 3(x + \sqrt{2a})(x - \sqrt{2a})$$

と変形すると，$f(x)$ の増減は次のようになる.

x	$\cdots$	$-\sqrt{2a}$	$\cdots$	$\sqrt{2a}$	$\cdots$
$f'(x)$	$+$	0	$-$	0	$+$
$f(x)$	↗	極大	↘	極小	↗

また

$$\begin{aligned}
f(-\sqrt{2a}) &= (-\sqrt{2a})^3 - 6a(-\sqrt{2a}) + 16 \\
&= -2\sqrt{2}\,a^{\frac{3}{2}} + 6\sqrt{2}\,a^{\frac{3}{2}} + 16 \\
&= 4\sqrt{2}\,a^{\frac{3}{2}} + 16
\end{aligned}$$

← $(\sqrt{a})^3 = \left(a^{\frac{1}{2}}\right)^3 = a^{\frac{3}{2}}$,

$a\sqrt{a} = a^1 \cdot a^{\frac{1}{2}} = a^{1+\frac{1}{2}} = a^{\frac{3}{2}}.$

であり

$$\begin{aligned}
f(\sqrt{2a}) &= (\sqrt{2a})^3 - 6a\sqrt{2a} + 16 \\
&= 2\sqrt{2}\,a^{\frac{3}{2}} - 6\sqrt{2}\,a^{\frac{3}{2}} + 16 \\
&= -4\sqrt{2}\,a^{\frac{3}{2}} + 16
\end{aligned}$$

である．よって，$y = f(x)$ のグラフの概形は次のようになる.

したがって，p を実数として，曲線 $y = f(x)$ と直線 $y = p$ が 3 個の共有点をもつような p の値の範囲は

$$-4\sqrt{2}\,a^{\frac{3}{2}}+16 < p < 4\sqrt{2}\,a^{\frac{3}{2}}+16$$

である.（　③　）,（　②　）

$p=-4\sqrt{2}\,a^{\frac{3}{2}}+16$ のとき, 曲線 $y=f(x)$ と直線 $y=p$ は2個の共有点をもつ. それらの x 座標を q, r $(q<r)$ とする. 曲線 $y=f(x)$ と直線 $y=p$ は点 $(r,\ p)$ で接するから

$$r=\sqrt{\boxed{2}}\,a^{\frac{1}{2}}$$

と表せる. また, 方程式 $f(x)=p$ の r 以外の解が q であるから

$$x^3-6ax+16=-4\sqrt{2}\,a^{\frac{3}{2}}+16$$
$$x^3-6ax+4\sqrt{2}\,a^{\frac{3}{2}}=0$$
$$\left(x-\sqrt{2}\,a^{\frac{1}{2}}\right)^2\left(x+2\sqrt{2}\,a^{\frac{1}{2}}\right)=0$$

より

$$q=\boxed{-2}\sqrt{\boxed{2}}\,a^{\frac{1}{2}}$$

と表せる.

(3) 方程式 $f(x)=0$ の異なる実数解の個数を n とする.

$a<0$ ならば, (1)のグラフの概形から, $n=1$ である.（　①　）

$n=3$ ならば, 3次関数 $f(x)$ は極大値と極小値をもち, 極大値が正, 極小値が負となるから, $a>0$ である.（　④　）

〔2〕

$b>0$. $g(x)=x^3-3bx+3b^2$, $h(x)=x^3-x^2+b^2$.

$\qquad C_1: y=g(x)$, $C_2: y=h(x)$.

C_1 と C_2 は2点で交わる. これらの交点の x 座標をそれぞれ α, β $(\alpha<\beta)$ とすると

$$g(x)=h(x)$$
$$g(x)-h(x)=0$$
$$(x^3-3bx+3b^2)-(x^3-x^2+b^2)=0$$
$$x^2-3bx+2b^2=0$$
$$(x-b)(x-2b)=0$$

より, $\alpha=\boxed{b}$, $\beta=\boxed{2b}$ である.

$b\leqq x\leqq 2b$ の範囲で C_1 と C_2 で囲まれた図形の面積

$\leftarrow$ $f(x)=p$.

$\leftarrow$ 曲線 $y=f(x)$ は直線 $y=p$ と $x=r$ で接するから, $f(x)=p$ は $x=r$ を重解にもつ.

$\leftarrow$ $n=1$ でも $a\geqq 0$ となることがある.

$\leftarrow$ $a>0$ でも $n=3$ でないことがある.

を S とすると，$b \leq x \leq 2b$ の範囲で
$$g(x) - h(x) \leq 0 \quad (h(x) \geq g(x))$$
より
$$S = \int_b^{2b} \{h(x) - g(x)\} \, dx \quad (\boxed{②})$$
である．

$t > 2b$ とし，$2b \leq x \leq t$ の範囲で C_1 と C_2 および直線 $x = t$ で囲まれた図形の面積を T とすると，$2b \leq x \leq t$ の範囲で
$$g(x) - h(x) \geq 0 \quad (g(x) \geq h(x))$$
より
$$T = \int_{2b}^t \{g(x) - h(x)\} \, dx \quad (\boxed{①})$$
である．

よって
$$S - T = \int_b^{2b} \{h(x) - g(x)\} \, dx - \int_{2b}^t \{g(x) - h(x)\} \, dx$$
$$= \int_b^{2b} \{h(x) - g(x)\} \, dx + \int_{2b}^t \{h(x) - g(x)\} \, dx$$
$$= \int_b^t \{h(x) - g(x)\} \, dx \quad (\boxed{②})$$
$$= -\int_b^t (x^2 - 3bx + 2b^2) \, dx$$
$$= -\left[\frac{1}{3}x^3 - \frac{3b}{2}x^2 + 2b^2 x \right]_b^t$$
$$= -\left(\frac{1}{3}t^3 - \frac{3b}{2}t^2 + 2b^2 t \right) + \left(\frac{1}{3}b^3 - \frac{3}{2}b^3 + 2b^3 \right)$$
$$= \frac{\boxed{-1}}{\boxed{6}} \left(2t^3 - \boxed{9} bt^2 + \boxed{12} b^2 t - \boxed{5} b^3 \right)$$
である．

したがって
$$S = T$$
となるのは
$$S - T = 0$$
$$2t^3 - 9bt^2 + 12b^2 t - 5b^3 = 0$$
$$(2t - 5b)(t - b)^2 = 0$$
より $t = \dfrac{\boxed{5}}{\boxed{2}} b$ のときである．

$$y = g(x) - h(x)$$
$$= (x - b)(x - 2b)$$

面積

区間 $\alpha \leq x \leq \beta$ においてつねに $g(x) \leq f(x)$ ならば 2 曲線 $y = f(x)$，$y = g(x)$ および直線 $x = \alpha$，$x = \beta$ で囲まれた部分の面積は
$$S = \int_\alpha^\beta \{f(x) - g(x)\} \, dx.$$

定積分

$$\int x^n \, dx = \frac{1}{n+1} x^{n+1} + C$$

$(n = 0, 1, 2, \cdots.$ C は積分定数$)$

であり，$f(x)$ の原始関数の一つを $F(x)$ とすると
$$\int_\alpha^\beta f(x) \, dx = \left[F(x) \right]_\alpha^\beta$$
$$= F(\beta) - F(\alpha).$$

第3問　確率分布・統計的推測

ジャガイモを栽培し販売している会社に勤務する花子さんは，A地区とB地区で収穫されるジャガイモについて調べることになった．

(1) A地区で収穫されるジャガイモには1個の重さが200gを超えるものが25%含まれることが経験的にわかっている．花子さんはA地区で収穫されたジャガイモから400個を無作為に抽出し，重さを計測した．そのうち，重さが200gを超えるジャガイモの個数を表す確率変数をZとする．このときZは二項分布
$B\left(400, 0.\boxed{25}\right)$に従うから，$Z$の平均(期待値)は

$$400 \cdot \frac{1}{4} = \boxed{100}$$

である．

(2) Zを(1)の確率変数とし，A地区で収穫されたジャガイモ400個からなる標本において，重さが200gを超えていたジャガイモの標本における比率を$R = \dfrac{Z}{400}$とする．このとき，Rの標準偏差は

$$\sigma(R) = \frac{\sqrt{400 \cdot \frac{1}{4} \cdot \frac{3}{4}}}{400} = \frac{\sqrt{3}}{80} \quad \left(\boxed{②}\right)$$

である．

標本の大きさ400は十分に大きいので，Rは近似的に正規分布$N\left(0.25, \left(\dfrac{\sqrt{3}}{80}\right)^2\right)$に従い，$Z = \dfrac{R - 0.25}{\frac{\sqrt{3}}{80}}$

とおくと，確率変数Zは標準正規分布$N(0, 1)$に従う．したがって

$$P(R \geqq x) = 0.0465$$

より

$$P\left(\frac{R - 0.25}{\frac{\sqrt{3}}{80}} \geqq \frac{x - 0.25}{\frac{\sqrt{3}}{80}}\right) = 0.0465$$

$$P\left(Z \geqq \frac{x - 0.25}{\frac{\sqrt{3}}{80}}\right) = 0.0465$$

$$P\left(0 \leqq Z \leqq \frac{x - 0.25}{\frac{\sqrt{3}}{80}}\right) = 0.5 - 0.0465$$

二項分布

nを自然数とする．
確率変数Xのとり得る値が
$$0, 1, 2, \cdots, n$$
であり，Xの確率分布が
$$P(X=r) = {}_nC_r\, p^r(1-p)^{n-r}$$
$$(r = 0, 1, 2, \cdots, n)$$
であるとき，Xの確率分布を二項分布といい，$B(n, p)$で表す．

平均(期待値)，分散

確率変数Xのとり得る値を
$$x_1, x_2, \cdots, x_n$$
とし，Xがこれらの値をとる確率をそれぞれ
$$p_1, p_2, \cdots, p_n$$
とすると，Xの平均(期待値)$E(X)$は
$$E(X) = \sum_{k=1}^{n} x_k p_k.$$
また，Xの分散$V(X)$は
$E(X) = m$として
$$V(X) = \sum_{k=1}^{n}(x_k - m)^2 p_k$$
または
$$V(X) = E(X^2) - \{E(X)\}^2.$$

二項分布の平均(期待値)，分散

確率変数Xが二項分布$B(n, p)$に従うとき，$q = 1-p$とするとXの平均(期待値)$E(X)$と分散$V(X)$は
$$E(X) = np$$
$$V(X) = npq$$
である．

$\sqrt{V(X)}$をXの標準偏差という．

標準正規分布

平均0，標準偏差1の正規分布$N(0, 1)$を標準正規分布という．

$$P\left(0 \leqq Z \leqq \frac{x-0.25}{\frac{\sqrt{3}}{80}}\right) = 0.4535$$

であり，正規分布表より

$$\frac{x-0.25}{\frac{\sqrt{3}}{80}} = 1.68$$

すなわち

$$x = 0.25 + 1.68 \cdot \frac{\sqrt{3}}{80} = 0.28633 \quad \left(\boxed{②}\right)$$

← $\sqrt{3} = 1.73$.

である．

(3) B地区で収穫され，出荷される予定のジャガイモ1個の重さは100gから300gの間に分布している．B地区で収穫され，出荷される予定のジャガイモ1個の重さを表す確率変数を X とするとき，X は連続型確率変数であり，X のとり得る値 x の範囲は $100 \leqq x \leqq 300$ である．

花子さんは，B地区で収穫され，出荷される予定のすべてのジャガイモのうち，重さが200g以上のものの割合を見積もりたいと考えた．そのために花子さんは，X の確率密度関数 $f(x)$ として適当な関数を定め，それを用いて割合を見積もるという方針を立てた．

B地区で収穫され，出荷される予定のジャガイモから206個を無作為に抽出したところ，重さの標本平均は180gであった．図1はこの標本のヒストグラムである．

図1　ジャガイモの重さのヒストグラム

花子さんは図1のヒストグラムにおいて，重さ x の増加とともに度数がほぼ一定の割合で減少している傾向に着目し，x の確率密度関数 $f(x)$ として，1次関数

$$f(x) = ax + b \quad (100 \leqq x \leqq 300) \quad \cdots ①$$

を考えることにした．ただし，$100 \leqq x \leqq 300$ の範囲で $f(x) \geqq 0$ とする．

このとき，$P(100 \leqq X \leqq 300) = \boxed{1}$ であること から

$$\int_{100}^{300} f(x)\,dx = 1$$

$$\int_{100}^{300} (ax + b)\,dx = 1$$

$$\left[\frac{a}{2}x^2 + bx\right]_{100}^{300} = 1$$

$$\frac{a}{2}(300^2 - 100^2) + b(300 - 100) = 1$$

$$\boxed{4} \cdot 10^4 a + \boxed{2} \cdot 10^2 b = 1 \qquad \cdots ①$$

である．

花子さんは，X の平均(期待値)が重さの標本平均 180g と等しくなるように確率密度関数を定める方法を 用いることにした．

連続型確率変数 X のとり得る値 x の範囲が $100 \leqq x \leqq 300$ で，その確率密度関数が $f(x)$ のとき，X の平均(期待値) m は

$$m = \int_{100}^{300} x f(x)\,dx$$

で定義される．この定義と ① から

$$m = \int_{100}^{300} x(ax + b)\,dx$$

$$= \int_{100}^{300} (ax^2 + bx)\,dx$$

$$= \left[\frac{a}{3}x^3 + \frac{b}{2}x^2\right]_{100}^{300}$$

$$= \frac{a}{3}(300^3 - 100^3) + \frac{b}{2}(300^2 - 100^2)$$

$$= \frac{26}{3} \cdot 10^6 a + 4 \cdot 10^4 b = 180 \qquad \cdots ②$$

となる．① と ② より

$$a = -3 \cdot 10^{-5}, \quad b = 11 \cdot 10^{-3}$$

となるから，確率密度関数は

$$f(x) = -\boxed{3} \cdot 10^{-5} x + \boxed{11} \cdot 10^{-3} \qquad \cdots ③$$

と得られる．このようにして得られた ③ の $f(x)$ は，$100 \leqq x \leqq 300$ の範囲で $f(x) \geqq 0$ を満たしており，確かに確率密度関数として適当である．

したがって，B 地区で収穫され，出荷される予定の

上の台形の面積より

$$\frac{1}{2}\{f(100) + f(300)\}(300 - 100) = 1$$

としてもよい．

すべてのジャガイモのうち，重さが 200g 以上のものは

$$\int_{200}^{300} f(x)\,dx$$

$$= \int_{200}^{300} (ax+b)\,dx$$

$$= \left[\frac{a}{2}x^2 + bx\right]_{200}^{300}$$

$$= \frac{a}{2}(300^2 - 200^2) + b(300 - 200)$$

$$= \frac{5}{2}\cdot 10^4 a + 10^2 b$$

$$= \frac{5}{2}\cdot 10^4 (-3\cdot 10^{-5}) + 10^2 (11\cdot 10^{-3})$$

$$= 0.35$$

より，35% あると見積もることができる．（ ② ）

上の台形の面積より

$$\frac{1}{2}\{f(200) + f(300)\}(300 - 200)$$

を計算してもよい．

第4問　数列

(1)　座標平面上における自転車の位置を (x, y) とすると $x \geqq a_1$ の範囲で最初に自転車が歩行者に追いつくまでの x, y は

$$y = 2(x - a_1)$$

を満たす.

← 自転車は毎分2の速さ.

　座標平面上における歩行者の位置を (x, y) とすると, $x \geqq a_1$ の範囲で最初に歩行者が自転車に追いつかれるまでの x, y は

$$y = (x - a_1) + b_1$$

を満たす.

← 歩行者は毎分1の速さ.

　よって, 最初に自転車が歩行者に追いつくとき

$$2(x - a_1) = (x - a_1) + b_1$$

が成り立つ. これと $a_1 = 2$, $b_1 = 2$ より

$$x = a_1 + b_1 = 2 + 2 = 4$$

であり

$$y = 2b_1 = 2 \cdot 2 = 4$$

である. したがって, 最初に自転車が歩行者に追いつくときの座標は $\left(\boxed{4}, 4 \right)$ である.

図と $a_1 = 2$, $b_1 = 2$ より

$$a_2 = (a_1 + b_1) + 1 + b_1 + 1 = a_1 + 2b_1 + 2 = \boxed{8}$$

$$b_2 = 2b_1 + b_1 + 1 = 3b_1 + 1 = \boxed{7}$$

である.

　座標平面上における自転車の位置を (x, y) とすると $x \geqq a_n$ の範囲で n 回目に自転車が歩行者に追いつくまでの x, y は

$$y = 2(x - a_n)$$

を満たす.

座標平面上における歩行者の位置を (x, y) とすると，$x \geqq a_n$ の範囲で n 回目に歩行者が自転車に追いつかれるまでの x，y は

$$y = (x - a_n) + b_n$$

を満たす.

よって，n 回目に自転車が歩行者に追いつくとき

$$2(x - a_n) = (x - a_n) + b_n$$

が成り立つ. これより

$$x = a_n + b_n$$

であり

$$y = 2b_n$$

である. (③)，(④)．

図より，数列 $\{a_n\}$，$\{b_n\}$ について，自然数 n に対して，関係式

$$a_{n+1} = (a_n + b_n) + 1 + b_n + 1$$
$$= a_n + \boxed{2}\, b_n + \boxed{2} \qquad \cdots ①$$
$$b_{n+1} = 2b_n + b_n + 1 = 3b_n + \boxed{1} \qquad \cdots ②$$

が成り立つことがわかる. ② は

$$b_{n+1} + \frac{1}{2} = 3\left(b_n + \frac{1}{2}\right)$$

と変形できるから，これと $b_1 = 2$ より，数列 $\left\{b_n + \dfrac{1}{2}\right\}$ は初項 $b_1 + \dfrac{1}{2} = 2 + \dfrac{1}{2} = \dfrac{5}{2}$，公比 3 の等比数列とわかる. よって

漸化式
$$c_{n+1} = pc_n + q \quad (n = 1, 2, 3, \cdots)$$
$$(p,\ q\ は定数,\ p \neq 0, 1)$$
は
$$\alpha = p\alpha + q$$
を満たす α を用いて
$$c_{n+1} - \alpha = p(c_n - \alpha)$$
と変形できる.

$$b_n + \frac{1}{2} = \frac{5}{2} \cdot 3^{n-1} \quad (n = 1, 2, 3, \cdots)$$

すなわち

$$b_n = \frac{5}{2} \cdot 3^{n-1} - \frac{1}{2} \quad (n = 1, 2, 3, \cdots)$$

を得る．（　⑦　）この結果と ① より

$$a_{n+1} = a_n + 2\left(\frac{5}{2} \cdot 3^{n-1} - \frac{1}{2}\right) + 2$$

すなわち

$$a_{n+1} - a_n = 5 \cdot 3^{n-1} + 1$$

を得る．これと $a_1 = 2$ より，$n = 2, 3, 4, \cdots$ のとき

$$\begin{aligned}
a_n &= a_1 + \sum_{k=1}^{n-1}(5 \cdot 3^{k-1} + 1) \\
&= 2 + \frac{5(3^{n-1} - 1)}{3 - 1} + n - 1 \\
&= \frac{5}{2} \cdot 3^{n-1} + n - \frac{3}{2}
\end{aligned}$$

である．この結果は $n = 1$ でも成り立つ．よって

$$a_n = \frac{5}{2} \cdot 3^{n-1} + n - \frac{3}{2} \quad (n = 1, 2, 3, \cdots)$$

である．（　⑨　）

(2) 歩行者が $y = 300$ の位置に到着するときまでに，自転車が歩行者に追いつく回数は

$$2b_n \leqq 300$$

を満たす最大の n の値である．これより

$$2\left(\frac{5}{2} \cdot 3^{n-1} - \frac{1}{2}\right) \leqq 300$$

すなわち

$$3^{n-1} \leqq 60 + \frac{1}{5}$$

を得る．これを満たす最大の n の値は　4　である．
また，4回目に自転車が歩行者に追いつく時刻は

$$\begin{aligned}
x &= a_4 + b_4 \\
&= \left(\frac{5}{2} \cdot 3^{4-1} + 4 - \frac{3}{2}\right) + \left(\frac{5}{2} \cdot 3^{4-1} - \frac{1}{2}\right) \\
&= 5 \cdot 3^3 + 4 - 2 \\
&= \boxed{137}
\end{aligned}$$

である．

等比数列の一般項

初項を a, 公比を r とする等比数列 $\{a_n\}$ の一般項は

$$a_n = ar^{n-1}.$$

階差数列

数列 $\{a_n\}$ に対して

$$b_n = a_{n+1} - a_n$$

とすると，$n = 2, 3, 4, \cdots$ に対して

$$a_n = a_1 + \sum_{k=1}^{n-1} b_k.$$

等比数列の和

初項 a, 公比 r, 項数 n の等比数列の和は，$r \neq 1$ のとき

$$\frac{a(r^n - 1)}{r - 1}.$$

$3^{4-1} = 27$, $3^{5-1} = 81$.

第5問　平面ベクトル

平面上の点 O を中心とする半径 1 の円周上に，3 点 A，B，C があり，$\overrightarrow{OA} \cdot \overrightarrow{OB} = -\dfrac{2}{3}$ および $\overrightarrow{OC} = -\overrightarrow{OA}$ を満たすとする．t を $0 < t < 1$ を満たす実数とし，線分 AB を $t : (1-t)$ に内分する点を P とする．また，直線 OP 上に点 Q をとる．

(1)
$$\overrightarrow{OA} \cdot \overrightarrow{OB} = -\frac{2}{3}$$

より

$$\left|\overrightarrow{OA}\right|\left|\overrightarrow{OB}\right|\cos \angle AOB = -\frac{2}{3}$$

であり，$\left|\overrightarrow{OA}\right| = \left|\overrightarrow{OB}\right| = 1$ であるから

$$\cos \angle AOB = \frac{\boxed{-2}}{\boxed{3}}$$

である．

また，実数 k を用いて，$\overrightarrow{OQ} = k\overrightarrow{OP}$ と表せる．したがって

$$\begin{aligned}
\overrightarrow{OQ} &= k\overrightarrow{OP} \\
&= k\{(1-t)\overrightarrow{OA} + t\overrightarrow{OB}\} \\
&= (k-kt)\overrightarrow{OA} + kt\overrightarrow{OB} \qquad \cdots ①
\end{aligned}$$

となり（ $\boxed{①}$ ），（ $\boxed{0}$ ）

$$\begin{aligned}
\overrightarrow{CQ} &= \overrightarrow{OQ} - \overrightarrow{OC} \\
&= \{(k-kt)\overrightarrow{OA} + kt\overrightarrow{OB}\} - (-\overrightarrow{OA}) \\
&= (k-kt+1)\overrightarrow{OA} + kt\overrightarrow{OB}
\end{aligned}$$

となる．（ $\boxed{④}$ ），（ $\boxed{0}$ ）

$\overrightarrow{OA}$ と $\overrightarrow{OP}$ が垂直となるのは

$$\begin{aligned}
\overrightarrow{OA} \cdot \overrightarrow{OP} &= 0 \\
\overrightarrow{OA} \cdot \{(1-t)\overrightarrow{OA} + t\overrightarrow{OB}\} &= 0 \\
(1-t)\left|\overrightarrow{OA}\right|^2 + t\overrightarrow{OA} \cdot \overrightarrow{OB} &= 0 \\
(1-t) \cdot 1^2 + t\left(-\frac{2}{3}\right) &= 0
\end{aligned}$$

より，$t = \dfrac{\boxed{3}}{\boxed{5}}$ のときである．

以下，$t \neq \dfrac{3}{5}$ とし，∠OCQ が直角であるとする．

(2) ∠OCQ が直角であることにより

$$\overrightarrow{OC} \cdot \overrightarrow{CQ} = 0$$

内積

$\vec{0}$ でない 2 つのベクトル $\vec{x}$ と $\vec{y}$ のなす角を θ ($0° \leqq \theta \leqq 180°$) とすると

$$\vec{x} \cdot \vec{y} = |\vec{x}||\vec{y}|\cos\theta.$$

特に

$$\vec{x} \cdot \vec{x} = |\vec{x}||\vec{x}|\cos 0° = |\vec{x}|^2.$$

内分点

t が $0 < t < 1$ を満たす実数のとき，線分 AB を $t : (1-t)$ に内分する点を P とすると

$$\overrightarrow{OP} = (1-t)\overrightarrow{OA} + t\overrightarrow{OB}.$$

$$\left|\overrightarrow{OA}\right| = \left|\overrightarrow{OB}\right| = 1,$$
$$\overrightarrow{OA} \cdot \overrightarrow{OB} = -\frac{2}{3}.$$

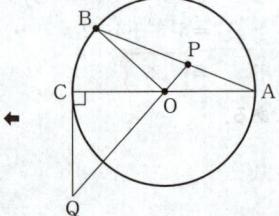

$$\overrightarrow{OA} \cdot \overrightarrow{CQ} = 0$$
$$\overrightarrow{OA} \cdot \{(k - kt + 1)\overrightarrow{OA} + kt\overrightarrow{OB}\} = 0$$
$$(k - kt + 1)\left|\overrightarrow{OA}\right|^2 + kt\overrightarrow{OA} \cdot \overrightarrow{OB} = 0$$
$$(k - kt + 1) \cdot 1^2 + kt\left(-\frac{2}{3}\right) = 0$$
$$\left(\frac{5t - 3}{3}\right)k = 1$$

← $\overrightarrow{OC} = -\overrightarrow{OA}$.

であるから, (1) の k は

$$k = \cfrac{\boxed{3}}{\boxed{5}\,t - \boxed{3}} \qquad \cdots ②$$

← $t \neq \dfrac{3}{5}$ より, $5t - 3 \neq 0$.

となることがわかる.

　平面から直線 OA を除いた部分は, 直線 OA を境に二つの部分に分けられる. そのうち, 点 B を含む部分を D_1, 含まない部分を D_2 とする. また, 平面から直線 OB を除いた部分は, 直線 OB を境に二つの部分に分けられる. そのうち, 点 A を含む部分を E_1, 含まない部分を E_2 とする.

$0 < t < \dfrac{3}{5}$ のとき

・$0 < t < \dfrac{3}{5}$ ならば, 点 Q は D_2 に含まれ, かつ E_2 に含まれる.

$$\left(\boxed{③}\right)$$

・$\dfrac{3}{5} < t < 1$ ならば, 点 Q は D_1 に含まれ, かつ E_1 に含まれる.

$$\left(\boxed{⓪}\right)$$

$\dfrac{3}{5} < t < 1$ のとき

(3) 点 P の位置と $\left|\overrightarrow{OQ}\right|$ の関係について考える.

$t = \dfrac{1}{2}$ のとき, ① と ② により

$$\overrightarrow{OQ} = k\{(1 - t)\overrightarrow{OA} + t\overrightarrow{OB}\}$$
$$= \frac{3}{5t - 3}\{(1 - t)\overrightarrow{OA} + t\overrightarrow{OB}\}$$
$$= \frac{3}{5 \cdot \frac{1}{2} - 3}\left\{\left(1 - \frac{1}{2}\right)\overrightarrow{OA} + \frac{1}{2}\overrightarrow{OB}\right\}$$
$$= -3(\overrightarrow{OA} + \overrightarrow{OB})$$

← $k = \dfrac{3}{5 \cdot \frac{1}{2} - 3} = -6$.

であるから

$$\left|\overrightarrow{OQ}\right|^2 = 3^2\left|\overrightarrow{OA} + \overrightarrow{OB}\right|^2$$
$$= 3^2\left(\left|\overrightarrow{OA}\right|^2 + \left|\overrightarrow{OB}\right|^2 + 2\overrightarrow{OA} \cdot \overrightarrow{OB}\right)$$

$$= 3^2\left\{1^2 + 1^2 + 2\left(-\frac{2}{3}\right)\right\}$$

$$= 6$$

より，$|\overrightarrow{OQ}| = \sqrt{\boxed{6}}$ とわかる．

直線 OA に関して，$t = \dfrac{1}{2}$ のときの点 Q と対称な点
を R とすると

$$\overrightarrow{CR} = \boxed{-}\ \overrightarrow{CQ}$$

$$= -(\overrightarrow{OQ} - \overrightarrow{OC})$$

$$= 3(\overrightarrow{OA} + \overrightarrow{OB}) - \overrightarrow{OA}$$

$$= \boxed{2}\ \overrightarrow{OA} + \boxed{3}\ \overrightarrow{OB}$$

となる．これより

$$\overrightarrow{OC} + \overrightarrow{CR} = -\overrightarrow{OA} + 2\overrightarrow{OA} + 3\overrightarrow{OB}$$

$$\overrightarrow{OR} = \overrightarrow{OA} + 3\overrightarrow{OB}$$

であり，このときの R が $t \neq \dfrac{1}{2}$ のときの $|\overrightarrow{OQ}| = \sqrt{6}$

となる Q であるから

$$\overrightarrow{OQ} = \overrightarrow{OA} + 3\overrightarrow{OB}$$

$$= 4\left\{\left(1 - \frac{3}{4}\right)\overrightarrow{OA} + \frac{3}{4}\overrightarrow{OB}\right\}$$

より，$t \neq \dfrac{1}{2}$ のとき，$|\overrightarrow{OQ}| = \sqrt{6}$ となる t の値は

$\dfrac{\boxed{3}}{\boxed{4}}$ である．

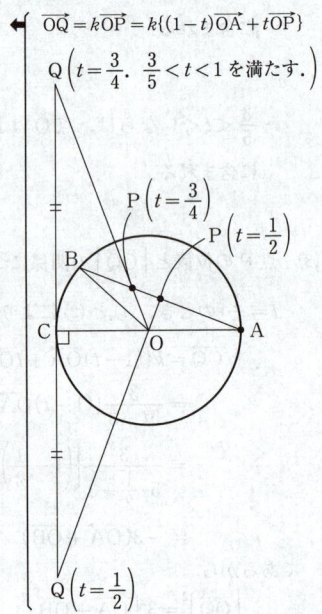

$\leftarrow$ $|\overrightarrow{OA}| = |\overrightarrow{OB}| = 1$，$\overrightarrow{OA} \cdot \overrightarrow{OB} = -\dfrac{2}{3}$．

$t = \dfrac{1}{2}$ のとき

$\left(0 < t < \dfrac{3}{5}$ を満たす．$\right)$

$\leftarrow$ $\overrightarrow{OC} = -\overrightarrow{OA}$．

$\leftarrow$ $\overrightarrow{OQ} = k\overrightarrow{OP} = k\{(1-t)\overrightarrow{OA} + t\overrightarrow{OP}\}$

$Q\left(t = \dfrac{3}{4}. \dfrac{3}{5} < t < 1$ を満たす．$\right)$

数学Ⅰ

解答・採点基準　　（100点満点）

問題番号(配点)	解答記号	正解	配点	自己採点
第1問 (20)	アイ	−6	2	
	ウエ	38	2	
	オカ	−2	2	
	キク	18	2	
	ケ	2	2	
	コ，サ，シ	2, 4, 2	2	
	ス	⑧	2	
	セ	⓪	2	
	ソ	①	2	
	タ，チ	①，③	2	
第1問　自己採点小計				
第2問 (30)	ア.イウエ	0.072	3	
	オ	②	3	
	$\frac{\sqrt{カ}}{キ}$	$\frac{\sqrt{6}}{3}$	2	
	ク$\sqrt{ケ}$	$2\sqrt{6}$	2	
	コ$\sqrt{サ}$	$2\sqrt{6}$	3	
	$\frac{シ}{ス}$	$\frac{2}{3}$	3	
	$\frac{セソ}{タ}$	$\frac{10}{3}$	2	
	チ≦AB≦ツ	4≦AB≦6	3	
	$\frac{テト}{ナ}$，$\frac{ニ}{ヌ}$	$\frac{-1}{3}$，$\frac{7}{3}$	3	
	ネ	4	3	
	ノ$\sqrt{ハ}$	$4\sqrt{5}$	3	
第2問　自己採点小計				

問題番号(配点)	解答記号	正解	配点	自己採点
第3問 (30)	ア，イ	2, ⓪	2	
	ウ，エ	7, ①	2	
	オ<t<カキ	1<t<21	3	
	ク	⓪	2	
	ケ	⑦	3	
	コ	③	3	
	サ	3	2	
	シ	2	2	
	ス	5	2	
	セ	9	2	
	ソ	⑥	1	
	タ	①	2	
	チ，ツ	③，①	3	
第3問　自己採点小計				
第4問 (20)	ア，イ，ウ	②，②，⓪	3	
	エ，オ	⓪，③	2	
	カ	②	4	
	キ.クケ	0.63	3	
	コ	③	3	
	サシ，ス，セ	14, 3, 2	1	
	ソ	②	2	
	タ	②	2	
第4問　自己採点小計				
自己採点合計				

第1問　数と式，2次方程式，集合と命題

〔1〕　数学Ⅰ・数学Aの**第1問〔1〕**の解答を参照.

〔2〕

> **命題A**　p, q, r, s を実数とする.
> $pq=2(r+s)$ ならば，二つの2次関数 $y=x^2+px+r$,
> $y=x^2+qx+s$ のグラフのうち，
> 少なくとも一方は x 軸と共有点をもつ.

2次方程式 $x^2+px+r=0$ に解の公式を適用すると，

$$x=\dfrac{-p\pm\sqrt{p^{\boxed{2}}-\boxed{4}\,r}}{\boxed{2}}.$$

$x^2+px+r=0$ の判別式が D_1，$x^2+qx+s=0$ の判別式が D_2 より，

$$D_1=p^2-4r,\quad D_2=q^2-4s.$$

$y=x^2+px+r$, $y=x^2+qx+s$ のグラフのうち，少なくとも一方が x 軸と共有点をもつための必要十分条件は，

$$D_1\geqq0\quad\text{または}\quad D_2\geqq0.\quad\boxed{⑧}\ \cdots\text{ス}$$

よって，**命題A** が真であることを示す代わりに**命題B** が真であることを示すとよい.

> **命題B**　p, q, r, s を実数とする.
> $pq=2(r+s)$ ならば，$\boxed{\text{ス}}$ が成り立つ.

命題B を背理法を用いて証明するには，

$$D_1\geqq0\quad\text{または}\quad D_2\geqq0$$

が成り立たない，すなわち，

$$D_1<0\quad\text{かつ}\quad D_2<0\quad\boxed{⓪}\ \cdots\text{セ}$$

が成り立つと仮定して矛盾を導けばよい.

$D_1<0$ かつ $D_2<0$ が成り立つならば，

$$D_1+D_2<0\quad\boxed{①}\ \cdots\text{ソ}$$

が得られる.

2次方程式の解の公式（その1）
2次方程式 $ax^2+bx+c=0$ の解は，

$$x=\dfrac{-b\pm\sqrt{b^2-4ac}}{2a}.$$

2次関数のグラフと x 軸の位置関係
2次方程式 $ax^2+bx+c=0$ の判別式を D とする.

放物線 $y=ax^2+bx+c$ $\cdots$① について，

$$\begin{pmatrix}①\text{と}x\text{軸が異なる}\\2\text{点で交わる}\end{pmatrix}\Longleftrightarrow D>0,$$

$$(①\text{と}x\text{軸が接する})\Longleftrightarrow D=0,$$

$$\begin{pmatrix}①\text{と}x\text{軸は交わら}\\\text{ない}\end{pmatrix}\Longleftrightarrow D<0.$$

①と x 軸が共有点をもつ条件は，「異なる2点で交わる」，または，「接する」を合わせたものであるから，

$$D>0\quad\text{または}\quad D=0$$

つまり，

$$D\geqq0.$$

ド・モルガンの法則
$$\overline{s\text{または}t}\Longleftrightarrow\overline{s}\text{かつ}\overline{t},$$
$$\overline{s\text{かつ}t}\Longleftrightarrow\overline{s}\text{または}\overline{t}.$$

一方，$pq = 2(r+s)$ を用いると，

$$
\begin{aligned}
D_1 + D_2 &= (p^2 - 4r) + (q^2 - 4s) \\
&= (p^2 + q^2) - 2 \cdot 2(r+s) \\
&= p^2 + q^2 - 2pq \quad \boxed{①} \quad \cdots タ
\end{aligned}
$$

が得られるので，

$$
\begin{aligned}
D_1 + D_2 &= (p-q)^2 \\
&\geqq 0 \quad \boxed{③} \quad \cdots チ
\end{aligned}
$$

となるが，これは $D_1 + D_2 < 0$ に矛盾する．したがって，$D_1 < 0$ かつ $D_2 < 0$ は成り立たない．よって，**命題 B は真である**．

第2問　図形と計量，2次関数

〔1〕

（図1）

図1において線分 AC, BC の長さを定規で測ったときの値をそれぞれ x, y とすると，条件より，

$$\tan 16° = \frac{y}{x}, \quad \text{すなわち，} \quad \frac{y}{x} = 0.2867. \quad \cdots ①$$

さらに，条件より，

（2点 A, C の間の距離）＝ AC ＝ 100000x,

（2点 B, C の間の距離）＝ BC ＝ 25000y,

であるから，

$$\begin{aligned}
\tan \angle BAC &= \frac{BC}{AC} \\
&= \frac{25000y}{100000x} \\
&= \frac{1}{4} \cdot \frac{y}{x} \\
&= 0.25 \times 0.2867 \quad (① より) \\
&= 0.071675.
\end{aligned}$$

よって，

$$\tan \angle BAC = \boxed{0} . \boxed{072}$$

であり，∠BAC の大きさは 4° より大きく 5° より小さい．　$\boxed{②}$ …**オ**

〔2〕

(1)

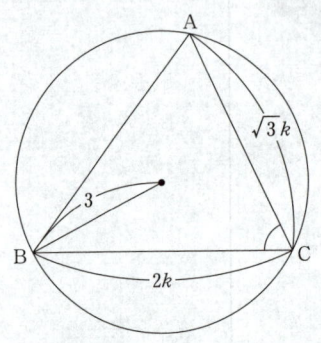

$$\cos \angle ACB = \frac{\sqrt{3}}{3} \text{ と，} 0° < \angle ACB < 180° \text{ より}$$

$\sin\angle\mathrm{ACB}>0$ であるから,

$$\sin\angle\mathrm{ACB}=\sqrt{1-\cos^2\angle\mathrm{ACB}}$$
$$=\sqrt{1-\left(\frac{\sqrt{3}}{3}\right)^2}$$
$$=\frac{\sqrt{\boxed{6}}}{\boxed{3}}.$$

正弦定理を用いると,

$$\frac{\mathrm{AB}}{\sin\angle\mathrm{ACB}}=2\cdot3$$

であるから,

$$\mathrm{AB}=6\sin\angle\mathrm{ACB}$$
$$=6\cdot\frac{\sqrt{6}}{3}$$
$$=\boxed{2}\sqrt{\boxed{6}}.$$

また, $\mathrm{AC}:\mathrm{BC}=\sqrt{3}:2$ より,

$$\mathrm{AC}=\sqrt{3}\,k,\quad \mathrm{BC}=2k\ (k>0)$$

とおく. 余弦定理を用いると,

$$\mathrm{AB}^2=\mathrm{BC}^2+\mathrm{AC}^2-2\mathrm{BC}\cdot\mathrm{AC}\cos\angle\mathrm{ACB}$$
$$(2\sqrt{6})^2=(2k)^2+(\sqrt{3}k)^2-2\cdot2k\cdot\sqrt{3}k\cdot\frac{\sqrt{3}}{3}$$
$$24=3k^2$$
$$k^2=8$$

となるから, $k>0$ より,

$$k=2\sqrt{2}.$$

よって,

$$\mathrm{AC}=\sqrt{3}\cdot2\sqrt{2}=\boxed{2}\sqrt{\boxed{6}}.$$

(2)(i)

三角形 ABC に正弦定理を用いると,

三角比の相互関係

・$\sin^2\theta+\cos^2\theta=1$,

・$\tan\theta=\dfrac{\sin\theta}{\cos\theta}$,

・$1+\tan^2\theta=\dfrac{1}{\cos^2\theta}$.

正弦定理

$$\frac{a}{\sin A}=\frac{b}{\sin B}=\frac{c}{\sin C}=2R.$$

（R は外接円の半径）

余弦定理

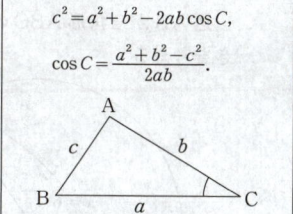

$$c^2=a^2+b^2-2ab\cos C,$$
$$\cos C=\frac{a^2+b^2-c^2}{2ab}.$$

$$2 \cdot 3 = \frac{4}{\sin \angle ABC}$$

であるから,

$$\sin \angle ABC = \frac{\boxed{2}}{\boxed{3}}.$$

さらに, 直角三角形 ABD に注目すると,

$$\sin \angle ABD = \frac{AD}{AB}$$

であるから, $\angle ABD = \angle ABC$ より,

$$\begin{aligned} AD &= AB \sin \angle ABC \\ &= 5 \cdot \frac{2}{3} \\ &= \frac{\boxed{10}}{\boxed{3}}. \end{aligned}$$

(ii) $AB = x$, $AC = y$ とおくと, $2AB + AC = 14$ より,

$$2x + y = 14. \qquad \cdots ①$$

このときの辺 AB の長さのとり得る値の範囲を求める.

辺 AB が三角形 ABC の外接円の直径になるときを考える.

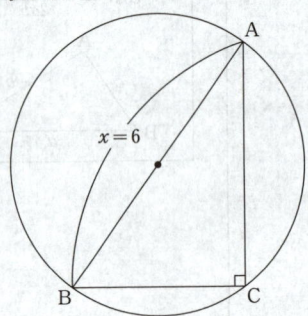

$AB = x = 6$ であり, このときの y の値は, ① より,

$$AC = y = 2 \, (> 0)$$

である(辺 AC は存在している).

また, ① より,

$$x = \frac{14 - y}{2} \qquad \cdots ①'$$

であるから, y が最大のとき, x は最小になる.

← 辺 AB の長さが最大になるのは, 図より, AB が外接円の直径になるときと推定されるので, そのときの場合を考えた. なお, ① より y の値が負になれば, AB の長さが最大になるのは, AB が外接円の直径になるときではないことになる.

辺 AC が三角形 ABC の外接円の直径になるときを考える.

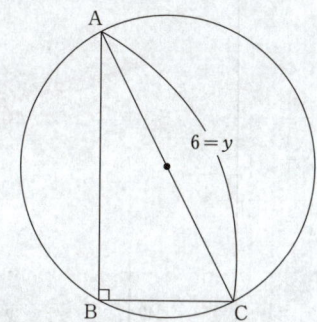

AC＝y＝6 であり，このときの x の値は，①′ より，

$$AB = x = 4 \ (>0)$$

である（辺 AB は存在している）.

よって，図より，辺 AB の長さのとり得る値の範囲は，

$$\boxed{4} \leqq AB \leqq \boxed{6}.$$

次に，線分 AD の長さを AB を用いて表す.

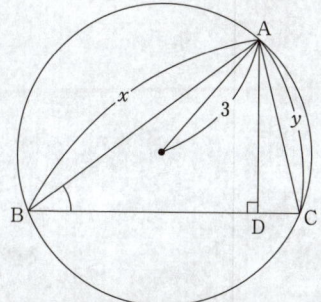

三角形 ABC に正弦定理を用いると，

$$2 \cdot 3 = \frac{y}{\sin \angle ABC}$$

であるから，

$$\sin \angle ABC = \frac{y}{6}. \qquad \cdots ②$$

さらに，直角三角形 ABD に注目すると，

$$\sin \angle ABD = \frac{AD}{AB}$$

であるから，∠ABD＝∠ABC より，

$$AD = AB \sin \angle ABC$$

← 辺 AB の長さが最大になるときと同様に，辺 AC の長さが最大になるときも AC が外接円の直径になるときを考えた. このとき，x の値が正になることを確認しておくこと.

$$= x \cdot \frac{y}{6} \quad (\text{②より})$$

$$= x \cdot \frac{14 - 2x}{6} \quad (\text{①より})$$

$$= -\frac{1}{3}x^2 + \frac{7}{3}x$$

$$\left(= \frac{\boxed{-1}}{\boxed{3}} \mathrm{AB}^2 + \frac{\boxed{7}}{\boxed{3}} \mathrm{AB} \right).$$

ここで，

$$f(x) = -\frac{1}{3}x^2 + \frac{7}{3}x \quad (4 \leqq x \leqq 6)$$

とおくと，

$$f(x) = -\frac{1}{3}\left(x - \frac{7}{2}\right)^2 + \frac{49}{12}.$$

よって，線分 AD の長さの最大値は，

$$f(4) = -\frac{1}{3} \cdot 4^2 + \frac{7}{3} \cdot 4 = \boxed{4}.$$

← ①より，
$$2 \cdot 4 + y = 14$$
$$y = 6.$$

このとき，AD = AB = x = 4，AC = y = 6 であるから，三角形 ABC は次図のように ∠ABC = 90° の直角三角形になる．

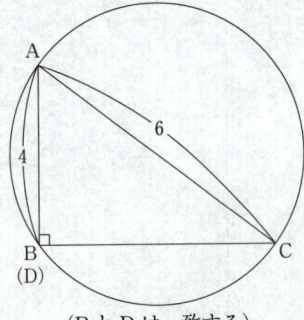

（B と D は一致する）

これより，三平方の定理を用いると，

$$\mathrm{BC} = \sqrt{\mathrm{AC}^2 - \mathrm{AB}^2}$$
$$= \sqrt{6^2 - 4^2}$$
$$= 2\sqrt{5}$$

であるから，△ABC の面積は，

$$\frac{1}{2} \cdot \mathrm{BC} \cdot \mathrm{AB} = \frac{1}{2} \cdot 2\sqrt{5} \cdot 4 = \boxed{4}\sqrt{\boxed{5}}.$$

第3問　2次関数

〔1〕　a, b, c, d は実数で, $a \neq 0$, $c \neq 0$.
$$y = (ax + b)(cx + d). \quad \cdots (*)$$
$$\ell : y = ax + b, \quad m : y = cx + d.$$
$f(x) = ax + b$, $g(x) = cx + d$ とおくと, $(*)$は,
$$y = f(x)g(x)$$
と表せ, x^2 の係数は ac である.

$s : \ell$ と x 軸との交点の x 座標,
$t : m$ と x 軸との交点の x 座標.

(1)(i)　$s = -1$, $t = 5$ より, $f(-1) = 0$, $g(5) = 0$ であるから, $(*)$のグラフは2点$(-1, 0)$, $(5, 0)$を通る. また, x^2 の係数 ac は, $a > 0$, $c < 0$ より負であるから, $(*)$のグラフは次のようになる.

$(*)$の頂点の x 座標は, $\dfrac{-1+5}{2} = 2$ であるから,

$(*)$は $x = \boxed{2}$ で最大値をとる. $\boxed{⓪}$ …イ

(ii)　$s = 6$, $t = 8$ より, $f(6) = 0$, $g(8) = 0$ であるから, $(*)$のグラフは2点$(6, 0)$, $(8, 0)$を通る. また, x^2 の係数 ac は, $a < c < 0$ より正であるから, $(*)$のグラフは次のようになる.

$(*)$の頂点の x 座標は, $\dfrac{6+8}{2} = 7$ であるから,

$(*)$は $x = \boxed{7}$ で最小値をとる. $\boxed{①}$ …エ

(2)　$s = -1$ のときの�あについて考えるから, $f(-1) = 0$, $g(t) = 0$ より, $(*)$のグラフは2点 $(-1, 0)$, $(t, 0)$ $(-1 < t)$ を通る. また, x^2 の係数 ac は負であるから, $(*)$のグラフは次のようになる.

⑤　$a > 0$, $c < 0$.

$(*)$は,
$$y = f(x)g(x) = ac(x+1)(x-5)$$
と表せる.

⑥　$a < c < 0$.

$(*)$は,
$$y = f(x)g(x) = ac(x-6)(x-8)$$
と表せる.

(*) の頂点の x 座標は，$\dfrac{-1+t}{2}$，すなわち，$\dfrac{t-1}{2}$

であり，(*) が最大値を $0<x<10$ の範囲でとる条件は，

「頂点の x 座標が $0<x<10$ の範囲に存在する」ことである．

これより，求める t の値の範囲は，

$$0<\frac{t-1}{2}<10$$

$$0<t-1<20$$

$$\boxed{1}<t<\boxed{21}.$$

(3)・「y の最大値がある」ことについて．

y の最大値が存在するのは，x^2 の係数 ac が負のときであり，それは ⓐ のみである．$\boxed{⓪}$ …ク

・「y の最小値があり，その値が 0 以上になる」ことについて．

y の最小値が存在するのは，x^2 の係数 ac が正であるときであるから，ⓘ〜ⓞ に限られるが，

$f(s)=0$, $g(t)=0$ より，最小値をとる x の値は，

$\dfrac{s+t}{2}$ であり，ⓘ〜ⓞ いずれについても

$f\left(\dfrac{s+t}{2}\right)$ と $g\left(\dfrac{s+t}{2}\right)$ は異符号になるから最小値は負である．よって，ⓐ〜ⓞ のうちにはない．

$\boxed{⑦}$ …ケ

最小値 $f\left(\dfrac{s+t}{2}\right)g\left(\dfrac{s+t}{2}\right)$ は負である．

・「y の最小値があり，その値を $x>0$ の範囲でとる」ことについて．

y の最小値が存在するのは，x^2 の係数 ac が正であるときであるから，ⓘ〜ⓞ に限られるが，

$f(s)=0$, $g(t)=0$ より，最小値をとる x の値は，

$\dfrac{s+t}{2}$ であり，$\dfrac{s+t}{2}>0$ となるものは，ⓘ とⓔ である．$\boxed{③}$ …コ

← ⓤ，ⓞ は，$s<t<0$ より，

$$\frac{s+t}{2}<0.$$

〔2〕 p, q は実数.
$$x^2 + px + q = 0, \qquad \cdots ①$$
$$x^2 + qx + p = 0. \qquad \cdots ②$$
n：① または ② を満たす実数 x の個数.

(1) $p = 4$, $q = -4$ のとき, ①, ② は,
$$x^2 + 4x - 4 = 0, \qquad \cdots ①'$$
$$x^2 - 4x + 4 = 0. \qquad \cdots ②'$$
①' を解くと,
$$x = -2 \pm 2\sqrt{2}.$$
②' を解くと,
$$(x - 2)^2 = 0$$
$$x = 2.$$
よって, $n = \boxed{3}$ である.

また, $p = 1$, $q = -2$ のとき, ①, ② は,
$$x^2 + x - 2 = 0, \qquad \cdots ①''$$
$$x^2 - 2x + 1 = 0. \qquad \cdots ②''$$
①'' を解くと,
$$(x + 2)(x - 1) = 0$$
$$x = -2, \ 1.$$
②'' を解くと,
$$(x - 1)^2 = 0$$
$$x = 1.$$
よって, $n = \boxed{2}$ である.

(2) $p = -6$ のとき, ①, ② は,
$$x^2 - 6x + q = 0, \qquad \cdots ①'''$$
$$x^2 + qx - 6 = 0. \qquad \cdots ②'''$$
①''' と ②''' をともに満たす実数を α とすると,
$$\alpha^2 - 6\alpha + q = 0,$$
$$\alpha^2 + q\alpha - 6 = 0$$
が成り立つ.

辺々を引くと,
$$-(q + 6)\alpha + (q + 6) = 0$$
$$(q + 6)(1 - \alpha) = 0$$
$$q = -6 \quad \text{または} \quad \alpha = 1.$$

・$q = -6$ のとき.
①''' と ②''' はともに
$$x^2 - 6x - 6 = 0$$
となり, これを満たす実数 x は, $3 \pm \sqrt{15}$ である.

> ← ── 2次方程式の解の公式（その2） ──
> 　2次方程式 $ax^2 + 2b'x + c = 0$ の
> 解は,
> $$x = \frac{-b' \pm \sqrt{b'^2 - ac}}{a}.$$

よって, $n=2$ である.

・$\alpha=1$ のとき.

$\alpha^2-6\alpha+q=0$ に代入すると, $q=5$ であるから, ①‴, ②‴ は,

← $\alpha^2+q\alpha-6=0$ に $\alpha=1$ を代入して, $q=5$ を求めてもよい.

$$x^2-6x+5=0,$$
$$x^2+5x-6=0.$$

$x^2-6x+5=0$ の解は,

$$x=1, \ 5.$$

← $(x-1)(x-5)=0$ より, $x=1, 5.$

$x^2+5x-6=0$ の解は,

$$x=-6, \ 1.$$

← $(x+6)(x-1)=0$ より, $x=-6, 1.$

よって, $n=3$ である.

また, これ以外に $n=3$ となるのは,

(i) ①‴ が重解をもち, ②‴ は①‴ の重解以外の 異なる2つの実数解をもつとき,

(ii) ②‴ が重解をもち, ①‴ は②‴ の重解以外の 異なる2つの実数解をもつとき

の2つの場合がある.

ここで, ①‴ の判別式を D_1, ②‴ の判別式を D_2 とすると,

$$D_1=(-6)^2-4\cdot1\cdot q=4(9-q),$$
$$D_2=q^2-4\cdot1\cdot(-6)=q^2+24.$$

(i)のとき.

$D_1=0$ より, $4(9-q)=0$ であるから,

$$q=9.$$

このとき, ①‴ と②‴ は,

$$x^2-6x+9=0,$$
$$x^2+9x-6=0.$$

$x^2-6x+9=0$ の解は,

$$x=3.$$

$x^2+9x-6=0$ の解は,

$$x=\frac{-9\pm\sqrt{105}}{2}.$$

よって, $n=3$ である.

(ii)のとき.

$D_2=q^2+24>0$ より, $x^2+qx-6=0$ は重解をもたないから, $n=3$ となることはない.

以上から, $n=3$ となる q の値は,

$$q=\boxed{5}, \ \boxed{9}.$$

← ― 2次方程式の解の判別式 ―

2次方程式 $ax^2+bx+c=0$ において, b^2-4ac を判別式といい, D で表す.

$D>0 \iff \left(\begin{array}{l}異なる2つの実数解\\をもつ\end{array}\right),$

$D=0 \iff$ (実数の重解をもつ),

$D<0 \iff$ (実数解をもたない).

← $(x-3)^2=0$ より, $x=3.$

(3)
$$y = x^2 - 6x + q, \qquad \cdots ③$$
$$y = x^2 + qx - 6. \qquad \cdots ④$$

③ を平方完成すると，
$$y = (x - 3)^2 + q - 9$$
となるから，

頂点の座標は $(3, q-9)$，

軸の方程式は $x = 3$.

q の値を 1 から増加させると，

頂点の x 座標と軸の方程式は変わらないが，
頂点の y 座標は大きくなるから，頂点は真上
に上がる．

よって，点線のグラフと実線のグラフの位置関係
は次のようになる．　⑥　…ソ

← 2次関数 $y = a(x-b)^2 + c$ のグラフ
の頂点の座標は，
$$(b, c).$$
軸の方程式は，
$$x = b.$$

④ を平方完成すると，
$$y = \left(x + \frac{q}{2}\right)^2 - \left(\frac{q^2}{4} + 6\right)$$
となるから，

頂点の座標は $\left(-\dfrac{q}{2},\ -\left(\dfrac{q^2}{4} + 6\right)\right)$，

軸の方程式は $x = -\dfrac{q}{2}$.

q の値を 1 から増加させると，

頂点の x 座標と y 座標はともに小さくなる
から，頂点は左下に移動するが，点線のグラ
フと実線のグラフはともに点 $(0, -6)$ を通
るから，y 切片は変わらない．

よって，点線のグラフと実線のグラフの位置関係
は次のようになる．　①　…タ

← 軸は左へ移動していく．

$$\left(-\frac{1}{2},\ -\frac{25}{4}\right)$$

$$(0,\ -6)$$

$$\left(-\frac{q}{2},\ -\left(\frac{q^2}{4}+6\right)\right)$$

(4) U は実数全体の集合で，$A \subset U$，$B \subset U$，$5 < q < 9$
であり，

$$A = \{x \mid x^2 - 6x + q < 0\},$$
$$B = \{x \mid x^2 + qx - 6 < 0\}.$$

$f(x) = x^2 - 6x + q$，$g(x) = x^2 + qx - 6$ とおくと，
$5 < q < 9$ より，

$$f(1) = g(1) = q - 5 > 0,$$
$$D_1 = 4(9 - q) > 0$$

であるから，$y = f(x)$ …③ と $y = g(x)$ …④ の 2
つのグラフの位置関係は次のようになる.

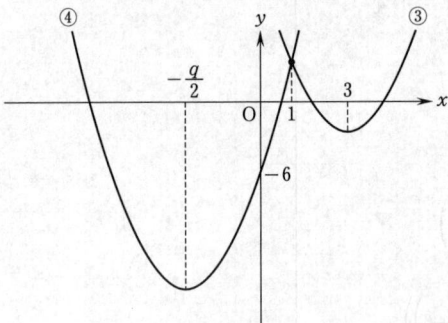

　ここで，$f(x) = 0$ の異なる 2 つの実数解を s，
t $(s < t)$ とし，$g(x) = 0$ の異なる 2 つの実数解を
u，v $(u < v)$ とすると，図より，$1 < s < t$ であり，
$u < v < 1$ であるから，集合 A，B は次のように書き
換えることができる.

$$A = \{x \mid 1 < s < x < t\ \text{かつ}\ s < 3 < t\},$$
$$B = \{x \mid u < x < v < 1\ \text{かつ}\ u < 0 < v\}.$$

・$x \in A$ は，$x \in B$ であるための何条件かを求める.

　　命題「$x \in A \implies x \in B$」は偽（反例 $x = 3$），
　　命題「$x \in B \implies x \in A$」は偽（反例 $x = 0$）
　　である.

$q = 5$ のとき，$y = f(x)$ …③ と
$y = g(x)$ …④ の 2 つのグラフの位置
関係は，(2)の結果より，次のようにな
る.

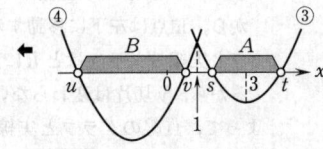

　偽である命題「$\ell \implies m$」におい
て，仮定 ℓ を満たすが，結論 m を満
たさないものを，この命題の反例と
いう.

よって，$x \in A$ は，$x \in B$ であるための必要条件でも十分条件でもない．　③ …チ

・$x \in B$ は，$x \in \overline{A}$ であるための何条件かを求める．
$\overline{A} = \{x \mid (x \leqq s \text{ または } t \leqq x) \text{ かつ } 1 < s < 3 < t\}$．

命題「$x \in B \implies x \in \overline{A}$」は真，
命題「$x \in \overline{A} \implies x \in B$」は偽（反例 $x = 1$）
である．

よって，$x \in B$ は，$x \in \overline{A}$ であるための十分条件であるが，必要条件ではない．　① …ツ

← 命題「$\ell \implies m$」が真のとき，ℓ は m であるための十分条件という．また，「$m \implies \ell$」が真のとき，ℓ は m であるための必要条件という．

2つの命題「$\ell \implies m$」と「$m \implies \ell$」がともに真であるとき，ℓ は m であるための必要十分条件という．

第4問　データの分析

(1) 29か国の2009年度と2018年度における教員1人あ
たりの学習者数のデータについて，

　　最小値を m，第1四分位数を Q_1，中央値を Q_2，
　　第3四分位数を Q_3，最大値を M

とすると，

　　m は小さい方から1番目の値，
　　Q_1 は小さい方から7番目の値と8番目の値の平均値，
　　Q_2 は小さい方から15番目の値，
　　Q_3 は小さい方から22番目の値と23番目の値の平均値，
　　M は小さい方から29番目の値

である．

　図1と図2のヒストグラムから，度数と累積度数は
次のようになる．

	2009年度		2018年度	
	度数	累積度数	度数	累積度数
0人以上15人未満	0	0	1	1
15人以上30人未満	11	11	9	10
30人以上45人未満	6	17	11	21
45人以上60人未満	4	21	2	23
60人以上75人未満	3	24	1	24
75人以上90人未満	2	26	2	26
90人以上105人未満	0	26	1	27
105人以上120人未満	1	27	0	27
120人以上135人未満	0	27	2	29
135人以上150人未満	1	28	0	29
150人以上165人未満	0	28	0	29
165人以上180人未満	1	29	0	29

← 最初の階級からその階級までの度数
を合計したものを累積度数という．

　2009年度と2018年度の m，Q_1，Q_2，Q_3，M は次の
ようになる．

	2009 年度		2018 年度	
	階 級	階級値	階 級	階級値
m	15 人以上 30 人未満	22.5 人	0 人以上 15 人未満	7.5 人
Q_1	15 人以上 30 人未満	22.5 人	15 人以上 30 人未満	22.5 人
Q_2	30 人以上 45 人未満	37.5 人	30 人以上 45 人未満	37.5 人
Q_3	60 人以上 75 人未満	67.5 人	45 人以上 60 人未満	52.5 人
M	165 人以上 180 人未満	172.5 人	120 人以上 135 人未満	127.5 人

← 各階級の中央の値を階級値という.

・2009 年度と 2018 年度の中央値(Q_2)が含まれる階級の階級値を比較すると，両者は等しい． **②** …ア

・2009 年度と 2018 年度の第 1 四分位数(Q_1)が含まれる階級の階級値を比較すると，両者は等しい．
② …イ

・2009 年度と 2018 年度の第 3 四分位数(Q_3)が含まれる階級の階級値を比較すると，2018 年度の方が小さい． **⓪** …ウ

・2009 年度と 2018 年度の範囲を比較すると，2018 年度の方が小さい． **⓪** …エ

← （範囲）＝（最大値）－（最小値）．
2009 年度の範囲は，$M-m$ より，
135 人より大きく 165 人より
小さい値．
2018 年度の範囲は，$M-m$ より，
105 人より大きく 135 人より
小さい値．

・2009 年度と 2018 年度の四分位範囲を比較すると，これら二つのヒストグラムからだけでは両者の大小を判断できない． **③** …オ

← $\left(\begin{array}{c}\text{四分位}\\\text{範囲}\end{array}\right)=\left(\begin{array}{c}\text{第3四分}\\\text{位数}\end{array}\right)-\left(\begin{array}{c}\text{第1四分}\\\text{位数}\end{array}\right)$.
2009 年度の四分位範囲は，Q_3-Q_1 より，
30 人より大きく 60 人より小さい値．
2018 年度の四分位範囲は，Q_3-Q_1 より，
15 人より大きく 45 人より小さい値．

(2) 図 3 の 2009 年度における「教育機関 1 機関あたりの学習者数」の箱ひげ図より，

　　最小値 ：50 人 （小さい方から 1 番目の値），

　　第 1 四分位数 ：約 85 人 （小さい方から 7 番目の値と 8 番目の値の平均値），

　　中央値 ：約 140 人 （小さい方から 15 番目の値），

　　第 3 四分位数 ：約 235 人 （小さい方から 22 番目の値と 23 番目の値の平均値），

　　最大値 ：約 485 人 （小さい方から 29 番目の値）

である．

　2009 年度について，「教育機関 1 機関あたりの学習者数」（横軸）と「教員 1 人あたりの学習者数」（縦軸）の散布図は，教育機関 1 機関あたりの学習者数の第 1 四分位数と第 3 四分位数に注目して **②** …カである．

最小値　中央値　最大値
第 1 四分位数　第 3 四分位数

← ①と③の散布図は，教育機関 1 機関あたりの学習者数の第 1 四分位数がともに 100 人以上である．
⓪の散布図は，教育機関 1 機関あたりの学習者数の第 3 四分位数が 250 人以上である．

(3) 表1より，S と T の相関係数は，

$$\frac{735.3}{39.3 \times 29.9} = \frac{735.3}{1175.07} = 0.6257\cdots$$

より，

$$\boxed{0}\ .\ \boxed{63}$$

である．

(4) (3)で求めた相関係数 0.63 は，正の相関が強く，散布図上で点が右上がりに直線状に分布することを表すから，①か③に限られる．さらに，①の散分図の T の値について70人以上が22か国，70人未満が7か国であり，S の値について80人以上が21か国，80人未満が8か国である．③の散分図の T の値について70人以上が16か国，70人未満が13か国であり，S の値について80人以上が14か国，80人未満が15か国である．表1より，T の平均値が72.9人，S の平均値が81.8人であることを考えると，(3)で算出した2009年度の S（横軸）と T（縦軸）の散布図として最も適当なものは $\boxed{③}$ …コである．

(5) 表2の度数分布表は次のようになる．

階級（人）	度数（国数）
0 以上 30 未満	4
30 以上 60 未満	1
60 以上 90 未満	0
90 以上 120 未満	1
120 以上 150 未満	0
150 以上 180 未満	0
180 以上 210 未満	0
210 以上 240 未満	1

これより，学習者数が5000人以上の29か国に，表2の7か国を加えた36か国の「教員1人あたりの学習者数」についての表3の度数分布表は次のようになる．

相関係数

2つの変量 x, y について，

x の標準偏差を s_x,

y の標準偏差を s_y,

x と y の共分散を s_{xy}

とするとき，x と y の相関係数は，

$$\frac{s_{xy}}{s_x s_y}.$$

相関係数 r は $-1 \leqq r \leqq 1$ を満たす実数で，相関関係の強さを表す指標である．$|r|$ が1に近いほど相関が強く，散布図上では点が直線状に分布する．

$r = -0.80$　　$r = -0.40$

負の相関が強い

$r = 0.00$

$r = 0.40$　　$r = 0.80$

正の相関が強い

階級（人）	度数（国数）
0 以上 30 未満	14
30 以上 60 未満	14
60 以上 90 未満	3
90 以上 120 未満	2
120 以上 150 未満	2
150 以上 180 未満	0
180 以上 210 未満	0
210 以上 240 未満	1

表 4 より，36 か国の「教員 1 人あたり学習者数」の平均値を算出する式は，

$$\frac{44.8 \times 29 + 62.6 \times 7}{29 + 7} \quad ② \quad \cdots \text{ソ}$$

であり，平均値は小数第 2 位を四捨五入すると，48.3 人である．

（I）について．

　36 か国の「教員 1 人あたりの学習者数」の平均値 48.3 人は，29 か国の「教員 1 人あたりの学習者数」の平均値 44.8 人より大きいから誤りである．

（II）について．

　29 か国の「教員 1 人あたりの学習者数」の分散 29.1^2 は，7 か国の「教員 1 人あたりの学習者数」の分散 66.1^2 より小さいから正しい．

よって，(I)，(II)の正誤の組合せとして正しいものは ② …タである．

◀ 変量 x に関する m 個のデータ

$$x_1, \ x_2, \ \cdots, \ x_m$$

に対して，x の平均値を $\overline{x}$ とする．また，変量 y に関する n 個のデータ

$$y_1, \ y_2, \ \cdots, \ y_n$$

に対して，y の平均値を $\overline{y}$ とする．

　このとき，$(m+n)$ 個のデータ

$$x_1, \ x_2, \ \cdots, \ x_m, \ y_1, \ y_2, \ \cdots, \ y_n$$

に対する平均値は，

$$\begin{cases} \overline{x} = \dfrac{x_1 + x_2 + \cdots + x_m}{m}, \\ \overline{y} = \dfrac{y_1 + y_2 + \cdots + y_n}{n} \end{cases}$$

より，

$$\begin{cases} x_1 + x_2 + \cdots + x_m = \overline{x}\,m, \\ y_1 + y_2 + \cdots + y_n = \overline{y}\,n \end{cases}$$

となるから，

$$\frac{(x_1 + \cdots + x_m) + (y_1 + \cdots + y_n)}{m+n}$$

$$= \frac{\overline{x}\,m + \overline{y}\,n}{m+n}.$$

◀ **分散**

変量 x に関するデータ

$$x_1, \ x_2, \ \cdots, \ x_n$$

に対して，x の標準偏差を s_x とすると，x の分散は，

$$s_x{}^2.$$

MEMO

数学Ⅱ

解答・採点基準　(100点満点)

問題番号(配点)	解答記号	正　解	配点	自己採点
第1問 (30)	(ア, イ)	(2, 5)	1	
	ウ	5	1	
	エ	③	2	
	オ	0	2	
	カ	⓪	2	
	$\dfrac{キ}{ク}$	$\dfrac{1}{2}$	1	
	ケ	①	2	
	$\dfrac{コ}{サ}$	$\dfrac{4}{3}$	2	
	シ	⑤	2	
	ス	2	2	
	セ	8	3	
	ソ	①	2	
	タ	①	1	
	チ	③	2	
	ツ	⓪	2	
	テ	②	3	
第1問　自己採点小計				
第2問 (30)	ア	①	2	
	イ	⓪	2	
	ウ	③	2	
	エ	②	2	
	オカ$\sqrt{キ}$	$-2\sqrt{2}$	2	
	ク	2	2	
	ケ, コ	①, ④(解答の順序は問わない)	6(各3)	
	サ, シス	b, 2b	2	
	セ, ソ	②, ①	2	
	タ	②	2	
	$\dfrac{チツ}{テ}$, ト, ナニ, ヌ	$-\dfrac{1}{6}$, 9, 12, 5	4	
	$\dfrac{ネ}{ノ}$	$\dfrac{5}{2}$		
第2問　自己採点小計				

問題番号(配点)	解答記号	正　解	配点	自己採点
第3問 (20)	アt^2-イ	$2t^2-1$	2	
	ウt^2+エ$t-1$	$8t^2+2t-1$	1	
	$\dfrac{オカ}{キ}$	$\dfrac{-1}{2}$	2	
	$\dfrac{ク}{ケ}$	$\dfrac{2}{3}$	2	
	コ	③	1	
	サ	⑤	1	
	シ	⑦	1	
	ス	③	3	
	$\dfrac{セソ}{タ}$	$\dfrac{-7}{8}$	1	
	$\dfrac{チツ}{テト}$	$\dfrac{17}{32}$	1	
	ナ	4	2	
	ニ	⑧	3	
第3問　自己採点小計				
第4問 (20)	$\dfrac{ア\pm\sqrt{イ}i}{ウ}$	$\dfrac{1\pm\sqrt{7}i}{2}$	2	
	エ$m+$オ	$2m+6$	3	
	カ	3	3	
	キク$<m<$ケ	$-2<m<6$	2	
	コ	―	1	
	サ	3	1	
	シ	2	2	
	スセ$\pm$ソi	$-1\pm2i$	1	
	タチ, ツ	$-2, 6$	1	
	テ	2	2	
	トナ	-1	2	
	ニ	2	1	
第4問　自己採点小計				
自己採点合計				

第1問　図形と方程式，指数関数・対数関数

数学Ⅱ・数学B　本試験の**第1問**に同じ。

第2問　微分法・積分法

数学Ⅱ・数学B　本試験の**第2問**に同じ。

第3問　三角関数

$0 \leqq \theta \leqq \pi$ のとき

$$4\cos 2\theta + 2\cos\theta + 3 = 0 \qquad \cdots ①$$

を満たす θ について考える.

(1)　$t = \cos\theta$ とおくと, t のとり得る値の範囲は $-1 \leqq t \leqq 1$ である. 2倍角の公式により

$$\cos 2\theta = 2\cos^2\theta - 1 = \boxed{2}\, t^2 - \boxed{1}$$

であるから, ① により, t についての方程式

$$4(2t^2 - 1) + 2t + 3 = 0$$

すなわち

$$\boxed{8}\, t^2 + \boxed{2}\, t - 1 = 0$$

が得られる. この方程式を変形すると

$$(2t+1)(4t-1) = 0$$

となるから, この方程式の解は

$$t = \dfrac{\boxed{-1}}{\boxed{2}},\ \dfrac{1}{4}$$

である.

以下, $0 \leqq \theta \leqq \pi$ かつ $\cos\theta = -\dfrac{1}{2}$ を満たす θ を α とし, $0 \leqq \theta \leqq \pi$ かつ $\cos\theta = \dfrac{1}{4}$ を満たす θ を β とする.

(2)　$\cos\alpha = -\dfrac{1}{2}$ により, $\alpha = \dfrac{\boxed{2}}{\boxed{3}}\pi$ であることがわかる. そこで β の値について調べてみる.

$\cos\beta = \dfrac{1}{4}$ と

$\cos\dfrac{\pi}{6} = \dfrac{\sqrt{3}}{2}$ （$\boxed{③}$）,　$\cos\dfrac{\pi}{4} = \dfrac{\sqrt{2}}{2}$ （$\boxed{⑤}$）,

$\cos\dfrac{\pi}{3} = \dfrac{1}{2}$ （$\boxed{⑦}$）

を比較することにより, β は $\dfrac{\pi}{3} < \beta < \dfrac{\pi}{2}$ を満たすことがわかる.（$\boxed{③}$）

(3)　β の値について, さらに詳しく調べてみる.

2倍角の公式を用いると

$$\cos 2\beta = 2\cos^2\beta - 1 = 2\left(\dfrac{1}{4}\right)^2 - 1 = \dfrac{\boxed{-7}}{\boxed{8}}$$

2倍角の公式

$$\cos 2\theta = \cos^2\theta - \sin^2\theta$$
$$= 2\cos^2\theta - 1$$
$$= 1 - 2\sin^2\theta.$$

$$\cos 4\beta = 2\cos^2 2\beta - 1 = 2\left(-\frac{7}{8}\right)^2 - 1 = \boxed{\dfrac{17}{32}}$$

であることがわかる. $\dfrac{\pi}{3} < \beta < \dfrac{\pi}{2}$ より

$$\frac{4}{3}\pi < 4\beta < 2\pi$$

が成り立つから, $\cos 4\beta = \dfrac{17}{32}$ とあわせると, 座標平

面上で 4β の動径は第 $\boxed{4}$ 象限にあることがわか

る.

$$\cos \frac{5}{3}\pi = \frac{1}{2} = \frac{16}{32}, \quad \cos 4\beta = \frac{17}{32},$$
$$\cos \frac{7}{4}\pi = \frac{\sqrt{2}}{2} = \frac{16\sqrt{2}}{32}$$

であり

$$\frac{16}{32} < \frac{17}{32} < \frac{16\sqrt{2}}{32}$$

であるから

$$\cos \frac{5}{3}\pi < \cos 4\beta < \cos \frac{7}{4}\pi$$

が成り立つ. よって, β は

$$\frac{5}{3}\pi < 4\beta < \frac{7}{4}\pi$$

すなわち

$$\frac{5}{12}\pi < \beta < \frac{7}{16}\pi$$

を満たすことがわかる. ($\boxed{⑧}$)

第4問　高次方程式

m, n は実数.
$$P(x) = x^4 + (m-1)x^3 + 5x^2 + (m-3)x + n$$
$$Q(x) = x^2 - x + 2$$

$P(x)$ は $Q(x)$ で割り切れる. $P(x)$ を $Q(x)$ で割ったときの商が $R(x)$.

(1) 2次方程式 $Q(x) = 0$ の解は
$$x = \frac{-(-1) \pm \sqrt{(-1)^2 - 4 \cdot 1 \cdot 2}}{2}$$
$$= \frac{\boxed{1} \pm \sqrt{\boxed{7}}\, i}{\boxed{2}}$$

である.

← 2次方程式
$$ax^2 + bx + c = 0 \ (a \neq 0)$$
の解は
$$x = \frac{-b \pm \sqrt{b^2 - 4ac}}{2a}.$$

(2) $P(x)$ は $Q(x)$ で割り切れるから, 下の割り算により
$$n - 2m - 6 = 0$$

すなわち
$$n = \boxed{2}\, m + \boxed{6}$$

である. また
$$R(x) = x^2 + mx + m + \boxed{3}$$

である.

$$
\begin{array}{r}
x^2 + mx + m + 3 \\
x^2 - x + 2 \overline{)\ x^4 + (m-1)x^3 + 5x^2 + (m-3)x + n} \\
\underline{x^4 - x^3 + 2x^2} \\
mx^3 + 3x^2 + (m-3)x \\
\underline{mx^3 - mx^2 + 2mx} \\
(3+m)x^2 - (m+3)x + n \\
\underline{(3+m)x^2 - (m+3)x + 2m + 6} \\
n - 2m - 6
\end{array}
$$

(3) 方程式 $R(x) = 0$ は異なる二つの虚数解 α, β をもつとする. このとき方程式 $R(x) = 0$ の判別式を D とすると
$$D < 0$$

すなわち
$$m^2 - 4(m+3) < 0$$
$$(m+2)(m-6) < 0$$

であるから, m のとり得る値の範囲は
$$\boxed{-2} < m < \boxed{6} \qquad \cdots ①$$

┌─ 2次方程式の解の判別 ─┐

実数係数の2次方程式
$$ax^2 + bx + c = 0$$
の判別式 $D = b^2 - 4ac$ について,

$D > 0 \iff$ 異なる二つの実数
　　　　　　解をもつ,

$D = 0 \iff$ 実数の重解をもつ,

$D < 0 \iff$ 異なる二つの虚数
　　　　　　解をもつ.

である. また

$$\alpha+\beta=\boxed{-}\,m, \quad \alpha\beta=m+\boxed{3}$$

である.

いま，$\alpha\beta(\alpha+\beta)=-10$ であるとすると

$$(m+3)(-m)=-10$$
$$m^2+3m-10=0$$
$$(m+5)(m-2)=0$$

が成り立つ. これを満たす m のうち，① を満たすのは，$m=\boxed{2}$ である. このとき，方程式 $R(x)=0$ は

$$x^2+2x+5=0$$

となるから，虚数解は

$$x=-1\pm\sqrt{1^2-1\cdot5}=\boxed{-1}\pm\boxed{2}\,i$$

である.

(4) 方程式 $P(x)=0$ すなわち $Q(x)R(x)=0$ の解について考える.

異なる解が全部で 3 個になるのは，方程式 $R(x)=0$ が重解をもつときであるから

$$D=0$$

より

$m=\boxed{-2}$，$\boxed{6}$ のときであり，そのうち虚数解は $\boxed{2}$ 個である.

異なる解が全部で 2 個になるのは，$Q(x)=0$ と $R(x)=0$ が一致するときであるから，$m=\boxed{-1}$ のときである.

異なる解が全部で 4 個になるのは，m の値が -2，6，-1 のいずれとも等しくないときであり，$m<-2$，$6<m$ のとき，$D>0$ であるから，方程式 $R(x)=0$ は異なる二つの実数解をもつ. よって，このとき，4 個の解のうち虚数解は $\boxed{2}$ 個である.

◀── 解と係数の関係 ──

2 次方程式

$$ax^2+bx+c=0$$

の二つの解を α，β とすると

$$\begin{cases} \alpha+\beta=-\dfrac{b}{a}, \\[2mm] \alpha\beta=\dfrac{c}{a}. \end{cases}$$

◀ 2 次方程式

$$ax^2+2b'x+c=0$$

の解は

$$x=\dfrac{-b'\pm\sqrt{b'^2-ac}}{a}.$$

◀ $Q(x)=0$ の解は $\dfrac{1\pm\sqrt{7}i}{2}$.

◀ このとき，$R(x)=0$ は実数の重解をもつ.

数学Ⅰ・数学A
数学Ⅱ・数学B

（2022年1月実施）

追試験
2022

76

数学Ⅰ・数学A

解答・採点基準　　(100点満点)

問題番号(配点)	解答記号	正　解	配点	自己採点
第1問 (30)	$\sqrt{ア}$, イ	$\sqrt{3}$, 2	2	
	ウ	②	2	
	エ, オカ	6, 11	2	
	キ	⑤	2	
	ク, ケ, コ	①, ④, ⑦	2	
	サシ	36	2	
	ス	⑤	2	
	セ	④	2	
	ソ	6	2	
	タ, チ	4, 3	2	
	ツ	4	2	
	$\sqrt{テ}$	$\sqrt{2}$	2	
	ト	⑤	2	
	ナ	⑦	2	
	ニ	⑧	2	
第1問　自己採点小計				

問題番号(配点)	解答記号	正　解	配点	自己採点
第2問 (30)	ア	4	2	
	イウ, エ	25, 2	2	
	オカ	12	2	
	キク	10	2	
	ケコ, サ	15, 2	4	
	シス, セソ, タチツ	−2, 30, 100	3	
	テ	⑥	1	
	ト	①	2	
	ナ	①	1	
	ニ, ヌ	①, ⑤ (解答の順序は問わない)	2 (各1)	
	ネノ	57	2	
	ハ	3	1	
	ヒ	2	2	
	フ	②	2	
	ヘ, ホ	⓪, ②	2	
第2問　自己採点小計				

問題番号（配点）	解答記号	正　解	配点	自己採点
第3問 (20)	ア	4	1	
	イウ	10	1	
	エ, オ	1, 6	2	
	カ, キ	1, 3	2	
	ク, ケ	1, 3	2	
	コ	①	2	
	サ, シ	5, 9	2	
	ス, セ	2, 3	1	
	ソタ, チツ	13, 18	2	
	テ	⓪	1	
	ト	⓪	2	
	ナニ, ヌネ	11, 18	2	
第3問　自己採点小計				
第4問 (20)	ア	3	2	
	イ	6	2	
	ウ	6	2	
	エ	2	2	
	オ, カ	4, 5	3	
	キ	3	2	
	ク	5	3	
	ケコサ	191	4	
第4問　自己採点小計				

問題番号（配点）	解答記号	正　解	配点	自己採点
第5問 (20)	ア, イ	⓪, ① （解答の順序は問わない）	2	
	ウ, エ	2, 5	2	
	オ, カ	1, 2	2	
	キ, ク	1, 4	2	
	ケ, コ	6, 5	3	
	サ, シ, ス, セ	4, 5, 9, 5	3	
	ソ, $\sqrt{ }$タチ, ツテ	2, $\sqrt{15}$, 15	3	
	ト, $\sqrt{ }$ナ, ニヌ	4, $\sqrt{6}$, 15	3	
第5問　自己採点小計				
自己採点合計				

（注）
　第1問，第2問は必答。
　第3問～第5問のうちから2問選択。計4問を解答。

第1問　数と式・図形と計量

〔1〕　　　　$|3x-3c+1|=(3-\sqrt{3})x-1.$　　　…①

(1) $x \geqq c - \dfrac{1}{3}$ のとき，$3x-3c+1 \geqq 0$ であるから，

①は，

$$3x-3c+1=(3-\sqrt{3})x-1 \qquad \text{…②}$$

となる．②を満たす x は，

$$\sqrt{3}\,x=3c-2$$

$$x=\frac{3c-2}{\sqrt{3}}=\sqrt{\boxed{3}}\,c-\frac{\boxed{2}\,\sqrt{3}}{3} \qquad \text{…③}$$

となる．③が $x \geqq c - \dfrac{1}{3}$ を満たす条件は，

「$\sqrt{3}\,c-\dfrac{2\sqrt{3}}{3} \geqq c-\dfrac{1}{3}$ が成り立つこと」

であるから，上の不等式を解くと，

$$(\sqrt{3}-1)c \geqq \frac{2\sqrt{3}-1}{3}$$

$$c \geqq \frac{2\sqrt{3}-1}{3(\sqrt{3}-1)}=\frac{5+\sqrt{3}}{6}.$$

よって，③が $x \geqq c - \dfrac{1}{3}$ を満たすような c の値
の範囲は　$c \geqq \dfrac{5+\sqrt{3}}{6}$ である．　$\boxed{②}$ …ウ

また，$x < c - \dfrac{1}{3}$ のとき，$3x-3c+1<0$ である
から，①は，

$$-(3x-3c+1)=(3-\sqrt{3})x-1$$
$$-3x+3c-1=(3-\sqrt{3})x-1 \qquad \text{…④}$$

となる．④を満たす x は，

$$(6-\sqrt{3})x=3c$$

$$x=\frac{3c}{6-\sqrt{3}}=\frac{\boxed{6}+\sqrt{3}}{\boxed{11}}\,c \qquad \text{…⑤}$$

となる．⑤が $x < c - \dfrac{1}{3}$ を満たす条件は，

「$\dfrac{6+\sqrt{3}}{11}c < c-\dfrac{1}{3}$ が成り立つこと」

であるから，上の不等式を解くと，

$$\frac{5-\sqrt{3}}{11}c > \frac{1}{3}$$

【欄外・右側】

$\Leftarrow$ $|X|=\begin{cases} X & (X \geqq 0 \text{のとき}), \\ -X & (X<0 \text{のとき}). \end{cases}$

$\Leftarrow$ $\dfrac{2\sqrt{3}-1}{3(\sqrt{3}-1)}=\dfrac{(2\sqrt{3}-1)(\sqrt{3}+1)}{3(\sqrt{3}-1)(\sqrt{3}+1)}$

$\qquad =\dfrac{2\cdot 3+2\sqrt{3}-\sqrt{3}-1}{3\cdot 2}$

$\qquad =\dfrac{5+\sqrt{3}}{6}.$

$\Leftarrow$ $\dfrac{3c}{6-\sqrt{3}}=\dfrac{3c(6+\sqrt{3})}{(6-\sqrt{3})(6+\sqrt{3})}$

$\qquad =\dfrac{3(6+\sqrt{3})}{36-3}c$

$\qquad =\dfrac{3(6+\sqrt{3})}{33}c$

$\qquad =\dfrac{6+\sqrt{3}}{11}c.$

$$c > \frac{11}{3(5-\sqrt{3})} = \frac{5+\sqrt{3}}{6}.$$

よって，⑤が $x < c - \frac{1}{3}$ を満たすような c の値

の範囲は　$c > \frac{5+\sqrt{3}}{6}$ である．　⑤　…キ

(2) ①が異なる二つの解をもつための必要十分条件は，

「①が③と⑤を解にもつこと」

すなわち，

「$\left(\begin{array}{c}\text{③は } x \geqq c - \frac{1}{3} \text{ を} \\ \text{満たす}\end{array}\right)$ かつ $\left(\begin{array}{c}\text{⑤は } x < c - \frac{1}{3} \text{ を} \\ \text{満たす}\end{array}\right)$」

であるから，

$$c \geqq \frac{5+\sqrt{3}}{6} \quad \text{かつ} \quad c > \frac{5+\sqrt{3}}{6}.$$

よって，①が異なる二つの解をもつための必要十分条件は，

$$c > \frac{5+\sqrt{3}}{6} \quad \boxed{①} \qquad …⑥$$

である．

①がただ一つの解をもつための必要十分条件は，

「①が③か⑤のいずれか一方の解をもつこと」

すなわち，

「$\left(\begin{array}{c}\text{③は } x \geqq c - \frac{1}{3} \text{ を満たすが，} \\ \text{⑤は } x < c - \frac{1}{3} \text{ を満たさない}\end{array}\right)$

または

$\left(\begin{array}{c}\text{③は } x \geqq c - \frac{1}{3} \text{ を満たさないが，} \\ \text{⑤は } x < c - \frac{1}{3} \text{ を満たす}\end{array}\right)$」

であるから，

$$\left(c \geqq \frac{5+\sqrt{3}}{6} \quad \text{かつ} \quad c \leqq \frac{5+\sqrt{3}}{6}\right)$$

または

$$\left(c < \frac{5+\sqrt{3}}{6} \quad \text{かつ} \quad c > \frac{5+\sqrt{3}}{6}\right).$$

よって，①がただ一つの解をもつための必要十分条件は，

◀ $\dfrac{11}{3(5-\sqrt{3})} = \dfrac{11(5+\sqrt{3})}{3(5-\sqrt{3})(5+\sqrt{3})}$

$= \dfrac{11(5+\sqrt{3})}{3 \cdot (25-3)}$

$= \dfrac{11(5+\sqrt{3})}{3 \cdot 22}$

$= \dfrac{5+\sqrt{3}}{6}.$

◀

◀

「⑤は $x < c - \frac{1}{3}$ を満たさない」

ということは，「⑤は $x \geqq c - \frac{1}{3}$ を

満たす」ということであるから，

◀ $\dfrac{6+\sqrt{3}}{11}c \geqq c - \dfrac{1}{3}$

$c \leqq \dfrac{5+\sqrt{3}}{6}.$

◀ これを満たす c は存在しない．

80

$$c = \frac{5+\sqrt{3}}{6} \quad \boxed{④} \qquad \cdots ⑦$$

である.

①が解をもたないための必要十分条件は,

「①が少なくとも一つの解をもつ」の否定

となる.

①が少なくとも一つの解をもつときのcの値の範囲は,⑥または⑦より,

$$c \geqq \frac{5+\sqrt{3}}{6}.$$

よって,①が解をもたないための必要十分条件は,

$$c < \frac{5+\sqrt{3}}{6} \quad \boxed{⑦}$$

である.

〔2〕

(1) 図1を次図のように簡略化して考える.

Hを図のようにとると,$\sin\angle ABH = \dfrac{AH}{AB}$ より,

$$AH = AB\sin\angle ABH = 35\sin\angle ABH$$

となるから,$\sin\angle ABH$ が最大のとき,AH も最大となる.

さらに,$0° \leqq \angle ABH \leqq 75°$ より,$\sin\angle ABH$ が最大となるのは,$\angle ABH = 75°$ のときであるから,AH の最大値は,三角比の表を用いて,

$$35\sin75° = 35 \times 0.9659$$
$$= 33.8065$$

となる.

よって,はしごの先端 A の最高到達点の高さは,地面から,

$$33.8065 + 2 = 35.8065$$
$$\fallingdotseq \boxed{36} \text{ m}$$

である.

はしごの先端 A

はしごの支点

B はしごの角度

2 m

図 1

直角三角形と三角比

$$\sin\theta = \frac{b}{c},$$
$$\cos\theta = \frac{a}{c},$$
$$\tan\theta = \frac{b}{a}.$$

$0° \leqq \theta \leqq 90°$ とする.

$$X = \cos\theta, \quad Y = \sin\theta.$$

図からわかるように,θ が大きくなるほど,Y,つまり,$\sin\theta$ は大きくなり,逆に,Y,つまり,$\sin\theta$ が大きくなるほど,θ は大きくなる.

よって,

(θ が最大) $\Longleftrightarrow$ ($\sin\theta$ が最大)

となる.

(2)(i)　図3を次図のように簡略化して考える.

直角三角形 ABQ に三平方の定理を用いると,
$$AB = \sqrt{AQ^2 + BQ^2} = \sqrt{24^2 + 18^2} = 30$$
となり, さらに, △ABC に余弦定理を用いると,
$$\cos \angle ABC = \frac{25^2 + 30^2 - 10^2}{2 \cdot 25 \cdot 30}$$
$$= \frac{5^2 + 6^2 - 2^2}{2 \cdot 30}$$
$$= \frac{19}{20} = 0.95$$
となるから, 三角比の表を用いて,
$$\angle ABC \fallingdotseq 18° \qquad \cdots ①$$
である.
　また, 直角三角形 ABQ に注目すると,
$$\tan \angle QBA = \frac{24}{18} = \frac{4}{3} = 1.333\cdots$$
となるから, 三角比の表を用いて,
$$\angle QBA \fallingdotseq 53° \qquad \cdots ②$$
である.
　よって, ∠QBC ＝ ∠QBA ＋ ∠ABC であること
と ①, ② より, ∠QBC の大きさはおよそ 71° にな
る. **⑤**

図　3

余弦定理

$$\cos B = \frac{c^2 + a^2 - b^2}{2ca},$$
$$b^2 = c^2 + a^2 - 2ca \cos B.$$

$$\cos \angle ABC = \frac{25^2 + 30^2 - 10^2}{2 \cdot 25 \cdot 30}$$
$$= \frac{5^2(5^2 + 6^2 - 2^2)}{5^2 \cdot 2 \cdot 30}$$
$$= \frac{5^2 + 6^2 - 2^2}{2 \cdot 30}.$$

(ii) 次図のように簡略化してはしごがフェンスに当たらないようなフェンスの高さを調べる.

3点 F, H_1, H_2 を上図のように設定する.

(i)の結果と与えられた条件より,

$$\angle FBH_1 = \angle CBQ = 71°,$$
$$BH_1 = 6, \quad H_1H_2 = 2$$

である.

直角三角形 BFH_1 に注目すると,

$$\tan 71° = \frac{FH_1}{BH_1}$$

であるから,

$$FH_1 = BH_1 \tan 71° = 6 \tan 71°$$

となる.

よって, 線分 FH_2 の長さは, 三角比の表を用いると,

$$\begin{aligned} FH_2 &= FH_1 + H_1H_2 \\ &= 6\tan 71° + 2 \\ &= 6 \times 2.9042 + 2 \\ &= 19.4252 \end{aligned}$$

である.

したがって, はしごがフェンスに当たらないようにするにはフェンスの高さを 19.4252 m 未満にすればよい.

ゆえに, はしごがフェンスに当たらずに, はしごの先端 A を点 P に一致させることができる最大のものは, 19 m となるから, セ に当てはまるものは ④ である.

→ 線分 FH_2 の高さをフェンスの高さと考えるとよい.

（注）　はしごの先端 A を点 P に一致させることが
できる点 C の位置は 1 ケ所しかないことは次図よ
りわかる.

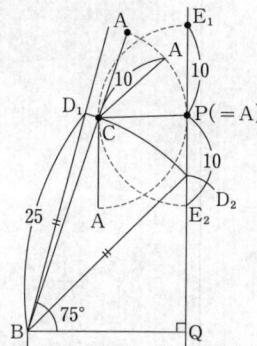

4 点 D_1, D_2, E_1, E_2 を上図のように設定する.

はしごの先端 A を点 P に一致させることがで
きる点 C の位置は,「点 B からの距離が 25, かつ
点 P からの距離が 10 である点」すなわち,「弧
D_1D_2 と弧 E_1E_2 の交点」であり, このときの
∠CBQ は 75° より小さいから, 上図から 1 点しか
ないことがわかる.

したがって, はしごの先端 A を点 P に一致させ
ることができるのは（ⅰ）の設定のときしかない.

なお, 直線 PB に関して点 C の対称点はビルの
内部にあることを示しておく.

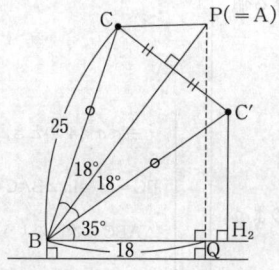

直線 PB に関して点 C と対称な点を C′ とし,
H_3 を図のようにおく.

直角三角形 $BC′H_3$ に注目すると,

$$BH_3 = C′B \cos 35° = 25 \times 0.8192 \fallingdotseq 20$$

となり, $BH_3 > BQ = 18$ であるから, 点 C′ はビル
の内部にある.

← 弧 D_1D_2 は点 B を中心とする半径 25
の円周上の一部である.

弧 E_1E_2 は点 P を中心とする半径 10
の円周上の一部である.

←

点 C は弧 D_1D_2 上を動き, さらに, 点
P からの距離が 10 であるためには, 点
C が弧 E_1E_2 上にないといけない.

〔3〕

(1)

← $\cos\angle BAC = \dfrac{1}{3}$.

余弦定理を用いると,

$$BC^2 = 6^2 + 4^2 - 2 \cdot 6 \cdot 4 \cos\angle BAC$$

$$= 36 + 16 - 48 \cdot \dfrac{1}{3}$$

$$= 36$$

となるから,BC > 0 より,

$$BC = \boxed{6}$$

であり,△ABC はただ一通りに決まる.

(2)

← $\sin\angle BAC = \dfrac{1}{3}$.

点 B から直線 AC に下ろした垂線と直線 AC の交点を H とすると,点 B と直線 AC の距離は BH であり,直角三角形 ABH に注目すると,

$$BH = AB\sin\angle BAH = 4\sin\angle BAC = \dfrac{4}{3}$$

である.

← $\sin\angle BAH = \dfrac{BH}{AB}$.

このことと上の図から,BC の長さのとり得る値の範囲は,

$$BC \geqq \boxed{\dfrac{4}{3}}$$

である.

$BC \neq \dfrac{4}{3}$,BC ≠ 4 のとき,△ABC は次の図のように二通りに決まる.

← $\dfrac{4}{3} < a < 4$ のとき,AB = 4,

BC = a, $\sin\angle BAC = \dfrac{1}{3}$ を満たす

△ABC は次図のように二通り存在する.

これより，$BC = \dfrac{4}{3}$ または $BC = \boxed{4}$ のとき，
△ABC はただ一通りに決まる.

また，∠ABC = 90° のとき，

$$\cos \angle BAC = \dfrac{AB}{AC}$$

であり，$0° < \angle BAC < 90°$ より，$\cos \angle BAC > 0$ で
あるから，

$$
\begin{aligned}
AC &= \dfrac{AB}{\cos \angle BAC} \\
&= \dfrac{AB}{\sqrt{1 - \sin^2 \angle BAC}} \\
&= \dfrac{4}{\sqrt{1 - \left(\dfrac{1}{3}\right)^2}} \\
&= 3\sqrt{2}.
\end{aligned}
$$

これより，三平方の定理を用いて，

$$
\begin{aligned}
BC &= \sqrt{AC^2 - AB^2} \\
&= \sqrt{(3\sqrt{2})^2 - 4^2} \\
&= \sqrt{\boxed{2}}
\end{aligned}
$$

である.

したがって，△ABC の形状について，次のことが
成り立つ.

$\dfrac{4}{3} < BC < \sqrt{2}$ を満たす C

$BC = \sqrt{2}$ を満たす C

$BC > \sqrt{2}$ かつ $BC \neq 4$ を満たす C

← $a > 4$ のとき，AB = 4，BC = a，
$\sin \angle BAC = \dfrac{1}{3}$ を満たす △ABC は
次図のように二通り存在する.

次のように求めてもよい.
$0° < \angle BAC < 90°$ より，

$$\cos \angle BAC > 0$$

であるから，

$$
\begin{aligned}
\cos \angle BAC &= \sqrt{1 - \sin^2 \angle BAC} \\
&= \sqrt{1 - \left(\dfrac{1}{3}\right)^2} \\
&= \dfrac{2\sqrt{2}}{3}.
\end{aligned}
$$

これより，

$$
\begin{aligned}
\tan \angle BAC &= \dfrac{\sin \angle BAC}{\cos \angle BAC} \\
&= \dfrac{\dfrac{1}{3}}{\dfrac{2\sqrt{2}}{3}} \\
&= \dfrac{1}{2\sqrt{2}}
\end{aligned}
$$

となるから，

$$
\begin{aligned}
BC &= AB \tan \angle BAC \\
&= 4 \cdot \dfrac{1}{2\sqrt{2}} \\
&= \sqrt{2}.
\end{aligned}
$$

86

$\cdot \dfrac{4}{3} < BC < \sqrt{2}$ のとき，次図が得られる．

△ABC は二通りに決まり，C_1，C_2 を図のように
おく．$\angle AC_1B > 90°$ より，$\triangle ABC_1$ は鈍角三角
形となる．また，$\angle ABC_2 < 90°$ かつ $\angle AC_2B < 90°$
より，$\triangle ABC_2$ は鋭角三角形となる．　⑤

← △ABC は二通りに決まり，それらは
鋭角三角形と鈍角三角形である．

$\cdot BC = \sqrt{2}$ のとき，次図が得られる．

△ABC は二通りに決まり，C_3，C_4 を図のよう
におく．$\angle AC_3B > 90°$ より，$\triangle ABC_3$ は鈍角三
角形となる．また，$\angle ABC_4 = 90°$ より，$\triangle ABC_4$
は直角三角形となる．　⑦

← △ABC は二通りに決まり，それらは
直角三角形と鈍角三角形である．

$\cdot BC > \sqrt{2}$ かつ $BC \neq 4$ のとき，次図が得られる．

△ABC は二通りに決まり，C_5，C_6，C_7，C_8 を図
のようにおく．$\angle AC_5B > 90°$ より，$\triangle ABC_5$ は
鈍角三角形となる．また，$\angle ABC_6 > 90°$ より，
$\triangle ABC_6$ は鈍角三角形となる．

さらに，$\angle BAC_7 > 90°$ より，$\triangle ABC_7$ は鈍角三
角形であり，$\angle ABC_8 > 90°$ より，$\triangle ABC_8$ は鈍角
三角形である．　⑧

← △ABC は二通りに決まり，それらは
ともに鈍角三角形である．

第2問　2次関数，データの分析

〔1〕

(1)　$a=6$ のとき，$AP=x\ (0\leqq x<5)$ とおくと，与えられた条件より次図を得る．

ℓ が頂点 C，D 以外の点で辺 CD と交わるのは，

$$0<CR<5 \qquad \cdots(*)$$

のときであるから，

$$0<x+1<5$$

すなわち，

$$-1<x<4$$

である．

よって，$0\leqq x<5$ より，$0\leqq x<4$ となるから，ℓ が頂点 C，D 以外の点で辺 CD と交わるときの AP の値の範囲は，

$$0\leqq AP<\boxed{4}$$

である．

$a=6$ のときの四角形 QRST の面積を S_1 とすると，

$$\begin{aligned}
S_1 &= QR\cdot RS\\
&= \sqrt{2}(x+1)\cdot\sqrt{2}(4-x)\\
&= -2x^2+6x+8\\
&= -2\left(x-\frac{3}{2}\right)^2+\frac{25}{2}
\end{aligned}$$

となる．

したがって，$0\leqq x<4$ より，四角形 QRST の面積の最大値は，

$$\boxed{\dfrac{25}{2}}$$

である．

← $0\leqq x<4$ のとき，点 Q は頂点 B，C 以外の辺 BC 上にあり，点 S は頂点 A，D 以外の辺 AD 上にある．

$QR=\sqrt{2}QC$
　$=\sqrt{2}(x+1)$.

$RS=\sqrt{2}DR$
　$=\sqrt{2}(4-x)$.

$S_1=2\left(x-\dfrac{3}{2}\right)^2+\dfrac{25}{2}$

また，$a=8$ のとき，$\mathrm{AP}=x\ (0\leqq x<5)$ とおくと，与えられた条件より次図を得る.

ℓ が頂点 C，D 以外の点で辺 CD と交わるのは，(∗) のときであるから，

← $0<\mathrm{CR}<5.\ \cdots(∗)$

$$0<x+3<5$$

すなわち，

$$-3<x<2$$

であり，x の取り得る値の範囲は，$0\leqq x<5$ より，

$$0\leqq x<2$$

である.

$a=8$ のときの四角形 QRST の面積を S_2 とすると，

$$\begin{aligned}
S_2&=\mathrm{QR}\cdot\mathrm{RS}\\
&=\sqrt{2}\,(x+3)\cdot\sqrt{2}\,(2-x)\\
&=-2x^2-2x+12\\
&=-2\left(x+\frac{1}{2}\right)^2+\frac{25}{2}
\end{aligned}$$

となる.

したがって，$0\leqq x<2$ より，四角形 QRST の面積の最大値は，

$$\boxed{12}$$

である.

$\mathrm{QR}=\sqrt{2}\,\mathrm{QC}$
$\quad=\sqrt{2}\,(x+3).$

$\mathrm{RS}=\sqrt{2}\,\mathrm{DR}$
$\quad=\sqrt{2}\,(2-x).$

$$S_2=-2\left(x+\frac{1}{2}\right)^2+\frac{25}{2}$$

(2)　$5<a<10$ とする．$\mathrm{AP}=x$ $(0 \leqq x<5)$ とおくと，
与えられた条件より次図を得る．

ℓ が頂点 C, D 以外の点で辺 CD と交わるのは，(*)
のときであるから，

$$0<a-(5-x)<5$$

すなわち，

$$5-a<x<10-a$$

であり，$5<a<10$ であることと $0 \leqq x<5$ より，

$$0 \leqq \mathrm{AP}<\boxed{10}-a \qquad \cdots ①$$

である．

$5<a<10$ のときの四角形 QRST の面積を S_3 と
すると，

$$
\begin{aligned}
S_3 &= \mathrm{QR} \cdot \mathrm{RS} \\
&= \sqrt{2}\{a-(5-x)\} \cdot \sqrt{2}(10-a-x) \\
&= 2\{-x^2+(15-2a)x-a^2+15a-50\} \\
&= -2x^2+2(15-2a)x-2(a^2-15a+50) \\
&= -2\left(x-\frac{15-2a}{2}\right)^2+\frac{(15-2a)^2}{2}-2(a^2-15a+50) \\
&= -2\left(x-\frac{15-2a}{2}\right)^2+\frac{25}{2}
\end{aligned}
$$

となる．

S_3 の最大値が $\dfrac{25}{2}$ となるのは，① より，

「軸：$x=\dfrac{15-2a}{2}$ が $0 \leqq x<10-a$ に含まれること」

であるから，

$$0 \leqq \frac{15-2a}{2}<10-a$$

である．

これより，

◄ $\mathrm{DR}=\mathrm{CD}-\mathrm{CR}$
$=5-\{a-(5-x)\}$
$=10-a-x$.

◄ $0<\mathrm{CR}<5$. ⋯(*)

◄ $5<a<10$ より，
$-5<5-a<0,\quad 0<10-a<5$.

$\mathrm{QR}=\sqrt{2}\,\mathrm{QC}$　　$\mathrm{RS}=\sqrt{2}\,\mathrm{DR}$
$=\sqrt{2}\{a-(5-x)\}$.　$=\sqrt{2}(10-a-x)$.

$$a \leqq \frac{15}{2}$$

であり，$5 < a < 10$ であるから，求める a の値の範囲は，

$$5 < a \leqq \boxed{\dfrac{\boxed{15}}{\boxed{2}}}$$

である．

a が $\dfrac{15}{2} < a < 10$ を満たすとき，軸：$x = \dfrac{15 - 2a}{2}$ は $x < 0$ の範囲に含まれるから，P が ① を満たす範囲を動いたとき，$x = 0$ で S_3 は最大となり，最大値は，

$$\boxed{-2}\,a^2 + \boxed{30}\,a - \boxed{100}$$

である．

← $0 \leqq \dfrac{15 - 2a}{2} < 10 - a$ より，

$$\begin{cases} 0 \leqq \dfrac{15 - 2a}{2}, & \cdots \text{⑦} \\ \dfrac{15 - 2a}{2} < 10 - a. & \cdots \text{④} \end{cases}$$

⑦より，

$$0 \leqq 15 - 2a, \ \text{つまり}, \ a \leqq \frac{15}{2}.$$

④より，

$$15 - 2a < 20 - 2a$$

となり，つねに成り立つ．

$\dfrac{15}{2} < a < 10$ のとき，

$$-\frac{5}{2} < \frac{15 - 2a}{2} < 0.$$

〔2〕

(1) 表1より，速度について，（標準偏差）：（平均値）の比の値は，小数第3位を四捨五入すると，

$$\frac{9.60}{82.0} \fallingdotseq 0.12$$

であるから，$\boxed{テ}$ に当てはまるものは $\boxed{⑥}$ である．

また，交通量と速度の相関係数は，

$$\frac{-63600}{10200 \times 9.60} = \frac{-636}{102 \times 9.6}$$

$$= \frac{-636}{979.2}$$

$$\fallingdotseq -0.65$$

であるから，$\boxed{ト}$ に当てはまるものは $\boxed{①}$ である．

図1の散布図より，0〜15000台までを度数分布表にまとめると次のようになる．

← 表1　2015年の交通量と速度の平均値，標準偏差および共分散

	平均値	標準偏差	共分散
交通量	17300	10200	−63600
速度	82.0	9.60	

$$\frac{9.60}{82.0} = 0.11707\cdots.$$

── 相関係数 ──

2つの変量 x, y について，

x の標準偏差を s_x,

y の標準偏差を s_y,

x と y の共分散を s_{xy}

とするとき，x と y の相関係数は，

$$\frac{s_{xy}}{s_x s_y}.$$

$$\frac{-636}{979.2} = -0.64950\cdots.$$

階　　級	度　数
0 台以上 5000 台未満	4
5000 台以上 10000 台未満	17
10000 台以上 15000 台未満	12

この3つの階級を満たしている 2015 年の交通量のヒストグラムは①のみであるから，**ナ** に当てはまるものは **①** である．

また，表1および図1から読み取れることについて考える．

⓪…正しくない．

交通量が 27500 以上の地域において，速度が 75 以上のところが 5 ケ所ある．（Iの部分）

①…正しい．

②…正しくない．

速度が平均値(82.0)以上の地域において，交通量が平均値(17300)未満のところは多数ある．（IIの部分）

③…正しくない．

速度が平均値(82.0)未満の地域において，交通量が平均値(17300)以上のところは多数ある．（IIIの部分）

④…正しくない．

交通量が 27500 以上の地域は 7 地域より多く存在する．（IVの部分）

⑤…正しい．

よって，**ニ** と **ヌ** に当てはまるものは **①** と **⑤** である．

(2) A 群(2010 年より 2015 年の速度が速くなった地域群)は直線 $y=x$ の上側であり，B 群(2010 年より 2015 年の速度が遅くなった地域群)は直線 $y=x$ の下側である．

← ⓪は 0 台以上 5000 台未満の階級の度数が異なる．②，③は 5000 台以上 10000 台未満の階級の度数が異なる．

図1　2015 年の交通量と速度の散布図

図1　2015 年の交通量と速度の散布図

図2 2010年と2015年の速度の散布図

散布図より，B群の地域数は10であるから，A群の地域数は，67−10＝ 57 である．

B群において，2010年より2015年の速度が，5 km/h以上遅くなった地域は直線 $y=x-5$ の下側および境界線である．

図2 2010年と2015年の速度の散布図

散布図より，5 km/h以上遅くなった地域数は 3 である．

B群において，2010年より2015年の速度が10%以上遅くなった地域は直線 $y=0.9x$ の下側および境界線である．

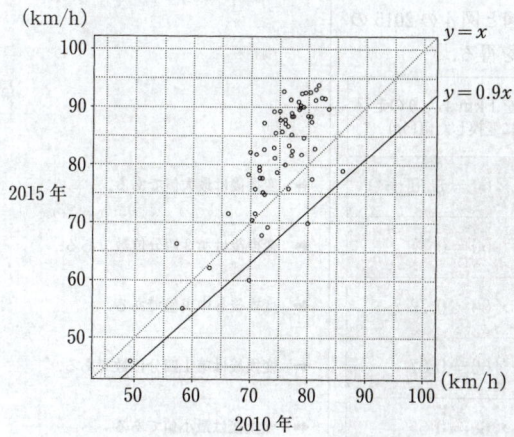

図2　2010年と2015年の速度の散布図

　散布図より，10% 以上遅くなった地域数は

　2　である．

　(I), (II), (III) の真偽を考える．

(I)…正しい．

　(A群の速度の範囲) = (約94) − (約66) = (約28)，

　(B群の速度の範囲) = (約79) − (約46) = (約33)．

(II)…正しくない．

　A群の速度の第1四分位数は問題文より，81.2
である．B群の速度の第3四分位数は，10の地域
数のうち，小さい方から8番目になるので散布図
より約76である．

(III)…正しい．

　A群の速度の四分位範囲は，問題文より，

$$89.7 - 81.2 = 8.5.$$

　B群の速度の第1四分位数は，10の地域数のう
ち，小さい方から3番目になるので，散布図より，
約60である．よって，B群の速度の四分位範囲
は，

$$(約76) - (約60) = (約16).$$

　よって，　ナ　に当てはまるものは　②　で
ある．

$(範囲) = (最大値) - (最小値).$

a_1 はA群の最大値，

a_2 はA群の最小値，

b_1 はB群の最大値，

b_2 はB群の最小値，

c はBの第3四分位数，

d はBの第1四分位数．

図2　2010年と2015年の速度の散布図

$$\begin{pmatrix} 四分位 \\ 範囲 \end{pmatrix} = \begin{pmatrix} 第3四 \\ 分位数 \end{pmatrix} - \begin{pmatrix} 第1四 \\ 分位数 \end{pmatrix}.$$

(3) 図3の2015年の速度の箱ひげ図と図4の2015の
交通量と速度の散布図から次の表を得る.

	図3，図4から読み取った値 (km/h)	速度を1km あたりの走行時間に変換した値(分)	
最 小 値	約 46	$\frac{1}{46} \times 60 ≒ 1.30 \cdots$ ①	← 変換後は最大値である.
第1四分位数	約 78	$\frac{1}{78} \times 60 ≒ 0.77$	← 変換後は第3四分位数である.
中 央 値	約 83	$\frac{1}{83} \times 60 ≒ 0.72$	← 変換後も中央値である.
第3四分位数	約 90	$\frac{1}{90} \times 60 ≒ 0.67$	← 変換後は第1四分位数である.
最 大 値	約 93	$\frac{1}{93} \times 60 ≒ 0.65$	← 変換後は最小値である.

よって，求めるデータの箱ひげ図は上の表の網掛

部分を箱ひげ図にしたものであるから， へ に当

てはまるものは ⓪ である.

次に，2015年の交通量と1km あたりの走行時間
の散布図を考える.

まず，速度の最小値46 km/h（交通量は約43000
台）に注目すると，2015年の交通量と1km の走行時
間の散布図では①より，交通量が約43000台で走行
時間が1.3分のところに白丸がくるから，②または
③に限られる.

図4 2015年の交通量と速度の散布図

← 散布図⓪と①には「ココ」の部分に白
丸がない.
（下は散布図⓪で，🔵のところに白丸が
ある.）

さらに，速度 60 km/h について考える．速度60
km/h を1km あたりの走行時間に変換した値は，

$$\frac{1}{60} \times 60 = 1.0 \text{（分）}$$

である．ここで，図4の2015年の交通量と速度の散
布図では速度 60 km/h の地域は1つしかないから，
2015年の交通量と1km の走行時間の散布図におい

← 速度 60 km/h のときの交通量は約
27000台である.

て走行時間が 1.0 分の地域は 1 つである．したがっ
て，求める散布図は❷である．

← 走行時間が 1.0 分の地域の交通量は
約 27000 台である．

← 散布図❸は，走行時間が 1.0 分の地域
が 3 つある．

よって，　ホ　に当てはまるものは　❷　であ
る．

第3問　場合の数・確率

(1) 1回目に投げたさいころの目を a, 2回目に投げたさいころの目を b とすると, $a+b$ を6で割った余りは次の表のようになる.

表1

a＼b	1	2	3	4	5	6
1	2	3	4	5	0	1
2	3	4	5	0	1	2
3	4	5	0	1	2	3
4	5	0	1	2	3	4
5	0	1	2	3	4	5
6	1	2	3	4	5	0

$A=4$ となるのは出た目の合計が $\boxed{4}$ または $\boxed{10}$ の場合である. $A=4$ となる目の出方は表1より6通りあるから, $A=4$ となる確率は

$$\frac{6}{6^2}=\frac{\boxed{1}}{\boxed{6}}$$ である. また, $A=5$ となる目の出方も6通りあるから, $A\geqq4$ となる確率は,

$$\frac{6+6}{6^2}=\frac{\boxed{1}}{\boxed{3}}$$ である.

(2) $a=5$ という条件のもとで, 2回目を投げて $A\geqq4$ となるのは, 表1より $b=5$ または $b=6$ のときであるから, 2回目を投げて $A\geqq4$ となる確率は

$$\frac{2}{6}=\frac{\boxed{1}}{\boxed{3}}$$ である. よって, $a=5$ という条件のもとでは2回目を投げない方が $A\geqq4$ となる確率は大きくなる.

　2回目を投げない場合と投げる場合で比較する. 1回目に投げたさいころの目を6で割った余りが3以下のとき, 2回目を投げない場合, $A\leqq3$ となるから, $A\geqq4$ となる確率は0である. よって, 2回目を投げる方が $A\geqq4$ となる確率は大きい. したがって, 花子さんの戦略は次のようになる.

← $a+b=6$ と $a+b=12$ は6で割った余りが0であるから, $A\geqq4$ にはならないことに注意する.

← $a=5$ という条件のもとで2回目を投げないときは $A\geqq4$ となる確率は1である.

← さいころの目が1, 2, 3, 6のとき.

← 2回目を投げるとき, $A\geqq4$ となる確率は表より, $\frac{2}{6}=\frac{1}{3}$ である.

花子さんの戦略
　1回目に投げたさいころの目を6で割った余り
が3以下のときのみ，2回目を投げる．

　よって，$\boxed{コ}$ に当てはまるものは $\boxed{①}$ である．

　1回目に投げたさいころの目が5以外の場合も考え
てみると，表1より，いずれの場合も2回目を投げた
ときに $A \geqq 4$ となる確率は $\dfrac{1}{3}$ である．このことか
ら，花子さんの戦略のもとで $A \geqq 4$ となるのは，

・$a=1$ または $a=2$ または $a=3$ または $a=6$
で，2回目のさいころの目は $A=4$ または $A=5$
となるような2つの目が出るとき，

・$a=4$ または $a=5$ のとき
の2つの場合がある．

　したがって，花子さんの戦略のもとで $A \geqq 4$ となる
確率は，

$$\dfrac{4}{6} \times \dfrac{1}{3} + \dfrac{2}{6} = \dfrac{\boxed{5}}{\boxed{9}}$$

であり，この確率は $\dfrac{1}{3}$ より大きくなる．

← 表より，
　$a=1$ のときは，$b=3$ または $b=4$，
　$a=2$ のときは，$b=2$ または $b=3$，
　$a=3$ のときは，$b=1$ または $b=2$，
　$a=6$ のときは，$b=4$ または $b=5$．

(3)　$a=3$ という条件のもとで，2回目を投げない場合，
得点なしとなるのは，$A=3$ より，最後にさいころを
もう1回投げたときの目が3以上になるときである．

　よって，得点なしとなる確率は，

$$\dfrac{4}{6} = \dfrac{\boxed{2}}{\boxed{3}} = \dfrac{12}{18} \qquad \cdots ①$$

である．

　また，2回目を投げる場合，得点なしとなるのは次の
ようなときである．

b	A	最後にさいころをもう1回投げたときの目	b	A	最後にさいころをもう1回投げたときの目
1	4	4, 5, 6	4	1	1, 2, 3, 4, 5, 6
2	5	5, 6	5	2	2, 3, 4, 5, 6
3	0	1, 2, 3, 4, 5, 6	6	3	3, 4, 5, 6

98

これより，$a=3$ という条件のもとで，2回目を投げる場合，得点なしとなる確率は，

$$\frac{1}{6}\times\frac{3}{6}+\frac{1}{6}\times\frac{2}{6}+\frac{1}{6}\times\frac{6}{6}+\frac{1}{6}\times\frac{6}{6}+\frac{1}{6}\times\frac{5}{6}+\frac{1}{6}\times\frac{4}{6}$$

$$=\frac{3+2+6+6+5+4}{36}$$

$$=\frac{26}{36}=\boxed{\frac{13}{18}}\qquad\cdots\text{②}$$

である．

よって，①，② より，1回目に投げたさいころの目が3であったときは，

$$\left(\begin{array}{l}\text{2回目を投げない場合}\\\text{の得点なしの確率}\end{array}\right)<\left(\begin{array}{l}\text{2回目を投げる場合}\\\text{の得点なしの確率}\end{array}\right)$$

となる．したがって，$\boxed{\text{テ}}$ に当てはまるものは $\boxed{⓪}$ である．

次に，太郎さんの戦略について考える．

2回目を投げる場合の得点なしとなる A の値と，最後にもう1回投げたときの目の対応を表にまとめると次のようになる．

表2

A	最後にさいころをもう1回投げたときの目	A	最後にさいころをもう1回投げたときの目
0	1, 2, 3, 4, 5, 6	3	3, 4, 5, 6
1	1, 2, 3, 4, 5, 6	4	4, 5, 6
2	2, 3, 4, 5, 6	5	5, 6

表1からわかるように1回目に投げたさいころの目（a の値）にかかわらず A の値が0，1，2，3，4，5のいずれかになるのは同様に確からしい．これより，a の値が何であっても2回目を投げる場合の得点なしとなるさいころの目の出方は表2より 26 通りあるから，その確率は，

$$\frac{26}{36}=\frac{13}{18}\qquad\cdots\text{③}$$

である．

また，1回目のさいころの目が $a=k$ （$k=1, 2, 3, 4, 5, 6$）であったとき，2回目を投げない場合の得点なしとなる確率は次の表のようになる．

← 1回目に投げたさいころの目にかかわらず A の値が0，1，2，3，4，5になる確率はいずれも $\frac{1}{6}$ である．

$a=1$ のとき．　　$a=4$ のとき．

b	A	さいころの目
1	2	2～6
2	3	3～6
3	4	4, 5, 6
4	5	5, 6
5	0	1～6
6	1	1～6

b	A	さいころの目
1	5	5, 6
2	0	1～6
3	1	1～6
4	2	2～6
5	3	3～6
6	4	4, 5, 6

表3

k(余り)	1(1)	2(2)	3(3)	4(4)	5(5)	6(0)
さいころの目	$1\sim6$	$2\sim6$	$3\sim6$	$4, 5, 6$	$5, 6$	$1\sim6$
確率	1 $\left(\dfrac{36}{36}\right)$	$\dfrac{5}{6}$ $\left(\dfrac{30}{36}\right)$	$\dfrac{4}{6}$ $\left(\dfrac{24}{36}\right)$	$\dfrac{3}{6}$ $\left(\dfrac{18}{36}\right)$	$\dfrac{2}{6}$ $\left(\dfrac{12}{36}\right)$	1 $\left(\dfrac{36}{36}\right)$

③ より大きい確率となる k の値は 1, 2, 6 である.
したがって，太郎さんの戦略は次のようになる.

― 太郎さんの戦略 ―
　1回目に投げたさいころの目を6で割った余り
が2以下のときのみ，2回目を投げる.

　よって，| ト | に当てはまるものは | ⓪ | である.

　この戦略のもとで太郎さんが得点なしとなる確率
は，③と表2より，

$$\frac{3}{6}\times\frac{13}{18}+\frac{1}{6}\times\frac{4}{6}+\frac{1}{6}\times\frac{3}{6}+\frac{1}{6}\times\frac{2}{6}$$

$$=\frac{22}{36}=\frac{\boxed{11}}{\boxed{18}}$$

であり，この確率は，1回目に投げたさいころの目にか
かわらず2回目を投げる場合における得点なしの確率
$\left(\dfrac{13}{18}\right)$ より小さくなる.

◆ 最後にさいころをもう1回投げると
きのさいころの目.

◆ 得点なしとなる確率は次のようにな
る.

$k=1$ のとき，$\dfrac{1}{6}\times\dfrac{13}{18}$,　　　$\cdots$(★)

$k=2$ のとき，$\dfrac{1}{6}\times\dfrac{13}{18}$,　　　$\cdots$(★)

$k=3$ のとき，$\dfrac{1}{6}\times\dfrac{4}{6}$,

$k=4$ のとき，$\dfrac{1}{6}\times\dfrac{3}{6}$,

$k=5$ のとき，$\dfrac{1}{6}\times\dfrac{2}{6}$,

$k=6$ のとき，$\dfrac{1}{6}\times\dfrac{13}{18}$.　　$\cdots$(★)

(★)をまとめると，

$\dfrac{1}{6}\times\dfrac{13}{18}\times3=\dfrac{3}{6}\times\dfrac{13}{18}$

となる.

第4問　整数の性質

本問については，次の事柄（※）が成り立つことを前提として解答する．証明については最後に載せている．

$$A,\ B\ \text{を整数，}\ p\ \text{を正の整数とする．}$$

$$\left.\begin{array}{l} A\ \text{を}\ p\ \text{で割った余りと} \\ B\ \text{を}\ p\ \text{で割った余りは} \\ \text{同じである} \end{array}\right\} \Longleftrightarrow (A-B\ \text{は}\ p\ \text{の倍数}) \quad \cdots (※)$$

さらに，（※）より，次のことが成り立つ．

2つの整数 $a,\ b$ を p で割ったときの余りをそれぞれ $r_a,\ r_b$ とすると，

（性質1）　$a+b$ を p で割った余りは，r_a+r_b を p で割った余りに等しい．

（性質2）　$a-b$ を p で割った余りは，r_a-r_b を p で割った余りに等しい．

（性質3）　ab を p で割った余りは，$r_a r_b$ を p で割った余りに等しい．

（性質4）　k を正の整数とするとき，a^k を p で割った余りは，r_a^k を p で割った余りに等しい．

(1)　整数 k は $0 \le k < 5$ を満たす．

$77k = 5 \times 15k + 2k$ より，$77k - 2k = 5 \times 15k$ であるから，（※）を用いると，「$77k$ を 5 で割った余りが 1 となること」と「$2k$ を 5 で割った余りが 1 となること」は同値である．

ここで，$k=3$ のとき，$2k(=6)$ を 5 で割った余りは 1 であるから，$77k$ を 5 で割った余りが 1 となるのは $k=\boxed{3}$ のときである．

(2)　三つの整数 $k,\ \ell,\ m$ が，
$$0 \le k < 5,\quad 0 \le \ell < 7,\quad 0 \le m < 11$$
を満たす．このとき，
$$\frac{k}{5} + \frac{\ell}{7} + \frac{m}{11} - \frac{1}{385} \quad \cdots ①$$
が整数となる $k,\ \ell,\ m$ を求める．

①の値が整数のとき，その値を n とすると，
$$\frac{k}{5} + \frac{\ell}{7} + \frac{m}{11} = \frac{1}{385} + n \quad \cdots ②$$
となる．②の両辺に 385 を掛けると，
$$77k + 55\ell + 35m = 1 + 385n \quad \cdots ③$$

$q_a,\ q_b$ を整数として，
$$a = pq_a + r_a,\quad b = pq_b + r_b$$
とおく．

$$\begin{aligned}(a+b) - (r_a + r_b) &= pq_a + pq_b \\ &= p(q_a + q_b).\end{aligned}$$

$$\begin{aligned}(a-b) - (r_a - r_b) &= pq_a - pq_b \\ &= p(q_a - q_b).\end{aligned}$$

$$\begin{aligned}ab - r_a r_b &= (pq_a + r_a)(pq_b + r_b) - r_a r_b \\ &= p(pq_a q_b + q_a r_b + q_b r_a).\end{aligned}$$

性質3を繰り返し用いると，

・$a^2 = a \cdot a$ を p で割った余りは，$r_a \cdot r_a$，つまり，r_a^2 を p で割った余りに等しい．

・$a^3 = a^2 \cdot a$ を p で割った余りは，$r_a^2 \cdot r_a$，つまり，r_a^3 を p で割った余りに等しい．

これを続けていくと（性質4）が成り立つ．

$2k$ を 5 で割った余りは次のようになる．

k	0	1	2	3	4
$2k$	0	2	4	6	8
$2k$ を 5 で割った余り	0	2	4	1	3

$385 = 5 \times 7 \times 11$.

となる．これより，
$$77k = 5(-11\ell - 7m + 77n) + 1$$
となることから，$77k$ を5で割った余りは1なので $k=3$ である．

③より，
$$55\ell = 7(-11k - 5m + 55n) + 1$$
となるから，55ℓ を7で割った余りは1である．

ここで，$55\ell = 7 \times 7\ell + 6\ell$ より，$55\ell - 6\ell = 7 \times 7\ell$ であるから，（※）を用いると，「55ℓ を7で割った余りが1になること」と「6ℓ を7で割った余りが1になること」は同値である．

$\ell = 6$ のとき，$6\ell (=36)$ を7で割った余りは1であるから，55ℓ を7で割った余りが1となるのは $\ell = \boxed{6}$ のときである．

さらに，③より，
$$35m = 11(-7k - 5\ell + 35n) + 1$$
となるから，$35m$ を11で割った余りは1である．

ここで，$35m = 11 \times 3m + 2m$ より，$35m - 2m = 11 \times 3m$ であるから，（※）を用いると，「$35m$ を11で割った余りが1になること」と「$2m$ を11で割った余りが1になること」は同値である．

$m = 6$ のとき，$2m (=12)$ を11で割った余りは1であるから，$35m$ を11で割った余りが1となるのは $m = \boxed{6}$ のときである．

なお，$k=3$, $\ell=6$, $m=6$ を③に代入すると，
$$77 \cdot 3 + 55 \cdot 6 + 35 \cdot 6 = 1 + 385n$$
$$770 = 385n$$
$$n = 2$$
である．

(3) 三つの整数 x, y, z が，
$$0 \leqq x < 5, \quad 0 \leqq y < 7, \quad 0 \leqq z < 11$$
を満たし，整数
$$77 \times 3 \times x + 55 \times 6 \times y + 35 \times 6 \times z \quad (= I \text{ とおく})$$
を5, 7, 11で割った余りはそれぞれ2, 4, 5である．

このときの x, y, z を求める．

I は5で割ると余りが2であるから，
$$I = 5L + 2 \quad (L \text{ は整数})$$
と表せる．これより，
$$77 \times 3 \times x = (5L + 2) - 55 \times 6 \times y - 35 \times 6 \times z$$

← 6ℓ を7で割った余りは次のようになる．

ℓ	0	1	2	3	4	5	6
6ℓ	0	6	12	18	24	30	36
余り	0	6	5	4	3	2	1

← $2m$ を11で割ったときの余りは次のようになる．

m	0	1	2	3	4	5
$2m$	0	2	4	6	8	10
余り	0	2	4	6	8	10

m	6	7	8	9	10
$2m$	12	14	16	18	20
余り	1	3	5	7	9

← $77 \times 3 \times x + 55 \times 6 \times y + 35 \times 6 \times z = I$ より，
$77 \times 3 \times x = I - 55 \times 6 \times y - 35 \times 6 \times z.$

すなわち,

$$231x = 5(L - 11 \times 6 \times y - 7 \times 6 \times z) + 2$$

となるから, $231x$ を 5 で割った余りは 2 である.

ここで, $231x = 5 \times 46x + x$ より,
$231x - x = 5 \times 46x$ であるから, (※) を用いると, 「$231x$ を 5 で割った余りが 2 になること」と「x を 5 で割った余りが 2 になること」は同値である.

$x = 2$ のとき, $x(=2)$ を 5 で割った余りが 2 であるから, $231x$, つまり, $77 \times 3 \times x$ を 5 で割った余りが 2 となるのは $x = \boxed{2}$ のときである.

I は 7 で割ると余りが 4 であるから,

$$I = 7M + 4 \quad (M \text{ は整数})$$

と表せる. これより,

$$55 \times 6 \times y = (7M + 4) - 77 \times 3 \times x - 35 \times 6 \times z$$

すなわち,

$$330y = 7(M - 11 \times 3 \times x - 5 \times 6 \times z) + 4$$

となるから, $330y$ を 7 で割った余りは 4 である.

ここで, $330y = 7 \times 47y + y$ より, $330y - y = 7 \times 47y$ であるから, (※) を用いると, 「$330y$ を 7 で割った余りが 4 になること」と「y を 7 で割った余りが 4 になること」は同値である.

$y = 4$ のとき, $y(=4)$ を 7 で割った余りが 4 であるから, $330y$, つまり, $55 \times 6 \times y$ を 7 で割った余りが 4 となるのは $y = \boxed{4}$ のときである.

I は 11 で割ると余りが 5 であるから,

$$I = 11N + 5 \quad (N \text{ は整数})$$

と表せる. これより,

$$35 \times 6 \times z = (11N + 5) - 77 \times 3 \times x - 55 \times 6 \times y$$

すなわち,

$$210z = 11(N - 7 \times 3 \times x - 5 \times 6 \times y) + 5$$

となるから, $210z$ を 11 で割った余りは 5 である.

ここで, $210z = 11 \times 19z + z$ より,
$210z - z = 11 \times 19z$ であるから, (※) を用いると, 「$210z$ を 11 で割った余りが 5 になること」と「z を 11 で割った余りが 5 になること」は同値である.

$z = 5$ のとき, $z(=5)$ を 11 で割った余りが 5 であるから, $210z$, つまり, $35 \times 6 \times z$ を 11 で割った余りが 5 となるのは $z = \boxed{5}$ のときである.

← $0 \leq x < 5$ であるから, x を 5 で割った余りが 2 となるのは, $x = 2$ のみである.

← $77 \times 3 \times x + 55 \times 6 \times y + 35 \times 6 \times z = I$ より,
$55 \times 6 \times y = I - 77 \times 3 \times x - 35 \times 6 \times z$.

← $0 \leq y < 7$ であるから, y を 7 で割った余りが 4 となるのは, $y = 4$ のみである.

← $77 \times 3 \times x + 55 \times 6 \times y + 35 \times 6 \times z = I$ より,
$35 \times 6 \times z = I - 77 \times 3 \times x - 55 \times 6 \times y$.

← $0 \leq z < 11$ であるから, z を 11 で割った余りが 5 となるのは, $z = 5$ のみである.

整数 p を,
$$p = 77 \times 3 \times 2 + 55 \times 6 \times 4 + 35 \times 6 \times 5$$
と定める. このとき, 5, 7, 11 で割った余りがそれぞれ 2, 4, 5 である整数 M は, ある整数 r を用いて $M = p + 385r$ と表すことができる.

(4) (性質4)を用いると,「p^a を 5 で割った余りが 1 になること」と「2^a を 5 で割った余りが 1 になること」は同値である.

正の整数 a のうち, 2^a を 5 で割った余りが 1 となる最小のものは $a = 4$ である. よって, p^a を 5 で割った余りが 1 となる正の整数 a のうち, 最小のものは $a = 4$ である. …④

また, (性質4)を用いると,「p^b を 7 で割った余りが 1 になること」と「4^b を 7 で割った余りが 1 になること」は同値である.

正の整数 b のうち, 4^b を 7 で割った余りが 1 となる最小のものは $b = 3$ である. よって, p^b を 7 で割った余りが 1 となる正の整数 b のうち, 最小のものは $b = \boxed{3}$ となる. …⑤

さらに, (性質4)を用いると,「p^c を 11 で割った余りが 1 になること」と「5^c を 11 で割った余りが 1 になること」は同値である.

正の整数 c のうち, 5^c を 11 で割った余りが 1 となる最小のものは $c = 5$ である. よって, p^c を 11 で割った余りが 1 となる正の整数 c のうち, 最小のものは $c = \boxed{5}$ となる. …⑥

p^8 を 385 で割った余りを q とするときの q を求める.

④より, p^4 を 5 で割った余りが 1 であるから, p^8 を 5 で割った余りは 1 である.

⑤より, p^3 を 7 で割った余りが 1 であるから, p^8 を 7 で割った余りは 2 である.

⑥より, p^5 を 11 で割った余りが 1 であるから, p^8 を 11 で割った余りは 4 である.

これより, p^8 を 5, 7, 11 で割った余りがそれぞれ 1, 2, 4 であるから, (3)と同様に考えると, 整数 p^8 は, ある整数 r を用いて,

---

← $M - p$ を 5, 7, 11 で割った余りはいずれも 0 であるから, $M - p$ は 385 の倍数となり,
$$M - p = 385r \ (r \text{ は整数})$$
すなわち,
$$M = p + 385r$$
の形で表せる.

p を 5 で割った余りは 2 である.

a	1	2	3	4
2^a	2	4	8	16
2^a を 5 で割った余り	2	4	3	1

← p を 7 で割った余りは 4 である.

b	1	2	3
4^b	4	16	64
4^b を 7 で割った余り	4	2	1

← p を 11 で割った余りは 5 である.

c	1	2	3	4	5
5^c	5	25	125	625	3125
5^c を 11 で割った余り	5	3	4	9	1

← $p^8 = (p^4)^2$ より, (性質4)を用いると, p^8 を 5 で割った余りは, $1^2 = 1$ を 5 で割った余りと同じなので, 1 である.

$p^8 = (p^3)^2 \cdot p^2$ より, (性質3)と(性質4)を用いると, p^8 を 7 で割った余りは, $1^2 \cdot 4^2 = 16$ を 7 で割った余りと同じなので, 2 である.

$p^8 = p^5 \cdot p^3$ より, (性質3)と(性質4)を用いると, p^8 を 11 で割った余りは, $1 \cdot 5^3 = 125$ を 11 で割った余りと同じなので, 4 である.

104

$$p^8 = (77 \times 3 \times 1 + 55 \times 6 \times 2 + 35 \times 6 \times 4) + 385r$$

と表せる.

これは,

$$
\begin{aligned}
p^8 &= 1731 + 385r \\
&= 385 \times 4 + 191 + 385r \\
&= 385(r+4) + 191
\end{aligned}
$$

と変形できるから,p^8 を 385 で割った余りは 191 である.

したがって,$q = \boxed{191}$ であることがわかる.

(注) (※) の証明は次のようになる.

2 つの条件 s, t を,

$$
\begin{cases}
s : A \, を\, p \, で割った余りと\, B \, を\, p \, で割った余りは同じである, \\
t : A - B \, は\, p \, の倍数である
\end{cases}
$$

とする.

$$A \, を\, p \, で割った商を\, q_A, \ 余りを\, r_A,$$
$$B \, を\, p \, で割った商を\, q_B, \ 余りを\, r_B$$

とおくと,

$$A = pq_A + r_A, \quad B = pq_B + r_B$$

であるから,

$$A - B = p(q_A - q_B) + (r_A - r_B). \qquad \cdots ⑦$$

(i) $s \Longrightarrow t$ の証明について.

$r_A = r_B$ のとき,⑦ は,

$$A - B = p(q_A - q_B).$$

$q_A - q_B$ は整数であるから,$A - B$ は p の倍数である.

(ii) $t \Longrightarrow s$ の証明について.

$A - B$ が p の倍数であるとき,k を整数として,

$$A - B = pk \qquad \cdots ④$$

とおける.

④ を ⑦ に代入すると,

$$pk = p(q_A - q_B) + (r_A - r_B)$$

すなわち,

$$r_A - r_B = p(k - q_A + q_B)$$

が成り立つ.

$k - q_A + q_B$ は整数であるから,$r_A - r_B$ は p の倍数である.

また,$0 \leqq r_A < p,\ 0 \leqq r_B < p$ より,$r_A - r_B$ のとり得る値の範囲は,

$$-p < r_A - r_B < p.$$

（右欄）

← $I = 77 \times 3 \times x + 55 \times 6 \times y + 35 \times 6 \times z$ は,I を 5, 7, 11 で割った余りがそれぞれ x, y, z になる整数である.

これより,

$$77 \times 3 \times 1 + 55 \times 6 \times 2 + 35 \times 6 \times 4$$

を 5, 7, 11 で割った余りがそれぞれ 1, 2, 4 になる.

← q_A, q_B はともに整数である.

← r_A, r_B は,ともに整数を p で割った余りであるから,p より小さい 0 以上の整数である.

← $r_A - r_B$ のとり得る値は $-p$ より大きく,p より小さい整数である.

これを満たす p の倍数 $r_A - r_B$ は 0 しかないから,

$$r_A - r_B = 0$$

すなわち,

$$r_A = r_B.$$

よって, A を p で割った余りと B を p で割った余りは同じである.

したがって, (i), (ii) より, s と t は同値である.

（証明終）

← p の倍数は,

$$0, \ \pm p, \ \pm 2p, \ \pm 3p, \ \cdots.$$

第5問　図形の性質

(1)

> 定理　3点 P, Q, R は一直線上にこの順に並んでいるとし，点 T はこの直線上にないものとする．このとき，$PQ \cdot PR = PT^2$ が成り立つならば，直線 PT は3点 Q, R, T を通る円に接する．

◆「方べきの定理の逆」に関する定理である．

　この定理が成り立つことは，次のように説明できる．

　直線 PT は3点 Q, R, T を通る円 O に接しないとする．このとき，直線 PT は円 O と異なる2点で交わる．直線 PT と円 O との交点で点 T とは異なる点を T′ とすると，

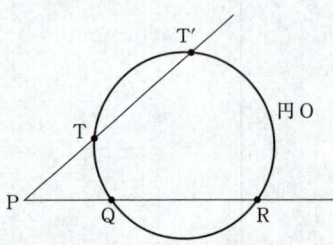

$$PT \cdot PT' = PQ \cdot PR \quad \boxed{0}, \quad \boxed{1}$$

が成り立つ．点 T と点 T′ が異なることにより，$PT \cdot PT'$ の値と PT^2 の値は異なる．したがって，$PQ \cdot PR = PT^2$ に矛盾するので，背理法により，直線 PT は3点 Q, R, T を通る円に接するといえる．

◆─ 方べきの定理 ─

$$PA \cdot PB = PC \cdot PD.$$

(2)

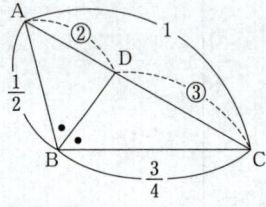

　角の二等分線の性質より，

$$AD : DC = BA : BC = \frac{1}{2} : \frac{3}{4} = 2 : 3$$

であるから，

$$AD = \frac{2}{2+3} AC = \frac{2}{5} \cdot 1 = \boxed{\dfrac{2}{5}} \quad \cdots ①$$

である．

◆─ 角の二等分線の性質 ─

$$a : b = m : n.$$

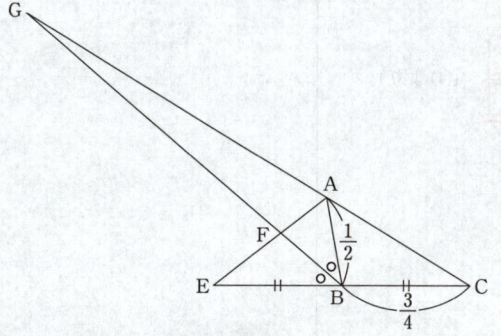

また，角の二等分線の性質より，

$$AF : FE = BA : BE = \frac{1}{2} : \frac{3}{4} = 2 : 3 \quad \cdots ②$$

である．

← $BE = BC = \frac{3}{4}$.

　ここで，△ACE と直線 BG にメネラウスの定理を用いると，

$$\frac{EB}{BC} \times \frac{CG}{GA} \times \frac{AF}{FE} = 1$$

であるから，

$$\frac{1}{1} \times \frac{CG}{GA} \times \frac{2}{3} = 1 \quad (② より)$$

すなわち，

$$\frac{CG}{GA} = \frac{3}{2}$$

である．

　よって，

$$\frac{AC}{AG} = \boxed{\frac{\boxed{1}}{\boxed{2}}} \quad \cdots ③$$

である．

　さらに，△BCG と直線 AE にメネラウスの定理を用いると，

$$\frac{GF}{FB} \times \frac{BE}{EC} \times \frac{CA}{AG} = 1$$

であるから，

$$\frac{GF}{FB} \times \frac{1}{2} \times \frac{1}{2} = 1 \quad (③ より)$$

すなわち，

$$\frac{GF}{FB} = \frac{4}{1} \quad \cdots ④$$

である．

　△ABF と △AFG の底辺をそれぞれ BF，GF とみ

メネラウスの定理

$$\frac{AL}{LB} \times \frac{BM}{MC} \times \frac{CN}{NA} = 1.$$

ると，高さは同じであるから，

$$\frac{\triangle\text{ABF の面積}}{\triangle\text{AFG の面積}} = \frac{FB}{GF} = \frac{\boxed{1}}{\boxed{4}} \quad (\text{④ より})$$

である．

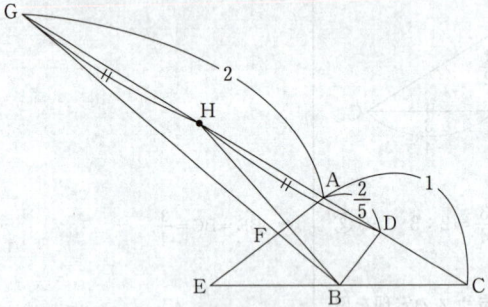

③ と AC=1 より，AG=2 であるから，

$$GH = DH = \frac{1}{2}DG$$
$$= \frac{1}{2}(AD + AG)$$
$$= \frac{1}{2}\left(\frac{2}{5} + 2\right) \quad (\text{① より})$$
$$= \frac{6}{5} \qquad\qquad \cdots⑤$$

である．

ところで，∠DBG = 90° であるから，3 点 B, D, G は線分 DG を直径とする円周上にあるので，⑤ より，

$$BH = GH = DH = \frac{\boxed{6}}{\boxed{5}} \qquad \cdots⑤'$$

である．

また，①，⑤′ より，

$$AH = DH - AD = \frac{6}{5} - \frac{2}{5} = \frac{\boxed{4}}{\boxed{5}},$$

$$CH = CA + AH = 1 + \frac{4}{5} = \frac{\boxed{9}}{\boxed{5}}$$

$\left.\begin{array}{c} \\ \\ \\ \end{array}\right\} \cdots⑥$

である．

$2(\circ + \bullet) = 180°$

であるから，

$$\angle DBG = \angle DBF = \circ + \bullet = 90°.$$

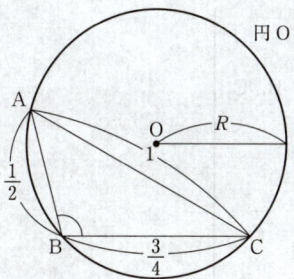

円 O

△ABC に余弦定理を用いると，

$$\cos\angle ABC = \frac{AB^2 + BC^2 - CA^2}{2AB\cdot BC}$$

$$= \frac{\left(\frac{1}{2}\right)^2 + \left(\frac{3}{4}\right)^2 - 1^2}{2\cdot\frac{1}{2}\cdot\frac{3}{4}}$$

$$= -\frac{1}{4}$$

であり，$0° < \angle ABC < 180°$ より，$\sin\angle ABC > 0$ であるから，

$$\sin\angle ABC = \sqrt{1 - \cos^2\angle ABC}$$

$$= \sqrt{1 - \left(-\frac{1}{4}\right)^2}$$

$$= \frac{\sqrt{15}}{4}.$$

△ABC の外接円 O の半径を R とし，正弦定理を用いると，

$$2R = \frac{CA}{\sin\angle ABC}$$

であるから，

$$R = \frac{1}{2}\cdot\frac{1}{\frac{\sqrt{15}}{4}}$$

$$= \frac{\boxed{2}\sqrt{\boxed{15}}}{\boxed{15}}. \qquad \cdots ⑦$$

ここで，⑤′，⑥ より，

$$HA\cdot HC = \frac{4}{5}\cdot\frac{9}{5} = \frac{36}{25},$$

$$HB^2 = \left(\frac{6}{5}\right)^2 = \frac{36}{25}$$

であるから，

◀ 余弦定理

$$\cos B = \frac{c^2 + a^2 - b^2}{2ca},$$

$$b^2 = c^2 + a^2 - 2ca\cos B.$$

◀ 正弦定理

$$\frac{a}{\sin A} = \frac{b}{\sin B} = \frac{c}{\sin C} = 2R.$$

（R は △ABC の外接円の半径）

$$HA \cdot HC = HB^2$$

が成り立つ.

よって，(1)の 定理 から直線 HB は 3 点 A，B，C を通る円，すなわち，円 O に接する.

これより，$\angle OBH = 90°$ である.

また，⑤′，⑦ より，

$$BI = \frac{1}{1+2}BH = \frac{1}{3} \cdot \frac{6}{5} = \frac{2}{5},$$

$$OB = R = \frac{2\sqrt{15}}{15} = \frac{2}{\sqrt{15}}$$

である.

したがって，直角三角形 OBI に三平方の定理を用いると，

$$IO = \sqrt{BI^2 + OB^2}$$

$$= \sqrt{\left(\frac{2}{5}\right)^2 + \left(\frac{2}{\sqrt{15}}\right)^2}$$

$$= \frac{\boxed{4}\sqrt{\boxed{6}}}{\boxed{15}}$$

である.

(接点) ─── (接線)

数学Ⅱ・数学B

解答・採点基準　　（100点満点）

問題番号 (配点)	解答記号	正　解	配点	自己採点
第1問 (30)	アイ	13	2	
	(ウ, エオ)	(5, 12)	2	
	カ	0	2	
	$\dfrac{キク}{ケ}$	$\dfrac{-3}{2}$	2	
	$\dfrac{コ}{サ}$	$\dfrac{2}{3}$	1	
	シス	13	2	
	$\dfrac{セ}{ソ}$	$\dfrac{2}{3}$	2	
	$\dfrac{タチ}{ツ}$	$\dfrac{-3}{2}$	2	
	テ	⓪	2	
	ト, ナ	⑦, ④	2	
	ニ	⑧	2	
	ヌ	ⓐ	2	
	ネ	②	2	
	ノ	④	2	
	ハ	②	3	
第1問　自己採点小計				

問題番号 (配点)	解答記号	正　解	配点	自己採点
第2問 (30)	ア	0	2	
	イウ	12	2	
	エオ	−2	2	
	カ	5	2	
	キク	19	2	
	ケ	3	1	
	$\dfrac{コサ}{シ}$	$\dfrac{81}{2}$	4	
	スセ	−a	2	
	ソ	3	2	
	タ	3	1	
	チ	3	2	
	ツ	6	2	
	テト	−1	2	
	ナ, ニ	①, ③ (解答の順序は問わない)	4	
第2問　自己採点小計				
第3問 (20)	アイ	72	1	
	$\dfrac{ウ}{エオ}$	$\dfrac{1}{36}$	1	
	カ	②	2	
	キ	2	1	
	$\dfrac{\sqrt{クケ}}{コ}$	$\dfrac{\sqrt{70}}{6}$	2	
	$\dfrac{サ}{シ}$, ス	$\dfrac{1}{7}$, 1	1	
	$\dfrac{セソ}{タチ}$	$\dfrac{38}{21}$	2	
	$\dfrac{ツ}{テ}$	$\dfrac{1}{7}$	2	
	$\dfrac{トナ}{ニヌ}$	$\dfrac{38}{21}$	1	
	ネ	②	2	
	ノ, ハ	⓪, ⓪	2	
	ヒ	④	2	
	0.フヘホ	0.055	2	
第3問　自己採点小計				

問題番号(配点)	解答記号	正解	配点	自己採点
第4問 (20)	ア	7	1	
	イn^2ーウ	$2n^2-1$	3	
	$\dfrac{エn^3+ オn^2ー カn}{キ}$	$\dfrac{2n^3+3n^2-2n}{3}$	3	
	ク	5	1	
	ケ	⑤	2	
	コ, サ	①, ②	2	
	シ, ス	②, ②	2	
	セーソ	1ーc	2	
	タ	2	2	
	チ, ツ	⓪, ①	2	
第4問 自己採点小計				
第5問 (20)	$B_2(-1,$ ア, イウ$)$	$B_2(-1,$ 1, 2a$)$	2	
	$C_3(-1,$ エ, オカ$)$	$C_3(-1,$ 0, 3a$)$	2	
	キ	⑧	2	
	ク	③	2	
	$\dfrac{\sqrt{ケ}}{コ}$	$\dfrac{\sqrt{2}}{2}$	2	
	$\dfrac{サ}{シ}$	$\dfrac{3}{2}$	1	
	$\dfrac{ス}{セ}$	$\dfrac{1}{2}$	1	
	$\dfrac{ソ}{タ}$	$\dfrac{1}{3}$	2	
	チ	①	3	
	ツ, テ	①, ⓪	3	
第5問 自己採点小計				
自己採点合計				

(注)
　第1問，第2問は必答。
　第3問～第5問のうちから2問選択。計4問を解答。

第1問　図形と方程式・三角関数

〔1〕　k は実数．

$$\ell_1 : 3x + 2y - 39 = 0 \quad \left(\text{傾きは} -\frac{3}{2}\right)$$

$$\ell_2 : kx - y - 5k + 12 = 0 \quad (\text{傾きは } k)$$

(1)　ℓ_1 の方程式において，$y = 0$ とすると

$$3x - 39 = 0$$
$$x = 13$$

となるから，直線 ℓ_1 と x 軸は，点(13 , 0)で交わる．

また，ℓ_2 の方程式は

$$k(x - 5) - (y - 12) = 0$$

と変形できるから，直線 ℓ_2 は k の値に関係なく点(5 , 12)を通る．$x = 5$，$y = 12$ を ℓ_1 の方程式に代入すると

$$3 \cdot 5 + 2 \cdot 12 - 39 = 0$$

となり，これは成立するから，直線 ℓ_1 も点 $(5, 12)$ を通る．

(2)　2直線 ℓ_1，ℓ_2 および x 軸によって囲まれた三角形ができないのは以下の二つのときである．

(ⅰ)　ℓ_2 が x 軸と平行，すなわち，ℓ_2 の傾きが 0 となるとき

(ⅱ)　ℓ_1，ℓ_2 が一致する，すなわち，ℓ_2 の傾きが $-\dfrac{3}{2}$ となるとき

← ℓ_1，ℓ_2 ともに点 $(5, 12)$ を通る．

よって，求める k の値は $k = \boxed{0}$，$\dfrac{\boxed{-3}}{\boxed{2}}$ である．

(3)　2直線 ℓ_1，ℓ_2 および x 軸によって囲まれた三角形ができるとき，この三角形の周および内部からなる領域が D であり，不等式 $x^2 + y^2 \leqq r^2$ の表す領域が E である．（r は正の実数）

直線 ℓ_2 が点 $(-13, 0)$ を通るとき

$$-13k - 5k + 12 = 0$$
$$18k = 12$$

← ℓ_2 の方程式に $x = -13$，$y = 0$ を代入．

より，$k = \dfrac{\boxed{2}}{\boxed{3}}$ である．さらに，D が E に含ま

れるような r の値の範囲は，原点から三角形の三つ
の頂点までの距離がいずれも 13 であることから，

$r \geqq \boxed{13}$ である．

次に $r=13$ のとき，図より，D が E に含まれる
ような k の値の範囲は

$$k \geqq \frac{\boxed{2}}{\boxed{3}} \quad または \quad k < \frac{\boxed{-3}}{\boxed{2}}$$

である．

$$\left(\text{傾き } \frac{2}{3}\right) \qquad \left(\text{傾き } -\frac{3}{2}\right)$$

〔2〕 $-\dfrac{\pi}{2} < \theta < \dfrac{\pi}{2}$．

(1) $\tan\theta = -\sqrt{3}$ のとき，$\theta = -\dfrac{\pi}{3}$ であり，

$\cos\theta = \dfrac{1}{2}$, $\sin\theta = -\dfrac{\sqrt{3}}{2}$ である．（$\boxed{⓪}$,
$\boxed{⑦}$, $\boxed{④}$ ）

一般に，$\tan\theta = k$ のとき，$\cos\theta = \dfrac{1}{\sqrt{1+k^2}}$,

$\sin\theta = \dfrac{k}{\sqrt{1+k^2}}$ である．（$\boxed{⑧}$, $\boxed{ⓐ}$ ）

(2) $p = \dfrac{\sin 2\theta}{\cos\theta} = \dfrac{2\sin\theta\cos\theta}{\cos\theta} = 2\sin\theta$

← $\sin 2\theta = 2\sin\theta\cos\theta$．

$q = \dfrac{\sin\left(\theta + \dfrac{\pi}{7}\right)}{\cos\theta} = \dfrac{\sin\theta\cos\dfrac{\pi}{7} + \cos\theta\sin\dfrac{\pi}{7}}{\cos\theta}$

$= \cos\dfrac{\pi}{7}\tan\theta + \sin\dfrac{\pi}{7}$

← $\tan\theta = \dfrac{\sin\theta}{\cos\theta}$．

より，$-\dfrac{\pi}{2} < \theta < \dfrac{\pi}{2}$ の範囲で θ を動かすとき，p の
とり得る値の範囲は $-2 < p < 2$ であり，q のとり
得る値の範囲は実数全体である．（$\boxed{②}$, $\boxed{④}$ ）

(3) $0 \leqq \alpha < 2\pi$．

$r = \dfrac{\sin(\theta + \alpha)}{\cos\theta} = \dfrac{\sin\theta\cos\alpha + \cos\theta\sin\alpha}{\cos\theta}$

$= \cos\alpha\tan\theta + \sin\alpha$

は $\cos\alpha = 0$，すなわち，$\alpha = \dfrac{\pi}{2}, \dfrac{3}{2}\pi$ のときに，そ
れぞれ $r = 1, -1$ となり，これ以外のときは，r の
とり得る値の範囲は実数全体となる．

よって，r のとり得る値の範囲が q のとり得る値
の範囲と異なるような α $(0 \leqq \alpha < 2\pi)$ はちょうど

2個存在する．（　②　）

第2問　微分法・積分法

k は実数.

$$f(x) = x^3 - kx \quad (f'(x) = 3x^2 - k)$$
$$C : y = f(x)$$

(1) t は実数.

$$g(x) = (x - t)^3 - k(x - t)$$
$$C_1 : y = g(x)$$

(i) 関数 $f(x)$ が $x = 2$ で極値をとるとき

$$f'(2) = \boxed{0}$$

すなわち

$$3 \cdot 2^2 - k = 0$$

であるから, $k = \boxed{12}$ であり, このとき

$$f(x) = x^3 - 12x$$
$$f'(x) = 3(x^2 - 4) = 3(x + 2)(x - 2)$$

となるから, $f(x)$ の増減は次の表のようになる.

x	$\cdots$	-2	$\cdots$	2	$\cdots$
$f'(x)$	$+$	0	$-$	0	$+$
$f(x)$	↗	16	↘	-16	↗

よって, $f(x)$ は $x = \boxed{-2}$ で極大値をとる.

曲線 C_1 は曲線 C を x 軸方向に t だけ平行移動したものであるから, $g(x)$ は $x = -2 + t$ で極大値をとる. したがって, $g(x)$ が $x = 3$ で極大値をとるとき

$$-2 + t = 3$$

より, $t = \boxed{5}$ である.

(ii) $t = 1$ であり, 曲線 C と C_1 は 2 点で交わり, 一つの交点の x 座標は -2 である. このとき x の方程式

$$f(x) = g(x) \qquad \cdots ③$$

は $x = -2$ を解に持つから

$$f(-2) = g(-2)$$

が成り立つ. よって

$$(-2)^3 - k(-2) = (-2 - 1)^3 - k(-2 - 1)$$
$$-8 + 2k = -27 + 3k$$

より, $k = \boxed{19}$ である. このとき, ③ は

$$f(x) - g(x) = 0$$

◀ 導関数

$(x^n)' = nx^{n-1} \quad (n = 1, 2, 3, \cdots)$

$(c)' = 0 \quad (c \text{ は定数}).$

◀ 平行移動

曲線 $y = f(x)$ を x 軸方向に p, y 軸方向に q だけ平行移動した曲線の方程式は

$$y = f(x - p) + q.$$

◀ $y = f'(x)$ のグラフをかくと, $f'(x)$ の符号がわかりやすい.

$$(x^3-19x)-\{(x-1)^3-19(x-1)\}=0$$
$$(x^3-19x)-(x^3-3x^2+3x-1-19x+19)=0$$
$$3x^2-3x-18=0$$
$$3(x^2-x-6)=0$$
$$3(x+2)(x-3)=0$$

と変形できるから，もう一方の交点の x 座標は

$\boxed{3}$ である．また，C と C_1 で囲まれた図形の

うち，$x \geqq 0$ の範囲にある部分の面積は

$$\int_0^3 \{g(x)-f(x)\}\,dx$$

$$=-3\int_0^3 (x^2-x-6)\,dx$$

$$=-3\left[\frac{x^3}{3}-\frac{x^2}{2}-6x\right]_0^3$$

$$=-3\left(\frac{3^3}{3}-\frac{3^2}{2}-6\cdot3\right)$$

$$=\boxed{\dfrac{81}{2}}$$

である．

(2) $a,\ b,\ c$ は実数．

$$h(x)=x^3+3ax^2+bx+c$$
$$C_2 : y=h(x)$$

(ⅰ) C を x 軸方向に p，y 軸方向に q だけ平行移動
した曲線が C_2 と一致する必要十分条件は

$$h(x)=(x-p)^3-k(x-p)+q \qquad \cdots ①$$

すなわち

$$x^3+3ax^2+bx+c$$
$$=x^3-3px^2+3p^2x-p^3-kx+kp+q$$

すなわち

$$x^3+3ax^2+bx+c$$
$$=x^3-3px^2+(3p^2-k)x-p^3+kp+q$$

が x の恒等式となることであるから

$$3a=-3p,\quad b=\boxed{3}\,p^2-k,\quad c=-p^3+kp+q$$

すなわち

$$p=\boxed{-a},\quad k=\boxed{3}\,a^2-b \ \cdots ②,\quad q=2a^3-ab+c$$

である．また，①において，$x=p$ を代入すると

$$q=h(p)=h(-a)=(-a)^3+3a(-a)^2+b(-a)+c$$
$$=2a^3-ab+c$$

右側の囲み：

面積

区間 $\alpha \leqq x \leqq \beta$ においてつねに
$f(x) \leqq g(x)$ ならば 2 曲線
$y=g(x)$，$y=f(x)$ および直線
$x=\alpha$，$x=\beta$ で囲まれた部分の面積は

$$S=\int_\alpha^\beta \{g(x)-f(x)\}\,dx.$$

定積分

$$\int x^n\,dx=\frac{1}{n+1}x^{n+1}+C$$

（$n=0,1,2,\cdots$．C は積分定数）

であり，$f(x)$ の原始関数の一つを
$F(x)$ とすると

$$\int_\alpha^\beta f(x)\,dx=\left[F(x)\right]_\alpha^\beta$$
$$=F(\beta)-F(\alpha).$$

右下の囲み：

$$\begin{cases}
p=-a \ \text{と}\ b=3p^2-k\ \text{より} \\
\qquad b=3(-a)^2-k \\
\qquad k=3a^2-b. \\
\text{これと}\ p=-a\ \text{と} \\
c=-p^3+kp+q\ \text{より} \\
c=-(-a)^3+(3a^2-b)(-a)+q \\
q=2a^3-ab+c.
\end{cases}$$

となる.

　逆に，k が② を満たすとき，C を x 軸方向に $-a$，y 軸方向に $h(-a)$ だけ平行移動させると C_2 と一致することが確かめられる.

← $p=-a$, $q=h(-a)$.

(ii) $b=3a^2-3$ のとき，② より
$$k=3a^2-(3a^2-3)=3$$
であるから，曲線 C_2 はこのときの曲線 C
$$y=x^3-\boxed{3}\,x$$
を平行移動したものと一致する．これを x で微分すると
$$y'=3x^2-3=3(x+1)(x-1)$$
となるから，増減は次のようになり，x^3-3x は $x=-1$ で極大値 2 をとり，$x=1$ で極小値 -2 をとることがわかる.

x	$\cdots$	-1	$\cdots$	1	$\cdots$
y'	$+$	0	$-$	0	$+$
y	$\nearrow$	2	$\searrow$	-2	$\nearrow$

←

$y'=3(x+1)(x-1)$

$h(x)$ が $x=4$ で極大値 3 をとるとき，C_2 は C を x 軸方向に $4-(-1)=5$，y 軸方向に $3-2=1$ 平行移動したものであるから，$h(x)$ は $x=1+5=\boxed{6}$ で極小値 $-2+1=\boxed{-1}$ をとることがわかる.

(iii)
$$y=h(x)$$
すなわち
$$y=x^3+3ax^2+bx+c$$
において
$$y=x^3-x-5 \qquad \cdots ④$$
$$y=x^3+3x^2-2x-4 \qquad \cdots ⑤$$
$$y=x^3-6x^2-x-4 \qquad \cdots ⑥$$
$$y=x^3-6x^2+7x-5 \qquad \cdots ⑦$$
はそれぞれ
$$a=0,\ b=-1,\ c=-5 \qquad (3a^2-b=1)$$
$$a=1,\ b=-2,\ c=-4 \qquad (3a^2-b=5)$$
$$a=-2,\ b=-1,\ c=-4 \qquad (3a^2-b=13)$$
$$a=-2,\ b=7,\ c=-5 \qquad (3a^2-b=5)$$
としたものであるから，(i) より，⑤ と ⑦ は
$$y=x^3-5x$$

← (i)② の $k=1$.

← (i)② の $k=5$.

← (i)② の $k=13$.

← (i)② の $k=5$.

← $C:y=x^3-kx$ で $k=5$ とした.

を平行移動させたものと一致する．よって，⑤と⑦は平行移動によって一致させることができる．

（ ， ）

第3問　確率分布と統計的な推測

太郎さんのクラスでは，確率分布の問題として，2個のさいころを同時に投げることを72回繰り返す試行を行い，2個とも1の目が出た回数を表す確率変数 X の分布を考えることとなった．そこで，21名の生徒がこの試行を行った．

(1) 2個とも1の目が出る確率は $\left(\dfrac{1}{6}\right)^2 = \dfrac{1}{36}$ であるから，X は二項分布 $B\left(\boxed{72}, \dfrac{\boxed{1}}{\boxed{36}}\right)$ に従う．このとき，$k=72$，$p=\dfrac{1}{36}$ とおくと，$X=r$ である確率は

$$P(X=r) = {}_k C_r p^r (1-p)^{k-r} \quad (r=0, 1, 2, \cdots, k)$$
$$\cdots ① \quad (\boxed{②})$$

である．
また，X の平均(期待値)は

$$E(X) = 72 \cdot \dfrac{1}{36} = \boxed{2}$$

であり，標準偏差は

$$\sigma(X) = \sqrt{72 \cdot \dfrac{1}{36}\left(1-\dfrac{1}{36}\right)} = \dfrac{\sqrt{\boxed{70}}}{\boxed{6}}$$

である．

(2) 21名全員の試行結果について，2個とも1の目が出た回数を調べたところ，次の表のような結果になった．なお，5回以上出た生徒はいなかった．

回数	0	1	2	3	4	計
人数	2	7	7	3	2	21

この表をもとに，確率変数 Y を考える．Y のとり得る値を 0, 1, 2, 3, 4 とし，各値の相対度数を確率として，Y の確率分布を次の表のとおりとする．

Y	0	1	2	3	4	計
P	$\dfrac{2}{21}$	$\dfrac{1}{3}$	$\dfrac{1}{3}$	q	$\dfrac{2}{21}$	$\boxed{1}$

$Y=3$ となる確率を q とおくと

$$q = \dfrac{3}{21} = \dfrac{\boxed{1}}{\boxed{7}}$$

二項分布

n を自然数とする．
確率変数 X のとり得る値が

$$0, 1, 2, \cdots, n$$

であり，X の確率分布が

$$P(X=r) = {}_n C_r p^r (1-p)^{n-r}$$
$$(r=0, 1, 2, \cdots, n)$$

であるとき，X の確率分布を二項分布といい，$B(n, p)$ で表す．

平均(期待値)，分散

確率変数 X のとり得る値を

$$x_1, x_2, \cdots, x_n$$

とし，X がこれらの値をとる確率をそれぞれ

$$p_1, p_2, \cdots, p_n$$

とすると，X の平均(期待値) $E(X)$ は

$$E(X) = \sum_{k=1}^{n} x_k p_k.$$

また，X の分散 $V(X)$ は $E(X)=m$ として

$$V(X) = \sum_{k=1}^{n} (x_k - m)^2 p_k$$

または

$$V(X) = E(X^2) - \{E(X)\}^2.$$

二項分布の平均(期待値)，分散

確率変数 X が二項分布 $B(n, p)$ に従うとき，$q=1-p$ とすると X の平均(期待値) $E(X)$ と分散 $V(X)$ は

$$E(X) = np$$
$$V(X) = npq$$

である．

$\sqrt{V(X)}$ を X の標準偏差という．

である．よって，Y の平均は

$$E(Y) = 0 \cdot \frac{2}{21} + 1 \cdot \frac{1}{3} + 2 \cdot \frac{1}{3} + 3 \cdot \frac{1}{7} + 4 \cdot \frac{2}{21}$$

$$= \boxed{\frac{38}{21}}$$

であり，Y^2 の平均は

$$E(Y^2) = 0^2 \cdot \frac{2}{21} + 1^2 \cdot \frac{7}{21} + 2^2 \cdot \frac{7}{21} + 3^2 \cdot \frac{3}{21} + 4^2 \cdot \frac{2}{21}$$

$$= \frac{94}{21}$$

であるから，Y の分散は

$$V(Y) = E(Y^2) - \{E(Y)\}^2 = \frac{94}{21} - \left(\frac{38}{21}\right)^2 = \frac{530}{(21)^2}$$

である．よって，Y の標準偏差は $\sigma(Y) = \dfrac{\sqrt{530}}{21}$ である．

(3) $$P(Z = r) = \alpha \cdot \frac{2^r}{r!} \quad (r = 0,\ 1,\ 2,\ 3,\ 4)$$

Z の確率分布表は次のようになる．

Z	0	1	2	3	4	計
P	$\alpha \cdot \dfrac{2^0}{0!}$	$\alpha \cdot \dfrac{2^1}{1!}$	$\alpha \cdot \dfrac{2^2}{2!}$	$\alpha \cdot \dfrac{2^3}{3!}$	$\alpha \cdot \dfrac{2^4}{4!}$	1

よって

$$\alpha\left(\frac{2^0}{0!} + \frac{2^1}{1!} + \frac{2^2}{2!} + \frac{2^3}{3!} + \frac{2^4}{4!}\right) = 1$$

すなわち

$$\alpha\left(1 + 2 + 2 + \frac{4}{3} + \frac{2}{3}\right) = 1$$

が成り立つから

$$\alpha = \boxed{\frac{1}{7}}$$

である．

Z の平均は

$$E(Z) = \frac{1}{7}\left(0 \cdot 1 + 1 \cdot 2 + 2 \cdot 2 + 3 \cdot \frac{4}{3} + 4 \cdot \frac{2}{3}\right)$$

$$= \frac{38}{21}$$

であり，Z^2 の平均は

$$E(Z^2) = \frac{1}{7}\left(0^2 \cdot 1 + 1^2 \cdot 2 + 2^2 \cdot 2 + 3^2 \cdot \frac{4}{3} + 4^2 \cdot \frac{2}{3}\right)$$

$$= \frac{98}{21}$$

であるから，Z の分散は

$$V(Z) = E(Z^2) - \{E(Z)\}^2 = \frac{98}{21} - \left(\frac{38}{21}\right)^2 = \frac{614}{(21)^2}$$

である．よって，Z の標準偏差は $\sigma(Z) = \dfrac{\sqrt{614}}{21}$ である．

(4) (3)で考えた確率変数 Z の確率分布をもつ母集団を考え，この母集団から無作為に抽出した大きさ n の標本を確率変数 $W_1, W_2, \cdots, W_n$ とし，標本平均を $\overline{W} = \dfrac{1}{n}(W_1 + W_2 + \cdots + W_n)$ とする．

$\overline{W}$ の平均を $E(\overline{W}) = m$，標準偏差を $\sigma(\overline{W}) = s$ とおくと

$$m = E(\overline{W}) = E(Z) = \boxed{\dfrac{38}{21}},$$

$$s = \sigma(\overline{W}) = \sigma(Z) \cdot \frac{1}{\sqrt{n}} \quad (\boxed{②})$$

である．

また，標本の大きさ n が十分に大きいとき，$\overline{W}$ は近似的に正規分布 $N(m, s^2)$ に従う．さらに，n が増加すると $s^2 = \left\{\sigma(Z) \cdot \dfrac{1}{\sqrt{n}}\right\}^2$ は小さくなる（$\boxed{⓪}$）ので，$\overline{W}$ の分布曲線と，$m = \dfrac{38}{21}$ と $E(X) = 2$ の大小関係 $m < E(X)$ に注意すれば，n が増加すると $P(\overline{W} \geqq 2)$ は小さくなることがわかる．（$\boxed{⓪}$）

ここで，$U = \dfrac{\overline{W} - m}{s}$（$\boxed{④}$）とおくと，$n$ が十分に大きいとき，確率変数 U は近似的に標準正規分布 $N(0, 1)$ に従う．このことを利用すると，$n = 100$ のとき，標本の大きさは十分に大きいので

$$P(\overline{W} \geqq 2) = P\left(\frac{\overline{W} - \dfrac{38}{21}}{\dfrac{\sqrt{614}}{21} \cdot \dfrac{1}{\sqrt{100}}} \geqq \frac{2 - \dfrac{38}{21}}{\dfrac{\sqrt{614}}{21} \cdot \dfrac{1}{\sqrt{100}}}\right)$$

$$= P(U \geqq 1.60)$$

$$= 0.5 - P(0 \leqq U \leqq 1.60)$$

$$= 0.5 - 0.4452$$

── 標本平均の平均と標準偏差 ──

母平均 m，母標準偏差 σ の母集団から大きさ n の無作為標本を抽出するとき，標本平均 $\overline{X}$ の平均と標準偏差は

$$E(\overline{X}) = m, \quad \sigma(\overline{X}) = \frac{\sigma}{\sqrt{n}}.$$

◀ 平均 0，標準偏差 1 の正規分布 $N(0, 1)$ を標準正規分布という．

◀ $\dfrac{1}{\sqrt{614}} = 0.040$ を用いた．

◀ 正規分布表より

$\quad P(0 \leqq U \leqq 1.60) = 0.4452$.

$$= 0.\boxed{055}$$

である.

第4問　数列

$a_1 = 1, \quad a_{n+1} = a_n + 4n + 2 \quad (n = 1, 2, 3, \cdots)$

$b_1 = 1, \quad b_{n+1} = b_n + 4n + 2 + 2 \cdot (-1)^n \quad (n = 1, 2, 3, \cdots)$

$S_n = \displaystyle\sum_{k=1}^{n} a_k$

(1) $\qquad a_2 = a_1 + 6 = 1 + 6 = \boxed{7}$

である．また，階差数列を考えることにより，$n \geqq 2$ のとき

$$a_n = a_1 + \sum_{k=1}^{n-1}(4k+2)$$

$$= 1 + \frac{n-1}{2}\{4 \cdot 1 + 2 + 4(n-1) + 2\}$$

$$= 2n^2 - 1$$

である．これは $n = 1$ のときも成り立つ．

よって

$$a_n = \boxed{2}\, n^2 - \boxed{1} \quad (n = 1, 2, 3, \cdots)$$

である．さらに

$$S_n = \sum_{k=1}^{n} a_k$$

$$= \sum_{k=1}^{n}(2k^2 - 1)$$

$$= \frac{2}{6}n(n+1)(2n+1) - n$$

$$= \frac{\boxed{2}\, n^3 + \boxed{3}\, n^2 - \boxed{2}\, n}{\boxed{3}}$$

$$(n = 1, 2, 3, \cdots)$$

である．

(2) $\qquad b_2 = b_1 + 4 = 1 + 4 = \boxed{5}$

である．すべての自然数 n に対して

$$a_{n+1} - b_{n+1} = (a_n + 4n + 2) - \{b_n + 4n + 2 + 2 \cdot (-1)^n\}$$

すなわち

$$a_{n+1} - b_{n+1} = a_n - b_n + 2 \cdot (-1)^{n-1}$$

が成り立つ．これは $d_n = a_n - b_n$ とすると

$$d_{n+1} - d_n = 2 \cdot (-1)^{n-1}$$

となるから，$n \geqq 2$ のとき

$$d_n = d_1 + 2\sum_{k=1}^{n-1}(-1)^{k-1}$$

$$= a_1 - b_1 + 2 \cdot \frac{1 - (-1)^{n-1}}{1 - (-1)}$$

階差数列

数列 $\{a_n\}$ に対して

$$b_n = a_{n+1} - a_n \quad (n = 1, 2, 3, \cdots)$$

で定められる数列 $\{b_n\}$ を $\{a_n\}$ の階差数列という．

$$a_n = a_1 + \sum_{k=1}^{n-1} b_k \quad (n \geqq 2)$$

が成り立つ．

数列 $\{4k+2\}$ は公差 4 の等差数列．

等差数列の和

初項 a の等差数列 $\{a_n\}$ の初項から第 n 項までの和 S_n は

$$S_n = \frac{n}{2}(a + a_n).$$

和の公式

$$\sum_{k=1}^{n} 1 = n,$$

$$\sum_{k=1}^{n} k = \frac{1}{2}n(n+1),$$

$$\sum_{k=1}^{n} k^2 = \frac{1}{6}n(n+1)(2n+1).$$

数列 $\{(-1)^{k-1}\}$ は公比 -1 の等比数列．

等比数列の和

初項 a，公比 r，項数 n の等比数列の和は，$r \neq 1$ のとき

$$\frac{a(1 - r^n)}{1 - r}.$$

$$=1-1+1+(-1)^n$$
$$=1+(-1)^n$$

である．これは $n=1$ のときも成り立つ．（　⑤　）　　　← $d_1=a_1-b_1=1-1=0$.

(3)　(2) より
$$a_{2021}-b_{2021}=1+(-1)^{2021}=1-1=0$$
$$a_{2022}-b_{2022}=1+(-1)^{2022}=1+1>0$$
であるから
$$a_{2021}=b_{2021} \quad (\boxed{①})$$
$$a_{2022}>b_{2022} \quad (\boxed{②})$$

である．また，$T_n=\sum\limits_{k=1}^{n}b_k$ とおくと

$$S_{2021}-T_{2021}=\sum_{k=1}^{2021}a_k-\sum_{k=1}^{2021}b_k$$
$$=\sum_{k=1}^{2021}(a_k-b_k)$$
$$=\sum_{k=1}^{2021}\{1+(-1)^k\} \qquad \leftarrow d_n=a_n-b_n.$$
$$=2021+(-1)\cdot\frac{1-(-1)^{2021}}{1-(-1)}$$
$$=2020>0$$
$$S_{2022}-T_{2022}=2022+(-1)\cdot\frac{1-(-1)^{2022}}{1-(-1)}$$
$$=2022>0$$

であるから
$$S_{2021}>T_{2021} \quad (\boxed{②})$$
$$S_{2022}>T_{2022} \quad (\boxed{②})$$

である．

(4)　$c_1=c$
$$c_{n+1}=c_n+4n+2+2\cdot(-1)^n \quad (n=1,2,3,\cdots)$$
すべての自然数 n に対して
$$b_{n+1}-c_{n+1}$$
$$=\{b_n+4n+2+2\cdot(-1)^n\}-\{c_n+4n+2+2\cdot(-1)^n\}$$
すなわち
$$b_{n+1}-c_{n+1}=b_n-c_n$$
が成り立つから，すべての自然数 n に対して
$$b_n-c_n=b_1-c_1$$
$$=\boxed{1}-\boxed{c}$$

である．

また，$U_n = \sum_{k=1}^{n} c_k$ とおくと

$$S_n - U_n = \sum_{k=1}^{n} a_k - \sum_{k=1}^{n} c_k$$

$$= \sum_{k=1}^{n} (a_k - b_k) + \sum_{k=1}^{n} (b_k - c_k)$$ ← $a_k - c_k = (a_k - b_k) + (b_k - c_k)$.

$$= \sum_{k=1}^{n} \{1 + (-1)^k\} + \sum_{k=1}^{n} (1 - c)$$

$$= n - \frac{1 - (-1)^n}{2} + n(1 - c)$$

$$= (2 - c)n - \frac{1 - (-1)^n}{2}$$

であるから，$S_4 - U_4 = 0$ が成り立つとき

$$(2 - c) \cdot 4 - \frac{1 - (-1)^4}{2} = 0$$

すなわち

$$c = \boxed{2}$$

である．このとき

$$S_n - U_n = -\frac{1 - (-1)^n}{2}$$

となり

$$S_{2021} - U_{2021} = -\frac{1 - (-1)^{2021}}{2} = -1 < 0$$

$$S_{2022} - U_{2022} = -\frac{1 - (-1)^{2022}}{2} = 0$$

であるから

$$S_{2021} < U_{2021} \quad (\boxed{⓪})$$

$$S_{2022} = U_{2022} \quad (\boxed{①})$$

である．

第5問　空間ベクトル

a は正の実数．O が原点．

$A_1(1, 0, a)$, $A_2(0, 1, a)$, $A_3(-1, 0, a)$, $A_4(0, -1, a)$

四角形 $A_1OA_2B_1$, $A_2OA_3B_2$, $A_3OA_4B_3$, $A_4OA_1B_4$ はひし形．

四角形 $A_1B_1C_1B_4$, $A_2B_2C_2B_1$, $A_3B_3C_3B_2$, $A_4B_4C_4B_3$ はひし形．

(1)
$$\overrightarrow{OB_2} = \overrightarrow{OA_2} + \overrightarrow{OA_3}$$
$$= (0, 1, a) + (-1, 0, a)$$
$$= (-1, 1, 2a)$$

より，B_2 の座標は，$B_2\left(-1, \boxed{1}, \boxed{2a}\right)$ であり

$$\overrightarrow{OC_3} = \overrightarrow{OB_2} + \overrightarrow{B_2C_3}$$
$$= \overrightarrow{OB_2} + \overrightarrow{A_3B_3}$$
$$= \overrightarrow{OB_2} + \overrightarrow{OA_4}$$
$$= (-1, 1, 2a) + (0, -1, a)$$
$$= (-1, 0, 3a)$$

より，C_3 の座標は，$C_3\left(-1, \boxed{0}, \boxed{3a}\right)$ である．

また

$$\overrightarrow{OA_1} \cdot \overrightarrow{OB_2} = 1 \cdot (-1) + 0 \cdot 1 + a \cdot 2a$$
$$= 2a^2 - 1 \quad (\boxed{⑧})$$

となり

$$\overrightarrow{OA_1} \cdot \overrightarrow{B_2C_3} = 1 \cdot 0 + 0 \cdot (-1) + a \cdot a$$
$$= a^2 \quad (\boxed{③})$$

となる．

(2)
$$\overrightarrow{A_1A_2} = \overrightarrow{OA_2} - \overrightarrow{OA_1}$$
$$= (0, 1, a) - (1, 0, a)$$
$$= (-1, 1, 0)$$

より

$$\left|\overrightarrow{A_1A_2}\right| = \sqrt{(-1)^2 + 1^2 + 0^2} = \sqrt{2}$$

である．また

$$\overrightarrow{A_1C_1} = \overrightarrow{A_1B_1} + \overrightarrow{A_1B_4}$$
$$= \overrightarrow{OA_2} + \overrightarrow{OA_4}$$
$$= (0, 1, a) + (0, -1, a)$$
$$= (0, 0, 2a)$$

より

$$\left|\overrightarrow{A_1C_1}\right| = 2a$$

である．ひし形 $A_1OA_2B_1$ と $A_1B_1C_1B_4$ が合同である
とすると，対応する対角線の長さが等しいことから

内積

$\vec{a} = (a_1, a_2, a_3)$

$\vec{b} = (b_1, b_2, b_3)$

のとき

$\vec{a} \cdot \vec{b} = a_1b_1 + a_2b_2 + a_3b_3$.

$\overrightarrow{B_2C_3} = \overrightarrow{A_3B_3} = \overrightarrow{OA_4}$.

$a > 0$.

$$\left|\overrightarrow{A_1A_2}\right| = \left|\overrightarrow{A_1C_1}\right|$$

が成り立つから

$$\sqrt{2} = 2a$$

すなわち

$$a = \sqrt{\dfrac{\boxed{2}}{\boxed{2}}}$$

である.

直線 OA_1 上に点 P を $\angle OPA_2$ が直角となるように
とる.

実数 s を用いて $\overrightarrow{OP} = s\overrightarrow{OA_1}$ と表せる. $\overrightarrow{PA_2}$ と
$\overrightarrow{OA_1}$ が垂直であること, および

$$\overrightarrow{OA_1} \cdot \overrightarrow{OA_1} = 1^2 + 0^2 + a^2 = \dfrac{\boxed{3}}{\boxed{2}}$$

$$\overrightarrow{OA_1} \cdot \overrightarrow{OA_2} = 1 \cdot 0 + 0 \cdot 1 + a^2 = \dfrac{\boxed{1}}{\boxed{2}}$$

であることにより

$$\overrightarrow{PA_2} \cdot \overrightarrow{OA_1} = 0$$
$$(\overrightarrow{OA_2} - \overrightarrow{OP}) \cdot \overrightarrow{OA_1} = 0$$
$$(\overrightarrow{OA_2} - s\overrightarrow{OA_1}) \cdot \overrightarrow{OA_1} = 0$$
$$\overrightarrow{OA_2} \cdot \overrightarrow{OA_1} - s\overrightarrow{OA_1} \cdot \overrightarrow{OA_1} = 0$$
$$\dfrac{1}{2} - \dfrac{3}{2}s = 0$$
$$s = \dfrac{\boxed{1}}{\boxed{3}}$$

であることがわかる.

(3) 実数 a および点 P は (2) のようにとり, 3 点 P, A_2,
A_4 を通る平面を α とする.

$\angle OPA_4$ も直角であるので, $\overrightarrow{OA_1}$ と平面 α は垂直で
あることに注意する.

直線 B_2C_3 と平面 α の交点を Q とする.

実数 t を用いて

$$\overrightarrow{OQ} = \overrightarrow{OB_2} + t\overrightarrow{B_2C_3}$$

と表せる. $\overrightarrow{PQ}$ と $\overrightarrow{OA_1}$ が垂直であることにより

$$\overrightarrow{PQ} \cdot \overrightarrow{OA_1} = 0$$
$$(\overrightarrow{OQ} - \overrightarrow{OP}) \cdot \overrightarrow{OA_1} = 0$$
$$\{(\overrightarrow{OB_2} + t\overrightarrow{B_2C_3}) - s\overrightarrow{OA_1}\} \cdot \overrightarrow{OA_1} = 0$$

$\Leftarrow a = \dfrac{\sqrt{2}}{2}.$

――ベクトルの垂直条件――
$\vec{a} \neq \vec{0}, \ \vec{b} \neq \vec{0}$ であるとき,
$$\vec{a} \perp \vec{b} \iff \vec{a} \cdot \vec{b} = 0.$$

$$\overrightarrow{OB_2} \cdot \overrightarrow{OA_1} + t\overrightarrow{B_2C_3} \cdot \overrightarrow{OA_1} - s\overrightarrow{OA_1} \cdot \overrightarrow{OA_1} = 0$$

$$(2a^2 - 1) + ta^2 - \frac{3}{2}s = 0$$

$$\frac{1}{2}t - \frac{1}{2} = 0$$

$$t = 1$$

であることがわかる．（ $\boxed{①}$ ）

　座標空間から平面 α を除いた部分は．α を境に，原点 O を含む側と含まない側に分けられる．このとき，点 B_2 は O を含む側にあり，（ $\boxed{①}$ ）点 C_3 は α 上にある．（ $\boxed{⓪}$ ）

← $a = \dfrac{\sqrt{2}}{2},\ s = \dfrac{1}{3},\ \overrightarrow{OB_2} \cdot \overrightarrow{OA_1} = 0.$

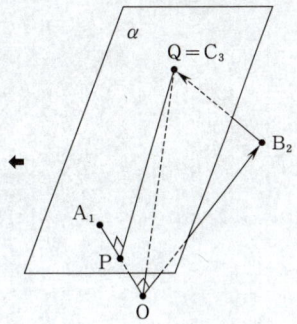

$\overrightarrow{OQ} = \overrightarrow{OB_2} + \overrightarrow{B_2C_3} = \overrightarrow{OC_3}.$

MEMO

数学Ⅰ・数学A
数学Ⅱ・数学B

（2023年1月実施）

	受験者数	平均点
数学Ⅰ・数学A	356,493	57.68
数学Ⅱ・数学B	319,697	59.93

数学I・数学A

解答・採点基準　　(100点満点)

問題番号(配点)	解答記号	正解	配点	自己採点
第1問(30)	$(\text{ア}x+\text{イ})(x-\text{ウ})$	$(2x+5)(x-2)$	2	
	$\dfrac{-\text{エ}\pm\sqrt{\text{オカ}}}{\text{キ}}$	$\dfrac{-5\pm\sqrt{65}}{4}$	2	
	$\dfrac{\text{ク}+\sqrt{\text{ケコ}}}{\text{サ}}$	$\dfrac{5+\sqrt{65}}{2}$	2	
	シ	6	2	
	ス	3	2	
	$\dfrac{\text{セ}}{\text{ソ}}$	$\dfrac{4}{5}$	2	
	タチ	12	2	
	ツテ	12	2	
	ト	②	1	
	ナ	⓪	1	
	ニ	①	1	
	ヌ	3	3	
	ネ	②	2	
	ノ	②	2	
	ハ	⓪	2	
	ヒ	③	2	
第1問　自己採点小計				
第2問(30)	ア	②	3	
	$\text{イウ}x+\dfrac{\text{エオ}}{5}$	$-2x+\dfrac{44}{5}$	3	
	カ.キク	2.00	2	
	ケ.コサ	2.20	3	
	シ.スセ	4.40	2	
	ソ	③	2	
	タとチ	①，③ (解答の順序は問わない)	4(各2)	
	ツ	③	3	
	テ	④	3	
	ト	⑤	3	
	ナ	②	3	
第2問　自己採点小計				
第3問(20)	アイ	$\dfrac{3}{8}$	2	
	$\dfrac{\text{ウ}}{\text{エ}}$	$\dfrac{4}{9}$	3	
	$\dfrac{\text{オカ}}{\text{キク}}$	$\dfrac{27}{59}$	3	
	$\dfrac{\text{ケコ}}{\text{サシ}}$	$\dfrac{32}{59}$	2	
	ス	③	3	
	$\dfrac{\text{セソタ}}{\text{チツテ}}$	$\dfrac{216}{715}$	4	
	ト	⑧	3	
第3問　自己採点小計				
第4問(20)	ア	2	1	
	イ	3	1	
	ウ, エ	3, 5	3	
	オ	4	2	
	カ	4	2	
	キ	8	1	
	ク	1	2	
	ケ	4	2	
	コ	5	1	
	サ	③	2	
	シ	6	3	
第4問　自己採点小計				
第5問(20)	$\dfrac{\text{ア}}{\text{イ}}$	$\dfrac{3}{2}$	2	
	$\dfrac{\text{ウ}\sqrt{\text{エ}}}{\text{オ}}$	$\dfrac{3\sqrt{5}}{2}$	2	
	$\text{カ}\sqrt{\text{キ}}$	$2\sqrt{5}$	2	
	$\sqrt{\text{ク}}\,r$	$\sqrt{5}\,r$	2	
	ケ$-r$	$5-r$	2	
	$\dfrac{\text{コ}}{\text{サ}}$	$\dfrac{5}{4}$	2	
	シ	1	2	
	$\sqrt{\text{ス}}$	$\sqrt{5}$	2	
	$\dfrac{\text{セ}}{\text{ソ}}$	$\dfrac{5}{2}$	2	
	タ	①	2	
第5問　自己採点小計				
自己採点合計				

(注)
　第1問，第2問は必答。
　第3問～第5問のうちから2問選択。計4問を解答。

第1問 数と式，2次関数，図形と計量

〔1〕 c は正の整数.
$$2x^2+(4c-3)x+2c^2-c-11=0. \quad \cdots ①$$

(1) $c=1$ のとき，① の左辺を因数分解すると，
$$(左辺)=2x^2+x-10$$
$$=\left(\boxed{2}\,x+\boxed{5}\right)\left(x-\boxed{2}\right)$$

であるから，① の解は，
$$(2x+5)(x-2)=0$$
$$x=-\frac{5}{2},\ 2$$

である.

(2) $c=2$ のとき，① の解は，
$$2x^2+5x-5=0$$
$$x=\frac{-\boxed{5}\pm\sqrt{\boxed{65}}}{\boxed{4}}$$

であるから，大きい方の解 α は，
$$\alpha=\frac{-5+\sqrt{65}}{4}$$

である．これより，
$$\frac{5}{\alpha}=5\cdot\frac{4}{\sqrt{65}-5}$$
$$=\frac{20(\sqrt{65}+5)}{(\sqrt{65}-5)(\sqrt{65}+5)}$$
$$=\frac{20(\sqrt{65}+5)}{65-25}$$
$$=\frac{\boxed{5}+\sqrt{\boxed{65}}}{\boxed{2}}$$

である.
　また，$8<\sqrt{65}<9$ より，
$$\left(\frac{13}{2}=\right)\frac{5+8}{2}<\frac{5+\sqrt{65}}{2}<\frac{5+9}{2}\ (=7)$$

すなわち，
$$6<\frac{5}{\alpha}<7$$

となるから，$m<\dfrac{5}{\alpha}<m+1$ を満たす整数 m は

$\boxed{6}$ である.

◆2次方程式の解の公式
$a,\ b,\ c$ は実数の定数 $(a\neq 0)$.
$ax^2+bx+c=0$ の解は，
$$x=\frac{-b\pm\sqrt{b^2-4ac}}{2a}.$$

◆ $\dfrac{c}{\sqrt{a}-\sqrt{b}}=\dfrac{c(\sqrt{a}+\sqrt{b})}{(\sqrt{a}-\sqrt{b})(\sqrt{a}+\sqrt{b})}$
$$=\dfrac{c(\sqrt{a}+\sqrt{b})}{a-b}.$$

◆ $(8^2=)\,64<65<81\,(=9^2)$ より，
$$8<\sqrt{65}<9.$$

(3) ① の判別式を D とすると,
$$D = (4c-3)^2 - 4 \cdot 2 \cdot (2c^2-c-11)$$
$$= -16c+97$$
である.

① が異なる二つの有理数の解をもつには,① が異なる二つの実数解をもつことが必要であるから,
$$D = -16c+97 > 0$$
であり,これを解くと,
$$c < \frac{97}{16}\left(= 6+\frac{1}{16}\right)$$
である.

よって,① の解が異なる二つの有理数であるための正の整数 c は,
$$c = 1,\ 2,\ 3,\ 4,\ 5,\ 6$$
に限られる.

さらに,① の解が有理数となるのは,D の値が平方数になるときであり,D の値を求めると次の表のようになる.

c	1	2	3	4	5	6
D	9^2	65	7^2	33	17	1^2

したがって,D の値が平方数になる c の値は,
$$1,\ 3,\ 6$$
であるから,① の解が異なる二つの有理数であるような正の整数 c の個数は $\boxed{3}$ 個である.

〔2〕

(1)

$0° < A < 180°$ より,$\sin A > 0$ であるから,
$$\sin A = \sqrt{1-\cos^2 A}$$
$$= \sqrt{1-\left(\frac{3}{5}\right)^2}$$

◆ ―2次方程式の解の判別――

実数係数の2次方程式
$$ax^2+bx+c=0$$
の判別式 $D = b^2-4ac$ について,

$D > 0 \iff$ 異なる二つの実数解
をもつ,

$D = 0 \iff$ 重解をもつ,

$D < 0 \iff$ 実数解をもたない.

◆ ① の解は,
$$x = \frac{-(4c-3)\pm\sqrt{D}}{4}$$
であるから,D の値が 1, 4, 9 のような平方数のとき,根号が外れ,x は有理数になる.

◆ $\cos A = \frac{3}{5}$.

$\angle DAI = 360° - 90° - 90° - A$
$\qquad = 180° - A.$

◆ $0° \leqq \theta \leqq 180°$ のとき,
$$\sin\theta = \sqrt{1-\cos^2\theta}.$$

$$= \boxed{\dfrac{4}{5}}$$

であり，

$$(\triangle ABC \text{ の面積}) = \frac{1}{2} AB \cdot AC \sin A$$

$$= \frac{1}{2} \cdot 5 \cdot 6 \cdot \frac{4}{5}$$

$$= \boxed{12},$$

$$(\triangle AID \text{ の面積}) = \frac{1}{2} AD \cdot AI \sin(180° - A)$$

$$= \frac{1}{2} AB \cdot AC \sin A$$

$$= (\triangle ABC \text{ の面積})$$

$$= \boxed{12}$$

である．

三角形の面積

$$(\triangle ABC \text{ の面積}) = \frac{1}{2} bc \sin A.$$

$180° - \theta$ の三角比

$$\sin(180° - \theta) = \sin\theta,$$
$$\cos(180° - \theta) = -\cos\theta,$$
$$\tan(180° - \theta) = -\tan\theta.$$

(2)

△ABC に余弦定理を用いると，

$$a^2 = b^2 + c^2 - 2bc\cos A$$

であるから，

$$a^2 - b^2 - c^2 = -2bc\cos A$$

である．
　このことより，

$$S_1 - S_2 - S_3 = a^2 - b^2 - c^2$$
$$= -2bc\cos A$$

となる．
　ここで，

余弦定理

$$a^2 = b^2 + c^2 - 2bc\cos A,$$
$$\cos A = \frac{b^2 + c^2 - a^2}{2bc}.$$

$$\begin{cases} 0° < A < 90° \text{ のとき,} & \cos A > 0, \\ A = 90° \text{ のとき,} & \cos A = 0, \\ 90° < A < 180° \text{ のとき,} & \cos A < 0 \end{cases}$$

であるから，$2bc > 0$ より，$S_1 - S_2 - S_3$ は，

・$0° < A < 90°$ のとき，　$S_1 - S_2 - S_3 < 0$（負の値である），

・$A = 90°$ のとき，　　　$S_1 - S_2 - S_3 = 0$（0 である），

・$90° < A < 180°$ のとき，$S_1 - S_2 - S_3 > 0$（正の値である）

となる．

　したがって，　ト　，　ナ　，　ニ　に当てはまるものは　②　，　⓪　，　①　である．

(3)

　△ABC の面積を T とすると，

$$T_1 = \frac{1}{2} \text{AD} \cdot \text{AI} \sin(180° - A) = \frac{1}{2} bc \sin A = T,$$

$$T_2 = \frac{1}{2} \text{BE} \cdot \text{BF} \sin(180° - B) = \frac{1}{2} ca \sin B = T,$$

$$T_3 = \frac{1}{2} \text{CG} \cdot \text{CH} \sin(180° - C) = \frac{1}{2} ab \sin C = T$$

$\longleftarrow$　$\angle \text{EBF} = 360° - 90° - 90° - B$
　　　$= 180° - B.$

$\longleftarrow$　$\angle \text{GCH} = 360° - 90° - 90° - C$
　　　$= 180° - C.$

であるから，

　a, b, c の値に関係なく，$T_1 = T_2 = T_3 (= T)$

である．よって，　ヌ　に当てはまるものは　③

である．

(4)

　△ABC, △AID, △BEF, △CGH の外接円の半径
をそれぞれ R, R_1, R_2, R_3 とする.

　△ABC と △AID にそれぞれ余弦定理を用いると,

$$BC^2 = b^2 + c^2 - 2bc\cos A,$$
$$ID^2 = b^2 + c^2 - 2bc\cos(180° - A)$$
$$= b^2 + c^2 + 2bc\cos A$$

である.

　$0° < A < 90°$ のとき, $2bc\cos A > 0$ であるから,

$$ID^2 > BC^2$$

すなわち,

$$ID > BC \qquad \cdots ②$$

である. よって, ネ に当てはまるものは ②
である.

　さらに, △ABC と △AID にそれぞれ正弦定理を
用いると,

$$2R = \frac{BC}{\sin A},$$
$$2R_1 = \frac{ID}{\sin(180° - A)} = \frac{ID}{\sin A}$$

である.

　これらと ② より,

$$2R_1 > 2R$$

すなわち,

$$R_1 > R \qquad \cdots ③$$

である. よって, ノ に当てはまるものは ②
である.

← $0° < A < 90°$ のとき, $\cos A > 0$.

← $b^2 + c^2 + 2bc\cos A > b^2 + c^2 - 2bc\cos A$
$$ID^2 > BC^2.$$

正弦定理

$$\frac{a}{\sin A} = \frac{b}{\sin B} = \frac{c}{\sin C} = 2R.$$

（R は外接円の半径）

← ② より,

$$\frac{ID}{\sin A} > \frac{BC}{\sin A}$$
$$2R_1 > 2R.$$

・$0° < A < B < C < 90°$ のときを調べる.

R_2 と R, R_3 と R の大小関係を求める.

$0° < B < 90°$, $0° < C < 90°$ より, 余弦定理を用いて同様に考えると,

$$\begin{cases} \mathrm{EF}^2 > \mathrm{CA}^2, \\ \mathrm{GH}^2 > \mathrm{AB}^2 \end{cases} \quad すなわち \quad \begin{cases} \mathrm{EF} > \mathrm{CA}, \\ \mathrm{GH} > \mathrm{AB} \end{cases}$$

となり, このことと正弦定理とから, 同様に考えると,

$$\begin{cases} 2R_2 > 2R, \\ 2R_3 > 2R \end{cases} \quad すなわち \quad \begin{cases} R_2 > R, & \cdots ④ \\ R_3 > R & \cdots ⑤ \end{cases}$$

である.

よって, ③, ④, ⑤ より, 外接円の半径が最も小さい三角形は,

$$△\mathrm{ABC}$$

である. したがって, | ハ | に当てはまるものは | ⓪ | である.

・$0° < A < B < 90° < C$ のときを調べる.

$0° < A < 90°$, $0° < B < 90°$ より, ③, ④, すなわち,

$$R_1 > R, \quad R_2 > R \quad \cdots ⑥$$

が成り立つ.

ここで, $△\mathrm{ABC}$ と $△\mathrm{CGH}$ にそれぞれ余弦定理を用いると,

$$\mathrm{AB}^2 = a^2 + b^2 - 2ab\cos C,$$
$$\mathrm{GH}^2 = a^2 + b^2 - 2ab\cos(180° - C)$$
$$= a^2 + b^2 + 2ab\cos C$$

である.

$90° < C \, (< 180°)$ のとき, $2ab\cos C < 0$ であるから,

$$\mathrm{AB}^2 > \mathrm{GH}^2$$

すなわち,

$$\mathrm{AB} > \mathrm{GH} \quad \cdots ⑦$$

である.

さらに, $△\mathrm{ABC}$ と $△\mathrm{CGH}$ にそれぞれ正弦定理を用いると,

$$2R = \frac{\mathrm{AB}}{\sin C},$$
$$2R_3 = \frac{\mathrm{GH}}{\sin(180° - C)} = \frac{\mathrm{GH}}{\sin C}$$

← $△\mathrm{ABC}$ と $△\mathrm{BEF}$ にそれぞれ余弦定理を用いると,

$$\mathrm{CA}^2 = c^2 + a^2 - 2ca\cos B,$$
$$\mathrm{EF}^2 = c^2 + a^2 + 2ca\cos B.$$

$△\mathrm{ABC}$ と $△\mathrm{CGH}$ にそれぞれ余弦定理を用いると,

$$\mathrm{AB}^2 = a^2 + b^2 - 2ab\cos C,$$
$$\mathrm{GH}^2 = a^2 + b^2 + 2ab\cos C.$$

← $△\mathrm{ABC}$ と $△\mathrm{BEF}$ にそれぞれ正弦定理を用いると,

$$2R = \frac{\mathrm{CA}}{\sin B}, \quad 2R_2 = \frac{\mathrm{EF}}{\sin B}.$$

$△\mathrm{ABC}$ と $△\mathrm{CGH}$ にそれぞれ正弦定理を用いると,

$$2R = \frac{\mathrm{AB}}{\sin C}, \quad 2R_3 = \frac{\mathrm{GH}}{\sin C}.$$

← $90° < C < 180°$ のとき, $\cos C < 0$.

← $\underset{\ominus}{a^2 + b^2 - 2ab\cos C} > \underset{\ominus}{a^2 + b^2 + 2ab\cos C}$

$$\mathrm{AB}^2 > \mathrm{GH}^2.$$

である.

これらと ⑦ より,

$$2R > 2R_3$$

すなわち,

$$R > R_3 \qquad \cdots ⑧$$

である.

よって,⑥,⑧ より,外接円の半径が最も小さい三角形は,

$$\triangle\text{CGH}$$

である.したがって, ヒ に当てはまるものは

③ である.

← ⑦ より,

$$\frac{\text{AB}}{\sin C} > \frac{\text{GH}}{\sin C}$$

$$2R > 2R_3.$$

10

第2問　2次関数，データの分析

〔1〕

(1) 1秒あたりの進む距離，すなわち，平均速度は，

$$\frac{100\,(\text{m})}{\text{タイム}(\text{秒})}$$

で求めることができる．

このことと与えられた条件より，

$$\frac{100\,(\text{m})}{\text{タイム}(\text{秒})}=\frac{100\,(\text{m})}{100\,\text{m を走るのにかかった歩数}(\text{歩})}\times\frac{100\,\text{m を走るのにかかった歩数}(\text{歩})}{\text{タイム}(\text{秒})}$$

すなわち，

(平均速度)＝ストライド(m/歩)×ピッチ(歩/秒)

が成り立つ．

よって，平均速度は，x と z を用いて，

$$(\text{平均速度})=xz\,(\text{m/秒})$$

と表されるから，　ア　に当てはまるものは

②　である．

これより，タイムと，ストライド，ピッチとの関係は，

$$\text{タイム}=\frac{100}{xz} \qquad \cdots ①$$

と表されるので，xz が最大になるときにタイムが最もよくなる．

(2) 太郎さんは，ストライドが0.05大きくなるとピッチが0.1小さくなるという関係があると考えて，ピッチ z がストライド x の1次関数として表されると仮定したことより，ピッチ z はストライド x を用いて，

$$z=\frac{-0.1}{0.05}x+b,\ \text{すなわち，}\ z=-2x+b$$

とおける．

ストライドが2.05のとき，ピッチは4.70であるから，

$$4.70=-2\times2.05+b$$
$$b-8.8=\frac{44}{5}$$

となる．

よって，z は x を用いて，

$$z=\boxed{-2}x+\frac{\boxed{44}}{5} \qquad \cdots ②$$

と表される．

← タイムがよくなるとは，「タイムの値が小さくなること」である．

← 太郎さんが練習で100mを3回走ったときのストライドとピッチのデータは次の表である．

	1回目	2回目	3回目
ストライド	2.05	2.10	2.15
ピッチ	4.70	4.60	4.50

← ストライドが2.10のとき，ピッチは4.60であるから，これを用いて，

$$4.60=-2\times2.10+b$$
$$b=8.8=\frac{44}{5}$$

として求めてもよい．

②が太郎さんのストライドの最大値 2.40 とピッチの最大値 4.80 まで成り立つと仮定すると，不等式を用いて，

$$\begin{cases} x \leqq 2.40, \\ z \leqq 4.80 \end{cases} \qquad \cdots ③$$

と表され，さらに，②を③に代入すると，

$$\begin{cases} x \leqq 2.40, \\ -2x + \dfrac{44}{5} \leqq 4.80 \end{cases}$$

すなわち，

$$\begin{cases} x \leqq 2.40, \\ 2.00 \leqq x \end{cases}$$

となるから，x の値の範囲は，

$$\boxed{2} . \boxed{00} \leqq x \leqq 2.40$$

である．

$y = xz \ (2.00 \leqq x \leqq 2.40)$ とおく．

②を $y = xz$ に代入することより，

$$\begin{aligned} y &= x\left(-2x + \dfrac{44}{5}\right) \\ &= -2x^2 + \dfrac{44}{5}x \\ &= -2\left(x - \dfrac{11}{5}\right)^2 + \dfrac{242}{25} \end{aligned}$$

と変形できる．

y の値が最大になるのは，$2.00 \leqq x \leqq 2.40$ より，

$$x = \dfrac{11}{5} = \boxed{2} . \boxed{20} \ \text{のとき}$$

である．

よって，太郎さんのタイムが最もよくなるのは，ストライドが 2.20 のときであり，このとき，ピッチは $x = 2.20$ を②に代入して，

$$z = -2 \times 2.20 + \dfrac{44}{5} = \boxed{4} . \boxed{40}$$

である．また，このときの太郎さんのタイムは，①に $x = 2.20$，$z = 4.40$ を代入して，

$$\text{タイム} = \dfrac{100}{2.20 \times 4.40} = 10.3305\cdots$$

である．したがって，$\boxed{\text{ソ}}$ に当てはまるものは $\boxed{③}$ である．

12

〔2〕

(1) ・⓪…正しい.

・①…正しくない.

2000年度は左側のひげの長さよりも右側のひげの方が長い.

← 1990年度で考えてもよい.

・②…正しい.

・③…正しくない.

1985年度から1990年度において,第2次産業の就業者数割合の第1四分位数は増加している.

← 1975年度から1980年度で考えてもよい.

・④…正しい.

・⑤…正しい.

よって, タ と チ に当てはまるものは ① と ③ である.

(2) 図1の「三つの産業の就業者数割合の箱ひげ図」から1985年度と1995年度の第1次産業,第3次産業の最小値,第1四分位数,中央値,第3四分位数,最大値は次のようになる.ただし,( )は,データを小さい方から並べたときの順番を表す.

年度	産業	最小値(1)	第1四分位数(12)	中央値(24)	第3四分位数(36)	最大値(47)
1985	第1次	0%以上 5%未満	5%以上 10%未満	10%以上 15%未満	15%以上 20%未満	25%以上 30%未満
	第3次	45%以上 50%未満	50%以上 55%未満	50%以上 55%未満	55%以上 60%未満	65%以上 70%未満
1995	第1次	0%以上 5%未満	5%以上 10%未満	5%以上 10%未満	10%以上 15%未満	15%以上 20%未満
	第3次	50%以上 55%未満	50%以上 55%未満	55%以上 60%未満	60%以上 65%未満	70%以上 75%未満

・1985 年度におけるグラフは，第1次産業の最大値と第3次産業の最小値に注目すると， ツ に当てはまるものは ① である.

← 第1次産業の最大値に注目すると，①か③に絞られる.

・1995 年度におけるグラフは，第1次産業の最大値と第1四分位数，および第3次産業の第1四分位数に注目すると， テ に当てはまるものは ④ である.

← 第1次産業の最大値に注目すると，②か④に絞られる.

(3)・(I)…誤.

1975 年度　　　　2015 年度

都道府県別の第1次産業の就業者数割合と第2次産業の就業者数割合の間の相関は弱くなった.

← 2つの変量の間に相関があるとき，散布図における点の分布の様子が1つの直線に接近しているほど相関が強いといい，散らばっているほど相関が弱いという.

これより，2015 年度は 1975 年度を基準にすると，相関は弱くなっている.

・(II)…正.

・(III)…誤.

1975 年度　　　　2015 年度

都道府県別の第3次産業の就業者数割合と第1次産業の就業者数割合の間の相関は弱くなった.

← 2015 年度は 1975 年度を基準にすると，相関は弱くなっている.

よって， ト に当てはまるものは ⑤ である.

(4)　各都道府県の，男性の就業者数と女性の就業者数を合計すると就業者数の全体になることに注意すると，

$$\begin{pmatrix}男性の就業\\者数の割合\end{pmatrix}+\begin{pmatrix}女性の就業\\者数の割合\end{pmatrix}=100\,(\%)\cdots(*)$$

である．

図 4　都道府県別の，第 1 次産業の就業者数割合と，
男性の就業者数割合の散布図

　図 4 より，第 1 次産業の就業者数割合が大きくなるほど，男性の就業者数割合は小さくなるから，(*) より，第 1 次産業の就業者数割合が大きくなるほど，女性の就業者数割合は大きくなっていく．このことと図 4 の 2 つの丸囲みと (*) に注意すると，第 1 次産業の就業者数割合（横軸）と，女性の就業者数割合（縦軸）の散布図は❷になる．

◆　(*) より，散布図の概形は，図 4 を上下反転した形になる．

第 1 次産業の就業者数割合

　よって，　ナ　に当てはまるものは　❷　である．

第3問　場合の数・確率

(1)(i)　各箱で，くじを1本引いてはもとに戻す試行を3回繰り返す．

箱Aにおいて，3回中ちょうど1回当たる確率は，

$$_3C_1\left(\frac{1}{2}\right)^1\left(1-\frac{1}{2}\right)^2=\boxed{\dfrac{3}{8}},\qquad \cdots ①$$

箱Bにおいて，3回中ちょうど1回当たる確率は，

$$_3C_1\left(\frac{1}{3}\right)^1\left(1-\frac{1}{3}\right)^2=\boxed{\dfrac{4}{9}}\qquad \cdots ②$$

である．

(ii)　　A：箱Aが選ばれる事象，

　　　B：箱Bが選ばれる事象，

　　　W：3回中ちょうど1回当たる事象．

3回中ちょうど1回当たったとき，選んだ箱がAである条件付き確率 $P_W(A)$ は，

$$P_W(A)=\frac{P(A\cap W)}{P(W)}$$
$$=\frac{P(A\cap W)}{P(A\cap W)+P(B\cap W)}$$
$$=\frac{\frac{1}{2}\times\frac{3}{8}}{\frac{1}{2}\times\frac{3}{8}+\frac{1}{2}\times\frac{4}{9}}$$
$$=\frac{\frac{3}{8}}{\frac{3}{8}+\frac{4}{9}}$$
$$=\boxed{\dfrac{27}{59}}$$

となる．

また，条件付き確率 $P_W(B)$ は，
$$P_W(B)=1-P_W(A)$$
$$=1-\frac{27}{59}$$
$$=\boxed{\dfrac{32}{59}}$$

となる．

当たりくじを引くことを○，はずれくじを引くことを×で表すと，3回中ちょうど1回当たるのは次の場合がある．

1回目	2回目	3回目
○	×	×
×	○	×
×	×	○

反復試行の確率
1回の試行で事象 E が起こる確率を p とする．この試行を n 回繰り返し行うとき，事象 E がちょうど r 回起こる確率は，
$$_nC_r\,p^r(1-p)^{n-r}.$$

条件付き確率
事象 E が起こったときの事象 F が起こる条件付き確率 $P_E(F)$ は，
$$P_E(F)=\frac{P(E\cap F)}{P(E)}.$$

$P_W(A)+P_W(B)=1$ を利用した．また，次のように求めてもよい．
$$P_W(B)=\frac{P(B\cap W)}{P(W)}$$
$$=\frac{P(B\cap W)}{P(A\cap W)+P(B\cap W)}$$
$$=\frac{\frac{1}{2}\times\frac{4}{9}}{\frac{1}{2}\times\frac{3}{8}+\frac{1}{2}\times\frac{4}{9}}$$
$$=\frac{\frac{4}{9}}{\frac{3}{8}+\frac{4}{9}}$$
$$=\frac{32}{59}.$$

(2)
$$\frac{P_W(A)}{P_W(B)} = \frac{\frac{27}{59}}{\frac{32}{59}} = \frac{27}{32}.$$

$$\frac{(①\,の確率)}{(②\,の確率)} = \frac{\frac{3}{8}}{\frac{4}{9}} = \frac{27}{32}$$

であるから，

> ─ 事象(∗) ──────────────
> $P_W(A)$ と $P_W(B)$ の比は，① の確率と ② の確
> 率の比に等しい．

よって， ス に当てはまるものは ③ であ
る．

(注) 一般的に示すと次のようになる．

$$\frac{P_W(A)}{P_W(B)} = \frac{\dfrac{P(A \cap W)}{P(W)}}{\dfrac{P(B \cap W)}{P(W)}}$$

$$= \frac{P(A \cap W)}{P(B \cap W)}$$

$$= \frac{\dfrac{1}{2} \times (①\,の確率)}{\dfrac{1}{2} \times (②\,の確率)}$$

$$= \frac{(①\,の確率)}{(②\,の確率)}$$

となる．

(注終わり)

(3) 4つの事象 A, B, C, W を

  A：箱 A が選ばれる事象，
  B：箱 B が選ばれる事象，
  C：箱 C が選ばれる事象，
  W：3回中ちょうど1回当たる事象

とする．

箱 C において，3回中ちょうど1回当たる確率は，

$$_3\mathrm{C}_1\left(\frac{1}{4}\right)^1\left(1-\frac{1}{4}\right)^2 = \frac{27}{64} \qquad \cdots ③$$

である．

3回中ちょうど1回当たったとき，選んだ箱が A で
ある条件付き確率 $P_W(A)$ は，

$$P_W(A) = \frac{P(A \cap W)}{P(W)}$$

$$= \frac{P(A \cap W)}{P(A \cap W) + P(B \cap W) + P(C \cap W)}$$

$$= \frac{\frac{1}{3} \times (① の確率)}{\frac{1}{3} \times (① の確率) + \frac{1}{3} \times (② の確率) + \frac{1}{3} \times (③ の確率)}$$

$$= \frac{(① の確率)}{(① の確率) + (② の確率) + (③ の確率)} \qquad \leftarrow 分母，分子にそれぞれ3を掛けた.$$

$$= \frac{\frac{3}{8}}{\frac{3}{8} + \frac{4}{9} + \frac{27}{64}}$$

$$= \frac{\frac{2^3 \cdot 3^3}{2^6 \cdot 3^2}}{\frac{2^3 \cdot 3^3 + 2^8 + 3^5}{2^6 \cdot 3^2}} = \frac{\boxed{216}}{\boxed{715}}$$

となる.

(4) 5つの事象 A, B, C, D, W を

　　　A：箱Aが選ばれる事象,

　　　B：箱Bが選ばれる事象,

　　　C：箱Cが選ばれる事象,

　　　D：箱Dが選ばれる事象,

　　　W：3回中ちょうど1回当たる事象

とする.

　箱Dにおいて，3回中ちょうど1回当たる確率は,

$$_3C_1 \left(\frac{1}{5}\right)^1 \left(1 - \frac{1}{5}\right)^2 = \frac{48}{125} \qquad \cdots ④$$

である.

　ここで，箱X（X = A, B, C, D）が選ばれる事象を X とすると，3回中ちょうど1回当たったとき，選んだ箱がXである条件付き確率 $P_W(X)$ は,

$$P_W(X) = \frac{P(X \cap W)}{P(W)}$$

$$= \frac{P(X \cap W)}{P(A \cap W) + P(B \cap W) + P(C \cap W) + P(D \cap W)}$$

$$= \frac{(箱Xにおいて，3回中ちょうど1回当たる確率)}{(① の確率) + (② の確率) + (③ の確率) + (④ の確率)} \qquad \leftarrow 分母，分子にそれぞれ4を掛けた.$$

となる.

　これより,

$(① の確率) + (② の確率) + (③ の確率) + (④ の確率) = Q$

とおくと,

$$P_W(A) = \frac{(\text{① の確率})}{Q},$$

$$P_W(B) = \frac{(\text{② の確率})}{Q},$$

$$P_W(C) = \frac{(\text{③ の確率})}{Q},$$

$$P_W(D) = \frac{(\text{④ の確率})}{Q}$$

となるから，$P_W(A)$, $P_W(B)$, $P_W(C)$, $P_W(D)$ の大小と（① の確率），（② の確率），（③ の確率），（④ の確率）の大小は一致する．

← 分母 Q は一定であるから，分子が大きいほど分数は大きくなる．

このことと，

$$(\text{① の確率}) = \frac{3}{8} = 0.375,$$

$$(\text{② の確率}) = \frac{4}{9} = 0.444\cdots,$$

$$(\text{③ の確率}) = \frac{27}{64} = 0.4218\cdots,$$

$$(\text{④ の確率}) = \frac{48}{125} = 0.384$$

より，

(② の確率) > (③ の確率) > (④ の確率) > (① の確率)

となるから，

$$P_W(B) > P_W(C) > P_W(D) > P_W(A)$$

である．

よって，どの箱からくじを引いた可能性が高いかを高い方から順に並べると，

B, C, D, A

となる．したがって，$\boxed{\text{ト}}$ に当てはまるものは

$\boxed{⑧}$ である．

第4問　整数の性質

与えられた条件を表にまとめると次のようになる.

目	偶数 (2, 4, 6)	奇数 (1, 3, 5)
移動	反時計回りに 5個先の点に移動	時計回りに 3個先の点に移動

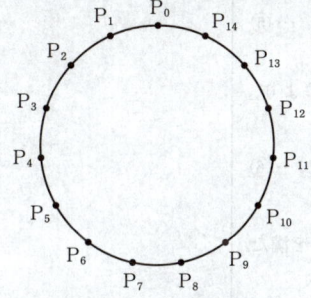

(1)　さいころを5回投げて，偶数の目および奇数の目が出た回数とそれに対応した石の位置は次の表のようになる.

偶数の目	0回	1回	2回	3回	4回	5回
奇数の目	5回	4回	3回	2回	1回	0回
石の位置	P_0	P_8	P_1	P_9	P_2	P_{10}

　　表より，さいころを5回投げて，偶数の目が $\boxed{2}$ 回，奇数の目が $\boxed{3}$ 回出れば，点 P_0 にある石を点 P_1 に移動させることができる. このとき，$x=2$, $y=3$ は不定方程式 $5x-3y=1$ の整数解になっているから，

$$5 \cdot 2 - 3 \cdot 3 = 1 \qquad \cdots ⓪$$

が成り立つ.

(2)　　　　　　$$5x - 3y = 8. \qquad \cdots ①$$

　　⓪の両辺に8を掛けると，

$$5(2 \times 8) - 3(3 \times 8) = 8 \qquad \cdots ②$$

である.

　　①－②より，

$$5(x - 2 \times 8) - 3(y - 3 \times 8) = 0$$

すなわち，

$$5(x - 2 \times 8) = 3(y - 3 \times 8) \qquad \cdots ③$$

と変形できる.

　　5と3は互いに素より，

> x と y についての不定方程式
>
> $$ax + by = c$$
>
> （a, b, c は整数の定数）
>
> の整数解は，一組の解
>
> $$(x, y) = (x_0, y_0)$$
>
> を用いて，
>
> $$a(x - x_0) = b(y_0 - y)$$
>
> と変形し，次の性質を用いて求める.
>
> 　a と b が互いに素であるとき，
>
> $$\begin{cases} x - x_0 \text{ は } b \text{ の倍数,} \\ y_0 - y \text{ は } a \text{ の倍数} \end{cases}$$
>
> である.

$$x - 2 \times 8 \text{ は 3 の倍数}$$

であるから，c を整数として，

$$x - 2 \times 8 = 3c \qquad \cdots ④$$

と表せる．④ を ③ に代入すると，

$$5 \cdot 3c = 3(y - 3 \times 8)$$

すなわち，

$$5c = y - 3 \times 8 \qquad \cdots ⑤$$

と表せる．

よって，① のすべての整数解 x，y は，④，⑤ より，k を整数として，

$$x = 2 \times 8 + \boxed{3}\, k, \quad y = 3 \times 8 + \boxed{5}\, k \quad \cdots ⑥$$

と表される．

ここで，① の整数解 x，y の中で，$0 \leqq y < 5$ を満たす整数 k を求めると，

$$0 \leqq 3 \times 8 + 5k < 5$$

すなわち，

$$\left(-5 + \frac{1}{5} = \right) -\frac{24}{5} \leqq k < -\frac{19}{5} \left(= -4 + \frac{1}{5}\right)$$

となるから，

$$k = -4$$

である．

よって，① の整数解 x，y の中で，$0 \leqq y < 5$ を満たすものは，$k = -4$ を ⑥ に代入して，

$$x = \boxed{4}, \quad y = \boxed{4}$$

である．

これは，偶数の目が出る回数を x 回（x は 0 以上の整数），奇数の目が出る回数を y 回（$y = 0, 1, 2, 3, 4$）とし，反時計回りを $+$，時計回りを $-$ と定めて，点 P_0 にある石を点 P_8 に移動させることができる x，y の値である．

したがって，$x + y = 4 + 4 = 8$ より，さいころを $\boxed{8}$ 回投げて，偶数の目が 4 回，奇数の目が 4 回出れば，点 P_0 にある石を点 P_8 に移動させることができる．

(3) (*) 石を反時計回りまたは時計回りに 15 個先の点に移動させると元の点に戻る．

偶数の目が出る回数を x 回（x は 0 以上の整数），奇数の目が出る回数を y 回（y は 0 以上の整数）とすると，

(*)より，点 P_0 にある石を点 P_8 に移動させることができる x, y の値は，

$$(x, y) = (4+3m, 4+5n)$$

（m は -1 以上の整数，n は 0 以上の整数）… ⑦

である．

これより，さいころを投げる回数は，

$$x+y = (4+3m)+(4+5n) = 3m+5n+8$$

であるから，8 回より少ない回数だけ投げて，点 P_0 にある石を点 P_8 に移動させることができるのは，⑦ より，

$$m = -1, \quad n = 0$$

すなわち，

$$x = 1, \quad y = 4$$

のときである．

よって，偶数の目が $\boxed{1}$ 回，奇数の目が $\boxed{4}$ 回出れば，さいころを投げる回数が $\boxed{5}$ 回で，点 P_0 にある石を点 P_8 に移動させることができる．

(4) 偶数の目が出る回数を x 回（x は 0 以上の整数），奇数の目が出る回数を y 回（y は 0 以上の整数）とおく．

(*)より，$x \geq 3$ または $y \geq 5$ のとき，点 P_0, P_1, P_2, $\cdots$, P_{14} の中に，石が 2 回以上置かれる点が少なくとも 1 個存在する．ところで，いま，最小回数を考えるから，$x \leq 2$ かつ $y \leq 4$ のときの石が移動する点を調べてみると，次の表のようになる．

x＼y	0	1	2	3	4
0	P_0	P_{12}	P_9	P_6	P_3
1	P_5	P_2	P_{14}	P_{11}	P_8
2	P_{10}	P_7	P_4	P_1	P_{13}

表より，$x=0$, 1, 2, $y=0$, 1, 2, 3, 4 のとき，点 P_0 にある石は，点 P_0, P_1, P_2, $\cdots$, P_{14} のすべての点に移動させることができる．

したがって，点 P_1, P_2, $\cdots$, P_{14} のうち，この最小回数が最も大きいのは点 P_{13} であり，その最小回数は $\boxed{6}$ 回である．ゆえに，$\boxed{サ}$ に当てはまるものは $\boxed{③}$ である．

◆ (*)に注意すると，

$$(x, y) = (1, 4), \ (4, 4), \ (7, 4)$$
$$(10, 4), \ (13, 4), \cdots$$

のように x の値が 3 ずつ増えても石は点 P_8 に移動でき，また，

$$(x, y) = (4, 4), \ (4, 9), \ (4, 14)$$
$$(4, 19), \ (4, 24), \cdots$$

のように y の値が 5 ずつ増えても石は点 P_8 に移動できる．

◆ $(x, y) = (2, 4)$ より，
$$x+y = 6 \text{（回）}.$$

第5問　図形の性質

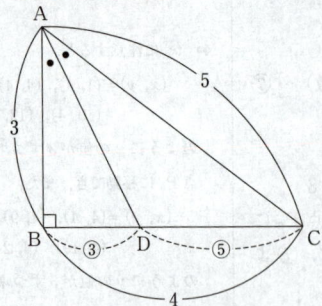

$3^2 + 4^2 = 5^2$，すなわち，$AB^2 + BC^2 = CA^2$ が成り立つから，

$$\angle ABC = 90°$$

である．

また，角の二等分線の性質より，

$$BD : DC = AB : AC = 3 : 5$$

が成り立つから，

$$BD = \frac{3}{3+5}BC = \frac{3}{8} \cdot 4 = \frac{\boxed{3}}{\boxed{2}}$$

であり，直角三角形 ABD に三平方の定理を用いると，

$$AD = \sqrt{AB^2 + BD^2}$$
$$= \sqrt{3^2 + \left(\frac{3}{2}\right)^2}$$
$$= \frac{\boxed{3}\sqrt{\boxed{5}}}{\boxed{2}}$$

である．

← 三平方の定理の逆を用いた．

── 角の二等分線の性質 ──

$a : b = m : n.$

辺 AC は △ABC の外接円 O の直径であるから,
$$\angle AEC = 90°$$
である.

直角三角形 AEC に注目すると,
$$\angle CAE = \angle CAD = \angle DAB \text{ であるから,}$$
$$\triangle ABD \sim \triangle AEC$$
である. これより, 線分 AE の長さは,
$$AB : AD = AE : AC$$
$$3 : \frac{3\sqrt{5}}{2} = AE : 5$$
$$\frac{3\sqrt{5}}{2} AE = 15$$
$$AE = \boxed{2}\sqrt{\boxed{5}}$$
である.

← 線分 AD は ∠BAC の二等分線.

← ∠ABD = ∠AEC, ∠DAB = ∠CAE
より, 2組の角がそれぞれ等しいので,
△ABD と △AEC は相似である.

← 次のように求めてもよい.
直角三角形 AEC に着目すると,
$$AE = AC \cos \angle CAE$$
$$= AC \cos \angle DAB$$
$$= AC \cdot \frac{AB}{AD}$$
$$= 5 \cdot \frac{3}{\frac{3\sqrt{5}}{2}}$$
$$= 5 \cdot \frac{2}{\sqrt{5}} \quad \text{①}$$
$$= 2\sqrt{5}.$$

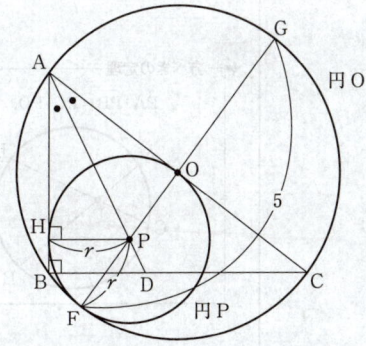

円 P は辺 AB と辺 AC の両方に接しているから, 点 P は線分 AD 上にある. さらに, 円 P は円 O に点 F で内接しているから, 点 F で共通接線をもつので, 点 O は直線 FG 上にあり, 線分 FG は円 O の直径である. 円 P と辺 AB との接点を H とすると,
$$\triangle AHP \sim \triangle ABD$$
である.

このことと PH = r より,
$$AP : PH = AD : DB$$
$$AP : r = \frac{3\sqrt{5}}{2} : \frac{3}{2}$$
$$\frac{3}{2} AP = \frac{3\sqrt{5}}{2} r$$
$$AP = \sqrt{\boxed{5}} \, r$$

次のように求めてもよい.
直角三角形 AHP に着目すると,
$$\sin \angle PAH = \frac{PH}{AP}$$
$$\sin \angle DAB = \frac{PH}{AP}$$
$$\sqrt{1 - \cos^2 \angle DAB} = \frac{PH}{AP}$$
$$\sqrt{1 - \left(\frac{2}{\sqrt{5}}\right)^2} = \frac{r}{AP} \quad \text{(① より)}$$
$$\frac{1}{\sqrt{5}} = \frac{r}{AP}$$
$$\text{②}$$
$$AP = \sqrt{5} \, r.$$

24

であり，PF＝r より，
$$PG = FG - PF$$
$$= \boxed{5} - r$$

と表せる．

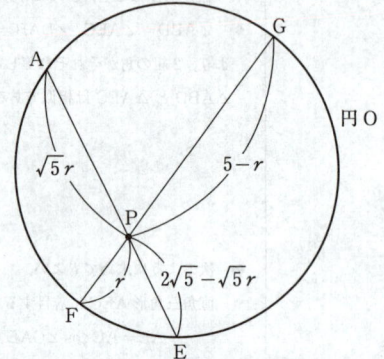

円 O に方べきの定理を用いると，
$$PA \cdot PE = PF \cdot PG$$
$$\sqrt{5}\,r(2\sqrt{5} - \sqrt{5}\,r) = r(5 - r)$$
$$10r - 5r^2 = 5r - r^2$$
$$r(4r - 5) = 0$$

であるから，$r > 0$ より，

$$r = \dfrac{\boxed{5}}{\boxed{4}}$$

である．

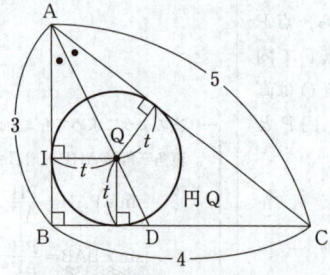

$\triangle ABC$ の内接円 Q の半径を t とし，$\triangle ABC$ の面積に注目すると，内接円 Q の半径は，

$$(\triangle ABC =) \frac{1}{2}t(3 + 4 + 5) = \frac{1}{2} \cdot 4 \cdot 3$$

$$(QI =)t = \boxed{1}$$

である．

◆ PE ＝ AE － AP
$$= 2\sqrt{5} - \sqrt{5}\,r.$$

◆ ── 方べきの定理 ──
$$PA \cdot PB = PC \cdot PD.$$

── 内接円の半径と面積 ──

　$\triangle ABC$ の内接円の半径を t とすると，

$$(\triangle ABC \text{ の面積}) = \frac{1}{2}t(a + b + c).$$

◆

さらに，点 Q は線分 AD 上にあるから，円 Q と辺 AB との接点を I とすると，

$$\triangle \text{AIQ} \varpropto \triangle \text{ABD}$$

である．これより，

$$\text{AQ} : \text{QI} = \text{AD} : \text{DB}$$

$$\text{AQ} : 1 = \frac{3\sqrt{5}}{2} : \frac{3}{2}$$

$$\frac{3}{2}\text{AQ} = \frac{3\sqrt{5}}{2}$$

$$\text{AQ} = \sqrt{\boxed{5}}$$

である．

また，線分 AH の長さは，直角三角形 AHP に三平方の定理を用いると，$r = \dfrac{5}{4}$ より，

$$\begin{aligned}
\text{AH} &= \sqrt{\text{AP}^2 - \text{PH}^2} \\
&= \sqrt{(\sqrt{5}\,r)^2 - r^2} \\
&= \sqrt{4r^2} \\
&= 2r \quad (r > 0 \text{ より}) \\
&= 2 \cdot \frac{5}{4} \\
&= \boxed{\dfrac{5}{2}}
\end{aligned}$$

である．

(a)，(b) の正誤について，「方べきの定理の逆」が成り立つかどうかで調べる．

・(a) について．

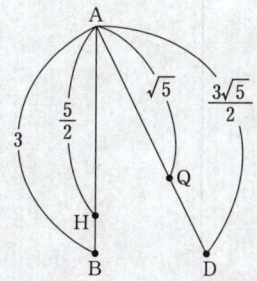

$$\text{AH} \cdot \text{AB} = \frac{5}{2} \cdot 3 = \frac{15}{2}, \quad \text{AQ} \cdot \text{AD} = \sqrt{5} \cdot \frac{3\sqrt{5}}{2} = \frac{15}{2}$$

であるから，

$$\text{AH} \cdot \text{AB} = \text{AQ} \cdot \text{AD}$$

← 次のように求めてもよい．

直角三角形 AIQ に着目すると，

$$\sin \angle \text{QAI} = \frac{\text{QI}}{\text{AQ}}$$

$$\sin \angle \text{DAB} = \frac{\text{QI}}{\text{AQ}}$$

$$\frac{1}{\sqrt{5}} = \frac{1}{\text{AQ}} \quad (\text{②} \text{より})$$

$$\text{AQ} = \sqrt{5}.$$

┌ 方べきの定理の逆 ─────
　2 つの線分 AB と CD，または AB の延長と CD の延長が点 P で交わるとき，PA・PB = PC・PD が成り立つならば，4 点 A，B，C，D は 1 つの円周上にある．
└─────────────────

が成り立つ.

これより, 4点 H, B, D, Q は1つの円周上にある, つまり, 点 H は3点 B, D, Q を通る円の周上にあるから, (a) は正しい.

←

·(b) について.

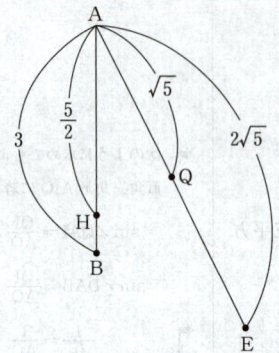

$$AQ \cdot AE = \sqrt{5} \cdot 2\sqrt{5} = 10 \left(\neq \frac{15}{2} \right)$$

であるから,

$$AH \cdot AB \neq AQ \cdot AE$$

である.

これより, 4点 H, B, E, Q は1つの円周上にない, つまり, 点 H は3点 B, E, Q を通る円の周上にないから, (b) は誤っている.

よって, タ に当てはまるものは ① である.

数学Ⅱ・数学B

解答・採点基準　　　（100点満点）

問題番号(配点)	解答記号	正　解	配点	自己採点
第1問 (30)	$\sin\dfrac{\pi}{\text{ア}}$	$\sin\dfrac{\pi}{3}$	2	
	イ	2	2	
	$\dfrac{\pi}{\text{ウ}}$, エ	$\dfrac{\pi}{6}$, 2	2	
	$\dfrac{\pi}{\text{オ}}$, カ	$\dfrac{\pi}{2}$, 1	1	
	キ	⑨	2	
	ク	①	1	
	ケ	③	1	
	コ, サ	①, ⑨	2	
	シ, ス	②, ①	2	
	セ	1	1	
	ソ	0	1	
	タ	0	1	
	チ	1	1	
	$\log_2(\sqrt{\text{ツ}}-\text{テ})$	$\log_2(\sqrt{5}-2)$	2	
	ト	⓪	1	
	ナ	③	1	
	ニ	1	2	
	ヌ	2	2	
	ネ	①	3	
第1問　自己採点小計				

問題番号(配点)	解答記号	正　解	配点	自己採点
第2問 (30)	ア	③	1	
	イx+ウ	$2x+3$	2	
	エ	④	2	
	オ	c	1	
	カx+キ	$bx+c$	2	
	$\dfrac{\text{クケ}}{\text{コ}}$	$\dfrac{-c}{b}$	1	
	$\dfrac{ac^{\text{サ}}}{\text{シ}b^{\text{ス}}}$	$\dfrac{ac^3}{3b^3}$	4	
	セ	⓪	3	
	ソ	5	1	
	タx+チ	$3x+5$	2	
	ツ	d	1	
	テx+ト	$cx+d$	2	
	ナ	②	3	
	$\dfrac{\text{ニヌ}}{\text{ネ}}$, ノ	$\dfrac{-b}{a}$, 0	2	
	$\dfrac{\text{ハヒフ}}{\text{ヘホ}}$	$\dfrac{-2b}{3a}$	3	
第2問　自己採点小計				
第3問 (20)	ア	③	2	
	イウ	50	2	
	エ	5	2	
	オ	①	2	
	カ	②	1	
	キクケ	408	2	
	コサ.シ	58.8	2	
	ス	③	2	
	セ	③	1	
	ソ, タ	②, ④ (解答の順序は問わない)	4 (各2)	
第3問　自己採点小計				

問題番号 (配点)	解答記号	正解	配点	自己採点
第4問 (20)	$\mathcal{ア}+(n-1)p$	$3+(n-1)p$	1	
	$\mathcal{イ}r^{n-1}$	$3r^{n-1}$	1	
	$\mathcal{ウ}a_{n+1}=r(a_n+\mathcal{エ})$	$2a_{n+1}=r(a_n+3)$	2	
	オ, カ, キ	2, 6, 6	2	
	ク	3	2	
	$\dfrac{\mathcal{ケ}}{\mathcal{コ}}n(n+\mathcal{サ})$	$\dfrac{3}{2}n(n+1)$	2	
	シ, ス	3, 1	2	
	$\dfrac{\mathcal{セ}a_{n+1}}{a_n+\mathcal{ソ}}c_n$	$\dfrac{4a_{n+1}}{a_n+3}c_n$	2	
	タ	②	2	
	$\dfrac{\mathcal{チ}}{q}(d_n+u)$	$\dfrac{2}{q}(d_n+u)$	2	
	$q>\mathcal{ツ}$	$q>2$	1	
	$u=\mathcal{テ}$	$u=0$	1	
第4問　自己採点小計				
第5問 (20)	アイ	36	2	
	ウ	a	2	
	エーオ	$a-1$	3	
	$\dfrac{\mathcal{カ}+\sqrt{\mathcal{キ}}}{\mathcal{ク}}$	$\dfrac{3+\sqrt{5}}{2}$	2	
	$\dfrac{\mathcal{ケ}-\sqrt{\mathcal{コ}}}{\mathcal{サ}}$	$\dfrac{1-\sqrt{5}}{4}$	3	
	シ	⑨	3	
	ス	⓪	3	
	セ	⓪	2	
第5問　自己採点小計				
自己採点合計				

(注)

第1問，第2問は必答。

第3問〜第5問のうちから2問選択。計4問を解答。

第1問　三角関数，指数関数・対数関数

〔1〕

(1)　次の**問題A**について考える.

> **問題A**　関数 $y = \sin\theta + \sqrt{3}\cos\theta \left(0 \leqq \theta \leqq \dfrac{\pi}{2}\right)$ の最大値を求めよ.

$$\sin\frac{\pi}{\boxed{3}} = \frac{\sqrt{3}}{2}, \quad \cos\frac{\pi}{3} = \frac{1}{2}$$

であるから，三角関数の合成により

$$
\begin{aligned}
y &= \sin\theta + \sqrt{3}\cos\theta \\
&= 2\left(\frac{1}{2}\sin\theta + \frac{\sqrt{3}}{2}\cos\theta\right) \\
&= 2\left(\cos\frac{\pi}{3}\sin\theta + \sin\frac{\pi}{3}\cos\theta\right) \\
&= \boxed{2}\sin\left(\theta + \frac{\pi}{3}\right)
\end{aligned}
$$

と変形できる. $0 \leqq \theta \leqq \dfrac{\pi}{2}$ より，$\dfrac{\pi}{3} \leqq \theta + \dfrac{\pi}{3} \leqq \dfrac{5\pi}{6}$

であるから，$\sin\left(\theta + \dfrac{\pi}{3}\right)$ は $\theta + \dfrac{\pi}{3} = \dfrac{\pi}{2}$，すなわち

$\theta = \dfrac{\pi}{\boxed{6}}$ で最大値1をとり，このとき，y は最大

値 $\boxed{2}$ をとる.

> **加法定理**
>
> $\sin(\alpha + \beta) = \sin\alpha\cos\beta + \cos\alpha\sin\beta.$

> **三角関数の合成**
>
> $(a, b) \neq (0, 0)$ のとき
>
> $\qquad a\sin\theta + b\cos\theta$
>
> $\qquad = \sqrt{a^2 + b^2}\sin(\theta + \alpha).$
>
> ただし
>
> $\cos\alpha = \dfrac{a}{\sqrt{a^2 + b^2}}, \ \sin\alpha = \dfrac{b}{\sqrt{a^2 + b^2}}.$

(2)　p を定数とし，次の**問題B**について考える.

> **問題B**　関数 $y = \sin\theta + p\cos\theta \left(0 \leqq \theta \leqq \dfrac{\pi}{2}\right)$ の最大値を求めよ.

(ⅰ)　$p = 0$ のとき，y は $y = \sin\theta$ となるから，

$\theta = \dfrac{\pi}{\boxed{2}}$ で最大値 $\boxed{1}$ をとる.

(ⅱ)　$p > 0$ のときは，加法定理を用いると

$$
\begin{aligned}
y &= \sin\theta + p\cos\theta \\
&= \sqrt{1 + p^2}\left(\frac{1}{\sqrt{1 + p^2}}\sin\theta + \frac{p}{\sqrt{1 + p^2}}\cos\theta\right) \\
&= \sqrt{1 + p^2}(\sin\alpha\sin\theta + \cos\alpha\cos\theta)
\end{aligned}
$$

$$= \sqrt{1+p^2}\cos(\theta - \alpha) \quad (\boxed{⑨})$$

と表すことができる．ただし，α は

$$\sin\alpha = \frac{1}{\sqrt{1+p^2}}, \quad \cos\alpha = \frac{p}{\sqrt{1+p^2}}, \quad 0 < \alpha < \frac{\pi}{2}$$

を満たすものとする．（$\boxed{①}$，$\boxed{③}$）

$0 \leqq \theta \leqq \dfrac{\pi}{2}$ より，$-\alpha \leqq \theta - \alpha \leqq \dfrac{\pi}{2} - \alpha$ である

から，$\cos(\theta - \alpha)$ は $\theta - \alpha = 0$，すなわち $\theta = \alpha$

で最大値 1 をとり，このとき，y は最大値 $\sqrt{1+p^2}$

をとる．（$\boxed{①}$，$\boxed{⑨}$）

(iii) $p < 0$ のとき，$0 \leqq \theta \leqq \dfrac{\pi}{2}$ で $\sin\theta, \cos\theta$ はそれ

ぞれ単調増加，単調減少であり，$p\cos\theta$ は単調増

加であるから，y は単調増加である．よって，y は

$\theta = \dfrac{\pi}{2}$ で最大値 $1 + p \cdot 0 = 1$ をとる．

（$\boxed{②}$，$\boxed{①}$）

〔2〕　　$f(x) = \dfrac{2^x + 2^{-x}}{2}, \quad g(x) = \dfrac{2^x - 2^{-x}}{2}.$

(1)　　$f(0) = \dfrac{2^0 + 2^0}{2} = \dfrac{1+1}{2} = \boxed{1},$

　　$g(0) = \dfrac{2^0 - 2^0}{2} = \boxed{0}$

である．$2^x > 0$，$2^{-x} > 0$ であるから，相加平均と相

乗平均の関係より

$$f(x) = \frac{2^x + 2^{-x}}{2} \geqq \sqrt{2^x \cdot 2^{-x}} = \sqrt{2^{x-x}} = \sqrt{2^0} = 1$$

が成り立つ．等号成立条件は

$$2^x = 2^{-x}$$

すなわち

$$x = -x$$

より

$$x = 0$$

である．よって，$f(x)$ は $x = \boxed{0}$ で最小値

$\boxed{1}$ をとる．

$$g(x) = -2$$

すなわち

$$2^x - 2^{-x} = -4$$

加法定理

$$\cos(\theta - \alpha) = \cos\theta\cos\alpha + \sin\theta\sin\alpha.$$

← $p = \sqrt{3}$ のとき，$\alpha = \dfrac{\pi}{6}$.

$p = \sqrt{3}$ のとき，**問題 A** の答えと一致．

← $2^0 = 1$.

相加平均と相乗平均の関係

$x > 0$，$y > 0$ のとき

$$\frac{x+y}{2} \geqq \sqrt{xy}$$

が成り立つ．等号成立条件は

$$x = y.$$

$2^x \cdot 2^{-x} = 2^{x + (-x)}.$

の両辺に 2^x をかけると
$$(2^x)^2 - 1 = -4 \cdot 2^x$$
となり，$X = 2^x$ とおくと
$$X^2 - 1 = -4X$$
すなわち
$$X^2 + 4X - 1 = 0$$
となる．$X = 2^x > 0$ であるから，これを満たす実数 X は
$$X = -2 + \sqrt{5}$$
である．よって
$$2^x = \sqrt{5} - 2$$
であるから，$g(x) = -2$ となる x の値は
$$\log_2\left(\sqrt{\boxed{5}} - \boxed{2}\right)$$
である．

← $2^{-x} \cdot 2^x = 2^{-x+x} = 2^0 = 1.$

┌─ 対数 ─────────────
│ $a > 0$, $a \neq 1$, $M > 0$ のとき
│ $a^x = M \iff x = \log_a M.$
└──────────────────

(2) $f(-x) = \dfrac{2^{-x} + 2^x}{2} = f(x)$ $\cdots$ ① ($\boxed{0}$)

$g(-x) = \dfrac{2^{-x} - 2^x}{2} = -g(x)$ $\cdots$ ② ($\boxed{3}$)

$\{f(x)\}^2 - \{g(x)\}^2$

$= \left(\dfrac{2^x + 2^{-x}}{2}\right)^2 - \left(\dfrac{2^x - 2^{-x}}{2}\right)^2$

$= \dfrac{(2^x)^2 + (2^{-x})^2 + 2 \cdot 2^x \cdot 2^{-x}}{4} - \dfrac{(2^x)^2 + (2^{-x})^2 - 2 \cdot 2^x \cdot 2^{-x}}{4}$

$= \dfrac{4 \cdot 2^x \cdot 2^{-x}}{4}$

$= \boxed{1}$ $\cdots$ ③

$g(2x) = \dfrac{2^{2x} - 2^{-2x}}{2}$

$= \dfrac{(2^x)^2 - (2^{-x})^2}{2}$

$= \dfrac{(2^x + 2^{-x})(2^x - 2^{-x})}{2}$

$= 2 \cdot \dfrac{2^x + 2^{-x}}{2} \cdot \dfrac{2^x - 2^{-x}}{2}$

$= \boxed{2} \, f(x)g(x)$ $\cdots$ ④

← $2^{2x} = (2^x)^2.$

(3) $\beta = 0$ とすると，(A)〜(D) はそれぞれ
$$f(\alpha) = f(\alpha)g(0) + g(\alpha)f(0)$$
$$f(\alpha) = f(\alpha)f(0) + g(\alpha)g(0)$$
$$g(\alpha) = f(\alpha)f(0) + g(\alpha)g(0)$$

$$g(\alpha) = f(\alpha)g(0) - g(\alpha)f(0)$$

となる．$f(0) = 1$, $g(0) = 0$ を代入すると，これらは
それぞれ

$$f(\alpha) = g(\alpha)$$
$$f(\alpha) = f(\alpha)$$
$$g(\alpha) = f(\alpha)$$
$$g(\alpha) = -g(\alpha)$$

となるから，(B) 以外の三つは成り立たないことがわ
かる．（　①　）

また

$$f(\alpha)f(\beta) + g(\alpha)g(\beta)$$
$$= \frac{2^{\alpha} + 2^{-\alpha}}{2} \cdot \frac{2^{\beta} + 2^{-\beta}}{2} + \frac{2^{\alpha} - 2^{-\alpha}}{2} \cdot \frac{2^{\beta} - 2^{-\beta}}{2}$$
$$= \frac{2^{\alpha} \cdot 2^{\beta} + 2^{-\alpha} \cdot 2^{-\beta} + 2^{\alpha} \cdot 2^{-\beta} + 2^{-\alpha} \cdot 2^{\beta}}{4}$$
$$\quad + \frac{2^{\alpha} \cdot 2^{\beta} + 2^{-\alpha} \cdot 2^{-\beta} - 2^{\alpha} \cdot 2^{-\beta} - 2^{-\alpha} \cdot 2^{\beta}}{4}$$
$$= \frac{2^{\alpha} \cdot 2^{\beta} + 2^{-\alpha} \cdot 2^{-\beta}}{2}$$
$$= \frac{2^{\alpha+\beta} + 2^{-(\alpha+\beta)}}{2}$$
$$= f(\alpha + \beta)$$

より，(B) は成り立つ．

← $2^{\alpha} \cdot 2^{\beta} = 2^{\alpha+\beta}$, $\quad 2^{-\alpha} \cdot 2^{-\beta} = 2^{-\alpha-\beta}$.

第2問　微分法・積分法

(1)
$$y=3x^2+2x+3 \quad (y'=6x+2) \quad \cdots ①$$
$$y=2x^2+2x+3 \quad (y'=4x+2) \quad \cdots ②$$

①，②はいずれも $x=0$ のとき，$y=3$，$y'=2$ であるから，①，②の2次関数のグラフには次の**共通点**がある．

> **共通点**
>
> ・y 軸との交点の y 座標は $\boxed{3}$ である．
>
> ・y 軸との交点 $(0, 3)$ における接線の方程式は
> $$y=\boxed{2}\,x+\boxed{3}$$
> である．

a を0でない実数とすると，2次関数
$$y=ax^2+2x+3 \quad (y'=2ax+2)$$
において，$x=0$ のとき，$y=3$，$y'=2$ であるから，y 軸との交点の y 座標は3であり，y 軸との交点 $(0, 3)$ における接線の方程式は $y=2x+3$ である．

$(\boxed{④})$

a，b，c を0でない実数とすると，2次関数
$$y=ax^2+bx+c \quad (y'=2ax+b)$$
において，$x=0$ のとき，$y=c$，$y'=b$ であるから，曲線 $y=ax^2+bx+c$ 上の点 $\left(0,\ \boxed{c}\right)$ における接線を ℓ とすると，その方程式は $y=\boxed{b}\,x+\boxed{c}$ である．この方程式において，$y=0$ とすることにより，接線 ℓ と x 軸との交点の x 座標は $\dfrac{\boxed{-c}}{\boxed{b}}$ とわかる．

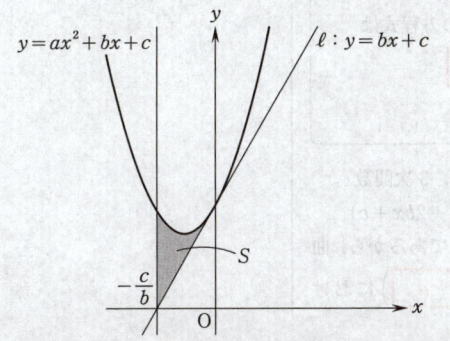

> **導関数**
>
> $(x^n)'=nx^{n-1} \quad (n=1,\ 2,\ 3,\ \cdots)$，
> $(c)'=0 \quad (c$ は定数$)$．

> **接線の方程式**
>
> 曲線 $y=f(x)$ 上の点 $(t, f(t))$ における接線の方程式は
> $$y-f(t)=f'(t)(x-t)．$$

選択肢のうち，④のみがこの形．

選択肢のうち，④のみがこの性質を満たす．

a, b, c が正の実数であるとき，曲線
$y = ax^2 + bx + c$ と接線 ℓ および直線 $x = -\dfrac{c}{b}$ で囲まれた図形の面積 S は

$$S = \int_{-\frac{c}{b}}^{0} \{(ax^2 + bx + c) - (bx + c)\}\,dx$$

$$= a\int_{-\frac{c}{b}}^{0} x^2\,dx$$

$$= a\left[\dfrac{x^3}{3}\right]_{-\frac{c}{b}}^{0}$$

$$= \dfrac{ac^{\boxed{3}}}{\boxed{3}\,b^{\boxed{3}}} \qquad \cdots ③$$

である．

③ において，$a = 1$ とすると

$$S = \dfrac{c^3}{3b^3}$$

すなわち

$$c = \sqrt[3]{3S}\,b$$

が成り立つから，S の値が一定となるように正の実数 b，c の値を変化させるとき，b と c の関係を表すグラフの概形は $\boxed{⓪}$ である．

(2) $y = 4x^3 + 2x^2 + 3x + 5 \quad (y' = 12x^2 + 4x + 3) \quad \cdots ④$

$y = -2x^3 + 7x^2 + 3x + 5\,(y' = -6x^2 + 14x + 3) \cdots ⑤$

$y = 5x^3 - x^2 + 3x + 5 \quad (y' = 15x^2 - 2x + 3) \quad \cdots ⑥$

④，⑤，⑥ はいずれも $x = 0$ のとき，$y = 5$，$y' = 3$ であるから，④，⑤，⑥ の 3 次関数のグラフには次の**共通点**がある．

共通点

・y 軸との交点の y 座標は $\boxed{5}$ である．

・y 軸との交点 $(0,\,5)$ における接線の方程式は

$$y = \boxed{3}\,x + \boxed{5}$$

である．

a，b，c，d を 0 でない実数とすると，3 次関数
$y = ax^3 + bx^2 + cx + d \quad (y' = 3ax^2 + 2bx + c)$
において，$x = 0$ のとき，$y = d$，$y' = c$ であるから，曲線 $y = ax^3 + bx^2 + cx + d$ 上の点 $\left(0,\,\boxed{d}\right)$ におけ

面積

区間 $\alpha \leqq x \leqq \beta$ においてつねに $g(x) \leqq f(x)$ ならば 2 曲線 $y = f(x)$，$y = g(x)$ および直線 $x = \alpha$，$x = \beta$ で囲まれた部分の面積 S は

$$S = \int_{\alpha}^{\beta} \{f(x) - g(x)\}\,dx.$$

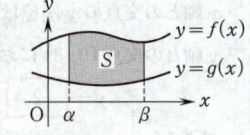

原始関数

$$\int x^n\,dx = \dfrac{1}{n+1}x^{n+1} + C$$

$(n = 0,\ 1,\ 2,\ \cdots.\ \ C$ は積分定数$)$

であり，$f(x)$ の原始関数の一つを $F(x)$ とすると

$$\int_{\alpha}^{\beta} f(x)\,dx = \Big[F(x)\Big]_{\alpha}^{\beta}$$

$$= F(\beta) - F(\alpha).$$

る接線の方程式は $y=\boxed{c}\,x+\boxed{d}$ である.

$$f(x)=ax^3+bx^2+cx+d, \quad g(x)=cx+d$$

とし

$$\begin{aligned}
h(x)&=f(x)-g(x)\\
&=(ax^3+bx^2+cx+d)-(cx+d)\\
&=ax^3+bx^2
\end{aligned}$$

とすると, a, b, c, d が正の実数のとき

$$h'(x)=3ax^2+2bx=3ax\left(x+\frac{2b}{3a}\right)$$

より, $h(x)$ の増減表は次のようになる.

x	$\cdots$	$-\dfrac{2b}{3a}$	$\cdots$	0	$\cdots$
$h'(x)$	$+$	0	$-$	0	$+$
$h(x)$	↗		↘		↗

$h'(x)$ の符号は $y=h'(x)$ のグラフをかくとわかりやすい.

また

$$h(x)=0$$

すなわち

$$a\left(x+\frac{b}{a}\right)x^2=0$$

より, $y=h(x)$ のグラフと x 軸の共有点の x 座標は $-\dfrac{b}{a}$ と 0 である. 以上より, $y=h(x)$ のグラフの概形は $\boxed{②}$ である.

$y=f(x)$ のグラフと $y=g(x)$ のグラフの共有点の x 座標は

$$f(x)=g(x)$$

すなわち

$$h(x)=0$$

より $\boxed{\dfrac{-b}{a}}$ と $\boxed{0}$ である. また, x が $-\dfrac{b}{a}$ と 0 の間を動くとき, $|f(x)-g(x)|$, すなわち, $|h(x)|$ の値が最大となるのは, $x=\boxed{\dfrac{-2b}{3a}}$ のときである.

第3問　確率分布・統計的推測

Q高校の校長先生は，ある日，新聞で高校生の読書に関する記事を読んだ．そこで，Q高校の生徒全員を対象に，直前の1週間の読書時間に関して，100人の生徒を無作為に抽出して調査を行った．その結果，100人の生徒のうち，この1週間に全く読書をしなかった生徒が36人であり，100人の生徒のこの1週間の読書時間（分）の平均値は204であった．Q高校の生徒全員のこの1週間の読書時間の母平均を m，母標準偏差を150とする．

(1) 全く読書をしなかった生徒の母比率が0.5である．このとき，100人の無作為標本のうちで全く読書をしなかった生徒の数を表す確率変数を X とすると，X は二項分布 $B(100, 0.5)$ に従う．（ ③ ）また，X の平均（期待値）は $100 \cdot 0.5 = \boxed{50}$，標準偏差は $\sqrt{100 \cdot 0.5 \cdot 0.5} = \sqrt{25} = \boxed{5}$ である．

二項分布

n を自然数とする．

確率変数 X のとり得る値が

$$0, 1, 2, \cdots, n$$

であり，X の確率分布が

$$P(X = r) = {}_nC_r\, p^r (1-p)^{n-r}$$
$$(r = 0, 1, 2, \cdots, n)$$

であるとき，X の確率分布を二項分布といい，$B(n, p)$ で表す．

平均（期待値），分散

確率変数 X のとり得る値を

$$x_1, x_2, \cdots, x_n$$

とし，X がこれらの値をとる確率をそれぞれ

$$p_1, p_2, \cdots, p_n$$

とすると，X の平均（期待値）$E(X)$ は

$$E(X) = \sum_{k=1}^{n} x_k p_k.$$

また，X の分散 $V(X)$ は $E(X) = m$ として

$$V(X) = \sum_{k=1}^{n} (x_k - m)^2 p_k$$

または

$$V(X) = E(X^2) - \{E(X)\}^2.$$

$\sqrt{V(X)}$ を X の標準偏差という．

二項分布の平均（期待値），分散

確率変数 X が二項分布 $B(n, p)$ に従うとき，$q = 1-p$ とすると X の平均（期待値）$E(X)$ と分散 $V(X)$ は

$$E(X) = np$$
$$V(X) = npq$$

である．

(2) 標本の大きさ 100 は十分に大きいので，100 人のうち全く読書をしなかった生徒の数は近似的に正規分布に従う．

全く読書をしなかった生徒の母比率を 0.5 とするとき，全く読書をしなかった生徒が 36 人以下となる確率が p_5 である．$Z = \dfrac{X-50}{5}$ とすると，確率変数 Z は標準正規分布 $N(0, 1)$ に従うと考えられるから，p_5 の近似値を求めると

$$
\begin{aligned}
P(X \leqq 36) \\
= P\left(\frac{X-50}{5} \leqq \frac{36-50}{5}\right) \\
= P(Z \leqq -2.8) \\
= P(Z \geqq 2.8) \\
= 0.5 - P(0 \leqq Z \leqq 2.8) \\
= 0.5 - 0.4974 \\
= 0.0026
\end{aligned}
$$

より，$p_5 = 0.003$ である．（ ① ）

また，全く読書をしなかった生徒の母比率を 0.4 とするとき，(1) と同様に考えると，X の平均（期待値）は $100 \cdot 0.4 = 40$，標準偏差は $\sqrt{100 \cdot 0.4 \cdot 0.6} = \sqrt{24}$ であり

$$
\frac{36-40}{\sqrt{24}} = -\frac{4}{\sqrt{24}} \geqq -\frac{14}{\sqrt{25}} = \frac{36-50}{5} \ (=-2.8)
$$

であるから，全く読書をしなかった生徒が 36 人以下となる確率 p_4 は

$$
p_4 > p_5
$$

を満たす．（ ② ）

(3)
$$
\begin{aligned}
C_2 &= 204 + 1.96 \cdot \frac{150}{\sqrt{100}} = 204 + 1.96 \cdot 15 \\
C_1 &= 204 - 1.96 \cdot \frac{150}{\sqrt{100}} = 204 - 1.96 \cdot 15
\end{aligned}
$$

であるから

$$
\begin{aligned}
C_1 + C_2 &= 2 \cdot 204 = \boxed{408} \\
C_2 - C_1 &= 2 \cdot 1.96 \cdot 15 = \boxed{58} . \boxed{8}
\end{aligned}
$$

である．

また，母平均 m に対する信頼度 95% の信頼区間が $C_1 \leqq m \leqq C_2$ であるとは，この区間に m の値が含まれることが，約 95% の確からしさで期待できることであ

▶ **標準正規分布**
平均 0，標準偏差 1 の正規分布 $N(0, 1)$ を標準正規分布という．

▶ **正規分布表より**
$P(0 \leqq Z \leqq 2.8) = 0.4974.$

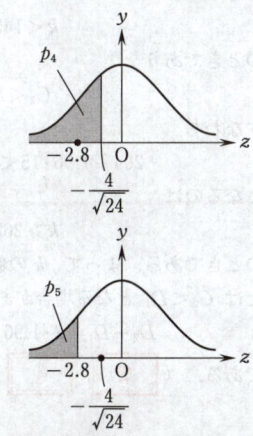

▶ **母平均の推定**
標本平均を $\overline{X}$，母標準偏差を σ とすると，標本の大きさ n が大きいとき，母平均 m に対する信頼度 95% の信頼区間は
$$
\left[\overline{X} - 1.96 \cdot \frac{\sigma}{\sqrt{n}},\ \overline{X} + 1.96 \cdot \frac{\sigma}{\sqrt{n}}\right].
$$

る．よって，母平均 m と C_1，C_2 については，$C_1 \leqq m$ も $m \leqq C_2$ も成り立つとは限らない．（ **③** ）

(4)　図書委員会の調査における 100 人と校長先生の調査における 100 人は標本として一致するとは限らないから，n と 36 との大小はわからない．（ **③** ）

(5)　(4)の図書委員会が行った調査結果において，1週間の読書時間の標本平均を k とすると

$$D_2 = k + 1.96 \cdot \frac{150}{\sqrt{100}} = k + 1.96 \cdot 15$$

$$D_1 = k - 1.96 \cdot \frac{150}{\sqrt{100}} = k - 1.96 \cdot 15$$

であるから

$$D_2 < C_1$$

すなわち

$$k + 1.96 \cdot 15 < 204 - 1.96 \cdot 15$$

となるのは

$$k < 145.2$$

のときであり

$$C_2 < D_1$$

すなわち

$$204 + 1.96 \cdot 15 < k - 1.96 \cdot 15$$

となるのは

$$k > 262.8$$

のときである．よって，k の値によっては，$D_2 < C_1$ または $C_2 < D_1$ となる場合がある．また

$$D_2 - D_1 = 2 \cdot 1.96 \cdot 15 = C_2 - C_1$$

である．（ **②** ，**④** ）

◆ $k \neq 204$ のとき，$C_1 \neq D_1$ かつ $C_2 \neq D_2$.
　　$k = 204$ のとき，$C_1 = D_1$ かつ $C_2 = D_2$.

第4問 数列

$$a_n b_{n+1} - 2a_{n+1}b_n + 3b_{n+1} = 0 \quad (n = 1, 2, 3, \cdots) \cdots ①$$

(1) 数列 $\{a_n\}$ は初項3, 公差 $p\,(p \neq 0)$ の等差数列であり, 数列 $\{b_n\}$ は初項3, 公比 $r\,(r \neq 0)$ の等比数列であるから, 自然数 n について, $a_n,\, a_{n+1},\, b_n$ はそれぞれ

$$a_n = \boxed{3} + (n-1)p \qquad \cdots ②$$

$$a_{n+1} = 3 + np \qquad \cdots ③$$

$$b_n = \boxed{3}\, r^{n-1}$$

等差数列の一般項
初項 a, 公差 d の等差数列 $\{a_n\}$ の一般項は
$$a_n = a + (n-1)d.$$

等比数列の一般項
初項 a, 公比 r の等比数列 $\{a_n\}$ の一般項は
$$a_n = ar^{n-1}.$$

と表される. $r \neq 0$ により, すべての自然数 n について, $b_n \neq 0$ となる. ① の両辺を b_n で割ることにより

$$a_n \frac{b_{n+1}}{b_n} - 2a_{n+1} + 3\frac{b_{n+1}}{b_n} = 0$$

を得る. $\dfrac{b_{n+1}}{b_n} = r$ であることから

$$a_n r - 2a_{n+1} + 3r = 0$$

すなわち

$$\boxed{2}\, a_{n+1} = r\left(a_n + \boxed{3}\right) \qquad \cdots ④$$

が成り立つことがわかる. ④ に ② と ③ を代入すると

$$2(3 + np) = r\{3 + (n-1)p + 3\}$$

すなわち

$$\left(r - \boxed{2}\right)pn = r\left(p - \boxed{6}\right) + \boxed{6} \qquad \cdots ⑤$$

となる. ⑤ がすべての n で成り立つことにより

$$(r-2)p = 0 \qquad \cdots ⑧$$

$$r(p-6) + 6 = 0 \qquad \cdots ⑨$$

が成り立つ. $p \neq 0$ より, ⑧ から

$$r - 2 = 0$$

すなわち

$$r = 2$$

を得る. これと ⑨ より

$$p = \boxed{3}$$

を得る. よって

$$a_n = 3 + (n-1) \cdot 3 = 3n$$

$$b_n = 3 \cdot 2^{n-1}$$

である. 以上から, すべての自然数 n について, a_n と b_n が正であることもわかる.

(2) $\{a_n\}$, $\{b_n\}$ の初項から第 n 項までの和は，それぞれ次の式で与えられる．

$$\sum_{k=1}^{n} a_k = \frac{1}{2}n(3+3n) = \frac{\boxed{3}}{\boxed{2}}n\left(n+\boxed{1}\right)$$

$$\sum_{k=1}^{n} b_k = \frac{3(2^n-1)}{2-1} = \boxed{3}\left(2^n-\boxed{1}\right)$$

(3) 数列 $\{a_n\}$ に対して，初項 3 の数列 $\{c_n\}$ が次を満たしている．

$$a_n c_{n+1} - 4a_{n+1}c_n + 3c_{n+1} = 0 \quad (n=1,2,3,\cdots) \cdots ⑥$$

⑥ を変形すると

$$(a_n+3)c_{n+1} = 4a_{n+1}c_n$$

となる．a_n が正であることから，これは

$$c_{n+1} = \frac{\boxed{4}\,a_{n+1}}{a_n+\boxed{3}}c_n$$

と変形できる．これと $a_n=3n$，$a_{n+1}=3(n+1)$ より

$$c_{n+1} = \frac{4\cdot 3(n+1)}{3n+3}c_n$$

すなわち

$$c_{n+1} = 4c_n$$

が成り立つから，数列 $\{c_n\}$ は公比 4 の等比数列であることがわかる．（ ② ）

(4) q，u は定数で，$q \neq 0$ である．数列 $\{b_n\}$ に対して，初項 3 の数列 $\{d_n\}$ が次を満たしている．

$$d_n b_{n+1} - qd_{n+1}b_n + ub_{n+1} = 0 \quad (n=1,2,3,\cdots) \cdots ⑦$$

⑦ の両辺を b_n で割り，$\dfrac{b_{n+1}}{b_n} = 2$ を用いると

$$2d_n - qd_{n+1} + 2u = 0$$

となり，これを変形して

$$d_{n+1} = \frac{\boxed{2}}{q}(d_n+u)$$

を得る．したがって，数列 $\{d_n\}$ が，公比が 0 より大きく 1 より小さい等比数列となるための必要十分条件は

$$0 < \frac{2}{q} < 1 \quad かつ \quad u=0$$

すなわち

$$q > \boxed{2} \quad かつ \quad u = \boxed{0}$$

である．

等差数列の和

初項 a の等差数列 $\{a_n\}$ の初項から第 n 項までの和 S_n は

$$S_n = \frac{n}{2}(a+a_n).$$

等比数列の和

初項 a，公比 r，項数 n の等比数列の和 S_n は，$r \neq 1$ のとき

$$S_n = \frac{a(r^n-1)}{r-1}.$$

← $\dfrac{b_{n+1}}{b_n} = r$，$r=2$.

← このとき，$d_{n+1} = \dfrac{2}{q}d_n \left(0 < \dfrac{2}{q} < 1\right)$.

第5問　空間ベクトル

(1) $\angle A_1C_1B_1 = \boxed{36}$ °, $\angle C_1A_1A_2 = 36°$ となることから, $\overrightarrow{A_1A_2}$ と $\overrightarrow{B_1C_1}$ は平行である. ゆえに

$$\overrightarrow{A_1A_2} = \boxed{a}\ \overrightarrow{B_1C_1}$$

であるから

$$\overrightarrow{B_1C_1} = \frac{1}{a}\overrightarrow{A_1A_2} = \frac{1}{a}(\overrightarrow{OA_2} - \overrightarrow{OA_1})$$

また, $\overrightarrow{OA_1}$ と $\overrightarrow{A_2B_1}$ は平行で, さらに, $\overrightarrow{OA_2}$ と $\overrightarrow{A_1C_1}$ も平行であることから

$$\overrightarrow{B_1C_1} = \overrightarrow{B_1A_2} + \overrightarrow{A_2O} + \overrightarrow{OA_1} + \overrightarrow{A_1C_1}$$
$$= -a\overrightarrow{OA_1} - \overrightarrow{OA_2} + \overrightarrow{OA_1} + a\overrightarrow{OA_2}$$
$$= (\boxed{a} - \boxed{1})(\overrightarrow{OA_2} - \overrightarrow{OA_1})$$

となる. したがって

$$\frac{1}{a} = a - 1$$

が成り立つ. 両辺に a をかけると

$$1 = a^2 - a$$

すなわち

$$a^2 - a - 1 = 0 \quad (a^2 = a + 1) \qquad \cdots ①$$

である. $a > 0$ に注意してこれを解くと, $a = \dfrac{1 + \sqrt{5}}{2}$

を得る.

(2) 面 $OA_1B_1C_1A_2$ に着目する. $\overrightarrow{OA_1}$ と $\overrightarrow{A_2B_1}$ が平行であることから

$$\overrightarrow{OB_1} = \overrightarrow{OA_2} + \overrightarrow{A_2B_1} = \overrightarrow{OA_2} + a\overrightarrow{OA_1}$$

である. また

$$\left|\overrightarrow{OA_2} - \overrightarrow{OA_1}\right|^2 = \left|\overrightarrow{A_1A_2}\right|^2 = a^2 = a + 1$$
$$= \frac{\boxed{3} + \sqrt{\boxed{5}}}{\boxed{2}}$$

より

$$\left|\overrightarrow{OA_2}\right|^2 + \left|\overrightarrow{OA_1}\right|^2 - 2\overrightarrow{OA_2} \cdot \overrightarrow{OA_1} = a + 1$$

であり, 1辺の長さが1であることから

$$1^2 + 1^2 - 2\overrightarrow{OA_2} \cdot \overrightarrow{OA_1} = a + 1$$

である. これより

$$\overrightarrow{OA_1} \cdot \overrightarrow{OA_2} = \frac{1 - a}{2}$$

すなわち

外接円

弧 A_1B_1 に対する中心角は

$$\frac{360°}{5} = 72°.$$

円周角 $\angle A_1C_1B_1$ は $\dfrac{72°}{2} = 36°$.

$\angle C_1A_1A_2$ についても同様.

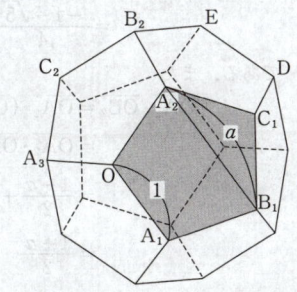

← ①を用いた.

内積

$\vec{0}$ でない2つのベクトル $\vec{x}$ と $\vec{y}$ のなす角を θ $(0° \leq \theta \leq 180°)$ とすると

$$\vec{x} \cdot \vec{y} = |\vec{x}||\vec{y}|\cos\theta.$$

特に

$$\vec{x} \cdot \vec{x} = |\vec{x}||\vec{x}|\cos 0° = |\vec{x}|^2.$$

$$\overrightarrow{OA_1} \cdot \overrightarrow{OA_2} = \frac{\boxed{1} - \sqrt{\boxed{5}}}{\boxed{4}}$$

を得る.

次に，面 $OA_2B_2C_2A_3$ に着目する．$\overrightarrow{OA_2}$ と $\overrightarrow{A_3B_2}$ が平行であることから

$$\overrightarrow{OB_2} = \overrightarrow{OA_3} + \overrightarrow{A_3B_2} = \overrightarrow{OA_3} + a\overrightarrow{OA_2}$$

である．さらに

$$\overrightarrow{OA_2} \cdot \overrightarrow{OA_3} = \overrightarrow{OA_3} \cdot \overrightarrow{OA_1} = \frac{1-a}{2} = \frac{1-\sqrt{5}}{4}$$

が成り立つことがわかる．ゆえに

$$\begin{aligned}
\overrightarrow{OA_1} \cdot \overrightarrow{OB_2} &= \overrightarrow{OA_1} \cdot (\overrightarrow{OA_3} + a\overrightarrow{OA_2}) \\
&= \overrightarrow{OA_1} \cdot \overrightarrow{OA_3} + a\overrightarrow{OA_1} \cdot \overrightarrow{OA_2} \\
&= \frac{1-a}{2} + a \cdot \frac{1-a}{2} \\
&= \frac{1-a^2}{2} \\
&= -\frac{a}{2} \qquad\qquad \cdots ② \\
&= \frac{-1-\sqrt{5}}{4} \qquad (\boxed{9})
\end{aligned}$$

である．また

$$\begin{aligned}
\overrightarrow{OA_2} \cdot \overrightarrow{OB_2} &= \overrightarrow{OA_2} \cdot (\overrightarrow{OA_3} + a\overrightarrow{OA_2}) \\
&= \overrightarrow{OA_2} \cdot \overrightarrow{OA_3} + a\left|\overrightarrow{OA_2}\right|^2 \\
&= \frac{1-a}{2} + a \cdot 1^2 \\
&= \frac{1+a}{2} \\
&= \frac{a^2}{2} \qquad\qquad \cdots ③
\end{aligned}$$

である．②，③ より

$$\begin{aligned}
& \overrightarrow{OB_1} \cdot \overrightarrow{OB_2} \\
&= (\overrightarrow{OA_2} + a\overrightarrow{OA_1}) \cdot \overrightarrow{OB_2} \\
&= \overrightarrow{OA_2} \cdot \overrightarrow{OB_2} + a\overrightarrow{OA_1} \cdot \overrightarrow{OB_2} \\
&= \frac{a^2}{2} + a\left(-\frac{a}{2}\right) \\
&= 0 \qquad (\boxed{0})
\end{aligned}$$

である．よって，$\overrightarrow{OB_1} \perp \overrightarrow{OB_2}$ である．

← $a = \dfrac{1+\sqrt{5}}{2}$.

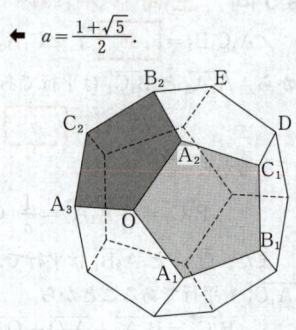

← ① を用いた.

最後に，面 $A_2C_1DEB_2$ に着目する．

$$\overrightarrow{B_2D} = a\overrightarrow{A_2C_1} = \overrightarrow{OB_1}$$

であることに注意すると，4点 O, B_1, D, B_2 は同一平面上にあり，$\overrightarrow{OB_1} \perp \overrightarrow{OB_2}$, $\left|\overrightarrow{OB_1}\right| = \left|\overrightarrow{OB_2}\right| = a$ であるから，四角形 OB_1DB_2 は正方形であることがわかる．

(**0**)

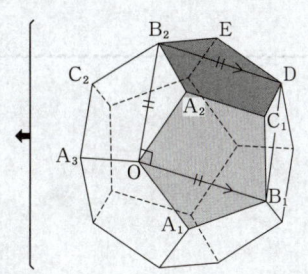

【③ の別解】

$$\overrightarrow{OA_2} \cdot \overrightarrow{OB_2} = \left|\overrightarrow{OA_2}\right|\left|\overrightarrow{OB_2}\right|\cos\angle A_2OB_2$$

$$= \left|\overrightarrow{OA_2}\right|\left|\overrightarrow{OB_2}\right| \cdot \frac{\dfrac{\left|\overrightarrow{OB_2}\right|}{2}}{\left|\overrightarrow{OA_2}\right|}$$

$$= \frac{\left|\overrightarrow{OB_2}\right|^2}{2}$$

$$= \frac{a^2}{2}.$$

MEMO

数学Ⅰ・数学A
数学Ⅱ・数学B

（2021年1月実施）

数学 I・数学 A

解答・採点基準　(100点満点)

問題番号(配点)	解答記号	正　解	配点	自己採点
第1問 (30)	アイ, ウエ	$-2, -1$ (解答の順序は問わない)	3	
	オ	8	3	
	カ	3	4	
	キ	8	2	
	クケ	90	2	
	コ	4	2	
	サ	4	2	
	シ	①	2	
	ス	①	1	
	セ	⓪	1	
	ソ	⓪	2	
	タ	③	2	
	チ/ツ	$\dfrac{4}{5}$	2	
	テ	5	2	
第1問　自己採点小計				

問題番号(配点)	解答記号	正　解	配点	自己採点
第2問 (30)	アイウ$-x$	$400-x$	3	
	エオカ, キ	560, 7	3	
	クケコ	280	3	
	サシスセ	8400	3	
	ソタチ	250	3	
	ツ	⑤	4	
	テ	③	3	
	トナニ	240	2	
	ヌ, ネ	③, ⓪	2	
	ノ	⑥	2	
	ハ	③	2	
第2問　自己採点小計				

問題番号(配点)	解答記号	正　解	配点	自己採点
第3問 (20)	アイ/ウエ	$\dfrac{11}{12}$	2	
	オカ/キク	$\dfrac{17}{24}$	2	
	ケ/コサ	$\dfrac{9}{17}$	3	
	シ/スセ	$\dfrac{1}{3}$	3	
	セ/ソ	$\dfrac{1}{2}$	3	
	タチ/ツテ	$\dfrac{17}{36}$	3	
	トナ/ニヌ	$\dfrac{12}{17}$	4	
第3問　自己採点小計				

問題番号(配点)	解答記号	正　解	配点	自己採点
第4問 (20)	ア, イ, ウ, エ	3, 2, 1, 0	3	
	オ	3	3	
	カ	8	3	
	キ	4	3	
	クケ, コ, サ, シ	12, 8, 4, 0	4	
	ス	3	2	
	セソタ	448	2	
第4問　自己採点小計				

問題番号(配点)	解答記号	正　解	配点	自己採点
第5問 (20)	ア	⑤	2	
	イ, ウ, エ	②, ⑥, ⑦	2	
	オ	①	1	
	カ	②	2	
	キ	2	1	
	ク√ケコ	$2\sqrt{15}$	2	
	サシ	15	3	
	ス√セソ	$3\sqrt{15}$	2	
	タ/チ	$\dfrac{4}{5}$	2	
	ツ/テ	$\dfrac{5}{3}$	3	
第5問　自己採点小計				
自己採点合計				

(注)
第1問, 第2問は必答。
第3問～第5問のうちから2問選択。計4問を解答。

第1問　数と式，図形と計量

〔1〕

$$|ax-b-7|<3 \quad (a,\ b\ は定数). \qquad \cdots ①$$

(1) $a=-3,\ b=-2$ のとき，① は，

$$|-3x-5|<3 \qquad \cdots ①'$$

すなわち，

$$|3x+5|<3$$

であり，これを解くと，

$$-3<3x+5<3$$
$$-8<3x<-2$$
$$-\frac{8}{3}<x<-\frac{2}{3}$$

である．

これより，①' を満たす整数全体の集合 P は，

$$P=\left\{\ \boxed{-2}\ ,\ \boxed{-1}\ \right\}$$

となる．

$$\begin{cases} |-3x-5|<3 \\ |-(3x+5)|<3 \\ |-1||3x+5|<3 \\ |3x+5|<3. \end{cases}$$

$$|X|<A \iff -A<X<A$$
（A は正の定数）．

①' の解

(2) $a=\dfrac{1}{\sqrt{2}}$ のとき，① は，

$$\left|\frac{1}{\sqrt{2}}x-b-7\right|<3 \qquad \cdots ①''$$

であり，これを解くと，

$$-3<\frac{1}{\sqrt{2}}x-b-7<3$$
$$b+4<\frac{1}{\sqrt{2}}x<b+10$$
$$(b+4)\sqrt{2}<x<(b+10)\sqrt{2} \qquad \cdots ②$$

である．

(i) $b=1$ のとき，①'' の解は，② より，

$$5\sqrt{2}<x<11\sqrt{2}$$

である．

ここで，$7<5\sqrt{2}<8,\ 15<11\sqrt{2}<16$ であるから，$b=1$ のときの ①'' を満たす整数は，

$$8,\ 9,\ 10,\ 11,\ 12,\ 13,\ 14,\ 15$$

である．

よって，①'' を満たす整数は全部で $\boxed{8}$ 個である．

$5\sqrt{2}=\sqrt{50},\ 11\sqrt{2}=\sqrt{242}$ より，

$$(7=)\sqrt{49}<\sqrt{50}<\sqrt{64}\ (=8),$$
$$(15=)\sqrt{225}<\sqrt{242}<\sqrt{256}\ (=16).$$

(ii) ①'' を満たす整数が全部で9個であるような最小の正の整数 b を求める．

・$b=1$ のとき，(i) より，適さない．

$b=1,\ 2,\ 3,\ \cdots$ を順々に代入して調べていく．

・$b=2$ のとき，①″ の解は，② より，
$$6\sqrt{2} < x < 12\sqrt{2}$$
である．

　ここで，$8 < 6\sqrt{2} < 9,\ 16 < 12\sqrt{2} < 17$ であるから，$b=2$ のときの①″ を満たす整数は，
$$9,\ 10,\ 11,\ 12,\ 13,\ 14,\ 15,\ 16$$
である．

　よって，①″ を満たす整数は全部で8個より，適さない．

← $6\sqrt{2}=\sqrt{72},\ 12\sqrt{2}=\sqrt{288}$ より，
$(8=)\sqrt{64} < \sqrt{72} < \sqrt{81}\ (=9),$
$(16=)\sqrt{256} < \sqrt{288} < \sqrt{289}\ (=17).$

・$b=3$ のとき，①″ の解は，② より，
$$7\sqrt{2} < x < 13\sqrt{2}$$
である．

　ここで，$9 < 7\sqrt{2} < 10,\ 18 < 13\sqrt{2} < 19$ であるから，$b=3$ のときの①″ を満たす整数は，
$$10,\ 11,\ 12,\ 13,\ 14,\ 15,\ 16,\ 17,\ 18$$
である．

　よって，①″ を満たす整数は全部で9個より，適する．

← $7\sqrt{2}=\sqrt{98},\ 13\sqrt{2}=\sqrt{338}$ より，
$(9=)\sqrt{81} < \sqrt{98} < \sqrt{100}\ (=10),$
$(18=)\sqrt{324} < \sqrt{338} < \sqrt{361}\ (=19).$

　したがって，①″ を満たす整数が全部で9個であるような最小の正の整数 b は ┃ 3 ┃ である．

〔2〕

(1)

　正弦定理より，
$$2R = \frac{\mathrm{AB}}{\sin\angle\mathrm{APB}} = \frac{\boxed{8}}{\sin\angle\mathrm{APB}}$$
であるから，
$$R = \frac{4}{\sin\angle\mathrm{APB}} \quad \cdots ①$$
である．

　R が最小となるのは，分子が一定(4)より分母である $\sin\angle\mathrm{APB}$ が最大になるときであるから，
$$\angle\mathrm{APB} = \boxed{90}\,°\ の三角形$$

┌─ 正弦定理 ─────────┐

← $\dfrac{a}{\sin A} = \dfrac{b}{\sin B} = \dfrac{c}{\sin C} = 2R.$

　　(R は外接円の半径)

である.

このとき, R の値は, ① より,

$$R = \frac{4}{\sin 90°} = \frac{4}{1} = \boxed{4}$$

である.

(2) 円 C は線分 AB（＝8）を直径とする円であるから, 半径は4である.

直線 ℓ が円 C と共有点をもつ場合は, $h \leqq \boxed{4}$

のときであり, 共有点をもたない場合は, $h > 4$ のときである.

(i) $h \leqq 4$ のとき.

（$h < 4$ のとき）　　（$h = 4$ のとき）

R が最小となる △ABP は, 図より,

$h < 4$ のとき, 直角三角形

$h = 4$ のとき, 直角二等辺三角形

である.

よって, $\boxed{シ}$ に当てはまるものは $\boxed{①}$ である.

(ii) $h > 4$ のとき.

△ABP$_2$ の外接円において，弧 AB に対する円周角より，

$$\angle AP_3B = \angle AP_2B \qquad \cdots ②$$

である.

← 円周角の定理.

よって， ス に当てはまるものは ① である.

また，$\angle AP_3B < \angle AP_1B < 90°$ より，

$$\sin \angle AP_3B < \sin \angle AP_1B \qquad \cdots ③$$

である.

よって， セ に当てはまるものは ⓪ である.

このとき，△ABP$_1$ と △ABP$_2$ にそれぞれ正弦定理を用いると，

$$2(\triangle ABP_1 \text{ の外接円の半径}) = \frac{AB}{\sin \angle AP_1B}$$
$$= \frac{8}{\sin \angle AP_1B},$$

$$2(\triangle ABP_2 \text{ の外接円の半径}) = \frac{AB}{\sin \angle AP_2B}$$
$$= \frac{8}{\sin \angle AP_3B} \quad (② \text{ より})$$

である.

ここで，③ より，

$$\frac{8}{\sin \angle AP_3B} > \frac{8}{\sin \angle AP_1B}$$

となるから，

$2(\triangle ABP_2 \text{ の外接円の半径}) > 2(\triangle ABP_1 \text{ の外接円の半径})$

すなわち

$0° < \alpha < 90°$，$0° < \beta < 90°$ のとき，

$\alpha < \beta \iff \sin\alpha < \sin\beta.$

← ③ より，

$$\frac{1}{\sin \angle AP_3B} > \frac{1}{\sin \angle AP_1B}$$

であり，両辺に 8 を掛けた.

（△ABP₁ の外接円の半径）<（△ABP₂ の外接円の半径）
である．

よって，$\boxed{\text{ソ}}$ に当てはまるものは $\boxed{⓪}$ で
ある．

さらに，R が最小となる △ABP は $AP_1 = BP_1$
の △ABP₁ である．　　　　　　　　　　…④

したがって，$\boxed{\text{タ}}$ に当てはまるものは

$\boxed{③}$ である．

(3)　$h = 8\,(>4)$ のとき，△ABP の外接円の半径 R が
最小となるのは，④ より，$AP = BP$ の △ABP のと
きであり，次図のようになる．

辺 AB の中点を M とすると，$AP = BP$ より，
$AM \perp MP$ であるから，直角三角形 AMP に三平方
の定理を用いると，

$$\begin{aligned}
BP = AP &= \sqrt{AM^2 + MP^2} \\
&= \sqrt{4^2 + 8^2} \\
&= 4\sqrt{5}
\end{aligned}$$

である．

△ABP に余弦定理を用いると，

$$\begin{aligned}
\cos \angle APB &= \frac{AP^2 + BP^2 - AB^2}{2AP \cdot BP} \\
&= \frac{(4\sqrt{5})^2 + (4\sqrt{5})^2 - 8^2}{2 \cdot 4\sqrt{5} \cdot 4\sqrt{5}} \\
&= \frac{3}{5}
\end{aligned}$$

であり，$0° < \angle APB < 180°$ より，$\sin \angle APB > 0$
であるから，

$$\begin{aligned}
\sin \angle APB &= \sqrt{1 - \cos^2 \angle APB} \\
&= \sqrt{1 - \left(\frac{3}{5}\right)^2}
\end{aligned}$$

← $AM = \dfrac{1}{2}AB = \dfrac{1}{2} \cdot 8 = 4$.

　$h = 8$ より，$MP = 8$.

余弦定理

$a^2 = b^2 + c^2 - 2bc \cos A$,

$\cos A = \dfrac{b^2 + c^2 - a^2}{2bc}$.

← $0° \leqq \theta \leqq 180°$ のとき，

　$\sin \theta = \sqrt{1 - \cos^2 \theta}$.

$$= \dfrac{\boxed{4}}{\boxed{5}}$$

である．さらに，$\triangle \mathrm{ABP}$ に正弦定理を用いると，

$$2R = \dfrac{\mathrm{AB}}{\sin \angle \mathrm{APB}}$$

であるから，

$$R = \dfrac{\mathrm{AB}}{2\sin \angle \mathrm{APB}}$$

$$= \dfrac{8}{2 \cdot \dfrac{4}{5}}$$

$$= \boxed{5}$$

である．

第2問　2次関数，データの分析

〔1〕

(1) x は1皿あたりの価格(円).

売り上げ数を z 皿とすると，問題文より，z は x の1次関数で表せる．さらに，1皿あたりの価格と売り上げ数の関係をまとめた表より，

$$x+z=400$$

が成り立つから，売り上げ数 z は

$$(z=)\quad \boxed{400}\ -x \qquad \cdots ①$$

と表される．

← 1皿あたりの価格と売り上げ数の関係をまとめた表

x (円)	200	250	300
z (皿)	200	150	100

(2) y は利益(円).

問題文より，利益 y は，

$y=($売り上げ金額$)-($必要な経費$)$

$=\left(\begin{matrix}1皿あた\\りの価格\end{matrix}\right)\times\left(\begin{matrix}売り上\\げ数\end{matrix}\right)-\left\{(材料費)+\left(\begin{matrix}たこ焼き用\\器具の賃貸料\end{matrix}\right)\right\}$

$=xz-(160\cdot z+6000)$

$=x(400-x)-160(400-x)-6000$ (① より)

$=-x^2+\boxed{560}\ x-\boxed{7}\ \times 10000 \qquad \cdots ②$

である．

(3) ② は，

$y=-(x^2-560x)-7\times 10000$

$\quad =-(x-280)^2+280^2-7\times 10000$

$\quad =-(x-280)^2+8400$

と変形できる．

← $280^2=78400.$

また，x のとり得る値の範囲は，$x\geqq 0$, $z\geqq 0$ と ① より，

$$x\geqq 0 \quad かつ \quad 400-x\geqq 0$$
$$0\leqq x\leqq 400 \qquad \cdots ③$$

である．

よって，利益が最大になるのは，③ より，1皿あたりの価格が $\boxed{280}$ 円のときであり，そのときの利益は $\boxed{8400}$ 円である．

←

(4) $y\geqq 7500$ を満たす x の値の範囲を調べる．

$y\geqq 7500$ と ② より，

$$-x^2+560x-7\times 10000\geqq 7500$$
$$x^2-560x+77500\leqq 0$$
$$(x-250)(x-310)\leqq 0$$
$$250\leqq x\leqq 310.$$

←　$77500=775\times 100$
$\quad =25\times 31\times 10^2$
$\quad =(25\times 10)\times(31\times 10).$

よって，利益が 7500 円以上となる 1 皿あたりの価格のうち，最も安い価格は $\boxed{250}$ 円となる．

〔2〕

(1)(I) 誤．

小学生数について，第 1 四分位数が約 540 人，第 3 四分位数が約 570 人であるから，四分位範囲は，

$$(約\ 570) - (約\ 540) = (約\ 30)\ (人).$$

外国人数について，第 1 四分位数が約 50 人，第 3 四分位数が約 140 人であるから，四分位範囲は，

$$(約\ 140) - (約\ 50) = (約\ 90)\ (人).$$

← 第 1 四分位数は，黒丸の小さい方から 12 番目．第 3 四分位数は黒丸の小さい方から 36 番目，つまり，大きい方から 12 番目．

$$\left(\begin{array}{c}四分位\\範囲\end{array}\right) = \left(\begin{array}{c}第3四\\分位数\end{array}\right) - \left(\begin{array}{c}第1四\\分位数\end{array}\right).$$

(II) 正．

旅券取得者数について，最大値が約 530 人，最小値が約 130 人であるから，範囲は，

$$(約\ 530) - (約\ 130) = (約\ 400)\ (人).$$

外国人数について，最大値が約 250 人，最小値が約 25 人であるから，範囲は，

$$(約\ 250) - (約\ 25) = (約\ 225)\ (人).$$

← (範囲) = (最大値) - (最小値).

(III) 誤．

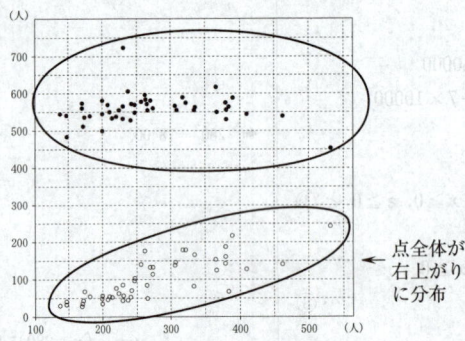

2010 年における，旅券取得者数と小学生数の散布図(黒丸)，旅券取得者数と外国人数の散布図(白丸)．

旅券取得者数と小学生数では相関関係はほとんどないが，旅券取得者数と外国人数では正の相関関係がある．

したがって，$\boxed{ツ}$ に当てはまるものは $\boxed{⑤}$ である．

負の相関　相関なし　正の相関
(右下がり)　　　　(右上がり)

(2) 平均値について，与えられた条件より，

$$\overline{x} = \frac{1}{n}(x_1 f_1 + x_2 f_2 + x_3 f_3 + \cdots\cdots + x_k f_k)$$

$$= \frac{1}{n} [x_1 f_1 + (x_1 + h) f_2 + (x_1 + 2h) f_3 + \cdots$$
$$+ \{x_1 + (k-1)h\} f_k]$$

$$= \frac{1}{n} [x_1 (f_1 + f_2 + f_3 + \cdots + f_k)$$
$$+ h\{f_2 + 2f_3 + \cdots + (k-1)f_k\}]$$

$$= \frac{1}{n} [x_1 \cdot n + h\{f_2 + 2f_3 + \cdots + (k-1)f_k\}] \qquad \leftarrow f_1 + f_2 + f_3 + \cdots + f_k = n.$$

$$= x_1 + \frac{h}{n} \{f_2 + 2f_3 + 3f_4 + \cdots + (k-1)f_k\} \quad \cdots ⓪$$

と変形できる.

したがって, $\boxed{テ}$ に当てはまるものは $\boxed{③}$ である.

2008年における旅券取得者数のヒストグラム(図2)より, 次の度数分布表を得る.

階級値	100	200	300	400	500	計
度 数	4	25	14	3	1	47

← 階級の中央の値を階級値という.

この表と, $x_1 = 100$, $h = 100$, $n = 47$ として ⓪ を用いることにより,

$$\overline{x} = 100 + \frac{100}{47} (25 + 2 \times 14 + 3 \times 3 + 4 \times 1) \qquad \leftarrow f_2 = 25, \ f_3 = 14, \ f_4 = 3, \ f_5 = 1.$$

$$= 100 + \frac{100}{47} \cdot 66$$

$$= 240.42\cdots$$

となるから, 平均値 $\overline{x}$ は小数第1位を四捨五入すると $\boxed{240}$ である.

(3) 分散について, 与えられた条件より,

$$s^2 = \frac{1}{n} \{(x_1 - \overline{x})^2 f_1 + (x_2 - \overline{x})^2 f_2 + \cdots + (x_k - \overline{x})^2 f_k\}$$

$$= \frac{1}{n} \{(x_1^2 f_1 + x_2^2 f_2 + \cdots + x_k^2 f_k)$$
$$- 2\overline{x}(x_1 f_1 + x_2 f_2 + \cdots + x_k f_k)$$
$$+ (\overline{x})^2 (f_1 + f_2 + \cdots + f_k)\}$$

$$= \frac{1}{n} \{(x_1^2 f_1 + x_2^2 f_2 + \cdots + x_k^2 f_k)$$
$$- 2\overline{x} \times n\overline{x} + (\overline{x})^2 \times n\} \qquad \leftarrow \overline{x} = \frac{1}{n}(x_1 f_1 + x_2 f_2 + \cdots + x_k f_k)$$

と変形できるから,

$$s^2 = \frac{1}{n}(x_1^2 f_1 + x_2^2 f_2 + \cdots + x_k^2 f_k) - (\overline{x})^2. \quad \cdots ①$$

であるから,
$$n\overline{x} = x_1 f_1 + x_2 f_2 + \cdots + x_k f_k$$
であり,
$$f_1 + f_2 + \cdots + f_k = n.$$

したがって, $\boxed{ヌ}$, $\boxed{ネ}$, $\boxed{ノ}$ に当てはま

るものは ③ , ⓪ , ⑥ である.

(2)の表と, $\overline{x} = 240$ として①を用いることにより,

$$s^2 = \frac{1}{47}(100^2 \times 4 + 200^2 \times 25 + 300^2 \times 14$$
$$+ 400^2 \times 3 + 500^2 \times 1) - 240^2$$
$$= \frac{100^2}{47}(1 \times 4 + 4 \times 25 + 9 \times 14$$
$$+ 16 \times 3 + 25 \times 1) - 57600$$
$$= \frac{10000}{47} \cdot 303 - 57600$$
$$= (64468.08\cdots) - 57600$$
$$= 6868.08\cdots$$

$\leftarrow\ x_1 = 100,\ x_2 = 200,\ x_3 = 300,$
$\quad x_4 = 400,\ x_5 = 500.$

であるから, 分散 s^2 に最も近い値は 6900 である.

したがって, ハ に当てはまるものは ③ である.

第3問　場合の数・確率

A の袋：赤球2個，白球1個
B の袋：赤球3個，白球1個

合計7個の球はすべて区別して考える．

(1)(i)　「箱の中の2個の球のうち，少なくとも1個が赤球である」という事象の余事象は，

「箱の中の2個の球がともに白球である」

であり，このようになるのは，

A，B の袋からともに白球を取り出すとき

である．

よって，箱の中の2個の球のうち，少なくとも1個が赤球である確率は，

$$1-\left(\frac{1}{3}\times\frac{1}{4}\right)=\frac{\boxed{11}}{\boxed{12}}$$

である．

▶ 余事象の確率
$$P(A)=1-P(\overline{A}).$$

(ii)　箱の中から球を1個取り出したとき，取り出した球が赤球となるのは，

・A，B の袋からともに赤球を取り出して箱の中に入れた後，箱の中から赤球を取り出すとき
・A の袋から赤球，B の袋から白球を取り出して箱の中に入れた後，箱の中から赤球を取り出すとき
・A の袋から白球，B の袋から赤球を取り出して箱の中に入れた後，箱の中から赤球を取り出すとき

の3つの場合がある．

よって，箱の中から球を1個取り出したとき，取り出した球が赤球である確率は，

$$\left(\frac{2}{3}\times\frac{3}{4}\right)\times\frac{2}{2}+\left(\frac{2}{3}\times\frac{1}{4}\right)\times\frac{1}{2}+\left(\frac{1}{3}\times\frac{3}{4}\right)\times\frac{1}{2}$$

$$=\frac{12}{24}+\frac{2}{24}+\frac{3}{24}$$

$$=\frac{\boxed{17}}{\boxed{24}}\qquad\cdots①$$

である．

次に，取り出した球が赤球であったとき，それが B の袋に入っていたものである条件付き確率を求める．

事象 A，B を

A：箱の中から赤球を取り出す
B：箱の中から B の袋に入っていた球を取り出す

と定めると，取り出した球が赤球であったときに，それがBの袋に入っていたものである条件付き確率は，

$$P_A(B) = \frac{P(A \cap B)}{P(A)} \quad \cdots ②$$

として求めることができる．

①より，

$$P(A) = \frac{17}{24} \quad \cdots ③$$

である．

事象 $A \cap B$ は，

「Aの袋から何色の球でもよいから球を1個取り出し，Bの袋から赤球を1個取り出して計2個の球を箱の中に入れた後，箱の中からBの袋に入っていた赤球を取り出す事象」

であるから，

$$P(A \cap B) = \left(\frac{3}{3} \times \frac{3}{4}\right) \times \frac{1}{2} = \frac{9}{24} \quad \cdots ④$$

である．

よって，求める条件付き確率は，③，④を②に代入して，

$$P_A(B) = \frac{\frac{9}{24}}{\frac{17}{24}} = \boxed{\frac{9}{17}}$$

である．

(2)(i) 箱の中の4個の球のうち，ちょうど2個が赤球であるのは，A，Bの袋に白球が1個ずつしかないことに注意すると，

「A，Bの袋からともに赤球1個と白球1個を取り出すとき」 $\cdots(*)$

である．

よって，ちょうど2個が赤球である確率は，

$$\frac{{}_2C_1 \times {}_1C_1}{{}_3C_2} \times \frac{{}_3C_1 \times {}_1C_1}{{}_4C_2} = \frac{2}{3} \times \frac{3}{6} = \boxed{\frac{1}{3}} \quad \cdots ⑤$$

である．

また，箱の中の4個の球のうち，ちょうど3個が赤球であるのは，

(あ) Aの袋から赤球2個とBの袋から赤球と白球を1個ずつ取り出すとき

条件付き確率

事象 E が起こったときの事象 F が起こる条件付き確率 $P_E(F)$ は，

$$P_E(F) = \frac{P(E \cap F)}{P(E)}.$$

← Aの袋に入っている赤球と白球をそれぞれ $\textcircled{R}_A$，$\textcircled{W}_A$ と表し，Bの袋に入っている赤球と白球を $\textcircled{R}_B$，$\textcircled{W}_B$ と表すと，$A \cap B$ は下のような取り出し方である．

Aの袋	Bの袋	箱
$\textcircled{R}_A$		
$\textcircled{W}_A$	$\textcircled{R}_B$	$\textcircled{R}_B$

$P(A \cap B)$ は次のように求めてもよい．

$$P(A \cap B) = \frac{2}{3} \times \frac{3}{4} \times \frac{1}{2} + \frac{1}{3} \times \frac{3}{4} \times \frac{1}{2}$$

$$= \frac{9}{24}.$$

← Aの袋から赤球を2個取り出すと，Bの袋から白球を2個取り出す必要があるが，白球は1個しかないから，Aの袋から赤球を2個取ることはできない．同様に考えると，Bの袋から赤球を2個取り出すこともない．

(い)　Aの袋から赤球と白球を1個ずつとBの袋から赤球を2個取り出すとき

である.

よって, ちょうど3個が赤球である確率は,

$$\underbrace{\frac{{}_2C_2}{{}_3C_2} \times \frac{{}_3C_1 \times {}_1C_1}{{}_4C_2}}_{\text{(あ)}} + \underbrace{\frac{{}_2C_1 \times {}_1C_1}{{}_3C_2} \times \frac{{}_3C_2}{{}_4C_2}}_{\text{(い)}}$$

$$= \underbrace{\frac{1}{6}}_{\text{(あ)}} + \underbrace{\frac{1}{3}}_{\text{(い)}} = \boxed{\frac{1}{2}} \qquad \cdots ⑥$$

である.

(ii)　箱の中から球を2個同時に取り出すとき, どちらの球も赤球であるのは,

(う)　箱の中に赤球がちょうど2個あり, 2個の赤球を取り出すとき

(え)　箱の中に赤球がちょうど3個あり, そのうち2個の赤球を取り出すとき

(お)　箱の中に赤球がちょうど4個あり, そのうち2個の赤球を取り出すとき

の3つの場合がある.

(う)のとき.

⑤より,

$$\frac{1}{3} \times \frac{{}_2C_2}{{}_4C_2} = \frac{1}{3} \times \frac{1}{6} = \frac{1}{18}.$$

(え)のとき.

⑥より,

$$\frac{1}{2} \times \frac{{}_3C_2}{{}_4C_2} = \frac{1}{2} \times \frac{1}{2} = \frac{1}{4}.$$

(お)のとき.

箱の中に赤球がちょうど4個あるのは,

「A, Bの袋からともに赤球を2個ずつ取り出したとき」 … (**)

であるから,

$$\left(\frac{{}_2C_2}{{}_3C_2} \times \frac{{}_3C_2}{{}_4C_2} \right) \times \frac{{}_4C_2}{{}_4C_2} = \frac{1}{6} \times 1 = \frac{1}{6}. \qquad \cdots ⑦$$

よって, 箱の中から球を2個同時に取り出すとき, どちらの球も赤球である確率は,

$$\frac{1}{18} + \frac{1}{4} + \frac{1}{6} = \boxed{\frac{17}{36}} \qquad \cdots ⑧$$

◆ 余事象を利用して次のように求めてもよい.

箱の中に赤球がちょうど3個ある事象の余事象は, 箱の中に赤球がちょうど2個または4個ある事象である.

箱の中に赤球がちょうど4個ある確率は, A, Bの袋からともに赤球2個ずつ取り出すときであるから,

$$\frac{{}_2C_2}{{}_3C_2} \times \frac{{}_3C_2}{{}_4C_2} = \frac{1}{3} \times \frac{1}{2} = \frac{1}{6}.$$

よって, 求める確率は,

$$1 - \frac{1}{3} - \frac{1}{6} = \frac{1}{2}.$$

◆ 箱の中には赤球と白球が2個ずつ入っているから, 赤球2個を取り出す確率は,

$$\frac{{}_2C_2}{{}_4C_2}.$$

└ 箱の中には赤球3個と白球1個が入っているから, 赤球2個を取り出す確率は,

$$\frac{{}_3C_2}{{}_4C_2}.$$

◆ 箱の中には赤球4個が入っているから, 赤球2個を取り出す確率は,

$$\frac{{}_4C_2}{{}_4C_2}.$$

である.

次に，取り出した2個の球がどちらも赤球であったときに，それらのうちの1個のみがBの袋に入っていたものである条件付き確率を求める.

事象 C, D を

　C：箱の中から球を2個同時に取り出すとき，
　　　どちらも赤球である
　D：箱の中から球を2個同時に取り出すとき，
　　　A，Bの袋の球を1個ずつ取り出す

と定めると，取り出した2個の球がどちらも赤球であったときに，それらのうちの1個のみがBの袋に入っていたものである条件付き確率は，

$$P_C(D) = \frac{P(C \cap D)}{P(C)} \qquad \cdots ⑨$$

として求めることができる.

⑧より，

$$P(C) = \frac{17}{36} \qquad \cdots ⑩$$

である.

事象 $C \cap D$ は，

「箱の中から2個を同時に取り出すとき，A，Bの
　袋に入っていた赤球を1個ずつ取り出す事象」

であり，箱の中にある赤球の個数で場合分けをして $P(C \cap D)$ を求める.

(I) 箱の中に赤球が2個あるとき.

　(*)より，Aの袋から取り出した1個しかない赤球と，Bの袋から取り出した1個しかない赤球を取り出すときであるから，⑤を用いて，

$$\frac{1}{3} \times \frac{{}_1C_1 \times {}_1C_1}{{}_4C_2} = \frac{1}{3} \times \frac{1}{6} = \frac{1}{18}.$$

(II) 箱の中に赤球が3個あるとき.

・(あ)のとき.

　Aの袋から取り出した2個の赤球のうちの1個と，Bの袋から取り出した1個しかない赤球を取り出すときであるから，(あ)の確率を用いて，

$$\frac{1}{6} \times \frac{{}_2C_1 \times {}_1C_1}{{}_4C_2} = \frac{1}{6} \times \frac{1}{3} = \frac{1}{18}.$$

・(い)のとき.

　Aの袋から取り出した1個しかない赤球と，Bの袋から取り出した2個の赤球のうちの1個

◆ 箱の中の赤球と白球の内訳は次のようになっている.

◆ 箱の中の赤球と白球の内訳は次のようになっている.

箱の中の赤球と白球の内訳は次のようになっている.

を取り出すときであるから，(い)の確率を用いて，

$$\frac{1}{3} \times \frac{{}_1C_1 \times {}_2C_1}{{}_4C_2} = \frac{1}{3} \times \frac{1}{3} = \frac{1}{9}.$$

(Ⅲ)　箱の中に赤球が4個あるとき．

(**)より，Aの袋から取り出した2個の赤球のうちの1個と，Bの袋から取り出した2個の赤球のうちの1個を取り出すときであるから，⑦を用いて，

$$\frac{1}{6} \times \frac{{}_2C_1 \times {}_2C_1}{{}_4C_2} = \frac{1}{6} \times \frac{2}{3} = \frac{1}{9}.$$

よって，(Ⅰ)，(Ⅱ)，(Ⅲ)より，確率 $P(C \cap D)$ は，

$$P(C \cap D) = \frac{1}{18} + \frac{1}{18} + \frac{1}{9} + \frac{1}{9} = \frac{1}{3} \quad \cdots ⑪$$

である．

したがって，求める条件付き確率は，⑩，⑪を⑨に代入して，

$$P_C(D) = \frac{\dfrac{1}{3}}{\dfrac{17}{36}} = \frac{\boxed{12}}{\boxed{17}}$$

である．

← 箱の中の赤球と白球の内訳は次のようになっている．

$$\boxed{\textcircled{R}_A \ \textcircled{R}_A \ \vdots \ \textcircled{R}_B \ \textcircled{R}_B}$$

第4問　整数の性質

m は正の整数，a, b, c, d は整数.

$$a^2+b^2+c^2+d^2=m, \quad a \geqq b \geqq c \geqq d \geqq 0. \quad \cdots ①$$

① より，

$$a^2 \leqq a^2+b^2+c^2+d^2 \leqq a^2+a^2+a^2+a^2$$

すなわち，

$$a^2 \leqq m \leqq 4a^2. \quad \cdots ②$$

← 文字に大小設定がされているときは，そのことを利用して答えを絞り込むことを考えるとよい.

(1) $m=14$ のとき，② は，

$$a^2 \leqq 14 \leqq 4a^2.$$

$$(3.5=)\frac{7}{2} \leqq a^2 \leqq 14.$$

これを満たす 0 以上の整数 a は，

$$a=2, \ 3$$

に限られる.

・$a=3$ のとき.

① は，

$$3^2+b^2+c^2+d^2=14$$
$$b^2+c^2+d^2=5. \quad \cdots ③$$

③ と $3 \geqq b \geqq c \geqq d \geqq 0$ より，

$$b^2 \leqq b^2+c^2+d^2 \leqq b^2+b^2+b^2$$
$$b^2 \leqq 5 \leqq 3b^2$$

$$(1.66\cdots=)\frac{5}{3} \leqq b^2 \leqq 5.$$

これを満たす 0 以上 3 以下の整数 b は，

$$b=2$$

に限られる.

このとき，③ は，

$$2^2+c^2+d^2=5$$
$$c^2+d^2=1.$$

これを満たす 0 以上の整数 c, d $(2 \geqq c \geqq d)$ は，

$$(c, d)=(1, 0).$$

よって，

$$(a, b, c, d)=(3, 2, 1, 0).$$

・$a=2$ のとき.

① は，

$$2^2+b^2+c^2+d^2=14$$
$$b^2+c^2+d^2=10. \quad \cdots ④$$

④ と $2 \geqq b \geqq c \geqq d \geqq 0$ より，

$$b^2 \leqq b^2+c^2+d^2 \leqq b^2+b^2+b^2$$
$$b^2 \leqq 10 \leqq 3b^2$$

← 次のようにして b の値を絞り込んでもよい.

③ より，

$$c^2+d^2=5-b^2.$$

$c^2+d^2 \geqq 0$ より，

$$5-b^2 \geqq 0$$

であるから，

$$b^2 \leqq 5$$

これを満たす 0 以上の整数 b は，

$$b=1, \ 2$$

に限られる.

$$(3.33\cdots =)\ \frac{10}{3} \leqq b^2 \leqq 10.$$

これを満たす 0 以上 2 以下の整数 b は，
$$b = 2$$
に限られる．

このとき，④ は，
$$2^2 + c^2 + d^2 = 10$$
$$c^2 + d^2 = 6.$$

これを満たす 0 以上の整数 $c,\ d$ は存在しない．

したがって，$m = 14$ のとき，① を満たす $a,\ b,\ c,\ d$ の組 $(a,\ b,\ c,\ d)$ は，
$$(\boxed{3},\ \boxed{2},\ \boxed{1},\ \boxed{0}).$$

また，$m = 28$ のとき，② は，
$$a^2 \leqq 28 \leqq 4a^2$$
$$7 \leqq a^2 \leqq 28.$$

これを満たす 0 以上の整数 a は，
$$a = 3,\ 4,\ 5$$
に限られる．

・$a = 5$ のとき．

① は，
$$5^2 + b^2 + c^2 + d^2 = 28$$
$$b^2 + c^2 + d^2 = 3. \qquad \cdots ⑤$$

⑤ と $5 \geqq b \geqq c \geqq d \geqq 0$ より，
$$b^2 \leqq b^2 + c^2 + d^2 \leqq b^2 + b^2 + b^2$$
$$b^2 \leqq 3 \leqq 3b^2$$
$$1 \leqq b^2 \leqq 3.$$

これを満たす 0 以上 5 以下の整数 b は，
$$b = 1$$
に限られる．

このとき，⑤ は，
$$1^2 + c^2 + d^2 = 3$$
$$c^2 + d^2 = 2.$$

これを満たす 0 以上の整数 $c,\ d\ (1 \geqq c \geqq d)$ は，
$$(c,\ d) = (1,\ 1).$$

よって，
$$(a,\ b,\ c,\ d) = (5,\ 1,\ 1,\ 1).$$

・$a = 4$ のとき．

① は，
$$4^2 + b^2 + c^2 + d^2 = 28$$

$$b^2 + c^2 + d^2 = 12. \qquad \cdots ⑥$$

⑥ と $4 \geqq b \geqq c \geqq d \geqq 0$ より,

$$b^2 \leqq b^2 + c^2 + d^2 \leqq b^2 + b^2 + b^2$$
$$b^2 \leqq 12 \leqq 3b^2$$
$$4 \leqq b^2 \leqq 12.$$

これを満たす 0 以上 4 以下の整数 b は,

$$b = 2, \ 3$$

に限られる.

$b = 3$ のとき, ⑥ は,

$$3^2 + c^2 + d^2 = 12$$
$$c^2 + d^2 = 3$$

となり, これを満たす整数 c, d は存在しない.

$b = 2$ のとき, ⑥ は,

$$2^2 + c^2 + d^2 = 12$$
$$c^2 + d^2 = 8$$

となり, これを満たす整数 $c, d \ (2 \geqq c \geqq d \geqq 0)$ は,

$$(c, d) = (2, 2).$$

よって,

$$(a, b, c, d) = (4, 2, 2, 2).$$

・$a = 3$ のとき.

① は,

$$3^2 + b^2 + c^2 + d^2 = 28$$
$$b^2 + c^2 + d^2 = 19. \qquad \cdots ⑦$$

⑦ と $3 \geqq b \geqq c \geqq d \geqq 0$ より,

$$b^2 \leqq b^2 + c^2 + d^2 \leqq b^2 + b^2 + b^2$$
$$b^2 \leqq 19 \leqq 3b^2$$
$$(6.33\cdots =) \ \frac{19}{3} \leqq b^2 \leqq 19.$$

これを満たす 0 以上 3 以下の整数 b は,

$$b = 3$$

に限られる.

このとき, ⑦ は,

$$3^2 + c^2 + d^2 = 19$$
$$c^2 + d^2 = 10.$$

これを満たす整数 $c, d \ (3 \geqq c \geqq d \geqq 0)$ は,

$$(c, d) = (3, 1).$$

よって,

$$(a, b, c, d) = (3, 3, 3, 1).$$

したがって, $m = 28$ のとき, ① を満たす整数 $a, b,$ c, d の組の個数は **3** 個である.

(2) a が奇数のとき，$a = 2n + 1$（n は整数）と表すと，

$$a^2 - 1 = (2n+1)^2 - 1$$
$$= 4n^2 + 4n$$
$$= 4n(n+1).$$

$n(n+1)$ は偶数より，$n(n+1) = 2\ell$（ℓ は整数）と
おくと，

$$a^2 - 1 = 4 \cdot 2\ell = 2^3 \ell. \qquad \cdots ⑧$$

これより，$a^2 - 1$ は2の倍数でもあり，4の倍数であ
り，8の倍数でもあるが16の倍数とは限らないので，
すべての奇数 a で「条件：$a^2 - 1$ は h の倍数である。」
が成り立つような正の整数 h のうち，最大なものは
$h = \boxed{8}$ である。

よって，a が奇数のとき，⑧ より，

$$a^2 = 8\ell + 1$$

となるから，a^2 を8で割ったときの余りは1である。

また，a が偶数のとき，$a = 2n$（n は整数）と表すと，

$$a^2 = (2n)^2 = 4n^2.$$

さらに，n を k を整数として，$2k$，$2k+1$ に分類す
ると，

$n = 2k$ のとき，$a^2 = 4(2k)^2 = 8(2k^2)$，

$n = 2k+1$ のとき，$a^2 = 4(2k+1)^2 = 8(2k^2 + 2k) + 4$

となるから，a^2 を8で割ったときの余りは，0または4
のいずれかである。

(3) (2)より，$a^2 + b^2 + c^2 + d^2$ を8で割ったときの余り
を表にまとめると次のようになる。

a, b, c, d の偶奇の内訳		$a^2+b^2+c^2+d^2$ を 8で割ったときの余り
偶　数	奇　数	
4個	0個	0　または　4
3個	1個	1　または　5
2個	2個	2　または　6
1個	3個	3　または　7
0個	4個	4

表より，$a^2 + b^2 + c^2 + d^2$ が8の倍数ならば，整数
a, b, c, d のうち，偶数であるものの個数は $\boxed{4}$ 個
である。

(4) $m = 224 = 8 \times 28$ のとき，① は，

← 連続する p 個の整数の積は，
　　　　p の倍数。

　このことより，$n(n+1)$ は連続する
2個の整数の積であるから，
　　　　2の倍数（偶数）。

← a, b, c, d はすべて偶数である。

66

$$a^2+b^2+c^2+d^2=8\times28. \qquad \cdots⑨$$

$a^2+b^2+c^2+d^2$ は 8 の倍数であるから, (3) より, a, b, c, d はすべて偶数である.

これより, 整数 p, q, r, s ($p\geqq q\geqq r\geqq s\geqq0$) を用いて,

$$a=2p, \quad b=2q, \quad c=2r, \quad d=2s \qquad \cdots(*)$$

とおき, ⑨ に代入すると,

$$(2p)^2+(2q)^2+(2r)^2+(2s)^2=8\times28$$
$$p^2+q^2+r^2+s^2=8\times7. \qquad \cdots⑩$$

$p^2+q^2+r^2+s^2$ は 8 の倍数であるから, (3) より, p, q, r, s はすべて偶数である.

さらに, 整数 t, u, v, w ($t\geqq u\geqq v\geqq w\geqq0$) を用いて,

$$p=2t, \quad q=2u, \quad r=2v, \quad s=2w \quad \cdots(**)$$

とおき, ⑩ に代入すると,

$$(2t)^2+(2u)^2+(2v)^2+(2w)^2=8\times7$$
$$t^2+u^2+v^2+w^2=14.$$

これを満たす整数 t, u, v, w の組 (t, u, v, w) は, (1) の結果より,

$$(t, u, v, w)=(3, 2, 1, 0).$$

これより,

$$(p, q, r, s)=(6, 4, 2, 0)$$

となるから, $m=224$ のとき, ① を満たす整数 a, b, c, d の組 (a, b, c, d) は,

$$(\boxed{12}, \boxed{8}, \boxed{4}, \boxed{0})$$

のただ一つであることがわかる.

(5) $896=7\times2^7$ より, 7 の倍数で 896 の約数である正の整数 m は,

$$m=7\times1, \ 7\times2, \ 7\times2^2, \ 7\times2^3,$$
$$7\times2^4, \ 7\times2^5, \ 7\times2^6, \ 7\times2^7$$

である.

・$m=7\times1$ のとき, ① は

$$a^2+b^2+c^2+d^2=7, \quad a\geqq b\geqq c\geqq d\geqq0$$

であり, これを満たす整数 a, b, c, d の組は,

$$(a, b, c, d)=(2, 1, 1, 1) \ の1組.$$

・$m=7\times2=14$ のとき, (1) の結果より, 整数 a, b, c, d の組は,

$$1組.$$

・$m=7\times2^2=28$ のとき, (1) の結果より, 整数 a, b,

② より,
$$a^2\leqq7\leqq4a^2$$
$$(1.75=) \ \frac{7}{4}\leqq a^2\leqq4.$$

これを満たす 0 以上の整数 a は
$$a=2$$
に限られる. これより a, b, c, d の組を求めるとよい.

c, d の組は,

　　　　　　　　　3 組.

・$m = 7 \times 2^3\ (= 56)$ のとき, ① は,
$$a^2 + b^2 + c^2 + d^2 = 7 \times 2^3. \qquad \cdots ⑪$$

　これに (∗) を代入して整理すると,
$$p^2 + q^2 + r^2 + s^2 = 7 \times 2\ (= 14).$$

　これを満たす整数 p, q, r, s の組は (1) の結果より, 1 組であるから, ⑪ を満たす整数 a, b, c, d の組は,

　　　　　　　　　1 組.

←　$(p, q, r, s) = (3, 2, 1, 0)$.

←　$(a, b, c, d) = (6, 4, 2, 0)$.

・$m = 7 \times 2^4\ (= 112)$ のとき, ① は,
$$a^2 + b^2 + c^2 + d^2 = 7 \times 2^4. \qquad \cdots ⑫$$

　これに (∗) を代入して整理すると,
$$p^2 + q^2 + r^2 + s^2 = 7 \times 2^2\ (= 28)$$

　これを満たす整数 p, q, r, s の組は (1) の結果より, 3 組であるから, ⑫ を満たす整数 a, b, c, d の組は,

　　　　　　　　　3 組.

←　$(p, q, r, s) = (5, 1, 1, 1),\ (4, 2, 2, 2),$
　　　　　　$(3, 3, 3, 1).$

←　$(a, b, c, d) = (10, 2, 2, 2),\ (8, 4, 4, 4),$
　　　　　　$(6, 6, 6, 2).$

・$m = 7 \times 2^5\ (= 224)$ のとき, (4) の結果より, 整数 a, b, c, d の組は,

　　　　　　　　　1 組.

・$m = 7 \times 2^6\ (= 448)$ のとき, ① は,
$$a^2 + b^2 + c^2 + d^2 = 7 \times 2^6. \qquad \cdots ⑬$$

　これに (∗) を代入して整理すると,
$$p^2 + q^2 + r^2 + s^2 = 7 \times 2^4.$$

　さらに, (∗∗) を代入して整理すると,
$$t^2 + u^2 + v^2 + w^2 = 7 \times 2^2\ (= 28).$$

　これを満たす整数 t, u, v, w の組は (1) の結果より, 3 組であるから, ⑬ を満たす整数 a, b, c, d の組は,

　　　　　　　　　3 組.

←　$(t, u, v, w) = (5, 1, 1, 1),\ (4, 2, 2, 2),$
　　　　　　$(3, 3, 3, 1).$

←　$(a, b, c, d) = (20, 4, 4, 4),\ (16, 8, 8, 8),$
　　　　　　$(12, 12, 12, 4).$

・$m = 7 \times 2^7\ (= 896)$ のとき, ① は,
$$a^2 + b^2 + c^2 + d^2 = 7 \times 2^7. \qquad \cdots ⑭$$

　これに (∗) を代入して整理すると,
$$p^2 + q^2 + r^2 + s^2 = 7 \times 2^5\ (= 224).$$

　これを満たす整数 p, q, r, s の組は (4) の結果より, 1 組であるから, ⑭ を満たす整数 a, b, c, d の組は,

　　　　　　　　　1 組.

←　$(p, q, r, s) = (12, 8, 4, 0)$.

←　$(a, b, c, d) = (24, 16, 8, 0)$.

したがって, 7 の倍数で 896 の約数である正の整数

m のうち，① を満たす整数 a, b, c, d の組の個数が 3 個であるものの個数は　3　個であり，そのうち最大のものは $m =$　448　である.

← $m = 28$, 112, 448 の 3 個.

第5問　図形の性質

（Step 1）～（Step 5）の手順で円 O を作図すると次のようになる.

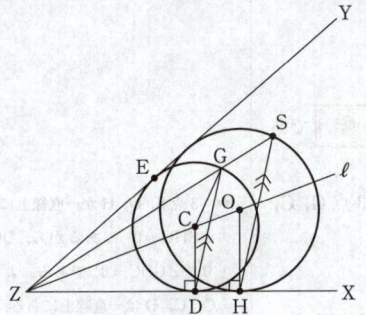

　点 O は ∠XZY の二等分線 ℓ 上にあるから, 円 O は半直線 ZX と半直線 ZY の両方に接する. これより,

> **構想**
>
> 円 O が点 S を通り, 半直線 ZX と半直線 ZY の両方に接する円であることを示すには, OH＝OS が成り立つことを示せばよい.

よって, ア に当てはまるものは ⑤ である.
△ZDG と △ZHS の関係は,

$$\begin{cases} ∠DZG = ∠HZS \ （共通）, \\ ∠ZDG = ∠ZHS \ （DG \parallel HS より, 同位角） \end{cases}$$

であるから,

$$△ZDG \backsim △ZHS. \qquad \cdots ①$$

△ZDC と △ZHO の関係は,

$$\begin{cases} ∠DZC = ∠HZO \ （共通）, \\ ∠ZDC = ∠ZHO = 90° \end{cases}$$

であるから,

$$△ZDC \backsim △ZHO. \qquad \cdots ②$$

よって, ①, ② より,

$$DG : HS = ZD : ZH,$$
$$DC : HO = ZD : ZH$$

であるから,

$$DG : HS = DC : HO. \qquad \cdots ③$$

したがって, イ , ウ , エ , オ に当てはまるものは ② , ⑥ , ⑦ , ① である.

ここで, 3点 S, O, H が一直線上にない場合,

$$\angle CDG = \angle ZDG - 90°$$
$$= \angle ZHS - 90° \quad (DG \parallel HS \text{ より})$$
$$= \angle OHS \qquad \cdots ④$$

であるから，③，④より，

$$\triangle CDG \backsim \triangle OHS.$$

よって，CD = CG より，OH = OS である．

したがって，　カ　に当てはまるものは　②　である．

なお，3点 S, O, H が一直線上にある場合，3点 G, C, D は一直線上にあるから，

$$DG = \boxed{2} \ DC$$

となり，DG : HS = DC : HO より，OH = OS である．

← 3点 S, O, H が一直線上にあるとき，$\angle SHO = 0°$ であるから，DG $\parallel$ HS より，$\angle GDC = 0°$ である．よって，3点 G, C, D は一直線上にある．

(2)

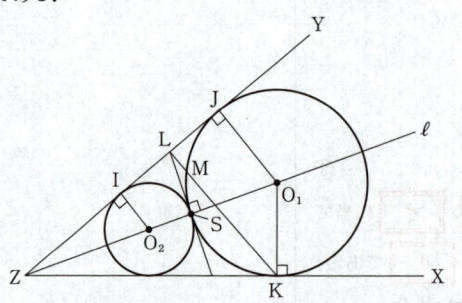

点 O_2 から線分 O_1J に垂線 O_2F を引くと，図より，

$$IJ = O_2F$$

であるから，直角三角形 O_1O_2F に三平方の定理を用いると，

$$IJ = O_2F = \sqrt{O_1O_2{}^2 - O_1F{}^2}$$
$$= \sqrt{(5+3)^2 - (5-3)^2}$$
$$= \sqrt{60} = \boxed{2} \sqrt{\boxed{15}} \qquad \cdots ⑤$$

である．

◆ **2円が外接する条件**

$$O_1O_2 = r_1 + r_2.$$

$$O_1O_2 = O_1S + O_2S.$$

円 O_1 に方べきの定理を用いると,

$$LM \cdot LK = LJ^2 \qquad \cdots ⑥$$

が成り立つ.

また, 直線 LJ と直線 LS は円 O_1 の接線であるから,

$$LJ = LS \qquad \cdots ⑦$$

であり, 直線 LI と直線 LS は円 O_2 の接線であるから,

$$LI = LS$$

であることより,

$$LJ = LI.$$

よって, L は線分 IJ の中点であり, これと ⑤ より,

$$(LI =) LJ = \frac{1}{2}IJ = \frac{1}{2} \cdot 2\sqrt{15} = \sqrt{15}$$

であるから,

$$LM \cdot LK = (\sqrt{15})^2 = \boxed{15}$$

である.

$\triangle ZIO_2 \backsim \triangle ZJO_1$ より,

$$ZI : ZJ = IO_2 : JO_1$$
$$ZI : (ZI + IJ) = 3 : 5$$
$$ZI : (ZI + 2\sqrt{15}) = 3 : 5$$
$$5ZI = 3(ZI + 2\sqrt{15})$$
$$ZI = \boxed{3}\sqrt{\boxed{15}}$$

である.

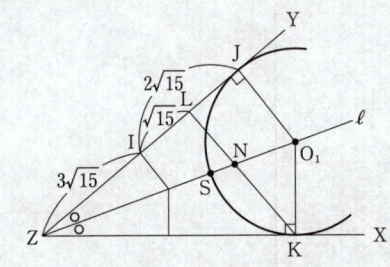

線分 ZN は ∠KZL, つまり, ∠XZY の二等分線より,

- 方べきの定理 -

PA・PB = PT².

- 接線の長さ -

PC = PD.

$$\begin{aligned}
LN : NK &= ZL : ZK \\
&= (ZI + IL) : ZJ \\
&= (3\sqrt{15} + \sqrt{15}) : (3\sqrt{15} + 2\sqrt{15}) \\
&= 4\sqrt{15} : 5\sqrt{15} \qquad \cdots \text{⑧} \\
&= 4 : 5
\end{aligned}$$

であるから，

$$\frac{LN}{NK} = \frac{\boxed{4}}{\boxed{5}} \qquad \cdots \text{⑨}$$

である．

半直線 LS と半直線 ZX の交点を Q とする．

△KNZ と直線 QL にメネラウスの定理を用いると，

$$\frac{ZS}{SN} \times \frac{NL}{LK} \times \frac{KQ}{QZ} = 1 \qquad \cdots \text{⑩}$$

が成り立つ．

⑨ より，

$$\frac{NL}{LK} = \frac{4}{9} \qquad \cdots \text{⑨′}$$

である．

また，△ZSL ≡ △ZSQ と ⑧ より，

$$ZQ = ZL = 4\sqrt{15}$$

であり，さらに，⑧ より，

$$ZK = ZJ = 5\sqrt{15}$$

であるから，

$$\frac{KQ}{QZ} = \frac{ZK - ZQ}{ZQ} = \frac{5\sqrt{15} - 4\sqrt{15}}{4\sqrt{15}} = \frac{1}{4} \qquad \cdots \text{⑪}$$

である．

よって，⑨′ と ⑪ を ⑩ に代入すると，

$$\frac{ZS}{SN} \times \frac{4}{9} \times \frac{1}{4} = 1$$

$$\frac{ZS}{SN} = 9$$

となるから，

$$SN = \frac{1}{9}ZS \qquad \cdots ⑫$$

である.

　ここで，直角三角形 ZSL に三平方の定理を用いると，

$$\begin{aligned}
ZS &= \sqrt{ZL^2 - LS^2} \\
&= \sqrt{ZL^2 - LJ^2} \quad (⑦ より) \\
&= \sqrt{(4\sqrt{15})^2 - (\sqrt{15})^2} \quad (⑧ より) \\
&= \sqrt{225} = 15
\end{aligned}$$

であるから，⑫ に代入して，

$$SN = \frac{1}{9} \cdot 15 = \boxed{\frac{5}{3}}$$

である.

数学II・数学B

解答・採点基準　(100点満点)

問題番号(配点)	解答記号	正解	配点	自己採点
第1問 (30)	ア	1	1	
	イ$\log_{10}2+$ウ	$-\log_{10}2+1$	2	
	エ$\log_{10}2+\log_{10}3+$オ	$-\log_{10}2+\log_{10}3+1$	2	
	カキ	23	2	
	クケ	24	2	
	$\log_{10}$コ	$\log_{10}3$	2	
	サ	3	2	
	シ	2	1	
	ス	4	1	
	セ	⑦	2	
	ソ	④	2	
	タ	0	1	
	$\dfrac{\sqrt{チ}}{ツ}$	$\dfrac{\sqrt{2}}{2}$	1	
	$\sqrt{テ}\sin\left(\alpha+\dfrac{\pi}{ト}\right)$	$\sqrt{2}\sin\left(\alpha+\dfrac{\pi}{4}\right)$	1	
	ナニ	11	2	
	ヌネ	19	1	
	$\dfrac{ノハ}{ヒ}$	$\dfrac{-1}{2}$	2	
	$\dfrac{フ}{ヘ}\pi$	$\dfrac{2}{3}\pi$	1	
	ホ	⓪	2	
第1問　自己採点小計				

問題番号(配点)	解答記号	正解	配点	自己採点
第2問 (30)	ア	2	2	
	イ	2	2	
	ウ	0	1	
	エ	①	2	
	オ, カ	①, ③	2	
	キ	2	2	
	ク	a	2	
	ケ	0	1	
	コ*	2	3	
	サ	1	3	
	シス	−c	2	
	セ	c	2	
	ソ, タ, チ, ツ	−, 3, 3, 6	3	
	テ	2	3	
第2問　自己採点小計				
第3問 (20)	アイ	45	2	
	ウエ	15	2	
	オカ	47	2	
	$\dfrac{キ}{ク}$	$\dfrac{a}{5}$	1	
	$\dfrac{ケ\sqrt{コサ}}{シ}$	$\dfrac{3\sqrt{11}}{8}$	3	
	ス	①	2	
	セ	4	2	
	ソタチ.ツテ	112.16	1	
	トナニ.ヌネ	127.84	1	
	ノ	②	2	
	ハ.ヒ	1.5	2	
第3問　自己採点小計				

問題番号 （配点）	解答記号	正　解	配点	自己採点
第4問 （20）	ア	4	1	
	イ・ウ$^{n-1}$	$4 \cdot 5^{n-1}$	2	
	$\dfrac{エ}{オカ}$	$\dfrac{5}{16}$	2	
	キ	5	1	
	ク	4	2	
	ケ, コ	1, 1	3	
	サシ	15	2	
	ス, セ	1, 2	3	
	ソタ	41	2	
	チツテ	153	2	
第4問　自己採点小計				
第5問 （20）	ア	5	2	
	$\dfrac{イ}{ウエ}$	$\dfrac{9}{10}$	2	
	$\dfrac{オ}{カ}$, $\dfrac{キ}{ク}$	$\dfrac{2}{5}$, $\dfrac{1}{2}$	2	
	ケ	4	2	
	コ, $\sqrt{サ}$	3, $\sqrt{7}$	2	
	シ	－	2	
	$\dfrac{ス}{セ}$	$\dfrac{1}{3}$	3	
	$\dfrac{ソ}{タチ}$	$\dfrac{7}{12}$	3	
	ツ	①	2	
第5問　自己採点小計				
自己採点合計				

（注）
　第1問，第2問は必答。
　第3問～第5問のうちから2問選択。計4問を解答。
　＊第2問コでbと解答した場合，第2問キで2と解
　　答しているときにのみ3点を与える。

第1問　指数関数・対数関数，三角関数

〔1〕

(1) $\log_{10} 10 = \boxed{1}$

である．また

$$\log_{10} 5 = \log_{10} \frac{10}{2}$$
$$= \log_{10} 10 - \log_{10} 2$$
$$= \boxed{-}\ \log_{10} 2 + \boxed{1}$$

$$\log_{10} 15 = \log_{10} 3 \cdot 5$$
$$= \log_{10} 3 + \log_{10} 5$$
$$= \log_{10} 3 - \log_{10} 2 + 1$$
$$= \boxed{-}\ \log_{10} 2 + \log_{10} 3 + \boxed{1}$$

と表せる．

(2)
$$\log_{10} 15^{20} = 20 \log_{10} 15$$
$$= 20(-\log_{10} 2 + \log_{10} 3 + 1)$$
$$= 20(-0.3010 + 0.4771 + 1)$$
$$= 23.522$$

より，$\log_{10} 15^{20}$ は

$$\boxed{23} < \log_{10} 15^{20} < 23 + 1$$

を満たすから

$$10^{23} < 15^{20} < 10^{24}$$

が成り立つ．よって，15^{20} は $\boxed{24}$ 桁の数である．

$\log_{10} 15^{20}$ の小数部分は

$$\log_{10} 15^{20} - 23 = 23.522 - 23 = 0.522$$

であり

$$0.4771 < 0.522 < 2 \cdot 0.3010$$

すなわち

$$\log_{10} \boxed{3} < \log_{10} 15^{20} - 23 < \log_{10} 4$$

が成り立つ．これを変形すると

$$23 + \log_{10} 3 < \log_{10} 15^{20} < 23 + \log_{10} 4$$
$$\log_{10} 10^{23} + \log_{10} 3 < \log_{10} 15^{20} < \log_{10} 10^{23} + \log_{10} 4$$
$$\log_{10} 3 \cdot 10^{23} < \log_{10} 15^{20} < \log_{10} 4 \cdot 10^{23}$$

が成り立つから

$$3 \cdot 10^{23} < 15^{20} < 4 \cdot 10^{23}$$

である．よって，15^{20} の最高位の数字は $\boxed{3}$ である．

対数

$a > 0$, $a \neq 1$, $M > 0$ のとき
$$a^x = M \iff x = \log_a M.$$

← $c > 0$, $c \neq 1$, $p > 0$, $q > 0$ のとき
$$\log_c \frac{p}{q} = \log_c p - \log_c q.$$

← $c > 0$, $c \neq 1$, $p > 0$, $q > 0$ のとき
$$\log_c pq = \log_c p + \log_c q.$$

← $c > 0$, $c \neq 1$, $R > 0$ のとき
$$\log_c R^r = r \log_c R.$$

← $\log_{10} 4 = \log_{10} 2^2 = 2 \log_{10} 2$
$$= 2 \cdot 0.3010.$$

〔2〕　$P(\cos\theta, \sin\theta)$, $Q(\cos\alpha, \sin\alpha)$, $R(\cos\beta, \sin\beta)$

$$0 \leq \theta < \alpha < \beta < 2\pi$$

$$s = \cos\theta + \cos\alpha + \cos\beta, \quad t = \sin\theta + \sin\alpha + \sin\beta$$

(1)　△PQR が正三角形や二等辺三角形のときの s と t の値について考察する.

> ┌ 考察1 ─────
> 　△PQR が正三角形である場合を考える.
> └─────────

この場合, α, β を θ で表すと

$$\alpha = \theta + \frac{\boxed{2}}{3}\pi, \quad \beta = \theta + \frac{\boxed{4}}{3}\pi$$

であり, 加法定理により

$$\cos\alpha = \cos\left(\theta + \frac{2}{3}\pi\right)$$

$$= \cos\frac{2}{3}\pi \cos\theta - \sin\frac{2}{3}\pi \sin\theta$$

$$= -\frac{1}{2}\cos\theta - \frac{\sqrt{3}}{2}\sin\theta \quad (\boxed{⑦})$$

$$\sin\alpha = \sin\left(\theta + \frac{2}{3}\pi\right)$$

$$= \sin\frac{2}{3}\pi \cos\theta + \cos\frac{2}{3}\pi \sin\theta$$

$$= \frac{\sqrt{3}}{2}\cos\theta - \frac{1}{2}\sin\theta \quad (\boxed{④})$$

である. 同様に

$$\cos\beta = \cos\left(\theta + \frac{4}{3}\pi\right)$$

$$= \cos\frac{4}{3}\pi \cos\theta - \sin\frac{4}{3}\pi \sin\theta$$

$$= -\frac{1}{2}\cos\theta + \frac{\sqrt{3}}{2}\sin\theta$$

$$\sin\beta = \sin\left(\theta + \frac{4}{3}\pi\right)$$

$$= \sin\frac{4}{3}\pi \cos\theta + \cos\frac{4}{3}\pi \sin\theta$$

$$= -\frac{\sqrt{3}}{2}\cos\theta - \frac{1}{2}\sin\theta$$

である. これらのことから

┌ 加法定理 ─────
　$\cos(\alpha+\beta) = \cos\alpha\cos\beta - \sin\alpha\sin\beta.$
└───────────

┌ 加法定理 ─────
　$\sin(\alpha+\beta) = \sin\alpha\cos\beta + \cos\alpha\sin\beta.$
└───────────

$$s = \cos\theta + \left(-\frac{1}{2}\cos\theta - \frac{\sqrt{3}}{2}\sin\theta\right)$$
$$+ \left(-\frac{1}{2}\cos\theta + \frac{\sqrt{3}}{2}\sin\theta\right)$$

$\leftarrow s = \cos\theta + \cos\alpha + \cos\beta.$

$$= \boxed{0}$$

$$t = \sin\theta + \left(\frac{\sqrt{3}}{2}\cos\theta - \frac{1}{2}\sin\theta\right)$$
$$+ \left(-\frac{\sqrt{3}}{2}\cos\theta - \frac{1}{2}\sin\theta\right)$$

$\leftarrow t = \sin\theta + \sin\alpha + \sin\beta.$

$$= 0$$

である.

考察 2

△PQR が PQ＝PR となる二等辺三角形である場合を考える.

例えば，点 P が直線 $y=x$ 上にあり，点 Q, R が直線 $y=x$ に関して対称であるときを考える. このとき，$\theta = \frac{\pi}{4}$ である. また，α は $\alpha < \frac{5}{4}\pi$，β は $\frac{5}{4}\pi < \beta$ を満たし，点 Q, R の座標について，$\sin\beta = \cos\alpha$, $\cos\beta = \sin\alpha$ が成り立つ. よって

$\leftarrow \theta < \alpha$ より，$\frac{\pi}{4} < \alpha.$

$$s = \cos\frac{\pi}{4} + \cos\alpha + \sin\alpha$$

$\leftarrow s = \cos\theta + \cos\alpha + \cos\beta.$

$$= \frac{\sqrt{\boxed{2}}}{\boxed{2}} + \sin\alpha + \cos\alpha$$

$$t = \sin\frac{\pi}{4} + \sin\alpha + \cos\alpha$$

$\leftarrow t = \sin\theta + \sin\alpha + \sin\beta.$

$$= \frac{\sqrt{2}}{2} + \sin\alpha + \cos\alpha$$

である. ここで，三角関数の合成により

$$\sin\alpha + \cos\alpha = \sqrt{\boxed{2}}\,\sin\left(\alpha + \frac{\pi}{\boxed{4}}\right)$$

$\leftarrow$ ─**三角関数の合成**─
$(a, b) \neq (0, 0)$ のとき
$$a\sin\theta + b\cos\theta$$
$$= \sqrt{a^2 + b^2}\,\sin(\theta + \alpha).$$
ただし
$$\cos\alpha = \frac{a}{\sqrt{a^2+b^2}},\ \sin\alpha = \frac{b}{\sqrt{a^2+b^2}}.$$

である. したがって

$$s = t = 0$$

は

$$\sqrt{2}\,\sin\left(\alpha + \frac{\pi}{4}\right) = -\frac{\sqrt{2}}{2}$$

$$\sin\left(\alpha + \frac{\pi}{4}\right) = -\frac{1}{2}$$

となる．$\frac{\pi}{4} < \alpha < \frac{5}{4}\pi$ より，$\frac{\pi}{2} < \alpha + \frac{\pi}{4} < \frac{3}{2}\pi$ で
あるから

$$\alpha + \frac{\pi}{4} = \frac{7}{6}\pi$$

である．よって

$$\alpha = \frac{\boxed{11}}{12}\pi$$

であり

$$\beta = \frac{11}{12}\pi + 2\left(\frac{5}{4}\pi - \frac{11}{12}\pi\right) = \frac{\boxed{19}}{12}\pi$$

である．このとき

$$\beta - \alpha = \alpha - \theta = \frac{2}{3}\pi$$

であり，△PQR は正三角形である．

(2) 次に，s と t の値を定めたときの θ, α, β の関係に
ついて考察する．

> ┌─ 考察3 ─────────────────
> $s = t = 0$ の場合を考える．
> └─────────────────────

この場合

$$\cos\theta = -(\cos\alpha + \cos\beta), \quad \sin\theta = -(\sin\alpha + \sin\beta)$$

である．$\sin^2\theta + \cos^2\theta = 1$ により

$$(\sin\alpha + \sin\beta)^2 + (\cos\alpha + \cos\beta)^2 = 1$$

が成り立つ．これを変形すると

$$(\sin^2\alpha + \sin^2\beta + 2\sin\alpha\sin\beta)$$
$$+ (\cos^2\alpha + \cos^2\beta + 2\cos\alpha\cos\beta) = 1$$

$$1 + 1 + 2(\sin\alpha\sin\beta + \cos\alpha\cos\beta) = 1$$

$$\cos\alpha\cos\beta + \sin\alpha\sin\beta = \frac{\boxed{-1}}{\boxed{2}}$$

$$\cos(\beta - \alpha) = -\frac{1}{2}$$

である．同様に

$$\cos\beta = -(\cos\theta + \cos\alpha), \quad \sin\beta = -(\sin\theta + \sin\alpha)$$

と $\sin^2\beta + \cos^2\beta = 1$ より

$$(\sin\theta + \sin\alpha)^2 + (\cos\theta + \cos\alpha)^2 = 1$$

が成り立ち，これを変形すると

$$(\sin^2\theta + \sin^2\alpha + 2\sin\theta\sin\alpha)$$
$$+ (\cos^2\theta + \cos^2\alpha + 2\cos\theta\cos\alpha) = 1$$

右側注記:

← $s = \cos\theta + \cos\alpha + \cos\beta$.
$t = \sin\theta + \sin\alpha + \sin\beta$.

← $\sin^2\alpha + \cos^2\alpha = \sin^2\beta + \cos^2\beta = 1$.

← ┌─ 加法定理 ──────────
　　$\cos(\beta - \alpha) = \cos\alpha\cos\beta + \sin\alpha\sin\beta$.
　　└────────────────

$$1+1+2(\sin\theta\sin\alpha+\cos\theta\cos\alpha)=1$$

$$\cos\theta\cos\alpha+\sin\theta\sin\alpha=-\frac{1}{2}$$

$$\cos(\alpha-\theta)=-\frac{1}{2}$$

であるから，$0\leqq\theta<\alpha<\beta<2\pi$ に注意すると

$$\beta-\alpha=\alpha-\theta=\boxed{\dfrac{2}{3}}\,\pi$$

であり，△PQR は正三角形である．

(3) これまでの考察を振り返ると，**考察1**により，
△PQR が正三角形ならば $s=t=0$ であり，**考察3**
により，$s=t=0$ ならば △PQR は正三角形である．
($\boxed{0}$)

← $0<\beta-\theta<2\pi$ より
$0<(\beta-\alpha)+(\alpha-\theta)<2\pi$ なので，
$(\beta-\alpha,\ \alpha-\theta)$
$=\left(\dfrac{2}{3}\pi,\ \dfrac{4}{3}\pi\right),\left(\dfrac{4}{3}\pi,\ \dfrac{2}{3}\pi\right),\left(\dfrac{4}{3}\pi,\ \dfrac{4}{3}\pi\right)$
は不適．

└ **考察2** でも $s=t=0$ ならば△PQR
は正三角形である．

第2問　微分法・積分法

〔1〕　a は実数.

$$f(x) = (x-a)(x-2).$$

$$F(x) = \int_0^x f(t)\,dt = \int_0^x (t-a)(t-2)\,dt.$$

$$F'(x) = f(x) = (x-a)(x-2).$$

(1) $a=1$ のとき

$$F'(x) = (x-1)(x-2)$$

より, $F(x)$ の増減は次のようになる.

x	$\cdots$	1	$\cdots$	2	$\cdots$
$F'(x)$	$+$	0	$-$	0	$+$
$F(x)$	↗	極大	↘	極小	↗

よって, $F(x)$ は $x = \boxed{2}$ で極小になる.

(2) $a = \boxed{2}$ のとき

$$F'(x) = (x-2)^2 \geqq 0$$

より, $F(x)$ はつねに増加する. また,

$F(0) = \int_0^0 f(t)\,dt = \boxed{0}$ であるから, $a=2$ のと

き $F(2)$ の値は正である. （$\boxed{①}$）

(3) $a > 2$. b は実数.

$$G(x) = \int_b^x f(t)\,dt$$

$$= \int_0^x f(t)\,dt - \int_0^b f(t)\,dt = F(x) - F(b)$$

$$G'(x) = f(x) = (x-a)(x-2)$$

　関数 $y = G(x)$ のグラフは, $y = F(x)$ のグラフを
y 軸方向に $-F(b)$ だけ平行移動したものと一致す

る. （$\boxed{①}$, $\boxed{③}$）

　また, $G(x)$ の増減は次のようになる.

x	$\cdots$	2	$\cdots$	a	$\cdots$
$G'(x)$	$+$	0	$-$	0	$+$
$G(x)$	↗	極大	↘	極小	↗

よって, $G(x)$ は $x = \boxed{2}$ で極大になり,

$x = \boxed{a}$ で極小になる.

$G(b) = \int_b^b f(t)\,dt = \boxed{0}$ であるから, $b=2$ の

とき, $G(2) = 0$ であり, 曲線 $y = G(x)$ と x 軸との

微分と積分の関係

$$\int_a^x f(t)\,dt$$

を x で微分すると

$$f(x).$$

$F'(x)$ の符号は $y = F'(x)$ のグラフ
をかくとわかりやすい.

共有点の個数は $\boxed{2}$ 個である.

〔2〕

$$g(x) = |x|(x+1) = \begin{cases} x(x+1) = x^2 + x & (x \geqq 0) \\ -x(x+1) = -x^2 - x & (x < 0) \end{cases}$$

であるから

$$g'(x) = \begin{cases} 2x+1 & (x > 0) \\ -2x-1 & (x < 0) \end{cases}$$

である.

点 P$(-1, 0)$ を通り,傾きが c の直線が ℓ であるから,ℓ の方程式は

$$y = c(x+1)$$

である.$g'(-1) = -2(-1) - 1 = \boxed{1}$ であるから,

$0 < c < 1$ のとき,曲線 $y = g(x)$ と直線 ℓ は 3 点で交わる.そのうちの 1 点は P であり,残りの 2 点を点 P に近い方から順に Q,R とすると,下の図のように Q の x 座標は負,R の x 座標は正となる.

← $c = 1$ のときの ℓ が P における接線.

Q の x 座標を求めると

$$-x(x+1) = c(x+1)$$

すなわち

$$(x+c)(x+1) = 0$$

より,$\boxed{-c}$ であり,R の x 座標を求めると

$$x(x+1) = c(x+1)$$

すなわち

$$(x-c)(x+1) = 0$$

より,$\boxed{c}$ である.

← $x = -1$ は P の x 座標.

← $-1 < -c < 0$.

← $0 < c < 1$.

$0 < c < 1$ のとき，線分PQと曲線 $y = g(x)$ で囲まれた図形の面積 S は

$$\int_{-1}^{-c}\{-x(x+1)-c(x+1)\}\,dx$$

$$= -\int_{-1}^{-c}(x+1)(x+c)\,dx$$

$$= \frac{\{-c-(-1)\}^3}{6}$$

$$= \frac{-\boxed{}\,c^3 + \boxed{3}\,c^2 - \boxed{3}\,c + 1}{\boxed{6}}$$

である．

$0 < c < 1$ のとき，線分QRと曲線 $y = g(x)$ で囲まれた図形の面積 T は

$$\int_{-1}^{c}\{c(x+1)-x(x+1)\}\,dx - 2\int_{-1}^{0}\{-x(x+1)\}\,dx + S$$

$$= -\int_{-1}^{c}(x+1)(x-c)\,dx + 2\int_{-1}^{0}(x+1)x\,dx + \frac{(-c+1)^3}{6}$$

$$= \frac{(c+1)^3}{6} - \frac{2(0+1)^3}{6} + \frac{(-c+1)^3}{6}$$

$$= \frac{(c^3+3c^2+3c+1)-2+(-c^3+3c^2-3c+1)}{6}$$

$$= c^{\boxed{2}}$$

である．

面積

区間 $\alpha \leqq x \leqq \beta$ においてつねに $g(x) \leqq f(x)$ ならば2曲線 $y = f(x),\ y = g(x)$ および直線 $x = \alpha,\ x = \beta$ で囲まれた部分の面積 S は

$$S = \int_{\alpha}^{\beta}\{f(x)-g(x)\}\,dx.$$

$$\int_{\alpha}^{\beta}(x-\alpha)(x-\beta)\,dx = -\frac{1}{6}(\beta-\alpha)^3.$$

第3問　確率分布・統計的推測

(1) 留学生に対する授業として，以下の三つの日本語学習コースがある．

　　初級コース：1週間に10時間の日本語の授業を行う
　　中級コース：1週間に8時間の日本語の授業を行う
　　上級コース：1週間に6時間の日本語の授業を行う

　すべての留学生が三つのコースのうち，いずれか一つのコースのみに登録することになっている．留学生全体における各コースに登録した留学生の割合は

初級コース：20%，　中級コース：35%

であるから，上級コースは

$$100-(20+35)=\boxed{45}\ \%$$

である．

　この留学生の集団において，一人を無作為に抽出したとき，その留学生が1週間に受講する日本語学習コースの授業の時間数を表す確率変数を X とすると，X の平均(期待値)は

$$10\cdot\frac{20}{100}+8\cdot\frac{35}{100}+6\cdot\frac{45}{100}=\frac{\boxed{15}}{2}$$

であり，X の分散は

$$10^2\cdot\frac{20}{100}+8^2\cdot\frac{35}{100}+6^2\cdot\frac{45}{100}-\left(\frac{15}{2}\right)^2=\frac{\boxed{47}}{20}$$

である．

　次に，留学生全体を母集団とし，a 人を無作為に抽出したとき，初級コースに登録した人数を表す確率変数を Y とすると，Y は二項分布 $B\left(a,\dfrac{20}{100}\right)$ に従う．このとき，Y の平均 $E(Y)$ は

$$E(Y)=a\cdot\frac{20}{100}=\frac{\boxed{a}}{\boxed{5}}$$

である．

　また，上級コースに登録した人数を表す確率変数を Z とすると，Z は二項分布 $B\left(a,\dfrac{45}{100}\right)$ に従う．Y，Z の標準偏差を $\sigma(Y)$，$\sigma(Z)$ とすると

$$\frac{\sigma(Z)}{\sigma(Y)}=\frac{\sqrt{a\cdot\dfrac{45}{100}\cdot\dfrac{55}{100}}}{\sqrt{a\cdot\dfrac{20}{100}\cdot\dfrac{80}{100}}}=\frac{\boxed{3}\sqrt{\boxed{11}}}{\boxed{8}}$$

平均(期待値)，分散

　確率変数 X のとり得る値を

$$x_1,\ x_2,\ \cdots,\ x_n$$

とし，X がこれらの値をとる確率をそれぞれ

$$p_1,\ p_2,\ \cdots,\ p_n$$

とすると，X の平均(期待値) $E(X)$ は

$$E(X)=\sum_{k=1}^{n}x_kp_k.$$

　また，X の分散 $V(X)$ は $E(X)=m$ として

$$V(X)=\sum_{k=1}^{n}(x_k-m)^2p_k\ \cdots(*)$$

または

$$V(X)=E(X^2)-\{E(X)\}^2.\cdots(**)$$

ここでは $(**)$ を用いた．

二項分布

　n を自然数とする．

　確率変数 X のとり得る値が

$$0,\ 1,\ 2,\ \cdots,\ n$$

であり，X の確率分布が

$$P(X=r)={}_nC_rp^r(1-p)^{n-r}$$
$$(r=0,\ 1,\ 2,\ \cdots,\ n)$$

であるとき，X の確率分布を二項分布といい，$B(n,\ p)$ で表す．

二項分布の平均(期待値)，分散

　確率変数 X が二項分布 $B(n,\ p)$ に従うとき，$q=1-p$ とすると X の平均(期待値) $E(X)$ と分散 $V(X)$ は

$$E(X)=np,$$
$$V(X)=npq$$

である．

$\sqrt{V(X)}$ を X の標準偏差という．

である.

ここで, $a = 100$ としたとき, 無作為に抽出された留学生のうち, 初級コースに登録した留学生が28人以上となる確率を p とすると, $a = 100$ は十分大きいので, Y は近似的に正規分布に従い

$$W = \frac{Y - \dfrac{100}{5}}{\sqrt{100 \cdot \dfrac{20}{100} \cdot \dfrac{80}{100}}} = \frac{Y - 20}{4} \quad \text{とおくと, } W \text{ は近}$$

$$\Leftarrow \quad E(Y) = \frac{a}{5}, \ \sigma(Y) = \sqrt{a \cdot \frac{20}{100} \cdot \frac{80}{100}}.$$

似的に標準正規分布 $N(0, 1)$ に従う. このことを用いて p の近似値を求めると

$$\begin{aligned}
P(Y \geqq 28) &= P\left(\frac{Y - 20}{4} \geqq \frac{28 - 20}{4} \right) \\
&= P(W \geqq 2) \\
&= 0.5 - P(0 \leqq W \leqq 2) \\
&= 0.5 - 0.4772 \\
&= 0.0228
\end{aligned}$$

より, $p = 0.023$ である. （ ① ）

> **標準正規分布**
> 平均0, 標準偏差1の正規分布 $N(0, 1)$ を標準正規分布という.

$\Leftarrow$ 正規分布表より
$P(0 \leqq W \leqq 2) = 0.4772.$

(2) 40人の留学生を無作為に抽出し, ある1週間における留学生の日本語学習コース以外の日本語の学習時間（分）を調査した. ただし, 日本語の学習時間は母平均 m, 母分散 σ^2 の分布に従うものとする.

母分散 σ^2 を640と仮定すると, 標本平均の標準偏差は

$$\frac{\sqrt{640}}{\sqrt{40}} = \boxed{4}$$

$\Leftarrow$ 母標準偏差 σ の母集団から大きさ n の無作為標本を抽出するとき, 標本平均の標準偏差は

$$\frac{\sigma}{\sqrt{n}}.$$

となる. 調査の結果, 40人の学習時間の平均値は120であった. 標本平均が近似的に正規分布に従うとして, 母平均 m に対する信頼度95%の信頼区間を $C_1 \leqq m \leqq C_2$ とすると

$$C_1 = 120 - 1.96 \cdot 4 = \boxed{112} . \boxed{16}$$

$$C_2 = 120 + 1.96 \cdot 4 = \boxed{127} . \boxed{84}$$

である.

> **母平均の推定**
> 標本平均を $\overline{X}$, 母標準偏差を σ とすると, 標本の大きさ n が大きいとき, 母平均 m に対する信頼度95%の信頼区間は
> $$\left[\overline{X} - 1.96 \cdot \frac{\sigma}{\sqrt{n}}, \ \overline{X} + 1.96 \cdot \frac{\sigma}{\sqrt{n}} \right].$$

(3) (2)の調査とは別に, 日本語の学習時間を再度調査することになった. 50人の留学生を無作為に抽出し, 調査した結果, 学習時間の平均値は120であった.

母分散 σ^2 を640と仮定したとき, 母平均 m に対する信頼度95%の信頼区間を $D_1 \leqq m \leqq D_2$ とすると

$$D_1 = 120 - 1.96 \cdot \frac{\sqrt{640}}{\sqrt{50}} > 120 - 1.96 \cdot \frac{\sqrt{640}}{\sqrt{40}} = C_1$$

$$D_2 = 120 + 1.96 \cdot \frac{\sqrt{640}}{\sqrt{50}} < 120 + 1.96 \cdot \frac{\sqrt{640}}{\sqrt{40}} = C_2$$

であり（　②　）

$$D_2 - D_1 = 2 \cdot 1.96 \frac{\sqrt{640}}{\sqrt{50}}$$

である.

　母分散 σ^2 を 960 と仮定したとき，母平均 m に対する信頼度 95% の信頼区間を $E_1 \leqq m \leqq E_2$ とすると

$$\sqrt{960} = \sqrt{1.5 \cdot 640}$$

より，$D_2 - D_1 = E_2 - E_1$ となるためには標本の大きさを 50 の $\boxed{1}$. $\boxed{5}$ 倍にする必要があり，このとき

$$E_2 - E_1 = 2 \cdot 1.96 \frac{\sqrt{1.5 \cdot 640}}{\sqrt{1.5 \cdot 50}}$$

である.

第4問　数列

〔1〕　$S_n = 5^n - 1$　（n は自然数）.

数列 $\{a_n\}$ の初項から第 n 項までの和が S_n であるから

$$a_1 = S_1 = 5^1 - 1 = \boxed{4}$$

である．また，$n \geqq 2$ のとき

$$\begin{aligned}
a_n &= S_n - S_{n-1} \\
&= (5^n - 1) - (5^{n-1} - 1) \\
&= (5 - 1) \cdot 5^{n-1} \\
&= \boxed{4} \cdot \boxed{5}^{\,n-1}
\end{aligned}$$

← $n \geqq 2$ のとき
$$S_n = a_1 + a_2 + \cdots + a_{n-1} + a_n$$
$$-\,)\ S_{n-1} = a_1 + a_2 + \cdots + a_{n-1}$$
$$S_n - S_{n-1} = a_n.$$

である．この式は $n = 1$ のときにも成り立つ．よって，すべての自然数 n に対して

$$\frac{1}{a_n} = \frac{1}{4}\left(\frac{1}{5}\right)^{n-1}$$

であるから，数列 $\left\{\dfrac{1}{a_n}\right\}$ は初項 $\dfrac{1}{4}$，公比 $\dfrac{1}{5}$ の等比数列とわかる．

> **等比数列の一般項**
> 初項を a，公比を r とする等比数列 $\{a_n\}$ の一般項は
> $$a_n = ar^{n-1} \ (n = 1,\ 2,\ 3,\ \cdots).$$

したがって，すべての自然数 n に対して

$$\begin{aligned}
\sum_{k=1}^{n} \frac{1}{a_k} &= \sum_{k=1}^{n} \frac{1}{4}\left(\frac{1}{5}\right)^{k-1} \\
&= \frac{1}{4} \cdot \frac{1 - \left(\frac{1}{5}\right)^n}{1 - \frac{1}{5}} \\
&= \frac{\boxed{5}}{\boxed{16}}\left(1 - \boxed{5}^{\,-n}\right)
\end{aligned}$$

> **等比数列の和**
> 初項 a，公比 r，項数 n の等比数列の和は，$r \neq 1$ のとき
> $$a \cdot \frac{1 - r^n}{1 - r}.$$

が成り立つことがわかる．

〔2〕

上の図のように，縦の長さが 3，横の長さが $2n$ の長方形を R_n とし，$3n$ 枚のタイルを用いた R_n 内の配置の総数が r_n である．

$n = 1$ のときは，下の図のように $r_1 = 3$ である．

$n=2$ のときは，下の図のように，$r_2=11$ である．

(1)

$(3n+1)$ 枚のタイルを用いた T_n 内の配置の総数が t_n である．$n=1$ のときは，次の図のように

$$t_1 = \boxed{4}$$

である．

この図から2以上の自然数 n に対して

$$t_n = r_n + t_{n-1}$$

が成り立つことがわかる．

$$(A = \boxed{1},\quad B = \boxed{1})$$

以上から

$$t_2 = r_2 + t_1 = 11 + 4 = \boxed{15}$$

である．

上下を入れ替えれば一致する

この図から2以上の自然数 n に対して
$$r_n = r_{n-1} + t_{n-1} + t_{n-1} = r_{n-1} + 2t_{n-1}$$
が成り立つことがわかる.

$(C = \boxed{1}, \ D = \boxed{2})$

(2)　畳を縦の長さが1, 横の長さが2の長方形とみなす. 縦の長さが3, 横の長さが6の長方形の部屋に畳を敷き詰めるとき, 敷き詰め方の総数は

$$r_3 = r_2 + 2t_2 = 11 + 2 \cdot 15 = \boxed{41}$$

である.

　縦の長さが3, 横の長さが8の長方形の部屋に畳を敷き詰めるとき, 敷き詰め方の総数は

$$r_4 = r_3 + 2t_3 = r_3 + 2(r_3 + t_2) = 3r_3 + 2t_2$$
$$= 3 \cdot 41 + 2 \cdot 15 = \boxed{153}$$

である.

第5問　空間ベクトル

A$(-1, 2, 0)$,　B$(2, p, q)$,　$q > 0$.

　線分 AB の中点 C から直線 OA に引いた垂線と直線 OA の交点 D は，線分 OA を $9:1$ に内分する．点 C から直線 OB に引いた垂線と直線 OB の交点 E は，線分 OB を $3:2$ に内分する．

（1）　点 B の座標を求める．

$$\left|\overrightarrow{\mathrm{OA}}\right|^2 = (-1)^2 + 2^2 + 0^2 = \boxed{5}$$ である．また，

$$\overrightarrow{\mathrm{OD}} = \frac{\boxed{9}}{\boxed{10}}\overrightarrow{\mathrm{OA}}$$ であることにより

$$\begin{aligned}
\overrightarrow{\mathrm{CD}} &= \overrightarrow{\mathrm{OD}} - \overrightarrow{\mathrm{OC}} \\
&= \frac{9}{10}\overrightarrow{\mathrm{OA}} - \frac{1}{2}\left(\overrightarrow{\mathrm{OA}} + \overrightarrow{\mathrm{OB}}\right) \\
&= \frac{\boxed{2}}{\boxed{5}}\overrightarrow{\mathrm{OA}} - \frac{\boxed{1}}{\boxed{2}}\overrightarrow{\mathrm{OB}} \qquad \cdots ③
\end{aligned}$$

と表される．$\overrightarrow{\mathrm{OA}} \perp \overrightarrow{\mathrm{CD}}$ から

$$\overrightarrow{\mathrm{OA}} \cdot \overrightarrow{\mathrm{CD}} = 0$$

である．③ を用いてこれを変形すると

$$\overrightarrow{\mathrm{OA}} \cdot \left(\frac{2}{5}\overrightarrow{\mathrm{OA}} - \frac{1}{2}\overrightarrow{\mathrm{OB}}\right) = 0$$

$$\frac{2}{5}\left|\overrightarrow{\mathrm{OA}}\right|^2 - \frac{1}{2}\overrightarrow{\mathrm{OA}} \cdot \overrightarrow{\mathrm{OB}} = 0$$

$$\frac{2}{5}\cdot 5 - \frac{1}{2}\overrightarrow{\mathrm{OA}} \cdot \overrightarrow{\mathrm{OB}} = 0$$

となる．よって

$$\overrightarrow{\mathrm{OA}} \cdot \overrightarrow{\mathrm{OB}} = \boxed{4} \qquad \cdots ①$$

である．これと $\overrightarrow{\mathrm{OA}} = (-1, 2, 0)$,　$\overrightarrow{\mathrm{OB}} = (2, p, q)$ より

$$(-1)\cdot 2 + 2p + 0\cdot q = 4$$

すなわち

$$p = 3$$

内積

　$\vec{0}$ でない 2 つのベクトル $\vec{a}$ と $\vec{b}$ のなす角を θ $(0° \leqq \theta \leqq 180°)$ とすると，$\vec{a}$ と $\vec{b}$ の内積 $\vec{a}\cdot\vec{b}$ は

$$\vec{a}\cdot\vec{b} = \left|\vec{a}\right|\left|\vec{b}\right|\cos\theta.$$

　特に

$$\vec{a}\cdot\vec{a} = \left|\vec{a}\right|\left|\vec{a}\right|\cos 0° = \left|\vec{a}\right|^2.$$

内積

$$\vec{a} = (a_1, a_2, a_3),$$
$$\vec{b} = (b_1, b_2, b_3)$$

のとき

$$\vec{a}\cdot\vec{b} = a_1 b_1 + a_2 b_2 + a_3 b_3.$$

分点公式

　線分 AB を $m:n$ に内分する点を P とすると

$$\overrightarrow{\mathrm{OP}} = \frac{n\overrightarrow{\mathrm{OA}} + m\overrightarrow{\mathrm{OB}}}{m+n}.$$

を得る.

$$\overrightarrow{\mathrm{CE}} = \overrightarrow{\mathrm{OE}} - \overrightarrow{\mathrm{OC}}$$

$$= \frac{3}{5}\overrightarrow{\mathrm{OB}} - \frac{1}{2}(\overrightarrow{\mathrm{OA}} + \overrightarrow{\mathrm{OB}})$$

$$= -\frac{1}{2}\overrightarrow{\mathrm{OA}} + \frac{1}{10}\overrightarrow{\mathrm{OB}} \qquad \cdots ④$$

と表される. $\overrightarrow{\mathrm{OB}} \perp \overrightarrow{\mathrm{CE}}$ から

$$\overrightarrow{\mathrm{OB}} \cdot \overrightarrow{\mathrm{CE}} = 0$$

である. ④ を用いてこれを変形すると

$$\overrightarrow{\mathrm{OB}} \cdot \left(-\frac{1}{2}\overrightarrow{\mathrm{OA}} + \frac{1}{10}\overrightarrow{\mathrm{OB}} \right) = 0$$

$$-\frac{1}{2}\overrightarrow{\mathrm{OA}} \cdot \overrightarrow{\mathrm{OB}} + \frac{1}{10}\left| \overrightarrow{\mathrm{OB}} \right|^2 = 0$$

$$-\frac{1}{2} \cdot 4 + \frac{1}{10}\left| \overrightarrow{\mathrm{OB}} \right|^2 = 0$$

となる. よって

$$\left| \overrightarrow{\mathrm{OB}} \right|^2 = 20 \qquad \cdots ②$$

である. これと $\overrightarrow{\mathrm{OB}} = (2, p, q)$, $p = 3$ より

$$2^2 + 3^2 + q^2 = 20$$

であり, $q > 0$ より

$$q = \sqrt{7}$$

である.

　以上より, Bの座標は $\left(2, \boxed{3}, \sqrt{\boxed{7}} \right)$ である.

(2)　3点O, A, Bの定める平面がα, 点$(4, 4, -\sqrt{7})$
がG.

　α上に点Hを $\overrightarrow{\mathrm{GH}} \perp \overrightarrow{\mathrm{OA}}$ と $\overrightarrow{\mathrm{GH}} \perp \overrightarrow{\mathrm{OB}}$ が成り立つ
うにとる.

　$\overrightarrow{\mathrm{OH}}$ を $\overrightarrow{\mathrm{OA}}$, $\overrightarrow{\mathrm{OB}}$ を用いて表す.

　Hがα上にあることから, 実数s, tを用いて

$$\overrightarrow{\mathrm{OH}} = s\overrightarrow{\mathrm{OA}} + t\overrightarrow{\mathrm{OB}}$$

と表される. よって

$$\overrightarrow{\mathrm{GH}} - \overrightarrow{\mathrm{GO}} = s\overrightarrow{\mathrm{OA}} + t\overrightarrow{\mathrm{OB}}$$

すなわち

$$\overrightarrow{\mathrm{GH}} = \boxed{-}\,\overrightarrow{\mathrm{OG}} + s\overrightarrow{\mathrm{OA}} + t\overrightarrow{\mathrm{OB}} \qquad \cdots ⑤$$

である. $\overrightarrow{\mathrm{GH}} \perp \overrightarrow{\mathrm{OA}}$ より

$$\overrightarrow{\mathrm{GH}} \cdot \overrightarrow{\mathrm{OA}} = 0$$

である. ⑤ を用いてこれを変形すると

$$(-\overrightarrow{\mathrm{OG}} + s\overrightarrow{\mathrm{OA}} + t\overrightarrow{\mathrm{OB}}) \cdot \overrightarrow{\mathrm{OA}} = 0$$

$$-\overrightarrow{OG}\cdot\overrightarrow{OA}+s\left|\overrightarrow{OA}\right|^2+t\overrightarrow{OB}\cdot\overrightarrow{OA}=0$$

$$-4+5s+4t=0 \qquad \cdots ⑥$$

← $\overrightarrow{OG}\cdot\overrightarrow{OA}=4\cdot(-1)+4\cdot2+(-\sqrt{7})\cdot0$
$=4.$

となる．同様に $\overrightarrow{GH}\perp\overrightarrow{OB}$ から

$$\overrightarrow{GH}\cdot\overrightarrow{OB}=0$$

$$(-\overrightarrow{OG}+s\overrightarrow{OA}+t\overrightarrow{OB})\cdot\overrightarrow{OB}=0$$

$$-\overrightarrow{OG}\cdot\overrightarrow{OB}+s\overrightarrow{OA}\cdot\overrightarrow{OB}+t\left|\overrightarrow{OB}\right|^2=0$$

$$-13+4s+20t=0 \qquad \cdots ⑦$$

← $\overrightarrow{OG}\cdot\overrightarrow{OB}=4\cdot2+4\cdot3+(-\sqrt{7})\cdot\sqrt{7}$
$=13.$

を得る．⑥，⑦ より，$s=\dfrac{\boxed{1}}{\boxed{3}}$，$t=\dfrac{\boxed{7}}{\boxed{12}}$ が得

られる．ゆえに

$$\overrightarrow{OH}=\frac{1}{3}\overrightarrow{OA}+\frac{7}{12}\overrightarrow{OB}$$

となる．これを

$$\overrightarrow{OH}=\frac{11}{12}\left(\frac{4}{11}\overrightarrow{OA}+\frac{7}{11}\overrightarrow{OB}\right)$$

と変形し，線分 AB を $7:4$ に内分する点を F とする
と

$$\overrightarrow{OH}=\frac{11}{12}\overrightarrow{OF}$$

←

と表せるから，H は三角形 OBC の内部の点であるこ
とがわかる．（ $\boxed{①}$ ）

数学Ⅰ・数学A
数学Ⅱ・数学B

（2020年1月実施）

	受験者数	平均点
数学Ⅰ・数学A	382,151	51.88
数学Ⅱ・数学B	339,925	49.03

2

数学Ⅰ・数学A

解答・採点基準 (100点満点)

問題番号(配点)	解答記号	正解	配点	自己採点
第1問 (30)	アイ $< a <$ ウ	$-2 < a < 4$	3	
	エ $< a <$ オ	$0 < a < 4$	2	
	カキ	-2	2	
	$\dfrac{ク\sqrt{ケ}-コ}{サシ}$	$\dfrac{5\sqrt{3}-6}{13}$	3	
	ス	②	2	
	セソ	12	2	
	タ	④	2	
	チ	③	2	
	$x^2-2(c+ツ)x$ $+c(c+テ)$	$x^2-2(c+2)x$ $+c(c+4)$	2	
	$-$ト $\leqq c \leqq$ ナ	$-1 \leqq c \leqq 0$	2	
	ニ $\leqq c \leqq$ ヌ	$2 \leqq c \leqq 3$	2	
	ネ $+\sqrt{ノ}$	$3+\sqrt{3}$	2	
	ハヒ	-4	2	
	フ $+$ヘ$\sqrt{ホ}$	$8+6\sqrt{3}$	2	
第1問 自己採点小計				
第2問 (30)	ア	2	3	
	$\dfrac{\sqrt{イウ}}{エ}$	$\dfrac{\sqrt{14}}{4}$	3	
	$\sqrt{オ}$	$\sqrt{2}$	3	
	カ	1	3	
	$\dfrac{キ\sqrt{ク}}{ケ}$	$\dfrac{4\sqrt{7}}{7}$	3	
	コ, サ	③, ⑤ (解答の順序は問わない)	6 (各3)	
	シ	⑥	3	
	ス	④	3	
	セ	③	3	
第2問 自己採点小計				

問題番号(配点)	解答記号	正解	配点	自己採点
第3問 (20)	ア, イ	⓪, ② (解答の順序は問わない)	4 (各2)	
	$\dfrac{ウ}{エ}$	$\dfrac{1}{4}$	2	
	$\dfrac{オ}{カ}$	$\dfrac{1}{2}$	2	
	キ	3	2	
	$\dfrac{ク}{ケ}$	$\dfrac{3}{8}$	3	
	$\dfrac{コ}{サシ}$	$\dfrac{7}{32}$	4	
	$\dfrac{ス}{セ}$	$\dfrac{4}{7}$	3	
第3問 自己採点小計				
第4問 (20)	$\dfrac{アイ}{ウエ}$	$\dfrac{26}{11}$	3	
	$\dfrac{オカ+7\times a+b}{キク}$	$\dfrac{96+7\times a+b}{48}$	3	
	ケ	9	2	
	コサ	11	2	
	シス	36	3	
	セ, ソ	5, 1	3	
	タ	6	4	
第4問 自己採点小計				
第5問 (20)	ア	1	3	
	$\dfrac{イ}{ウ}$	$\dfrac{1}{8}$	2	
	$\dfrac{エ}{オ}$	$\dfrac{2}{7}$	3	
	$\dfrac{カ}{キク}$	$\dfrac{9}{56}$	4	
	ケコ	12	4	
	サシ	72	4	
	ス	②	4	
第5問 自己採点小計				
自己採点合計				

(注)
  第1問，第2問は必答。
  第3問～第5問のうちから2問選択。計4問を解答。

第1問　数と式・集合と命題・2次関数

〔1〕　a は定数.

(1)　　　　　直線 $\ell : y = (a^2 - 2a - 8)x + a$.

ℓ の傾き「$a^2 - 2a - 8$」が負となるのは,

$$a^2 - 2a - 8 < 0$$

のときであるから, 求める a の値の範囲は,

$$(a + 2)(a - 4) < 0$$

$$\boxed{-2} < a < \boxed{4} \qquad \cdots ①$$

である.

(2)　$a^2 - 2a - 8 \neq 0$, つまり, $a \neq -2$ かつ $a \neq 4$ のとき.

b は, (1)の ℓ と x 軸との交点の x 座標である.

$a > 0$ の場合.

ℓ の y 切片 (a) は正であるから, $b > 0$ となるのは,

「ℓ の傾きが負のとき」

である.

よって, ① と $a > 0$ より, a の値の範囲は,

$$\boxed{0} < a < \boxed{4}$$

である.

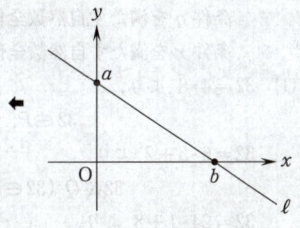

$a \leqq 0$ の場合.

ℓ の y 切片 (a) は負または 0 であるから, $b > 0$ となるのは,

「ℓ の傾きが正のとき」

である.

これより,

$$a^2 - 2a - 8 > 0$$
$$(a + 2)(a - 4) > 0$$
$$a < -2, \quad 4 < a$$

である.

$a = 0$ のとき, $b = 0$ である.

よって, $a \leqq 0$ より, a の値の範囲は,

$$a < \boxed{-2}$$

である.

また, $a = \sqrt{3}$ のとき, ℓ は,

$$y = -(5 + 2\sqrt{3})x + \sqrt{3}$$

である.

b の値は, $x = b$, $y = 0$ を代入して,

$$0 = -(5 + 2\sqrt{3})b + \sqrt{3}$$

4

$$b = \frac{\sqrt{3}}{5 + 2\sqrt{3}}$$

$$b = \frac{\boxed{5}\ \sqrt{\boxed{3}} - \boxed{6}}{\boxed{13}}$$

である.

← $b = \dfrac{\sqrt{3}\,(5 - 2\sqrt{3})}{(5 + 2\sqrt{3})(5 - 2\sqrt{3})}$

$\qquad = \dfrac{5\sqrt{3} - 6}{13}.$

〔2〕 n は自然数.

$\qquad p : n$ は 4 の倍数である,

$\qquad q : n$ は 6 の倍数である,

$\qquad r : n$ は 24 の倍数である.

$\qquad$ 条件 p を満たす自然数全体の集合を P,

$\qquad$ 条件 q を満たす自然数全体の集合を Q,

$\qquad$ 条件 r を満たす自然数全体の集合を R.

(1) $32 = 4 \cdot 8$ より,

$$32 \in P.$$

$\quad 32 = 6 \cdot 5 + 2$ より,

$$32 \notin Q \ (32 \in \overline{Q}).$$

$\quad 32 = 24 \cdot 1 + 8$ より,

$$32 \notin R \ (32 \in \overline{R}).$$

$\quad$ これより,

$$32 \in P \cap \overline{Q}$$

となるから, $\boxed{\text{ス}}$ に当てはまるものは $\boxed{②}$ で

ある.

← a が集合 A の要素(集合を構成している 1 つ 1 つのもの)であるとき, a は集合 A に属するといい,

$$a \in A$$

と表し, b が集合 A の要素でないことを,

$$b \notin A$$

と表す.

← $A \cap B$ は A と B の共通部分.

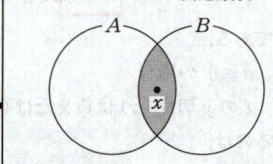

$A \cap B = \{x \mid x \in A \ \text{かつ} \ x \in B\}$.

(2) $\qquad P \cap Q = \{n \mid n$ は 12 の倍数$\}$

であるから, $P \cap Q$ に属する自然数のうち, 最小のも

のは $\boxed{12}$ である. $\qquad\qquad\cdots$①

$\quad 12 = 24 \cdot 0 + 12$ より,

$$12 \notin R \ (12 \in \overline{R}) \qquad\qquad \cdots②$$

であるから, $\boxed{\text{タ}}$ に当てはまるものは $\boxed{④}$ で

ある.

← $P \cap Q$ は, n が 4 の倍数 かつ n が 6 の倍数の集合である.

(3)・12 は命題 ⓪, ① の反例ではない.

$\qquad$ ② より, 12 は結論である $\overline{r}$ を満たすから.

$\quad$・12 は命題 ② の反例ではない.

$\qquad$ ② より, 12 は仮定である r を満たさないから.

$\quad$・12 は命題 ③ の反例である.

$\qquad$ ① より, 12 は仮定である p かつ q を満たし, ②

$\qquad$ より, 12 は結論である r を満たさないから.

$\quad$ よって, $\boxed{\text{チ}}$ に当てはまるものは $\boxed{③}$ であ

← 偽である命題「$s \implies t$」において, 仮定 s を満たすが, 結論 t を満たさないものを, この命題の反例という.

る.

〔3〕 c は定数.

(1) G は，2次関数 $y=x^2$ のグラフを，2点 $(c, 0)$，$(c+4, 0)$ を通るように平行移動して得られるグラフであるから，G をグラフにもつ2次関数は，

$$y=(x-c)\{x-(c+4)\}$$

すなわち，

$$y=x^2-2\left(c+\boxed{2}\right)x+c\left(c+\boxed{4}\right)$$

と表せる.

← 2次関数の x^2 の係数が a であるグラフが2点 $(p, 0)$，$(q, 0)$ を通るとき，そのグラフが表す2次関数は，

$$y=a(x-p)(x-q) \quad (a\neq 0)$$

と表せる.

ここで，

$$f(x)=x^2-2(c+2)x+c(c+4)$$

とおくと，2点 $(3, 0)$，$(3, -3)$ を両端とする線分と G が共有点をもつ条件は，

$$-3\leqq f(3)\leqq 0 \qquad \cdots ①$$

である.

$$f(3)=3^2-2(c+2)\cdot 3+c(c+4)=c^2-2c-3$$

であるから，①は，

$$-3\leqq c^2-2c-3\leqq 0$$

すなわち，

$$\begin{cases} c^2-2c\geqq 0, & \cdots ② \\ c^2-2c-3\leqq 0 & \cdots ③ \end{cases}$$

となる.

②より，

$$c(c-2)\geqq 0$$
$$c\leqq 0, \quad 2\leqq c. \qquad \cdots ②'$$

③より，

$$(c+1)(c-3)\leqq 0$$
$$-1\leqq c\leqq 3. \qquad \cdots ③'$$

よって，求める c の値の範囲は，②'かつ③'より，

$$-\boxed{1}\leqq c\leqq\boxed{0}, \quad \boxed{2}\leqq c\leqq\boxed{3}$$

である.

(2) $2\leqq c\leqq 3$ とする.

$G:y=f(x)$ が点 $(3, -1)$ を通るとき，

$$-1=f(3)$$

が成り立つから，

$$-1=c^2-2c-3$$
$$c^2-2c-2=0$$
$$c=1\pm\sqrt{3}.$$

6

$2 \leqq c \leqq 3$ より,
$$c = 1 + \sqrt{3}. \qquad \cdots ④$$

また, $G : y = f(x)$ は,
$$y = \{x - (c + 2)\}^2 - 4$$

と変形できるから, G の頂点の座標は,
$$(c + 2, \ -4)$$

であり, ④ を代入すると,
$$(3 + \sqrt{3}, \ -4)$$

である.

よって, G は, 2次関数 $y = x^2$ のグラフを x 軸方

向に $\boxed{3} + \sqrt{\boxed{3}}$, y 軸方向に $\boxed{-4}$ だけ

平行移動したものである. また, このとき G と y 軸

との交点の y 座標は,

$$\begin{aligned}
y &= f(0) \\
&= c(c + 4) \\
&= (1 + \sqrt{3})(5 + \sqrt{3}) \quad (④ より) \\
&= \boxed{8} + \boxed{6}\sqrt{\boxed{3}}
\end{aligned}$$

である.

← 2 次関数
$$y = a(x - p)^2 + q$$
のグラフの頂点の座標は,
$$(p, \ q).$$

← $y = x^2$

第2問　図形と計量・データの分析

〔1〕

△BCD に余弦定理を用いると，

$$BD^2 = BC^2 + CD^2 - 2BC \cdot CD \cos \angle BCD$$
$$= (2\sqrt{2})^2 + (\sqrt{2})^2 - 2 \cdot 2\sqrt{2} \cdot \sqrt{2} \cdot \frac{3}{4}$$
$$= 4$$

であるから，BD > 0 より，

$$BD = \boxed{2}$$

である．

また，

$$\sin \angle ADC = \sin(180° - \angle BDC)$$
$$= \sin \angle BDC$$
$$= \sqrt{1 - \cos^2 \angle BDC} \quad \cdots ①$$

であり，さらに，△BCD に余弦定理を用いると，

$$\cos \angle BDC = \frac{BD^2 + CD^2 - BC^2}{2BD \cdot CD}$$
$$= \frac{2^2 + (\sqrt{2})^2 - (2\sqrt{2})^2}{2 \cdot 2 \cdot \sqrt{2}}$$
$$= -\frac{1}{2\sqrt{2}} = -\frac{\sqrt{2}}{4} \quad \cdots ②$$

となるから，①に代入して，

$$\sin \angle ADC = \sqrt{1 - \left(-\frac{\sqrt{2}}{4}\right)^2}$$
$$= \frac{\sqrt{\boxed{14}}}{\boxed{4}}$$

である．

← $\cos \angle BCD = \dfrac{3}{4}$.

余弦定理

$$c^2 = a^2 + b^2 - 2ab \cos C,$$
$$\cos C = \frac{a^2 + b^2 - c^2}{2ab}.$$

180° − θ の三角比

$$\sin(180° - \theta) = \sin\theta,$$
$$\cos(180° - \theta) = -\cos\theta,$$
$$\tan(180° - \theta) = -\tan\theta.$$

0° ≦ θ ≦ 180° のとき，

$$\sin\theta = \sqrt{1 - \cos^2\theta}.$$

△ACD に正弦定理を用いると，

$$\frac{AC}{\sin\angle ADC} = \frac{AD}{\sin\angle ACD} \quad \cdots ③$$

である．

ここで，∠ACD＝∠BCD より，

$$
\begin{aligned}
\sin\angle ACD &= \sin\angle BCD \\
&= \sqrt{1-\cos^2\angle BCD} \\
&= \sqrt{1-\left(\frac{3}{4}\right)^2} \\
&= \frac{\sqrt{7}}{4}
\end{aligned}
$$

である．

よって，③ より，

$$\frac{AC}{\frac{\sqrt{14}}{4}} = \frac{AD}{\frac{\sqrt{7}}{4}}$$

すなわち，

$$\frac{AC}{AD} = \sqrt{\boxed{2}} \quad \cdots ④$$

となる．

$AD = x\,(>0)$ とおくと，④ より，$AC = \sqrt{2}\,x$ であり，

$$
\begin{aligned}
\cos\angle ADC &= \cos(180°-\angle BDC) \\
&= -\cos\angle BDC \\
&= \frac{\sqrt{2}}{4} \quad (②より)
\end{aligned}
$$

であるから，△ACD に余弦定理を用いると，

$$
\begin{aligned}
AC^2 &= AD^2 + CD^2 - 2AD\cdot CD\cos\angle ADC \\
(\sqrt{2}\,x)^2 &= x^2 + (\sqrt{2})^2 - 2x\cdot\sqrt{2}\cdot\frac{\sqrt{2}}{4} \\
x^2 + x - 2 &= 0 \\
(x+2)(x-1) &= 0.
\end{aligned}
$$

したがって，$x>0$ より，

$$AD = x = \boxed{1}$$

$$\frac{a}{\sin A} = \frac{b}{\sin B} = \frac{c}{\sin C} = 2R.$$

（R は外接円の半径）

である.

これより, $AC = \sqrt{2}$ となるから, $\triangle ACD$ は $AC = CD$ の二等辺三角形である.

ゆえに, $\angle CAD = \angle ADC$ より,

$$\sin \angle CAB = \sin \angle CAD$$
$$= \sin \angle ADC$$
$$= \frac{\sqrt{14}}{4}$$

である.

$\triangle ABC$ の外接円の半径を R とおき, $\triangle ABC$ に正弦定理を用いると,

$$2R = \frac{BC}{\sin \angle CAB}$$

$$2R = \frac{2\sqrt{2}}{\frac{\sqrt{14}}{4}}$$

となるから,

$$R = \frac{\boxed{4}\sqrt{\boxed{7}}}{\boxed{7}}$$

である.

【 $\boxed{オ}$ の別解】

数学Aで学習する「角の二等分線の性質」を用いて次のように求めてもよい.

$\triangle ABC$ において, 線分 CD は $\angle C$ の二等分線であるから, その性質より,

$$AC : BC = AD : DB$$
$$AC : 2\sqrt{2} = AD : 2$$
$$\frac{AC}{AD} = \sqrt{2}$$

となる.

角の二等分線の性質

$a : b = m : n.$

（別解終わり）

〔2〕

(1) 99個の観測値を小さい方から順に並べたものを順に

$$x_1, \ x_2, \ x_3, \ \cdots, \ x_{99}$$

とし, この平均値を $\overline{x}$, 標準偏差を s_x とする.

また, 最小値を $m(x_1)$, 第1四分位数を $Q_1(x_{25})$, 中央値を $Q_2(x_{50})$, 第3四分位数を $Q_3(x_{75})$, 最大値を $M(x_{99})$ とする.

データを小さい方から順に並べたとき, 中央の位置にくる値を中央値という.

中央の位置より, 左半分のデータの中央値を第1四分位数, 右半分のデータの中央値を第3四分位数という.

・⓪…成り立たない.
$$x_1 = x_2 = \cdots = x_{98} = 0, \quad x_{99} = 99$$
とすると,
$$Q_1 = x_{25} = 0, \quad Q_3 = x_{75} = 0, \quad \overline{x} = \frac{99}{99} = 1$$
となるから,平均値 $(\overline{x})$ は第1四分位数 (Q_1) と第3四分位数 (Q_3) の間にない.

・①…成り立たない.
$$x_1 = x_2 = \cdots = x_{98} = 0, \quad x_{99} = 99$$
とすると,
$$Q_3 - Q_1 = x_{75} - x_{25} = 0, \quad \overline{x} = \frac{99}{99} = 1$$
より,
$$s_x = \sqrt{\frac{(0-1)^2 + (0-1)^2 + \cdots + (0-1)^2 + (99-1)^2}{99}}$$
$$= \sqrt{98} \ (>0)$$
となるから,標準偏差 (s_x) は四分位範囲 $(Q_3 - Q_1)$ より大きい.

・②…成り立たない.
$$x_1 = x_2 = \cdots = x_{48} = 0, \quad x_{49} = x_{50} = \cdots = x_{99} = 1$$
とすると,
$$Q_2 = x_{50} = 1$$
となり,中央値1より,小さい観測値の個数は48個である.

・③…成り立つ.

最大値に等しい観測値を1個削除しても Q_1 より小さい値を削除しないから Q_1 は変わらない.

・④…成り立たない.
$$x_1 = \cdots = x_{23} = 0, \quad x_{24} = \cdots = x_{75} = 1,$$
$$x_{76} = \cdots = x_{99} = 2$$
とすると,
$$Q_1 = x_{25} = 1, \quad Q_3 = x_{75} = 1$$
であるから,

第1四分位数 (Q_1) より小さい観測値は23個,
第3四分位数 (Q_3) より大きい観測値は24個
となる.

よって,第1四分位数より小さい観測値と,第3四分位数より大きい観測値とをすべて削除すると,残りの観測値の個数は,
$$99 - 23 - 24 = 52 \ (個)$$

◀ 平均値

変量 x に関するデータ
$$x_1, \ x_2, \ \cdots, \ x_n$$
に対し,x の平均値を $\overline{x}$ とすると,
$$\overline{x} = \frac{x_1 + x_2 + \cdots + x_n}{n}.$$

$$\blacklefthalf \begin{pmatrix} 四分位 \\ 範囲 \end{pmatrix} = \begin{pmatrix} 第3四分 \\ 位数 \end{pmatrix} - \begin{pmatrix} 第1四分 \\ 位数 \end{pmatrix}$$

◀ 標準偏差

変量 x に関するデータ
$$x_1, \ x_2, \ \cdots, \ x_n$$
に対し,x の平均値を $\overline{x}$ とするとき,x の標準偏差 s_x は,
$$s_x = \sqrt{\frac{(x_1 - \overline{x})^2 + \cdots + (x_n - \overline{x})^2}{n}}.$$

◀ $x_1 = x_2 = \cdots = x_{48} = 0.$

◀ 98個の観測値を小さい方から順に並べても第1四分位数は小さい方から25番目の値となり変わらない.

◀ $x_1 = \cdots = x_{23} = 0.$

◀ $x_{76} = \cdots = x_{99} = 2.$

となる.

・⑤…成り立つ.

残りの観測値からなるデータにおいて,

（最小値）＝ Q_1，（最大値）＝ Q_3

となるから，範囲はもとの四分位範囲に等しい.

← （範囲）＝（最大値）－（最小値）.

よって， コ ， サ に当てはまるものは

③ ， ⑤ である.

(2)(I)…誤.

平均寿命

四分位範囲

P 10 は，四分位範囲が 1 より大きい.

(II)…誤.

平均寿命

最小値　第1四分位数　中央値　第3四分位数　最大値

P 27 から P 28 において，中央値が大きい値から小さい値になっている.

(III)…正.

よって， シ に当てはまるものは ⑥ である.

(3) 図 2 の「市区町村別平均寿命のヒストグラム」より，度数分布表は次のようになる.

階　級	度数	累積度数
79.5 歳以上 80.0 歳未満	2	2
80.0 歳以上 80.5 歳未満	4	6
80.5 歳以上 81.0 歳未満	9	15
81.0 歳以上 81.5 歳未満	3	18
81.5 歳以上 82.0 歳未満	2	20

← 最初の階級からその階級までの度数を合計したものを累積度数という.

最小値は小さい方から 1 番目の値であるから,

最小値は 79.75 歳.

← 79.5 歳以上 80.0 歳未満の階級.

第 1 四分位数は小さい方から 5 番目の値と 6 番目の値の平均値であるから,

12

第1四分位数は80.25歳.

中央値は小さい方から10番目の値と11番目の値の平均値であるから,

中央値は80.75歳.

第3四分位数は小さい方から15番目の値と16番目の値の平均値であるから,

第3四分位数は81.0歳.

最大値は小さい方から20番目の値であるから,

最大値は81.75歳.

よって，最小値，最大値，第1四分位数から図2のヒストグラムに対応する箱ひげ図は④である.

したがって， ス に当てはまるものは ④ である.

(4) 図3の「男と女の都道府県別平均寿命の散布図」より，都道府県ごとに男女寿命の差をとったデータに対する度数分布表は次のようになる.

階　級	度数
5.5歳以上6.0歳未満	9
6.0歳以上6.5歳未満	22
6.5歳以上7.0歳未満	13
7.0歳以上7.5歳未満	3

これより，都道府県ごとに男女の平均寿命の差をとったデータに対するヒストグラムは，5.5歳以上6.0歳未満の階級と7.0歳以上7.5歳未満の階級に注目して③である.

したがって， セ に当てはまるものは ③ である.

← 80.0歳以上80.5歳未満の階級.

← 80.5歳以上81.0歳未満の階級.

← 80.5歳以上81.0歳未満の階級 と 81.0歳以上81.5歳未満の階級.

← 81.5歳以上82.0歳未満の階級.

第3問　場合の数・確率

〔1〕

・⓪…正しい.

1回の試行において，1枚のコインを投げるとき，

表が出る確率は $\dfrac{1}{2}$，裏が出る確率は $\dfrac{1}{2}$

である.

1枚のコインを投げる試行を5回繰り返すとき，表が1回も出ない，つまり，裏が5回続けて出る確率は，

$$\left(\dfrac{1}{2}\right)^5=\dfrac{1}{32}$$

である.

よって，少なくとも1回は表が出る確率 p は，

$$p=1-\dfrac{1}{32}=\dfrac{31}{32}=0.968\cdots\ (>0.95)$$

である.

◀ 余事象の確率
$$P(A)+P(\overline{A})=1.$$

・①…正しくない.

袋の中に赤球が a 個（$a=0,\ 1,\ 2,\ \cdots,\ 8$）入っているとすると，1回の試行で赤球が出る確率は，

$$\dfrac{a}{8}\ (a=0,\ 1,\ 2,\ \cdots,\ 8)\left(\neq\dfrac{3}{5}\right)$$

である.

・②…正しい.

箱の中に，

「い」と書かれたカードが1枚，
「ろ」と書かれたカードが2枚，
「は」と書かれたカードが2枚

が入っている.

5枚のカードはすべて区別して考える.

5枚のカードの中から同時に2枚のカードを取り出す方法は全部で，

$${}_5\mathrm{C}_2\ 通り$$

あり，これらはすべて同様に確からしい.

書かれた文字が同じである取り出し方は，

・「ろ」と書かれたカードを2枚取り出すとき，
・「は」と書かれたカードを2枚取り出すとき

の2つの場合があるから，その確率は，

$$\dfrac{{}_2\mathrm{C}_2+{}_2\mathrm{C}_2}{{}_5\mathrm{C}_2}=\dfrac{1}{5}$$

である.

よって，書かれた文字が異なる確率は，

$$1 - \frac{1}{5} = \frac{4}{5}$$

である.

・③…正しくない.

2体のロボットを A，B とする.

2つの事象 E，F を，

E：1枚のコインを投げて表が出る，

F：2体のロボット A，B が「オモテ」と
　　発言する

と定める.

1枚のコインを投げて，出た面を見た2体が，とも
に「オモテ」と発言したときに，実際に表が出ている
条件付き確率 p は，

$$p = P_F(E) = \frac{P(E \cap F)}{P(F)} \qquad \cdots ①$$

として求めることができる.

$E \cap F$ は，

「コインの表が出て，ロボット A，B がともに出
　た面に対して「オモテ」と正しく発言する事象」

であるから，

$$P(E \cap F) = \frac{1}{2} \times \frac{9}{10} \times \frac{9}{10} = \frac{81}{200}$$

である.

F は，

「コインの表が出て，ロボット A，B がともに出た
　面に対して「オモテ」と正しく発言することと，
　コインの裏が出て，ロボット A，B がともに出た
　面に対して「オモテ」と正しく発言しないことを
　合わせた事象」

であるから，

$$P(F) = \frac{1}{2} \times \frac{9}{10} \times \frac{9}{10} + \frac{1}{2} \times \frac{1}{10} \times \frac{1}{10} = \frac{82}{200}$$

である.

よって，これらを ① に代入すると，

$$p = \frac{\dfrac{81}{200}}{\dfrac{82}{200}} = \frac{81}{82} = 0.987\cdots \; (>0.9)$$

である.

よって， アー ， イー に当てはまるものは

← ・「い」…1枚と「ろ」…1枚，
　・「い」…1枚と「は」…1枚，
　・「ろ」…1枚と「は」…1枚

と直接数え上げて，

$$\frac{{}_1C_1 \times {}_2C_1 + {}_1C_1 \times {}_2C_1 + {}_2C_1 \times {}_2C_1}{{}_5C_2}$$

$$= \frac{4}{5}$$

と求めてもよい.

← ┌─ 条件付き確率 ─────┐

事象 C が起こったときの事象 D
が起こる条件付き確率 $P_C(D)$ は，

$$P_C(D) = \frac{P(C \cap D)}{P(C)}.$$

← 出た面に対してロボットが正しく発
　言する確率は，

$$0.9 = \frac{9}{10}.$$

← 出た面に対してロボットが正しく発
　言しない確率は，

$$0.1 = \frac{1}{10}.$$

である.

【参考】

	E	$\overline{E}$
F	$\dfrac{1}{2} \times \dfrac{9}{10} \times \dfrac{9}{10} = \dfrac{81}{200}$	$\dfrac{1}{2} \times \dfrac{1}{10} \times \dfrac{1}{10} = \dfrac{1}{200}$
$\overline{F}$	$\dfrac{1}{2}\left(\dfrac{9}{10} \times \dfrac{1}{10} + \dfrac{1}{10} \times \dfrac{9}{10} + \dfrac{1}{10} \times \dfrac{1}{10}\right)$ $= \dfrac{19}{200}$	$\dfrac{1}{2}\left(\dfrac{1}{10} \times \dfrac{9}{10} + \dfrac{9}{10} \times \dfrac{1}{10} + \dfrac{9}{10} \times \dfrac{9}{10}\right)$ $= \dfrac{99}{200}$

$\Leftarrow$ $P(F) = P(E \cap F) + P(\overline{E} \cap F)$
$= \dfrac{82}{200}.$

〔2〕

　1回の試行において，1枚のコインを投げるとき，

　　表が出る確率は $\dfrac{1}{2}$，裏が出る確率は $\dfrac{1}{2}$

である.

　コインを3回投げたときの樹形図は次のようにな
る.（　）内の数は持ち点を表す.

⑴　コインを2回投げ終わって持ち点が −2 点である
のは樹形図より，1通りしかない.

　よって，コインを2回投げ終わって持ち点が −2
である確率は，

$$\left(\dfrac{1}{2}\right)^2 \times 1 = \boxed{\dfrac{1}{4}}$$

である.

　また，コインを2回投げ終わって持ち点が1点で
あるのは樹形図より，2通りある.

　よって，コインを2回投げ終わって持ち点が1点
である確率は，

$\Leftarrow$

1回目	2回目
裏	裏

$\Leftarrow$

1回目	2回目
表	裏
裏	表

$$\left(\frac{1}{2}\right)^2 \times 2 = \frac{\boxed{1}}{\boxed{2}}$$

である.

(2) 持ち点が再び0点になることが起こるのは，樹形図より，コインを $\boxed{3}$ 回投げ終わったときである.

コインを3回投げ終わって持ち点が0点になるのは，樹形図より，3通りある.

よって，コインを3回投げ終わって持ち点が0点になる確率は，

$$\left(\frac{1}{2}\right)^3 \times 3 = \frac{\boxed{3}}{\boxed{8}}$$

である.

1回目	2回目	3回目
表	裏	裏
裏	表	裏
裏	裏	表

さらに，コインを5回投げ終わった時点でゲームを終了し，持ち点が4点になっている樹形図は次のようになる．(　)内の数は持ち点を表す.

1回目　　2回目　　3回目　　4回目　　5回目

表(2)
　　　表(4)
　　　　　表(6) ── 裏(5) ── 裏(4)
　　　　　裏(3) ── 表(5) ── 裏(4)
　　　　　　　　　裏(2) ── 表(4)
　　　裏(1) ── 表(3)
　　　　　表(5) ── 裏(4)
　　　　　裏(2) ── 表(4)

裏(−1) ── 表(1) ── 表(3)
　　　　　表(5) ── 裏(4)
　　　　　裏(2) ── 表(4)

← ▨ は，コインを2回投げ終わって持ち点が1点かつゲームが終了した時点で持ち点が4点である試行.

(3) ゲームが終了した時点で持ち点が4点であるのは，樹形図より，7通りある.

よって，ゲームが終了した時点で持ち点が4点である確率は，

$$\left(\frac{1}{2}\right)^5 \times 7 = \frac{\boxed{7}}{\boxed{32}} \qquad \cdots ①$$

である.

(4) ゲームが終了した時点で持ち点が4点であるとき，コインを2回投げ終わって持ち点が1点である条件付き確率は，

$$\left(\begin{array}{l}\text{コインを 2 回投げ終わって持ち点が 1 点}\\\text{かつゲームが終了した時点で持ち点が}\\\text{4 点である確率}\end{array}\right)$$
$$\overline{\left(\begin{array}{l}\text{ゲームが終了した時点で持ち点が 4 点}\\\text{である確率}\end{array}\right)}$$

$$= \frac{\left(\dfrac{1}{2}\right)^5 \times 4}{\dfrac{7}{32}} \quad (\text{① と樹形図より})$$

$$= \frac{\boxed{4}}{\boxed{7}}$$

である.

← 分子の計算は次の表より得られる.

1回目	2回目	3回目	4回目	5回目
表	裏	表	表	裏
表	裏	表	裏	表
裏	表	表	表	裏
裏	表	表	裏	表

第4問　整数の性質

(1) $x = 2.\overset{\cdots}{3}\overset{\cdots}{6}$ とすると，このとき，

$$100 \times x - x = 236.\overset{\cdots}{3}\overset{\cdots}{6} - 2.\overset{\cdots}{3}\overset{\cdots}{6}$$

であるから，x を分数で表すと，

$$99x = 234$$

すなわち，

$$x = \frac{234}{99} = \frac{\boxed{26}}{\boxed{11}}$$

である．

←
$$\begin{array}{r} 100x = 236.363636\cdots \\ -)\quad x = \ \ 2.363636\cdots \\ \hline 99x = 234.000000\cdots. \end{array}$$

(2) $y = 2.\overset{\cdots}{a}\overset{\cdots}{b}_{(7)}$ とすると，このとき，

$$49y - y = 2ab.\overset{\cdots}{a}\overset{\cdots}{b}_{(7)} - 2.\overset{\cdots}{a}\overset{\cdots}{b}_{(7)}$$

であるから，

$$\begin{array}{r} 49y = 2 \times 7^2 + a \times 7 + b + \boxed{a \times \frac{1}{7} + b \times \frac{1}{7^2} + \cdots} \\ -)\quad y = \qquad\qquad\qquad 2 + \boxed{a \times \frac{1}{7} + b \times \frac{1}{7^2} + \cdots} \\ \hline 48y = 2 \times 7^2 + a \times 7 + b - 2 \end{array}$$

すなわち，

$$y = \frac{\boxed{96} + 7 \times a + b}{\boxed{48}} \qquad \cdots ①$$

（ただし，a, b は 0 以上 6 以下の異なる整数）

と表せる．

← ▓ は 0 になる．

・n 進法で $pqr_{(n)}$ と表される整数を 10 進法で表すと，

$$p \times n^2 + q \times n^1 + r.$$

・n 進法で $0.pqr\cdots_{(n)}$ と表される小数を 10 進法で表すと，

$$p \times \frac{1}{n^1} + q \times \frac{1}{n^2} + r \times \frac{1}{n^3} + \cdots.$$

(i) ① は，

$$y = 2 + \frac{7a+b}{48} \left(\begin{array}{l} 1 \le 7a + b \le 47 \ \ \text{より}, \\ 0 < \frac{7a+b}{48} < 1 \end{array} \right) \qquad \cdots ②$$

と変形できる．

これより，y が，分子が奇数で分母が 4 である分数で表されるのは，

$$y = 2 + \frac{12}{48} \quad \text{または} \quad y = 2 + \frac{36}{48} \qquad \cdots ③$$

すなわち，

$$y = \frac{\boxed{9}}{4} \quad \text{または} \quad y = \frac{\boxed{11}}{4}$$

のときである．

$y = \dfrac{11}{4}$ のときは，②，③ より，$7a + b = \boxed{36}$

であるから，

← $a = 0$, $b = 1$ のとき，
$$7a + b = 1.$$
$a = 6$, $b = 5$ のとき，
$$7a + b = 47.$$

← $y = 2 + \dfrac{24}{48}$ も考えられるが，

$$y = \frac{10}{4}$$

となり，条件を満たさない．

$$a = \boxed{5}, \quad b = \boxed{1}$$

である.

(ii) ② より,

$$y - 2 = \frac{7a + b}{48}$$

である.

$y - 2$ は, 分子が1で分母が2以上の整数である分数で表されるとき,

$$7a + b = 1,\ 2,\ 3,\ 4,\ 6,\ 8,\ 12,\ 16,\ 24$$

で表されることが必要である.

$7a + b = 1$ のとき, $(a, b) = (0, 1)$,
$7a + b = 2$ のとき, $(a, b) = (0, 2)$,
$7a + b = 3$ のとき, $(a, b) = (0, 3)$,
$7a + b = 4$ のとき, $(a, b) = (0, 4)$,
$7a + b = 6$ のとき, $(a, b) = (0, 6)$,
$7a + b = 8$ のとき, $(a, b) = (1, 1)$,
$7a + b = 12$ のとき, $(a, b) = (1, 5)$,
$7a + b = 16$ のとき, $(a, b) = (2, 2)$,
$7a + b = 24$ のとき, $(a, b) = (3, 3)$

であるから, $a \neq b$ より,

$$7a + b = 1,\ 2,\ 3,\ 4,\ 6,\ 12$$

に限られる.

このとき, $y - 2$ はそれぞれ

$$y - 2 = \frac{1}{48},\ \frac{1}{24},\ \frac{1}{16},\ \frac{1}{12},\ \frac{1}{8},\ \frac{1}{4}$$

となり, 条件を満たす.

よって, 「$y - 2$ は, 分子が1で分母が2以上の整数である分数で表される」ような y の個数は, 全部で $\boxed{6}$ 個である.

← $0 \leq b \leq 6$ より,

$$30 \leq 7a \leq 36$$

となるから,

$$a = 5.$$

← 48の正の約数のうち, 分母が2以上であるから, 48の半分, つまり, 24以下の正の約数を考えるとよい.

第5問　図形の性質

△ABC にチェバの定理を用いると，

$$\frac{BG}{GA} \times \frac{AE}{EC} \times \frac{CD}{DB} = 1$$

であるから，

$$\frac{BG}{GA} \times \frac{7}{1} \times \frac{1}{7} = 1$$

すなわち，

$$\frac{BG}{AG} = \boxed{1}$$

である．

△ABD と直線 CG にメネラウスの定理を用いると，

$$\frac{DF}{FA} \times \frac{AG}{GB} \times \frac{BC}{CD} = 1$$

であるから，

$$\frac{DF}{FA} \times \frac{1}{1} \times \frac{8}{1} = 1$$

すなわち，

チェバの定理

$$\frac{AL}{LB} \times \frac{BM}{MC} \times \frac{CN}{NA} = 1.$$

メネラウスの定理

$$\frac{AL}{LB} \times \frac{BM}{MC} \times \frac{CN}{NA} = 1.$$

$$\frac{FD}{AF} = \frac{\boxed{1}}{\boxed{8}} \qquad \cdots ①$$

← △ACD と直線 BE にメネラウスの定理を用いて,

$$\frac{DF}{FA} \times \frac{AE}{EC} \times \frac{CB}{BD} = 1$$

$$\frac{DF}{FA} \times \frac{7}{1} \times \frac{8}{7} = 1$$

$$\frac{FD}{AF} = \frac{1}{8}$$

として求めてもよい.

である.

△BCG と直線 AD にメネラウスの定理を用いると,

$$\frac{CF}{FG} \times \frac{GA}{AB} \times \frac{BD}{DC} = 1$$

であるから,

$$\frac{CF}{FG} \times \frac{1}{2} \times \frac{7}{1} = 1$$

すなわち,

$$\frac{FC}{GF} = \frac{\boxed{2}}{\boxed{7}}$$

である.

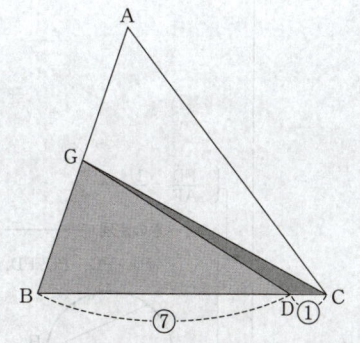

$$(\triangle CDG \text{ の面積}) : (\triangle BDG \text{ の面積}) = CD : BD$$
$$= 1 : 7$$
$$= 9 : 63 \qquad \cdots ②$$

である.
さらに,

←
$$S : T = m : n.$$

22

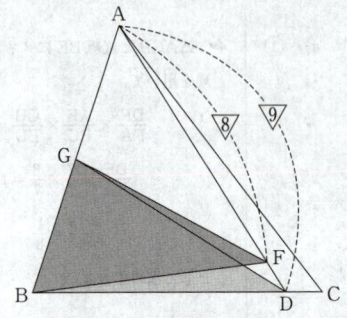

$$(\triangle BDG \text{の面積}):(\triangle BFG \text{の面積})=AD:AF$$
$$=9:8 \quad (①\text{より})$$
$$=63:56 \quad \cdots③$$

である.

よって，②，③より，

$$\frac{(\triangle CDG \text{の面積})}{(\triangle BFG \text{の面積})}=\frac{\boxed{9}}{\boxed{56}}$$

となる.

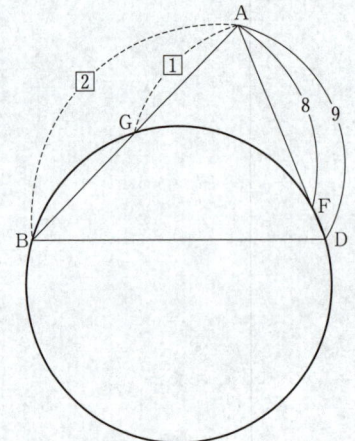

FD＝1 と①より，

$$AF=8, \quad AD=9$$

である.

方べきの定理より，

$$AB\cdot AG=AD\cdot AF$$

すなわち，

$$AB\cdot\frac{1}{2}AB=9\cdot8$$

J，K を上の図のようにとる.

△ADK∽△AFJ より，

$$DK:FJ=AD:AF$$

であるから，

$$\triangle BDG:\triangle BFG$$
$$=\frac{1}{2}BG\cdot DK:\frac{1}{2}BG\cdot FJ$$
$$=DK:FJ$$
$$=AD:AF.$$

$$\frac{FD}{AF}=\frac{1}{8}. \quad \cdots①$$

方べきの定理

$$PA\cdot PB=PC\cdot PD.$$

$\dfrac{GB}{AG}=1$ より，$AG=\dfrac{1}{2}AB.$

であるから,
$$AB^2 = 144$$
となる.

　よって, $AB > 0$ より,
$$AB = \boxed{12} \qquad \cdots ④$$
である.

　さらに, $AE = 3\sqrt{7}$ と $AE : EC = 7 : 1$ より,
$$AC = \frac{7+1}{7}AE = \frac{8}{7} \cdot 3\sqrt{7} = \frac{24}{\sqrt{7}}$$
であるから,
$$AE \cdot AC = 3\sqrt{7} \cdot \frac{24}{\sqrt{7}} = \boxed{72} \qquad \cdots ⑤$$
である.

　$AG = \dfrac{1}{2}AB$ と ④ より,
$$AG = \frac{1}{2} \cdot 12 = 6$$
であるから,
$$AG \cdot AB = 6 \cdot 12 = 72 \qquad \cdots ⑥$$
である.

　したがって, ⑤, ⑥ より,
$$AE \cdot AC = AG \cdot AB$$
が成り立つから, 方べきの定理の逆より, 4 点 B, C, E, G は同一円周上にある.

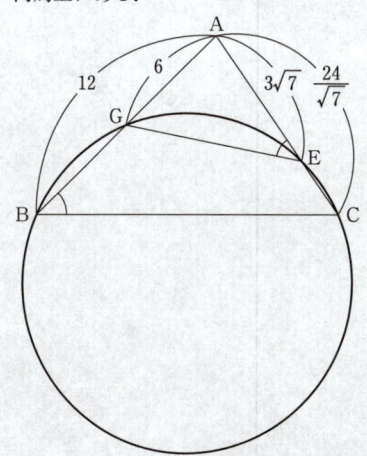

← 方べきの定理の逆 ──
　2 つの線分 AB と CD, または AB の延長と CD の延長が点 P で交わるとき, $PA \cdot PB = PC \cdot PD$ が成り立つならば, 4 点 A, B, C, D は 1 つの円周上にある.

　ゆえに, 四角形 BCEG は円に内接しているから, その性質より,

$$\angle AEG = \angle GBC = \angle ABC$$

である.

よって, ス に当てはまるものは ② である.

← ─ 円に内接する四角形の性質 ─

・内角は, その対角の外角に等しい.

・対角の和は180°である.

$(\alpha + \beta = 180°)$

MEMO

数学II・数学B

解答・採点基準　　(100点満点)

問題番号(配点)	解答記号	正解	配点	自己採点
第1問 (30)	$\dfrac{\sqrt{ア}}{イ}$, ウ	$\dfrac{\sqrt{3}}{2}$, 3	2	
	$\sin\left(\theta+\dfrac{\pi}{エ}\right)$	$\sin\left(\theta+\dfrac{\pi}{3}\right)$	2	
	$\dfrac{オ}{カ}$, $\dfrac{キ}{ク}$	$\dfrac{2}{3}$, $\dfrac{5}{3}$	3	
	ケコ	12	2	
	$\dfrac{サ}{シ}$	$\dfrac{4}{5}$	2	
	$\dfrac{ス}{セ}$	$\dfrac{3}{5}$	2	
	ソ	③	2	
	タチ	11	3	
	$\sqrt{ツテ}$	$\sqrt{13}$	2	
	トナニ	-36	2	
	$ヌX+Y\leqq ネノ$	$2X+Y\leqq 10$	2	
	$ハX-Y\geqq ヒフ$	$3X-Y\geqq -4$	2	
	ヘ	7	2	
	ホ	5	2	
第1問　自己採点小計				
第2問 (30)	$アt+イ$	$2t+2$	2	
	ウ	1	2	
	$エs-オa+カ$	$2s-4a+2$	2	
	$キa^2+ク$	$4a^2+1$	2	
	ケ, コ	0, 2	3	
	$サx+シ$	$2x+1$	2	
	ス	a	2	
	$\dfrac{a^{セ}}{ソ}$	$\dfrac{a^3}{3}$	3	
	タ	1	2	
	$\dfrac{チ}{ツ}$	$\dfrac{1}{3}$	3	
	テ, ト, ナ, $\dfrac{ニ}{ヌ}$	2, 4, 2, $\dfrac{1}{3}$	3	
	$\dfrac{ネ}{ノ}$	$\dfrac{2}{3}$	3	
	$\dfrac{ハ}{ヒフ}$	$\dfrac{2}{27}$	1	
第2問　自己採点小計				

問題番号(配点)	解答記号	正解	配点	自己採点
第3問 (20)	ア	6	2	
	イ	0	1	
	$\dfrac{ウ}{(n+エ)(n+オ)}$	$\dfrac{1}{(n+1)(n+2)}$	2	
	カ	3	2	
	キ	1	1	
	ク, ケ, コ	2, 1, 1	2	
	$\dfrac{サ}{シ}$, $\dfrac{ス}{セ}$	$\dfrac{1}{6}$, $\dfrac{1}{2}$	2	
	$\dfrac{n-ソ}{タ(n+チ)}$	$\dfrac{n-2}{3(n+1)}$	2	
	ツ, テ, ト	3, 1, 4	2	
	$\dfrac{(n+ナ)(n+ニ)}{ヌ}$	$\dfrac{(n+1)(n+2)}{2}$	2	
	ネ, ノ, ハ	1, 0, 0	1	
	ヒ	1	2	
第3問　自己採点小計				
第4問 (20)	$ア\sqrt{イ}$	$3\sqrt{6}$	2	
	$ウ\sqrt{エ}$	$4\sqrt{3}$	2	
	オカ	36	2	
	$\dfrac{キク}{ケ}$	$\dfrac{-2}{3}$	1	
	コ	1	1	
	$サ\sqrt{シ}$	$2\sqrt{6}$	2	
	(ス, セ, ソタ)	(2, 2, -4)	1	
	チ	③	2	
	ツテ	30	2	
	$ト+\dfrac{\sqrt{ナ}}{ニ}$, $ヌ-\dfrac{\sqrt{ネ}}{ノ}$	$1+\dfrac{\sqrt{2}}{2}$, $1-\dfrac{\sqrt{2}}{2}$	2	
	ハヒ	60	1	
	$\sqrt{フ}$	$\sqrt{3}$	1	
	$ヘ\sqrt{ホ}$	$4\sqrt{3}$	1	
第4問　自己採点小計				

問題番号 (配点)	解答記号	正　解	配点	自己採点
第5問 (20)	$\dfrac{ア}{イ}$	$\dfrac{1}{4}$	2	
	$\dfrac{ウ}{エ}$	$\dfrac{1}{2}$	2	
	$\dfrac{\sqrt{オ}}{カ}$	$\dfrac{\sqrt{7}}{4}$	2	
	キクケ	240	2	
	コサ	12	2	
	0.シス	0.02	2	
	セ	2	2	
	$\sqrt{ソ}$	$\sqrt{6}$	2	
	タチ	60	1	
	ツテ	30	1	
	トナ.ニ	44.1	1	
	ヌネ.ノ	55.9	1	
第5問　自己採点小計				
自己採点合計				

(注)
　第1問，第2問は必答。
　第3問～第5問のうちから2問選択。計4問を解答。

第1問　三角関数，指数関数・対数関数

〔1〕

(1) $0 \leqq \theta < 2\pi$ のとき

$$\sin\theta > \sqrt{3}\cos\left(\theta - \frac{\pi}{3}\right) \qquad \cdots ①$$

となる θ の値の範囲を求める.

加法定理を用いると

$$\sqrt{3}\cos\left(\theta - \frac{\pi}{3}\right)$$

$$= \sqrt{3}\left(\cos\theta\cos\frac{\pi}{3} + \sin\theta\sin\frac{\pi}{3}\right)$$

$$= \sqrt{3}\left(\frac{1}{2}\cos\theta + \frac{\sqrt{3}}{2}\sin\theta\right)$$

$$= \frac{\sqrt{\boxed{3}}}{\boxed{2}}\cos\theta + \frac{\boxed{3}}{2}\sin\theta$$

である. よって，三角関数の合成を用いると，① は

$$\sin\theta > \frac{\sqrt{3}}{2}\cos\theta + \frac{3}{2}\sin\theta$$

$$\frac{\sqrt{3}}{2}\cos\theta + \frac{1}{2}\sin\theta < 0$$

$$\sin\left(\theta + \frac{\pi}{\boxed{3}}\right) < 0$$

と変形できる. $0 \leqq \theta < 2\pi$ より，

$\dfrac{\pi}{3} \leqq \theta + \dfrac{\pi}{3} < 2\pi + \dfrac{\pi}{3}$ であるから

$$\pi < \theta + \frac{\pi}{3} < 2\pi$$

である. したがって，求める範囲は

$$\frac{\boxed{2}}{\boxed{3}}\pi < \theta < \frac{\boxed{5}}{\boxed{3}}\pi$$

である.

(2) $0 \leqq \theta \leqq \dfrac{\pi}{2}$ であり，k は実数である. $\sin\theta$ と $\cos\theta$

は x の 2 次方程式 $25x^2 - 35x + k = 0$ の解であると

する. このとき，解と係数の関係により

$$\sin\theta + \cos\theta = \frac{35}{25} = \frac{7}{5} \qquad \cdots ⑥$$

$$\sin\theta\cos\theta = \frac{k}{25} \qquad \cdots ⑦$$

加法定理

$\cos(\alpha + \beta) = \cos\alpha\cos\beta - \sin\alpha\sin\beta$,

$\cos(\alpha - \beta) = \cos\alpha\cos\beta + \sin\alpha\sin\beta$.

三角関数の合成

$(a, b) \neq (0, 0)$ のとき

$a\sin\theta + b\cos\theta = \sqrt{a^2 + b^2}\sin(\theta + \alpha)$.

ただし，

$\cos\alpha = \dfrac{a}{\sqrt{a^2 + b^2}}$, $\sin\alpha = \dfrac{b}{\sqrt{a^2 + b^2}}$.

解と係数の関係

2 次方程式

$$ax^2 + bx + c = 0$$

の二つの解を α, β とすると

$$\begin{cases} \alpha + \beta = -\dfrac{b}{a}, \\ \alpha\beta = \dfrac{c}{a}. \end{cases}$$

が成り立つ．⑥ より

$$(\sin\theta+\cos\theta)^2=\left(\frac{7}{5}\right)^2$$

$$\sin^2\theta+\cos^2\theta+2\sin\theta\cos\theta=\frac{49}{25}$$

である．これと ⑦ より

$$1+\frac{2k}{25}=\frac{49}{25}$$

$\leftarrow\ \sin^2\theta+\cos^2\theta=1.$

であるから

$$k=\boxed{12}$$

である．よって，$\sin\theta$ と $\cos\theta$ は

$$25x^2-35x+12=0$$

すなわち

$$(5x-4)(5x-3)=0$$

の解である．さらに，θ が $\sin\theta\geqq\cos\theta$ を満たすとすると

$$\sin\theta=\frac{\boxed{4}}{\boxed{5}},\quad\cos\theta=\frac{\boxed{3}}{\boxed{5}}$$

である．このとき

$$\sin\frac{\pi}{4}=\frac{\sqrt{2}}{2},\quad\sin\frac{\pi}{3}=\frac{\sqrt{3}}{2}$$

より

$$\sin\frac{\pi}{4}\leqq\sin\theta<\sin\frac{\pi}{3}$$

$\leftarrow$ $\left(\dfrac{\sqrt{2}}{2}\right)^2\leqq\left(\dfrac{4}{5}\right)^2<\left(\dfrac{\sqrt{3}}{2}\right)^2$

すなわち

$\dfrac{50}{100}\leqq\dfrac{64}{100}<\dfrac{75}{100}.$

である．$0\leqq\theta\leqq\dfrac{\pi}{2}$ より，θ は

$$\frac{\pi}{4}\leqq\theta<\frac{\pi}{3}$$

$\leftarrow$

を満たす．よって，$\boxed{\text{ソ}}$ にあてはまるものは

$\boxed{③}$ である．

〔2〕

(1) $$t^{\frac{1}{3}}-t^{-\frac{1}{3}}=-3\quad(t>0)$$

より

$$\left(t^{\frac{1}{3}}-t^{-\frac{1}{3}}\right)^2=(-3)^2$$

$$t^{\frac{2}{3}}+t^{-\frac{2}{3}}-2t^{\frac{1}{3}}t^{-\frac{1}{3}}=9$$

$\leftarrow\ \left(t^{\frac{1}{3}}\right)^2=t^{\frac{1}{3}\cdot2}=t^{\frac{2}{3}}.$

$$t^{\frac{2}{3}}+t^{-\frac{2}{3}}-2=9$$

$\leftarrow\ t^{\frac{1}{3}}t^{-\frac{1}{3}}=t^{\frac{1}{3}+\left(-\frac{1}{3}\right)}=t^0=1.$

$$t^{\frac{2}{3}}+t^{-\frac{2}{3}}=\boxed{11}$$

である.

$$\left(t^{\frac{1}{3}}+t^{-\frac{1}{3}}\right)^2=t^{\frac{2}{3}}+t^{-\frac{2}{3}}+2t^{\frac{1}{3}}t^{-\frac{1}{3}}$$
$$=11+2$$
$$=13$$

より

$$t^{\frac{1}{3}}+t^{-\frac{1}{3}}=\sqrt{\boxed{13}}$$

← $t^{\frac{1}{3}}>0,\ t^{-\frac{1}{3}}>0.$

である.

$$\left(t^{\frac{2}{3}}+t^{-\frac{2}{3}}\right)\left(t^{\frac{1}{3}}-t^{-\frac{1}{3}}\right)=11\cdot(-3)$$
$$t-t^{-1}-\left(t^{\frac{1}{3}}-t^{-\frac{1}{3}}\right)=-33$$
$$t-t^{-1}-(-3)=-33$$
$$t-t^{-1}=\boxed{-36}$$

である.

(2)
$$x>0,\ y>0.$$

$$\begin{cases} \log_3(x\sqrt{y})\leqq 5 & \cdots ② \\ \log_{81}\dfrac{y}{x^3}\leqq 1 & \cdots ③ \end{cases}$$

← $\sqrt{y}=y^{\frac{1}{2}}.$

$X=\log_3 x,\ Y=\log_3 y$ とおくと，② は

$$\log_3 x+\log_3 y^{\frac{1}{2}}\leqq 5$$
$$\log_3 x+\frac{1}{2}\log_3 y\leqq 5$$
$$\boxed{2}\,X+Y\leqq\boxed{10} \qquad \cdots ④$$

← $a>0,\ a\neq 1,\ p>0,\ q>0$ のとき
$$\log_a pq=\log_a p+\log_a q.$$

← $a>0,\ a\neq 1,\ x>0$ のとき
$$\log_a x^p=p\log_a x.$$

と変形でき，③ は

$$\frac{\log_3\dfrac{y}{x^3}}{\log_3 81}\leqq 1$$

底の変換公式

$a,\ b,\ c$ が正の数で，$a\neq 1,\ c\neq 1$ のとき
$$\log_a b=\frac{\log_c b}{\log_c a}.$$

$$\frac{\log_3\dfrac{y}{x^3}}{4}\leqq 1$$
$$\log_3 y-3\log_3 x\leqq 4$$
$$\boxed{3}\,X-Y\geqq\boxed{-4} \qquad \cdots ⑤$$

← $a>0,\ a\neq 1,\ x>0$ のとき
$$\log_a x=p \iff a^p=x.$$

← $a>0,\ a\neq 1,\ p>0,\ q>0$ のとき
$$\log_a\frac{q}{p}=\log_a q-\log_a p.$$

と変形できる．④×3+⑤×(−2) より

$$5Y\leqq 38$$

すなわち

$$Y\leqq\frac{38}{5}\ (=7.6)$$

であるから，X と Y が ④ と ⑤ を満たすとき，Y のとり得る最大の整数の値は $\boxed{7}$ である．$Y=7$，

すなわち $\log_3 y = 7$ のとき ④, ⑤ は
$$2X \leqq 3, \quad 3X \geqq 3$$
となるから
$$1 \leqq X \leqq \frac{3}{2}$$
$$1 \leqq \log_3 x \leqq \frac{3}{2}$$
$$3^1 \leqq x \leqq 3^{\frac{3}{2}}$$
である．よって，x のとり得る最大の整数の値は
$\boxed{5}$ である．

$a > 1, \ x > 0$ のとき
$$p \leqq \log_a x \leqq q \iff a^p \leqq x \leqq a^q.$$
$$5^2 < \left(3^{\frac{3}{2}}\right)^2 < 6^2$$
すなわち
$$25 < 27 < 36.$$

第2問　微分法・積分法

$f(x) = x^2 - (4a-2)x + 4a^2 + 1. \quad (a > 0.)$

$C : y = x^2 + 2x + 1. \quad (y' = 2x + 2.)$

$D : y = f(x). \quad (f'(x) = 2x - (4a-2).)$

(1)　C と D の両方に接する直線 ℓ の方程式を求める．

　ℓ と C は点 $(t, t^2 + 2t + 1)$ において接するとすると，ℓ の方程式は

$$y = (2t+2)(x-t) + t^2 + 2t + 1$$
$$= \left(\boxed{2}\,t + \boxed{2}\,\right)x - t^2 + \boxed{1} \quad \cdots ①$$

である．また，ℓ と D は点 $(s, f(s))$ において接するとすると，ℓ の方程式は

$$y = (2s - 4a + 2)(x - s) + s^2 - (4a-2)s + 4a^2 + 1$$
$$= \left(\boxed{2}\,s - \boxed{4}\,a + \boxed{2}\,\right)x$$
$$\qquad - s^2 + \boxed{4}\,a^2 + \boxed{1} \quad \cdots ②$$

である．ここで，① と ② は同じ直線を表しているので

$$2t + 2 = 2s - 4a + 2$$
$$-t^2 + 1 = -s^2 + 4a^2 + 1$$

が成り立つ．これを t と s について解くと

$$t = \boxed{0}, \quad s = \boxed{2}\,a$$

が成り立つ．したがって ℓ の方程式は

$$y = \boxed{2}\,x + \boxed{1}$$

である．

(2)　二つの放物線 C，D の交点の x 座標は

$$x^2 + 2x + 1 = x^2 - (4a-2)x + 4a^2 + 1$$

すなわち

$$4ax = 4a^2$$

より

$$x = \boxed{a}$$

である．

　C と直線 ℓ，および直線 $x = a$ で囲まれた図形の面積 S は

$$S = \int_0^a \{(x^2 + 2x + 1) - (2x + 1)\}\,dx$$
$$= \int_0^a x^2\,dx$$
$$= \left[\frac{1}{3}x^3\right]_0^a$$

導関数

$(x^n)' = nx^{n-1} \quad (n = 1, 2, 3, \cdots),$

$(c)' = 0 \quad (c \text{ は定数}).$

接線の方程式

　曲線 $y = f(x)$ 上の点 $(t, f(t))$ における接線の方程式は

$$y - f(t) = f'(t)(x - t).$$

◀ $t = s - 2a.$

面積

　区間 $\alpha \le x \le \beta$ においてつねに $g(x) \le f(x)$ ならば 2 曲線 $y = f(x)$，$y = g(x)$ および直線 $x = \alpha$，$x = \beta$ で囲まれた部分の面積は

$$S = \int_\alpha^\beta \{f(x) - g(x)\}\,dx.$$

定積分

$$\int (x - \alpha)^n\,dx = \frac{1}{n+1}(x - \alpha)^{n+1} + C$$

$(n = 0, 1, 2, \cdots. \; C \text{ は積分定数})$

であり，$f(x)$ の原始関数の一つを $F(x)$ とすると

$$\int_\alpha^\beta f(x)\,dx = \Big[F(x)\Big]_\alpha^\beta$$
$$= F(\beta) - F(\alpha).$$

$$= \frac{a^{\boxed{3}}}{\boxed{3}}$$

である.

(3) 二つの放物線 C, D と直線 ℓ で囲まれた図形の中で $0 \leqq x \leqq 1$ を満たす部分の面積 T は, $a > \boxed{1}$ のとき

a の値によらず

$$T = \int_0^1 \{(x^2 + 2x + 1) - (2x + 1)\}\,dx$$

$$= \int_0^1 x^2\,dx$$

$$= \left[\frac{1}{3}x^3\right]_0^1$$

$$= \frac{\boxed{1}}{\boxed{3}}$$

である.

$\dfrac{1}{2} \leq a \leq 1$ のとき

← $a \leq 1 \leq 2a$.

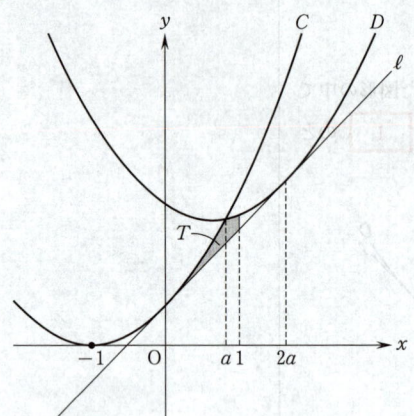

$$T = S + \int_a^1 \{(x^2 - (4a-2)x + 4a^2 + 1) - (2x+1)\}\,dx$$

$$= \dfrac{a^3}{3} + \int_a^1 (x-2a)^2\,dx$$

$$= \dfrac{a^3}{3} + \left[\dfrac{(x-2a)^3}{3}\right]_a^1$$

$$= \dfrac{2a^3 + (1-2a)^3}{3}$$

$$= -\boxed{2}\,a^3 + \boxed{4}\,a^2 - \boxed{2}\,a + \dfrac{\boxed{1}}{\boxed{3}}$$

である.

(4) (2), (3)で定めた S, T に対して, $U = 2T - 3S$ とおくと, $\dfrac{1}{2} \leq a \leq 1$ のとき

$$U = 2\left(-2a^3 + 4a^2 - 2a + \dfrac{1}{3}\right) - 3 \cdot \dfrac{a^3}{3}$$

$$= -5a^3 + 8a^2 - 4a + \dfrac{2}{3}$$

であり

$$U' = -15a^2 + 16a - 4$$

$$= -(5a-2)(3a-2)$$

であるから, $\dfrac{1}{2} \leq a \leq 1$ における U の増減は次のようになる.

a	$\dfrac{1}{2}$	$\cdots$	$\dfrac{2}{3}$	$\cdots$	1
U'		$+$	0	$-$	
U		$\nearrow$	$\dfrac{2}{27}$	$\searrow$	

よって，a が $\dfrac{1}{2} \leqq a \leqq 1$ の範囲を動くとき，U は

$a = \dfrac{\boxed{2}}{\boxed{3}}$ で最大値 $\dfrac{\boxed{2}}{\boxed{27}}$ をとる.

$y = U'$ のグラフを描くと U' の符号の変化がわかりやすい.

第3問　数列

$a_1 = 0$

$a_{n+1} = \dfrac{n+3}{n+1}\{3a_n + 3^{n+1} - (n+1)(n+2)\}$

$$(n = 1, 2, 3, \cdots) \quad \cdots ①$$

(1) ① において，$n = 1$ とすると

$$a_2 = \frac{4}{2}(3a_1 + 3^2 - 2 \cdot 3)$$

$$= \boxed{6}$$

である．

(2) 　　　　　$b_n = \dfrac{a_n}{3^n(n+1)(n+2)}$

より

$$b_1 = \frac{a_1}{3^1 \cdot 2 \cdot 3} = \boxed{0}$$

である．① の両辺を $3^{n+1}(n+2)(n+3)$ で割ると

$$\frac{a_{n+1}}{3^{n+1}(n+2)(n+3)}$$

$$= \frac{a_n}{3^n(n+1)(n+2)} + \frac{1}{(n+1)(n+2)} - \left(\frac{1}{3}\right)^{n+1}$$

となるから

$$b_{n+1} = b_n + \frac{\boxed{1}}{\left(n+\boxed{1}\right)\left(n+\boxed{2}\right)} - \left(\frac{1}{\boxed{3}}\right)^{n+1}$$

を得る．したがって

$$b_{n+1} - b_n = \left(\frac{\boxed{1}}{n+1} - \frac{1}{n+2}\right) - \left(\frac{1}{3}\right)^{n+1}$$

である．

$\Leftarrow$ $\dfrac{1}{n+1} - \dfrac{1}{n+2} = \dfrac{(n+2)-(n+1)}{(n+1)(n+2)}$

$\qquad = \dfrac{1}{(n+1)(n+2)}.$

n を 2 以上の自然数とするとき

$$\sum_{k=1}^{n-1}\left(\frac{1}{k+1} - \frac{1}{k+2}\right)$$

$$= \left(\frac{1}{2} - \frac{1}{3}\right) + \left(\frac{1}{3} - \frac{1}{4}\right) + \left(\frac{1}{4} - \frac{1}{5}\right) + \cdots + \left(\frac{1}{n} - \frac{1}{n+1}\right)$$

$$= \frac{1}{2} - \frac{1}{n+1}$$

$$= \frac{(n+1)-2}{2(n+1)}$$

$$= \frac{1}{\boxed{2}}\left(\frac{n - \boxed{1}}{n + \boxed{1}}\right)$$

であり

$$\sum_{k=1}^{n-1}\left(\frac{1}{3}\right)^{k+1}=\left(\frac{1}{3}\right)^2\cdot\frac{1-\left(\frac{1}{3}\right)^{n-1}}{1-\frac{1}{3}}$$

$$=\frac{\boxed{1}}{\boxed{6}}-\frac{\boxed{1}}{\boxed{2}}\left(\frac{1}{3}\right)^n$$

であるから，n が 2 以上の自然数のとき

$$b_n=b_1+\frac{1}{2}\left(\frac{n-1}{n+1}\right)-\frac{1}{6}+\frac{1}{2}\left(\frac{1}{3}\right)^n$$

$$=\frac{3(n-1)-(n+1)}{6(n+1)}+\frac{1}{2}\left(\frac{1}{3}\right)^n$$

$$=\frac{n-\boxed{2}}{\boxed{3}(n+\boxed{1})}+\frac{1}{2}\left(\frac{1}{3}\right)^n$$

が得られる．これは $n=1$ のときも成り立つ．

(3) (2)により，$\{a_n\}$ の一般項は

$$a_n=3^n(n+1)(n+2)b_n$$

$$=\boxed{3}^{\,n-\boxed{1}}\left(n^2-\boxed{4}\right)$$

$$+\frac{\left(n+\boxed{1}\right)\left(n+\boxed{2}\right)}{2}$$

で与えられる．

　このことから，すべての自然数 n について，a_n は整数となることがわかる．

(4) n が 2 以上の整数のとき $3^{n-1}(n^2-4)$ は 3 で割り切れる．

　k が自然数のとき，$\dfrac{(n+1)(n+2)}{2}$ は，$n=3k$,

$3k+1$, $3k+2$ とするとそれぞれ

$$\frac{(3k+1)(3k+2)}{2}=\frac{9k^2+9k+2}{2}=9\cdot\frac{k(k+1)}{2}+1$$

$$\frac{(3k+2)(3k+3)}{2}=3\cdot\frac{(3k+2)(k+1)}{2}$$

$$\frac{(3k+3)(3k+4)}{2}=3\cdot\frac{(k+1)(3k+4)}{2}$$

となる．よって，a_{3k}, a_{3k+1}, a_{3k+2} を 3 で割った余りはそれぞれ $\boxed{1}$, $\boxed{0}$, $\boxed{0}$ である．したがって

$$a_{3k}=3m_{3k}+1,\quad a_{3k+1}=3m_{3k+1},\quad a_{3k+2}=3m_{3k+2}$$

$$(m_{3k},\ m_{3k+1},\ m_{3k+2}\ \text{は整数})$$

◀ 等比数列の和

　初項 a，公比 r，項数 n の等比数列の和は，$r\neq1$ のとき

$$a\cdot\frac{(1-r^n)}{1-r}.$$

◀ 階差数列

　数列 $\{b_n\}$ に対して

　$c_n=b_{n+1}-b_n$　$(n=1,2,3,\cdots)$

で定められる数列 $\{c_n\}$ を $\{b_n\}$ の階差数列という．

$$b_n=b_1+\sum_{k=1}^{n-1}c_k\quad(n\geq2)$$

が成り立つ．

◀ n, $n+1$ は偶奇が異なるから

$\dfrac{n(n+1)}{2}$ は整数．

$\begin{cases} 3k+2,\ k+1\text{ は偶奇が異なるから} \\[2pt] \dfrac{(3k+2)(k+1)}{2}\text{ は整数．} \end{cases}$

$\begin{cases} k+1,\ 3k+4\text{ は偶奇が異なるから} \\[2pt] \dfrac{(k+1)(3k+4)}{2}\text{ は整数．} \end{cases}$

とおくと

$$\sum_{k=1}^{2020} a_k = a_1 + a_2 + (a_3 + a_4 + a_5) + (a_6 + a_7 + a_8) +$$

$$\cdots + (a_{3\cdot672} + a_{3\cdot672+1} + a_{3\cdot672+2}) + a_{2019} + a_{2020}$$ ← $3\cdot672+2=2018$.

$$= a_1 + a_2 + \sum_{k=1}^{672}(a_{3k} + a_{3k+1} + a_{3k+2}) + a_{2019} + a_{2020}$$

$$= 0 + 6 + \sum_{k=1}^{672}\{(3m_{3k}+1) + 3m_{3k+1} + 3m_{3k+2}\}$$

$$+ (3m_{2019}+1) + 3m_{2020}$$ ← $3\cdot673=2019, \ 3\cdot673+1=2020$.

$$= 3\cdot2 + 3\sum_{k=1}^{672}(m_{3k} + m_{3k+1} + m_{3k+2}) + \sum_{k=1}^{672}1$$

$$+ 3(m_{2019} + m_{2020}) + 1$$

$$= 3\cdot2 + 3\sum_{k=1}^{672}(m_{3k} + m_{3k+1} + m_{3k+2})$$

$$+ 3(m_{2019} + m_{2020}) + 3\cdot224 + 1$$ ← $\sum_{k=1}^{672}1 = 672 = 3\cdot224$.

と表せるから，$\{a_n\}$ の初項から第 2020 項までの和を 3

で割った余りは $\boxed{1}$ である．

第4問　空間ベクトル

O が原点.

A$(3, 3, -6)$,　B$(2+2\sqrt{3}, 2-2\sqrt{3}, -4)$.

3 点 O, A, B の定める平面が α.

α に含まれる点 C は

$$\overrightarrow{\mathrm{OA}} \perp \overrightarrow{\mathrm{OC}},\quad \overrightarrow{\mathrm{OB}} \cdot \overrightarrow{\mathrm{OC}} = 24 \qquad \cdots ①$$

を満たす.

← $\overrightarrow{\mathrm{OA}} = 3(1, 1, -2)$.

(1) $\left|\overrightarrow{\mathrm{OA}}\right| = 3\sqrt{1^2+1^2+(-2)^2} = \boxed{3}\sqrt{\boxed{6}}$

$\left|\overrightarrow{\mathrm{OB}}\right| = 2\sqrt{(1+\sqrt{3})^2+(1-\sqrt{3})^2+(-2)^2}$

$\qquad = \boxed{4}\sqrt{\boxed{3}}$

であり

$\overrightarrow{\mathrm{OA}} \cdot \overrightarrow{\mathrm{OB}} = 3 \cdot 2\{1 \cdot (1+\sqrt{3}) + 1 \cdot (1-\sqrt{3}) + (-2)(-2)\}$

$\qquad = \boxed{36}$

である.

(2) 点 C は平面 α 上にあるので，実数 s, t を用いて，

$$\overrightarrow{\mathrm{OC}} = s\overrightarrow{\mathrm{OA}} + t\overrightarrow{\mathrm{OB}}$$

と表すことができる．① より

$\overrightarrow{\mathrm{OA}} \cdot \overrightarrow{\mathrm{OC}} = 0$

$\overrightarrow{\mathrm{OA}} \cdot (s\overrightarrow{\mathrm{OA}} + t\overrightarrow{\mathrm{OB}}) = 0$

$s\left|\overrightarrow{\mathrm{OA}}\right|^2 + t\overrightarrow{\mathrm{OA}} \cdot \overrightarrow{\mathrm{OB}} = 0$

$s(3\sqrt{6})^2 + t \cdot 36 = 0$

$3s + 2t = 0 \qquad \cdots ②$

が成り立つ．さらに，① より

$\overrightarrow{\mathrm{OB}} \cdot (s\overrightarrow{\mathrm{OA}} + t\overrightarrow{\mathrm{OB}}) = 24$

$s\overrightarrow{\mathrm{OA}} \cdot \overrightarrow{\mathrm{OB}} + t\left|\overrightarrow{\mathrm{OB}}\right|^2 = 24$

$s \cdot 36 + t \cdot (4\sqrt{3})^2 = 24$

$3s + 4t = 2 \qquad \cdots ③$

が成り立つ．②，③ より，$s = \dfrac{\boxed{-2}}{\boxed{3}}$, $t = \boxed{1}$ で

ある．したがって

$\overrightarrow{\mathrm{OC}} = -\dfrac{2}{3}\overrightarrow{\mathrm{OA}} + \overrightarrow{\mathrm{OB}}$

$\qquad = -\dfrac{2}{3}(3, 3, -6) + (2+2\sqrt{3}, 2-2\sqrt{3}, -4)$

$\qquad = 2\sqrt{3}(1, -1, 0)$

であるから

← ┌ 内積 ──────────────

$\vec{a} = (a_1, a_2, a_3)$, $\vec{b} = (b_1, b_2, b_3)$

のとき

$\vec{a} \cdot \vec{b} = a_1b_1 + a_2b_2 + a_3b_3$.

特に

$\left|\vec{a}\right|^2 = \vec{a} \cdot \vec{a} = a_1{}^2 + a_2{}^2 + a_3{}^2$.

← ┌ 内積 ──────────────

$\vec{0}$ でない 2 つのベクトル $\vec{a}$ と

$\vec{b}$ のなす角を θ $(0° \leqq \theta \leqq 180°)$ と

すると

$\vec{a} \cdot \vec{b} = \left|\vec{a}\right|\left|\vec{b}\right|\cos\theta$.

特に，$\theta = 90°$ のとき

$\vec{a} \cdot \vec{b} = \left|\vec{a}\right|\left|\vec{b}\right|\cos 90° = 0$.

$$|\overrightarrow{OC}| = 2\sqrt{3}\sqrt{1^2+(-1)^2+0^2} = \boxed{2}\sqrt{\boxed{6}}$$

である.

(3) $\overrightarrow{CB} = \overrightarrow{OB} - \overrightarrow{OC}$

$$= (2+2\sqrt{3},\ 2-2\sqrt{3},\ -4) - 2\sqrt{3}(1,\ -1,\ 0)$$

$$= (\boxed{2},\ \boxed{2},\ \boxed{-4})$$

$$= \frac{2}{3}\overrightarrow{OA}$$

である. よって, 平面 α 上の四角形 OABC は平行四辺形ではないが, 台形である. したがって, $\boxed{\text{チ}}$ にあてはまるものは $\boxed{③}$ である.

$\overrightarrow{OA} \perp \overrightarrow{OC}$ であるので, 四角形 OABC の面積は

$$\frac{1}{2}(OA+CB)OC = \frac{1}{2}(3\sqrt{6}+2\sqrt{6})2\sqrt{6} = \boxed{30}$$

である.

(4) 点 D の z 座標は 1 であるから, D$(x,\ y,\ 1)$ とおける.

$$\overrightarrow{OA} \cdot \overrightarrow{OD} = 0,\quad \overrightarrow{OC} \cdot \overrightarrow{OD} = 2\sqrt{6}$$

← $\overrightarrow{OA} \perp \overrightarrow{OD}$ より $\overrightarrow{OA} \cdot \overrightarrow{OD} = 0$.

より

$$1 \cdot x + 1 \cdot y + (-2) \cdot 1 = 0,$$
$$2\sqrt{3} \cdot x + (-2\sqrt{3}) \cdot y + 0 \cdot 1 = 2\sqrt{6}$$

すなわち

$$x+y = 2,\quad x-y = \sqrt{2}$$

が成り立つ. これより

$$x = 1+\frac{\sqrt{2}}{2},\quad y = 1-\frac{\sqrt{2}}{2}$$

である. よって, 点 D の座標は

$$\left(\boxed{1}+\frac{\sqrt{\boxed{2}}}{\boxed{2}},\ \boxed{1}-\frac{\sqrt{\boxed{2}}}{\boxed{2}},\ 1\right)$$

である. このとき

$$|\overrightarrow{OD}| = \sqrt{\left(1+\frac{\sqrt{2}}{2}\right)^2 + \left(1-\frac{\sqrt{2}}{2}\right)^2 + 1^2} = 2$$

である.

$$\overrightarrow{OC} \cdot \overrightarrow{OD} = 2\sqrt{6}$$

より

$$|\overrightarrow{OC}||\overrightarrow{OD}|\cos\angle COD = 2\sqrt{6}$$

すなわち

$$2\sqrt{6} \cdot 2\cos\angle COD = 2\sqrt{6}$$

であるから

$$\cos\angle COD = \frac{1}{2}$$

である．よって

$$\angle COD = \boxed{60}°$$

である．$\overrightarrow{OC}$ に垂直で点 D を通る直線が直線 OC と交点 H をもつとき

$$DH = OD\sin\angle COD = 2\sin 60° = \sqrt{3}$$

である．

　3 点 O，C，D の定める平面が β であり，$\overrightarrow{OA}\perp\overrightarrow{OC}$，$\overrightarrow{OA}\perp\overrightarrow{OD}$ であるから，$\overrightarrow{OA}\perp$（平面 β）である．よって，α と β は垂直である．したがって，三角形 ABC を底面とする四面体 DABC の高さは，$DH = \sqrt{\boxed{3}}$ である．

$$\triangle ABC = \frac{1}{2}CB \cdot OC = \frac{1}{2}(2\sqrt{6})^2 = 12$$

であるから，四面体 DABC の体積は

$$\frac{1}{3} \cdot \triangle ABC \cdot DH = \frac{1}{3} \cdot 12 \cdot \sqrt{3} = \boxed{4}\sqrt{\boxed{3}}$$

である．

第5問　確率分布と統計的な推測

ある市立図書館の利用状況について調査を行った.

(1) ある高校の生徒 720 人全員を対象に, ある 1 週間に
市立図書館で借りた本の冊数について調査を行った結
果, 1 冊も借りなかった生徒が 612 人, 1 冊借りた生徒
が 54 人, 2 冊借りた生徒が 36 人であり, 3 冊借りた生
徒が 18 人であった. 4 冊以上借りた生徒はいなかっ
た.

この高校の生徒から 1 人を無作為に選んだとき, そ
の生徒が借りた本の冊数を表す確率変数を X とする
と, X の平均(期待値)は

$$E(X) = \frac{0 \cdot 612 + 1 \cdot 54 + 2 \cdot 36 + 3 \cdot 18}{720} = \boxed{\dfrac{1}{4}}$$

であり, X^2 の平均は

$$E(X^2) = \frac{0^2 \cdot 612 + 1^2 \cdot 54 + 2^2 \cdot 36 + 3^2 \cdot 18}{720} = \boxed{\dfrac{1}{2}}$$

である. よって, X の標準偏差は

$$\sigma(X) = \sqrt{V(X)}$$
$$= \sqrt{E(X^2) - \{E(X)\}^2}$$
$$= \sqrt{\frac{1}{2} - \left(\frac{1}{4}\right)^2}$$
$$= \frac{\sqrt{\boxed{7}}}{\boxed{4}}$$

である.

(2) 市内の高校生全員を母集団とし, ある 1 週間に市立
図書館を利用した生徒の割合(母比率)を p とする. こ
の母集団から 600 人を無作為に選んだとき, その 1 週
間に市立図書館を利用した生徒の数を確率変数 Y で表
す. Y は二項分布 $B(600, p)$ に従う.

$p = 0.4$ のとき, Y の平均は

$$E(Y) = 600 \cdot 0.4 = \boxed{240}$$

になり, 標準偏差は

$$\sigma(Y) = \sqrt{V(Y)} = \sqrt{600 \cdot 0.4(1 - 0.4)} = \boxed{12}$$

になる. ここで, $Z = \dfrac{Y - 240}{12}$ とおくと, 標本数 600
は十分に大きいので, Z は近似的に標準正規分布に従

平均(期待値), 分散

確率変数 X のとり得る値を
$$x_1, x_2, \cdots, x_n$$
とし, X がこれらの値をとる確率
をそれぞれ
$$p_1, p_2, \cdots, p_n$$
とすると, X の平均(期待値) $E(X)$ は
$$E(X) = \sum_{k=1}^{n} x_k p_k.$$

また, X の分散 $V(X)$ は
$E(X) = m$ として
$$V(X) = \sum_{k=1}^{n} (x_k - m)^2 p_k \quad \cdots (*)$$
または
$$V(X) = E(X^2) - \{E(X)\}^2. \cdots (**)$$
ここでは $(**)$ を用いた.

$\sqrt{V(X)}$ を X の標準偏差という.

二項分布

n を自然数とする.
確率変数 X のとり得る値が
$$0, 1, 2, \cdots, n$$
であり, X の確率分布が
$$P(X = r) = {}_n C_r\, p^r (1-p)^{n-r}$$
$$(r = 0, 1, 2, \cdots, n)$$
であるとき, X の確率分布を二項
分布といい, $B(n, p)$ で表す.

二項分布の平均(期待値), 分散

確率変数 X が二項分布 $B(n, p)$
に従うとき, $q = 1 - p$ とすると X
の平均(期待値) $E(X)$ と分散
$V(X)$ は
$$E(X) = np,$$
$$V(X) = npq$$
である.

標準正規分布

平均 0, 標準偏差 1 の正規分布を
標準正規分布という.

う．このことを利用して，Y が 215 以下となる確率を
求めると

$$P(Y \leqq 215) = P\left(\frac{Y-240}{12} \leqq \frac{215-240}{12}\right)$$
$$= P(Z \leqq -2.08)$$
$$= P(Z \geqq 2.08)$$
$$= 0.5 - P(0 \leqq Z \leqq 2.08)$$
$$= 0.5 - 0.4812$$
$$= 0.\boxed{02}$$

になる．

　また，$p = 0.2$ のとき Y の平均は

$$600 \cdot 0.2 = \frac{1}{2} \cdot 600 \cdot 0.4 = \frac{1}{2} \cdot 240$$

より，240 の $\dfrac{1}{\boxed{2}}$ 倍，標準偏差は

$$\sqrt{600 \cdot 0.2(1-0.2)} = \sqrt{\frac{1}{2} \cdot \frac{4}{3} \cdot 600 \cdot 0.4(1-0.4)}$$
$$= \frac{\sqrt{6}}{3} \cdot 12$$

より，12 の $\dfrac{\sqrt{\boxed{6}}}{3}$ 倍である．

← 正規分布表より
$P(0 \leqq Z \leqq 2.08) = 0.4812.$

(3) 市立図書館に利用者登録のある高校生全員を母集団
とする．1 回あたりの利用時間（分）を表す確率変数を
W とし，W は母平均 m，母標準偏差 30 の分布に従う
とする．この母集団から大きさ n の標本 W_1, W_2, $\cdots$,
W_n を無作為に抽出した．

　利用時間が 60 分をどの程度超えるかについて調査
するために

$$U_1 = W_1 - 60, \quad U_2 = W_2 - 60, \quad \cdots, \quad U_n = W_n - 60$$

とおくと，確率変数 U_1, U_2, $\cdots$, U_n の平均と標準偏差
はそれぞれ

$$E(U_1) = E(U_2) = \cdots = E(U_n)$$
$$= E(W_1 - 60) = E(W_2 - 60) = \cdots = E(W_n - 60)$$
$$= m - \boxed{60}$$

$$\sigma(U_1) = \sigma(U_2) = \cdots = \sigma(U_n)$$
$$= \sigma(W_1 - 60) = \sigma(W_2 - 60) = \cdots = \sigma(W_n - 60)$$
$$= \boxed{30}$$

である．

X は確率変数，a, b は定数とする．
$$E(aX + b) = aE(X) + b$$
$$V(aX + b) = a^2 V(X).$$

　$t=m-60$ として，t に対する信頼度95%の信頼区間を求める.

　この母集団から無作為抽出された100人の生徒に対して U_1, U_2, $\cdots$, U_{100} の値を調べたところ，その標本平均の値が50分であった．標本数は十分大きいことを利用して，この信頼区間を求めると

$$50-1.96\cdot\frac{30}{\sqrt{100}}\leqq t\leqq 50+1.96\cdot\frac{30}{\sqrt{100}}$$

すなわち

$$\boxed{44}\ .\ \boxed{1}\ \leqq t\leqq\ \boxed{55}\ .\ \boxed{9}$$

になる.

← 母平均の推定

　標本平均を $\overline{X}$，母標準偏差を σ とすると，標本の大きさ n が大きいとき，母平均 m に対する信頼度95%の信頼区間は

$$\left[\overline{X}-1.96\cdot\frac{\sigma}{\sqrt{n}},\ \overline{X}+1.96\cdot\frac{\sigma}{\sqrt{n}}\right].$$

数学Ⅰ・数学A
数学Ⅱ・数学B

（2019年1月実施）

	受験者数	平均点
数学Ⅰ・数学A	392,486	59.68
数学Ⅱ・数学B	349,405	53.21

2

数学 I・数学 A

解答・採点基準　(100点満点)

問題番号(配点)	解答記号	正解	配点	自己採点
	$(\mathcal{ア}a-\mathcal{イ})^2$	$(3a-1)^2$	2	
	$\mathcal{ウ}a+\mathcal{エ}$	$4a+1$	2	
	$\mathcal{オカ}a+\mathcal{キ}$	$-2a+3$	2	
	$\mathcal{ク}$	6	2	
	$\dfrac{\mathcal{ケコ}}{\mathcal{サ}}$	$\dfrac{-7}{3}$	2	
	$\mathcal{シ}$	⓪	2	
	$\mathcal{ス}$	②	2	
第1問	$\mathcal{セ}$	⓪	2	
(30)	$\mathcal{ソ}$	②	2	
	$\mathcal{タ}$	③	2	
	$\dfrac{b}{\mathcal{チ}}$	$\dfrac{b}{2}$	2	
	$-\dfrac{b^2}{\mathcal{ツ}}+ab+\mathcal{テ}$	$-\dfrac{b^2}{4}+ab+1$	2	
	$\mathcal{ト}$, $\mathcal{ナ}$	5, 1	2	
	$\dfrac{\mathcal{ニ}}{\mathcal{ヌ}}$	$\dfrac{3}{2}$	2	
	$\dfrac{\mathcal{ネノ}}{\mathcal{ハ}}$	$\dfrac{-1}{4}$	2	
第1問　自己採点小計				
	$\dfrac{\mathcal{アイ}}{\mathcal{ウ}}$, $\mathcal{エ}$	$\dfrac{-1}{4}$, ②	4	
	$\dfrac{\sqrt{\mathcal{オカ}}}{\mathcal{キ}}$	$\dfrac{\sqrt{15}}{4}$	3	
	$\dfrac{\mathcal{ク}}{\mathcal{ケ}}$	$\dfrac{1}{4}$	2	
	$\mathcal{コ}$	4	3	
	$\dfrac{\mathcal{サ}\sqrt{\mathcal{シス}}}{\mathcal{セ}}$	$\dfrac{7\sqrt{15}}{4}$	3	
第2問	$\mathcal{ソ}$	③	3	
(30)	$\mathcal{タ}$	④	3	
	$\mathcal{チ}$, $\mathcal{ツ}$	④, ⑦ (解答の順序は問わない)	4 (各2)	
	$\mathcal{テ}$	⓪	1	
	$\mathcal{ト}$	⓪	1	
	$\mathcal{ナ}$	①	1	
	$\mathcal{ニ}$	②	2	
第2問　自己採点小計				

問題番号(配点)	解答記号	正解	配点	自己採点
	$\dfrac{\mathcal{ア}}{\mathcal{イ}}$	$\dfrac{4}{9}$	2	
	$\dfrac{\mathcal{ウ}}{\mathcal{エ}}$	$\dfrac{1}{6}$	2	
	$\dfrac{\mathcal{オキ}}{\mathcal{カキ}}$	$\dfrac{7}{18}$	3	
第3問	$\dfrac{\mathcal{ク}}{\mathcal{ケ}}$	$\dfrac{1}{6}$	2	
(20)	$\dfrac{\mathcal{コサ}}{\mathcal{シスセ}}$	$\dfrac{43}{108}$	2	
	$\dfrac{\mathcal{ソタチ}}{\mathcal{ツテト}}$	$\dfrac{259}{648}$	3	
	$\dfrac{\mathcal{ナニ}}{\mathcal{ヌネ}}$	$\dfrac{21}{43}$	3	
	$\dfrac{\mathcal{ノハ}}{\mathcal{ヒフヘ}}$	$\dfrac{88}{259}$	3	
第3問　自己採点小計				
	$\mathcal{ア}$, $\mathcal{イウ}$	8, 17	3	
	$\mathcal{エオ}$, $\mathcal{カキ}$	23, 49	2	
	$\mathcal{ク}$, $\mathcal{ケコ}$	8, 17	3	
第4問	$\mathcal{サ}$, $\mathcal{シス}$	7, 15	3	
(20)	$\mathcal{セ}$	2	2	
	$\mathcal{ソ}$	6	2	
	$\mathcal{タ}$, $\mathcal{チ}$, $\mathcal{ツテ}$	3, 2, 23	2	
	$\mathcal{トナニ}$	343	3	
第4問　自己採点小計				
	$\dfrac{\sqrt{\mathcal{ア}}}{\mathcal{イ}}$	$\dfrac{\sqrt{6}}{2}$	4	
	$\mathcal{ウ}$	1	3	
	$\dfrac{\mathcal{エ}\sqrt{\mathcal{オカ}}}{\mathcal{キ}}$	$\dfrac{2\sqrt{15}}{5}$	3	
第5問	$\dfrac{\mathcal{ク}}{\mathcal{ケ}}$	$\dfrac{3}{4}$	3	
(20)	$\mathcal{コ}$	3	2	
	$\dfrac{\sqrt{\mathcal{サ}}}{\mathcal{シ}}$	$\dfrac{\sqrt{6}}{2}$	3	
	$\dfrac{\sqrt{\mathcal{スセ}}}{\mathcal{ソ}}$	$\dfrac{\sqrt{15}}{5}$	3	
第5問　自己採点小計				
自己採点合計				

(注)
　第1問，第2問は必答。
　第3問～第5問のうちから2問選択。計4問を解答。

第1問　数と式・集合と命題・2次関数

〔1〕

$$9a^2 - 6a + 1 = \left(\boxed{3} \, a - \boxed{1} \right)^2$$

であるから，

$$A = \sqrt{9a^2 - 6a + 1} + |a+2|$$

とおくと，

$$A = \sqrt{(3a-1)^2} + |a+2|$$
$$= |3a-1| + |a+2|$$

である．

← $\sqrt{X^2} = |X|$.

・$a > \dfrac{1}{3}$ のとき．

　$3a - 1 > 0$，$a + 2 > 0$ であるから，

$$A = (3a-1) + (a+2)$$
$$= \boxed{4} \, a + \boxed{1} \qquad \cdots ①$$

である．

← $|X| = \begin{cases} X & (X \geqq 0 \text{ のとき}), \\ -X & (X < 0 \text{ のとき}). \end{cases}$

・$-2 \leqq a \leqq \dfrac{1}{3}$ のとき．

　$3a - 1 \leqq 0$，$a + 2 \geqq 0$ であるから，

$$A = -(3a-1) + (a+2)$$
$$= \boxed{-2} \, a + \boxed{3} \qquad \cdots ②$$

である．

・$a < -2$ のとき．

　$3a - 1 < 0$，$a + 2 < 0$ であるから，

$$A = -(3a-1) - (a+2)$$
$$= -4a - 1 \qquad \cdots ③$$

である．

　次に，$A = 2a + 13$ となる a の値を求める．

・$a > \dfrac{1}{3}$ のとき．

　$A = 2a + 13$ となる a の値は，① より，

$$4a + 1 = 2a + 13$$
$$a = 6.$$

これは $a > \dfrac{1}{3}$ を満たす．

・$-2 \leqq a \leqq \dfrac{1}{3}$ のとき．

　$A = 2a + 13$ となる a の値は，② より，

$$-2a + 3 = 2a + 13$$
$$a = -\dfrac{5}{2}.$$

これは $-2 \leqq a \leqq \dfrac{1}{3}$ を満たさない.

・$a < -2$ のとき.

$A = 2a + 13$ となる a の値は,③より,

$$-4a - 1 = 2a + 13$$

$$a = -\dfrac{7}{3}.$$

これは $a < -2$ を満たす.

以上から,$A = 2a + 13$ となる a の値は,

$$\boxed{6} \;,\; \dfrac{\boxed{-7}}{\boxed{3}}$$

である.

〔2〕

$m,\ n$ は自然数.

$p : m$ と n はともに奇数である,

$q : 3mn$ は奇数である,

$r : m + 5n$ は偶数である.

(1) $\overline{p} : m$ は偶数または n は偶数である.

$m,\ n$ が条件 $\overline{p}$ を満たすとき,

m が奇数ならば n は偶数である.

また,

m が偶数ならば n は偶数でも奇数でもよい.

したがって,$\boxed{シ}$,$\boxed{ス}$ に当てはまるものは

$\boxed{⓪}$,$\boxed{②}$ である.

(2) ・p は q であるための何条件かを求める.

命題「$p \implies q$」は真

である.

命題「$q \implies p$」は真

である.よって,p は q であるための必要十分条件である.したがって,$\boxed{セ}$ に当てはまるものは $\boxed{⓪}$ である.

・p は r であるための何条件かを求める.

命題「$p \implies r$」は真

である.

命題「$r \implies p$」は偽（反例 $m = n = 2$ など）である.よって,p は r であるための十分条件であるが,必要条件ではない.したがって,$\boxed{ソ}$

ド・モルガンの法則

$$\overline{s \text{ かつ } t} \iff \overline{s} \text{ または } \overline{t},$$

$$\overline{s \text{ または } t} \iff \overline{s} \text{ かつ } \overline{t}.$$

条件 $\overline{p}$ を満たす $m,\ n$ の偶奇の組合せは,次の表のようになる.

m	n
偶数	偶数
偶数	奇数
奇数	偶数

$3 \times (奇数) \times (奇数) = (奇数)$.

$3mn = (奇数)$ のとき,

$$mn = (奇数)$$

であるから,m と n はともに奇数.

命題「$\ell \implies m$」が真のとき,ℓ は m であるための十分条件という.

また,「$m \implies \ell$」が真のとき,ℓ は m であるための必要条件という.

2つの命題「$\ell \implies m$」と「$m \implies \ell$」がともに真であるとき,ℓ は m であるための必要十分条件という.

$m + 5n = (奇数) + 5 \times (奇数)$

$= (奇数) + (奇数)$

$= (偶数)$.

$m + 5n = 2 + 5 \cdot 2 = 12 (偶数)$

となるが,m と n はともに偶数.

に当てはまるものは　②　である.

・$\overline{p}$ は r であるための何条件かを求める.

　　　　　$\overline{r}$: $m+5n$ は奇数である.

　命題「$\overline{p} \Longrightarrow r$」の対偶

　「$\overline{r} \Longrightarrow p$」は偽（反例 $m=2$, $n=1$ など）

であるから,

　　　　　命題「$\overline{p} \Longrightarrow r$」は偽

である.

　命題「$r \Longrightarrow \overline{p}$」の対偶

　「$p \Longrightarrow \overline{r}$」は偽（反例 $m=n=1$ など）

であるから,

　　　　　命題「$r \Longrightarrow \overline{p}$」は偽

である. よって, $\overline{p}$ は r であるための必要条件で

も十分条件でもない. したがって, タ に当て

はまるものは　③　である.

〔3〕

　　　$f(x)=x^2+(2a-b)x+a^2+1$　$(a>0,\ b>0)$

とおくと,

$$f(x)=\left(x+\frac{2a-b}{2}\right)^2-\frac{(2a-b)^2}{4}+a^2+1$$

$$=\left\{x-\left(\frac{b}{2}-a\right)\right\}^2-\frac{b^2}{4}+ab+1$$

と変形できる.

(1) グラフ $G : y=f(x)$ の頂点の座標は,

$$\left(\frac{b}{2}-a,\ -\frac{b^2}{4}+ab+1\right)$$

である.

(2) グラフ G が点 $(-1,\ 6)$ を通るとき,

　　　　　$6=f(-1)$

が成り立つから,

　　　$6=(-1)^2+(2a-b)(-1)+a^2+1$

すなわち,

　　　　　$b=-a^2+2a+4$

であり,

　　　　　$b=-(a-1)^2+5$

と変形できる.

右欄:

$\left\{\begin{array}{l} m \text{ が偶数, } n \text{ が奇数のとき,}\\ \quad m+5n=(\text{偶数})+5\times(\text{奇数})\\ \qquad\quad =(\text{奇数})\\ \text{となるが, } m \text{ と } n \text{ はともに奇数では}\\ \text{ない.}\\ \quad \text{命題の真偽と対偶の真偽は一致す}\\ \text{る.} \end{array}\right.$ ←

← $m+5n=(\text{奇数})+5\times(\text{奇数})$
　　　　$=(\text{奇数})+(\text{奇数})$
　　　　$=(\text{偶数}).$

← 2次関数 $y=p(x-q)^2+r$ のグラフ
　の頂点の座標は,
　　　　　$(q,\ r).$

6

$a > 0$ より，b のとり得る値の最大値は，

$$\boxed{5}$$

であり，そのときの a の値は，

$$\boxed{1}$$

である．

$b = 5$，$a = 1$ のとき，グラフ G の頂点の座標は，(1)より，

$$\left(\frac{5}{2} - 1, \ -\frac{5^2}{4} + 1 \cdot 5 + 1 \right)$$

すなわち，

$$\left(\frac{3}{2}, \ -\frac{1}{4} \right)$$

である．

また，2 次関数 $y = x^2$ のグラフの頂点の座標は，

$$(0, \ 0)$$

である．

よって，グラフ G は 2 次関数 $y = x^2$ のグラフを x 軸方向に $\dfrac{\boxed{3}}{\boxed{2}}$，$y$ 軸方向に $\dfrac{\boxed{-1}}{\boxed{4}}$ だけ平行移動したものである．

第2問　図形と計量・データの分析

〔1〕

余弦定理を用いると，

$$\cos\angle BAC = \frac{AC^2 + AB^2 - BC^2}{2AC \cdot AB}$$

$$= \frac{2^2 + 3^2 - 4^2}{2 \cdot 2 \cdot 3}$$

$$= \frac{-1}{4}$$

であり，$\cos\angle BAC < 0$ であるから，$\angle BAC$ は鈍角である．

よって，| エ | に当てはまるものは | ② | である．

また，$0° < \angle BAC < 180°$ より，$\sin\angle BAC > 0$ であるから，

$$\sin\angle BAC = \sqrt{1 - \cos^2\angle BAC}$$

$$= \sqrt{1 - \left(-\frac{1}{4}\right)^2}$$

$$= \frac{\sqrt{15}}{4}$$

である．

辺 AC の中点を M とおくと，直線 DM は条件より線分 AC の垂直二等分線であるから，$\angle AMD = 90°$ であり，AM = 1 である．また，$\angle BAC$ は鈍角より，D は上図のように辺 AB の端点 A の側の延長上にある．

余弦定理

$$a^2 = b^2 + c^2 - 2bc\cos A,$$

$$\cos A = \frac{b^2 + c^2 - a^2}{2bc}.$$

← $\cos\angle BAC < 0$ より，

$$90° < \angle BAC < 180°.$$

← $0° \leqq \theta \leqq 180°$ のとき，

$$\sin\theta = \sqrt{1 - \cos^2\theta}.$$

← $AM = \frac{1}{2}AC = \frac{1}{2} \cdot 2 = 1.$

∠BAC + ∠CAD = 180° であるから，

$$\cos \angle CAD = \cos(180° - \angle BAC)$$
$$= -\cos \angle BAC$$
$$= -\left(-\frac{1}{4}\right)$$
$$= \frac{\boxed{1}}{\boxed{4}}$$

である．

ここで，直角三角形 ADM に注目すると，

$$\cos \angle MAD = \frac{AM}{AD}, \quad \text{つまり，} \quad \cos \angle CAD = \frac{AM}{AD}$$

であるから，

$$AD = \frac{AM}{\cos \angle CAD}$$
$$= \frac{1}{\frac{1}{4}}$$
$$= \boxed{4}$$

である．

$$(\triangle DBC \text{ の面積}) = \frac{BD}{BA}(\triangle ABC \text{ の面積})$$
$$= \frac{3+4}{3}\left(\frac{1}{2}AB \cdot AC \sin \angle BAC\right)$$
$$= \frac{7}{3} \cdot \frac{1}{2} \cdot 3 \cdot 2 \cdot \frac{\sqrt{15}}{4}$$
$$= \frac{\boxed{7}\sqrt{\boxed{15}}}{\boxed{4}}$$

である．

〔2〕

(1) 2013 年および 2017 年の最小値，第 1 四分位数，中央値，第 3 四分位数，最大値は，図 1 の箱ひげ図より

180° − θ の三角比

$$\sin(180° - \theta) = \sin \theta,$$
$$\cos(180° - \theta) = -\cos \theta,$$
$$\tan(180° - \theta) = -\tan \theta.$$

直角三角形と三角比

$$\sin \theta = \frac{b}{c},$$
$$\cos \theta = \frac{a}{c},$$
$$\tan \theta = \frac{b}{a}.$$

上図のように h をとると，

$$(\triangle DBC \text{ の面積}):(\triangle ABC \text{ の面積})$$
$$= \frac{1}{2}BD \cdot h : \frac{1}{2}BA \cdot h$$
$$= BD : BA.$$

三角形の面積

$$(\triangle ABC \text{ の面積}) = \frac{1}{2}bc \sin A.$$

$$\sin \angle BAC = \frac{\sqrt{15}}{4}.$$

次のようになる.

	最小値	第1四分位数	中央値	第3四分位数	最大値
2013年	約72	約77	約80	約89	約136
2017年	80	約89	約92.5	95	約122.5

図2の6個のヒストグラムにおいて最小値と最大値はそれぞれ次のようになる.

	最小値	最大値
⓪	80以上85未満	115以上120未満
①	80以上85未満	130以上135未満
②	75以上80未満	115以上120未満
③	70以上75未満	135以上140未満
④	80以上85未満	120以上125未満
⑤	75以上80未満	115以上120未満

よって, 最小値と最大値に注目すると,

・2013年のヒストグラムは③である.

・2017年のヒストグラムは④である.

したがって, ソ , タ に当てはまるものは

順に ③ , ④ である.

(2)　図3のモンシロチョウとツバメの初見日(2017年)の箱ひげ図より, 最小値, 第1四分位数, 中央値, 第3四分位数, 最大値は次のようになる.

	最小値	第1四分位数	中央値	第3四分位数	最大値
モンシロチョウ	約69	約83	約93	約103	約121
ツバメ	約69	約88	約91	約97	約114

・⓪について.

　モンシロチョウの初見日の最小値(約69)はツバメの初見日の最小値(約69)と同じであるから, ⓪は正しい.

・①について.

　モンシロチョウの初見日の最大値(約121)はツバメの初見日の最大値(約114)より大きいから, ①は正しい.

← 箱ひげ図からは, 次の5つの情報が得られる.

最小値　第1四分位数　中央値　第3四分位数　最大値

・②について.

　モンシロチョウの初見日の中央値(約 93)はツバメの初見日の中央値(約 91)より大きいから，②は正しい.

・③について.

　モンシロチョウの初見日の四分位範囲は，

$$(約 103) - (約 83) = (約 20) (日).$$

　ツバメの初見日の四分位範囲は，

$$(約 97) - (約 88) = (約 9) (日).$$

　よって，モンシロチョウの初見日の四分位範囲はツバメの初見日の四分位範囲の 3 倍より小さいから，③は正しい.

・④について.

　モンシロチョウの初見日の四分位範囲(約 20 日)は 15 日以下ではないから，④は正しくない.

・⑤について.

　ツバメの初見日の四分位範囲(約 9 日)は 15 日以下であるから，⑤は正しい.

・⑥について.

　図 4 のモンシロチョウとツバメの初見日(2017 年)の散布図において，原点を通り傾き 1 の直線(実線)上にある点は，モンシロチョウとツバメの初見日が同じである地点に対応している. これより，散布図の点には重なった点が 2 点あることに注意すると，モンシロチョウとツバメの初見日が同じ所が少なくとも 4 地点あるから，⑥は正しい.

・⑦について.

図 4　モンシロチョウとツバメの初見日
　　　(2017 年)の散布図

$$\left(\begin{array}{c}四分位 \\ 範囲\end{array}\right) = \left(\begin{array}{c}第 3 四 \\ 分位数\end{array}\right) - \left(\begin{array}{c}第 1 四 \\ 分位数\end{array}\right).$$

四分位範囲

◀　原点を通り傾き 1 の直線(実線)上に点は 4 個あるから，初見日が同じ所が 4 地点，5 地点，6 地点のいずれかになる.

◀　網掛部分に点は 2 個ある.

　　網掛部分(境界線は含まない)にある点は，同一地点でのモンシロチョウの初見日とツバメの初見日の差が 15 日より大きい地点に対応している.

　　よって，41 地点における同一地点でのモンシロチョウの初見日とツバメの初見日の差が 15 日以下ではないから，⑦は正しくない.

　したがって，図3，図4から読み取れることとして正しくないものは，④，⑦であるから， **チ** ，**ツ** に当てはまるものは **④** ， **⑦** である.

(3) $n\,(\geqq 2)$ 個の数値 $x_1,\ x_2,\ \cdots,\ x_n$ からなるデータ X について,

　平均値は $\overline{x}$，分散は s^2，標準偏差は $s\ (s>0)$ であるから,

$$\overline{x}=\frac{x_1+x_2+\cdots+x_n}{n}, \qquad \cdots ①$$

$$s=\sqrt{\frac{(x_1-\overline{x})^2+(x_2-\overline{x})^2+\cdots+(x_n-\overline{x})^2}{n}}. \quad \cdots ②$$

　また，各 x_i に対して,

$$x'_i=\frac{x_i-\overline{x}}{s} \quad (i=1,\ 2,\ \cdots,\ n)$$

と変換した $x'_1,\ x'_2,\ \cdots,\ x'_n$ からなるデータ X' について,

　平均値を $\overline{x'}$，分散を s'^2，標準偏差を $s'\ (s'>0)$ とおく.

・X の偏差 $x_1-\overline{x},\ x_2-\overline{x},\ \cdots,\ x_n-\overline{x}$ の平均値について.

$$\frac{(x_1-\overline{x})+(x_2-\overline{x})+\cdots+(x_n-\overline{x})}{n}$$

$$=\frac{(x_1+x_2+\cdots+x_n)-n\overline{x}}{n}$$

$$=\frac{x_1+x_2+\cdots+x_n}{n}-\overline{x}$$

$$=\overline{x}-\overline{x} \quad (①より)$$

$$=0. \qquad \cdots ③$$

　よって， **テ** に当てはまるものは **⓪** である.

・X' の平均値について.

$$\overline{x'}=\frac{x'_1+x'_2+\cdots+x'_n}{n}$$

平均値・標準偏差

　変量 x に関するデータ

$$x_1,\ x_2,\ \cdots,\ x_n$$

に対し，x の平均値を $\overline{x}$，標準偏差を s とすると,

$$\overline{x}=\frac{x_1+x_2+\cdots+x_n}{n},$$

$$s=\sqrt{\frac{(x_1-\overline{x})^2+\cdots+(x_n-\overline{x})^2}{n}}.$$

$$= \frac{1}{n}\left(\frac{x_1 - \overline{x}}{s} + \frac{x_2 - \overline{x}}{s} + \cdots + \frac{x_n - \overline{x}}{s}\right)$$

$$= \frac{1}{s} \cdot \frac{(x_1 - \overline{x}) + (x_2 - \overline{x}) + \cdots + (x_n - \overline{x})}{n}$$

$$= \frac{1}{s} \cdot 0 \quad (\text{③ より})$$

$$= 0. \qquad\qquad \cdots ④$$

よって，$\boxed{ \text{ト} }$ に当てはまるものは $\boxed{ ⓪ }$ である．

・X' の標準偏差について．

$$s' = \sqrt{\frac{(x'_1 - \overline{x'})^2 + (x'_2 - \overline{x'})^2 + \cdots + (x'_n - \overline{x'})^2}{n}}$$

$$= \sqrt{\frac{{x'_1}^2 + {x'_2}^2 + \cdots + {x'_n}^2}{n}} \quad (\text{④ より}) \qquad \cdots ⑤$$

$$= \sqrt{\frac{1}{n}\left\{\left(\frac{x_1 - \overline{x}}{s}\right)^2 + \left(\frac{x_2 - \overline{x}}{s}\right)^2 + \cdots + \left(\frac{x_n - \overline{x}}{s}\right)^2\right\}}$$

$$= \sqrt{\frac{1}{ns^2}\{(x_1 - \overline{x})^2 + (x_2 - \overline{x})^2 + \cdots + (x_n - \overline{x})^2\}}$$

$$= \frac{1}{s}\sqrt{\frac{(x_1 - \overline{x})^2 + (x_2 - \overline{x})^2 + \cdots + (x_n - \overline{x})^2}{n}}$$

$$(s > 0 \text{ より})$$

$$= \frac{1}{s} \cdot s \quad (\text{② より})$$

$$= 1. \qquad\qquad \cdots ⑥$$

よって，$\boxed{ \text{ナ} }$ に当てはまるものは $\boxed{ ① }$ である．

　次に，変換後のモンシロチョウの初見日のデータ M' と変換後のツバメの初見日のデータ T' の散布図について調べる．以下，$n = 41$ とする．
モンシロチョウの初見日のデータ M を $a_1, a_2, \cdots, a_n$，
ツバメの初見日のデータ T を $b_1, b_2, \cdots, b_n$
とし，さらに，

　　M の平均値を $\overline{a}$，標準偏差を s_a（$s_a > 0$），

　　T の平均値を $\overline{b}$，標準偏差を s_b（$s_b > 0$）

とする．各 a_i，b_i に対して，

$$a'_i = \frac{a_i - \overline{a}}{s_a}, \quad b'_i = \frac{b_i - \overline{b}}{s_b} \quad (i = 1, \cdots, n) \cdots (*)$$

$\leftarrow$ $a'_i = \dfrac{1}{s_a}a_i - \dfrac{\overline{a}}{s_a},\ b'_i = \dfrac{1}{s_b}b_i - \dfrac{\overline{b}}{s_b}.$

と変換した $a'_1, a'_2, \cdots, a'_n$ をデータ M'，$b'_1, b'_2, \cdots, b'_n$ をデータ T' とし，さらに，

M' の平均値を $\overline{a'}$, 標準偏差を $s_{a'}\,(s_{a'}>0)$,

T' の平均値を $\overline{b'}$, 標準偏差を $s_{b'}\,(s_{b'}>0)$

とする.

先程と同様にして考えると, ④, ⑥ より,

$$\begin{cases} \overline{a'}=\overline{b'}=0, & \cdots ⑦ \\ s_{a'}=s_{b'}=1 & \cdots ⑧ \end{cases}$$

である.

また, 2つのデータ M, T に関する n 組のデータ

$$(a_1,\,b_1),\,(a_2,\,b_2),\,\cdots,\,(a_n,\,b_n)$$

の共分散を s_{ab}, M と T の相関係数を r_{ab} とし, さらに, 2つのデータ M', T' に関する n 組のデータ

$$(a'_1,\,b'_1),\,(a'_2,\,b'_2),\,\cdots,\,(a'_n,\,b'_n)$$

の共分散を $s_{a'b'}$, M' と T' の相関係数を $r_{a'b'}$ とする.

(*) より,

$$s_{a'b'}=\frac{1}{s_a}\cdot\frac{1}{s_b}s_{ab}=\frac{s_{ab}}{s_a s_b}$$

となるから,

$$\begin{aligned} r_{a'b'}&=\frac{s_{a'b'}}{s_{a'}s_{b'}}\\ &=\frac{\dfrac{s_{ab}}{s_a s_b}}{1\cdot 1}\quad\text{(⑧ より)}\\ &=\frac{s_{ab}}{s_a s_b}\\ &=r_{ab} \end{aligned}$$

である.

これより, M と T の散布図と M' と T' の散布図において, 横軸と縦軸の目盛りを無視すれば, 41 個の点の位置は変化しないと考えてよい. よって, M' と T' の散布図は⓪か②のいずれかになる.

次に, M' と T' の標準偏差の値について考える.

$|a'_i|<1$, $|b'_i|<1\,(i=1,\,2,\,\cdots,\,n)$ と仮定すると, ⑤, ⑦ より,

$$\begin{cases} s_{a'}=\sqrt{\dfrac{{a'_1}^2+{a'_2}^2+\cdots+{a'_n}^2}{n}}<\sqrt{\dfrac{1^2+1^2+\cdots+1^2}{n}}=\sqrt{\dfrac{n}{n}}=1,\\ s_{b'}=\sqrt{\dfrac{{b'_1}^2+{b'_2}^2+\cdots+{b'_n}^2}{n}}<\sqrt{\dfrac{1^2+1^2+\cdots+1^2}{n}}=\sqrt{\dfrac{n}{n}}=1 \end{cases}$$

となるから, ⑧ に対して矛盾が生じる.

よって, $|a_i|\geqq 1$, $|b_i|\geqq 1$ となる i が少なくとも 1

変量の変換

2つの変量 x, y に対し, a, b, c, d を定数として新しい変量 X, Y を

$$X=ax+b,\qquad Y=cy+d$$
$$(a\neq 0\ \text{かつ}\ c\neq 0)$$

と定めるとき, 次が成り立つ.

(1) 平均値について,

$$\overline{X}=a\overline{x}+b,\quad \overline{Y}=c\overline{y}+d.$$

(2) 分散について,

$$s_X{}^2=a^2 s_x{}^2,\quad s_Y{}^2=c^2 s_y{}^2.$$

(3) 標準偏差について,

$$s_X=|a|\,s_x,\quad s_Y=|c|\,s_y.$$

(4) 共分散について,

$$s_{XY}=ac\,s_{xy}.$$

相関係数

2つの変量 x, y について,

x の標準偏差を s_x,

y の標準偏差を s_y,

x と y の共分散を s_{xy}

とするとき, x と y の相関係数は,

$$\frac{s_{xy}}{s_x s_y}.$$

◀ 散布図①と③の点の位置と, 図4の散布図の点の位置は異なる.

つは存在するから，散布図❶のようになることはない．つまり，次の網掛部分以外のところに点が少なくとも1つ存在する．

← 散布図❶はすべての点が網掛部分にあるから，⑧になることはない．

したがって，変換後のモンシロチョウの初見日のデータ M' と変換後のツバメの初見日のデータ T' の散布図は，M' と T' の標準偏差の値を考慮すると❷であるから， ニ に当てはまるものは ② である．

第3問　場合の数・確率

赤い袋：赤球2個と白球1個,

白い袋：赤球1個と白球1個.

(1) 1回目の操作で,赤い袋が選ばれ赤球が取り出されるのは,

「さいころ1個を投げて,3の倍数以外の目が出て赤い袋を選び,赤い袋から赤球を1個取り出す」

ときである.

←　3の倍数以外の目は,

1, 2, 4, 5.

よって,赤い袋が選ばれ赤球が取り出される確率は,

$$\frac{4}{6} \times \frac{2}{3} = \frac{4}{9}$$

である.

1回目の操作で,白い袋が選ばれ赤球が取り出されるのは,

「さいころ1個を投げて,3の倍数の目が出て白い袋を選び,白い袋から赤球を1個取り出す」

ときである.

←　3の倍数の目は,

3, 6.

よって,白い袋が選ばれ赤球が取り出される確率は,

$$\frac{2}{6} \times \frac{1}{2} = \frac{1}{6}$$

である.

(2) 2回目の操作が白い袋で行われるのは,

「1回目の操作で,3の倍数の目が出て白い袋が選ばれ白球を取り出す

または

1回目の操作で,3の倍数以外の目が出て赤い袋が選ばれ白球を取り出す」

ときである.

よって,2回目の操作が白い袋で行われる確率は,

$$\frac{2}{6} \times \frac{1}{2} + \frac{4}{6} \times \frac{1}{3} = \frac{7}{18} \qquad \cdots ①$$

←　「2回目の操作が白い袋で行われる」という事象の余事象は,

「2回目の操作が赤い袋で行われる」

すなわち,

「1回目の操作で赤球が取り出される」

であるから,(1)の結果より,

$$1 - \left(\frac{4}{9} + \frac{1}{6}\right) = \frac{7}{18}$$

として求めてもよい.

である.

(3) 「1回目の操作で白球を取り出す」ことと「2回目の操作が白い袋で行われる」ことは同じである.

よって,1回目の操作で白球を取り出す確率 p は,

①より,

$$p = \frac{7}{18} \qquad \cdots ①'$$

である.

2回目の操作で白球が取り出されるのは,

「1回目の操作で白球を取り出し,2回目の操作で白い袋から白球を取り出す

または

1回目の操作で赤球を取り出し,2回目の操作で赤い袋から白球を取り出す」

ときである.

これより,2回目の操作で白球が取り出される確率は,

$$p \times \frac{1}{2} + (1-p) \times \frac{1}{3} = \boxed{\frac{1}{6}}\, p + \frac{1}{3} \qquad \cdots ②$$

← 「1回目の操作で赤球を取り出す」という事象は,「1回目の操作で白球を取り出す」という事象の余事象であるから,1回目の操作で赤球を取り出す確率は,

$$1-p.$$

と表される.

よって,2回目の操作で白球が取り出される確率は,①′を②に代入して,

$$\frac{1}{6} \cdot \frac{7}{18} + \frac{1}{3} = \boxed{\frac{43}{108}} \qquad \cdots ③$$

である.

2回目の操作で白球を取り出す確率を q で表すと,③より,

$$q = \frac{43}{108} \qquad \cdots ③'$$

である.

3回目の操作で白球が取り出されるのは,

「2回目の操作で白球を取り出し,3回目の操作で白い袋から白球を取り出す

または

2回目の操作で赤球を取り出し,3回目の操作で赤い袋から白球を取り出す」

ときである.

← 「2回目の操作で赤球を取り出す」という事象は,「2回目の操作で白球を取り出す」という事象の余事象であるから,2回目の操作で赤球を取り出す確率は,

$$1-q.$$

よって,3回目の操作で白球が取り出される確率は,

$$q \times \frac{1}{2} + (1-q) \times \frac{1}{3} = \frac{1}{6}q + \frac{1}{3} \qquad \cdots ④$$

$$= \frac{1}{6} \cdot \frac{43}{108} + \frac{1}{3} \quad (③' より)$$

$$= \boxed{\dfrac{259}{648}} \qquad \cdots ④'$$

である.

(4)　2 回目の操作で取り出した球が白球であったとき，その球を取り出した袋の色が白である条件付き確率は，

$$\dfrac{\left(\begin{array}{l}\text{1 回目の操作で白球を取り出し，2 回目の}\\ \text{操作で白い袋から白球を取り出す確率}\end{array}\right)}{(\text{2 回目の操作で白球が取り出される確率})}$$

$$= \dfrac{p \times \dfrac{1}{2}}{\dfrac{1}{6}p + \dfrac{1}{3}} \quad (② より)$$

$$= \dfrac{\dfrac{7}{18} \cdot \dfrac{1}{2}}{\dfrac{43}{108}} \quad (①', ③ より)$$

$$= \boxed{\dfrac{21}{43}}$$

である.

　3 回目の操作で取り出した球が白球であったとき，はじめて白球が取り出されたのが 3 回目の操作である条件付き確率は，

$$\dfrac{\left(\begin{array}{l}\text{1 回目の操作で赤球を取り出し，2 回目の操作で}\\ \text{赤い袋から赤球を取り出し，3 回目の操作で赤い}\\ \text{袋から白球を取り出す確率}\end{array}\right)}{(\text{3 回目の操作で白球が取り出される確率})}$$

$$= \dfrac{(1-p) \times \dfrac{2}{3} \times \dfrac{1}{3}}{\dfrac{1}{6}q + \dfrac{1}{3}} \quad (④ より)$$

$$= \dfrac{\dfrac{11}{18} \cdot \dfrac{2}{9}}{\dfrac{259}{648}} \quad (①', ④' より)$$

$$= \boxed{\dfrac{88}{259}}$$

である.

> **条件付き確率**
> 事象 A が起こったときに事象 B が起こる条件付き確率 $P_A(B)$ は，
> $$P_A(B) = \dfrac{P(A \cap B)}{P(A)}.$$

第4問　整数の性質

(1) x, y は,

$$49x - 23y = 1 \qquad \cdots ①$$

の解となる自然数である.

$$49 = 23 \times 2 + 3, \qquad \cdots ②$$
$$23 = 3 \times 7 + 2, \qquad \cdots ③$$
$$3 = 2 \times 1 + 1. \qquad \cdots ④$$

余りに注目して逆をたどっていくと,

$$
\begin{aligned}
1 &= 3 - 2 \times 1 & (④ \text{より}) \\
&= 3 - (23 - 3 \times 7) \times 1 & (③ \text{より}) \\
&= -23 \times 1 + 3 \times 8 & \\
&= -23 \times 1 + (49 - 23 \times 2) \times 8 & (② \text{より}) \\
&= 49 \times 8 - 23 \times 17 &
\end{aligned}
$$

となるから,

$$49 \times 8 - 23 \times 17 = 1 \qquad \cdots ⑤$$

である.

① $-$ ⑤ より,

$$49(x - 8) - 23(y - 17) = 0$$

すなわち,

$$49(x - 8) = 23(y - 17) \qquad \cdots ⑥$$

と変形できる.

49 と 23 は互いに素より, $x - 8$ は 23 の倍数であるから,

$$x - 8 = 23\ell \quad (\ell \text{ は整数}) \qquad \cdots ⑦$$

と表せる. これを ⑥ に代入すると,

$$49 \cdot 23\ell = 23(y - 17)$$

すなわち,

$$49\ell = y - 17 \qquad \cdots ⑧$$

となる.

よって, ① の整数解は, ⑦, ⑧ より,

$$x = 23\ell + 8, \quad y = 49\ell + 17 \quad (\ell \text{ は整数})$$

である.

① の解となる自然数 x, y の中で, x の値が最小のものは, $\ell = 0$ のときの解

$$x = \boxed{8}, \quad y = \boxed{17}$$

であり, すべての整数解は, k を整数として,

$$x = \boxed{23}\,k + 8, \quad y = \boxed{49}\,k + 17$$

と表せる.

(2) 49 の倍数である自然数 A と 23 の倍数である自然数

← x と y についての不定方程式

$$ax + by = c$$

$$(a, b, c \text{ は整数の定数})$$

の整数解は, 一組の解

$$(x, y) = (x_0, y_0)$$

を用いて,

$$a(x - x_0) = b(y_0 - y)$$

と変形し, 次の性質を用いて求める.

a と b が互いに素であるとき,

$$\begin{cases} x - x_0 \text{ は } b \text{ の倍数}, \\ y_0 - y \text{ は } a \text{ の倍数} \end{cases}$$

である.

← $\begin{cases} x = 23 \cdot 0 + 8 = 8, \\ y = 49 \cdot 0 + 17 = 17. \end{cases}$

B を
$$A = 49x, \quad B = 23y \quad (x,\ y \text{ は自然数})$$
とおく.

・$|A - B| = 1$ のとき.
$$A - B = 1,\ -1$$
すなわち,
$$49x - 23y = 1,\ -1.$$

(i) $49x - 23y = 1$ $(A - B = 1)$ のとき.

A が最小となる組 $(A,\ B)$ は, (1) の結果より,
$$(A,\ B) = (49 \times 8,\ 23 \times 17).$$

← $(A,\ B) = (392,\ 391)$.

(ii) $49x - 23y = -1$ $(A - B = -1)$ のとき. …⑨

⑨ を満たす自然数 $x,\ y$ をまず求める.

⑤ の両辺に -1 を掛けて,
$$49 \times (-8) - 23 \times (-17) = -1. \quad \text{…⑤}'$$

⑨ $-$ ⑤$'$ より,
$$49(x + 8) - 23(y + 17) = 0$$
すなわち,
$$49(x + 8) = 23(y + 17).$$

49 と 23 は互いに素より, (1) と同様に考えると,

⑨ を満たす自然数 $x,\ y$ は, s を自然数として,
$$x + 8 = 23s, \quad y + 17 = 49s$$
すなわち,
$$x = 23s - 8, \quad y = 49s - 17$$
と表せる.

これより, x の値が最小となる組 $(x,\ y)$ は, $s = 1$ のときの解
$$(x,\ y) = (15,\ 32).$$

よって, A が最小となる組 $(A,\ B)$ は,
$$(A,\ B) = (49 \times 15,\ 23 \times 32).$$

← $(A,\ B) = (735,\ 736)$.

したがって, A と B の差の絶対値が 1 となる組 $(A,\ B)$ の中で, A が最小になるのは, (i), (ii) より,
$$(A,\ B) = \left(49 \times \boxed{8},\ 23 \times \boxed{17} \right)$$
である.

・$|A - B| = 2$ のとき.
$$A - B = 2,\ -2$$
すなわち,
$$49x - 23y = 2,\ -2.$$

(iii) $49x - 23y = 2$ $(A - B = 2)$ のとき. …⑩

⑩ を満たす自然数 $x,\ y$ をまず求める.

⑤ の両辺に 2 を掛けて,

$$49 \times 16 - 23 \times 34 = 2. \quad \cdots ⑤''$$

⑩ − ⑤'' より,

$$49(x-16) - 23(y-34) = 0$$

すなわち,

$$49(x-16) = 23(y-34).$$

49 と 23 は互いに素より, (1) と同様に考えると,
⑩ を満たす自然数 x, y は, t を 0 以上の整数として,

$$x-16 = 23t, \quad y-34 = 49t$$

すなわち,

$$x = 23t+16, \quad y = 49t+34$$

と表せる.

これより, x の値が最小となる組 (x, y) は,
$t=0$ のときの解

$$(x, y) = (16, 34).$$

よって, A が最小となる組 (A, B) は,

$$(A, B) = (49 \times 16, \ 23 \times 34). \qquad ← \ (A, B) = (784, 782).$$

(iv) $49x - 23y = -2 \ (A - B = -2)$ のとき. $\cdots ⑪$

⑪ を満たす自然数 x, y をまず求める.

⑤ の両辺に -2 を掛けて,

$$49 \times (-16) - 23 \times (-34) = -2. \quad \cdots ⑤'''$$

⑪ − ⑤''' より,

$$49(x+16) - 23(y+34) = 0$$

すなわち,

$$49(x+16) = 23(y+34).$$

49 と 23 は互いに素より, (1) と同様に考えると,
⑪ を満たす自然数 x, y は, u を自然数として,

$$x+16 = 23u, \quad y+34 = 49u$$

すなわち,

$$x = 23u-16, \quad y = 49u-34$$

と表せる.

これより, x の値が最小となる組 (x, y) は,
$u=1$ のときの解

$$(x, y) = (7, 15).$$

よって, A が最小となる組 (A, B) は,

$$(A, B) = (49 \times 7, \ 23 \times 15). \qquad ← \ (A, B) = (343, 345).$$

したがって, A と B の差の絶対値が 2 となる組
(A, B) の中で, A が最小になるのは, (iii), (iv) より,

$$(A, B) = \left(49 \times \boxed{7} , \ 23 \times \boxed{15} \right)$$

である.

(3)　連続する 3 つの自然数 a, $a+1$, $a+2$ において,

a と $a+1$ の最大公約数は 1,

$a+1$ と $a+2$ の最大公約数は 1

である.

a と $a+2$ の最大公約数を求める.

a と $a+2$ の最大公約数を g とおくと, a_1, a_2 を自然数として,

$$\begin{cases} a = ga_1 \\ a+2 = ga_2 \end{cases}$$

と表せる. 2 式より, a を消去すると,

$$ga_1 + 2 = ga_2$$

すなわち,

$$g(a_2 - a_1) = 2$$

と変形できる.

これより, g は 2 の正の約数であるから,

$$g = 1, \ 2$$

である.

よって, a と $a+2$ の最大公約数は 1 または $\boxed{2}$

である.

次に, 条件「$a(a+1)(a+2)$ は m の倍数である」がすべての自然数 a で成り立つような自然数 m のうち, 最大の m を求める.

a, $a+1$ のいずれか 1 つは 2 の倍数であるから, $a(a+1)$ は 2 の倍数である. また, a, $a+1$, $a+2$ のいずれか 1 つは 3 の倍数であるから, $a(a+1)(a+2)$ は 3 の倍数である.

よって, $a(a+1)(a+2)$ は 2 の倍数かつ 3 の倍数, すなわち, 6 の倍数である.

一方, $a=1$ のとき, $a(a+1)(a+2) = 6$ であるから m が 7 以上のとき, 6 は m の倍数ではない. ゆえに, 条件を満たす m は 6 以下である.

したがって, 条件がすべての自然数 a で成り立つような自然数 m のうち, 最大のものは $m = \boxed{6}$ である.

(4)　6762 を素因数分解すると,

$$6762 = 2 \times \boxed{3} \times 7^{\boxed{2}} \times \boxed{23}$$

である.

◀ a と $a+1$ の最大公約数を g とおくと, a_1, a_2 を自然数として,

$$\begin{cases} a = ga_1 \\ a+1 = ga_2 \end{cases}$$

と表せる. 2 式より, a を消去すると,

$$ga_1 + 1 = ga_2$$

すなわち,

$$g(a_2 - a_1) = 1.$$

よって, g は 1 の正の約数であるから,

$$g = 1.$$

$a+1$ と $a+2$ の最大公約数についても同様にして求めることができる.

a が偶数のとき,

$a(a+1)$ は 2 の倍数.

a が奇数のとき, $a+1$ が偶数であるから,

$a(a+1)$ は 2 の倍数.

◀ a が 3 の倍数のとき,

$a(a+1)(a+2)$ は 3 の倍数.

a が 3 で割ると 1 余る数のとき, $a+2$ が 3 の倍数であるから,

$a(a+1)(a+2)$ は 3 の倍数.

a が 3 で割ると 2 余る数のとき, $a+1$ が 3 の倍数であるから,

$a(a+1)(a+2)$ は 3 の倍数.

```
2) 6762
3) 3381
7) 1127
7)  161
     23
```

次に，$b(b+1)(b+2)$ が6762の倍数となる最小の自然数 b を求める．

$$b(b+1)(b+2) = 6762M$$
$$= (2 \times 3 \times 7^2 \times 23) \times M \quad (M \text{ は整数}) \cdots ⑫$$

とおく．

(3)より，b と $b+1$ の最大公約数は1，$b+1$ と $b+2$ の最大公約数は1，b と $b+2$ の最大公約数は1または2，さらに，すべての自然数 b で「$b(b+1)(b+2)$ は m の倍数である」が成り立つような最大の自然数 m は6であることと⑫より，b，$b+1$，$b+2$ のいずれかは 7^2 の倍数であり，その数を $A = 49x$（x は自然数）とおき，また，b，$b+1$，$b+2$ のいずれかは23の倍数であり，その数を $B = 23y$（y は自然数）とおく．

← b，$b+1$，$b+2$ のうち，7の倍数が2つあることはない．

← b，$b+1$，$b+2$ のうち，23の倍数が2つあることはない．

2つの数 A，B と3つの数 b，$b+1$，$b+2$ の組合せおよび b の値は(2)より次の表のようになる．

← $b(b+1)(b+2)$ はつねに6の倍数，つまり，2の倍数かつ3の倍数であるから，b，$b+1$，$b+2$ のうち，どれが2の倍数なのかどれが3の倍数なのかを考えるよりも，b，$b+1$，$b+2$ のうち，どれが 7^2 の倍数なのか，どれが23の倍数なのかを考えた方が組合せが少なく，(2)が使える．

$A-B$	b	$b+1$	$b+2$	(A, B)	b
0	A, B			$(49 \times 23, \ 23 \times 49)$	1127
		A, B		$(49 \times 23, \ 23 \times 49)$	1126
			A, B	$(49 \times 23, \ 23 \times 49)$	1125
1	B	A		$(49 \times 8, \ 23 \times 17)$	391
		B	A	$(49 \times 8, \ 23 \times 17)$	390
-1	A	B		$(49 \times 15, \ 23 \times 32)$	735
		A	B	$(49 \times 15, \ 23 \times 32)$	734
2	B		A	$(49 \times 16, \ 23 \times 34)$	782
-2	A		B	$(49 \times 7, \ 23 \times 15)$	343

← $A = B$ のとき，
$$49x = 23y.$$
これを満たす自然数 x，y は，49と23は互いに素より，
$$\begin{cases} x = 23q, \\ y = 49q, \end{cases} \quad (q \text{ は自然数}).$$
x の値が最小となる組 (x, y) は $q=1$ のときの解
$$(x, y) = (23, 49).$$
よって，A が最小となる組 (A, B) は，
$$(A, B) = (49 \times 23, \ 23 \times 49).$$

したがって，$b(b+1)(b+2)$ が6762の倍数となる最小の自然数 b は表より，$b = \boxed{343}$ である．

←
$$b(b+1)(b+2)$$
$$= 343 \times 344 \times 345$$
$$= 7^3 \times (2^3 \times 43) \times (3 \times 5 \times 23)$$
$$= (2 \times 3 \times 7^2 \times 23) \times (2^2 \times 5 \times 7 \times 43)$$
$$= (2 \times 3 \times 7^2 \times 23) \times M.$$

第5問　図形の性質

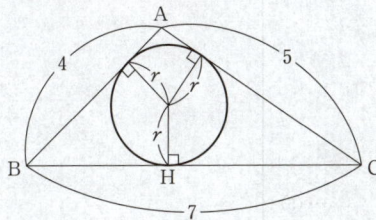

$\triangle$ABC の内接円の半径を r とし，$\triangle$ABC の面積に注目すると，

$$\frac{1}{2}r(7+5+4)=\frac{1}{2}\cdot 5\cdot 4\sin\angle\text{BAC}$$

が成り立つから，

$$8r=4\sqrt{6}$$

すなわち，

$$r=\sqrt{\frac{\boxed{6}}{\boxed{2}}}$$

である．

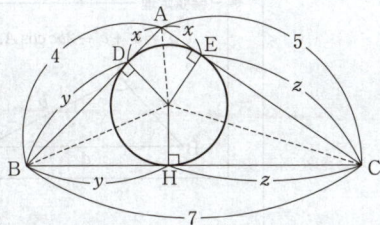

$\triangle$ABC の内接円と辺 BC との接点を H とする．

辺 AB，辺 BC，辺 CA は $\triangle$ABC の内接円に接するから，

$$\begin{cases} \text{AD}=\text{AE}=x, \\ \text{BD}=\text{BH}=y, \\ \text{CE}=\text{CH}=z \end{cases}$$

とおける．

このことと AB$=4$，BC$=7$，AC$=5$ より，

$$\begin{cases} x+y=4, & \cdots ① \\ y+z=7, & \cdots ② \\ z+x=5 & \cdots ③ \end{cases}$$

である．

（①＋②＋③）$\times\dfrac{1}{2}$ より，

内接円の半径と面積

$\triangle$ABC の内接円の半径を r とすると，

$$(\triangle\text{ABC の面積})=\frac{1}{2}r(a+b+c).$$

三角形の面積

$$(\triangle\text{ABC の面積})=\frac{1}{2}bc\sin A.$$

$$\sin\angle\text{BAC}=\frac{2\sqrt{6}}{5}.$$

接線の長さ

$$\text{PA}=\text{PB}.$$

$$x + y + z = 8 \qquad \cdots ④$$

である.

②, ④ より,

$$AD = AE = x = \boxed{1}$$

である.

③, ④ より,

$$BD = BH = y = 3 \qquad \cdots ⑤$$

である.

①, ④ より,

$$CE = CH = z = 4$$

である.

△ADE に余弦定理を用いると,

$$DE^2 = 1^2 + 1^2 - 2 \cdot 1 \cdot 1 \cdot \cos \angle BAC$$

$$= 2 - 2\left(-\frac{1}{5}\right)$$

$$= \frac{12}{5}$$

であるから, DE > 0 より,

$$DE = \frac{\boxed{2}\sqrt{\boxed{15}}}{\boxed{5}}$$

である.

また, △ABC に対して, チェバの定理を用いると,

$$\frac{AD}{DB} \cdot \frac{BQ}{QC} \cdot \frac{CE}{EA} = 1$$

すなわち,

$$\frac{1}{3} \cdot \frac{BQ}{CQ} \cdot \frac{4}{1} = 1$$

であるから,

$$\frac{BQ}{CQ} = \frac{\boxed{3}}{\boxed{4}}$$

である.

これより,

余弦定理

$$a^2 = b^2 + c^2 - 2bc \cos A.$$

チェバの定理

$$\frac{AP}{PB} \cdot \frac{BQ}{QC} \cdot \frac{CR}{RA} = 1.$$

$$BQ = \frac{BQ}{BQ + QC}BC$$

$$= \frac{3}{3+4} \cdot 7$$

$$= \boxed{3}$$

である.

　このことと ⑤ より，Q と H は一致するから，次図を得る.

　よって，線分 IQ は △ABC の内接円の半径となるから，

$$IQ = r = \sqrt{\frac{\boxed{6}}{\boxed{2}}}$$

である.

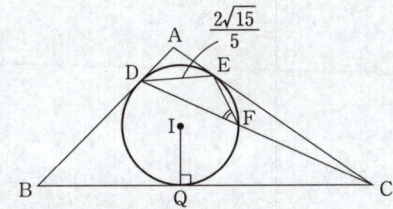

　△DEF の外接円は，条件より △ABC の内接円であるから，△DEF に正弦定理を用いると，

$$2IQ = \frac{DE}{\sin \angle DFE}$$

である.
　よって，

$$\sin \angle DFE = \frac{DE}{2IQ}$$

$$= \frac{\dfrac{2\sqrt{15}}{5}}{2 \cdot \dfrac{\sqrt{6}}{2}}$$

$$= \frac{\sqrt{10}}{5}$$

である.

◀ 正弦定理

$$2R = \frac{a}{\sin A}.$$

（R は外接円の半径）

また，条件より，点 F は点 Q を含む弧 DE 上にあるから，

$$0° < \angle DFE < 90°$$

である．

よって，$\cos \angle DFE > 0$ より，

$$\begin{aligned}
\cos \angle DFE &= \sqrt{1 - \sin^2 \angle DFE} \\
&= \sqrt{1 - \left(\frac{\sqrt{10}}{5}\right)^2} \\
&= \frac{\sqrt{\boxed{15}}}{\boxed{5}}
\end{aligned}$$

である．

← $0° < \theta < 90°$ のとき，
$$\cos\theta = \sqrt{1 - \sin^2\theta}.$$

数学Ⅱ・数学B

解答・採点基準　　（100点満点）

問題番号(配点)	解答記号	正　　解	配点	自己採点
	アイ	-1	1	
	ウ$+\sqrt{エ}$	$2+\sqrt{3}$	2	
	$\dfrac{\cos 2\theta + オ}{カ}$	$\dfrac{\cos 2\theta + 1}{2}$	2	
	キ, ク, ケ	2, 2, 1	3	
	コ, サ, シ	2, 2, 4	3	
	ス	3	2	
	$\dfrac{\pi}{セ}$, $\dfrac{\pi}{ソ}$	$\dfrac{\pi}{4}$, $\dfrac{\pi}{2}$	2	
第1問 (30)	タ	②	2	
	チ	2	2	
	ツ$x+$テ	$2x+1$	2	
	t^2-トナ$t+$ニヌ	$t^2-11t+18$	2	
	ネ	0	1	
	ノ	9	1	
	ハ	2	1	
	$\log_3\dfrac{ヒ}{フ}$	$\log_3\dfrac{1}{2}$	2	
	$\log_3\dfrac{ヘ}{ホ}$	$\log_3\dfrac{3}{4}$	2	
第1問　自己採点小計				

問題番号(配点)	解答記号	正　　解	配点	自己採点
	ア	0	1	
	イ	0	1	
	ウエ	-3	1	
	オ	1	2	
	カキ	-2	1	
	クケ	-2	2	
	$ka^コ$	ka^2	1	
	$\dfrac{サ}{シ}$	$\dfrac{a}{2}$	2	
第2問 (30)	$\dfrac{k}{ス}a^セ$	$\dfrac{k}{3}a^3$	2	
	ソタ	12	2	
	$\dfrac{チ}{ツ}-$テ	$\dfrac{3}{a}-a$	3	
	ト$(b^2-$ナ$)x$	$3(b^2-1)x$	2	
	ニb^3	$2b^3$	1	
	$(x-$ヌ$)^2$	$(x-b)^2$	1	
	$x+$ネb	$x+2b$	2	
	$\dfrac{ノハ}{ヒ}$	$\dfrac{12}{5}$	3	
	$\dfrac{フ}{ヘホ}$	$\dfrac{3}{25}$	3	
第2問　自己採点小計				

問題番号(配点)	解答記号	正　　解	配点	自己採点
	アイ	15	2	
	ウ	2	2	
	エ, オ, カ	4, ①, 1	2	
	キ, ク, ケ, コ, サ	4, ①, 3, 4, 3	3	
第3問 (20)	シス	-5	1	
	セT_n+ソ$n+$タ	$4T_n+3n+3$	3	
	チb_n+ツ	$4b_n+6$	2	
	テト, ナ, ニ	-3, ⓪, 2	2	
	ヌ, ネ, ノ, ハ, ヒ	$-$, 9, 8, 8, 3	3	
第3問　自己採点小計				

問題番号(配点)	解答記号	正解	配点	自己採点
第4問 (20)	アイ°	90°	1	
	$\dfrac{\sqrt{ウ}}{エ}$	$\dfrac{\sqrt{5}}{2}$	1	
	オカ	-1	1	
	$\sqrt{キ}$	$\sqrt{2}$	1	
	$\sqrt{ク}$	$\sqrt{2}$	1	
	ケコサ°	120°	1	
	シス°	60°	1	
	セ	2	1	
	$\vec{a}-ソ\vec{b}+タ\vec{c}$	$\vec{a}-2\vec{b}+2\vec{c}$	1	
	$\dfrac{チ\sqrt{ツ}}{テ}$	$\dfrac{3\sqrt{3}}{2}$	2	
	ト	0	1	
	ナ, $\dfrac{ニ}{ヌ}$	1, $\dfrac{3}{5}$	2	
	$\dfrac{\sqrt{ネ}}{ノ}$	$\dfrac{\sqrt{5}}{5}$	2	
	$\dfrac{ハ}{ヒ}$	$\dfrac{1}{6}$	1	
	フ	3	1	
	$\dfrac{\sqrt{ヘ}}{ホ}$	$\dfrac{\sqrt{3}}{3}$	2	
第4問 自己採点小計				
第5問 (20)	アイ	74	2	
	-7×10^{ウ}	-7×10^{3}	2	
	$5^{エ}\times10^{オ}$	$5^{2}\times10^{6}$	2	
	カ.キ	1.4	2	
	0.クケ	0.08	2	
	コ.サ	4.0	2	
	$\sqrt{シ.ス}$	$\sqrt{3.7}$	2	
	セ.ソ	0.6	2	
	0.タチ	0.90	2	
	ツ	②	2	
第5問 自己採点小計				
自己採点合計				

(注)
　第1問，第2問は必答。
　第3問〜第5問のうちから2問選択。計4問を解答。

第1問　三角関数，指数関数・対数関数

〔1〕　$f(\theta) = 3\sin^2\theta + 4\sin\theta\cos\theta - \cos^2\theta.$

(1)　　$f(0) = 3\cdot 0 + 4\cdot 0\cdot 1 - 1^2$

$\qquad = \boxed{-1}$

← $\sin 0 = 0,\ \cos 0 = 1.$

$f\left(\dfrac{\pi}{3}\right) = 3\left(\dfrac{\sqrt{3}}{2}\right)^2 + 4\cdot\dfrac{\sqrt{3}}{2}\cdot\dfrac{1}{2} - \left(\dfrac{1}{2}\right)^2$

$\qquad = \boxed{2} + \sqrt{\boxed{3}}$

← $\sin\dfrac{\pi}{3} = \dfrac{\sqrt{3}}{2},\ \cos\dfrac{\pi}{3} = \dfrac{1}{2}.$

である.

(2)　2倍角の公式

$$\cos 2\theta = 2\cos^2\theta - 1$$

を用いて計算すると

$$\cos^2\theta = \frac{\cos 2\theta + \boxed{1}}{\boxed{2}}$$

2倍角の公式

$\cos 2\theta = \cos^2\theta - \sin^2\theta$

$\qquad = 2\cos^2\theta - 1$

$\qquad = 1 - 2\sin^2\theta.$

$\sin 2\theta = 2\sin\theta\cos\theta.$

となる. さらに，$\sin 2\theta$, $\cos 2\theta$ を用いて $f(\theta)$ を表すと

$f(\theta) = 3\sin^2\theta + 4\sin\theta\cos\theta - \cos^2\theta$

$\quad = 3(1 - \cos^2\theta) + 4\sin\theta\cos\theta - \cos^2\theta$

$\quad = 3 + 2\cdot 2\sin\theta\cos\theta - 4\cos^2\theta$

$\quad = 3 + 2\sin 2\theta - 4\cdot\dfrac{\cos 2\theta + 1}{2}$

$\quad = \boxed{2}\sin 2\theta - \boxed{2}\cos 2\theta + \boxed{1}\ \cdots①$

← $\cos^2\theta + \sin^2\theta = 1.$

となる.

(3)　θ が $0\le\theta\le\pi$ の範囲を動くとき，関数 $f(\theta)$ のとり得る最大の整数の値 m とそのときの θ の値を求める.

三角関数の合成を用いると，①は

$$f(\theta) = \boxed{2}\sqrt{\boxed{2}}\sin\left(2\theta - \frac{\pi}{\boxed{4}}\right) + 1$$

と変形できる. θ が

$$0\le\theta\le\pi$$

の範囲を動くとき，$2\theta - \dfrac{\pi}{4}$ は

$$-\frac{\pi}{4}\le 2\theta - \frac{\pi}{4}\le 2\pi - \frac{\pi}{4}$$

の範囲を動くから，$\sin\left(2\theta - \dfrac{\pi}{4}\right)$ は

$$-1\le\sin\left(2\theta - \frac{\pi}{4}\right)\le 1$$

三角関数の合成

$(a,\ b)\ne(0,\ 0)$ のとき

$a\sin\theta + b\cos\theta = \sqrt{a^2+b^2}\sin(\theta+\alpha).$

ただし，

$\cos\alpha = \dfrac{a}{\sqrt{a^2+b^2}},\ \sin\alpha = \dfrac{b}{\sqrt{a^2+b^2}}.$

の範囲を動く．よって，関数 $f(\theta)$ のとり得る値の範囲は

$$-2\sqrt{2}+1 \leqq f(\theta) \leqq 2\sqrt{2}+1$$

である．したがって，$m=\boxed{3}$ である．

また，$0 \leqq \theta \leqq \pi$ において
$$f(\theta)=3$$
となる θ の値は

$$2\sqrt{2}\sin\left(2\theta-\frac{\pi}{4}\right)+1=3$$

$$\sin\left(2\theta-\frac{\pi}{4}\right)=\frac{1}{\sqrt{2}}$$

$$2\theta-\frac{\pi}{4}=\frac{\pi}{4},\ \frac{3}{4}\pi$$

より，小さい順に，$\dfrac{\pi}{\boxed{4}}$, $\dfrac{\pi}{\boxed{2}}$ である．

$$-2=-2\cdot\frac{3}{2}+1<-2\sqrt{2}+1$$
$$<-2\cdot1+1=-1.$$
$$3=2\cdot1+1<2\sqrt{2}+1<2\cdot\frac{3}{2}+1=4.$$

〔2〕 連立方程式
$$\begin{cases} \log_2(x+2)-2\log_4(y+3)=-1 & \cdots ② \\ \left(\dfrac{1}{3}\right)^y-11\left(\dfrac{1}{3}\right)^{x+1}+6=0 & \cdots ③ \end{cases}$$

を満たす実数 $x,\ y$ を求める．

真数の条件により
$$x+2>0,\quad y+3>0$$
であるから，$x,\ y$ のとり得る値の範囲は
$$x>-2,\quad y>-3$$
である．よって，$\boxed{タ}$ に当てはまるものは $\boxed{②}$ である．

底の変換公式により
$$\log_4(y+3)=\frac{\log_2(y+3)}{\log_2 4}=\frac{\log_2(y+3)}{\boxed{2}}$$

である．よって，②から

$$\log_2(x+2)-2\cdot\frac{\log_2(y+3)}{2}=-\log_2 2$$

$$\log_2(x+2)+\log_2 2=\log_2(y+3)$$

$$\log_2 2(x+2)=\log_2(y+3)$$

$$2(x+2)=y+3$$

$$y=\boxed{2}\,x+\boxed{1} \qquad \cdots ④$$

が得られる．

次に，$t=\left(\dfrac{1}{3}\right)^x$ とおき，④を用いて③を t の方程

底の変換公式

$a,\ b,\ c$ が正の数で，$a \neq 1,\ c \neq 1$ のとき
$$\log_a b=\frac{\log_c b}{\log_c a}.$$

対数

$a>0,\ a \neq 1,\ M>0$ のとき
$$a^x=M \iff x=\log_a M.$$

$a>0,\ a \neq 1,\ M>0,\ N>0$ のとき
$$\log_a M+\log_a N=\log_a MN.$$

式に書き直すと

$$\left(\frac{1}{3}\right)^{2x+1} - 11\left(\frac{1}{3}\right)^{x+1} + 6 = 0$$

$$\left\{\left(\frac{1}{3}\right)^x\right\}^2 \cdot \frac{1}{3} - 11\left(\frac{1}{3}\right)^x \cdot \frac{1}{3} + 6 = 0$$

$$\frac{1}{3}t^2 - \frac{11}{3}t + 6 = 0$$

$$t^2 - \boxed{11}\,t + \boxed{18} = 0 \qquad \cdots ⑤$$

が得られる．また，x が $x > -2$ の範囲を動くとき，t のとり得る値の範囲は

$$0 < t < \left(\frac{1}{3}\right)^{-2}$$

すなわち

$$\boxed{0} < t < \boxed{9} \qquad \cdots ⑥$$

である．

⑥ の範囲で方程式 ⑤ を解くと

$$(t-2)(t-9) = 0$$

より

$$t = \boxed{2}$$

すなわち

$$\left(\frac{1}{3}\right)^x = 2$$

となる．3 を底とする両辺の対数をとると

$$\log_3\left(\frac{1}{3}\right)^x = \log_3 2$$

$$x\log_3\frac{1}{3} = \log_3 2$$

$$x\log_3 3^{-1} = \log_3 2$$

$$-x = \log_3 2$$

$$x = -\log_3 2$$

$$x = \log_3 2^{-1}$$

$$x = \log_3\frac{1}{2}$$

を得る．これを ④ に代入すると

$$y = 2\log_3\frac{1}{2} + 1$$

$$= \log_3\left(\frac{1}{2}\right)^2 + \log_3 3$$

$$= \log_3\left(\frac{1}{2}\right)^2 \cdot 3$$

$a > 0$，x，y が実数のとき
$$a^{x+y} = a^x a^y,$$
$$(a^x)^y = a^{xy}.$$

$$\left(\frac{1}{3}\right)^{-2} = (3^{-1})^{-2} = 3^2 = 9.$$

$a > 0$，$a \neq 1$，$p > 0$ で，x が実数のとき
$$\log_a p^x = x\log_a p.$$

$$= \log_3 \frac{3}{4}$$

となる．したがって，連立方程式 ②，③ を満たす実数 x, y の値は

$$x = \log_3 \frac{\boxed{1}}{\boxed{2}}, \quad y = \log_3 \frac{\boxed{3}}{\boxed{4}}$$

であることがわかる．

第2問　微分法・積分法

p, q は実数. 関数 $f(x) = x^3 + px^2 + qx$ は $x = -1$ で極値2をとる.

$$C : y = f(x), \quad D : y = -kx^2.$$
$$D \text{ 上の点 } (a, -ka^2) \text{ が A.} \quad k > 0, \ a > 0.$$
$$f'(x) = 3x^2 + 2px + q.$$

(1) 関数 $f(x)$ が $x = -1$ で極値をとるので

$$f'(-1) = \boxed{0}$$

すなわち

$$3 - 2p + q = 0$$

であることが必要. これと

$$f(-1) = 2$$

すなわち

$$p - q - 3 = 0$$

より

$$p = 0, \quad q = -3$$

である. このとき

$$f(x) = x^3 - 3x$$
$$f'(x) = 3x^2 - 3 = 3(x+1)(x-1)$$

となるから, $f(x)$ の増減は次の表のようになる.

x	$\cdots$	-1	$\cdots$	1	$\cdots$
$f'(x)$	$+$	0	$-$	0	$+$
$f(x)$	$\nearrow$	2	$\searrow$	-2	$\nearrow$

よって, $p = \boxed{0}$, $q = \boxed{-3}$ であり,

$x = \boxed{1}$ で極小値 $\boxed{-2}$ をとる.

(2) 点 A における放物線 D の接線を ℓ とする. D と ℓ および x 軸で囲まれた図形の面積 S を a と k を用いて表す.

$$D : y = -kx^2$$

より

$$y' = -2kx$$

であるから, ℓ の方程式は

$$y = -2ka(x - a) - ka^2$$

すなわち

$$y = \boxed{-2}kax + ka\boxed{2} \quad \cdots ①$$

と表せる. ① において $y = 0$ とすることにより, ℓ と

← $f(x)$ は $x = -1$ で極値2をとる.

$y = f'(x)$ のグラフを描くと $f'(x)$ の符号の変化がわかりやすい.

x 軸の交点の x 座標は $\dfrac{\boxed{a}}{\boxed{2}}$ であり，D と x 軸およ

び直線 $x=a$ で囲まれた図形の面積は

$$-\int_0^a (-kx^2)\,dx = \left[\frac{1}{3}kx^3\right]_0^a = \frac{k}{\boxed{3}}a^{\boxed{3}}$$

である．よって

$$S = \frac{k}{3}a^3 - \frac{1}{2}\left(a-\frac{a}{2}\right)ka^2 = \frac{k}{\boxed{12}}a^3$$

である．

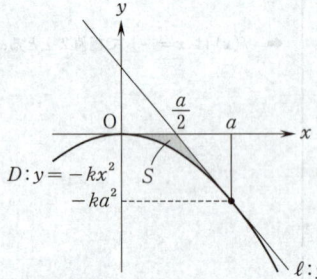

図中：
$\dfrac{a}{2}$　a

O

$D : y = -kx^2$　S

$-ka^2$

$\ell : y = -2kax + ka^2$

(3) さらに，点 A が曲線 C 上にあり，かつ (2) の接線 ℓ が C にも接するとする．このときの (2) の S の値を求める．

A が C 上にあるので

$$-ka^2 = f(a)$$
$$-ka^2 = a^3 - 3a$$

$$k = \frac{\boxed{3}}{\boxed{a}} - \boxed{a}$$

である．ℓ と C の接点の x 座標を b とすると，ℓ の方程式は b を用いて

$$y = f'(b)(x-b) + f(b)$$
$$y = 3(b^2-1)(x-b) + b^3 - 3b$$
$$y = \boxed{3}\left(b^2 - \boxed{1}\right)x - \boxed{2}\,b^3 \quad \cdots ②$$

と表される．② の右辺を $g(x)$ とおくと

$$f(x) - g(x) = (x^3 - 3x) - \{3(b^2-1)x - 2b^3\}$$
$$= x^3 - 3b^2 x + 2b^3$$
$$= \left(x - \boxed{b}\right)^2\left(x + \boxed{2}\,b\right)$$

と因数分解されるので，$a = -2b$ となる．① と ② の表す直線の傾きを比較すると

面積

区間 $\alpha \leqq x \leqq \beta$ においてつねに $g(x) \leqq f(x)$ ならば 2 曲線 $y = f(x)$，$y = g(x)$ および直線 $x = \alpha$，$x = \beta$ で囲まれた部分の面積は

$$\int_\alpha^\beta \{f(x) - g(x)\}\,dx.$$

図中：$y = f(x)$，$y = g(x)$，O　α　β　x

定積分

$$\int x^n\,dx = \frac{1}{n+1}x^{n+1} + C$$

（ただし $n = 0, 1, 2, \cdots$．C は積分定数）

であり，$f(x)$ の原始関数の一つを $F(x)$ とすると

$$\int_\alpha^\beta f(x)\,dx = \left[F(x)\right]_\alpha^\beta$$
$$= F(\beta) - F(\alpha).$$

$$-2ka = 3(b^2 - 1)$$
$$-2\left(\frac{3}{a} - a\right)a = 3\left\{\left(-\frac{a}{2}\right)^2 - 1\right\}$$

← $k = \dfrac{3}{a} - a$, $a = -2b$.

$$a^2 = \boxed{\dfrac{\boxed{12}}{\boxed{5}}}$$

である．したがって，求める S の値は

$$S = \frac{k}{12}a^3$$
$$= \frac{1}{12}\left(\frac{3}{a} - a\right)a^3$$
$$= \frac{1}{12}(3 - a^2)a^2$$
$$= \frac{1}{12}\left(3 - \frac{12}{5}\right)\cdot\frac{12}{5}$$
$$= \boxed{\dfrac{\boxed{3}}{\boxed{25}}}$$

である．

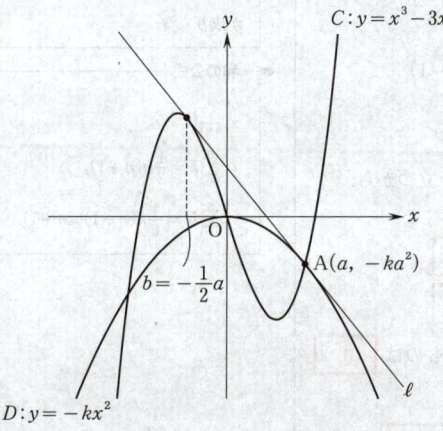

$C : y = x^3 - 3x$

$b = -\dfrac{1}{2}a$

$A(a, -ka^2)$

$D : y = -kx^2$

ℓ

第3問　数列

初項が 3，公比が 4 の等比数列の初項から第 n 項までの和が S_n.

初項が -1 であり，階差数列が $\{S_n\}$ であるような数列が $\{T_n\}$.

(1)
$$S_2 = 3 + 3 \cdot 4 = \boxed{15}$$

$$T_2 = T_1 + S_1 = -1 + 3 = \boxed{2}$$

である.

(2) $\{S_n\}$ の一般項は

$$S_n = \frac{3(4^n - 1)}{4 - 1} = \boxed{4}^n - \boxed{1}$$

である．よって，$\boxed{オ}$ に当てはまるものは $\boxed{①}$ である.

$n \geq 2$ のとき

$$T_n = T_1 + \sum_{k=1}^{n-1} S_k$$

$$= -1 + \sum_{k=1}^{n-1} (4^k - 1)$$

$$= -1 + \frac{4(4^{n-1} - 1)}{4 - 1} - (n - 1)$$

$$= \frac{4^n}{3} - n - \frac{4}{3}$$

であり，この結果は $n = 1$ のときも成り立つから，$\{T_n\}$ の一般項は

$$T_n = \frac{\boxed{4}^n}{\boxed{3}} - n - \frac{\boxed{4}}{\boxed{3}}$$

である．よって，$\boxed{ク}$ に当てはまるものは $\boxed{①}$ である.

(3)
$$b_1 = \frac{a_1 + 2T_1}{1} = \frac{-3 + 2(-1)}{1} = \boxed{-5}$$

である.

$$T_{n+1} = \frac{4^{n+1}}{3} - (n + 1) - \frac{4}{3}$$

$$= 4\left(\frac{4^n}{3} - n - \frac{4}{3}\right) + 3n + 3$$

$$= 4T_n + 3n + 3 \quad (n = 1, 2, 3, \cdots)$$

より，$\{T_n\}$ は漸化式

等比数列の一般項

初項を a，公比を r とする等比数列 $\{a_n\}$ の一般項は

$$a_n = ar^{n-1} \quad (n = 1, 2, 3, \cdots).$$

等比数列の和

初項 a，公比 r，項数 n の等比数列の和は，$r \neq 1$ のとき

$$\frac{a(r^n - 1)}{r - 1}.$$

階差数列

数列 $\{a_n\}$ に対して

$$b_n = a_{n+1} - a_n \quad (n = 1, 2, 3, \cdots)$$

で定められる数列 $\{b_n\}$ を $\{a_n\}$ の階差数列という.

$$a_n = a_1 + \sum_{k=1}^{n-1} b_k \quad (n \geq 2)$$

が成り立つ.

和の公式

$$\sum_{k=1}^{n} 1 = n,$$

$$\sum_{k=1}^{n} k = \frac{1}{2} n(n + 1),$$

$$\sum_{k=1}^{n} k^2 = \frac{1}{6} n(n + 1)(2n + 1).$$

$$b_n = \frac{a_n + 2T_n}{n}.$$

$$T_{n+1} = \boxed{4} \; T_n + \boxed{3} \; n + \boxed{3}$$
$$(n = 1, 2, 3, \cdots)$$

を満たす．これと
$$na_{n+1} = 4(n+1)a_n + 8T_n \quad (n = 1, 2, 3, \cdots)$$
より

$$b_{n+1} = \frac{a_{n+1} + 2T_{n+1}}{n+1}$$

$\blacktriangleleft \; b_n = \dfrac{a_n + 2T_n}{n}.$

$$= \frac{\dfrac{1}{n}\{4(n+1)a_n + 8T_n\} + 2(4T_n + 3n + 3)}{n+1}$$

$$= 4 \cdot \frac{a_n + 2T_n}{n} + 6$$

$$= 4b_n + 6 \quad (n = 1, 2, 3, \cdots)$$

が成り立つ．よって，$\{b_n\}$ は漸化式

$$b_{n+1} = \boxed{4} \; b_n + \boxed{6} \quad (n = 1, 2, 3, \cdots)$$

を満たすことがわかる．これは

$$b_{n+1} + 2 = 4(b_n + 2) \quad (n = 1, 2, 3, \cdots)$$

と変形できる．数列 $\{b_n + 2\}$ は初項
$$b_1 + 2 = -5 + 2 = -3$$
公比 4 の等比数列であるから，一般項は
$$b_n + 2 = -3 \cdot 4^{n-1}$$
である．よって，$\{b_n\}$ の一般項は

$$b_n = \boxed{-3} \cdot 4^{n-1} - \boxed{2}$$

である．したがって，$\boxed{\text{ナ}}$ に当てはまるものは

$\boxed{\text{⓪}}$ である．

$\blacktriangleleft$ 漸化式
$$b_{n+1} = pb_n + q \quad (n = 1, 2, 3, \cdots)$$
$$(p, \; q \text{ は定数}, \; p \neq 0, 1)$$
は
$$\alpha = p\alpha + q$$
を満たす α を用いて
$$b_{n+1} - \alpha = p(b_n - \alpha)$$
と変形できる．

以上より，$\{a_n\}$ の一般項は

$$a_n = nb_n - 2T_n$$

$$= n(-3 \cdot 4^{n-1} - 2) - 2\left(\frac{4^n}{3} - n - \frac{4}{3}\right)$$

$$= \frac{\boxed{-}\left(\left(\boxed{9}\, n + \boxed{8}\right)4^{n-1} + \boxed{8}\right)}{\boxed{3}}$$

$\blacktriangleleft \; b_n = \dfrac{a_n + 2T_n}{n}.$

である．

第4問　空間ベクトル

四角錐 OABCD は四角形 ABCD を底面とする.

四角形 ABCD は辺 AD と辺 BC が平行で，AB＝CD，∠ABC＝∠BCD を満たす.

$$\overrightarrow{OA}=\vec{a}, \quad \overrightarrow{OB}=\vec{b}, \quad \overrightarrow{OC}=\vec{c}$$

$$|\vec{a}|=1, \quad |\vec{b}|=\sqrt{3}, \quad |\vec{c}|=\sqrt{5}$$

$$\vec{a}\cdot\vec{b}=1, \quad \vec{b}\cdot\vec{c}=3, \quad \vec{a}\cdot\vec{c}=0.$$

内積

$\vec{0}$ でない2つのベクトル $\vec{a}$ と $\vec{b}$ のなす角を θ $(0°\leqq\theta\leqq180°)$ とすると

$$\vec{a}\cdot\vec{b}=|\vec{a}||\vec{b}|\cos\theta.$$

特に

$$\vec{a}\cdot\vec{a}=|\vec{a}||\vec{a}|\cos0°=|\vec{a}|^2.$$

(1)
$$\vec{a}\cdot\vec{c}=|\vec{a}||\vec{c}|\cos\angle AOC=0$$

より，∠AOC＝ $\boxed{90}$ °であるから，三角形 OAC の

面積は

$$\frac{1}{2}|\vec{a}||\vec{c}|=\frac{1}{2}\cdot1\cdot\sqrt{5}=\frac{\sqrt{\boxed{5}}}{\boxed{2}}$$

である.

(2)
$$\begin{aligned}
\overrightarrow{BA}\cdot\overrightarrow{BC} &=(\vec{a}-\vec{b})\cdot(\vec{c}-\vec{b})\\
&=\vec{a}\cdot\vec{c}-\vec{a}\cdot\vec{b}-\vec{b}\cdot\vec{c}+|\vec{b}|^2\\
&=0-1-3+3\\
&=\boxed{-1}
\end{aligned}$$

である.

$$\begin{aligned}
|\overrightarrow{BA}|^2 &=|\vec{a}-\vec{b}|^2\\
&=|\vec{a}|^2-2\vec{a}\cdot\vec{b}+|\vec{b}|^2\\
&=1-2+3\\
&=2
\end{aligned}$$

より

$$|\overrightarrow{BA}|=\sqrt{\boxed{2}}$$

である.

$$\begin{aligned}
|\overrightarrow{BC}|^2 &=|\vec{c}-\vec{b}|^2\\
&=|\vec{c}|^2-2\vec{c}\cdot\vec{b}+|\vec{b}|^2\\
&=5-2\cdot3+3\\
&=2
\end{aligned}$$

より

$$|\overrightarrow{BC}|=\sqrt{\boxed{2}}$$

である. 以上より

$$\overrightarrow{BA}\cdot\overrightarrow{BC}=-1$$

すなわち

$$\left|\overrightarrow{BA}\right|\left|\overrightarrow{BC}\right|\cos\angle ABC = -1$$

は

$$\cos\angle ABC = -\frac{1}{2}$$

と変形できるから，$\angle ABC = \boxed{120}^\circ$ である．さらに，辺 AD と辺 BC が平行であるから，

$\angle BAD = \angle ADC = \boxed{60}^\circ$ である．よって，右図のように $\overrightarrow{AD} = \boxed{2}\,\overrightarrow{BC}$ であり，これより

$$\overrightarrow{OD} - \vec{a} = 2(\vec{c} - \vec{b})$$
$$\overrightarrow{OD} = \vec{a} - \boxed{2}\,\vec{b} + \boxed{2}\,\vec{c}$$

と表される．また，四角形 ABCD の面積は

$$\frac{1}{2}(\sqrt{2}+2\sqrt{2})\cdot\frac{\sqrt{3}}{2}\cdot\sqrt{2} = \frac{\boxed{3}\sqrt{\boxed{3}}}{\boxed{2}}$$

である．

(3) 三角形 OAC を底面とする三角錐 BOAC の体積 V を求める．

3点 O，A，C の定める平面 α 上に，点 H を $\overrightarrow{BH}\perp\vec{a}$ と $\overrightarrow{BH}\perp\vec{c}$ が成り立つようにとると，$\left|\overrightarrow{BH}\right|$ は三角錐 BOAC の高さである．H は α 上の点であるから，実数 s, t を用いて $\overrightarrow{OH} = s\vec{a} + t\vec{c}$ の形に表される．

$$\overrightarrow{BH}\cdot\vec{a} = \boxed{0}$$

により

$$(\overrightarrow{OH}-\vec{b})\cdot\vec{a} = 0$$
$$(s\vec{a}+t\vec{c}-\vec{b})\cdot\vec{a} = 0$$
$$s\left|\vec{a}\right|^2 + t\vec{c}\cdot\vec{a} - \vec{b}\cdot\vec{a} = 0$$
$$s - 1 = 0$$
$$s = \boxed{1}$$

← $\overrightarrow{BH} = s\vec{a} + t\vec{c} - \vec{b}$.

である．

$$\overrightarrow{BH}\cdot\vec{c} = 0$$

により

$$(\overrightarrow{OH}-\vec{b})\cdot\vec{c} = 0$$
$$(s\vec{a}+t\vec{c}-\vec{b})\cdot\vec{c} = 0$$
$$s\vec{a}\cdot\vec{c} + t\left|\vec{c}\right|^2 - \vec{b}\cdot\vec{c} = 0$$
$$5t - 3 = 0$$

$$t = \frac{3}{5}$$

である. 以上より

$$\overrightarrow{\mathrm{BH}} = \vec{a} + \frac{3}{5}\vec{c} - \vec{b}$$

であるから

$$\left|\overrightarrow{\mathrm{BH}}\right|^2 = \left|\vec{a} + \frac{3}{5}\vec{c} - \vec{b}\right|^2$$

$$= \left|\vec{a}\right|^2 + \frac{9}{25}\left|\vec{c}\right|^2 + \left|\vec{b}\right|^2 + \frac{6}{5}\vec{a}\cdot\vec{c}$$

$$\qquad\qquad - \frac{6}{5}\vec{c}\cdot\vec{b} - 2\vec{b}\cdot\vec{a}$$

$$= 1 + \frac{9}{25}\cdot 5 + 3 - \frac{6}{5}\cdot 3 - 2\cdot 1$$

$$= \frac{1}{5}$$

である. よって

$$\left|\overrightarrow{\mathrm{BH}}\right| = \frac{\sqrt{5}}{5}$$

が得られる. したがって, (1)により

$$V = \frac{1}{3}\cdot\triangle\mathrm{OAC}\cdot\left|\overrightarrow{\mathrm{BH}}\right| = \frac{1}{3}\cdot\frac{\sqrt{5}}{2}\cdot\frac{\sqrt{5}}{5} = \frac{1}{6}$$

である.

(4) 三角錐 DOAC の体積を W とする. 三角形 ADC を底面としたときの三角錐 DOAC の高さと三角形 ABC を底面としたときの三角錐 BOAC の高さは同じであり, AD を底辺としたときの三角形 ADC の高さと BC を底辺としたときの三角形 ABC の高さは同じであるから

$$W : V = \triangle\mathrm{ADC} : \triangle\mathrm{ABC} = \mathrm{AD} : \mathrm{BC} = 2 : 1$$

である. よって, 四角錐 OABCD の体積は

$$W + V = 2V + V = \boxed{3}\,V$$

と表せる. さらに, 四角形 ABCD の面積を S, 四角形 ABCD を底面とする四角錐 OABCD の高さを h とすると, 四角錐 OABCD の体積について

$$3V = \frac{1}{3}Sh$$

すなわち

$$3 \cdot \frac{1}{6} = \frac{1}{3} \cdot \frac{3\sqrt{3}}{2} \cdot h$$

が成り立つから

$$h = \frac{\sqrt{\boxed{3}}}{\boxed{3}}$$

である.

第5問　確率分布と統計的な推測

(1) ある食品を摂取したときに，血液中の物質Aの量が
どのように変化するか調べる．食品摂取前と摂取して
から3時間後に，それぞれ一定量の血液に含まれる物
質Aの量(単位はmg)を測定し，その変化量，すなわ
ち摂取後の量から摂取前の量を引いた値を表す確率変
数をXとする．Xの期待値(平均)は$E(X)=-7$，標
準偏差は$\sigma(X)=5$とする．このとき

$$E(X^2)-\{E(X)\}^2=\{\sigma(X)\}^2$$

より

$$E(X^2)-(-7)^2=5^2$$

であるから

$$E(X^2)=\boxed{74}$$

である．

また，測定単位を変更して$W=1000X$とすると，
その期待値は

$$E(W)=E(1000X)=1000E(X)=-7\times10^{\boxed{3}}$$

であり，分散は

$$V(W)=V(1000X)=1000^2V(X)=5^{\boxed{2}}\times10^{\boxed{6}}$$

となる．

(2) (1)のXが正規分布に従うとするとき，物質Aの量
が減少しない確率$P(X\geqq0)$を求める．この確率は
$\dfrac{X-E(X)}{\sigma(X)}=\dfrac{X+7}{5}$を用いると

$$P(X\geqq0)=P\left(\frac{X+7}{5}\geqq\boxed{1}.\boxed{4}\right)$$

であるので，標準正規分布に従う確率変数をZとする
と，正規分布表から，次のように求められる．

$$P(Z\geqq1.4)=0.5-P(0\leqq Z\leqq1.4)$$
$$=0.5-0.4192$$
$$=0.\boxed{08}\quad\cdots①$$

無作為に抽出された50人がこの食品を摂取したと
きに，物質Aの量が減少するか，減少しないかを考え，
物質Aの量が減少しない人数を表す確率変数をMと
する．Mは二項分布$B(50,0.08)$に従うので，期待値
は$E(M)=50\times0.08=\boxed{4}.\boxed{0}$，標準偏差は

$$\sigma(M)=\sqrt{4.0\times(1-0.08)}=\sqrt{\boxed{3}.\boxed{7}}\quad\text{となる．}$$

(3) (1)の食品摂取前と摂取してから3時間後に，それぞ

期待値(平均)，分散

確率変数Xのとり得る値を
$$x_1,x_2,\cdots,x_n$$
とし，Xがこれらの値をとる確率
をそれぞれ
$$p_1,p_2,\cdots,p_n$$
とすると，Xの期待値(平均)$E(X)$は
$$E(X)=\sum_{k=1}^{n}x_kp_k.$$
また，Xの分散$V(X)$は
$E(X)=m$として
$$V(X)=\sum_{k=1}^{n}(x_k-m)^2p_k\ \cdots(*)$$
または
$$V(X)=E(X^2)-\{E(X)\}^2.\cdots(**)$$
ここでは$(**)$を用いた．

$\sqrt{V(X)}$をXの標準偏差という．

Xは確率変数，a,bは定数とする．
$$E(aX+b)=aE(X)+b,$$
$$V(aX+b)=a^2V(X).$$

標準正規分布

平均0，標準偏差1の正規分布
$N(0,1)$を標準正規分布という．

二項分布

nを自然数とする．
確率変数Xのとり得る値が
$$0,1,2,\cdots,n$$
であり，Xの確率分布が
$$P(X=r)={}_nC_rp^r(1-p)^{n-r}$$
$$(r=0,1,2,\cdots,n)$$
であるとき，Xの確率分布を二項
分布といい，$B(n,p)$で表す．

二項分布の期待値(平均)，分散

確率変数Xが二項分布$B(n,p)$
に従うとき，$q=1-p$とするとX
の期待値(平均)$E(X)$と分散
$V(X)$は
$$E(X)=np,$$
$$V(X)=npq$$
である．

れ一定量の血液に含まれる別の物質Bの量(単位は mg)を測定し，その変化量，すなわち摂取後の量から摂取前の量を引いた値を表す確率変数を Y とする．Y の母集団分布は母平均 m，母標準偏差 6 をもつとする．m を推定するため，母集団から無作為に抽出された 100 人に対して物質Bの変化量を測定したところ，標本平均 $\overline{Y}$ の値は -10.2 であった．

このとき，$\overline{Y}$ の期待値は $E(\overline{Y})=m$，標準偏差は

$$\sigma(\overline{Y})=\frac{6}{\sqrt{100}}=\boxed{0}.\boxed{6}$$

である．$\overline{Y}$ の分布が正規分布で近似できるとすれば，$Z=\dfrac{\overline{Y}-m}{0.6}$ は近似的に標準正規分布に従うとみなすことができる．

正規分布表を用いて $|Z|\leqq1.64$ となる確率を求めると

$$0.4495\times2=0.\boxed{90}$$

となる．このことを利用して，母平均 m に対する信頼度 90% の信頼区間，すなわち，90% の確率で m を含む信頼区間を求めると

$$-10.2-1.64\times0.6\leqq m\leqq-10.2+1.64\times0.6$$

すなわち

$$-11.184\leqq m\leqq-9.216$$

となる．よって，$\boxed{ツ}$ に当てはまるものは $\boxed{②}$ である．

母平均 m，母標準偏差 σ の母集団から大きさ n の無作為標本を抽出するとき，標本平均の期待値(平均)と標準偏差はそれぞれ

$$m,\ \frac{\sigma}{\sqrt{n}}.$$

母平均の推定

標本平均を $\overline{X}$，母標準偏差を σ とすると，標本の大きさ n が大きいとき，母平均 m に対する信頼度 90% の信頼区間は

$$\left[\overline{X}-1.64\cdot\frac{\sigma}{\sqrt{n}},\ \overline{X}+1.64\cdot\frac{\sigma}{\sqrt{n}}\right].$$

MEMO

数学 I・数学 A
数学 II・数学 B

（2018年 1 月実施）

2018 本試験

	受験者数	平均点
数学 I・数学 A	396,479	61.91
数学 II・数学 B	353,423	51.07

数学Ⅰ・数学A

解答・採点基準　(100点満点)

問題番号(配点)	解答記号	正解	配点	自己採点
第1問 (30)	ア	5	2	
	イ, ウエ	6, 14	4	
	オ	2	2	
	カ	8	2	
	キ	②	3	
	ク	⓪	3	
	ケ	②	2	
	コ	⓪	2	
	サ+$\dfrac{シ}{a}$	$1+\dfrac{3}{a}$	2	
	ス	1	2	
	セ	1	2	
	$\dfrac{ソ}{タ}$	$\dfrac{4}{5}$	2	
	$\dfrac{チ+\sqrt{ツテ}}{ト}$	$\dfrac{7+\sqrt{13}}{4}$	2	
第1問　自己採点小計				
第2問 (30)	$\dfrac{ア}{イ}$	$\dfrac{7}{9}$	3	
	$\dfrac{ウ\sqrt{エ}}{オ}$	$\dfrac{4\sqrt{2}}{9}$	3	
	カ, キ	⓪, ④	5	
	ク$\sqrt{ケコ}$	$2\sqrt{33}$	4	
	サ, シ	①, ⑥ (解答の順序は問わない)	6 (各3)	
	ス, セ	④, ⑤ (解答の順序は問わない)	6 (各3)	
	ソ	②	2	
第2問　自己採点小計				

問題番号(配点)	解答記号	正解	配点	自己採点
第3問 (20)	$\dfrac{ア}{イ}$	$\dfrac{1}{6}$	2	
	$\dfrac{ウ}{エ}$	$\dfrac{1}{6}$	2	
	$\dfrac{オ}{カ}$	$\dfrac{1}{9}$	2	
	$\dfrac{キ}{ク}$	$\dfrac{1}{4}$	2	
	$\dfrac{ケ}{コ}$	$\dfrac{1}{6}$	2	
	サ	①	2	
	シ	②	2	
	$\dfrac{ス}{セソタ}$	$\dfrac{1}{432}$	3	
	$\dfrac{チ}{ツテ}$	$\dfrac{1}{81}$	3	
第3問　自己採点小計				
第4問 (20)	ア, イ, ウ	4, 3, 2	3	
	エオ	15	3	
	カ	2	2	
	キク	41	2	
	ケ	7	2	
	コサシ	144	2	
	ス	2	2	
	セソ	23	3	
第4問　自己採点小計				
第5問 (20)	$\dfrac{ア\sqrt{イ}}{ウ}$	$\dfrac{2\sqrt{5}}{3}$	3	
	$\dfrac{エオ}{カ}$	$\dfrac{20}{9}$	3	
	$\dfrac{キク}{ケ}$	$\dfrac{10}{9}$	2	
	コ, サ	⓪, ④	4	
	$\dfrac{シ}{ス}$	$\dfrac{5}{8}$	3	
	$\dfrac{セ}{ソ}$	$\dfrac{5}{3}$	2	
	タ	①	3	
第5問　自己採点小計				
自己採点合計				

(注)
第1問，第2問は必答。
第3問〜第5問のうちから2問選択。計4問を解答。

第1問　数と式・集合と命題・2次関数

〔1〕

$$A = x(x+1)(x+2)(5-x)(6-x)(7-x). \quad \cdots ①$$

$$(x+n)(n+5-x) = nx + x(5-x) + n^2 + n(5-x)$$

$$= x(5-x) + n^2 + \boxed{5}\, n \quad \cdots ②$$

であり，$X = x(5-x)$ とおくと，② は，

$$(x+n)(n+5-x) = X + n^2 + 5n \quad \cdots ②'$$

となる．

$n = 0, 1, 2$ を ②′ にそれぞれ代入すると，

$$\left.\begin{array}{l} x(5-x) = X, \\ (x+1)(6-x) = X+6, \\ (x+2)(7-x) = X+14 \end{array}\right\} \quad \cdots ③$$

← $n=0$ のとき．
← $n=1$ のとき．
← $n=2$ のとき．

である．

したがって，③ を ① に代入すると，

$$A = x(5-x) \cdot (x+1)(6-x) \cdot (x+2)(7-x)$$

$$= X\left(X + \boxed{6}\right)\left(X + \boxed{14}\right) \quad \cdots ①'$$

と表せる．

$x = \dfrac{5+\sqrt{17}}{2}$ のとき，

$$2x = 5 + \sqrt{17}$$
$$2x - 5 = \sqrt{17}$$
$$(2x-5)^2 = (\sqrt{17})^2$$
$$20x - 4x^2 = 8$$
$$4x(5-x) = 8$$
$$4X = 8$$
$$X = \boxed{2}$$

であり，これを ①′ に代入すると，

$$A = 2(2+6)(2+14)$$
$$= 2^1 \cdot 2^3 \cdot 2^4$$
$$= 2^{\boxed{8}}$$

である．

次のように $x = \dfrac{5+\sqrt{17}}{2}$ を直接 X に代入して求めてもよい．

$$X = x(5-x)$$
$$= \frac{5+\sqrt{17}}{2}\left(5 - \frac{5+\sqrt{17}}{2}\right)$$
$$= \frac{5+\sqrt{17}}{2} \cdot \frac{5-\sqrt{17}}{2}$$
$$= \frac{25-17}{4}$$
$$= 2.$$

〔2〕

(1)　$U = \{x \mid x$ は 20 以下の自然数$\}$,
　　　$A = \{x \mid x \in U$ かつ x は 20 の約数$\}$,
　　　$B = \{x \mid x \in U$ かつ x は 3 の倍数$\}$,
　　　$C = \{x \mid x \in U$ かつ x は偶数$\}$

より，次図を得る．

← $A = \{1, 2, 4, 5, 10, 20\}$.
← $B = \{3, 6, 9, 12, 15, 18\}$.
← $C = \{2, 4, 6, 8, 10, 12, 14, 16, 18, 20\}$.

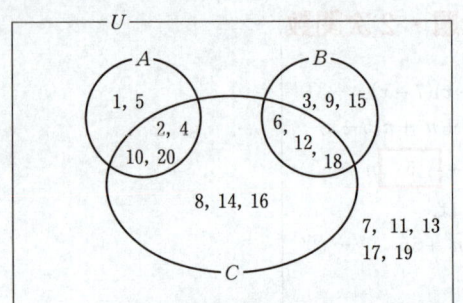

・(a)　$A \subset C$ について.

　　$1 \in A$, $5 \in A$ であるが, $1 \notin C$, $5 \notin C$ より, A は C の部分集合ではない. よって, (a) は誤りである.

・(b)　$A \cap B = \emptyset$ について.

　　A と B のどちらにも属する要素が1つもないから, $A \cap B$ は空集合, つまり, $A \cap B = \emptyset$ より, (b) は正しい.

したがって, キ に当てはまるものは ② である.

・(c)　$(A \cup C) \cap B = \{6, 12, 18\}$ について.

　　$A \cup C = \{1, 2, 4, 5, 6, 8, 10, 12, 14, 16, 18, 20\}$ であるから,

$$(A \cup C) \cap B = \{6, 12, 18\}$$

である. よって, (c) は正しい.

・(d)　$(\overline{A} \cap C) \cup B = \overline{A} \cap (B \cup C)$ について.

となるから, $(\overline{A} \cap C) \cup B$ を図示すると次のようになる.

（右側の図）

A は C の部分集合.

$x \in A$ ならば, $x \in C$.

$A \cap B$ は A と B の共通部分.

$A \cap B = \{x \mid x \in A$ かつ $x \in B\}$.

$A \cup C$ は A と C の和集合.

$A \cup C = \{x \mid x \in A$ または $x \in C\}$.

$(A \cup C) \cap B$ は次図の網掛部分.

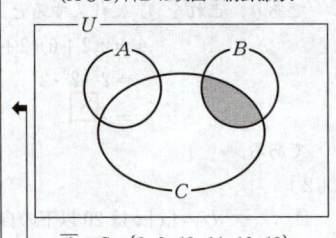

$\overline{A} \cap C = \{6, 8, 12, 14, 16, 18\}$,
$B = \{3, 6, 9, 12, 15, 18\}$

であるから,

$$(\overline{A} \cap C) \cup B$$
$$= \{3, 6, 8, 9, 12, 14, 15, 16, 18\}.$$

となるから，$\overline{A} \cap (B \cup C)$ を図示すると次のようになる．

よって，$(\overline{A} \cap C) \cup B = \overline{A} \cap (B \cup C)$ となるから，(d)は正しい．

したがって，$\boxed{\textbf{ク}}$ に当てはまるものは $\boxed{\textbf{⓪}}$ である．

(2)　$p : |x-2| > 2$，つまり，$(x < 0$ または $4 < x)$，

　　　$q : x < 0$，

　　　$r : x > 4$，

　　　$s : \sqrt{x^2} > 4$，つまり，$(x < -4$ または $4 < x)$．

・$(q$ または $r)$ であることは p であるための何条件かを求める．

　$(q$ または $r)$ は，$(x < 0$ または $x > 4)$ である．

　よって，

$$\lceil (q \text{ または } r) \Longleftrightarrow p \rceil$$

であるから，q または r であることは，p であるための必要十分条件である．したがって，$\boxed{\textbf{ケ}}$ に当てはまるものは $\boxed{\textbf{②}}$ である．

・s は r であるための何条件かを求める．

$$\lceil s \Longrightarrow r \rceil \text{ は偽（反例 } x = -5 \text{ など）}$$

である．

$$\lceil r \Longrightarrow s \rceil \text{ は真}$$

である．

　よって，s は r であるための必要条件であるが，十分条件ではない．したがって，$\boxed{\textbf{コ}}$ に当てはまるものは $\boxed{\textbf{⓪}}$ である．

◀ $\overline{A} = \{3, 6, 7, 8, 9, 11, 12, 13, 14, 15, 16, 17, 18, 19\}$，

$B \cup C = \{2, 3, 4, 6, 8, 9, 10, 12, 14, 15, 16, 18, 20\}$

であるから，

$\overline{A} \cap (B \cup C)$
$= \{3, 6, 8, 9, 12, 14, 15, 16, 18\}$．

◀ $|x-2| > 2$ より，

$x - 2 < -2,\quad 2 < x - 2$

$x < 0,\quad 4 < x$．

◀ $\sqrt{x^2} = |x|$ であるから，

$|x| > 4$

$x < -4,\quad 4 < x$．

◀ 2つの命題「$\ell \Longrightarrow m$」と「$m \Longrightarrow \ell$」がともに真であるとき，つまり，「$\ell \Longleftrightarrow m$」が成り立つとき，$\ell$ は m であるための必要十分条件であるという．

◀

◀ 命題「$\ell \Longrightarrow m$」が真のとき，ℓ は m であるための十分条件といい，「$m \Longrightarrow \ell$」が真のとき，ℓ は m であるための必要条件という．

6

〔3〕

$f(x) = ax^2 - 2(a+3)x - 3a + 21 \ (a>0)$ は，

$$f(x) = a\left\{x^2 - \frac{2(a+3)}{a}x\right\} - 3a + 21$$

$$= a\left(x - \frac{a+3}{a}\right)^2 - a\left(\frac{a+3}{a}\right)^2 - 3a + 21$$

$$= a\left\{x - \left(1 + \frac{3}{a}\right)\right\}^2 - 4a + 15 - \frac{9}{a}$$

と変形できるから，2次関数 $y = f(x)$ のグラフの頂点の x 座標 p は，

$$p = \boxed{1} + \frac{\boxed{3}}{a} \qquad \cdots ①$$

である．

2次関数 $y = f(x)$ のグラフは，下に凸で軸が直線 $x = p$ の放物線であるから，$0 \leqq x \leqq 4$ における関数 $y = f(x)$ の最小値が $f(4)$ となるような p の値の範囲は，

$$4 \leqq p$$

である．

① より，

$$4 \leqq 1 + \frac{3}{a}$$

$$3 \leqq \frac{3}{a}$$

であるから，求める a の値の範囲は，$a > 0$ に注意して，

$$0 < a \leqq \boxed{1}$$

である．

また，$0 \leqq x \leqq 4$ における関数 $y = f(x)$ の最小値が $f(p)$ となるような p の値の範囲は，

$$0 \leqq p \leqq 4$$

である．

① より，

$$0 \leqq 1 + \frac{3}{a} \leqq 4$$

$$-1 \leqq \frac{3}{a} \leqq 3$$

であるから，求める a の値の範囲は，$a > 0$ に注意して，

$$\boxed{1} \leqq a$$

← 2次関数 $y = b(x-c)^2 + d$ のグラフの頂点の座標は，

$$(c, d).$$

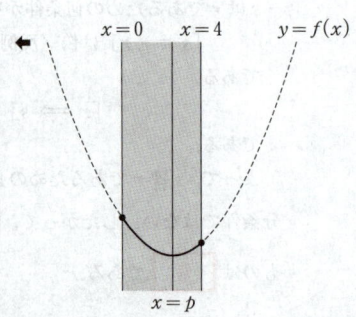

である.

次に, $0 \leqq x \leqq 4$ における関数 $y = f(x)$ の最小値が 1 であるような a の値を求める.

・$0 < a \leqq 1$ のとき.

最小値は,

$$f(4) = 5a - 3$$

であるから, これが 1 であるのは,

$$5a - 3 = 1$$

$$a = \frac{4}{5} \quad (0 < a \leqq 1 \text{ を満たす})$$

のときである.

・$1 \leqq a$ のとき.

最小値は,

$$f(p) = -4a + 15 - \frac{9}{a}$$

であるから, これが 1 であるのは,

$$-4a + 15 - \frac{9}{a} = 1$$

$$4a^2 - 14a + 9 = 0$$

$$a = \frac{7 \pm \sqrt{13}}{4}$$

より, $a \geqq 1$ に注意して,

$$a = \frac{7 + \sqrt{13}}{4}$$

のときである.

したがって, $0 \leqq x \leqq 4$ における関数 $y = f(x)$ の最小値が 1 であるのは,

$$a = \frac{\boxed{4}}{\boxed{5}} \quad \text{または} \quad a = \frac{\boxed{7} + \sqrt{\boxed{13}}}{\boxed{4}}$$

のときである.

← $3 < \sqrt{13} < 4$ より,

$$\begin{cases} 10 < 7 + \sqrt{13} < 11, \\ 3 < 7 - \sqrt{13} < 4 \end{cases}$$

であるから,

$$\begin{cases} \dfrac{10}{4} < \dfrac{7 + \sqrt{13}}{4} < \dfrac{11}{4}, \\ \dfrac{3}{4} < \dfrac{7 - \sqrt{13}}{4} < 1 \end{cases}$$

である.

第2問 図形と計量・データの分析

〔1〕

(1)

△ABC に余弦定理を用いると,

$$\cos \angle ABC = \frac{AB^2 + BC^2 - CA^2}{2AB \cdot BC}$$

$$= \frac{5^2 + 9^2 - 6^2}{2 \cdot 5 \cdot 9}$$

$$= \frac{\boxed{7}}{\boxed{9}}$$

であり,$0° < \angle ABC < 180°$ より,$\sin \angle ABC > 0$ であるから,

$$\sin \angle ABC = \sqrt{1 - \cos^2 \angle ABC}$$

$$= \sqrt{1 - \left(\frac{7}{9}\right)^2}$$

$$= \frac{\boxed{4}\sqrt{\boxed{2}}}{\boxed{9}}$$

である.

$$CD = 3 = \frac{27}{9} = \frac{\sqrt{729}}{9},$$

$$AB \cdot \sin \angle ABC = 5 \cdot \frac{4\sqrt{2}}{9} = \frac{20\sqrt{2}}{9} = \frac{\sqrt{800}}{9}$$

であるから,$\sqrt{729} < \sqrt{800}$ より,

$$CD < AB \cdot \sin \angle ABC$$

である.

よって,$\boxed{カ}$ に当てはまるものは $\boxed{⓪}$ である.

ところで,$\cos \angle ABC > 0$ であることと $0° < \angle ABC < 180°$ であることから,$\angle ABC$ は鋭角であり,A から直線 BC に下ろした垂線の足を H とすると,

$$AH = AB \cdot \sin \angle ABC$$

である.

余弦定理

$$b^2 = c^2 + a^2 - 2ca \cos B.$$

$$\cos B = \frac{c^2 + a^2 - b^2}{2ca}.$$

$0° \leqq \theta \leqq 180°$ のとき,

$$\sin \theta = \sqrt{1 - \cos^2 \theta}.$$

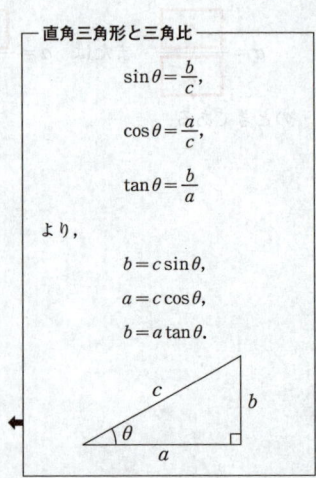

直角三角形と三角比

$$\sin \theta = \frac{b}{c},$$

$$\cos \theta = \frac{a}{c},$$

$$\tan \theta = \frac{b}{a}$$

より,

$$b = c \sin \theta,$$

$$a = c \cos \theta,$$

$$b = a \tan \theta.$$

ここで，辺 AD と辺 BC が平行であるとすると，次図のようになり，CD > 3 となるから矛盾が生じる．

よって，CD < AB・sin∠ABC であるから，辺 AB と辺 CD が平行である．したがって，| キ | に当てはまるものは ④ である．

ゆえに，台形 ABCD は次図のようになる．

AB ∥ DC より，
$$\angle BCD = 180° - \angle ABC$$
であるから，
$$\cos\angle BCD = \cos(180° - \angle ABC)$$
$$= -\cos\angle ABC$$
$$= -\frac{7}{9}$$
である．

したがって，△BCD に余弦定理を用いると，
$$BD^2 = BC^2 + CD^2 - 2BC\cdot CD\cos\angle BCD$$
$$= 9^2 + 3^2 - 2\cdot 9\cdot 3\cdot\left(-\frac{7}{9}\right)$$
$$= 132$$
であるから，BD > 0 より，
$$BD = \boxed{2}\sqrt{\boxed{33}}$$
である．

〔2〕

(1)　・⓪について．

　　四つのグループのうち範囲が最も大きいのは，図 2 の身長の箱ひげ図より，女子短距離グループではなく男子短距離グループであるから，⓪は正しくない．

$\ell \parallel m$ のとき，同位角が等しいから，
$$\alpha + \beta = 180°$$
すなわち，
$$\beta = 180° - \alpha.$$

180° − θ の三角比
$$\sin(180° - \theta) = \sin\theta,$$
$$\cos(180° - \theta) = -\cos\theta,$$
$$\tan(180° - \theta) = -\tan\theta.$$

箱ひげ図からは，次の 5 つの情報が得られる．

(範囲) = (最大値) − (最小値).

・①について.

　図2の身長の箱ひげ図より，四つのグループのすべてにおいて，四分位範囲はすべて12未満であるから，①は正しい.

・②について.

　図1の身長のヒストグラムより，男子長距離グループの度数最大の階級は170 cm 〜 175 cm であり，一方，図2の身長の箱ひげ図より，男子長距離グループの中央値は176 cmである.よって，男子長距離グループのヒストグラムでは，度数最大の階級に中央値は入っていないから，②は正しくない.

・③について.

　図1の身長のヒストグラムより，女子長距離グループの度数最大の階級は165 cm 〜 170 cm であり，一方，図2の身長の箱ひげ図より，女子長距離グループの第1四分位数は約161 cmである.よって，女子長距離グループのヒストグラムでは，度数最大の階級に第1四分位数は入っていないから，③は正しくない.

・④について.

　図2の身長の箱ひげ図より，すべての選手の中で最も身長の高い選手は，男子長距離グループの中にいるのではなく，男子短距離グループの中にいるから，④は正しくない.

・⑤について.

　図2の身長の箱ひげ図より，すべての選手の中で最も身長の低い選手は，女子長距離グループの中にいるのではなく，女子短距離グループの中にいるから，⑤は正しくない.

・⑥について.

　図2の身長の箱ひげ図より，男子短距離グループの中央値と男子長距離グループの第3四分位数はともに約181 cmであり，180 cm以上182 cm未満であるから，⑥は正しい.

よって，　**サ**　，　**シ**　に当てはまるものは　**①**　，　**⑥**　である.

$$\left(\begin{array}{c}\text{四分位}\\\text{範囲}\end{array}\right) = \left(\begin{array}{c}\text{第3四}\\\text{分位数}\end{array}\right) - \left(\begin{array}{c}\text{第1四}\\\text{分位数}\end{array}\right).$$

四分位範囲

(2) $Z = \dfrac{W}{X}$ より，1つのデータに対する Z の値は，

そのデータが表す点と原点を通る直線の傾きになる．また，直線 l_1，l_2，l_3，l_4 の傾きは順に 15，20，25，30 である．

図3　X と W の散布図

図4　Z の箱ひげ図

（ⅰ）より，男子短距離グループにおいて，Z の最大値は約 30 である．他の3つのグループの散布図において，Z の最大値が約 30 になるものはないから，男子短距離グループの Z の箱ひげ図は(a)である．

（ⅱ）より，女子長距離グループにおいて，Z の最大値は 25 未満である．他の3つのグループの散布図において，Z の最大値は 25 以上であるから，女子長距離グループの Z の箱ひげ図は(d)である．

2つの（ⅲ）より，男子長距離グループの最大値と女子短距離グループの最大値を比べると男子長距離グ

ループの最大値の方がより 30 に近い.

さらに, 2 つの (iv) より, 男子長距離グループの最小値と女子短距離グループの最小値を比べると女子短距離グループの最小値の方がより 15 に近い.

よって, 男子長距離グループの Z の箱ひげ図は (c) であり, 女子短距離グループの Z の箱ひげ図は (b) である.

また, 箱ひげ図 (a), (b), (c), (d) より, 最小値, 第 1 四分位数, 中央値, 第 3 四分位数, 最大値は次のようになる.

	最小値	第1四分位数	中央値	第3四分位数	最大値
(a)男子短距離	約 17.2	約 21.6	約 22.9	約 24.2	約 30.1
(b)女子短距離	約 15.5	約 19.6	約 20.6	約 21.5	約 27.3
(c)男子長距離	約 16.3	約 19.1	約 20.1	約 21.0	約 28.7
(d)女子長距離	約 15.2	約 17.6	約 18.7	約 19.4	約 23.2

・⓪について.

4 つの散布図すべてにおいて, 点は全体に右上がりに分布しているから, X と W には正の相関がある. よって, ⓪は正しくない.

・①について.

4 つのグループのうちで Z の中央値が一番大きいのは, 男子短距離グループである. よって, ①は正しくない.

・②について.

4 つのグループのうちで Z の範囲が最小なのは, 女子長距離グループである. よって, ②は正しくない.

・③について.

4 つのグループのうちで Z の四分位範囲が最大なのは, 男子短距離グループである. よって, 「Z の四分位範囲が最小なのは, 男子短距離グループである」は誤りである. したがって, ③は正しくない.

・④について.

正しい.

・⑤について.

正しい.

下の散布図のように, 点が全体に右上がりに分布するときは, 2 つの変量の間に正の相関があるという.

下の散布図のように, 点が全体に右下がりに分布するときは, 2 つの変量の間に負の相関があるという.

ここの長さが一番短いものをさがすとよい.

ここの長さが一番長いものをさがすとよい.

よって，$\boxed{\text{ス}}$，$\boxed{\text{セ}}$ に当てはまるものは

$\boxed{④}$，$\boxed{⑤}$ である．

(3) $\overline{x} = \dfrac{x_1 + x_2 + \cdots + x_n}{n}$，$\overline{w} = \dfrac{w_1 + w_2 + \cdots + w_n}{n}$

であるから，

$x_1 + x_2 + \cdots + x_n = n\overline{x}$，$w_1 + w_2 + \cdots + w_n = n\overline{w}$

である．

これより，偏差の積の和は，

$(x_1 - \overline{x})(w_1 - \overline{w}) + (x_2 - \overline{x})(w_2 - \overline{w}) + \cdots + (x_n - \overline{x})(w_n - \overline{w})$

$= x_1 w_1 + x_2 w_2 + \cdots + x_n w_n$

$\quad - (x_1 + x_2 + \cdots + x_n)\overline{w} - (w_1 + w_2 + \cdots + w_n)\overline{x} + n\overline{x}\,\overline{w}$

$= x_1 w_1 + x_2 w_2 + \cdots + x_n w_n - n\overline{x}\cdot\overline{w} - n\overline{w}\cdot\overline{x} + n\overline{x}\,\overline{w}$

$= x_1 w_1 + x_2 w_2 + \cdots + x_n w_n - n\overline{x}\,\overline{w}$

である．

$\Leftarrow$　$i = 1, 2, \cdots, n$ において，

$\quad (x_i - \overline{x})(w_i - \overline{w})$

$\quad = x_i w_i - x_i \overline{w} - w_i \overline{x} + \overline{x}\,\overline{w}.$

よって，$\boxed{\text{ソ}}$ に当てはまるものは $\boxed{②}$ である．

第3問　場合の数・確率

大きいさいころの目を a, 小さいさいころの目を b とし, 大小2個のさいころを同時に投げたときの2つの目を (a, b) と記す.

大小2個のさいころを同時に投げたときの目の出方は, 全部で

$$6 \times 6 = 36 \text{ (通り)}$$

あり, どの場合も同様に確からしい.

(1) 「大きいさいころについて, 4の目が出る」という事象 A は,

$(a, b) = (4, 1), (4, 2), (4, 3), (4, 4), (4, 5), (4, 6)$

の6通りある.

よって, 事象 A の確率は,

$$P(A) = \frac{6}{36} = \boxed{\frac{1}{6}} \qquad \cdots ①$$

である.

「2個のさいころの出た目の和が7である」という事象 B は,

$(a, b) = (1, 6), (2, 5), (3, 4), (4, 3), (5, 2), (6, 1)$

の6通りある.

よって, 事象 B の確率は,

$$P(B) = \frac{6}{36} = \boxed{\frac{1}{6}} \qquad \cdots ②$$

である.

「2個のさいころの出た目の和が9である」という事象 C は,

$$(a, b) = (3, 6), (4, 5), (5, 4), (6, 3)$$

の4通りある.

よって, 事象 C の確率は,

$$P(C) = \frac{4}{36} = \boxed{\frac{1}{9}} \qquad \cdots ③$$

である.

(2) 事象 C が起こったときの事象 A が起こる条件付き確率は,

$$P_C(A) = \frac{P(A \cap C)}{P(C)} \qquad \cdots ④$$

である.

□は $6 \times 6 = 36$ (個) ある.

a\b	1	2	3	4	5	6
1						
2						
3						
4						
5						
6						

← 事象 A は下の網掛部分.

a\b	1	2	3	4	5	6
1						
2						
3						
4						
5						
6						

事象 B は下の網掛部分.
(□の中の数は $a+b$ の値)

a\b	1	2	3	4	5	6
1	2	3	4	5	6	7
2	3	4	5	6	7	8
3	4	5	6	7	8	9
4	5	6	7	8	9	10
5	6	7	8	9	10	11
6	7	8	9	10	11	12

事象 C は下の網掛部分.
(□の中の数は $a+b$ の値)

a\b	1	2	3	4	5	6
1	2	3	4	5	6	7
2	3	4	5	6	7	8
3	4	5	6	7	8	9
4	5	6	7	8	9	10
5	6	7	8	9	10	11
6	7	8	9	10	11	12

条件付き確率

事象 X が起こったときに事象 Y が起こる条件付き確率 $P_X(Y)$ は,

$$P_X(Y) = \frac{P(X \cap Y)}{P(X)}.$$

事象 $A \cap C$ は,

$$(a,\ b) = (4,\ 5)$$

の 1 通りあるから,

$$P(A \cap C) = \frac{1}{36} \qquad \cdots ⑤$$

である.

よって, 事象 C が起こったときの事象 A が起こる条件付き確率は, ③, ⑤ を ④ に代入して,

$$P_C(A) = \frac{\frac{1}{36}}{\frac{1}{9}} = \boxed{\frac{1}{4}}$$

であり, 事象 A が起こったときの事象 C が起こる条件付き確率は,

$$P_A(C) = \frac{P(A \cap C)}{P(A)}$$

であるから, これに ①, ⑤ を代入して,

$$P_A(C) = \frac{\frac{1}{36}}{\frac{1}{6}} = \boxed{\frac{1}{6}}$$

である.

(3)　$P(A \cap B)$ と $P(A)P(B)$ の大小について調べる.

事象 $A \cap B$ は,

$$(a,\ b) = (4,\ 3)$$

の 1 通りあるから,

$$P(A \cap B) = \frac{1}{36} \qquad \cdots ⑥$$

である.

また, ①, ② より,

$$P(A)P(B) = \frac{1}{6} \times \frac{1}{6} = \frac{1}{36}$$

であるから,

$$P(A \cap B) = P(A)P(B)$$

である. よって, $\boxed{サ}$ に当てはまるものは $\boxed{①}$ である.

次に, $P(A \cap C)$ と $P(A)P(C)$ の大小について調べる.

①, ③ より,

$$P(A)P(C) = \frac{1}{6} \times \frac{1}{9} = \frac{1}{54}$$

であり, ⑤ より,

← 事象 $A \cap C$ は下の濃い網掛部分.

$a \backslash b$	1	2	3	4	5	6
1						
2						
3						
4						
5						
6						

← 事象 $A \cap B$ は下の濃い網掛部分.

$a \backslash b$	1	2	3	4	5	6
1						
2						
3						
4						
5						
6						

$$P(A \cap C) > P(A)P(C)$$

である. よって, $\boxed{シ}$ に当てはまるものは $\boxed{②}$

である.

(4) 全事象を U とすると, U, A, B, C について次の図
が得られる.

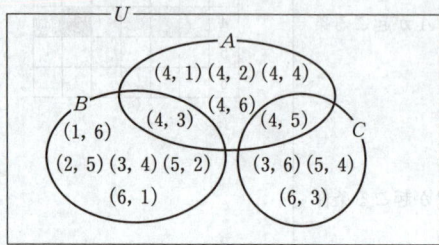

事象 $\overline{A} \cap C$ は,

$$(a,\ b) = (3,\ 6),\ (5,\ 4),\ (6,\ 3)$$

の3通りあるから,

$$P(\overline{A} \cap C) = \frac{3}{36} = \frac{1}{12} \qquad \cdots ⑦$$

である.

よって, 1回目に事象 $A \cap B$ が起こり, 2回目に事象
$\overline{A} \cap C$ が起こる確率は, 1回目の試行と2回目の試行
は独立であるから, ⑥, ⑦ より,

$$P(A \cap B)P(\overline{A} \cap C) = \frac{1}{36} \times \frac{1}{12} = \boxed{\dfrac{1}{432}} \qquad \cdots ⑧$$

である.

三つの事象 A, B, C がいずれもちょうど1回ずつ起
こるのは, $B \cap C = \varnothing$ であることに注意すると,

	1回目	2回目
(i)	$\begin{cases} A \cap B \\ \overline{A} \cap C \end{cases}$	$\overline{A} \cap C$ $A \cap B$
(ii)	$\begin{cases} A \cap C \\ \overline{A} \cap B \end{cases}$	$\overline{A} \cap B$ $A \cap C$

の場合がある.

(i) のとき.

⑧ より,

$$P(A \cap B)P(\overline{A} \cap C) + P(\overline{A} \cap C)P(A \cap B)$$
$$= \frac{1}{432} \times 2$$

独立な試行の確率

2つの独立な試行 S, T を行うと
き, 「S では事象 E が起こり, T で
は事象 F が起こる」という事象を
G とすると, 事象 G の確率は,
$$P(G) = P(E)P(F).$$

事象 $A \cap B$ と事象 $\overline{B} \cap C$ が1回ず
つ起こる場合は適さない. なぜなら,
$\overline{B} \cap C$ の部分集合として $A \cap C$ が存
在し, A が2回起こってしまう場合
を含むためである.

事象 $A \cap C$ と事象 $\overline{C} \cap B$ が1回ず
つ起こる場合は適さない. なぜなら,
$\overline{C} \cap B$ の部分集合として $A \cap B$ が存
在し, A が2回起こってしまう場合
を含むためである.

$$= \frac{1}{216}$$

である.

(ⅱ)のとき.

事象 $\overline{A} \cap B$ は,

$$(a, b) = (1, 6), (2, 5), (3, 4), (5, 2), (6, 1)$$

の5通りあるから,

$$P(\overline{A} \cap B) = \frac{5}{36} \qquad \cdots \text{⑨}$$

である.

よって, (ⅱ)の確率は, ⑤, ⑨より,

$$P(A \cap C)P(\overline{A} \cap B) + P(\overline{A} \cap B)P(A \cap C)$$

$$= \left(\frac{1}{36} \times \frac{5}{36} \right) \times 2$$

$$= \frac{5}{648}$$

である.

したがって, 三つの事象 A, B, C がいずれもちょうど1回ずつ起こる確率は, (ⅰ), (ⅱ)が互いに排反より,

$$\frac{1}{216} + \frac{5}{648} = \boxed{\frac{1}{81}}$$

である.

第4問　整数の性質

(1) 144 を素因数分解すると，

$$144 = 2^{\boxed{4}} \times \boxed{3}^{\boxed{2}}$$

であり，144 の正の約数の個数は，

$$(4+1)(2+1) = \boxed{15} \text{ 個}$$

である．

(2)

$$144x - 7y = 1. \qquad \cdots ①$$

①を満たす整数解 x, y の中で，x の絶対値が最小に

なるのが $x = \boxed{\text{カ}}$，つまり，0 以上 9 以下の整数と

なっているから，$x = 0, 1, 2, \cdots$ の順に①に代入して

考えていく．

・$x = 0$ のとき．

$$144 \cdot 0 - 7y = 1, \text{ つまり，} y = -\frac{1}{7}$$

となり，y は整数でないから適さない．

・$x = 1$ のとき．

$$144 \cdot 1 - 7y = 1, \text{ つまり，} y = \frac{143}{7}$$

となり，y は整数でないから適さない．

・$x = 2$ のとき．

$$144 \cdot 2 - 7y = 1, \text{ つまり，} y = 41$$

となり，y は整数であるから適する．

よって，①を満たす整数解 x, y の中で，x の絶対値

が最小になるのは，

$$x = \boxed{2}, \quad y = \boxed{41}$$

である．

これより，

$$144 \cdot 2 - 7 \cdot 41 = 1 \qquad \cdots ②$$

である．

①−②より，

$$144(x-2) - 7(y-41) = 0$$

すなわち

$$144(x-2) = 7(y-41) \qquad \cdots ③$$

と変形できる．

144 と 7 は互いに素より，$x-2$ は 7 の倍数である．

よって，k を整数として，$x-2 = 7k$ とおける．

これを③に代入すると，

$$144 \cdot 7k = 7(y-41)$$

2	144
2	72
2	36
2	18
3	9
	3

$p^a q^b r^c \cdots$ と素因数分解される自然数
の正の約数の個数は，

$$(a+1)(b+1)(c+1)\cdots \text{ (個)．}$$

x と y についての不定方程式

$$ax + by = c$$

の整数解は，1 組の解

$$(x, y) = (x_0, y_0)$$

を用いて，

$$a(x - x_0) = b(y_0 - y)$$

と変形し，次の性質を用いて求める．

a と b が互いに素であるとき，

$x - x_0$ は b の倍数，

$y_0 - y$ は a の倍数

である．

$$144k = y - 41$$

となる.

　よって，①を満たすすべての整数解は，k を整数として，

$$\begin{cases} x = \boxed{7}\,k + 2 & \cdots ④ \\ y = \boxed{144}\,k + 41 \end{cases}$$

と表される.

(3)　144 の倍数で，7 で割ったら余りが 1 となる自然数を N とすると，N は 0 以上の整数 x, y を用いて，

$$N = 144x = 7y + 1 \qquad \cdots ⑤$$

と表される.

　これを満たす整数 x は④より，

$$x = 7k + 2 \quad (k \text{ は } 0 \text{ 以上の整数})$$

と表されるから，⑤に代入して，

$$N = 144(7k + 2) \ (= 7y + 1) \qquad \cdots ⑥$$

である.

　正の約数の個数が 18 個である N と正の約数の個数が 30 個である N の最小のものをそれぞれ求めるから，$k = 0, 1, 2, \cdots$ の順に⑥に代入して考えていく.

・$k = 0$ のとき.

$$N = 144 \times 2 = 2^5 \times 3^2$$

であるから，N の正の約数の個数は，

$$(5 + 1)(2 + 1) = 18 \,(個)$$

であり，求めるものである.

・$k = 1$ のとき.

$$N = 144 \times 9 = 2^4 \times 3^4$$

であるから，N の正の約数の個数は，

$$(4 + 1)(4 + 1) = 25 \,(個)$$

である.

・$k = 2$ のとき.

$$N = 144 \times 16 = 2^8 \times 3^2$$

であるから，N の正の約数の個数は，

$$(8 + 1)(2 + 1) = 27 \,(個)$$

である.

・$k = 3$ のとき.

$$N = 144 \times 23 = 2^4 \times 3^2 \times 23$$

であるから，N の正の約数の個数は，

$$(4 + 1)(2 + 1)(1 + 1) = 30 \,(個)$$

であり，求めるものである.

したがって，144 の倍数で，7 で割ったら余りが 1 となる自然数のうち，正の約数の個数が 18 個である最小のものは 144× 2 であり，正の約数の個数が 30 個である最小のものは 144× 23 である．

第5問　図形の性質

直角三角形 ABC に三平方の定理を用いて，

$$BC = \sqrt{AB^2 + AC^2}$$
$$= \sqrt{2^2 + 1^2}$$
$$= \sqrt{5}$$

である.

△ABC において，線分 AD は ∠A の二等分線であるから，その性質より，

$$BD : DC = AB : AC = 2 : 1 \quad \cdots ①$$

である.

よって，線分 BD の長さは，

角の二等分線の性質

$$a : b = m : n.$$

$$BD = \frac{2}{2+1}BC = \frac{\boxed{2}\sqrt{\boxed{5}}}{\boxed{3}}$$

である.

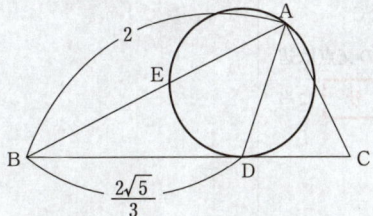

方べきの定理より，

$$BA \cdot BE = BD^2$$

であるから，

$$AB \cdot BE = \left(\frac{2\sqrt{5}}{3}\right)^2$$

方べきの定理

$$PM \cdot PN = PT^2.$$

$$AB \cdot BE = \boxed{\dfrac{\boxed{20}}{\boxed{9}}}$$

であり，これに AB＝2 を代入して，

$$2BE = \frac{20}{9}$$

$$BE = \boxed{\dfrac{\boxed{10}}{\boxed{9}}}$$

である．

これより，

$$\frac{BE}{BD} = \frac{\dfrac{10}{9}}{\dfrac{2\sqrt{5}}{3}} = \frac{5}{3\sqrt{5}}, \quad \frac{AB}{BC} = \frac{2}{\sqrt{5}} = \frac{6}{3\sqrt{5}}$$

となるから，

$$\frac{BE}{BD} < \frac{AB}{BC} \qquad \cdots ②$$

である．よって，$\boxed{コ}$ に当てはまるものは $\boxed{⓪}$ である．

$\dfrac{BE}{BD} = \dfrac{AB}{BC}$ のとき，ED∥AC であることに注意すると，②のとき，点 E は次図のように，点 D を通り線分 AC と平行な直線と線分 AB の交点より，点 B の側にある．

したがって，②より，直線 AC と直線 DE の交点は辺 AC の端点 C の側の延長上にある．ゆえに，$\boxed{サ}$ に当てはまるものは $\boxed{④}$ である．

← $\dfrac{BE}{BD} = \dfrac{AB}{BC}$ のとき，図は次のようになる．

このとき，$BE = \dfrac{2}{3}AB = \dfrac{4}{3}$ になる．

$$AE = AB - BE = 2 - \frac{10}{9} = \frac{8}{9} \ \text{であるから,}$$

$$AE : EB = \frac{8}{9} : \frac{10}{9} = 4 : 5 \qquad \cdots ③$$

である.

△ABC と直線 EF に対して，メネラウスの定理を用いると，

$$\frac{CF}{FA} \cdot \frac{AE}{EB} \cdot \frac{BD}{DC} = 1$$

であるから，①，③ より，

$$\frac{CF}{FA} \cdot \frac{4}{5} \cdot \frac{2}{1} = 1$$

すなわち

$$\frac{CF}{AF} = \boxed{\frac{5}{8}}$$

である.

これより，AC : CF = 3 : 5 となるから，

$$CF = \frac{5}{3}AC = \frac{5}{3} \cdot 1 = \boxed{\frac{5}{3}}$$

であり，

$$AF = \frac{8}{3}AC = \frac{8}{3} \cdot 1 = \frac{8}{3}$$

である.

また，直角三角形 ABF に三平方の定理を用いると，

$$BF = \sqrt{AB^2 + AF^2}$$

$$= \sqrt{2^2 + \left(\frac{8}{3}\right)^2}$$

— メネラウスの定理 —

$$\frac{LP}{PM} \cdot \frac{MR}{RN} \cdot \frac{NQ}{QL} = 1.$$

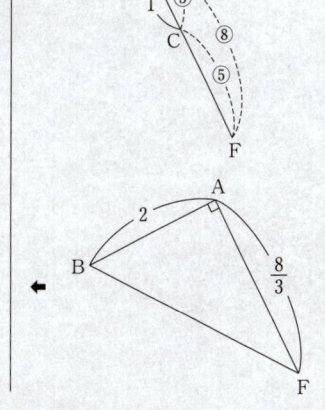

$$= \frac{10}{3}$$

であるから，

$$\frac{BF}{AB} = \frac{\frac{10}{3}}{2} = \frac{5}{3}$$

である．

したがって，

$$\frac{CF}{AC} = \frac{BF}{AB} = \frac{5}{3}$$

であるから，△ABF において，線分 BC は ∠ABF の二等分線となり，次図を得る．

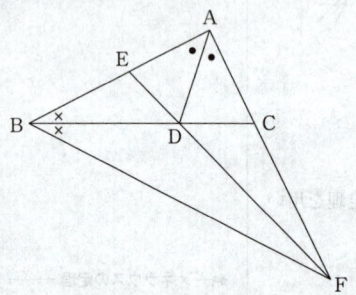

ゆえに，点 D は △ABF において，∠BAF の二等分線と ∠ABF の二等分線の交点であるから，△ABF の内心である．したがって，| タ | に当てはまるものは

| ① | である．

┌── 三角形の内心 ──
　3つの内角のそれぞれの二等分線の交点 I を内心という．

$$\begin{cases} FA : FB = \frac{8}{3} : \frac{10}{3} = 4 : 5, \\ AE : EB = 4 : 5 \end{cases}$$

より，

$$FA : FB = AE : EB.$$

よって，線分 EF は ∠AFB の二等分線である．

数学Ⅱ・数学B

解答・採点基準　　（100点満点）

問題番号(配点)	解答記号	正解	配点	自己採点
第1問 (30)	ア	②	1	
	$\dfrac{イ}{ウ}\pi$	$\dfrac{4}{5}\pi$	2	
	エオカ°	345°	2	
	$\dfrac{\pi}{キ}$	$\dfrac{\pi}{6}$	2	
	$\sqrt{ク}$	$\sqrt{3}$	2	
	$\sin\left(x-\dfrac{\pi}{ケ}\right)=\dfrac{1}{コ}$	$\sin\left(x-\dfrac{\pi}{3}\right)=\dfrac{1}{2}$	3	
	$\dfrac{サシ}{スセ}\pi$	$\dfrac{29}{30}\pi$	3	
	$t^{ソ}-タt$	t^2-3t	3	
	$t\leqq チ,\ t\geqq ツ$	$t\leqq1,\ t\geqq2$	2	
	テ	0	1	
	$x\leqq ト,\ x\geqq ナ$	$x\leqq3,\ x\geqq9$	1	
	ニ	②	2	
	$\dfrac{ヌ}{ネ}$	$\dfrac{3}{4}$	3	
	$\sqrt[ノ]{ハヒ}$	$\sqrt[4]{27}$	3	
第1問　自己採点小計				
第2問 (30)	ア	2	1	
	イウ$p+$エ	$-2p+2$	2	
	オ	1	2	
	$\dfrac{p}{カ}(v^3-キv^2+クv-ケ)$	$\dfrac{p}{3}(v^3-3v^2+3v-1)$	4	
	コ	2	2	
	サ	3	3	
	$\dfrac{シ+\sqrt{ス}}{セ}$	$\dfrac{3+\sqrt{5}}{2}$	3	
	ソ	③	2	
	タチ	-1	3	
	ツ	⑦	1	
	テ	④	3	
	トナ$t^{ニ}+$ヌ	$-6t^2+2$	4	
第2問　自己採点小計				

問題番号(配点)	解答記号	正解	配点	自己採点
	アイ	-6	2	
	ウエ	12	2	
	オn^2-カキn	$6n^2-12n$	2	
	クケ	12	2	
第3問 (20)	コ	3	2	
	サ$(シ^{ス}-ス)$	$6(3^n-1)$	2	
	セ	⑤	2	
	ソ$n^2-2\cdot タ^{n+チ}$	$6n^2-2\cdot3^{n+2}$	2	
	ツテト	-18	1	
	ナn^3-ニn^2+n+ヌ, ネ	$2n^3-3n^2+n+9,\ 2$	3	
第3問　自己採点小計				
	ア	②	1	
	イ$\vec{p}\cdot\vec{q}$	$2\vec{p}\cdot\vec{q}$	1	
	$\dfrac{ウ}{エ}\vec{p}+\dfrac{オ}{カ}\vec{q}$	$\dfrac{3}{4}\vec{p}+\dfrac{1}{4}\vec{q}$	2	
	キク$\vec{p}+$ケ$s\vec{r}$	$-3\vec{p}+4s\vec{r}$	2	
第4問 (20)	コ−サ, シ	$1-a,\ a$	4	
	スセ, ソ	$-a,\ 4$	2	
	タチ	-3	2	
	ツ, テ	9, 6	3	
	$\dfrac{トナ-ニ}{ヌ}$	$\dfrac{3a-2}{ヌ}$	3	
第4問　自己採点小計				

26

問題番号 (配点)	解答記号	正　解	配点	自己採点
第5問 (20)	ア／イ	$\dfrac{1}{a}$	2	
	ウ	6	1	
	エ	8	1	
	オ	2	1	
	カ	8	1	
	0.キ	0.6	1	
	ク／ケ	$\dfrac{1}{6}$	2	
	コサ	30	1	
	シス	25	1	
	－セ.ソタ	－2.40	1	
	チ.ツテ	1.20	1	
	0.トナ	0.88	2	
	0.ニ	0.8	1	
	0.ヌネ	0.76	1	
	0.ノハ	0.84	1	
	ヒ	④	2	
第5問　自己採点小計				
自己採点合計				

(注)
　第1問，第2問は必答。
　第3問～第5問のうちから2問選択。計4問を解答。

第1問　三角関数，指数関数・対数関数

〔1〕

(1) 1ラジアンとは，半径が1，弧の長さが1の扇形の中心角の大きさであるから，$\boxed{\text{ア}}$ に当てはまるものは $\boxed{②}$ である．

1ラジアン

(2) 180°を弧度で表すと π ラジアンであるから，144° を弧度で表すと $\dfrac{144}{180} \times \pi = \dfrac{\boxed{4}}{\boxed{5}}\pi$ ラジアンである．また，$\dfrac{23}{12}\pi$ ラジアンを度で表すと

$$\frac{23}{12} \times 180° = \boxed{345}\,° \quad \text{である．}$$

π ラジアン

(3) $\dfrac{\pi}{2} \leqq \theta \leqq \pi$ の範囲で

$$2\sin\left(\theta+\frac{\pi}{5}\right) - 2\cos\left(\theta+\frac{\pi}{30}\right) = 1 \quad \cdots ①$$

を満たす θ の値を求める．

$x = \theta + \dfrac{\pi}{5}$ とおくと

$$\theta + \frac{\pi}{30} = \theta + \frac{\pi}{5} - \frac{\pi}{6} = x - \frac{\pi}{6} \quad \text{より，①は}$$

$$2\sin x - 2\cos\left(x - \frac{\pi}{\boxed{6}}\right) = 1$$

と表せる．加法定理を用いると

$$\cos\left(x - \frac{\pi}{6}\right) = \cos x \cos\frac{\pi}{6} + \sin x \sin\frac{\pi}{6}$$
$$= \frac{\sqrt{3}}{2}\cos x + \frac{1}{2}\sin x$$

> **加法定理**
> $\cos(\alpha+\beta) = \cos\alpha\cos\beta - \sin\alpha\sin\beta,$
> $\cos(\alpha-\beta) = \cos\alpha\cos\beta + \sin\alpha\sin\beta.$

と表せるから，①の左辺は

$$2\sin x - 2\left(\frac{\sqrt{3}}{2}\cos x + \frac{1}{2}\sin x\right)$$
$$= \sin x - \sqrt{3}\cos x$$

となる．よって，①は

$$\sin x - \sqrt{\boxed{3}}\cos x = 1$$

となる．さらに，三角関数の合成を用いると

$$2\sin\left(x - \frac{\pi}{3}\right) = 1$$

すなわち

> **三角関数の合成**
> $(a,\ b) \neq (0,\ 0)$ のとき
> $a\sin\theta + b\cos\theta = \sqrt{a^2+b^2}\,\sin(\theta+\alpha).$
> ただし，
> $\cos\alpha = \dfrac{a}{\sqrt{a^2+b^2}},\ \sin\alpha = \dfrac{b}{\sqrt{a^2+b^2}}.$

$$\sin\left(x-\frac{\pi}{\boxed{3}}\right)=\frac{1}{\boxed{2}}$$

と変形できる．$\frac{\pi}{2}\leqq\theta\leqq\pi$ より

$$\frac{\pi}{2}+\frac{\pi}{5}-\frac{\pi}{3}\leqq\theta+\frac{\pi}{5}-\frac{\pi}{3}\leqq\pi+\frac{\pi}{5}-\frac{\pi}{3}$$

であり，$x=\theta+\frac{\pi}{5}$ より

$$\frac{11}{30}\pi\leqq x-\frac{\pi}{3}\leqq\frac{13}{15}\pi$$

であるから

$$x-\frac{\pi}{3}=\frac{5}{6}\pi$$

である．よって

$$\theta+\frac{\pi}{5}-\frac{\pi}{3}=\frac{5}{6}\pi$$

すなわち

$$\theta=\frac{\boxed{29}}{\boxed{30}}\pi$$

である．

〔2〕

c は正の定数．

$$x^{\log_3 x}\geqq\left(\frac{x}{c}\right)^3. \qquad \cdots ②$$

3 を底とする ② の両辺の対数をとると

$$\log_3 x^{\log_3 x}\geqq\log_3\left(\frac{x}{c}\right)^3$$

$$(\log_3 x)(\log_3 x)\geqq 3\log_3\frac{x}{c}$$

$$(\log_3 x)^2\geqq 3(\log_3 x-\log_3 c)$$

と変形できる．$t=\log_3 x$ とおくと

$$t^2\geqq 3(t-\log_3 c)$$

$$t^{\boxed{2}}-\boxed{3}t+3\log_3 c\geqq 0 \qquad \cdots ③$$

となる．

$c=\sqrt[3]{9}$ のとき，② を満たす x の値の範囲を求める．

$$\log_3\sqrt[3]{9}=\log_3\sqrt[3]{3^2}=\log_3 3^{\frac{2}{3}}=\frac{2}{3}$$

より，③ は

$$t^2-3t+3\cdot\frac{2}{3}\geqq 0$$

> $a>0$, $a\neq 1$, $x>0$ で，p が実数のとき
>
> $$\log_a x^p=p\log_a x.$$

> $a>0$, $a\neq 1$, $M>0$, $N>0$ のとき
>
> $$\log_a\frac{M}{N}=\log_a M-\log_a N.$$

> $a>0$, n が 2 以上の整数，m が整数のとき
>
> $$\sqrt[n]{a^m}=a^{\frac{m}{n}}.$$

対数

> $a>0$, $a\neq 1$, $M>0$ のとき
>
> $$x=\log_a M \iff a^x=M.$$

$$(t-1)(t-2) \geqq 0$$

と変形できるから

$$t \leqq \boxed{1}, \quad t \geqq \boxed{2}$$

である．$t = \log_3 x$ であるから

$$\log_3 x \leqq 1, \quad \log_3 x \geqq 2$$

すなわち

$$\log_3 x \leqq \log_3 3, \quad \log_3 x \geqq \log_3 9$$

である．さらに，真数は正であり，底 3 は 1 より大きいから

$$\boxed{0} < x \leqq \boxed{3}, \quad x \geqq \boxed{9}$$

である．

　次に ② が $x > 0$ の範囲でつねに成り立つような c の値の範囲を求める．

　x が $x > 0$ の範囲を動くとき，$t = \log_3 x$ のとり得る値の範囲は実数全体である．よって，$\boxed{\text{ニ}}$ に当てはまるものは $\boxed{②}$ である．

　③ は

$$\left(t - \frac{3}{2}\right)^2 - \frac{9}{4} + 3\log_3 c \geqq 0$$

と変形できるから，実数全体の範囲の値をとる t に対して，③ がつねに成り立つための必要十分条件は

$$-\frac{9}{4} + 3\log_3 c \geqq 0$$

である．これを変形すると

$$\log_3 c \geqq \frac{\boxed{3}}{\boxed{4}}$$

$$\log_3 c \geqq \log_3 3^{\frac{3}{4}}$$

となる．よって

$$c \geqq 3^{\frac{3}{4}} = (3^3)^{\frac{1}{4}} = 27^{\frac{1}{4}} = \sqrt[\boxed{4}]{\boxed{27}}$$

である．

$a > 1, \ M > 0, \ N > 0$ のとき
$$\log_a M \leqq \log_a N \iff M \leqq N.$$

第2問　微分法・積分法

〔1〕

$C: y = px^2 + qx + r$, $\ell: y = 2x - 1$, $A(1, 1)$, $p > 0$.

C は点 A において ℓ と接している.

$$f(x) = px^2 + qx + r$$

とおくと

$$f'(x) = 2px + q$$

である.

導関数

$(x^n)' = nx^{n-1}$ $(n = 1, 2, 3, \cdots)$,

$(c)' = 0$ $(c$ は定数$)$.

(1) q と r を, p を用いて表す. 放物線 C 上の点 A に

おける接線 ℓ の傾きは $\boxed{2}$ であることから

$$f'(1) = 2$$

すなわち

$$2p \cdot 1 + q = 2$$

$$q = \boxed{-2}\, p + \boxed{2}$$

がわかる. さらに, C は点 A を通ることから

$$1 = f(1)$$

すなわち

$$1 = p \cdot 1^2 + q \cdot 1 + r$$

$$1 = p + (-2p + 2) + r$$

$$r = p - \boxed{1}$$

となる. よって

$$f(x) = px^2 + (-2p + 2)x + p - 1$$

と表せる.

接線の方程式

曲線 $y = f(x)$ 上の点 $(t, f(t))$

における接線の方程式は

$$y - f(t) = f'(t)(x - t).$$

$C: y = f(x)$　　$\ell: y = 2x - 1$

$A(1, 1)$

(2)

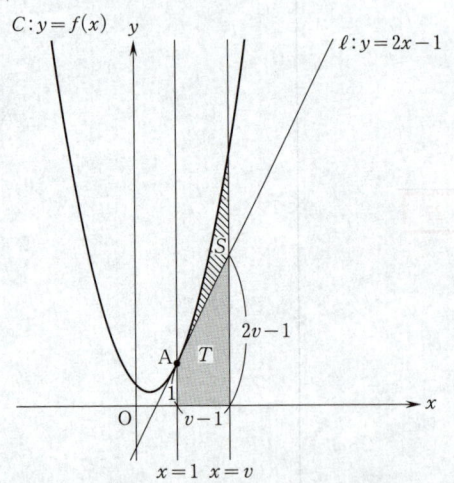

$C: y = f(x)$

$\ell: y = 2x - 1$

放物線 C と直線 ℓ および直線 $x=v$ $(v>1)$ で囲まれた図形の面積 S は

$$S = \int_1^v \{(px^2+(-2p+2)x+p-1)-(2x-1)\}\,dx$$

$$= p\int_1^v (x^2-2x+1)\,dx$$

$$= p\left[\frac{x^3}{3}-x^2+x\right]_1^v$$

$$= p\left\{\left(\frac{v^3}{3}-v^2+v\right)-\left(\frac{1}{3}-1+1\right)\right\}$$

$$= \frac{p}{\boxed{3}}\left(v^3-\boxed{3}v^2+\boxed{3}v-\boxed{1}\right)$$

である.

また, x 軸と ℓ および2直線 $x=1$, $x=v$ で囲まれた図形の面積 T は

$$T = \frac{1}{2}\{1+(2v-1)\}(v-1)$$

$$= v^{\boxed{2}}-v$$

である.

$$U = S-T$$

$$= \frac{p}{3}(v^3-3v^2+3v-1)-(v^2-v)$$

より

$$U' = \frac{p}{3}(3v^2-6v+3)-(2v-1)$$

$$= pv^2-2(p+1)v+(p+1)$$

である. U が $v=2$ で極値をとるとき

$$U'=0$$

すなわち

$$p\cdot 2^2-2(p+1)\cdot 2+(p+1)=0$$

$$p=3$$

であることが必要である. このとき

$$U' = 3v^2-8v+4$$

$$= (3v-2)(v-2)$$

より, $v>1$ における U の増減は次の表のようになり, 確かに $v=2$ で極値(極小値)をとる. よって,

$$p = \boxed{3}\ \ \text{である.}$$

v	(1)	$\cdots$	2	$\cdots$
U'		$-$	0	$+$
U	(0)	$\searrow$	極小	$\nearrow$

$p=3$ のとき

$$U = (v^3 - 3v^2 + 3v - 1) - (v^2 - v)$$
$$= (v-1)^3 - (v-1)v$$
$$= (v-1)(v^2 - 3v + 1)$$

であるから，$v>1$ の範囲で $U=0$ となる v の値 v_0 は

$$v^2 - 3v + 1 = 0$$

の $v>1$ の解である．よって

$$v_0 = \frac{\boxed{3} + \sqrt{\boxed{5}}}{\boxed{2}}$$

である．$v_0 > 2$ より，$1 < v < v_0$ における U の増減 は次の表のようになるから，$1 < v < v_0$ の範囲で U は負の値のみをとる．よって，$\boxed{\text{ソ}}$ に当てはまる

$\longleftarrow$ $\dfrac{3+\sqrt{5}}{2} > \dfrac{3+\sqrt{4}}{2} = \dfrac{5}{2} > 2.$

ものは $\boxed{③}$ である．

v	(1)	$\cdots$	2	$\cdots$	(v_0)
U'		$-$	0	$+$	
U	(0)	$\searrow$	-1	$\nearrow$	(0)

また，$v=2$ のとき，U は最小値

$$U = (2-1)(2^2 - 3 \cdot 2 + 1)$$
$$= \boxed{-1}$$

$\longleftarrow$ $U = (v-1)(v^2 - 3v + 1).$

をとる．

$$\left[S = \frac{p}{\boxed{カ}}\left(v^3 - \boxed{キ}v^2 + \boxed{ク}v - \boxed{ケ}\right) \text{ の別解} \right]$$

$$S = \int_1^v \{(px^2 + (-2p+2)x + p - 1) - (2x - 1)\}\,dx$$
$$= p\int_1^v (x-1)^2\,dx$$
$$= p\left[\frac{1}{3}(x-1)^3\right]_1^v$$
$$= \frac{p}{3}(v-1)^3$$
$$= \frac{p}{3}(v^3 - 3v^2 + 3v - 1).$$

$\longleftarrow$ $\displaystyle\int (x-a)^n\,dx = \frac{1}{n+1}(x-a)^{n+1} + C.$

（a は定数．$n=0, 1, 2, \cdots$. C は積分定数）

〔2〕　$F(x)$ を $f(x)$ の不定積分とすると，一般に

$$F'(x) = f(x)$$

が成り立つ．$f(x)$ は $x \geqq 1$ の範囲でつねに $f(x) \leqq 0$ を満たすから，曲線 $y = f(x)$ と x 軸および 2 直線 $x = 1$，$x = t \ (t > 1)$ で囲まれた図形の面積 W について

$$W = \int_1^t \{0 - f(x)\} \, dx$$

$$= -\{F(t) - F(1)\}$$

が成り立つ．よって，$\boxed{ツ}$，$\boxed{テ}$ に当てはまるものはそれぞれ $\boxed{⑦}$，$\boxed{④}$ である．

　t が $t > 1$ の範囲を動くとき，W は，底辺の長さが $2t^2 - 2$，他の 2 辺の長さがそれぞれ $t^2 + 1$ の二等辺三角形の面積とつねに等しいから

$$W = \frac{1}{2} \cdot 2t(2t^2 - 2)$$

$$= 2t^3 - 2t$$

すなわち

$$-F(t) + F(1) = 2t^3 - 2t$$

が成り立つ．両辺を t で微分すると

$$-f(t) = 6t^2 - 2$$

となる．よって

$$f(t) = \boxed{-6} \, t^{\boxed{2}} + \boxed{2}$$

である．したがって，$x > 1$ における $f(x)$ が

$$f(x) = -6x^2 + 2$$

であるとわかる．

$$\sqrt{(t^2+1)^2 - (t^2-1)^2} = 2t$$

微分と積分の関係

$$\int_a^t f(x) \, dx$$

を t で微分すると

$$f(t).$$

第3問 数列

(1) 等差数列 $\{a_n\}$ の第4項が30, 初項から第8項までの和が288であるから, 初項を a, 公差を d とすると

$$a + 3d = 30$$

$$\frac{8}{2}(2a + 7d) = 288$$

が成り立つ. これらより, $\{a_n\}$ の初項 a は $\boxed{-6}$,

公差 d は $\boxed{12}$ であり, 初項から第 n 項までの和 S_n は

$$S_n = \frac{n}{2}\{2 \cdot (-6) + (n-1) \cdot 12\}$$

$$= \boxed{6}\, n^2 - \boxed{12}\, n$$

である.

(2) 等比数列 $\{b_n\}$ の第2項が36, 初項から第3項までの和が156であるから, 初項を b, 公比を $r\ (>1)$ とすると

$$br = 36 \qquad \cdots ①$$

$$b + br + br^2 = 156 \qquad \cdots ②$$

が成り立つ. ②の両辺に r をかけて①を用いると

$$br + br^2 + br^3 = 156r$$

$$36(1 + r + r^2) = 156r$$

となるから, これを整理すると

$$3r^2 - 10r + 3 = 0$$

$$(3r - 1)(r - 3) = 0$$

が成り立つ. これと $r > 1$ より

$$r = 3$$

である. これを①に代入すると

$$b = 12$$

である. 以上より, $\{b_n\}$ の初項 b は $\boxed{12}$, 公比 r は

$\boxed{3}$ であり, 初項から第 n 項までの和 T_n は

$$T_n = \frac{12(3^n - 1)}{3 - 1}$$

$$= \boxed{6}\left(\boxed{3}^{\,n} - \boxed{1}\right)$$

である.

(3)
$$c_n = \sum_{k=1}^{n}(n - k + 1)(a_k - b_k)$$

より

$$d_n = c_{n+1} - c_n$$

等差数列の一般項

初項 a, 公差 d の等差数列 $\{a_n\}$ の一般項 a_n は

$$a_n = a + (n-1)d.$$
$$(n = 1, 2, 3, \cdots)$$

等差数列の和

初項 a の等差数列 $\{a_n\}$ の初項から第 n 項までの和 S_n は

$$S_n = \frac{n}{2}(a + a_n).$$

等比数列の一般項

初項を b, 公比を r とする等比数列 $\{b_n\}$ の一般項は

$$b_n = br^{n-1}. \quad (n = 1, 2, 3, \cdots)$$

等比数列の和

初項 a, 公比 r, 項数 n の等比数列の和 S_n は, $r \neq 1$ のとき

$$S_n = \frac{a(r^n - 1)}{r - 1}.$$

$$= \sum_{k=1}^{n+1}\{(n+1)-k+1\}(a_k-b_k)-\sum_{k=1}^{n}(n-k+1)(a_k-b_k)$$

$$= \sum_{k=1}^{n+1}(n-k+2)(a_k-b_k)-\sum_{k=1}^{n}(n-k+1)(a_k-b_k)$$

$$= a_{n+1}-b_{n+1}+\sum_{k=1}^{n}(n-k+2)(a_k-b_k)$$

$$\qquad\qquad -\sum_{k=1}^{n}(n-k+1)(a_k-b_k)$$

$$= a_{n+1}-b_{n+1}+\sum_{k=1}^{n}\{(n-k+2)-(n-k+1)\}(a_k-b_k)$$

$$= a_{n+1}-b_{n+1}+\sum_{k=1}^{n}(a_k-b_k)$$

$$= \sum_{k=1}^{n+1}(a_k-b_k)$$

$$= S_{n+1}-T_{n+1}$$

である．よって，　セ　に当てはまるものは　⑤　である．

問題文に与えられている c_2, c_3 を用いて $d_2=c_3-c_2$ を計算すると確かに $d_2=S_3-T_3$ が成り立っている．

したがって，(1)と(2)により

$$d_n=S_{n+1}-T_{n+1}$$
$$=\{6(n+1)^2-12(n+1)\}-6(3^{n+1}-1)$$
$$=6(n+1)\{(n+1)-2\}-2\cdot 3\cdot 3^{n+1}+6$$
$$=\boxed{6}\,n^2-2\cdot\boxed{3}^{\,n+\boxed{2}}$$

であり，$a_1=-6$，$b_1=12$ であるから

$$c_1=\sum_{k=1}^{1}(1-k+1)(a_k-b_k)$$
$$=a_1-b_1$$
$$=-6-12$$
$$=\boxed{-18}$$

である．よって，$n\geqq 2$ のとき

$$c_n=c_1+\sum_{k=1}^{n-1}d_k$$
$$=-18+\sum_{k=1}^{n-1}(6k^2-2\cdot 3^{k+2})$$
$$=-18+6\cdot\frac{1}{6}(n-1)n(2n-1)-\frac{2\cdot 3^{1+2}(3^{n-1}-1)}{3-1}$$
$$=-18+(n-1)n(2n-1)-3^{n+2}+27$$
$$=2n^3-3n^2+n+9-3^{n+2}$$

である．この結果は $n=1$ のときも成り立つ．よって，$\{c_n\}$ の一般項は

$$c_n=\boxed{2}\,n^3-\boxed{3}\,n^2+n+\boxed{9}-3^{n+\boxed{2}}$$

である．

階差数列

数列 $\{c_n\}$ に対して，

$$d_n=c_{n+1}-c_n \ (n=1,2,3,\cdots)$$

で定められる数列 $\{d_n\}$ を $\{c_n\}$ の階差数列という．

$$c_n=c_1+\sum_{k=1}^{n-1}d_k \ (n\geqq 2)$$

が成り立つ．

和の公式

$$\sum_{k=1}^{n}1=n,$$
$$\sum_{k=1}^{n}k=\frac{1}{2}n(n+1),$$
$$\sum_{k=1}^{n}k^2=\frac{1}{6}n(n+1)(2n+1).$$

36

第4問　平面ベクトル

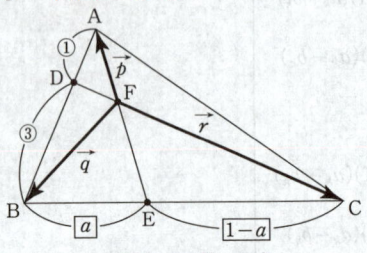

← $0<a<1$.

(1)
$$\overrightarrow{AB}=\overrightarrow{FB}-\overrightarrow{FA}$$
$$=\vec{q}-\vec{p}.$$

よって，　ア　に当てはまるものは　②　である．したがって

$$|\overrightarrow{AB}|^2=|\vec{q}-\vec{p}|^2$$
$$=(\vec{q}-\vec{p})\cdot(\vec{q}-\vec{p})$$
$$=\vec{q}\cdot\vec{q}-2\vec{p}\cdot\vec{q}+\vec{p}\cdot\vec{p}$$
$$=|\vec{p}|^2-\boxed{2}\,\vec{p}\cdot\vec{q}+|\vec{q}|^2\quad\cdots①$$

である．

(2)　点Dは辺ABを1:3に内分するから

$$\overrightarrow{FD}=\frac{3}{4}\overrightarrow{FA}+\frac{1}{4}\overrightarrow{FB}$$
$$=\frac{\boxed{3}}{\boxed{4}}\,\vec{p}+\frac{\boxed{1}}{\boxed{4}}\,\vec{q}\quad\cdots②$$

である．

(3)　s, t はそれぞれ $\overrightarrow{FD}=s\vec{r}$, $\overrightarrow{FE}=t\vec{p}$ となる実数である．sとtをaを用いて表す．
$$\overrightarrow{FD}=s\vec{r}$$
であるから，②により
$$\frac{3}{4}\vec{p}+\frac{1}{4}\vec{q}=s\vec{r}$$
である．これを変形すると
$$\vec{q}=\boxed{-3}\,\vec{p}+\boxed{4}\,s\vec{r}\quad\cdots③$$
である．また，点Eは辺BCを $a:(1-a)$ に内分するから
$$\overrightarrow{FE}=(1-a)\overrightarrow{FB}+a\overrightarrow{FC}$$
$$=(1-a)\vec{q}+a\vec{r}$$
であり
$$\overrightarrow{FE}=t\vec{p}$$

内積

$\vec{0}$ でない2つのベクトル $\vec{a}$ と $\vec{b}$ のなす角を θ $(0°\le\theta\le180°)$ とすると
$$\vec{a}\cdot\vec{b}=|\vec{a}||\vec{b}|\cos\theta.$$
特に
$$\vec{a}\cdot\vec{a}=|\vec{a}||\vec{a}|\cos0°=|\vec{a}|^2.$$

分点公式

線分ABを $m:n$ に内分する点をPとすると
$$\overrightarrow{OP}=\frac{n\overrightarrow{OA}+m\overrightarrow{OB}}{m+n}.$$

であるから

$$(1-a)\vec{q} + a\vec{r} = t\vec{p}$$

である．これを変形すると

$$\vec{q} = \frac{t}{\boxed{1} - \boxed{a}}\vec{p} - \frac{\boxed{a}}{1-a}\vec{r} \quad \cdots \text{④}$$

である．$\vec{p} \neq \vec{0}$, $\vec{r} \neq \vec{0}$, $\vec{p} \not\parallel \vec{r}$ であるから，③と④により

$$-3 = \frac{t}{1-a}, \quad 4s = -\frac{a}{1-a}$$

が成り立つ．これを s と t について解くと

$$s = \frac{\boxed{-a}}{\boxed{4}(1-a)}, \quad t = \boxed{-3}(1-a)$$

である．

(4)　$\left|\overrightarrow{\mathrm{AB}}\right| = \left|\overrightarrow{\mathrm{BE}}\right|$, $\left|\vec{p}\right| = 1$ のとき，$\vec{p}$ と $\vec{q}$ の内積を a を用いて表す．

①により

$$\left|\overrightarrow{\mathrm{AB}}\right|^2 = 1 - 2\vec{p}\cdot\vec{q} + \left|\vec{q}\right|^2$$

である．また

$$\left|\overrightarrow{\mathrm{BE}}\right|^2 = \left|\overrightarrow{\mathrm{FE}} - \overrightarrow{\mathrm{FB}}\right|^2$$
$$= \left|-3(1-a)\vec{p} - \vec{q}\right|^2$$
$$= 9(1-a)^2\left|\vec{p}\right|^2 + 6(1-a)\vec{p}\cdot\vec{q} + \left|\vec{q}\right|^2$$
$$= \boxed{9}(1-a)^2 + \boxed{6}(1-a)\vec{p}\cdot\vec{q} + \left|\vec{q}\right|^2$$

である．したがって

$$\left|\overrightarrow{\mathrm{AB}}\right| = \left|\overrightarrow{\mathrm{BE}}\right|$$

より

$$1 - 2\vec{p}\cdot\vec{q} + \left|\vec{q}\right|^2 = 9(1-a)^2 + 6(1-a)\vec{p}\cdot\vec{q} + \left|\vec{q}\right|^2$$

が成り立つ．これを変形すると

$$(8-6a)\vec{p}\cdot\vec{q} = 1 - 9(1-a)^2$$
$$2(4-3a)\vec{p}\cdot\vec{q} = \{1 + 3(1-a)\}\{1 - 3(1-a)\}$$
$$2(4-3a)\vec{p}\cdot\vec{q} = (4-3a)(3a-2)$$

となる．$0 < a < 1$ より，$4 - 3a \neq 0$ であるから

$$\vec{p}\cdot\vec{q} = \frac{\boxed{3a} - \boxed{2}}{\boxed{2}}$$

である．

← $\overrightarrow{\mathrm{FE}} = t\vec{p}$, $t = -3(1-a)$.

第5問　確率分布と統計的な推測

(1) a は正の整数であり，2, 4, 6, …, $2a$ の数字がそれぞれ一つずつ書かれた a 枚のカードが箱に入っている．この箱から1枚のカードを無作為に取り出すとき，そこに書かれた数字を表す確率変数が X である．このとき，カードの取り出し方の総数は a であり，$2a$ と書かれたカードの取り出し方は1通りであるから，

$X = 2a$ となる確率は $\dfrac{\boxed{1}}{\boxed{a}}$ である．

　$a = 5$ のとき，$2a = 10$ である．このとき，X の平均（期待値）$E(X)$ は

$$E(X) = \frac{1}{5} \cdot 2 + \frac{1}{5} \cdot 4 + \frac{1}{5} \cdot 6 + \frac{1}{5} \cdot 8 + \frac{1}{5} \cdot 10$$

$$= \frac{2}{5}(1 + 2 + 3 + 4 + 5)$$

$$= \boxed{6} \qquad \cdots ①$$

であり，X の分散 $V(X)$ は

$$V(X) = \frac{1}{5}(2-6)^2 + \frac{1}{5}(4-6)^2 + \frac{1}{5}(6-6)^2$$

$$+ \frac{1}{5}(8-6)^2 + \frac{1}{5}(10-6)^2$$

$$= \frac{2}{5}(16+4)$$

$$= \boxed{8} \qquad \cdots ②$$

である．また，s, t は定数で $s > 0$ のとき，$sX + t$ の平均 $E(sX+t)$ が 20，分散 $V(sX+t)$ が 32 となるように s, t を定めると

$$E(sX+t) = 20$$

より

$$sE(X) + t = 20$$

が成り立つ．これと ① より

$$6s + t = 20 \qquad \cdots ③$$

が成り立つ．さらに

$$V(sX+t) = 32$$

より

$$s^2 V(X) = 32$$

が成り立つ．これと ② より

$$8s^2 = 32 \qquad \cdots ④$$

が成り立つ．③，④，$s > 0$ より

◀─ 平均（期待値），分散 ─

　確率変数 X のとり得る値を

$$x_1, x_2, \cdots, x_n$$

とし，X がこれらの値をとる確率をそれぞれ

$$p_1, p_2, \cdots, p_n$$

とすると，X の平均（期待値）$E(X)$ は

$$E(X) = \sum_{k=1}^{n} x_k p_k.$$

　また，X の分散 $V(X)$ は $E(X) = m$ として

$$V(X) = \sum_{k=1}^{n} (x_k - m)^2 p_k \quad \cdots (*)$$

または

$$V(X) = E(X^2) - \{E(X)\}^2. \quad \cdots (**)$$

　ここでは $(*)$ を用いた．

◀─ 平均（期待値），分散の性質 ─

　X は確率変数，a, b は定数とする．

$$E(aX+b) = aE(X) + b$$

$$V(aX+b) = a^2 V(X).$$

$$s = \boxed{2}, \quad t = \boxed{8}$$

である．このとき，

$$sX + t = 2X + 8$$

であるから，$sX + t$ が 20 以上である確率は

$$2X + 8 \geqq 20$$

すなわち

$$X \geqq 6$$

である確率

← $X = 6, 8, 10$ の 3 通り．

$$\frac{3}{5} = 0.\boxed{6}$$

である．

(2) (1)の箱のカードの枚数 a は 3 以上であり，この箱から 3 枚のカードを同時に取り出し，それらのカードを横 1 列に並べる．このような並べ方の総数は $_a\mathrm{P}_3$ である．

この試行において，カードの数字が左から小さい順に並んでいる事象を A とすると，事象 A の起こる場合の数は $_a\mathrm{C}_3$ であるから，事象 A の起こる確率は

$$\frac{_a\mathrm{C}_3}{_a\mathrm{P}_3} = \frac{\dfrac{a!}{3!(a-3)!}}{\dfrac{a!}{(a-3)!}} = \frac{1}{3!} = \frac{\boxed{1}}{\boxed{6}}$$

である．

この試行を 180 回繰り返すとき，事象 A が起こる回数を表す確率変数を Y とすると，Y は二項分布 $B\left(180, \dfrac{1}{6}\right)$ に従うから，Y の平均 m は

$$m = 180 \cdot \frac{1}{6} = \boxed{30}$$

であり，Y の分散 σ^2 は

$$\sigma^2 = 180 \cdot \frac{1}{6} \cdot \frac{5}{6} = \boxed{25}$$

である．

事象 A が 18 回以上 36 回以下起こる確率の近似値を次のように求める．

試行回数 180 は大きいことから，Y は近似的に平均 $m = 30$，標準偏差 $\sigma = \sqrt{25} = 5$ の正規分布に従うと考えられる．ここで，$Z = \dfrac{Y - m}{\sigma} = \dfrac{Y - 30}{5}$ とおくと，Z は近似的に標準正規分布に従うと考えられるから，求める確率の近似値は次のようになる．

二項分布

　n を自然数とする．

　確率変数 X のとり得る値が

$$0, 1, 2, \cdots, n$$

であり，X の確率分布が

$$P(X = r) = {}_n\mathrm{C}_r p^r (1-p)^{n-r}$$

$$(r = 0, 1, 2, \cdots, n)$$

← であるとき，X の確率分布を二項分布といい，$B(n, p)$ で表す．

← **二項分布の平均（期待値），分散**

　確率変数 X が二項分布 $B(n, p)$ に従うとき，$q = 1 - p$ とすると X

← の平均（期待値）$E(X)$ と分散 $V(X)$ は

$$E(X) = np$$

$$V(X) = npq$$

である．

← $\sqrt{V(X)}$ を X の標準偏差という．

標準正規分布

　平均 0，標準偏差 1 の正規分布

← $N(0, 1)$ を標準正規分布という．

$P(18 \leqq Y \leqq 36)$

$= P\left(\dfrac{18-30}{5} \leqq \dfrac{Y-30}{5} \leqq \dfrac{36-30}{5}\right)$

$= P\left(-\boxed{2}.\boxed{40} \leqq Z \leqq \boxed{1}.\boxed{20}\right)$

$= P(-2.40 \leqq Z \leqq 0) + P(0 \leqq Z \leqq 1.20)$

$= P(0 \leqq Z \leqq 2.40) + P(0 \leqq Z \leqq 1.20)$

$= 0.4918 + 0.3849$

$= 0.\boxed{88}$

← 正規分布表より
$\quad P(0 \leqq Z \leqq 2.40) = 0.4918,$
$\quad P(0 \leqq Z \leqq 1.20) = 0.3849.$

(3) ある都市での世論調査において，無作為に 400 人の有権者を選び，ある政策に対する賛否を調べたところ，320 人が賛成であったから，この調査での賛成者の比率(標本比率)は

$$\frac{320}{400} = 0.\boxed{8}$$

である．

この都市の有権者全体のうち，この政策の賛成者の母比率 p に対する信頼度 95% の信頼区間を求める．標本の大きさが 400 と大きいので，二項分布の正規分布による近似を用いると，p に対する信頼度 95% の信頼区間は

$$0.8 - 1.96\sqrt{\frac{0.8(1-0.8)}{400}} \leqq p \leqq 0.8 + 1.96\sqrt{\frac{0.8(1-0.8)}{400}}$$

すなわち

$$0.\boxed{76} \leqq p \leqq 0.\boxed{84}$$

である．

← ─母比率，標本比率─
母集団全体の中で特性 A を持つ要素の割合を特性 A の母比率といい，標本の中で特性 A を持つ要素の割合を特性 A の標本比率という．

母比率 p に対する信頼区間 $A \leqq p \leqq B$ において，$B-A$ をこの信頼区間の幅とよぶ．R を標本比率として

上で求めた信頼区間の幅を L_1

標本の大きさが 400 の場合に $R=0.6$ が得られたときの信頼区間の幅を L_2

標本の大きさが 500 の場合に $R=0.8$ が得られたときの信頼区間の幅を L_3

とすると

$$L_1 = \left(0.8 + 1.96\sqrt{\frac{0.8(1-0.8)}{400}}\right) - \left(0.8 - 1.96\sqrt{\frac{0.8(1-0.8)}{400}}\right)$$

$$= 3.92\sqrt{\frac{0.8(1-0.8)}{400}}$$

であり，同様にして

← ─母比率の推定─
標本比率を r とすると，標本の大きさ n が大きいとき，母比率 p に対する信頼度(信頼係数) 95% の信頼区間は

$$\left[r - 1.96\sqrt{\frac{r(1-r)}{n}},\ r + 1.96\sqrt{\frac{r(1-r)}{n}}\right].$$

$$L_2 = 3.92\sqrt{\frac{0.6(1-0.6)}{400}} = \sqrt{\frac{6 \times 4}{8 \times 2}}L_1 = \sqrt{\frac{3}{2}}L_1$$

$$L_3 = 3.92\sqrt{\frac{0.8(1-0.8)}{500}} = \sqrt{\frac{4}{5}}L_1$$

であるから

$$L_3 < L_1 < L_2$$

である．よって，　ヒ　に当てはまるものは　④

である．

MEMO

数学Ⅰ・数学A
数学Ⅱ・数学B

（2017年1月実施）

2017 本試験

	受験者数	平均点
数学Ⅰ・数学A	394,557	61.12
数学Ⅱ・数学B	353,836	52.07

2

数学Ⅰ・数学A

解答・採点基準　(100点満点)

問題番号(配点)	解答記号	正解	配点	自己採点
第1問(30)	アイ	13	3	
	△　ウ	2	1	
	△　エ√オカ	$7\sqrt{13}$	3	
	キク	73	3	
	ケ	⓪	1	
	コ	③	2	
	サ	③	2	
	シ	①	2	
	ス	②	3	
	セa^2＋ソa	$3a^2＋5a$	2	
	タa^4＋チツa^2＋テト	$9a^4＋24a^2＋16$	2	
	$-\dfrac{ナ二}{ヌネ}$	$-\dfrac{25}{12}$	3	
	ノハ	16	3	
第1問　自己採点小計				
第2問(30)	√ア	$\sqrt{6}$	3	
	√イ	$\sqrt{2}$	3	
	$\dfrac{\sqrt{ウ}＋\sqrt{エ}}{オ}$	$\dfrac{\sqrt{2}＋\sqrt{6}}{4}$ または $\dfrac{\sqrt{6}＋\sqrt{2}}{4}$	3	
	$\dfrac{カ\sqrt{キ}－ク}{ケ}$	$\dfrac{2\sqrt{3}－2}{3}$	3	
	$\dfrac{コ}{サ}$	$\dfrac{2}{3}$	3	
	シ，ス，セ	①，④，⑥ (解答の順序は問わない)	6 (各2)	
	ソ	④	2	
	タ	③	2	
	チ	②	2	
	ツ	⓪	1	
	テ	①	2	
第2問　自己採点小計				

問題番号(配点)	解答記号	正解	配点	自己採点
第3問(20)	$\dfrac{ア}{イ}$	$\dfrac{5}{6}$	2	
	ウ，エ，オ	①，③，⑤ (解答の順序は問わない)	3	
	$\dfrac{カ}{キ}$	$\dfrac{1}{2}$	2	
	$\dfrac{ク}{ケ}$	$\dfrac{3}{5}$	2	
	コ，サ，シ	⓪，③，⑤ (解答の順序は問わない)	3	
	$\dfrac{ス}{セ}$	$\dfrac{5}{6}$	2	
	$\dfrac{ソ}{タ}$	$\dfrac{5}{6}$	2	
	チ	⑥	4	
第3問　自己採点小計				
第4問(20)	ア，イ	2，6 (解答の順序は問わない)	2 (各1)	
	ウ	3	2	
	$b＝$エ，$c＝$オ	$b＝0,\ c＝6$	2	
	$b＝$カ，$c＝$キ	$b＝9,\ c＝6$	2	
	$b＝$ク，$c＝$ケ，$n＝$コサ	$b＝0,\ c＝6,\ n＝14$	3	
	シス	24	2	
	セソ	16	2	
	タ	8	2	
	チツ	24	3	
第4問　自己採点小計				
第5問(20)	アイ	28	3	
	$\dfrac{ウ}{エ}$	$\dfrac{7}{2}$	3	
	$\dfrac{オカ}{キ}$	$\dfrac{12}{7}$	3	
	$\dfrac{クケ}{コ}$	$\dfrac{21}{5}$	3	
	サシ°	60°	2	
	$\dfrac{ス\sqrt{セ}}{ソ}$	$\dfrac{2\sqrt{3}}{3}$	3	
	$\dfrac{タ\sqrt{チ}}{ツ}$	$\dfrac{4\sqrt{3}}{3}$	3	
第5問　自己採点小計				
自己採点合計				

(注)
　第1問，第2問は必答。
　第3問～第5問のうちから2問選択。計4問を解答。

第1問　数と式・集合と命題・2次関数

〔1〕

$$x^2 + \frac{4}{x^2} = 9 \quad (x > 0) \quad \cdots \text{①}$$

$$\left(x + \frac{2}{x}\right)^2 = x^2 + 2 \cdot x \cdot \frac{2}{x} + \left(\frac{2}{x}\right)^2$$

$$= \left(x^2 + \frac{4}{x^2}\right) + 4$$

$$= 9 + 4 \quad (\text{① より})$$

$$= \boxed{13}$$

であり，$x > 0$ より，$x + \dfrac{2}{x} > 0$ であるから，

$$x + \frac{2}{x} = \sqrt{13} \quad \cdots \text{②}$$

である．

ここで，

$$x^3 + \frac{8}{x^3} = \left(x + \frac{2}{x}\right)\left(x^2 + \frac{4}{x^2} - a\right)$$

とおき，右辺を展開して整理すると，

$$x^3 + \frac{8}{x^3} = x^3 + (2-a)x + (4-2a) \cdot \frac{1}{x} + \frac{8}{x^3} \quad \cdots \text{③}$$

となる．

よって，a の値は，③の左辺と右辺の係数を比較して，

$$2 - a = 0 \quad \text{かつ} \quad 4 - 2a = 0$$

すなわち

$$a = 2$$

である．

したがって，

$$x^3 + \frac{8}{x^3} = \left(x + \frac{2}{x}\right)\left(x^2 + \frac{4}{x^2} - \boxed{2}\right)$$

$$= \sqrt{13} \cdot (9 - 2) \quad (\text{①，② より})$$

$$= \boxed{7}\sqrt{\boxed{13}}$$

である．

また，

$$\left(x^2 + \frac{4}{x^2}\right)^2 = x^4 + 2 \cdot x^2 \cdot \frac{4}{x^2} + \frac{16}{x^4}$$

であるから，

$$x^4 + \frac{16}{x^4} = \left(x^2 + \frac{4}{x^2}\right)^2 - 8$$

← 数学 II で学習する因数分解の公式

$$a^3 + b^3 = (a+b)(a^2 - ab + b^2)$$

を用いて次のように求めてもよい．

$$x^3 + \frac{8}{x^3} = x^3 + \left(\frac{2}{x}\right)^3$$

$$= \left(x + \frac{2}{x}\right)\left\{x^2 - x \cdot \frac{2}{x} + \left(\frac{2}{x}\right)^2\right\}$$

$$= \left(x + \frac{2}{x}\right)\left(x^2 + \frac{4}{x^2} - 2\right).$$

$$= 9^2 - 8 \quad \text{(① より)}$$
$$= \boxed{73}$$

である.

〔2〕

実数 x に関する条件 p, q は,

$$p : x = 1,$$
$$q : x^2 = 1, \ \text{つまり}, \ x = \pm 1.$$

(1)・q は p であるための何条件かを求める.

「$q \Longrightarrow p$」の真偽を調べる.

「$q \Longrightarrow p$」は偽

← 反例 $x = -1$.

である.

「$p \Longrightarrow q$」の真偽を調べる.

「$p \Longrightarrow q$」は真   …①

である.

よって, q は p であるための必要条件だが十分条件でない. したがって, $\boxed{ケ}$ にあてはまるものは $\boxed{⓪}$ である.

← 命題「$s \Longrightarrow t$」が真のとき, s は t であるための十分条件といい, t は s であるための必要条件という.

・$\overline{p}$ は q であるための何条件かを求める.

$$\overline{p} : x \neq 1, \ \text{つまり}, \ \overline{p} : x < 1, \ 1 < x. \ \cdots②$$

「$\overline{p} \Longrightarrow q$」の真偽を調べる.

「$\overline{p} \Longrightarrow q$」は偽

← 反例 $x = 2$ など.

である.

「$q \Longrightarrow \overline{p}$」の真偽を調べる.

「$q \Longrightarrow \overline{p}$」は偽

← 反例 $x = 1$.

である.

よって, $\overline{p}$ は q であるための必要条件でも十分条件でもない. したがって, $\boxed{コ}$ に当てはまるものは $\boxed{③}$ である.

・(p または $\overline{q}$) は q であるための何条件かを求める.

$$\overline{q} : x^2 \neq 1, \ \text{つまり}, \ \overline{q} : x \neq \pm 1$$

であるから, p または $\overline{q}$ は,

$x = 1$ または $x \neq \pm 1$, つまり, $x < -1$, $-1 < x$

である.

「(p または $\overline{q}$) $\Longrightarrow q$」の真偽を調べる.

「(p または $\overline{q}$) $\Longrightarrow q$」は偽

← 反例 $x = 0$ など.

である.

「$q \Longrightarrow$ (p または $\overline{q}$)」の真偽を調べる.

「$q \implies (p$ または $\overline{q})$」は偽

である.

　よって，（p または $\overline{q}$）は q であるための必要条件でも十分条件でもない．したがって，**サ** に当てはまるものは **③** である.

・（$\overline{p}$ かつ q）は q であるための何条件かを求める.

　②より，$\overline{p}$ かつ q は，

　（$x<1,\ 1<x$）かつ $x=\pm1$，つまり，$x=-1$

である.

　「（$\overline{p}$ かつ q）$\implies q$」の真偽を調べる.

　　　　「（$\overline{p}$ かつ q）$\implies q$」は真

である.

　「$q \implies (\overline{p}$ かつ q）」の真偽を調べる.

　　　　「$q \implies (\overline{p}$ かつ q）」は偽

である.

　よって，（$\overline{p}$ かつ q）は q であるための十分条件だが必要条件でない．したがって，**シ** に当てはまるものは **①** である.

(2) 実数 x に関する条件 r は，

　　　　　　　$r : x>0.$

命題 A :「（p かつ q）$\implies r$」の真偽を調べる.

p かつ q は，

　　　$x=1$ かつ $x=\pm1$，つまり，$x=1$

である.

　よって，

　　　　A :「（p かつ q）$\implies r$」は真

である.

命題 B :「$q \implies r$」の真偽を調べる.

　　　　　B :「$q \implies r$」は偽

である.

命題 C :「$\overline{q} \implies \overline{p}$」の真偽を調べる.

　C の対偶は，「$p \implies q$」であり，①より，真であるから，

　　　　　C :「$\overline{q} \implies \overline{p}$」は真

である.

したがって，**ス** に当てはまるものは **②** である.

← 反例 $x=-1$.

← 反例 $x=1$.

← $p:x=1,\ q:x=\pm1$.

← 反例 $x=-1$.

← 命題の真偽と対偶の真偽は一致する.

〔3〕

$$g(x) = x^2 - 2(3a^2 + 5a)x + 18a^4 + 30a^3 + 49a^2 + 16$$
$$= \{x - (3a^2 + 5a)\}^2 - (3a^2 + 5a)^2 + 18a^4 + 30a^3 + 49a^2 + 16$$
$$= \{x - (3a^2 + 5a)\}^2 + 9a^4 + 24a^2 + 16$$

と変形できるから，2次関数 $y = g(x)$ のグラフの頂点は，

$$\left(\boxed{3}\, a^2 + \boxed{5}\, a,\ \boxed{9}\, a^4 + \boxed{24}\, a^2 + \boxed{16} \right)$$

である．

頂点の x 座標を X とすると，

$$X = 3a^2 + 5a$$
$$= 3\left(a + \frac{5}{6}\right)^2 - \frac{25}{12}$$

と変形できるから，a が実数全体を動くとき，X の最小値は $-\dfrac{\boxed{25}}{\boxed{12}}$ である．

頂点の y 座標を Y とすると，

$$Y = 9a^4 + 24a^2 + 16$$

であり，$t = a^2$ より，

$$Y = 9t^2 + 24t + 16$$
$$= 9\left(t + \frac{4}{3}\right)^2$$

と変形できる．

a が実数全体を動くとき，t のとり得る値の範囲は，

$$t \geq 0$$

であるから，Y は $t = 0$（つまり $a = 0$）のとき最小となり，最小値は $\boxed{16}$ である．

◆ 2次関数 $y = p(x - q)^2 + r$ のグラフの頂点の座標は，
$$(q,\ r).$$

◆

◆ （実数）$^2 \geq 0$.

◆

第2問　図形と計量・データの分析

〔1〕

(1)

余弦定理を用いると，

$$AC^2 = AB^2 + BC^2 - 2 \cdot AB \cdot BC \cos 60°$$
$$= (\sqrt{3}-1)^2 + (\sqrt{3}+1)^2 - 2(\sqrt{3}-1)(\sqrt{3}+1) \cdot \frac{1}{2}$$
$$= 6$$

であるから，AC > 0 より，

$$AC = \sqrt{\boxed{6}}$$

である．

△ABC の外接円の半径を R とし，正弦定理を用いると，

$$2R = \frac{AC}{\sin 60°}$$

であるから，

$$R = \frac{AC}{2\sin 60°}$$
$$= \frac{\sqrt{6}}{2 \cdot \frac{\sqrt{3}}{2}}$$
$$= \sqrt{\boxed{2}}$$

である．

さらに，正弦定理を用いると，

$$2R = \frac{BC}{\sin \angle BAC}$$

であるから，

$$\sin \angle BAC = \frac{BC}{2R}$$
$$= \frac{\sqrt{3}+1}{2\sqrt{2}}$$

余弦定理

$$b^2 = c^2 + a^2 - 2ca \cos B.$$

$$\cos B = \frac{c^2 + a^2 - b^2}{2ca}.$$

正弦定理

$$\frac{a}{\sin A} = \frac{b}{\sin B} = \frac{c}{\sin C} = 2R.$$

（R は外接円の半径）

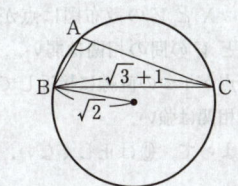

$$= \frac{\sqrt{\boxed{6}} + \sqrt{\boxed{2}}}{\boxed{4}}$$

である.

(2)

$\triangle ABD = \dfrac{\sqrt{2}}{6}$ のとき,

$$\frac{1}{2} AB \cdot AD \sin \angle BAC = \frac{\sqrt{2}}{6}$$

$$\frac{1}{2} AB \cdot AD \cdot \frac{\sqrt{6} + \sqrt{2}}{4} = \frac{\sqrt{2}}{6}$$

であるから,

$$AB \cdot AD = \frac{\sqrt{2}}{6} \cdot \frac{8}{\sqrt{6} + \sqrt{2}}$$

$$= \frac{4}{3(\sqrt{3} + 1)}$$

$$= \frac{\boxed{2}\sqrt{\boxed{3}} - \boxed{2}}{\boxed{3}}$$

であり, これに $AB = \sqrt{3} - 1$ を代入すると,

$$(\sqrt{3} - 1) \cdot AD = \frac{2(\sqrt{3} - 1)}{3}$$

すなわち

$$AD = \frac{\boxed{2}}{\boxed{3}}$$

である.

〔2〕

(1)・⓪について.

　X と V の散布図は点が散らばっているから, X と V の間の相関は弱い. 一方, X と Y の散布図は点が1つの直線に接近しているから, X と Y の間の相関は強い.

　よって, ⓪は正しくない.

――― 三角形の面積 ―――

$$(\triangle ABC \text{ の面積}) = \frac{1}{2} bc \sin A.$$

$$\sin \angle BAC = \frac{\sqrt{6} + \sqrt{2}}{4}.$$

← 2つの変量の間に相関があるとき, 散布図における点の分布の様子が1つの直線に接近しているほど相関が強いといい, 散らばっているほど相関が弱いという.

・①について.

　X と Y の散布図は，Y が増加するほど X も増加する傾向があるから，X と Y の間には正の相関がある.

よって，①は正しい.

・②について.

　X の最大値は約 87 である．V が最大（約 94.2）のとき，X は約 59 であるから最大ではない.

よって，②は正しくない.

・③について.

　Y の最大値は約 58.5 である．V が最大（約 94.2）のとき，Y は約 51.5 であるから最大ではない.

よって，③は正しくない.

・④について，

　X の最小値は約 53 である．Y が最小（約 50）のとき，X は約 56 であるから最小ではない.

よって，④は正しい.

・⑤について.

　X が 80 以上のジャンプであっても Y が 93 未満のジャンプが 1 回存在する.

よって，⑤は正しくない.

・⑥について.

　Y が 55 以上かつ V が 94 以上のジャンプはない.

よって，⑥は正しい.

　したがって， に当てはまるものは **①**，**④**，**⑥** である.

(2)　$X = 1.80 \times (D - 125.0) + 60.0 = 1.80 \times D - 165.0.$

　$a = 1.80$，$b = 165.0$ とおくと，与えられた計算式は，

$$X = aD - b \qquad \cdots (*)$$

で表せる.

　$n = 58$ とし，D のデータを $d_1,\ d_2,\ \cdots,\ d_n$，X のデータを $x_1,\ x_2,\ \cdots,\ x_n$，Y のデータを $y_1,\ y_2,\ \cdots,\ y_n$ とする．さらに，$D,\ X,\ Y$ について平均値をそれぞれ $\overline{d},\ \overline{x},\ \overline{y}$ とし，分散をそれぞれ $s_d{}^2,\ s_x{}^2,\ s_y{}^2$ とする.

・X の分散は，D の分散の何倍かを求める.

← 2つの変量からなるデータにおいて，一方が増加すると他方も増加する傾向がみられるとき，2つの変量には正の相関があるという．また，一方が増加すると他方が減少する傾向がみられるとき，2つの変量には負の相関があるという.

← この部分に点が存在しない.

10

$$\begin{cases} \overline{d} = \dfrac{d_1 + d_2 + \cdots + d_n}{n}, & \cdots ① \\[3mm] s_d{}^2 = \dfrac{(d_1 - \overline{d})^2 + (d_2 - \overline{d})^2 + \cdots + (d_n - \overline{d})^2}{n} & \cdots ② \end{cases}$$

である.

X の平均値は,

$$\begin{aligned} \overline{x} &= \frac{x_1 + x_2 + \cdots + x_n}{n} \\ &= \frac{(ad_1 - b) + (ad_2 - b) + \cdots + (ad_n - b)}{n} \\ &= a \cdot \frac{d_1 + d_2 + \cdots + d_n}{n} - b \\ &= a\overline{d} - b \quad (① より) \qquad \cdots ③ \end{aligned}$$

である.

X の偏差は, ③ より,

$$\left. \begin{aligned} x_1 - \overline{x} &= (ad_1 - b) - (a\overline{d} - b) = a(d_1 - \overline{d}) \\ x_2 - \overline{x} &= (ad_2 - b) - (a\overline{d} - b) = a(d_2 - \overline{d}), \\ &\qquad\qquad \vdots \\ x_n - \overline{x} &= (ad_n - b) - (a\overline{d} - b) = a(d_n - \overline{d}) \end{aligned} \right\} \quad \cdots ④$$

であるから, X の分散は,

$$\begin{aligned} s_x{}^2 &= \frac{(x_1 - \overline{x})^2 + (x_2 - \overline{x})^2 + \cdots + (x_n - \overline{x})^2}{n} \\ &= \frac{\{a(d_1 - \overline{d})\}^2 + \{a(d_2 - \overline{d})\}^2 + \cdots + \{a(d_n - \overline{d})\}^2}{n} \\ &\qquad\qquad\qquad\qquad\qquad\qquad\qquad (④ より) \\ &= a^2 \cdot \frac{(d_1 - \overline{d})^2 + (d_2 - \overline{d})^2 + \cdots + (d_n - \overline{d})^2}{n} \\ &= (1.80)^2 s_d{}^2 \quad (② より) \qquad \cdots ⑤ \end{aligned}$$

である.

よって, X の分散 $s_x{}^2$ は, D の分散 $s_d{}^2$ の $(1.80)^2$ 倍, つまり, 3.24 倍になる. したがって, ソ に当てはまるものは ④ である.

・X と Y の共分散は, D と Y の共分散の何倍かを求める.

X と Y の共分散を s_{xy}, D と Y の共分散を s_{dy} とすると,

$$s_{dy} = \frac{(d_1 - \overline{d})(y_1 - \overline{y}) + (d_2 - \overline{d})(y_2 - \overline{y}) + \cdots + (d_n - \overline{d})(y_n - \overline{y})}{n}$$

$$\cdots ⑥$$

であり, ④, ⑥ より,

$$\begin{aligned} \overline{x} &= \frac{(ad_1 - b) + \cdots + (ad_n - b)}{n} \\ &= \frac{a(d_1 + \cdots + d_n) - nb}{n} \\ &= a \cdot \frac{d_1 + \cdots + d_n}{n} - b. \end{aligned}$$

$$\begin{aligned} s_x{}^2 &= \frac{\{a(d_1 - \overline{d})\}^2 + \cdots + \{a(d_n - \overline{d})\}^2}{n} \\ &= \frac{a^2(d_1 - \overline{d})^2 + \cdots + a^2(d_n - \overline{d})^2}{n} \\ &= a^2 \cdot \frac{(d_1 - \overline{d})^2 + \cdots + (d_n - \overline{d})^2}{n}. \end{aligned}$$

$$s_{xy} = \frac{(x_1 - \overline{x})(y_1 - \overline{y}) + (x_2 - \overline{x})(y_2 - \overline{y}) + \cdots + (x_n - \overline{x})(y_n - \overline{y})}{n}$$

$$= \frac{a(d_1 - \overline{d})(y_1 - \overline{y}) + a(d_2 - \overline{d})(y_2 - \overline{y}) + \cdots + a(d_n - \overline{d})(y_n - \overline{y})}{n}$$

$$= a \cdot \frac{(d_1 - \overline{d})(y_1 - \overline{y}) + (d_2 - \overline{d})(y_2 - \overline{y}) + \cdots + (d_n - \overline{d})(y_n - \overline{y})}{n}$$

$$= 1.80 s_{dy} \qquad \cdots ⑦$$

である．

よって，X と Y の共分散 s_{xy} は，D と Y の共分散 s_{dy} の 1.80 倍である．したがって，　タ　に当てはまるものは　③　である．

・X と Y の相関係数は，D と Y の相関係数の何倍かを求める．

X と Y の相関係数を r_{xy}，D と Y の相関係数を r_{dy} とすると，

$$r_{dy} = \frac{s_{dy}}{\sqrt{s_d{}^2}\sqrt{s_y{}^2}}$$

であり，⑤，⑦ より，

$$r_{xy} = \frac{s_{xy}}{\sqrt{s_x{}^2}\sqrt{s_y{}^2}}$$

$$= \frac{1.80 s_{dy}}{\sqrt{(1.80)^2 s_d{}^2}\sqrt{s_y{}^2}}$$

$$= \frac{s_{dy}}{\sqrt{s_d{}^2}\sqrt{s_y{}^2}}$$

$$= r_{dy}$$

である．

よって，X と Y の相関係数 r_{xy} は，D と Y の相関係数 r_{dy} の 1 倍である．したがって，　チ　に当てはまるものは　②　である．

(3) 1回目の $X + Y$ の最小値が 108.0 より，1回目の $X + Y$ の値に対するヒストグラムは A であり，箱ひげ図は a である．これより，2回目の $X + Y$ の値に対するヒストグラムは B であり，箱ひげ図は b である．

したがって，　ツ　に当てはまるものは　⓪　である．

箱ひげ図 a，b より，最小値，第 1 四分位数，中央

← 箱ひげ図からは，次の 5 つの情報が得られる．

値，第3四分位数，最大値は次のようになる．

	最小値	第1四分位数	中央値	第3四分位数	最大値
a	約108.0	約115.5	約124.0	約129.5	約143.5
b	約103.5	約109.5	約114.0	約125.0	約141.5

← aは1回目の $X+Y$ に対する箱ひげ図，bは2回目の $X+Y$ に対する箱ひげ図.

・**⓪について．**

1回目の $X+Y$ の四分位範囲は，
$$129.5 - 115.5 = 14.0.$$
2回目の $X+Y$ の四分位範囲は，
$$125.0 - 109.5 = 15.5.$$

← $\begin{pmatrix} 四分位 \\ 範囲 \end{pmatrix} = \begin{pmatrix} 第3四 \\ 分位数 \end{pmatrix} - \begin{pmatrix} 第1四 \\ 分位数 \end{pmatrix}.$

よって，1回目の $X+Y$ の四分位範囲は，2回目の $X+Y$ の四分位範囲より小さいから，**⓪**は正しくない．

・**①について．**

1回目の $X+Y$ の中央値は，2回目の $X+Y$ の中央値より大きいから，**①**は正しい．

・**②について．**

1回目の $X+Y$ の最大値は，2回目の $X+Y$ の最大値より大きいから，**②**は正しくない．

・**③について．**

1回目の $X+Y$ の最小値は，2回目の $X+Y$ の最小値より大きいから，**③**は正しくない．

よって，**テ** に当てはまるものは **①** である．

第3問　場合の数・確率

あたりのくじを引くことを○，はずれのくじを引くことを×で表すことにする．

(1) A，B の少なくとも一方があたりのくじを引く事象 E_1 は，あたりが2本，はずれが2本であることに注意すると，

A	B	C
○	○	×
○	×	○
○	×	×
×	○	○
×	○	×

であり，余事象 $\overline{E_1}$ は次のようになる．

A	B	C
×	×	○

よって，確率 $P(\overline{E_1})$ は，

$$P(\overline{E_1}) = \frac{2}{4} \times \frac{1}{3} \times \frac{2}{2} = \frac{1}{6}$$

である．

したがって，求める確率 $P(E_1)$ は，

$$P(E_1) = 1 - P(\overline{E_1})$$
$$= 1 - \frac{1}{6}$$
$$= \frac{\boxed{5}}{\boxed{6}}$$

である．

（A がくじを引くとき，くじは合計4本あり，はずれが2本ある．B がくじを引くとき，くじは合計3本あり，はずれが1本ある．C がくじを引くとき，くじは合計2本あり，あたりが2本ある．

← 事象 F の余事象を $\overline{F}$ とすると，
$$P(F) + P(\overline{F}) = 1$$
であるから，
$$P(F) = 1 - P(\overline{F})$$
である．

(2) A，B，C の3人で2本のあたりのくじを引く事象 E は，

A	B	C	
×	○	○	…①
○	×	○	…②
○	○	×	…③

であり，これらは互いに排反である．

よって，E は，「A だけがはずれのくじを引く事象」，「B だけがはずれのくじを引く事象」，「C だけがはずれのくじを引く事象」の和事象である．

したがって，$\boxed{\text{ウ}}$，$\boxed{\text{エ}}$，$\boxed{\text{オ}}$ に当てはまる

← 2つの事象 A，B が同時には決して起こらないとき，つまり，$A \cap B = \varnothing$ のとき，2つの事象 A，B は互いに排反であるという．3つの事象について，その中のどの2つの事象も互いに排反であるとき，3つの事象は互いに排反であるという．

ものは ①, ③, ⑤ である.

① の確率は,

$$\frac{2}{4} \times \frac{2}{3} \times \frac{1}{2} = \frac{1}{6}$$

である.

② の確率は,

$$\frac{2}{4} \times \frac{2}{3} \times \frac{1}{2} = \frac{1}{6}$$

である.

③ の確率は,

$$\frac{2}{4} \times \frac{1}{3} \times \frac{2}{2} = \frac{1}{6}$$

である.

ゆえに, その和事象の確率, つまり, 確率 $P(E)$ は,

$$P(E) = \frac{1}{6} + \frac{1}{6} + \frac{1}{6}$$

$$= \frac{1}{2}$$

である.

(3) 事象 E_1 が起こったときの事象 E の起こる条件付き確率は,

$$P_{E_1}(E) = \frac{P(E_1 \cap E)}{P(E_1)} \qquad \cdots ④$$

である.

事象 $E_1 \cap E$ は,

A	B	C
○	○	×
○	×	○
○	×	×
×	○	○
×	○	×

の網掛部分であるから,

$$E_1 \cap E = E \qquad \cdots ⑤$$

である.

よって, 求める確率 $P_{E_1}(E)$ は, ⑤ を ④ に代入して,

$$P_{E_1}(E) = \frac{P(E)}{P(E_1)}$$

Aがくじを引くとき, くじは合計4本あり, はずれが2本ある. Bがくじを引くとき, くじは合計3本あり, あたりが2本ある. Cがくじを引くとき, くじは合計2本あり, あたりが1本ある.

Aがくじを引くとき, くじは合計4本あり, あたりが2本ある. Bがくじを引くとき, くじは合計3本あり, はずれが2本ある. Cがくじを引くとき, くじは合計2本あり, あたりが1本ある.

Aがくじを引くとき, くじは合計4本あり, あたりが2本ある. Bがくじを引くとき, くじは合計3本あり, あたりが1本ある. Cがくじを引くとき, くじは合計2本あり, はずれが2本ある.

3つの事象 A, B, C が互いに排反であるとき, 3つの事象のいずれかが起こる確率は,

$$P(A \cup B \cup C) = P(A) + P(B) + P(C)$$

である.

条件付き確率

事象 A が起こったときに事象 B が起こる条件付き確率は,

$$P_A(B) = \frac{P(A \cap B)}{P(A)}.$$

$$= \dfrac{\dfrac{1}{2}}{\dfrac{5}{6}}$$

$$= \dfrac{\boxed{3}}{\boxed{5}}$$

← $P(E) = \dfrac{1}{2}$, $P(E_1) = \dfrac{5}{6}$.

である.

(4)　B, C の少なくとも一方があたりのくじを引く事象 E_2 は, あたりが2本, はずれが2本であることに注意すると次のようになる.

A	B	C	
×	○	○	…⑥
○	○	×	…⑦
×	○	×	…⑧
○	×	○	…⑨
×	×	○	…⑩

← ×が1つだけついている事象, つまり, ⑥, ⑦, ⑨に注目して3つの和事象を考えるとよい.

　　A がはずれのくじを引く事象は　⑥, ⑧, ⑩,
　　B だけがはずれのくじを引く事象は　⑨,
　　C だけがはずれのくじを引く事象は　⑦
であり, これらは互いに排反である. また, この3つの事象以外の⓪〜⑤において, E は3つの排反な事象の和事象で表せない.

　よって, 　$\boxed{コ}$, 　$\boxed{サ}$, 　$\boxed{シ}$ に当てはまるものは　$\boxed{⓪}$, 　$\boxed{③}$, 　$\boxed{⑤}$ である.

　また, 余事象 $\overline{E_2}$ は,

A	B	C
○	×	×

であるから, 3つの排反な事象の和事象の確率, つまり, 確率 $P(E_2)$ は,

$$P(E_2) = 1 - P(\overline{E_2})$$

$$= 1 - \dfrac{2}{4} \times \dfrac{2}{3} \times \dfrac{1}{2}$$

$$= \dfrac{\boxed{5}}{\boxed{6}}$$

← $P(E_2)$
　= (A がはずれのくじを引く事象の確率)
　　+ (B だけがはずれのくじを引く事象の確率)
　　+ (C だけがはずれのくじを引く事象の確率)
と考えて求めることもできる.

である.
　A, C の少なくとも一方があたりのくじを引く事象

E_3 は，あたりが2本，はずれが2本であることに注意すると，

A	B	C
○	×	○
○	○	×
○	×	×
×	○	○
×	×	○

であり，余事象 $\overline{E_3}$ は次のようになる．

A	B	C
×	○	×

よって，確率 $P(E_3)$ は，

$$P(E_3) = 1 - P(\overline{E_3})$$
$$= 1 - \frac{2}{4} \times \frac{2}{3} \times \frac{1}{2}$$
$$= \frac{5}{6}$$

である．

(5) 与えられた条件より，

$$\left.\begin{array}{l} p_1 = P_{E_1}(E) = \dfrac{P(E_1 \cap E)}{P(E_1)}, \\[2mm] p_2 = P_{E_2}(E) = \dfrac{P(E_2 \cap E)}{P(E_2)}, \\[2mm] p_3 = P_{E_3}(E) = \dfrac{P(E_3 \cap E)}{P(E_3)} \end{array}\right\} \quad \cdots ⑪$$

であり，(1)，(4)の結果より，

$$P(E_1) = P(E_2) = P(E_3) = \frac{5}{6} \quad \cdots ⑫$$

である．

また，事象 $E_2 \cap E$ は，

A	B	C
×	○	○
○	○	×
×	○	×
○	×	○
×	×	○

の網掛部分であるから，

$$E_2 \cap E = E$$

である.

さらに, 事象 $E_3 \cap E$ は,

A	B	C
○	×	○
○	○	×
○	×	×
×	○	○
×	×	○

の網掛部分であるから,

$$E_3 \cap E = E$$

である.

これらのことと ⑤ より,

$$P(E_1 \cap E) = P(E_2 \cap E) = P(E_3 \cap E) = P(E) \quad \cdots ⑬$$

である.

← $E_1 \cap E = E. \quad \cdots ⑤$

よって, ⑫, ⑬ を ⑪ に代入すると,

$$p_1 = p_2 = p_3 = \frac{P(E)}{\frac{5}{6}} = \frac{3}{5}$$

← $P(E) = \frac{1}{2}$.

が成り立つから, チ に当てはまるものは ⑥ である.

第4問　整数の性質

(1) $37a$ が 4 で割り切れるのは,

下 2 桁である $7a$ が 4 の倍数

のときであり, そのような下 2 桁は,

72 と 76

である.

よって, $37a$ が 4 で割り切れるのは,

$$a = \boxed{2}, \quad \boxed{6}$$

のときである.

── 4 の倍数の判定法 ──
　　下 2 桁が 4 の倍数である.

(2) $7b5c$ が 4 でも 9 でも割り切れるのは,

(下 2 桁である $5c$ が 4 の倍数) … ①

かつ

$$\left(\begin{array}{l}各位の数の和である\ 7+b+5+c, \\ つまり,\ b+c+12\ が\ 9\ の倍数\end{array}\right) \quad …②$$

のときである.

①を満たす下 2 桁は,

52 と 56

であるから,

$$c = 2,\ 6$$

である.

── 9 の倍数の判定法 ──
　　各位の数の和が 9 の倍数である.

$c = 2$ のとき.

各位の数の和は $b+2+12$, つまり, $b+14$ であり, ②を満たす b の値は,

$$b = 4$$

である.

$c = 6$ のとき.

各位の数の和は $b+6+12$, つまり, $b+18$ であり, ②を満たす b の値は,

$$b = 0,\ 9$$

である.

よって, $7b5c$ が 4 でも 9 でも割り切れる $b,\ c$ の組は,

$$(b,\ c) = (4,\ 2),\ (0,\ 6),\ (9,\ 6)$$

であるから, 全部で $\boxed{3}$ 個ある.

これより, $7b5c$ が 4 でも 9 でも割り切れる数は,

7452,　7056,　7956 … ③

であるから, $7b5c$ の値が最小になるのは,

$$b = \boxed{0}, \quad c = \boxed{6}$$

のときで，$7b5c$ の値が最大になるのは，
$$b = \boxed{9}, \quad c = \boxed{6}$$
のときである.

　また，$7b5c = (6 \times n)^2 = (4 \times 9) \times n^2$ となるには，$7b5c$ が 4 でも 9 でも割り切れる数であることが必要であるから，③ の 3 つの数に限られる.

　ここで，
$$7452 = (4 \times 9) \times 207,$$
$$7056 = (4 \times 9) \times 196,$$
$$7956 = (4 \times 9) \times 221$$
であり，$196 = 14^2$，$14^2 < 207 < 221 < 15^2$ であるから，条件を満たす $7b5c$ の値は 7056 である.

← $15^2 = 225$.

　したがって，$7b5c = (6 \times n)^2$ となる b, c と自然数 n は，
$$b = \boxed{0}, \quad c = \boxed{6}, \quad n = \boxed{14}$$
である.

(3)　1188 を素因数分解すると，
$$1188 = 2^2 \times 3^3 \times 11$$
であるから，正の約数は全部で
$$(2+1)(3+1)(1+1) = \boxed{24} \quad (\text{個})$$
ある.

← $p^a q^b r^c \cdots$ と素因数分解される自然数の正の約数は，
$$(a+1)(b+1)(c+1) \cdots \quad (\text{個})$$
ある.

　これらのうち，2 の倍数は，
$$2^a \times 3^b \times 11^c \quad (a = 1, 2, \ b = 0, 1, 2, 3, \ c = 0, 1)$$
で表されるから，その個数は，
$$2 \times 4 \times 2 = \boxed{16} \quad (\text{個})$$
あり，4 の倍数は，
$$2^2 \times 3^b \times 11^c \quad (b = 0, 1, 2, 3, \ c = 0, 1)$$
で表されるから，その個数は，
$$4 \times 2 = \boxed{8} \quad (\text{個})$$
ある.

　次に，1188 のすべての正の約数の積を 2 進法で表すと，末尾には 0 が連続して何個並ぶかを求める.

　1188 のすべての正の約数の積を N とし，N を素因数分解したときの素因数 2 の個数を調べる.

　4 の倍数は素因数 2 を 2 個もつが，2 の倍数として 1 個，4 の倍数として 1 個数えればよい.

	1	2	3	2^2	5	$2\cdot3$	$\cdots$	$2^2\cdot3$	$\cdots$	$2\cdot3\cdot11$	$\cdots$	$2^2\cdot3^3\cdot11$
2 の倍数		○		○		○		○		○		○
4 の倍数				◎				◎				◎

← ○は 16 個ある.

← ◎は 8 個ある.

1188 のすべての正の約数のうち,

2 の倍数の個数は 16, 4 の倍数の個数は 8

であるから, N を素因数分解したときの素因数 2 の個数は,

$$16+8=24 \ （個）$$

ある.

これより,

$$N=2^{24}\times m \quad （m は正の奇数） \qquad \cdots ④$$

と表せる.

← m は $3^r\times11^s$ $(r,\ s$ は正の整数) の形で表されるから, 正の奇数である.

m は奇数より, 2 進法では 2^0 の位の数字が 1 である.

このことに注意すると,

$$m=1\times2^\ell+a_{\ell-1}\times2^{\ell-1}+\cdots+a_1\times2^1+1\times2^0$$

$$（\ell は正の整数,\ a_1,\ \cdots,\ a_{\ell-1} は 0 か 1 の数）$$

と表せるから, ④ に代入すると,

$$N=2^{24}\times(1\times2^\ell+a_{\ell-1}\times2^{\ell-1}+\cdots+a_1\times2^1+1\times2^0)$$

$$=1\times2^{\ell+24}+a_{\ell-1}\times2^{\ell+23}+\cdots+a_1\times2^{25}+1\times2^{24}$$

である.

← m を 2 進法で表すと,

$$1\ a_{\ell-1}\cdots a_1\ 1_{(2)}$$

と表せる.

← 2^{24} を 2 進法で表すと,

$$1\ \underset{0\ が\ 24\ 個並ぶ}{0\cdots0\ 0_{(2)}}$$

と表せる.

よって, N の 2 進法による表示は,

$$1\ a_{\ell-1}\cdots a_1\ 1\ \underset{0\ が\ 24\ 個並ぶ}{0\ 0\ 0\cdots0}\ _{(2)}$$

である.

← $1\times2^{\ell+24}+a_{\ell-1}\times2^{\ell+23}+\cdots+a_1\times2^{25}+1\times2^{24}$
$\quad+0\times2^{23}+0\times2^{22}+\cdots+0\times2^1+0\times2^0.$

したがって, 1188 のすべての正の約数の積を 2 進法で表すと, 末尾には 0 が連続して $\boxed{24}$ 個並ぶ.

第5問　図形の性質

(1)
$$CD = AC - AD = 7 - 3 = 4$$

である.

方べきの定理より,

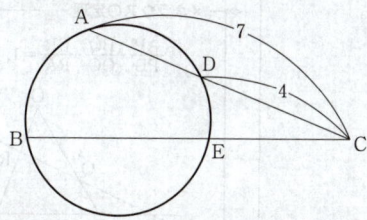

$$CB \cdot CE = CA \cdot CD$$

であるから,

$$BC \cdot CE = 7 \cdot 4$$
$$= \boxed{28}$$

である.

これに BC = 8 を代入して,

$$8 \cdot CE = 28$$

すなわち

$$CE = \frac{\boxed{7}}{\boxed{2}}$$

である.

これより,

$$BE = BC - CE = 8 - \frac{7}{2} = \frac{9}{2}$$

である.

△ABC と直線 EF に対して, メネラウスの定理を用いると,

方べきの定理

$$PA \cdot PB = PC \cdot PD.$$

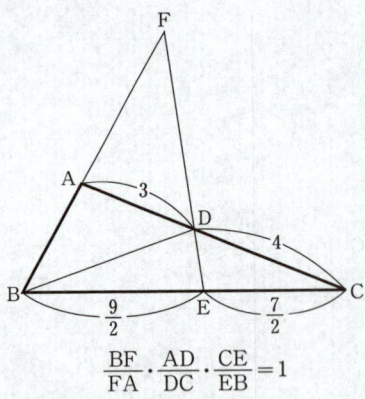

$$\frac{BF}{FA} \cdot \frac{AD}{DC} \cdot \frac{CE}{EB} = 1$$

であるから,

$$\frac{BF}{AF} \cdot \frac{3}{4} \cdot \frac{\frac{7}{2}}{\frac{9}{2}} = 1$$

すなわち

$$\frac{BF}{AF} = \boxed{\frac{12}{7}}$$

である.

これより,

$$AB : AF = 5 : 7$$

であるから, AB=3 を代入して,

$$3 : AF = 5 : 7$$
$$5AF = 21$$

$$AF = \boxed{\frac{21}{5}}$$

である.

(2) △ABC に余弦定理を用いると,

$$\cos \angle ABC = \frac{3^2 + 8^2 - 7^2}{2 \cdot 3 \cdot 8} = \frac{1}{2}$$

であるから, $0° < \angle ABC < 180°$ より,

$$\angle ABC = \boxed{60}°$$

である.

△ABC の内接円の半径を r とし, △ABC の面積に注目すると,

メネラウスの定理

$$\frac{AP}{PB} \cdot \frac{BQ}{QC} \cdot \frac{CR}{RA} = 1.$$

余弦定理

$$\cos B = \frac{c^2 + a^2 - b^2}{2ca}.$$

$$\frac{1}{2}r(8+7+3)=\frac{1}{2}\cdot 3\cdot 8\sin 60°$$

が成り立つから，

$$9r=12\cdot \frac{\sqrt{3}}{2}$$

すなわち

$$r=\frac{\boxed{2}\sqrt{\boxed{3}}}{\boxed{3}}$$

である．

　△ABC の内接円と辺 BC の接点を H とすると，I が △ABC の内心より，BI は ∠ABC の二等分線である から，

$$\angle IBH=\frac{1}{2}\angle ABC=\frac{1}{2}\cdot 60°=30°$$

である．

　よって，△BHI は，

$$\angle BHI=90°, \quad \angle IBH=30°, \quad \angle HIB=60°$$

の直角三角形であるから，

$$BI:HI=2:1, \quad つまり \quad BI:r=2:1$$

である．

　したがって，

$$BI=2r$$

$$=2\cdot \frac{2\sqrt{3}}{3}$$

$$=\frac{\boxed{4}\sqrt{\boxed{3}}}{\boxed{3}}$$

である．

内接円の半径と面積

　△ABC の内接円の半径を r とす ると，

$$(\triangle ABC\,の面積)=\frac{1}{2}r(a+b+c).$$

三角形の面積

$$(\triangle ABC\,の面積)=\frac{1}{2}ca\sin B.$$

三角形の内心

　3つの内角のそれぞれの二等分 線の交点 I を内心という．

数学II・数学B

解答・採点基準　(100点満点)

問題番号(配点)	解答記号	正解	配点	自己採点
第1問 (30)	$\dfrac{アイ}{ウエ}$	$\dfrac{17}{15}$	3	
	オ	4	2	
	$\dfrac{カ}{キ}$	$\dfrac{4}{5}$	3	
	$\dfrac{ク}{ケ}$	$\dfrac{1}{3}$	3	
	$\dfrac{コ\sqrt{サ}}{シ}$	$\dfrac{2\sqrt{5}}{5}$	2	
	$\dfrac{ス\sqrt{セ}}{ソ}$	$\dfrac{-\sqrt{3}}{3}$	2	
	タ	0	2	
	$\dfrac{チ}{ツ}$	$\dfrac{1}{3}$	2	
	$\dfrac{テ}{ト}\log_2 p + ナ$	$\dfrac{1}{3}\log_2 p + 1$	2	
	$\dfrac{ニ}{ヌ}q^{ネ}$	$\dfrac{1}{8}q^3$	3	
	$ノ\sqrt{ハ}$	$6\sqrt{6}$	2	
	$ヒ\sqrt{フ}$	$2\sqrt{6}$	2	
	ヘ	⑥	2	
第1問　自己採点小計				

問題番号(配点)	解答記号	正解	配点	自己採点
第2問 (30)	ア	2	2	
	イ	1	1	
	$t^2-ウat+エa-オ$	$t^2-2at+2a-1$	2	
	カ-キ	$2a-1$	1	
	ク	1	1	
	ケ	1	1	
	$(コa-サ)x-シa^2+スa$	$(4a-2)x-4a^2+4a$	2	
	セ	2	2	
	ソ$<a<$タ	$0<a<1$	2	
	$チ(a^{ツ}-a^{テ})$	$2(a^2-a^3)$	3	
	$\dfrac{ト}{ナ}$	$\dfrac{2}{3}$	3	
	$\dfrac{ニ}{ヌネ}$	$\dfrac{8}{27}$	3	
	$\dfrac{ノ}{ハ}a^3-ヒa^2$	$\dfrac{7}{3}a^3-3a^2$	3	
	フ	a	1	
	ヘ	②	3	
第2問　自己採点小計				
第3問 (20)	ア	8	2	
	イ	7	2	
	ウ	a	2	
	$エr^2+(オ-カ)r+キ$	$ar^2+(a-b)r+a$	3	
	$クa^2+ケab-b^2$	$3a^2+2ab-b^2$	2	
	コ	4	2	
	サシ	16	2	
	ス, セ	1, 1	2	
	$\dfrac{ソn+タ}{チ}$, ツ	$\dfrac{3n+2}{9}$, 2	2	
	$\dfrac{テト}{ナ}$	$\dfrac{32}{9}$	1	
第3問　自己採点小計				

問題番号 (配点)	解答記号	正　解	配点	自己採点
第4問 (20)	ア, √イ	1, √3	1	
	−ウ	−2	1	
	$-\dfrac{エ}{オ}$, $\dfrac{\sqrt{カ}}{キ}$	$-\dfrac{5}{2}$, $\dfrac{\sqrt{3}}{2}$	2	
	ク, √ケ	1, √3	2	
	$\dfrac{コ}{サ}$	$\dfrac{4}{3}$	2	
	$\dfrac{シ}{ス}$	$\dfrac{2}{3}$	2	
	$-\dfrac{セ}{ソ}$, $\dfrac{タ\sqrt{チ}}{ツ}$	$-\dfrac{4}{3}$, $\dfrac{2\sqrt{3}}{3}$	2	
	テ, ト+√ナ	2, a+√3	2	
	$\dfrac{ニa^{ヌ}+ネ}{ノ}$, ハ	$\dfrac{-a^2+1}{2}$, a	3	
	$±\dfrac{ヒ}{フへ}$	$±\dfrac{5}{12}$	3	
第4問　自己採点小計				
第5問 (20)	アイウ	152	3	
	$\dfrac{エ}{オカ}$	$\dfrac{8}{27}$	3	
	キ.クケ	1.25	3	
	0.コサ	0.89	3	
	$\dfrac{シ}{ス}$	$\dfrac{1}{8}$	2	
	$\dfrac{セ}{ソ}$	$\dfrac{a}{3}$	3	
	$\dfrac{タチ}{ツ}$	$\dfrac{2a}{3}$	2	
	テ	7	1	
第5問　自己採点小計				
自己採点合計				

(注)
　第1問，第2問は必答。
　第3問〜第5問のうちから2問選択。計4問を解答。

第1問　三角関数，指数関数・対数関数

〔1〕　連立方程式

$$\begin{cases} \cos 2\alpha + \cos 2\beta = \dfrac{4}{15} & \cdots ① \\[2mm] \cos\alpha \cos\beta = -\dfrac{2\sqrt{15}}{15} & \cdots ② \end{cases}$$

を考える．ただし，$0 \leqq \alpha \leqq \pi$，$0 \leqq \beta \leqq \pi$ であり，$\alpha < \beta$ かつ

$$|\cos\alpha| \geqq |\cos\beta| \qquad \cdots ③$$

← ③ より，$\cos^2\alpha \geqq \cos^2\beta$．

とする．このとき，$\cos\alpha$ と $\cos\beta$ の値を求める．

2倍角の公式を用いると，① から

$$(2\cos^2\alpha - 1) + (2\cos^2\beta - 1) = \frac{4}{15}$$

$$\cos^2\alpha + \cos^2\beta = \boxed{\dfrac{17}{15}} \qquad \cdots ⑦$$

← ─ 2倍角の公式 ─

$$\cos 2\theta = 2\cos^2\theta - 1.$$

が得られる．また，② から

$$\cos^2\alpha \cos^2\beta = \boxed{\dfrac{4}{15}} \qquad \cdots ⑧$$

← ② の両辺を2乗した．

である．⑦，⑧ より，$\cos^2\alpha$，$\cos^2\beta$ は x の方程式

$$x^2 - \frac{17}{15}x + \frac{4}{15} = 0$$

の2つの解である．これを変形すると

$$\left(x - \frac{4}{5}\right)\left(x - \frac{1}{3}\right) = 0$$

であるから，③ とあわせると

$$\cos^2\alpha = \boxed{\dfrac{4}{5}}, \quad \cos^2\beta = \boxed{\dfrac{1}{3}}$$

である．よって，② と条件 $0 \leqq \alpha \leqq \pi$，$0 \leqq \beta \leqq \pi$，$\alpha < \beta$ から

$$\cos\alpha = \boxed{\dfrac{\boxed{2}\sqrt{\boxed{5}}}{\boxed{5}}},$$

$$\cos\beta = \boxed{\dfrac{\boxed{-}\sqrt{\boxed{3}}}{\boxed{3}}}$$

である．

─ 解と係数の関係 ─

2次方程式

$$ax^2 + bx + c = 0$$

の二つの解を α，β とすると

$$\begin{cases} \alpha + \beta = -\dfrac{b}{a}, \\[2mm] \alpha\beta = \dfrac{c}{a} \end{cases}$$

が成り立つ．

$$\cos\alpha = \pm\frac{2\sqrt{5}}{5}, \quad \cos\beta = \pm\frac{\sqrt{3}}{3}.$$

〔2〕 $A\left(0, \dfrac{3}{2}\right)$, $B(p, \log_2 p)$, $C(q, \log_2 q)$. 線分 AB を 1：2 に内分する点が C であるとき，p, q の値を求める．

真数は正であるから，$p >$ $\boxed{0}$ ，$q > 0$ である．

線分 AB を 1：2 に内分する点の座標は，p を用いて

$$\left(\dfrac{2 \cdot 0 + 1 \cdot p}{3},\ \dfrac{2 \cdot \frac{3}{2} + 1 \cdot \log_2 p}{3}\right)$$

すなわち

$$\left(\boxed{\dfrac{1}{3}}\, p,\ \boxed{\dfrac{1}{3}}\log_2 p + \boxed{1}\right)$$

と表される．これが C の座標と一致するので

$$\begin{cases} \dfrac{1}{3}p = q & \cdots ④ \\[2mm] \dfrac{1}{3}\log_2 p + 1 = \log_2 q & \cdots ⑤ \end{cases}$$

が成り立つ．

⑤ は

$$\log_2 p = 3(\log_2 q - 1)$$
$$\log_2 p = 3(\log_2 q - \log_2 2)$$
$$\log_2 p = 3\log_2 \dfrac{q}{2}$$
$$\log_2 p = \log_2 \left(\dfrac{q}{2}\right)^3$$
$$p = \boxed{\dfrac{1}{8}}\, q^{\boxed{3}} \qquad \cdots ⑥$$

と変形できる．⑥ を ④ に代入し，$q > 0$ に注意すると

$1 = \log_2 2$.

$a > 0$, $a \neq 1$, $M > 0$, $N > 0$ のとき

$\log_a M - \log_a N = \log_a \dfrac{M}{N}$.

$a > 0$, $a \neq 1$, $x > 0$ で，p が実数のとき

$p \log_a x = \log_a x^p$.

$a > 0$, $a \neq 1$, $M > 0$, $N > 0$ のとき

$\log_a M = \log_a N \iff M = N$.

$$\frac{1}{3} \cdot \frac{1}{8} q^3 = q$$

$$q^3 = 24q$$

$$q^2 = 24$$

$$q = \boxed{2} \sqrt{\boxed{6}} \quad (>0)$$

であり，これを ④ に代入すると

$$p = \boxed{6} \sqrt{\boxed{6}} \quad (>0)$$

である.

また，C の y 座標 $\log_2(2\sqrt{6})$ は，$\log_{10} 2 = 0.3010$，
$\log_{10} 3 = 0.4771$ より

$$\log_2 2\sqrt{6} = \log_2(2\sqrt{2} \cdot \sqrt{3})$$

$$= \log_2 2\sqrt{2} + \log_2 \sqrt{3}$$

$$= \log_2 2^{\frac{3}{2}} + \log_2 3^{\frac{1}{2}}$$

$$= \frac{3}{2} + \frac{1}{2} \log_2 3$$

$$= \frac{3}{2} + \frac{1}{2} \cdot \frac{\log_{10} 3}{\log_{10} 2}$$

$$= \frac{3}{2} + \frac{1}{2} \cdot \frac{0.4771}{0.3010}$$

となり，これを小数第 2 位を四捨五入して小数第 1 位
まで求めると 2.3 であるから，$\boxed{へ}$ に当てはまるも
のは $\boxed{⑥}$ である.

> $a > 0$, $a \neq 1$, $M > 0$, $N > 0$ のとき
> $$\log_a MN = \log_a M + \log_a N.$$

← $2\sqrt{2} = 2^1 \cdot 2^{\frac{1}{2}} = 2^{1+\frac{1}{2}} = 2^{\frac{3}{2}}$, $\sqrt{3} = 3^{\frac{1}{2}}$.

— 対数 —
$a > 0$, $a \neq 1$, $M > 0$ のとき
$$a^x = M \iff x = \log_a M.$$

— 底の変換公式 —
a, b, c が正の数で，$a \neq 1$, $c \neq 1$
のとき
$$\log_a b = \frac{\log_c b}{\log_c a}.$$

第2問　微分法・積分法

$C: y = x^2 + 1$, P$(a, 2a)$.

(1) 点Pを通り，放物線Cに接する直線の方程式を求める。

$y = x^2 + 1$ より $y' = 2x$ であるから，C上の点 (t, t^2+1) におけるCの接線の方程式は

$$y = 2t(x-t) + t^2 + 1$$
$$= \boxed{2}\, tx - t^2 + \boxed{1} \qquad \cdots ②$$

である．この直線がP$(a, 2a)$を通るとすると

$$2a = 2ta - t^2 + 1$$

が成り立ち，これを変形すると，tは方程式

$$t^2 - \boxed{2}\, at + \boxed{2}\, a - \boxed{1} = 0$$

を満たすことがわかる．これを因数分解すると

$$(t - 2a + 1)(t - 1) = 0$$

となるから，$t = \boxed{2}\, a - \boxed{1}$, $\boxed{1}$ である．

よって，$a \neq \boxed{1}$ のとき，Pを通るCの接線は2本
あり，それらの方程式は

$$y = (\boxed{4}\, a - \boxed{2})x - \boxed{4}\, a^2 + \boxed{4}\, a$$
$$\cdots ①$$

と

$$y = \boxed{2}\, x$$

である．

(2) ℓ と y 軸との交点Rの y 座標 r は

$$r = -4a^2 + 4a$$

であり，$r > 0$ となるのは

$$-4a^2 + 4a > 0$$
$$4a(a-1) < 0$$

より $\boxed{0} < a < \boxed{1}$ のときであり，このとき，
三角形OPRの面積Sは

$$S = \frac{1}{2}(\text{Pのx座標}) \times (\text{Rのy座標})$$
$$= \frac{1}{2}a(-4a^2 + 4a)$$
$$= \boxed{2}\left(a^{\boxed{2}} - a^{\boxed{3}}\right)$$

となる．

導関数

$(x^n)' = nx^{n-1}$ $(n = 1, 2, 3, \cdots)$,
$(c)' = 0$ （c は定数）.

接線の方程式

曲線 $y = f(x)$ 上の点 $(t, f(t))$
における接線の方程式は
$$y - f(t) = f'(t)(x - t).$$

← $a \neq 1$ のとき，$2a - 1 \neq 1$.

← $t = 2a - 1$ を②に代入した．

← $t = 1$ を②に代入した．

← (1)の方程式①で表される直線が ℓ.

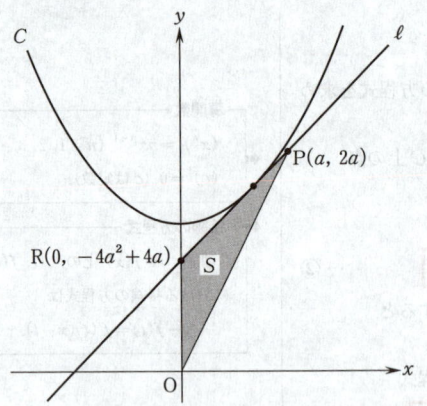

$$S' = 2(2a - 3a^2) = -2a(3a - 2)$$

より，$0 < a < 1$ のとき，S の増減を調べると以下のようになる．

a	(0)	$\cdots$	$\dfrac{2}{3}$	$\cdots$	(1)
S'	(0)	$+$	0	$-$	
S		$\nearrow$	$\dfrac{8}{27}$	$\searrow$	

よって，S は $a = \dfrac{\boxed{2}}{\boxed{3}}$ で最大値 $\dfrac{\boxed{8}}{\boxed{27}}$ をとる

ことがわかる．

(3)　$f(x) = x^2 + 1$ とする．また，点 $(a, 0)$ を A とし，三角形 OAP の面積を U とすると

$$U = \frac{1}{2} \cdot a \cdot 2a = a^2$$

である．$0 < a < 1$ のとき，放物線 C と(2)の直線 ℓ および 2 直線 $x = 0$, $x = a$ で囲まれた図形の面積 T は

$$T = \int_0^a f(x)\,dx - S - U \qquad \cdots ③$$

$$= \left[\frac{1}{3}x^3 + x \right]_0^a - 2(a^2 - a^3) - a^2$$

$$= \left(\frac{1}{3}a^3 + a \right) - 2(a^2 - a^3) - a^2$$

$$= \frac{\boxed{7}}{\boxed{3}}a^3 - \boxed{3}a^2 + \boxed{a}$$

である．

$$y = -2a(3a - 2)$$

$y = S'$ のグラフを描くと S' の符号の変化がわかりやすい．

---面積---

区間 $\alpha \leqq x \leqq \beta$ においてつねに $f(x) \geqq 0$ ならば曲線 $y = f(x)$ と x 軸および直線 $x = \alpha$, $x = \beta$ で囲まれた部分の面積は

$$\int_\alpha^\beta f(x)\,dx.$$

---定積分---

$$\int x^n dx = \frac{1}{n+1}x^{n+1} + C$$

(ただし $n = 0, 1, 2, \cdots$. C は積分定数) であり，$f(x)$ の原始関数の一つを $F(x)$ とすると

$$\int_\alpha^\beta f(x)\,dx = \left[F(x) \right]_\alpha^\beta$$

$$= F(\beta) - F(\alpha).$$

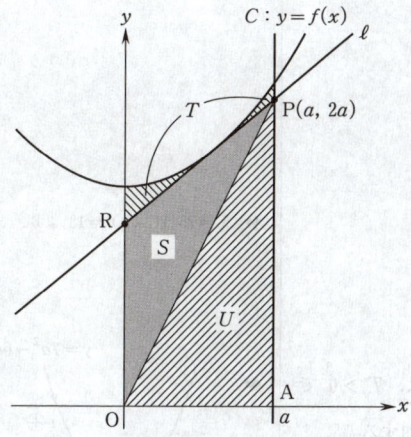

③ の両辺を a で微分すると

$$T' = f(a) - S' - 2a$$
$$= (a^2 + 1) - S' - 2a$$
$$= (a-1)^2 - S'$$

である．$\dfrac{2}{3} \leqq a < 1$ のとき，$(a-1)^2 > 0$，$S' \leqq 0$ であるから，このとき，$T' > 0$ である．よって，$\dfrac{2}{3} \leqq a < 1$ の範囲において T は増加する．したがって，へ に当てはまるものは ② である．

【(3) の別解】

$f(x) = x^2 + 1$ とし，(1)の ① の右辺を $g(x)$ とする．$0 < a < 1$ のとき，放物線 C と(2)の直線 ℓ および 2 直線 $x = 0$，$x = a$ で囲まれた図形の面積 T は

$$T = \int_0^a \{f(x) - g(x)\}\,dx$$
$$= \int_0^a \{x^2 - (4a-2)x + (4a^2 - 4a + 1)\}\,dx$$
$$= \left[\frac{1}{3}x^3 - (2a-1)x^2 + (4a^2 - 4a + 1)x \right]_0^a$$
$$= \frac{1}{3}a^3 - (2a-1)a^2 + (4a^2 - 4a + 1)a$$
$$= \frac{7}{3}a^3 - 3a^2 + a$$

である．T を a で微分すると

$$T' = 7a^2 - 6a + 1$$

であり

$$T' = 0$$

微分と積分の関係

$$\int_0^a f(x)\,dx$$

を a で微分すると

$$f(a).$$

面積

区間 $\alpha \leqq x \leqq \beta$ においてつねに $g(x) \leqq f(x)$ ならば 2 曲線 $y = f(x)$，$y = g(x)$ および直線 $x = \alpha$，$x = \beta$ で囲まれた部分の面積は

$$\int_\alpha^\beta \{f(x) - g(x)\}\,dx.$$

$$
\begin{cases}
S = \displaystyle\int_\alpha^\beta \{f(x) - g(x)\}\,dx \\[2mm]
= \displaystyle\int_0^a \{x - (2a-1)\}^2\,dx \\[2mm]
= \left[\dfrac{1}{3}\{x - (2a-1)\}^3 \right]_0^a \\[2mm]
= \dfrac{1}{3}\{a - (2a-1)\}^3 - \dfrac{1}{3}\{0 - (2a-1)\}^3 \\[2mm]
= \dfrac{7}{3}a^3 - 3a^2 + a
\end{cases}
$$

としてもよい．

すなわち
$$7a^2 - 6a + 1 = 0$$
を解くと
$$a = \frac{3 \pm \sqrt{2}}{7}$$
である.
$$\frac{2}{3} - \frac{3 + \sqrt{2}}{7} = \frac{5 - 3\sqrt{2}}{21} > 0$$
より
$$\frac{2}{3} > \frac{3 + \sqrt{2}}{7}$$
であるから, $\frac{2}{3} \leqq a < 1$ の範囲においては, $T' > 0$ である. よって, この範囲において T は増加する. ←

← $5^2 = 25 > (3\sqrt{2})^2 = 18$ より.

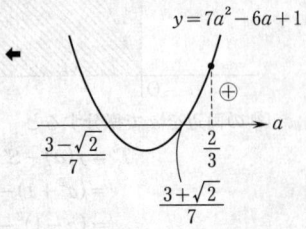

$y = 7a^2 - 6a + 1$

$\frac{3 - \sqrt{2}}{7}$　$\frac{2}{3}$

$\frac{3 + \sqrt{2}}{7}$

$\oplus$

a

第3問　数列

(1) 等比数列 $\{s_n\}$ の初項が 1，公比が 2 であるから

$$s_n = 2^{n-1}$$

と表される．よって

$$s_1 s_2 s_3 = 1 \cdot 2 \cdot 4 = \boxed{8}$$

$$s_1 + s_2 + s_3 = 1 + 2 + 4 = \boxed{7}$$

である．

初項を a，公比を r とする等比数列 $\{a_n\}$ の一般項は

$$a_n = ar^{n-1} \quad (n = 1, 2, 3, \cdots).$$

(2) 等比数列 $\{s_n\}$ の初項が x，公比が r であるから

$$s_n = xr^{n-1}$$

と表される．よって

$$s_1 s_2 s_3 = a^3 \qquad \cdots ①$$

$$s_1 + s_2 + s_3 = b \qquad \cdots ②$$

より

$$xr = \boxed{a} \qquad \cdots ③$$

$$xr(1 + r + r^2) = br$$

を得る．これらより x を消去すると

$$a(1 + r + r^2) = br$$

となる．これを r について整理すると

$$\boxed{a}\, r^2 + \left(\boxed{a} - \boxed{b}\right)r + \boxed{a} = 0$$

$$\cdots ④$$

$\begin{cases} x \cdot xr \cdot xr^2 = a^3,\ \text{すなわち} \\ x^3 r^3 = a^3\ \text{より．} \\ x + xr + xr^2 = b\ \text{の両辺に } r\ \text{をか} \\ \text{けた．} \end{cases}$

を得る．④ を満たす実数 r が存在するので，r の方程式 ④ の判別式を D とすると

$$D = (a - b)^2 - 4a^2 \geqq 0$$

すなわち

$$\boxed{3}\, a^2 + \boxed{2}\, ab - b^2 \leqq 0 \qquad \cdots ⑤$$

である．

逆に，a，b が ⑤ を満たすとき，③，④ を用いて r，x の値を求めることができる．

(3) $a = 64$，$b = 336$ のとき，④ は

$$64r^2 - 272r + 64 = 0$$

$$16(4r - 1)(r - 4) = 0$$

となる．公比 r が 1 より大きいことから

$$r = \boxed{4}$$

である．これと ③ より

$$x = \boxed{16}$$

である．よって

a，b，c を実数とし，$a \neq 0$ する．x の2次方程式

$$ax^2 + bx + c = 0 \quad \cdots (*)$$

の判別式 $D = b^2 - 4ac$ において，

$D > 0 \iff (*)$ が異なる二つの実数解をもつ，

$D = 0 \iff (*)$ が実数の重解をもつ，

$D < 0 \iff (*)$ が異なる二つの虚数解をもつ．

$$s_n = 16 \cdot 4^{n-1} = 4^{n+1}$$

← $16 \cdot 4^{n-1} = 4^2 \cdot 4^{n-1} = 4^{2+(n-1)}$

である．このとき

$$t_n = s_n \log_4 s_n$$
$$= 4^{n+1} \log_4 4^{n+1}$$
$$= \left(n + \boxed{1}\right) \cdot 4^{n+\boxed{1}}$$

← $\log_4 4^{n+1} = n+1$.

である．数列 $\{t_n\}$ の初項から第 n 項までの和 U_n を求める．$U_n - 4U_n$ を次のように計算すると，$n \geq 2$ のとき

$$U_n = 2 \cdot 4^2 + 3 \cdot 4^3 + 4 \cdot 4^4 + \cdots\cdots + n \cdot 4^n + (n+1) \cdot 4^{n+1}$$
$$\underline{4U_n = \quad\quad 2 \cdot 4^3 + 3 \cdot 4^4 + 4 \cdot 4^5 + \cdots\cdots\cdots + n \cdot 4^{n+1} + (n+1) \cdot 4^{n+2}}$$
$$-3U_n = 2 \cdot 4^2 + (4^3 + 4^4 + 4^5 \cdots\cdots\cdots\cdots + 4^{n+1}) - (n+1) \cdot 4^{n+2}$$

$$-3U_n = 2 \cdot 4^2 + 4^3 \cdot \frac{4^{n-1} - 1}{4 - 1} - (n+1) \cdot 4^{n+2}$$

$$= 2 \cdot 4^2 + \frac{4^{n+2} - 4 \cdot 4^2}{3} - (n+1) \cdot 4^{n+2}$$

$$= \frac{2}{3} \cdot 4^2 - \left(n + \frac{2}{3}\right) \cdot 4^{n+2}$$

← **等比数列の和**
初項 a，公比 r，項数 n の等比数列の和は，$r \neq 1$ のとき
$$a \cdot \frac{r^n - 1}{r - 1}.$$

となる．これは $n = 1$ のときも成り立つ．よって

$$U_n = \frac{\boxed{3}\,n + \boxed{2}}{\boxed{9}} \cdot 4^{n+\boxed{2}} - \frac{\boxed{32}}{\boxed{9}}$$

である．

第4問　平面ベクトル

(1)　$OB = 2$, $\angle AOB = 60°$ より

$$B(2\cos 60°,\ 2\sin 60°)$$

すなわち

$$B\left(\boxed{1},\ \sqrt{\boxed{3}}\right)$$

である．同様にして，点 C, E, F の座標はそれぞれ
$(-1, \sqrt{3})$, $(-1, -\sqrt{3})$, $(1, -\sqrt{3})$ である．また，
点 D の座標は $\left(-\boxed{2},\ 0\right)$ である．

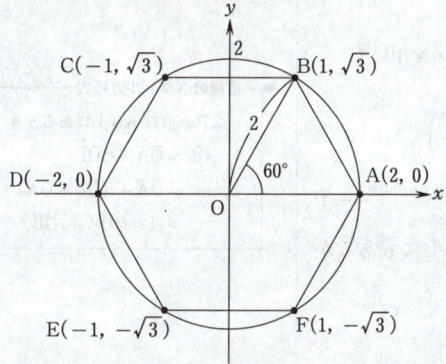

(2)　線分 BD の中点が M であるから

$$\overrightarrow{OM} = \frac{1}{2}\overrightarrow{OB} + \frac{1}{2}\overrightarrow{OD}$$
$$= \frac{1}{2}(1, \sqrt{3}) + \frac{1}{2}(-2, 0)$$
$$= \frac{1}{2}(-1, \sqrt{3})$$

である．よって

$$\overrightarrow{AM} = \overrightarrow{OM} - \overrightarrow{OA}$$
$$= \frac{1}{2}(-1, \sqrt{3}) - (2, 0)$$
$$= \left(-\frac{\boxed{5}}{\boxed{2}},\ \frac{\sqrt{\boxed{3}}}{\boxed{2}}\right)$$

である．また

$$\overrightarrow{DC} = \overrightarrow{OC} - \overrightarrow{OD}$$
$$= (-1, \sqrt{3}) - (-2, 0)$$
$$= \left(\boxed{1},\ \sqrt{\boxed{3}}\right)$$

である．

分点公式

線分 AB を $m : n$ に内分する点
を P とすると

$$\overrightarrow{OP} = \frac{n\overrightarrow{OA} + m\overrightarrow{OB}}{m+n}.$$

← 上の図より，$\overrightarrow{DC} = \overrightarrow{OB} = (1, \sqrt{3})$ と
してもよい．

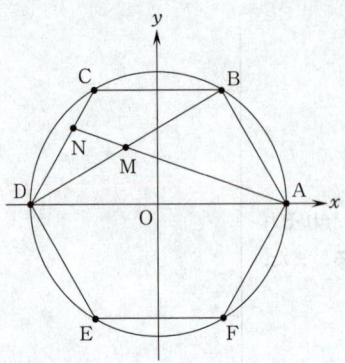

点 N は直線 AM 上にあるから，実数 r を用いて

$$\overrightarrow{ON} = \overrightarrow{OA} + r\overrightarrow{AM}$$

$$= (2, 0) + r\left(-\frac{5}{2}, \frac{\sqrt{3}}{2}\right)$$

$$= \left(2 - \frac{5}{2}r, \frac{\sqrt{3}}{2}r\right) \quad \cdots ①$$

と表される．さらに，点 N は直線 CD 上にもあるから，実数 s を用いて

$$\overrightarrow{ON} = \overrightarrow{OD} + s\overrightarrow{DC}$$

$$= (-2, 0) + s(1, \sqrt{3})$$

$$= (-2 + s, \sqrt{3}s) \quad \cdots ②$$

と表される．①，② より

$$2 - \frac{5}{2}r = -2 + s, \quad \frac{\sqrt{3}}{2}r = \sqrt{3}s$$

が成り立つ．これらより

$$r = \frac{\boxed{4}}{\boxed{3}}, \quad s = \frac{\boxed{2}}{\boxed{3}}$$

である．これを ② に代入すると

$$\overrightarrow{ON} = \left(-\frac{\boxed{4}}{\boxed{3}}, \frac{\boxed{2}\sqrt{\boxed{3}}}{\boxed{3}}\right)$$

である．

(3) P は線分 BF 上にあり，その y 座標は a であるから，P$(1, a)$ である．よって

$$\overrightarrow{EP} = \overrightarrow{OP} - \overrightarrow{OE}$$

$$= (1, a) - (-1, -\sqrt{3})$$

$$= \left(\boxed{2}, \boxed{a} + \sqrt{\boxed{3}}\right)$$

直線のベクトル方程式

点 P が直線 AB 上にあるとき

$$\overrightarrow{OP} = \overrightarrow{OA} + t\overrightarrow{AB}$$

$$= \overrightarrow{OA} + t(\overrightarrow{OB} - \overrightarrow{OA})$$

$$= (1 - t)\overrightarrow{OA} + t\overrightarrow{OB}.$$

← ① に代入してもよい．

と表される.

H は点 P から直線 CE に引いた垂線上にあるから,
実数 x を用いて H(x, a) と表される. よって

$$\overrightarrow{CH} = \overrightarrow{OH} - \overrightarrow{OC}$$
$$= (x, a) - (-1, \sqrt{3})$$
$$= (x+1, a-\sqrt{3})$$

と表される. さらに, $\overrightarrow{CH} \perp \overrightarrow{EP}$ であるから

$$\overrightarrow{CH} \cdot \overrightarrow{EP} = 0$$

である. これを計算すると

$$(x+1) \cdot 2 + (a-\sqrt{3})(a+\sqrt{3}) = 0$$
$$2x + 2 + a^2 - 3 = 0$$
$$x = \frac{-a^2+1}{2}$$

を得る. これより, H の座標を a を用いて表すと

$$\left(\frac{\boxed{-}\,a^{\boxed{2}} + \boxed{1}}{\boxed{2}}, \boxed{a} \right)$$

である. よって

$$\overrightarrow{OP} \cdot \overrightarrow{OH} = 1 \cdot \frac{-a^2+1}{2} + a \cdot a = \frac{a^2+1}{2} \quad \cdots ③$$

である. また

$$\left| \overrightarrow{OH} \right| = \sqrt{\left(\frac{-a^2+1}{2} \right)^2 + a^2} = \frac{a^2+1}{2}$$

と $\cos\theta = \dfrac{12}{13}$ より

$$\overrightarrow{OP} \cdot \overrightarrow{OH} = \left| \overrightarrow{OP} \right| \left| \overrightarrow{OH} \right| \cos\theta$$
$$= \sqrt{1^2 + a^2} \cdot \frac{a^2+1}{2} \cdot \frac{12}{13} \quad \cdots ④$$

である. ③, ④ より

ベクトルの垂直条件

$\vec{a} \neq \vec{0}$, $\vec{b} \neq \vec{0}$ であるとき
$$\vec{a} \perp \vec{b} \iff \vec{a} \cdot \vec{b} = 0.$$

内積

$\vec{a} = (a_1, a_2)$, $\vec{b} = (b_1, b_2)$
のとき
$$\vec{a} \cdot \vec{b} = a_1 b_1 + a_2 b_2.$$

$$\sqrt{\left(\frac{-a^2+1}{2} \right)^2 + a^2} = \sqrt{\frac{a^4 + 2a^2 + 1}{4}}$$
$$= \sqrt{\left(\frac{a^2+1}{2} \right)^2}.$$

内積

$\vec{0}$ でない2つのベクトル $\vec{a}$ と
$\vec{b}$ のなす角を θ $(0° \leqq \theta \leqq 180°)$
とすると
$$\vec{a} \cdot \vec{b} = \left| \vec{a} \right| \left| \vec{b} \right| \cos\theta.$$

特に,
$$\vec{a} \cdot \vec{a} = \left| \vec{a} \right| \left| \vec{a} \right| \cos 0° = \left| \vec{a} \right|^2.$$

$$\frac{a^2+1}{2}=\sqrt{1^2+a^2}\cdot\frac{a^2+1}{2}\cdot\frac{12}{13}$$

$$1=\sqrt{1+a^2}\cdot\frac{12}{13}$$ ← これより，$1+a^2=\frac{13^2}{12^2}$.

$$a^2=\frac{13^2-12^2}{12^2}$$ ← これより，$a^2=\frac{(13-12)(13+12)}{12^2}$.

$$a^2=\frac{5^2}{12^2}$$

$$a=\pm\boxed{\dfrac{5}{12}}$$

である．

$\left[\!\!\left[\ a=\pm\dfrac{\boxed{ヒ}}{\boxed{フヘ}}\ \text{の別解}\right.\!\!\right]$

$$|\overrightarrow{OH}|=\sqrt{\left(\frac{-a^2+1}{2}\right)^2+a^2}=\frac{a^2+1}{2}$$ ← $H\left(\dfrac{-a^2+1}{2},\ a\right)$.

$$|\overrightarrow{HP}|=1-\frac{-a^2+1}{2}=\frac{a^2+1}{2}$$ ← $P(1,\ a)$.

より

$$\angle HOP=\angle OPH$$

である．また，直線 HP と x 軸は平行であるから

$$\angle AOP=\angle OPH$$

である．よって

$$\angle AOP=\angle HOP\ (=\theta)$$

である．$\cos\theta=\dfrac{12}{13}$ より $\tan\theta=\dfrac{5}{12}$ であるから

$$|a|=\frac{|a|}{1}=\tan\angle AOP=\tan\theta=\frac{5}{12}$$

が成り立つ．よって

$$a=\pm\frac{5}{12}$$

である．

第5問　確率分布と統計的な推測

(1) 1回の試行において，事象 A の起こる確率が p，起こらない確率が $1-p$ であり，この試行を n 回繰り返すとき，事象 A の起こる回数が W である．確率変数 W の平均（期待値）m が $\dfrac{1216}{27}$，標準偏差 σ が $\dfrac{152}{27}$ であるとき

$$np = \frac{1216}{27} \qquad \cdots ①$$

$$np(1-p) = \left(\frac{152}{27}\right)^2 \qquad \cdots ②$$

が成り立つ．② を ① で割ると

$$1-p = \left(\frac{152}{27}\right)^2 \cdot \frac{27}{152 \cdot 8}$$

$$1-p = \frac{19 \cdot 8}{27 \cdot 8}$$

$$p = \boxed{\dfrac{8}{27}}$$

である．これを ① に代入して

$$n = \boxed{152}$$

である．

(2) (1)の反復試行において，W が 38 以上となる確率の近似値を求める．

$$W \geqq 38$$

より

$$\frac{W-m}{\sigma} \geqq \frac{38 - \dfrac{1216}{27}}{\dfrac{152}{27}} = \frac{38 \cdot 27 - 1216}{152}$$

$$= \frac{-19 \cdot 10}{19 \cdot 8}$$

$$= -1.25$$

であるから

$$P(W \geqq 38) = P\left(\frac{W-m}{\sigma} \geqq -\boxed{1} . \boxed{25}\right)$$

と変形できる．ここで，$Z = \dfrac{W-m}{\sigma}$ とおき，W の分布を正規分布で近似すると，正規分布表から確率の近似値は

二項分布

　n を自然数とする．

　確率変数 X のとり得る値が

$$0, 1, 2, \cdots, n$$

であり，X の確率分布が

$$P(X=r) = {}_nC_r\, p^r (1-p)^{n-r}$$

$$(r = 0, 1, 2, \cdots, n)$$

であるとき，X の確率分布を二項分布といい，$B(n, p)$ で表す．

平均（期待値），分散

　確率変数 X のとり得る値を

$$x_1, x_2, \cdots, x_n$$

とし，X がこれらの値をとる確率をそれぞれ

$$p_1, p_2, \cdots, p_n$$

とすると，X の平均（期待値）$E(X)$ は

$$E(X) = \sum_{k=1}^{n} x_k p_k.$$

　また，X の分散 $V(X)$ は

$E(X) = m$ として

$$V(X) = \sum_{k=1}^{n} (x_k - m)^2 p_k \quad \cdots (*)$$

または

$$V(X) = E(X^2) - \{E(X)\}^2. \cdots (**)$$

$\sqrt{V(X)}$ を X の標準偏差という．

二項分布の平均（期待値），分散

　確率変数 X が二項分布 $B(n, p)$ に従うとき，$q = 1-p$ とすると X の平均（期待値）$E(X)$ と分散 $V(X)$ は

$$E(X) = np$$

$$V(X) = npq$$

である．

$1216 = 152 \cdot 8.$

$152 = 19 \cdot 8.$

$$P(Z \geqq -1.25) = P(Z \leqq 1.25)$$
$$= P(Z \leqq 0) + P(0 \leqq Z \leqq 1.25)$$
$$= 0.5 + 0.3944$$
$$= 0.\boxed{89}$$

である.

（3） 連続確率変数 X のとり得る値 x の範囲が
$-a \leqq x \leqq 2a$ $(a > 0)$ で，確率密度関数が

$$f(x) = \begin{cases} \dfrac{2}{3a^2}(x+a) & (-a \leqq x \leqq 0) \\[2mm] \dfrac{1}{3a^2}(2a-x) & (0 \leqq x \leqq 2a) \end{cases}$$

である．このとき，$a \leqq X \leqq \dfrac{3}{2}a$ となる確率は

$$\int_a^{\frac{3}{2}a} f(x)\,dx = \int_a^{\frac{3}{2}a} \frac{1}{3a^2}(2a-x)\,dx$$

$$= \frac{1}{3a^2}\left[2ax - \frac{1}{2}x^2\right]_a^{\frac{3}{2}a}$$

$$= \frac{1}{3a^2}\left\{2a\left(\frac{3}{2}a - a\right) - \frac{1}{2}\left(\left(\frac{3}{2}a\right)^2 - a^2\right)\right\}$$

$$= \frac{\boxed{1}}{\boxed{8}}$$

である.

また，X の平均 $E(X)$ は

$$\int_{-a}^{2a} x f(x)\,dx = \int_{-a}^{0} x \cdot \frac{2}{3a^2}(x+a)\,dx + \int_{0}^{2a} x \cdot \frac{1}{3a^2}(2a-x)\,dx$$

$$= \frac{2}{3a^2}\int_{-a}^{0}(x+a)x\,dx - \frac{1}{3a^2}\int_{0}^{2a} x(x-2a)\,dx$$

$$= -\frac{2}{3a^2}\cdot\frac{1}{6}(0+a)^3 + \frac{1}{3a^2}\cdot\frac{1}{6}(2a-0)^3$$

$$= \frac{\boxed{a}}{\boxed{3}}$$

である．さらに，$Y = 2X + 7$ であるとき，Y の平均 $E(Y)$ は

$$E(Y) = E(2X+7)$$
$$= 2E(X) + 7$$
$$= 2 \cdot \frac{a}{3} + 7$$

正規分布表より
$$P(0 \leqq Z \leqq 1.25) = 0.3944.$$
$$P(Z \leqq 0) = 0.5.$$

$y = \dfrac{1}{3a^2}(2a-x)$

$\displaystyle\int_a^{\frac{3}{2}a} f(x)\,dx$

上の台形の面積より

$$\frac{1}{2}\cdot\left(\frac{1}{3a}+\frac{1}{6a}\right)\left(\frac{3}{2}a - a\right) = \frac{1}{8}$$

としてもよい.

$$\int_\alpha^\beta (x-\alpha)(x-\beta)\,dx$$
$$= -\frac{1}{6}(\beta-\alpha)^3.$$

┌ 平均（期待値）の性質 ─
X，Y の確率変数，a，b は定数
とする．このとき
$$E(aX+b) = aE(X) + b$$
が成り立つ.

$$= \frac{2a}{3} + \boxed{7}$$

である.

MEMO

数学Ⅰ・数学A
数学Ⅱ・数学B

2016 本試験

（2016年1月実施）

	受験者数	平均点
数学Ⅰ・数学A	392,479	55.27
数学Ⅱ・数学B	353,423	47.92

数学Ⅰ・数学A

解答・採点基準　　（100点満点）

問題番号（配点）	解答記号	正解	配点	自己採点
第1問 (30)	$-ア a+イ$	$-3a+1$	2	
	$ウ a+エ$	$2a+1$	2	
	$オ a+カ$	$-a+2$	2	
	$\dfrac{キ}{ク}$	$\dfrac{1}{4}$	2	
	$\dfrac{ケ}{コ}$	$\dfrac{2}{5}$	2	
	サ, シ	③, ⓪	2	
	ス, セ	⑤, ④	2	
	ソ	①	3	
	タ	③	3	
	チツテ	-20	3	
	$トナ a,\ ニ \leqq x$	$-4a,\ 0 \leqq x$	3	
	ヌ	5	4	
第1問　自己採点小計				
第2問 (30)	ア	7	3	
	$イ\sqrt{ウエ}$	$3\sqrt{21}$	3	
	$オ\sqrt{カ}$	$7\sqrt{3}$	3	
	キク	14	3	
	$\dfrac{ケコ\sqrt{サ}}{シ}$	$\dfrac{49\sqrt{3}}{2}$	3	
	ス, セ（解答の順序は問わない）	⓪, ③	3	
	ソ	⑤	3	
	タ, チ（解答の順序は問わない）	①, ③	3	
	ツ	⑨	2	
	テ	⑧	2	
	ト	⑦	2	
第2問　自己採点小計				

問題番号（配点）	解答記号	正解	配点	自己採点
第3問 (20)	$\dfrac{アイ}{ウエ}$	$\dfrac{28}{33}$	3	
	$\dfrac{オ}{カキ}$	$\dfrac{5}{33}$	3	
	$\dfrac{ク}{ケコ}$	$\dfrac{5}{11}$	3	
	$\dfrac{サ}{シス}$	$\dfrac{5}{44}$	3	
	$\dfrac{セ}{ソタ}$	$\dfrac{5}{12}$	4	
	$\dfrac{チ}{ツテ}$	$\dfrac{4}{11}$	4	
第3問　自己採点小計				
第4問 (20)	$x=$ アイ	$x=15$	3	
	$y=$ ウエ	$y=-7$	3	
	$x=$ オカキ	$x=-47$	2	
	$y=$ クケ	$y=22$	2	
	コサシ(4)	123(4)	4	
	ス, セ, ソ	⓪, ③, ⑤（解答の順序は問わない）	6	
第4問　自己採点小計				
第5問 (20)	ア	⓪	2	
	$\dfrac{EC}{AE}=\dfrac{イ}{ウ}$	$\dfrac{EC}{AE}=\dfrac{1}{2}$	3	
	$\dfrac{GC}{DG}=\dfrac{エ}{オ}$	$\dfrac{GC}{DG}=\dfrac{1}{3}$	3	
	BG = カ	BG = 3	3	
	DC = キ$\sqrt{ク}$	DC = $2\sqrt{7}$	3	
	ケ	4	2	
	コサ°	30°	2	
	AH = シ	AH = 2	2	
第5問　自己採点小計				
自己採点合計				

(注)
　第1問，第2問は必答。
　第3問～第5問のうちから2問選択。計4問を解答。

第1問　1次関数・集合と命題・2次関数

〔1〕

$f(x)=(1+2a)(1-x)+(2-a)x$ より，

$$f(x)=\left(-\boxed{3}\,a+\boxed{1}\right)x+2a+1$$

である.

◀ $y=f(x)$ のグラフは，傾き $-3a+1$，y 切片 $2a+1$ の直線である.

(1) $0\leqq x\leqq1$ における $f(x)$ の最小値は，

$a\leqq\dfrac{1}{3}$ のとき，$-3a+1\geqq0$ より，$y=f(x)$ のグ

ラフは右上がりの直線もしくは x 軸に平行な直線となるから，

$$f(0)=\boxed{2}\,a+\boxed{1}$$

であり，

$a>\dfrac{1}{3}$ のとき，$-3a+1<0$ より，$y=f(x)$ のグ

ラフは右下がりの直線となるから，

$$f(1)=\boxed{-}\,a+\boxed{2}$$

である.

(2) $0\leqq x\leqq1$ において，常に $f(x)\geqq\dfrac{2(a+2)}{3}$ が成

り立つ条件は，

$$f(0)\geqq\dfrac{2(a+2)}{3}\ \text{かつ}\ f(1)\geqq\dfrac{2(a+2)}{3}$$

であるから，

$$2a+1\geqq\dfrac{2(a+2)}{3}\ \text{かつ}\ -a+2\geqq\dfrac{2(a+2)}{3}$$

すなわち

$$a\geqq\dfrac{1}{4}\ \text{かつ}\ a\leqq\dfrac{2}{5}$$

である.

よって，求める a の値の範囲は，

$$\dfrac{\boxed{1}}{\boxed{4}}\leqq a\leqq\dfrac{\boxed{2}}{\boxed{5}}$$

である.

〔2〕

(1) A：有理数全体の集合，B：無理数全体の集合

(i) 0 は有理数より，集合 $\{0\}$ は A の部分集合である.

よって，$A\supset\{0\}$ となるから，$\boxed{\text{サ}}$ に当ては

まるものは ③ である.

(ii) $\sqrt{28}$ が有理数であると仮定し, $\sqrt{28}=\dfrac{m}{n}$ (m は整数, n は 0 でない整数)とおくと,

$$2\sqrt{7}=\dfrac{m}{n},\ \text{つまり},\ \sqrt{7}=\dfrac{m}{2n}$$

となる. 右辺の $\dfrac{m}{2n}$ は有理数であるから, 左辺の $\sqrt{7}$ も有理数である. ところが, 問題文より $\sqrt{7}$ は無理数であるから矛盾が生じる.

よって, $\sqrt{28}$ は無理数である. これより, $\sqrt{28}$ は B の要素であるから, $\sqrt{28}\in B$ である. したがって, シ に当てはまるものは ⓪ である.

> ← 有理数とは, 整数 m と 0 でない整数 n を用いて分数 $\dfrac{m}{n}$ の形で表すことができる数のこと.

> ← 無理数とは, 実数のうち有理数でない数のこと.

(iii) $A\supset\{0\}$ より, $A=\{0\}\cup A$ が成り立つ.

よって, ス に当てはまるものは, ⑤ である.

> ← 2 つの集合 P, Q について $P\supset Q$ ならば $P\cup Q=P$, $P\cap Q=Q$ である.

(iv) 実数全体の集合を U とすると, $\overline{A}=B$ であるから, $\varnothing=A\cap B$ が成り立つ.

よって, セ に当てはまるものは ④ である.

> ← 全体集合 U の部分集合 A について $A\cap\overline{A}=\varnothing$, $A\cup\overline{A}=U$ である.
> （空集合 $\varnothing$ とは, 要素が 1 つもない集合のこと.）

(2) 実数 x に対して, 条件 p, q, r は,

$$p:x\ \text{は無理数},$$
$$q:x+\sqrt{28}\ \text{は有理数},$$
$$r:\sqrt{28}x\ \text{は有理数}.$$

まず, 「$p\Longrightarrow q$」の真偽を調べる.

$$\text{「}p\Longrightarrow q\text{」は偽}$$

である.

次に, 「$q\Longrightarrow p$」の真偽を調べる.

$x+\sqrt{28}$ が有理数のとき, $x+\sqrt{28}=u$ (u は有理数) とすると, x は $u-\sqrt{28}$ の形をした無理数である.

これより,

$$\text{「}q\Longrightarrow p\text{」は真}$$

である.

よって, p は q であるための必要条件であるが, 十分条件でない. したがって, ソ に当てはまるものは ① である.

> ← 反例 $x=-\sqrt{7}$ など.
> $x+\sqrt{28}=-\sqrt{7}+2\sqrt{7}=\sqrt{7}$ となり, $x+\sqrt{28}$ は無理数である.

> ← $u-\sqrt{28}=v$ (v は有理数) と仮定すると, $\sqrt{7}=\dfrac{u-v}{2}$ となり, 右辺は有理数, 左辺は無理数なので矛盾が生じる. よって, $u-\sqrt{28}$ は無理数である. …(*)

> ← 命題 「$s\Longrightarrow t$」が真のとき, s は t であるための十分条件, t は s であるための必要条件という.

まず,「$p \Longrightarrow r$」の真偽を調べる.

$$\text{「}p \Longrightarrow r\text{」は偽}$$

である.

次に,「$r \Longrightarrow p$」の真偽を調べる.

$\sqrt{28}x$ が有理数となる x の1つは0である. 0は有理数であるから,

$$\text{「}r \Longrightarrow p\text{」は偽}$$

である.

よって,p は r であるための必要条件でも十分条件でもない. したがって, タ に当てはまるものは ③ である.

〔3〕

a は1以上の定数.

$$\begin{cases} x^2 + (20 - a^2)x - 20a^2 \leq 0, & \cdots ① \\ x^2 + 4ax \geq 0. & \cdots ② \end{cases}$$

①は,

$$(x + 20)(x - a^2) \leq 0$$

と変形でき,$a \geq 1$ より,$a^2 \geq 1$ であるから, 不等式 ① の解は,

$$-20 \leq x \leq a^2 \qquad \cdots ①'$$

である.

また,②は,

$$x(x + 4a) \geq 0$$

と変形でき,$a \geq 1$ より,$-4a \leq -4$ であるから, 不等式 ② の解は,

$$x \leq -4a, \quad 0 \leq x \qquad \cdots ②'$$

である.

① かつ ② を満たす負の実数が存在する条件は,

「①′ と ②′ の共通範囲が負に存在すること」

であるから,

$$-20 \leq -4a$$
$$a \leq 5$$

である.

よって,求める a の値の範囲は,$a \geq 1$ との共通範囲を考えて,

$$1 \leq a \leq 5$$

である.

反例 $x = \dfrac{\sqrt{7} + 1}{2}$ など.

$\dfrac{\sqrt{7} + 1}{2} = k$ (k は有理数) と仮定すると,$\sqrt{7} = 2k - 1$ となり, 右辺は有理数, 左辺は無理数なので矛盾が生じる. よって,$\dfrac{\sqrt{7} + 1}{2}$ は無理数である.

このとき,

$$\sqrt{28}x = 2\sqrt{7} \cdot \dfrac{\sqrt{7} + 1}{2}$$
$$= 7 + \sqrt{7}$$

となり, (*) と同様にして考えると,
$7 + \sqrt{7}$ は無理数である.

第2問　図形と計量・データの分析

〔1〕

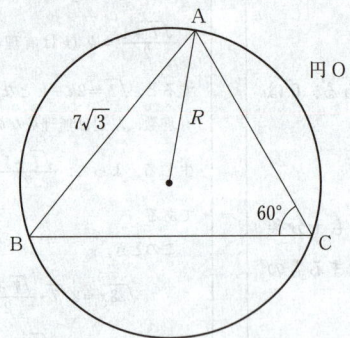

円O

$7\sqrt{3}$　R

$60°$

B　C

　△ABC の外接円 O の半径を R とし，正弦定理を用いると，

$$2R = \frac{AB}{\sin 60°}$$

であるから，

$$R = \frac{AB}{2\sin 60°}$$

$$= \frac{7\sqrt{3}}{2 \cdot \frac{\sqrt{3}}{2}}$$

$$= \boxed{7}$$

である．

(1)　$2PA = 3PB$ のとき，$PA:PB = 3:2$ となるから，$x > 0$ として $PA = 3x$，$PB = 2x$ とおく．

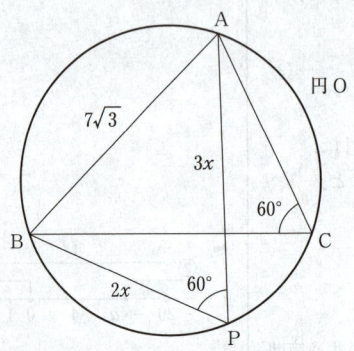

円O

$7\sqrt{3}$

$3x$

$60°$

B　C

$2x$　$60°$

P

　円周角の定理より，

$$\angle APB = \angle ACB = 60°$$

であるから，△ABP に余弦定理を用いると，

正弦定理

$$\frac{a}{\sin A} = \frac{b}{\sin B} = \frac{c}{\sin C} = 2R.$$

（R は外接円の半径）

A

c　R　b

B　a　C

$$AB^2 = PA^2 + PB^2 - 2 \cdot PA \cdot PB \cos 60°$$

$$(7\sqrt{3})^2 = (3x)^2 + (2x)^2 - 2 \cdot 3x \cdot 2x \cdot \frac{1}{2}$$

$$7x^2 = 147$$

$$x^2 = 21$$

となり，$x > 0$ から，

$$x = \sqrt{21}$$

である．

　よって，$2PA = 3PB$ となるのは，

$$PA = 3x = \boxed{3}\sqrt{\boxed{21}}$$

のときである．

(2)　点 P から直線 AB に下ろした垂線と直線 AB の交点を H とすると，

$$(\triangle PAB \text{ の面積}) = \frac{1}{2}AB \cdot PH$$

$$= \frac{7\sqrt{3}}{2}PH$$

であるから，△PAB の面積が最大となるのは線分 PH の長さが最大となるときである．

◀　余弦定理
$$c^2 = a^2 + b^2 - 2ab\cos C.$$

◀　$AB = 7\sqrt{3}$.

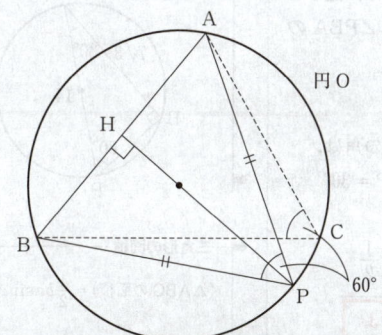

図より，線分 PH の長さが最大となるのは線分 PH 上に円 O の中心があるときである．このとき，PA = PB であり，∠APB = 60° であるから，△PAB は正三角形である．

　よって，△PAB の面積が最大となるのは，

$$PA = AB = \boxed{7}\sqrt{\boxed{3}}$$

のときである．

◀　△PAH と △PBH について，
$$\begin{cases} AH = BH \\ PH \text{ は共通} \\ \angle PHA = \angle PHB (= 90°) \end{cases}$$
であるから，
$$\triangle PAH \equiv \triangle PBH$$
となり，
$$PA = PB$$
である．

8

(3) △PAB に正弦定理を用いると，

$$2 \cdot 7 = \frac{PA}{\sin \angle PBA}$$

であり，

$$\sin \angle PBA = \frac{PA}{14}$$

と変形できるから，$\sin \angle PBA$ の値が最大となるの
は辺 PA の長さが最大となるときである．

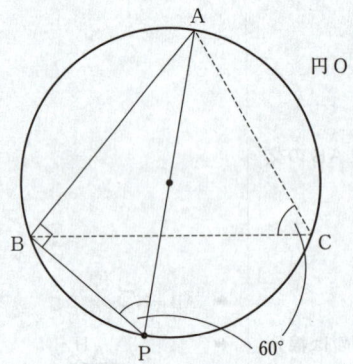

円O

図より，辺 PA の長さが最大となるのは，辺 PA
が円 O の直径となるときであるから，$\sin \angle PBA$ の
値が最大となるのは，

$$PA = 2 \cdot 7 = \boxed{14}$$

のときであり，このとき，△PAB の 3 つの角は，

$$\angle PBA = 90°, \quad \angle APB = 60°, \quad \angle BAP = 30°$$

となるから，△PAB の面積は，

$$\frac{1}{2} AB \cdot AP \sin 30° = \frac{1}{2} \cdot 7\sqrt{3} \cdot 14 \cdot \frac{1}{2}$$

$$= \frac{\boxed{49}\sqrt{\boxed{3}}}{\boxed{2}}$$

である．

←　△ABC の外接円 O は △PAB の外接
円でもあるから，△PAB の外接円の半
径は $R = 7$ である．

←

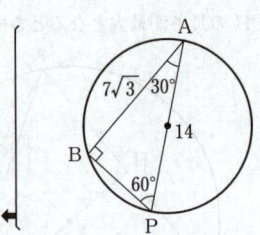

←　━ 三角形の面積 ━━━━━

（△ABC の面積）$= \frac{1}{2}bc\sin A.$

PB = 7 であるから，

$$\frac{1}{2} \cdot AB \cdot BP = \frac{1}{2} \cdot 7\sqrt{3} \cdot 7 = \frac{49\sqrt{3}}{2}$$

としてもよい．

〔2〕

　⓪は正しい.

　1日あたり平均降水量が多くなっても購入額について 10 円前後から 40 円前後までの点が存在するから購入額が増加するとは言えない. よって, **①**は正しくない.

　平均湿度が高くなっても購入額について 10 円前後から 40〜50 円までの点が存在するから散らばりは小さくなる傾向にあるとは言えない. よって, **②**は正しくない.

　③は正しい.

　正の相関は, 平均湿度と購入額の間以外に, 平均最高気温と購入額の間にもあるから, **④**は正しくない.

　よって, 　ス , 　セ に当てはまるものは ⓪ と ③ である.

　← 2つの変量からなるデータにおいて, 一方が増加すると他方も増加する傾向がみられるとき, 2つの変量には正の相関があるという. また, 一方が増加すると他方が減少する傾向がみられるとき, 2つの変量には負の相関があるという.

〔3〕

(1)　東京, N 市, M 市の 2013 年の 365 日の各日の最高気温のデータをまとめたヒストグラムより, 3つの都市の最大値と最小値は次のようになる.

	最大値	最小値
東京	35 ℃〜40 ℃	0 ℃〜5 ℃
N 市	35 ℃〜40 ℃	−10 ℃〜−5 ℃
M 市	40 ℃〜45 ℃	5 ℃〜10 ℃

　また, a, b, c の箱ひげ図より, a, b, c の最大値と最小値は次のようになる.

	最大値	最小値
a	40 ℃〜45 ℃	5 ℃〜10 ℃
b	35 ℃〜40 ℃	−10 ℃〜−5 ℃
c	35 ℃〜40 ℃	0 ℃〜5 ℃

　2つの表より, 都市名と箱ひげ図の組合せは,

　　　東京—c,　N 市—b,　M 市—a

である.

　よって, 　ソ に当てはまるものは ⑤ である.

(2)　3つの散布図について, 次のようなことが読み取れる.

　← 箱ひげ図からは, 次の5つの情報が得られる.

最小値 / 第1四分位数 / 中央値 / 第3四分位数 / 最大値

・東京と O 市の最高気温の間には正の相関がある．
・東京と N 市の最高気温の間には正の相関がある．
・東京と M 市の最高気温の間には負の相関がある．
・東京と O 市の最高気温の間の正の相関の方が東京
　と N 市の最高気温の間の正の相関より強い．

よって，$\boxed{タ}$，$\boxed{チ}$ に当てはまるものは
$\boxed{①}$ と $\boxed{③}$ である．

> ← 2つの変量の間に相関があるとき，散布図における点の分布の様子が1つの直線に接近しているほど相関が強いといい，散らばっているほど相関が弱いという．

(3)　$n=365$ とし，N 市の 2013 年の 365 日の各日の最高気温の摂氏(℃)のデータを $x_1, x_2, \cdots, x_n$，華氏(℉)のデータを $x_1', x_2', \cdots, x_n'$ とする．さらに，摂氏の平均値を E，華氏の平均値を E' とすると，

$$E=\frac{1}{n}(x_1+x_2+\cdots+x_n) \qquad \cdots ①$$

であり，

$$
\begin{aligned}
E' &= \frac{1}{n}(x_1'+x_2'+\cdots+x_n') \\
&= \frac{1}{n}\left\{\left(\frac{9}{5}x_1+32\right)+\left(\frac{9}{5}x_2+32\right)+\cdots+\left(\frac{9}{5}x_n+32\right)\right\} \\
&= \frac{1}{n}\left\{\frac{9}{5}(x_1+x_2+\cdots+x_n)+32n\right\} \\
&= \frac{1}{n}\left(\frac{9}{5}En+32n\right) \quad (①より) \\
&= \frac{9}{5}E+32 \qquad \cdots ②
\end{aligned}
$$

である．

> ← $k=1, 2, \cdots, n$ のそれぞれについて，
> $$x_k'=\frac{9}{5}x_k+32$$
> である．

> ← ①より，
> $$x_1+x_2+\cdots+x_n=En$$
> である．

まず，$\dfrac{Y}{X}$ について調べる．

摂氏での分散 X は，

$$X=\frac{1}{n}\{(x_1-E)^2+(x_2-E)^2+\cdots+(x_n-E)^2\} \qquad \cdots ③$$

である．

また，$k=1, 2, \cdots, n$ のそれぞれについて華氏での偏差は，②より，

$$
\left.
\begin{aligned}
x_1'-E' &= \left(\frac{9}{5}x_1+32\right)-\left(\frac{9}{5}E+32\right)=\frac{9}{5}(x_1-E), \\
x_2'-E' &= \left(\frac{9}{5}x_2+32\right)-\left(\frac{9}{5}E+32\right)=\frac{9}{5}(x_2-E), \\
&\vdots \\
x_n'-E' &= \left(\frac{9}{5}x_n+32\right)-\left(\frac{9}{5}E+32\right)=\frac{9}{5}(x_n-E)
\end{aligned}
\right\} \qquad \cdots ④
$$

となるから，華氏での分散 Y は，

$$Y = \frac{1}{n}\{(x_1' - E')^2 + (x_2' - E')^2 + \cdots + (x_n' - E')^2\}$$

$$= \frac{1}{n}\left[\left\{\frac{9}{5}(x_1 - E)\right\}^2 + \left\{\frac{9}{5}(x_2 - E)\right\}^2 + \cdots + \left\{\frac{9}{5}(x_n - E)\right\}^2\right]$$

（④ より）

$$= \frac{81}{25} \cdot \frac{1}{n}\{(x_1 - E)^2 + (x_2 - E)^2 + \cdots + (x_n - E)^2\}$$

となる．

これに ③ を代入すると，

$$Y = \frac{81}{25}X \quad \text{つまり} \quad \frac{Y}{X} = \frac{81}{25} \quad \cdots ⑤$$

となるから，　ツ　に当てはまるものは　⑨　である．

次に，$\dfrac{W}{Z}$ について調べる．

東京の摂氏でのデータを y_1, y_2, $\cdots$, y_n とし，その平均値を G とすると，東京(摂氏)と N 市(摂氏)の共分散 Z は，

$$Z = \frac{1}{n}\{(y_1 - G)(x_1 - E) + (y_2 - G)(x_2 - E)$$
$$+ \cdots + (y_n - G)(x_n - E)\} \quad \cdots ⑥$$

である．

また，東京(摂氏)と N 市(華氏)の共分散 W は，

$$W = \frac{1}{n}\{(y_1 - G)(x_1' - E') + (y_2 - G)(x_2' - E')$$
$$+ \cdots + (y_n - G)(x_n' - E')\}$$

$$= \frac{1}{n}\left\{(y_1 - G) \cdot \frac{9}{5}(x_1 - E) + (y_2 - G) \cdot \frac{9}{5}(x_2 - E)\right.$$
$$\left. + \cdots + (y_n - G) \cdot \frac{9}{5}(x_n - E)\right\} \quad （④ より）$$

$$= \frac{9}{5} \cdot \frac{1}{n}\{(y_1 - G)(x_1 - E) + (y_2 - G)(x_2 - E)$$
$$+ \cdots + (y_n - G)(x_n - E)\}$$

となる．

これに ⑥ を代入すると，

$$W = \frac{9}{5}Z \quad \text{つまり} \quad \frac{W}{Z} = \frac{9}{5} \quad \cdots ⑦$$

となるから，　テ　に当てはまるものは　⑧　である．

最後に，$\dfrac{V}{U}$ について調べる．

12

東京の摂氏での分散を H とすると，東京(摂氏)と
N 市(摂氏)の相関係数 U は，

$$U = \frac{Z}{\sqrt{H}\sqrt{X}}$$

← X は N 市の摂氏での分散.

である．

また，東京(摂氏)と N 市(華氏)の相関係数 V は，

$$V = \frac{W}{\sqrt{H}\sqrt{Y}}$$

← Y は N 市の華氏での分散.

である．

よって，

$$
\begin{aligned}
\frac{V}{U} &= \frac{\dfrac{W}{\sqrt{H}\sqrt{Y}}}{\dfrac{Z}{\sqrt{H}\sqrt{X}}} \\
&= \frac{W}{Z}\sqrt{\frac{X}{Y}} \\
&= \frac{9}{5}\sqrt{\frac{25}{81}} \quad (⑤，⑦ より) \\
&= 1
\end{aligned}
$$

←　$\dfrac{Y}{X} = \dfrac{81}{25}$.　　…⑤

となるから， ト に当てはまるものは ⑦ で
ある．

第3問　場合の数・確率

赤球4個，青球3個，白球5個，合計12個の球はすべて区別して考える.

(1) AさんとBさんが取り出した2個の球のなかに，赤球か青球が少なくとも1個含まれる事象の余事象は，

「2個の球はともに白球」

であり，その余事象の確率は，Aさんが白球を取り出し，かつBさんも白球を取り出すから，

$$\frac{5}{12} \times \frac{4}{11} = \frac{5}{33} \qquad \cdots ①$$

である.

　よって，赤球か青球が少なくとも1個含まれている確率は，

$$1 - \frac{5}{33} = \boxed{\frac{28}{33}}$$

である.

> Aさんが白球を取り出す確率は，
>
> $$\frac{5}{12}.$$
>
> Bさんが白球を取り出す確率は，11個の球のなかに白球が4個入っているから，
>
> $$\frac{4}{11}.$$

◀ 事象Aの余事象を$\overline{A}$とすると，
$$P(A) + P(\overline{A}) = 1$$
であるから，
$$P(A) = 1 - P(\overline{A})$$
である.

(2) Aさんが赤球を取り出し，かつBさんが白球を取り出す確率は，

$$\frac{4}{12} \times \frac{5}{11} = \boxed{\frac{5}{33}} \qquad \cdots ②$$

である.

　これより，Aさんが取り出した球が赤球であったとき，Bさんが取り出した球が白球である条件付き確率は，

$$\frac{\left(\begin{array}{l}\text{Aさんが赤球を取り出し，かつ}\\\text{Bさんが白球を取り出す確率}\end{array}\right)}{\left(\text{Aさんが赤球を取り出す確率}\right)} = \frac{\dfrac{5}{33}}{\dfrac{4}{12}}$$

$$= \boxed{\frac{5}{11}}$$

である.

◀── **条件付き確率** ──
事象Aが起こったときに事象Bが起こる条件付き確率$P_A(B)$は，
$$P_A(B) = \frac{P(A \cap B)}{P(A)}.$$

(3) Aさんが青球を取り出し，かつBさんが白球を取り出す確率は，

$$\frac{3}{12} \times \frac{5}{11} = \boxed{\frac{5}{44}} \qquad \cdots ③$$

である.

　Bさんが白球を取り出す状況は，

14

（i）　A さんが赤球を取り出し，かつ B さんが白球を
　　取り出すとき

（ii）　A さんが青球を取り出し，かつ B さんが白球を
　　取り出すとき

（iii）　A さんが白球を取り出し，かつ B さんが白球を
　　取り出すとき

の 3 つの場合がある．

（i）の確率は，② より，$\dfrac{5}{33}$ である．

（ii）の確率は，③ より，$\dfrac{5}{44}$ である．

（iii）の確率は，① より，$\dfrac{5}{33}$ である．

　これらの事象は互いに排反であるから，B さんが白
球を取り出す確率は，

$$\dfrac{5}{33}+\dfrac{5}{44}+\dfrac{5}{33}=\dfrac{5}{12}$$

である．

　よって，B さんが取り出した球が白球であることが
わかったとき，A さんが取り出した球も白球であった
条件付き確率は，

$$\dfrac{\left(\begin{array}{l}\text{A さんが白球を取り出し，かつ}\\\text{B さんが白球を取り出す確率}\end{array}\right)}{(\text{B さんが白球を取り出す確率})}=\dfrac{\dfrac{5}{33}}{\dfrac{5}{12}}$$

← 分子は，(iii) の確率である．

$$=\dfrac{4}{11}$$

である．

第4問　整数の性質

(1)
$$92x + 197y = 1. \quad \cdots ①$$

割り算を繰り返し用いると、

$$197 = 92 \times 2 + 13, \quad \cdots ②$$
$$92 = 13 \times 7 + 1 \quad \cdots ③$$

であるから、197 と 92 の最大公約数は、13 と 1 の最大公約数と等しく、それは 1 である。

よって、197 と 92 は互いに素である。　…(*)

さらに、②、③ を

$$197 - 92 \times 2 = 13, \quad \cdots ②'$$
$$92 - 13 \times 7 = 1 \quad \cdots ③'$$

と変形し、②' を ③' に代入すると、

$$92 - (197 - 92 \times 2) \times 7 = 1$$

すなわち、

$$92 \times 15 + 197 \times (-7) = 1 \quad \cdots ④$$

である。

①−④ より、

$$92(x - 15) + 197(y + 7) = 0$$

すなわち、

$$197(y + 7) = 92(15 - x) \quad \cdots ⑤$$

と変形できる。

(*) より、整数 k を用いて $15 - x = 197k$ とおける。これを ⑤ に代入すると、

$$197(y + 7) = 92 \cdot 197k$$
$$y + 7 = 92k$$

となるから、① を満たす整数 x, y の組は、

$$x = -197k + 15, \quad y = 92k - 7 \quad (k \text{ は整数})$$

である。

このうち、x の絶対値、つまり、$|-197k + 15|$ が最小のものは、$k = 0$ のときであるから、整数 x, y の値は、

$$x = \boxed{15}, \quad y = \boxed{-7}$$

である。

$$92x + 197y = 10. \quad \cdots ⑥$$

④ の両辺を 10 倍すると、

$$92 \times 150 + 197 \times (-70) = 10 \quad \cdots ⑦$$

である。

⑥−⑦ より、

$$92(x - 150) + 197(y + 70) = 0$$

ユークリッドの互除法を用いて、197 と 92 の最大公約数を求めるとともに、① の整数解の 1 つを求める。

a を b で割ったときの商を q、余りを r とする。すなわち、

$$a = bq + r, \quad 0 \leqq r < b$$

のとき、

$$\begin{pmatrix} a \text{ と } b \text{ の} \\ \text{最大公約数} \end{pmatrix} = \begin{pmatrix} b \text{ と } r \text{ の} \\ \text{最大公約数} \end{pmatrix}$$

である。

x と y についての不定方程式

$$ax + by = c$$

の整数解は、一組の解

$$(x, y) = (x_0, y_0)$$

を用いて

$$a(x - x_0) = b(y_0 - y)$$

と変形し、次の性質を用いて求める。

a と b が互いに素であるとき、

$$x - x_0 \text{ は } b \text{ の倍数、}$$
$$y_0 - y \text{ は } a \text{ の倍数}$$

である。

$u = |-197t + 15|$ のグラフ。

すなわち,

$$197(y+70)=92(150-x) \quad \cdots ⑧$$

と変形できる.

(*)より, 整数 ℓ を用いて $150-x=197\ell$ とおける.
これを ⑧ に代入すると,

$$197(y+70)=92\cdot197\ell$$
$$y+70=92\ell$$

となるから, ⑥ を満たす整数 x, y の組は,

$$x=-197\ell+150, \quad y=92\ell-70 \quad (\ell \text{ は整数})$$

である.

このうち, x の絶対値, つまり, $|-197\ell+150|$ が最小のものは, $\ell=1$ のときであるから, 整数 x, y の値は,

$$x=\boxed{-47}, \quad y=\boxed{22}$$

である.

(2) 2進法で $11011_{(2)}$ と表される数を 10 進法で表すと,

$$1\cdot2^4+1\cdot2^3+0\cdot2^2+1\cdot2^1+1\cdot2^0$$

であり, これは,

$$1\cdot2^4+(1\cdot2+0)\cdot2^2+(1\cdot2+1)\cdot2^0$$
$$=1\cdot4^2+2\cdot4^1+3\cdot4^0$$

と変形できるから, $11011_{(2)}$ を 4 進法で表すと,

$$\boxed{123}_{(4)}$$

である.

次に, 6 個の 6 進法の小数を 10 進法で表すと,

$$0.3_{(6)}=3\cdot\frac{1}{6^1}=\frac{1}{2},$$

$$0.4_{(6)}=4\cdot\frac{1}{6^1}=\frac{2}{3},$$

$$0.33_{(6)}=3\cdot\frac{1}{6^1}+3\cdot\frac{1}{6^2}=\frac{7}{12}=\frac{7}{2^2\cdot3},$$

$$0.43_{(6)}=4\cdot\frac{1}{6^1}+3\cdot\frac{1}{6^2}=\frac{3}{4}=\frac{3}{2^2},$$

$$0.033_{(6)}=3\cdot\frac{1}{6^2}+3\cdot\frac{1}{6^3}=\frac{7}{72}=\frac{7}{2^3\cdot3^2},$$

$$0.043_{(6)}=4\cdot\frac{1}{6^2}+3\cdot\frac{1}{6^3}=\frac{1}{8}=\frac{1}{2^3}$$

である.

有限小数で表される条件は, 分母が素因数 2 または 5 のみで構成されているときであるから, 6 個のうち有

$u=|-197t+150|$ のグラフ.

$1\cdot2^4+1\cdot2^3+0\cdot2^2+1\cdot2^1+1\cdot2^0=27$
であるから, 10 進数 27 を 4 進法で表すことを考えて, 次のように求めてもよい.

$$\begin{array}{r} 4\,)\,27 \quad \text{余り} \\ 4\,)\,6 \cdots 3 \\ 4\,)\,1 \cdots 2 \\ 0 \cdots 1 \end{array}$$

よって, $123_{(4)}$ である.

整数でない既約分数 $\dfrac{m}{n}$ について,

(分母 n の素因数 2, 5 だけからなる)

$\Longleftrightarrow \left(\dfrac{m}{n}\right.$ は有限小数で表される$\left.\right)$,

(分母 n の素因数に 2, 5 以外のものがある)

$\Longleftrightarrow \left(\dfrac{m}{n}\right.$ は循環小数で表される$\left.\right)$.

限小数として表せるのは，

$$0.3_{(6)}, \quad 0.43_{(6)}, \quad 0.043_{(6)}$$

である．よって，　ス　，　セ　，　ソ　に当てはまるものは　⓪　，　③　，　⑤　である．

第5問 図形の性質

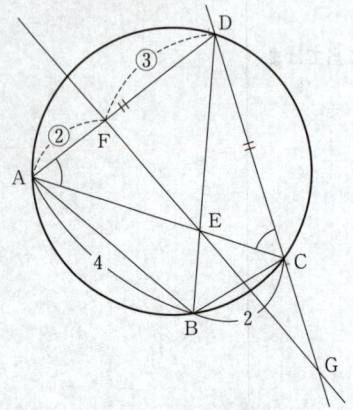

∠DAC と大きさが等しい角を求める.

△ACD は DA＝DC の二等辺三角形であるから,

$$\angle DAC = \angle DCA \qquad \cdots ①$$

である.

また, 円周角の定理より,

$$\angle DAC = \angle DBC$$
$$\angle DCA = \angle ABD$$

である.

よって, ∠DAC の大きさが等しい角は, ① より,

$$\angle DCA \ \text{と} \ \angle DBC \ \text{と} \ \angle ABD$$

である. したがって, ア に当てはまるものは

⓪ である.

このことより, 線分 BE は ∠ABC の二等分線である
から, その性質より,

$$\frac{EC}{AE} = \frac{BC}{BA} = \frac{2}{4} = \frac{1}{2}$$

である.

← $\overset{\frown}{CD}$ に対する円周角.

← $\overset{\frown}{AD}$ に対する円周角.

←

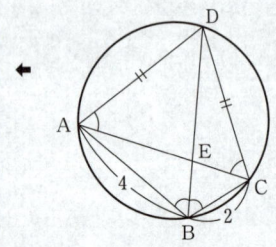

← 角の二等分線の性質 ─

$$a:b = m:n.$$

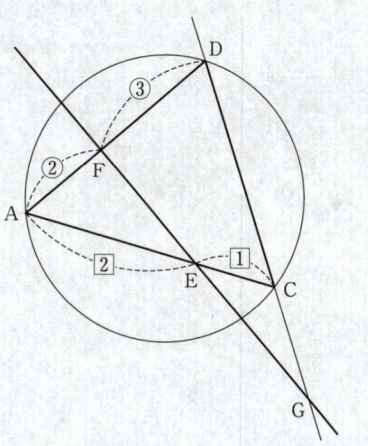

次に，△ACD と直線 FE に対して，メネラウスの定理を用いると，

$$\frac{CG}{GD} \cdot \frac{DF}{FA} \cdot \frac{AE}{EC} = 1$$

すなわち，

$$\frac{CG}{GD} \cdot \frac{3}{2} \cdot \frac{2}{1} = 1$$

であるから，

$$\frac{GC}{DG} = \frac{\boxed{1}}{\boxed{3}} \qquad \cdots ②$$

である．

(1) 直線 AB が点 G を通る場合の図は次のようになる．

メネラウスの定理

$$\frac{AP}{PB} \cdot \frac{BR}{RC} \cdot \frac{CQ}{QA} = 1.$$

② より，

$$\frac{GC}{CD} = \frac{1}{2} \qquad \cdots ③$$

である．

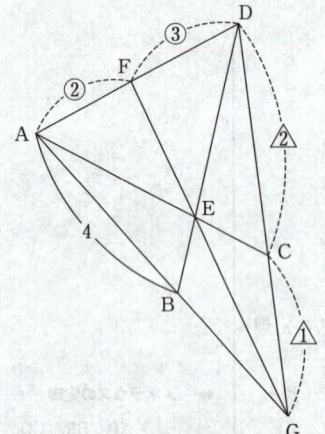

△ADG に対して，チェバの定理を用いると，

$$\frac{AB}{BG} \cdot \frac{GC}{CD} \cdot \frac{DF}{FA} = 1$$

すなわち，

$$\frac{AB}{BG} \cdot \frac{1}{2} \cdot \frac{3}{2} = 1$$

であるから，

$$\frac{AB}{BG} = \frac{4}{3}$$

である．

よって，AB＝4 より，

$$BG = \boxed{3}$$

である．

チェバの定理

$$\frac{AR}{RB} \cdot \frac{BP}{PC} \cdot \frac{CQ}{QA} = 1.$$

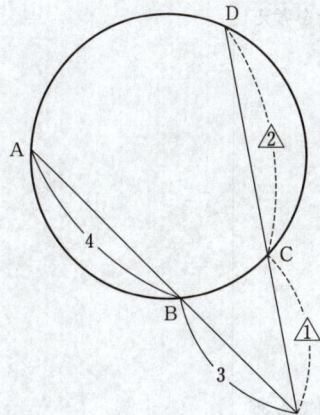

また，4点 A, B, C, D は同一円周上にあるから，方べきの定理を用いると，

$$GB \cdot GA = GC \cdot GD$$
$$GB(GB + BA) = GC(GC + CD)$$

である.

$x > 0$ として，$DC = 2x$ とおくと，③ より，$GC = x$ であるから，

$$3(3 + 4) = x(x + 2x)$$
$$3x^2 = 21$$
$$x^2 = 7$$

となり，$x > 0$ より，

$$x = \sqrt{7}$$

である.

よって，

$$DC = 2x = \boxed{2}\sqrt{\boxed{7}}$$

である.

← 方べきの定理 ─

$$PA \cdot PB = PC \cdot PD.$$

(2) 四角形 ABCD の外接円の直径が最小の場合を考える.

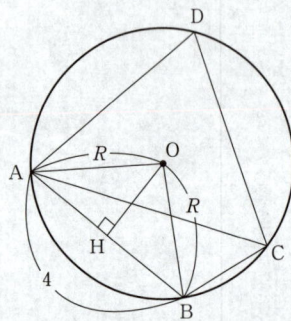

　四角形 ABCD の外接円は △ABC の外接円でもある. △ABC の外接円の中心を O とし, O から辺 AB に下ろした垂線と辺 AB の交点を H とする. さらに, △ABC の外接円の半径を R とし, 直角三角形 OAH に三平方の定理を用いると,

$$OA = \sqrt{OH^2 + AH^2}$$

である.

$OA = R$ および $AH = \dfrac{1}{2}AB = \dfrac{1}{2}\cdot 4 = 2$ より,

$$R = \sqrt{OH^2 + 2^2} = \sqrt{OH^2 + 4}$$

である.

　これより, R が最小となるのは, OH が最小のとき, つまり, 点 O と点 H が一致するときであり, このようになるのは辺 AB が △ABC の外接円の直径になるときである.

　よって, 四角形 ABCD の外接円の直径が最小となる場合, 四角形 ABCD の外接円の直径は,

$$AB = \boxed{4}$$

である.

← △OAH ≡ △OBH より,
$$AH = BH$$
であるから,
$$AH = \dfrac{1}{2}AB$$
である.

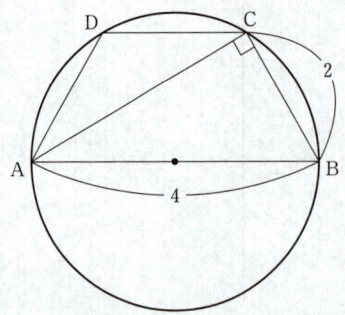

直角三角形 ABC に着目すると，
$$\angle C = 90°, \quad AB:BC = 4:2 = 2:1$$
であるから，
$$\angle ABC = 60°, \quad \angle BAC = \boxed{30}°$$
である．

四角形 ABCD は円に内接しているから，
$$\angle ADC = 180° - \angle ABC$$
$$= 180° - 60°$$
$$= 120°$$
であり，△ACD は DA = DC の二等辺三角形であるから，
$$\angle ACD = \frac{180° - \angle ADC}{2}$$
$$= \frac{180° - 120°}{2}$$
$$= 30°$$
である．

よって，∠BAC = ∠ACD = 30° となるから，
$$AB \parallel DC \qquad \cdots ④$$
である．

← 円に内接する四角形の性質
対角の和は 180° である．
（∠A + ∠C = ∠B + ∠D = 180°.）

← 錯角が等しいとき，2直線は平行である．

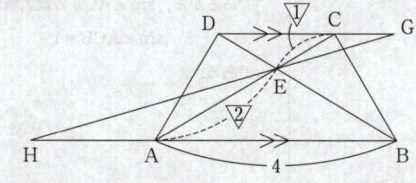

④ より，
$$△AEH \backsim △CEG, \quad △AEB \backsim △CED$$
であり，AE : EC = 2 : 1 であるから
「△AEH と △CEG，および △AEB と △CED の相似比は 2 : 1」

である.

これより,

$$\frac{AH}{AB} = \frac{2CG}{2DC} = \frac{GC}{CD}$$

となるから, ③ より

← $\dfrac{GC}{CD} = \dfrac{1}{2}.$ ⋯③

$$\frac{AH}{AB} = \frac{1}{2}, \quad \text{つまり} \quad AH = \frac{1}{2}AB$$

である.

したがって, AB = 4 より,

$$AH = \frac{1}{2} \cdot 4 = \boxed{2}$$

である.

【(2) $\boxed{ケ}$ の別解】

四角形 ABCD の外接円の直径が最小の場合を考える.

四角形 ABCD の外接円は △ABC の外接円でもあるから, △ABC の外接円の半径を R とし, 正弦定理を用いると,

$$\frac{AB}{\sin \angle ACB} = 2R$$

であり, AB = 4 より,

$$\frac{4}{\sin \angle ACB} = 2R$$

$\left(\begin{array}{l} 2R \text{ は △ABC の外接円の直径および四角形 ABCD} \\ \text{の外接円の直径} \end{array} \right)$

である.

これより, $2R$ が最小となるのは, $\sin \angle ACB$ の値が最大のとき, つまり, $\angle ACB = 90°$ のときである.

← $0° < \angle ACB < 180°$ より,

$$0 < \sin \angle ACB \leqq 1$$

であるから, $\sin \angle ACB$ の最大値は,

$$\sin \angle ACB = 1$$

である.

よって, このときの △ABC の外接円の直径, すなわち四角形 ABCD の外接円の直径は,

$$2R = \frac{4}{\sin 90°} = \boxed{4}$$

である.

数学Ⅱ・数学B

解答・採点基準　（100点満点）

問題番号 (配点)	解答記号	正　解	配点	自己採点
	$\mathoverline{ア}\sqrt{イ}$	$4\sqrt{2}$	2	
	$\dfrac{ウエ}{オ}$	$\dfrac{-2}{3}$	2	
	カ	②	1	
	キ	③	1	
	ク	①	1	
	ケ	①	1	
	$t^2-コt+サ$	t^2-6t+7	2	
	シ	③	2	
第1問 (30)	ス，セ	3，8	2	
	ソタ	-2	1	
	$\dfrac{\sin^2 2x}{チ}$	$\dfrac{\sin^2 2x}{4}$	3	
	$\dfrac{\pi}{ツ}$	$\dfrac{\pi}{4}$	2	
	$\dfrac{テ}{ト}$	$\dfrac{1}{4}$	2	
	ナ	3	2	
	ニ	1	2	
	$\dfrac{ヌ}{ネ}$	$\dfrac{4}{5}$	1	
	$\dfrac{ノハ}{ヒ}$	$\dfrac{-3}{5}$	1	
	$\dfrac{\sqrt{フ}}{ヘ}$	$\dfrac{\sqrt{5}}{5}$	2	
第1問　自己採点小計				

問題番号 (配点)	解答記号	正　解	配点	自己採点
	$\dfrac{1}{ア}x^2+\dfrac{1}{イ}$	$\dfrac{1}{4}x^2+\dfrac{1}{2}$	2	
	$\dfrac{a^2}{ウ}+\dfrac{a}{エ}$	$\dfrac{a^2}{4}+\dfrac{a}{4}$	3	
	$\dfrac{オ}{カキ}$	$\dfrac{7}{12}$	3	
	$\dfrac{クケ}{コ}$	$\dfrac{-1}{2}$		
	$\dfrac{サシ}{スセ}$	$\dfrac{25}{48}$	3	
	$\pm ソ$	± 1	2	
第2問 (30)	$\pm タ$	± 2	1	
	チ	2	2	
	ツ	①	2	
	$\dfrac{a^3}{テ}$	$\dfrac{a^3}{6}$	2	
	$\dfrac{a^2}{ト}$	$\dfrac{a^2}{2}$	2	
	$-\dfrac{a^3}{ナ}-\dfrac{a^2}{ニ}+\dfrac{a}{ヌ}$	$-\dfrac{a^3}{6}-\dfrac{a^2}{4}+\dfrac{a}{4}$	3	
	$\dfrac{ネノ+\sqrt{ハ}}{ヒ}$	$\dfrac{-1+\sqrt{3}}{2}$	3	
第2問　自己採点小計				

問題番号 (配点)	解答記号	正　解	配点	自己採点
	$\dfrac{ア}{イ}$	$\dfrac{5}{6}$	2	
	$a_{ウエ}$	a_{22}	2	
	$\dfrac{オ}{カ}k^2-\dfrac{キ}{ク}k+ケ$	$\dfrac{1}{2}k^2-\dfrac{3}{2}k+2$	2	
第3問 (20)	$\dfrac{コ}{サ}k^2-\dfrac{シ}{ス}k$	$\dfrac{1}{2}k^2-\dfrac{1}{2}k$	2	
	$\dfrac{セソ}{タチ}$	$\dfrac{13}{15}$	4	
	$\dfrac{ツ}{テ}k-\dfrac{ト}{ナ}$	$\dfrac{1}{2}k-\dfrac{1}{2}$	2	
	$\dfrac{ニ}{ヌ}k^2-\dfrac{ネ}{ノ}k$	$\dfrac{1}{4}k^2-\dfrac{1}{4}k$	2	
	$\dfrac{ハヒフ}{ヘホ}$	$\dfrac{507}{10}$	4	
第3問　自己採点小計				

26

(注)
　第1問，第2問は必答。
　第3問〜第5問のうちから2問選択。計4問を解答。

問題番号(配点)	解答記号	正解	配点	自己採点
第4問(20)	ア	3	1	
	イ	2	1	
	$(ウs-エ)^2$	$(3s-1)^2$	2	
	$(オt-カ)^2$	$(2t-1)^2$	2	
	キ	2	1	
	$\dfrac{ク}{ケ}$	$\dfrac{1}{3}$	1	
	$\dfrac{コ}{サ}$	$\dfrac{1}{2}$	1	
	$\sqrt{シ}$	$\sqrt{2}$	1	
	ス	0	1	
	セソ°	90°	1	
	$\sqrt{タ}$	$\sqrt{2}$	2	
	$\dfrac{チ}{ツ}\overrightarrow{OA}+\dfrac{テ}{ト}\overrightarrow{OQ}$	$\dfrac{1}{3}\overrightarrow{OA}+\dfrac{2}{3}\overrightarrow{OQ}$	2	
	ナ:1	2:1	2	
	$\dfrac{\sqrt{ニ}}{ヌ}$	$\dfrac{\sqrt{2}}{3}$	2	
	第4問 自己採点小計			
第5問(20)	ーア, イ, ウ	ー2, 2, 6	1	
	$\dfrac{エ}{オ}$	$\dfrac{4}{9}$	1	
	カ	4	1	
	キ	1	1	
	$クn+ケY$	$-n+4Y$	1	
	コ	⓪	1	
	サ	①	1	
	シ	⑨	1	
	ス	⑧	2	
	セソタ	300	1	
	チツ	15	1	
	テ.トナ	2.00	2	
	0.ニヌネ	0.023	2	
	0.ノハヒ	0.380	2	
	0.フヘホ	0.420	2	
	第5問 自己採点小計			
	自己採点合計			

第1問　指数関数・対数関数，三角関数

[1]

(1) $8^{\frac{5}{6}} = (2^3)^{\frac{5}{6}} = 2^{\frac{5}{2}} = 2^{2+\frac{1}{2}} = 2^2 \cdot 2^{\frac{1}{2}} = \boxed{4}\sqrt{\boxed{2}}$,

$\log_{27}\dfrac{1}{9} = \dfrac{\log_3 \dfrac{1}{9}}{\log_3 27} = \dfrac{\log_3 3^{-2}}{\log_3 3^3} = \dfrac{\boxed{-2}}{\boxed{3}}$

である.

右側注釈：

$a>0$, x, y が実数のとき
$$(a^x)^y = a^{xy}.$$

$a>0$, x, y が実数のとき
$$a^{x+y} = a^x a^y.$$

$a>0$, n は 2 以上の整数, m は整数のとき
$$a^{\frac{m}{n}} = \sqrt[n]{a^m}.$$

底の変換公式

a, b, c が正の数で, $a \ne 1$, $c \ne 1$ のとき
$$\log_a b = \dfrac{\log_c b}{\log_c a}.$$

(2) $y=2^x$ のグラフと $y=\left(\dfrac{1}{2}\right)^x = 2^{-x}$ のグラフは y 軸に関して対称である.

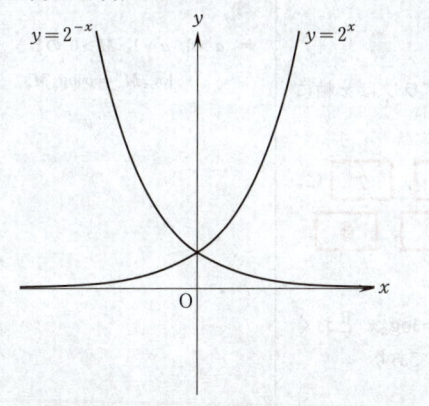

右側注釈：

$a>0$, x が実数のとき
$$\dfrac{1}{a^x} = a^{-x}.$$

$a>0$, $a \ne 1$, $M>0$ のとき
$$\log_a M = x \iff a^x = M.$$

$y=f(x)$ のグラフと $y=f(-x)$ のグラフは, y 軸に関して対称である.

$y=2^x$ のグラフと $y=\log_2 x$, すなわち $x=2^y$ のグラフは直線 $y=x$ に関して対称である.

右側注釈：

$y=f(x)$ のグラフと $x=f(y)$ のグラフは, 直線 $y=x$ に関して対称である.

$y=\log_2 x$ のグラフと

$y=\log_{\frac{1}{2}} x = \dfrac{\log_2 x}{\log_2 \dfrac{1}{2}} = \dfrac{\log_2 x}{\log_2 2^{-1}} = -\log_2 x$

のグラフは x 軸に関して対称である.

右側注釈：

$y=f(x)$ のグラフと $y=-f(x)$ のグラフは, x 軸に関して対称である.

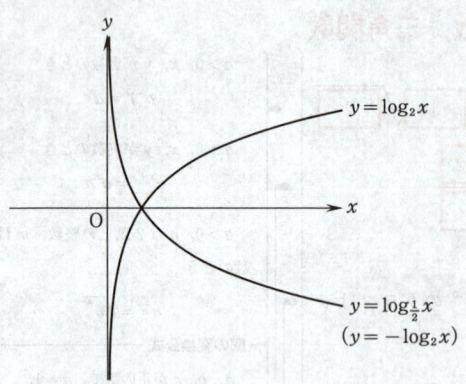

$y = \log_2 x$ のグラフと

$y = \log_2 \dfrac{1}{x} = \log_2 x^{-1} = -\log_2 x$ のグラフは x 軸に

関して対称である.

以上より, カ , キ , ク , ケ に,

当てはまるものはそれぞれ ② , ③ ,

① , ① である.

← $a > 0$, $a \neq 1$, $M > 0$ のとき
$$\log_a M^p = p \log_a M.$$

(3) x が $x > 0$ の範囲を動くとき, $t = \log_2 x$ とおく

と, t のとり得る値の範囲は実数全体であり

$$y = \left(\log_2 \frac{x}{4}\right)^2 - 4\log_4 x + 3$$
$$= (\log_2 x - \log_2 4)^2 - 4 \cdot \frac{\log_2 x}{\log_2 4} + 3$$
$$= (t-2)^2 - 4 \cdot \frac{t}{2} + 3$$
$$= t^2 - \boxed{6}\, t + \boxed{7}$$
$$= (t-3)^2 - 2$$

であるから, y は $t = \boxed{3}$ のとき, すなわち

$x = \boxed{8}$ のとき, 最小値 $\boxed{-2}$ をとる. また,

シ に当てはまるものは ③ である.

← $a > 0$, $a \neq 1$, $M > 0$, $N > 0$ のとき
$$\log_a MN = \log_a M + \log_a N,$$
$$\log_a \frac{M}{N} = \log_a M - \log_a N.$$

← $\log_2 x = 3$ より, $x = 2^3$.

[2]

(1) $\cos^2 x - \sin^2 x + k\left(\dfrac{1}{\cos^2 x} - \dfrac{1}{\sin^2 x}\right) = 0$ …①

を変形すると

$$\cos^2 x - \sin^2 x - k \cdot \frac{\cos^2 x - \sin^2 x}{\cos^2 x \sin^2 x} = 0$$

$$\left(1-\frac{k}{\cos^2 x \sin^2 x}\right)(\cos^2 x - \sin^2 x) = 0$$

となる．この両辺に $\sin^2 x \cos^2 x$ をかけ，2倍角の公式を用いて変形すると

$$(\sin^2 x \cos^2 x - k)(\cos^2 x - \sin^2 x) = 0$$

$$\left(\frac{\sin^2 2x}{\boxed{4}} - k\right)\cos 2x = 0 \qquad \cdots ②$$

を得る．これより

$$\sin^2 2x = 4k \quad \text{または} \quad \cos 2x = 0$$

が成り立つ．

$0 < x < \dfrac{\pi}{2}$，すなわち $0 < 2x < \pi$ の範囲で，

$\cos 2x = 0$ を満たすのは $2x = \dfrac{\pi}{2}$，すなわち $x = \dfrac{\pi}{4}$

のみであるから，k の値に関係なく，$x = \dfrac{\pi}{\boxed{4}}$ の

ときはつねに①が成り立つ．また，$0 < x < \dfrac{\pi}{2}$，す

なわち $0 < 2x < \pi$ の範囲で $0 < \sin^2 2x \leqq 1$ である

から，$\sin^2 2x = 4k$ を満たす x の個数は次の表のようになる．

$4k > 1 \left(k > \dfrac{1}{4}\right)$	0 個
$0 < 4k < 1 \left(0 < k < \dfrac{1}{4}\right)$	2 個 $\left(2x \neq \dfrac{\pi}{2}, \text{すなわち } x \neq \dfrac{\pi}{4}\right)$
$4k = 1 \left(k = \dfrac{1}{4}\right)$	1 個 $\left(2x = \dfrac{\pi}{2}, \text{すなわち } x = \dfrac{\pi}{4}\right)$

以上より，$k > \dfrac{\boxed{1}}{\boxed{4}}$ のとき，①を満たす x は

$\dfrac{\pi}{4}$ のみである．$0 < k < \dfrac{1}{4}$ のとき，①を満たす x

の個数は $\boxed{3}$ 個であり，$k = \dfrac{1}{4}$ のときは①を満

たす x は $\dfrac{\pi}{4}$ のみで $\boxed{1}$ 個である．

(2) $k = \dfrac{4}{25}$ のとき

◀ 2倍角の公式

$$\sin 2x = 2\sin x \cos x,$$
$$\cos 2x = \cos^2 x - \sin^2 x$$
$$= 2\cos^2 x - 1$$
$$= 1 - 2\sin^2 x.$$

◀

◀

◀

◀

$$\sin^2 2x = 4k$$

は

$$\sin^2 2x = \frac{16}{25}$$

となる．$\dfrac{\pi}{4} < x < \dfrac{\pi}{2}$，すなわち $\dfrac{\pi}{2} < 2x < \pi$ より，

$0 < \sin 2x < 1$ であるから

$$\sin 2x = \frac{\boxed{4}}{\boxed{5}}$$

である．$\dfrac{\pi}{2} < 2x < \pi$ より，$-1 < \cos 2x < 0$ である

から

$$\cos 2x = -\sqrt{1 - \sin^2 2x} = -\sqrt{1 - \left(\frac{4}{5}\right)^2} = \frac{\boxed{-3}}{\boxed{5}}$$

  $\cos^2 \theta + \sin^2 \theta = 1.$

である．よって

$$\cos^2 x = \frac{1}{2}(1 + \cos 2x) = \frac{1}{2}\left(1 - \frac{3}{5}\right) = \frac{1}{5}$$

$\blacktriangleleft$ $\cos^2 \theta = \dfrac{1}{2}(1 + \cos 2\theta).$

であり，$\dfrac{\pi}{4} < x < \dfrac{\pi}{2}$ より，$0 < \cos x < \dfrac{1}{\sqrt{2}}$ である

から

$$\cos x = \frac{1}{\sqrt{5}} = \frac{\sqrt{\boxed{5}}}{\boxed{5}}$$

である．

第2問　微分法・積分法

$$C_1 : y = \frac{1}{2}x^2 + \frac{1}{2},$$

$$C_2 : y = \frac{1}{4}x^2.$$

(1)

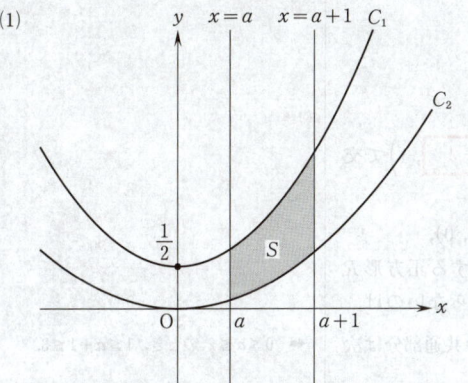

　実数 a に対して，2直線 $x = a$，$x = a+1$ と C_1，C_2 で囲まれた図形 D の面積 S は

$$S = \int_a^{a+1} \left\{ \left(\frac{1}{2}x^2 + \frac{1}{2} \right) - \frac{1}{4}x^2 \right\} dx$$

$$= \int_a^{a+1} \left(\frac{1}{\boxed{4}} x^2 + \frac{1}{\boxed{2}} \right) dx$$

$$= \left[\frac{1}{12}x^3 + \frac{1}{2}x \right]_a^{a+1}$$

$$= \frac{1}{12}\{(a+1)^3 - a^3\} + \frac{1}{2}\{(a+1) - a\}$$

$$= \frac{1}{12}(3a^2 + 3a + 1) + \frac{1}{2}$$

$$= \frac{a^2}{\boxed{4}} + \frac{a}{\boxed{4}} + \frac{\boxed{7}}{\boxed{12}}$$

$$= \frac{1}{4}\left(a + \frac{1}{2} \right)^2 + \frac{25}{48}$$

である．S は $a = \dfrac{\boxed{-1}}{\boxed{2}}$ で最小値 $\dfrac{\boxed{25}}{\boxed{48}}$ をとる．

(2)　C_1 の方程式において，$y = 1$ とすると

$$1 = \frac{1}{2}x^2 + \frac{1}{2}$$

となり，これを満たす x の値は

◀ **面積**

　区間 $\alpha \le x \le \beta$ においてつねに $g(x) \le f(x)$ ならば2曲線 $y = f(x)$，$y = g(x)$ および直線 $x = \alpha$，$x = \beta$ で囲まれた部分の面積は

$$S = \int_\alpha^\beta \{ f(x) - g(x) \} dx.$$

◀ **定積分**

$$\int x^n\, dx = \frac{1}{n+1} x^{n+1} + C$$

（$n = 0, 1, 2, \cdots$．C は積分定数）

であり，$f(x)$ の原始関数の一つを $F(x)$ とすると

$$\int_\alpha^\beta f(x)\, dx = \Big[F(x) \Big]_\alpha^\beta$$

$$= F(\beta) - F(\alpha).$$

32

$$x = \pm 1$$

であるから, 直線 $y=1$ は, C_1 と $\left(\pm \boxed{1}, 1\right)$ で交わる.

C_2 の方程式において, $y=1$ とすると

$$1 = \frac{1}{4}x^2$$

となり, これを満たす x の値は

$$x = \pm 2$$

であるから, 直線 $y=1$ は, C_2 と $\left(\pm \boxed{2}, 1\right)$ で交わる.

a が $a \geqq 0$ の範囲を動くとき, 4点 $(a, 0)$, $(a+1, 0)$, $(a+1, 1)$, $(a, 1)$ を頂点とする正方形 R と(1)の図形 D の共通部分が空集合にならないのは, $0 \leqq a \leqq \boxed{2}$ のときであり, R と D の共通部分は次の図の影の部分のようになる.

← $0 \leqq a \leqq 2$ のとき, $1 \leqq a+1 \leqq 3$.

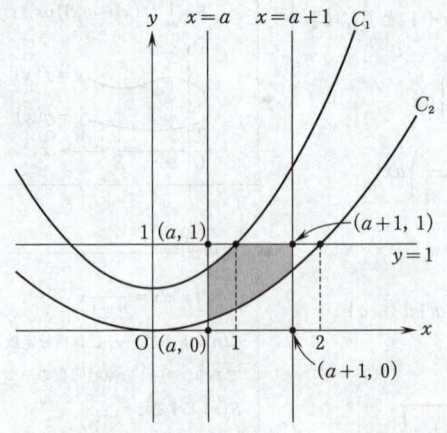

← R と D の共通部分は D のうち, $0 \leqq y \leqq 1$ である部分.

$a > 2$ のときは, 次の図のように R と D の共通部分は空集合となる.

← D のうち，$0 \leqq y \leqq 1$ である部分が存在しない.

$1 \leqq a \leqq 2$ のとき，正方形 R は放物線 C_1 と x 軸の間にあり，この範囲で a が増加するとき，R と D の共通部分の面積 T は減少する．よって ツ に当てはまるものは ① である．

$a = 1.3$ のとき

$a = 1.7$ のとき

したがって，T が最大になる a の値は $0 \leqq a \leqq 1$ の範囲にある.

$0 \leqq a \leqq 1$ のとき，(1)の図形 D のうち，正方形 R の外側にある部分の面積 U は

$$U = \int_1^{a+1} \left\{ \left(\frac{1}{2}x^2 + \frac{1}{2} \right) - 1 \right\} dx$$

$$= \int_1^{a+1} \left(\frac{1}{2}x^2 - \frac{1}{2} \right) dx$$

$$= \left[\frac{1}{6}x^3 - \frac{1}{2}x \right]_1^{a+1}$$

$$= \frac{1}{6} \{ (a+1)^3 - 1^3 \} - \frac{1}{2} \{ (a+1) - 1 \}$$

$$= \frac{a^3}{\boxed{6}} + \frac{a^2}{\boxed{2}}$$

である.

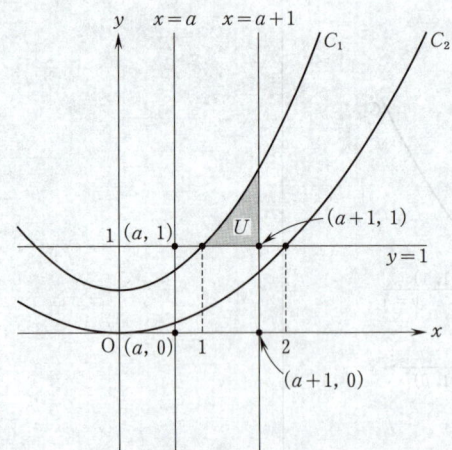

よって，$0 \leqq a \leqq 1$ において

$$T = S - U$$

$$= \left(\frac{a^2}{4} + \frac{a}{4} + \frac{7}{12} \right) - \left(\frac{a^3}{6} + \frac{a^2}{2} \right)$$

$$= -\frac{a^3}{\boxed{6}} - \frac{a^2}{\boxed{4}} + \frac{a}{\boxed{4}} + \frac{7}{12} \quad \cdots ①$$

である. ① を a で微分すると

$$T' = -\frac{a^2}{2} - \frac{a}{2} + \frac{1}{4}$$

$$= -\frac{1}{4} (2a^2 + 2a - 1)$$

導関数
$(x^n)' = nx^{n-1} \quad (n = 1, 2, 3, \cdots),$
$(c)' = 0 \quad (c \ は定数).$

$$= -\frac{1}{2}\left(a - \frac{-1-\sqrt{3}}{2}\right)\left(a - \frac{-1+\sqrt{3}}{2}\right)$$

であるから，$0 \leqq a \leqq 1$ における T の増減は次の表の
ようになる．

a	0	$\cdots$	$\dfrac{-1+\sqrt{3}}{2}$	$\cdots$	1
T'		$+$	0	$-$	
T		$\nearrow$		$\searrow$	

以上より，T は

$$a = \frac{\boxed{-1} + \sqrt{\boxed{3}}}{\boxed{2}}$$

で最大値をとることがわかる．

T' の符号はグラフを利用するとわか
りやすい．

第3問 数列

与えられた数列を次のように群に分ける.

$$\frac{1}{2} \left| \frac{1}{3}, \frac{2}{3} \right| \frac{1}{4}, \frac{2}{4}, \frac{3}{4} \left| \frac{1}{5}, \cdots \right.$$

第1群 第2群　　第3群　　第4群

k を2以上の自然数とする. 第 $k-1$ 群は

$$\frac{1}{k}, \frac{2}{k}, \frac{3}{k}, \cdots, \frac{k-1}{k}$$

の $k-1$ 個の項からなる. よって, 第1群から第 $k-1$ 群に含まれる項の項数は

$$1+2+3+\cdots+(k-1)=\frac{1}{2}(k-1)k$$

← $\displaystyle\sum_{i=1}^{k}i=\frac{1}{2}k(k+1).$

である.

(1)
$$15 \leq \frac{1}{2}(k-1)k$$

を満たす2以上の自然数で最小の k は6で, a_{15} は第5群の末項(第5項)である. よって, $a_{15}=\dfrac{\boxed{5}}{\boxed{6}}$ であ

← $k=6$ より, $k-1=5.$

る. また, 分母に初めて8が現れる項は第7群の初項の $\dfrac{1}{8}$ であり, これは第6群の末項(第6項)の次の項であるから

← $k=8$ より, $k-1=7.$

$$\frac{1}{2}\cdot6\cdot7+1=22$$

より, $a\boxed{22}$ である.

(2) k が3以上の自然数であるとき, 数列 $\{a_n\}$ において $\dfrac{1}{k}$ が初めて現れる項を第 M_k 項とすると, $\dfrac{1}{k}$ は第 $k-1$ 群の初項であり, これは第 $k-2$ 群の末項(第 $k-2$ 項)の次の項であるから

← $k=8$ のときが(1)の $a_{22}.$

$$M_k=\frac{1}{2}(k-2)(k-1)+1$$

← $k=8$ のとき $M_8=22.$

$$=\frac{\boxed{1}}{\boxed{2}}k^2-\frac{\boxed{3}}{\boxed{2}}k+\boxed{2}$$

である. この式は $k=2$ のときも成り立つ. 数列 $\{a_n\}$ において $\dfrac{k-1}{k}$ が初めて現れる項を第 N_k 項とすると, $\dfrac{k-1}{k}$ は第 $k-1$ 群の末項(第 $k-1$ 項)であるから

← $k=6$ のときが(1)の $a_{15}.$

$$N_k = \frac{1}{2}(k-1)k$$

$$= \boxed{\dfrac{1}{2}} k^2 - \boxed{\dfrac{1}{2}} k$$

← $k=6$ のとき $N_6 = 15$.

である．よって，a_{104} が第 $k-1$ 群に属しているとすると

$$\frac{1}{2}(k-2)(k-1) < 104 \le \frac{1}{2}(k-1)k \qquad \cdots ①$$

← $M_k - 1 < 104 \le N_k$.

が成り立つ．

$$\frac{1}{2}(15-2)(15-1) = 91, \quad \frac{1}{2}(15-1)15 = 105$$

より，① を満たす自然数 k は 15 であり

$$104 - 91 = 13$$

であるから，a_{104} は第 14 群の第 13 項である．よって

$$a_{104} = \dfrac{\boxed{13}}{\boxed{15}}$$

である．

(3) k が 2 以上の自然数であるとき，数列 $\{a_n\}$ の第 M_k 項から第 N_k 項までの和，すなわち第 $k-1$ 群に含まれる項の和は

$$\frac{1}{k} + \frac{2}{k} + \cdots + \frac{k-1}{k}$$

$$= \frac{1}{k}\{1 + 2 + \cdots + (k-1)\}$$

$$= \frac{1}{k} \cdot \frac{1}{2}(k-1)k$$

$$= \frac{1}{2}(k-1)$$

$$= \boxed{\dfrac{1}{2}} k - \boxed{\dfrac{1}{2}}$$

である．したがって，数列 $\{a_n\}$ の初項から第 N_k 項までの和は

← 第 N_k 項は第 $k-1$ 群の末項．

$$\sum_{i=2}^{k}\frac{1}{2}(i-1)$$

$$=\frac{1}{2}\{1+2+\cdots+(k-1)\}$$

$$=\frac{1}{2}\cdot\frac{1}{2}(k-1)k$$

$$=\frac{1}{4}(k-1)k$$

$$=\boxed{\dfrac{1}{4}}k^2-\boxed{\dfrac{1}{4}}k$$

←　第 $i-1$ 群に含まれる項の和が
$\dfrac{1}{2}(i-1)$.

である.

a_{103} は第 14 群の第 12 項，すなわち 14 群の最後から 3 番目の項であるから

←　a_{104} は第 14 群の第 13 項.

$$\sum_{n=1}^{103}a_n$$

$$=\sum_{n=1}^{105}a_n-(a_{104}+a_{105})$$

←　$a_{104}=\dfrac{13}{15}$.

$$=\frac{1}{4}\cdot(15-1)\cdot15-\left(\frac{13}{15}+\frac{14}{15}\right)$$

←　a_{105} は第 14 群の末項，すなわち数列 $\{a_n\}$ の第 N_{15} 項.

$$=\boxed{\dfrac{507}{10}}$$

である.

第4問　空間ベクトル

$|\overrightarrow{OA}|=3,\ |\overrightarrow{OB}|=|\overrightarrow{OC}|=2,$

$\angle AOB=\angle BOC=\angle COA=60°,$

$\overrightarrow{OA}=\vec{a},\ \overrightarrow{OB}=\vec{b},\ \overrightarrow{OC}=\vec{c}.$

(1)　$\vec{a}\cdot\vec{b}=|\vec{a}||\vec{b}|\cos\angle AOB=3\cdot2\cdot\cos60°=\boxed{3},$

$\vec{a}\cdot\vec{c}=|\vec{a}||\vec{c}|\cos\angle AOC=3\cdot2\cdot\cos60°=3,$

$\vec{b}\cdot\vec{c}=|\vec{b}||\vec{c}|\cos\angle BOC=2\cdot2\cdot\cos60°=\boxed{2}$

である．

　$0\leqq s\leqq1,\ 0\leqq t\leqq1$ として

$$\overrightarrow{OP}=s\vec{a}$$
$$\overrightarrow{OQ}=(1-t)\vec{b}+t\vec{c}$$

より

$$\begin{aligned}\overrightarrow{PQ}&=\overrightarrow{OQ}-\overrightarrow{OP}\\&=\{(1-t)\vec{b}+t\vec{c}\}-s\vec{a}\\&=-s\vec{a}+(1-t)\vec{b}+t\vec{c}\end{aligned}$$

であるから

$$\begin{aligned}|\overrightarrow{PQ}|^2&=|-s\vec{a}+(1-t)\vec{b}+t\vec{c}|^2\\&=s^2|\vec{a}|^2+(1-t)^2|\vec{b}|^2+t^2|\vec{c}|^2\\&\quad-2s(1-t)\vec{a}\cdot\vec{b}+2(1-t)t\vec{b}\cdot\vec{c}-2st\vec{a}\cdot\vec{c}\\&=s^2\cdot3^2+(1-t)^2\cdot2^2+t^2\cdot2^2\\&\quad-2s(1-t)\cdot3+2(1-t)t\cdot2-2st\cdot3\\&=9s^2-6s+4t^2-4t+4\\&=\left(\boxed{3}\,s-\boxed{1}\right)^2\\&\quad+\left(\boxed{2}\,t-\boxed{1}\right)^2+\boxed{2}\end{aligned}$$

となる．したがって，$|\overrightarrow{PQ}|$ が最小となるのは

$s=\dfrac{\boxed{1}}{\boxed{3}},\ t=\dfrac{\boxed{1}}{\boxed{2}}$ のときであり，このとき

$|\overrightarrow{PQ}|=\sqrt{\boxed{2}}$ となる．

(2)　三角形 ABC の重心を G とし，$|\overrightarrow{PQ}|=\sqrt{2}$ のとき，

三角形 GPQ の面積を求める．

$$\begin{aligned}\overrightarrow{OA}\cdot\overrightarrow{PQ}&=\vec{a}\cdot\{-s\vec{a}+(1-t)\vec{b}+t\vec{c}\}\\&=-s|\vec{a}|^2+(1-t)\vec{a}\cdot\vec{b}+t\vec{a}\cdot\vec{c}\\&=-\left(\frac{1}{3}\right)\cdot3^2+\left(1-\frac{1}{2}\right)\cdot3+\frac{1}{2}\cdot3\end{aligned}$$

内積

　$\vec{0}$ でない2つのベクトル $\vec{x}$ と $\vec{y}$ のなす角を θ $(0°\leqq\theta\leqq180°)$ とすると

$$\vec{x}\cdot\vec{y}=|\vec{x}||\vec{y}|\cos\theta.$$

特に

$$\vec{x}\cdot\vec{x}=|\vec{x}||\vec{x}|\cos0°=|\vec{x}|^2$$

$$\overrightarrow{BQ}=t\overrightarrow{BC}$$

より

$$\overrightarrow{OQ}-\overrightarrow{OB}=t(\overrightarrow{OC}-\overrightarrow{OB})$$
$$\overrightarrow{OQ}=(1-t)\vec{b}+t\vec{c}.$$

$|\vec{a}|=3,\ |\vec{b}|=|\vec{c}|=2,$
$\vec{a}\cdot\vec{b}=\vec{a}\cdot\vec{c}=3,\ \vec{b}\cdot\vec{c}=2.$

$0\leqq s\leqq1,\ 0\leqq t\leqq1$ を満たす．

$\overrightarrow{PQ}=-s\vec{a}+(1-t)\vec{b}+t\vec{c}.$

$|\overrightarrow{PQ}|=\sqrt{2}$ のとき $s=\dfrac{1}{3},\ t=\dfrac{1}{2}.$

$$= \boxed{0}$$

から，$\angle\mathrm{APQ} = \boxed{90}°$ であり，

$$\mathrm{PA} = |\overrightarrow{\mathrm{OA}}| - |\overrightarrow{\mathrm{OP}}| = |\vec{a}| - s|\vec{a}| = 3 - \frac{1}{3}\cdot 3 = 2$$

である．したがって，三角形 APQ の面積は

$$\frac{1}{2}\cdot\mathrm{PA}\cdot\mathrm{PQ} = \frac{1}{2}\cdot 2\cdot\sqrt{2} = \sqrt{\boxed{2}}$$

である．また

$$\overrightarrow{\mathrm{OG}} = \frac{1}{3}(\vec{a} + \vec{b} + \vec{c})$$

$$= \frac{1}{3}\left\{\vec{a} + 2\left(\frac{1}{2}\vec{b} + \frac{1}{2}\vec{c}\right)\right\}$$

$$= \frac{1}{3}(\overrightarrow{\mathrm{OA}} + 2\overrightarrow{\mathrm{OQ}})$$

$$= \frac{\boxed{1}}{\boxed{3}}\overrightarrow{\mathrm{OA}} + \frac{\boxed{2}}{\boxed{3}}\overrightarrow{\mathrm{OQ}}$$

であり，点 G は線分 AQ を $\boxed{2}:1$ に内分する点である．

　以上のことから，三角形 GPQ の面積は

$$\frac{\mathrm{GQ}}{\mathrm{AQ}}\cdot\triangle\mathrm{APQ} = \frac{1}{3}\cdot\sqrt{2} = \frac{\sqrt{\boxed{2}}}{\boxed{3}}$$

である．

$$\left\{ s = \frac{\boxed{ク}}{\boxed{ケ}},\ t = \frac{\boxed{コ}}{\boxed{サ}}\ \text{の別解}\right\}$$

$$\left\{ \angle\mathrm{APQ} = \boxed{セソ}°,\ \overrightarrow{\mathrm{OA}}\cdot\overrightarrow{\mathrm{PQ}} = \boxed{ス}\ \text{の別解}\right\}$$

$|\overrightarrow{\mathrm{PQ}}|$ が最小となるのは

$$\overrightarrow{\mathrm{PQ}}\perp\overrightarrow{\mathrm{OA}}\ \text{かつ}\ \overrightarrow{\mathrm{PQ}}\perp\overrightarrow{\mathrm{BC}}$$

となるときである．$\overrightarrow{\mathrm{PQ}}\perp\overrightarrow{\mathrm{OA}}$ より

$$\overrightarrow{\mathrm{PQ}}\cdot\overrightarrow{\mathrm{OA}} = 0$$

$$\{-s\vec{a} + (1-t)\vec{b} + t\vec{c}\}\cdot\vec{a} = 0$$

$$-s|\vec{a}|^2 + (1-t)\vec{b}\cdot\vec{a} + t\vec{c}\cdot\vec{a} = 0$$

$$-9s + 3(1-t) + 3t = 0$$

$$s = \frac{1}{3}$$

であり，このとき，$\overrightarrow{\mathrm{PQ}}\perp\overrightarrow{\mathrm{BC}}$ より

$$\overrightarrow{\mathrm{PQ}}\cdot\overrightarrow{\mathrm{BC}} = 0$$

← ┌─ 重心 ──────────────┐
　　三角形 ABC の重心を G とすると
　　$$\overrightarrow{\mathrm{OG}} = \frac{1}{3}(\overrightarrow{\mathrm{OA}} + \overrightarrow{\mathrm{OB}} + \overrightarrow{\mathrm{OC}}).$$
　└──────────────────┘

← $t = \frac{1}{2}$ のとき $\overrightarrow{\mathrm{OQ}} = \frac{1}{2}\vec{b} + \frac{1}{2}\vec{c}$.

┌─ 内分点 ─────────────┐
　　点 P が線分 AB を $m:n$ の比に
　内分するとき
　　$$\overrightarrow{\mathrm{OP}} = \frac{n\overrightarrow{\mathrm{OA}} + m\overrightarrow{\mathrm{OB}}}{m + n}$$
　と表される．

└──────────────────┘

← $\overrightarrow{\mathrm{PQ}} = -s\vec{a} + (1-t)\vec{b} + t\vec{c}$.

← $|\vec{a}| = 3,\ \vec{a}\cdot\vec{b} = \vec{a}\cdot\vec{c} = 3$.

└─ $0 \leqq s \leqq 1$ を満たす．

$$\{-s\vec{a}+(1-t)\vec{b}+t\vec{c}\}\cdot(\vec{b}-\vec{c})=0$$
$$-s\vec{a}\cdot\vec{b}+(1-t)\left|\vec{b}\right|^2+t\vec{c}\cdot\vec{b}+s\vec{a}\cdot\vec{c}-(1-t)\vec{b}\cdot\vec{c}-t\left|\vec{c}\right|^2=0$$
$$-1+4(1-t)+2t+1-2(1-t)-4t=0$$
$$t=\frac{1}{2}$$

$\left|\vec{b}\right|=\left|\vec{c}\right|=2,\ \vec{a}\cdot\vec{b}=\vec{a}\cdot\vec{c}=3,$
$\vec{b}\cdot\vec{c}=2.$

$0\leqq t\leqq 1$ を満たす.

である.

$\left|\overrightarrow{PQ}\right|=\sqrt{2}$ のとき，$\overrightarrow{PQ}\perp\overrightarrow{OA}$，すなわち

$\angle APQ=90°$ であるから，$\overrightarrow{OA}\cdot\overrightarrow{PQ}=0$ である.

$$\left[\ \overrightarrow{OG}=\boxed{\dfrac{\text{チ}}{\text{ツ}}}\overrightarrow{OA}+\boxed{\dfrac{\text{テ}}{\text{ト}}}\overrightarrow{OQ}\ \text{の別解}\ \right]$$

$\left|\overrightarrow{PQ}\right|=\sqrt{2}$ のとき，$t=\dfrac{1}{2}$ であるから，点 Q は線

分 BC の中点である．よって，線分 AQ は三角形

ABC の中線であり，三角形 ABC の重心 G は線分 AQ

を 2:1 に内分する．したがって

$$\overrightarrow{OG}=\frac{1}{3}\overrightarrow{OA}+\frac{2}{3}\overrightarrow{OQ}$$

である.

$\overrightarrow{OQ}=\dfrac{1}{2}\vec{b}+\dfrac{1}{2}\vec{c}.$

第5問　確率分布と統計的な推測

(1) 点 A は原点 O から出発して数直線上を n 回移動する．1 回ごとに確率 p で正の向きに 3 だけ移動し，確率 $1-p$ で負の向きに 1 だけ移動する．n 回移動した後の点 A の座標を X とし，n 回の移動のうち正の向きの移動の回数を Y とする．

(1) $p=\dfrac{1}{3}$，$n=2$ のとき

1回目	2回目	X	確率
-1	-1	$-1-1=-2$	$\left(1-\dfrac{1}{3}\right)^2=\dfrac{4}{9}$
-1	3	$-1+3=2$	$\left(1-\dfrac{1}{3}\right)\dfrac{1}{3}=\dfrac{2}{9}$
3	-1	$3-1=2$	$\dfrac{1}{3}\left(1-\dfrac{1}{3}\right)=\dfrac{2}{9}$
3	3	$3+3=6$	$\left(\dfrac{1}{3}\right)^2=\dfrac{1}{9}$

　この表より，確率変数 X のとり得る値は，小さい順に $-\boxed{2}$，$\boxed{2}$，$\boxed{6}$ であり，これらの値をとる確率はそれぞれ $\dfrac{\boxed{4}}{\boxed{9}}$，$\dfrac{\boxed{4}}{9}$，$\dfrac{\boxed{1}}{9}$ である．

(2) n 回移動したとき，X と Y の間に
$$X=3Y+(-1)(n-Y)$$
$$=\boxed{-}\,n+\boxed{4}\,Y$$
の関係が成り立つ．

　確率変数 Y は二項分布 $B(n, p)$ に従うので，Y の平均(期待値) $E(Y)$ は np，分散 $V(Y)$ は $np(1-p)$ である．したがって $\boxed{コ}$，$\boxed{サ}$ に当てはまるものはそれぞれ $\boxed{⓪}$，$\boxed{①}$ である．X の平均 $E(X)$ は
$$E(X)=E(-n+4Y)=-n+4E(Y)=-n+4np$$
であり，X の分散 $V(X)$ は
$$V(X)=V(-n+4Y)=4^2V(Y)=16np(1-p)$$
である．したがって $\boxed{シ}$，$\boxed{ス}$ に当てはまるものはそれぞれ $\boxed{⑨}$，$\boxed{⑧}$ である．

$X=2$ となる確率は，$2\cdot\dfrac{2}{9}=\dfrac{4}{9}$．

二項分布

　n を自然数とする．

　確率変数 X のとり得る値が
$$0,\ 1,\ 2,\ \cdots,\ n$$
であり，X の確率分布が
$$P(X=r)={}_nC_r\,p^r(1-p)^{n-r}$$
$$(r=0,\ 1,\ 2,\ \cdots,\ n)$$
であるとき，X の確率分布を二項分布といい，$B(n,\ p)$ で表す．

平均(期待値)

　確率変数 X がとり得る値を x_1，x_2，$\cdots$，x_n とし，X がこれらの値をとる確率をそれぞれ p_1，p_2，$\cdots$，p_n とすると，平均(期待値) $E(X)$ は
$$E(X)=\sum_{k=1}^{n}x_k p_k.$$

分散

　確率変数 X がとり得る値を x_1，x_2，$\cdots$，x_n とし，X がこれらの値をとる確率をそれぞれ，p_1，p_2，$\cdots$，p_n とすると，分散 $V(X)$ は，$E(X)=m$ として
$$V(X)=\sum_{k=1}^{n}(x_k-m)^2 p_k \quad \cdots ①$$
または
$$V(X)=E(X^2)-\{E(X)\}^2. \quad \cdots ②$$

　確率変数 X が二項分布 $B(n, p)$ に従うとき，X の平均(期待値) $E(X)$，分散 $V(X)$ は
$$E(X)=np,$$
$$V(X)=np(1-p)$$
である．

　X が確率変数，a，b は定数とする．
$$E(aX+b)=aE(X)+b.$$
$$V(aX+b)=a^2V(X).$$

(3) $p = \dfrac{1}{4}$, $n = 1200$ のとき, (2)により, Y の平均は

$$1200 \cdot \frac{1}{4} = \boxed{300},$$

標準偏差は

$$\sqrt{1200 \cdot \frac{1}{4} \cdot \left(1 - \frac{1}{4}\right)} = \boxed{15}$$

← $\sqrt{V(X)}$ を X の標準偏差という.

であり, (2)により

$$X = -1200 + 4Y$$

であるから

$$X \geqq 120$$

は

$$-1200 + 4Y \geqq 120$$

であり, これを変形すると

$$4(Y - 300) \geqq 120$$

$$\frac{Y - 300}{15} \geqq 2$$

← $\dfrac{120}{4 \cdot 15} = 2.$

となる. よって

$$P(X \geqq 120) = P\left(\frac{Y - 300}{15} \geqq \boxed{2} \,.\, \boxed{00}\right)$$

である. $n = 1200$ は十分に大きいので, $Z = \dfrac{Y - 300}{15}$

とおくと, Z は近似的に標準正規分布に従う. よって, $p = \dfrac{1}{4}$ のとき, 1200 回移動した後の点 A の座標 X が 120 以上になる確率の近似値は正規分布表から

$$\begin{aligned}
P(X \geqq 120) &= P(Z \geqq 2.00) \\
&= 1 - P(Z \leqq 2.00) \\
&= 1 - \{P(Z \leqq 0) + P(0 \leqq Z \leqq 2.00)\} \\
&= 1 - (0.5 + 0.4772) \\
&= 0.\boxed{023}
\end{aligned}$$

である.

← 標準正規分布
　平均0, 標準偏差1の正規分布
　$N(0, 1)$ を標準正規分布という.

← 正規分布表より
　$P(0 \leqq Z \leqq 2.00) = 0.4772,$
　$P(Z \leqq 0) = 0.5.$

(4) p の値がわからないとし, 2400 回移動した後の点 A の座標が $X = 1440$ のとき, p に対する信頼度 95% の信頼区間を求める.

n 回移動したときに Y がとる値を y とすると, (2)より

$$X = -2400 + 4Y$$

であるから

$$X = 1440$$

は

$$-2400+4Y=1440$$

であり，これより

$$Y=960$$

となるから

$$y=960$$

である．$r=\dfrac{y}{n}$ とおくと，

$$r=\frac{960}{2400}=0.4$$

である．

n が十分に大きいならば，確率変数 $R=\dfrac{Y}{n}$ は近似

的に平均 p，分散 $\dfrac{p(1-p)}{n}$ の正規分布に従う．

$n=2400$ は十分に大きいので，このことを利用し，
分散を

$$\frac{r(1-r)}{n}=\frac{0.4(1-0.4)}{2400}=0.0001$$

で置き換えると，正規分布表から

$$P\left(-1.96\leqq \frac{0.4-p}{0.01}\leqq 1.96\right)$$

$$=2P\left(0\leqq \frac{0.4-p}{0.01}\leqq 1.96\right)$$

$$=2\cdot 0.4750$$

$$=0.95$$

である．これより

$$P(0.4-1.96\cdot 0.01\leqq p\leqq 0.4+1.96\cdot 0.01)=0.95$$

すなわち

$$P(0.3804\leqq p\leqq 0.4196)=0.95$$

であるから，求める信頼区間は

$$0.\boxed{380}\leqq p\leqq 0.\boxed{420}$$

である．

← 標準偏差は $\sqrt{0.0001}=0.01$．

← $\dfrac{0.4-p}{0.01}$ は近似的に標準正規分布に

従う．

← 正規分布表より

$$P(0\leqq Z\leqq 1.96)=0.4750$$

数学Ⅰ・数学A
数学Ⅱ・数学B

（2015年1月実施）

2015 本試験

	受験者数	平均点
数学Ⅰ・数学A	338,406	61.27
数学Ⅱ・数学B	301,184	39.31

2

数学Ⅰ・数学A

解答・採点基準　　　(100点満点)

問題番号(配点)	解答記号	正解	配点	自己採点
第1問(20)	(ア, イ)	(1, 3)	5	
	ウ, エ	③, 1	5	
	オ, カ	②, 2	5	
	$\dfrac{キク}{ケ}$	$\dfrac{-1}{2}$	2	
	$\dfrac{コサ}{シ}$	$\dfrac{13}{4}$	3	
第1問　自己採点小計				
第2問(25)	ア	①	4	
	イ	3	3	
	ウエ	29	3	
	オ	7	3	
	$\dfrac{\sqrt{カ}}{キ}$	$\dfrac{\sqrt{3}}{2}$	3	
	$\dfrac{ク\sqrt{ケ}}{コサ}$	$\dfrac{3\sqrt{3}}{14}$	3	
	$\dfrac{シ}{ス}$	$\dfrac{7}{2}$	3	
	セ	7	3	
第2問　自己採点小計				
第3問(15)	ア	④	3	
	イ, ウ, エ, オ	⓪, ②, ③, ⑤ (解答の順序は問わない)	4	
	カ, キ	⓪, ② (解答の順序は問わない)	6	
	ク	⑦	2	
第3問　自己採点小計				

問題番号(配点)	解答記号	正解	配点	自己採点
第4問(20)	アイ	48	3	
	ウエ	12	2	
	オ	2	3	
	カ	4	3	
	キ	4	2	
	クケ	12	2	
	コサ	16	2	
	シス	26	3	
第4問　自己採点小計				
第5問(20)	$2^{ア}\cdot3^{イ}\cdot$ウ	$2^2\cdot3^3\cdot7$	3	
	エオ	24	3	
	カキ	21	3	
	クケコ	126	3	
	サ	9	3	
	シスセ	103	2	
	ソタチツ	1701	4	
第5問　自己採点小計				
第6問(20)	アイ	10	3	
	$\sqrt{ウ}$	$\sqrt{5}$	3	
	$\dfrac{エオ}{カ}$	$\dfrac{10}{3}$	3	
	$\dfrac{キク}{ク}$	$\dfrac{3}{5}$	4	
	ケ$\sqrt{コ}$	$2\sqrt{5}$	4	
	$\dfrac{サ\sqrt{シ}}{ス}$	$\dfrac{5\sqrt{5}}{4}$	3	
第6問　自己採点小計				
自己採点合計				

(注)
第1問〜第3問は必答。
第4問〜第6問のうちから2問選択。計5問を解答。

— 736 —

第1問　2次関数

$$y = -x^2 + 2x + 2. \qquad \cdots ①$$

① は,

$$y = -(x-1)^2 + 3$$

と変形できるから, ① のグラフの頂点の座標は,

$$\left(\boxed{1} , \boxed{3} \right)$$

である.

◀ 2次関数 $y = p(x-q)^2 + r$ のグラフの頂点の座標は, (q, r).

　$y = f(x)$ のグラフは, ① のグラフを x 軸方向に p, y 軸方向に q だけ平行移動したものであるから, その頂点の座標は,

$$(p+1, q+3)$$

であり,

$$f(x) = -(x-p-1)^2 + q + 3$$

である.

◀ 平行移動をしても, x^2 の係数は変化しない.

(1)　$y = f(x)$ のグラフは, 上に凸で軸が直線 $x = p+1$ の放物線であるから, $2 \leqq x \leqq 4$ における $f(x)$ の最大値が $f(2)$ になるような p の値の範囲は,

$$p+1 \leqq 2$$

より,

$$p \leqq \boxed{1}$$

である. 　$\boxed{ウ}$ に当てはまるものは $\boxed{③}$ である.

　また, $2 \leqq x \leqq 4$ における $f(x)$ の最小値が $f(2)$ になるような p の値の範囲は,

$$p+1 \geqq \frac{2+4}{2} = 3$$

より,

$$p \geqq \boxed{2}$$

である. 　$\boxed{オ}$ に当てはまるものは $\boxed{②}$ である.

(2)　2次不等式 $f(x) > 0$ の解が $-2 < x < 3$ となるのは,

$$f(-2) = 0 \quad かつ \quad f(3) = 0$$

すなわち

$$-(-p-3)^2 + q + 3 = 0 \qquad \cdots ②$$

かつ

$$-(-p+2)^2 + q + 3 = 0 \qquad \cdots ③$$

のときである.

　② − ③ より,

◀ $p = 2$ のとき, $x = 2$ と $x = 4$ で最小値をとるから, 最小値は $f(2)$ である ($f(4)$ でもある).

$$p = \dfrac{\boxed{-1}}{\boxed{2}}$$

であり，これと ③ より，

$$q = \dfrac{\boxed{13}}{\boxed{4}}$$

である．

（注）　$f(x) > 0$ の解が $-2 < x < 3$ であるとき，
$$f(x) = -(x+2)(x-3)$$
$$-(x-p-1)^2 + q + 3 = -(x+2)(x-3)$$
すなわち
$$-x^2 + 2(p+1)x - (p+1)^2 + q + 3 = -x^2 + x + 6$$
であり，係数を比較すると，
$$2(p+1) = 1 \quad かつ \quad -(p+1)^2 + q + 3 = 6$$
である．
　これより，
$$p = -\frac{1}{2} \quad かつ \quad q = \frac{13}{4}$$
としてもよい．

第2問　集合と論理・図形と計量

〔1〕

(1) 命題「$(p_1$ かつ $p_2) \Longrightarrow (q_1$ かつ $q_2)$」の対偶は,

$$\overline{(q_1 \text{ かつ } q_2)} \Longrightarrow \overline{(p_1 \text{ かつ } p_2)}.$$

ド・モルガンの法則を用いて,

$$(\overline{q_1} \text{ または } \overline{q_2}) \Longrightarrow (\overline{p_1} \text{ または } \overline{p_2}).$$

よって，　ア　に当てはまるものは　⓪　である.

← 命題「$s \Longrightarrow t$」の対偶は,
$$\overline{t} \Longrightarrow \overline{s}.$$

←─ ド・モルガンの法則 ─
$$\overline{s \text{ かつ } t} \Longleftrightarrow \overline{s} \text{ または } \overline{t},$$
$$\overline{s \text{ または } t} \Longleftrightarrow \overline{s} \text{ かつ } \overline{t}.$$

(2) 30 以下の自然数 n のなかで, 素数であるものは,

$$2, \ 3, \ 5, \ 7, \ 11, \ 13, \ 17, \ 19, \ 23, \ 29$$

であり, $n+2$ も素数であるものは,

$$\text{「} 3, \ 5, \ 11, \ 17, \ 29 \text{」} \qquad \cdots \text{①}$$

である.

①が条件 $(p_1$ かつ $p_2)$ を満たす 30 以下の自然数である.

①のうち, 条件 $\overline{(q_1 \text{ かつ } q_2)}$ の否定

$$(q_1 \text{ または } \overline{q_2})$$

すなわち

$n+1$ が 5 の倍数である,

または $n+1$ が 6 の倍数でない

を満たすものが求める反例であり, それは,

3　と　29

← 命題「$s \Longrightarrow t$」の反例は,
条件「s かつ $\overline{t}$」
を満たすものである.

である.

〔2〕

$$\cos \angle \mathrm{ABC} = \cos 120° = -\frac{1}{2}$$

であり, △ABC に余弦定理を用いると,

$$\mathrm{AC}^2 = \mathrm{AB}^2 + \mathrm{BC}^2 - 2\mathrm{AB} \cdot \mathrm{BC} \cos \angle \mathrm{ABC}$$
$$= 3^2 + 5^2 - 2 \cdot 3 \cdot 5 \cdot \left(-\frac{1}{2}\right)$$
$$= 49$$

であるから,

─ 余弦定理 ─
$$b^2 = c^2 + a^2 - 2ca \cos B.$$

$$AC = \boxed{7}$$

である.
また,

$$\sin\angle ABC = \sin 120° = \frac{\sqrt{\boxed{3}}}{\boxed{2}}$$

である.
さらに, △ABC に正弦定理を用いると,

$$\frac{AC}{\sin\angle ABC} = \frac{AB}{\sin\angle BCA}$$

であるから,

$$\sin\angle BCA = \frac{AB}{AC}\sin\angle ABC$$

$$= \frac{3}{7}\cdot\frac{\sqrt{3}}{2}$$

$$= \frac{\boxed{3}\sqrt{\boxed{3}}}{\boxed{14}}$$

正弦定理

$$\frac{a}{\sin A} = \frac{b}{\sin B} = \frac{c}{\sin C} = 2R.$$

（R は外接円の半径）

である.
∠ADC が鋭角であるから, 点 D は線分 BC の点 B の側への延長上にある.

∠ABD = 60° であり, △ADB に正弦定理を用いると,

$$\frac{AD}{\sin\angle ABD} = \frac{AB}{\sin\angle ADB}$$

より,

$$\sin\angle ADB = \frac{AB}{AD}\sin\angle ABD$$

$$= \frac{3}{3\sqrt{3}}\cdot\frac{\sqrt{3}}{2}$$

$$= \frac{1}{2}$$

であり, ∠ADB が鋭角であることを考慮すると,

$$\angle ADB = 30°$$

である.

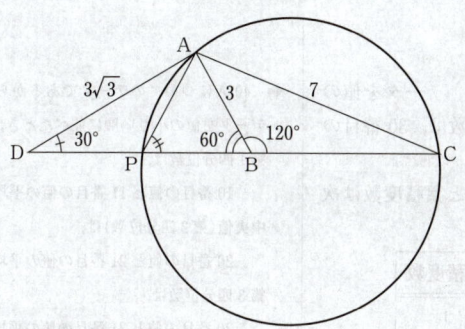

　点 P は線分 BD 上にあるから，∠APC のとり得る値の範囲は，

$$30° \leqq \angle APC \leqq 120°$$

であり，$\sin \angle APC$ のとり得る値の範囲は，

$$\frac{1}{2} \leqq \sin \angle APC \leqq 1$$

である．

　また，△APC に正弦定理を用いると，

$$\frac{AC}{\sin \angle APC} = 2R$$

であるから，

$$R = \frac{7}{2\sin \angle APC}$$

である．

　ゆえに，R のとり得る値の範囲は，

$$\frac{7}{2 \cdot 1} \leqq R \leqq \frac{7}{2 \cdot \frac{1}{2}}$$

すなわち

$$\frac{\boxed{7}}{\boxed{2}} \leqq R \leqq \boxed{7}$$

である．

← $\sin \angle APC$ が最小になるのは，
$$\angle APC = 30°$$
のときであり，最大になるのは，
$$\angle APC = 90°$$
のときである．

第3問　データの分析

〔1〕

(1) 40人についてのデータであるから，データを値の小さい順に並べたとき，第3四分位数は，30番目の値と31番目の値の平均である．

ヒストグラムより，各階級の度数と累積度数は次のようになる．

階級	度数	累積度数
5 m 以上 10 m 未満	1	1
10 m 以上 15 m 未満	4	5
15 m 以上 20 m 未満	6	11
20 m 以上 25 m 未満	11	22
25 m 以上 30 m 未満	9	31
30 m 以上 35 m 未満	4	35
35 m 以上 40 m 未満	3	38
40 m 以上 45 m 未満	1	39
45 m 以上 50 m 未満	1	40

よって，第3四分位数は，25 m 以上 30 m 未満の階級に属する．すなわち　ア　に当てはまるものは　④　である．

(2) (1)より，第3四分位数は，25 m 以上 30 m 未満の階級に属し，この条件を満たさない箱ひげ図は，

$$⓪，②，③.$$

第1四分位数は，10番目の値と11番目の値の平均であるから，15 m 以上 20 m 未満の階級に属する．この条件を満たさない箱ひげ図は，

$$②，③，⑤.$$

よって，ヒストグラムと矛盾する箱ひげ図として，

$$⓪，②，③，⑤$$

がある．

ヒストグラムより，

　　　最小値は 5 m 以上 10 m 未満の階級，
　　　最大値は 45 m 以上 50 m 未満の階級

に属し，中央値は20番目と21番目の平均であるから，(1)の表より 20 m 以上 25 m 未満の階級に属する．①，④はこれらを満たす．

← 40人についてのデータであるから，データを値の小さい順に並べたとき，第1四分位数は，

　　10番目の値と11番目の値の平均，

中央値(第2四分位数)は，

　　20番目の値と21番目の値の平均，

第3四分位数は，

　　30番目の値と31番目の値の平均

である．

← 箱ひげ図からは，次の5つの情報が得られる．

以上より，イ，ウ，エ，オ に当

てはまるものは，

0，2，3，5

である．

(3)(i)　A－a について．

　　どの生徒の記録も下がったならば，第1四分位

　数は減少するが

　　　　最初の第1四分位数は，

　　　　　　15 m 以上 20 m 未満の階級，

　　　　a の第1四分位数は，

　　　　　　20 m 以上 25 m 未満の階級

　であり，第1四分位数は増加している．

　　　　よって，A－a は矛盾している．

(ii)　B－b について．

　　どの生徒の記録も伸びたならば，

　　　　　最小値，第1四分位数，中央値，

　　　　　第3四分位数，最大値

　はすべて増加するが，b の箱ひげ図はそのように

　なっており矛盾していない．

(iii)　C－c について．

　　上位 $\frac{1}{3}$ に入るすべての生徒の記録が伸びたな

　らば，最大値は増加するが，

　　　　最初の最大値は，

　　　　　　45 m 以上 50 m 未満の階級，

　　　　c の最大値は，

　　　　　　40 m 以上 45 m 未満の階級

　であり，最大値は減少している．

　　　　よって，C－c は矛盾している．

(iv)　D－d について．

　　上位 $\frac{1}{3}$ に入るすべての生徒の記録が伸び，下位

$\frac{1}{3}$ に入るすべての生徒の記録が下がったならば，

　　　　　　最小値と第1四分位数

　は減少し，

　　　　　　第3四分位数と最大値

　は増加するが，d の箱ひげ図はそのようになって

　おり矛盾していない．

　　以上 (i)〜(iv) より，カ，キ に当てはまる

10

ものは，

$$\boxed{0} , \boxed{2}$$

である．

〔2〕

1回目，2回目のデータの標準偏差がそれぞれ 8.21，6.98 であり，1回目のデータと2回目のデータの共分散が 54.30 であるから，1回目のデータと2回目のデータの相関係数は，

$$\frac{54.30}{8.21 \cdot 6.98} = = 0.947\cdots$$

である．

よって，$\boxed{ク}$ に当てはまるものは $\boxed{⑦}$ である．

← **相関係数**

2つの変量 x, y について，それらの標準偏差をそれぞれ s_x, s_y とし，共分散を s_{xy} とすると，相関係数は，

$$\frac{s_{xy}}{s_x s_y}.$$

第4問　場合の数・確率

5枚の正方形を次のように左から順に A, B, C, D, E とする.

(1) 左から塗っていくとすると，A の塗り方は 3 通りであり，B, C, D, E の塗り方はそれぞれ 2 通りであるから，塗り方は全部で，

$$3 \cdot 2 \cdot 2 \cdot 2 \cdot 2 = \boxed{48} \text{（通り）}$$

ある.

← B の色は A の色以外，C の色は B の色以外，D の色は C の色以外，E の色は D の色以外.

(2) 左右対称となるのは，A と E の色が同じで，さらに B と D の色が同じときである.

よって，A, B, C の塗り方を考えて，左右対称となる塗り方は，

$$3 \cdot 2 \cdot 2 = \boxed{12} \text{（通り）}$$

である.

(3) 青色と緑色の 2 色だけを用いる塗り方は，

の $\boxed{2}$ 通りである.

(4) 赤色は A, C, E に塗られる.

赤	B	赤	D	赤

B, D の塗り方はそれぞれ 2 通りずつであるから，赤色に塗られる正方形が 3 枚である塗り方は，

$$2 \cdot 2 = \boxed{4} \text{（通り）}$$

である.

(5) A を赤色に塗るとき，B, C, D, E の塗り方は，青と緑が交互に並ぶ 2 通りである.

E を赤色に塗るときも同様に 2 通りである.

よって，どちらかの端の 1 枚が赤色に塗られる塗り方は，

$$2 + 2 = \boxed{4} \text{（通り）} \qquad \cdots ①$$

である.

B を赤色に塗るとき，A の塗り方は 2 通り，「C, D, E」の塗り方は 2 通りである. よって，B を赤色に塗る塗り方は，

$$2 \cdot 2 = 4 \text{（通り）}$$

である. D を赤色に塗るときも同様に 4 通り.

```
←        B        D
       青 ——— 青
                  緑
       緑 ——— 青
                  緑
```

```
←        A        C D E
       青 ——— 青緑青
                  緑青緑
       緑 ——— 青緑青
                  緑青緑
```

C を赤色に塗るとき，「A，B」の塗り方は 2 通り，「D，E」の塗り方は 2 通りである．よって，C を赤色に塗る塗り方は，

$$2 \cdot 2 = 4 \text{（通り）}$$

である．

ゆえに，端以外の 1 枚が赤色に塗られる塗り方は，

$$4 + 4 + 4 = \boxed{12} \text{（通り）} \qquad \cdots ②$$

である．

したがって，赤色に塗られる正方形が 1 枚であるのは，①，② より，

$$4 + 12 = \boxed{16} \text{（通り）}$$

である．

(6) 赤色に塗られる正方形が 4 枚以上になることはないから，(1), (3), (4), (5) より，赤色に塗られる正方形が 2 枚である塗り方は，

$$48 - (2 + 4 + 16) = \boxed{26} \text{（通り）}$$

である．

← 赤色に塗られる正方形の枚数は，

0 か 1 か 2 か 3

である．総数から，2 枚のとき以外の塗り方の数を引けばよい．

第5問　整数の性質

(1) a を素因数分解すると,

$$a = 2^{\boxed{2}} \cdot 3^{\boxed{3}} \cdot \boxed{7}$$

である.

よって, a の正の約数の個数は,

$$(2+1)(3+1)(1+1) = \boxed{24} \ (個)$$

である.

◀ $p^a q^b r^c \cdots$ と素因数分解される自然数
の正の約数の個数は,
$$(a+1)(b+1)(c+1)\cdots.$$

(2) $\sqrt{am}$ が自然数となる最小の自然数 m は,

$$am = 2^2 \cdot 3^3 \cdot 7 m = 2^2 \cdot 3^4 \cdot 7^2$$

より,

$$m = 3 \cdot 7 = \boxed{21}$$

である.

◀ $\sqrt{am}$ が自然数となるのは,
$$am = (自然数)^2$$
のとき.

自然数 k を用いて, $m = 21k^2$ とするとき,

$$\sqrt{am} = \sqrt{2^2 \cdot 3^4 \cdot 7^2 k^2} = \boxed{126} \, k$$

である.

(3) $126 = 11 \cdot 11 + 5$, $11 = 5 \cdot 2 + 1$ であるから,

$$11 = (126 - 11 \cdot 11) \cdot 2 + 1$$

すなわち

$$126 \cdot (-2) - 11 \cdot (-23) = 1. \qquad \cdots ①$$

よって,

$$126k - 11\ell = 1 \qquad \cdots ②$$

は, ②−① より,

$$126(k+2) - 11(\ell+23) = 0$$

すなわち

$$126(k+2) = 11(\ell+23) \qquad \cdots ③$$

と変形できる.

126 と 11 の最大公約数は, 11 と 5 の最大公約数と等しく, それは 1 である.

したがって, ③ より自然数 p を用いて $k+2 = 11p$ とおける. このとき ③ より $\ell + 23 = 126p$ であり,

$$k = 11p - 2, \quad \ell = 126p - 23$$

である.

ゆえに, $k > 0$ となる k, ℓ のうち k が最小のものは, $p = 1$ として,

$$k = \boxed{9}, \quad \ell = \boxed{103}$$

である.

(4) $\sqrt{am}$ が 11 で割ると 1 余る自然数となるとき,

◀ 126 を 11 で割ると, 商は 11 で余りは 5.

11 を 5 で割ると, 商は 2 で余りは 1.

x と y についての不定方程式
$$ax - by = c$$
は, 一組の解
$$(x, y) = (x_0, y_0)$$
を用いて,
$$a(x - x_0) = b(y - y_0)$$
と変形できる.

ここでは割り算を利用して, 一組の解
$$(k, \ell) = (-2, -23)$$
を求め, 利用した.

2つの自然数 a, b について, a を b で割ったときの商を q, 余りを r とすると, a と b の最大公約数は, b と r の最大公約数に等しい.

最大公約数が 1 であるから, 126 と 11 は互いに素である.

14

$$m = 21k^2 \text{ かつ } k = 11p - 2 \quad (p \text{ は自然数})$$

より，

$$m = 21(11p - 2)^2$$

とおける．

ゆえに，求める最小の自然数 m は，$p = 1$ として，

$$m = 21 \cdot 9^2 = \boxed{1701}$$

である．

第6問　図形の性質

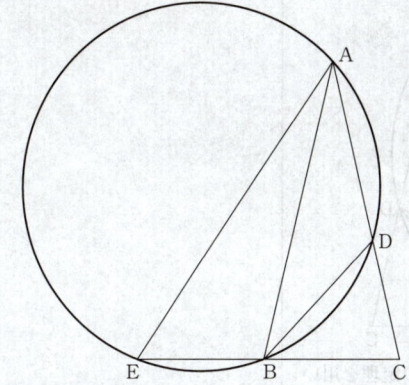

方べきの定理より，

$$CB \cdot CE = CD \cdot CA$$

であるから，

$$CA = 5, \quad CD = CA - AD = 5 - 3 = 2$$

より，

$$CB \cdot CE = 2 \cdot 5$$

すなわち

$$CE \cdot CB = \boxed{10}$$

である．

これと

$$CB = \sqrt{5}, \quad CE = CB + BE = \sqrt{5} + BE$$

より，

$$\sqrt{5}\left(\sqrt{5} + BE\right) = 10$$

であるから，

$$BE = \sqrt{\boxed{5}}$$

である．

したがって，B は線分 CE の中点であり，線分 AB は，△ACE の中線の1つである．

ゆえに，G は線分 AB を 2:1 に内分する点であり，

$$AG = \frac{2}{2+1}AB = \frac{2}{3} \cdot 5 = \frac{\boxed{10}}{\boxed{3}}$$

である．

◀━ **方べきの定理** ━

$$PA \cdot PB = PC \cdot PD.$$

◀　重心は中線を2:1に内分する．

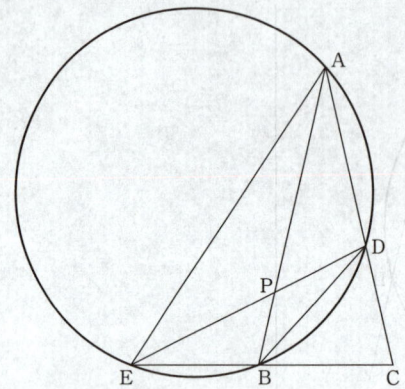

△CDE と直線 AB に対して，メネラウスの定理を用いると，

$$\frac{CA}{AD} \cdot \frac{DP}{PE} \cdot \frac{EB}{BC} = 1$$

である．

$$CA = 5, \quad AD = 3, \quad EB = BC = \sqrt{5}$$

より，

$$\frac{5}{3} \cdot \frac{DP}{PE} \cdot \frac{\sqrt{5}}{\sqrt{5}} = 1$$

であるから，

$$\frac{DP}{EP} = \frac{\boxed{3}}{\boxed{5}} \qquad \cdots ①$$

である．

4 点 A，B，D，E は同一円周上にあるから，

$$\angle CAB = \angle CED$$

であり，さらに，

$$\angle ACB = \angle ECD$$

であるから，△ABC と △EDC は相似である．

よって，BA = CA より，

$$DE = CE = \sqrt{5} + \sqrt{5} = \boxed{2}\sqrt{\boxed{5}} \qquad \cdots ②$$

である．

① より，$DP = \dfrac{3}{5}EP$ であり，② より，

$$DP + EP = DE = 2\sqrt{5}$$

である．

したがって，

$$\frac{3}{5}EP + EP = 2\sqrt{5}$$

←メネラウスの定理

$$\frac{AQ}{QB} \cdot \frac{BR}{RC} \cdot \frac{CP}{PA} = 1.$$

であり，

$$EP = \dfrac{5\sqrt{5}}{4}$$

である．

数学II・数学B

解答・採点基準　　(100点満点)

問題番号(配点)	解答記号	正解	配点	自己採点
第1問 (30)	ア	2	1	○
	イ	1	1	
	ウ	5	1	
	エ	4	1	
	オθ	6θ	2	
	$\dfrac{\pi}{カ},\ \sqrt{キ}$	$\dfrac{\pi}{4},\ \sqrt{5}$	2	
	ク	③	1	
	$\dfrac{\pi}{ケ}$	$\dfrac{\pi}{6}$	2	
	$\sqrt{コ}$	$\sqrt{3}$	1	
	$\dfrac{サ}{シ}\pi$	$\dfrac{2}{9}\pi$	3	
	ス, セソ	2, -3	3	
	タ, $\dfrac{チツ}{テ}$	2, $\dfrac{-2}{3}$	3	
	トナ	-2	2	
	ニ	2	2	
	$\sqrt{ヌ}$	$\sqrt{2}$	2	
	$\dfrac{ネノ}{ハ}$	$\dfrac{-5}{\ }$	3	
第1問　自己採点小計				
第2問 (30)	ア$+\dfrac{h}{イ}$	$a+\dfrac{h}{2}$	2	○
	ウ	0	2	
	エ	a	1	
	オ$x-\dfrac{1}{カ}a^2$	$ax-\dfrac{1}{2}a^2$	3	
	$\dfrac{キ}{ク}$	$\dfrac{a}{2}$	1	
	$\dfrac{ケコ}{サ}x+\dfrac{シ}{ス}$	$\dfrac{-1}{a}x+\dfrac{1}{2}$	3	
	セ, ソ	1, 8	4	
	タ, チツ	3, 12	5	
	テ, トナ	3, 24	2	
	$\sqrt{ニ}$	$\sqrt{3}$	2	
	ヌ	1	2	
	$\dfrac{ネノ}{ハヒ}$	$\dfrac{-1}{\ }$	3	
第2問　自己採点小計				

問題番号(配点)	解答記号	正解	配点	自己採点
第3問 (20)	ア, イ, ウ, エ	4, 8, 6, 2	2	
	オ	⓪又は③	1	
	カ	8	2	
	$3\cdot2^{*}$	$3\cdot2^{7}$	2	
	$\dfrac{ク}{ケ}$	$\dfrac{3}{2}$	1	
	$\dfrac{コ}{サ}$	$\dfrac{3}{2}$	1	
	$\dfrac{シ}{ス}$	$\dfrac{1}{2}$	1	
	$\dfrac{セ}{ソ}$	$\dfrac{1}{2}$	1	
	タ, チ	6, 6	3	
	ツ, テ	4, 4	2	
	トm^2-ナm	$2m^2-2m$	3	
	ニ, ヌネ	8, 13	1	
第3問　自己採点小計				
第4問 (20)	$\dfrac{ア}{イ}$, ウ	$\dfrac{1}{3}$, 2	2	
	エ	$-$	1	
	$\dfrac{オ}{カ}$	$\dfrac{1}{2}$	1	
	キ	0	1	
	$\dfrac{ク}{ケ}$	$\dfrac{5}{4}$	1	
	$\dfrac{\sqrt{コ}}{サ}$	$\dfrac{\sqrt{7}}{3}$	1	
	$\dfrac{\sqrt{シス}}{セ}$	$\dfrac{\sqrt{21}}{4}$	2	
	$\dfrac{ソ\sqrt{タ}}{チツ}$	$\dfrac{7\sqrt{3}}{24}$	2	
	$\dfrac{テ}{ト}$	$\dfrac{7}{9}$	2	
	$\dfrac{ナ}{ニ}$	$\dfrac{1}{3}$	2	
	$\dfrac{ヌネ}{ノハ}\vec{a}+\dfrac{ヒ}{フ}\vec{b}$	$\dfrac{-7}{36}\vec{a}+\dfrac{7}{9}\vec{b}$	2	
	ヘホ	21	3	
第4問　自己採点小計				

(注)　第3問[オ]については、⓪又は③を正解とする。

【大学入試センターの公表理由】

　第3問全体で考えれば選択肢③が適切な解答である。しかし、(1)を独立の問題と考えたときは選択肢⓪も当てはまるため、これも正解とした。

2015年度 本試験 数学II・数学B〈解説〉 19

問題番号 (配点)	解答記号	正　解	配点	自己採点
第5問 (20)	$\dfrac{\text{ア}}{\text{イウ}}$	$\dfrac{1}{35}$	2	○
	エオ	12	2	○
	カキ	18	2	○
	ク	4	2	○
	$\dfrac{\text{ケコ}}{\text{サ}}$	$\dfrac{12}{7}$	3	○
	$\dfrac{\text{シス}}{\text{セソ}}$	$\dfrac{24}{49}$	3	○
	タ	③	2	○
	チ.ツ	1.3	2	○
	テ.ト	0.5	2	○
第5問　自己採点小計				
自己採点合計				

(注)
　第1問，第2問は必答。
　第3問〜第5問のうちから2問選択。計4問を解答。

第1問　三角関数，指数関数

〔1〕 $P(2\cos\theta,\ 2\sin\theta)$,

$\qquad Q(2\cos\theta+\cos7\theta,\ 2\sin\theta+\sin7\theta)$.

(1) $OP=\sqrt{(2\cos\theta)^2+(2\sin\theta)^2}=\boxed{2}$,

　　PQ

$=\sqrt{\{(2\cos\theta+\cos7\theta)-(2\cos\theta)\}^2+\{(2\sin\theta+\sin7\theta)-(2\sin\theta)\}^2}$

$=\sqrt{\cos^27\theta+\sin^27\theta}$

$=\boxed{1}$

である．また

　　OQ^2

$=(2\cos\theta+\cos7\theta)^2+(2\sin\theta+\sin7\theta)^2$

$=4(\cos^2\theta+\sin^2\theta)+(\cos^27\theta+\sin^27\theta)$

$\qquad\qquad\qquad+4(\cos\theta\cos7\theta+\sin\theta\sin7\theta)$

$=\boxed{5}+\boxed{4}(\cos7\theta\cos\theta+\sin7\theta\sin\theta)$

$=5+4\cos(7\theta-\theta)$

$=5+4\cos\left(\boxed{6}\theta\right)$

である．

　　よって，$\dfrac{\pi}{8}\leqq\theta\leqq\dfrac{\pi}{4}$，すなわち，$\dfrac{3}{4}\pi\leqq6\theta\leqq\dfrac{3}{2}\pi$

の範囲で $6\theta=\dfrac{3}{2}\pi$，すなわち，$\theta=\dfrac{\pi}{\boxed{4}}$ のとき，

$\cos6\theta$ は最大値 0 をとるから，このとき，

$OQ=\sqrt{5+4\cos6\theta}$ は最大値 $\sqrt{\boxed{5}}$ をとる．

(2) $\dfrac{\pi}{8}\leqq\theta\leqq\dfrac{\pi}{4}$ のとき，$\cos\theta\neq0$ であるから，直線

OP の方程式は

$$y=\frac{2\sin\theta}{2\cos\theta}x$$

すなわち

$$(\sin\theta)x-(\cos\theta)y=0$$

である．したがって $\boxed{ク}$ に当てはまるものは

$\boxed{③}$ である．

　　3点 O，P，Q が一直線上にある，すなわち，Q が

直線 OP 上にあるのは

$(\sin\theta)(2\cos\theta+\cos7\theta)-(\cos\theta)(2\sin\theta+\sin7\theta)=0$

が成り立つときであり，これを変形すると

> **2点間の距離**
> 　2点 $(x_1,\ y_1)$, $(x_2,\ y_2)$ の間の距離は
> $$\sqrt{(x_2-x_1)^2+(y_2-y_1)^2}.$$
> $\cos^2\theta+\sin^2\theta=1.$

> **加法定理**
> $\cos(\alpha-\beta)=\cos\alpha\cos\beta+\sin\alpha\sin\beta.$

> **2点を通る直線の方程式**
> 　2点 $(x_1,\ y_1)$, $(x_2,\ y_2)$ $(x_1\neq x_2)$
> を通る直線の方程式は
> $$y=\frac{y_2-y_1}{x_2-x_1}(x-x_1)+y_1.$$

$$\sin\theta\cos7\theta - \cos\theta\sin7\theta = 0$$
$$\sin(\theta - 7\theta) = 0$$
$$\sin(-6\theta) = 0$$
$$\sin6\theta = 0$$

となる．このとき，$\dfrac{\pi}{8} \leqq \theta \leqq \dfrac{\pi}{4}$，すなわち，

$\dfrac{3}{4}\pi \leqq 6\theta \leqq \dfrac{3}{2}\pi$ より

$$6\theta = \pi$$
$$\theta = \dfrac{\pi}{\boxed{6}}$$

である．

(3)　∠OQP が直角となるのは
$$OP^2 = OQ^2 + PQ^2$$
が成り立つときであり，このとき
$$2^2 = OQ^2 + 1^2$$
$$OQ^2 = 3$$
$$OQ = \sqrt{\boxed{3}}$$

である．したがって，$\dfrac{\pi}{8} \leqq \theta \leqq \dfrac{\pi}{4}$，すなわち，

$\dfrac{3}{4}\pi \leqq 6\theta \leqq \dfrac{3}{2}\pi$ の範囲で，∠OQP が直角となるの
は
$$5 + 4\cos6\theta = 3$$
が成り立つときであり，このとき
$$\cos6\theta = -\dfrac{1}{2}$$
$$6\theta = \dfrac{4}{3}\pi$$
$$\theta = \dfrac{\boxed{2}}{\boxed{9}}\pi$$

である．

〔2〕　a, b を正の実数とする．連立方程式

(*)$\begin{cases} x\sqrt{y^3} = a \\ \sqrt[3]{x}\,y = b \end{cases}$

すなわち

(*)$\begin{cases} xy^{\frac{3}{2}} = a & \cdots ① \\ x^{\frac{1}{3}}y = b & \cdots ② \end{cases}$

を満たす正の実数 x, y について考えよう．

(1) ② より

$$\left(x^{\frac{1}{3}}y\right)^3 = b^3$$

$$xy^3 = b^3 \qquad \cdots ③$$

であり，① より

$$\left(xy^{\frac{3}{2}}\right)^{-1} = a^{-1}$$

$$x^{-1}y^{-\frac{3}{2}} = a^{-1} \qquad \cdots ④$$

である．③，④ より

$$xy^3 \cdot x^{-1}y^{-\frac{3}{2}} = b^3 \cdot a^{-1}$$

$$y^{\frac{3}{2}} = b^3 a^{-1}$$

$$\left(y^{\frac{3}{2}}\right)^{\frac{2}{3}} = \left(b^3 a^{-1}\right)^{\frac{2}{3}}$$

$$y = a^p b^{\boxed{2}} \qquad \cdots ⑤$$

となる．ただし，$p = \dfrac{\boxed{-2}}{\boxed{3}}$ である．これを ① に

代入すると

$$x\left(a^{-\frac{2}{3}}b^2\right)^{\frac{3}{2}} = a$$

$$xa^{-1}b^3 = a$$

$$xa^{-1}b^3 \cdot ab^{-3} = a \cdot ab^{-3}$$

$$x = a^{\boxed{2}}b^{\boxed{-3}} \qquad \cdots ⑥$$

となる．

(2) $b = 2\sqrt[3]{a^4} = 2a^{\frac{4}{3}}$ を ⑥，⑤ に代入すると，(*) を満

たす正の実数 x，y は，a を用いて

$$x = a^2\left(2a^{\frac{4}{3}}\right)^{-3} = a^2 \cdot 2^{-3}a^{-4} = 2^{-3}a^{\boxed{-2}},$$

$$y = a^{-\frac{2}{3}}\left(2a^{\frac{4}{3}}\right)^2 = a^{-\frac{2}{3}} \cdot 2^2 a^{\frac{8}{3}} = 2^2 a^{\boxed{2}}$$

と表される．したがって，相加平均と相乗平均の関

係を利用すると

$$x + y = 2^{-3}a^{-2} + 2^2 a^2 \geqq 2\sqrt{2^{-3}a^{-2} \cdot 2^2 a^2} = \sqrt{2}$$

が成り立つ．等号成立条件は

$$x = y$$

より

$$2^{-3}a^{-2} = 2^2 a^2$$

$$2^{-3}a^{-2} \cdot 2^{-2}a^2 = 2^2 a^2 \cdot 2^{-2}a^2$$

$$a^4 = 2^{-5}$$

右側の枠：

$a > 0$，$b > 0$，x が実数のとき
$$a^x b^x = (ab)^x.$$

$a > 0$，x，y が実数のとき
$$(a^x)^y = a^{xy}.$$

$a > 0$，x，y が実数のとき
$$a^x a^y = a^{x+y}.$$

$a \neq 0$ のとき，$a^0 = 1.$

相加平均と相乗平均の大小関係

$x > 0$，$y > 0$ のとき

$$\frac{x+y}{2} \geqq \sqrt{xy}$$

が成り立つ．等号成立条件は

$$x = y.$$

$$(a^4)^{\frac{1}{4}} = (2^{-5})^{\frac{1}{4}}$$
$$a = 2^q$$

であり，このとき，$x+y$ は最小値 $\sqrt{\boxed{2}}$ をとる

ことがわかる．ただし，$q = \dfrac{\boxed{-5}}{\boxed{4}}$ である．

第2問　微分法・積分法

(1) 関数 $f(x) = \frac{1}{2}x^2$ の $x = a$ における微分係数 $f'(a)$

を求めよう．h が 0 でないとき，x が a から $a+h$ ま

で変化するときの $f(x)$ の平均変化率は

$$\frac{f(a+h)-f(a)}{h} = \frac{\frac{1}{2}(a+h)^2 - \frac{1}{2}a^2}{h}$$

$$= \boxed{a} + \frac{h}{\boxed{2}}$$

である．したがって，求める微分係数は

$$f'(a) = \lim_{h \to \boxed{0}} \left(a + \frac{h}{2} \right) = \boxed{a}$$

である．

平均変化率

曲線 $y = f(x)$ 上の2点

$(a, f(a))$, $(a+h, f(a+h))$

$(h \neq 0)$ を通る直線の傾きは

$\frac{f(a+h)-f(a)}{h}$ であり，これを

x が a から $a+h$ まで変化すると

きの平均変化率という．

微分係数

曲線 $y = f(x)$ 上の点

$(a, f(a))$ における接線の傾き

$\lim_{h \to 0} \frac{f(a+h)-f(a)}{h}$ を $f(x)$ の

$x = a$ における微分係数といい，

$f'(a)$ で表す．

(2) 点 $\mathrm{P}\left(a, \frac{1}{2}a^2\right)$ $(a > 0)$ における $C : y = \frac{1}{2}x^2$ の接

線 ℓ の方程式は

$$y = a(x-a) + \frac{1}{2}a^2 = \boxed{a}\,x - \frac{1}{\boxed{2}}a^2 \quad \cdots ①$$

である．① において $y = 0$ とすると

$$0 = ax - \frac{1}{2}a^2$$

となり，$a \neq 0$ であるから

$$x = \frac{a}{2}$$

である．よって，直線 ℓ と x 軸との交点 Q の座標は

$\left(\dfrac{\boxed{a}}{\boxed{2}},\, 0 \right)$ である．点 Q を通り ℓ に垂直な直線を

m とすると，m の方程式は

$$y = -\frac{1}{a}\left(x - \frac{a}{2} \right) = \frac{\boxed{-1}}{\boxed{a}}x + \frac{\boxed{1}}{\boxed{2}}$$

である．

接線の方程式

曲線 $y = f(x)$ 上の点 $(t, f(t))$

における接線の方程式は

$y - f(t) = f'(t)(x - t)$.

垂直条件

傾き m の直線と，傾き m' の直

線が直交するための条件は

$mm' = -1$.

直線の方程式

点 (a, b) を通り，傾き m の直線

の方程式は

$y = m(x - a) + b$.

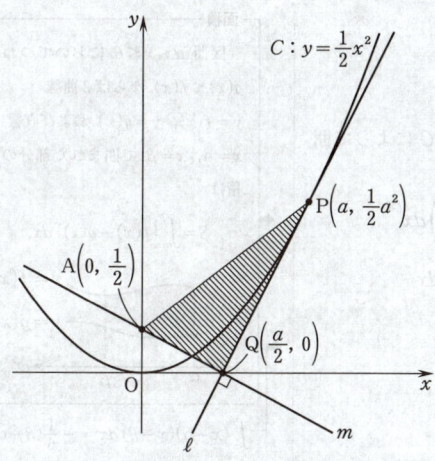

直線 m と y 軸との交点 A の座標は $\left(0,\ \dfrac{1}{2}\right)$ であり，

三角形 APQ の面積 S は

$$S=\frac{1}{2}\mathrm{QA}\cdot\mathrm{QP}$$

$$=\frac{1}{2}\sqrt{\left(0-\frac{a}{2}\right)^2+\left(\frac{1}{2}-0\right)^2}\sqrt{\left(a-\frac{a}{2}\right)^2+\left(\frac{1}{2}a^2-0\right)^2}$$

$$=\frac{1}{2}\sqrt{\frac{1}{4}(a^2+1)}\sqrt{\frac{1}{4}a^2(a^2+1)}$$

$$=\frac{a\left(a^2+\boxed{1}\right)}{\boxed{8}}$$

となる．

◀── 2点間の距離 ──
　　2点 $(x_1,\ y_1)$，$(x_2,\ y_2)$ の間の距離は
$$\sqrt{(x_2-x_1)^2+(y_2-y_1)^2}.$$

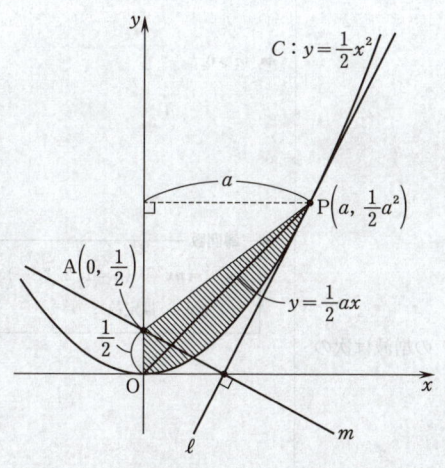

また，直線 OP の方程式は

$$y = \frac{\frac{1}{2}a^2}{a}x = \frac{1}{2}ax$$

であるから，y 軸と線分 AP および曲線 C によって囲まれた図形の面積 T は

$$T = \triangle \mathrm{OAP} + \int_0^a \left(\frac{1}{2}ax - \frac{1}{2}x^2 \right) dx$$

$$= \frac{1}{2} \cdot \frac{1}{2} \cdot a - \frac{1}{2} \int_0^a x(x-a)\, dx$$

$$= \frac{1}{4}a + \frac{1}{2} \cdot \frac{1}{6}(a-0)^3$$

$$= \frac{a\left(a^2 + \boxed{3}\right)}{\boxed{12}}$$

となる.

$a > 0$ の範囲における $S - T$ の値について調べよう.

$$S - T = \frac{a(a^2+1)}{8} - \frac{a(a^2+3)}{12}$$

$$= \frac{a\left(a^2 - \boxed{3}\right)}{\boxed{24}}$$

である．$a > 0$ であるから，$S - T > 0$ となるような a のとり得る値の範囲は

$$a^2 - 3 > 0$$
$$(a + \sqrt{3})(a - \sqrt{3}) > 0$$

より

$$a > \sqrt{\boxed{3}}$$

である．また

$$S - T = \frac{1}{24}(a^3 - 3a)$$

であるから，これを $g(a)$ とおくと

$$g'(a) = \frac{1}{24}(3a^2 - 3)$$

$$= \frac{1}{8}(a+1)(a-1)$$

である．よって，$a > 0$ のときの $S - T$ の増減は次の表のようになる.

面積

区間 $\alpha \leqq x \leqq \beta$ においてつねに $g(x) \leqq f(x)$ ならば 2 曲線 $y = f(x)$，$y = g(x)$ および直線 $x = \alpha$，$x = \beta$ で囲まれた部分の面積は

$$S = \int_\alpha^\beta \{f(x) - g(x)\}\, dx.$$

$$\int_\alpha^\beta (x-\alpha)(x-\beta)\, dx = -\frac{1}{6}(\beta - \alpha)^3.$$

$\leftarrow$ $a > 0$.

導関数

$(x^n)' = nx^{n-1}$ $(n = 1, 2, 3, \cdots)$,
$(c)' = 0$ $(c$ は定数$)$.

a	(0)	$\cdots$	1	$\cdots$
$g'(a)$		$-$	0	$+$
$g(a)$		$\searrow$	$-\dfrac{1}{12}$	$\nearrow$

これより，$a>0$ のとき，$S-T$ は $a=\boxed{1}$ で，最

小値 $\dfrac{\boxed{-1}}{\boxed{12}}$ をとることがわかる．

$g'(a)$ の符号は $y=g'(a)$ のグラフ
をかくとわかりやすい．

$$\left[\, T=\dfrac{a\left(a^2+\boxed{タ}\right)}{\boxed{チツ}}\ \text{の別解}\,\right]$$

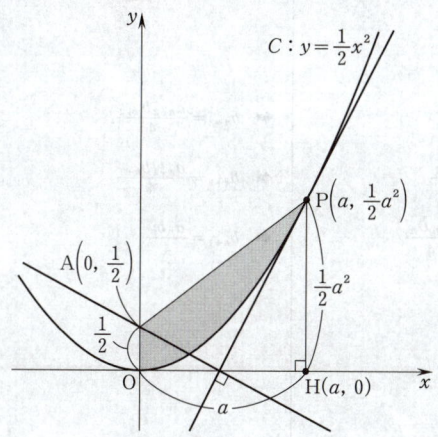

点Pを通り x 軸に垂直な直線と x 軸との交点を H
とすると

$$T=(\text{台形 OHPA の面積})-\int_0^a \frac{1}{2}x^2\,dx$$

$$=\frac{1}{2}\left(\frac{1}{2}+\frac{1}{2}a^2\right)a-\left[\frac{1}{6}x^3\right]_0^a$$

$$=\frac{a+a^3}{4}-\frac{a^3}{6}$$

$$=\frac{a(a^2+3)}{12}.$$

─ 定積分 ─

$$\int x^n\,dx=\frac{1}{n+1}x^{n+1}+C$$

（$n=0,\,1,\,2,\,\cdots$．C は積分定数）
であり，$f(x)$ の原始関数の一つを
$F(x)$ とすると

$$\int_\alpha^\beta f(x)\,dx=\left[F(x)\right]_\alpha^\beta$$

$$=F(\beta)-F(\alpha).$$

第3問　数列

$$b_1 = 1, \quad b_{n+1} = \frac{a_n b_n}{4} \quad (n = 1, 2, 3, \cdots) \quad \cdots ①$$

(1)　$2^1 = 2, \ 2^2 = 4, \ 2^3 = 8, \ 2^4 = 16, \ 2^5 = 32$ の一の位がそ
れぞれ $a_1, \ a_2, \ a_3, \ a_4, \ a_5$ であるから，$a_1 = 2$，

$a_2 = \boxed{4}$，$a_3 = \boxed{8}$，$a_4 = \boxed{6}$，$a_5 = \boxed{2}$

である．このことから，すべての自然数 n に対して，

$a_{n+4} = a_n$ となることがわかる．したがって，$\boxed{オ}$

に当てはまるものは $\boxed{③}$ である．

←　詳しくは，pp. 30～31 の解説を参照．

(2)　数列 $\{b_n\}$ の一般項を求めよう．① を繰り返し用い
ることにより

$$b_{n+4} = \frac{a_{n+3} b_{n+3}}{4}$$

$$= \frac{a_{n+3}}{4} \cdot \frac{a_{n+2} b_{n+2}}{4}$$

←　$b_{n+3} = \dfrac{a_{n+2} b_{n+2}}{4}$.

$$= \frac{a_{n+3}}{4} \cdot \frac{a_{n+2}}{4} \cdot \frac{a_{n+1} b_{n+1}}{4}$$

←　$b_{n+2} = \dfrac{a_{n+1} b_{n+1}}{4}$.

$$= \frac{a_{n+3}}{4} \cdot \frac{a_{n+2}}{4} \cdot \frac{a_{n+1}}{4} \cdot \frac{a_n b_n}{4}$$

←　$b_{n+1} = \dfrac{a_n b_n}{4}$.

$$= \frac{a_{n+3} a_{n+2} a_{n+1} a_n}{4^4} b_n$$

$$= \frac{a_{n+3} a_{n+2} a_{n+1} a_n}{2^{\boxed{8}}} b_n$$

が成り立つことがわかる．ここで

$$a_{n+3} a_{n+2} a_{n+1} a_n = 6 \cdot 8 \cdot 4 \cdot 2$$

←　詳しくは，pp. 30～31 の解説を参照．

$$= (3 \cdot 2) \cdot 2^3 \cdot 2^2 \cdot 2$$

$$= 3 \cdot 2^{\boxed{7}}$$

であることから

$$b_{n+4} = \frac{a_{n+3} a_{n+2} a_{n+1} a_n}{2^8} b_n$$

$$= \frac{3 \cdot 2^7}{2^8} b_n$$

$$= \frac{\boxed{3}}{\boxed{2}} b_n \quad \cdots ②$$

が成り立つ．また，① より

$$b_2 = \frac{a_1 b_1}{4} = \frac{2 \cdot 1}{4} = \frac{1}{2}$$

←　$a_1 = 2, \quad b_1 = 1$.

$$b_3 = \frac{a_2 b_2}{4} = \frac{4 \cdot \frac{1}{2}}{4} = \frac{1}{2}$$

← $a_2 = 4$.

$$b_4 = \frac{a_3 b_3}{4} = \frac{8 \cdot \frac{1}{2}}{4} = 1$$

← $a_3 = 8$.

である．これと ② より，自然数 k に対して

$$b_{4k-3} = \left(\frac{\boxed{3}}{\boxed{2}} \right)^{k-1}$$

← $\overset{\times\frac{3}{2}\ \times\frac{3}{2}}{1 = b_1,\ b_5,\ b_9,\ \cdots,\ \overset{\times\frac{3}{2}}{b_{4k-7},\ b_{4k-3}}}$.

$$b_{4k-2} = \frac{\boxed{1}}{\boxed{2}} \left(\frac{3}{2} \right)^{k-1}$$

← $\overset{\times\frac{3}{2}\ \times\frac{3}{2}}{\frac{1}{2} = b_2,\ b_6,\ b_{10},\ \cdots,\ \overset{\times\frac{3}{2}}{b_{4k-6},\ b_{4k-2}}}$.

$$b_{4k-1} = \frac{\boxed{1}}{\boxed{2}} \left(\frac{3}{2} \right)^{k-1}$$

← $\overset{\times\frac{3}{2}\ \times\frac{3}{2}}{\frac{1}{2} = b_3,\ b_7,\ b_{11},\ \cdots,\ \overset{\times\frac{3}{2}}{b_{4k-5},\ b_{4k-1}}}$.

$$b_{4k} = \left(\frac{3}{2} \right)^{k-1}$$

← $\overset{\times\frac{3}{2}\ \times\frac{3}{2}}{1 = b_4,\ b_8,\ b_{12},\ \cdots,\ \overset{\times\frac{3}{2}}{b_{4k-4},\ b_{4k}}}$.

である．

(3)
$$S_{4m} = \sum_{j=1}^{4m} b_j$$
$$= (b_1 + b_2 + b_3 + b_4) + (b_5 + b_6 + b_7 + b_8) +$$
$$\qquad \cdots + (b_{4m-3} + b_{4m-2} + b_{4m-1} + b_{4m})$$
$$= \sum_{i=1}^{m} (b_{4i-3} + b_{4i-2} + b_{4i-1} + b_{4i})$$
$$= \sum_{i=1}^{m} \left\{ \left(\frac{3}{2} \right)^{i-1} + \frac{1}{2} \left(\frac{3}{2} \right)^{i-1} + \frac{1}{2} \left(\frac{3}{2} \right)^{i-1} + \left(\frac{3}{2} \right)^{i-1} \right\}$$
$$= \sum_{i=1}^{m} \left(1 + \frac{1}{2} + \frac{1}{2} + 1 \right) \left(\frac{3}{2} \right)^{i-1}$$
$$= \sum_{i=1}^{m} 3 \left(\frac{3}{2} \right)^{i-1}$$
$$= \frac{3 \left\{ \left(\frac{3}{2} \right)^m - 1 \right\}}{\frac{3}{2} - 1}$$
$$= \boxed{6} \left(\frac{3}{2} \right)^m - \boxed{6}$$

である．

┌─ 等比数列の一般項 ─
　初項を a，公比を r とする等比数
列 $\{a_n\}$ の一般項は
　　$a_n = ar^{n-1}$ $(n = 1, 2, 3, \cdots)$.
└─────────────

←┌─ 等比数列の和 ─
　初項 a，公比 r，項数 n の等比数
列の和は，$r \neq 1$ のとき
　　$\dfrac{a(r^n - 1)}{r - 1}$.
　└─────────────

(4)
$$b_{4k-3} b_{4k-2} b_{4k-1} b_{4k} = \left(\frac{3}{2} \right)^{k-1} \cdot \frac{1}{2} \left(\frac{3}{2} \right)^{k-1} \cdot \frac{1}{2} \left(\frac{3}{2} \right)^{k-1} \cdot \left(\frac{3}{2} \right)^{k-1}$$
$$= \frac{1}{2^2} \left\{ \left(\frac{3}{2} \right)^{k-1} \right\}^4$$
$$= \frac{1}{\boxed{4}} \left(\frac{3}{2} \right)^{\boxed{4}(k-1)}$$

であることから

$$T_{4m} = (b_1 b_2 b_3 b_4)(b_5 b_6 b_7 b_8)(b_9 b_{10} b_{11} b_{12})$$
$$\cdots (b_{4m-3} b_{4m-2} b_{4m-1} b_{4m})$$
$$= \frac{1}{4}\left(\frac{3}{2}\right)^{4\cdot 0} \cdot \frac{1}{4}\left(\frac{3}{2}\right)^{4\cdot 1} \cdot \frac{1}{4}\left(\frac{3}{2}\right)^{4\cdot 2} \cdot \cdots \cdot \frac{1}{4}\left(\frac{3}{2}\right)^{4(m-1)}$$
$$= \frac{1}{4^m}\left(\frac{3}{2}\right)^{4\{1+2+\cdots+(m-1)\}}$$
$$= \frac{1}{4^m}\left(\frac{3}{2}\right)^{4\cdot\frac{1}{2}(m-1)m}$$
$$= \frac{1}{4^m}\left(\frac{3}{2}\right)^{\boxed{2}m^2-\boxed{2}m}$$

$\blacktriangleleft \ \displaystyle\sum_{k=1}^{n}k = \frac{1}{2}n(n+1).$

である．また

$$T_{10} = (b_1 b_2 b_3 b_4 b_5 b_6 b_7 b_8) b_9 b_{10}$$
$$= T_8 b_9 b_{10}$$
$$= \frac{1}{4^2}\left(\frac{3}{2}\right)^{2\cdot 2^2-2\cdot 2} \cdot \left(\frac{3}{2}\right)^2 \cdot \frac{1}{2}\left(\frac{3}{2}\right)^2$$
$$= \frac{1}{4^2\cdot 2}\left(\frac{3}{2}\right)^{4+2+2}$$
$$= \frac{3^8}{2^{4+1+8}}$$
$$= \frac{3^{\boxed{8}}}{2^{\boxed{13}}}$$

$\blacktriangleleft \ T_8 = T_{4\cdot 2}, \ b_9 = b_{4\cdot 3-3}, \ b_{10} = b_{4\cdot 3-2}.$

である．

【 オ ， キ の解説】

2^n の一の位の数，すなわち，2^n を 10 で割ったときの余りを a_n とするとき，$2^n = 10A_n + a_n$（A_n は 2^n を 10 で割ったときの商）と表すと

$$2^{n+4} - 2^n = (10A_{n+4} + a_{n+4}) - (10A_n + a_n)$$
$$= 10(A_{n+4} - A_n) + a_{n+4} - a_n$$

$\blacktriangleleft \ $ 例えば，$2^5 = 10\cdot 3 + 2.$

であり

$$2^{n+4} - 2^n = (2^4-1)2^n = 15\cdot 2^n$$
$$= 15\cdot 2\cdot 2^{n-1} = 10\cdot 3\cdot 2^{n-1}$$

$\blacktriangleleft \ 2^{n+4} = 2^4\cdot 2^n$

は 10 で割り切れるから

$$a_{n+4} = a_n$$

が成り立つ．このことと

$$a_1 = 2, \ a_2 = 4, \ a_3 = 8, \ a_4 = 6$$

より

$$a_n = \begin{cases} 2 & (n \text{ を } 4 \text{ で割った余りが } 1 \text{ のとき}) \\ 4 & (n \text{ を } 4 \text{ で割った余りが } 2 \text{ のとき}) \\ 8 & (n \text{ を } 4 \text{ で割った余りが } 3 \text{ のとき}) \\ 6 & (n \text{ が } 4 \text{ の倍数のとき}) \end{cases}$$

← $2 = a_1 = a_5 = a_9 = \cdots.$
← $4 = a_2 = a_6 = a_{10} = \cdots.$
← $8 = a_3 = a_7 = a_{11} = \cdots.$
← $6 = a_4 = a_8 = a_{12} = \cdots.$

となる．よって

$$a_{n+3}a_{n+2}a_{n+1}a_n$$
$$= \begin{cases} 6 \cdot 8 \cdot 4 \cdot 2 & (n \text{ を } 4 \text{ で割った余りが } 1 \text{ のとき}) \\ 2 \cdot 6 \cdot 8 \cdot 4 & (n \text{ を } 4 \text{ で割った余りが } 2 \text{ のとき}) \\ 4 \cdot 2 \cdot 6 \cdot 8 & (n \text{ を } 4 \text{ で割った余りが } 3 \text{ のとき}) \\ 8 \cdot 4 \cdot 2 \cdot 6 & (n \text{ が } 4 \text{ の倍数のとき}) \end{cases}$$

すなわち

$$a_{n+3}a_{n+2}a_{n+1}a_n = 6 \cdot 8 \cdot 4 \cdot 2 \quad (n \text{ は自然数})$$

である．

第4問　平面ベクトル

(1)　点 P は辺 AB を 2:1 に内分するから

$$\overrightarrow{OP} = \boxed{\dfrac{1}{3}}\vec{a} + \boxed{\dfrac{2}{3}}\vec{b}$$

である．四角形 OABC はひし形であるから

$$\overrightarrow{OB} = \overrightarrow{OA} + \overrightarrow{OC}$$

すなわち

$$\overrightarrow{OC} = \vec{b} - \vec{a}$$

であり，点 Q は直線 BC 上にあるから，実数 t を用いて

$$\overrightarrow{BQ} = t\overrightarrow{BC}$$

と表される．これより

$$\overrightarrow{OQ} - \overrightarrow{OB} = t(\overrightarrow{OC} - \overrightarrow{OB})$$

であるから

$$\begin{aligned}
\overrightarrow{OQ} &= (1-t)\overrightarrow{OB} + t\overrightarrow{OC} \\
&= (1-t)\vec{b} + t(\vec{b} - \vec{a}) \\
&= \boxed{-}\,t\vec{a} + \vec{b}
\end{aligned}$$

である．四角形 OABC は 1 辺の長さが 1 のひし形であり，$\angle AOC = 120°$ であるから

$$|\vec{a}| = |\vec{b}| = 1, \quad \angle AOB = 60°$$

である．よって

$$\vec{a} \cdot \vec{b} = 1 \cdot 1 \cdot \cos 60° = \boxed{\dfrac{1}{2}}$$

である．また，$\overrightarrow{OP} \perp \overrightarrow{OQ}$ より，$\overrightarrow{OP} \cdot \overrightarrow{OQ} = \boxed{0}$ であり

$$\begin{aligned}
\overrightarrow{OP} \cdot \overrightarrow{OQ} &= \left(\frac{1}{3}\vec{a} + \frac{2}{3}\vec{b}\right) \cdot (-t\vec{a} + \vec{b}) \\
&= -\frac{t}{3}|\vec{a}|^2 + \left(\frac{1-2t}{3}\right)\vec{a} \cdot \vec{b} + \frac{2}{3}|\vec{b}|^2 \\
&= -\frac{t}{3} + \left(\frac{1-2t}{3}\right) \cdot \frac{1}{2} + \frac{2}{3} \\
&= \frac{5-4t}{6}
\end{aligned}$$

であるから

$$\frac{5-4t}{6} = 0$$

が成り立つ．よって，$t = \boxed{\dfrac{5}{4}}$ である．

分点の公式

線分 AB を $m:n$ の比に内分する点を P とすると

$$\overrightarrow{OP} = \frac{n\overrightarrow{OA} + m\overrightarrow{OB}}{m+n}.$$

内積

$\vec{0}$ でない 2 つのベクトル $\vec{x}$ と $\vec{y}$ のなす角を $\theta\ (0° \leqq \theta \leqq 180°)$ とすると

$$\vec{x} \cdot \vec{y} = |\vec{x}|\,|\vec{y}|\cos\theta.$$

特に，

$$\vec{x} \cdot \vec{x} = |\vec{x}|\,|\vec{x}|\cos 0° = |\vec{x}|^2.$$

これらのことから

$$|\overrightarrow{OP}|^2 = \frac{1}{3^2}|\overrightarrow{a}+2\overrightarrow{b}|^2$$

$$= \frac{1}{3^2}\left(|\overrightarrow{a}|^2+4\overrightarrow{a}\cdot\overrightarrow{b}+4|\overrightarrow{b}|^2\right)$$

$$= \frac{1}{3^2}\left(1+4\cdot\frac{1}{2}+4\right)$$

$$= \frac{7}{3^2}$$

$$|\overrightarrow{OQ}|^2 = \frac{1}{4^2}|-5\overrightarrow{a}+4\overrightarrow{b}|^2$$

$$= \frac{1}{4^2}\left(25|\overrightarrow{a}|^2-40\overrightarrow{a}\cdot\overrightarrow{b}+16|\overrightarrow{b}|^2\right)$$

$$= \frac{1}{4^2}\left(25-40\cdot\frac{1}{2}+16\right)$$

$$= \frac{21}{4^2}$$

$$\Longleftarrow \overrightarrow{OQ}=-t\overrightarrow{a}+\overrightarrow{b}=-\frac{5}{4}\overrightarrow{a}+\overrightarrow{b}.$$

となるから，$|\overrightarrow{OP}| = \dfrac{\sqrt{\boxed{7}}}{\boxed{3}}$，$|\overrightarrow{OQ}| = \dfrac{\sqrt{\boxed{21}}}{\boxed{4}}$

である.

　よって，三角形 OPQ の面積 S_1 は

$$S_1 = \frac{1}{2}|\overrightarrow{OP}||\overrightarrow{OQ}| = \frac{1}{2}\cdot\frac{\sqrt{7}}{3}\cdot\frac{\sqrt{21}}{4}$$

$$= \frac{\boxed{7}\sqrt{\boxed{3}}}{\boxed{24}}$$

である.

(2)　辺 BC を $1:3$ に内分する点が R であるから

$$\overrightarrow{OR} = \frac{3}{4}\overrightarrow{OB}+\frac{1}{4}\overrightarrow{OC}$$

であり，点 T は直線 OR 上の点であるから，実数 r を
用いて

$$\overrightarrow{OT} = r\overrightarrow{OR}$$

$$= r\left(\frac{3}{4}\overrightarrow{OB}+\frac{1}{4}\overrightarrow{OC}\right)$$

$$= r\left\{\frac{3}{4}\overrightarrow{b}+\frac{1}{4}(\overrightarrow{b}-\overrightarrow{a})\right\}$$

$$= -\frac{r}{4}\overrightarrow{a}+r\overrightarrow{b} \qquad \cdots ①$$

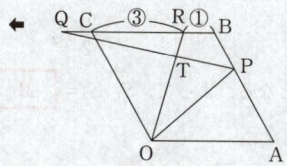

と表される. また，点 T は直線 PQ 上の点であるか
ら，実数 s を用いて

$$\overrightarrow{PT} = s\overrightarrow{PQ}$$

と表される．これより

$$\overrightarrow{OT} - \overrightarrow{OP} = s(\overrightarrow{OQ} - \overrightarrow{OP})$$

であるから

$$\overrightarrow{OT} = (1-s)\overrightarrow{OP} + s\overrightarrow{OQ}$$

$$= (1-s)\left(\frac{1}{3}\vec{a} + \frac{2}{3}\vec{b}\right) + s\left(-\frac{5}{4}\vec{a} + \vec{b}\right)$$

$$= \frac{4-19s}{12}\vec{a} + \frac{2+s}{3}\vec{b} \qquad \cdots ②$$

と表される．$\vec{a} \neq \vec{0}$, $\vec{b} \neq \vec{0}$, $\vec{a} \not\parallel \vec{b}$ であるから，①，②より

$$-\frac{r}{4} = \frac{4-19s}{12}, \quad r = \frac{2+s}{3}$$

が成り立つ．これを解くと $r = \dfrac{\boxed{7}}{\boxed{9}}$, $s = \dfrac{\boxed{1}}{\boxed{3}}$

となることがわかる．よって

$$\overrightarrow{OT} = \frac{\boxed{-7}}{\boxed{36}}\vec{a} + \frac{\boxed{7}}{\boxed{9}}\vec{b} = \frac{2}{3}\overrightarrow{OP} + \frac{1}{3}\overrightarrow{OQ}$$

$$= \frac{7}{9}\overrightarrow{OR}$$

である．これより，$PT : PQ = 1 : 3$, $OT : TR = 7 : 2$ であるから

$$S_1 = \triangle OPQ = \frac{PQ}{PT} \cdot \triangle OPT$$

$$= \frac{PQ}{PT} \cdot \frac{OT}{TR} \cdot \triangle PRT$$

$$= 3 \cdot \frac{7}{2} \cdot S_2$$

$$= \frac{21}{2} S_2$$

となる．よって，$S_1 : S_2 = \boxed{21} : 2$ である．

┌─── ベクトルの相等 ───
$\vec{x} \neq \vec{0}$, $\vec{y} \neq \vec{0}$, $\vec{x} \not\parallel \vec{y}$ のとき

$$s\vec{x} + t\vec{y} = s'\vec{x} + t'\vec{y}$$

$$\iff s = s' \text{ かつ } t = t'.$$

第5問　確率分布と統計的な推測

(1)　袋の中に白球が4個，赤球が3個，合計7個入っている．この袋の中から3個の球を取り出すとき，球の取り出し方は

$$_7C_3 = \frac{7!}{3!4!} = 35 \text{（通り）}$$

である．取り出した白球の個数を W とする．
$W = k$ $(k = 0, 1, 2, 3)$ のとき，取り出した赤球の個数は $3-k$ であるから，$W = k$ となるような球の取り出し方は

$$_4C_k \cdot _3C_{3-k} = \frac{4!}{k!(4-k)!} \cdot \frac{3!}{(3-k)!k!} \text{（通り）}$$

である．よって，確率変数 W について

$$P(W = k) = \frac{\dfrac{4!}{k!(4-k)!} \cdot \dfrac{3!}{(3-k)!k!}}{35}$$

であるから

$$P(W = 0) = \frac{\dfrac{4!}{4!} \cdot \dfrac{3!}{3!}}{35} = \boxed{\frac{1}{35}}$$

$$P(W = 1) = \frac{\dfrac{4!}{3!} \cdot \dfrac{3!}{2!}}{35} = \boxed{\frac{12}{35}}$$

$$P(W = 2) = \frac{\dfrac{4!}{2!2!} \cdot \dfrac{3!}{2!}}{35} = \frac{\boxed{18}}{35}$$

$$P(W = 3) = \frac{\dfrac{4!}{3!} \cdot \dfrac{3!}{3!}}{35} = \frac{\boxed{4}}{35}$$

であり，期待値（平均）は

$$0 \cdot \frac{1}{35} + 1 \cdot \frac{12}{35} + 2 \cdot \frac{18}{35} + 3 \cdot \frac{4}{35} = \frac{\boxed{12}}{\boxed{7}},$$

分散は

$$0^2 \cdot \frac{1}{35} + 1^2 \cdot \frac{12}{35} + 2^2 \cdot \frac{18}{35} + 3^2 \cdot \frac{4}{35} - \left(\frac{12}{7}\right)^2 = \frac{\boxed{24}}{\boxed{49}}$$

である．

(2)　確率変数 Z が標準正規分布に従うとき，正規分布表より

$$P(-2.58 \leqq Z \leqq 2.58) = 2P(0 \leqq Z \leqq 2.58)$$
$$= 2 \cdot 0.4951$$
$$= 0.9902$$

期待値（平均）

確率変数 X がとりうる値を x_1, x_2, $\cdots$, x_n とし，X がこれらの値をとる確率をそれぞれ p_1, p_2, $\cdots$, p_n とすると，期待値（平均）$E(X)$ は

$$E(X) = \sum_{k=1}^{n} x_k p_k.$$

分散

確率変数 X がとりうる値を x_1, x_2, $\cdots$, x_n とし，X がこれらの値をとる確率をそれぞれ p_1, p_2, $\cdots$, p_n とすると，分散 $V(X)$ は $E(X) = m$ として

$$V(X) = \sum_{k=1}^{n} (x_k - m)^2 p_k \quad \cdots \text{①}$$

または

$$V(X) = E(X^2) - \{E(X)\}^2. \quad \cdots \text{②}$$

ここでは ②を用いた．

p. 38.

である．したがって タ に当てはまるものは

③ である．

← 同様に考えると他の選択肢は不適．

(3) 母平均 m，母標準偏差 σ をもつ母集団から抽出された大きさ n の無作為標本の標本平均を $\overline{X}$ とし，

$Z = \dfrac{\overline{X} - m}{\dfrac{\sigma}{\sqrt{n}}}$ とすると，n が十分に大きいとき，Z は近

似的に標準正規分布 $N(0, 1)$ に従う．正規分布表より

$$P(-1.96 \leq Z \leq 1.96) = 2P(0 \leq Z \leq 1.96)$$
$$= 2 \cdot 0.4750$$
$$= 0.95$$

← p.38.

であるから

$$P\left(-1.96 \leq \dfrac{\overline{X} - m}{\dfrac{\sigma}{\sqrt{n}}} \leq 1.96\right) = 0.95$$

が成り立つ．これより

$$P\left(\overline{X} - 1.96 \cdot \dfrac{\sigma}{\sqrt{n}} \leq m \leq \overline{X} + 1.96 \cdot \dfrac{\sigma}{\sqrt{n}}\right) = 0.95$$

であるから，母平均 m の信頼度（信頼係数）95％の信頼区間の幅 L_1 は

$$L_1 = \left(\overline{X} + 1.96 \cdot \dfrac{\sigma}{\sqrt{n}}\right) - \left(\overline{X} - 1.96 \cdot \dfrac{\sigma}{\sqrt{n}}\right)$$

$$= 2 \cdot 1.96 \cdot \dfrac{\sigma}{\sqrt{n}}$$

である．また，(2) より

$$P(-2.58 \leq Z \leq 2.58) = 0.9902$$

であるから，同様にして，信頼度（信頼係数）99％の信頼区間の幅 L_2 は

$$L_2 = 2 \cdot 2.58 \cdot \dfrac{\sigma}{\sqrt{n}}$$

である．よって

$$\dfrac{L_2}{L_1} = \dfrac{2 \cdot 2.58 \cdot \dfrac{\sigma}{\sqrt{n}}}{2 \cdot 1.96 \cdot \dfrac{\sigma}{\sqrt{n}}} = \dfrac{2.58}{1.96} = \boxed{1} . \boxed{3}$$

が成り立つ．また，同じ母集団から，大きさ $4n$ の無作為標本を抽出して得られる母平均 m の信頼度 95％の信頼区間の幅 L_3 は，同様にして

$$L_3 = 2 \cdot 1.96 \cdot \dfrac{\sigma}{\sqrt{4n}} = 2 \cdot 1.96 \cdot \dfrac{\sigma}{2\sqrt{n}}$$

であるから

$$\frac{L_3}{L_1} = \frac{2 \cdot 1.96 \cdot \dfrac{\sigma}{2\sqrt{n}}}{2 \cdot 1.96 \cdot \dfrac{\sigma}{\sqrt{n}}} = \frac{1}{2} = \boxed{0} . \boxed{5}$$

が成り立つ.

正　規　分　布　表

　次の表は，標準正規分布の分布曲線における右図の灰
色部分の面積の値をまとめたものである。

z_0	0.00	0.01	0.02	0.03	0.04	0.05	0.06	0.07	0.08	0.09
0.0	0.0000	0.0040	0.0080	0.0120	0.0160	0.0199	0.0239	0.0279	0.0319	0.0359
0.1	0.0398	0.0438	0.0478	0.0517	0.0557	0.0596	0.0636	0.0675	0.0714	0.0753
0.2	0.0793	0.0832	0.0871	0.0910	0.0948	0.0987	0.1026	0.1064	0.1103	0.1141
0.3	0.1179	0.1217	0.1255	0.1293	0.1331	0.1368	0.1406	0.1443	0.1480	0.1517
0.4	0.1554	0.1591	0.1628	0.1664	0.1700	0.1736	0.1772	0.1808	0.1844	0.1879
0.5	0.1915	0.1950	0.1985	0.2019	0.2054	0.2088	0.2123	0.2157	0.2190	0.2224
0.6	0.2257	0.2291	0.2324	0.2357	0.2389	0.2422	0.2454	0.2486	0.2517	0.2549
0.7	0.2580	0.2611	0.2642	0.2673	0.2704	0.2734	0.2764	0.2794	0.2823	0.2852
0.8	0.2881	0.2910	0.2939	0.2967	0.2995	0.3023	0.3051	0.3078	0.3106	0.3133
0.9	0.3159	0.3186	0.3212	0.3238	0.3264	0.3289	0.3315	0.3340	0.3365	0.3389
1.0	0.3413	0.3438	0.3461	0.3485	0.3508	0.3531	0.3554	0.3577	0.3599	0.3621
1.1	0.3643	0.3665	0.3686	0.3708	0.3729	0.3749	0.3770	0.3790	0.3810	0.3830
1.2	0.3849	0.3869	0.3888	0.3907	0.3925	0.3944	0.3962	0.3980	0.3997	0.4015
1.3	0.4032	0.4049	0.4066	0.4082	0.4099	0.4115	0.4131	0.4147	0.4162	0.4177
1.4	0.4192	0.4207	0.4222	0.4236	0.4251	0.4265	0.4279	0.4292	0.4306	0.4319
1.5	0.4332	0.4345	0.4357	0.4370	0.4382	0.4394	0.4406	0.4418	0.4429	0.4441
1.6	0.4452	0.4463	0.4474	0.4484	0.4495	0.4505	0.4515	0.4525	0.4535	0.4545
1.7	0.4554	0.4564	0.4573	0.4582	0.4591	0.4599	0.4608	0.4616	0.4625	0.4633
1.8	0.4641	0.4649	0.4656	0.4664	0.4671	0.4678	0.4686	0.4693	0.4699	0.4706
1.9	0.4713	0.4719	0.4726	0.4732	0.4738	0.4744	0.4750	0.4756	0.4761	0.4767
2.0	0.4772	0.4778	0.4783	0.4788	0.4793	0.4798	0.4803	0.4808	0.4812	0.4817
2.1	0.4821	0.4826	0.4830	0.4834	0.4838	0.4842	0.4846	0.4850	0.4854	0.4857
2.2	0.4861	0.4864	0.4868	0.4871	0.4875	0.4878	0.4881	0.4884	0.4887	0.4890
2.3	0.4893	0.4896	0.4898	0.4901	0.4904	0.4906	0.4909	0.4911	0.4913	0.4916
2.4	0.4918	0.4920	0.4922	0.4925	0.4927	0.4929	0.4931	0.4932	0.4934	0.4936
2.5	0.4938	0.4940	0.4941	0.4943	0.4945	0.4946	0.4948	0.4949	0.4951	0.4952
2.6	0.4953	0.4955	0.4956	0.4957	0.4959	0.4960	0.4961	0.4962	0.4963	0.4964
2.7	0.4965	0.4966	0.4967	0.4968	0.4969	0.4970	0.4971	0.4972	0.4973	0.4974
2.8	0.4974	0.4975	0.4976	0.4977	0.4977	0.4978	0.4979	0.4979	0.4980	0.4981
2.9	0.4981	0.4982	0.4982	0.4983	0.4984	0.4984	0.4985	0.4985	0.4986	0.4986
3.0	0.4987	0.4987	0.4987	0.4988	0.4988	0.4989	0.4989	0.4989	0.4990	0.4990

MEMO

MEMO

MEMO

MEMO

MEMO

MEMO

MEMO

MEMO

MEMO

MEMO

MEMO

河合出版ホームページ
https://www.kawai-publishing.jp
E-mail
kp@kawaijuku.jp

表紙デザイン　河野宗平

2025大学入学共通テスト
過去問レビュー
数学I，A，II，B，C

発　行　2024年5月20日

編　者　河合出版編集部

発行者　宮本正生

発行所　**株式会社　河合出版**
　　[東　京] 〒160-0023
　　　　　　東京都新宿区西新宿7－15－2
　　[名古屋] 〒461-0004
　　　　　　名古屋市東区葵3－24－2

印刷所　協和オフセット印刷株式会社

製本所　望月製本所

ISBN 978-4-7772-2826-3

河合塾
SERIES

2025 大学入学

共通テスト
過去問レビュー

数　学　I,A,II,B,C

●問題編●

河合出版

▶問題編◀

数学Ⅰ・数学A
数学Ⅱ・数学B
数学Ⅰ
数学Ⅱ

（2024年1月実施）

数学Ⅰ・数学A	70分	100点
数学Ⅱ・数学B	60分	100点
数学Ⅰ	70分	100点
数学Ⅱ	60分	100点

数学Ⅰ・数学A

問　題	選　択　方　法
第1問	必　　答
第2問	必　　答
第3問	いずれか2問を選択し，解答しなさい。
第4問	
第5問	

（注）この科目には，選択問題があります。（2ページ参照。）

第1問　（必答問題）（配点　30）

〔1〕　不等式

$$n < 2\sqrt{13} < n + 1 \qquad \cdots\cdots\cdots\cdots\cdots\cdots ①$$

を満たす整数 n は $\boxed{\ \text{ア}\ }$ である。実数 $a,\ b$ を

$$a = 2\sqrt{13} - \boxed{\ \text{ア}\ } \qquad \cdots\cdots\cdots\cdots\cdots\cdots ②$$

$$b = \frac{1}{a} \qquad \cdots\cdots\cdots\cdots\cdots\cdots ③$$

で定める。このとき

$$b = \frac{\boxed{\ \text{イ}\ } + 2\sqrt{13}}{\boxed{\ \text{ウ}\ }} \qquad \cdots\cdots\cdots\cdots\cdots\cdots ④$$

である。また

$$a^2 - 9b^2 = \boxed{\ \text{エオカ}\ }\sqrt{13}$$

である。

（数学Ⅰ・数学A第1問は次ページに続く。）

4

①から

$$\frac{\boxed{\text{ア}}}{2} < \sqrt{13} < \frac{\boxed{\text{ア}}+1}{2} \qquad \cdots\cdots\cdots\cdots ⑤$$

が成り立つ。

太郎さんと花子さんは，$\sqrt{13}$ について話している。

太郎：⑤から $\sqrt{13}$ のおよその値がわかるけど，小数点以下はよくわから
　　　ないね。

花子：小数点以下をもう少し詳しく調べることができないかな。

①と④から

$$\frac{m}{\boxed{\text{ウ}}} < b < \frac{m+1}{\boxed{\text{ウ}}}$$

を満たす整数 m は $\boxed{\text{キク}}$ となる。よって，③から

$$\frac{\boxed{\text{ウ}}}{m+1} < a < \frac{\boxed{\text{ウ}}}{m} \qquad \cdots\cdots\cdots\cdots ⑥$$

が成り立つ。

$\sqrt{13}$ の整数部分は $\boxed{\text{ケ}}$ であり，②と⑥を使えば $\sqrt{13}$ の小数第 1 位の数字は $\boxed{\text{コ}}$，小数第 2 位の数字は $\boxed{\text{サ}}$ であることがわかる。

（数学 I・数学 A 第 1 問は次ページに続く。）

〔2〕　以下の問題を解答するにあたっては，必要に応じて 10 ページの三角比の表を用いてもよい。

　　水平な地面(以下，地面)に垂直に立っている電柱の高さを，その影の長さと太陽高度を利用して求めよう。

(数学 I・数学 A 第 1 問は次ページに続く。)

　図1のように，電柱の影の先端は坂の斜面(以下，坂)にあるとする。また，坂には傾斜を表す道路標識が設置されていて，そこには7％と表示されているとする。

　電柱の太さと影の幅は無視して考えるものとする。また，地面と坂は平面であるとし，地面と坂が交わってできる直線を ℓ とする。

　電柱の先端を点Aとし，根もとを点Bとする。電柱の影について，地面にある部分を線分BCとし，坂にある部分を線分CDとする。線分BC，CDがそれぞれ ℓ と垂直であるとき，電柱の影は坂に向かってまっすぐにのびているということにする。

太陽光の向き

A

電柱

B　電柱の影　ℓ

C　D

図　1

(数学 I・数学A第1問は次ページに続く。)

電柱の影が坂に向かってまっすぐにのびているとする。このとき，4点A，B，C，Dを通る平面は ℓ と垂直である。その平面において，図2のように，直線 AD と直線 BC の交点をPとすると，太陽高度とは ∠APB の大きさのことである。

図 2

道路標識の7%という表示は，この坂をのぼったとき，100mの水平距離に対して7mの割合で高くなることを示している。n を1以上9以下の整数とするとき，坂の傾斜角 ∠DCP の大きさについて

$$n° < ∠DCP < n° + 1°$$

を満たす n の値は $\boxed{シ}$ である。

以下では，∠DCP の大きさは，ちょうど $\boxed{シ}$ °であるとする。

（数学 I・数学A 第1問は次ページに続く。）

ある日，電柱の影が坂に向かってまっすぐにのびていたとき，影の長さを調べたところ BC = 7 m，CD = 4 m であり，太陽高度は $\angle APB = 45°$ であった。点 D から直線 AB に垂直な直線を引き，直線 AB との交点を E とするとき

$$BE = \boxed{\text{ス}} \times \boxed{\text{セ}} \text{ m}$$

であり

$$DE = \left(\boxed{\text{ソ}} + \boxed{\text{タ}} \times \boxed{\text{チ}} \right) \text{ m}$$

である。よって，電柱の高さは，小数第 2 位で四捨五入すると $\boxed{\text{ツ}}$ m であることがわかる。

$\boxed{\text{セ}}$ ，$\boxed{\text{チ}}$ の解答群（同じものを繰り返し選んでもよい。）

⓪ $\sin \angle DCP$	① $\dfrac{1}{\sin \angle DCP}$	② $\cos \angle DCP$
③ $\dfrac{1}{\cos \angle DCP}$	④ $\tan \angle DCP$	⑤ $\dfrac{1}{\tan \angle DCP}$

$\boxed{\text{ツ}}$ の解答群

⓪ 10.4	① 10.7	② 11.0
③ 11.3	④ 11.6	⑤ 11.9

（数学 I・数学 A 第 1 問は次ページに続く。）

別の日，電柱の影が坂に向かってまっすぐにのびていたときの太陽高度は ∠APB = 42° であった。電柱の高さがわかったので，前回調べた日からの影の長さの変化を知ることができる。電柱の影について，坂にある部分の長さは

$$CD = \frac{AB - \boxed{\text{テ}} \times \boxed{\text{ト}}}{\boxed{\text{ナ}} + \boxed{\text{ニ}} \times \boxed{\text{ト}}} \text{ m}$$

である。AB = $\boxed{\text{ツ}}$ m として，これを計算することにより，この日の電柱の影について，坂にある部分の長さは，前回調べた 4 m より約 1.2 m だけ長いことがわかる。

$\boxed{\text{ト}}$ ～ $\boxed{\text{ニ}}$ の解答群(同じものを繰り返し選んでもよい。)

⓪ sin ∠DCP	① cos ∠DCP	② tan ∠DCP
③ sin 42°	④ cos 42°	⑤ tan 42°

(数学Ⅰ・数学Ａ第1問は次ページに続く。)

三角比の表

角	正弦(sin)	余弦(cos)	正接(tan)	角	正弦(sin)	余弦(cos)	正接(tan)
0°	0.0000	1.0000	0.0000	45°	0.7071	0.7071	1.0000
1°	0.0175	0.9998	0.0175	46°	0.7193	0.6947	1.0355
2°	0.0349	0.9994	0.0349	47°	0.7314	0.6820	1.0724
3°	0.0523	0.9986	0.0524	48°	0.7431	0.6691	1.1106
4°	0.0698	0.9976	0.0699	49°	0.7547	0.6561	1.1504
5°	0.0872	0.9962	0.0875	50°	0.7660	0.6428	1.1918
6°	0.1045	0.9945	0.1051	51°	0.7771	0.6293	1.2349
7°	0.1219	0.9925	0.1228	52°	0.7880	0.6157	1.2799
8°	0.1392	0.9903	0.1405	53°	0.7986	0.6018	1.3270
9°	0.1564	0.9877	0.1584	54°	0.8090	0.5878	1.3764
10°	0.1736	0.9848	0.1763	55°	0.8192	0.5736	1.4281
11°	0.1908	0.9816	0.1944	56°	0.8290	0.5592	1.4826
12°	0.2079	0.9781	0.2126	57°	0.8387	0.5446	1.5399
13°	0.2250	0.9744	0.2309	58°	0.8480	0.5299	1.6003
14°	0.2419	0.9703	0.2493	59°	0.8572	0.5150	1.6643
15°	0.2588	0.9659	0.2679	60°	0.8660	0.5000	1.7321
16°	0.2756	0.9613	0.2867	61°	0.8746	0.4848	1.8040
17°	0.2924	0.9563	0.3057	62°	0.8829	0.4695	1.8807
18°	0.3090	0.9511	0.3249	63°	0.8910	0.4540	1.9626
19°	0.3256	0.9455	0.3443	64°	0.8988	0.4384	2.0503
20°	0.3420	0.9397	0.3640	65°	0.9063	0.4226	2.1445
21°	0.3584	0.9336	0.3839	66°	0.9135	0.4067	2.2460
22°	0.3746	0.9272	0.4040	67°	0.9205	0.3907	2.3559
23°	0.3907	0.9205	0.4245	68°	0.9272	0.3746	2.4751
24°	0.4067	0.9135	0.4452	69°	0.9336	0.3584	2.6051
25°	0.4226	0.9063	0.4663	70°	0.9397	0.3420	2.7475
26°	0.4384	0.8988	0.4877	71°	0.9455	0.3256	2.9042
27°	0.4540	0.8910	0.5095	72°	0.9511	0.3090	3.0777
28°	0.4695	0.8829	0.5317	73°	0.9563	0.2924	3.2709
29°	0.4848	0.8746	0.5543	74°	0.9613	0.2756	3.4874
30°	0.5000	0.8660	0.5774	75°	0.9659	0.2588	3.7321
31°	0.5150	0.8572	0.6009	76°	0.9703	0.2419	4.0108
32°	0.5299	0.8480	0.6249	77°	0.9744	0.2250	4.3315
33°	0.5446	0.8387	0.6494	78°	0.9781	0.2079	4.7046
34°	0.5592	0.8290	0.6745	79°	0.9816	0.1908	5.1446
35°	0.5736	0.8192	0.7002	80°	0.9848	0.1736	5.6713
36°	0.5878	0.8090	0.7265	81°	0.9877	0.1564	6.3138
37°	0.6018	0.7986	0.7536	82°	0.9903	0.1392	7.1154
38°	0.6157	0.7880	0.7813	83°	0.9925	0.1219	8.1443
39°	0.6293	0.7771	0.8098	84°	0.9945	0.1045	9.5144
40°	0.6428	0.7660	0.8391	85°	0.9962	0.0872	11.4301
41°	0.6561	0.7547	0.8693	86°	0.9976	0.0698	14.3007
42°	0.6691	0.7431	0.9004	87°	0.9986	0.0523	19.0811
43°	0.6820	0.7314	0.9325	88°	0.9994	0.0349	28.6363
44°	0.6947	0.7193	0.9657	89°	0.9998	0.0175	57.2900
45°	0.7071	0.7071	1.0000	90°	1.0000	0.0000	—

第 2 問　(必答問題)(配点　30)

〔1〕　座標平面上に 4 点 O(0, 0)，A(6, 0)，B(4, 6)，C(0, 6)を頂点とする台形 OABC がある。また，この座標平面上で，点 P，Q は次の**規則**に従って移動する。

規則

・P は，O から出発して毎秒 1 の一定の速さで x 軸上を正の向きに A まで移動し，A に到達した時点で移動を終了する。

・Q は，C から出発して y 軸上を負の向きに O まで移動し，O に到達した後は y 軸上を正の向きに C まで移動する。そして，C に到達した時点で移動を終了する。ただし，Q は毎秒 2 の一定の速さで移動する。

・P，Q は同時刻に移動を開始する。

この**規則**に従って P，Q が移動するとき，P，Q はそれぞれ A，C に同時刻に到達し，移動を終了する。

以下において，P，Q が移動を開始する時刻を**開始時刻**，移動を終了する時刻を**終了時刻**とする。

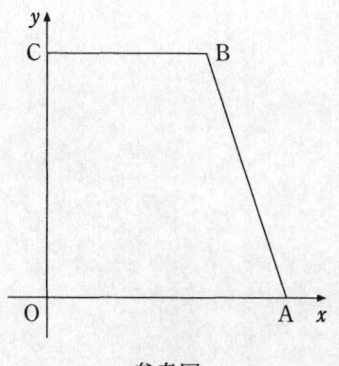

参考図

(数学 I・数学 A 第 2 問は次ページに続く。)

(1) **開始時刻**から 1 秒後の △PBQ の面積は　ア　である。

(2) **開始時刻**から 3 秒間の △PBQ の面積について，面積の最小値は　イ　であり，最大値は　ウエ　である。

(3) **開始時刻**から**終了時刻**までの △PBQ の面積について，面積の最小値は　オ　であり，最大値は　カキ　である。

(4) **開始時刻**から**終了時刻**までの △PBQ の面積について，面積が 10 以下となる時間は $\left(\boxed{ク} - \sqrt{\boxed{ケ}} + \sqrt{\boxed{コ}} \right)$ 秒間である。

(数学 I・数学 A 第 2 問は次ページに続く。)

〔2〕　高校の陸上部で長距離競技の選手として活躍する太郎さんは，長距離競技の公認記録が掲載されている Web ページを見つけた。この Web ページでは，各選手における公認記録のうち最も速いものが掲載されている。その Web ページに掲載されている，ある選手のある長距離競技での公認記録を，その選手のその競技でのベストタイムということにする。

　　なお，以下の図や表については，ベースボール・マガジン社「陸上競技ランキング」の Web ページをもとに作成している。

(1)　太郎さんは，男子マラソンの日本人選手の 2022 年末時点でのベストタイムを調べた。その中で，2018 年より前にベストタイムを出した選手と 2018 年以降にベストタイムを出した選手に分け，それぞれにおいて速い方から 50 人の選手のベストタイムをデータ A，データ B とした。

　　ここでは，マラソンのベストタイムは，実際のベストタイムから 2 時間を引いた時間を秒単位で表したものとする。例えば 2 時間 5 分 30 秒であれば，$60 \times 5 + 30 = 330$（秒）となる。

（数学Ⅰ・数学A第 2 問は次ページに続く。）

(i) 図1と図2はそれぞれ，階級の幅を30秒としたAとBのヒストグラムである。なお，ヒストグラムの各階級の区間は，左側の数値を含み，右側の数値を含まない。

図1　Aのヒストグラム

図2　Bのヒストグラム

図1からAの最頻値は階級　サ　の階級値である。また，図2からBの中央値が含まれる階級は　シ　である。

サ　，　シ　の解答群(同じものを繰り返し選んでもよい。)

⓪ 270 以上 300 未満	① 300 以上 330 未満
② 330 以上 360 未満	③ 360 以上 390 未満
④ 390 以上 420 未満	⑤ 420 以上 450 未満
⑥ 450 以上 480 未満	⑦ 480 以上 510 未満
⑧ 510 以上 540 未満	⑨ 540 以上 570 未満

(数学Ⅰ・数学A第2問は次ページに続く。)

(ii)　図3は，A，Bそれぞれの箱ひげ図を並べたものである。ただし，中央値を示す線は省いている。

図3　AとBの箱ひげ図

図3より次のことが読み取れる。ただし，A，Bそれぞれにおける，速い方から13番目の選手は，一人ずつとする。

- Bの速い方から13番目の選手のベストタイムは，Aの速い方から13番目の選手のベストタイムより，およそ　ス　秒速い。

- Aの四分位範囲からBの四分位範囲を引いた差の絶対値は　セ　である。

　ス　については，最も適当なものを，次の⓪～⑤のうちから一つ選べ。

| ⓪ 5 | ① 15 | ② 25 | ③ 35 | ④ 45 | ⑤ 55 |

　セ　の解答群

⓪　0以上20未満
①　20以上40未満
②　40以上60未満
③　60以上80未満
④　80以上100未満

（数学Ⅰ・数学A第2問は44ページに続く。）

16

(iii) 太郎さんは，A のある選手と B のある選手のベストタイムの比較において，その二人の選手のベストタイムが速いか遅いかとは別の観点でも考えるために，次の**式**を満たす z の値を用いて判断することにした。

式

（あるデータのある選手のベストタイム）＝

　　　　（そのデータの平均値）＋ z ×（そのデータの標準偏差）

　二人の選手それぞれのベストタイムに対する z の値を比較し，その値の小さい選手の方が優れていると判断する。

（数学 I・数学 A 第 2 問は次ページに続く。）

表1は，A，Bそれぞれにおける，速い方から1番目の選手(以下，1位の選手)のベストタイムと，データの平均値と標準偏差をまとめたものである。

表1　1位の選手のベストタイム，平均値，標準偏差

データ	1位の選手のベストタイム	平均値	標準偏差
A	376	504	40
B	296	454	45

式と表1を用いると，Bの1位の選手のベストタイムに対する z の値は

$$z = -\boxed{\text{ソ}}.\boxed{\text{タチ}}$$

である。このことから，Bの1位の選手のベストタイムは，平均値より標準偏差のおよそ $\boxed{\text{ソ}}$. $\boxed{\text{タチ}}$ 倍だけ小さいことがわかる。

A，Bそれぞれにおける，1位の選手についての記述として，次の⓪〜③のうち，正しいものは $\boxed{\text{ツ}}$ である。

$\boxed{\text{ツ}}$ の解答群

⓪　ベストタイムで比較するとAの1位の選手の方が速く，z の値で比較するとAの1位の選手の方が優れている。

①　ベストタイムで比較するとBの1位の選手の方が速く，z の値で比較するとBの1位の選手の方が優れている。

②　ベストタイムで比較するとAの1位の選手の方が速く，z の値で比較するとBの1位の選手の方が優れている。

③　ベストタイムで比較するとBの1位の選手の方が速く，z の値で比較するとAの1位の選手の方が優れている。

(数学 I ・数学A第2問は次ページに続く。)

(2) 太郎さんは，マラソン，10000 m，5000 m のベストタイムに関連がないか
を調べることにした。そのために，2022 年末時点でのこれら 3 種目のベス
トタイムをすべて確認できた日本人男子選手のうち，マラソンのベストタイ
ムが速い方から 50 人を選んだ。

図4と図5はそれぞれ，選んだ 50 人についてのマラソンと 10000 m のベ
ストタイム，5000 m と 10000 m のベストタイムの散布図である。ただし，
5000 m と 10000 m のベストタイムは秒単位で表し，マラソンのベストタイ
ムは(1)の場合と同様，実際のベストタイムから 2 時間を引いた時間を秒単
位で表したものとする。なお，これらの散布図には，完全に重なっている点
はない。

図4　マラソンと 10000 m の散布図　　図5　5000 m と 10000 m の散布図

(数学Ⅰ・数学A第 2 問は次ページに続く。)

次の (a), (b) は，図 4 と図 5 に関する記述である。

(a)　マラソンのベストタイムの速い方から 3 番目までの選手の 10000 m の
ベストタイムは，3 選手とも 1670 秒未満である。

(b)　マラソンと 10000 m の間の相関は，5000 m と 10000 m の間の相関より
強い。

(a), (b) の正誤の組合せとして正しいものは　テ　である。

テ　の解答群

	⓪	①	②	③
(a)	正	正	誤	誤
(b)	正	誤	正	誤

20

第3問～第5問は，いずれか2問を選択し，解答しなさい。

第3問 （選択問題）（配点 20）

箱の中にカードが2枚以上入っており，それぞれのカードにはアルファベットが1文字だけ書かれている。この箱の中からカードを1枚取り出し，書かれているアルファベットを確認してからもとに戻すという試行を繰り返し行う。

(1) 箱の中に $\boxed{A}$，$\boxed{B}$ のカードが1枚ずつ全部で2枚入っている場合を考える。

以下では，2以上の自然数 n に対し，n 回の試行でA，Bがそろっているとは，n 回の試行で $\boxed{A}$，$\boxed{B}$ のそれぞれが少なくとも1回は取り出されることを意味する。

(i) 2回の試行でA，Bがそろっている確率は $\dfrac{\boxed{ア}}{\boxed{イ}}$ である。

(ii) 3回の試行でA，Bがそろっている確率を求める。

例えば，3回の試行のうち $\boxed{A}$ を1回，$\boxed{B}$ を2回取り出す取り出し方は3通りあり，それらをすべて挙げると次のようになる。

1回目	2回目	3回目
$\boxed{A}$	$\boxed{B}$	$\boxed{B}$
$\boxed{B}$	$\boxed{A}$	$\boxed{B}$
$\boxed{B}$	$\boxed{B}$	$\boxed{A}$

このように考えることにより，3回の試行でA，Bがそろっている取り出し方は $\boxed{ウ}$ 通りあることがわかる。よって，3回の試行でA，Bがそろっている確率は $\dfrac{\boxed{ウ}}{2^3}$ である。

(iii) 4回の試行でA，Bがそろっている取り出し方は $\boxed{エオ}$ 通りある。よって，4回の試行でA，Bがそろっている確率は $\dfrac{\boxed{カ}}{\boxed{キ}}$ である。

（数学Ⅰ・数学A第3問は次ページに続く。）

(2)　箱の中に $\boxed{A}$，$\boxed{B}$，$\boxed{C}$ のカードが1枚ずつ全部で3枚入っている場合を考える。

以下では，3以上の自然数 n に対し，n 回目の試行で初めて A，B，C がそろうとは，n 回の試行で $\boxed{A}$，$\boxed{B}$，$\boxed{C}$ のそれぞれが少なくとも1回は取り出され，かつ $\boxed{A}$，$\boxed{B}$，$\boxed{C}$ のうちいずれか1枚が n 回目の試行で初めて取り出されることを意味する。

(i)　3回目の試行で初めて A，B，C がそろう取り出し方は $\boxed{\ \textbf{ク}\ }$ 通りある。

よって，3回目の試行で初めて A，B，C がそろう確率は $\dfrac{\boxed{\ \textbf{ク}\ }}{3^3}$ である。

(ii)　4回目の試行で初めて A，B，C がそろう確率を求める。

4回目の試行で初めて A，B，C がそろう取り出し方は，(1)の(ii)を振り返ることにより，$3 \times \boxed{\ \textbf{ウ}\ }$ 通りあることがわかる。よって，4回目の試行で初めて A，B，C がそろう確率は $\dfrac{\boxed{\ \textbf{ケ}\ }}{\boxed{\ \textbf{コ}\ }}$ である。

(iii)　5回目の試行で初めて A，B，C がそろう取り出し方は $\boxed{\ \textbf{サシ}\ }$ 通りある。

よって，5回目の試行で初めて A，B，C がそろう確率は $\dfrac{\boxed{\ \textbf{サシ}\ }}{3^5}$ である。

（数学Ⅰ・数学A第3問は次ページに続く。）

(3) 箱の中に A , B , C , D のカードが1枚ずつ全部で4枚入っている場合を考える。

　以下では，6回目の試行で初めてA，B，C，Dがそろうとは，6回の試行で A , B , C , D のそれぞれが少なくとも1回は取り出され，かつ A , B , C , D のうちいずれか1枚が6回目の試行で初めて取り出されることを意味する。

　また，3以上5以下の自然数 n に対し，6回の試行のうち n 回目の試行で初めてA，B，Cだけがそろうとは，6回の試行のうち1回目から n 回目の試行で，A , B , C のそれぞれが少なくとも1回は取り出され，D は1回も取り出されず，かつ A , B , C のうちいずれか1枚が n 回目の試行で初めて取り出されることを意味する。6回の試行のうち n 回目の試行で初めてB，C，D だけがそろうなども同様に定める。

（数学 I・数学A第3問は次ページに続く。）

太郎さんと花子さんは，6回目の試行で初めてA，B，C，Dがそろう確率について考えている。

太郎：例えば，5回目までに $\boxed{\text{A}}$ ，$\boxed{\text{B}}$ ，$\boxed{\text{C}}$ のそれぞれが少なくとも1回は取り出され，かつ6回目に初めて $\boxed{\text{D}}$ が取り出される場合を考えたら計算できそうだね。

花子：それなら，初めてA，B，Cだけがそろうのが，3回目のとき，4回目のとき，5回目のときで分けて考えてみてはどうかな。

6回の試行のうち3回目の試行で初めてA，B，Cだけがそろう取り出し方が $\boxed{}$ 通りであることに注意すると，「6回の試行のうち3回目の試行で初めてA，B，Cだけがそろい，かつ6回目の試行で初めて $\boxed{\text{D}}$ が取り出される」取り出し方は $\boxed{\text{スセ}}$ 通りあることがわかる。

同じように考えると，「6回の試行のうち4回目の試行で初めてA，B，Cだけがそろい，かつ6回目の試行で初めて $\boxed{\text{D}}$ が取り出される」取り出し方は $\boxed{\text{ソタ}}$ 通りあることもわかる。

以上のように考えることにより，6回目の試行で初めてA，B，C，Dがそろう確率は $\dfrac{\boxed{\text{チツ}}}{\boxed{\text{テトナ}}}$ であることがわかる。

第 3 問～第 5 問は，いずれか 2 問を選択し，解答しなさい。

第 4 問 （選択問題）（配点 20）

T 3，T 4，T 6 を次のようなタイマーとする。

T 3 : 3 進数を 3 桁表示するタイマー

T 4 : 4 進数を 3 桁表示するタイマー

T 6 : 6 進数を 3 桁表示するタイマー

なお，n 進数とは n 進法で表された数のことである。

これらのタイマーは，すべて次の**表示方法**に従うものとする。

表示方法

(a) スタートした時点でタイマーは 000 と表示されている。

(b) タイマーは，スタートした後，表示される数が 1 秒ごとに 1 ずつ増えていき，3 桁で表示できる最大の数が表示された 1 秒後に，表示が 000 に戻る。

(c) タイマーは表示が 000 に戻った後も，(b)と同様に，表示される数が 1 秒ごとに 1 ずつ増えていき，3 桁で表示できる最大の数が表示された 1 秒後に，表示が 000 に戻るという動作を繰り返す。

T 3

参考図

例えば，T 3 はスタートしてから 3 進数で $12_{(3)}$ 秒後に 012 と表示される。その後，222 と表示された 1 秒後に表示が 000 に戻り，その $12_{(3)}$ 秒後に再び 012 と表示される。

（数学 I・数学 A 第 4 問は次ページに続く。）

(1)　T6は，スタートしてから10進数で40秒後に　**アイウ**　と表示される。

T4は，スタートしてから2進数で10011(2)秒後に　**エオカ**　と表示される。

(2)　T4をスタートさせた後，初めて表示が000に戻るのは，スタートしてから

10進数で　**キク**　秒後であり，その後も　**キク**　秒ごとに表示が000に戻る。

同様の考察をT6に対しても行うことにより，T4とT6を同時にスタートさ

せた後，初めて両方の表示が同時に000に戻るのは，スタートしてから10進数

で　**ケコサシ**　秒後であることがわかる。

（数学Ⅰ・数学A第4問は次ページに続く。）

⑶ 0以上の整数 ℓ に対して，T4をスタートさせた ℓ 秒後にT4が012と表示されることと

$$\ell \text{ を } \boxed{\text{スセ}} \text{ で割った余りが } \boxed{\text{ソ}} \text{ であること}$$

は同値である。ただし，$\boxed{\text{スセ}}$ と $\boxed{\text{ソ}}$ は10進法で表されているものとする。

　　T3についても同様の考察を行うことにより，次のことがわかる。

　　T3とT4を同時にスタートさせてから，初めて両方が同時に012と表示されるまでの時間を m 秒とするとき，m は10進法で $\boxed{\text{タチツ}}$ と表される。

（数学 I ・数学A第4問は次ページに続く。）

また，T4とT6の表示に関する記述として，次の⓪～③のうち，正しいもの
は　テ　である。

　テ　の解答群

⓪　T4とT6を同時にスタートさせてから，m 秒後より前に初めて両方が
同時に 012 と表示される。

①　T4とT6を同時にスタートさせてから，ちょうど m 秒後に初めて両方
が同時に 012 と表示される。

②　T4とT6を同時にスタートさせてから，m 秒後より後に初めて両方が
同時に 012 と表示される。

③　T4とT6を同時にスタートさせてから，両方が同時に 012 と表示され
ることはない。

28

第5問 （選択問題）（配点 20）

図1のように，平面上に5点A，B，C，D，Eがあり，線分AC，CE，EB，BD，DAによって，星形の図形ができるときを考える。線分ACとBEの交点をP，ACとBDの交点をQ，BDとCEの交点をR，ADとCEの交点をS，ADとBEの交点をTとする。

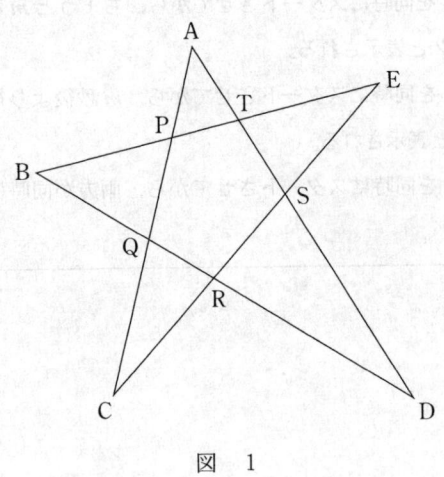

図 1

ここでは

$$AP : PQ : QC = 2 : 3 : 3, \quad AT : TS : SD = 1 : 1 : 3$$

を満たす星形の図形を考える。

以下の問題において比を解答する場合は，最も簡単な整数の比で答えよ。

（数学 I ・数学 A 第5問は次ページに続く。）

(1)　△AQD と直線 CE に着目すると

$$\frac{QR}{RD} \cdot \frac{DS}{SA} \cdot \frac{\boxed{\text{ア}}}{CQ} = 1$$

が成り立つので

$$QR : RD = \boxed{\text{イ}} : \boxed{\text{ウ}}$$

となる。また，△AQD と直線 BE に着目すると

$$QB : BD = \boxed{\text{エ}} : \boxed{\text{オ}}$$

となる。したがって

$$BQ : QR : RD = \boxed{\text{エ}} : \boxed{\text{イ}} : \boxed{\text{ウ}}$$

となることがわかる。

$\boxed{\text{ア}}$　の解答群

⓪　AC　　　①　AP　　　②　AQ　　　③　CP　　　④　PQ

（数学 I ・数学 A 第 5 問は次ページに続く。）

(2) 5 点 P, Q, R, S, T が同一円周上にあるとし, AC = 8 であるとする。

 (i) 5 点 A, P, Q, S, T に着目すると, AT : AS = 1 : 2 より

  AT = $\sqrt{\boxed{\text{カ}}}$ となる。さらに, 5 点 D, Q, R, S, T に着目すると DR = $4\sqrt{3}$ となることがわかる。

 (ii) 3 点 A, B, C を通る円と点 D との位置関係を, 次の**構想**に基づいて調べよう。

 ┌─ **構想** ──────────────────────────
 │ 線分 AC と BD の交点 Q に着目し, AQ・CQ と BQ・DQ の大小を比べる。
 └────────────────────────────────

  まず, AQ・CQ = 5・3 = 15 かつ BQ・DQ = $\boxed{\text{キク}}$ であるから

$$\text{AQ} \cdot \text{CQ} \boxed{\text{ケ}} \text{BQ} \cdot \text{DQ} \quad\cdots\cdots\cdots\cdots\cdots ①$$

が成り立つ。また, 3 点 A, B, C を通る円と直線 BD との交点のうち, B と異なる点を X とすると

$$\text{AQ} \cdot \text{CQ} \boxed{\text{コ}} \text{BQ} \cdot \text{XQ} \quad\cdots\cdots\cdots\cdots\cdots ②$$

が成り立つ。① と ② の左辺は同じなので, ① と ② の右辺を比べることにより, XQ $\boxed{\text{サ}}$ DQ が得られる。したがって, 点 D は 3 点 A, B, C を通る円の $\boxed{\text{シ}}$ にある。

$\boxed{\text{ケ}}$ ~ $\boxed{\text{サ}}$ の解答群（同じものを繰り返し選んでもよい。）

⓪ <	① =	② >

$\boxed{\text{シ}}$ の解答群

⓪ 内 部	① 周 上	② 外 部

（数学 I・数学 A 第 5 問は次ページに続く。）

(iii)　3点 C, D, E を通る円と2点 A, B との位置関係について調べよう。

　この星形の図形において，さらに CR = RS = SE = 3 となることがわか

る。したがって，点 A は3点 C, D, E を通る円の　ス　にあり，点 B は

3点 C, D, E を通る円の　セ　にある。

ス , セ の解答群（同じものを繰り返し選んでもよい。）

⓪　内　部　　　　　①　周　上　　　　　②　外　部

数学Ⅱ・数学B

問　題	選　択　方　法
第1問	必　　答
第2問	必　　答
第3問	いずれか2問を選択し，解答しなさい。
第4問	
第5問	

（注）この科目には，選択問題があります。（32ページ参照。）

第1問 （必答問題）（配点 30）

〔1〕

(1) $k > 0$，$k \neq 1$ とする。関数 $y = \log_k x$ と $y = \log_2 kx$ のグラフについて考えよう。

(i) $y = \log_3 x$ のグラフは点 $\left(27, \boxed{} \right)$ を通る。また，$y = \log_2 \dfrac{x}{5}$ の

グラフは点 $\left(\boxed{}, 1 \right)$ を通る。

(ii) $y = \log_k x$ のグラフは，k の値によらず定点 $\left(\boxed{}, \boxed{} \right)$ を通る。

(iii) $k = 2$，3，4 のとき

$y = \log_k x$ のグラフの概形は $\boxed{}$

$y = \log_2 kx$ のグラフの概形は $\boxed{}$

である。

（数学Ⅱ・数学B第1問は次ページに続く。）

カ ， キ については，最も適当なものを，次の⓪～⑤のうちか
ら一つずつ選べ。ただし，同じものを繰り返し選んでもよい。

（数学Ⅱ・数学B第1問は次ページに続く。）

(2) $x > 0$，$x \neq 1$，$y > 0$ とする。$\log_x y$ について考えよう。

(i) 座標平面において，方程式 $\log_x y = 2$ の表す図形を図示すると，

　　　$\boxed{\text{ク}}$ の $x > 0$，$x \neq 1$，$y > 0$ の部分となる。

　　　$\boxed{\text{ク}}$ については，最も適当なものを，次の⓪〜⑤のうちから一つ選べ。

（数学Ⅱ・数学B第1問は次ページに続く。）

(ii) 座標平面において，不等式 $0 < \log_x y < 1$ の表す領域を図示すると，

　　　　ケ　の斜線部分となる。ただし，境界（境界線）は含まない。

　　　ケ　については，最も適当なものを，次の**⓪**〜**⑤**のうちから一つ選べ。

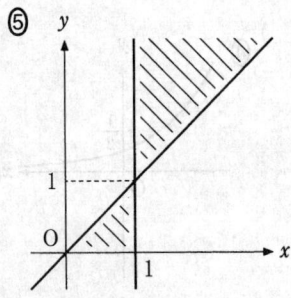

（数学II・数学B第1問は次ページに続く。）

〔2〕　$S(x)$ を x の 2 次式とする。x の整式 $P(x)$ を $S(x)$ で割ったときの商を $T(x)$，余りを $U(x)$ とする。ただし，$S(x)$ と $P(x)$ の係数は実数であるとする。

(1)　$P(x) = 2x^3 + 7x^2 + 10x + 5$，$S(x) = x^2 + 4x + 7$ の場合を考える。

　　方程式 $S(x) = 0$ の解は $x = \boxed{\text{コサ}} \pm \sqrt{\boxed{\text{シ}}}\, i$ である。

　　また，$T(x) = \boxed{\text{ス}}\, x - \boxed{\text{セ}}$，$U(x) = \boxed{\text{ソタ}}$ である。

（数学Ⅱ・数学B 第 1 問は次ページに続く。）

(2)　方程式 $S(x) = 0$ は異なる二つの解 α, β をもつとする。このとき

$$P(x) \text{ を } S(x) \text{ で割った余りが定数になる}$$

ことと同値な条件を考える。

(i)　余りが定数になるときを考えてみよう。

仮定から，定数 k を用いて $U(x) = k$ とおける。このとき，│　チ　│。

したがって，余りが定数になるとき，│　ツ　│が成り立つ。

│　チ　│については，最も適当なものを，次の⓪〜③のうちから一つ選べ。

⓪　$P(\alpha) = P(\beta) = k$ が成り立つことから，$P(x) = S(x)T(x) + k$ となることが導かれる。また，$P(\alpha) = P(\beta) = k$ が成り立つことから，$S(\alpha) = S(\beta) = 0$ となることが導かれる

①　$P(x) = S(x)T(x) + k$ かつ $P(\alpha) = P(\beta) = k$ が成り立つことから，$S(\alpha) = S(\beta) = 0$ となることが導かれる

②　$S(\alpha) = S(\beta) = 0$ が成り立つことから，$P(x) = S(x)T(x) + k$ となることが導かれる。また，$S(\alpha) = S(\beta) = 0$ が成り立つことから，$P(\alpha) = P(\beta) = k$ となることが導かれる

③　$P(x) = S(x)T(x) + k$ かつ $S(\alpha) = S(\beta) = 0$ が成り立つことから，$P(\alpha) = P(\beta) = k$ となることが導かれる

│　ツ　│の解答群

⓪　$T(\alpha) = T(\beta)$ 　　　　　　①　$P(\alpha) = P(\beta)$

②　$T(\alpha) \neq T(\beta)$ 　　　　　　③　$P(\alpha) \neq P(\beta)$

（数学Ⅱ・数学B第1問は次ページに続く。）

(ii) 逆に $\boxed{\text{ツ}}$ が成り立つとき，余りが定数になるかを調べよう。

　　$S(x)$ が 2 次式であるから，m，n を定数として $U(x) = mx + n$ とおける。$P(x)$ を $S(x)$，$T(x)$，m，n を用いて表すと，$P(x) = \boxed{\text{テ}}$ となる。この等式の x に α，β をそれぞれ代入すると $\boxed{\text{ト}}$ となるので，$\boxed{\text{ツ}}$ と $\alpha \neq \beta$ より $\boxed{\text{ナ}}$ となる。以上から余りが定数になることがわかる。

$\boxed{\text{テ}}$ の解答群

⓪ $(mx + n)S(x)T(x)$	① $S(x)T(x) + mx + n$
② $(mx + n)S(x) + T(x)$	③ $(mx + n)T(x) + S(x)$

$\boxed{\text{ト}}$ の解答群

⓪ $P(\alpha) = T(\alpha)$ かつ $P(\beta) = T(\beta)$

① $P(\alpha) = m\alpha + n$ かつ $P(\beta) = m\beta + n$

② $P(\alpha) = (m\alpha + n)T(\alpha)$ かつ $P(\beta) = (m\beta + n)T(\beta)$

③ $P(\alpha) = P(\beta) = 0$

④ $P(\alpha) \neq 0$ かつ $P(\beta) \neq 0$

$\boxed{\text{ナ}}$ の解答群

⓪ $m \neq 0$	① $m \neq 0$ かつ $n = 0$
② $m \neq 0$ かつ $n \neq 0$	③ $m = 0$
④ $m = n = 0$	⑤ $m = 0$ かつ $n \neq 0$
⑥ $n = 0$	⑦ $n \neq 0$

（数学Ⅱ・数学B 第 1 問は次ページに続く。）

(i), (ii) の考察から，方程式 $S(x) = 0$ が異なる二つの解 α, β をもつとき，$P(x)$ を $S(x)$ で割った余りが定数になることと ツ であることは同値である。

(3) p を定数とし，$P(x) = x^{10} - 2x^9 - px^2 - 5x$，$S(x) = x^2 - x - 2$ の場合を考える。$P(x)$ を $S(x)$ で割った余りが定数になるとき，$p =$ ニヌ となり，その余りは ネノ となる。

第2問 （必答問題）（配点　30）

m を $m > 1$ を満たす定数とし，$f(x) = 3(x-1)(x-m)$ とする。また，$S(x) = \int_0^x f(t)\,dt$ とする。関数 $y = f(x)$ と $y = S(x)$ のグラフの関係について考えてみよう。

(1)　$m = 2$ のとき，すなわち，$f(x) = 3(x-1)(x-2)$ のときを考える。

(ⅰ)　$f'(x) = 0$ となる x の値は $x = \dfrac{\boxed{ア}}{\boxed{イ}}$ である。

(ⅱ)　$S(x)$ を計算すると

$$S(x) = \int_0^x f(t)\,dt$$

$$= \int_0^x \left(3t^2 - \boxed{ウ}\,t + \boxed{エ} \right) dt$$

$$= x^3 - \dfrac{\boxed{オ}}{\boxed{カ}} x^2 + \boxed{キ}\,x$$

であるから

$x = \boxed{ク}$ のとき，$S(x)$ は極大値 $\dfrac{\boxed{ケ}}{\boxed{コ}}$ をとり

$x = \boxed{サ}$ のとき，$S(x)$ は極小値 $\boxed{シ}$ をとることがわかる。

（数学II・数学B第2問は次ページに続く。）

(iii) $f(3)$ と一致するものとして，次の⓪~④のうち，正しいものは $\boxed{\text{ス}}$ である。

$\boxed{\text{ス}}$ の解答群

⓪ $S(3)$

① 2点$(2，S(2))$，$(4，S(4))$を通る直線の傾き

② 2点$(0，0)$，$(3，S(3))$を通る直線の傾き

③ 関数$y = S(x)$のグラフ上の点$(3，S(3))$における接線の傾き

④ 関数$y = f(x)$のグラフ上の点$(3，f(3))$における接線の傾き

（数学Ⅱ・数学B第2問は次ページに続く。）

(2)　$0 \leqq x \leqq 1$ の範囲で，関数 $y = f(x)$ のグラフと x 軸および y 軸で囲まれた図形の面積を S_1，$1 \leqq x \leqq m$ の範囲で，関数 $y = f(x)$ のグラフと x 軸で囲まれた図形の面積を S_2 とする。このとき，$S_1 = \boxed{\text{セ}}$，$S_2 = \boxed{\text{ソ}}$ である。

　$S_1 = S_2$ となるのは $\boxed{\text{タ}} = 0$ のときであるから，$S_1 = S_2$ が成り立つような $f(x)$ に対する関数 $y = S(x)$ のグラフの概形は $\boxed{\text{チ}}$ である。また，$S_1 > S_2$ が成り立つような $f(x)$ に対する関数 $y = S(x)$ のグラフの概形は $\boxed{\text{ツ}}$ である。

$\boxed{\text{セ}}$，$\boxed{\text{ソ}}$ の解答群(同じものを繰り返し選んでもよい。)

⓪ $\displaystyle\int_0^1 f(x)\,dx$　　　① $\displaystyle\int_0^m f(x)\,dx$　　　② $\displaystyle\int_1^m f(x)\,dx$

③ $\displaystyle\int_0^1 \{-f(x)\}\,dx$　　④ $\displaystyle\int_0^m \{-f(x)\}\,dx$　　⑤ $\displaystyle\int_1^m \{-f(x)\}\,dx$

$\boxed{\text{タ}}$ の解答群

⓪ $\displaystyle\int_0^1 f(x)\,dx$

① $\displaystyle\int_0^m f(x)\,dx$

② $\displaystyle\int_1^m f(x)\,dx$

③ $\displaystyle\int_0^1 f(x)\,dx - \int_0^m f(x)\,dx$

④ $\displaystyle\int_0^1 f(x)\,dx - \int_1^m f(x)\,dx$

⑤ $\displaystyle\int_0^1 f(x)\,dx + \int_0^m f(x)\,dx$

⑥ $\displaystyle\int_0^m f(x)\,dx + \int_1^m f(x)\,dx$

(数学II・数学B第2問は次ページに続く。)

チ ， ツ については，最も適当なものを，次の**⓪**～**⑤**のうちから一つ
ずつ選べ。ただし，同じものを繰り返し選んでもよい。

（数学II・数学B第2問は次ページに続く。）

(3) 関数 $y = f(x)$ のグラフの特徴から関数 $y = S(x)$ のグラフの特徴を考えてみよう。

関数 $y = f(x)$ のグラフは直線 $x = \boxed{テ}$ に関して対称であるから，すべての正の実数 p に対して

$$\int_{1-p}^{1} f(x)\,dx = \int_{m}^{\boxed{ト}} f(x)\,dx \quad\cdots\cdots\cdots\cdots ①$$

が成り立ち，$M = \boxed{テ}$ とおくと $0 < q \le M - 1$ であるすべての実数 q に対して

$$\int_{M-q}^{M} \{-f(x)\}\,dx = \int_{M}^{\boxed{ナ}} \{-f(x)\}\,dx \quad\cdots\cdots\cdots\cdots ②$$

が成り立つことがわかる。すべての実数 $\alpha,\ \beta$ に対して

$$\int_{\alpha}^{\beta} f(x)\,dx = S(\beta) - S(\alpha)$$

が成り立つことに注意すれば，①と②はそれぞれ

$$S(1 - p) + S\left(\boxed{ト}\right) = \boxed{ニ}$$

$$2\,S(M) = \boxed{ヌ}$$

となる。

以上から，すべての正の実数 p に対して，2点 $(1 - p,\ S(1 - p))$，$\left(\boxed{ト},\ S\left(\boxed{ト}\right)\right)$ を結ぶ線分の中点についての記述として，後の ⓪〜⑤ のうち，最も適当なものは $\boxed{ネ}$ である。

（数学Ⅱ・数学B第2問は次ページに続く。）

| テ | の解答群 |

| ⓪ m | ① $\dfrac{m}{2}$ | ② $m+1$ | ③ $\dfrac{m+1}{2}$ |

| ト | の解答群 |

| ⓪ $1-p$ | ① p | ② $1+p$ |
| ③ $m-p$ | ④ $m+p$ | |

| ナ | の解答群 |

| ⓪ $M-q$ | ① M | ② $M+q$ |
| ③ $M+m-q$ | ④ $M+m$ | ⑤ $M+m+q$ |

| ニ | の解答群 |

| ⓪ $S(1)+S(m)$ | ① $S(1)+S(p)$ | ② $S(1)-S(m)$ |
| ③ $S(1)-S(p)$ | ④ $S(p)-S(m)$ | ⑤ $S(m)-S(p)$ |

| ヌ | の解答群 |

⓪ $S(M-q)+S(M+m-q)$	① $S(M-q)+S(M+m)$
② $S(M-q)+S(M)$	③ $2S(M-q)$
④ $S(M+q)+S(M-q)$	⑤ $S(M+m+q)+S(M-q)$

| ネ | の解答群 |

⓪ x 座標は p の値によらず一つに定まり，y 座標は p の値により変わる。
① x 座標は p の値により変わり，y 座標は p の値によらず一つに定まる。
② 中点は p の値によらず一つに定まり，関数 $y=S(x)$ のグラフ上にある。
③ 中点は p の値によらず一つに定まり，関数 $y=f(x)$ のグラフ上にある。
④ 中点は p の値によって動くが，つねに関数 $y=S(x)$ のグラフ上にある。
⑤ 中点は p の値によって動くが，つねに関数 $y=f(x)$ のグラフ上にある。

第3問～第5問は，いずれか2問を選択し，解答しなさい。

第3問 （選択問題）（配点 20）

以下の問題を解答するにあたっては，必要に応じて51ページの正規分布表を用いてもよい。また，ここでの**晴れ**の定義については，気象庁の天気概況の「快晴」または「晴」とする。

(1) 太郎さんは，自分が住んでいる地域において，日曜日に**晴れ**となる確率を考えている。

晴れの場合は1，**晴れ**以外の場合は0の値をとる確率変数をXと定義する。また，$X = 1$である確率をpとすると，その確率分布は表1のようになる。

表　1

X	0	1	計
確　率	$1-p$	p	1

この確率変数Xの平均（期待値）をmとすると

$$m = \boxed{\text{ア}}$$

となる。

太郎さんは，ある期間における連続したn週の日曜日の天気を，表1の確率分布をもつ母集団から無作為に抽出した大きさnの標本とみなし，それらのXを確率変数X_1，X_2，$\cdots$，X_nで表すことにした。そして，その標本平均$\overline{X}$を利用して，母平均mを推定しようと考えた。実際に$n = 300$として**晴れ**の日数を調べたところ，表2のようになった。

表　2

天　気	日　数
晴れ	75
晴れ以外	225
計	300

（数学Ⅱ・数学B第3問は次ページに続く。）

母標準偏差を σ とすると，$n = 300$ は十分に大きいので，標本平均 $\overline{X}$ は近似的に正規分布 $N\left(m, \boxed{\text{イ}}\right)$ に従う。

一般に，母標準偏差 σ がわからないとき，標本の大きさ n が大きければ，σ の代わりに標本の標準偏差 S を用いてもよいことが知られている。S は

$$S = \sqrt{\frac{1}{n}\{(X_1 - \overline{X})^2 + (X_2 - \overline{X})^2 + \cdots + (X_n - \overline{X})^2\}}$$

$$= \sqrt{\frac{1}{n}(X_1{}^2 + X_2{}^2 + \cdots + X_n{}^2) - \boxed{\text{ウ}}}$$

で計算できる。ここで，$X_1{}^2 = X_1$, $X_2{}^2 = X_2$, $\cdots$, $X_n{}^2 = X_n$ であることに着目し，右辺を整理すると，$S = \sqrt{\boxed{\text{エ}}}$ と表されることがわかる。

よって，表 2 より，大きさ $n = 300$ の標本から求められる母平均 m に対する信頼度 95 % の信頼区間は $\boxed{\text{オ}}$ となる。

$\boxed{\text{ア}}$ の解答群

⓪ p	① p^2	② $1 - p$	③ $(1 - p)^2$

$\boxed{\text{イ}}$ の解答群

⓪ σ	① σ^2	② $\dfrac{\sigma}{n}$	③ $\dfrac{\sigma^2}{n}$	④ $\dfrac{\sigma}{\sqrt{n}}$

$\boxed{\text{ウ}}$，$\boxed{\text{エ}}$ の解答群（同じものを繰り返し選んでもよい。）

⓪ $\overline{X}$	① $(\overline{X})^2$	② $\overline{X}(1 - \overline{X})$	③ $1 - \overline{X}$

$\boxed{\text{オ}}$ については，最も適当なものを，次の⓪～⑤のうちから一つ選べ。

⓪ $0.201 \leqq m \leqq 0.299$	① $0.209 \leqq m \leqq 0.291$
② $0.225 \leqq m \leqq 0.250$	③ $0.225 \leqq m \leqq 0.275$
④ $0.247 \leqq m \leqq 0.253$	⑤ $0.250 \leqq m \leqq 0.275$

（数学 II・数学 B 第 3 問は次ページに続く。）

(2)　ある期間において，「ちょうど3週続けて日曜日の天気が**晴れ**になること」がどのくらいの頻度で起こり得るのかを考察しよう。以下では，連続する k 週の日曜日の天気について，(1)の太郎さんが考えた確率変数のうち X_1, X_2, $\cdots$, X_k を用いて調べる。ただし，k は3以上300以下の自然数とする。

X_1, X_2, $\cdots$, X_k の値を順に並べたときの0と1からなる列において，「ちょうど三つ続けて1が現れる部分」をAとし，Aの個数を確率変数 U_k で表す。例えば，$k = 20$ とし，X_1, X_2, $\cdots$, X_{20} の値を順に並べたとき

$$1, 1, 1, 1, 0, \underset{\text{A}}{\underline{1, 1, 1}}, 0, 0, 1, 1, 1, 1, 1, 1, 0, 0, \underset{\text{A}}{\underline{1, 1, 1}}$$

であったとする。この例では，下線部分はAを示しており，1が四つ以上続く部分はAとはみなさないので，$U_{20} = 2$ となる。

$k = 4$ のとき，X_1, X_2, X_3, X_4 のとり得る値と，それに対応した U_4 の値を書き出すと，表3のようになる。

表　3

X_1	X_2	X_3	X_4	U_4
0	0	0	0	0
1	0	0	0	0
0	1	0	0	0
0	0	1	0	0
0	0	0	1	0
1	1	0	0	0
1	0	1	0	0
1	0	0	1	0
0	1	1	0	0
0	1	0	1	0
0	0	1	1	0
1	1	1	0	1
1	1	0	1	0
1	0	1	1	0
0	1	1	1	1
1	1	1	1	0

（数学Ⅱ・数学B第3問は次ページに続く。）

ここで，U_k の期待値を求めてみよう。(1)における p の値を $p = \dfrac{1}{4}$ とする。

$k = 4$ のとき，U_4 の期待値は

$$E(U_4) = \frac{\boxed{\textbf{カ}}}{128}$$

となる。$k = 5$ のとき，U_5 の期待値は

$$E(U_5) = \frac{\boxed{\textbf{キク}}}{1024}$$

となる。

4以上の k について，k と $E(U_k)$ の関係を詳しく調べると，座標平面上の点 $(4,\ E(U_4))$，$(5,\ E(U_5))$，$\cdots$，$(300,\ E(U_{300}))$ は一つの直線上にあることがわかる。この事実によって

$$E(U_{300}) = \frac{\boxed{\textbf{ケコ}}}{\boxed{\textbf{サ}}}$$

となる。

（数学Ⅱ・数学B第3問は 次 ページに続く。）

正 規 分 布 表

　次の表は，標準正規分布の分布曲線における右図の灰
色部分の面積の値をまとめたものである。

z_0	0.00	0.01	0.02	0.03	0.04	0.05	0.06	0.07	0.08	0.09
0.0	0.0000	0.0040	0.0080	0.0120	0.0160	0.0199	0.0239	0.0279	0.0319	0.0359
0.1	0.0398	0.0438	0.0478	0.0517	0.0557	0.0596	0.0636	0.0675	0.0714	0.0753
0.2	0.0793	0.0832	0.0871	0.0910	0.0948	0.0987	0.1026	0.1064	0.1103	0.1141
0.3	0.1179	0.1217	0.1255	0.1293	0.1331	0.1368	0.1406	0.1443	0.1480	0.1517
0.4	0.1554	0.1591	0.1628	0.1664	0.1700	0.1736	0.1772	0.1808	0.1844	0.1879
0.5	0.1915	0.1950	0.1985	0.2019	0.2054	0.2088	0.2123	0.2157	0.2190	0.2224
0.6	0.2257	0.2291	0.2324	0.2357	0.2389	0.2422	0.2454	0.2486	0.2517	0.2549
0.7	0.2580	0.2611	0.2642	0.2673	0.2704	0.2734	0.2764	0.2794	0.2823	0.2852
0.8	0.2881	0.2910	0.2939	0.2967	0.2995	0.3023	0.3051	0.3078	0.3106	0.3133
0.9	0.3159	0.3186	0.3212	0.3238	0.3264	0.3289	0.3315	0.3340	0.3365	0.3389
1.0	0.3413	0.3438	0.3461	0.3485	0.3508	0.3531	0.3554	0.3577	0.3599	0.3621
1.1	0.3643	0.3665	0.3686	0.3708	0.3729	0.3749	0.3770	0.3790	0.3810	0.3830
1.2	0.3849	0.3869	0.3888	0.3907	0.3925	0.3944	0.3962	0.3980	0.3997	0.4015
1.3	0.4032	0.4049	0.4066	0.4082	0.4099	0.4115	0.4131	0.4147	0.4162	0.4177
1.4	0.4192	0.4207	0.4222	0.4236	0.4251	0.4265	0.4279	0.4292	0.4306	0.4319
1.5	0.4332	0.4345	0.4357	0.4370	0.4382	0.4394	0.4406	0.4418	0.4429	0.4441
1.6	0.4452	0.4463	0.4474	0.4484	0.4495	0.4505	0.4515	0.4525	0.4535	0.4545
1.7	0.4554	0.4564	0.4573	0.4582	0.4591	0.4599	0.4608	0.4616	0.4625	0.4633
1.8	0.4641	0.4649	0.4656	0.4664	0.4671	0.4678	0.4686	0.4693	0.4699	0.4706
1.9	0.4713	0.4719	0.4726	0.4732	0.4738	0.4744	0.4750	0.4756	0.4761	0.4767
2.0	0.4772	0.4778	0.4783	0.4788	0.4793	0.4798	0.4803	0.4808	0.4812	0.4817
2.1	0.4821	0.4826	0.4830	0.4834	0.4838	0.4842	0.4846	0.4850	0.4854	0.4857
2.2	0.4861	0.4864	0.4868	0.4871	0.4875	0.4878	0.4881	0.4884	0.4887	0.4890
2.3	0.4893	0.4896	0.4898	0.4901	0.4904	0.4906	0.4909	0.4911	0.4913	0.4916
2.4	0.4918	0.4920	0.4922	0.4925	0.4927	0.4929	0.4931	0.4932	0.4934	0.4936
2.5	0.4938	0.4940	0.4941	0.4943	0.4945	0.4946	0.4948	0.4949	0.4951	0.4952
2.6	0.4953	0.4955	0.4956	0.4957	0.4959	0.4960	0.4961	0.4962	0.4963	0.4964
2.7	0.4965	0.4966	0.4967	0.4968	0.4969	0.4970	0.4971	0.4972	0.4973	0.4974
2.8	0.4974	0.4975	0.4976	0.4977	0.4977	0.4978	0.4979	0.4979	0.4980	0.4981
2.9	0.4981	0.4982	0.4982	0.4983	0.4984	0.4984	0.4985	0.4985	0.4986	0.4986
3.0	0.4987	0.4987	0.4987	0.4988	0.4988	0.4989	0.4989	0.4989	0.4990	0.4990

第3問～第5問は，いずれか2問を選択し，解答しなさい。

第4問 （選択問題）（配点 20）

(1) 数列 $\{a_n\}$ が

$$a_{n+1} - a_n = 14 \quad (n = 1, 2, 3, \cdots)$$

を満たすとする。

$a_1 = 10$ のとき，$a_2 = \boxed{アイ}$，$a_3 = \boxed{ウエ}$ である。

数列 $\{a_n\}$ の一般項は，初項 a_1 を用いて

$$a_n = a_1 + \boxed{オカ}\,(n - 1)$$

と表すことができる。

(2) 数列 $\{b_n\}$ が

$$2b_{n+1} - b_n + 3 = 0 \quad (n = 1, 2, 3, \cdots)$$

を満たすとする。

数列 $\{b_n\}$ の一般項は，初項 b_1 を用いて

$$b_n = \left(b_1 + \boxed{キ}\right)\left(\dfrac{\boxed{ク}}{\boxed{ケ}}\right)^{n-1} - \boxed{コ}$$

と表すことができる。

（数学Ⅱ・数学B第4問は次ページに続く。）

(3)　太郎さんは

$$(c_n + 3)(2c_{n+1} - c_n + 3) = 0 \quad (n = 1, 2, 3, \cdots) \cdots\cdots\cdots ①$$

を満たす数列 $\{c_n\}$ について調べることにした。

(i)

- 数列 $\{c_n\}$ が①を満たし，$c_1 = 5$ のとき，$c_2 = \boxed{\text{サ}}$ である。

- 数列 $\{c_n\}$ が①を満たし，$c_3 = -3$ のとき，$c_2 = \boxed{\text{シス}}$，$c_1 = \boxed{\text{セソ}}$ である。

(ii)　太郎さんは，数列 $\{c_n\}$ が①を満たし，$c_3 = -3$ となる場合について考えている。

$c_3 = -3$ のとき，c_4 がどのような値でも

$$(c_3 + 3)(2c_4 - c_3 + 3) = 0$$

が成り立つ。

- 数列 $\{c_n\}$ が①を満たし，$c_3 = -3$，$c_4 = 5$ のとき

$$c_1 = \boxed{\text{セソ}}, \quad c_2 = \boxed{\text{シス}}, \quad c_3 = -3, \quad c_4 = 5, \quad c_5 = \boxed{\text{タ}}$$

である。

- 数列 $\{c_n\}$ が①を満たし，$c_3 = -3$，$c_4 = 83$ のとき

$$c_1 = \boxed{\text{セソ}}, \quad c_2 = \boxed{\text{シス}}, \quad c_3 = -3, \quad c_4 = 83, \quad c_5 = \boxed{\text{チツ}}$$

である。

（数学II・数学B第4問は次ページに続く。）

(iii) 太郎さんは(i)と(ii)から，$c_n = -3$ となることがあるかどうかに着目し，次の**命題A**が成り立つのではないかと考えた。

命題A　数列 $\{c_n\}$ が ① を満たし，$c_1 \neq -3$ であるとする。このとき，すべての自然数 n について $c_n \neq -3$ である。

命題A が真であることを証明するには，**命題A** の仮定を満たす数列 $\{c_n\}$ について，　テ　を示せばよい。

実際，このようにして**命題A** が真であることを証明できる。

テ については，最も適当なものを，次の ⓪ 〜 ④ のうちから一つ選べ。

⓪　$c_2 \neq -3$ かつ $c_3 \neq -3$ であること

①　$c_{100} \neq -3$ かつ $c_{200} \neq -3$ であること

②　$c_{100} \neq -3$ ならば $c_{101} \neq -3$ であること

③　$n = k$ のとき $c_n \neq -3$ が成り立つと仮定すると，$n = k + 1$ のときも $c_n \neq -3$ が成り立つこと

④　$n = k$ のとき $c_n = -3$ が成り立つと仮定すると，$n = k + 1$ のときも $c_n = -3$ が成り立つこと

（数学 II・数学 B 第 4 問は次ページに続く。）

(iv) 次の (I), (II), (III) は，数列 $\{c_n\}$ に関する命題である。

(I) $c_1 = 3$ かつ $c_{100} = -3$ であり，かつ ① を満たす数列 $\{c_n\}$ がある。

(II) $c_1 = -3$ かつ $c_{100} = -3$ であり，かつ ① を満たす数列 $\{c_n\}$ がある。

(III) $c_1 = -3$ かつ $c_{100} = 3$ であり，かつ ① を満たす数列 $\{c_n\}$ がある。

(I), (II), (III) の真偽の組合せとして正しいものは ┌ ト ┐ である。

┌ ト ┐ の解答群

	⓪	①	②	③	④	⑤	⑥	⑦
(I)	真	真	真	真	偽	偽	偽	偽
(II)	真	真	偽	偽	真	真	偽	偽
(III)	真	偽	真	偽	真	偽	真	偽

第3問～第5問は，いずれか2問を選択し，解答しなさい。

第5問 （選択問題）（配点 20）

点Oを原点とする座標空間に4点A$(2, 7, -1)$，B$(3, 6, 0)$，C$(-8, 10, -3)$，D$(-9, 8, -4)$がある。A，Bを通る直線をℓ_1とし，C，Dを通る直線をℓ_2とする。

(1)

$$\overrightarrow{AB} = \left(\boxed{} , \boxed{} , \boxed{}\right)$$

であり，$\overrightarrow{AB} \cdot \overrightarrow{CD} = \boxed{}$ である。

(2) 花子さんと太郎さんは，点Pがℓ_1上を動くとき，$\left|\overrightarrow{OP}\right|$ が最小となるPの位置について考えている。

Pがℓ_1上にあるので，$\overrightarrow{AP} = s\overrightarrow{AB}$ を満たす実数sがあり，$\overrightarrow{OP} = \boxed{}$ が成り立つ。

$\left|\overrightarrow{OP}\right|$ が最小となるsの値を求めればPの位置が求まる。このことについて，花子さんと太郎さんが話をしている。

花子：$\left|\overrightarrow{OP}\right|^2$ が最小となるsの値を求めればよいね。

太郎：$\left|\overrightarrow{OP}\right|$ が最小となるときの直線OPとℓ_1の関係に着目してもよさそうだよ。

（数学Ⅱ・数学B第5問は次ページに続く。）

$\left|\overrightarrow{\mathrm{OP}}\right|^2 = \boxed{\ \text{キ}\ }s^2 - \boxed{\ \text{クケ}\ }s + \boxed{\ \text{コサ}\ }$ である。

また，$\left|\overrightarrow{\mathrm{OP}}\right|$ が最小となるとき，直線 OP と ℓ_1 の関係に着目すると $\boxed{\ \text{シ}\ }$ が成り立つことがわかる。

花子さんの考え方でも，太郎さんの考え方でも，$s = \boxed{\ \text{ス}\ }$ のとき $\left|\overrightarrow{\mathrm{OP}}\right|$ が最小となることがわかる。

$\boxed{\ \text{カ}\ }$ の解答群

⓪ $s\overrightarrow{\mathrm{AB}}$ 　　　　　　　① $s\overrightarrow{\mathrm{OB}}$

② $\overrightarrow{\mathrm{OA}} + s\overrightarrow{\mathrm{AB}}$ 　　　　③ $(1-2s)\overrightarrow{\mathrm{OA}} + s\overrightarrow{\mathrm{OB}}$

④ $(1-s)\overrightarrow{\mathrm{OA}} + s\overrightarrow{\mathrm{AB}}$

$\boxed{\ \text{シ}\ }$ の解答群

⓪ $\overrightarrow{\mathrm{OP}} \cdot \overrightarrow{\mathrm{AB}} > 0$ 　　　　① $\overrightarrow{\mathrm{OP}} \cdot \overrightarrow{\mathrm{AB}} = 0$

② $\overrightarrow{\mathrm{OP}} \cdot \overrightarrow{\mathrm{AB}} < 0$ 　　　　③ $\left|\overrightarrow{\mathrm{OP}}\right| = \left|\overrightarrow{\mathrm{AB}}\right|$

④ $\overrightarrow{\mathrm{OP}} \cdot \overrightarrow{\mathrm{AB}} = \overrightarrow{\mathrm{OB}} \cdot \overrightarrow{\mathrm{AP}}$ 　　⑤ $\overrightarrow{\mathrm{OB}} \cdot \overrightarrow{\mathrm{AP}} = 0$

⑥ $\overrightarrow{\mathrm{OP}} \cdot \overrightarrow{\mathrm{AB}} = \left|\overrightarrow{\mathrm{OP}}\right|\left|\overrightarrow{\mathrm{AB}}\right|$

（数学II・数学B第5問は次ページに続く。）

(3) 点 P が ℓ_1 上を動き，点 Q が ℓ_2 上を動くとする。このとき，線分 PQ の長さ が最小になる P の座標は $\left(\boxed{\text{セソ}}, \boxed{\text{タチ}}, \boxed{\text{ツテ}}\right)$，Q の座標は $\left(\boxed{\text{トナ}}, \boxed{\text{ニヌ}}, \boxed{\text{ネノ}}\right)$ である。

数　　学　　I

（全　問　必　答）

第 1 問　(配点　20)

〔1〕　不等式

$$n < 2\sqrt{13} < n + 1 \qquad \cdots\cdots\cdots\cdots\cdots ①$$

を満たす整数 n は 　ア　 である。実数 a, b を

$$a = 2\sqrt{13} - \boxed{ア} \qquad \cdots\cdots\cdots\cdots\cdots ②$$

$$b = \frac{1}{a} \qquad \cdots\cdots\cdots\cdots\cdots ③$$

で定める。このとき

$$b = \frac{\boxed{イ} + 2\sqrt{13}}{\boxed{ウ}} \qquad \cdots\cdots\cdots\cdots\cdots ④$$

である。また

$$a^2 - 9b^2 = \boxed{エオカ}\sqrt{13}$$

である。

（数学 I 第 1 問は次ページに続く。）

①から

$$\frac{\boxed{\text{ア}}}{2} < \sqrt{13} < \frac{\boxed{\text{ア}}+1}{2} \qquad \cdots\cdots\cdots\cdots\cdots\cdots ⑤$$

が成り立つ。

太郎さんと花子さんは，$\sqrt{13}$ について話している。

太郎：⑤から $\sqrt{13}$ のおよその値がわかるけど，小数点以下はよくわから
　　　ないね。

花子：小数点以下をもう少し詳しく調べることができないかな。

---

①と④から

$$\frac{m}{\boxed{\text{ウ}}} < b < \frac{m+1}{\boxed{\text{ウ}}}$$

を満たす整数 m は $\boxed{\text{キク}}$ となる。よって，③から

$$\frac{\boxed{\text{ウ}}}{m+1} < a < \frac{\boxed{\text{ウ}}}{m} \qquad \cdots\cdots\cdots\cdots\cdots\cdots ⑥$$

が成り立つ。

$\sqrt{13}$ の整数部分は $\boxed{\text{ケ}}$ であり，②と⑥を使えば $\sqrt{13}$ の小数第1位の数

字は $\boxed{\text{コ}}$ ，小数第2位の数字は $\boxed{\text{サ}}$ であることがわかる。

（数学 I 第1問は次ページに続く。）

〔2〕　全体集合 U を2以上9以下の自然数全体の集合とする。a, b, c, d は U の異なる要素とする。また，U の部分集合 A, B, C, D を

$$A = \{n \mid n \text{ は } U \text{ の要素かつ } a \text{ の倍数}\}$$
$$B = \{n \mid n \text{ は } U \text{ の要素かつ } b \text{ の倍数}\}$$
$$C = \{n \mid n \text{ は } U \text{ の要素かつ } c \text{ の倍数}\}$$
$$D = \{n \mid n \text{ は } U \text{ の要素かつ } d \text{ の倍数}\}$$

とする。

なお，$A \cup B \cup C$ とは，$(A \cup B) \cup C$ のことであり，$A \cup B \cup C \cup D$ とは，$(A \cup B \cup C) \cup D$ のことである。

(1)　$a = 4$，$b = 5$ のとき

$$A \cup B = \left\{ \boxed{シ}, \boxed{ス}, \boxed{セ} \right\}$$

である。ただし，$\boxed{シ} < \boxed{ス} < \boxed{セ}$ とする。

(2)　$a = 2$，$b = 3$ のとき

$$A \cap \overline{B} = \left\{ \boxed{ソ}, \boxed{タ}, \boxed{チ} \right\}$$

である。ただし，$\boxed{ソ} < \boxed{タ} < \boxed{チ}$ とする。

（数学I 第1問は次ページに続く。）

(3) 以下，$a < b < c < d$ とする。

(i) $a = 2$，$b = 3$ のとき，$A \cup B = \overline{C} \cap \overline{D}$ が成り立つのは，

　$c = \boxed{\text{ツ}}$，$d = \boxed{\text{テ}}$ のときである。

(ii) $A \cup B \cup C \cup D = U$ が成り立つのは，$a = \boxed{\text{ト}}$，$b = \boxed{\text{ナ}}$，

　$c = \boxed{\text{ニ}}$，$d = \boxed{\text{ヌ}}$ のときである。

(iii) $a = 2$ であることは，$\{2, 6, 8\} \subset A \cup B \cup C$ であるための

　$\boxed{\text{ネ}}$。また，$b = 6$ であることは，$\{2, 6, 8\} \subset A \cup B \cup C$ である

　ための $\boxed{\text{ノ}}$。

　$\boxed{\text{ネ}}$，$\boxed{\text{ノ}}$ の解答群（同じものを繰り返し選んでもよい。）

⓪ 必要条件であるが，十分条件ではない
① 十分条件であるが，必要条件ではない
② 必要十分条件である
③ 必要条件でも十分条件でもない

第 2 問　(配点　30)

〔1〕　△ABC において，BC = 5，∠ABC = 60° とする。

(1)　△ABC の外接円の半径が $\sqrt{7}$ のとき，$AC = \sqrt{\boxed{\text{アイ}}}$ であり，

$AB = \boxed{\ \text{ウ}\ }$ または $AB = \boxed{\ \text{エ}\ }$ である。ただし，$\boxed{\ \text{ウ}\ }$ ，$\boxed{\ \text{エ}\ }$
の解答の順序は問わない。

したがって，外接円の半径が $\sqrt{7}$ であるような △ABC は二つある。

(数学 I 第 2 問は次ページに続く。)

(2) △ABC の外接円の半径を R とするとき, $R = \dfrac{\boxed{オ}}{\boxed{カ}}$ または

$R \geqq \dfrac{\boxed{キ}\sqrt{\boxed{ク}}}{\boxed{ケ}}$ であることは, △ABC が一通りに決まるための

必要十分条件である。

（数学Ⅰ第2問は次ページに続く。）

〔2〕　以下の問題を解答するにあたっては，必要に応じて70ページの三角比の表を用いてもよい。

　　水平な地面（以下，地面）に垂直に立っている電柱の高さを，その影の長さと太陽高度を利用して求めよう。

（数学 I 第 2 問は次ページに続く。）

　図1のように，電柱の影の先端は坂の斜面（以下，坂）にあるとする。また，坂には傾斜を表す道路標識が設置されていて，そこには7％と表示されているとする。

　電柱の太さと影の幅は無視して考えるものとする。また，地面と坂は平面であるとし，地面と坂が交わってできる直線を ℓ とする。

　電柱の先端を点 A とし，根もとを点 B とする。電柱の影について，地面にある部分を線分 BC とし，坂にある部分を線分 CD とする。線分 BC，CD がそれぞれ ℓ と垂直であるとき，電柱の影は坂に向かってまっすぐにのびているということにする。

図　1

（数学Ⅰ第2問は次ページに続く。）

　電柱の影が坂に向かってまっすぐにのびているとする。このとき，4点A，B，C，Dを通る平面はℓと垂直である。その平面において，図2のように，直線ADと直線BCの交点をPとすると，太陽高度とは∠APBの大きさのことである。

図　2

　道路標識の7％という表示は，この坂をのぼったとき，100mの水平距離に対して7mの割合で高くなることを示している。nを1以上9以下の整数とするとき，坂の傾斜角∠DCPの大きさについて

$$n° < ∠DCP < n° + 1°$$

を満たすnの値は　コ　である。

　以下では，∠DCPの大きさは，ちょうど　コ　°であるとする。

（数学 I 第2問は次ページに続く。）

　　ある日，電柱の影が坂に向かってまっすぐにのびていたとき，影の長さを調べたところ BC = 7 m，CD = 4 m であり，太陽高度は ∠APB = 45° であった。点 D から直線 AB に垂直な直線を引き，直線 AB との交点を E とするとき

$$BE = \boxed{\text{サ}} \times \boxed{\text{シ}} \ \text{m}$$

であり

$$DE = \left(\boxed{\text{ス}} + \boxed{\text{セ}} \times \boxed{\text{ソ}} \right) \text{m}$$

である。よって，電柱の高さは，小数第2位で四捨五入すると $\boxed{\text{タ}}$ m であることがわかる。

$\boxed{\text{シ}}$，$\boxed{\text{ソ}}$ の解答群(同じものを繰り返し選んでもよい。)

⓪ $\sin \angle DCP$	① $\dfrac{1}{\sin \angle DCP}$	② $\cos \angle DCP$
③ $\dfrac{1}{\cos \angle DCP}$	④ $\tan \angle DCP$	⑤ $\dfrac{1}{\tan \angle DCP}$

$\boxed{\text{タ}}$ の解答群

⓪ 10.4	① 10.7	② 11.0
③ 11.3	④ 11.6	⑤ 11.9

(数学Ⅰ第2問は次ページに続く。)

　　別の日，電柱の影が坂に向かってまっすぐにのびていたときの太陽高度は
$\angle APB = 42°$ であった。電柱の高さがわかったので，前回調べた日からの影
の長さの変化を知ることができる。電柱の影について，坂にある部分の長さは

$$CD = \dfrac{AB - \boxed{チ} \times \boxed{ツ}}{\boxed{テ} + \boxed{ト} \times \boxed{ツ}}\, m$$

である。$AB = \boxed{タ}$ m として，これを計算することにより，この日の電柱
の影について，坂にある部分の長さは，前回調べた 4 m より約 1.2 m だけ長
いことがわかる。

$\boxed{ツ} \sim \boxed{ト}$ の解答群(同じものを繰り返し選んでもよい。)

⓪　$\sin \angle DCP$	①　$\cos \angle DCP$	②　$\tan \angle DCP$
③　$\sin 42°$	④　$\cos 42°$	⑤　$\tan 42°$

(数学Ⅰ第 2 問は次ページに続く。)

三角比の表

角	正弦（sin）	余弦（cos）	正接（tan）	角	正弦（sin）	余弦（cos）	正接（tan）
0°	0.0000	1.0000	0.0000	45°	0.7071	0.7071	1.0000
1°	0.0175	0.9998	0.0175	46°	0.7193	0.6947	1.0355
2°	0.0349	0.9994	0.0349	47°	0.7314	0.6820	1.0724
3°	0.0523	0.9986	0.0524	48°	0.7431	0.6691	1.1106
4°	0.0698	0.9976	0.0699	49°	0.7547	0.6561	1.1504
5°	0.0872	0.9962	0.0875	50°	0.7660	0.6428	1.1918
6°	0.1045	0.9945	0.1051	51°	0.7771	0.6293	1.2349
7°	0.1219	0.9925	0.1228	52°	0.7880	0.6157	1.2799
8°	0.1392	0.9903	0.1405	53°	0.7986	0.6018	1.3270
9°	0.1564	0.9877	0.1584	54°	0.8090	0.5878	1.3764
10°	0.1736	0.9848	0.1763	55°	0.8192	0.5736	1.4281
11°	0.1908	0.9816	0.1944	56°	0.8290	0.5592	1.4826
12°	0.2079	0.9781	0.2126	57°	0.8387	0.5446	1.5399
13°	0.2250	0.9744	0.2309	58°	0.8480	0.5299	1.6003
14°	0.2419	0.9703	0.2493	59°	0.8572	0.5150	1.6643
15°	0.2588	0.9659	0.2679	60°	0.8660	0.5000	1.7321
16°	0.2756	0.9613	0.2867	61°	0.8746	0.4848	1.8040
17°	0.2924	0.9563	0.3057	62°	0.8829	0.4695	1.8807
18°	0.3090	0.9511	0.3249	63°	0.8910	0.4540	1.9626
19°	0.3256	0.9455	0.3443	64°	0.8988	0.4384	2.0503
20°	0.3420	0.9397	0.3640	65°	0.9063	0.4226	2.1445
21°	0.3584	0.9336	0.3839	66°	0.9135	0.4067	2.2460
22°	0.3746	0.9272	0.4040	67°	0.9205	0.3907	2.3559
23°	0.3907	0.9205	0.4245	68°	0.9272	0.3746	2.4751
24°	0.4067	0.9135	0.4452	69°	0.9336	0.3584	2.6051
25°	0.4226	0.9063	0.4663	70°	0.9397	0.3420	2.7475
26°	0.4384	0.8988	0.4877	71°	0.9455	0.3256	2.9042
27°	0.4540	0.8910	0.5095	72°	0.9511	0.3090	3.0777
28°	0.4695	0.8829	0.5317	73°	0.9563	0.2924	3.2709
29°	0.4848	0.8746	0.5543	74°	0.9613	0.2756	3.4874
30°	0.5000	0.8660	0.5774	75°	0.9659	0.2588	3.7321
31°	0.5150	0.8572	0.6009	76°	0.9703	0.2419	4.0108
32°	0.5299	0.8480	0.6249	77°	0.9744	0.2250	4.3315
33°	0.5446	0.8387	0.6494	78°	0.9781	0.2079	4.7046
34°	0.5592	0.8290	0.6745	79°	0.9816	0.1908	5.1446
35°	0.5736	0.8192	0.7002	80°	0.9848	0.1736	5.6713
36°	0.5878	0.8090	0.7265	81°	0.9877	0.1564	6.3138
37°	0.6018	0.7986	0.7536	82°	0.9903	0.1392	7.1154
38°	0.6157	0.7880	0.7813	83°	0.9925	0.1219	8.1443
39°	0.6293	0.7771	0.8098	84°	0.9945	0.1045	9.5144
40°	0.6428	0.7660	0.8391	85°	0.9962	0.0872	11.4301
41°	0.6561	0.7547	0.8693	86°	0.9976	0.0698	14.3007
42°	0.6691	0.7431	0.9004	87°	0.9986	0.0523	19.0811
43°	0.6820	0.7314	0.9325	88°	0.9994	0.0349	28.6363
44°	0.6947	0.7193	0.9657	89°	0.9998	0.0175	57.2900
45°	0.7071	0.7071	1.0000	90°	1.0000	0.0000	—

第3問 （配点　30）

〔1〕　関数 $f(x) = ax^2 + bx + c$ について，$y = f(x)$ のグラフをコンピュータソフトを用いて表示させる。ただし，このコンピュータソフトでは，a, b, c の値は十分に広い範囲で変化させられるものとする。

　　　a, b, c の値をそれぞれ定めたところ，図1のように，x 軸の $-2 < x < -1$ の部分と $-1 < x < 0$ の部分のそれぞれと交わる，上に凸の放物線が表示された。

図　1

(1)　図1の放物線を表示させる a, b, c の値について

a ┃ ア ┃ 0,　b ┃ イ ┃ 0,　c ┃ ウ ┃ 0,　$b^2 - 4ac$ ┃ エ ┃ 0,

$4a - 2b + c$ ┃ オ ┃ 0,　$a - b + c$ ┃ カ ┃ 0

である。

┃ ア ┃ ～ ┃ カ ┃ の解答群（同じものを繰り返し選んでもよい。）

⓪　$<$　　　　　　　①　$=$　　　　　　　②　$>$

（数学 I 第3問は次ページに続く。）

(2) 次の操作 A，操作 B，操作 C のうち，いずれか一つの操作を行う。

操作 A：図 1 の状態から b，c の値は変えず，a の値だけを減少させる。

操作 B：図 1 の状態から a，c の値は変えず，b の値だけを減少させる。

操作 C：図 1 の状態から a，b の値は変えず，c の値だけを減少させる。

このとき，操作 A，操作 B，操作 C のうち

　　不等式 $f(x) < 0$ の解が，すべての実数となること

が起こり得る操作は　キ　。また

　　方程式 $f(x) = 0$ は，異なる二つの正の解をもつこと

が起こり得る操作は　ク　。

　キ　，　ク　の解答群(同じものを繰り返し選んでもよい。)

⓪　ない

①　操作 A だけである

②　操作 B だけである

③　操作 C だけである

④　操作 A と操作 B だけである

⑤　操作 A と操作 C だけである

⑥　操作 B と操作 C だけである

⑦　操作 A と操作 B と操作 C のすべてである

(数学 I 第 3 問は次ページに続く。)

〔2〕　座標平面上に 4 点 O(0, 0)，A(6, 0)，B(4, 6)，C(0, 6)を頂点とする台形 OABC がある。また，この座標平面上で，点 P，Q は次の**規則**に従って移動する。

規則

- P は，O から出発して毎秒 1 の一定の速さで x 軸上を正の向きに A まで移動し，A に到達した時点で移動を終了する。
- Q は，C から出発して y 軸上を負の向きに O まで移動し，O に到達した後は y 軸上を正の向きに C まで移動する。そして，C に到達した時点で移動を終了する。ただし，Q は毎秒 2 の一定の速さで移動する。
- P，Q は同時刻に移動を開始する。

この**規則**に従って P，Q が移動するとき，P，Q はそれぞれ A，C に同時刻に到達し，移動を終了する。

以下において，P，Q が移動を開始する時刻を**開始時刻**，移動を終了する時刻を**終了時刻**とする。

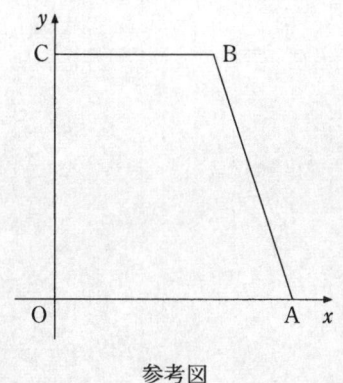

参考図

（数学 I 第 3 問は次ページに続く。）

(1) **開始時刻**から 1 秒後の △PBQ の面積は ケ である。

(2) **開始時刻**から 3 秒間の △PBQ の面積について，面積の最小値は コ であり，最大値は サシ である。

(3) **開始時刻**から **終了時刻** までの △PBQ の面積について，面積の最小値は ス であり，最大値は セソ である。

(4) **開始時刻**から **終了時刻** までの △PBQ の面積について，面積が 10 以下となる時間は $\left(\boxed{\text{タ}} - \sqrt{\boxed{\text{チ}}} + \sqrt{\boxed{\text{ツ}}}\right)$ 秒間である。

第4問 (配点 20)

　高校の陸上部で長距離競技の選手として活躍する太郎さんは，長距離競技の公認記録が掲載されている Web ページを見つけた。この Web ページでは，各選手における公認記録のうち最も速いものが掲載されている。その Web ページに掲載されている，ある選手のある長距離競技での公認記録を，その選手のその競技でのベストタイムということにする。

　なお，以下の図や表については，ベースボール・マガジン社「陸上競技ランキング」の Web ページをもとに作成している。

(1)　太郎さんは，男子マラソンの日本人選手の 2022 年末時点でのベストタイムを調べた。その中で，2018 年より前にベストタイムを出した選手と 2018 年以降にベストタイムを出した選手に分け，それぞれにおいて速い方から 50 人の選手のベストタイムをデータ A，データ B とした。

　ここでは，マラソンのベストタイムは，実際のベストタイムから 2 時間を引いた時間を秒単位で表したものとする。例えば 2 時間 5 分 30 秒であれば，$60 \times 5 + 30 = 330$（秒）となる。

(数学Ⅰ第4問は次ページに続く。)

(i) 図1と図2はそれぞれ，階級の幅を30秒としたAとBのヒストグラムである。なお，ヒストグラムの各階級の区間は，左側の数値を含み，右側の数値を含まない。

図1　Aのヒストグラム　　　　　図2　Bのヒストグラム

　ベストタイムが420秒未満の選手の割合はAでは　ア　%であり，Bでは　イウ　%である。

　図1からAの最頻値は階級　エ　の階級値である。また，図2からBの中央値が含まれる階級は　オ　である。

　エ　，　オ　の解答群（同じものを繰り返し選んでもよい。）

⓪	270 以上 300 未満	①	300 以上 330 未満
②	330 以上 360 未満	③	360 以上 390 未満
④	390 以上 420 未満	⑤	420 以上 450 未満
⑥	450 以上 480 未満	⑦	480 以上 510 未満
⑧	510 以上 540 未満	⑨	540 以上 570 未満

（数学Ⅰ第4問は次ページに続く。）

(ii) 図3は，A，Bそれぞれの箱ひげ図を並べたものである。ただし，中央値を示す線は省いている。

A

B

280 300 320 340 360 380 400 420 440 460 480 500 520 540 560(秒)

図3　AとBの箱ひげ図

図3より次のことが読み取れる。ただし，A，Bそれぞれにおける，速い方から13番目の選手は，一人ずつとする。

・Bの速い方から13番目の選手のベストタイムは，Aの速い方から13番目の選手のベストタイムより，およそ　カ　秒速い。

・Aの四分位範囲からBの四分位範囲を引いた差の絶対値は　キ　である。

　カ　については，最も適当なものを，次の⓪～⑤のうちから一つ選べ。

⓪ 5　　① 15　　② 25　　③ 35　　④ 45　　⑤ 55

　キ　の解答群

⓪　0以上20未満

①　20以上40未満

②　40以上60未満

③　60以上80未満

④　80以上100未満

(数学Ⅰ第4問は次ページに続く。)

(iii) 太郎さんは，Aのある選手とBのある選手のベストタイムの比較において，その二人の選手のベストタイムが速いか遅いかとは別の観点でも考えるために，次の**式**を満たす z の値を用いて判断することにした。

式

(あるデータのある選手のベストタイム)＝

(そのデータの平均値)＋ z ×(そのデータの標準偏差)

　二人の選手それぞれのベストタイムに対する z の値を比較し，その値の小さい選手の方が優れていると判断する。

(数学 I 第4問は次ページに続く。)

表1は，A，Bそれぞれにおける，速い方から1番目の選手(以下，1位の選手)のベストタイムと，データの平均値と標準偏差をまとめたものである。

表1　1位の選手のベストタイム，平均値，標準偏差

データ	1位の選手のベストタイム	平均値	標準偏差
A	376	504	40
B	296	454	45

式と表1を用いると，Bの1位の選手のベストタイムに対する z の値は

$$z = - \boxed{\text{ク}} . \boxed{\text{ケコ}}$$

である。このことから，Bの1位の選手のベストタイムは，平均値より標準偏差のおよそ $\boxed{\text{ク}} . \boxed{\text{ケコ}}$ 倍だけ小さいことがわかる。

A，Bそれぞれにおける，1位の選手についての記述として，次の⓪〜③のうち，正しいものは $\boxed{\text{サ}}$ である。

$\boxed{\text{サ}}$ の解答群

⓪　ベストタイムで比較するとAの1位の選手の方が速く，z の値で比較するとAの1位の選手の方が優れている。

①　ベストタイムで比較するとBの1位の選手の方が速く，z の値で比較するとBの1位の選手の方が優れている。

②　ベストタイムで比較するとAの1位の選手の方が速く，z の値で比較するとBの1位の選手の方が優れている。

③　ベストタイムで比較するとBの1位の選手の方が速く，z の値で比較するとAの1位の選手の方が優れている。

(数学 I 第4問は次ページに続く。)

(2) 太郎さんは，マラソン，10000 m，5000 m のベストタイムに関連がないかを調べることにした。そのために，2022 年末時点でのこれら 3 種目のベストタイムをすべて確認できた日本人男子選手のうち，マラソンのベストタイムが速い方から 50 人を選んだ。

図 4 と図 5 はそれぞれ，選んだ 50 人についてのマラソンと 10000 m のベストタイム，5000 m と 10000 m のベストタイムの散布図である。ただし，5000 m と 10000 m のベストタイムは秒単位で表し，マラソンのベストタイムは(1)の場合と同様，実際のベストタイムから 2 時間を引いた時間を秒単位で表したものとする。なお，これらの散布図には，完全に重なっている点はない。

図 4　マラソンと 10000 m の散布図　　　図 5　5000 m と 10000 m の散布図

(i) 次の(a)，(b)は，図 4 と図 5 に関する記述である。

(a) マラソンのベストタイムの速い方から 3 番目までの選手の 10000 m のベストタイムは，3 選手とも 1670 秒未満である。

(b) マラソンと 10000 m の間の相関は，5000 m と 10000 m の間の相関より強い。

（数学 I 第 4 問は次ページに続く。）

(a), (b) の正誤の組合せとして正しいものは　シ　である。

　シ　の解答群

	⓪	①	②	③
(a)	正	正	誤	誤
(b)	正	誤	正	誤

(ii) 太郎さんは，5000 m と 10000 m の相関係数を計算するために，表 2 のように平均値，標準偏差および共分散を算出した。ただし，共分散は各選手の，5000 m のベストタイムの偏差と 10000 m のベストタイムの偏差との積の平均値である。

表 2　5000 m と 10000 m の平均値，標準偏差，共分散

	平均値	標準偏差	共分散
5000 m	817.7	10.3	131.8
10000 m	1683.6	17.9	

表 2 を用いると，5000 m と 10000 m の相関係数は　ス　である。

　ス　については，最も適当なものを，次の⓪～⑨のうちから一つ選べ。

⓪ 0.00	① 0.11	② 0.20	③ 0.31	④ 0.45
⑤ 0.58	⑥ 0.65	⑦ 0.71	⑧ 0.80	⑨ 1.40

数　学　Ⅱ

（全　問　必　答）

第1問 （配点　30）

〔1〕

(1) $k > 0$，$k \neq 1$ とする。関数 $y = \log_k x$ と $y = \log_2 kx$ のグラフについて考えよう。

(i) $y = \log_3 x$ のグラフは点 $\left(27, \boxed{\text{ア}} \right)$ を通る。また，$y = \log_2 \dfrac{x}{5}$ の

グラフは点 $\left(\boxed{\text{イウ}}, 1 \right)$ を通る。

(ii) $y = \log_k x$ のグラフは，k の値によらず定点 $\left(\boxed{\text{エ}}, \boxed{\text{オ}} \right)$ を通る。

(iii) $k = 2$，3，4 のとき

$y = \log_k x$ のグラフの概形は $\boxed{\text{カ}}$

$y = \log_2 kx$ のグラフの概形は $\boxed{\text{キ}}$

である。

（数学Ⅱ第1問は次ページに続く。）

　　 カ ，　 キ 　については，最も適当なものを，次の⓪～⑤のうちから一つずつ選べ。ただし，同じものを繰り返し選んでもよい。

（数学Ⅱ第1問は次ページに続く。）

(2) $x > 0$, $x \neq 1$, $y > 0$ とする。$\log_x y$ について考えよう。

(i) 座標平面において，方程式 $\log_x y = 2$ の表す図形を図示すると，$\boxed{\text{ク}}$ の $x > 0$，$x \neq 1$，$y > 0$ の部分となる。

$\boxed{\text{ク}}$ については，最も適当なものを，次の $\textcircled{0}$〜$\textcircled{5}$ のうちから一つ選べ。

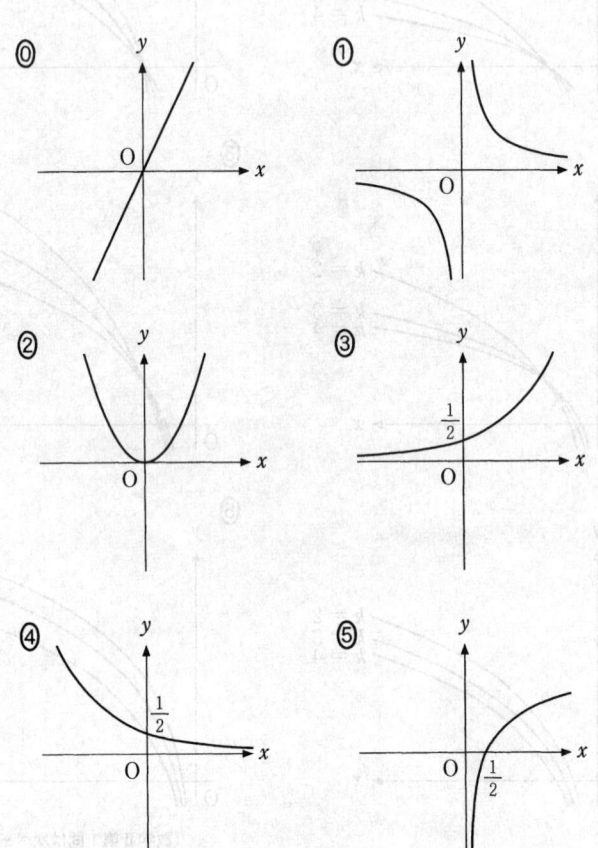

（数学 II 第 1 問は次ページに続く。）

(ⅱ) 座標平面において，不等式 $0 < \log_x y < 1$ の表す領域を図示すると，

$\boxed{\text{ケ}}$ の斜線部分となる。ただし，境界(境界線)は含まない。

$\boxed{\text{ケ}}$ については，最も適当なものを，次の⓪～⑤のうちから一つ選べ。

⓪

①

②

③

④

⑤
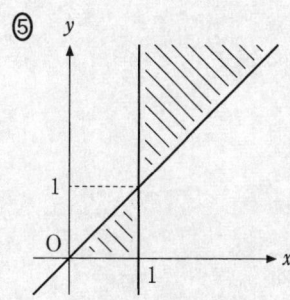

(数学II第1問は次ページに続く。)

86

〔2〕 $S(x)$ を x の2次式とする。x の整式 $P(x)$ を $S(x)$ で割ったときの商を $T(x)$，余りを $U(x)$ とする。ただし，$S(x)$ と $P(x)$ の係数は実数であるとする。

(1) $P(x) = 2x^3 + 7x^2 + 10x + 5$，$S(x) = x^2 + 4x + 7$ の場合を考える。

方程式 $S(x) = 0$ の解は $x = \boxed{\text{コサ}} \pm \sqrt{\boxed{\text{シ}}}\, i$ である。

また，$T(x) = \boxed{\text{ス}}\, x - \boxed{\text{セ}}$，$U(x) = \boxed{\text{ソタ}}$ である。

（数学Ⅱ 第1問は次ページに続く。）

(2)　方程式 $S(x) = 0$ は異なる二つの解 α, β をもつとする。このとき

$$P(x) を S(x) で割った余りが定数になる$$

ことと同値な条件を考える。

(ⅰ)　余りが定数になるときを考えてみよう。

　　　仮定から，定数 k を用いて $U(x) = k$ とおける。このとき，$\boxed{\text{チ}}$ 。

したがって，余りが定数になるとき，$\boxed{\text{ツ}}$ が成り立つ。

$\boxed{\text{チ}}$ については，最も適当なものを，次の $\textcircled{0}$～$\textcircled{3}$ のうちから一つ選べ。

$\textcircled{0}$　$P(\alpha) = P(\beta) = k$ が成り立つことから，$P(x) = S(x)T(x) + k$ となることが導かれる。また，$P(\alpha) = P(\beta) = k$ が成り立つことから，$S(\alpha) = S(\beta) = 0$ となることが導かれる

$\textcircled{1}$　$P(x) = S(x)T(x) + k$ かつ $P(\alpha) = P(\beta) = k$ が成り立つことから，$S(\alpha) = S(\beta) = 0$ となることが導かれる

$\textcircled{2}$　$S(\alpha) = S(\beta) = 0$ が成り立つことから，$P(x) = S(x)T(x) + k$ となることが導かれる。また，$S(\alpha) = S(\beta) = 0$ が成り立つことから，$P(\alpha) = P(\beta) = k$ となることが導かれる

$\textcircled{3}$　$P(x) = S(x)T(x) + k$ かつ $S(\alpha) = S(\beta) = 0$ が成り立つことから，$P(\alpha) = P(\beta) = k$ となることが導かれる

$\boxed{\text{ツ}}$ の解答群

$\textcircled{0}$　$T(\alpha) = T(\beta)$ 　　　　　$\textcircled{1}$　$P(\alpha) = P(\beta)$

$\textcircled{2}$　$T(\alpha) \neq T(\beta)$ 　　　　　$\textcircled{3}$　$P(\alpha) \neq P(\beta)$

（数学Ⅱ第1問は次ページに続く。）

(ii) 逆に $\boxed{\text{ツ}}$ が成り立つとき，余りが定数になるかを調べよう。

$S(x)$ が 2 次式であるから，m，n を定数として $U(x) = mx + n$ とおける。$P(x)$ を $S(x)$，$T(x)$，m，n を用いて表すと，$P(x) = \boxed{\text{テ}}$ となる。この等式の x に α，β をそれぞれ代入すると $\boxed{\text{ト}}$ となるので，$\boxed{\text{ツ}}$ と $\alpha \neq \beta$ より $\boxed{\text{ナ}}$ となる。以上から余りが定数になることがわかる。

$\boxed{\text{テ}}$ の解答群

@ $(mx + n)S(x)T(x)$　　　① $S(x)T(x) + mx + n$

② $(mx + n)S(x) + T(x)$　　③ $(mx + n)T(x) + S(x)$

$\boxed{\text{ト}}$ の解答群

@ $P(\alpha) = T(\alpha)$　かつ　$P(\beta) = T(\beta)$

① $P(\alpha) = m\alpha + n$　かつ　$P(\beta) = m\beta + n$

② $P(\alpha) = (m\alpha + n)T(\alpha)$　かつ　$P(\beta) = (m\beta + n)T(\beta)$

③ $P(\alpha) = P(\beta) = 0$

④ $P(\alpha) \neq 0$　かつ　$P(\beta) \neq 0$

$\boxed{\text{ナ}}$ の解答群

@ $m \neq 0$　　　　　　　　① $m \neq 0$　かつ　$n = 0$

② $m \neq 0$　かつ　$n \neq 0$　③ $m = 0$

④ $m = n = 0$　　　　　　　⑤ $m = 0$　かつ　$n \neq 0$

⑥ $n = 0$　　　　　　　　　⑦ $n \neq 0$

（数学 II 第 1 問は次ページに続く。）

(i), (ii)の考察から，方程式 $S(x) = 0$ が異なる二つの解 α, β をもつとき，$P(x)$ を $S(x)$ で割った余りが定数になることと $\boxed{\text{ツ}}$ であることは同値である。

(3) p を定数とし，$P(x) = x^{10} - 2x^9 - px^2 - 5x$，$S(x) = x^2 - x - 2$ の場合を考える。$P(x)$ を $S(x)$ で割った余りが定数になるとき，$p = \boxed{\text{ニヌ}}$ となり，その余りは $\boxed{\text{ネノ}}$ となる。

第2問 (配点 30)

m を $m > 1$ を満たす定数とし，$f(x) = 3(x-1)(x-m)$ とする。また，$S(x) = \int_0^x f(t)\,dt$ とする。関数 $y = f(x)$ と $y = S(x)$ のグラフの関係について考えてみよう。

(1) $m = 2$ のとき，すなわち，$f(x) = 3(x-1)(x-2)$ のときを考える。

(i) $f'(x) = 0$ となる x の値は $x = \dfrac{\boxed{\text{ア}}}{\boxed{\text{イ}}}$ である。

(ii) $S(x)$ を計算すると

$$S(x) = \int_0^x f(t)\,dt$$

$$= \int_0^x \left(3t^2 - \boxed{\text{ウ}}\,t + \boxed{\text{エ}} \right) dt$$

$$= x^3 - \dfrac{\boxed{\text{オ}}}{\boxed{\text{カ}}} x^2 + \boxed{\text{キ}}\,x$$

であるから

$x = \boxed{\text{ク}}$ のとき，$S(x)$ は極大値 $\dfrac{\boxed{\text{ケ}}}{\boxed{\text{コ}}}$ をとり

$x = \boxed{\text{サ}}$ のとき，$S(x)$ は極小値 $\boxed{\text{シ}}$ をとることがわかる。

(数学Ⅱ第2問は次ページに続く。)

(iii) $f(3)$と一致するものとして，次の⓪～④のうち，正しいものは　ス　である。

ス　の解答群

⓪　$S(3)$

①　2点$(2, S(2))$，$(4, S(4))$を通る直線の傾き

②　2点$(0, 0)$，$(3, S(3))$を通る直線の傾き

③　関数$y = S(x)$のグラフ上の点$(3, S(3))$における接線の傾き

④　関数$y = f(x)$のグラフ上の点$(3, f(3))$における接線の傾き

（数学II第2問は次ページに続く。）

(2) $0 \leqq x \leqq 1$ の範囲で，関数 $y = f(x)$ のグラフと x 軸および y 軸で囲まれた図形の面積を S_1，$1 \leqq x \leqq m$ の範囲で，関数 $y = f(x)$ のグラフと x 軸で囲まれた図形の面積を S_2 とする。このとき，$S_1 = $ 　セ　 ，$S_2 = $ 　ソ　 である。

$S_1 = S_2$ となるのは 　タ　 $= 0$ のときであるから，$S_1 = S_2$ が成り立つような $f(x)$ に対する関数 $y = S(x)$ のグラフの概形は 　チ　 である。また，$S_1 > S_2$ が成り立つような $f(x)$ に対する関数 $y = S(x)$ のグラフの概形は 　ツ　 である。

　セ　 ，　ソ　 の解答群(同じものを繰り返し選んでもよい。)

$$
\begin{array}{lll}
\textcircled{0} \ \displaystyle\int_0^1 f(x)\,dx & \textcircled{1} \ \displaystyle\int_0^m f(x)\,dx & \textcircled{2} \ \displaystyle\int_1^m f(x)\,dx \\[4mm]
\textcircled{3} \ \displaystyle\int_0^1 \{-f(x)\}\,dx & \textcircled{4} \ \displaystyle\int_0^m \{-f(x)\}\,dx & \textcircled{5} \ \displaystyle\int_1^m \{-f(x)\}\,dx
\end{array}
$$

　タ　 の解答群

$$
\begin{array}{ll}
\textcircled{0} \ \displaystyle\int_0^1 f(x)\,dx & \textcircled{1} \ \displaystyle\int_0^m f(x)\,dx \\[4mm]
\textcircled{2} \ \displaystyle\int_1^m f(x)\,dx & \textcircled{3} \ \displaystyle\int_0^1 f(x)\,dx - \int_0^m f(x)\,dx \\[4mm]
\textcircled{4} \ \displaystyle\int_0^1 f(x)\,dx - \int_1^m f(x)\,dx & \textcircled{5} \ \displaystyle\int_0^1 f(x)\,dx + \int_0^m f(x)\,dx \\[4mm]
\textcircled{6} \ \displaystyle\int_0^m f(x)\,dx + \int_1^m f(x)\,dx &
\end{array}
$$

(数学II第2問は次ページに続く。)

チ ， ツ については，最も適当なものを，次の⓪〜⑤のうちから一つ
ずつ選べ。ただし，同じものを繰り返し選んでもよい。

⓪

①

②

③

④

⑤

（数学Ⅱ第2問は次ページに続く。）

(3) 関数 $y = f(x)$ のグラフの特徴から関数 $y = S(x)$ のグラフの特徴を考えてみよう。

関数 $y = f(x)$ のグラフは直線 $x = \boxed{\text{テ}}$ に関して対称であるから，すべての正の実数 p に対して

$$\int_{1-p}^{1} f(x)\,dx = \int_{m}^{\boxed{\text{ト}}} f(x)\,dx \qquad\qquad \cdots\cdots\cdots\cdots\cdots ①$$

が成り立ち，$M = \boxed{\text{テ}}$ とおくと $0 < q \leqq M - 1$ であるすべての実数 q に対して

$$\int_{M-q}^{M} \{-f(x)\}\,dx = \int_{M}^{\boxed{\text{ナ}}} \{-f(x)\}\,dx \qquad \cdots\cdots\cdots\cdots\cdots ②$$

が成り立つことがわかる。すべての実数 $\alpha,\ \beta$ に対して

$$\int_{\alpha}^{\beta} f(x)\,dx = S(\beta) - S(\alpha)$$

が成り立つことに注意すれば，①と②はそれぞれ

$$S(1 - p) + S\left(\boxed{\text{ト}}\right) = \boxed{\text{ニ}}$$

$$2\,S(M) = \boxed{\text{ヌ}}$$

となる。

以上から，すべての正の実数 p に対して，2点 $(1 - p,\ S(1 - p))$，$\left(\boxed{\text{ト}},\ S\left(\boxed{\text{ト}}\right)\right)$ を結ぶ線分の中点についての記述として，後の ⓪ ～ ⑤ のうち，最も適当なものは $\boxed{\text{ネ}}$ である。

テ の解答群

⓪ m	① $\dfrac{m}{2}$	② $m+1$	③ $\dfrac{m+1}{2}$

ト の解答群

⓪ $1-p$	① p	② $1+p$
③ $m-p$	④ $m+p$	

ナ の解答群

⓪ $M-q$	① M	② $M+q$
③ $M+m-q$	④ $M+m$	⑤ $M+m+q$

ニ の解答群

⓪ $S(1)+S(m)$	① $S(1)+S(p)$	② $S(1)-S(m)$
③ $S(1)-S(p)$	④ $S(p)-S(m)$	⑤ $S(m)-S(p)$

ヌ の解答群

⓪ $S(M-q)+S(M+m-q)$	① $S(M-q)+S(M+m)$
② $S(M-q)+S(M)$	③ $2\,S(M-q)$
④ $S(M+q)+S(M-q)$	⑤ $S(M+m+q)+S(M-q)$

ネ の解答群

⓪ x 座標は p の値によらず一つに定まり，y 座標は p の値により変わる。

① x 座標は p の値により変わり，y 座標は p の値によらず一つに定まる。

② 中点は p の値によらず一つに定まり，関数 $y=S(x)$ のグラフ上にある。

③ 中点は p の値によらず一つに定まり，関数 $y=f(x)$ のグラフ上にある。

④ 中点は p の値によって動くが，つねに関数 $y=S(x)$ のグラフ上にある。

⑤ 中点は p の値によって動くが，つねに関数 $y=f(x)$ のグラフ上にある。

第3問 (配点 20)

(1) $\cos x = 0$ を満たす x は，$0 \leqq x < 2\pi$ の範囲に二つある。そのうち，値が小さい方は $x = \boxed{\text{ア}}$ であり，大きい方は $x = \boxed{\text{イ}}$ である。

$\boxed{\text{ア}}$，$\boxed{\text{イ}}$ の解答群（同じものを繰り返し選んでもよい。）

⓪ 0	① $\dfrac{\pi}{6}$	② $\dfrac{\pi}{3}$	③ $\dfrac{\pi}{2}$
④ $\dfrac{2}{3}\pi$	⑤ $\dfrac{5}{6}\pi$	⑥ π	⑦ $\dfrac{7}{6}\pi$
⑧ $\dfrac{4}{3}\pi$	⑨ $\dfrac{3}{2}\pi$	ⓐ $\dfrac{5}{3}\pi$	ⓑ $\dfrac{11}{6}\pi$

（数学Ⅱ第3問は次ページに続く。）

(2)

(i)　$0 \leqq x < 2\pi$ のとき，方程式

$$\cos 3x + \cos 2x + \cos x = 0 \quad \cdots\cdots\cdots\cdots\cdots\cdots\cdots ①$$

を考える。

　三角関数の加法定理により

$$\cos 3x = \cos(2x + x) = \boxed{\text{ウ}}$$

$$\cos x = \cos(2x - x) = \boxed{\text{エ}}$$

が成り立つ。これらを用いると

$$\cos 3x + \cos 2x + \cos x = \left(\boxed{\text{オ}} + 1 \right)\cos 2x \quad \cdots\cdots\cdots ②$$

が得られる。

　②により，①は $\boxed{\text{カ}}$ 個の解をもつことがわかる。そのうち，最も小さ

い解は $x = \dfrac{\pi}{\boxed{\text{キ}}}$ であり，2番目に小さい解は $x = \dfrac{\boxed{\text{ク}}}{\boxed{\text{ケ}}}\pi$ である。

$\boxed{\text{ウ}}$，$\boxed{\text{エ}}$ の解答群（同じものを繰り返し選んでもよい。）

⓪　$\sin 2x \cos x + \cos 2x \sin x$	①　$\sin 2x \cos x - \cos 2x \sin x$
②　$-\sin 2x \cos x + \cos 2x \sin x$	③　$-\sin 2x \cos x - \cos 2x \sin x$
④　$\cos 2x \cos x + \sin 2x \sin x$	⑤　$\cos 2x \cos x - \sin 2x \sin x$
⑥　$-\cos 2x \cos x + \sin 2x \sin x$	⑦　$-\cos 2x \cos x - \sin 2x \sin x$

$\boxed{\text{オ}}$ の解答群

⓪　$\sin x$	①　$-\sin x$	②　$\cos x$	③　$-\cos x$
④　$2\sin x$	⑤　$-2\sin x$	⑥　$2\cos x$	⑦　$-2\cos x$

（数学Ⅱ第3問は次ページに続く。）

(ii) n を 3 以上の自然数とする。 $0 \leqq x < 2\pi$ のとき，方程式

$$\cos(n+1)x + \cos nx + \cos(n-1)x = 0 \qquad \cdots\cdots\cdots\cdots \text{③}$$

を考える。

(i) と同じように考えると，③ のすべての解を求めることができる。そのうち，最も小さい解は $x = \boxed{\text{コ}}$ であり，2 番目に小さい解は $x = \boxed{\text{サ}}$ である。

$\boxed{\text{コ}}$，$\boxed{\text{サ}}$ の解答群(同じものを繰り返し選んでもよい。)

⓪ 0	① $\dfrac{\pi}{6}$	② $\dfrac{\pi}{4}$	③ $\dfrac{\pi}{3}$
④ $\dfrac{\pi}{2}$	⑤ $\dfrac{2}{3}\pi$	⑥ $\dfrac{\pi}{n}$	⑦ $\dfrac{2}{n}\pi$
⑧ $\dfrac{3}{n}\pi$	⑨ $\dfrac{\pi}{2n}$	ⓐ $\dfrac{3}{2n}\pi$	ⓑ $\dfrac{5}{2n}\pi$

第4問 （配点　20）

　座標平面において，方程式 $x^2 + y^2 = 4$ が表す円を C_1，$x^2 - 8x + y^2 + 15 = 0$ が表す円を C_2 とする。

　必要に応じて，次のことを用いてもよい。

┌─ **点と直線の距離** ─────────────────────

　　点 (x_1, y_1) と直線 $ax + by + c = 0$ の距離を d とするとき

$$d = \frac{|ax_1 + by_1 + c|}{\sqrt{a^2 + b^2}}$$

となる。

└──────────────────────────────

(1)　C_2 の中心は点$\left(\boxed{\ \text{ア}\ }, \boxed{\ \text{イ}\ }\right)$，半径は $\boxed{\ \text{ウ}\ }$ である。

（数学Ⅱ第4問は次ページに続く。）

(2) C_1 と C_2 の両方に接する直線の方程式を求める方法について考えよう。

次の**方針**に基づいて考える。

> **方針**
>
> C_1 の接線のうち，C_2 にも接するものを求める。

C_1 上の点 $\mathrm{P}(p, q)$ をとり，P における C_1 の接線を ℓ とする。P は C_1 上にあるので
$$p^2 + q^2 = 4$$
が成り立つ。

(i) ℓ の方程式を求めよう。

$p \neq 0$ かつ $q \neq 0$ の場合を考える。原点 $(0, 0)$ と P を結ぶ直線を m とすると，ℓ と m は垂直である。m の傾きは $\boxed{\text{エ}}$ であるので，ℓ の傾きは $\boxed{\text{オ}}$ となる。よって，ℓ の方程式は $\boxed{\text{カ}}$ となる。

$p = 0$ または $q = 0$ の場合も，$\boxed{\text{カ}}$ の表す直線は，P における C_1 の接線となることがわかる。

$\boxed{\text{エ}}$，$\boxed{\text{オ}}$ の解答群（同じものを繰り返し選んでもよい。）

⓪ p	① q	② $-p$	③ $-q$
④ $\dfrac{1}{p}$	⑤ $\dfrac{1}{q}$	⑥ $-\dfrac{1}{p}$	⑦ $-\dfrac{1}{q}$
⑧ $\dfrac{q}{p}$	⑨ $\dfrac{p}{q}$	ⓐ $-\dfrac{q}{p}$	ⓑ $-\dfrac{p}{q}$

$\boxed{\text{カ}}$ の解答群

⓪ $px + qy = 2$	① $px - qy = 2$	② $qx + py = 2$
③ $qx - py = 2$	④ $px + qy = 4$	⑤ $px - qy = 4$
⑥ $qx + py = 4$	⑦ $qx - py = 4$	

（数学Ⅱ第4問は次ページに続く。）

(ii) ℓ が C_2 に接するのは，　$\boxed{\text{キ}}$　ときである。

$\boxed{\text{キ}}$ の解答群

　⓪　ℓ が x 軸に平行である

　①　ℓ が y 軸に平行である

　②　ℓ が C_2 の中心を通る

　③　C_2 の中心と ℓ の距離が，C_1 の半径に等しい

　④　C_2 の中心と ℓ の距離が，C_2 の半径に等しい

（数学Ⅱ第 4 問は次ページに続く。）

(iii) (i), (ii) での考察から，次のことがわかる。

ℓ が C_2 に接するときの P の座標は

$$(p, q) = \left(\frac{\boxed{ク}}{\boxed{ケ}}, \frac{\sqrt{\boxed{コサ}}}{\boxed{シ}} \right), \quad \left(\frac{\boxed{ク}}{\boxed{ケ}}, -\frac{\sqrt{\boxed{コサ}}}{\boxed{シ}} \right),$$

$$\left(\frac{\boxed{ス}}{\boxed{セ}}, \frac{\sqrt{\boxed{ソ}}}{\boxed{タ}} \right), \quad \left(\frac{\boxed{ス}}{\boxed{セ}}, -\frac{\sqrt{\boxed{ソ}}}{\boxed{タ}} \right)$$

である。ただし，$\dfrac{\boxed{ク}}{\boxed{ケ}} < \dfrac{\boxed{ス}}{\boxed{セ}}$ とする。よって，これらの p, q の組

を $\boxed{カ}$ に代入すれば，C_1 と C_2 の両方に接する直線の方程式が得られる。

数学Ⅰ・数学A
数学Ⅱ・数学B
数学Ⅰ
数学Ⅱ

（2023年1月実施）

数学Ⅰ・数学A	70分	100点
数学Ⅱ・数学B	60分	100点
数学Ⅰ	70分	100点
数学Ⅱ	60分	100点

2

数学 I・数学 A

問　題	選　択　方　法
第1問	必　　答
第2問	必　　答
第3問	いずれか2問を選択し，解答しなさい。
第4問	
第5問	

（注）この科目には，選択問題があります。（2ページ参照。）

第1問　（必答問題）（配点　30）

〔1〕　実数 x についての不等式

$$|x + 6| \leqq 2$$

の解は

$$\boxed{アイ} \leqq x \leqq \boxed{ウエ}$$

である。

よって，実数 a, b, c, d が

$$|(1 - \sqrt{3})(a - b)(c - d) + 6| \leqq 2$$

を満たしているとき，$1 - \sqrt{3}$ は負であることに注意すると，$(a - b)(c - d)$ のとり得る値の範囲は

$$\boxed{オ} + \boxed{カ} \sqrt{3} \leqq (a - b)(c - d) \leqq \boxed{キ} + \boxed{ク} \sqrt{3}$$

であることがわかる。

（数学Ⅰ・数学A第1問は次ページに続く。）

4

特に

$$(a-b)(c-d) = \boxed{\text{キ}} + \boxed{\text{ク}} \sqrt{3} \qquad\cdots\cdots\cdots\cdots\cdots ①$$

であるとき，さらに

$$(a-c)(b-d) = -3 + \sqrt{3} \qquad\cdots\cdots\cdots\cdots\cdots\cdots ②$$

が成り立つならば

$$(a-d)(c-b) = \boxed{\text{ケ}} + \boxed{\text{コ}} \sqrt{3} \qquad\cdots\cdots\cdots\cdots\cdots ③$$

であることが，等式①，②，③の左辺を展開して比較することによりわかる。

(数学 I・数学 A 第 1 問は次ページに続く。)

〔2〕

(1) 点 O を中心とし，半径が 5 である円 O がある。この円周上に 2 点 A，B を AB = 6 となるようにとる。また，円 O の円周上に，2 点 A，B とは異なる点 C をとる。

(i) $\sin \angle ACB =$ 　**サ**　である。また，点 C を $\angle ACB$ が鈍角となるようにとるとき，$\cos \angle ACB =$ 　**シ**　である。

(ii) 点 C を △ABC の面積が最大となるようにとる。点 C から直線 AB に垂直な直線を引き，直線 AB との交点を D とするとき，

$\tan \angle OAD =$ 　**ス**　である。また，△ABC の面積は 　**セソ**　である。

　サ　～　**ス**　の解答群（同じものを繰り返し選んでもよい。）

⓪ $\frac{3}{5}$	① $\frac{3}{4}$	② $\frac{4}{5}$	③ 1	④ $\frac{4}{3}$
⑤ $-\frac{3}{5}$	⑥ $-\frac{3}{4}$	⑦ $-\frac{4}{5}$	⑧ -1	⑨ $-\frac{4}{3}$

（数学 I・数学 A 第 1 問は 次ページに続く。）

(2) 半径が5である球Sがある。この球面上に3点P，Q，Rをとったとき，これらの3点を通る平面 α 上でPQ = 8，QR = 5，RP = 9であったとする。

球Sの球面上に点Tを三角錐TPQRの体積が最大となるようにとるとき，その体積を求めよう。

まず，$\cos \angle \text{QPR} = \dfrac{\boxed{\text{タ}}}{\boxed{\text{チ}}}$ であることから，△PQRの面積は

$\boxed{\text{ツ}} \sqrt{\boxed{\text{テト}}}$ である。

次に，点Tから平面 α に垂直な直線を引き，平面 α との交点をHとする。このとき，PH，QH，RHの長さについて，$\boxed{\text{ナ}}$ が成り立つ。

以上より，三角錐TPQRの体積は $\boxed{\text{ニヌ}} \left(\sqrt{\boxed{\text{ネノ}}} + \sqrt{\boxed{\text{ハ}}} \right)$ である。

$\boxed{\text{ナ}}$ の解答群

⓪ PH < QH < RH   ① PH < RH < QH

② QH < PH < RH   ③ QH < RH < PH

④ RH < PH < QH   ⑤ RH < QH < PH

⑥ PH = QH = RH

第 2 問　（必答問題）（配点　30）

〔1〕　太郎さんは，総務省が公表している 2020 年の家計調査の結果を用いて，地域による食文化の違いについて考えている。家計調査における調査地点は，都道府県庁所在市および政令指定都市（都道府県庁所在市を除く）であり，合計 52 市である。家計調査の結果の中でも，スーパーマーケットなどで販売されている調理食品の「二人以上の世帯の 1 世帯当たり年間支出金額（以下，支出金額，単位は円）」を分析することにした。以下においては，52 市の調理食品の支出金額をデータとして用いる。

　　太郎さんは調理食品として，最初にうなぎのかば焼き（以下，かば焼き）に着目し，図 1 のように 52 市におけるかば焼きの支出金額のヒストグラムを作成した。ただし，ヒストグラムの各階級の区間は，左側の数値を含み，右側の数値を含まない。

　　なお，以下の図や表については，総務省の Web ページをもとに作成している。

図 1　かば焼きの支出金額のヒストグラム

（数学 I・数学 A 第 2 問は次ページに続く。）

(1) 図1から次のことが読み取れる。

• 第1四分位数が含まれる階級は ア である。

• 第3四分位数が含まれる階級は イ である。

• 四分位範囲は ウ 。

ア ， イ の解答群（同じものを繰り返し選んでもよい。）

⓪ 1000 以上 1400 未満	① 1400 以上 1800 未満
② 1800 以上 2200 未満	③ 2200 以上 2600 未満
④ 2600 以上 3000 未満	⑤ 3000 以上 3400 未満
⑥ 3400 以上 3800 未満	⑦ 3800 以上 4200 未満
⑧ 4200 以上 4600 未満	⑨ 4600 以上 5000 未満

ウ の解答群

⓪ 800 より小さい

① 800 より大きく 1600 より小さい

② 1600 より大きく 2400 より小さい

③ 2400 より大きく 3200 より小さい

④ 3200 より大きく 4000 より小さい

⑤ 4000 より大きい

（数学 I・数学 A 第 2 問は次ページに続く。）

(2) 太郎さんは，東西での地域による食文化の違いを調べるために，52市を東側の地域E(19市)と西側の地域W(33市)の二つに分けて考えることにした。

(i) 地域Eと地域Wについて，かば焼きの支出金額の箱ひげ図を，図2，図3のようにそれぞれ作成した。

図2　地域Eにおけるかば焼きの
　　　支出金額の箱ひげ図

図3　地域Wにおけるかば焼きの
　　　支出金額の箱ひげ図

かば焼きの支出金額について，図2と図3から読み取れることとして，次の⓪～③のうち，正しいものは エ である。

エ の解答群

> ⓪ 地域Eにおいて，小さい方から5番目は2000以下である。
>
> ① 地域Eと地域Wの範囲は等しい。
>
> ② 中央値は，地域Eより地域Wの方が大きい。
>
> ③ 2600未満の市の割合は，地域Eより地域Wの方が大きい。

（数学Ⅰ・数学A第2問は次ページに続く。）

(ii) 太郎さんは，地域 E と地域 W のデータの散らばりの度合いを数値でとらえようと思い，それぞれの分散を考えることにした。地域 E におけるかば焼きの支出金額の分散は，地域 E のそれぞれの市におけるかば焼きの支出金額の偏差の 　オ　 である。

 オ の解答群

⓪　2 乗を合計した値

①　絶対値を合計した値

②　2 乗を合計して地域 E の市の数で割った値

③　絶対値を合計して地域 E の市の数で割った値

④　2 乗を合計して地域 E の市の数で割った値の平方根のうち
　　正のもの

⑤　絶対値を合計して地域 E の市の数で割った値の平方根のうち
　　正のもの

（数学 I・数学 A 第 2 問は次ページに続く。）

(3) 太郎さんは，(2)で考えた地域Eにおける，やきとりの支出金額について
も調べることにした。

ここでは地域Eにおいて，やきとりの支出金額が増加すれば，かば焼き
の支出金額も増加する傾向があるのではないかと考え，まず図4のように，
地域Eにおける，やきとりとかば焼きの支出金額の散布図を作成した。そ
して，相関係数を計算するために，表1のように平均値，分散，標準偏差お
よび共分散を算出した。ただし，共分散は地域Eのそれぞれの市におけ
る，やきとりの支出金額の偏差とかば焼きの支出金額の偏差との積の平均値
である。

図4　地域Eにおける，やきとりとかば焼きの支出金額の散布図

表1　地域Eにおける，やきとりとかば焼きの支出金額の平均値，
　　分散，標準偏差および共分散

	平均値	分　散	標準偏差	共分散
やきとりの支出金額	2810	348100	590	124000
かば焼きの支出金額	2350	324900	570	

（数学I・数学A第2問は次ページに続く。）

表1を用いると，地域Eにおける，やきとりの支出金額とかば焼きの支
出金額の相関係数は カ である。

 カ については，最も適当なものを，次の⓪～⑨のうちから一つ選べ。

⓪	− 0.62	①	− 0.50	②	− 0.37	③	− 0.19
④	− 0.02	⑤	0.02	⑥	0.19	⑦	0.37
⑧	0.50	⑨	0.62				

（数学 I・数学A第 2 問は次ページに続く。）

〔2〕　太郎さんと花子さんは，バスケットボールのプロ選手の中には，リングと同じ高さでシュートを打てる人がいることを知り，シュートを打つ高さによってボールの軌道がどう変わるかについて考えている。

　　二人は，図1のように座標軸が定められた平面上に，プロ選手と花子さんがシュートを打つ様子を真横から見た図をかき，ボールがリングに入った場合について，後の**仮定**を設定して考えることにした。長さの単位はメートルであるが，以下では省略する。

参考図　　　　　　　　　　　　　　図　1

（数学 I・数学A第2問は次ページに続く。）

仮定

- 平面上では，ボールを直径 0.2 の円とする。

- リングを真横から見たときの左端を点 A$(3.8 , 3)$，右端を点 B$(4.2 , 3)$ とし，リングの太さは無視する。

- ボールがリングや他のものに当たらずに上からリングを通り，かつ，ボールの中心が AB の中点 M$(4 , 3)$ を通る場合を考える。ただし，ボールがリングに当たるとは，ボールの中心と A または B との距離が 0.1 以下になることとする。

- プロ選手がシュートを打つ場合のボールの中心を点 P とし，P は，はじめに点 $P_0(0 , 3)$ にあるものとする。また，P_0，M を通る，上に凸の放物線を C_1 とし，P は C_1 上を動くものとする。

- 花子さんがシュートを打つ場合のボールの中心を点 H とし，H は，はじめに点 $H_0(0 , 2)$ にあるものとする。また，H_0，M を通る，上に凸の放物線を C_2 とし，H は C_2 上を動くものとする。

- 放物線 C_1 や C_2 に対して，頂点の y 座標を「**シュートの高さ**」とし，頂点の x 座標を「**ボールが最も高くなるときの地上の位置**」とする。

---

(1) 放物線 C_1 の方程式における x^2 の係数を a とする。放物線 C_1 の方程式は

$$y = ax^2 - \boxed{\text{キ}}\, ax + \boxed{\text{ク}}$$

と表すことができる。また，プロ選手の「**シュートの高さ**」は

$$- \boxed{\text{ケ}}\, a + \boxed{\text{コ}}$$

である。

（数学 I ・数学 A 第 2 問は次ページに続く。）

放物線 C_2 の方程式における x^2 の係数を p とする。放物線 C_2 の方程式は

$$y = p\left\{x - \left(2 - \frac{1}{8p}\right)\right\}^2 - \frac{(16p - 1)^2}{64p} + 2$$

と表すことができる。

　プロ選手と花子さんの「ボールが最も高くなるときの地上の位置」の比較の記述として，次の⓪～③のうち，正しいものは　サ　である。

　　サ　の解答群

⓪　プロ選手と花子さんの「ボールが最も高くなるときの地上の位置」は，つねに一致する。

①　プロ選手の「ボールが最も高くなるときの地上の位置」の方が，つねに M の x 座標に近い。

②　花子さんの「ボールが最も高くなるときの地上の位置」の方が，つねに M の x 座標に近い。

③　プロ選手の「ボールが最も高くなるときの地上の位置」の方が M の x 座標に近いときもあれば，花子さんの「ボールが最も高くなるときの地上の位置」の方が M の x 座標に近いときもある。

(数学Ⅰ・数学A第2問は次ページに続く。)

(2)　二人は，ボールがリングすれすれを通る場合のプロ選手と花子さんの「**シュートの高さ**」について次のように話している。

太郎：例えば，プロ選手のボールがリングに当たらないようにするには，Pがリングの左端Aのどのくらい上を通れば良いのかな。

花子：Aの真上の点でPが通る点Dを，線分DMがAを中心とする半径0.1の円と接するようにとって考えてみたらどうかな。

太郎：なるほど。Pの軌道は上に凸の放物線で山なりだから，その場合，図2のように，PはDを通った後で線分DMより上側を通るのでボールはリングに当たらないね。花子さんの場合も，HがこのDを通れば，ボールはリングに当たらないね。

花子：放物線C_1とC_2がDを通る場合でプロ選手と私の「**シュートの高さ**」を比べてみようよ。

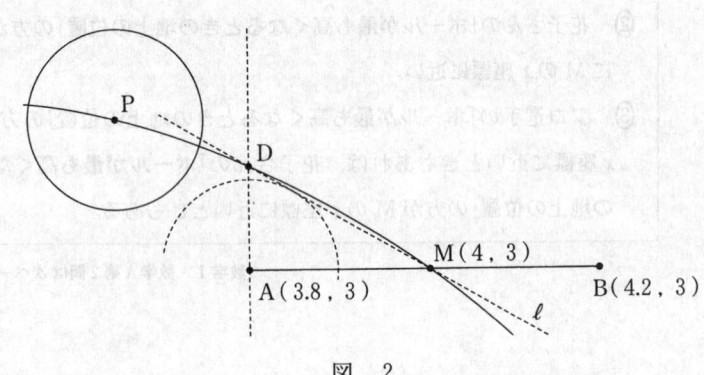

図　2

（数学 I ・数学A第2問は次ページに続く。）

　図2のように，M を通る直線 ℓ が，A を中心とする半径 0.1 の円に直線 AB の上側で接しているとする。また，A を通り直線 AB に垂直な直線を引き，ℓ との交点を D とする。このとき，$AD = \dfrac{\sqrt{3}}{15}$ である。

　よって，放物線 C_1 が D を通るとき，C_1 の方程式は

$$y = -\frac{\boxed{シ}\sqrt{\boxed{ス}}}{\boxed{セソ}}\left(x^2 - \boxed{キ}\,x\right) + \boxed{ク}$$

となる。

　また，放物線 C_2 が D を通るとき，(1)で与えられた C_2 の方程式を用いると，花子さんの「シュートの高さ」は約 3.4 と求められる。

　以上のことから，放物線 C_1 と C_2 が D を通るとき，プロ選手と花子さんの「シュートの高さ」を比べると，$\boxed{タ}$ の「シュートの高さ」の方が大きく，その差はボール $\boxed{チ}$ である。なお，$\sqrt{3} = 1.7320508\cdots$ である。

$\boxed{タ}$ の解答群

⓪　プロ選手	①　花子さん

$\boxed{チ}$ については，最も適当なものを，次の⓪〜③のうちから一つ選べ。

⓪　約1個分	①　約2個分	②　約3個分	③　約4個分

18

第3問～第5問は，いずれか2問を選択し，解答しなさい。

第3問 （選択問題）（配点 20）

番号によって区別された複数の球が，何本かのひもでつながれている。ただし，各ひもはその両端で二つの球をつなぐものとする。次の**条件**を満たす球の塗り分け方(以下，**球の塗り方**)を考える。

条件

- それぞれの球を，用意した5色(赤，青，黄，緑，紫)のうちのいずれか1色で塗る。
- 1本のひもでつながれた二つの球は異なる色になるようにする。
- 同じ色を何回使ってもよく，また使わない色があってもよい。

例えば図Aでは，三つの球が2本のひもでつながれている。この三つの球を塗るとき，球1の塗り方が5通りあり，球1を塗った後，球2の塗り方は4通りあり，さらに球3の塗り方は4通りある。したがって，球の塗り方の総数は80である。

図　A

(1) 図Bにおいて，球の塗り方は　**アイウ**　通りある。

図　B

（数学Ⅰ・数学A第3問は次ページに続く。）

(2)　図Cにおいて，球の塗り方は　$\boxed{\text{エオ}}$　通りある。

図　C

(3)　図Dにおける球の塗り方のうち，赤をちょうど2回使う塗り方は　$\boxed{\text{カキ}}$　通りある。

図　D

(4)　図Eにおける球の塗り方のうち，赤をちょうど3回使い，かつ青をちょうど2回使う塗り方は　$\boxed{\text{クケ}}$　通りある。

図　E

（数学Ⅰ・数学A第3問は次ページに続く。）

(5) 図Dにおいて，球の塗り方の総数を求める。

図　D（再掲）

そのために，次の**構想**を立てる。

構想

図Dと図Fを比較する。

図　F

図Fでは球3と球4が同色になる球の塗り方が可能であるため，図Dよりも図Fの球の塗り方の総数の方が大きい。

図Fにおける球の塗り方は，図Bにおける球の塗り方と同じであるため，全部で　アイウ　通りある。そのうち球3と球4が同色になる球の塗り方の総数と一致する図として，後の⓪～④のうち，正しいものは　コ　である。したがって，図Dにおける球の塗り方は　サシス　通りある。

コ　の解答群

（数学 I・数学A第3問は次ページに続く。）

(6)　図 G において，球の塗り方は　| **セソタチ** |　通りある。

図　G

第4問 （選択問題）（配点 20）

色のついた長方形を並べて正方形や長方形を作ることを考える。色のついた長方形は，向きを変えずにすき間なく並べることとし，色のついた長方形は十分あるものとする。

(1) 横の長さが462で縦の長さが110である赤い長方形を，図1のように並べて正方形や長方形を作ることを考える。

図　1

（数学Ⅰ・数学A第4問は次ページに続く。）

462 と 110 の両方を割り切る素数のうち最大のものは $\boxed{\text{アイ}}$ である。

赤い長方形を並べて作ることができる正方形のうち，辺の長さが最小であるものは，一辺の長さが $\boxed{\text{ウエオカ}}$ のものである。

また，赤い長方形を並べて正方形ではない長方形を作るとき，横の長さと縦の長さの差の絶対値が最小になるのは，462 の約数と 110 の約数を考えると，差の絶対値が $\boxed{\text{キク}}$ になるときであることがわかる。

縦の長さが横の長さより $\boxed{\text{キク}}$ 長い長方形のうち，横の長さが最小であるものは，横の長さが $\boxed{\text{ケコサシ}}$ のものである。

（数学 I・数学A 第 4 問は次ページに続く。）

(2) 花子さんと太郎さんは，(1)で用いた赤い長方形を1枚以上並べて長方形を作り，その右側に横の長さが363で縦の長さが154である青い長方形を1枚以上並べて，図2のような正方形や長方形を作ることを考えている。

図中のラベル：

462 ─ 赤 … 赤 │ 青 … 青 ─ 363
110 （左端） 154（右端）

図　2

このとき，赤い長方形を並べてできる長方形の縦の長さと，青い長方形を並べてできる長方形の縦の長さは等しい。よって，図2のような長方形のうち，縦の長さが最小のものは，縦の長さが $\boxed{スセソ}$ のものであり，図2のような長方形は縦の長さが $\boxed{スセソ}$ の倍数である。

（数学Ⅰ・数学A第4問は次ページに続く。）

二人は，次のように話している。

> 花子：赤い長方形と青い長方形を図2のように並べて正方形を作ってみよう
> よ。
>
> 太郎：赤い長方形の横の長さが 462 で青い長方形の横の長さが 363 だから，
> 図2のような正方形の横の長さは 462 と 363 を組み合わせて作ること
> ができる長さでないといけないね。
>
> 花子：正方形だから，横の長さは スセソ の倍数でもないといけないね。

462 と 363 の最大公約数は タチ であり， タチ の倍数のうちで

スセソ の倍数でもある最小の正の整数は ツテトナ である。

これらのことと，使う長方形の枚数が赤い長方形も青い長方形も 1 枚以上であ
ることから，図2のような正方形のうち，辺の長さが最小であるものは，一辺の
長さが ニヌネノ のものであることがわかる。

第3問～第5問は，いずれか2問を選択し，解答しなさい。

第5問 （選択問題）（配点 20）

(1) 円Oに対して，次の**手順1**で作図を行う。

手順1

(Step 1) 円Oと異なる2点で交わり，中心Oを通らない直線ℓを引く。円Oと直線ℓとの交点をA，Bとし，線分ABの中点Cをとる。

(Step 2) 円Oの周上に，点Dを∠CODが鈍角となるようにとる。直線CDを引き，円Oとの交点でDとは異なる点をEとする。

(Step 3) 点Dを通り直線OCに垂直な直線を引き，直線OCとの交点をFとし，円Oとの交点でDとは異なる点をGとする。

(Step 4) 点Gにおける円Oの接線を引き，直線ℓとの交点をHとする。

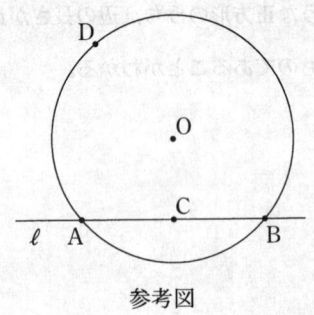

参考図

このとき，直線ℓと点Dの位置によらず，直線EHは円Oの接線である。このことは，次の**構想**に基づいて，後のように説明できる。

（数学I・数学A第5問は次ページに続く。）

―― 構想 ――――――――――――――――――――――――

　直線 EH が円 O の接線であることを証明するためには，

∠OEH = $\boxed{\text{アイ}}$ °であることを示せばよい。

――――――――――――――――――――――――――――

　手順 1 の (Step 1) と (Step 4) により，4 点 C, G, H, $\boxed{\text{ウ}}$ は同一円周上に

あることがわかる。よって，∠CHG = $\boxed{\text{エ}}$ である。一方，点 E は円 O の周

上にあることから，$\boxed{\text{エ}}$ = $\boxed{\text{オ}}$ がわかる。よって，∠CHG = $\boxed{\text{オ}}$

であるので，4 点 C, G, H, $\boxed{\text{カ}}$ は同一円周上にある。この円が点 $\boxed{\text{ウ}}$

を通ることにより，∠OEH = $\boxed{\text{アイ}}$ °を示すことができる。

$\boxed{\text{ウ}}$ の解答群

⓪ B　　　　　① D　　　　　② F　　　　　③ O

$\boxed{\text{エ}}$ の解答群

⓪ ∠AFC　　① ∠CDF　　② ∠CGH　　③ ∠CBO　　④ ∠FOG

$\boxed{\text{オ}}$ の解答群

⓪ ∠AED　　① ∠ADE　　② ∠BOE　　③ ∠DEG　　④ ∠EOH

$\boxed{\text{カ}}$ の解答群

⓪ A　　　　　① D　　　　　② E　　　　　③ F

（数学 I・数学A 第 5 問は次ページに続く。）

(2) 円 O に対して, (1)の**手順1**とは直線 ℓ の引き方を変え, 次の**手順2**で作図を行う。

手順2

(Step 1)　円 O と共有点をもたない直線 ℓ を引く。中心 O から直線 ℓ に垂直な直線を引き, 直線 ℓ との交点を P とする。

(Step 2)　円 O の周上に, 点 Q を ∠POQ が鈍角となるようにとる。直線 PQ を引き, 円 O との交点で Q とは異なる点を R とする。

(Step 3)　点 Q を通り直線 OP に垂直な直線を引き, 円 O との交点で Q とは異なる点を S とする。

(Step 4)　点 S における円 O の接線を引き, 直線 ℓ との交点を T とする。

このとき, ∠PTS = **キ** である。

円 O の半径が $\sqrt{5}$ で, OT $= 3\sqrt{6}$ であったとすると, 3 点 O, P, R を通る

円の半径は $\dfrac{\boxed{ク}\sqrt{\boxed{ケ}}}{\boxed{コ}}$ であり, RT = **サ** である。

キ の解答群

⓪ ∠PQS　**①** ∠PST　**②** ∠QPS　**③** ∠QRS　**④** ∠SRT

数学Ⅱ・数学B

問　題	選 択 方 法
第1問	必　　答
第2問	必　　答
第3問	いずれか2問を選択し,解答しなさい。
第4問	
第5問	

第1問 （必答問題）（配点 30）

〔1〕 三角関数の値の大小関係について考えよう。

(1) $x = \dfrac{\pi}{6}$ のとき $\sin x$ $\boxed{\ \text{ア}\ }$ $\sin 2x$ であり，$x = \dfrac{2}{3}\pi$ のとき

$\sin x$ $\boxed{\ \text{イ}\ }$ $\sin 2x$ である。

$\boxed{\ \text{ア}\ }$，$\boxed{\ \text{イ}\ }$ の解答群（同じものを繰り返し選んでもよい。）

⓪ <	① =	② >

（数学Ⅱ・数学B第1問は次ページに続く。）

(2)　$\sin x$ と $\sin 2x$ の値の大小関係を詳しく調べよう。

$$\sin 2x - \sin x = \sin x \left(\boxed{\text{ウ}} \cos x - \boxed{\text{エ}} \right)$$

であるから，$\sin 2x - \sin x > 0$ が成り立つことは

$$\text{「} \sin x > 0 \quad \text{かつ} \quad \boxed{\text{ウ}} \cos x - \boxed{\text{エ}} > 0 \text{」} \quad \cdots\cdots\cdots \text{①}$$

または

$$\text{「} \sin x < 0 \quad \text{かつ} \quad \boxed{\text{ウ}} \cos x - \boxed{\text{エ}} < 0 \text{」} \quad \cdots\cdots\cdots \text{②}$$

が成り立つことと同値である。$0 \leqq x \leqq 2\pi$ のとき，① が成り立つような x の値の範囲は

$$0 < x < \frac{\pi}{\boxed{\text{オ}}}$$

であり，② が成り立つような x の値の範囲は

$$\pi < x < \frac{\boxed{\text{カ}}}{\boxed{\text{キ}}} \pi$$

である。よって，$0 \leqq x \leqq 2\pi$ のとき，$\sin 2x > \sin x$ が成り立つような x の値の範囲は

$$0 < x < \frac{\pi}{\boxed{\text{オ}}}, \quad \pi < x < \frac{\boxed{\text{カ}}}{\boxed{\text{キ}}} \pi$$

である。

（数学II・数学B第1問は次ページに続く。）

(3) $\sin 3x$ と $\sin 4x$ の値の大小関係を調べよう。

三角関数の加法定理を用いると，等式

$$\sin(\alpha + \beta) - \sin(\alpha - \beta) = 2\cos\alpha\sin\beta \quad \cdots\cdots\cdots\cdots\cdots ③$$

が得られる。$\alpha + \beta = 4x$，$\alpha - \beta = 3x$ を満たす α，β に対して ③ を用いることにより，$\sin 4x - \sin 3x > 0$ が成り立つことは

$$「\cos\boxed{\textbf{ク}} > 0 \quad かつ \quad \sin\boxed{\textbf{ケ}} > 0」 \quad \cdots\cdots\cdots\cdots\cdots ④$$

または

$$「\cos\boxed{\textbf{ク}} < 0 \quad かつ \quad \sin\boxed{\textbf{ケ}} < 0」 \quad \cdots\cdots\cdots\cdots\cdots ⑤$$

が成り立つことと同値であることがわかる。

$0 \leqq x \leqq \pi$ のとき，④，⑤ により，$\sin 4x > \sin 3x$ が成り立つような x の値の範囲は

$$0 < x < \frac{\pi}{\boxed{\textbf{コ}}}, \quad \frac{\boxed{\textbf{サ}}}{\boxed{\textbf{シ}}}\pi < x < \frac{\boxed{\textbf{ス}}}{\boxed{\textbf{セ}}}\pi$$

である。

$\boxed{\textbf{ク}}$，$\boxed{\textbf{ケ}}$ の解答群（同じものを繰り返し選んでもよい。）

⓪ 0	① x	② $2x$	③ $3x$
④ $4x$	⑤ $5x$	⑥ $6x$	⑦ $\dfrac{x}{2}$
⑧ $\dfrac{3}{2}x$	⑨ $\dfrac{5}{2}x$	ⓐ $\dfrac{7}{2}x$	ⓑ $\dfrac{9}{2}x$

（数学 II・数学 B 第 1 問は次ページに続く。）

(4) (2), (3)の考察から，$0 \leqq x \leqq \pi$ のとき，$\sin 3x > \sin 4x > \sin 2x$ が成り

立つような x の値の範囲は

$$\dfrac{\pi}{\boxed{\text{コ}}} < x < \dfrac{\pi}{\boxed{\text{ソ}}}, \quad \dfrac{\boxed{\text{ス}}}{\boxed{\text{セ}}}\pi < x < \dfrac{\boxed{\text{タ}}}{\boxed{\text{チ}}}\pi$$

であることがわかる。

(数学Ⅱ・数学B第1問は次ページに続く。)

〔2〕

(1) $a > 0$, $a \neq 1$, $b > 0$ のとき, $\log_a b = x$ とおくと, $\boxed{\text{ツ}}$ が成り立つ。

$\boxed{\text{ツ}}$ の解答群

⓪	$x^a = b$	①	$x^b = a$
②	$a^x = b$	③	$b^x = a$
④	$a^b = x$	⑤	$b^a = x$

(2) 様々な対数の値が有理数か無理数かについて考えよう。

(i) $\log_5 25 = \boxed{\text{テ}}$, $\log_9 27 = \dfrac{\boxed{\text{ト}}}{\boxed{\text{ナ}}}$ であり, どちらも有理数である。

(ii) $\log_2 3$ が有理数と無理数のどちらであるかを考えよう。

$\log_2 3$ が有理数であると仮定すると, $\log_2 3 > 0$ であるので, 二つの自然数 p, q を用いて $\log_2 3 = \dfrac{p}{q}$ と表すことができる。このとき, (1)により $\log_2 3 = \dfrac{p}{q}$ は $\boxed{\text{ニ}}$ と変形できる。いま, 2 は偶数であり 3 は奇数であるので, $\boxed{\text{ニ}}$ を満たす自然数 p, q は存在しない。

したがって, $\log_2 3$ は無理数であることがわかる。

(iii) a, b を 2 以上の自然数とするとき, (ii)と同様に考えると, 「$\boxed{\text{ヌ}}$ ならば $\log_a b$ はつねに無理数である」ことがわかる。

(数学II・数学B第1問は次ページに続く。)

ニ の解答群

⓪　$p^2 = 3q^2$ 　　　　①　$q^2 = p^3$ 　　　　②　$2^q = 3^p$

③　$p^3 = 2q^3$ 　　　　④　$p^2 = q^3$ 　　　　⑤　$2^p = 3^q$

ヌ の解答群

⓪　a が偶数

①　b が偶数

②　a が奇数

③　b が奇数

④　a と b がともに偶数，または a と b がともに奇数

⑤　a と b のいずれか一方が偶数で，もう一方が奇数

第2問 （必答問題）（配点 30）

〔1〕

(1) k を正の定数とし，次の3次関数を考える。

$$f(x) = x^2(k-x)$$

$y = f(x)$ のグラフと x 軸との共有点の座標は $(0, 0)$ と $\left(\boxed{\text{ア}}, 0\right)$ である。

$f(x)$ の導関数 $f'(x)$ は

$$f'(x) = \boxed{\text{イウ}}\, x^2 + \boxed{\text{エ}}\, kx$$

である。

$x = \boxed{\text{オ}}$ のとき，$f(x)$ は極小値 $\boxed{\text{カ}}$ をとる。

$x = \boxed{\text{キ}}$ のとき，$f(x)$ は極大値 $\boxed{\text{ク}}$ をとる。

また，$0 < x < k$ の範囲において $x = \boxed{\text{キ}}$ のとき $f(x)$ は最大となることがわかる。

$\boxed{\text{ア}}$，$\boxed{\text{オ}} \sim \boxed{\text{ク}}$ の解答群（同じものを繰り返し選んでもよい。）

⓪ 0	① $\dfrac{1}{3}k$	② $\dfrac{1}{2}k$	③ $\dfrac{2}{3}k$
④ k	⑤ $\dfrac{3}{2}k$	⑥ $-4k^2$	⑦ $\dfrac{1}{8}k^2$
⑧ $\dfrac{2}{27}k^3$	⑨ $\dfrac{4}{27}k^3$	ⓐ $\dfrac{4}{9}k^3$	ⓑ $4k^3$

（数学Ⅱ・数学B第2問は次ページに続く。）

(2)　後の図のように底面が半径 9 の円で高さが 15 の円錐に内接する円柱を考える。円柱の底面の半径と体積をそれぞれ x, V とする。V を x の式で表すと

$$V = \dfrac{\boxed{\text{ケ}}}{\boxed{\text{コ}}}\, \pi x^2 \left(\boxed{\text{サ}} - x \right) \quad (0 < x < 9)$$

である。(1)の考察より，$x = \boxed{\text{シ}}$ のとき V は最大となることがわかる。V の最大値は $\boxed{\text{スセソ}}\, \pi$ である。

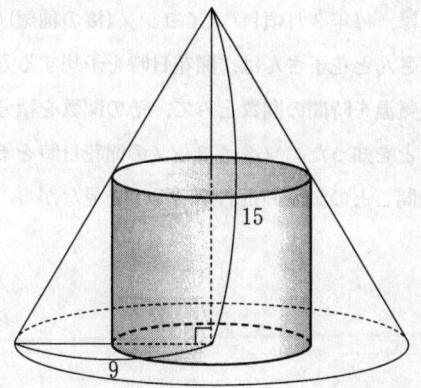

（数学Ⅱ・数学B第 2 問は次ページに続く。）

〔2〕

(1) 定積分 $\int_0^{30}\left(\dfrac{1}{5}x+3\right)dx$ の値は $\boxed{\text{タチツ}}$ である。

また、関数 $\dfrac{1}{100}x^2-\dfrac{1}{6}x+5$ の不定積分は

$$\int\left(\dfrac{1}{100}x^2-\dfrac{1}{6}x+5\right)dx=\dfrac{1}{\boxed{\text{テトナ}}}x^3-\dfrac{1}{\boxed{\text{ニヌ}}}x^2+\boxed{\text{ネ}}x+C$$

である。ただし、C は積分定数とする。

(2) ある地域では、毎年 3 月頃「ソメイヨシノ(桜の種類)の開花予想日」が話題になる。太郎さんと花子さんは、開花日時を予想する方法の一つに、2 月に入ってからの気温を時間の関数とみて、その関数を積分した値をもとにする方法があることを知った。ソメイヨシノの開花日時を予想するために、二人は図 1 の 6 時間ごとの気温の折れ線グラフを見ながら、次のように考えることにした。

図 1　6 時間ごとの気温の折れ線グラフ

x の値の範囲を 0 以上の実数全体として、2 月 1 日午前 0 時から $24x$ 時間経った時点を x 日後とする。(例えば、10.3 日後は 2 月 11 日午前 7 時 12 分を表す。)また、x 日後の気温を y ℃とする。このとき、y は x の関数であり、これを $y=f(x)$ とおく。ただし、y は負にはならないものとする。

(数学Ⅱ・数学 B 第 2 問は次ページに続く。)

気温を表す関数$f(x)$を用いて二人はソメイヨシノの開花日時を次の**設定**で考えることにした。

設定

正の実数tに対して，$f(x)$を0からtまで積分した値を$S(t)$とする。すなわち，$S(t) = \displaystyle\int_0^t f(x)\,dx$とする。この$S(t)$が$400$に到達したとき，ソメイヨシノが開花する。

設定のもと，太郎さんは気温を表す関数$y = f(x)$のグラフを図2のように直線とみなしてソメイヨシノの開花日時を考えることにした。

図2　図1のグラフと，太郎さんが直線とみなした$y = f(x)$のグラフ

(i) 太郎さんは

$$f(x) = \frac{1}{5}x + 3 \quad (x \geqq 0)$$

として考えた。このとき，ソメイヨシノの開花日時は2月に入ってから

　　ノ　　となる。

　　ノ　　の解答群

⓪ 30 日後	① 35 日後	② 40 日後
③ 45 日後	④ 50 日後	⑤ 55 日後
⑥ 60 日後	⑦ 65 日後	

（数学Ⅱ・数学B第2問は次ページに続く。）

(ii) 太郎さんと花子さんは，2月に入ってから 30 日後以降の気温について話をしている。

太郎：1次関数を用いてソメイヨシノの開花日時を求めてみたよ。

花子：気温の上がり方から考えて，2月に入ってから 30 日後以降の気温を表す関数が2次関数の場合も考えてみようか。

花子さんは気温を表す関数 $f(x)$ を，$0 \leq x \leq 30$ のときは太郎さんと同じように

$$f(x) = \frac{1}{5}x + 3 \qquad \cdots\cdots\cdots\cdots\cdots\cdots ①$$

とし，$x \geq 30$ のときは

$$f(x) = \frac{1}{100}x^2 - \frac{1}{6}x + 5 \qquad \cdots\cdots\cdots\cdots\cdots\cdots ②$$

として考えた。なお，$x = 30$ のとき ① の右辺の値と ② の右辺の値は一致する。花子さんの考えた式を用いて，ソメイヨシノの開花日時を考えよう。(1)より

$$\int_0^{30}\left(\frac{1}{5}x + 3\right)dx = \boxed{\text{タチツ}}$$

であり

$$\int_{30}^{40}\left(\frac{1}{100}x^2 - \frac{1}{6}x + 5\right)dx = 115$$

となることがわかる。

また，$x \geq 30$ の範囲において $f(x)$ は増加する。よって

$$\int_{30}^{40} f(x)\,dx \quad \boxed{\text{ハ}} \quad \int_{40}^{50} f(x)\,dx$$

であることがわかる。以上より，ソメイヨシノの開花日時は2月に入ってから $\boxed{\text{ヒ}}$ となる。

（数学Ⅱ・数学B第2問は次ページに続く。）

┌─────┐
│　ハ　│ の解答群
└─────┘

⓪ <	① =	② >

┌─────┐
│　ヒ　│ の解答群
└─────┘

⓪　30 日後より前

①　30 日後

②　30 日後より後，かつ 40 日後より前

③　40 日後

④　40 日後より後，かつ 50 日後より前

⑤　50 日後

⑥　50 日後より後，かつ 60 日後より前

⑦　60 日後

⑧　60 日後より後

第3問〜第5問は，いずれか2問を選択し，解答しなさい。

第3問 （選択問題）（配点 20）

以下の問題を解答するにあたっては，必要に応じて46ページの正規分布表を用いてもよい。

(1) ある生産地で生産されるピーマン全体を母集団とし，この母集団におけるピーマン1個の重さ（単位は g）を表す確率変数を X とする。m と σ を正の実数とし，X は正規分布 $N(m, \sigma^2)$ に従うとする。

(i) この母集団から1個のピーマンを無作為に抽出したとき，重さが m g 以上である確率 $P(X \geq m)$ は

$$P(X \geq m) = P\left(\frac{X-m}{\sigma} \geq \boxed{\ \text{ア}\ }\right) = \frac{\boxed{\ \text{イ}\ }}{\boxed{\ \text{ウ}\ }}$$

である。

(ii) 母集団から無作為に抽出された大きさ n の標本 $X_1, X_2, \cdots, X_n$ の標本平均を $\overline{X}$ とする。$\overline{X}$ の平均（期待値）と標準偏差はそれぞれ

$$E(\overline{X}) = \boxed{\ \text{エ}\ }, \quad \sigma(\overline{X}) = \boxed{\ \text{オ}\ }$$

となる。

$n = 400$，標本平均が 30.0 g，標本の標準偏差が 3.6 g のとき，m の信頼度 90 % の信頼区間を次の**方針**で求めよう。

方針

Z を標準正規分布 $N(0, 1)$ に従う確率変数として，$P(-z_0 \leq Z \leq z_0) = 0.901$ となる z_0 を正規分布表から求める。この z_0 を用いると m の信頼度 90.1 % の信頼区間が求められるが，これを信頼度 90 % の信頼区間とみなして考える。

方針において，$z_0 = \boxed{\ \text{カ}\ }.\boxed{\ \text{キク}\ }$ である。

（数学Ⅱ・数学B第3問は次ページに続く。）

一般に，標本の大きさ n が大きいときには，母標準偏差の代わりに，標本の標準偏差を用いてよいことが知られている。$n = 400$ は十分に大きいので，**方針**に基づくと，m の信頼度 90 % の信頼区間は ケ となる。

エ ， オ の解答群（同じものを繰り返し選んでもよい。）

⓪ σ　　　① σ^2　　　② $\dfrac{\sigma}{\sqrt{n}}$　　　③ $\dfrac{\sigma^2}{n}$

④ m　　　⑤ $2m$　　　⑥ m^2　　　⑦ $\sqrt{m}$

⑧ $\dfrac{\sigma}{n}$　　　⑨ $n\sigma$　　　ⓐ nm　　　ⓑ $\dfrac{m}{n}$

ケ については，最も適当なものを，次の⓪〜⑤のうちから一つ選べ。

⓪ $28.6 \leqq m \leqq 31.4$　　　① $28.7 \leqq m \leqq 31.3$　　　② $28.9 \leqq m \leqq 31.1$

③ $29.6 \leqq m \leqq 30.4$　　　④ $29.7 \leqq m \leqq 30.3$　　　⑤ $29.9 \leqq m \leqq 30.1$

（数学II・数学B第3問は次ページに続く。）

(2) (1)の確率変数 X において，$m = 30.0$，$\sigma = 3.6$ とした母集団から無作為に
ピーマンを1個ずつ抽出し，ピーマン2個を1組にしたものを袋に入れていく。
このようにしてピーマン2個を1組にしたものを25袋作る。その際，1袋ずつ
の重さの分散を小さくするために，次の**ピーマン分類法**を考える。

> **ピーマン分類法**
>
> 無作為に抽出したいくつかのピーマンについて，重さが $30.0\,\mathrm{g}$ 以下のと
> きを S サイズ，$30.0\,\mathrm{g}$ を超えるときは L サイズと分類する。そして，分類
> されたピーマンから S サイズと L サイズのピーマンを一つずつ選び，ピー
> マン2個を1組とした袋を作る。

(i) ピーマンを無作為に50個抽出したとき，**ピーマン分類法**で25袋作ることが
できる確率 p_0 を考えよう。無作為に1個抽出したピーマンが S サイズである

確率は $\dfrac{\boxed{コ}}{\boxed{サ}}$ である。ピーマンを無作為に50個抽出したときの S サイズ

のピーマンの個数を表す確率変数を U_0 とすると，U_0 は二項分布

$B\left(50,\ \dfrac{\boxed{コ}}{\boxed{サ}}\right)$ に従うので

$$p_0 = {}_{50}\mathrm{C}_{\boxed{シス}} \times \left(\dfrac{\boxed{コ}}{\boxed{サ}}\right)^{\boxed{シス}} \times \left(1 - \dfrac{\boxed{コ}}{\boxed{サ}}\right)^{50 - \boxed{シス}}$$

となる。

p_0 を計算すると，$p_0 = 0.1122\cdots$ となることから，ピーマンを無作為に
50個抽出したとき，25袋作ることができる確率は 0.11 程度とわかる。

(ii) **ピーマン分類法**で25袋作ることができる確率が 0.95 以上となるようなピー
マンの個数を考えよう。

（数学II・数学B第3問は次ページに続く。）

k を自然数とし，ピーマンを無作為に $(50 + k)$ 個抽出したとき，Sサイズのピーマンの個数を表す確率変数を U_k とすると，U_k は二項分布 $B\left(50 + k, \dfrac{\boxed{コ}}{\boxed{サ}}\right)$ に従う。

$(50 + k)$ は十分に大きいので，U_k は近似的に正規分布 $N\left(\boxed{セ}, \boxed{ソ}\right)$ に従い，$Y = \dfrac{U_k - \boxed{セ}}{\sqrt{\boxed{ソ}}}$ とすると，Y は近似的に標準正規分布 $N(0, 1)$ に従う。

よって，**ピーマン分類法**で，25 袋作ることができる確率を p_k とすると

$$p_k = P(25 \leqq U_k \leqq 25 + k) = P\left(-\dfrac{\boxed{タ}}{\sqrt{50 + k}} \leqq Y \leqq \dfrac{\boxed{タ}}{\sqrt{50 + k}}\right)$$

となる。

$\boxed{タ} = \alpha$，$\sqrt{50 + k} = \beta$ とおく。

$p_k \geqq 0.95$ になるような $\dfrac{\alpha}{\beta}$ について，正規分布表から $\dfrac{\alpha}{\beta} \geqq 1.96$ を満たせばよいことがわかる。ここでは

$$\dfrac{\alpha}{\beta} \geqq 2 \qquad\qquad\qquad \cdots\cdots\cdots\cdots\cdots\cdots ①$$

を満たす自然数 k を考えることとする。① の両辺は正であるから，$\alpha^2 \geqq 4\beta^2$ を満たす最小の k を k_0 とすると，$k_0 = \boxed{チツ}$ であることがわかる。ただし，$\boxed{チツ}$ の計算においては，$\sqrt{51} = 7.14$ を用いてもよい。

したがって，少なくとも $\left(50 + \boxed{チツ}\right)$ 個のピーマンを抽出しておけば，**ピーマン分類法**で 25 袋作ることができる確率は 0.95 以上となる。

$\boxed{セ} \sim \boxed{タ}$ の解答群（同じものを繰り返し選んでもよい。）

⓪ k	① $2k$	② $3k$	③ $\dfrac{50 + k}{2}$
④ $\dfrac{25 + k}{2}$	⑤ $25 + k$	⑥ $\dfrac{\sqrt{50 + k}}{2}$	⑦ $\dfrac{50 + k}{4}$

（数学II・数学B第3問は次ページに続く。）

正 規 分 布 表

次の表は，標準正規分布の分布曲線における右図の灰
色部分の面積の値をまとめたものである。

z_0	0.00	0.01	0.02	0.03	0.04	0.05	0.06	0.07	0.08	0.09
0.0	0.0000	0.0040	0.0080	0.0120	0.0160	0.0199	0.0239	0.0279	0.0319	0.0359
0.1	0.0398	0.0438	0.0478	0.0517	0.0557	0.0596	0.0636	0.0675	0.0714	0.0753
0.2	0.0793	0.0832	0.0871	0.0910	0.0948	0.0987	0.1026	0.1064	0.1103	0.1141
0.3	0.1179	0.1217	0.1255	0.1293	0.1331	0.1368	0.1406	0.1443	0.1480	0.1517
0.4	0.1554	0.1591	0.1628	0.1664	0.1700	0.1736	0.1772	0.1808	0.1844	0.1879
0.5	0.1915	0.1950	0.1985	0.2019	0.2054	0.2088	0.2123	0.2157	0.2190	0.2224
0.6	0.2257	0.2291	0.2324	0.2357	0.2389	0.2422	0.2454	0.2486	0.2517	0.2549
0.7	0.2580	0.2611	0.2642	0.2673	0.2704	0.2734	0.2764	0.2794	0.2823	0.2852
0.8	0.2881	0.2910	0.2939	0.2967	0.2995	0.3023	0.3051	0.3078	0.3106	0.3133
0.9	0.3159	0.3186	0.3212	0.3238	0.3264	0.3289	0.3315	0.3340	0.3365	0.3389
1.0	0.3413	0.3438	0.3461	0.3485	0.3508	0.3531	0.3554	0.3577	0.3599	0.3621
1.1	0.3643	0.3665	0.3686	0.3708	0.3729	0.3749	0.3770	0.3790	0.3810	0.3830
1.2	0.3849	0.3869	0.3888	0.3907	0.3925	0.3944	0.3962	0.3980	0.3997	0.4015
1.3	0.4032	0.4049	0.4066	0.4082	0.4099	0.4115	0.4131	0.4147	0.4162	0.4177
1.4	0.4192	0.4207	0.4222	0.4236	0.4251	0.4265	0.4279	0.4292	0.4306	0.4319
1.5	0.4332	0.4345	0.4357	0.4370	0.4382	0.4394	0.4406	0.4418	0.4429	0.4441
1.6	0.4452	0.4463	0.4474	0.4484	0.4495	0.4505	0.4515	0.4525	0.4535	0.4545
1.7	0.4554	0.4564	0.4573	0.4582	0.4591	0.4599	0.4608	0.4616	0.4625	0.4633
1.8	0.4641	0.4649	0.4656	0.4664	0.4671	0.4678	0.4686	0.4693	0.4699	0.4706
1.9	0.4713	0.4719	0.4726	0.4732	0.4738	0.4744	0.4750	0.4756	0.4761	0.4767
2.0	0.4772	0.4778	0.4783	0.4788	0.4793	0.4798	0.4803	0.4808	0.4812	0.4817
2.1	0.4821	0.4826	0.4830	0.4834	0.4838	0.4842	0.4846	0.4850	0.4854	0.4857
2.2	0.4861	0.4864	0.4868	0.4871	0.4875	0.4878	0.4881	0.4884	0.4887	0.4890
2.3	0.4893	0.4896	0.4898	0.4901	0.4904	0.4906	0.4909	0.4911	0.4913	0.4916
2.4	0.4918	0.4920	0.4922	0.4925	0.4927	0.4929	0.4931	0.4932	0.4934	0.4936
2.5	0.4938	0.4940	0.4941	0.4943	0.4945	0.4946	0.4948	0.4949	0.4951	0.4952
2.6	0.4953	0.4955	0.4956	0.4957	0.4959	0.4960	0.4961	0.4962	0.4963	0.4964
2.7	0.4965	0.4966	0.4967	0.4968	0.4969	0.4970	0.4971	0.4972	0.4973	0.4974
2.8	0.4974	0.4975	0.4976	0.4977	0.4977	0.4978	0.4979	0.4979	0.4980	0.4981
2.9	0.4981	0.4982	0.4982	0.4983	0.4984	0.4984	0.4985	0.4985	0.4986	0.4986
3.0	0.4987	0.4987	0.4987	0.4988	0.4988	0.4989	0.4989	0.4989	0.4990	0.4990

第3問～第5問は，いずれか2問を選択し，解答しなさい。

第4問 （選択問題）（配点 20）

　　花子さんは，毎年の初めに預金口座に一定額の入金をすることにした。この入金を始める前における花子さんの預金は10万円である。ここで，預金とは預金口座にあるお金の額のことである。預金には年利1%で利息がつき，ある年の初めの預金がx万円であれば，その年の終わりには預金は$1.01x$万円となる。次の年の初めには$1.01x$万円に入金額を加えたものが預金となる。

　　毎年の初めの入金額をp万円とし，n年目の初めの預金をa_n万円とおく。ただし，$p > 0$とし，nは自然数とする。

　　例えば，$a_1 = 10 + p$，$a_2 = 1.01(10 + p) + p$である。

参考図

（数学II・数学B第4問は次ページに続く。）

48

(1) a_n を求めるために二つの方針で考える。

方針 1

n 年目の初めの預金と $(n+1)$ 年目の初めの預金との関係に着目して考える。

3年目の初めの預金 a_3 万円について，$a_3 = \boxed{\text{ア}}$ である。すべての自然数 n について

$$a_{n+1} = \boxed{\text{イ}}\, a_n + \boxed{\text{ウ}}$$

が成り立つ。これは

$$a_{n+1} + \boxed{\text{エ}} = \boxed{\text{オ}}\left(a_n + \boxed{\text{エ}}\right)$$

と変形でき，a_n を求めることができる。

$\boxed{\text{ア}}$ の解答群

⓪ $1.01\{1.01(10+p)+p\}$　　① $1.01\{1.01(10+p)+1.01\,p\}$

② $1.01\{1.01(10+p)+p\}+p$　　③ $1.01\{1.01(10+p)+p\}+1.01\,p$

④ $1.01(10+p)+1.01\,p$　　⑤ $1.01(10+1.01\,p)+1.01\,p$

$\boxed{\text{イ}}$ ～ $\boxed{\text{オ}}$ の解答群（同じものを繰り返し選んでもよい。）

⓪ 1.01　　① 1.01^{n-1}　　② 1.01^n

③ p　　④ $100\,p$　　⑤ np

⑥ $100\,np$　　⑦ $1.01^{n-1} \times 100\,p$　　⑧ $1.01^n \times 100\,p$

（数学Ⅱ・数学B第4問は次ページに続く。）

方針2

　もともと預金口座にあった10万円と毎年の初めに入金した p 万円について，n 年目の初めにそれぞれがいくらになるかに着目して考える。

　もともと預金口座にあった10万円は，2年目の初めには 10×1.01 万円になり，3年目の初めには 10×1.01^2 万円になる。同様に考えると n 年目の初めには $10 \times 1.01^{n-1}$ 万円になる。

- 1年目の初めに入金した p 万円は，n 年目の初めには $p \times 1.01^{\boxed{カ}}$ 万円になる。

- 2年目の初めに入金した p 万円は，n 年目の初めには $p \times 1.01^{\boxed{キ}}$ 万円になる。

　　　　　　　　　　　　　⋮

- n 年目の初めに入金した p 万円は，n 年目の初めには p 万円のままである。

　これより

$$a_n = 10 \times 1.01^{n-1} + p \times 1.01^{\boxed{カ}} + p \times 1.01^{\boxed{キ}} + \cdots + p$$

$$= 10 \times 1.01^{n-1} + p \sum_{k=1}^{n} 1.01^{\boxed{ク}}$$

となることがわかる。ここで，$\displaystyle\sum_{k=1}^{n} 1.01^{\boxed{ク}} = \boxed{ケ}$ となるので，a_n を求めることができる。

$\boxed{カ}$，$\boxed{キ}$ の解答群（同じものを繰り返し選んでもよい。）

⓪ $n+1$	① n	② $n-1$	③ $n-2$

$\boxed{ク}$ の解答群

⓪ $k+1$	① k	② $k-1$	③ $k-2$

$\boxed{ケ}$ の解答群

⓪ 100×1.01^n	① $100(1.01^n - 1)$
② $100(1.01^{n-1} - 1)$	③ $n + 1.01^{n-1} - 1$
④ $0.01(101n - 1)$	⑤ $\dfrac{n \times 1.01^{n-1}}{2}$

（数学Ⅱ・数学B第4問は次ページに続く。）

(2) 花子さんは，10年目の終わりの預金が30万円以上になるための入金額について考えた。

10年目の終わりの預金が30万円以上であることを不等式を用いて表すと

$\boxed{コ} \geqq 30$ となる。この不等式を p について解くと

$$p \geqq \frac{\boxed{サシ} - \boxed{スセ} \times 1.01^{10}}{101\left(1.01^{10} - 1\right)}$$

となる。したがって，毎年の初めの入金額が例えば18000円であれば，10年目の終わりの預金が30万円以上になることがわかる。

$\boxed{コ}$ の解答群

⓪ a_{10}	① $a_{10} + p$	② $a_{10} - p$
③ $1.01\,a_{10}$	④ $1.01\,a_{10} + p$	⑤ $1.01\,a_{10} - p$

（数学Ⅱ・数学B第4問は次ページに続く。）

(3)　1年目の入金を始める前における花子さんの預金が10万円ではなく，13万円の場合を考える。すべての自然数 n に対して，この場合の n 年目の初めの預金は a_n 万円よりも $\boxed{\text{ソ}}$ 万円多い。なお，年利は1％であり，毎年の初めの入金額は p 万円のままである。

$\boxed{\text{ソ}}$ の解答群

⓪　3	①　13	②　$3(n-1)$
③　$3n$	④　$13(n-1)$	⑤　$13n$
⑥　3^n	⑦　$3 + 1.01(n-1)$	⑧　$3 \times 1.01^{n-1}$
⑨　3×1.01^n	ⓐ　$13 \times 1.01^{n-1}$	ⓑ　13×1.01^n

第3問～第5問は，いずれか2問を選択し，解答しなさい。

第5問 （選択問題）（配点 20）

三角錐 PABC において，辺 BC の中点を M とおく。また，∠PAB = ∠PAC とし，この角度を θ とおく。ただし，$0° < \theta < 90°$ とする。

(1) $\overrightarrow{AM}$ は

$$\overrightarrow{AM} = \frac{\boxed{\text{ア}}}{\boxed{\text{イ}}} \overrightarrow{AB} + \frac{\boxed{\text{ウ}}}{\boxed{\text{エ}}} \overrightarrow{AC}$$

と表せる。また

$$\frac{\overrightarrow{AP} \cdot \overrightarrow{AB}}{|\overrightarrow{AP}||\overrightarrow{AB}|} = \frac{\overrightarrow{AP} \cdot \overrightarrow{AC}}{|\overrightarrow{AP}||\overrightarrow{AC}|} = \boxed{\text{オ}} \quad \cdots\cdots\cdots\cdots\cdots\cdots ①$$

である。

$\boxed{\text{オ}}$ の解答群

⓪ $\sin\theta$	① $\cos\theta$	② $\tan\theta$
③ $\dfrac{1}{\sin\theta}$	④ $\dfrac{1}{\cos\theta}$	⑤ $\dfrac{1}{\tan\theta}$
⑥ $\sin\angle BPC$	⑦ $\cos\angle BPC$	⑧ $\tan\angle BPC$

(2) $\theta = 45°$ とし，さらに

$$|\overrightarrow{AP}| = 3\sqrt{2}, \quad |\overrightarrow{AB}| = |\overrightarrow{PB}| = 3, \quad |\overrightarrow{AC}| = |\overrightarrow{PC}| = 3$$

が成り立つ場合を考える。このとき

$$\overrightarrow{AP} \cdot \overrightarrow{AB} = \overrightarrow{AP} \cdot \overrightarrow{AC} = \boxed{\text{カ}}$$

である。さらに，直線 AM 上の点 D が ∠APD = 90° を満たしているとする。このとき，$\overrightarrow{AD} = \boxed{\text{キ}} \overrightarrow{AM}$ である。

（数学Ⅱ・数学B第5問は次ページに続く。）

(3)

$$\overrightarrow{AQ} = \boxed{\text{キ}}\ \overrightarrow{AM}$$

で定まる点を Q とおく。$\overrightarrow{PA}$ と $\overrightarrow{PQ}$ が垂直である三角錐 PABC はどのようなものかについて考えよう。例えば(2)の場合では，点 Q は点 D と一致し，$\overrightarrow{PA}$ と $\overrightarrow{PQ}$ は垂直である。

(i) $\overrightarrow{PA}$ と $\overrightarrow{PQ}$ が垂直であるとき，$\overrightarrow{PQ}$ を $\overrightarrow{AB}$, $\overrightarrow{AC}$, $\overrightarrow{AP}$ を用いて表して考えると，$\boxed{\text{ク}}$ が成り立つ。さらに①に注意すると，$\boxed{\text{ク}}$ から $\boxed{\text{ケ}}$ が成り立つことがわかる。

したがって，$\overrightarrow{PA}$ と $\overrightarrow{PQ}$ が垂直であれば，$\boxed{\text{ケ}}$ が成り立つ。逆に，$\boxed{\text{ケ}}$ が成り立てば，$\overrightarrow{PA}$ と $\overrightarrow{PQ}$ は垂直である。

$\boxed{\text{ク}}$ の解答群

⓪ $\overrightarrow{AP} \cdot \overrightarrow{AB} + \overrightarrow{AP} \cdot \overrightarrow{AC} = \overrightarrow{AP} \cdot \overrightarrow{AP}$

① $\overrightarrow{AP} \cdot \overrightarrow{AB} + \overrightarrow{AP} \cdot \overrightarrow{AC} = -\overrightarrow{AP} \cdot \overrightarrow{AP}$

② $\overrightarrow{AP} \cdot \overrightarrow{AB} + \overrightarrow{AP} \cdot \overrightarrow{AC} = \overrightarrow{AB} \cdot \overrightarrow{AC}$

③ $\overrightarrow{AP} \cdot \overrightarrow{AB} + \overrightarrow{AP} \cdot \overrightarrow{AC} = -\overrightarrow{AB} \cdot \overrightarrow{AC}$

④ $\overrightarrow{AP} \cdot \overrightarrow{AB} + \overrightarrow{AP} \cdot \overrightarrow{AC} = 0$

⑤ $\overrightarrow{AP} \cdot \overrightarrow{AB} - \overrightarrow{AP} \cdot \overrightarrow{AC} = 0$

$\boxed{\text{ケ}}$ の解答群

⓪ $|\overrightarrow{AB}| + |\overrightarrow{AC}| = \sqrt{2}\,|\overrightarrow{BC}|$

① $|\overrightarrow{AB}| + |\overrightarrow{AC}| = 2\,|\overrightarrow{BC}|$

② $|\overrightarrow{AB}|\sin\theta + |\overrightarrow{AC}|\sin\theta = |\overrightarrow{AP}|$

③ $|\overrightarrow{AB}|\cos\theta + |\overrightarrow{AC}|\cos\theta = |\overrightarrow{AP}|$

④ $|\overrightarrow{AB}|\sin\theta = |\overrightarrow{AC}|\sin\theta = 2\,|\overrightarrow{AP}|$

⑤ $|\overrightarrow{AB}|\cos\theta = |\overrightarrow{AC}|\cos\theta = 2\,|\overrightarrow{AP}|$

（数学Ⅱ・数学B第5問は次ページに続く。）

54

(ii) k を正の実数とし

$$k\,\overrightarrow{\mathrm{AP}}\cdot\overrightarrow{\mathrm{AB}} = \overrightarrow{\mathrm{AP}}\cdot\overrightarrow{\mathrm{AC}}$$

が成り立つとする。このとき，$\boxed{\text{コ}}$ が成り立つ。

また，点 B から直線 AP に下ろした垂線と直線 AP との交点を B′ とし，同様に点 C から直線 AP に下ろした垂線と直線 AP との交点を C′ とする。

このとき，$\overrightarrow{\mathrm{PA}}$ と $\overrightarrow{\mathrm{PQ}}$ が垂直であることは，$\boxed{\text{サ}}$ であることと同値である。特に $k=1$ のとき，$\overrightarrow{\mathrm{PA}}$ と $\overrightarrow{\mathrm{PQ}}$ が垂直であることは，$\boxed{\text{シ}}$ であることと同値である。

$\boxed{\text{コ}}$ の解答群

⓪ $k|\overrightarrow{\mathrm{AB}}| = |\overrightarrow{\mathrm{AC}}|$ ① $|\overrightarrow{\mathrm{AB}}| = k|\overrightarrow{\mathrm{AC}}|$

② $k|\overrightarrow{\mathrm{AP}}| = \sqrt{2}\,|\overrightarrow{\mathrm{AB}}|$ ③ $k|\overrightarrow{\mathrm{AP}}| = \sqrt{2}\,|\overrightarrow{\mathrm{AC}}|$

$\boxed{\text{サ}}$ の解答群

⓪ B′ と C′ がともに線分 AP の中点

① B′ と C′ が線分 AP をそれぞれ $(k+1):1$ と $1:(k+1)$ に内分する点

② B′ と C′ が線分 AP をそれぞれ $1:(k+1)$ と $(k+1):1$ に内分する点

③ B′ と C′ が線分 AP をそれぞれ $k:1$ と $1:k$ に内分する点

④ B′ と C′ が線分 AP をそれぞれ $1:k$ と $k:1$ に内分する点

⑤ B′ と C′ がともに線分 AP を $k:1$ に内分する点

⑥ B′ と C′ がともに線分 AP を $1:k$ に内分する点

（数学 II・数学 B 第 5 問は次ページに続く。）

シ　の解答群

> ⓪　△PAB と △PAC がともに正三角形
>
> ①　△PAB と △PAC がそれぞれ ∠PBA = 90°，∠PCA = 90° を満たす
> 直角二等辺三角形
>
> ②　△PAB と △PAC がそれぞれ BP = BA，CP = CA を満たす二等辺三
> 角形
>
> ③　△PAB と △PAC が合同
>
> ④　AP = BC

数　学　Ⅰ

（全 問 必 答）

第 1 問　（配点　20）

〔1〕　実数 x についての不等式

$$|x + 6| \leq 2$$

の解は

$$\boxed{\text{アイ}} \leq x \leq \boxed{\text{ウエ}}$$

である。

よって，実数 a, b, c, d が

$$|(1 - \sqrt{3})(a - b)(c - d) + 6| \leq 2$$

を満たしているとき，$1 - \sqrt{3}$ は負であることに注意すると，$(a - b)(c - d)$ のとり得る値の範囲は

$$\boxed{\text{オ}} + \boxed{\text{カ}} \sqrt{3} \leq (a - b)(c - d) \leq \boxed{\text{キ}} + \boxed{\text{ク}} \sqrt{3}$$

であることがわかる。

（数学Ⅰ第1問は次ページに続く。）

特に

$$(a - b)(c - d) = \boxed{\text{キ}} + \boxed{\text{ク}}\sqrt{3} \quad \cdots\cdots\cdots\cdots \text{①}$$

であるとき，さらに

$$(a - c)(b - d) = -3 + \sqrt{3} \quad \cdots\cdots\cdots\cdots\cdots \text{②}$$

が成り立つならば

$$(a - d)(c - b) = \boxed{\text{ケ}} + \boxed{\text{コ}}\sqrt{3} \quad \cdots\cdots\cdots\cdots \text{③}$$

であることが，等式①，②，③の左辺を展開して比較することによりわかる。

（数学 I 第 1 問は次ページに続く。）

58

〔2〕 U を全体集合とし，A，B，C を U の部分集合とする。U の部分集合 X に対して，X の補集合を $\overline{X}$ で表す。

(1) U，A，B，C の関係を図1のように表すと，例えば，$A \cap (B \cup C)$ は A と $B \cup C$ の共通部分で，$B \cup C$ は図2の斜線部分なので，$A \cap (B \cup C)$ は図3の斜線部分となる。

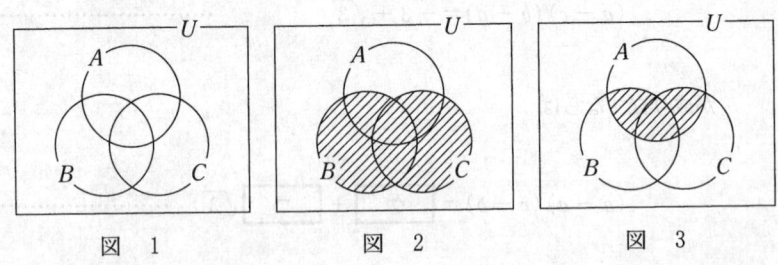

図 1　　　　　図 2　　　　　図 3

このとき，$(A \cap \overline{C}) \cup (B \cap C)$ は $\boxed{\text{サ}}$ の斜線部分である。

$\boxed{\text{サ}}$ については，最も適当なものを，次の ⓪～⑤ のうちから一つ選べ。

（数学Ⅰ第1問は次ページに続く。）

(2) 全体集合 U を

$$U = \{0, 1, 2, 3, 4, 5, 6, 7, 8, 9\}$$

とする。また，U の部分集合 A，B を次のように定める。

$$A = \{0, 2, 3, 4, 6, 8, 9\}, \quad B = \{1, 3, 5, 6, 7, 9\}$$

(i) このとき

$$A \cap B = \left\{ \boxed{シ}, \boxed{ス}, \boxed{セ} \right\}$$

$$\overline{A} \cap B = \left\{ \boxed{ソ}, \boxed{タ}, \boxed{チ} \right\}$$

である。ただし

$$\boxed{シ} < \boxed{ス} < \boxed{セ}, \quad \boxed{ソ} < \boxed{タ} < \boxed{チ}$$

とする。

(ii) U の部分集合 C は

$$(A \cap \overline{C}) \cup (B \cap C) = A$$

を満たすとする。このとき，次のことが成り立つ。

・$\overline{A} \cap B$ の $\boxed{ツ}$ 。

・$A \cap \overline{B}$ の $\boxed{テ}$ 。

$\boxed{ツ}$，$\boxed{テ}$ の解答群（同じものを繰り返し選んでもよい。）

⓪ すべての要素は C の要素である

① どの要素も C の要素ではない

② 要素には，C の要素であるものと，C の要素でないものがある

第2問 (配点 30)

(1) 点Oを中心とし，半径が5である円Oがある。この円周上に2点A，Bを AB = 6 となるようにとる。また，円Oの円周上に，2点A，Bとは異なる点C をとる。

(i) sin ∠ACB = $\boxed{\ \textbf{ア}\ }$ である。また，点Cを ∠ACB が鈍角となるようにと るとき，cos ∠ACB = $\boxed{\ \textbf{イ}\ }$ である。

(ii) 点Cを ∠ACB が鈍角で BC = 5 となるようにとる。このとき，

AC = $\boxed{\ \textbf{ウ}\ }\sqrt{\boxed{\ \textbf{エ}\ }}-\boxed{\ \textbf{オ}\ }$ である。

(iii) 点Cを△ABCの面積が最大となるようにとる。点Cから直線ABに垂直な 直線を引き，直線ABとの交点をDとするとき，tan ∠OAD = $\boxed{\ \textbf{カ}\ }$ であ る。また，△ABCの面積は $\boxed{\ \textbf{キク}\ }$ である。

(数学Ⅰ第2問は次ページに続く。)

(iv)　点 C を，(iii)と同様に，△ABC の面積が最大となるようにとる。このとき，

$\tan \angle ACB = \boxed{\text{ケ}}$ である。

さらに，点 C を通り直線 AC に垂直な直線を引き，直線 AB との交点を E とする。このとき，$\sin \angle BCE = \boxed{\text{コ}}$ である。

点 F を線分 CE 上にとるとき，BF の長さの最小値は $\dfrac{\boxed{\text{サシ}}\sqrt{\boxed{\text{スセ}}}}{\boxed{\text{ソ}}}$

である。

$\boxed{\text{ア}}$，$\boxed{\text{イ}}$，$\boxed{\text{カ}}$，$\boxed{\text{ケ}}$，$\boxed{\text{コ}}$ の解答群(同じものを繰り返し選んでもよい。)

⓪ $\dfrac{3}{5}$　　① $\dfrac{3}{4}$　　② $\dfrac{4}{5}$　　③ 1　　④ $\dfrac{4}{3}$

⑤ $-\dfrac{3}{5}$　　⑥ $-\dfrac{3}{4}$　　⑦ $-\dfrac{4}{5}$　　⑧ -1　　⑨ $-\dfrac{4}{3}$

(数学 I 第 2 問は次ページに続く。)

(2) 半径が 5 である球 S がある。この球面上に 3 点 P，Q，R をとったとき，これらの 3 点を通る平面 α 上で PQ = 8，QR = 5，RP = 9 であったとする。

球 S の球面上に点 T を三角錐 TPQR の体積が最大となるようにとるとき，その体積を求めよう。

まず，$\cos \angle \text{QPR} = \dfrac{\boxed{タ}}{\boxed{チ}}$ であることから，△PQR の面積は

$\boxed{ツ}\sqrt{\boxed{テト}}$ である。

次に，点 T から平面 α に垂直な直線を引き，平面 α との交点を H とする。このとき，PH，QH，RH の長さについて，$\boxed{ナ}$ が成り立つ。

以上より，三角錐 TPQR の体積は $\boxed{ニヌ}\left(\sqrt{\boxed{ネノ}} + \sqrt{\boxed{ハ}}\right)$ である。

$\boxed{ナ}$ の解答群

⓪ PH < QH < RH	① PH < RH < QH
② QH < PH < RH	③ QH < RH < PH
④ RH < PH < QH	⑤ RH < QH < PH
⑥ PH = QH = RH	

第3問 (配点　20)

　太郎さんは，総務省が公表している 2020 年の家計調査の結果を用いて，地域による食文化の違いについて考えている。家計調査における調査地点は，都道府県庁所在市および政令指定都市(都道府県庁所在市を除く)であり，合計 52 市である。家計調査の結果の中でも，スーパーマーケットなどで販売されている調理食品の「二人以上の世帯の 1 世帯当たり年間支出金額(以下，支出金額，単位は円)」を分析することにした。以下においては，52 市の調理食品の支出金額をデータとして用いる。

　太郎さんは調理食品として，最初にうなぎのかば焼き(以下，かば焼き)に着目し，図 1 のように 52 市におけるかば焼きの支出金額のヒストグラムを作成した。ただし，ヒストグラムの各階級の区間は，左側の数値を含み，右側の数値を含まない。

　なお，以下の図や表については，総務省の Web ページをもとに作成している。

図 1　かば焼きの支出金額のヒストグラム

(数学 I 第 3 問は次ページに続く。)

64

(1) 図1から次のことが読み取れる。

- 中央値が含まれる階級は ア である。

- 第1四分位数が含まれる階級は イ である。

- 第3四分位数が含まれる階級は ウ である。

- 四分位範囲は エ 。

ア ～ ウ の解答群(同じものを繰り返し選んでもよい。)

⓪	1000 以上 1400 未満	①	1400 以上 1800 未満
②	1800 以上 2200 未満	③	2200 以上 2600 未満
④	2600 以上 3000 未満	⑤	3000 以上 3400 未満
⑥	3400 以上 3800 未満	⑦	3800 以上 4200 未満
⑧	4200 以上 4600 未満	⑨	4600 以上 5000 未満

エ の解答群

- ⓪ 800 より小さい
- ① 800 より大きく 1600 より小さい
- ② 1600 より大きく 2400 より小さい
- ③ 2400 より大きく 3200 より小さい
- ④ 3200 より大きく 4000 より小さい
- ⑤ 4000 より大きい

(数学 I 第 3 問は次ページに続く。)

(2)　太郎さんは，東西での地域による食文化の違いを調べるために，52市を東側の地域 E (19市) と西側の地域 W (33市) の二つに分けて考えることにした。

(i)　地域 E と地域 W について，かば焼きの支出金額の箱ひげ図を，図 2，図 3 のようにそれぞれ作成した。

図 2　地域 E におけるかば焼きの
　　　　支出金額の箱ひげ図

図 3　地域 W におけるかば焼きの
　　　　支出金額の箱ひげ図

かば焼きの支出金額について，図 2 と図 3 から読み取れることとして，次の ⓪ ～ ③ のうち，正しいものは オ である。

オ の解答群

⓪　地域 E において，小さい方から 5 番目は 2000 以下である。

①　地域 E と地域 W の範囲は等しい。

②　中央値は，地域 E より地域 W の方が大きい。

③　2600 未満の市の割合は，地域 E より地域 W の方が大きい。

（数学 I 第 3 問は次ページに続く。）

(ii) 太郎さんは，地域 E と地域 W のデータの散らばりの度合いを数値でとらえ
ようと思い，それぞれの分散を考えることにした。地域 E におけるかば焼き
の支出金額の分散は，地域 E のそれぞれの市におけるかば焼きの支出金額の
偏差の　**カ**　である。

　　　カ　の解答群

⓪　2乗を合計した値

①　絶対値を合計した値

②　2乗を合計して地域 E の市の数で割った値

③　絶対値を合計して地域 E の市の数で割った値

④　2乗を合計して地域 E の市の数で割った値の平方根のうち
　　正のもの

⑤　絶対値を合計して地域 E の市の数で割った値の平方根のうち
　　正のもの

（数学 I 第 3 問は次ページに続く。）

(3)　太郎さんは，(2)で考えた地域 E における，やきとりの支出金額についても調べることにした。

　ここでは地域 E において，やきとりの支出金額が増加すれば，かば焼きの支出金額も増加する傾向があるのではないかと考え，まず図 4 のように，地域 E における，やきとりとかば焼きの支出金額の散布図を作成した。そして，相関係数を計算するために，表 1 のように平均値，分散，標準偏差および共分散を算出した。ただし，共分散は地域 E のそれぞれの市における，やきとりの支出金額の偏差とかば焼きの支出金額の偏差との積の平均値である。

図 4　地域 E における，やきとりとかば焼きの支出金額の散布図

表 1　地域 E における，やきとりとかば焼きの支出金額の平均値，
　　　分散，標準偏差および共分散

	平均値	分　散	標準偏差	共分散
やきとりの支出金額	2810	348100	590	124000
かば焼きの支出金額	2350	324900	570	

（数学 I 第 3 問は次ページに続く。）

68

（i）表1を用いると，地域 E における，やきとりの支出金額とかば焼きの支出金額の相関係数は ┃キ┃ である。

┃キ┃ については，最も適当なものを，次の⓪〜⑨のうちから一つ選べ。

⓪	− 0.62	①	− 0.50	②	− 0.37	③	− 0.19
④	− 0.02	⑤	0.02	⑥	0.19	⑦	0.37
⑧	0.50	⑨	0.62						

（数学 I 第 3 問は次ページに続く。）

— 174 —

(ii)　地域 E の 19 市それぞれにおける，やきとりの支出金額 x とかば焼きの支出金額 y の値の組を

$$(x_1, y_1), (x_2, y_2), \cdots, (x_{19}, y_{19})$$

とする。この支出金額のデータを千円単位に変換することを考える。地域 E において千円単位に変換した，やきとりの支出金額 x' とかば焼きの支出金額 y' の値の組を

$$(x_1', y_1'), (x_2', y_2'), \cdots, (x_{19}', y_{19}')$$

とすると

$$\begin{cases} x_i' = \dfrac{x_i}{1000} \\ y_i' = \dfrac{y_i}{1000} \end{cases} \quad (i = 1, 2, \cdots, 19)$$

と表される。このとき，次のことが成り立つ。

・x' の分散は　　ク　　となる。

・x' と y' の相関係数は，x と y の相関係数　　ケ　　。

（数学 I 第 3 問は次ページに続く。）

ク の解答群

⓪ $\dfrac{348100}{1000^2}$ ① $\dfrac{348100}{1000}$ ② 348100

③ 1000×348100 ④ $1000^2 \times 348100$

ケ の解答群

⓪ の $\dfrac{1}{1000^2}$ 倍となる ① の $\dfrac{1}{1000}$ 倍となる ② と等しい

③ の 1000 倍となる ④ の 1000^2 倍となる

第4問　(配点　30)

〔1〕　p を実数とし，$f(x) = (x-2)(x-8)+p$ とする。

(1)　2次関数 $y = f(x)$ のグラフの頂点の座標は

$$\left(\boxed{\text{ア}}, \boxed{\text{イウ}} + p \right)$$

である。

(2)　2次関数 $y = f(x)$ のグラフと x 軸との位置関係は，p の値によって次のように三つの場合に分けられる。

$p > \boxed{\text{エ}}$ のとき，2次関数 $y = f(x)$ のグラフは x 軸と共有点をもたない。

$p = \boxed{\text{エ}}$ のとき，2次関数 $y = f(x)$ のグラフは x 軸と

点 $\left(\boxed{\text{オ}}, 0 \right)$ で接する。

$p < \boxed{\text{エ}}$ のとき，2次関数 $y = f(x)$ のグラフは x 軸と異なる2点で交わる。

(数学I第4問は次ページに続く。)

(3)　2次関数 $y = f(x)$ のグラフを x 軸方向に -3，y 軸方向に 5 だけ平行移動した放物線をグラフとする2次関数を $y = g(x)$ とすると

$$g(x) = x^2 - \boxed{\text{カ}} \, x + p$$

となる。

関数 $y = |f(x) - g(x)|$ のグラフを考えることにより，

関数 $y = |f(x) - g(x)|$ は $x = \dfrac{\boxed{\text{キ}}}{\boxed{\text{ク}}}$ で最小値をとることがわかる。

（数学 I 第4問は次ページに続く。）

〔2〕　太郎さんと花子さんは，バスケットボールのプロ選手の中には，リングと同じ高さでシュートを打てる人がいることを知り，シュートを打つ高さによってボールの軌道がどう変わるかについて考えている。

　　二人は，図1のように座標軸が定められた平面上に，プロ選手と花子さんがシュートを打つ様子を真横から見た図をかき，ボールがリングに入った場合について，後の**仮定**を設定して考えることにした。長さの単位はメートルであるが，以下では省略する。

参考図　　　　　　　　　　　　　図　1

(数学 I 第4問は次ページに続く。)

┌─ 仮定 ─────────────────────────────────

• 平面上では，ボールを直径 0.2 の円とする。

• リングを真横から見たときの左端を点 A（3.8，3），右端を点 B（4.2，3）とし，リングの太さは無視する。

• ボールがリングや他のものに当たらずに上からリングを通り，かつ，ボールの中心が AB の中点 M（4，3）を通る場合を考える。ただし，ボールがリングに当たるとは，ボールの中心と A または B との距離が 0.1 以下になることとする。

• プロ選手がシュートを打つ場合のボールの中心を点 P とし，P は，はじめに点 P_0（0，3）にあるものとする。また，P_0，M を通る，上に凸の放物線を C_1 とし，P は C_1 上を動くものとする。

• 花子さんがシュートを打つ場合のボールの中心を点 H とし，H は，はじめに点 H_0（0，2）にあるものとする。また，H_0，M を通る，上に凸の放物線を C_2 とし，H は C_2 上を動くものとする。

• 放物線 C_1 や C_2 に対して，頂点の y 座標を「シュートの高さ」とし，頂点の x 座標を「ボールが最も高くなるときの地上の位置」とする。

└─────────────────────────────────────

(1) 放物線 C_1 の方程式における x^2 の係数を a とする。放物線 C_1 の方程式は

$$y = ax^2 - \boxed{\text{ケ}}\,ax + \boxed{\text{コ}}$$

と表すことができる。また，プロ選手の「シュートの高さ」は

$$-\boxed{\text{サ}}\,a + \boxed{\text{シ}}$$

である。

（数学 I 第 4 問は次ページに続く。）

放物線 C_2 の方程式における x^2 の係数を p とする。放物線 C_2 の方程式は

$$y = p\left\{x - \left(2 - \frac{1}{8p}\right)\right\}^2 - \frac{(16p-1)^2}{64p} + 2$$

と表すことができる。

　プロ選手と花子さんの「ボールが最も高くなるときの地上の位置」の比較の記述として，次の⓪～③のうち，正しいものは　ス　である。

　　ス　の解答群

⓪　プロ選手と花子さんの「ボールが最も高くなるときの地上の位置」は，つねに一致する。

①　プロ選手の「ボールが最も高くなるときの地上の位置」の方が，つねに M の x 座標に近い。

②　花子さんの「ボールが最も高くなるときの地上の位置」の方が，つねに M の x 座標に近い。

③　プロ選手の「ボールが最も高くなるときの地上の位置」の方が M の x 座標に近いときもあれば，花子さんの「ボールが最も高くなるときの地上の位置」の方が M の x 座標に近いときもある。

（数学 I 第 4 問は次ページに続く。）

(2) 二人は，ボールがリングすれすれを通る場合のプロ選手と花子さんの「**シュートの高さ**」について次のように話している。

太郎：例えば，プロ選手のボールがリングに当たらないようにするには，Pがリングの左端Aのどのくらい上を通れば良いのかな。

花子：Aの真上の点でPが通る点Dを，線分DMがAを中心とする半径0.1の円と接するようにとって考えてみたらどうかな。

太郎：なるほど。Pの軌道は上に凸の放物線で山なりだから，その場合，図2のように，PはDを通った後で線分DMより上側を通るのでボールはリングに当たらないね。花子さんの場合も，HがこのDを通れば，ボールはリングに当たらないね。

花子：放物線 C_1 と C_2 がDを通る場合でプロ選手と私の「**シュートの高さ**」を比べてみようよ。

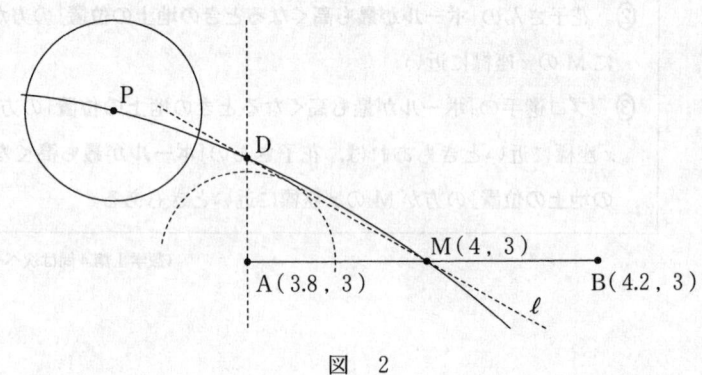

図　2

（数学 I 第4問は次ページに続く。）

　図2のように，Mを通る直線 ℓ が，Aを中心とする半径 0.1 の円に直線 AB の上側で接しているとする。また，Aを通り直線 AB に垂直な直線を引き，ℓ との交点を D とする。このとき，$AD = \dfrac{\sqrt{3}}{15}$ である。

　よって，放物線 C_1 が D を通るとき，C_1 の方程式は

$$y = -\frac{\boxed{セ}\sqrt{\boxed{ソ}}}{\boxed{タチ}}\left(x^2 - \boxed{ケ}\,x\right) + \boxed{コ}$$

となる。

　また，放物線 C_2 が D を通るとき，(1)で与えられた C_2 の方程式を用いると，花子さんの「シュートの高さ」は約 3.4 と求められる。

　以上のことから，放物線 C_1 と C_2 が D を通るとき，プロ選手と花子さんの「シュートの高さ」を比べると，　ツ　の「シュートの高さ」の方が大きく，その差はボール　テ　である。なお，$\sqrt{3} = 1.7320508\cdots$である。

　ツ　の解答群

⓪　プロ選手		①　花子さん

　テ　については，最も適当なものを，次の⓪～③のうちから一つ選べ。

⓪　約1個分	①　約2個分	②　約3個分	③　約4個分

数　　学　　Ⅱ

（全 問 必 答）

第1問 （配点　30）

〔1〕　三角関数の値の大小関係について考えよう。

(1)　$x = \dfrac{\pi}{6}$ のとき $\sin x$ 　$\boxed{\text{ア}}$ 　$\sin 2x$ であり，$x = \dfrac{2}{3}\pi$ のとき

$\sin x$ 　$\boxed{\text{イ}}$ 　$\sin 2x$ である。

$\boxed{\text{ア}}$ ，$\boxed{\text{イ}}$ の解答群（同じものを繰り返し選んでもよい。）

⓪ 　＜	① 　＝	② 　＞

（数学 Ⅱ 第 1 問は次ページに続く。）

(2)　$\sin x$ と $\sin 2x$ の値の大小関係を詳しく調べよう。

$$\sin 2x - \sin x = \sin x \left(\boxed{\text{ウ}} \cos x - \boxed{\text{エ}} \right)$$

であるから，$\sin 2x - \sin x > 0$ が成り立つことは

　　「$\sin x > 0$　かつ　$\boxed{\text{ウ}} \cos x - \boxed{\text{エ}} > 0$」……………①

または

　　「$\sin x < 0$　かつ　$\boxed{\text{ウ}} \cos x - \boxed{\text{エ}} < 0$」……………②

が成り立つことと同値である。$0 \leqq x \leqq 2\pi$ のとき，①が成り立つような x の値の範囲は

$$0 < x < \dfrac{\pi}{\boxed{\text{オ}}}$$

であり，②が成り立つような x の値の範囲は

$$\pi < x < \dfrac{\boxed{\text{カ}}}{\boxed{\text{キ}}}\pi$$

である。よって，$0 \leqq x \leqq 2\pi$ のとき，$\sin 2x > \sin x$ が成り立つような x の値の範囲は

$$0 < x < \dfrac{\pi}{\boxed{\text{オ}}}, \quad \pi < x < \dfrac{\boxed{\text{カ}}}{\boxed{\text{キ}}}\pi$$

である。

（数学 II 第 1 問は次ページに続く。）

(3) $\sin 3x$ と $\sin 4x$ の値の大小関係を調べよう。

三角関数の加法定理を用いると，等式

$$\sin(\alpha + \beta) - \sin(\alpha - \beta) = 2\cos\alpha\sin\beta \qquad \cdots\cdots\cdots ③$$

が得られる。$\alpha + \beta = 4x$，$\alpha - \beta = 3x$ を満たす α，β に対して③を用いることにより，$\sin 4x - \sin 3x > 0$ が成り立つことは

$$「\cos\boxed{ク} > 0 \quad かつ \quad \sin\boxed{ケ} > 0」 \qquad \cdots\cdots\cdots ④$$

または

$$「\cos\boxed{ク} < 0 \quad かつ \quad \sin\boxed{ケ} < 0」 \qquad \cdots\cdots\cdots ⑤$$

が成り立つことと同値であることがわかる。

$0 \leqq x \leqq \pi$ のとき，④，⑤により，$\sin 4x > \sin 3x$ が成り立つような x の値の範囲は

$$0 < x < \frac{\pi}{\boxed{コ}}, \quad \frac{\boxed{サ}}{\boxed{シ}}\pi < x < \frac{\boxed{ス}}{\boxed{セ}}\pi$$

である。

$\boxed{ク}$，$\boxed{ケ}$ の解答群(同じものを繰り返し選んでもよい。)

⓪ 0	① x	② $2x$	③ $3x$
④ $4x$	⑤ $5x$	⑥ $6x$	⑦ $\dfrac{x}{2}$
⑧ $\dfrac{3}{2}x$	⑨ $\dfrac{5}{2}x$	ⓐ $\dfrac{7}{2}x$	ⓑ $\dfrac{9}{2}x$

⑷　⑵，⑶の考察から，$0 \leqq x \leqq \pi$ のとき，$\sin 3x > \sin 4x > \sin 2x$ が成り

立つような x の値の範囲は

$$\dfrac{\pi}{\boxed{コ}} < x < \dfrac{\pi}{\boxed{ソ}}, \qquad \dfrac{\boxed{ス}}{\boxed{セ}}\pi < x < \dfrac{\boxed{タ}}{\boxed{チ}}\pi$$

であることがわかる。

（数学Ⅱ第1問は次ページに続く。）

〔2〕

(1) $a > 0$, $a \neq 1$, $b > 0$ のとき, $\log_a b = x$ とおくと, $\boxed{\text{ツ}}$ が成り立つ。

$\boxed{\text{ツ}}$ の解答群

⓪	$x^a = b$	①	$x^b = a$
②	$a^x = b$	③	$b^x = a$
④	$a^b = x$	⑤	$b^a = x$

(2) 様々な対数の値が有理数か無理数かについて考えよう。

(i) $\log_5 25 = \boxed{\text{テ}}$, $\log_9 27 = \dfrac{\boxed{\text{ト}}}{\boxed{\text{ナ}}}$ であり, どちらも有理数である。

(ii) $\log_2 3$ が有理数と無理数のどちらであるかを考えよう。

$\log_2 3$ が有理数であると仮定すると, $\log_2 3 > 0$ であるので, 二つの自然数 p, q を用いて $\log_2 3 = \dfrac{p}{q}$ と表すことができる。このとき, (1)により $\log_2 3 = \dfrac{p}{q}$ は $\boxed{\text{ニ}}$ と変形できる。いま, 2は偶数であり3は奇数であるので, $\boxed{\text{ニ}}$ を満たす自然数 p, q は存在しない。

したがって, $\log_2 3$ は無理数であることがわかる。

(iii) a, b を 2 以上の自然数とするとき, (ii)と同様に考えると, 「$\boxed{\text{ヌ}}$ ならば $\log_a b$ はつねに無理数である」ことがわかる。

(数学Ⅱ第1問は次ページに続く。)

二 の解答群

⓪ $p^2 = 3q^2$	① $q^2 = p^3$	② $2^q = 3^p$
③ $p^3 = 2q^3$	④ $p^2 = q^3$	⑤ $2^p = 3^q$

ヌ の解答群

⓪ a が偶数

① b が偶数

② a が奇数

③ b が奇数

④ a と b がともに偶数，または a と b がともに奇数

⑤ a と b のいずれか一方が偶数で，もう一方が奇数

第2問 (配点 30)

〔1〕

(1) k を正の定数とし，次の3次関数を考える。

$$f(x) = x^2(k - x)$$

$y = f(x)$ のグラフと x 軸との共有点の座標は $(0, 0)$ と $\left(\boxed{\ \text{ア}\ }, 0\right)$ である。

$f(x)$ の導関数 $f'(x)$ は

$$f'(x) = \boxed{\ \text{イウ}\ }x^2 + \boxed{\ \text{エ}\ }kx$$

である。

$x = \boxed{\ \text{オ}\ }$ のとき，$f(x)$ は極小値 $\boxed{\ \text{カ}\ }$ をとる。

$x = \boxed{\ \text{キ}\ }$ のとき，$f(x)$ は極大値 $\boxed{\ \text{ク}\ }$ をとる。

また，$0 < x < k$ の範囲において $x = \boxed{\ \text{キ}\ }$ のとき $f(x)$ は最大となることがわかる。

$\boxed{\ \text{ア}\ }$，$\boxed{\ \text{オ}\ } \sim \boxed{\ \text{ク}\ }$ の解答群(同じものを繰り返し選んでもよい。)

⓪ 0	① $\dfrac{1}{3}k$	② $\dfrac{1}{2}k$	③ $\dfrac{2}{3}k$
④ k	⑤ $\dfrac{3}{2}k$	⑥ $-4k^2$	⑦ $\dfrac{1}{8}k^2$
⑧ $\dfrac{2}{27}k^3$	⑨ $\dfrac{4}{27}k^3$	ⓐ $\dfrac{4}{9}k^3$	ⓑ $4k^3$

(数学II第2問は次ページに続く。)

⑵　後の図のように底面が半径 9 の円で高さが 15 の円錐(すい)に内接する円柱を考える。円柱の底面の半径と体積をそれぞれ x, V とする。V を x の式で表すと

$$V = \frac{\boxed{ケ}}{\boxed{コ}}\pi x^2\left(\boxed{サ} - x\right) \quad (0 < x < 9)$$

である。⑴ の考察より，$x = \boxed{シ}$ のとき V は最大となることがわかる。V の最大値は $\boxed{スセソ}\,\pi$ である。

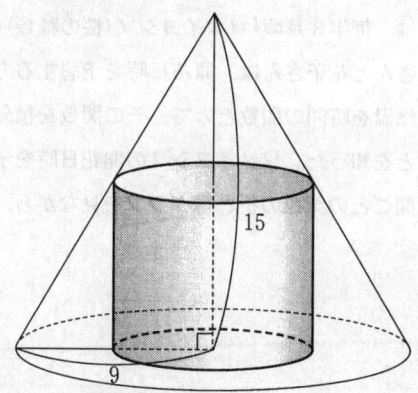

（数学Ⅱ第 2 問は次ページに続く。）

〔2〕

(1) 定積分 $\displaystyle\int_0^{30}\left(\dfrac{1}{5}x+3\right)dx$ の値は $\boxed{\text{タチツ}}$ である。

また，関数 $\dfrac{1}{100}x^2-\dfrac{1}{6}x+5$ の不定積分は

$$\int\left(\dfrac{1}{100}x^2-\dfrac{1}{6}x+5\right)dx=\dfrac{1}{\boxed{\text{テトナ}}}x^3-\dfrac{1}{\boxed{\text{ニヌ}}}x^2+\boxed{\text{ネ}}\,x+C$$

である。ただし，C は積分定数とする。

(2) ある地域では，毎年 3 月頃「ソメイヨシノ（桜の種類）の開花予想日」が話題になる。太郎さんと花子さんは，開花日時を予想する方法の一つに，2 月に入ってからの気温を時間の関数とみて，その関数を積分した値をもとにする方法があることを知った。ソメイヨシノの開花日時を予想するために，二人は図 1 の 6 時間ごとの気温の折れ線グラフを見ながら，次のように考えることにした。

図 1　6 時間ごとの気温の折れ線グラフ

　x の値の範囲を 0 以上の実数全体として，2 月 1 日午前 0 時から $24x$ 時間経った時点を x 日後とする。（例えば，10.3 日後は 2 月 11 日午前 7 時 12 分を表す。）また，x 日後の気温を y ℃とする。このとき，y は x の関数であり，これを $y=f(x)$ とおく。ただし，y は負にはならないものとする。

（数学 II 第 2 問は次ページに続く。）

　　気温を表す関数 $f(x)$ を用いて二人はソメイヨシノの開花日時を次の**設定**で考えることにした。

設定

　　正の実数 t に対して，$f(x)$ を 0 から t まで積分した値を $S(t)$ とする。すなわち，$S(t) = \int_0^t f(x)\,dx$ とする。この $S(t)$ が 400 に到達したとき，ソメイヨシノが開花する。

　　設定のもと，太郎さんは気温を表す関数 $y = f(x)$ のグラフを図 2 のように直線とみなしてソメイヨシノの開花日時を考えることにした。

図 2　図 1 のグラフと，太郎さんが直線とみなした $y = f(x)$ のグラフ

(i)　太郎さんは

$$f(x) = \frac{1}{5}x + 3 \quad (x \geq 0)$$

として考えた。このとき，ソメイヨシノの開花日時は 2 月に入ってから $\boxed{\text{ノ}}$ となる。

$\boxed{\text{ノ}}$ の解答群

⓪　30 日後	①　35 日後	②　40 日後
③　45 日後	④　50 日後	⑤　55 日後
⑥　60 日後	⑦　65 日後	

（数学Ⅱ第 2 問は次ページに続く。）

(ii) 太郎さんと花子さんは，2月に入ってから30日後以降の気温について話をしている。

太郎：1次関数を用いてソメイヨシノの開花日時を求めてみたよ。

花子：気温の上がり方から考えて，2月に入ってから30日後以降の気温を表す関数が2次関数の場合も考えてみようか。

花子さんは気温を表す関数 $f(x)$ を，$0 \leqq x \leqq 30$ のときは太郎さんと同じように

$$f(x) = \frac{1}{5}x + 3 \quad \cdots\cdots\cdots\cdots\cdots\cdots ①$$

とし，$x \geqq 30$ のときは

$$f(x) = \frac{1}{100}x^2 - \frac{1}{6}x + 5 \quad \cdots\cdots\cdots\cdots\cdots\cdots ②$$

として考えた。なお，$x = 30$ のとき①の右辺の値と②の右辺の値は一致する。花子さんの考えた式を用いて，ソメイヨシノの開花日時を考えよう。(1)より

$$\int_0^{30}\left(\frac{1}{5}x + 3\right)dx = \boxed{タチツ}$$

であり

$$\int_{30}^{40}\left(\frac{1}{100}x^2 - \frac{1}{6}x + 5\right)dx = 115$$

となることがわかる。

また，$x \geqq 30$ の範囲において $f(x)$ は増加する。よって

$$\int_{30}^{40} f(x)\,dx \quad \boxed{ハ} \quad \int_{40}^{50} f(x)\,dx$$

であることがわかる。以上より，ソメイヨシノの開花日時は2月に入ってから $\boxed{ヒ}$ となる。

(数学Ⅱ第2問は次ページに続く。)

ハ　の解答群

⓪ <	① =	② >

ヒ　の解答群

⓪ 30 日後より前

① 30 日後

② 30 日後より後，かつ 40 日後より前

③ 40 日後

④ 40 日後より後，かつ 50 日後より前

⑤ 50 日後

⑥ 50 日後より後，かつ 60 日後より前

⑦ 60 日後

⑧ 60 日後より後

第 3 問 (配点 20)

(1) 次の**問題 1** について考えよう。

問題 1 座標平面上の原点を O とし，方程式 $(x-10)^2 + (y-5)^2 = 25$ が表す円を C_1 とする。点 P が円 C_1 上を動くとき，線分 OP を $2:3$ に内分する点 Q の軌跡を求めよ。

(i) 円 C_1 は，中心 $\left(\boxed{\text{アイ}} , \boxed{\text{ウ}} \right)$，半径 $\boxed{\text{エ}}$ の円である。

（数学 II 第 3 問は次ページに続く。）

(ii)　点 Q の軌跡を求めよう。

　　点 P，Q の座標をそれぞれ (s, t)，(x, y) とすると

$$x = \frac{\boxed{\text{オ}}}{\boxed{\text{カ}}}s, \quad y = \frac{\boxed{\text{キ}}}{\boxed{\text{ク}}}t$$

が成り立つ。したがって

$$s = \frac{\boxed{\text{カ}}}{\boxed{\text{オ}}}x, \quad t = \frac{\boxed{\text{ク}}}{\boxed{\text{キ}}}y$$

である。

　　点 P(s, t) は円 C_1 上にあることに注意すると，点 Q は方程式

$$\left(x - \boxed{\text{ケ}}\right)^2 + \left(y - \boxed{\text{コ}}\right)^2 = \boxed{\text{サ}}^2 \quad\cdots\cdots\cdots\cdots\cdots ①$$

が表す円上にあることがわかる。方程式 ① が表す円を C_2 とする。

　　逆に，円 C_2 上のすべての点 Q(x, y) は，条件を満たす。

　　これより，点 Q の軌跡が円 C_2 であることがわかる。

(iii)　円 C_1 の中心を A とする。円 C_2 の中心は線分 OA を $\boxed{\text{シ}}$ に内分する点である。

$\boxed{\text{シ}}$ の解答群

⓪　$1:2$	①　$1:3$	②　$2:3$
③　$2:1$	④　$3:1$	⑤　$3:2$

（数学II 第 3 問は次ページに続く。）

(2) 次の**問題2**について考えよう。

問題2　座標平面上の原点をOとし，方程式$(x-10)^2+(y-5)^2=25$が表す円をC_1とする。点Pが円C_1上を動くとき，線分OPを$m:n$に内分する点Rの軌跡を求めよ。ただし，mとnは正の実数である。

円C_1の中心をAとする。点Rの軌跡は円となり，その中心は線分OAを　ス　に内分する点であり，半径は円C_1の半径の　セ　倍である。

ス　の解答群

⓪　$1:m$　　　　①　$1:n$　　　　②　$m:n$

③　$m:1$　　　　④　$n:1$　　　　⑤　$n:m$

セ　の解答群

⓪　$\dfrac{m}{n}$　　　　①　$\dfrac{n}{m}$　　　　②　$\dfrac{m+n}{m}$

③　$\dfrac{m+n}{n}$　　　　④　$\dfrac{m}{m+n}$　　　　⑤　$\dfrac{n}{m+n}$

（数学II第3問は次ページに続く。）

⑶　太郎さんと花子さんは，次の**問題3**について話している。

問題3　座標平面上の2点D(1，6)，E(3，2)をとり，方程式
$(x-5)^2+(y-7)^2=9$が表す円をC_3とする。点Pが円C_3上を
動くとき，△DEPの重心Gの軌跡を求めよ。

太郎：点P，Gの座標をそれぞれ$(s，t)$，$(x，y)$とおいて，⑴の�ii)のよう
　　　　にして計算すれば求められそうだね。
花子：⑴の�iii)や⑵で考えたことをもとにしても求められるかな。

線分DEの中点をMとする。△DEPの重心Gは，線分MPを　**ソ**　に内分
する点である。

点Gの軌跡は，中心$\left(\boxed{タ}，\boxed{チ}\right)$，半径　**ツ**　の円である。

ソ　の解答群

⓪　1：2	①　1：3	②　2：3
③　2：1	④　3：1	⑤　3：2

第4問 (配点 20)

p, q を実数とし, x の整式 $S(x)$, $T(x)$ を次のように定める。

$$S(x) = (x - 2)\{x^2 - 2(p + 1)x + 2p^2 - 2p + 5\}$$
$$T(x) = x^3 + x + q$$

x の 3 次方程式 $S(x) = 0$ の三つの解を 2, α, β とする。x の 3 次方程式 $T(x) = 0$ の三つの解を r, α', β' とする。ただし, r は実数であるとする。

(1) $S(x) = 0$ の解がすべて実数になるのは, x の 2 次方程式

$$x^2 - 2(p + 1)x + 2p^2 - 2p + 5 = 0 \quad \cdots\cdots\cdots\cdots \text{①}$$

が実数解をもつときである。① の判別式を考えることにより, ① が実数解をもつための必要十分条件は

$$p^2 - \boxed{\text{ア}}\, p + \boxed{\text{イ}} \leqq 0$$

であることがわかる。すなわち, $p = \boxed{\text{ウ}}$ である。よって, $S(x) = 0$ の解がすべて実数になるとき, その解は $x = 2$, $\boxed{\text{エ}}$ である。

$p \neq \boxed{\text{ウ}}$ のとき, $S(x) = 0$ は二つの虚数

$$x = p + \boxed{\text{オ}} \pm \left(p - \boxed{\text{カ}}\right)i$$

を解にもつ。このことから, $p \neq \boxed{\text{ウ}}$ のとき, $S(x) = 0$ の二つの虚数解 α, β は互いに共役な複素数であることがわかる。

(数学Ⅱ第4問は次ページに続く。)

(2)　$x = r$ が $T(x) = 0$ の解であるので，$q = -r^{\boxed{キ}} - r$ となる。これより $T(x)$ は次のように表せる。

$$T(x) = (x - r)\left(x^2 + rx + r^{\boxed{ク}} + \boxed{ケ}\right)$$

ここで x の2次方程式 $x^2 + rx + r^{\boxed{ク}} + \boxed{ケ} = 0$ の判別式を D とおくと，すべての実数 r に対して $D \boxed{コ}\ 0$ となり，$T(x) = 0$ の $x = r$ 以外の解は $x = \boxed{サ}$ となる。したがって，α'，β' は $\boxed{シ}$。

$\boxed{コ}$ の解答群

⓪　$<$ 　　　　　　① $=$ 　　　　　② $>$

$\boxed{サ}$ の解答群

⓪　$-\dfrac{r}{2}$ 　　　　　① $-r$ 　　　　　② $\dfrac{-r \pm D}{2}$

③　$\dfrac{-2r \pm D}{2}$ 　　　④ $\dfrac{-r \pm \sqrt{D}\,i}{2}$ 　　　⑤ $\dfrac{-2r \pm \sqrt{D}\,i}{2}$

⑥　$\dfrac{-r \pm \sqrt{-D}\,i}{2}$ 　　⑦ $\dfrac{-2r \pm \sqrt{-D}\,i}{2}$

$\boxed{シ}$ の解答群

⓪　異なる実数である

①　等しい実数である

②　虚数であり，互いに共役な複素数である

（数学Ⅱ第4問は次ページに続く。）

(3) $S(x) = 0$, $T(x) = 0$ が共通の解をもつ場合を考える。

(i) 共通の解が $x = 2$ であるような r の値は $\boxed{\text{ス}}$ 。

$\boxed{\text{ス}}$ の解答群

⓪ 存在しない   **①** ちょうど1個存在する

② ちょうど2個存在する   **③** ちょうど3個存在する

(ii) 共通の実数解をもつが，$x = 2$ が共通の解ではないとき，p, r の値の組 (p, r) は

$$\left(\boxed{\text{セ}} , \boxed{\text{ソ}} \right)$$

である。

(iii) 共通の解が虚数のとき，p, r の値の組 (p, r) は

$$\left(\boxed{\text{タ}} , \boxed{\text{チツ}} \right), \quad \left(\boxed{\text{テト}} , \boxed{\text{ナ}} \right)$$

である。

数学Ⅰ・数学A
数学Ⅱ・数学B

（2023年1月実施）

数学Ⅰ・数学A　　70分　　100点
数学Ⅱ・数学B　　60分　　100点

追試験
2023

数学 I・数学 A

問　題	選　択　方　法
第 1 問	必　　　答
第 2 問	必　　　答
第 3 問	いずれか 2 問を選択し，解答しなさい。
第 4 問	
第 5 問	

（注）この科目には，選択問題があります。（98ページ参照。）

第1問　（必答問題）（配点　30）

〔1〕　k を定数として，x についての不等式

$$\sqrt{5}\,x < k - x < 2x + 1 \qquad \cdots\cdots\cdots\cdots\cdots\cdots\cdots ①$$

を考える。

(1)　不等式 $k - x < 2x + 1$ を解くと

$$x > \frac{k - \boxed{ア}}{\boxed{イ}}$$

であり，不等式 $\sqrt{5}\,x < k - x$ を解くと

$$x < \frac{\boxed{ウエ} + \sqrt{5}}{\boxed{オ}}k$$

である。

よって，不等式 ① を満たす x が存在するような k の値の範囲は

$$k < \boxed{カ} + \boxed{キ}\sqrt{5} \qquad \cdots\cdots\cdots\cdots\cdots\cdots\cdots ②$$

である。

（数学Ⅰ・数学A第1問は次ページに続く。）

(2) p, qは$p < q$を満たす実数とする。xの値の範囲$p < x < q$に対し，$q - p$をその範囲の幅ということにする。

②が成り立つとき，不等式①を満たすxの値の範囲の幅が$\dfrac{\sqrt{5}}{3}$より大きくなるようなkの値の範囲は

$$k < \boxed{\text{クケ}} - \boxed{\text{コ}} \sqrt{5}$$

である。

（数学Ⅰ・数学A第1問は次ページに続く。）

〔2〕　△ABC において BC = 1 であるとする。sin ∠ABC と sin ∠ACB に関する
条件が与えられたときの △ABC の辺，角，面積について考察する。

(1)　$\sin \angle ABC = \dfrac{\sqrt{15}}{4}$ であるとき，$\cos \angle ABC = \pm \dfrac{\boxed{サ}}{\boxed{シ}}$ である。

(2)　$\sin \angle ABC = \dfrac{\sqrt{15}}{4}$，$\sin \angle ACB = \dfrac{\sqrt{15}}{8}$ であるとする。

(i)　このとき，$AC = \boxed{ス}\ AB$ である。

(ii)　この条件を満たす三角形は二つあり，その中で面積が大きい方の

△ABC においては，$AB = \dfrac{\boxed{セ}}{\boxed{ソ}}$ である。

(数学I・数学A 第1問は次ページに続く。)

(3) $\sin \angle ABC = 2 \sin \angle ACB$ を満たす $\triangle ABC$ のうち，面積 S が最大となるものを求めよう。

$\sin \angle ABC = 2 \sin \angle ACB$ と $BC = 1$ により

$$\cos \angle ABC = \frac{\boxed{タ} - \boxed{チ} AB^2}{2\,AB}$$

である。$\triangle ABC$ の面積 S について調べるために，S^2 を考える。$AB^2 = x$ とおくと

$$S^2 = -\frac{\boxed{ツ}}{\boxed{テト}}x^2 + \frac{\boxed{ナ}}{\boxed{ニ}}x - \frac{1}{16}$$

と表すことができる。したがって，S^2 が最大となるのは $x = \dfrac{\boxed{ヌ}}{\boxed{ネ}}$ のとき，すなわち $AB = \dfrac{\sqrt{\boxed{ノ}}}{\boxed{ハ}}$ のときである。$S > 0$ より，このときに面積 S も最大となる。

また，面積 S が最大となる $\triangle ABC$ において，$\angle ABC$ は $\boxed{ヒ}$ で，$\angle ACB$ は $\boxed{フ}$ である。

$\boxed{ヒ}$，$\boxed{フ}$ の解答群（同じものを繰り返し選んでもよい。）

⓪ 鋭 角	① 直 角	② 鈍 角

第2問 （必答問題）（配点　30）

〔1〕　高校1年生の太郎さんと花子さんのクラスでは，文化祭でやきそば屋を出店することになった。二人は1皿あたりの価格をいくらにするかを検討するためにアンケート調査を行い，1皿あたりの価格と売り上げ数の関係について次の表のように予測した。

1皿あたりの価格（円）	100	150	200	250	300
売り上げ数　　　（皿）	1250	750	450	250	50

　　この結果から太郎さんと花子さんは，1皿あたりの価格が100円以上300円以下の範囲で，予測される利益（以下，利益）の最大値について考えることにした。

太郎：価格を横軸，売り上げ数を縦軸にとって散布図をかいてみたよ。

花子：散布図の点の並びは，1次関数のグラフのようには見えないね。2次関数のグラフみたいに見えるよ。

太郎：価格が 100，200，300 のときの点を通る2次関数のグラフをかくと，図1のように価格が 150，250 のときの点もそのグラフの近くにあるよ。

花子：現実には，もっと複雑な関係なのだろうけど，1次関数と2次関数で比べると，2次関数で考えた方がよいような気がするね。

（数学 I・数学 A 第2問は次ページに続く。）

104

図　1

2次関数

$$y = ax^2 + bx + c \qquad \cdots\cdots\cdots\cdots\cdots\cdots\cdots ①$$

のグラフは，3点(100, 1250)，(200, 450)，(300, 50)を通るとする。このとき，$b = \boxed{アイウ}$ である。

（数学 I・数学 A 第 2 問は次ページに続く。）

　二人は，1皿あたりの価格 x と売り上げ数 y の関係が ① を満たしたときの，$100 \leqq x \leqq 300$ での利益の最大値 M について考えることにした。

　1皿あたりの材料費は80円であり，材料費以外にかかる費用は5000円である。よって，$x - 80$ と売り上げ数の積から，5000を引いたものが利益となる。

　このとき，売り上げ数を ① の右辺の2次式とすると，利益は x の $\boxed{\text{エ}}$ 次式となる。一方で，売り上げ数として ① の右辺の代わりに x の $\boxed{\text{オ}}$ 次式を使えば，利益は x の2次式となる。

太郎：利益が $\boxed{\text{エ}}$ 次式だと，今の私たちの知識では最大値 M を正確に求めることができないね。

花子：① の右辺の代わりに $\boxed{\text{オ}}$ 次式を使えば利益は2次式になるから，最大値を求められるよ。

太郎：現実の問題を考えるときには正確な答えが出せないことも多いから，自分の知識の範囲内で工夫しておおよその値を出すことには価値があると思うよ。

花子：考えているのが利益だから，① の右辺の代わりの式は売り上げ数を少なく見積もった式を考えると手堅いね。

太郎：少なく見積もるということは，その関数のグラフは ① のグラフより，下の方にあるということだね。

（数学Ⅰ・数学A第2問は次ページに続く。）

1次関数

$$y = -4x + 1160 \qquad \cdots\cdots\cdots\cdots\cdots\cdots ②$$

を考える。このとき，①と②のグラフの位置関係は次の図2のようになっている。

図　2

①の右辺の代わりに②の右辺を使うと，売り上げ数を少なく見積もることになる。売り上げ数を②の右辺としたときの利益 z は

$$z = -\boxed{\text{カ}}\,x^2 + \boxed{\text{キクケコ}}\,x - 97800$$

で与えられる。z が最大となる x を p とおくと，$p = \boxed{\text{サシス}}$ であり，z の最大値は 39100 である。

（数学 I・数学 A 第 2 問は次ページに続く。）

太郎：売り上げ数を少なく見積もった式は，各 x について値が ① より小さければよいので，色々な式が考えられるね。

花子：それらの式を ① の右辺の代わりに使ったときの利益の最大値と，① の右辺から計算される利益の最大値 M との関係はどうなるのかな。

1 次関数

$$y = -8x + 1968 \qquad\qquad \text{③}$$

を考える。売り上げ数を ③ の右辺としたときの利益は $x = 163$ のときに最大となり，最大値は 50112 となる。

また，①〜③ のグラフの位置関係は次の図 3 のようになっている。

図　3

（数学 I・数学 A 第 2 問は次ページに続く。）

売り上げ数を ① の右辺としたときの利益の記述として，次の **⓪~⑥** のうち，正しいものは $\boxed{\text{セ}}$ と $\boxed{\text{ソ}}$ である。

$\boxed{\text{セ}}$ ，$\boxed{\text{ソ}}$ の解答群（解答の順序は問わない。）

⓪ 利益の最大値 M は 39100 である。

① 利益の最大値 M は 50112 である。

② 利益の最大値 M は $\dfrac{39100 + 50112}{2}$ である。

③ $x = 163$ とすれば，利益は少なくとも 50112 以上となる。

④ $x = p$ とすれば，利益は少なくとも 39100 以上となる。

⑤ $x = 163$ のときに利益は最大値 M をとる。

⑥ $x = p$ のときに利益は最大値 M をとる。

（数学 I・数学 A 第 2 問は次ページに続く。）

1 次関数

$$y = -6x + 1860 \qquad\qquad\cdots\cdots\cdots\cdots\cdots\cdots\cdots ④$$

を考える。$100 \leqq x \leqq 300$ において，売り上げ数を ④ の右辺としたときの利益は $x = 195$ のときに最大となり，最大値は 74350 となる。

また，①〜④ のグラフの位置関係は次の図 4 のようになっている。

図　4

（数学 I・数学 A 第 2 問は次ページに続く。）

売り上げ数を ① の右辺としたときの利益の最大値 M についての記述として，次の ⓪〜④ のうち，正しいものは □タ□ である。

□タ□ の解答群

⓪ 利益の最大値 M は 50112 より小さい。

① 利益の最大値 M は 50112 である。

② 利益の最大値 M は 50112 より大きく 74350 より小さい。

③ 利益の最大値 M は 74350 である。

④ 利益の最大値 M は 74350 より大きい。

（数学 I ・数学 A 第 2 問は次ページに続く。）

〔2〕　花子さんの通う学校では，生徒会会則の一部を変更することの賛否について生徒全員が投票をすることになった。投票結果に関心がある花子さんは，身近な人たちに尋ねて下調べをしてみようと思い，各回答が賛成ならば1，反対ならば0と表すことにした。このようにして作成される n 人分のデータを $x_1,\ x_2,\ \cdots,\ x_n$ と表す。ただし，賛成と反対以外の回答はないものとする。

例えば，10人について調べた結果が

$$0,\ 1,\ 1,\ 1,\ 0,\ 1,\ 1,\ 1,\ 1,\ 1$$

であったならば，$x_1 = 0$，$x_2 = 1$，$\cdots$，$x_{10} = 1$ となる。この場合，データの値の総和は8であり，平均値は $\dfrac{4}{5}$ である。

(1)　データの値の総和 $x_1 + x_2 + \cdots + x_n$ は　ボックス チ　と一致し，平均値 $\bar{x} = \dfrac{x_1 + x_2 + \cdots + x_n}{n}$ は　ボックス ツ　と一致する。

ボックス チ ，　ボックス ツ　の解答群（同じものを繰り返し選んでもよい。）

⓪　賛成の人の数

①　反対の人の数

②　賛成の人の数から反対の人の数を引いた値

③　n 人中における賛成の人の割合

④　n 人中における反対の人の割合

⑤　$\dfrac{賛成の人の数}{反対の人の数}$ の値

（数学 I・数学 A 第2問は次ページに続く。）

(2) 花子さんは，0と1だけからなるデータの平均値と分散について考えてみることにした。

$m = x_1 + x_2 + \cdots + x_n$ とおくと，平均値は $\dfrac{m}{n}$ である。また，分散を s^2 で表す。s^2 は，0と1の個数に着目すると

$$s^2 = \frac{1}{n}\left\{ \boxed{テ}\left(1 - \frac{m}{n}\right)^2 + \boxed{ト}\left(0 - \frac{m}{n}\right)^2 \right\} = \boxed{ナ}$$

と表すことができる。

$\boxed{テ}$，$\boxed{ト}$ の解答群（同じものを繰り返し選んでもよい。）

⓪ n ① m ② $(n - m)$ ③ $\dfrac{m}{n}$

④ $\left(1 - \dfrac{m}{n}\right)$ ⑤ $\dfrac{n}{2}$ ⑥ $\dfrac{m}{2}$ ⑦ $\dfrac{n - m}{2}$

$\boxed{ナ}$ の解答群

⓪ $\dfrac{m^2}{n^2}$ ① $\left(1 - \dfrac{m}{n}\right)^2$ ② $\dfrac{m(n - m)}{n^2}$

③ $\dfrac{m(1 - m)}{n^2}$ ④ $\dfrac{m(n - m)}{2n^2}$ ⑤ $\dfrac{n^2 - 3mn + 3m^2}{n^2}$

⑥ $\dfrac{n^2 - 2mn + 2m^2}{2n^2}$

（数学 I・数学 A 第 2 問は次ページに続く。）

〔3〕　変量 x, y の値の組

$$(-1, -1), \quad (-1, 1), \quad (1, -1), \quad (1, 1)$$

をデータ W とする。データ W の x と y の相関係数は 0 である。データ W に，新たに 1 個の値の組を加えたときの相関係数について調べる。なお，必要に応じて，後に示す表 1 の計算表を用いて考えてもよい。

　a を実数とする。データ W に $(5a, 5a)$ を加えたデータを W' とする。W' の x の平均値 $\bar{x}$ は　$\boxed{\text{ニ}}$　，W' の x と y の共分散 s_{xy} は　$\boxed{\text{ヌ}}$　となる。ただし，x と y の共分散とは，x の偏差と y の偏差の積の平均値である。

　W' の x と y の標準偏差を，それぞれ s_x, s_y とする。積 $s_x s_y$ は　$\boxed{\text{ネ}}$　となる。また相関係数が 0.95 以上となるための必要十分条件は $s_{xy} \geqq 0.95\, s_x s_y$ である。これより，相関係数が 0.95 以上となるような a の値の範囲は　$\boxed{\text{ノ}}$　である。

表1　計算表

x	y	$x - \bar{x}$	$y - \bar{y}$	$(x - \bar{x})(y - \bar{y})$
-1	-1			
-1	1			
1	-1			
1	1			
$5a$	$5a$			

（数学Ⅰ・数学A第2問は次ページに続く。）

$\boxed{二}$ の解答群

⓪ 0 **①** $5a$ **②** $5a+4$ **③** a **④** $a+\dfrac{4}{5}$

$\boxed{ヌ}$ の解答群

⓪ $4a^2$ **①** $4a^2+\dfrac{4}{5}$ **②** $4a^2+\dfrac{4}{5}a$ **③** $5a^2$ **④** $20a^2$

$\boxed{ネ}$ の解答群

⓪ $4a^2+\dfrac{16}{5}a+\dfrac{4}{5}$ **①** $4a^2+1$

② $4a^2+\dfrac{4}{5}$ **③** $2a^2+\dfrac{2}{5}$

$\boxed{ノ}$ の解答群

⓪ $-\dfrac{\sqrt{95}}{4} \leqq a \leqq \dfrac{\sqrt{95}}{4}$ **①** $a \leqq -\dfrac{\sqrt{95}}{4},\ \dfrac{\sqrt{95}}{4} \leqq a$

② $-\dfrac{\sqrt{95}}{5} \leqq a \leqq \dfrac{\sqrt{95}}{5}$ **③** $a \leqq -\dfrac{\sqrt{95}}{5},\ \dfrac{\sqrt{95}}{5} \leqq a$

④ $-\dfrac{2\sqrt{19}}{5} \leqq a \leqq \dfrac{2\sqrt{19}}{5}$ **⑤** $a \leqq -\dfrac{2\sqrt{19}}{5},\ \dfrac{2\sqrt{19}}{5} \leqq a$

第3問～第5問は，いずれか2問を選択し，解答しなさい。

第3問 （選択問題）（配点　20）

(1) 1枚の硬貨を繰り返し投げるとき，この硬貨の表裏の出方に応じて，座標平面上の点Pが次の**規則1**に従って移動するものとする。

規則1

・点Pは原点O$(0, 0)$を出発点とする。

・点Pのx座標は，硬貨を投げるごとに1だけ増加する。

・点Pのy座標は，硬貨を投げるごとに，表が出たら1だけ増加し，裏が出たら1だけ減少する。

また，点Pの座標を次の**記号**で表す。

記号

硬貨をk回投げ終えた時点での点Pの座標(x, y)を(k, y_k)で表す。

　座標平面上の点Pの移動の仕方について，例えば，硬貨を1回投げて表が出た場合について考える。このとき，点Pの座標は$(1, 1)$となる。これを図1のように，原点O$(0, 0)$と点$(1, 1)$をまっすぐな矢印で結ぶ。このようにして点Pの移動の仕方を表す。

　以下において，図を使用する際には同じように考えることにする。

図　1

（数学Ⅰ・数学A第3問は次ページに続く。）

(i) 硬貨を3回投げ終えたとき，点Pの移動の仕方が条件

$$y_1 \geqq -1 \text{ かつ } y_2 \geqq -1 \text{ かつ } y_3 \geqq -1 \quad \cdots\cdots\cdots\cdots\cdots\cdots\cdots (*)$$

を満たす確率を求めよう。

条件(*)を満たす点Pの移動の仕方は図2のようになる。例えば点O(0, 0)から点A(2, 0)までの点Pの移動の仕方は，点O(0, 0)から点(1, 1)まで移動したのち点A(2, 0)に移動する場合と，点O(0, 0)から点(1, -1)まで移動したのち点A(2, 0)に移動する場合のいずれかであるため，2通りある。このとき，この移動の仕方の総数である2を，**四角囲みの中の数字**で点A(2, 0)の近くに書く。図2における他の四角囲みの中の数字についても同様に考える。

このように考えると，条件(*)を満たす点Pの移動の仕方のうち，点(3, 3)に至る移動の仕方は ア 通りあり，点(3, 1)に至る移動の仕方は イ 通りあり，点(3, -1)に至る移動の仕方は ウ 通りある。

よって，点Pの移動の仕方が条件(*)を満たすような硬貨の表裏の出方の総数は

$$\boxed{\text{ ア }} + \boxed{\text{ イ }} + \boxed{\text{ ウ }}$$

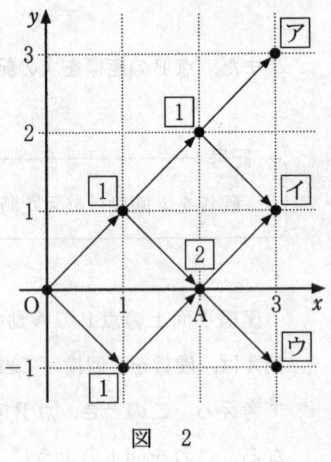

図　2

である。

したがって，点Pの移動の仕方が条件(*)を満たす確率は

$$\frac{\boxed{\text{ ア }} + \boxed{\text{ イ }} + \boxed{\text{ ウ }}}{2^3}$$

として求めることができる。

（数学 I・数学A第3問は次ページに続く。）

(ⅱ) 硬貨を4回投げるとする。このとき，(ⅰ)と同様に図を用いて考えよう。

$y_1 \geqq 0$ かつ $y_2 \geqq 0$ かつ $y_3 \geqq 0$ かつ $y_4 \geqq 0$ である確率は $\dfrac{\boxed{エ}}{\boxed{オ}}$ となる。

また，$y_1 \geqq 0$ かつ $y_2 \geqq 0$ かつ $y_3 = 1$ かつ $y_4 \geqq 0$ である確率は $\dfrac{\boxed{カ}}{\boxed{キ}}$ となる。さらに，$y_1 \geqq 0$ かつ $y_2 \geqq 0$ かつ $y_3 \geqq 0$ かつ $y_4 \geqq 0$ であったとき，

$y_3 = 1$ である条件付き確率は $\dfrac{\boxed{ク}}{\boxed{ケ}}$ となる。

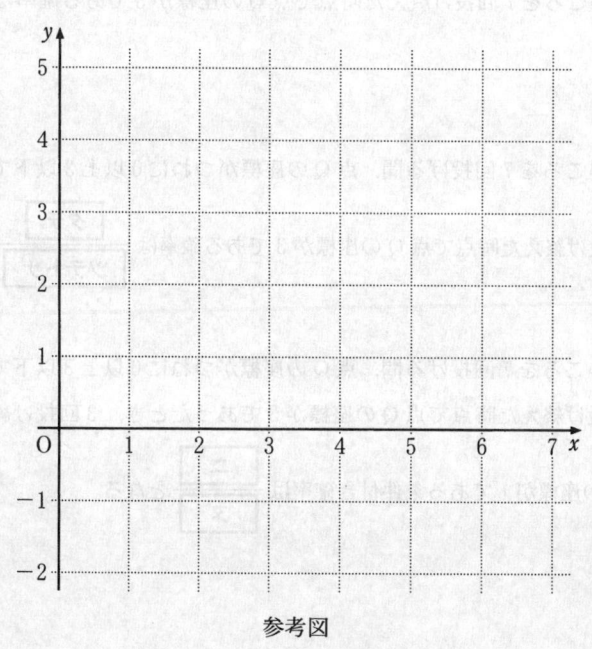

参考図

(ⅲ) 硬貨を4回投げ終えた時点で点Pの座標が$(4, 2)$であるとき，点$(4, 2)$に至る移動の仕方によらず表の出る回数は $\boxed{コ}$ 回となり，裏の出る回数は

$\left(4 - \boxed{コ} \right)$ 回となる。

（数学Ⅰ・数学A第3問は次ページに続く。）

(2) 1個のさいころを繰り返し投げるとき，このさいころの目の出方に応じて，数直線上の点 Q が次の**規則 2** に従って移動するものとする。

規則 2

- 点 Q は原点 O を出発点とする。
- 点 Q の座標は，さいころを投げるごとに，3 の倍数の目が出たら 1 だけ増加し，それ以外の目が出たら 1 だけ減少する。

(i) さいころを 7 回投げ終えた時点で点 Q の座標が 3 である確率は $\dfrac{サシ}{スセソ}$ となる。

(ii) さいころを 7 回投げる間，点 Q の座標がつねに 0 以上 3 以下であり，かつ 7 回投げ終えた時点で点 Q の座標が 3 である確率は $\dfrac{タチ}{ツテトナ}$ となる。

(iii) さいころを 7 回投げる間，点 Q の座標がつねに 0 以上 3 以下であり，かつ 7 回投げ終えた時点で点 Q の座標が 3 であったとき，3 回投げ終えた時点で点 Q の座標が 1 である条件付き確率は $\dfrac{ニ}{ヌ}$ となる。

第 3 問～第 5 問は，いずれか 2 問を選択し，解答しなさい。

第 4 問　(選択問題)(配点　20)

x, y, z についての二つの式をともに満たす整数 x, y, z が存在するかどうかを考えてみよう。

(1)　二つの式が

$$7x + 13y + 17z = 8 \qquad \cdots\cdots\cdots\cdots\cdots\cdots\cdots ①$$

と

$$35x + 39y + 34z = 37 \qquad \cdots\cdots\cdots\cdots\cdots\cdots ②$$

の場合を考える。①，② から x を消去すると

$$\boxed{\text{アイ}}\,y + \boxed{\text{ウエ}}\,z = 3 \qquad \cdots\cdots\cdots\cdots\cdots\cdots ③$$

を得る。③ を y, z についての不定方程式とみると，その整数解のうち，y が正の整数で最小になるのは

$$y = \boxed{\text{オ}}, \qquad z = \boxed{\text{カキ}}$$

である。よって，③ のすべての整数解は，k を整数として

$$y = \boxed{\text{オ}} - \boxed{\text{クケ}}\,k, \qquad z = \boxed{\text{カキ}} + \boxed{\text{コサ}}\,k$$

と表される。これらを ① に代入して x を求めると

$$x = 31k - 3 + \frac{\boxed{\text{シ}}\,k + 2}{7}$$

となるので，x が整数になるのは，k を 7 で割ったときの余りが $\boxed{\text{ス}}$ のときである。

　以上のことから，この場合は，二つの式をともに満たす整数 x, y, z が存在することがわかる。

(数学 I・数学 A 第 4 問は次ページに続く。)

(2) a を整数とする。二つの式が

$$2x + 5y + 7z = a \qquad \cdots\cdots\cdots\cdots\cdots\cdots ④$$

と

$$3x + 25y + 21z = -1 \qquad \cdots\cdots\cdots\cdots\cdots ⑤$$

の場合を考える。⑤ － ④ から

$$x = -20y - 14z - 1 - a \qquad \cdots\cdots\cdots\cdots\cdots ⑥$$

を得る。また，⑤ × 2 － ④ × 3 から

$$35y + 21z = -2 - 3a \qquad \cdots\cdots\cdots\cdots\cdots ⑦$$

を得る。このとき

a を ┌ セ ┐ で割ったときの余りが ┌ ソ ┐ である

ことは，⑦ を満たす整数 y, z が存在するための必要十分条件であることがわかる。そのときの整数 y, z を ⑥ に代入すると，x も整数になる。また，そのときの x, y, z は ④ と ⑤ をともに満たす。

　以上のことから，この場合は，a の値によって，二つの式をともに満たす整数 x, y, z が存在する場合と存在しない場合があることがわかる。

（数学 I・数学 A 第 4 問は次ページに続く。）

(3)　b を整数とする。二つの式が

$$x + 2y + bz = 1 \qquad \cdots\cdots\cdots\cdots\cdots \text{⑧}$$

と

$$5x + 6y + 3z = 5 + b \qquad \cdots\cdots\cdots\cdots\cdots \text{⑨}$$

の場合を考える。⑨ − ⑧ × 5 から

$$-4y + (3 - 5b)z = b \qquad \cdots\cdots\cdots\cdots\cdots \text{⑩}$$

を得る。⑩ の左辺の y の係数に着目することにより

　　　　b を 4 で割ったときの余りが　$\boxed{\text{タ}}$　または　$\boxed{\text{チ}}$　である

ことは，⑩ を満たす整数 y, z が存在するための必要十分条件であることがわかる。ただし，$\boxed{\text{タ}}$ ＜ $\boxed{\text{チ}}$ とする。

　そのときの整数 y, z を ⑧ に代入すると，x も整数になる。また，そのときの x, y, z は ⑧ と ⑨ をともに満たす。

　以上のことから，この場合も，b の値によって，二つの式をともに満たす整数 x, y, z が存在する場合と存在しない場合があることがわかる。

（数学 I・数学 A 第 4 問は次ページに続く。）

(4) c を整数とする。二つの式が

$$x + 3y + 5z = 1 \qquad \cdots\cdots\cdots\cdots\cdots\cdots ⑪$$

と

$$cx + 3(c+5)y + 10z = 3 \qquad \cdots\cdots\cdots\cdots\cdots ⑫$$

の場合を考える。これまでと同様に，y, z についての不定方程式を考察することにより

$$c \text{ を } \boxed{\text{ツテ}} \text{ で割ったときの余りが } \boxed{\text{ト}} \text{ または } \boxed{\text{ナニ}} \text{ である}$$

ことは，⑪ と ⑫ をともに満たす整数 x, y, z が存在するための必要十分条件であることがわかる。

第3問～第5問は，いずれか2問を選択し，解答しなさい。

第5問 （選択問題）（配点 20）

　△ABCにおいて辺ABを2：3に内分する点をPとする。辺AC上に2点A，Cのいずれとも異なる点Qをとる。線分BQと線分CPとの交点をRとし，直線ARと辺BCとの交点をSとする。

　以下の問題において比を解答する場合は，最も簡単な整数の比で答えよ。

⑴　点Qは辺ACを1：2に内分する点とする。このとき，点Sは辺BCを

　　　ア　：　イ　に内分する点である。

　　AB = 5とし，△ABCの内接円が辺AB，辺ACとそれぞれ点P，点Qで接しているとする。AQ = 　ウ　であることに注意すると，BC = 　エ　であり，　オ　であることがわかる。

　　　オ　の解答群

⓪	点Rは△ABCの内心
①	点Rは△ABCの重心
②	点Sは△ABCの内接円と辺BCとの接点
③	点Sは点Aから辺BCに下ろした垂線と辺BCとの交点

（数学 I・数学 A 第5問は次ページに続く。）

(2) △BPR と △CQR の面積比について考察する。

(i) 点 Q は辺 AC を 1：4 に内分する点とする。このとき，点 R は，線分 BQ を $\boxed{カキ}$：$\boxed{ク}$ に内分し，線分 CP を $\boxed{ケコ}$：$\boxed{サ}$ に内分する。 したがって

$$\frac{\triangle CQR \text{ の面積}}{\triangle BPR \text{ の面積}} = \frac{\boxed{シス}}{\boxed{セ}}$$

である。

(ii) $\dfrac{\triangle CQR \text{ の面積}}{\triangle BPR \text{ の面積}} = \dfrac{1}{4}$ のとき，点 Q は辺 AC を $\boxed{ソ}$：$\boxed{タ}$ に内分 する点である。

数学Ⅱ・数学B

問　題	選　択　方　法
第1問	必　　答
第2問	必　　答
第3問	いずれか2問を選択し，解答しなさい。
第4問	
第5問	

126

第1問 （必答問題）（配点 30）

〔1〕 $P(x)$ を係数が実数である x の整式とする。方程式 $P(x)=0$ は虚数 $1+\sqrt{2}\,i$ を解にもつとする。

(1) 虚数 $1-\sqrt{2}\,i$ も $P(x)=0$ の解であることを示そう。

$1\pm\sqrt{2}\,i$ を解とする x の 2 次方程式で x^2 の係数が 1 であるものは

$$x^2-\boxed{\text{ア}}\,x+\boxed{\text{イ}}=0$$

である。$S(x)=x^2-\boxed{\text{ア}}\,x+\boxed{\text{イ}}$ とし，$P(x)$ を $S(x)$ で割ったときの商を $Q(x)$，余りを $R(x)$ とすると，次が成り立つ。

$$P(x)=\boxed{\text{ウ}}$$

また，$S(x)$ は 2 次式であるから，m，n を実数として，$R(x)$ は

$$R(x)=mx+n$$

と表せる。ここで，$1+\sqrt{2}\,i$ が二つの方程式 $P(x)=0$ と $S(x)=0$ の解であることを用いれば $R(1+\sqrt{2}\,i)=\boxed{\text{エ}}$ となるので，$x=1+\sqrt{2}\,i$ を $R(x)=mx+n$ に代入することにより，$m=\boxed{\text{オ}}$，$n=\boxed{\text{カ}}$ であることがわかる。したがって，$\boxed{\text{キ}}$ であることがわかるので，$1-\sqrt{2}\,i$ も $P(x)=0$ の解である。

（数学Ⅱ・数学B第1問は次ページに続く。）

　ウ　の解答群

⓪ $S(x)Q(x)R(x)$	① $S(x)R(x)+Q(x)$
② $R(x)Q(x)+S(x)$	③ $S(x)Q(x)+R(x)$

　キ　の解答群

⓪ $P(x)=S(x)R(x)$	① $P(x)=Q(x)R(x)$
② $Q(x)=0$	③ $R(x)=0$
④ $S(x)=Q(x)R(x)$	⑤ $Q(x)=S(x)R(x)$

（数学Ⅱ・数学B第1問は次ページに続く。）

128

(2) k, ℓ を実数として

$$P(x) = 3x^4 + 2x^3 + kx + \ell$$

の場合を考える。このとき，$P(x)$ を (1) の $S(x)$ で割ったときの商を $Q(x)$，余りを $R(x)$ とすると

$$Q(x) = \boxed{ク}\, x^2 + \boxed{ケ}\, x + \boxed{コ}$$

$$R(x) = \left(k - \boxed{サシ}\right)x + \ell - \boxed{スセ}$$

となる。$P(x) = 0$ は $1 + \sqrt{2}\, i$ を解にもつので，(1) の考察を用いると

$$k = \boxed{ソタ}, \qquad \ell = \boxed{チツ}$$

である。また，$P(x) = 0$ の $1 + \sqrt{2}\, i$ 以外の解は

$$x = \boxed{テ} - \sqrt{\boxed{ト}}\, i, \qquad \frac{-\boxed{ナ} \pm \sqrt{\boxed{ニ}}\, i}{\boxed{ヌ}}$$

であることがわかる。

（数学II・数学B第1問は 次ページに続く。）

— 234 —

〔2〕　以下の問題を解答するにあたっては，必要に応じて132, 133ページの常用対数表を用いてもよい。

花子さんは，あるスポーツドリンク（以下，商品S）の売り上げ本数が気温にどう影響されるかを知りたいと考えた。そこで，地区Aについて調べたところ，最高気温が22℃，25℃，28℃であった日の商品Sの売り上げ本数をそれぞれ N_1, N_2, N_3 とするとき

$$N_1 = 285, \quad N_2 = 368, \quad N_3 = 475$$

であった。このとき

$$\frac{N_2 - N_1}{25 - 22} < \frac{N_3 - N_2}{28 - 25}$$

であり，座標平面上の3点 $(22, N_1)$, $(25, N_2)$, $(28, N_3)$ は一つの直線上にはないので，花子さんは N_1, N_2, N_3 の対数を考えてみることにした。

(1)　常用対数表によると，$\log_{10} 2.85 = 0.4548$ であるので

$$\log_{10} N_1 = \log_{10} 285 = 0.4548 + \boxed{ネ} = \boxed{ネ}.4548$$

である。この値の小数第4位を四捨五入したものを p_1 とすると

$$p_1 = \boxed{ネ}.455$$

である。同じように，$\log_{10} N_2$ の値の小数第4位を四捨五入したものを p_2 とすると

$$p_2 = \boxed{ノ}.\boxed{ハヒフ}$$

である。

（数学II・数学B第1問は次ページに続く。）

130

さらに，$\log_{10} N_3$ の値の小数第4位を四捨五入したものを p_3 とすると

$$\frac{p_2 - p_1}{25 - 22} = \frac{p_3 - p_2}{28 - 25}$$

が成り立つことが確かめられる。したがって

$$\frac{p_2 - p_1}{25 - 22} = \frac{p_3 - p_2}{28 - 25} = k$$

とおくとき，座標平面上の3点 $(22, p_1)$，$(25, p_2)$，$(28, p_3)$ は次の方程式が表す直線上にある。

$$y = k(x - 22) + p_1 \qquad \cdots\cdots\cdots\cdots\cdots\cdots ①$$

いま，N を正の実数とし，座標平面上の点 $(x, \log_{10} N)$ が ① の直線上にあるとする。このとき，x と N の関係式として，次の ⓪〜③ のうち，正しいものは　ヘ　である。

　ヘ　の解答群

⓪ $N = 10\,k(x - 22) + p_1$

① $N = 10\{k(x - 22) + p_1\}$

② $N = 10^{k(x-22)+p_1}$

③ $N = p_1 \cdot 10^{k(x-22)}$

（数学Ⅱ・数学B第1問は次ページに続く。）

— 236 —

(2)　花子さんは，地区 A で最高気温が 32 ℃ になる日の商品 S の売り上げ本数を予想することにした。$x = 32$ のときに関係式 $\boxed{\text{ヘ}}$ を満たす N の値は $\boxed{\text{ホ}}$ の範囲にある。そこで，花子さんは売り上げ本数が $\boxed{\text{ホ}}$ の範囲に入るだろうと考えた。

$\boxed{\text{ホ}}$ の解答群

⓪　440 以上 450 未満	①　450 以上 460 未満
②　460 以上 470 未満	③　470 以上 480 未満
④　650 以上 660 未満	⑤　660 以上 670 未満
⑥　670 以上 680 未満	⑦　680 以上 690 未満
⑧　890 以上 900 未満	⑨　900 以上 910 未満
ⓐ　910 以上 920 未満	ⓑ　920 以上 930 未満

（数学Ⅱ・数学B第 1 問は 次 ページに続く。）

常 用 対 数 表

数	0	1	2	3	4	5	6	7	8	9
1.0	0.0000	0.0043	0.0086	0.0128	0.0170	0.0212	0.0253	0.0294	0.0334	0.0374
1.1	0.0414	0.0453	0.0492	0.0531	0.0569	0.0607	0.0645	0.0682	0.0719	0.0755
1.2	0.0792	0.0828	0.0864	0.0899	0.0934	0.0969	0.1004	0.1038	0.1072	0.1106
1.3	0.1139	0.1173	0.1206	0.1239	0.1271	0.1303	0.1335	0.1367	0.1399	0.1430
1.4	0.1461	0.1492	0.1523	0.1553	0.1584	0.1614	0.1644	0.1673	0.1703	0.1732
1.5	0.1761	0.1790	0.1818	0.1847	0.1875	0.1903	0.1931	0.1959	0.1987	0.2014
1.6	0.2041	0.2068	0.2095	0.2122	0.2148	0.2175	0.2201	0.2227	0.2253	0.2279
1.7	0.2304	0.2330	0.2355	0.2380	0.2405	0.2430	0.2455	0.2480	0.2504	0.2529
1.8	0.2553	0.2577	0.2601	0.2625	0.2648	0.2672	0.2695	0.2718	0.2742	0.2765
1.9	0.2788	0.2810	0.2833	0.2856	0.2878	0.2900	0.2923	0.2945	0.2967	0.2989
2.0	0.3010	0.3032	0.3054	0.3075	0.3096	0.3118	0.3139	0.3160	0.3181	0.3201
2.1	0.3222	0.3243	0.3263	0.3284	0.3304	0.3324	0.3345	0.3365	0.3385	0.3404
2.2	0.3424	0.3444	0.3464	0.3483	0.3502	0.3522	0.3541	0.3560	0.3579	0.3598
2.3	0.3617	0.3636	0.3655	0.3674	0.3692	0.3711	0.3729	0.3747	0.3766	0.3784
2.4	0.3802	0.3820	0.3838	0.3856	0.3874	0.3892	0.3909	0.3927	0.3945	0.3962
2.5	0.3979	0.3997	0.4014	0.4031	0.4048	0.4065	0.4082	0.4099	0.4116	0.4133
2.6	0.4150	0.4166	0.4183	0.4200	0.4216	0.4232	0.4249	0.4265	0.4281	0.4298
2.7	0.4314	0.4330	0.4346	0.4362	0.4378	0.4393	0.4409	0.4425	0.4440	0.4456
2.8	0.4472	0.4487	0.4502	0.4518	0.4533	0.4548	0.4564	0.4579	0.4594	0.4609
2.9	0.4624	0.4639	0.4654	0.4669	0.4683	0.4698	0.4713	0.4728	0.4742	0.4757
3.0	0.4771	0.4786	0.4800	0.4814	0.4829	0.4843	0.4857	0.4871	0.4886	0.4900
3.1	0.4914	0.4928	0.4942	0.4955	0.4969	0.4983	0.4997	0.5011	0.5024	0.5038
3.2	0.5051	0.5065	0.5079	0.5092	0.5105	0.5119	0.5132	0.5145	0.5159	0.5172
3.3	0.5185	0.5198	0.5211	0.5224	0.5237	0.5250	0.5263	0.5276	0.5289	0.5302
3.4	0.5315	0.5328	0.5340	0.5353	0.5366	0.5378	0.5391	0.5403	0.5416	0.5428
3.5	0.5441	0.5453	0.5465	0.5478	0.5490	0.5502	0.5514	0.5527	0.5539	0.5551
3.6	0.5563	0.5575	0.5587	0.5599	0.5611	0.5623	0.5635	0.5647	0.5658	0.5670
3.7	0.5682	0.5694	0.5705	0.5717	0.5729	0.5740	0.5752	0.5763	0.5775	0.5786
3.8	0.5798	0.5809	0.5821	0.5832	0.5843	0.5855	0.5866	0.5877	0.5888	0.5899
3.9	0.5911	0.5922	0.5933	0.5944	0.5955	0.5966	0.5977	0.5988	0.5999	0.6010
4.0	0.6021	0.6031	0.6042	0.6053	0.6064	0.6075	0.6085	0.6096	0.6107	0.6117
4.1	0.6128	0.6138	0.6149	0.6160	0.6170	0.6180	0.6191	0.6201	0.6212	0.6222
4.2	0.6232	0.6243	0.6253	0.6263	0.6274	0.6284	0.6294	0.6304	0.6314	0.6325
4.3	0.6335	0.6345	0.6355	0.6365	0.6375	0.6385	0.6395	0.6405	0.6415	0.6425
4.4	0.6435	0.6444	0.6454	0.6464	0.6474	0.6484	0.6493	0.6503	0.6513	0.6522
4.5	0.6532	0.6542	0.6551	0.6561	0.6571	0.6580	0.6590	0.6599	0.6609	0.6618
4.6	0.6628	0.6637	0.6646	0.6656	0.6665	0.6675	0.6684	0.6693	0.6702	0.6712
4.7	0.6721	0.6730	0.6739	0.6749	0.6758	0.6767	0.6776	0.6785	0.6794	0.6803
4.8	0.6812	0.6821	0.6830	0.6839	0.6848	0.6857	0.6866	0.6875	0.6884	0.6893
4.9	0.6902	0.6911	0.6920	0.6928	0.6937	0.6946	0.6955	0.6964	0.6972	0.6981
5.0	0.6990	0.6998	0.7007	0.7016	0.7024	0.7033	0.7042	0.7050	0.7059	0.7067
5.1	0.7076	0.7084	0.7093	0.7101	0.7110	0.7118	0.7126	0.7135	0.7143	0.7152
5.2	0.7160	0.7168	0.7177	0.7185	0.7193	0.7202	0.7210	0.7218	0.7226	0.7235
5.3	0.7243	0.7251	0.7259	0.7267	0.7275	0.7284	0.7292	0.7300	0.7308	0.7316
5.4	0.7324	0.7332	0.7340	0.7348	0.7356	0.7364	0.7372	0.7380	0.7388	0.7396

（数学Ⅱ・数学Ｂ第１問は次ページに続く。）

数	0	1	2	3	4	5	6	7	8	9
5.5	0.7404	0.7412	0.7419	0.7427	0.7435	0.7443	0.7451	0.7459	0.7466	0.7474
5.6	0.7482	0.7490	0.7497	0.7505	0.7513	0.7520	0.7528	0.7536	0.7543	0.7551
5.7	0.7559	0.7566	0.7574	0.7582	0.7589	0.7597	0.7604	0.7612	0.7619	0.7627
5.8	0.7634	0.7642	0.7649	0.7657	0.7664	0.7672	0.7679	0.7686	0.7694	0.7701
5.9	0.7709	0.7716	0.7723	0.7731	0.7738	0.7745	0.7752	0.7760	0.7767	0.7774
6.0	0.7782	0.7789	0.7796	0.7803	0.7810	0.7818	0.7825	0.7832	0.7839	0.7846
6.1	0.7853	0.7860	0.7868	0.7875	0.7882	0.7889	0.7896	0.7903	0.7910	0.7917
6.2	0.7924	0.7931	0.7938	0.7945	0.7952	0.7959	0.7966	0.7973	0.7980	0.7987
6.3	0.7993	0.8000	0.8007	0.8014	0.8021	0.8028	0.8035	0.8041	0.8048	0.8055
6.4	0.8062	0.8069	0.8075	0.8082	0.8089	0.8096	0.8102	0.8109	0.8116	0.8122
6.5	0.8129	0.8136	0.8142	0.8149	0.8156	0.8162	0.8169	0.8176	0.8182	0.8189
6.6	0.8195	0.8202	0.8209	0.8215	0.8222	0.8228	0.8235	0.8241	0.8248	0.8254
6.7	0.8261	0.8267	0.8274	0.8280	0.8287	0.8293	0.8299	0.8306	0.8312	0.8319
6.8	0.8325	0.8331	0.8338	0.8344	0.8351	0.8357	0.8363	0.8370	0.8376	0.8382
6.9	0.8388	0.8395	0.8401	0.8407	0.8414	0.8420	0.8426	0.8432	0.8439	0.8445
7.0	0.8451	0.8457	0.8463	0.8470	0.8476	0.8482	0.8488	0.8494	0.8500	0.8506
7.1	0.8513	0.8519	0.8525	0.8531	0.8537	0.8543	0.8549	0.8555	0.8561	0.8567
7.2	0.8573	0.8579	0.8585	0.8591	0.8597	0.8603	0.8609	0.8615	0.8621	0.8627
7.3	0.8633	0.8639	0.8645	0.8651	0.8657	0.8663	0.8669	0.8675	0.8681	0.8686
7.4	0.8692	0.8698	0.8704	0.8710	0.8716	0.8722	0.8727	0.8733	0.8739	0.8745
7.5	0.8751	0.8756	0.8762	0.8768	0.8774	0.8779	0.8785	0.8791	0.8797	0.8802
7.6	0.8808	0.8814	0.8820	0.8825	0.8831	0.8837	0.8842	0.8848	0.8854	0.8859
7.7	0.8865	0.8871	0.8876	0.8882	0.8887	0.8893	0.8899	0.8904	0.8910	0.8915
7.8	0.8921	0.8927	0.8932	0.8938	0.8943	0.8949	0.8954	0.8960	0.8965	0.8971
7.9	0.8976	0.8982	0.8987	0.8993	0.8998	0.9004	0.9009	0.9015	0.9020	0.9025
8.0	0.9031	0.9036	0.9042	0.9047	0.9053	0.9058	0.9063	0.9069	0.9074	0.9079
8.1	0.9085	0.9090	0.9096	0.9101	0.9106	0.9112	0.9117	0.9122	0.9128	0.9133
8.2	0.9138	0.9143	0.9149	0.9154	0.9159	0.9165	0.9170	0.9175	0.9180	0.9186
8.3	0.9191	0.9196	0.9201	0.9206	0.9212	0.9217	0.9222	0.9227	0.9232	0.9238
8.4	0.9243	0.9248	0.9253	0.9258	0.9263	0.9269	0.9274	0.9279	0.9284	0.9289
8.5	0.9294	0.9299	0.9304	0.9309	0.9315	0.9320	0.9325	0.9330	0.9335	0.9340
8.6	0.9345	0.9350	0.9355	0.9360	0.9365	0.9370	0.9375	0.9380	0.9385	0.9390
8.7	0.9395	0.9400	0.9405	0.9410	0.9415	0.9420	0.9425	0.9430	0.9435	0.9440
8.8	0.9445	0.9450	0.9455	0.9460	0.9465	0.9469	0.9474	0.9479	0.9484	0.9489
8.9	0.9494	0.9499	0.9504	0.9509	0.9513	0.9518	0.9523	0.9528	0.9533	0.9538
9.0	0.9542	0.9547	0.9552	0.9557	0.9562	0.9566	0.9571	0.9576	0.9581	0.9586
9.1	0.9590	0.9595	0.9600	0.9605	0.9609	0.9614	0.9619	0.9624	0.9628	0.9633
9.2	0.9638	0.9643	0.9647	0.9652	0.9657	0.9661	0.9666	0.9671	0.9675	0.9680
9.3	0.9685	0.9689	0.9694	0.9699	0.9703	0.9708	0.9713	0.9717	0.9722	0.9727
9.4	0.9731	0.9736	0.9741	0.9745	0.9750	0.9754	0.9759	0.9763	0.9768	0.9773
9.5	0.9777	0.9782	0.9786	0.9791	0.9795	0.9800	0.9805	0.9809	0.9814	0.9818
9.6	0.9823	0.9827	0.9832	0.9836	0.9841	0.9845	0.9850	0.9854	0.9859	0.9863
9.7	0.9868	0.9872	0.9877	0.9881	0.9886	0.9890	0.9894	0.9899	0.9903	0.9908
9.8	0.9912	0.9917	0.9921	0.9926	0.9930	0.9934	0.9939	0.9943	0.9948	0.9952
9.9	0.9956	0.9961	0.9965	0.9969	0.9974	0.9978	0.9983	0.9987	0.9991	0.9996

第 2 問 （必答問題）（配点 30）

〔1〕 縦の長さが 9 cm，横の長さが 24 cm の長方形の厚紙がある。この厚紙から容積が最大となる箱を作る。このとき，箱にふたがない場合とふたがある場合で容積の最大値がどう変わるかを調べたい。ただし，厚紙の厚さは考えず，作る箱の形を直方体とみなす。

(1) 厚紙の四隅から図 1 のように四つの合同な正方形の斜線部分を切り取り，破線にそって折り曲げて，ふたのない箱を作る。この箱の容積を V cm^3 とする。

9 cm

24 cm

図 1　ふたのない箱を作る場合

次の**構想**に基づいて箱の容積の最大値を考える。

> ┌─ 構想 ─────────────────────
>
> 　図 1 のように切り取る斜線部分の正方形の一辺の長さを x cm とする。V を x の関数として表し，箱が作れる x の値の範囲に注意して V の最大値を考える。
>
> └───────────────────────

（数学 II・数学 B 第 2 問は次ページに続く。）

箱が作れるための x のとり得る値の範囲は $0 < x < \dfrac{\boxed{\text{ア}}}{\boxed{\text{イ}}}$ である。V

を x の式で表すと

$$V = \boxed{\text{ウ}}\, x^3 - \boxed{\text{エオ}}\, x^2 + \boxed{\text{カキク}}\, x$$

であり，V は $x = \boxed{\text{ケ}}$ で最大値 $\boxed{\text{コサシ}}$ をとる。

（数学Ⅱ・数学B第2問は次ページに続く。）

(2) 厚紙の四隅から図2のように四つの斜線部分を切り取り，破線にそって折り曲げて，ふたでぴったりと閉じることのできる箱を作る。この箱の容積を $W\,\mathrm{cm}^3$ とする。

図2の四つの斜線部分のうち，左側二つの斜線部分をそれぞれ一辺の長さが $x\,\mathrm{cm}$ の正方形とすると，右側二つの斜線部分は，それぞれ縦の長さが $x\,\mathrm{cm}$，横の長さが ス cm の長方形となる。

図2　ふたのある箱を作る場合

ス の解答群

⓪　6	①　$(6-x)$	②　$(6+x)$
③　12	④　$(12-x)$	⑤　$(12+x)$
⑥　18	⑦　$(18-x)$	⑧　$(18+x)$

（数学Ⅱ・数学B第2問は次ページに続く。）

太郎さんと花子さんは，W を x の式で表した後，(1)の結果を見ながら W の最大値の求め方について話している。

太郎：W の式がわかったから，W の最大値は(1)と同じように求められるね。

花子：ちょっと待って。W を表す式と(1)の V を表す式は似ているね。W を表す式と V を表す式の関係を利用できないかな。

(1)の V が最大値をとるときの x の値を x_0 とする。W の最大値は(1)で求めた V の最大値 │ セ │。また，W が最大値をとる x は │ ソ │。

│ セ │ の解答群

⓪ の $\dfrac{1}{4}$ 倍である　　　　① の 4 倍である

② の $\dfrac{1}{3}$ 倍である　　　　③ の 3 倍である

④ の $\dfrac{1}{2}$ 倍である　　　　⑤ の 2 倍である

⑥ と等しくなる

│ ソ │ の解答群

⓪ ただ一つあり，その値は x_0 より小さい

① ただ一つあり，その値は x_0 より大きい

② ただ一つあり，その値は x_0 と等しい

③ 二つ以上ある

（数学Ⅱ・数学B第2問は次ページに続く。）

138

(3) 縦の長さが9cm，横の長さが24cmの長方形に限らず，いろいろな長方形の厚紙から(1)，(2)と同じようにふたのない箱とふたのある箱を作る。このとき

　　ふたのある箱の容積の最大値が，ふたのない箱の容積の最大値 | セ |

ということが成り立つための長方形についての記述として，次の⓪~④のうち，正しいものは | タ | である。

| タ | の解答群

⓪ 縦の長さが9cm，横の長さが24cmの長方形のときのみ成り立つ。

① 縦の長さが9cm，横の長さが24cmの長方形のときと，縦の長さが24cm，横の長さが9cmの長方形のときのみ成り立つ。

② 縦と横の長さの比が3：8の長方形のときのみ成り立つ。

③ 縦と横の長さの比が3：8の長方形のときと，縦と横の長さの比が8：3の長方形のときのみ成り立つ。

④ 縦と横の長さに関係なくどのような長方形のときでも成り立つ。

（数学Ⅱ・数学B第2問は次ページに続く。）

〔2〕　$1^2 + 2^2 + \cdots + 10^2$ をある関数の定積分で表すことを考えよう。

(1)　すべての実数 t に対して，$\displaystyle\int_t^{t+1} f(x)\,dx = t^2$ となる2次関数 $f(x)$ を求めよう。

$$\int_t^{t+1} 1\,dx = \boxed{\text{チ}}$$

$$\int_t^{t+1} x\,dx = t + \frac{\boxed{\text{ツ}}}{\boxed{\text{テ}}}$$

$$\int_t^{t+1} x^2\,dx = t^2 + t + \frac{\boxed{\text{ト}}}{\boxed{\text{ナ}}}$$

である。また，ℓ, m, n を定数とし，$f(x) = \ell x^2 + mx + n$ とおくと

$$\int_t^{t+1} f(x)\,dx = \ell t^2 + (\ell + m)t + \frac{\boxed{\text{ト}}}{\boxed{\text{ナ}}}\ell + \frac{\boxed{\text{ツ}}}{\boxed{\text{テ}}}m + n$$

を得る。このことから，t についての恒等式

$$t^2 = \ell t^2 + (\ell + m)t + \frac{\boxed{\text{ト}}}{\boxed{\text{ナ}}}\ell + \frac{\boxed{\text{ツ}}}{\boxed{\text{テ}}}m + n$$

を得る。よって，$\ell = \boxed{\text{ニ}}$，$m = \boxed{\text{ヌネ}}$，$n = \dfrac{\boxed{\text{ノ}}}{\boxed{\text{ハ}}}$ とわかる。

(2)　(1)で求めた $f(x)$ を用いれば，次が成り立つ。

$$1^2 + 2^2 + \cdots + 10^2 = \int_1^{\boxed{\text{ヒフ}}} f(x)\,dx$$

第3問〜第5問は，いずれか2問を選択し，解答しなさい。

第3問　(選択問題)　(配点　20)

　　以下の問題を解答するにあたっては，必要に応じて145ページの正規分布表を用いてもよい。

　　1，2，3，4の数字がそれぞれ一つずつ書かれた4枚の白のカードが箱Aに，1，2，3，4の数字がそれぞれ一つずつ書かれた4枚の赤のカードが箱Bに入っている。箱A，Bからそれぞれ1枚ずつのカードを無作為に取り出し，取り出したカードの数字を確認してからもとに戻す試行について，次のように確率変数 X，Y を定める。

「確率変数 X」

　　取り出した白のカードに書かれた数と赤のカードに書かれた数の**小さい方の数**（書かれた数が等しい場合はその数）を X の値とする。

「確率変数 Y」

　　取り出した白のカードに書かれた数と赤のカードに書かれた数の**大きい方の数**（書かれた数が等しい場合はその数）を Y の値とする。

　　太郎さんは，この試行を2回繰り返したときに記録された2個の数の平均値 $t_2 = 2.50$ と，100回繰り返したときに記録された100個の数の平均値 $t_{100} = 2.95$ が書いてあるメモを見つけた。メモに関する**太郎さんの記憶**は次のとおりである。

┌─ 太郎さんの記憶 ─────────────────────────
│　　メモに書かれていた t_2 と t_{100} は「確率変数 X」の平均値である。
└──────────────────────────────────────

　　太郎さんは，このメモに書かれていた t_2 と t_{100} が「確率変数 X」か「確率変数 Y」のうちどちらか一方の平均値であったことは覚えていたが，**太郎さんの記憶**における「確率変数 X」の部分が確かでなく，もしかしたら「確率変数 Y」だったかもしれないと感じている。このことについて，太郎さんが花子さんに相談したところ，花子さんは，太郎さんが見つけたメモに書かれていた二つの平均値をもとにして**太郎さんの記憶が正しいかどうかがわかる**のではないかと考えた。

(数学Ⅱ・数学B第3問は次ページに続く。)

(1) $X=1$ となるのは，白のカード，赤のカードともに1か，白のカードが1で赤のカードが2以上か，赤のカードが1で白のカードが2以上の場合であり，全部で $\boxed{ \text{ア} }$ 通りある。$X=2$，3，4についても同様に考えることにより，X の確率分布は

X	1	2	3	4	計
P	$\dfrac{\boxed{\text{ア}}}{16}$	$\dfrac{\boxed{\text{イ}}}{16}$	$\dfrac{\boxed{\text{ウ}}}{16}$	$\dfrac{\boxed{\text{エ}}}{16}$	1

となることがわかる。また，Y の確率分布は

Y	1	2	3	4	計
P	$\dfrac{1}{16}$	$\dfrac{\boxed{\text{オ}}}{16}$	$\dfrac{\boxed{\text{カ}}}{16}$	$\dfrac{\boxed{\text{キ}}}{16}$	1

となる。

確率変数 Z を $Z = \boxed{\ \text{ク}\ } - X$ とすると，Z の確率分布と Y の確率分布は同じであることがわかる。

(2) 確率変数 X の平均（期待値）と標準偏差はそれぞれ

$$E(X) = \frac{\boxed{\text{ケコ}}}{8}, \qquad \sigma(X) = \frac{\sqrt{55}}{8}$$

となる。このことと，(1)の確率変数 Z に関する考察から，確率変数 Y の平均は

$$E(Y) = \frac{\boxed{\text{サシ}}}{8}$$

となり，標準偏差は $\sigma(Y) = \boxed{\ \text{ス}\ }$ となる。

$\boxed{\ \text{ス}\ }$ の解答群

⓪ $\{\sigma(X)\}^2$　　① $5 - \sigma(X)$　　② $5\sigma(X)$　　③ $\sigma(X)$

（数学Ⅱ・数学B第3問は次ページに続く。）

(3) 確率変数 X, Y の分布から**太郎さんの記憶**が正しいかどうかを推測しよう。

X の確率分布をもつ母集団を考え，この母集団から無作為に抽出した大きさ n の標本を確率変数 X_1, X_2, …, X_n とし，標本平均を $\overline{X}$ とする。Y の確率分布をもつ母集団を考え，この母集団から無作為に抽出した大きさ n の標本を確率変数 Y_1, Y_2, …, Y_n とし，標本平均を $\overline{Y}$ とする。

(i) メモに書かれていた，$t_2 = 2.50$ について考えよう。

花子さんは，$\overline{X} = 2.50$ となる確率 $P(\overline{X} = 2.50)$ と $\overline{Y} = 2.50$ となる確率 $P(\overline{Y} = 2.50)$ を比較することで，**太郎さんの記憶**が正しいかどうかがわかるのではないかと考えた。

$\overline{X} = 2.50$ となる確率は，$X_1 + X_2 = 5$ となる確率であり，(1)の X の確率分布より

$$P(\overline{X} = 2.50) = \frac{\boxed{セソ}}{64}$$

となり，(1)の Y の確率分布から，$P(\overline{Y} = 2.50)$ $\boxed{タ}$ $P(\overline{X} = 2.50)$ が成り立つことがわかる。

このことから，花子さんは，$t_2 = 2.50$ からでは**太郎さんの記憶**が正しいかどうかはわからないと考えた。

$\boxed{タ}$ の解答群

⓪ <	① =	② >

（数学Ⅱ・数学B第3問は次ページに続く。）

(ii) メモに書かれていた，$t_{100} = 2.95$ について考えよう。

n が大きいとき，$\overline{X}$ は近似的に正規分布 $N(E(\overline{X}), \{\sigma(\overline{X})\}^2)$ に従い，$\sigma(\overline{X}) = \boxed{\text{チ}}$ である。$n = 100$ は大きいので，$\overline{X} = 2.95$ であったとすると，推定される母平均を m_X として，m_X の信頼度 95 ％ の信頼区間は

$$\boxed{\text{ツ}} \leqq m_X \leqq \boxed{\text{テ}} \qquad \cdots\cdots\cdots\cdots\cdots ①$$

となる。一方，$\overline{Y} = 2.95$ であったとすると，推定される母平均を m_Y として，m_Y の信頼度 95 ％ の信頼区間は

$$\boxed{\text{ト}} \leqq m_Y \leqq \boxed{\text{ナ}} \qquad \cdots\cdots\cdots\cdots\cdots ②$$

となることもわかる。ただし，$\boxed{\text{ツ}}$ ～ $\boxed{\text{ナ}}$ の計算においては，$\sqrt{55} = 7.4$ とする。

$\boxed{\text{チ}}$ の解答群

$$\text{⓪} \ \{\sigma(X)\}^2 \qquad \text{①} \ \frac{\sigma(X)}{n} \qquad \text{②} \ \frac{\sigma(X)}{\sqrt{n}} \qquad \text{③} \ \frac{\{\sigma(X)\}^2}{n}$$

$\boxed{\text{ツ}}$ ～ $\boxed{\text{ナ}}$ については，最も適当なものを，次の ⓪ ～ ⑧ のうちから一つずつ選べ。ただし，同じものを繰り返し選んでもよい。

⓪ 1.693	① 1.875	② 2.057
③ 2.740	④ 2.769	⑤ 2.798
⑥ 3.102	⑦ 3.131	⑧ 3.160

（数学Ⅱ・数学B第3問は次ページに続く。）

144

　花子さんは，次の**基準**により**太郎さんの記憶**が正しいかどうかを判断することにした。ただし，**基準**が適用できない場合には，判断しないものとする。

基準

　①の信頼区間に$E(X)$が含まれていて，②の信頼区間に$E(Y)$が含まれていないならば，**太郎さんの記憶**は正しいものとする。①の信頼区間に$E(X)$が含まれず，②の信頼区間に$E(Y)$が含まれているならば，**太郎さんの記憶**は正しくないものとする。

　$E(X)$は①の信頼区間に　**ニ**　。$E(Y)$は②の信頼区間に　**ヌ**　。

　以上より，**太郎さんの記憶**については，　**ネ**　。

　ニ　，　**ヌ**　の解答群（同じものを繰り返し選んでもよい。）

⓪ 含まれている	**①** 含まれていない

　ネ　については，最も適当なものを，次の**⓪**～**②**のうちから一つ選べ。

⓪　正しいと判断され，メモに書かれていたt_2とt_{100}は「確率変数X」の平均値である

①　正しくないと判断され，メモに書かれていたt_2とt_{100}は「確率変数Y」の平均値である

②　基準が適用できないので，判断しない

（数学Ⅱ・数学B第3問は次ページに続く。）

正　規　分　布　表

次の表は，標準正規分布の分布曲線における右図の灰
色部分の面積の値をまとめたものである。

z_0	0.00	0.01	0.02	0.03	0.04	0.05	0.06	0.07	0.08	0.09
0.0	0.0000	0.0040	0.0080	0.0120	0.0160	0.0199	0.0239	0.0279	0.0319	0.0359
0.1	0.0398	0.0438	0.0478	0.0517	0.0557	0.0596	0.0636	0.0675	0.0714	0.0753
0.2	0.0793	0.0832	0.0871	0.0910	0.0948	0.0987	0.1026	0.1064	0.1103	0.1141
0.3	0.1179	0.1217	0.1255	0.1293	0.1331	0.1368	0.1406	0.1443	0.1480	0.1517
0.4	0.1554	0.1591	0.1628	0.1664	0.1700	0.1736	0.1772	0.1808	0.1844	0.1879
0.5	0.1915	0.1950	0.1985	0.2019	0.2054	0.2088	0.2123	0.2157	0.2190	0.2224
0.6	0.2257	0.2291	0.2324	0.2357	0.2389	0.2422	0.2454	0.2486	0.2517	0.2549
0.7	0.2580	0.2611	0.2642	0.2673	0.2704	0.2734	0.2764	0.2794	0.2823	0.2852
0.8	0.2881	0.2910	0.2939	0.2967	0.2995	0.3023	0.3051	0.3078	0.3106	0.3133
0.9	0.3159	0.3186	0.3212	0.3238	0.3264	0.3289	0.3315	0.3340	0.3365	0.3389
1.0	0.3413	0.3438	0.3461	0.3485	0.3508	0.3531	0.3554	0.3577	0.3599	0.3621
1.1	0.3643	0.3665	0.3686	0.3708	0.3729	0.3749	0.3770	0.3790	0.3810	0.3830
1.2	0.3849	0.3869	0.3888	0.3907	0.3925	0.3944	0.3962	0.3980	0.3997	0.4015
1.3	0.4032	0.4049	0.4066	0.4082	0.4099	0.4115	0.4131	0.4147	0.4162	0.4177
1.4	0.4192	0.4207	0.4222	0.4236	0.4251	0.4265	0.4279	0.4292	0.4306	0.4319
1.5	0.4332	0.4345	0.4357	0.4370	0.4382	0.4394	0.4406	0.4418	0.4429	0.4441
1.6	0.4452	0.4463	0.4474	0.4484	0.4495	0.4505	0.4515	0.4525	0.4535	0.4545
1.7	0.4554	0.4564	0.4573	0.4582	0.4591	0.4599	0.4608	0.4616	0.4625	0.4633
1.8	0.4641	0.4649	0.4656	0.4664	0.4671	0.4678	0.4686	0.4693	0.4699	0.4706
1.9	0.4713	0.4719	0.4726	0.4732	0.4738	0.4744	0.4750	0.4756	0.4761	0.4767
2.0	0.4772	0.4778	0.4783	0.4788	0.4793	0.4798	0.4803	0.4808	0.4812	0.4817
2.1	0.4821	0.4826	0.4830	0.4834	0.4838	0.4842	0.4846	0.4850	0.4854	0.4857
2.2	0.4861	0.4864	0.4868	0.4871	0.4875	0.4878	0.4881	0.4884	0.4887	0.4890
2.3	0.4893	0.4896	0.4898	0.4901	0.4904	0.4906	0.4909	0.4911	0.4913	0.4916
2.4	0.4918	0.4920	0.4922	0.4925	0.4927	0.4929	0.4931	0.4932	0.4934	0.4936
2.5	0.4938	0.4940	0.4941	0.4943	0.4945	0.4946	0.4948	0.4949	0.4951	0.4952
2.6	0.4953	0.4955	0.4956	0.4957	0.4959	0.4960	0.4961	0.4962	0.4963	0.4964
2.7	0.4965	0.4966	0.4967	0.4968	0.4969	0.4970	0.4971	0.4972	0.4973	0.4974
2.8	0.4974	0.4975	0.4976	0.4977	0.4977	0.4978	0.4979	0.4979	0.4980	0.4981
2.9	0.4981	0.4982	0.4982	0.4983	0.4984	0.4984	0.4985	0.4985	0.4986	0.4986
3.0	0.4987	0.4987	0.4987	0.4988	0.4988	0.4989	0.4989	0.4989	0.4990	0.4990

146

第3問～第5問は，いずれか2問を選択し，解答しなさい。

第4問 （選択問題）（配点 20）

数列の増減について考える。与えられた数列 $\{p_n\}$ の増減について次のように定める。

- すべての自然数 n について $p_n < p_{n+1}$ となるとき，数列 $\{p_n\}$ はつねに増加するという。
- すべての自然数 n について $p_n > p_{n+1}$ となるとき，数列 $\{p_n\}$ はつねに減少するという。
- $p_k < p_{k+1}$ となる自然数 k があり，さらに $p_\ell > p_{\ell+1}$ となる自然数 ℓ もあるとき，数列 $\{p_n\}$ は増加することも減少することもあるという。

(1) 数列 $\{a_n\}$ は

$$a_1 = 23, \quad a_{n+1} = a_n - 3 \quad (n = 1, 2, 3, \cdots)$$

を満たすとする。このとき

$$a_n = \boxed{\text{アイ}}\, n + \boxed{\text{ウエ}} \quad (n = 1, 2, 3, \cdots)$$

となり，$a_n < 0$ を満たす最小の自然数 n は $\boxed{\text{オ}}$ である。

数列 $\{a_n\}$ は $\boxed{\text{カ}}$。また，自然数 n に対して，$S_n = \sum_{k=1}^{n} a_k$ とおくと，数列 $\{S_n\}$ は $\boxed{\text{キ}}$。

$n \geqq \boxed{\text{オ}}$ のとき，$\boxed{\text{ク}}$。また，$b_n = \dfrac{1}{a_n}$ とおくと，$n \geqq \boxed{\text{オ}}$ のとき，$\boxed{\text{ケ}}$。

（数学Ⅱ・数学B第4問は次ページに続く。）

$\boxed{\text{カ}}$ ， $\boxed{\text{キ}}$ の解答群（同じものを繰り返し選んでもよい。）

⓪　つねに増加する

①　つねに減少する

②　増加することも減少することもある

$\boxed{\text{ク}}$ の解答群

⓪　$a_n < 0$ である

①　$a_n > 0$ である

②　$a_n < 0$ となることも $a_n > 0$ となることもある

$\boxed{\text{ケ}}$ の解答群

⓪　$b_n < b_{n+1}$ である

①　$b_n > b_{n+1}$ である

②　$b_n < b_{n+1}$ となることも $b_n > b_{n+1}$ となることもある

（数学Ⅱ・数学Ｂ第4問は次ページに続く。）

148

(2) 数列 $\{c_n\}$ は

$$c_1 = 30, \qquad c_{n+1} = \frac{50\,c_n - 800}{c_n - 10} \quad (n = 1, 2, 3, \cdots)$$

を満たすとする。

以下では，すべての自然数 n に対して $c_n \neq 20$ となることを用いてよい。

$d_n = \dfrac{1}{c_n - 20}$ $(n = 1, 2, 3, \cdots)$ とおくと，$d_1 = \dfrac{1}{\boxed{\text{コサ}}}$ であり，また

$$c_n = \frac{1}{d_n} + \boxed{\text{シス}} \quad (n = 1, 2, 3, \cdots) \cdots\cdots\cdots\cdots\cdots\cdots ①$$

が成り立つ。したがって

$$\frac{1}{d_{n+1}} = \frac{50\left(\dfrac{1}{d_n} + \boxed{\text{シス}}\right) - 800}{\left(\dfrac{1}{d_n} + \boxed{\text{シス}}\right) - 10} - \boxed{\text{シス}} \quad (n = 1, 2, 3, \cdots)$$

により

$$d_{n+1} = \frac{d_n}{\boxed{\text{セ}}} + \frac{1}{\boxed{\text{ソタ}}} \quad (n = 1, 2, 3, \cdots)$$

が成り立つ。

数列 $\{d_n\}$ の一般項は

$$d_n = \frac{1}{\boxed{\text{チツ}}}\left(\frac{1}{\boxed{\text{テ}}}\right)^{n-1} + \frac{1}{\boxed{\text{トナ}}}$$

である。

したがって，$d_n \boxed{\text{ニ}} \dfrac{1}{\boxed{\text{トナ}}}$ $(n = 1, 2, 3, \cdots)$ であり，数列 $\{d_n\}$ は

$\boxed{\text{ヌ}}$。

よって①により，O を原点とする座標平面上に $n = 1$ から $n = 10$ まで

点 $(n,\ c_n)$ を図示すると $\boxed{\text{ネ}}$ となる。

（数学Ⅱ・数学B第4問は次ページに続く。）

ニ の解答群

⓪ <   **①** =   **②** >

ヌ の解答群

⓪ つねに増加する

① つねに減少する

② 増加することも減少することもある

ネ については，最も適当なものを，次の**⓪**～**⑤**のうちから一つ選べ。

150

第5問 （選択問題）（配点 20）

点 O を原点とする座標空間において2点 A，B の座標を

$$A(0, -3, 5), \quad B(2, 0, 4)$$

とし，直線 AB と xy 平面との交点を C とする。また，点 D の座標を

$$D(7, 4, 5)$$

とする。

直線 AB 上の点 P について，$\overrightarrow{OP}$ を実数 t を用いて

$$\overrightarrow{OP} = \overrightarrow{OA} + t\overrightarrow{AB}$$

と表すことにする。

(1) 点 P の座標は

$$P\left(\boxed{\text{ア}}\, t, \quad \boxed{\text{イ}}\, t - \boxed{\text{ウ}}, \quad -t + \boxed{\text{エ}} \right)$$

と表すことができる。点 C の座標は

$$C\left(\boxed{\text{オカ}}, \quad \boxed{\text{キク}}, 0 \right)$$

である。点 C は線分 AB を

$$\boxed{\text{ケ}} : \boxed{\text{コ}}$$

に外分する。ただし，$\boxed{\text{ケ}}$ ： $\boxed{\text{コ}}$ は最も簡単な整数の比で答えよ。

（数学Ⅱ・数学B第5問は次ページに続く。）

(2)　∠CPD = 120° となるときの点 P の座標について考えよう。

∠CPD = 120° のとき

$$\vec{PC} \cdot \vec{PD} = \boxed{\dfrac{サシ}{ス}} |\vec{PC}||\vec{PD}| \qquad \cdots\cdots\cdots\cdots\cdots ①$$

が成り立つ。ここで，$\vec{PC}$ と $\vec{AB}$ が平行であることから，0 でない実数 k を用いて $\vec{PC} = k\vec{AB}$ と表すことができるので，① は

$$k\vec{AB} \cdot \vec{PD} = \boxed{\dfrac{サシ}{ス}} |k\vec{AB}||\vec{PD}| \qquad \cdots\cdots\cdots\cdots\cdots ②$$

と表すことができる。

$\vec{AB} \cdot \vec{PD}$ と $|\vec{PD}|^2$ は，それぞれ

$$\vec{AB} \cdot \vec{PD} = -7\left(\boxed{セ}\,t - \boxed{ソ}\right)$$

$$|\vec{PD}|^2 = 14\left(t^2 - \boxed{タ}\,t + \boxed{チ}\right)$$

と表される。したがって，② の両辺の 2 乗が等しくなるのは

$$t = \boxed{ツ}, \boxed{テ}$$

のときである。ただし，$\boxed{ツ} < \boxed{テ}$ とする。

$t = \boxed{ツ}, \boxed{テ}$ のときの ∠CPD をそれぞれ調べることで，∠CPD = 120° となる点 P の座標は

$$P\left(\boxed{ト}, \boxed{ナ}, \boxed{ニ}\right)$$

であることがわかる。

（数学Ⅱ・数学B第5問は次ページに続く。）

(3) 直線 AB から点 A を除いた部分を点 P が動くとき，直線 DP は xy 平面と交わる。この交点を Q とするとき，点 Q が描く図形について考えよう。

点 Q が直線 DP 上にあることから，$\overrightarrow{OQ}$ は実数 s を用いて

$$\overrightarrow{OQ} = \overrightarrow{OD} + s\overrightarrow{DP}$$

と表すことができる。さらに，点 Q が xy 平面上にあることから，s は t を用いて表すことができる。よって，$\overrightarrow{OQ}$ は t を用いて

$$\overrightarrow{OQ} = \left(\boxed{ヌネ}, \boxed{ノハ}, 0 \right) - \frac{\boxed{ヒフ}}{t}(1, 1, 0)$$

と表すことができる。

したがって，点 Q はある直線上を動くことがわかる。さらに，t が 0 以外の実数値を変化するとき $\dfrac{1}{t}$ は 0 以外のすべての実数値をとることに注意すると，点 Q が描く図形は直線から 1 点を除いたものであることがわかる。この除かれた点を R とするとき，$\overrightarrow{DR}$ は $\boxed{ヘ}$ と平行である。

$\boxed{ヘ}$ の解答群

⓪ $\overrightarrow{OA}$	① $\overrightarrow{OB}$	② $\overrightarrow{OC}$	③ $\overrightarrow{OD}$
④ $\overrightarrow{AB}$	⑤ $\overrightarrow{AD}$	⑥ $\overrightarrow{BD}$	⑦ $\overrightarrow{CD}$

数学Ⅰ・数学A
数学Ⅱ・数学B
数学Ⅰ
数学Ⅱ

（2022年1月実施）

数学Ⅰ・数学A	70分	100点
数学Ⅱ・数学B	60分	100点
数学Ⅰ	70分	100点
数学Ⅱ	60分	100点

数学 I・数学 A

問 題	選 択 方 法
第1問	必　　答
第2問	必　　答
第3問	いずれか2問を選択し，解答しなさい。
第4問	
第5問	

（注）この科目には，選択問題があります。（2ページ参照。）

第1問　(必答問題) (配点　30)

〔1〕　実数 a, b, c が

$$a + b + c = 1 \qquad \cdots\cdots\cdots\cdots\cdots\cdots ①$$

および

$$a^2 + b^2 + c^2 = 13 \qquad \cdots\cdots\cdots\cdots\cdots\cdots ②$$

を満たしているとする。

(1)　$(a + b + c)^2$ を展開した式において，① と ② を用いると

$$ab + bc + ca = \boxed{\text{アイ}}$$

であることがわかる。よって

$$(a - b)^2 + (b - c)^2 + (c - a)^2 = \boxed{\text{ウエ}}$$

である。

(数学 I・数学 A 第1問は次ページに続く。)

4

(2) $a - b = 2\sqrt{5}$ の場合に，$(a-b)(b-c)(c-a)$ の値を求めて
みよう。

$b - c = x$, $c - a = y$ とおくと

$$x + y = \boxed{\textbf{オカ}} \sqrt{5}$$

である。また，(1)の計算から

$$x^2 + y^2 = \boxed{\textbf{キク}}$$

が成り立つ。

　これらより

$$(a-b)(b-c)(c-a) = \boxed{\textbf{ケ}} \sqrt{5}$$

である。

（数学Ⅰ・数学A第1問は次ページに続く。）

〔2〕　以下の問題を解答するにあたっては，必要に応じて 7 ページの三角比の表を用いてもよい。

太郎さんと花子さんは，キャンプ場のガイドブックにある地図を見ながら，後のように話している。

参考図

太郎：キャンプ場の地点 A から山頂 B を見上げる角度はどれくらいかな。

花子：地図アプリを使って，地点 A と山頂 B を含む断面図を調べたら，図 1 のようになったよ。点 C は，山頂 B から地点 A を通る水平面に下ろした垂線とその水平面との交点のことだよ。

太郎：図 1 の角度 θ は，AC，BC の長さを定規で測って，三角比の表を用いて調べたら 16° だったよ。

花子：本当に 16° なの？　図 1 の鉛直方向の縮尺と水平方向の縮尺は等しいのかな？

図　1

（数学Ⅰ・数学A第1問は次ページに続く。）

　　図1の θ はちょうど $16°$ であったとする。しかし，図1の縮尺は，水平方向が $\dfrac{1}{100000}$ であるのに対して，鉛直方向は $\dfrac{1}{25000}$ であった。

　　実際にキャンプ場の地点 A から山頂 B を見上げる角である $\angle\text{BAC}$ を考えると，$\tan\angle\text{BAC}$ は $\boxed{\text{コ}}$ ． $\boxed{\text{サシス}}$ となる。したがって，$\angle\text{BAC}$ の大きさは $\boxed{\text{セ}}$ 。ただし，目の高さは無視して考えるものとする。

$\boxed{\text{セ}}$ の解答群

⓪	$3°$ より大きく $4°$ より小さい
①	ちょうど $4°$ である
②	$4°$ より大きく $5°$ より小さい
③	ちょうど $16°$ である
④	$48°$ より大きく $49°$ より小さい
⑤	ちょうど $49°$ である
⑥	$49°$ より大きく $50°$ より小さい
⑦	$63°$ より大きく $64°$ より小さい
⑧	ちょうど $64°$ である
⑨	$64°$ より大きく $65°$ より小さい

（数学Ⅰ・数学A第1問は次ページに続く。）

三角比の表

角	正弦（sin）	余弦（cos）	正接（tan）	角	正弦（sin）	余弦（cos）	正接（tan）
0°	0.0000	1.0000	0.0000	45°	0.7071	0.7071	1.0000
1°	0.0175	0.9998	0.0175	46°	0.7193	0.6947	1.0355
2°	0.0349	0.9994	0.0349	47°	0.7314	0.6820	1.0724
3°	0.0523	0.9986	0.0524	48°	0.7431	0.6691	1.1106
4°	0.0698	0.9976	0.0699	49°	0.7547	0.6561	1.1504
5°	0.0872	0.9962	0.0875	50°	0.7660	0.6428	1.1918
6°	0.1045	0.9945	0.1051	51°	0.7771	0.6293	1.2349
7°	0.1219	0.9925	0.1228	52°	0.7880	0.6157	1.2799
8°	0.1392	0.9903	0.1405	53°	0.7986	0.6018	1.3270
9°	0.1564	0.9877	0.1584	54°	0.8090	0.5878	1.3764
10°	0.1736	0.9848	0.1763	55°	0.8192	0.5736	1.4281
11°	0.1908	0.9816	0.1944	56°	0.8290	0.5592	1.4826
12°	0.2079	0.9781	0.2126	57°	0.8387	0.5446	1.5399
13°	0.2250	0.9744	0.2309	58°	0.8480	0.5299	1.6003
14°	0.2419	0.9703	0.2493	59°	0.8572	0.5150	1.6643
15°	0.2588	0.9659	0.2679	60°	0.8660	0.5000	1.7321
16°	0.2756	0.9613	0.2867	61°	0.8746	0.4848	1.8040
17°	0.2924	0.9563	0.3057	62°	0.8829	0.4695	1.8807
18°	0.3090	0.9511	0.3249	63°	0.8910	0.4540	1.9626
19°	0.3256	0.9455	0.3443	64°	0.8988	0.4384	2.0503
20°	0.3420	0.9397	0.3640	65°	0.9063	0.4226	2.1445
21°	0.3584	0.9336	0.3839	66°	0.9135	0.4067	2.2460
22°	0.3746	0.9272	0.4040	67°	0.9205	0.3907	2.3559
23°	0.3907	0.9205	0.4245	68°	0.9272	0.3746	2.4751
24°	0.4067	0.9135	0.4452	69°	0.9336	0.3584	2.6051
25°	0.4226	0.9063	0.4663	70°	0.9397	0.3420	2.7475
26°	0.4384	0.8988	0.4877	71°	0.9455	0.3256	2.9042
27°	0.4540	0.8910	0.5095	72°	0.9511	0.3090	3.0777
28°	0.4695	0.8829	0.5317	73°	0.9563	0.2924	3.2709
29°	0.4848	0.8746	0.5543	74°	0.9613	0.2756	3.4874
30°	0.5000	0.8660	0.5774	75°	0.9659	0.2588	3.7321
31°	0.5150	0.8572	0.6009	76°	0.9703	0.2419	4.0108
32°	0.5299	0.8480	0.6249	77°	0.9744	0.2250	4.3315
33°	0.5446	0.8387	0.6494	78°	0.9781	0.2079	4.7046
34°	0.5592	0.8290	0.6745	79°	0.9816	0.1908	5.1446
35°	0.5736	0.8192	0.7002	80°	0.9848	0.1736	5.6713
36°	0.5878	0.8090	0.7265	81°	0.9877	0.1564	6.3138
37°	0.6018	0.7986	0.7536	82°	0.9903	0.1392	7.1154
38°	0.6157	0.7880	0.7813	83°	0.9925	0.1219	8.1443
39°	0.6293	0.7771	0.8098	84°	0.9945	0.1045	9.5144
40°	0.6428	0.7660	0.8391	85°	0.9962	0.0872	11.4301
41°	0.6561	0.7547	0.8693	86°	0.9976	0.0698	14.3007
42°	0.6691	0.7431	0.9004	87°	0.9986	0.0523	19.0811
43°	0.6820	0.7314	0.9325	88°	0.9994	0.0349	28.6363
44°	0.6947	0.7193	0.9657	89°	0.9998	0.0175	57.2900
45°	0.7071	0.7071	1.0000	90°	1.0000	0.0000	―

（数学Ⅰ・数学A第1問は次ページに続く。）

〔3〕 外接円の半径が 3 である △ABC を考える。点 A から直線 BC に引いた垂線と直線 BC との交点を D とする。

(1) AB = 5，AC = 4 とする。このとき

$$\sin \angle ABC = \frac{\boxed{ソ}}{\boxed{タ}}, \qquad AD = \frac{\boxed{チツ}}{\boxed{テ}}$$

である。

(2) 2 辺 AB，AC の長さの間に 2 AB + AC = 14 の関係があるとする。

このとき，AB の長さのとり得る値の範囲は $\boxed{ト} \leqq AB \leqq \boxed{ナ}$ であり

$$AD = \frac{\boxed{ニヌ}}{\boxed{ネ}} AB^2 + \frac{\boxed{ノ}}{\boxed{ハ}} AB$$

と表せるので，AD の長さの最大値は $\boxed{ヒ}$ である。

第2問 （必答問題）（配点 30）

〔1〕 p, q を実数とする。

花子さんと太郎さんは，次の二つの2次方程式について考えている。

$$x^2 + px + q = 0 \qquad \cdots\cdots\cdots\cdots\cdots\cdots ①$$
$$x^2 + qx + p = 0 \qquad \cdots\cdots\cdots\cdots\cdots\cdots ②$$

①または②を満たす実数 x の個数を n とおく。

(1) $p = 4$，$q = -4$ のとき，$n = \boxed{\text{ア}}$ である。

また，$p = 1$，$q = -2$ のとき，$n = \boxed{\text{イ}}$ である。

(2) $p = -6$ のとき，$n = 3$ になる場合を考える。

花子：例えば，①と②をともに満たす実数 x があるときは $n = 3$ に
なりそうだね。

太郎：それを α としたら，$\alpha^2 - 6\alpha + q = 0$ と $\alpha^2 + q\alpha - 6 = 0$ が成
り立つよ。

花子：なるほど。それならば，α^2 を消去すれば，α の値が求められそ
うだね。

太郎：確かに α の値が求まるけど，実際に $n = 3$ となっているかど
うかの確認が必要だね。

花子：これ以外にも $n = 3$ となる場合がありそうだね。

$n = 3$ となる q の値は

$$q = \boxed{\text{ウ}} , \boxed{\text{エ}}$$

である。ただし，$\boxed{\text{ウ}} < \boxed{\text{エ}}$ とする。

（数学Ⅰ・数学A第2問は次ページに続く。）

(3) 花子さんと太郎さんは，グラフ表示ソフトを用いて，①，②の左辺を y とおいた 2 次関数 $y = x^2 + px + q$ と $y = x^2 + qx + p$ のグラフの動きを考えている。

（数学Ⅰ・数学A第 2 問は次ページに続く。）

$p = -6$ に固定したまま，q の値だけを変化させる。

$$y = x^2 - 6x + q \qquad \cdots\cdots\cdots\cdots\cdots ③$$
$$y = x^2 + qx - 6 \qquad \cdots\cdots\cdots\cdots\cdots ④$$

の二つのグラフについて，$q = 1$ のときのグラフを点線で，q の値を 1 から増加させたときのグラフを実線でそれぞれ表す。このとき，③ のグラフの移動の様子を示すと ┃ オ ┃ となり，④ のグラフの移動の様子を示すと ┃ カ ┃ となる。

┃ オ ┃，┃ カ ┃ については，最も適当なものを，次の ⓪ ～ ⑦ のうちから一つずつ選べ。ただし，同じものを繰り返し選んでもよい。なお，x 軸と y 軸は省略しているが，x 軸は右方向，y 軸は上方向がそれぞれ正の方向である。

（数学 I・数学 A 第 2 問は次ページに続く。）

(4) ┃ ウ ┃ $< q <$ ┃ エ ┃ とする。全体集合 U を実数全体の集合とし，U の部分集合 A, B を

$$A = \{x \mid x^2 - 6x + q < 0\}$$
$$B = \{x \mid x^2 + qx - 6 < 0\}$$

とする。U の部分集合 X に対し，X の補集合を $\overline{X}$ と表す。このとき，次のことが成り立つ。

- $x \in A$ は，$x \in B$ であるための ┃ キ ┃。

- $x \in B$ は，$x \in \overline{A}$ であるための ┃ ク ┃。

┃ キ ┃，┃ ク ┃ の解答群(同じものを繰り返し選んでもよい。)

⓪ 必要条件であるが，十分条件ではない

① 十分条件であるが，必要条件ではない

② 必要十分条件である

③ 必要条件でも十分条件でもない

(数学 I・数学 A 第 2 問は次ページに続く。)

〔2〕　日本国外における日本語教育の状況を調べるために，独立行政法人国際交流基金では「海外日本語教育機関調査」を実施しており，各国における教育機関数，教員数，学習者数が調べられている。2018年度において学習者数が5000人以上の国と地域(以下，国)は29か国であった。これら29か国について，2009年度と2018年度のデータが得られている。

(1)　各国において，学習者数を教員数で割ることにより，国ごとの「教員1人あたりの学習者数」を算出することができる。図1と図2は，2009年度および2018年度における「教員1人あたりの学習者数」のヒストグラムである。これら二つのヒストグラムから，9年間の変化に関して，後のことが読み取れる。なお，ヒストグラムの各階級の区間は，左側の数値を含み，右側の数値を含まない。

図1　2009年度における教員1人あたりの学習者数のヒストグラム

図2　2018年度における教員1人あたりの学習者数のヒストグラム

(出典：国際交流基金の Web ページにより作成)

(数学Ⅰ・数学A第2問は次ページに続く。)

- 2009 年度と 2018 年度の中央値が含まれる階級の階級値を比較する
と， ケ 。

- 2009 年度と 2018 年度の第 1 四分位数が含まれる階級の階級値を比較
すると， コ 。

- 2009 年度と 2018 年度の第 3 四分位数が含まれる階級の階級値を比較
すると， サ 。

- 2009 年度と 2018 年度の範囲を比較すると， シ 。

- 2009 年度と 2018 年度の四分位範囲を比較すると， ス 。

ケ ～ ス の解答群(同じものを繰り返し選んでもよい。)

0 2018 年度の方が小さい

1 2018 年度の方が大きい

2 両者は等しい

3 これら二つのヒストグラムからだけでは両者の大小を判断できない

(数学 I ・数学 A 第 2 問は次ページに続く。)

(2)　各国において，学習者数を教育機関数で割ることにより，「教育機関1機関あたりの学習者数」も算出した。図3は，2009年度における「教育機関1機関あたりの学習者数」の箱ひげ図である。

図3　2009年度における教育機関1機関あたりの学習者数の箱ひげ図

(出典：国際交流基金のWebページにより作成)

　　2009年度について，「教育機関1機関あたりの学習者数」（横軸）と「教員1人あたりの学習者数」（縦軸）の散布図は　　セ　　である。ここで，2009年度における「教員1人あたりの学習者数」のヒストグラムである(1)の図1を，図4として再掲しておく。

図4　2009年度における教員1人あたりの学習者数のヒストグラム

(出典：国際交流基金のWebページにより作成)

（数学Ⅰ・数学A第2問は次ページに続く。）

セ については，最も適当なものを，次の **⓪**～**③** のうちから一つ選べ。なお，これらの散布図には，完全に重なっている点はない。

（数学Ⅰ・数学A第2問は次ページに続く。）

(3) 各国における 2018 年度の学習者数を 100 としたときの 2009 年度の学習者数 S, および, 各国における 2018 年度の教員数を 100 としたときの 2009 年度の教員数 T を算出した。

　例えば, 学習者数について説明すると, ある国において, 2009 年度が 44272 人, 2018 年度が 174521 人であった場合, 2009 年度の学習者数 S は $\dfrac{44272}{174521} \times 100$ より 25.4 と算出される。

　表 1 は S と T について, 平均値, 標準偏差および共分散を計算したものである。ただし, S と T の共分散は, S の偏差と T の偏差の積の平均値である。

　表 1 の数値が四捨五入していない正確な値であるとして, S と T の相関係数を求めると ソ . タチ である。

表 1　平均値, 標準偏差および共分散

S の 平均値	T の 平均値	S の 標準偏差	T の 標準偏差	S と T の 共分散
81.8	72.9	39.3	29.9	735.3

（数学Ⅰ・数学A第 2 問は次ページに続く。）

(4) 表1と(3)で求めた相関係数を参考にすると，(3)で算出した2009年度のS(横軸)とT(縦軸)の散布図は　ツ　である。

ツ　については，最も適当なものを，次の⓪〜③のうちから一つ選べ。なお，これらの散布図には，完全に重なっている点はない。

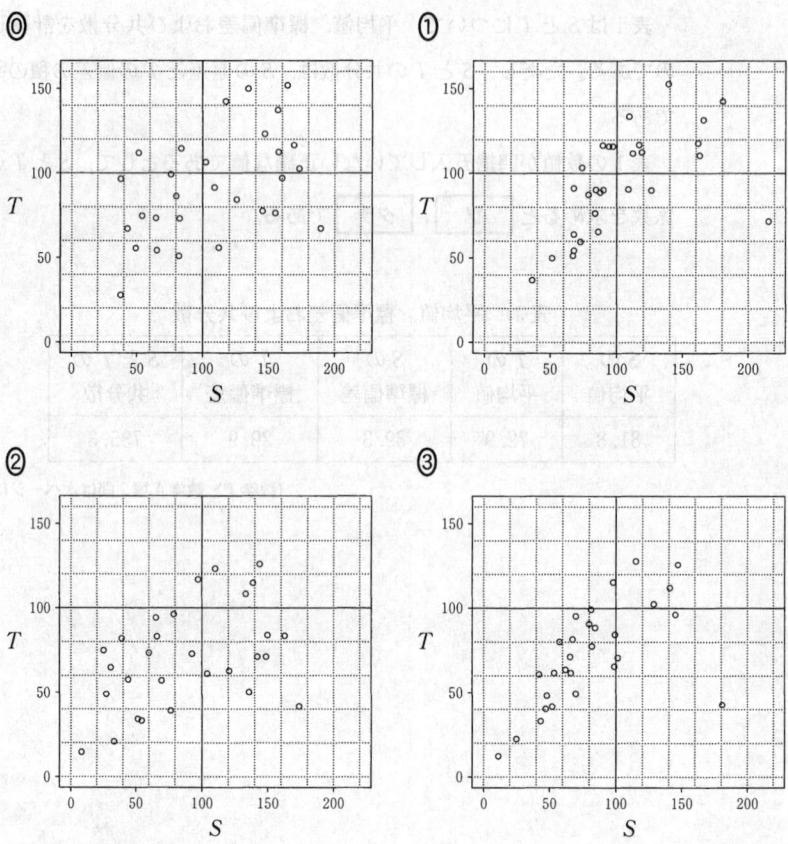

第3問～第5問は，いずれか2問を選択し，解答しなさい。

第3問 （選択問題）（配点 20）

複数人がそれぞれプレゼントを一つずつ持ち寄り，交換会を開く。ただし，プレゼントはすべて異なるとする。プレゼントの交換は次の**手順**で行う。

手順

外見が同じ袋を人数分用意し，各袋にプレゼントを一つずつ入れたうえで，各参加者に袋を一つずつでたらめに配る。各参加者は配られた袋の中のプレゼントを受け取る。

交換の結果，1人でも自分の持参したプレゼントを受け取った場合は，交換をやり直す。そして，全員が自分以外の人の持参したプレゼントを受け取ったところで交換会を終了する。

(1) 2人または3人で交換会を開く場合を考える。

(i) 2人で交換会を開く場合，1回目の交換で交換会が終了するプレゼントの受け取り方は $\boxed{\text{ア}}$ 通りある。したがって，1回目の交換で交換会が終了する確率は $\dfrac{\boxed{\text{イ}}}{\boxed{\text{ウ}}}$ である。

(ii) 3人で交換会を開く場合，1回目の交換で交換会が終了するプレゼントの受け取り方は $\boxed{\text{エ}}$ 通りある。したがって，1回目の交換で交換会が終了する確率は $\dfrac{\boxed{\text{オ}}}{\boxed{\text{カ}}}$ である。

(iii) 3人で交換会を開く場合，4回以下の交換で交換会が終了する確率は $\dfrac{\boxed{\text{キク}}}{\boxed{\text{ケコ}}}$ である。

（数学Ⅰ・数学A第3問は次ページに続く。）

(2)　4人で交換会を開く場合，1回目の交換で交換会が終了する確率を次の**構想**に基づいて求めてみよう。

> ┌─ **構想** ─────────────────────────────
> 　1回目の交換で交換会が**終了しない**プレゼントの受け取り方の総数を求める。そのために，自分の持参したプレゼントを受け取る人数によって場合分けをする。

　1回目の交換で，4人のうち，ちょうど1人が自分の持参したプレゼントを受け取る場合は　サ　通りあり，ちょうど2人が自分のプレゼントを受け取る場合は　シ　通りある。このように考えていくと，1回目のプレゼントの受け取り方のうち，1回目の交換で交換会が終了しない受け取り方の総数は　スセ　である。

　したがって，1回目の交換で交換会が終了する確率は　$\dfrac{\text{ソ}}{\text{タ}}$　である。

(3)　5人で交換会を開く場合，1回目の交換で交換会が終了する確率は　$\dfrac{\text{チツ}}{\text{テト}}$　である。

(4)　A，B，C，D，Eの5人が交換会を開く。1回目の交換でA，B，C，Dがそれぞれ自分以外の人の持参したプレゼントを受け取ったとき，その回で交換会が終了する条件付き確率は　$\dfrac{\text{ナニ}}{\text{ヌネ}}$　である。

第 3 問～第 5 問は，いずれか 2 問を選択し，解答しなさい。

第 4 問　(選択問題)(配点 20)

(1)　$5^4 = 625$ を 2^4 で割ったときの余りは 1 に等しい。このことを用いると，不定方程式

$$5^4 x - 2^4 y = 1 \quad \cdots\cdots\cdots\cdots\cdots\cdots ①$$

の整数解のうち，x が正の整数で最小になるのは

$$x = \boxed{\text{ア}}, \ y = \boxed{\text{イウ}}$$

であることがわかる。

　また，① の整数解のうち，x が 2 桁の正の整数で最小になるのは

$$x = \boxed{\text{エオ}}, \ y = \boxed{\text{カキク}}$$

である。

(2)　次に，625^2 を 5^5 で割ったときの余りと，2^5 で割ったときの余りについて考えてみよう。

　まず

$$625^2 = 5^{\boxed{\text{ケ}}}$$

であり，また，$m = \boxed{\text{イウ}}$ とすると

$$625^2 = 2^{\boxed{\text{ケ}}} m^2 + 2^{\boxed{\text{コ}}} m + 1$$

である。これらより，625^2 を 5^5 で割ったときの余りと，2^5 で割ったときの余りがわかる。

（数学 I・数学 A 第 4 問は次ページに続く。）

(3) (2)の考察は，不定方程式

$$5^5 x - 2^5 y = 1 \qquad \cdots\cdots\cdots\cdots\cdots\cdots ②$$

の整数解を調べるために利用できる。

x, y を②の整数解とする。$5^5 x$ は 5^5 の倍数であり，2^5 で割ったときの余りは 1 となる。よって，(2)により，$5^5 x - 625^2$ は 5^5 でも 2^5 でも割り切れる。5^5 と 2^5 は互いに素なので，$5^5 x - 625^2$ は $5^5 \cdot 2^5$ の倍数である。

このことから，②の整数解のうち，x が 3 桁の正の整数で最小になるのは

$$x = \boxed{\text{サシス}} \ , \ y = \boxed{\text{セソタチツ}}$$

であることがわかる。

(4) 11^4 を 2^4 で割ったときの余りは 1 に等しい。不定方程式

$$11^5 x - 2^5 y = 1$$

の整数解のうち，x が正の整数で最小になるのは

$$x = \boxed{\text{テト}} \ , \ y = \boxed{\text{ナニヌネノ}}$$

である。

第 3 問～第 5 問は，いずれか 2 問を選択し，解答しなさい。

第 5 問 （選択問題）（配点　20）

　　△ABC の重心を G とし，線分 AG 上で点 A とは異なる位置に点 D をとる。直線 AG と辺 BC の交点を E とする。また，直線 BC 上で辺 BC 上にはない位置に点 F をとる。直線 DF と辺 AB の交点を P，直線 DF と辺 AC の交点を Q とする。

(1)　点 D は線分 AG の中点であるとする。このとき，△ABC の形状に関係なく

$$\frac{\text{AD}}{\text{DE}} = \frac{\boxed{\text{ア}}}{\boxed{\text{イ}}}$$

である。また，点 F の位置に関係なく

$$\frac{\text{BP}}{\text{AP}} = \boxed{\text{ウ}} \times \frac{\boxed{\text{エ}}}{\boxed{\text{オ}}}, \qquad \frac{\text{CQ}}{\text{AQ}} = \boxed{\text{カ}} \times \frac{\boxed{\text{キ}}}{\boxed{\text{ク}}}$$

であるので，つねに

$$\frac{\text{BP}}{\text{AP}} + \frac{\text{CQ}}{\text{AQ}} = \boxed{\text{ケ}}$$

となる。

　　$\boxed{\text{エ}}$，$\boxed{\text{オ}}$，$\boxed{\text{キ}}$，$\boxed{\text{ク}}$ の解答群（同じものを繰り返し選んでもよい。）

⓪　BC	①　BF	②　CF	③　EF
④　FP	⑤　FQ	⑥　PQ	

（数学 I・数学 A 第 5 問は次ページに続く。）

(2) AB = 9，BC = 8，AC = 6 とし，(1)と同様に，点 D は線分 AG の中点であるとする。ここで，4 点 B，C，Q，P が同一円周上にあるように点 F をとる。

このとき，AQ = $\dfrac{\boxed{コ}}{\boxed{サ}}$ AP であるから

$$AP = \dfrac{\boxed{シス}}{\boxed{セ}}, \qquad AQ = \dfrac{\boxed{ソタ}}{\boxed{チ}}$$

であり

$$CF = \dfrac{\boxed{ツテ}}{\boxed{トナ}}$$

である。

(3) △ABC の形状や点 F の位置に関係なく，つねに $\dfrac{BP}{AP} + \dfrac{CQ}{AQ} = 10$ となるのは，$\dfrac{AD}{DG} = \dfrac{\boxed{ニ}}{\boxed{ヌ}}$ のときである。

数学Ⅱ・数学B

問　題	選　択　方　法
第1問	必　　答
第2問	必　　答
第3問	いずれか2問を選択し，解答しなさい。
第4問	
第5問	

26

（注）この科目には，選択問題があります。（25ページ参照。）

第1問 （必答問題）（配点 30）

〔1〕 座標平面上に点 A（−8，0）をとる。また，不等式

$$x^2 + y^2 - 4x - 10y + 4 \leqq 0$$

の表す領域を D とする。

(1) 領域 D は，中心が点$\left(\boxed{\text{ア}} , \boxed{\text{イ}}\right)$，半径が $\boxed{\text{ウ}}$ の円の

$\boxed{\text{エ}}$ である。

$\boxed{\text{エ}}$ の解答群

⓪ 周	① 内 部	② 外 部
③ 周および内部	④ 周および外部	

以下，点$\left(\boxed{\text{ア}} , \boxed{\text{イ}}\right)$をQとし，方程式

$$x^2 + y^2 - 4x - 10y + 4 = 0$$

の表す図形を C とする。

（数学Ⅱ・数学B第1問は次ページに続く。）

(2)　点 A を通る直線と領域 D が共有点をもつのはどのようなときかを考えよう。

(ⅰ)　(1)により，直線 $y = \boxed{\text{オ}}$ は点 A を通る C の接線の一つとなることがわかる。

　　太郎さんと花子さんは点 A を通る C のもう一つの接線について話している。

　　点 A を通り，傾きが k の直線を ℓ とする。

> 太郎：直線 ℓ の方程式は $y = k(x + 8)$ と表すことができるから，
> 　　　これを
> $$x^2 + y^2 - 4x - 10y + 4 = 0$$
> 　　　に代入することで接線を求められそうだね。
> 花子：x 軸と直線 AQ のなす角のタンジェントに着目することでも
> 　　　求められそうだよ。

（数学Ⅱ・数学B第1問は次ページに続く。）

(ii) 太郎さんの求め方について考えてみよう。

$y = k(x + 8)$ を $x^2 + y^2 - 4x - 10y + 4 = 0$ に代入すると，x についての2次方程式

$$(k^2 + 1)x^2 + (16k^2 - 10k - 4)x + 64k^2 - 80k + 4 = 0$$

が得られる。この方程式が $\boxed{\text{カ}}$ ときの k の値が接線の傾きとなる。

$\boxed{\text{カ}}$ の解答群

⓪ 重解をもつ

① 異なる二つの実数解をもち，一つは 0 である

② 異なる二つの正の実数解をもつ

③ 正の実数解と負の実数解をもつ

④ 異なる二つの負の実数解をもつ

⑤ 異なる二つの虚数解をもつ

(iii) 花子さんの求め方について考えてみよう。

x 軸と直線 AQ のなす角を θ $\left(0 < \theta \leq \dfrac{\pi}{2}\right)$ とすると

$$\tan \theta = \frac{\boxed{\text{キ}}}{\boxed{\text{ク}}}$$

であり，直線 $y = \boxed{\text{オ}}$ と異なる接線の傾きは $\tan \boxed{\text{ケ}}$ と表すことができる。

$\boxed{\text{ケ}}$ の解答群

⓪ θ　　　　① 2θ　　　　② $\left(\theta + \dfrac{\pi}{2}\right)$

③ $\left(\theta - \dfrac{\pi}{2}\right)$　　　④ $(\theta + \pi)$　　　⑤ $(\theta - \pi)$

⑥ $\left(2\theta + \dfrac{\pi}{2}\right)$　　⑦ $\left(2\theta - \dfrac{\pi}{2}\right)$

（数学Ⅱ・数学B第1問は次ページに続く。）

(ⅳ)　点 A を通る C の接線のうち，直線 $y = \boxed{\text{オ}}$ と異なる接線の傾き

を k_0 とする。このとき，(ⅱ) または (ⅲ) の考え方を用いることにより

$$k_0 = \frac{\boxed{\text{コ}}}{\boxed{\text{サ}}}$$

であることがわかる。

　　直線 ℓ と領域 D が共有点をもつような k の値の範囲は $\boxed{\text{シ}}$ である。

$\boxed{\text{シ}}$ の解答群

⓪　$k > k_0$	①　$k \geqq k_0$
②　$k < k_0$	③　$k \leqq k_0$
④　$0 < k < k_0$	⑤　$0 \leqq k \leqq k_0$

（数学Ⅱ・数学B第1問は次ページに続く。）

〔2〕 a, b は正の実数であり，$a \neq 1$，$b \neq 1$ を満たすとする。太郎さんは $\log_a b$ と $\log_b a$ の大小関係を調べることにした。

(1) 太郎さんは次のような考察をした。

まず，$\log_3 9 = \boxed{\text{ス}}$，$\log_9 3 = \dfrac{1}{\boxed{\text{ス}}}$ である。この場合

$$\log_3 9 > \log_9 3$$

が成り立つ。

一方，$\log_{\frac{1}{4}} \boxed{\text{セ}} = -\dfrac{3}{2}$，$\log_{\boxed{\text{セ}}} \dfrac{1}{4} = -\dfrac{2}{3}$ である。この場合

$$\log_{\frac{1}{4}} \boxed{\text{セ}} < \log_{\boxed{\text{セ}}} \dfrac{1}{4}$$

が成り立つ。

(数学Ⅱ・数学B第1問は次ページに続く。)

⑵　ここで

$$\log_a b = t \qquad\qquad\qquad\qquad \cdots\cdots\cdots\cdots\cdots ①$$

とおく。

　⑴の考察をもとにして，太郎さんは次の式が成り立つと推測し，それが正しいことを確かめることにした。

$$\log_b a = \frac{1}{t} \qquad\qquad\qquad\qquad \cdots\cdots\cdots\cdots\cdots ②$$

　①により， $\boxed{\text{ソ}}$ である。このことにより $\boxed{\text{タ}}$ が得られ，②が成り立つことが確かめられる。

$\boxed{\text{ソ}}$ の解答群

⓪　$a^b = t$	①　$a^t = b$	②　$b^a = t$
③　$b^t = a$	④　$t^a = b$	⑤　$t^b = a$

$\boxed{\text{タ}}$ の解答群

⓪　$a = t^{\frac{1}{b}}$	①　$a = b^{\frac{1}{t}}$	②　$b = t^{\frac{1}{a}}$
③　$b = a^{\frac{1}{t}}$	④　$t = b^{\frac{1}{a}}$	⑤　$t = a^{\frac{1}{b}}$

（数学Ⅱ・数学B第1問は次ページに続く。）

(3) 次に，太郎さんは(2)の考察をもとにして

$$t > \frac{1}{t}$$ .... ③

を満たす実数 t（$t \neq 0$）の値の範囲を求めた。

─ 太郎さんの考察 ─

$t > 0$ ならば，③の両辺に t を掛けることにより，$t^2 > 1$ を得る。このような t（$t > 0$）の値の範囲は $1 < t$ である。

$t < 0$ ならば，③の両辺に t を掛けることにより，$t^2 < 1$ を得る。このような t（$t < 0$）の値の範囲は $-1 < t < 0$ である。

この考察により，③を満たす t（$t \neq 0$）の値の範囲は

$$-1 < t < 0, \quad 1 < t$$

であることがわかる。

ここで，a の値を一つ定めたとき，不等式

$$\log_a b > \log_b a$$ .... ④

を満たす実数 b（$b > 0$，$b \neq 1$）の値の範囲について考える。

④を満たす b の値の範囲は，$a > 1$ のときは $\boxed{\text{チ}}$ であり，$0 < a < 1$ のときは $\boxed{\text{ツ}}$ である。

（数学Ⅱ・数学B第1問は次ページに続く。）

チ の解答群

⓪　$0 < b < \dfrac{1}{a}$，$1 < b < a$　　①　$0 < b < \dfrac{1}{a}$，$a < b$

②　$\dfrac{1}{a} < b < 1$，$1 < b < a$　　③　$\dfrac{1}{a} < b < 1$，$a < b$

ツ の解答群

⓪　$0 < b < a$，$1 < b < \dfrac{1}{a}$　　①　$0 < b < a$，$\dfrac{1}{a} < b$

②　$a < b < 1$，$1 < b < \dfrac{1}{a}$　　③　$a < b < 1$，$\dfrac{1}{a} < b$

(4)　$p = \dfrac{12}{13}$，$q = \dfrac{12}{11}$，$r = \dfrac{14}{13}$ とする。

次の⓪～③のうち，正しいものは テ である。

テ の解答群

⓪　$\log_p q > \log_q p$ かつ $\log_p r > \log_r p$

①　$\log_p q > \log_q p$ かつ $\log_p r < \log_r p$

②　$\log_p q < \log_q p$ かつ $\log_p r > \log_r p$

③　$\log_p q < \log_q p$ かつ $\log_p r < \log_r p$

第2問 （必答問題）（配点 30）

〔1〕 a を実数とし，$f(x) = x^3 - 6ax + 16$ とおく。

(1) $y = f(x)$ のグラフの概形は

$a = 0$ のとき， 　ア　

$a < 0$ のとき， 　イ　

である。

　ア　，　イ　 については，最も適当なものを，次の⓪～⑤のうちから一つずつ選べ。ただし，同じものを繰り返し選んでもよい。

（数学Ⅱ・数学B第2問は次ページに続く。）

(2) $a > 0$ とし，p を実数とする。座標平面上の曲線 $y = f(x)$ と直線 $y = p$ が 3 個の共有点をもつような p の値の範囲は $\boxed{\text{ウ}} < p < \boxed{\text{エ}}$ である。

　　$p = \boxed{\text{ウ}}$ のとき，曲線 $y = f(x)$ と直線 $y = p$ は 2 個の共有点をもつ。それらの x 座標を q, r $(q < r)$ とする。曲線 $y = f(x)$ と直線 $y = p$ が点 (r, p) で接することに注意すると

$$q = \boxed{\text{オカ}} \sqrt{\boxed{\text{キ}}}\, a^{\frac{1}{2}}, \quad r = \sqrt{\boxed{\text{ク}}}\, a^{\frac{1}{2}}$$

と表せる。

$\boxed{\text{ウ}}$，$\boxed{\text{エ}}$ の解答群(同じものを繰り返し選んでもよい。)

⓪ $2\sqrt{2}\, a^{\frac{3}{2}} + 16$	① $-2\sqrt{2}\, a^{\frac{3}{2}} + 16$
② $4\sqrt{2}\, a^{\frac{3}{2}} + 16$	③ $-4\sqrt{2}\, a^{\frac{3}{2}} + 16$
④ $8\sqrt{2}\, a^{\frac{3}{2}} + 16$	⑤ $-8\sqrt{2}\, a^{\frac{3}{2}} + 16$

(3) 方程式 $f(x) = 0$ の異なる実数解の個数を n とする。次の ⓪〜⑤ のうち，正しいものは $\boxed{\text{ケ}}$ と $\boxed{\text{コ}}$ である。

$\boxed{\text{ケ}}$，$\boxed{\text{コ}}$ の解答群(解答の順序は問わない。)

⓪ $n = 1$ ならば $a < 0$	① $a < 0$ ならば $n = 1$
② $n = 2$ ならば $a < 0$	③ $a < 0$ ならば $n = 2$
④ $n = 3$ ならば $a > 0$	⑤ $a > 0$ ならば $n = 3$

(数学 II・数学 B 第 2 問は次ページに続く。)

〔2〕 $b > 0$ とし，$g(x) = x^3 - 3bx + 3b^2$，$h(x) = x^3 - x^2 + b^2$ とおく。座標平面上の曲線 $y = g(x)$ を C_1，曲線 $y = h(x)$ を C_2 とする。

C_1 と C_2 は 2 点で交わる。これらの交点の x 座標をそれぞれ α，β $(\alpha < \beta)$ とすると，$\alpha = \boxed{\text{サ}}$，$\beta = \boxed{\text{シス}}$ である。

$\alpha \leqq x \leqq \beta$ の範囲で C_1 と C_2 で囲まれた図形の面積を S とする。また，$t > \beta$ とし，$\beta \leqq x \leqq t$ の範囲で C_1 と C_2 および直線 $x = t$ で囲まれた図形の面積を T とする。

このとき

$$S = \int_\alpha^\beta \boxed{\text{セ}}\, dx$$

$$T = \int_\beta^t \boxed{\text{ソ}}\, dx$$

$$S - T = \int_\alpha^t \boxed{\text{タ}}\, dx$$

であるので

$$S - T = \frac{\boxed{\text{チツ}}}{\boxed{\text{テ}}}\left(2t^3 - \boxed{\text{ト}}\,bt^2 + \boxed{\text{ナニ}}\,b^2 t - \boxed{\text{ヌ}}\,b^3\right)$$

が得られる。

したがって，$S = T$ となるのは $t = \dfrac{\boxed{\text{ネ}}}{\boxed{\text{ノ}}}\,b$ のときである。

（数学 II・数学 B 第 2 問は次ページに続く。）

　$\boxed{\text{セ}}$ ～ $\boxed{\text{タ}}$ の解答群(同じものを繰り返し選んでもよい。)

⓪	$\{g(x) + h(x)\}$	①	$\{g(x) - h(x)\}$
②	$\{h(x) - g(x)\}$	③	$\{2\,g(x) + 2\,h(x)\}$
④	$\{2\,g(x) - 2\,h(x)\}$	⑤	$\{2\,h(x) - 2\,g(x)\}$
⑥	$2\,g(x)$	⑦	$2\,h(x)$

第3問～第5問は，いずれか2問を選択し，解答しなさい。

第3問 （選択問題） （配点 20）

　以下の問題を解答するにあたっては，必要に応じて42ページの正規分布表を用いてもよい。

　ジャガイモを栽培し販売している会社に勤務する花子さんは，A地区とB地区で収穫されるジャガイモについて調べることになった。

(1)　A地区で収穫されるジャガイモには1個の重さが200 gを超えるものが25 %含まれることが経験的にわかっている。花子さんはA地区で収穫されたジャガイモから400個を無作為に抽出し，重さを計測した。そのうち，重さが200 gを超えるジャガイモの個数を表す確率変数をZとする。このときZは二項分布$B\left(400, 0.\boxed{アイ}\right)$に従うから，$Z$の平均（期待値）は$\boxed{ウエオ}$である。

（数学II・数学B第3問は次ページに続く。）

(2) Z を (1) の確率変数とし，A 地区で収穫されたジャガイモ 400 個からなる標本において，重さが 200 g を超えていたジャガイモの標本における比率を $R = \dfrac{Z}{400}$ とする。このとき，R の標準偏差は $\sigma(R) = \boxed{}$ である。

標本の大きさ 400 は十分に大きいので，R は近似的に正規分布 $N\left(0.\boxed{}, \left(\boxed{}\right)^2\right)$ に従う。

したがって，$P(R \geqq x) = 0.0465$ となるような x の値は $\boxed{}$ となる。ただし，$\boxed{}$ の計算においては $\sqrt{3} = 1.73$ とする。

$\boxed{}$ の解答群

⓪ $\dfrac{3}{6400}$　　① $\dfrac{\sqrt{3}}{4}$　　② $\dfrac{\sqrt{3}}{80}$　　③ $\dfrac{3}{40}$

$\boxed{}$ については，最も適当なものを，次の⓪〜③のうちから一つ選べ。

⓪　0.209　　①　0.251　　②　0.286　　③　0.395

（数学Ⅱ・数学B第3問は次ページに続く。）

(3) B地区で収穫され，出荷される予定のジャガイモ1個の重さは100 gから300 gの間に分布している。B地区で収穫され，出荷される予定のジャガイモ1個の重さを表す確率変数をXとするとき，Xは連続型確率変数であり，Xのとり得る値xの範囲は$100 \leqq x \leqq 300$である。

花子さんは，B地区で収穫され，出荷される予定のすべてのジャガイモのうち，重さが200 g以上のものの割合を見積もりたいと考えた。そのために花子さんは，Xの確率密度関数$f(x)$として適当な関数を定め，それを用いて割合を見積もるという方針を立てた。

B地区で収穫され，出荷される予定のジャガイモから206個を無作為に抽出したところ，重さの標本平均は180 gであった。図1はこの標本のヒストグラムである。

図1 ジャガイモの重さのヒストグラム

花子さんは図1のヒストグラムにおいて，重さxの増加とともに度数がほぼ一定の割合で減少している傾向に着目し，Xの確率密度関数$f(x)$として，1次関数

$$f(x) = ax + b \qquad (100 \leqq x \leqq 300)$$

を考えることにした。ただし，$100 \leqq x \leqq 300$の範囲で$f(x) \geqq 0$とする。

このとき，$P(100 \leqq X \leqq 300) = \boxed{\text{ク}}$であることから

$$\boxed{\text{ケ}} \cdot 10^4 a + \boxed{\text{コ}} \cdot 10^2 b = \boxed{\text{ク}} \quad \cdots\cdots\cdots\cdots\cdots ①$$

である。

（数学II・数学B第3問は次ページに続く。）

　　花子さんは，X の平均（期待値）が重さの標本平均 $180\,\mathrm{g}$ と等しくなるように確率密度関数を定める方法を用いることにした。

　　連続型確率変数 X のとり得る値 x の範囲が $100 \leqq x \leqq 300$ で，その確率密度関数が $f(x)$ のとき，X の平均（期待値）m は

$$m = \int_{100}^{300} x f(x)\, dx$$

で定義される。この定義と花子さんの採用した方法から

$$m = \frac{26}{3} \cdot 10^6 a + 4 \cdot 10^4 b = 180 \qquad \cdots\cdots\cdots\cdots\cdots ②$$

となる。① と ② により，確率密度関数は

$$f(x) = -\boxed{\ \text{サ}\ } \cdot 10^{-5} x + \boxed{\ \text{シス}\ } \cdot 10^{-3} \qquad \cdots\cdots\cdots\cdots ③$$

と得られる。このようにして得られた ③ の $f(x)$ は，$100 \leqq x \leqq 300$ の範囲で $f(x) \geqq 0$ を満たしており，確かに確率密度関数として適当である。

　　したがって，この花子さんの方針に基づくと，B 地区で収穫され，出荷される予定のすべてのジャガイモのうち，重さが $200\,\mathrm{g}$ 以上のものは $\boxed{\ \text{セ}\ }$ ％あると見積もることができる。

　　$\boxed{\ \text{セ}\ }$ については，最も適当なものを，次の ⓪ ～ ③ のうちから一つ選べ。

⓪ 33	① 34	② 35	③ 36

（数学Ⅱ・数学B 第 3 問は次ページに続く。）

正 規 分 布 表

次の表は，標準正規分布の分布曲線における右図の灰色部分の面積の値をまとめたものである。

z_0	0.00	0.01	0.02	0.03	0.04	0.05	0.06	0.07	0.08	0.09
0.0	0.0000	0.0040	0.0080	0.0120	0.0160	0.0199	0.0239	0.0279	0.0319	0.0359
0.1	0.0398	0.0438	0.0478	0.0517	0.0557	0.0596	0.0636	0.0675	0.0714	0.0753
0.2	0.0793	0.0832	0.0871	0.0910	0.0948	0.0987	0.1026	0.1064	0.1103	0.1141
0.3	0.1179	0.1217	0.1255	0.1293	0.1331	0.1368	0.1406	0.1443	0.1480	0.1517
0.4	0.1554	0.1591	0.1628	0.1664	0.1700	0.1736	0.1772	0.1808	0.1844	0.1879
0.5	0.1915	0.1950	0.1985	0.2019	0.2054	0.2088	0.2123	0.2157	0.2190	0.2224
0.6	0.2257	0.2291	0.2324	0.2357	0.2389	0.2422	0.2454	0.2486	0.2517	0.2549
0.7	0.2580	0.2611	0.2642	0.2673	0.2704	0.2734	0.2764	0.2794	0.2823	0.2852
0.8	0.2881	0.2910	0.2939	0.2967	0.2995	0.3023	0.3051	0.3078	0.3106	0.3133
0.9	0.3159	0.3186	0.3212	0.3238	0.3264	0.3289	0.3315	0.3340	0.3365	0.3389
1.0	0.3413	0.3438	0.3461	0.3485	0.3508	0.3531	0.3554	0.3577	0.3599	0.3621
1.1	0.3643	0.3665	0.3686	0.3708	0.3729	0.3749	0.3770	0.3790	0.3810	0.3830
1.2	0.3849	0.3869	0.3888	0.3907	0.3925	0.3944	0.3962	0.3980	0.3997	0.4015
1.3	0.4032	0.4049	0.4066	0.4082	0.4099	0.4115	0.4131	0.4147	0.4162	0.4177
1.4	0.4192	0.4207	0.4222	0.4236	0.4251	0.4265	0.4279	0.4292	0.4306	0.4319
1.5	0.4332	0.4345	0.4357	0.4370	0.4382	0.4394	0.4406	0.4418	0.4429	0.4441
1.6	0.4452	0.4463	0.4474	0.4484	0.4495	0.4505	0.4515	0.4525	0.4535	0.4545
1.7	0.4554	0.4564	0.4573	0.4582	0.4591	0.4599	0.4608	0.4616	0.4625	0.4633
1.8	0.4641	0.4649	0.4656	0.4664	0.4671	0.4678	0.4686	0.4693	0.4699	0.4706
1.9	0.4713	0.4719	0.4726	0.4732	0.4738	0.4744	0.4750	0.4756	0.4761	0.4767
2.0	0.4772	0.4778	0.4783	0.4788	0.4793	0.4798	0.4803	0.4808	0.4812	0.4817
2.1	0.4821	0.4826	0.4830	0.4834	0.4838	0.4842	0.4846	0.4850	0.4854	0.4857
2.2	0.4861	0.4864	0.4868	0.4871	0.4875	0.4878	0.4881	0.4884	0.4887	0.4890
2.3	0.4893	0.4896	0.4898	0.4901	0.4904	0.4906	0.4909	0.4911	0.4913	0.4916
2.4	0.4918	0.4920	0.4922	0.4925	0.4927	0.4929	0.4931	0.4932	0.4934	0.4936
2.5	0.4938	0.4940	0.4941	0.4943	0.4945	0.4946	0.4948	0.4949	0.4951	0.4952
2.6	0.4953	0.4955	0.4956	0.4957	0.4959	0.4960	0.4961	0.4962	0.4963	0.4964
2.7	0.4965	0.4966	0.4967	0.4968	0.4969	0.4970	0.4971	0.4972	0.4973	0.4974
2.8	0.4974	0.4975	0.4976	0.4977	0.4977	0.4978	0.4979	0.4979	0.4980	0.4981
2.9	0.4981	0.4982	0.4982	0.4983	0.4984	0.4984	0.4985	0.4985	0.4986	0.4986
3.0	0.4987	0.4987	0.4987	0.4988	0.4988	0.4989	0.4989	0.4989	0.4990	0.4990

第3問～第5問は，いずれか2問を選択し，解答しなさい。

第4問　（選択問題）（配点　20）

　以下のように，歩行者と自転車が自宅を出発して移動と停止を繰り返している。歩行者と自転車の動きについて，数学的に考えてみよう。

　自宅を原点とする数直線を考え，歩行者と自転車をその数直線上を動く点とみなす。数直線上の点の座標がyであるとき，その点は位置yにあるということにする。また，歩行者が自宅を出発してからx分経過した時点を時刻xと表す。歩行者は時刻0に自宅を出発し，正の向きに毎分1の速さで歩き始める。自転車は時刻2に自宅を出発し，毎分2の速さで歩行者を追いかける。自転車が歩行者に追いつくと，歩行者と自転車はともに1分だけ停止する。その後，歩行者は再び正の向きに毎分1の速さで歩き出し，自転車は毎分2の速さで自宅に戻る。自転車は自宅に到着すると，1分だけ停止した後，再び毎分2の速さで歩行者を追いかける。これを繰り返し，自転車は自宅と歩行者の間を往復する。

　$x = a_n$を自転車がn回目に自宅を出発する時刻とし，$y = b_n$をそのときの歩行者の位置とする。

⑴　花子さんと太郎さんは，数列$\{a_n\}$，$\{b_n\}$の一般項を求めるために，歩行者と自転車について，時刻xにおいて位置yにいることをOを原点とする座標平面上の点(x, y)で表すことにした。

（数学Ⅱ・数学B第4問は次ページに続く。）

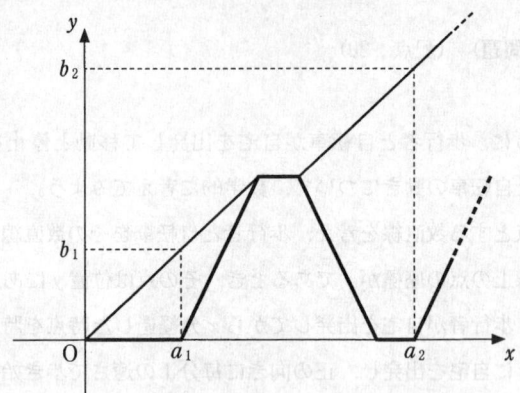

　$a_1 = 2$，$b_1 = 2$により，自転車が最初に自宅を出発するときの時刻と自転車の位置を表す点の座標は$(2，0)$であり，そのときの時刻と歩行者の位置を表す点の座標は$(2，2)$である。また，自転車が最初に歩行者に追いつくときの時刻と位置を表す点の座標は$\left(\boxed{}，\boxed{}\right)$である。よって

$$a_2 = \boxed{}，\quad b_2 = \boxed{}$$

である。

花子：数列$\{a_n\}$，$\{b_n\}$の一般項について考える前に，$\left(\boxed{}，\boxed{}\right)$の求め方について整理してみようか。

太郎：花子さんはどうやって求めたの？

花子：自転車が歩行者を追いかけるときに，間隔が１分間に１ずつ縮まっていくことを利用したよ。

太郎：歩行者と自転車の動きをそれぞれ直線の方程式で表して，交点を計算して求めることもできるね。

（数学Ⅱ・数学Ｂ第４問は次ページに続く。）

　自転車がn回目に自宅を出発するときの時刻と自転車の位置を表す点の座標は$(a_n, 0)$であり，そのときの時刻と歩行者の位置を表す点の座標は(a_n, b_n)である。よって，n回目に自宅を出発した自転車が次に歩行者に追いつくときの時刻と位置を表す点の座標は，a_n, b_nを用いて，$\left(\boxed{\text{エ}}, \boxed{\text{オ}}\right)$と表せる。

$\boxed{\text{エ}}$，$\boxed{\text{オ}}$の解答群(同じものを繰り返し選んでもよい。)

⓪ a_n	① b_n	② $2a_n$
③ $a_n + b_n$	④ $2b_n$	⑤ $3a_n$
⑥ $2a_n + b_n$	⑦ $a_n + 2b_n$	⑧ $3b_n$

(数学Ⅱ・数学B第4問は次ページに続く。)

以上から，数列 $\{a_n\}$，$\{b_n\}$ について，自然数 n に対して，関係式

$$a_{n+1} = a_n + \boxed{\text{カ}}\, b_n + \boxed{\text{キ}} \quad\cdots\cdots\cdots\cdots\cdots\cdots ①$$

$$b_{n+1} = 3\,b_n + \boxed{\text{ク}} \quad\cdots\cdots\cdots\cdots\cdots\cdots ②$$

が成り立つことがわかる。まず，$b_1 = 2$ と ② から

$$b_n = \boxed{\text{ケ}} \quad (n = 1, 2, 3, \cdots)$$

を得る。この結果と，$a_1 = 2$ および ① から

$$a_n = \boxed{\text{コ}} \quad (n = 1, 2, 3, \cdots)$$

がわかる。

$\boxed{\text{ケ}}$，$\boxed{\text{コ}}$ の解答群（同じものを繰り返し選んでもよい。）

⓪ $3^{n-1} + 1$		① $\dfrac{1}{2} \cdot 3^n + \dfrac{1}{2}$	
② $3^{n-1} + n$		③ $\dfrac{1}{2} \cdot 3^n + n - \dfrac{1}{2}$	
④ $3^{n-1} + n^2$		⑤ $\dfrac{1}{2} \cdot 3^n + n^2 - \dfrac{1}{2}$	
⑥ $2 \cdot 3^{n-1}$		⑦ $\dfrac{5}{2} \cdot 3^{n-1} - \dfrac{1}{2}$	
⑧ $2 \cdot 3^{n-1} + n - 1$		⑨ $\dfrac{5}{2} \cdot 3^{n-1} + n - \dfrac{3}{2}$	
ⓐ $2 \cdot 3^{n-1} + n^2 - 1$		ⓑ $\dfrac{5}{2} \cdot 3^{n-1} + n^2 - \dfrac{3}{2}$	

(2) 歩行者が $y = 300$ の位置に到着するときまでに，自転車が歩行者に追いつく回数は $\boxed{\text{サ}}$ 回である。また，$\boxed{\text{サ}}$ 回目に自転車が歩行者に追いつく時刻は，$x = \boxed{\text{シスセ}}$ である。

第3問～第5問は，いずれか2問を選択し，解答しなさい。

第5問 （選択問題）（配点 20）

平面上の点Oを中心とする半径1の円周上に，3点A, B, Cがあり，$\overrightarrow{OA} \cdot \overrightarrow{OB} = -\dfrac{2}{3}$ および $\overrightarrow{OC} = -\overrightarrow{OA}$ を満たすとする。t を $0 < t < 1$ を満たす実数とし，線分ABを $t : (1-t)$ に内分する点をPとする。また，直線OP上に点Qをとる。

(1) $\cos \angle \text{AOB} = \dfrac{\boxed{\text{アイ}}}{\boxed{\text{ウ}}}$ である。

また，実数 k を用いて，$\overrightarrow{OQ} = k\overrightarrow{OP}$ と表せる。したがって

$$\overrightarrow{OQ} = \boxed{\text{エ}}\,\overrightarrow{OA} + \boxed{\text{オ}}\,\overrightarrow{OB} \quad\cdots\cdots\cdots\cdots\cdots\cdots\cdots ①$$

$$\overrightarrow{CQ} = \boxed{\text{カ}}\,\overrightarrow{OA} + \boxed{\text{キ}}\,\overrightarrow{OB}$$

となる。

$\overrightarrow{OA}$ と $\overrightarrow{OP}$ が垂直となるのは，$t = \dfrac{\boxed{\text{ク}}}{\boxed{\text{ケ}}}$ のときである。

$\boxed{\text{エ}}$ ～ $\boxed{\text{キ}}$ の解答群（同じものを繰り返し選んでもよい。）

⓪ kt	① $(k - kt)$	② $(kt + 1)$
③ $(kt - 1)$	④ $(k - kt + 1)$	⑤ $(k - kt - 1)$

（数学II・数学B第5問は次ページに続く。）

以下，$t \neq \dfrac{\boxed{ク}}{\boxed{ケ}}$ とし，$\angle OCQ$ が直角であるとする。

(2) $\angle OCQ$ が直角であることにより，(1)の k は

$$k = \dfrac{\boxed{コ}}{\boxed{サ}\,t - \boxed{シ}}$$ .... ②

となることがわかる。

　平面から直線 OA を除いた部分は，直線 OA を境に二つの部分に分けられる。そのうち，点 B を含む部分を D_1，含まない部分を D_2 とする。また，平面から直線 OB を除いた部分は，直線 OB を境に二つの部分に分けられる。そのうち，点 A を含む部分を E_1，含まない部分を E_2 とする。

- $0 < t < \dfrac{\boxed{ク}}{\boxed{ケ}}$ ならば，点 Q は $\boxed{\quad ス \quad}$。

- $\dfrac{\boxed{ク}}{\boxed{ケ}} < t < 1$ ならば，点 Q は $\boxed{\quad セ \quad}$。

$\boxed{\text{ス}}$，$\boxed{\text{セ}}$ の解答群（同じものを繰り返し選んでもよい。）

⓪ D_1 に含まれ，かつ E_1 に含まれる
① D_1 に含まれ，かつ E_2 に含まれる
② D_2 に含まれ，かつ E_1 に含まれる
③ D_2 に含まれ，かつ E_2 に含まれる

（数学Ⅱ・数学B第5問は次ページに続く。）

(3) 太郎さんと花子さんは，点Pの位置と$|\overrightarrow{OQ}|$の関係について考えている。

$t = \dfrac{1}{2}$ のとき，①と②により，$|\overrightarrow{OQ}| = \sqrt{\boxed{\text{ソ}}}$ とわかる。

太郎：$t \neq \dfrac{1}{2}$ のときにも，$|\overrightarrow{OQ}| = \sqrt{\boxed{\text{ソ}}}$ となる場合があるかな。

花子：$|\overrightarrow{OQ}|$ を t を用いて表して，$|\overrightarrow{OQ}| = \sqrt{\boxed{\text{ソ}}}$ を満たす t の値について考えればいいと思うよ。

太郎：計算が大変そうだね。

花子：直線 OA に関して，$t = \dfrac{1}{2}$ のときの点Qと対称な点をRとしたら，$|\overrightarrow{OR}| = \sqrt{\boxed{\text{ソ}}}$ となるよ。

太郎：$\overrightarrow{OR}$ を $\overrightarrow{OA}$ と $\overrightarrow{OB}$ を用いて表すことができれば，t の値が求められそうだね。

直線 OA に関して，$t = \dfrac{1}{2}$ のときの点Qと対称な点をRとすると

$$\overrightarrow{CR} = \boxed{\text{タ}}\ \overrightarrow{CQ}$$
$$= \boxed{\text{チ}}\ \overrightarrow{OA} + \boxed{\text{ツ}}\ \overrightarrow{OB}$$

となる。

$t \neq \dfrac{1}{2}$ のとき，$|\overrightarrow{OQ}| = \sqrt{\boxed{\text{ソ}}}$ となる t の値は $\dfrac{\boxed{\text{テ}}}{\boxed{\text{ト}}}$ である。

数　学　Ⅰ

（全　問　必　答）

第 1 問（配点　20）

〔1〕　実数 a, b, c が

$$a + b + c = 1 \qquad \cdots\cdots\cdots\cdots\cdots\cdots\cdots ①$$

および

$$a^2 + b^2 + c^2 = 13 \qquad \cdots\cdots\cdots\cdots\cdots\cdots ②$$

を満たしているとする。

(1)　$(a + b + c)^2$ を展開した式において，① と ② を用いると

$$ab + bc + ca = \boxed{\text{アイ}}$$

であることがわかる。よって

$$(a - b)^2 + (b - c)^2 + (c - a)^2 = \boxed{\text{ウエ}}$$

である。

（数学Ⅰ第 1 問は次ページに続く。）

(2)　$a - b = 2\sqrt{5}$ の場合に，$(a - b)(b - c)(c - a)$ の値を求めて
みよう。

$b - c = x,\ c - a = y$ とおくと

$$x + y = \boxed{\text{オカ}}\ \sqrt{5}$$

である。また，(1) の計算から

$$x^2 + y^2 = \boxed{\text{キク}}$$

が成り立つ。

これらより

$$(a - b)(b - c)(c - a) = \boxed{\text{ケ}}\ \sqrt{5}$$

である。

（数学 I 第 1 問は次ページに続く。）

〔2〕 太郎さんと花子さんは，次の**命題A**が真であることを証明しようとしている。

命題A p, q, r, s を実数とする。$pq = 2(r + s)$ ならば，二つの 2次関数 $y = x^2 + px + r$, $y = x^2 + qx + s$ のグラフのうち，少なくとも一方は x 軸と共有点をもつ。

太郎：**命題A**は，グラフと x 軸との共有点についての命題だね。

花子：$y = 0$ とおいた 2 次方程式の解の問題として**命題A**を考えてみてはどうかな。

2次方程式 $x^2 + px + r = 0$ に解の公式を適用すると

$$x = \frac{-p \pm \sqrt{p^{\boxed{コ}} - \boxed{サ}\,r}}{\boxed{シ}}$$

となる。ここで，D_1 を

$$D_1 = p^{\boxed{コ}} - \boxed{サ}\,r$$

とおく。同様に，2次方程式 $x^2 + qx + s = 0$ に対して，D_2 を

$$D_2 = q^{\boxed{コ}} - \boxed{サ}\,s$$

とおく。

（数学Ⅰ第1問は次ページに続く。）

$y = x^2 + px + r$, $y = x^2 + qx + s$ のグラフのうち，少なくとも一方が x 軸と共有点をもつための必要十分条件は，$\boxed{\text{ス}}$ である。つまり，**命題A** の代わりに，次の**命題B**を証明すればよい。

命題B　p, q, r, s を実数とする。$pq = 2\,(r + s)$ ならば，$\boxed{\text{ス}}$ が成り立つ。

太郎：D_1 と D_2 を用いて，**命題B**をどうやって証明したらいいかな。

花子：結論を否定して，**背理法**を用いて証明したらどうかな。

背理法を用いて証明するには，$\boxed{\text{ス}}$ が成り立たない，すなわち $\boxed{\text{セ}}$ が成り立つと仮定して矛盾を導けばよい。

$\boxed{\text{ス}}$，$\boxed{\text{セ}}$ の解答群（同じものを繰り返し選んでもよい。）

⓪ $D_1 < 0$ かつ $D_2 < 0$	① $D_1 < 0$ かつ $D_2 \geqq 0$
② $D_1 \geqq 0$ かつ $D_2 < 0$	③ $D_1 \geqq 0$ かつ $D_2 \geqq 0$
④ $D_1 > 0$ かつ $D_2 > 0$	⑤ $D_1 < 0$ または $D_2 < 0$
⑥ $D_1 < 0$ または $D_2 \geqq 0$	⑦ $D_1 \geqq 0$ または $D_2 < 0$
⑧ $D_1 \geqq 0$ または $D_2 \geqq 0$	⑨ $D_1 > 0$ または $D_2 > 0$

（数学Ⅰ第1問は次ページに続く。）

| セ | が成り立つならば

$$D_1 + D_2 \boxed{\text{ソ}} 0$$

が得られる。

一方，$pq = 2\,(r+s)$ を用いると

$$D_1 + D_2 = \boxed{\text{タ}}$$

が得られるので

$$D_1 + D_2 \boxed{\text{チ}} 0$$

となるが，これは $D_1 + D_2 \boxed{\text{ソ}} 0$ に矛盾する。したがって，$\boxed{\text{セ}}$ は成り立たない。よって，**命題B**は真である。

$\boxed{\text{ソ}}$，$\boxed{\text{チ}}$ の解答群(同じものを繰り返し選んでもよい。)

⓪ =	① <	② >	③ ≧

$\boxed{\text{タ}}$ の解答群

⓪ p^2+q^2+2pq	① p^2+q^2-2pq	② p^2+q^2+3pq
③ p^2+q^2-3pq	④ p^2+q^2+4pq	⑤ p^2+q^2-4pq
⑥ p^2+q^2	⑦ pq	⑧ $2pq$

第2問 （配点 30）

〔1〕 以下の問題を解答するにあたっては，必要に応じて 57 ページの三角比の
表を用いてもよい。

太郎さんと花子さんは，キャンプ場のガイドブックにある地図を見なが
ら，後のように話している。

参考図

太郎：キャンプ場の地点 A から山頂 B を見上げる角度はどれくらいか
　　　な。

花子：地図アプリを使って，地点 A と山頂 B を含む断面図を調べた
　　　ら，図 1 のようになったよ。点 C は，山頂 B から地点 A を通る
　　　水平面に下ろした垂線とその水平面との交点のことだよ。

太郎：図 1 の角度 θ は，AC，BC の長さを定規で測って，三角比の表を
　　　用いて調べたら 16° だったよ。

花子：本当に 16° なの？　図 1 の鉛直方向の縮尺と水平方向の縮尺は等
　　　しいのかな？

図　1

（数学 I 第 2 問は次ページに続く。）

図1の θ はちょうど 16° であったとする。しかし，図1の縮尺は，水平方向が $\dfrac{1}{100000}$ であるのに対して，鉛直方向は $\dfrac{1}{25000}$ であった。

実際にキャンプ場の地点 A から山頂 B を見上げる角である∠BAC を考えると，tan∠BAC は ア ． イウエ となる。したがって，∠BAC の大きさは オ 。ただし，目の高さは無視して考えるものとする。

オ の解答群

⓪ 3° より大きく 4° より小さい

① ちょうど 4° である

② 4° より大きく 5° より小さい

③ ちょうど 16° である

④ 48° より大きく 49° より小さい

⑤ ちょうど 49° である

⑥ 49° より大きく 50° より小さい

⑦ 63° より大きく 64° より小さい

⑧ ちょうど 64° である

⑨ 64° より大きく 65° より小さい

（数学Ⅰ第2問は次ページに続く。）

三角比の表

角	正弦（sin）	余弦（cos）	正接（tan）	角	正弦（sin）	余弦（cos）	正接（tan）
0°	0.0000	1.0000	0.0000	45°	0.7071	0.7071	1.0000
1°	0.0175	0.9998	0.0175	46°	0.7193	0.6947	1.0355
2°	0.0349	0.9994	0.0349	47°	0.7314	0.6820	1.0724
3°	0.0523	0.9986	0.0524	48°	0.7431	0.6691	1.1106
4°	0.0698	0.9976	0.0699	49°	0.7547	0.6561	1.1504
5°	0.0872	0.9962	0.0875	50°	0.7660	0.6428	1.1918
6°	0.1045	0.9945	0.1051	51°	0.7771	0.6293	1.2349
7°	0.1219	0.9925	0.1228	52°	0.7880	0.6157	1.2799
8°	0.1392	0.9903	0.1405	53°	0.7986	0.6018	1.3270
9°	0.1564	0.9877	0.1584	54°	0.8090	0.5878	1.3764
10°	0.1736	0.9848	0.1763	55°	0.8192	0.5736	1.4281
11°	0.1908	0.9816	0.1944	56°	0.8290	0.5592	1.4826
12°	0.2079	0.9781	0.2126	57°	0.8387	0.5446	1.5399
13°	0.2250	0.9744	0.2309	58°	0.8480	0.5299	1.6003
14°	0.2419	0.9703	0.2493	59°	0.8572	0.5150	1.6643
15°	0.2588	0.9659	0.2679	60°	0.8660	0.5000	1.7321
16°	0.2756	0.9613	0.2867	61°	0.8746	0.4848	1.8040
17°	0.2924	0.9563	0.3057	62°	0.8829	0.4695	1.8807
18°	0.3090	0.9511	0.3249	63°	0.8910	0.4540	1.9626
19°	0.3256	0.9455	0.3443	64°	0.8988	0.4384	2.0503
20°	0.3420	0.9397	0.3640	65°	0.9063	0.4226	2.1445
21°	0.3584	0.9336	0.3839	66°	0.9135	0.4067	2.2460
22°	0.3746	0.9272	0.4040	67°	0.9205	0.3907	2.3559
23°	0.3907	0.9205	0.4245	68°	0.9272	0.3746	2.4751
24°	0.4067	0.9135	0.4452	69°	0.9336	0.3584	2.6051
25°	0.4226	0.9063	0.4663	70°	0.9397	0.3420	2.7475
26°	0.4384	0.8988	0.4877	71°	0.9455	0.3256	2.9042
27°	0.4540	0.8910	0.5095	72°	0.9511	0.3090	3.0777
28°	0.4695	0.8829	0.5317	73°	0.9563	0.2924	3.2709
29°	0.4848	0.8746	0.5543	74°	0.9613	0.2756	3.4874
30°	0.5000	0.8660	0.5774	75°	0.9659	0.2588	3.7321
31°	0.5150	0.8572	0.6009	76°	0.9703	0.2419	4.0108
32°	0.5299	0.8480	0.6249	77°	0.9744	0.2250	4.3315
33°	0.5446	0.8387	0.6494	78°	0.9781	0.2079	4.7046
34°	0.5592	0.8290	0.6745	79°	0.9816	0.1908	5.1446
35°	0.5736	0.8192	0.7002	80°	0.9848	0.1736	5.6713
36°	0.5878	0.8090	0.7265	81°	0.9877	0.1564	6.3138
37°	0.6018	0.7986	0.7536	82°	0.9903	0.1392	7.1154
38°	0.6157	0.7880	0.7813	83°	0.9925	0.1219	8.1443
39°	0.6293	0.7771	0.8098	84°	0.9945	0.1045	9.5144
40°	0.6428	0.7660	0.8391	85°	0.9962	0.0872	11.4301
41°	0.6561	0.7547	0.8693	86°	0.9976	0.0698	14.3007
42°	0.6691	0.7431	0.9004	87°	0.9986	0.0523	19.0811
43°	0.6820	0.7314	0.9325	88°	0.9994	0.0349	28.6363
44°	0.6947	0.7193	0.9657	89°	0.9998	0.0175	57.2900
45°	0.7071	0.7071	1.0000	90°	1.0000	0.0000	—

（数学Ⅰ 第2問は次ページに続く。）

58

〔2〕 外接円の半径が3である △ABC を考える。

(1) $\cos \angle ACB = \dfrac{\sqrt{3}}{3}$, $AC : BC = \sqrt{3} : 2$ とする。このとき

$$\sin \angle ACB = \dfrac{\sqrt{\boxed{カ}}}{\boxed{キ}}$$

$$AB = \boxed{ク}\sqrt{\boxed{ケ}}, \qquad AC = \boxed{コ}\sqrt{\boxed{サ}}$$

である。

（数学 I 第 2 問は次ページに続く。）

⑵　点 A から直線 BC に引いた垂線と直線 BC との交点を D とする。

(i)　AB = 5，AC = 4 とする。このとき

$$\sin \angle ABC = \frac{\boxed{シ}}{\boxed{ス}}, \qquad AD = \frac{\boxed{セソ}}{\boxed{タ}}$$

である。

(ii)　2 辺 AB，AC の長さの間に 2 AB + AC = 14 の関係があるとする。
このとき，AB の長さのとり得る値の範囲は

$$\boxed{チ} \leq AB \leq \boxed{ツ} \text{ であり}$$

$$AD = \frac{\boxed{テト}}{\boxed{ナ}} AB^2 + \frac{\boxed{ニ}}{\boxed{ヌ}} AB$$

と表せるので，AD の長さの最大値は $\boxed{ネ}$ である。AD = $\boxed{ネ}$
のとき，△ABC の面積は $\boxed{ノ} \sqrt{\boxed{ハ}}$ である。

第3問 (配点 30)

〔1〕 a, b, c, d を実数とし，$a \neq 0$，$c \neq 0$ とする。x の1次式の積で表される2次関数

$$y = (ax + b)(cx + d)$$

の最大値や最小値について，二つの直線 $\ell : y = ax + b$ と $m : y = cx + d$ の関係に着目して考える。

ℓ と m の関係として，次の ⓐ～ⓔ の場合について考える。

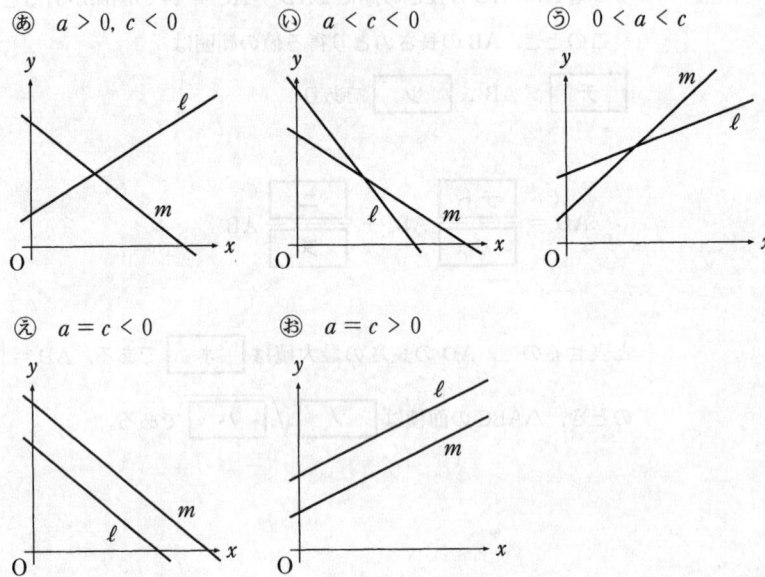

ⓐ $a > 0, c < 0$ ⓘ $a < c < 0$ ⓤ $0 < a < c$

ⓔ $a = c < 0$ ⓞ $a = c > 0$

ℓ と x 軸との交点の x 座標を s，m と x 軸との交点の x 座標を t とする。ⓐ～ⓞ のすべてにおいて，$s < t$ であり，ℓ，m は y 軸と $y > 0$ の部分で交わるものとする。また，ⓐ～ⓤ では ℓ と m の交点の x 座標と y 座標はともに正であるとする。

以下，x のとり得る値の範囲は実数全体とする。

（数学Ⅰ第3問は次ページに続く。）

(1) s, t が具体的な値である場合を考える。

(i) ⓐ について考える。$s = -1$, $t = 5$ であるとき,

$y = (ax + b)(cx + d)$ は, $x = \boxed{\text{ア}}$ で $\boxed{\text{イ}}$ をとる。

(ii) ⓘ について考える。$s = 6$, $t = 8$ であるとき,

$y = (ax + b)(cx + d)$ は, $x = \boxed{\text{ウ}}$ で $\boxed{\text{エ}}$ をとる。

$\boxed{\text{イ}}$, $\boxed{\text{エ}}$ の解答群(同じものを繰り返し選んでもよい。)

⓪ 最大値		① 最小値	

(数学 I 第 3 問は次ページに続く。)

(2) $s = -1$ のときの ⓐ について考える。$y = (ax + b)(cx + d)$ が 　イ　

を $0 < x < 10$ の範囲でとるような t の値の範囲は

$$\boxed{\text{オ}} < t < \boxed{\text{カキ}}$$

である。　　　　　　　　　　　　　　　　(数学 I 第 3 問は次ページに続く。)

(3) $y = (ax + b)(cx + d)$ について，次のことが成り立つ。

・ y の最大値があるのは $\boxed{\text{ク}}$ 。

・ y の最小値があり，その値が 0 以上になるのは $\boxed{\text{ケ}}$ 。

・ y の最小値があり，その値を $x > 0$ の範囲でとるのは $\boxed{\text{コ}}$ 。

$\boxed{\text{ク}}$ 〜 $\boxed{\text{コ}}$ の解答群(同じものを繰り返し選んでもよい。)

⓪ ⓐ のみである

① ⓘ と ⓤ のみである

② ⓔ と ⓞ のみである

③ ⓘ と ⓔ のみである

④ ⓤ と ⓞ のみである

⑤ ⓐ，ⓘ，ⓔ のみである

⑥ ⓐ，ⓤ，ⓞ のみである

⑦ ⓐ〜ⓞ のうちにはない

(数学I第3問は次ページに続く。)

〔2〕 p, q を実数とする。

花子さんと太郎さんは，次の二つの2次方程式について考えている。

$$x^2 + px + q = 0 \qquad \cdots\cdots\cdots\cdots\cdots\cdots ①$$
$$x^2 + qx + p = 0 \qquad \cdots\cdots\cdots\cdots\cdots\cdots ②$$

①または②を満たす実数 x の個数を n とおく。

(1) $p = 4$，$q = -4$ のとき，$n = \boxed{\text{サ}}$ である。

また，$p = 1$，$q = -2$ のとき，$n = \boxed{\text{シ}}$ である。

(2) $p = -6$ のとき，$n = 3$ になる場合を考える。

花子：例えば，①と②をともに満たす実数 x があるときは $n = 3$ に
　　　なりそうだね。

太郎：それを α としたら，$\alpha^2 - 6\alpha + q = 0$ と $\alpha^2 + q\alpha - 6 = 0$ が成
　　　り立つよ。

花子：なるほど。それならば，α^2 を消去すれば，α の値が求められそ
　　　うだね。

太郎：確かに α の値が求まるけど，実際に $n = 3$ となっているかど
　　　うかの確認が必要だね。

花子：これ以外にも $n = 3$ となる場合がありそうだね。

$n = 3$ となる q の値は

$$q = \boxed{\text{ス}}, \boxed{\text{セ}}$$

である。ただし，$\boxed{\text{ス}} < \boxed{\text{セ}}$ とする。

（数学 I 第3問は次ページに続く。）

(3)　花子さんと太郎さんは，グラフ表示ソフトを用いて，①，②の左辺を y とおいた 2 次関数 $y = x^2 + px + q$ と $y = x^2 + qx + p$ のグラフの動きを考えている。

（数学 I 第 3 問は次ページに続く。）

$p = -6$ に固定したまま，q の値だけを変化させる。

$$y = x^2 - 6x + q \qquad\qquad \cdots\cdots\cdots\cdots\cdots\cdots ③$$
$$y = x^2 + qx - 6 \qquad\qquad \cdots\cdots\cdots\cdots\cdots\cdots ④$$

の二つのグラフについて，$q = 1$ のときのグラフを点線で，q の値を 1 から増加させたときのグラフを実線でそれぞれ表す。このとき，③ のグラフの移動の様子を示すと　ソ　となり，④ のグラフの移動の様子を示すと　タ　となる。

ソ，タ については，最も適当なものを，次の ⓪～⑦ のうちから一つずつ選べ。ただし，同じものを繰り返し選んでもよい。なお，x 軸と y 軸は省略しているが，x 軸は右方向，y 軸は上方向がそれぞれ正の方向である。

（数学 I 第 3 問は次ページに続く。）

(4) 　スー$<q<$　セー とする。全体集合 U を実数全体の集合とし、U の部分集合 A, B を

$$A = \{x \mid x^2 - 6x + q < 0\}$$
$$B = \{x \mid x^2 + qx - 6 < 0\}$$

とする。U の部分集合 X に対し、X の補集合を $\overline{X}$ と表す。このとき、次のことが成り立つ。

- $x \in A$ は、$x \in B$ であるための 　チー 。
- $x \in B$ は、$x \in \overline{A}$ であるための 　ツー 。

　チー , 　ツー の解答群(同じものを繰り返し選んでもよい。)

⓪ 必要条件であるが、十分条件ではない

① 十分条件であるが、必要条件ではない

② 必要十分条件である

③ 必要条件でも十分条件でもない

第4問 (配点 20)

　日本国外における日本語教育の状況を調べるために，独立行政法人国際交流基金では「海外日本語教育機関調査」を実施しており，各国における教育機関数，教員数，学習者数が調べられている。2018年度において学習者数が5000人以上の国と地域（以下，国）は29か国であった。これら29か国について，2009年度と2018年度のデータが得られている。

(1)　各国において，学習者数を教員数で割ることにより，国ごとの「教員1人あたりの学習者数」を算出することができる。図1と図2は，2009年度および2018年度における「教員1人あたりの学習者数」のヒストグラムである。これら二つのヒストグラムから，9年間の変化に関して，後のことが読み取れる。なお，ヒストグラムの各階級の区間は，左側の数値を含み，右側の数値を含まない。

図1　2009年度における教員1人あたりの学習者数のヒストグラム

図2　2018年度における教員1人あたりの学習者数のヒストグラム

（出典：国際交流基金の Web ページにより作成）

（数学 I 第4問は次ページに続く。）

- 2009 年度と 2018 年度の中央値が含まれる階級の階級値を比較すると，
  $\boxed{\text{ア}}$ 。

- 2009 年度と 2018 年度の第 1 四分位数が含まれる階級の階級値を比較する
  と，$\boxed{\text{イ}}$ 。

- 2009 年度と 2018 年度の第 3 四分位数が含まれる階級の階級値を比較する
  と，$\boxed{\text{ウ}}$ 。

- 2009 年度と 2018 年度の範囲を比較すると，$\boxed{\text{エ}}$ 。

- 2009 年度と 2018 年度の四分位範囲を比較すると，$\boxed{\text{オ}}$ 。

$\boxed{\text{ア}}$ ～ $\boxed{\text{オ}}$ の解答群(同じものを繰り返し選んでもよい。)

  ⓪   2018 年度の方が小さい

  ①   2018 年度の方が大きい

  ②   両者は等しい

  ③   これら二つのヒストグラムからだけでは両者の大小を判断できない

(数学 I 第 4 問は次ページに続く。)

(2)　各国において，学習者数を教育機関数で割ることにより，「教育機関 1 機関
あたりの学習者数」も算出した。図 3 は，2009 年度における「教育機関 1 機関
あたりの学習者数」の箱ひげ図である。

図 3　2009 年度における教育機関 1 機関あたりの学習者数の箱ひげ図

（出典：国際交流基金の Web ページにより作成）

2009 年度について，「教育機関 1 機関あたりの学習者数」（横軸）と「教員 1 人
あたりの学習者数」（縦軸）の散布図は **カ** である。ここで，2009 年度にお
ける「教員 1 人あたりの学習者数」のヒストグラムである(1)の図 1 を，図 4 と
して再掲しておく。

図 4　2009 年度における教員 1 人あ
たりの学習者数のヒストグラム

（出典：国際交流基金の Web ページにより作成）

（数学 I 第 4 問は次ページに続く。）

カ については，最も適当なものを，次の⓪〜③のうちから一つ選べ。なお，これらの散布図には，完全に重なっている点はない。

（数学 I 第 4 問は次ページに続く。）

(3) 各国における 2018 年度の学習者数を 100 としたときの 2009 年度の学習者数 S，および，各国における 2018 年度の教員数を 100 としたときの 2009 年度の教員数 T を算出した。

例えば，学習者数について説明すると，ある国において，2009 年度が 44272 人，2018 年度が 174521 人であった場合，2009 年度の学習者数 S は $\dfrac{44272}{174521} \times 100$ より 25.4 と算出される。

表1は S と T について，平均値，標準偏差および共分散を計算したものである。ただし，S と T の共分散は，S の偏差と T の偏差の積の平均値である。

表1の数値が四捨五入していない正確な値であるとして，S と T の相関係数を求めると キ . クケ である。

表1 平均値，標準偏差および共分散

S の 平均値	T の 平均値	S の 標準偏差	T の 標準偏差	S と T の 共分散
81.8	72.9	39.3	29.9	735.3

（数学 I 第4問は次ページに続く。）

(4)　表1と(3)で求めた相関係数を参考にすると，(3)で算出した2009年度の S（横軸）と T（縦軸）の散布図は $\boxed{\text{コ}}$ である。

$\boxed{\text{コ}}$ については，最も適当なものを，次の**⓪**～**③**のうちから一つ選べ。なお，これらの散布図には，完全に重なっている点はない。

（数学I 第4問は次ページに続く。）

(5) 2018年度において，学習者数が3000人以上5000人未満の国は表2の7か国であった。これらの国々について「教員1人あたりの学習者数」を算出した。

表2 学習者数が3000人以上5000人未満の7か国

国　名	教員1人あたりの学習者数（人）
スイス	15.5
パラグアイ	20.6
バングラデシュ	21.8
ポーランド	22.4
ペルー	52.7
トルクメニスタン	93.1
コートジボワール	212.0

学習者数が5000人以上の29か国に，表2の7か国を加えた36か国の「教員1人あたりの学習者数」について，後の表3の度数分布表の $\boxed{サシ}$ ，$\boxed{ス}$ ，$\boxed{セ}$ に当てはまる度数を求め，表3を完成させよ。ここで，29か国の「教員1人あたりの学習者数」のヒストグラムである(1)の図2を，図5として再掲しておく。

図5　29か国の2018年度における教員1人あたりの
　　　学習者数のヒストグラム

（出典：国際交流基金のWebページにより作成）

（数学Ⅰ第4問は次ページに続く。）

表3　度数分布表

階級（人）	度数（国数）
0 以上　30 未満	14
30 以上　60 未満	サシ
60 以上　90 未満	ス
90 以上 120 未満	セ
120 以上 150 未満	2
150 以上 180 未満	0
180 以上 210 未満	0
210 以上 240 未満	1

（数学 I 第 4 問は次ページに続く。）

76

表4は，29か国と7か国のそれぞれの群の「教員1人あたりの学習者数」の，平均値と標準偏差である。なお，ここでの平均値および標準偏差は，国ごとの「教員1人あたりの学習者数」に対して算出したものとする。以下，同様とする。

表4　教員1人あたりの学習者数の平均値と標準偏差

	平均値	標準偏差
学習者数が5000人以上の29か国	44.8	29.1
学習者数が3000人以上5000人未満の7か国	62.6	66.1

表4より，これらを合わせた36か国の「教員1人あたりの学習者数」の平均値を算出する式は　ソ　である。

ソ　については，最も適当なものを，次の⓪〜⑤のうちから一つ選べ。

⓪ $\dfrac{44.8 + 62.6}{2}$　　　① $\dfrac{62.6 - 44.8}{2}$

② $\dfrac{44.8 \times 29 + 62.6 \times 7}{29 + 7}$　　　③ $\dfrac{44.8 \times 29 - 62.6 \times 7}{29 + 7}$

④ $\dfrac{44.8 \times 7 + 62.6 \times 29}{29 + 7}$　　　⑤ $\dfrac{62.6 \times 29 - 44.8 \times 7}{29 + 7}$

（数学Ⅰ第4問は次ページに続く。）

― 334 ―

次の(I), (II)は,「教員1人あたりの学習者数」についての記述である。

(I)　36か国の「教員1人あたりの学習者数」の平均値は, 29か国の「教員1人あたりの学習者数」の平均値より小さい。

(II)　29か国の「教員1人あたりの学習者数」の分散は, 7か国の「教員1人あたりの学習者数」の分散より小さい。

(I), (II)の正誤の組合せとして正しいものは $\boxed{タ}$ である。

$\boxed{タ}$ の解答群

	⓪	①	②	③
(I)	正	正	誤	誤
(II)	正	誤	正	誤

数　学　Ⅱ

（全　問　必　答）

第1問 （配点　30）

〔1〕　座標平面上に点 A$(-8, 0)$ をとる。また，不等式

$$x^2 + y^2 - 4x - 10y + 4 \leqq 0$$

の表す領域を D とする。

(1)　領域 D は，中心が点 $\left(\boxed{ア}, \boxed{イ}\right)$，半径が $\boxed{ウ}$ の円の $\boxed{エ}$ である。

$\boxed{エ}$ の解答群

⓪　周	①　内　部	②　外　部
③　周および内部	④　周および外部	

以下，点 $\left(\boxed{ア}, \boxed{イ}\right)$ を Q とし，方程式

$$x^2 + y^2 - 4x - 10y + 4 = 0$$

の表す図形を C とする。

（数学Ⅱ第1問は次ページに続く。）

(2)　点 A を通る直線と領域 D が共有点をもつのはどのようなときかを考えよう。

(i)　(1)により，直線 $y = \boxed{\quad オ \quad}$ は点 A を通る C の接線の一つとなることがわかる。

　　太郎さんと花子さんは点 A を通る C のもう一つの接線について話している。

　　点 A を通り，傾きが k の直線を ℓ とする。

太郎：直線 ℓ の方程式は $y = k(x + 8)$ と表すことができるから，これを

$$x^2 + y^2 - 4x - 10y + 4 = 0$$

　　　に代入することで接線を求められそうだね。

花子：x 軸と直線 AQ のなす角のタンジェントに着目することでも求められそうだよ。

（数学II第1問は次ページに続く。）

(ii) 太郎さんの求め方について考えてみよう。

$y = k(x + 8)$ を $x^2 + y^2 - 4x - 10y + 4 = 0$ に代入すると，x についての2次方程式

$$(k^2 + 1)x^2 + (16k^2 - 10k - 4)x + 64k^2 - 80k + 4 = 0$$

が得られる。この方程式が ［カ］ ときの k の値が接線の傾きとなる。

［カ］ の解答群

⓪ 重解をもつ

① 異なる二つの実数解をもち，一つは0である

② 異なる二つの正の実数解をもつ

③ 正の実数解と負の実数解をもつ

④ 異なる二つの負の実数解をもつ

⑤ 異なる二つの虚数解をもつ

(iii) 花子さんの求め方について考えてみよう。

x 軸と直線 AQ のなす角を $\theta \left(0 < \theta \leqq \dfrac{\pi}{2} \right)$ とすると

$$\tan \theta = \frac{\boxed{\text{キ}}}{\boxed{\text{ク}}}$$

であり，直線 $y = \boxed{\text{オ}}$ と異なる接線の傾きは $\tan \boxed{\text{ケ}}$ と表すことができる。

［ケ］ の解答群

⓪ θ ① 2θ ② $\left(\theta + \dfrac{\pi}{2} \right)$

③ $\left(\theta - \dfrac{\pi}{2} \right)$ ④ $(\theta + \pi)$ ⑤ $(\theta - \pi)$

⑥ $\left(2\theta + \dfrac{\pi}{2} \right)$ ⑦ $\left(2\theta - \dfrac{\pi}{2} \right)$

（数学Ⅱ第1問は次ページに続く。）

(iv)　点 A を通る C の接線のうち，直線 $y = \boxed{\text{オ}}$ と異なる接線の傾き

を k_0 とする。このとき，(ii)または(iii)の考え方を用いることにより

$$k_0 = \dfrac{\boxed{\text{コ}}}{\boxed{\text{サ}}}$$

であることがわかる。

　　直線 ℓ と領域 D が共有点をもつような k の値の範囲は $\boxed{\text{シ}}$ である。

$\boxed{\text{シ}}$ の解答群

⓪　$k > k_0$ 　　　　　　　　①　$k \geqq k_0$

②　$k < k_0$ 　　　　　　　　③　$k \leqq k_0$

④　$0 < k < k_0$ 　　　　　⑤　$0 \leqq k \leqq k_0$

（数学Ⅱ第1問は次ページに続く。）

〔2〕 a, b は正の実数であり，$a \neq 1$，$b \neq 1$ を満たすとする。太郎さんは $\log_a b$ と $\log_b a$ の大小関係を調べることにした。

(1) 太郎さんは次のような考察をした。

まず，$\log_3 9 = \boxed{\text{ス}}$，$\log_9 3 = \dfrac{1}{\boxed{\text{ス}}}$ である。この場合

$$\log_3 9 > \log_9 3$$

が成り立つ。

一方，$\log_{\frac{1}{4}} \boxed{\text{セ}} = -\dfrac{3}{2}$，$\log_{\boxed{\text{セ}}} \dfrac{1}{4} = -\dfrac{2}{3}$ である。この場合

$$\log_{\frac{1}{4}} \boxed{\text{セ}} < \log_{\boxed{\text{セ}}} \dfrac{1}{4}$$

が成り立つ。

（数学Ⅱ第1問は次ページに続く。）

⑵　ここで

$$\log_a b = t \qquad \cdots\cdots\cdots\cdots\cdots\cdots ①$$

とおく。

⑴の考察をもとにして，太郎さんは次の式が成り立つと推測し，それが正しいことを確かめることにした。

$$\log_b a = \frac{1}{t} \qquad \cdots\cdots\cdots\cdots\cdots\cdots ②$$

①により，　ソ　である。このことにより　タ　が得られ，②が成り立つことが確かめられる。

| ソ | の解答群

⓪　$a^b = t$　　　①　$a^t = b$　　　②　$b^a = t$

③　$b^t = a$　　　④　$t^a = b$　　　⑤　$t^b = a$

| タ | の解答群

⓪　$a = t^{\frac{1}{b}}$　　　①　$a = b^{\frac{1}{t}}$　　　②　$b = t^{\frac{1}{a}}$

③　$b = a^{\frac{1}{t}}$　　　④　$t = b^{\frac{1}{a}}$　　　⑤　$t = a^{\frac{1}{b}}$

（数学Ⅱ第1問は次ページに続く。）

(3) 次に，太郎さんは(2)の考察をもとにして

$$t > \frac{1}{t} \qquad \cdots\cdots\cdots\cdots\cdots\cdots ③$$

を満たす実数 t $(t \neq 0)$ の値の範囲を求めた。

太郎さんの考察

$t > 0$ ならば，③の両辺に t を掛けることにより，$t^2 > 1$ を得る。このような t $(t > 0)$ の値の範囲は $1 < t$ である。

$t < 0$ ならば，③の両辺に t を掛けることにより，$t^2 < 1$ を得る。このような t $(t < 0)$ の値の範囲は $-1 < t < 0$ である。

この考察により，③を満たす t $(t \neq 0)$ の値の範囲は

$$-1 < t < 0, \quad 1 < t$$

であることがわかる。

ここで，a の値を一つ定めたとき，不等式

$$\log_a b > \log_b a \qquad \cdots\cdots\cdots\cdots\cdots\cdots ④$$

を満たす実数 b $(b > 0，b \neq 1)$ の値の範囲について考える。

④を満たす b の値の範囲は，$a > 1$ のときは $\boxed{\text{チ}}$ であり，

$0 < a < 1$ のときは $\boxed{\text{ツ}}$ である。

（数学II 第1問は次ページに続く。）

チ の解答群

⓪　$0 < b < \dfrac{1}{a}$, $1 < b < a$　　①　$0 < b < \dfrac{1}{a}$, $a < b$

②　$\dfrac{1}{a} < b < 1$, $1 < b < a$　　③　$\dfrac{1}{a} < b < 1$, $a < b$

ツ の解答群

⓪　$0 < b < a$, $1 < b < \dfrac{1}{a}$　　①　$0 < b < a$, $\dfrac{1}{a} < b$

②　$a < b < 1$, $1 < b < \dfrac{1}{a}$　　③　$a < b < 1$, $\dfrac{1}{a} < b$

(4) $p = \dfrac{12}{13}$, $q = \dfrac{12}{11}$, $r = \dfrac{14}{13}$ とする。

次の⓪〜③のうち，正しいものは テ である。

テ の解答群

⓪　$\log_p q > \log_q p$ かつ $\log_p r > \log_r p$

①　$\log_p q > \log_q p$ かつ $\log_p r < \log_r p$

②　$\log_p q < \log_q p$ かつ $\log_p r > \log_r p$

③　$\log_p q < \log_q p$ かつ $\log_p r < \log_r p$

第2問 (配点 30)

〔1〕 a を実数とし，$f(x) = x^3 - 6ax + 16$ とおく。

(1) $y = f(x)$ のグラフの概形は

$a = 0$ のとき， **ア**

$a < 0$ のとき， **イ**

である。

ア ，**イ** については，最も適当なものを，次の**⓪**~**⑤**のうちから一つずつ選べ。ただし，同じものを繰り返し選んでもよい。

（数学Ⅱ第2問は次ページに続く。）

(2)　$a > 0$ とし，p を実数とする。座標平面上の曲線 $y = f(x)$ と直線 $y = p$ が3個の共有点をもつような p の値の範囲は $\boxed{\text{ウ}} < p < \boxed{\text{エ}}$ である。

　　$p = \boxed{\text{ウ}}$ のとき，曲線 $y = f(x)$ と直線 $y = p$ は2個の共有点をもつ。それらの x 座標を $q,\ r\ (q < r)$ とする。曲線 $y = f(x)$ と直線 $y = p$ が点 $(r,\ p)$ で接することに注意すると

$$q = \boxed{\text{オカ}} \sqrt{\boxed{\text{キ}}}\, a^{\frac{1}{2}}, \quad r = \sqrt{\boxed{\text{ク}}}\, a^{\frac{1}{2}}$$

と表せる。

$\boxed{\text{ウ}}$，$\boxed{\text{エ}}$ の解答群（同じものを繰り返し選んでもよい。）

⓪　$2\sqrt{2}\, a^{\frac{3}{2}} + 16$ 　　　　① $-2\sqrt{2}\, a^{\frac{3}{2}} + 16$

②　$4\sqrt{2}\, a^{\frac{3}{2}} + 16$ 　　　　③ $-4\sqrt{2}\, a^{\frac{3}{2}} + 16$

④　$8\sqrt{2}\, a^{\frac{3}{2}} + 16$ 　　　　⑤ $-8\sqrt{2}\, a^{\frac{3}{2}} + 16$

(3)　方程式 $f(x) = 0$ の異なる実数解の個数を n とする。次の⓪〜⑤のうち，正しいものは $\boxed{\text{ケ}}$ と $\boxed{\text{コ}}$ である。

$\boxed{\text{ケ}}$，$\boxed{\text{コ}}$ の解答群（解答の順序は問わない。）

⓪　$n = 1$ ならば $a < 0$ 　　　　① $a < 0$ ならば $n = 1$

②　$n = 2$ ならば $a < 0$ 　　　　③ $a < 0$ ならば $n = 2$

④　$n = 3$ ならば $a > 0$ 　　　　⑤ $a > 0$ ならば $n = 3$

（数学Ⅱ第2問は次ページに続く。）

〔2〕 $b > 0$ とし，$g(x) = x^3 - 3bx + 3b^2$，$h(x) = x^3 - x^2 + b^2$ とおく。座標平面上の曲線 $y = g(x)$ を C_1，曲線 $y = h(x)$ を C_2 とする。

C_1 と C_2 は 2 点で交わる。これらの交点の x 座標をそれぞれ α, β（$\alpha < \beta$）とすると，$\alpha = \boxed{\text{サ}}$，$\beta = \boxed{\text{シス}}$ である。

$\alpha \leqq x \leqq \beta$ の範囲で C_1 と C_2 で囲まれた図形の面積を S とする。また，$t > \beta$ とし，$\beta \leqq x \leqq t$ の範囲で C_1 と C_2 および直線 $x = t$ で囲まれた図形の面積を T とする。

このとき

$$S = \int_\alpha^\beta \boxed{\text{セ}}\, dx$$

$$T = \int_\beta^t \boxed{\text{ソ}}\, dx$$

$$S - T = \int_\alpha^t \boxed{\text{タ}}\, dx$$

であるので

$$S - T = \frac{\boxed{\text{チツ}}}{\boxed{\text{テ}}}\left(2t^3 - \boxed{\text{ト}}\, bt^2 + \boxed{\text{ナニ}}\, b^2 t - \boxed{\text{ヌ}}\, b^3\right)$$

が得られる。

したがって，$S = T$ となるのは $t = \dfrac{\boxed{\text{ネ}}}{\boxed{\text{ノ}}}\, b$ のときである。

（数学 II 第 2 問は次ページに続く。）

セ ～ タ の解答群(同じものを繰り返し選んでもよい。)

⓪ $\{g(x)+h(x)\}$　　　　① $\{g(x)-h(x)\}$

② $\{h(x)-g(x)\}$　　　　③ $\{2\,g(x)+2\,h(x)\}$

④ $\{2\,g(x)-2\,h(x)\}$　　⑤ $\{2\,h(x)-2\,g(x)\}$

⑥ $2\,g(x)$　　　　　　　⑦ $2\,h(x)$

第 3 問 (配点 20)

$0 \leqq \theta \leqq \pi$ のとき
$$4\cos 2\theta + 2\cos\theta + 3 = 0 \qquad \cdots\cdots\cdots\cdots\cdots\cdots ①$$
を満たす θ について考えよう。

(1) $t = \cos\theta$ とおくと, t のとり得る値の範囲は $-1 \leqq t \leqq 1$ である。2 倍角の
公式により
$$\cos 2\theta = \boxed{\ \text{ア}\ } t^2 - \boxed{\ \text{イ}\ }$$
であるから, ① により, t についての方程式
$$\boxed{\ \text{ウ}\ } t^2 + \boxed{\ \text{エ}\ } t - 1 = 0$$
が得られる。この方程式の解は
$$t = \frac{\boxed{\ \text{オカ}\ }}{\boxed{\ \text{キ}\ }},\ \frac{1}{4}$$
である。

(数学 II 第 3 問は次ページに続く。)

以下，$0 \leqq \theta \leqq \pi$ かつ $\cos \theta = \dfrac{\boxed{オカ}}{\boxed{キ}}$ を満たす θ を α とし，$0 \leqq \theta \leqq \pi$

かつ $\cos \theta = \dfrac{1}{4}$ を満たす θ を β とする。

(2)　$\cos \alpha = \dfrac{\boxed{オカ}}{\boxed{キ}}$ により，$\alpha = \dfrac{\boxed{ク}}{\boxed{ケ}} \pi$ であることがわかる。そこで

β の値について調べてみよう。

$\cos \beta = \dfrac{1}{4}$ と

$$\cos \dfrac{\pi}{6} = \boxed{コ}, \quad \cos \dfrac{\pi}{4} = \boxed{サ}, \quad \cos \dfrac{\pi}{3} = \boxed{シ}$$

を比較することにより，β は $\boxed{ス}$ を満たすことがわかる。

$\boxed{コ}$ ～ $\boxed{シ}$ の解答群（同じものを繰り返し選んでもよい。）

⓪　0 　　　　　　　① 1 　　　　　　　② -1

③　$\dfrac{\sqrt{3}}{2}$ 　　　　　④ $-\dfrac{\sqrt{3}}{2}$ 　　　　⑤ $\dfrac{\sqrt{2}}{2}$

⑥　$-\dfrac{\sqrt{2}}{2}$ 　　　　⑦ $\dfrac{1}{2}$ 　　　　　　⑧ $-\dfrac{1}{2}$

$\boxed{ス}$ の解答群

⓪　$0 < \beta < \dfrac{\pi}{6}$ 　　　　　　　　① $\dfrac{\pi}{6} < \beta < \dfrac{\pi}{4}$

②　$\dfrac{\pi}{4} < \beta < \dfrac{\pi}{3}$ 　　　　　　　③ $\dfrac{\pi}{3} < \beta < \dfrac{\pi}{2}$

（数学Ⅱ第3問は次ページに続く。）

(3) β の値について，さらに詳しく調べてみよう。

2倍角の公式を用いると

$$\cos 2\beta = \frac{\boxed{セソ}}{\boxed{タ}}, \quad \cos 4\beta = \frac{\boxed{チツ}}{\boxed{テト}}$$

であることがわかる。さらに，座標平面上で 4β の動径は第 $\boxed{ナ}$ 象限にあり，β は $\boxed{ニ}$ を満たすことがわかる。ただし，角の動径は x 軸の正の部分を始線として考えるものとする。

$\boxed{ニ}$ の解答群

$\textcircled{0}$ $0 < \beta < \dfrac{\pi}{8}$ $\textcircled{1}$ $\dfrac{\pi}{8} < \beta < \dfrac{\pi}{6}$

$\textcircled{2}$ $\dfrac{\pi}{6} < \beta < \dfrac{3}{16}\pi$ $\textcircled{3}$ $\dfrac{3}{16}\pi < \beta < \dfrac{\pi}{4}$

$\textcircled{4}$ $\dfrac{\pi}{4} < \beta < \dfrac{5}{16}\pi$ $\textcircled{5}$ $\dfrac{5}{16}\pi < \beta < \dfrac{\pi}{3}$

$\textcircled{6}$ $\dfrac{\pi}{3} < \beta < \dfrac{3}{8}\pi$ $\textcircled{7}$ $\dfrac{3}{8}\pi < \beta < \dfrac{5}{12}\pi$

$\textcircled{8}$ $\dfrac{5}{12}\pi < \beta < \dfrac{7}{16}\pi$ $\textcircled{9}$ $\dfrac{7}{16}\pi < \beta < \dfrac{\pi}{2}$

第4問 (配点 20)

m, n を実数とし，次の二つの整式 $P(x)$ と $Q(x)$ を考える。

$$P(x) = x^4 + (m-1)x^3 + 5x^2 + (m-3)x + n$$

$$Q(x) = x^2 - x + 2$$

また，$P(x)$ は $Q(x)$ で割り切れるとし，$P(x)$ を $Q(x)$ で割ったときの商を $R(x)$ とおく。

(1)　2次方程式 $Q(x) = 0$ の解は

$$x = \frac{\boxed{\text{ア}} \pm \sqrt{\boxed{\text{イ}}}\, i}{\boxed{\text{ウ}}}$$

である。

(2)　$P(x)$ は $Q(x)$ で割り切れるから，n を m を用いて表すと

$$n = \boxed{\text{エ}}\, m + \boxed{\text{オ}}$$

である。また

$$R(x) = x^2 + mx + m + \boxed{\text{カ}}$$

である。

(数学II第4問は次ページに続く。)

(3) 方程式 $R(x) = 0$ は異なる二つの虚数解 α, β をもつとする。このとき，m のとり得る値の範囲は

$$\boxed{\text{キク}} < m < \boxed{\text{ケ}}$$

である。また

$$\alpha + \beta = \boxed{\text{コ}}\, m, \quad \alpha\beta = m + \boxed{\text{サ}}$$

である。

いま，$\alpha\beta(\alpha + \beta) = -10$ であるとする。このとき，$m = \boxed{\text{シ}}$ であり，方程式 $R(x) = 0$ の虚数解は

$$x = \boxed{\text{スセ}} \pm \boxed{\text{ソ}}\, i$$

である。

(4) 方程式 $P(x) = 0$ の解について考える。

異なる解が全部で3個になるのは，$m = \boxed{\text{タチ}}$, $\boxed{\text{ツ}}$ のときであり，そのうち虚数解は $\boxed{\text{テ}}$ 個である。

異なる解が全部で2個になるのは，$m = \boxed{\text{トナ}}$ のときである。

異なる解が全部で4個になるのは，m の値が $\boxed{\text{タチ}}$, $\boxed{\text{ツ}}$, $\boxed{\text{トナ}}$ のいずれとも等しくないときであり，$m < \boxed{\text{タチ}}$, $\boxed{\text{ツ}} < m$ のとき，4個の解のうち虚数解は $\boxed{\text{ニ}}$ 個である。

数学Ⅰ・数学A
数学Ⅱ・数学B

（2022年1月実施）

数学Ⅰ・数学A　70分　100点
数学Ⅱ・数学B　60分　100点

追試験
2022

数学Ⅰ・数学A

問　題	選　択　方　法
第1問	必　　答
第2問	必　　答
第3問	いずれか2問を選択し，解答しなさい。
第4問	
第5問	

(注) この科目には，選択問題があります。(96ページ参照。)

第 1 問 （必答問題）（配点 30）

〔1〕 c を実数とし，x の方程式

$$|3x - 3c + 1| = (3 - \sqrt{3})x - 1 \quad \cdots\cdots\cdots\cdots ①$$

を考える。

(1) $x \geqq c - \dfrac{1}{3}$ のとき，①は

$$3x - 3c + 1 = (3 - \sqrt{3})x - 1 \quad \cdots\cdots\cdots\cdots ②$$

となる。②を満たす x は

$$x = \sqrt{\boxed{\text{ア}}}\, c - \dfrac{\boxed{\text{イ}}\sqrt{3}}{3} \quad \cdots\cdots\cdots\cdots ③$$

となる。③が $x \geqq c - \dfrac{1}{3}$ を満たすような c の値の範囲は $\boxed{\text{ウ}}$ である。

また，$x < c - \dfrac{1}{3}$ のとき，①は

$$-3x + 3c - 1 = (3 - \sqrt{3})x - 1 \quad \cdots\cdots\cdots\cdots ④$$

となる。④を満たす x は

$$x = \dfrac{\boxed{\text{エ}} + \sqrt{3}}{\boxed{\text{オカ}}}\, c \quad \cdots\cdots\cdots\cdots ⑤$$

となる。⑤が $x < c - \dfrac{1}{3}$ を満たすような c の値の範囲は $\boxed{\text{キ}}$ である。

（数学 I ・数学 A 第 1 問は次ページに続く。）

ウ ， キ の解答群(同じものを繰り返し選んでもよい。)

⓪ $c \leqq \dfrac{3 + \sqrt{3}}{6}$ ① $c < \dfrac{3 - \sqrt{3}}{6}$ ② $c \geqq \dfrac{5 + \sqrt{3}}{6}$

③ $c > \dfrac{3 + \sqrt{3}}{6}$ ④ $c \geqq \dfrac{3 - \sqrt{3}}{6}$ ⑤ $c > \dfrac{5 + \sqrt{3}}{6}$

⑥ $c \leqq \dfrac{5 - \sqrt{3}}{6}$ ⑦ $c \geqq \dfrac{7 - 3\sqrt{3}}{6}$

⑧ $c < \dfrac{5 - \sqrt{3}}{6}$ ⑨ $c > \dfrac{7 - 3\sqrt{3}}{6}$

(2)　①が異なる二つの解をもつための必要十分条件は ク であり，

ただ一つの解をもつための必要十分条件は ケ である。さらに，

①が解をもたないための必要十分条件は コ である。

ク ～ コ の解答群(同じものを繰り返し選んでもよい。)

⓪ $c > \dfrac{3 - \sqrt{3}}{6}$ ① $c > \dfrac{5 + \sqrt{3}}{6}$ ② $c \geqq \dfrac{7 - 3\sqrt{3}}{6}$

③ $c = \dfrac{3 - \sqrt{3}}{6}$ ④ $c = \dfrac{5 + \sqrt{3}}{6}$ ⑤ $c = \dfrac{7 - 3\sqrt{3}}{6}$

⑥ $c \leqq \dfrac{3 - \sqrt{3}}{6}$ ⑦ $c < \dfrac{5 + \sqrt{3}}{6}$ ⑧ $c < \dfrac{7 - 3\sqrt{3}}{6}$

(数学 I ・数学 A 第 1 問は次ページに続く。)

〔2〕　以下の問題を解答するにあたっては，必要に応じて 102 ページの三角比の表を用いてもよい。

　　火災時に，ビルの高層階に取り残された人を救出する際，はしご車を使用することがある。

　　図 1 のはしご車で考える。はしごの先端を A，はしごの支点を B とする。はしごの角度（はしごと水平面のなす角の大きさ）は 75° まで大きくすることができ，はしごの長さ AB は 35 m まで伸ばすことができる。また，はしごの支点 B は地面から 2 m の高さにあるとする。

　　以下，はしごの長さ AB は 35 m に固定して考える。また，はしごは太さを無視して線分とみなし，はしご車は水平な地面上にあるものとする。

はしごの先端 ── A
はしごの支点
B　はしごの角度
2 m

図　1

⑴　はしごの先端 A の最高到達点の高さは，地面から　サシ　m である。

小数第 1 位を四捨五入して答えよ。

（数学 I・数学 A 第 1 問は次ページに続く。）

(2) 図1のはしごは，図2のように，点Cで，ACが鉛直方向になるまで下向きに屈折させることができる。ACの長さは10 mである。

図3のように，あるビルにおいて，地面から26 mの高さにある位置を点Pとする。障害物のフェンスや木があるため，はしご車をBQの長さが18 mとなる場所にとめる。ここで，点Qは，点Pの真下で，点Bと同じ高さにある位置である。

このとき，はしごの先端Aが点Pに届くかどうかは，障害物の高さや，はしご車と障害物の距離によって決まる。そこで，このことについて，後の(i)，(ii)のように考える。

ただし，はしご車，障害物，ビルは同じ水平な地面上にあり，点A，B，C，P，Qはすべて同一平面上にあるものとする。

図　2　　　　　　　　　　　図　3

(i) はしごを点Cで屈折させ，はしごの先端Aが点Pに一致したとすると，∠QBCの大きさはおよそ　ス　°になる。

ス については，最も適当なものを，次の⓪～⑥のうちから一つ選べ。

⓪ 53　　　　　① 56　　　　　② 59　　　　　③ 63

④ 67　　　　　⑤ 71　　　　　⑥ 75

（数学Ⅰ・数学A第1問は次ページに続く。）

(ii) はしご車に最も近い障害物はフェンスで，フェンスの高さは7m以上あり，障害物の中で最も高いものとする。フェンスは地面に垂直で2点B，Qの間にあり，フェンスとBQとの交点から点Bまでの距離は6mである。また，フェンスの厚みは考えないとする。

このとき，次の⓪〜⑥のフェンスの高さのうち，図3のように，はしごがフェンスに当たらずに，はしごの先端Aを点Pに一致させることができる最大のものは，| セ |である。

| セ | の解答群

⓪　7 m　　　①　10 m　　　②　13 m　　　③　16 m

④　19 m　　　⑤　22 m　　　⑥　25 m

（数学I・数学A第1問は次ページに続く。）

三角比の表

角	正弦(sin)	余弦(cos)	正接(tan)	角	正弦(sin)	余弦(cos)	正接(tan)
0°	0.0000	1.0000	0.0000	45°	0.7071	0.7071	1.0000
1°	0.0175	0.9998	0.0175	46°	0.7193	0.6947	1.0355
2°	0.0349	0.9994	0.0349	47°	0.7314	0.6820	1.0724
3°	0.0523	0.9986	0.0524	48°	0.7431	0.6691	1.1106
4°	0.0698	0.9976	0.0699	49°	0.7547	0.6561	1.1504
5°	0.0872	0.9962	0.0875	50°	0.7660	0.6428	1.1918
6°	0.1045	0.9945	0.1051	51°	0.7771	0.6293	1.2349
7°	0.1219	0.9925	0.1228	52°	0.7880	0.6157	1.2799
8°	0.1392	0.9903	0.1405	53°	0.7986	0.6018	1.3270
9°	0.1564	0.9877	0.1584	54°	0.8090	0.5878	1.3764
10°	0.1736	0.9848	0.1763	55°	0.8192	0.5736	1.4281
11°	0.1908	0.9816	0.1944	56°	0.8290	0.5592	1.4826
12°	0.2079	0.9781	0.2126	57°	0.8387	0.5446	1.5399
13°	0.2250	0.9744	0.2309	58°	0.8480	0.5299	1.6003
14°	0.2419	0.9703	0.2493	59°	0.8572	0.5150	1.6643
15°	0.2588	0.9659	0.2679	60°	0.8660	0.5000	1.7321
16°	0.2756	0.9613	0.2867	61°	0.8746	0.4848	1.8040
17°	0.2924	0.9563	0.3057	62°	0.8829	0.4695	1.8807
18°	0.3090	0.9511	0.3249	63°	0.8910	0.4540	1.9626
19°	0.3256	0.9455	0.3443	64°	0.8988	0.4384	2.0503
20°	0.3420	0.9397	0.3640	65°	0.9063	0.4226	2.1445
21°	0.3584	0.9336	0.3839	66°	0.9135	0.4067	2.2460
22°	0.3746	0.9272	0.4040	67°	0.9205	0.3907	2.3559
23°	0.3907	0.9205	0.4245	68°	0.9272	0.3746	2.4751
24°	0.4067	0.9135	0.4452	69°	0.9336	0.3584	2.6051
25°	0.4226	0.9063	0.4663	70°	0.9397	0.3420	2.7475
26°	0.4384	0.8988	0.4877	71°	0.9455	0.3256	2.9042
27°	0.4540	0.8910	0.5095	72°	0.9511	0.3090	3.0777
28°	0.4695	0.8829	0.5317	73°	0.9563	0.2924	3.2709
29°	0.4848	0.8746	0.5543	74°	0.9613	0.2756	3.4874
30°	0.5000	0.8660	0.5774	75°	0.9659	0.2588	3.7321
31°	0.5150	0.8572	0.6009	76°	0.9703	0.2419	4.0108
32°	0.5299	0.8480	0.6249	77°	0.9744	0.2250	4.3315
33°	0.5446	0.8387	0.6494	78°	0.9781	0.2079	4.7046
34°	0.5592	0.8290	0.6745	79°	0.9816	0.1908	5.1446
35°	0.5736	0.8192	0.7002	80°	0.9848	0.1736	5.6713
36°	0.5878	0.8090	0.7265	81°	0.9877	0.1564	6.3138
37°	0.6018	0.7986	0.7536	82°	0.9903	0.1392	7.1154
38°	0.6157	0.7880	0.7813	83°	0.9925	0.1219	8.1443
39°	0.6293	0.7771	0.8098	84°	0.9945	0.1045	9.5144
40°	0.6428	0.7660	0.8391	85°	0.9962	0.0872	11.4301
41°	0.6561	0.7547	0.8693	86°	0.9976	0.0698	14.3007
42°	0.6691	0.7431	0.9004	87°	0.9986	0.0523	19.0811
43°	0.6820	0.7314	0.9325	88°	0.9994	0.0349	28.6363
44°	0.6947	0.7193	0.9657	89°	0.9998	0.0175	57.2900
45°	0.7071	0.7071	1.0000	90°	1.0000	0.0000	―

（数学I・数学A第1問は次ページに続く。）

〔3〕　三角形は，与えられた辺の長さや角の大きさの条件によって，ただ一通りに決まる場合や二通りに決まる場合がある。

　　以下，△ABCにおいて AB = 4 とする。

(1)　AC = 6，cos ∠BAC = $\dfrac{1}{3}$ とする。このとき，BC = $\boxed{\text{ソ}}$ であり，△ABCはただ一通りに決まる。

(2)　sin ∠BAC = $\dfrac{1}{3}$ とする。このとき，BCの長さのとり得る値の範囲は，点Bと直線ACとの距離を考えることにより，BC ≧ $\dfrac{\boxed{\text{タ}}}{\boxed{\text{チ}}}$ である。

　　BC = $\dfrac{\boxed{\text{タ}}}{\boxed{\text{チ}}}$ または BC = $\boxed{\text{ツ}}$ のとき，△ABCはただ一通りに決まる。

　　また，∠ABC = 90° のとき，BC = $\sqrt{\boxed{\text{テ}}}$ である。

（数学I・数学A第1問は次ページに続く。）

104

したがって，△ABC の形状について，次のことが成り立つ。

- $\dfrac{\boxed{タ}}{\boxed{チ}} < \mathrm{BC} < \sqrt{\boxed{テ}}$ のとき，△ABC は $\boxed{ト}$ 。

- $\mathrm{BC} = \sqrt{\boxed{テ}}$ のとき，△ABC は $\boxed{ナ}$ 。

- $\mathrm{BC} > \sqrt{\boxed{テ}}$ かつ $\mathrm{BC} \neq \boxed{ツ}$ のとき，△ABC は $\boxed{ニ}$ 。

$\boxed{ト} \sim \boxed{ニ}$ の解答群(同じものを繰り返し選んでもよい。)

⓪ ただ一通りに決まり，それは鋭角三角形である

① ただ一通りに決まり，それは直角三角形である

② ただ一通りに決まり，それは鈍角三角形である

③ 二通りに決まり，それらはともに鋭角三角形である

④ 二通りに決まり，それらは鋭角三角形と直角三角形である

⑤ 二通りに決まり，それらは鋭角三角形と鈍角三角形である

⑥ 二通りに決まり，それらはともに直角三角形である

⑦ 二通りに決まり，それらは直角三角形と鈍角三角形である

⑧ 二通りに決まり，それらはともに鈍角三角形である

第2問 （必答問題）（配点 30）

〔1〕 a を $5 < a < 10$ を満たす実数とする。長方形 ABCD を考え，AB = CD = 5，BC = DA = a とする。

次のようにして，長方形 ABCD の辺上に4点 P，Q，R，S をとり，内部に点 T をとることを考える。

辺 AB 上に点 B と異なる点 P をとる。辺 BC 上に点 Q を ∠BPQ が 45°になるようにとる。Q を通り，直線 PQ と垂直に交わる直線を ℓ とする。ℓ が頂点 C，D 以外の点で辺 CD と交わるとき，ℓ と辺 CD の交点を R とする。

点 R を通り ℓ と垂直に交わる直線を m とする。m と辺 AD との交点を S とする。点 S を通り m と垂直に交わる直線を n とする。n と直線 PQ との交点を T とする。

参考図

（数学Ⅰ・数学A 第2問は次ページに続く。）

(1)　$a = 6$ のとき，ℓ が頂点 C，D 以外の点で辺 CD と交わるときの AP の

値の範囲は $0 \leqq \mathrm{AP} < \boxed{\text{ア}}$ である。このとき，四角形 QRST の面積の

最大値は $\dfrac{\boxed{\text{イウ}}}{\boxed{\text{エ}}}$ である。

$a = 8$ のとき，四角形 QRST の面積の最大値は $\boxed{\text{オカ}}$ である。

(2)　$5 < a < 10$ とする。ℓ が頂点 C，D 以外の点で辺 CD と交わるときの

AP の値の範囲は

$$0 \leqq \mathrm{AP} < \boxed{\text{キク}} - a \qquad\qquad\qquad\cdots\cdots\cdots\cdots\cdots\cdots ①$$

である。

点 P が ① を満たす範囲を動くとする。四角形 QRST の面積の最大値が

$\dfrac{\boxed{\text{イウ}}}{\boxed{\text{エ}}}$ となるときの a の値の範囲は

$$5 < a \leqq \dfrac{\boxed{\text{ケコ}}}{\boxed{\text{サ}}}$$

である。

a が $\dfrac{\boxed{\text{ケコ}}}{\boxed{\text{サ}}} < a < 10$ を満たすとき，P が ① を満たす範囲を動いた

ときの四角形 QRST の面積の最大値は

$$\boxed{\text{シス}}\,a^2 + \boxed{\text{セソ}}\,a - \boxed{\text{タチツ}}$$

である。

（数学Ⅰ・数学A第2問は次ページに続く。）

〔2〕　国土交通省では「全国道路・街路交通情勢調査」を行い，地域ごとのデータを公開している。以下では，2010 年と 2015 年に 67 地域で調査された高速道路の交通量と速度を使用する。交通量としては，それぞれの地域において，ある 1 日にある区間を走行した自動車の台数（以下，交通量という。単位は台）を用いる。また，速度としては，それぞれの地域において，ある区間を走行した自動車の走行距離および走行時間から算出した値（以下，速度という。単位は km/h）を用いる。

（数学Ⅰ・数学A 第 2 問は 次ページに続く。）

⑴ 表1は，2015年の交通量と速度の平均値，標準偏差および共分散である。ただし，共分散は交通量の偏差と速度の偏差の積の平均値である。

表1　2015年の交通量と速度の平均値，標準偏差および共分散

	平均値	標準偏差	共分散
交通量	17300	10200	− 63600
速　度	82.0	9.60	

この表より，(標準偏差)：(平均値)の比の値は，小数第3位を四捨五入すると，交通量については0.59であり，速度については　テ　である。また，交通量と速度の相関係数は　ト　である。

また，図1は，2015年の交通量と速度の散布図である。なお，この散布図には，完全に重なっている点はない。

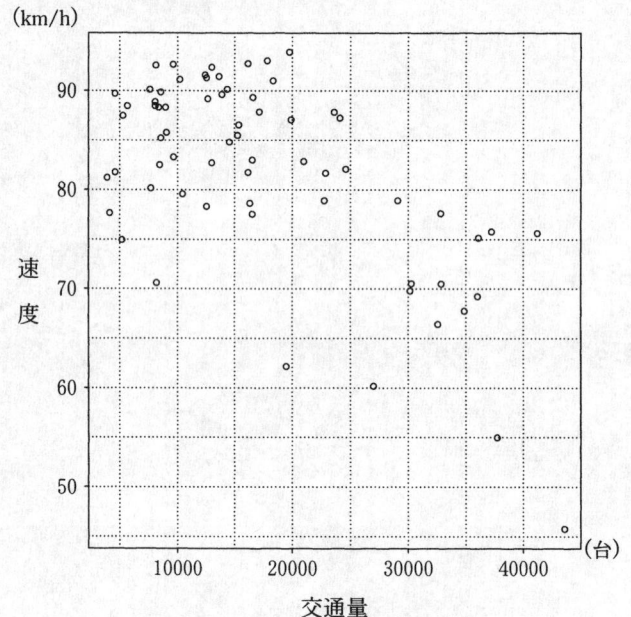

図1　2015年の交通量と速度の散布図
(出典：国土交通省の Web ページにより作成)

(数学 I ・数学 A 第 2 問は次ページに続く。)

　　2015年の交通量のヒストグラムは，図1を参考にすると，| ナ |である。なお，ヒストグラムの各階級の区間は，左側の数値を含み，右側の数値を含まない。また，表1および図1から読み取れることとして，後の**⓪～⑤**のうち，正しいものは| ニ |と| ヌ |である。

　| テ |，| ト |については，最も適当なものを，次の**⓪～⑨**のうちから一つずつ選べ。ただし，同じものを繰り返し選んでもよい。

⓪ − 0.71　**①** − 0.65　**②** − 0.59　**③** − 0.12　**④** − 0.03
⑤ 0.03　**⑥** 0.12　**⑦** 0.59　**⑧** 0.65　**⑨** 0.71

| ナ |の解答群

⓪ （地域数）

① （地域数）

② （地域数）

③ （地域数）

| ニ |，| ヌ |の解答群（解答の順序は問わない。）

⓪　交通量が 27500 以上のすべての地域の速度は 75 未満である。
①　交通量が 10000 未満のすべての地域の速度は 70 以上である。
②　速度が平均値以上のすべての地域では，交通量が平均値以上である。
③　速度が平均値未満のすべての地域では，交通量が平均値未満である。
④　交通量が 27500 以上の地域は，ちょうど 7 地域存在する。
⑤　速度が 72.5 未満の地域は，ちょうど 11 地域存在する。

（数学I・数学A第2問は次ページに続く。）

(2) 図2は，2010年と2015年の速度の散布図である。ただし，原点を通り，傾きが1である直線（点線）を補助的に描いている。また，この散布図には，完全に重なっている点はない。

図2　2010年と2015年の速度の散布図

(出典：国土交通省のWebページにより作成)

（数学Ⅰ・数学A第2問は次ページに続く。）

67地域について，2010年より2015年の速度が速くなった地域群をA群，遅くなった地域群をB群とする。A群の地域数は　ネノ　である。

B群において，2010年より2015年の速度が，5 km/h以上遅くなった地域数は　ハ　であり，10％以上遅くなった地域数は　ヒ　である。

A群の2015年の速度については，第1四分位数は81.2，中央値は86.7，第3四分位数は89.7であった。次の(I)，(II)，(III)はA群とB群の2015年の速度に関する記述である。

(I)　A群の速度の範囲は，B群の速度の範囲より小さい。

(II)　A群の速度の第1四分位数は，B群の速度の第3四分位数より小さい。

(III)　A群の速度の四分位範囲は，B群の速度の四分位範囲より小さい。

(I)，(II)，(III)の正誤の組合せとして正しいものは　フ　である。

フ　の解答群

	⓪	①	②	③	④	⑤	⑥	⑦
(I)	正	正	正	正	誤	誤	誤	誤
(II)	正	正	誤	誤	正	正	誤	誤
(III)	正	誤	正	誤	正	誤	正	誤

（数学 I・数学 A 第 2 問は次ページに続く。）

(3) 図3は2015年の速度の箱ひげ図である。図4は図1を再掲したもので
あり，2015年の交通量と速度の散布図である。これらの速度から1kmあ
たりの走行時間（分）を考える。例えば，速度が55km/hの場合は，1時
間あたりの走行距離が55kmなので，1kmあたりの走行時間は
$\dfrac{1}{55} \times 60$の小数第3位を四捨五入して1.09分となる。

このようにして2015年の速度を1kmあたりの走行時間に変換した
データの箱ひげ図は $\boxed{\quad へ \quad}$ であり，2015年の交通量と1kmあたりの走
行時間の散布図は $\boxed{\quad ホ \quad}$ である。なお，解答群の散布図には，完全に重
なっている点はない。

図3　2015年の速度
　の箱ひげ図

図4　2015年の交通量と速度の散布図

（出典：国土交通省のWebページにより作成）

（数学Ⅰ・数学A第2問は次ページに続く。）

へ の解答群

ホ の解答群

第3問～第5問は，いずれか2問を選択し，解答しなさい。

第3問 （選択問題）（配点 20）

花子さんと太郎さんは，得点に応じた景品を一つもらえる，さいころを使った次のゲームを行う。ただし，得点なしの場合は景品をもらえない。

ゲームのルール

- 最初にさいころを1回投げる。
- さいころを1回投げた後に，続けて2回目を投げるかそれとも1回で終えて2回目を投げないかを，自分で決めることができる。
- 2回目を投げた場合は，出た目の合計を6で割った余りをAとする。2回目を投げなかった場合は，1回目に出た目を6で割った余りをAとする。
- Aが決まった後に，さいころをもう1回投げ，出た目がA未満の場合はAを得点とし，出た目がA以上のときは得点なしとする。

---

(1) 1回目に投げたさいころの目にかかわらず2回目を投げる場合を考える。

$A = 4$ となるのは出た目の合計が $\boxed{\text{ア}}$ または $\boxed{\text{イウ}}$ の場合であるから，

$A = 4$ となる確率は $\dfrac{\boxed{\text{エ}}}{\boxed{\text{オ}}}$ である。また，$A \geqq 4$ となる確率は $\dfrac{\boxed{\text{カ}}}{\boxed{\text{キ}}}$ である。

（数学Ⅰ・数学A第3問は次ページに続く。）

(2)　花子さんは4点以上の景品が欲しいと思い，$A \geqq 4$ となる確率が最大となるような戦略を考えた。

例えば，さいころを1回投げたところ，出た目は5であったとする。この条件のもとでは，2回目を投げない場合は確実に $A \geqq 4$ となるが，2回目を投げると $A \geqq 4$ となる確率は $\dfrac{\boxed{ク}}{\boxed{ケ}}$ である。よって，この条件のもとでは2回目を投げない方が $A \geqq 4$ となる確率は大きくなる。

1回目に出た目が5以外の場合も，このように2回目を投げない場合と投げる場合を比較すると，花子さんの戦略は次のようになる。

─ **花子さんの戦略** ─────────────

1回目に投げたさいころの目を6で割った余りが $\boxed{コ}$ のときのみ，2回目を投げる。

────────────────────────

1回目に投げたさいころの目が5以外の場合も考えてみると，いずれの場合も2回目を投げたときに $A \geqq 4$ となる確率は $\dfrac{\boxed{ク}}{\boxed{ケ}}$ である。このことから，花子さんの戦略のもとで $A \geqq 4$ となる確率は $\dfrac{\boxed{サ}}{\boxed{シ}}$ であり，この確率は $\dfrac{\boxed{カ}}{\boxed{キ}}$ より大きくなる。

$\boxed{コ}$ の解答群

⓪　2以下	①　3以下	②　4以下
③　2以上	④　3以上	⑤　4以上

（数学 I・数学 A 第3問は次ページに続く。）

116

(3) 太郎さんは，どの景品でもよいからもらいたいと思い，得点なしとなる確率が最小となるような戦略を考えた。

　例えば，さいころを1回投げたところ，出た目は3であったとする。この条件のもとでは，2回目を投げない場合，得点なしとなる確率は $\dfrac{ス}{セ}$ であり，2回目を投げる場合，得点なしとなる確率は $\dfrac{ソタ}{チツ}$ である。よって，1回目に投げたさいころの目が3であったときは，$\boxed{テ}$。

　1回目に投げたさいころの目が3以外の場合についても考えてみると，太郎さんの戦略は次のようになる。

太郎さんの戦略

　1回目に投げたさいころの目を6で割った余りが $\boxed{ト}$ のときのみ，2回目を投げる。

　この戦略のもとで太郎さんが得点なしとなる確率は $\dfrac{ナニ}{ヌネ}$ であり，この確率は，1回目に投げたさいころの目にかかわらず2回目を投げる場合における得点なしとなる確率より小さくなる。

（数学I・数学A第3問は次ページに続く。）

— 374 —

| テ | の解答群

- ⓪ 2回目を投げない方が得点なしとなる確率は小さい
- ① 2回目を投げた方が得点なしとなる確率は小さい
- ② 2回目を投げても投げなくても得点なしとなる確率は変わらない

| ト | の解答群

| ⓪ 2以下 | ① 3以下 | ② 4以下 |
| ③ 2以上 | ④ 3以上 | ⑤ 4以上 |

第3問～第5問は，いずれか2問を選択し，解答しなさい。

第4問 (選択問題) (配点 20)

(1) 整数 k が $0 \leqq k < 5$ を満たすとする。$77k = 5 \times 15k + 2k$ に注意すると，$77k$ を5で割った余りが1となるのは $k = \boxed{\ \text{ア}\ }$ のときである。

(2) 三つの整数 k, ℓ, m が

$$0 \leqq k < 5, \quad 0 \leqq \ell < 7, \quad 0 \leqq m < 11$$

を満たすとする。このとき

$$\frac{k}{5} + \frac{\ell}{7} + \frac{m}{11} - \frac{1}{385} \qquad \cdots\cdots\cdots\cdots ①$$

が整数となる k, ℓ, m を求めよう。

① の値が整数のとき，その値を n とすると

$$\frac{k}{5} + \frac{\ell}{7} + \frac{m}{11} = \frac{1}{385} + n \qquad \cdots\cdots\cdots\cdots ②$$

となる。② の両辺に 385 を掛けると

$$77k + 55\ell + 35m = 1 + 385n \qquad \cdots\cdots\cdots\cdots ③$$

となる。これより

$$77k = 5(-11\ell - 7m + 77n) + 1$$

となることから，$77k$ を5で割った余りは1なので $k = \boxed{\ \text{ア}\ }$ である。

(数学Ⅰ・数学A第4問は次ページに続く。)

同様にして

$$55\ell = 7(-11k - 5m + 55n) + 1$$

および

$$35m = 11(-7k - 5\ell + 35n) + 1$$

であることに注意すると，$\ell = \boxed{\text{イ}}$ および $m = \boxed{\text{ウ}}$ が得られる。

　なお，$k = \boxed{\text{ア}}$，$\ell = \boxed{\text{イ}}$，$m = \boxed{\text{ウ}}$ を③に代入すると $n = 2$ であることがわかる。

（数学Ⅰ・数学A第4問は次ページに続く。）

(3) 三つの整数 x, y, z が

$$0 \leqq x < 5, \quad 0 \leqq y < 7, \quad 0 \leqq z < 11$$

を満たすとする。次の形の整数

$$77 \times \boxed{\text{ア}} \times x + 55 \times \boxed{\text{イ}} \times y + 35 \times \boxed{\text{ウ}} \times z$$

を 5，7，11 で割った余りがそれぞれ 2，4，5 であるとする。このとき，x, y, z を求めよう。$77 \times \boxed{\text{ア}} \times x$ を 5 で割った余りが 2 であることから $x = \boxed{\text{エ}}$ となる。同様にして $y = \boxed{\text{オ}}$, $z = \boxed{\text{カ}}$ となる。

x, y, z を上で求めた値として，整数 p を

$$p = 77 \times \boxed{\text{ア}} \times x + 55 \times \boxed{\text{イ}} \times y + 35 \times \boxed{\text{ウ}} \times z$$

で定める。このとき，5，7，11 で割った余りがそれぞれ 2，4，5 である整数 M は，ある整数 r を用いて $M = p + 385r$ と表すことができる。

(4) 整数 p を (3) で定めたものとする。p^a を 5 で割った余りが 1 となる正の整数 a のうち，最小のものは $a = 4$ である。また，p^b を 7 で割った余りが 1 となる正の整数 b のうち，最小のものは $b = \boxed{\text{キ}}$ となる。さらに，p^c を 11 で割った余りが 1 となる正の整数 c のうち，最小のものは $c = \boxed{\text{ク}}$ である。

p^8 を 385 で割った余りを q とするとき，q を求めよう。p^8 を 5，7，11 で割った余りを利用して (3) と同様に考えると，$q = \boxed{\text{ケコサ}}$ であることがわかる。

第3問〜第5問は，いずれか2問を選択し，解答しなさい。

第5問 （選択問題）（配点　20）

(1) 円と直線に関する次の**定理**を考える。

定理　3点 P，Q，R は一直線上にこの順に並んでいるとし，点 T はこ
の直線上にないものとする。このとき，PQ・PR ＝ PT^2 が成り立つ
ならば，直線 PT は3点 Q，R，T を通る円に接する。

この**定理**が成り立つことは，次のように説明できる。

直線 PT は3点 Q，R，T を通る円 O に接しないとする。このとき，直線
PT は円 O と異なる2点で交わる。直線 PT と円 O との交点で点 T とは異なる
点を T′ とすると

$$PT \cdot PT' = \boxed{ア} \cdot \boxed{イ}$$

が成り立つ。点 T と点 T′ が異なることにより，PT・PT′ の値と PT^2 の値は異
なる。したがって，PQ・PR ＝ PT^2 に矛盾するので，背理法により，直線 PT
は3点 Q，R，T を通る円に接するといえる。

$\boxed{ア}$，$\boxed{イ}$ の解答群（解答の順序は問わない。）

⓪ PQ	① PR	② QR	③ QT	④ RT

（数学 I・数学A第5問は次ページに続く。）

(2)　$\triangle ABC$ において，$AB = \dfrac{1}{2}$，$BC = \dfrac{3}{4}$，$AC = 1$ とする。

このとき，$\angle ABC$ の二等分線と辺 AC との交点を D とすると，

$AD = \dfrac{\boxed{ウ}}{\boxed{エ}}$ である。直線 BC 上に，点 C とは異なり，$BC = BE$ となる点

E をとる。$\angle ABE$ の二等分線と線分 AE との交点を F とし，直線 AC との交

点を G とすると

$$\dfrac{AC}{AG} = \dfrac{\boxed{オ}}{\boxed{カ}}, \qquad \dfrac{\triangle ABF \text{ の面積}}{\triangle AFG \text{ の面積}} = \dfrac{\boxed{キ}}{\boxed{ク}}$$

である。

線分 DG の中点を H とすると，$BH = \dfrac{\boxed{ケ}}{\boxed{コ}}$ である。また

$$AH = \dfrac{\boxed{サ}}{\boxed{シ}}, \qquad CH = \dfrac{\boxed{ス}}{\boxed{セ}}$$

である。

$\triangle ABC$ の外心を O とする。$\triangle ABC$ の外接円 O の半径が

$\dfrac{\boxed{ソ}\sqrt{\boxed{タチ}}}{\boxed{ツテ}}$ であることから，線分 BH を $1:2$ に内分する点を I と

すると

$$IO = \dfrac{\boxed{ト}\sqrt{\boxed{ナ}}}{\boxed{ニヌ}}$$

であることがわかる。

数学Ⅱ・数学B

問　題	選　択　方　法
第1問	必　　　答
第2問	必　　　答
第3問	いずれか2問を選択し，解答しなさい。
第4問	
第5問	

（注）この科目には，選択問題があります。(123ページ参照。)

第1問 （必答問題）（配点 30）

〔1〕 座標平面上で，直線 $3x + 2y - 39 = 0$ を ℓ_1 とする。また，k を実数とし，直線 $kx - y - 5k + 12 = 0$ を ℓ_2 とする。

(1) 直線 ℓ_1 と x 軸は，点 $\left(\boxed{\text{アイ}}, 0 \right)$ で交わる。

また，直線 ℓ_2 は k の値に関係なく点 $\left(\boxed{\text{ウ}}, \boxed{\text{エオ}} \right)$ を通り，直線 ℓ_1 もこの点を通る。

(2) 2直線 ℓ_1，ℓ_2 および x 軸によって囲まれた三角形ができないような k の値は

$$k = \boxed{\text{カ}}, \quad \dfrac{\boxed{\text{キク}}}{\boxed{\text{ケ}}}$$

である。

（数学Ⅱ・数学B第1問は次ページに続く。）

(3)　2直線 ℓ_1, ℓ_2 および x 軸によって囲まれた三角形ができるとき，この三角形の周および内部からなる領域を D とする。さらに，r を正の実数とし，不等式 $x^2 + y^2 \leqq r^2$ の表す領域を E とする。

　　直線 ℓ_2 が点 $(-13, 0)$ を通る場合を考える。このとき，$k = \dfrac{\boxed{コ}}{\boxed{サ}}$

である。さらに，D が E に含まれるような r の値の範囲は

　　$r \geqq \boxed{シス}$

である。

　　次に，$r = \boxed{シス}$ の場合を考える。このとき，D が E に含まれるような k の値の範囲は

　　$k \geqq \dfrac{\boxed{セ}}{\boxed{ソ}}$ または $k < \dfrac{\boxed{タチ}}{\boxed{ツ}}$

である。

（数学Ⅱ・数学B第1問は次ページに続く。）

〔2〕 θ は $-\dfrac{\pi}{2} < \theta < \dfrac{\pi}{2}$ を満たすとする。

(1) $\tan\theta = -\sqrt{3}$ のとき，$\theta = \boxed{\ \text{テ}\ }$ であり

$$\cos\theta = \boxed{\ \text{ト}\ }, \quad \sin\theta = \boxed{\ \text{ナ}\ }$$

である。

一般に，$\tan\theta = k$ のとき

$$\cos\theta = \boxed{\ \text{ニ}\ }, \quad \sin\theta = \boxed{\ \text{ヌ}\ }$$

である。

$\boxed{\ \text{テ}\ }$ の解答群

⓪ $-\dfrac{\pi}{3}$	① $-\dfrac{\pi}{4}$	② $-\dfrac{\pi}{6}$	③ $\dfrac{\pi}{6}$	④ $\dfrac{\pi}{4}$	⑤ $\dfrac{\pi}{3}$

$\boxed{\ \text{ト}\ }$，$\boxed{\ \text{ナ}\ }$ の解答群（同じものを繰り返し選んでもよい。）

⓪ 0	① 1	② -1
③ $\dfrac{\sqrt{3}}{2}$	④ $-\dfrac{\sqrt{3}}{2}$	⑤ $\dfrac{\sqrt{2}}{2}$
⑥ $-\dfrac{\sqrt{2}}{2}$	⑦ $\dfrac{1}{2}$	⑧ $-\dfrac{1}{2}$

$\boxed{\ \text{ニ}\ }$，$\boxed{\ \text{ヌ}\ }$ の解答群（同じものを繰り返し選んでもよい。）

⓪ $\dfrac{1}{1+k^2}$	① $-\dfrac{1}{1+k^2}$	② $\dfrac{k}{1+k^2}$	③ $-\dfrac{k}{1+k^2}$
④ $\dfrac{2}{1+k^2}$	⑤ $-\dfrac{2}{1+k^2}$	⑥ $\dfrac{2k}{1+k^2}$	⑦ $-\dfrac{2k}{1+k^2}$
⑧ $\dfrac{1}{\sqrt{1+k^2}}$	⑨ $-\dfrac{1}{\sqrt{1+k^2}}$	ⓐ $\dfrac{k}{\sqrt{1+k^2}}$	ⓑ $-\dfrac{k}{\sqrt{1+k^2}}$

（数学Ⅱ・数学B第1問は次ページに続く。）

⑵　花子さんと太郎さんは，関数のとり得る値の範囲について話している。

> 花子：$-\dfrac{\pi}{2} < \theta < \dfrac{\pi}{2}$ の範囲で θ を動かすとき，$\tan\theta$ のとり得る
>
> 　　　値の範囲は実数全体だよね。
>
> 太郎：$\tan\theta = \dfrac{\sin\theta}{\cos\theta}$ だけど，分子を少し変えるとどうなるかな。

$$\dfrac{\sin 2\theta}{\cos\theta} = p, \quad \dfrac{\sin\left(\theta + \dfrac{\pi}{7}\right)}{\cos\theta} = q \text{ とおく。}$$

$-\dfrac{\pi}{2} < \theta < \dfrac{\pi}{2}$ の範囲で θ を動かすとき，p のとり得る値の範囲は

　ネ　であり，q のとり得る値の範囲は　ノ　である。

　ネ　の解答群

⓪　$-1 < p < 1$	①　$0 < p < 1$
②　$-2 < p < 2$	③　$0 < p < 2$
④　実数全体	⑤　正の実数全体

　ノ　の解答群

⓪　$-1 < q < 1$	①　$0 < q < 1$
②　$-2 < q < 2$	③　$0 < q < 2$
④　実数全体	⑤　正の実数全体
⑥　$-\sin\dfrac{\pi}{7} < q < \sin\dfrac{\pi}{7}$	⑦　$0 < q < \sin\dfrac{\pi}{7}$
⑧　$-\cos\dfrac{\pi}{7} < q < \cos\dfrac{\pi}{7}$	⑨　$0 < q < \cos\dfrac{\pi}{7}$

（数学Ⅱ・数学Ｂ第１問は次ページに続く。）

(3) α は $0 \leqq \alpha < 2\pi$ を満たすとし

$$\frac{\sin(\theta + \alpha)}{\cos\theta} = r$$

とおく。$\alpha = \dfrac{\pi}{7}$ の場合，r は(2)で定めた q と等しい。

α の値を一つ定め，$-\dfrac{\pi}{2} < \theta < \dfrac{\pi}{2}$ の範囲で θ のみを動かすとき，r のとり得る値の範囲を考える。

r のとり得る値の範囲が q のとり得る値の範囲と異なるような $\alpha\,(\,0 \leqq \alpha < 2\pi)$ は $\boxed{\text{ハ}}$ 。

$\boxed{\text{ハ}}$ の解答群

⓪ 存在しない   ① ちょうど 1 個存在する

② ちょうど 2 個存在する   ③ ちょうど 3 個存在する

④ ちょうど 4 個存在する   ⑤ 5 個以上存在する

第2問 （必答問題）（配点　30）

k を実数とし

$$f(x) = x^3 - kx$$

とおく。また，座標平面上の曲線 $y = f(x)$ を C とする。

必要に応じて，次のことを用いてもよい。

曲線 C の平行移動

曲線 C を x 軸方向に p，y 軸方向に q だけ平行移動した曲線の方程式は

$$y = (x - p)^3 - k(x - p) + q$$

である。

---

(1)　t を実数とし

$$g(x) = (x - t)^3 - k(x - t)$$

とおく。また，座標平面上の曲線 $y = g(x)$ を C_1 とする。

(i)　関数 $f(x)$ は $x = 2$ で極値をとるとする。

このとき，$f'(2) = \boxed{\text{ア}}$ であるから，$k = \boxed{\text{イウ}}$ であり，$f(x)$ は

$x = \boxed{\text{エオ}}$ で極大値をとる。また，$g(x)$ が $x = 3$ で極大値をとるとき，

$t = \boxed{\text{カ}}$ である。

（数学II・数学B第2問は次ページに続く。）

(ii) $t = 1$ とする。また，曲線 C と C_1 は2点で交わるとし，一つの交点の x 座標は -2 であるとする。このとき，$k = \boxed{\text{キク}}$ であり，もう一方の交点の x 座標は $\boxed{\text{ケ}}$ である。また，C と C_1 で囲まれた図形のうち，$x \geqq 0$ の範囲にある部分の面積は $\dfrac{\boxed{\text{コサ}}}{\boxed{\text{シ}}}$ である。

（数学II・数学B第2問は次ページに続く。）

⑵　a, b, c を実数とし

$$h(x) = x^3 + 3ax^2 + bx + c$$

とおく。また，座標平面上の曲線 $y = h(x)$ を C_2 とする。

(ⅰ)　曲線 C を平行移動して，C_2 と一致させることができるかどうかを考察しよう。C を x 軸方向に p，y 軸方向に q だけ平行移動した曲線が C_2 と一致するとき

$$h(x) = (x-p)^3 - k(x-p) + q \quad\text{……………………………} ①$$

である。よって，$p = \boxed{\text{スセ}}$，$b = \boxed{\text{ソ}} p^2 - k$ であり

$$k = \boxed{\text{タ}} a^2 - b \quad\text{……………………………} ②$$

である。また，① において，$x = p$ を代入すると，$q = h(p) = h\left(\boxed{\text{スセ}} \right)$ となる。

逆に，k が ② を満たすとき，C を x 軸方向に $\boxed{\text{スセ}}$，y 軸方向に $h\left(\boxed{\text{スセ}} \right)$ だけ平行移動させると C_2 と一致することが確かめられる。

（数学Ⅱ・数学B第2問は次ページに続く。）

(ii) $b = 3a^2 - 3$ とする。このとき，曲線 C_2 は曲線

$$y = x^3 - \boxed{\text{チ}} \; x$$

を平行移動したものと一致する。よって，$h(x)$ が $x = 4$ で極大値 3 をとる

とき，$h(x)$ は $x = \boxed{\text{ツ}}$ で極小値 $\boxed{\text{テト}}$ をとることがわかる。

(iii) 次の ⓪ ～ ③ のうち，平行移動によって一致させることができる二つの異な

る曲線は $\boxed{\text{ナ}}$ と $\boxed{\text{ニ}}$ である。

$\boxed{\text{ナ}}$ ，$\boxed{\text{ニ}}$ の解答群（解答の順序は問わない。）

⓪ $y = x^3 - x - 5$

① $y = x^3 + 3x^2 - 2x - 4$

② $y = x^3 - 6x^2 - x - 4$

③ $y = x^3 - 6x^2 + 7x - 5$

第3問～第5問は，いずれか2問を選択し，解答しなさい。

第3問 （選択問題）（配点 20）

以下の問題を解答するにあたっては，必要に応じて138ページの正規分布表を用いてもよい。

太郎さんのクラスでは，確率分布の問題として，2個のさいころを同時に投げることを72回繰り返す試行を行い，2個とも1の目が出た回数を表す確率変数 X の分布を考えることとなった。そこで，21名の生徒がこの試行を行った。

(1) X は二項分布 $B\left(\boxed{\text{アイ}}, \dfrac{\boxed{\text{ウ}}}{\boxed{\text{エオ}}}\right)$ に従う。このとき，$k = \boxed{\text{アイ}}$，

$p = \dfrac{\boxed{\text{ウ}}}{\boxed{\text{エオ}}}$ とおくと，$X = r$ である確率は

$$P(X = r) = {}_kC_r\, p^r(1 - p)^{\boxed{\text{カ}}} \qquad (r = 0,\ 1,\ 2,\ \cdots,\ k) \ \cdots\cdots ①$$

である。

また，X の平均（期待値）は $E(X) = \boxed{\text{キ}}$，標準偏差は

$$\sigma(X) = \dfrac{\sqrt{\boxed{\text{クケ}}}}{\boxed{\text{コ}}} \ \text{である。}$$

$\boxed{\text{カ}}$ の解答群

⓪ k	① $k + r$	② $k - r$	③ r

（数学Ⅱ・数学B第3問は次ページに続く。）

⑵ 21名全員の試行結果について，2個とも1の目が出た回数を調べたところ，次の表のような結果になった。なお，5回以上出た生徒はいなかった。

回数	0	1	2	3	4	計
人数	2	7	7	3	2	21

　この表をもとに，確率変数 Y を考える。Y のとり得る値を0，1，2，3，4とし，各値の相対度数を確率として，Y の確率分布を次の表のとおりとする。

Y	0	1	2	3	4	計
P	$\dfrac{2}{21}$	$\dfrac{1}{3}$	$\dfrac{1}{3}$	$\dfrac{サ}{シ}$	$\dfrac{2}{21}$	ス

　このとき，Y の平均は $E(Y) = \dfrac{セソ}{タチ}$，標準偏差は $\sigma(Y) = \dfrac{\sqrt{530}}{21}$ である。

（数学Ⅱ・数学B第3問は次ページに続く。）

(3)　太郎さんは，(2)の実際の試行結果から作成した確率変数 Y の分布について，二項分布の① のように，その確率の値を数式で表したいと考えた。そこで，$Y = 1$，$Y = 2$ である確率が最大であり，かつ，それら二つの確率が等しくなっている確率分布について先生に相談したところ，Y の代わりとして，新しく次のような確率変数 Z を提案された。

先生の提案

　Z のとり得る値は 0，1，2，3，4 であり，$Z = r$ である確率を

$$P(Z = r) = \alpha \cdot \frac{2^r}{r!} \quad (r = 0,\ 1,\ 2,\ 3,\ 4)$$

とする。ただし，α を正の定数とする。また，$r! = r(r-1)\cdots \cdot 2 \cdot 1$ であり，$0! = 1$，$1! = 1$，$2! = 2$，$3! = 6$，$4! = 24$ である。

　このとき，(2)と同様に Z の確率分布の表を作成することにより，

$$\alpha = \frac{\boxed{ツ}}{\boxed{テ}}$$ であることがわかる。

　Z の平均は $E(Z) = \dfrac{\boxed{セソ}}{\boxed{タチ}}$，標準偏差は $\sigma(Z) = \dfrac{\sqrt{614}}{21}$ であり，$E(Z) = E(Y)$ が成り立つ。また，$Z = 1$，$Z = 2$ である確率が最大であり，かつ，それら二つの確率は等しい。これらのことから，太郎さんは提案されたこの Z の確率分布を利用することを考えた。

（数学Ⅱ・数学B 第3問は次ページに続く。）

⑷ ⑶で考えた確率変数 Z の確率分布をもつ母集団を考え，この母集団から無作為に抽出した大きさ n の標本を確率変数 W_1, W_2, $\cdots$, W_n とし，標本平均を $\overline{W} = \dfrac{1}{n}(W_1 + W_2 + \cdots + W_n)$ とする。

$\overline{W}$ の平均を $E(\overline{W}) = m$，標準偏差を $\sigma(\overline{W}) = s$ とおくと，$m = \dfrac{\boxed{\text{トナ}}}{\boxed{\text{ニヌ}}}$，

$s = \sigma(Z) \cdot \boxed{\text{ネ}}$ である。

$\boxed{\text{ネ}}$ の解答群

⓪ $\dfrac{1}{n}$	① 1	② $\dfrac{1}{\sqrt{n}}$
③ $\sqrt{n}$	④ n	⑤ n^2

（数学Ⅱ・数学B第3問は次ページに続く。）

また，標本の大きさ n が十分に大きいとき，$\overline{W}$ は近似的に正規分布 $N(m, s^2)$ に従う。さらに，n が増加すると s^2 は $\boxed{\text{ノ}}$ ので，$\overline{W}$ の分布曲線と，m と $E(X) = \boxed{\text{キ}}$ の大小関係に注意すれば，n が増加すると $P\left(\overline{W} \geqq \boxed{\text{キ}}\right)$ は $\boxed{\text{ハ}}$ ことがわかる。

ここで，$U = \boxed{\text{ヒ}}$ とおくと，n が十分に大きいとき，確率変数 U は近似的に標準正規分布 $N(0, 1)$ に従う。このことを利用すると，$n = 100$ のとき，標本の大きさは十分に大きいので

$$P\left(\overline{W} \geqq \boxed{\text{キ}}\right) = 0.\boxed{\text{フヘホ}}$$

である。ただし，0. $\boxed{\text{フヘホ}}$ の計算においては $\dfrac{1}{\sqrt{614}} = \dfrac{\sqrt{614}}{614} = 0.040$ とする。

$\overline{W}$ の確率分布において $E(X)$ は極端に大きな値をとっていることがわかり，$E(X)$ と $E(\overline{W})$ は等しいとはみなせない。

$\boxed{\text{ノ}}$，$\boxed{\text{ハ}}$ の解答群(同じものを繰り返し選んでもよい。)

⓪ 小さくなる	① 変化しない	② 大きくなる

$\boxed{\text{ヒ}}$ の解答群

⓪ $\dfrac{\overline{W} - m}{\sqrt{n}}$	① $\dfrac{\overline{W} - m}{n}$	② $\dfrac{\overline{W} - m}{n^2}$
③ $\dfrac{\overline{W} - m}{\sqrt{s}}$	④ $\dfrac{\overline{W} - m}{s}$	⑤ $\dfrac{\overline{W} - m}{s^2}$

(数学Ⅱ・数学B 第3問は次ページに続く。)

正 規 分 布 表

次の表は，標準正規分布の分布曲線における右図の灰色部分の面積の値をまとめたものである。

z_0	0.00	0.01	0.02	0.03	0.04	0.05	0.06	0.07	0.08	0.09
0.0	0.0000	0.0040	0.0080	0.0120	0.0160	0.0199	0.0239	0.0279	0.0319	0.0359
0.1	0.0398	0.0438	0.0478	0.0517	0.0557	0.0596	0.0636	0.0675	0.0714	0.0753
0.2	0.0793	0.0832	0.0871	0.0910	0.0948	0.0987	0.1026	0.1064	0.1103	0.1141
0.3	0.1179	0.1217	0.1255	0.1293	0.1331	0.1368	0.1406	0.1443	0.1480	0.1517
0.4	0.1554	0.1591	0.1628	0.1664	0.1700	0.1736	0.1772	0.1808	0.1844	0.1879
0.5	0.1915	0.1950	0.1985	0.2019	0.2054	0.2088	0.2123	0.2157	0.2190	0.2224
0.6	0.2257	0.2291	0.2324	0.2357	0.2389	0.2422	0.2454	0.2486	0.2517	0.2549
0.7	0.2580	0.2611	0.2642	0.2673	0.2704	0.2734	0.2764	0.2794	0.2823	0.2852
0.8	0.2881	0.2910	0.2939	0.2967	0.2995	0.3023	0.3051	0.3078	0.3106	0.3133
0.9	0.3159	0.3186	0.3212	0.3238	0.3264	0.3289	0.3315	0.3340	0.3365	0.3389
1.0	0.3413	0.3438	0.3461	0.3485	0.3508	0.3531	0.3554	0.3577	0.3599	0.3621
1.1	0.3643	0.3665	0.3686	0.3708	0.3729	0.3749	0.3770	0.3790	0.3810	0.3830
1.2	0.3849	0.3869	0.3888	0.3907	0.3925	0.3944	0.3962	0.3980	0.3997	0.4015
1.3	0.4032	0.4049	0.4066	0.4082	0.4099	0.4115	0.4131	0.4147	0.4162	0.4177
1.4	0.4192	0.4207	0.4222	0.4236	0.4251	0.4265	0.4279	0.4292	0.4306	0.4319
1.5	0.4332	0.4345	0.4357	0.4370	0.4382	0.4394	0.4406	0.4418	0.4429	0.4441
1.6	0.4452	0.4463	0.4474	0.4484	0.4495	0.4505	0.4515	0.4525	0.4535	0.4545
1.7	0.4554	0.4564	0.4573	0.4582	0.4591	0.4599	0.4608	0.4616	0.4625	0.4633
1.8	0.4641	0.4649	0.4656	0.4664	0.4671	0.4678	0.4686	0.4693	0.4699	0.4706
1.9	0.4713	0.4719	0.4726	0.4732	0.4738	0.4744	0.4750	0.4756	0.4761	0.4767
2.0	0.4772	0.4778	0.4783	0.4788	0.4793	0.4798	0.4803	0.4808	0.4812	0.4817
2.1	0.4821	0.4826	0.4830	0.4834	0.4838	0.4842	0.4846	0.4850	0.4854	0.4857
2.2	0.4861	0.4864	0.4868	0.4871	0.4875	0.4878	0.4881	0.4884	0.4887	0.4890
2.3	0.4893	0.4896	0.4898	0.4901	0.4904	0.4906	0.4909	0.4911	0.4913	0.4916
2.4	0.4918	0.4920	0.4922	0.4925	0.4927	0.4929	0.4931	0.4932	0.4934	0.4936
2.5	0.4938	0.4940	0.4941	0.4943	0.4945	0.4946	0.4948	0.4949	0.4951	0.4952
2.6	0.4953	0.4955	0.4956	0.4957	0.4959	0.4960	0.4961	0.4962	0.4963	0.4964
2.7	0.4965	0.4966	0.4967	0.4968	0.4969	0.4970	0.4971	0.4972	0.4973	0.4974
2.8	0.4974	0.4975	0.4976	0.4977	0.4977	0.4978	0.4979	0.4979	0.4980	0.4981
2.9	0.4981	0.4982	0.4982	0.4983	0.4984	0.4984	0.4985	0.4985	0.4986	0.4986
3.0	0.4987	0.4987	0.4987	0.4988	0.4988	0.4989	0.4989	0.4989	0.4990	0.4990

第3問～第5問は，いずれか2問を選択し，解答しなさい。

第4問 （選択問題）（配点　20）

数列 $\{a_n\}$ は，初項が1で

$$a_{n+1} = a_n + 4n + 2 \qquad (n = 1, 2, 3, \cdots)$$

を満たすとする。また，数列 $\{b_n\}$ は，初項が1で

$$b_{n+1} = b_n + 4n + 2 + 2 \cdot (-1)^n \qquad (n = 1, 2, 3, \cdots)$$

を満たすとする。さらに，$S_n = \sum_{k=1}^{n} a_k$ とおく。

(1) $a_2 = \boxed{\ \text{ア}\ }$ である。また，階差数列を考えることにより

$$a_n = \boxed{\ \text{イ}\ } n^2 - \boxed{\ \text{ウ}\ } \qquad (n = 1, 2, 3, \cdots)$$

であることがわかる。さらに

$$S_n = \frac{\boxed{\ \text{エ}\ } n^3 + \boxed{\ \text{オ}\ } n^2 - \boxed{\ \text{カ}\ } n}{\boxed{\ \text{キ}\ }} \qquad (n = 1, 2, 3, \cdots)$$

を得る。

(2) $b_2 = \boxed{\ \text{ク}\ }$ である。また，すべての自然数 n に対して

$$a_n - b_n = \boxed{\ \text{ケ}\ }$$

が成り立つ。

$\boxed{\ \text{ケ}\ }$ の解答群

⓪ 0	① $2n$	② $2n - 2$
③ $n^2 - 1$	④ $n^2 - n$	⑤ $1 + (-1)^n$
⑥ $1 - (-1)^n$	⑦ $-1 + (-1)^n$	⑧ $-1 - (-1)^n$

（数学Ⅱ・数学B第4問は次ページに続く。）

(3) (2)から

$$a_{2021} \boxed{\text{コ}} b_{2021}, \qquad a_{2022} \boxed{\text{サ}} b_{2022}$$

が成り立つことがわかる。また，$T_n = \sum_{k=1}^{n} b_k$ とおくと

$$S_{2021} \boxed{\text{シ}} T_{2021}, \qquad S_{2022} \boxed{\text{ス}} T_{2022}$$

が成り立つこともわかる。

$\boxed{\text{コ}} \sim \boxed{\text{ス}}$ の解答群(同じものを繰り返し選んでもよい。)

  ⓪ <   ① =   ② >

（数学Ⅱ・数学B第4問は次ページに続く。）

(4)　数列 $\{b_n\}$ の初項を変えたらどうなるかを考えてみよう。つまり，初項が c で

$$c_{n+1} = c_n + 4n + 2 + 2 \cdot (-1)^n \qquad (n = 1, 2, 3, \cdots)$$

を満たす数列 $\{c_n\}$ を考える。

すべての自然数 n に対して

$$b_n - c_n = \boxed{セ} - \boxed{ソ}$$

が成り立つ。

また，$U_n = \displaystyle\sum_{k=1}^{n} c_k$ とおく。$S_4 = U_4$ が成り立つとき，$c = \boxed{タ}$ である。このとき

$$S_{2021} \boxed{チ} U_{2021}, \qquad S_{2022} \boxed{ツ} U_{2022}$$

も成り立つ。

ただし，$\boxed{タ}$ は，文字 (a～d) を用いない形で答えること。

$\boxed{チ}$，$\boxed{ツ}$ の解答群(同じものを繰り返し選んでもよい。)

⓪ $<$	① $=$	② $>$

第3問～第5問は，いずれか2問を選択し，解答しなさい。

第5問 （選択問題）（配点 20）

a を正の実数とする。O を原点とする座標空間に4点

$A_1(1, 0, a)$, $A_2(0, 1, a)$, $A_3(-1, 0, a)$, $A_4(0, -1, a)$

がある。また，次の図のように，4点 B_1, B_2, B_3, B_4 を四角形 $A_1OA_2B_1$，$A_2OA_3B_2$，$A_3OA_4B_3$，$A_4OA_1B_4$ がそれぞれひし形になるようにとる。さらに，4点 C_1, C_2, C_3, C_4 を四角形 $A_1B_1C_1B_4$，$A_2B_2C_2B_1$，$A_3B_3C_3B_2$，$A_4B_4C_4B_3$ がそれぞれひし形になるようにとる。

ただし，座標空間における四角形を考える際には，その四つの頂点が同一平面上にあるものとする。

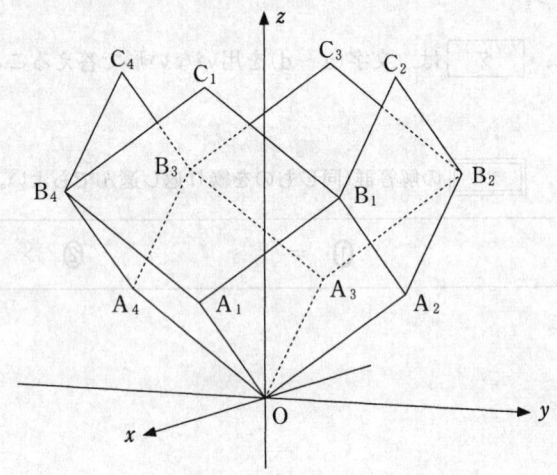

(1) 点 B_2, C_3 の座標は

$$B_2\left(-1, \boxed{\text{ア}}, \boxed{\text{イウ}}\right), \quad C_3\left(-1, \boxed{\text{エ}}, \boxed{\text{オカ}}\right)$$

である。

（数学Ⅱ・数学B第5問は次ページに続く。）

また,

$$\overrightarrow{OA_1} \cdot \overrightarrow{OB_2} = \boxed{\text{キ}}, \quad \overrightarrow{OA_1} \cdot \overrightarrow{B_2C_3} = \boxed{\text{ク}}$$

となる。

$\boxed{\text{キ}}$, $\boxed{\text{ク}}$ の解答群(同じものを繰り返し選んでもよい。)

⓪ 0	① 1	② -1
③ a^2	④ $a^2 + 1$	⑤ $a^2 - 1$
⑥ $2a^2$	⑦ $2a^2 + 1$	⑧ $2a^2 - 1$

(2)　ひし形 $A_1OA_2B_1$ と $A_1B_1C_1B_4$ が合同であるとする。

対応する対角線の長さが等しいことから, $a = \dfrac{\sqrt{\boxed{\text{ケ}}}}{\boxed{\text{コ}}}$ であることがわかる。

直線 OA_1 上に点 P を $\angle OPA_2$ が直角となるようにとる。

実数 s を用いて $\overrightarrow{OP} = s\overrightarrow{OA_1}$ と表せる。$\overrightarrow{PA_2}$ と $\overrightarrow{OA_1}$ が垂直であること, および

$$\overrightarrow{OA_1} \cdot \overrightarrow{OA_1} = \frac{\boxed{\text{サ}}}{\boxed{\text{シ}}}, \quad \overrightarrow{OA_1} \cdot \overrightarrow{OA_2} = \frac{\boxed{\text{ス}}}{\boxed{\text{セ}}}$$

であることにより

$$s = \frac{\boxed{\text{ソ}}}{\boxed{\text{タ}}}$$

であることがわかる。

(数学Ⅱ・数学B第5問は次ページに続く。)

(3) 実数 a および点 P を(2)のようにとり，3点 P, A_2, A_4 を通る平面を α とするとき，次のことについて考察しよう。

┌─ **考察すること** ─────────────────────

平面 α と2点 B_2, C_3 の位置関係

└──────────────────────────────

　　$\angle OPA_4$ も直角であるので，$\overrightarrow{OA_1}$ と平面 α は垂直であることに注意する。

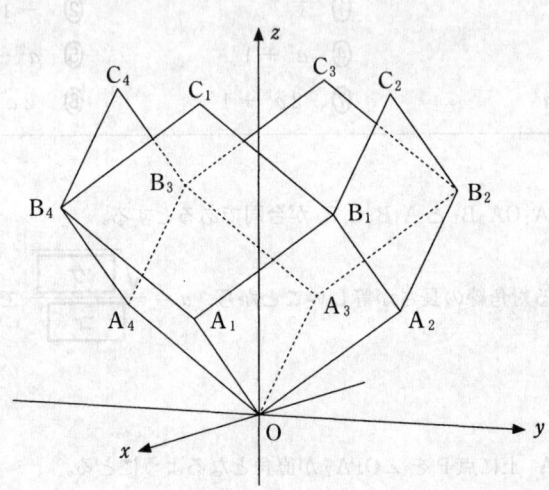

　　直線 $B_2 C_3$ と平面 α の交点を Q とする。

　　実数 t を用いて

$$\overrightarrow{OQ} = \overrightarrow{OB_2} + t\,\overrightarrow{B_2 C_3}$$

と表せる。$\overrightarrow{PQ}$ が $\overrightarrow{OA_1}$ と垂直であることにより

$$t = \boxed{\ \text{チ}\ }$$

であることがわかる。

　　座標空間から平面 α を除いた部分は，α を境に，原点 O を含む側と含まない側に分けられる。このとき，点 B_2 は $\boxed{\ \text{ツ}\ }$ にあり，点 C_3 は $\boxed{\ \text{テ}\ }$ にある。

（数学 II・数学 B 第 5 問は次ページに続く。）

チ の解答群

⓪ 0　　　　　① 1　　　　　② −1　　　　　③ $\dfrac{1}{2}$

④ $-\dfrac{1}{2}$　　　⑤ $\dfrac{1}{3}$　　　⑥ $-\dfrac{1}{3}$　　　⑦ $\dfrac{2}{3}$

ツ ， テ の解答群（同じものを繰り返し選んでもよい。）

⓪ α 上

① O を含む側

② O を含まない側

MEMO

数学Ⅰ・数学A
数学Ⅱ・数学B

（2021年1月実施）

| 数学Ⅰ・数学A | 70分 | 100点 |
| 数学Ⅱ・数学B | 60分 | 100点 |

数学 I ・ 数学 A

問　題	選　択　方　法
第 1 問	必　　答
第 2 問	必　　答
第 3 問	いずれか 2 問を選択し，解答しなさい。
第 4 問	
第 5 問	

（注）この科目には，選択問題があります。（2ページ参照。）

第1問 （必答問題）（配点 30）

〔1〕 c を正の整数とする。x の2次方程式

$$2x^2 + (4c - 3)x + 2c^2 - c - 11 = 0 \quad \cdots\cdots\cdots\cdots\cdots\cdots ①$$

について考える。

(1) $c = 1$ のとき，①の左辺を因数分解すると

$$\left(\boxed{ア}\,x + \boxed{イ}\right)\left(x - \boxed{ウ}\right)$$

であるから，①の解は

$$x = -\frac{\boxed{イ}}{\boxed{ア}}, \quad \boxed{ウ}$$

である。

(2) $c = 2$ のとき，①の解は

$$x = \frac{-\boxed{エ} \pm \sqrt{\boxed{オカ}}}{\boxed{キ}}$$

であり，大きい方の解を α とすると

$$\frac{5}{\alpha} = \frac{\boxed{ク} + \sqrt{\boxed{ケコ}}}{\boxed{サ}}$$

である。また，$m < \dfrac{5}{\alpha} < m + 1$ を満たす整数 m は $\boxed{シ}$ である。

（数学Ⅰ・数学A第1問は次ページに続く。）

4

(3) 太郎さんと花子さんは、①の解について考察している。

太郎：①の解は c の値によって、ともに有理数である場合もあれ
ば、ともに無理数である場合もあるね。c がどのような値のと
きに、解は有理数になるのかな。

花子：2次方程式の解の公式の根号の中に着目すればいいんじゃない
かな。

①の解が異なる二つの有理数であるような正の整数 c の個数は
<u>ス</u> 個である。

（数学Ⅰ・数学A第1問は次ページに続く。）

〔2〕　右の図のように，△ABC の外側に辺 AB，BC，CA をそれぞれ1辺とする正方形 ADEB，BFGC，CHIA をかき，2点E と F，G と H，I と D をそれぞれ線分で結んだ図形を考える。以下において

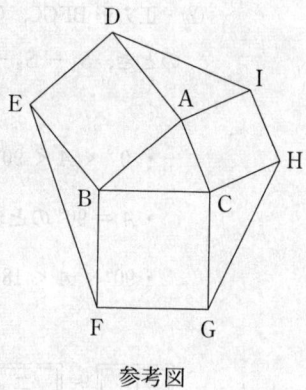

参考図

$$BC = a,\ CA = b,\ AB = c$$
$$\angle CAB = A,\ \angle ABC = B,\ \angle BCA = C$$

とする。

(1)　$b = 6$，$c = 5$，$\cos A = \dfrac{3}{5}$ のとき，$\sin A = \dfrac{\boxed{セ}}{\boxed{ソ}}$ であり，

　　△ABC の面積は $\boxed{タチ}$，△AID の面積は $\boxed{ツテ}$ である。

（数学Ⅰ・数学A 第1問は次ページに続く。）

6

(2) 正方形 BFGC, CHIA, ADEB の面積をそれぞれ S_1, S_2, S_3 とする。このとき, $S_1 - S_2 - S_3$ は

・ $0° < A < 90°$ のとき, $\boxed{\text{ト}}$。

・ $A = 90°$ のとき, $\boxed{\text{ナ}}$。

・ $90° < A < 180°$ のとき, $\boxed{\text{ニ}}$。

$\boxed{\text{ト}}$ ～ $\boxed{\text{ニ}}$ の解答群(同じものを繰り返し選んでもよい。)

⓪ 0 である

① 正の値である

② 負の値である

③ 正の値も負の値もとる

(3) △AID, △BEF, △CGH の面積をそれぞれ T_1, T_2, T_3 とする。このとき, $\boxed{\text{ヌ}}$ である。

$\boxed{\text{ヌ}}$ の解答群

⓪ $a < b < c$ ならば, $T_1 > T_2 > T_3$

① $a < b < c$ ならば, $T_1 < T_2 < T_3$

② A が鈍角ならば, $T_1 < T_2$ かつ $T_1 < T_3$

③ a, b, c の値に関係なく, $T_1 = T_2 = T_3$

(数学 I・数学A第 1 問は次ページに続く。)

(4) △ABC, △AID, △BEF, △CGH のうち，外接円の半径が最も小さい ものを求める。

　　0°< *A* < 90°のとき，ID ┌─ネ─┐ BC であり

　　（△AID の外接円の半径） ┌─ノ─┐ （△ABC の外接円の半径）

であるから，外接円の半径が最も小さい三角形は

- 0°< *A* < *B* < *C* < 90°のとき， ┌─ハ─┐ である。
- 0°< *A* < *B* < 90°< *C*のとき， ┌─ヒ─┐ である。

┌─ネ─┐ ， ┌─ノ─┐ の解答群（同じものを繰り返し選んでもよい。）

⓪ <	① =	② >

┌─ハ─┐ ， ┌─ヒ─┐ の解答群（同じものを繰り返し選んでもよい。）

⓪ △ABC	① △AID	② △BEF	③ △CGH

第2問 (必答問題) (配点 30)

〔1〕 陸上競技の短距離 100 m 走では，
100 m を走るのにかかる時間(以下，
タイムと呼ぶ)は，1 歩あたりの進む
距離(以下，ストライドと呼ぶ)と 1 秒
あたりの歩数(以下，ピッチと呼ぶ)に
関係がある。ストライドとピッチはそ
れぞれ以下の式で与えられる。

$$\text{ストライド(m/歩)} = \frac{100\,(\text{m})}{100\,\text{m を走るのにかかった歩数(歩)}}$$

$$\text{ピッチ(歩/秒)} = \frac{100\,\text{m を走るのにかかった歩数(歩)}}{\text{タイム(秒)}}$$

ただし，100 m を走るのにかかった歩数は，最後の 1 歩がゴールラインをま
たぐこともあるので，小数で表される。以下，単位は必要のない限り省略す
る。

例えば，タイムが 10.81 で，そのときの歩数が 48.5 であったとき，スト
ライドは $\frac{100}{48.5}$ より約 2.06，ピッチは $\frac{48.5}{10.81}$ より約 4.49 である。

なお，小数の形で解答する場合は，**解答上の注意**にあるように，指定され
た桁数の一つ下の桁を四捨五入して答えよ。また，必要に応じて，指定され
た桁まで **0** にマークせよ。

(数学Ⅰ・数学A第2問は次ページに続く。)

(1) ストライドを x，ピッチを z とおく。ピッチは1秒あたりの歩数，ストライドは1歩あたりの進む距離なので，1秒あたりの進む距離すなわち平均速度は，x と z を用いて　$\boxed{\text{ア}}$　(m/秒)と表される。

これより，タイムと，ストライド，ピッチとの関係は

$$\text{タイム} = \frac{100}{\boxed{\text{ア}}} \quad\cdots\cdots\cdots\cdots\cdots\cdots ①$$

と表されるので，$\boxed{\text{ア}}$ が最大になるときにタイムが最もよくなる。ただし，タイムがよくなるとは，タイムの値が小さくなることである。

$\boxed{\text{ア}}$　の解答群

⓪ $x + z$　　　　　① $z - x$　　　　　② xz

③ $\dfrac{x + z}{2}$　　　　④ $\dfrac{z - x}{2}$　　　　⑤ $\dfrac{xz}{2}$

（数学 I・数学 A 第2問は次ページに続く。）

(2) 男子短距離 100 m 走の選手である太郎さんは，①に着目して，タイムが最もよくなるストライドとピッチを考えることにした。

次の表は，太郎さんが練習で 100 m を 3 回走ったときのストライドとピッチのデータである。

	1回目	2回目	3回目
ストライド	2.05	2.10	2.15
ピッチ	4.70	4.60	4.50

また，ストライドとピッチにはそれぞれ限界がある。太郎さんの場合，ストライドの最大値は 2.40，ピッチの最大値は 4.80 である。

太郎さんは，上の表から，ストライドが 0.05 大きくなるとピッチが 0.1 小さくなるという関係があると考えて，ピッチがストライドの 1 次関数として表されると仮定した。このとき，ピッチ z はストライド x を用いて

$$z = \boxed{\text{イウ}}\, x + \frac{\boxed{\text{エオ}}}{5} \quad \cdots\cdots\cdots\cdots\cdots ②$$

と表される。

②が太郎さんのストライドの最大値 2.40 とピッチの最大値 4.80 まで成り立つと仮定すると，x の値の範囲は次のようになる。

$$\boxed{\text{カ}}\,.\,\boxed{\text{キク}} \leqq x \leqq 2.40$$

（数学 I・数学 A 第 2 問は次ページに続く。）

$y = \boxed{\text{ア}}$ とおく。②を $y = \boxed{\text{ア}}$ に代入することにより，y を x の関数として表すことができる。太郎さんのタイムが最もよくなるストライドとピッチを求めるためには，$\boxed{\text{カ}}.\boxed{\text{キク}} \leqq x \leqq 2.40$ の範囲で y の値を最大にする x の値を見つければよい。このとき，y の値が最大になるのは $x = \boxed{\text{ケ}}.\boxed{\text{コサ}}$ のときである。

よって，太郎さんのタイムが最もよくなるのは，ストライドが $\boxed{\text{ケ}}.\boxed{\text{コサ}}$ のときであり，このとき，ピッチは $\boxed{\text{シ}}.\boxed{\text{スセ}}$ である。また，このときの太郎さんのタイムは，①により $\boxed{\text{ソ}}$ である。

$\boxed{\text{ソ}}$ については，最も適当なものを，次の⓪〜⑤のうちから一つ選べ。

⓪ 9.68   ① 9.97   ② 10.09
③ 10.33   ④ 10.42   ⑤ 10.55

（数学 I・数学A第2問は次ページに続く。）

〔2〕 就業者の従事する産業は，勤務する事業所の主な経済活動の種類によっ
て，第1次産業(農業，林業と漁業)，第2次産業(鉱業，建設業と製造業)，
第3次産業(前記以外の産業)の三つに分類される。国の労働状況の調査(国
勢調査)では，47の都道府県別に第1次，第2次，第3次それぞれの産業ご
との就業者数が発表されている。ここでは都道府県別に，就業者数に対する
各産業に就業する人数の割合を算出したものを，各産業の「就業者数割合」と
呼ぶことにする。

(数学 I ・数学 A 第 2 問は次ページに続く。)

(1) 図1は，1975年度から2010年度まで5年ごとの8個の年度(それぞれ
を時点という)における都道府県別の三つの産業の就業者数割合を箱ひげ
図で表したものである。各時点の箱ひげ図は，それぞれ上から順に第1次
産業，第2次産業，第3次産業のものである。

図1　三つの産業の就業者数割合の箱ひげ図

(出典：総務省のWebページにより作成)

(数学Ⅰ・数学A第2問は次ページに続く。)

14

次の⓪~⑤のうち，図1から読み取れることとして**正しくないもの**は
$\boxed{\text{タ}}$ と $\boxed{\text{チ}}$ である。

$\boxed{\text{タ}}$ ，$\boxed{\text{チ}}$ の解答群（解答の順序は問わない。）

⓪　第1次産業の就業者数割合の四分位範囲は，2000年度までは，
後の時点になるにしたがって減少している。

①　第1次産業の就業者数割合について，左側のひげの長さと右側の
ひげの長さを比較すると，どの時点においても左側の方が長い。

②　第2次産業の就業者数割合の中央値は，1990年度以降，後の時
点になるにしたがって減少している。

③　第2次産業の就業者数割合の第1四分位数は，後の時点になるに
したがって減少している。

④　第3次産業の就業者数割合の第3四分位数は，後の時点になるに
したがって増加している。

⑤　第3次産業の就業者数割合の最小値は，後の時点になるにした
がって増加している。

（数学Ⅰ・数学A第2問は次ページに続く。）

(2)　(1)で取り上げた8時点の中から5時点を取り出して考える。各時点における都道府県別の，第1次産業と第3次産業の就業者数割合のヒストグラムを一つのグラフにまとめてかいたものが，次ページの五つのグラフである。それぞれの右側の網掛けしたヒストグラムが第3次産業のものである。なお，ヒストグラムの各階級の区間は，左側の数値を含み，右側の数値を含まない。

- 1985年度におけるグラフは　ツ　である。
- 1995年度におけるグラフは　テ　である。

ツ　，　テ　については，最も適当なものを，次の⓪〜④のうちから一つずつ選べ。ただし，同じものを繰り返し選んでもよい。

(数学 I・数学A第2問は次ページに続く。)

(出典：総務省の Web ページにより作成)

（数学 I・数学 A 第 2 問は次ページに続く。）

(3)　三つの産業から二つずつを組み合わせて都道府県別の就業者数割合の散布図を作成した。図2の散布図群は，左から順に1975年度における第1次産業（横軸）と第2次産業（縦軸）の散布図，第2次産業（横軸）と第3次産業（縦軸）の散布図，および第3次産業（横軸）と第1次産業（縦軸）の散布図である。また，図3は同様に作成した2015年度の散布図群である。

図2　1975年度の散布図群

図3　2015年度の散布図群

（出典：図2，図3はともに総務省のWebページにより作成）

（数学I・数学A第2問は次ページに続く。）

下の(I), (II), (III)は，1975年度を基準としたときの，2015年度の変化を記述したものである。ただし，ここで「相関が強くなった」とは，相関係数の絶対値が大きくなったことを意味する。

(I) 都道府県別の第1次産業の就業者数割合と第2次産業の就業者数割合の間の相関は強くなった。

(II) 都道府県別の第2次産業の就業者数割合と第3次産業の就業者数割合の間の相関は強くなった。

(III) 都道府県別の第3次産業の就業者数割合と第1次産業の就業者数割合の間の相関は強くなった。

(I), (II), (III)の正誤の組合せとして正しいものは　ト　である。

ト　の解答群

	⓪	①	②	③	④	⑤	⑥	⑦
(I)	正	正	正	正	誤	誤	誤	誤
(II)	正	正	誤	誤	正	正	誤	誤
(III)	正	誤	正	誤	正	誤	正	誤

（数学 I・数学A第2問は次ページに続く。）

(4)　各都道府県の就業者数の内訳として男女別の就業者数も発表されている。そこで，就業者数に対する男性・女性の就業者数の割合をそれぞれ「男性の就業者数割合」，「女性の就業者数割合」と呼ぶことにし，これらを都道府県別に算出した。図4は，2015年度における都道府県別の，第1次産業の就業者数割合(横軸)と，男性の就業者数割合(縦軸)の散布図である。

図4　都道府県別の，第1次産業の就業者数割合と，
　　　男性の就業者数割合の散布図

(出典：総務省のWebページにより作成)

(数学Ⅰ・数学A第2問は次ページに続く。)

　各都道府県の，男性の就業者数と女性の就業者数を合計すると就業者数の全体となることに注意すると，2015年度における都道府県別の，第1次産業の就業者数割合（横軸）と，女性の就業者数割合（縦軸）の散布図は $\boxed{\text{ナ}}$ である。

　$\boxed{\text{ナ}}$ については，最も適当なものを，下の $⓪$ ～ $③$ のうちから一つ選べ。なお，設問の都合で各散布図の横軸と縦軸の目盛りは省略しているが，横軸は右方向，縦軸は上方向がそれぞれ正の方向である。

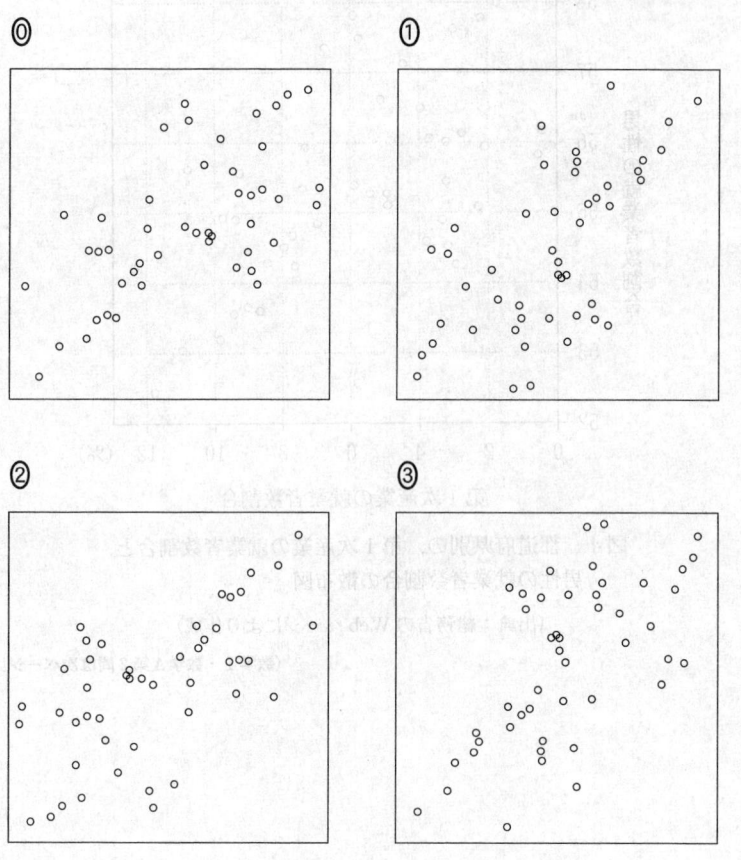

第3問〜第5問は，いずれか2問を選択し，解答しなさい。

第3問　(選択問題)(配点　20)

　中にくじが入っている箱が複数あり，各箱の外見は同じであるが，当たりくじを引く確率は異なっている。くじ引きの結果から，どの箱からくじを引いた可能性が高いかを，条件付き確率を用いて考えよう。

(1)　当たりくじを引く確率が $\dfrac{1}{2}$ である箱Aと，当たりくじを引く確率が $\dfrac{1}{3}$ である箱Bの二つの箱の場合を考える。

(i)　各箱で，くじを1本引いてはもとに戻す試行を3回繰り返したとき

箱Aにおいて，3回中ちょうど1回当たる確率は $\dfrac{\boxed{ア}}{\boxed{イ}}$ … ①

箱Bにおいて，3回中ちょうど1回当たる確率は $\dfrac{\boxed{ウ}}{\boxed{エ}}$ … ②

である。

(ii)　まず，AとBのどちらか一方の箱をでたらめに選ぶ。次にその選んだ箱において，くじを1本引いてはもとに戻す試行を3回繰り返したところ，3回中ちょうど1回当たった。このとき，箱Aが選ばれる事象を A，箱Bが選ばれる事象を B，3回中ちょうど1回当たる事象を W とすると

$$P(A \cap W) = \dfrac{1}{2} \times \dfrac{\boxed{ア}}{\boxed{イ}}, \ P(B \cap W) = \dfrac{1}{2} \times \dfrac{\boxed{ウ}}{\boxed{エ}}$$

である。$P(W) = P(A \cap W) + P(B \cap W)$ であるから，3回中ちょうど1回当たったとき，選んだ箱がAである条件付き確率 $P_W(A)$ は $\dfrac{\boxed{オカ}}{\boxed{キク}}$ となる。また，条件付き確率 $P_W(B)$ は $\dfrac{\boxed{ケコ}}{\boxed{サシ}}$ となる。

(数学Ⅰ・数学A第3問は次ページに続く。)

(2) (1)の$P_W(A)$と$P_W(B)$について，次の**事実(*)**が成り立つ。

> **事実(*)**
>
> $P_W(A)$と$P_W(B)$の ス は，①の確率と②の確率の ス に等しい。

ス の解答群

⓪ 和   **①** 2乗の和   **②** 3乗の和   **③** 比   **④** 積

(3) 花子さんと太郎さんは**事実(*)**について話している。

> 花子：**事実(*)**はなぜ成り立つのかな？
>
> 太郎：$P_W(A)$と$P_W(B)$を求めるのに必要な$P(A \cap W)$と$P(B \cap W)$の計算で，①，②の確率に同じ数$\dfrac{1}{2}$をかけているからだよ。
>
> 花子：なるほどね。外見が同じ三つの箱の場合は，同じ数$\dfrac{1}{3}$をかけることになるので，同様のことが成り立ちそうだね。

　当たりくじを引く確率が，$\dfrac{1}{2}$である箱A，$\dfrac{1}{3}$である箱B，$\dfrac{1}{4}$である箱Cの三つの箱の場合を考える。まず，A，B，Cのうちどれか一つの箱をでたらめに選ぶ。次にその選んだ箱において，くじを1本引いてはもとに戻す試行を3回繰り返したところ，3回中ちょうど1回当たった。このとき，選んだ箱がAである条件付き確率は$\dfrac{セソタ}{チツテ}$となる。

（数学Ⅰ・数学A第3問は次ページに続く。）

(4)

> 花子：どうやら箱が三つの場合でも，条件付き確率の　ス　は各箱で3
>
> 　　　回中ちょうど1回当たりくじを引く確率の　ス　になっているみ
>
> 　　　たいだね。
>
> 太郎：そうだね。それを利用すると，条件付き確率の値は計算しなくて
>
> 　　　も，その大きさを比較することができるね。

当たりくじを引く確率が，$\frac{1}{2}$ である箱A，$\frac{1}{3}$ である箱B，$\frac{1}{4}$ である箱

C，$\frac{1}{5}$ である箱Dの四つの箱の場合を考える。まず，A，B，C，Dのうちど

れか一つの箱をでたらめに選ぶ。次にその選んだ箱において，くじを1本引い

てはもとに戻す試行を3回繰り返したところ，3回中ちょうど1回当たった。

このとき，条件付き確率を用いて，どの箱からくじを引いた可能性が高いかを

考える。可能性が高い方から順に並べると　ト　となる。

ト　の解答群

⓪ A, B, C, D	① A, B, D, C	② A, C, B, D
③ A, C, D, B	④ A, D, B, C	⑤ B, A, C, D
⑥ B, A, D, C	⑦ B, C, A, D	⑧ B, C, D, A

第3問～第5問は，いずれか2問を選択し，解答しなさい。

第4問 （選択問題）（配点 20）

円周上に15個の点 P_0, P_1, …, P_{14} が反時計回りに順に並んでいる。最初，点 P_0 に石がある。さいころを投げて偶数の目が出たら石を反時計回りに5個先の点に移動させ，奇数の目が出たら石を時計回りに3個先の点に移動させる。この操作を繰り返す。例えば，石が点 P_5 にあるとき，さいころを投げて6の目が出たら石を点 P_{10} に移動させる。次に，5の目が出たら点 P_{10} にある石を点 P_7 に移動させる。

(1) さいころを5回投げて，偶数の目が ア 回，奇数の目が イ 回出れば，点 P_0 にある石を点 P_1 に移動させることができる。このとき，$x =$ ア ，$y =$ イ は，不定方程式 $5x - 3y = 1$ の整数解になっている。

（数学 I・数学 A 第4問は次ページに続く。）

(2)　不定方程式

$$5x - 3y = 8 \qquad\qquad \cdots\cdots\cdots\cdots\cdots\cdots ①$$

のすべての整数解 x, y は，k を整数として

$$x = \boxed{ア} \times 8 + \boxed{ウ}\,k, \quad y = \boxed{イ} \times 8 + \boxed{エ}\,k$$

と表される。①の整数解 x, y の中で，$0 \leqq y < \boxed{エ}$ を満たすものは

$$x = \boxed{オ}, \quad y = \boxed{カ}$$

である。したがって，さいころを $\boxed{キ}$ 回投げて，偶数の目が $\boxed{オ}$ 回，奇数の目が $\boxed{カ}$ 回出れば，点 P_0 にある石を点 P_8 に移動させることができる。

（数学 I・数学 A 第 4 問は次ページに続く。）

(3) (2)において，さいころを　キ　回より少ない回数だけ投げて，点 P_0 にある石を点 P_8 に移動させることはできないだろうか。

> （＊）　石を反時計回りまたは時計回りに 15 個先の点に移動させると元の点に戻る。

（＊）に注意すると，偶数の目が　ク　回，奇数の目が　ケ　回出れば，さいころを投げる回数が　コ　回で，点 P_0 にある石を点 P_8 に移動させることができる。このとき，　コ　＜　キ　である。

(4) 点 P_1，P_2，…，P_{14} のうちから点を一つ選び，点 P_0 にある石をさいころを何回か投げてその点に移動させる。そのために必要となる，さいころを投げる最小回数を考える。例えば，さいころを 1 回だけ投げて点 P_0 にある石を点 P_2 へ移動させることはできないが，さいころを 2 回投げて偶数の目と奇数の目が 1 回ずつ出れば，点 P_0 にある石を点 P_2 へ移動させることができる。したがって，点 P_2 を選んだ場合には，この最小回数は 2 回である。

点 P_1，P_2，…，P_{14} のうち，この最小回数が最も大きいのは点　サ　であり，その最小回数は　シ　回である。

　サ　の解答群

⓪ P_{10}	① P_{11}	② P_{12}	③ P_{13}	④ P_{14}

第3問～第5問は，いずれか2問を選択し，解答しなさい。

第5問　（選択問題）（配点　20）

△ABC において，AB = 3，BC = 4，AC = 5 とする。

∠BAC の二等分線と辺 BC との交点を D とすると

$$BD = \frac{\boxed{ア}}{\boxed{イ}}, \quad AD = \frac{\boxed{ウ}\sqrt{\boxed{エ}}}{\boxed{オ}}$$

である。

また，∠BAC の二等分線と △ABC の外接円 O との交点で点 A とは異なる点を E とする。△AEC に着目すると

$$AE = \boxed{カ}\sqrt{\boxed{キ}}$$

である。

△ABC の2辺 AB と AC の両方に接し，外接円 O に内接する円の中心を P とする。円 P の半径を r とする。さらに，円 P と外接円 O との接点を F とし，直線 PF と外接円 O との交点で点 F とは異なる点を G とする。このとき

$$AP = \sqrt{\boxed{ク}}\ r, \quad PG = \boxed{ケ} - r$$

と表せる。したがって，方べきの定理により $r = \dfrac{\boxed{コ}}{\boxed{サ}}$ である。

（数学Ⅰ・数学A第5問は次ページに続く。）

△ABC の内心を Q とする。内接円 Q の半径は $\boxed{シ}$ で，AQ $= \sqrt{\boxed{ス}}$

である。また，円 P と辺 AB との接点を H とすると，AH $= \dfrac{\boxed{セ}}{\boxed{ソ}}$ である。

以上から，点 H に関する次の(a), (b)の正誤の組合せとして正しいものは $\boxed{タ}$ である。

(a) 点 H は 3 点 B, D, Q を通る円の周上にある。

(b) 点 H は 3 点 B, E, Q を通る円の周上にある。

$\boxed{タ}$ の解答群

	⓪	①	②	③
(a)	正	正	誤	誤
(b)	正	誤	正	誤

数学Ⅱ・数学B

問　題	選　択　方　法
第1問	必　　答
第2問	必　　答
第3問	いずれか2問を選択し，解答しなさい。
第4問	
第5問	

(注) この科目には，選択問題があります。(29ページ参照。)

第1問 （必答問題）（配点 30）

〔1〕

(1) 次の**問題A**について考えよう。

> **問題A** 関数 $y = \sin\theta + \sqrt{3}\cos\theta \ \left(0 \leqq \theta \leqq \dfrac{\pi}{2}\right)$ の最大値を求めよ。

$$\sin\dfrac{\pi}{\boxed{\text{ア}}} = \dfrac{\sqrt{3}}{2}, \quad \cos\dfrac{\pi}{\boxed{\text{ア}}} = \dfrac{1}{2}$$

であるから，三角関数の合成により

$$y = \boxed{\text{イ}}\,\sin\left(\theta + \dfrac{\pi}{\boxed{\text{ア}}}\right)$$

と変形できる。よって，y は $\theta = \dfrac{\pi}{\boxed{\text{ウ}}}$ で最大値 $\boxed{\text{エ}}$ をとる。

(2) p を定数とし，次の**問題B**について考えよう。

> **問題B** 関数 $y = \sin\theta + p\cos\theta \ \left(0 \leqq \theta \leqq \dfrac{\pi}{2}\right)$ の最大値を求めよ。

(i) $p = 0$ のとき，y は $\theta = \dfrac{\pi}{\boxed{\text{オ}}}$ で最大値 $\boxed{\text{カ}}$ をとる。

（数学Ⅱ・数学B第1問は次ページに続く。）

(ii) $p > 0$ のときは，加法定理

$$\cos(\theta - \alpha) = \cos\theta\cos\alpha + \sin\theta\sin\alpha$$

を用いると

$$y = \sin\theta + p\cos\theta = \sqrt{\boxed{キ}}\,\cos(\theta - \alpha)$$

と表すことができる。ただし，α は

$$\sin\alpha = \frac{\boxed{ク}}{\sqrt{\boxed{キ}}}, \quad \cos\alpha = \frac{\boxed{ケ}}{\sqrt{\boxed{キ}}}, \quad 0 < \alpha < \frac{\pi}{2}$$

を満たすものとする。このとき，y は $\theta = \boxed{コ}$ で最大値

$\sqrt{\boxed{サ}}$ をとる。

(iii) $p < 0$ のとき，y は $\theta = \boxed{シ}$ で最大値 $\boxed{ス}$ をとる。

$\boxed{キ}$ ～ $\boxed{ケ}$，$\boxed{サ}$，$\boxed{ス}$ の解答群(同じものを繰り返し選んでもよい。)

⓪ -1	① 1	② $-p$
③ p	④ $1-p$	⑤ $1+p$
⑥ $-p^2$	⑦ p^2	⑧ $1-p^2$
⑨ $1+p^2$	ⓐ $(1-p)^2$	ⓑ $(1+p)^2$

$\boxed{コ}$，$\boxed{シ}$ の解答群(同じものを繰り返し選んでもよい。)

⓪ 0	① α	② $\dfrac{\pi}{2}$

(数学Ⅱ・数学B第1問は次ページに続く。)

〔2〕 二つの関数 $f(x) = \dfrac{2^x + 2^{-x}}{2}$, $g(x) = \dfrac{2^x - 2^{-x}}{2}$ について考える。

(1) $f(0) = \boxed{\text{セ}}$, $g(0) = \boxed{\text{ソ}}$ である。また, $f(x)$ は相加平均と相乗平均の関係から, $x = \boxed{\text{タ}}$ で最小値 $\boxed{\text{チ}}$ をとる。

$g(x) = -2$ となる x の値は $\log_2\!\left(\sqrt{\boxed{\text{ツ}}} - \boxed{\text{テ}}\right)$ である。

(2) 次の ①~④ は, x にどのような値を代入してもつねに成り立つ。

$f(-x) = \boxed{\text{ト}}$ .... ①

$g(-x) = \boxed{\text{ナ}}$ .... ②

$\{f(x)\}^2 - \{g(x)\}^2 = \boxed{\text{ニ}}$ .... ③

$g(2x) = \boxed{\text{ヌ}}\, f(x)g(x)$ .... ④

$\boxed{\text{ト}}$, $\boxed{\text{ナ}}$ の解答群(同じものを繰り返し選んでもよい。)

⓪ $f(x)$	① $-f(x)$	② $g(x)$	③ $-g(x)$

(数学Ⅱ・数学B第1問は次ページに続く。)

⑶　花子さんと太郎さんは，$f(x)$と$g(x)$の性質について話している。

花子：①～④は三角関数の性質に似ているね。

太郎：三角関数の加法定理に類似した式(A)～(D)を考えてみたけど，つ
　　　ねに成り立つ式はあるだろうか。

花子：成り立たない式を見つけるために，式(A)～(D)のβに何か具体
　　　的な値を代入して調べてみたらどうかな。

太郎さんが考えた式

$$f(\alpha - \beta) = f(\alpha)g(\beta) + g(\alpha)f(\beta) \quad \cdots\cdots\cdots\cdots\cdots \text{(A)}$$

$$f(\alpha + \beta) = f(\alpha)f(\beta) + g(\alpha)g(\beta) \quad \cdots\cdots\cdots\cdots\cdots \text{(B)}$$

$$g(\alpha - \beta) = f(\alpha)f(\beta) + g(\alpha)g(\beta) \quad \cdots\cdots\cdots\cdots\cdots \text{(C)}$$

$$g(\alpha + \beta) = f(\alpha)g(\beta) - g(\alpha)f(\beta) \quad \cdots\cdots\cdots\cdots\cdots \text{(D)}$$

⑴，⑵で示されたことのいくつかを利用すると，式(A)～(D)のうち，

　　ネ　　以外の三つは成り立たないことがわかる。　　ネ　　は左辺と右辺

をそれぞれ計算することによって成り立つことが確かめられる。

　　ネ　　の解答群

⓪ (A)　　　　　**①** (B)　　　　　**②** (C)　　　　　**③** (D)

第2問 (必答問題)(配点 30)

(1) 座標平面上で,次の二つの2次関数のグラフについて考える。

$$y = 3x^2 + 2x + 3 \qquad \cdots\cdots\cdots\cdots\cdots\cdots ①$$

$$y = 2x^2 + 2x + 3 \qquad \cdots\cdots\cdots\cdots\cdots\cdots ②$$

①,②の2次関数のグラフには次の**共通点**がある。

> **共通点**
>
> ・y軸との交点のy座標は $\boxed{\quad ア \quad}$ である。
>
> ・y軸との交点における接線の方程式は$y = \boxed{\quad イ \quad}x + \boxed{\quad ウ \quad}$であ
>
> る。

次の⓪~⑤の2次関数のグラフのうち,y軸との交点における接線の方程式
が$y = \boxed{\quad イ \quad}x + \boxed{\quad ウ \quad}$となるものは $\boxed{\quad エ \quad}$ である。

$\boxed{\ エ\ }$ の解答群

⓪ $y = 3x^2 - 2x - 3$ ① $y = -3x^2 + 2x - 3$

② $y = 2x^2 + 2x - 3$ ③ $y = 2x^2 - 2x + 3$

④ $y = -x^2 + 2x + 3$ ⑤ $y = -x^2 - 2x + 3$

a,b,cを0でない実数とする。

曲線$y = ax^2 + bx + c$上の点$\left(0,\ \boxed{\quad オ \quad}\right)$における接線を$\ell$とすると,

その方程式は$y = \boxed{\quad カ \quad}x + \boxed{\quad キ \quad}$である。

(数学Ⅱ・数学B第2問は次ページに続く。)

接線 ℓ と x 軸との交点の x 座標は $\dfrac{\boxed{クケ}}{\boxed{コ}}$ である。

a, b, c が正の実数であるとき，曲線 $y = ax^2 + bx + c$ と接線 ℓ および直線

$x = \dfrac{\boxed{クケ}}{\boxed{コ}}$ で囲まれた図形の面積を S とすると

$$S = \dfrac{ac^{\boxed{サ}}}{\boxed{シ}\,b^{\boxed{ス}}} \qquad \cdots\cdots\cdots\cdots\cdots ③$$

である。

③において，$a = 1$ とし，S の値が一定となるように正の実数 b，c の値を変化させる。このとき，b と c の関係を表すグラフの概形は $\boxed{セ}$ である。

$\boxed{セ}$ については，最も適当なものを，次の $⓪$～$⑤$ のうちから一つ選べ。

（数学II・数学B第2問は次ページに続く。）

(2) 座標平面上で，次の三つの3次関数のグラフについて考える。

$$y = 4x^3 + 2x^2 + 3x + 5 \qquad \cdots\cdots\cdots\cdots\cdots ④$$

$$y = -2x^3 + 7x^2 + 3x + 5 \qquad \cdots\cdots\cdots\cdots\cdots ⑤$$

$$y = 5x^3 - x^2 + 3x + 5 \qquad \cdots\cdots\cdots\cdots\cdots ⑥$$

④，⑤，⑥ の3次関数のグラフには次の**共通点**がある。

共通点

- y 軸との交点の y 座標は $\boxed{\text{ソ}}$ である。

- y 軸との交点における接線の方程式は $y = \boxed{\text{タ}}\, x + \boxed{\text{チ}}$ である。

$a,\ b,\ c,\ d$ を 0 でない実数とする。

曲線 $y = ax^3 + bx^2 + cx + d$ 上の点 $\left(0,\ \boxed{\text{ツ}}\right)$ における接線の方程式

は $y = \boxed{\text{テ}}\, x + \boxed{\text{ト}}$ である。

（数学Ⅱ・数学B第2問は次ページに続く。）

次に, $f(x) = ax^3 + bx^2 + cx + d$, $g(x) = \boxed{テ}\, x + \boxed{ト}$ とし, $f(x) - g(x)$について考える。

$h(x) = f(x) - g(x)$とおく。a, b, c, dが正の実数であるとき, $y = h(x)$のグラフの概形は $\boxed{ナ}$ である。

$y = f(x)$のグラフと$y = g(x)$のグラフの共有点のx座標は $\dfrac{\boxed{ニヌ}}{\boxed{ネ}}$ と $\boxed{ノ}$ である。また, x が $\dfrac{\boxed{ニヌ}}{\boxed{ネ}}$ と $\boxed{ノ}$ の間を動くとき, $|f(x) - g(x)|$ の値が最大となるのは, $x = \dfrac{\boxed{ハヒフ}}{\boxed{ヘホ}}$ のときである。

$\boxed{ナ}$ については, 最も適当なものを, 次の⓪~⑤のうちから一つ選べ。

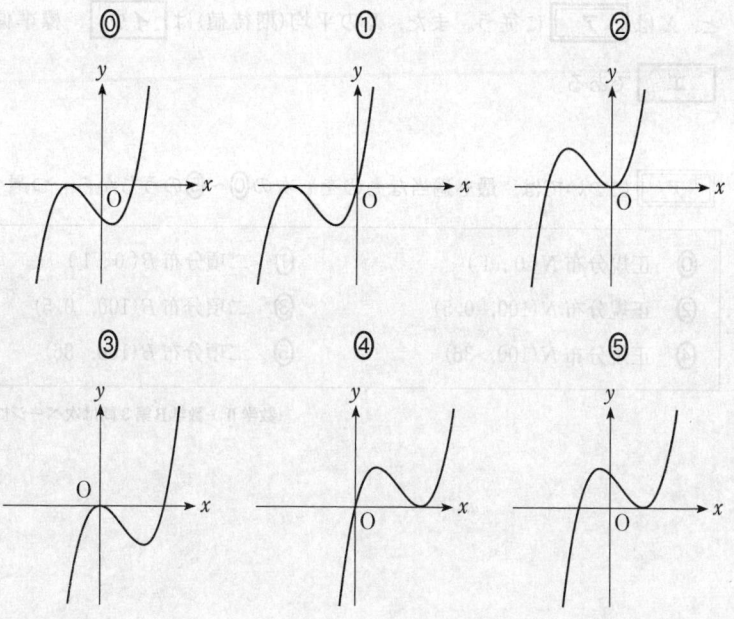

— 441 —

第3問～第5問は，いずれか2問を選択し，解答しなさい。

第3問 （選択問題）（配点 20）

以下の問題を解答するにあたっては，必要に応じて41ページの正規分布表を用いてもよい。

Q高校の校長先生は，ある日，新聞で高校生の読書に関する記事を読んだ。そこで，Q高校の生徒全員を対象に，直前の1週間の読書時間に関して，100人の生徒を無作為に抽出して調査を行った。その結果，100人の生徒のうち，この1週間に全く読書をしなかった生徒が36人であり，100人の生徒のこの1週間の読書時間（分）の平均値は204であった。Q高校の生徒全員のこの1週間の読書時間の母平均をm，母標準偏差を150とする。

(1) 全く読書をしなかった生徒の母比率を0.5とする。このとき，100人の無作為標本のうちで全く読書をしなかった生徒の数を表す確率変数をXとすると，Xは ア に従う。また，Xの平均（期待値）は イウ ，標準偏差は エ である。

ア については，最も適当なものを，次の⓪～⑤のうちから一つ選べ。

⓪ 正規分布$N(0, 1)$ ① 二項分布$B(0, 1)$

② 正規分布$N(100, 0.5)$ ③ 二項分布$B(100, 0.5)$

④ 正規分布$N(100, 36)$ ⑤ 二項分布$B(100, 36)$

（数学Ⅱ・数学B第3問は次ページに続く。）

(2)　標本の大きさ 100 は十分に大きいので，100 人のうち全く読書をしなかった
生徒の数は近似的に正規分布に従う。

全く読書をしなかった生徒の母比率を 0.5 とするとき，全く読書をしなかっ
た生徒が 36 人以下となる確率を p_5 とおく。p_5 の近似値を求めると，
$p_5 = $ オ である。

また，全く読書をしなかった生徒の母比率を 0.4 とするとき，全く読書をし
なかった生徒が 36 人以下となる確率を p_4 とおくと，　カ　である。

オ　については，最も適当なものを，次の⓪～⑤のうちから一つ選べ。

⓪　0.001	①　0.003	②　0.026
③　0.050	④　0.133	⑤　0.497

カ　の解答群

⓪　$p_4 < p_5$	①　$p_4 = p_5$	②　$p_4 > p_5$

(3)　1 週間の読書時間の母平均 m に対する信頼度 95 ％ の信頼区間を
$C_1 \leqq m \leqq C_2$ とする。標本の大きさ 100 は十分大きいことと，1 週間の読書
時間の標本平均が 204，母標準偏差が 150 であることを用いると，
$C_1 + C_2 = $ キクケ , $C_2 - C_1 = $ コサ . シ であることがわかる。

また，母平均 m と C_1, C_2 については，　ス　。

ス　の解答群

⓪　$C_1 \leqq m \leqq C_2$ が必ず成り立つ

①　$m \leqq C_2$ は必ず成り立つが，$C_1 \leqq m$ が成り立つとは限らない

②　$C_1 \leqq m$ は必ず成り立つが，$m \leqq C_2$ が成り立つとは限らない

③　$C_1 \leqq m$ も $m \leqq C_2$ も成り立つとは限らない

（数学Ⅱ・数学B第3問は次ページに続く。）

(4) Q高校の図書委員長も，校長先生と同じ新聞記事を読んだため，校長先生が調査をしていることを知らずに，図書委員会として校長先生と同様の調査を独自に行った。ただし，調査期間は校長先生による調査と同じ直前の1週間であり，対象をQ高校の生徒全員として100人の生徒を無作為に抽出した。その調査における，全く読書をしなかった生徒の数を n とする。

校長先生の調査結果によると全く読書をしなかった生徒は36人であり， セ 。

セ の解答群

⓪ n は必ず 36 に等しい   ① n は必ず 36 未満である

② n は必ず 36 より大きい   ③ n と 36 との大小はわからない

(5) (4)の図書委員会が行った調査結果による母平均 m に対する信頼度 95 % の信頼区間を $D_1 \leqq m \leqq D_2$，校長先生が行った調査結果による母平均 m に対する信頼度 95 % の信頼区間を(3)の $C_1 \leqq m \leqq C_2$ とする。ただし，母集団は同一であり，1週間の読書時間の母標準偏差は 150 とする。

このとき，次の⓪〜⑤のうち，正しいものは ソ と タ である。

ソ ， タ の解答群（解答の順序は問わない。）

⓪ $C_1 = D_1$ と $C_2 = D_2$ が必ず成り立つ。

① $C_1 < D_2$ または $D_1 < C_2$ のどちらか一方のみが必ず成り立つ。

② $D_2 < C_1$ または $C_2 < D_1$ となる場合もある。

③ $C_2 - C_1 > D_2 - D_1$ が必ず成り立つ。

④ $C_2 - C_1 = D_2 - D_1$ が必ず成り立つ。

⑤ $C_2 - C_1 < D_2 - D_1$ が必ず成り立つ。

（数学Ⅱ・数学B第3問は次ページに続く。）

正 規 分 布 表

次の表は，標準正規分布の分布曲線における右図の灰
色部分の面積の値をまとめたものである。

z_0	0.00	0.01	0.02	0.03	0.04	0.05	0.06	0.07	0.08	0.09
0.0	0.0000	0.0040	0.0080	0.0120	0.0160	0.0199	0.0239	0.0279	0.0319	0.0359
0.1	0.0398	0.0438	0.0478	0.0517	0.0557	0.0596	0.0636	0.0675	0.0714	0.0753
0.2	0.0793	0.0832	0.0871	0.0910	0.0948	0.0987	0.1026	0.1064	0.1103	0.1141
0.3	0.1179	0.1217	0.1255	0.1293	0.1331	0.1368	0.1406	0.1443	0.1480	0.1517
0.4	0.1554	0.1591	0.1628	0.1664	0.1700	0.1736	0.1772	0.1808	0.1844	0.1879
0.5	0.1915	0.1950	0.1985	0.2019	0.2054	0.2088	0.2123	0.2157	0.2190	0.2224
0.6	0.2257	0.2291	0.2324	0.2357	0.2389	0.2422	0.2454	0.2486	0.2517	0.2549
0.7	0.2580	0.2611	0.2642	0.2673	0.2704	0.2734	0.2764	0.2794	0.2823	0.2852
0.8	0.2881	0.2910	0.2939	0.2967	0.2995	0.3023	0.3051	0.3078	0.3106	0.3133
0.9	0.3159	0.3186	0.3212	0.3238	0.3264	0.3289	0.3315	0.3340	0.3365	0.3389
1.0	0.3413	0.3438	0.3461	0.3485	0.3508	0.3531	0.3554	0.3577	0.3599	0.3621
1.1	0.3643	0.3665	0.3686	0.3708	0.3729	0.3749	0.3770	0.3790	0.3810	0.3830
1.2	0.3849	0.3869	0.3888	0.3907	0.3925	0.3944	0.3962	0.3980	0.3997	0.4015
1.3	0.4032	0.4049	0.4066	0.4082	0.4099	0.4115	0.4131	0.4147	0.4162	0.4177
1.4	0.4192	0.4207	0.4222	0.4236	0.4251	0.4265	0.4279	0.4292	0.4306	0.4319
1.5	0.4332	0.4345	0.4357	0.4370	0.4382	0.4394	0.4406	0.4418	0.4429	0.4441
1.6	0.4452	0.4463	0.4474	0.4484	0.4495	0.4505	0.4515	0.4525	0.4535	0.4545
1.7	0.4554	0.4564	0.4573	0.4582	0.4591	0.4599	0.4608	0.4616	0.4625	0.4633
1.8	0.4641	0.4649	0.4656	0.4664	0.4671	0.4678	0.4686	0.4693	0.4699	0.4706
1.9	0.4713	0.4719	0.4726	0.4732	0.4738	0.4744	0.4750	0.4756	0.4761	0.4767
2.0	0.4772	0.4778	0.4783	0.4788	0.4793	0.4798	0.4803	0.4808	0.4812	0.4817
2.1	0.4821	0.4826	0.4830	0.4834	0.4838	0.4842	0.4846	0.4850	0.4854	0.4857
2.2	0.4861	0.4864	0.4868	0.4871	0.4875	0.4878	0.4881	0.4884	0.4887	0.4890
2.3	0.4893	0.4896	0.4898	0.4901	0.4904	0.4906	0.4909	0.4911	0.4913	0.4916
2.4	0.4918	0.4920	0.4922	0.4925	0.4927	0.4929	0.4931	0.4932	0.4934	0.4936
2.5	0.4938	0.4940	0.4941	0.4943	0.4945	0.4946	0.4948	0.4949	0.4951	0.4952
2.6	0.4953	0.4955	0.4956	0.4957	0.4959	0.4960	0.4961	0.4962	0.4963	0.4964
2.7	0.4965	0.4966	0.4967	0.4968	0.4969	0.4970	0.4971	0.4972	0.4973	0.4974
2.8	0.4974	0.4975	0.4976	0.4977	0.4977	0.4978	0.4979	0.4979	0.4980	0.4981
2.9	0.4981	0.4982	0.4982	0.4983	0.4984	0.4984	0.4985	0.4985	0.4986	0.4986
3.0	0.4987	0.4987	0.4987	0.4988	0.4988	0.4989	0.4989	0.4989	0.4990	0.4990

42

第4問 （選択問題）（配点 20）

初項3，公差 p の等差数列を $\{a_n\}$ とし，初項3，公比 r の等比数列を $\{b_n\}$ とする。ただし，$p \neq 0$ かつ $r \neq 0$ とする。さらに，これらの数列が次を満たすとする。

$$a_n b_{n+1} - 2a_{n+1} b_n + 3b_{n+1} = 0 \qquad (n = 1, 2, 3, \cdots) \cdots\cdots ①$$

(1) p と r の値を求めよう。自然数 n について，a_n，a_{n+1}，b_n はそれぞれ

$$a_n = \boxed{\text{ア}} + (n-1)p \qquad\cdots\cdots\cdots ②$$

$$a_{n+1} = \boxed{\text{ア}} + np \qquad\cdots\cdots\cdots ③$$

$$b_n = \boxed{\text{イ}} \, r^{n-1} \qquad\cdots\cdots\cdots$$

と表される。$r \neq 0$ により，すべての自然数 n について，$b_n \neq 0$ となる。

$\dfrac{b_{n+1}}{b_n} = r$ であることから，①の両辺を b_n で割ることにより

$$\boxed{\text{ウ}} \, a_{n+1} = r\left(a_n + \boxed{\text{エ}}\right) \qquad\cdots\cdots\cdots ④$$

が成り立つことがわかる。④に②と③を代入すると

$$\left(r - \boxed{\text{オ}}\right)pn = r\left(p - \boxed{\text{カ}}\right) + \boxed{\text{キ}} \qquad\cdots\cdots\cdots ⑤$$

となる。⑤がすべての n で成り立つことおよび $p \neq 0$ により，$r = \boxed{\text{オ}}$ を得る。さらに，このことから，$p = \boxed{\text{ク}}$ を得る。

以上から，すべての自然数 n について，a_n と b_n が正であることもわかる。

（数学II・数学B第4問は次ページに続く。）

(2) $p = \boxed{\text{ク}}$, $r = \boxed{\text{オ}}$ であることから，$\{a_n\}$，$\{b_n\}$ の初項から第 n 項

までの和は，それぞれ次の式で与えられる。

$$\sum_{k=1}^{n} a_k = \frac{\boxed{\text{ケ}}}{\boxed{\text{コ}}} n\left(n + \boxed{\text{サ}}\right)$$

$$\sum_{k=1}^{n} b_k = \boxed{\text{シ}}\left(\boxed{\text{オ}}^{\,n} - \boxed{\text{ス}}\right)$$

(3) 数列 $\{a_n\}$ に対して，初項 3 の数列 $\{c_n\}$ が次を満たすとする。

$$a_n c_{n+1} - 4a_{n+1}c_n + 3c_{n+1} = 0 \quad (n = 1, 2, 3, \cdots) \cdots\cdots \text{⑥}$$

a_n が正であることから，⑥ を変形して，$c_{n+1} = \dfrac{\boxed{\text{セ}}\,a_{n+1}}{a_n + \boxed{\text{ソ}}} c_n$ を得る。

さらに，$p = \boxed{\text{ク}}$ であることから，数列 $\{c_n\}$ は $\boxed{\text{タ}}$ ことがわかる。

$\boxed{\text{タ}}$ の解答群

⓪ すべての項が同じ値をとる数列である

① 公差が 0 でない等差数列である

② 公比が 1 より大きい等比数列である

③ 公比が 1 より小さい等比数列である

④ 等差数列でも等比数列でもない

(4) q, u は定数で，$q \neq 0$ とする。数列 $\{b_n\}$ に対して，初項 3 の数列 $\{d_n\}$ が次
を満たすとする。

$$d_n b_{n+1} - q d_{n+1} b_n + u b_{n+1} = 0 \quad (n = 1, 2, 3, \cdots) \cdots\cdots \text{⑦}$$

$r = \boxed{\text{オ}}$ であることから，⑦ を変形して，$d_{n+1} = \dfrac{\boxed{\text{チ}}}{q}(d_n + u)$

を得る。したがって，数列 $\{d_n\}$ が，公比が 0 より大きく 1 より小さい等比数

列となるための必要十分条件は，$q > \boxed{\text{ツ}}$ かつ $u = \boxed{\text{テ}}$ である。

第3問～第5問は，いずれか2問を選択し，解答しなさい。

第5問 （選択問題）（配点 20）

1辺の長さが1の正五角形の対角線の長さを a とする。

(1) 1辺の長さが1の正五角形 $OA_1B_1C_1A_2$ を考える。

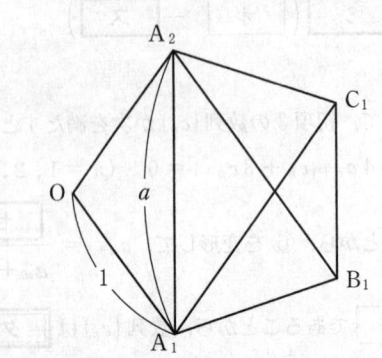

$\angle A_1C_1B_1 = \boxed{\text{アイ}}°$, $\angle C_1A_1A_2 = \boxed{\text{アイ}}°$ となることから，$\overrightarrow{A_1A_2}$ と $\overrightarrow{B_1C_1}$ は平行である。ゆえに

$$\overrightarrow{A_1A_2} = \boxed{\text{ウ}}\ \overrightarrow{B_1C_1}$$

であるから

$$\overrightarrow{B_1C_1} = \frac{1}{\boxed{\text{ウ}}}\overrightarrow{A_1A_2} = \frac{1}{\boxed{\text{ウ}}}\left(\overrightarrow{OA_2} - \overrightarrow{OA_1}\right)$$

また，$\overrightarrow{OA_1}$ と $\overrightarrow{A_2B_1}$ は平行で，さらに，$\overrightarrow{OA_2}$ と $\overrightarrow{A_1C_1}$ も平行であることから

$$\overrightarrow{B_1C_1} = \overrightarrow{B_1A_2} + \overrightarrow{A_2O} + \overrightarrow{OA_1} + \overrightarrow{A_1C_1}$$

$$= -\boxed{\text{ウ}}\ \overrightarrow{OA_1} - \overrightarrow{OA_2} + \overrightarrow{OA_1} + \boxed{\text{ウ}}\ \overrightarrow{OA_2}$$

$$= \left(\boxed{\text{エ}} - \boxed{\text{オ}}\right)\left(\overrightarrow{OA_2} - \overrightarrow{OA_1}\right)$$

となる。したがって

$$\frac{1}{\boxed{\text{ウ}}} = \boxed{\text{エ}} - \boxed{\text{オ}}$$

が成り立つ。$a > 0$ に注意してこれを解くと，$a = \dfrac{1 + \sqrt{5}}{2}$ を得る。

（数学Ⅱ・数学B第5問は次ページに続く。）

(2)　下の図のような，1辺の長さが1の正十二面体を考える。正十二面体とは，どの面もすべて合同な正五角形であり，どの頂点にも三つの面が集まっているへこみのない多面体のことである。

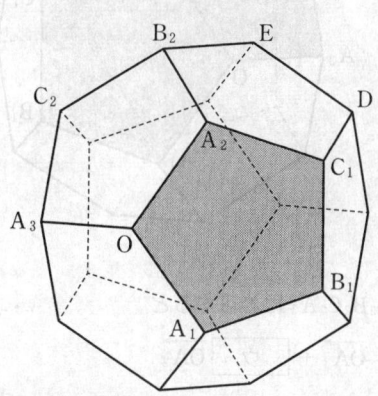

面 $OA_1B_1C_1A_2$ に着目する。$\overrightarrow{OA_1}$ と $\overrightarrow{A_2B_1}$ が平行であることから

$$\overrightarrow{OB_1} = \overrightarrow{OA_2} + \overrightarrow{A_2B_1} = \overrightarrow{OA_2} + \boxed{\text{ウ}} \ \overrightarrow{OA_1}$$

である。また

$$\left|\overrightarrow{OA_2} - \overrightarrow{OA_1}\right|^2 = \left|\overrightarrow{A_1A_2}\right|^2 = \frac{\boxed{\text{カ}} + \sqrt{\boxed{\text{キ}}}}{\boxed{\text{ク}}}$$

に注意すると

$$\overrightarrow{OA_1} \cdot \overrightarrow{OA_2} = \frac{\boxed{\text{ケ}} - \sqrt{\boxed{\text{コ}}}}{\boxed{\text{サ}}}$$

を得る。

（数学Ⅱ・数学B第5問は次ページに続く。）

補　足　説　明

ただし，$\boxed{\text{カ}} \sim \boxed{\text{サ}}$ は，文字 a を用いない形で答えること。

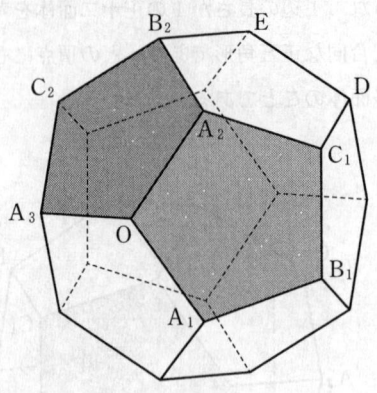

次に，面 $OA_2B_2C_2A_3$ に着目すると

$$\overrightarrow{OB_2} = \overrightarrow{OA_3} + \boxed{\text{ウ}}\ \overrightarrow{OA_2}$$

である。さらに

$$\overrightarrow{OA_2} \cdot \overrightarrow{OA_3} = \overrightarrow{OA_3} \cdot \overrightarrow{OA_1} = \frac{\boxed{\text{ケ}} - \sqrt{\boxed{\text{コ}}}}{\boxed{\text{サ}}}$$

が成り立つことがわかる。ゆえに

$$\overrightarrow{OA_1} \cdot \overrightarrow{OB_2} = \boxed{\text{シ}}\ , \quad \overrightarrow{OB_1} \cdot \overrightarrow{OB_2} = \boxed{\text{ス}}$$

である。

$\boxed{\text{シ}}$ ， $\boxed{\text{ス}}$ の解答群(同じものを繰り返し選んでもよい。)

⓪ 0 ① 1 ② -1 ③ $\dfrac{1+\sqrt{5}}{2}$

④ $\dfrac{1-\sqrt{5}}{2}$ ⑤ $\dfrac{-1+\sqrt{5}}{2}$ ⑥ $\dfrac{-1-\sqrt{5}}{2}$ ⑦ $-\dfrac{1}{2}$

⑧ $\dfrac{-1+\sqrt{5}}{4}$ ⑨ $\dfrac{-1-\sqrt{5}}{4}$

(数学Ⅱ・数学B第5問は次ページに続く。)

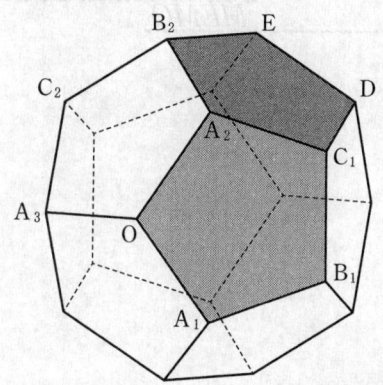

最後に，面 $A_2C_1DEB_2$ に着目する。

$$\overrightarrow{B_2D} = \boxed{\text{ウ}} \overrightarrow{A_2C_1} = \overrightarrow{OB_1}$$

であることに注意すると，4点 O，B_1，D，B_2 は同一平面上にあり，四角形 OB_1DB_2 は $\boxed{\text{セ}}$ ことがわかる。

$\boxed{\text{セ}}$ の解答群

⓪　正方形である

①　正方形ではないが，長方形である

②　正方形ではないが，ひし形である

③　長方形でもひし形でもないが，平行四辺形である

④　平行四辺形ではないが，台形である

⑤　台形でない

ただし，少なくとも一組の対辺が平行な四角形を台形という。

数学 I・数学 A
数学 II・数学 B

（2021年1月実施）

数学 I・数学 A　　70分　　100点
数学 II・数学 B　　60分　　100点

2021 第2日程

数学 I・数学 A

問　題	選　択　方　法
第 1 問	必　　答
第 2 問	必　　答
第 3 問	いずれか 2 問を選択し，解答しなさい。
第 4 問	
第 5 問	

(注) この科目には，選択問題があります。(86ページ参照。)

第1問 (必答問題) (配点 30)

〔1〕 a, b を定数とするとき，x についての不等式

$$|ax - b - 7| < 3$$ ⋯⋯⋯⋯⋯⋯⋯⋯⋯⋯⋯ ①

を考える。

(1) $a = -3$，$b = -2$ とする。① を満たす整数全体の集合を P とする。この集合 P を，要素を書き並べて表すと

$$P = \left\{ \boxed{アイ}, \boxed{ウエ} \right\}$$

となる。ただし，$\boxed{アイ}$，$\boxed{ウエ}$ の解答の順序は問わない。

(2) $a = \dfrac{1}{\sqrt{2}}$ とする。

(i) $b = 1$ のとき，① を満たす整数は全部で $\boxed{オ}$ 個である。

(ii) ① を満たす整数が全部で $\left(\boxed{オ} + 1 \right)$ 個であるような正の整数 b のうち，最小のものは $\boxed{カ}$ である。

(数学I・数学A第1問は次ページに続く。)

〔2〕 平面上に2点A，Bがあり，AB＝8である。直線AB上にない点Pをと
り，△ABPをつくり，その外接円の半径をRとする。

太郎さんは，図1のように，コンピュータソフトを使って点Pをいろい
ろな位置にとった。

図1は，点Pをいろいろな位置にとったときの △ABP の外接円をかいた
ものである。

図　1

(1) 太郎さんは，点Pのとり方によって外接円の半径が異なることに気づ
き，次の**問題1**を考えることにした。

問題1　点Pをいろいろな位置にとるとき，外接円の半径Rが最小と
なる △ABP はどのような三角形か。

正弦定理により，$2R = \dfrac{\boxed{キ}}{\sin \angle APB}$ である。よって，Rが最小となる

のは $\angle APB = \boxed{クケ}$ °の三角形である。このとき，$R = \boxed{コ}$ であ

る。

（数学Ⅰ・数学A第1問は次ページに続く。）

(2)　太郎さんは，図2のように，**問題1**の点Pのとり方に条件を付けて，次の**問題2**を考えた。

問題2　直線ABに平行な直線を ℓ とし，直線 ℓ 上で点Pをいろいろな位置にとる。このとき，外接円の半径 R が最小となる △ABP はどのような三角形か。

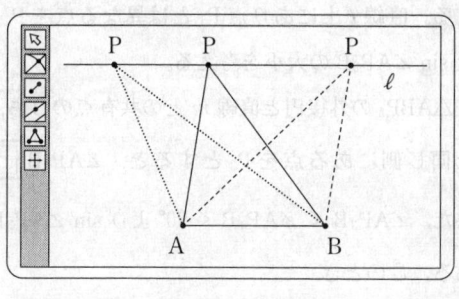

図　2

太郎さんは，この問題を解決するために，次の構想を立てた。

問題2の解決の構想

問題1の考察から，線分ABを直径とする円をCとし，円Cに着目する。直線 ℓ は，その位置によって，円Cと共有点をもつ場合ともたない場合があるので，それぞれの場合に分けて考える。

直線ABと直線 ℓ との距離を h とする。直線 ℓ が円Cと共有点をもつ場合は，$h \leqq \boxed{\text{サ}}$ のときであり，共有点をもたない場合は，$h > \boxed{\text{サ}}$ のときである。

（数学 I・数学A第1問は次ページに続く。）

(i) $h \leqq$ ⬚サ⬚ のとき

直線 ℓ が円 C と共有点をもつので，R が最小となる△ABP は，$h <$ ⬚サ⬚ のとき ⬚シ⬚ であり，$h =$ ⬚サ⬚ のとき直角二等辺三角形である。

(ii) $h >$ ⬚サ⬚ のとき

線分 AB の垂直二等分線を m とし，直線 m と直線 ℓ との交点を P_1 とする。直線 ℓ 上にあり点 P_1 とは異なる点を P_2 とするとき $\sin \angle AP_1B$ と $\sin \angle AP_2B$ の大小を考える。

△ABP_2 の外接円と直線 m との共有点のうち，直線 AB に関して点 P_2 と同じ側にある点を P_3 とすると，$\angle AP_3B$ ⬚ス⬚ $\angle AP_2B$ である。また，$\angle AP_3B < \angle AP_1B < 90°$ より $\sin \angle AP_3B$ ⬚セ⬚ $\sin \angle AP_1B$ である。このとき

（△ABP_1 の外接円の半径） ⬚ソ⬚ （△ABP_2 の外接円の半径）

であり，R が最小となる△ABP は ⬚タ⬚ である。

⬚シ⬚，⬚タ⬚ については，最も適当なものを，次の ⓪〜④ のうちから一つずつ選べ。ただし，同じものを繰り返し選んでもよい。

| ⓪ 鈍角三角形 | ① 直角三角形 | ② 正三角形 |
| ③ 二等辺三角形 | ④ 直角二等辺三角形 | |

⬚ス⬚ 〜 ⬚ソ⬚ の解答群（同じものを繰り返し選んでもよい。）

| ⓪ < | ① = | ② > |

（数学 I・数学 A 第 1 問は次ページに続く。）

(3)　**問題2**の考察を振り返って，$h = 8$ のとき，$\triangle$ABP の外接円の半径 R

が最小である場合について考える。このとき，$\sin \angle \mathrm{APB} = \dfrac{\boxed{チ}}{\boxed{ツ}}$ で

あり，$R = \boxed{テ}$ である。

第2問 （必答問題）（配点 30）

〔1〕 花子さんと太郎さんのクラスでは，文化祭でたこ焼き店を出店することに
なった。二人は1皿あたりの価格をいくらにするかを検討している。次の表
は，過去の文化祭でのたこ焼き店の売り上げデータから，1皿あたりの価格
と売り上げ数の関係をまとめたものである。

1皿あたりの価格（円）	200	250	300
売り上げ数（皿）	200	150	100

(1) まず，二人は，上の表から，1皿あたりの価格が50円上がると売り上
げ数が50皿減ると考えて，売り上げ数が1皿あたりの価格の1次関数で
表されると仮定した。このとき，1皿あたりの価格を x 円とおくと，売り
上げ数は

$$\boxed{\text{アイウ}} - x \qquad\qquad \cdots\cdots\cdots\cdots\cdots\cdots ①$$

と表される。

(2) 次に，二人は，利益の求め方について考えた。

花子：利益は，売り上げ金額から必要な経費を引けば求められるよ。

太郎：売り上げ金額は，1皿あたりの価格と売り上げ数の積で求まる
　　　ね。

花子：必要な経費は，たこ焼き用器具の賃貸料と材料費の合計だね。
　　　材料費は，売り上げ数と1皿あたりの材料費の積になるね。

（数学Ⅰ・数学A第2問は次ページに続く。）

　　二人は，次の三つの条件のもとで，1皿あたりの価格 x を用いて利益を表すことにした。

- （条件1）　1皿あたりの価格が x 円のときの売り上げ数として ① を用いる。
- （条件2）　材料は，① により得られる売り上げ数に必要な分量だけ仕入れる。
- （条件3）　1皿あたりの材料費は 160 円である。たこ焼き用器具の賃貸料は 6000 円である。材料費とたこ焼き用器具の賃貸料以外の経費はない。

　　利益を y 円とおく。y を x の式で表すと

$$y = -x^2 + \boxed{\text{エオカ}}\, x - \boxed{\text{キ}} \times 10000 \quad\cdots\cdots\cdots\cdots\cdots ②$$

である。

(3)　太郎さんは利益を最大にしたいと考えた。② を用いて考えると，利益が最大になるのは1皿あたりの価格が $\boxed{\text{クケコ}}$ 円のときであり，そのときの利益は $\boxed{\text{サシスセ}}$ 円である。

(4)　花子さんは，利益を 7500 円以上となるようにしつつ，できるだけ安い価格で提供したいと考えた。② を用いて考えると，利益が 7500 円以上となる1皿あたりの価格のうち，最も安い価格は $\boxed{\text{ソタチ}}$ 円となる。

（数学 I・数学 A 第2問は次ページに続く。）

〔2〕 総務省が実施している国勢調査では都道府県ごとの総人口が調べられており，その内訳として日本人人口と外国人人口が公表されている。また，外務省では旅券（パスポート）を取得した人数を都道府県ごとに公表している。加えて，文部科学省では都道府県ごとの小学校に在籍する児童数を公表している。

そこで，47都道府県の，人口1万人あたりの外国人人口（以下，外国人数），人口1万人あたりの小学校児童数（以下，小学生数），また，日本人1万人あたりの旅券を取得した人数（以下，旅券取得者数）を，それぞれ計算した。

（数学Ⅰ・数学A第2問は次ページに続く。）

(1) 図1は，2010年における47都道府県の，旅券取得者数(横軸)と小学生数(縦軸)の関係を黒丸で，また，旅券取得者数(横軸)と外国人数(縦軸)の関係を白丸で表した散布図である。

図1　2010年における，旅券取得者数と小学生数の散布図(黒丸)，
旅券取得者数と外国人数の散布図(白丸)

(出典：外務省，文部科学省および総務省のWebページにより作成)

(数学Ⅰ・数学A第2問は次ページに続く。)

次の (I), (II), (III) は図 1 の散布図に関する記述である。

(I)　小学生数の四分位範囲は，外国人数の四分位範囲より大きい。

(II)　旅券取得者数の範囲は，外国人数の範囲より大きい。

(III)　旅券取得者数と小学生数の相関係数は，旅券取得者数と外国人数の
相関係数より大きい。

(I), (II), (III) の正誤の組合せとして正しいものは　ツ　である。

　ツ　の解答群

	⓪	①	②	③	④	⑤	⑥	⑦
(I)	正	正	正	正	誤	誤	誤	誤
(II)	正	正	誤	誤	正	正	誤	誤
(III)	正	誤	正	誤	正	誤	正	誤

(数学 I・数学 A 第 2 問は次ページに続く。)

(2)　一般に，度数分布表

階級値	x_1	x_2	x_3	x_4	$\cdots$	x_k	計
度数	f_1	f_2	f_3	f_4	$\cdots$	f_k	n

が与えられていて，各階級に含まれるデータの値がすべてその階級値に等しいと仮定すると，平均値 $\bar{x}$ は

$$\bar{x} = \frac{1}{n}(x_1f_1 + x_2f_2 + x_3f_3 + x_4f_4 + \cdots + x_kf_k)$$

で求めることができる。さらに階級の幅が一定で，その値が h のときは

$$x_2 = x_1 + h, \ x_3 = x_1 + 2h, \ x_4 = x_1 + 3h, \ \cdots, \ x_k = x_1 + (k-1)h$$

に注意すると

$$\bar{x} = \boxed{\text{テ}}$$

と変形できる。

$\boxed{\text{テ}}$ については，最も適当なものを，次の ⓪ ～ ④ のうちから一つ選べ。

⓪　$\dfrac{x_1}{n}(f_1 + f_2 + f_3 + f_4 + \cdots + f_k)$

①　$\dfrac{h}{n}(f_1 + 2f_2 + 3f_3 + 4f_4 + \cdots + kf_k)$

②　$x_1 + \dfrac{h}{n}(f_2 + f_3 + f_4 + \cdots + f_k)$

③　$x_1 + \dfrac{h}{n}\{f_2 + 2f_3 + 3f_4 + \cdots + (k-1)f_k\}$

④　$\dfrac{1}{2}(f_1 + f_k)x_1 - \dfrac{1}{2}(f_1 + kf_k)$

（数学I・数学A第2問は次ページに続く。）

　図 2 は，2008 年における 47 都道府県の旅券取得者数のヒストグラムである。なお，ヒストグラムの各階級の区間は，左側の数値を含み，右側の数値を含まない。

（都道府県数）

50　150　250　350　450　550（人）

図 2　2008 年における旅券取得者数のヒストグラム
（出典：外務省の Web ページにより作成）

　図 2 のヒストグラムに関して，各階級に含まれるデータの値がすべてその階級値に等しいと仮定する。このとき，平均値 $\bar{x}$ は小数第 1 位を四捨五入すると　トナニ　である。

（数学 I・数学 A 第 2 問は次ページに続く。）

(3) 一般に，度数分布表

階級値	x_1	x_2	$\cdots$	x_k	計
度数	f_1	f_2	$\cdots$	f_k	n

が与えられていて，各階級に含まれるデータの値がすべてその階級値に等しいと仮定すると，分散 s^2 は

$$s^2 = \frac{1}{n}\left\{ (x_1 - \bar{x})^2 f_1 + (x_2 - \bar{x})^2 f_2 + \cdots + (x_k - \bar{x})^2 f_k \right\}$$

で求めることができる。さらに s^2 は

$$s^2 = \frac{1}{n}\left\{ (x_1^2 f_1 + x_2^2 f_2 + \cdots + x_k^2 f_k) - 2\bar{x} \times \boxed{\text{ヌ}} + (\bar{x})^2 \times \boxed{\text{ネ}} \right\}$$

と変形できるので

$$s^2 = \frac{1}{n}(x_1^2 f_1 + x_2^2 f_2 + \cdots + x_k^2 f_k) - \boxed{\text{ノ}} \qquad \cdots\cdots\cdots\cdots ①$$

である。

$\boxed{\text{ヌ}}$ ～ $\boxed{\text{ノ}}$ の解答群(同じものを繰り返し選んでもよい。)

⓪ n		① n^2		② $\bar{x}$		③ $n\bar{x}$		④ $2n\bar{x}$	
⑤ $n^2\bar{x}$		⑥ $(\bar{x})^2$		⑦ $n(\bar{x})^2$		⑧ $2n(\bar{x})^2$		⑨ $3n(\bar{x})^2$	

(数学 I・数学 A 第2問は次ページに続く。)

図3は，図2を再掲したヒストグラムである。

(都道府県数)

図3　2008 年における旅券取得者数のヒストグラム

(出典：外務省の Web ページにより作成)

図3のヒストグラムに関して，各階級に含まれるデータの値がすべてその階級値に等しいと仮定すると，平均値 $\bar{x}$ は(2)で求めた ┃ トナニ ┃ である。┃ トナニ ┃ の値と式①を用いると，分散 s^2 は ┃ ハ ┃ である。

┃ ハ ┃ については，最も近いものを，次の⓪～⑦のうちから一つ選べ。

⓪ 3900	① 4900	② 5900	③ 6900
④ 7900	⑤ 8900	⑥ 9900	⑦ 10900

第3問～第5問は，いずれか2問を選択し，解答しなさい。

第3問 （選択問題）（配点 20）

　　二つの袋A，Bと一つの箱がある。Aの袋には赤球2個と白球1個が入っており，Bの袋には赤球3個と白球1個が入っている。また，箱には何も入っていない。

(1)　A，Bの袋から球をそれぞれ1個ずつ同時に取り出し，球の色を調べずに箱に入れる。

　(ⅰ)　箱の中の2個の球のうち少なくとも1個が赤球である確率は $\dfrac{アイ}{ウエ}$ である。

　(ⅱ)　箱の中をよくかき混ぜてから球を1個取り出すとき，取り出した球が赤球である確率は $\dfrac{オカ}{キク}$ であり，取り出した球が赤球であったときに，それがBの袋に入っていたものである条件付き確率は $\dfrac{ケ}{コサ}$ である。

（数学Ⅰ・数学A第3問は次ページに続く。）

(2) A，Bの袋から球をそれぞれ2個ずつ同時に取り出し，球の色を調べずに箱に入れる。

(i) 箱の中の4個の球のうち，ちょうど2個が赤球である確率は $\dfrac{シ}{ス}$ である。また，箱の中の4個の球のうち，ちょうど3個が赤球である確率は $\dfrac{セ}{ソ}$ である。

(ii) 箱の中をよくかき混ぜてから球を2個同時に取り出すとき，どちらの球も赤球である確率は $\dfrac{タチ}{ツテ}$ である。また，取り出した2個の球がどちらも赤球であったときに，それらのうちの1個のみがBの袋に入っていたものである条件付き確率は $\dfrac{トナ}{ニヌ}$ である。

第3問～第5問は，いずれか2問を選択し，解答しなさい。

第4問　（選択問題）（配点　20）

正の整数 m に対して

$$a^2 + b^2 + c^2 + d^2 = m, \quad a \geqq b \geqq c \geqq d \geqq 0 \quad \cdots\cdots\cdots\cdots\cdots ①$$

を満たす整数 $a,\ b,\ c,\ d$ の組がいくつあるかを考える。

(1) $m = 14$ のとき，①を満たす整数 $a,\ b,\ c,\ d$ の組 $(a,\ b,\ c,\ d)$ は

$$\left(\boxed{\text{ア}},\ \boxed{\text{イ}},\ \boxed{\text{ウ}},\ \boxed{\text{エ}} \right)$$

のただ一つである。

また，$m = 28$ のとき，①を満たす整数 $a,\ b,\ c,\ d$ の組の個数は $\boxed{\text{オ}}$ 個である。

(2) a が奇数のとき，整数 n を用いて $a = 2n + 1$ と表すことができる。このとき，$n(n+1)$ は偶数であるから，次の条件がすべての奇数 a で成り立つような正の整数 h のうち，最大のものは $h = \boxed{\text{カ}}$ である。

条件：$a^2 - 1$ は h の倍数である。

よって，a が奇数のとき，a^2 を $\boxed{\text{カ}}$ で割ったときの余りは 1 である。

また，a が偶数のとき，a^2 を $\boxed{\text{カ}}$ で割ったときの余りは，0 または 4 のいずれかである。

（数学 I・数学 A 第4問は次ページに続く。）

(3) (2)により, $a^2 + b^2 + c^2 + d^2$ が <u>カ</u> の倍数ならば, 整数 a, b, c, d のうち, 偶数であるものの個数は <u>キ</u> 個である。

(4) (3)を用いることにより, m が <u>カ</u> の倍数であるとき, ① を満たす整数 a, b, c, d が求めやすくなる。

例えば, $m = 224$ のとき, ① を満たす整数 a, b, c, d の組 (a, b, c, d) は

$$\left(\boxed{クケ}, \boxed{コ}, \boxed{サ}, \boxed{シ} \right)$$

のただ一つであることがわかる。

(5) 7 の倍数で 896 の約数である正の整数 m のうち, ① を満たす整数 a, b, c, d の組の個数が <u>オ</u> 個であるものの個数は <u>ス</u> 個であり, そのうち最大のものは $m = \boxed{セソタ}$ である。

第3問～第5問は，いずれか2問を選択し，解答しなさい。

第5問 （選択問題）（配点 20）

点Zを端点とする半直線ZXと半直線ZYがあり，$0° < ∠XZY < 90°$ とする。また，$0° < ∠SZX < ∠XZY$ かつ $0° < ∠SZY < ∠XZY$ を満たす点Sをとる。点Sを通り，半直線ZXと半直線ZYの両方に接する円を作図したい。

円Oを，次の(Step 1)～(Step 5)の**手順**で作図する。

手順

(Step 1) ∠XZYの二等分線ℓ上に点Cをとり，下図のように半直線ZX
と半直線ZYの両方に接する円Cを作図する。また，円Cと半直
線ZXとの接点をD，半直線ZYとの接点をEとする。

(Step 2) 円Cと直線ZSとの交点の一つをGとする。

(Step 3) 半直線ZX上に点HをDG//HSを満たすようにとる。

(Step 4) 点Hを通り，半直線ZXに垂直な直線を引き，ℓとの交点をO
とする。

(Step 5) 点Oを中心とする半径OHの円Oをかく。

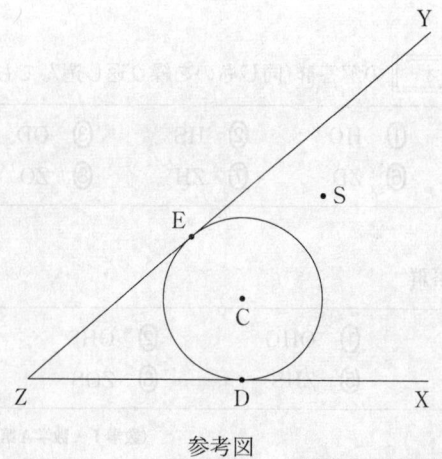

参考図

（数学I・数学A第5問は次ページに続く。）

(1) (Step 1)～(Step 5)の**手順**で作図した円 O が求める円であることは，次の**構想**に基づいて下のように説明できる。

> ┌─ **構想** ─────────────────────
> 円 O が点 S を通り，半直線 ZX と半直線 ZY の両方に接する円であること
> を示すには，OH = $\boxed{\text{ア}}$ が成り立つことを示せばよい。
> └──────────────────────────

作図の**手順**より，△ZDG と △ZHS との関係，および △ZDC と △ZHO との関係に着目すると

$$DG : \boxed{\text{イ}} = \boxed{\text{ウ}} : \boxed{\text{エ}}$$

$$DC : \boxed{\text{オ}} = \boxed{\text{ウ}} : \boxed{\text{エ}}$$

であるから，DG : $\boxed{\text{イ}}$ = DC : $\boxed{\text{オ}}$ となる。

ここで，3 点 S, O, H が一直線上にない場合は，∠CDG = ∠ $\boxed{\text{カ}}$ であるので，△CDG と △ $\boxed{\text{カ}}$ との関係に着目すると，CD = CG より OH = $\boxed{\text{ア}}$ であることがわかる。

なお，3 点 S, O, H が一直線上にある場合は，DG = $\boxed{\text{キ}}$ DC となり，DG : $\boxed{\text{イ}}$ = DC : $\boxed{\text{オ}}$ より OH = $\boxed{\text{ア}}$ であることがわかる。

$\boxed{\text{ア}}$ ～ $\boxed{\text{オ}}$ の解答群(同じものを繰り返し選んでもよい。)

⓪ DH	① HO	② HS	③ OD	④ OG
⑤ OS	⑥ ZD	⑦ ZH	⑧ ZO	⑨ ZS

$\boxed{\text{カ}}$ の解答群

⓪ OHD	① OHG	② OHS	③ ZDS
④ ZHG	⑤ ZHS	⑥ ZOS	⑦ ZCG

（数学 I・数学 A 第 5 問は次ページに続く。）

(2)　点 S を通り，半直線 ZX と半直線 ZY の両方に接する円は二つ作図できる。特に，点 S が ∠XZY の二等分線 ℓ 上にある場合を考える。半径が大きい方の円の中心を O_1 とし，半径が小さい方の円の中心を O_2 とする。また，円 O_2 と半直線 ZY が接する点を I とする。円 O_1 と半直線 ZY が接する点を J とし，円 O_1 と半直線 ZX が接する点を K とする。

　　作図をした結果，円 O_1 の半径は 5，円 O_2 の半径は 3 であったとする。このとき，$IJ = \boxed{ク}\sqrt{\boxed{ケコ}}$ である。さらに，円 O_1 と円 O_2 の接点 S における共通接線と半直線 ZY との交点を L とし，直線 LK と円 O_1 との交点で点 K とは異なる点を M とすると

$$LM \cdot LK = \boxed{サシ}$$

である。

　　また，$ZI = \boxed{ス}\sqrt{\boxed{セソ}}$ であるので，直線 LK と直線 ℓ との交点を N とすると

$$\frac{LN}{NK} = \frac{\boxed{タ}}{\boxed{チ}}, \quad SN = \frac{\boxed{ツ}}{\boxed{テ}}$$

である。

数学II・数学B

問　題	選　択　方　法
第1問	必　　答
第2問	必　　答
第3問	いずれか2問を選択し，解答しなさい。
第4問	
第5問	

(注) この科目には，選択問題があります。(108ページ参照。)

第1問 (必答問題) (配点　30)

〔1〕

(1) $\log_{10} 10 = \boxed{\text{ア}}$ である。また，$\log_{10} 5$，$\log_{10} 15$ をそれぞれ $\log_{10} 2$ と $\log_{10} 3$ を用いて表すと

$$\log_{10} 5 = \boxed{\text{イ}} \log_{10} 2 + \boxed{\text{ウ}}$$

$$\log_{10} 15 = \boxed{\text{エ}} \log_{10} 2 + \log_{10} 3 + \boxed{\text{オ}}$$

となる。

(数学II・数学B第1問は次ページに続く。)

(2) 太郎さんと花子さんは，15^{20} について話している。

以下では，$\log_{10} 2 = 0.3010$，$\log_{10} 3 = 0.4771$ とする。

太郎：15^{20} は何桁の数だろう。

花子：15 の 20 乗を求めるのは大変だね。$\log_{10} 15^{20}$ の整数部分に着目
してみようよ。

$\log_{10} 15^{20}$ は

$$\boxed{\text{カキ}} < \log_{10} 15^{20} < \boxed{\text{カキ}} + 1$$

を満たす。よって，15^{20} は $\boxed{\text{クケ}}$ 桁の数である。

太郎：15^{20} の最高位の数字も知りたいね。だけど，$\log_{10} 15^{20}$ の整数
部分にだけ着目してもわからないな。

花子：$N \cdot 10^{\boxed{\text{カキ}}} < 15^{20} < (N + 1) \cdot 10^{\boxed{\text{カキ}}}$ を満たすような正
の整数 N に着目してみたらどうかな。

$\log_{10} 15^{20}$ の小数部分は $\log_{10} 15^{20} - \boxed{\text{カキ}}$ であり

$$\log_{10} \boxed{\text{コ}} < \log_{10} 15^{20} - \boxed{\text{カキ}} < \log_{10}\left(\boxed{\text{コ}} + 1\right)$$

が成り立つので，15^{20} の最高位の数字は $\boxed{\text{サ}}$ である。

（数学Ⅱ・数学B第1問は次ページに続く。）

〔2〕　座標平面上の原点を中心とする半径1の円周上に3点 $P(\cos\theta,\ \sin\theta)$,

$Q(\cos\alpha,\ \sin\alpha)$, $R(\cos\beta,\ \sin\beta)$ がある。ただし，$0 \leqq \theta < \alpha < \beta < 2\pi$ とする。このとき，s と t を次のように定める。

$$s = \cos\theta + \cos\alpha + \cos\beta, \quad t = \sin\theta + \sin\alpha + \sin\beta$$

(1)　△PQR が正三角形や二等辺三角形のときの s と t の値について考察しよう。

> **考察 1**
> △PQR が正三角形である場合を考える。

この場合，α, β を θ で表すと

$$\alpha = \theta + \frac{\boxed{シ}}{3}\pi, \ \beta = \theta + \frac{\boxed{ス}}{3}\pi$$

であり，加法定理により

$$\cos\alpha = \boxed{セ}, \quad \sin\alpha = \boxed{ソ}$$

である。同様に，$\cos\beta$ および $\sin\beta$ を，$\sin\theta$ と $\cos\theta$ を用いて表すことができる。

これらのことから，$s = t = \boxed{タ}$ である。

$\boxed{セ}$，$\boxed{ソ}$ の解答群（同じものを繰り返し選んでもよい。）

⓪ $\dfrac{1}{2}\sin\theta + \dfrac{\sqrt{3}}{2}\cos\theta$ 　　① $\dfrac{\sqrt{3}}{2}\sin\theta + \dfrac{1}{2}\cos\theta$

② $\dfrac{1}{2}\sin\theta - \dfrac{\sqrt{3}}{2}\cos\theta$ 　　③ $\dfrac{\sqrt{3}}{2}\sin\theta - \dfrac{1}{2}\cos\theta$

④ $-\dfrac{1}{2}\sin\theta + \dfrac{\sqrt{3}}{2}\cos\theta$ 　　⑤ $-\dfrac{\sqrt{3}}{2}\sin\theta + \dfrac{1}{2}\cos\theta$

⑥ $-\dfrac{1}{2}\sin\theta - \dfrac{\sqrt{3}}{2}\cos\theta$ 　　⑦ $-\dfrac{\sqrt{3}}{2}\sin\theta - \dfrac{1}{2}\cos\theta$

（数学II・数学B第1問は次ページに続く。）

112

考察 2

△PQR が PQ = PR となる二等辺三角形である場合を考える。

例えば，点 P が直線 $y = x$ 上にあり，点 Q, R が直線 $y = x$ に関して対称であるときを考える。このとき，$\theta = \dfrac{\pi}{4}$ である。また，α は $\alpha < \dfrac{5}{4}\pi$，β は $\dfrac{5}{4}\pi < \beta$ を満たし，点 Q, R の座標について，$\sin\beta = \cos\alpha$，$\cos\beta = \sin\alpha$ が成り立つ。よって

$$s = t = \sqrt{\dfrac{\boxed{チ}}{\boxed{ツ}}} + \sin\alpha + \cos\alpha$$

である。

ここで，三角関数の合成により

$$\sin\alpha + \cos\alpha = \sqrt{\boxed{テ}}\,\sin\left(\alpha + \dfrac{\pi}{\boxed{ト}}\right)$$

である。したがって

$$\alpha = \dfrac{\boxed{ナニ}}{12}\pi, \quad \beta = \dfrac{\boxed{ヌネ}}{12}\pi$$

のとき，$s = t = 0$ である。

（数学Ⅱ・数学B第1問は次ページに続く。）

(2)　次に，s と t の値を定めたときの θ，α，β の関係について考察しよう。

┌─ 考察 3 ─────────────────────────
$s = t = 0$ の場合を考える。
└────────────────────────────────

　　この場合，$\sin^2\theta + \cos^2\theta = 1$ により，α と β について考えると

$$\cos\alpha\cos\beta + \sin\alpha\sin\beta = \frac{\boxed{ノハ}}{\boxed{ヒ}}$$

である。

　　同様に，θ と α について考えると

$$\cos\theta\cos\alpha + \sin\theta\sin\alpha = \frac{\boxed{ノハ}}{\boxed{ヒ}}$$

であるから，θ，α，β の範囲に注意すると

$$\beta - \alpha = \alpha - \theta = \frac{\boxed{フ}}{\boxed{ヘ}}\pi$$

という関係が得られる。

（数学Ⅱ・数学B第1問は次ページに続く。）

(3) これまでの考察を振り返ると，次の⓪～③のうち，正しいものは $\boxed{\text{ホ}}$ であることがわかる。

$\boxed{\text{ホ}}$ の解答群

⓪ △PQR が正三角形ならば $s = t = 0$ であり，$s = t = 0$ ならば △PQR は正三角形である。

① △PQR が正三角形ならば $s = t = 0$ であるが，$s = t = 0$ であっても △PQR が正三角形でない場合がある。

② △PQR が正三角形であっても $s = t = 0$ でない場合があるが，$s = t = 0$ ならば △PQR は正三角形である。

③ △PQR が正三角形であっても $s = t = 0$ でない場合があり，$s = t = 0$ であっても △PQR が正三角形でない場合がある。

第2問　(必答問題)（配点　30）

〔1〕　a を実数とし，$f(x) = (x-a)(x-2)$ とおく。また，$F(x) = \displaystyle\int_0^x f(t)\,dt$ とする。

(1)　$a = 1$ のとき，$F(x)$ は $x = \boxed{\ \ \text{ア}\ \ }$ で極小になる。

(2)　$a = \boxed{\ \ \text{イ}\ \ }$ のとき，$F(x)$ はつねに増加する。また，$F(0) = \boxed{\ \ \text{ウ}\ \ }$ であるから，$a = \boxed{\ \ \text{イ}\ \ }$ のとき，$F(2)$ の値は $\boxed{\ \ \text{エ}\ \ }$ である。

$\boxed{\ \text{エ}\ }$ の解答群

⓪　0	①　正	②　負

（数学Ⅱ・数学B第2問は次ページに続く。）

(3) $a >$ **イ** とする。

　　b を実数とし，$G(x) = \displaystyle\int_b^x f(t)\,dt$ とおく。

　　関数 $y = G(x)$ のグラフは，$y = F(x)$ のグラフを **オ** 方向に

 カ だけ平行移動したものと一致する。また，$G(x)$ は $x =$ **キ**

で極大になり，$x =$ **ク** で極小になる。

　　$G(b) =$ **ケ** であるから，$b =$ **キ** のとき，曲線 $y = G(x)$ と

x 軸との共有点の個数は **コ** 個である。

　　　 オ の解答群

⓪ x 軸	① y 軸

　　　 カ の解答群

⓪ b	① $-b$	② $F(b)$
③ $-F(b)$	④ $F(-b)$	⑤ $-F(-b)$

（数学Ⅱ・数学B第2問は次ページに続く。）

〔2〕　$g(x) = |x|(x+1)$ とおく。

　　点 P$(-1, 0)$ を通り，傾きが c の直線を ℓ とする。$g'(-1) = \boxed{\text{サ}}$

であるから，$0 < c < \boxed{\text{サ}}$ のとき，曲線 $y = g(x)$ と直線 ℓ は 3 点で交

わる。そのうちの 1 点は P であり，残りの 2 点を点 P に近い方から順に

Q，R とすると，点 Q の x 座標は $\boxed{\text{シス}}$ であり，点 R の x 座標は

$\boxed{\text{セ}}$ である。

（数学Ⅱ・数学B第2問は次ページに続く。）

また，$0 < c < \boxed{}$ のとき，線分 PQ と曲線 $y = g(x)$ で囲まれた図形の面積を S とし，線分 QR と曲線 $y = g(x)$ で囲まれた図形の面積を T とすると

$$S = \frac{\boxed{}\, c^3 + \boxed{}\, c^2 - \boxed{}\, c + 1}{\boxed{}}$$

$$T = c^{\boxed{}}$$

である。

第3問～第5問は，いずれか2問を選択し，解答しなさい。

第3問 （選択問題）（配点 20）

　以下の問題を解答するにあたっては，必要に応じて122ページの正規分布表を用いてもよい。

　ある大学には，多くの留学生が在籍している。この大学の留学生に対して学習や生活を支援する留学生センターでは，留学生の日本語の学習状況について関心を寄せている。

(1)　この大学では，留学生に対する授業として，以下に示す三つの日本語学習コースがある。

　　　初級コース：1週間に10時間の日本語の授業を行う
　　　中級コース：1週間に8時間の日本語の授業を行う
　　　上級コース：1週間に6時間の日本語の授業を行う

　すべての留学生が三つのコースのうち，いずれか一つのコースのみに登録することになっている。留学生全体における各コースに登録した留学生の割合は，それぞれ

　　　　初級コース：20％，中級コース：35％，上級コース： アイ ％

であった。ただし，数値はすべて正確な値であり，四捨五入されていないものとする。

　この留学生の集団において，一人を無作為に抽出したとき，その留学生が1週間に受講する日本語学習コースの授業の時間数を表す確率変数をXとする。Xの平均（期待値）は $\dfrac{ウエ}{2}$ であり，Xの分散は $\dfrac{オカ}{20}$ である。

（数学Ⅱ・数学B第3問は次ページに続く。）

次に，留学生全体を母集団とし，a 人を無作為に抽出したとき，初級コースに登録した人数を表す確率変数を Y とすると，Y は二項分布に従う。このとき，Y の平均 $E(Y)$ は

$$E(Y) = \frac{\boxed{キ}}{\boxed{ク}}$$

である。

また，上級コースに登録した人数を表す確率変数を Z とすると，Z は二項分布に従う。Y，Z の標準偏差をそれぞれ $\sigma(Y)$，$\sigma(Z)$ とすると

$$\frac{\sigma(Z)}{\sigma(Y)} = \frac{\boxed{ケ}\sqrt{\boxed{コサ}}}{\boxed{シ}}$$

である。

ここで，$a = 100$ としたとき，無作為に抽出された留学生のうち，初級コースに登録した留学生が 28 人以上となる確率を p とする。$a = 100$ は十分大きいので，Y は近似的に正規分布に従う。このことを用いて p の近似値を求めると，$p = \boxed{ス}$ である。

$\boxed{ス}$ については，最も適当なものを，次の ⓪～⑤ のうちから一つ選べ。

⓪ 0.002	① 0.023	② 0.228
③ 0.477	④ 0.480	⑤ 0.977

（数学Ⅱ・数学B第3問は次ページに続く。）

(2)　40人の留学生を無作為に抽出し，ある1週間における留学生の日本語学習コース以外の日本語の学習時間(分)を調査した。ただし，日本語の学習時間は母平均 m，母分散 σ^2 の分布に従うものとする。

母分散 σ^2 を640と仮定すると，標本平均の標準偏差は $\boxed{\text{セ}}$ となる。調査の結果，40人の学習時間の平均値は120であった。標本平均が近似的に正規分布に従うとして，母平均 m に対する信頼度95％の信頼区間を $C_1 \leqq m \leqq C_2$ とすると

$$C_1 = \boxed{\text{ソタチ}} . \boxed{\text{ツテ}}, \quad C_2 = \boxed{\text{トナニ}} . \boxed{\text{ヌネ}}$$

である。

(3)　(2)の調査とは別に，日本語の学習時間を再度調査することになった。そこで，50人の留学生を無作為に抽出し，調査した結果，学習時間の平均値は120であった。

母分散 σ^2 を640と仮定したとき，母平均 m に対する信頼度95％の信頼区間を $D_1 \leqq m \leqq D_2$ とすると，$\boxed{\text{ノ}}$ が成り立つ。

一方，母分散 σ^2 を960と仮定したとき，母平均 m に対する信頼度95％の信頼区間を $E_1 \leqq m \leqq E_2$ とする。このとき，$D_2 - D_1 = E_2 - E_1$ となるためには，標本の大きさを50の $\boxed{\text{ハ}} . \boxed{\text{ヒ}}$ 倍にする必要がある。

$\boxed{\text{ノ}}$ の解答群

⓪　$D_1 < C_1$ かつ $D_2 < C_2$	①　$D_1 < C_1$ かつ $D_2 > C_2$
②　$D_1 > C_1$ かつ $D_2 < C_2$	③　$D_1 > C_1$ かつ $D_2 > C_2$

（数学Ⅱ・数学B第3問は次ページに続く。）

正 規 分 布 表

次の表は，標準正規分布の分布曲線における右図の灰
色部分の面積の値をまとめたものである。

z_0	0.00	0.01	0.02	0.03	0.04	0.05	0.06	0.07	0.08	0.09
0.0	0.0000	0.0040	0.0080	0.0120	0.0160	0.0199	0.0239	0.0279	0.0319	0.0359
0.1	0.0398	0.0438	0.0478	0.0517	0.0557	0.0596	0.0636	0.0675	0.0714	0.0753
0.2	0.0793	0.0832	0.0871	0.0910	0.0948	0.0987	0.1026	0.1064	0.1103	0.1141
0.3	0.1179	0.1217	0.1255	0.1293	0.1331	0.1368	0.1406	0.1443	0.1480	0.1517
0.4	0.1554	0.1591	0.1628	0.1664	0.1700	0.1736	0.1772	0.1808	0.1844	0.1879
0.5	0.1915	0.1950	0.1985	0.2019	0.2054	0.2088	0.2123	0.2157	0.2190	0.2224
0.6	0.2257	0.2291	0.2324	0.2357	0.2389	0.2422	0.2454	0.2486	0.2517	0.2549
0.7	0.2580	0.2611	0.2642	0.2673	0.2704	0.2734	0.2764	0.2794	0.2823	0.2852
0.8	0.2881	0.2910	0.2939	0.2967	0.2995	0.3023	0.3051	0.3078	0.3106	0.3133
0.9	0.3159	0.3186	0.3212	0.3238	0.3264	0.3289	0.3315	0.3340	0.3365	0.3389
1.0	0.3413	0.3438	0.3461	0.3485	0.3508	0.3531	0.3554	0.3577	0.3599	0.3621
1.1	0.3643	0.3665	0.3686	0.3708	0.3729	0.3749	0.3770	0.3790	0.3810	0.3830
1.2	0.3849	0.3869	0.3888	0.3907	0.3925	0.3944	0.3962	0.3980	0.3997	0.4015
1.3	0.4032	0.4049	0.4066	0.4082	0.4099	0.4115	0.4131	0.4147	0.4162	0.4177
1.4	0.4192	0.4207	0.4222	0.4236	0.4251	0.4265	0.4279	0.4292	0.4306	0.4319
1.5	0.4332	0.4345	0.4357	0.4370	0.4382	0.4394	0.4406	0.4418	0.4429	0.4441
1.6	0.4452	0.4463	0.4474	0.4484	0.4495	0.4505	0.4515	0.4525	0.4535	0.4545
1.7	0.4554	0.4564	0.4573	0.4582	0.4591	0.4599	0.4608	0.4616	0.4625	0.4633
1.8	0.4641	0.4649	0.4656	0.4664	0.4671	0.4678	0.4686	0.4693	0.4699	0.4706
1.9	0.4713	0.4719	0.4726	0.4732	0.4738	0.4744	0.4750	0.4756	0.4761	0.4767
2.0	0.4772	0.4778	0.4783	0.4788	0.4793	0.4798	0.4803	0.4808	0.4812	0.4817
2.1	0.4821	0.4826	0.4830	0.4834	0.4838	0.4842	0.4846	0.4850	0.4854	0.4857
2.2	0.4861	0.4864	0.4868	0.4871	0.4875	0.4878	0.4881	0.4884	0.4887	0.4890
2.3	0.4893	0.4896	0.4898	0.4901	0.4904	0.4906	0.4909	0.4911	0.4913	0.4916
2.4	0.4918	0.4920	0.4922	0.4925	0.4927	0.4929	0.4931	0.4932	0.4934	0.4936
2.5	0.4938	0.4940	0.4941	0.4943	0.4945	0.4946	0.4948	0.4949	0.4951	0.4952
2.6	0.4953	0.4955	0.4956	0.4957	0.4959	0.4960	0.4961	0.4962	0.4963	0.4964
2.7	0.4965	0.4966	0.4967	0.4968	0.4969	0.4970	0.4971	0.4972	0.4973	0.4974
2.8	0.4974	0.4975	0.4976	0.4977	0.4977	0.4978	0.4979	0.4979	0.4980	0.4981
2.9	0.4981	0.4982	0.4982	0.4983	0.4984	0.4984	0.4985	0.4985	0.4986	0.4986
3.0	0.4987	0.4987	0.4987	0.4988	0.4988	0.4989	0.4989	0.4989	0.4990	0.4990

第3問～第5問は，いずれか2問を選択し，解答しなさい。

第4問 （選択問題）（配点　20）

〔1〕　自然数 n に対して，$S_n = 5^n - 1$ とする。さらに，数列 $\{a_n\}$ の初項から第 n 項までの和が S_n であるとする。このとき，$a_1 = \boxed{ \ \text{ア} \ }$ である。また，$n \geq 2$ のとき

$$a_n = \boxed{ \ \text{イ} \ } \cdot \boxed{ \ \text{ウ} \ }^{n-1}$$

である。この式は $n = 1$ のときにも成り立つ。

上で求めたことから，すべての自然数 n に対して

$$\sum_{k=1}^{n} \frac{1}{a_k} = \frac{\boxed{ \ \text{エ} \ }}{\boxed{ \ \text{オカ} \ }} \left(1 - \boxed{ \ \text{キ} \ }^{-n} \right)$$

が成り立つことがわかる。

（数学Ⅱ・数学B第4問は次ページに続く。）

〔2〕 太郎さんは和室の畳を見て，畳の敷き方が何通りあるかに興味を持った。

ちょうど手元にタイルがあったので，畳をタイルに置き換えて，数学的に考えることにした。

縦の長さが1，横の長さが2の長方形のタイルが多数ある。それらを縦か横の向きに，隙間も重なりもなく敷き詰めるとき，その敷き詰め方をタイルの「配置」と呼ぶ。

上の図のように，縦の長さが3，横の長さが$2n$の長方形をR_nとする。

$3n$枚のタイルを用いたR_n内の配置の総数をr_nとする。

$n=1$のときは，下の図のように$r_1=3$である。

また，$n=2$のときは，下の図のように$r_2=11$である。

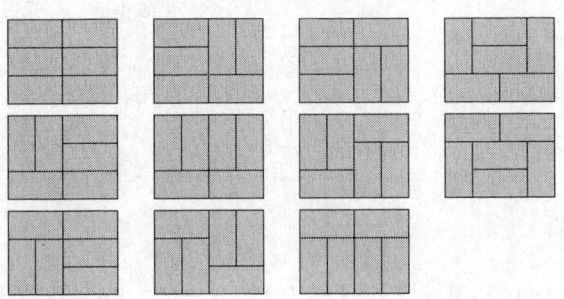

（数学II・数学B第4問は次ページに続く。）

(1) 太郎さんは次のような図形 T_n 内の配置を考えた。

（$3n+1$）枚のタイルを用いた T_n 内の配置の総数を t_n とする。$n=1$ のときは，$t_1 = \boxed{}$ である。

さらに，太郎さんは T_n 内の配置について，右下隅（すみ）のタイルに注目して次のような図をかいて考えた。

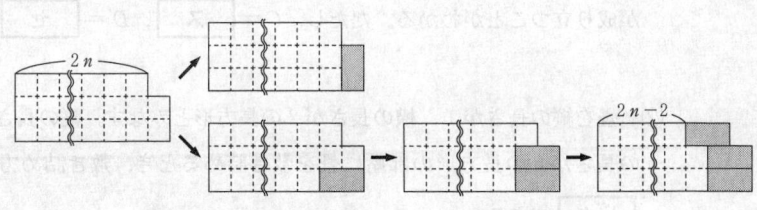

この図から，2以上の自然数 n に対して

$$t_n = Ar_n + Bt_{n-1}$$

が成り立つことがわかる。ただし，$A = \boxed{}$，$B = \boxed{}$ である。

以上から，$t_2 = \boxed{}$ であることがわかる。

（数学Ⅱ・数学B第4問は次ページに続く。）

同様に，R_n の右下隅のタイルに注目して次のような図をかいて考えた。

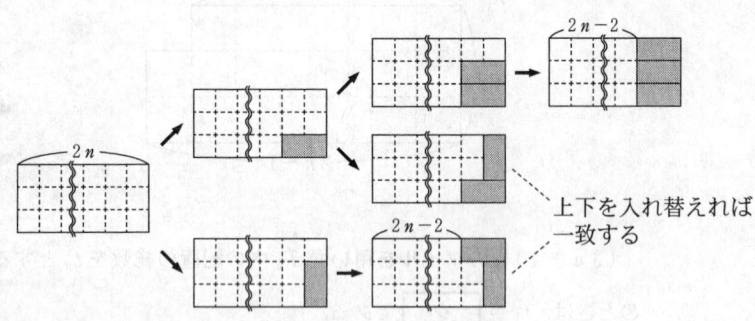

上下を入れ替えれば一致する

この図から，2以上の自然数 n に対して

$$r_n = Cr_{n-1} + Dt_{n-1}$$

が成り立つことがわかる。ただし，$C = \boxed{\text{ス}}$，$D = \boxed{\text{セ}}$ である。

(2) 畳を縦の長さが 1，横の長さが 2 の長方形とみなす。縦の長さが 3，横の長さが 6 の長方形の部屋に畳を敷き詰めるとき，敷き詰め方の総数は $\boxed{\text{ソタ}}$ である。

また，縦の長さが 3，横の長さが 8 の長方形の部屋に畳を敷き詰めるとき，敷き詰め方の総数は $\boxed{\text{チツテ}}$ である。

第3問～第5問は，いずれか2問を選択し，解答しなさい。

第5問　（選択問題）（配点　20）

Oを原点とする座標空間に2点A$(-1, 2, 0)$，B$(2, p, q)$がある。ただし，$q > 0$とする。線分ABの中点Cから直線OAに引いた垂線と直線OAの交点Dは，線分OAを9：1に内分するものとする。また，点Cから直線OBに引いた垂線と直線OBの交点Eは，線分OBを3：2に内分するものとする。

(1) 点Bの座標を求めよう。

$$\left|\overrightarrow{\mathrm{OA}}\right|^2 = \boxed{\text{ア}}\ \text{である。また，}\ \overrightarrow{\mathrm{OD}} = \frac{\boxed{\text{イ}}}{\boxed{\text{ウエ}}}\overrightarrow{\mathrm{OA}}\ \text{であることにより，}$$

$$\overrightarrow{\mathrm{CD}} = \frac{\boxed{\text{オ}}}{\boxed{\text{カ}}}\overrightarrow{\mathrm{OA}} - \frac{\boxed{\text{キ}}}{\boxed{\text{ク}}}\overrightarrow{\mathrm{OB}}\ \text{と表される。}\ \overrightarrow{\mathrm{OA}} \perp \overrightarrow{\mathrm{CD}}\ \text{から}$$

$$\overrightarrow{\mathrm{OA}} \cdot \overrightarrow{\mathrm{OB}} = \boxed{\text{ケ}} \quad\quad\quad\quad\quad \cdots\cdots\cdots\cdots\cdots ①$$

である。同様に，$\overrightarrow{\mathrm{CE}}$を$\overrightarrow{\mathrm{OA}}$，$\overrightarrow{\mathrm{OB}}$を用いて表すと，$\overrightarrow{\mathrm{OB}} \perp \overrightarrow{\mathrm{CE}}$から

$$\left|\overrightarrow{\mathrm{OB}}\right|^2 = 20 \quad\quad\quad\quad\quad \cdots\cdots\cdots\cdots\cdots ②$$

を得る。

①と②，および$q > 0$から，Bの座標は$\left(2, \boxed{\text{コ}}, \sqrt{\boxed{\text{サ}}}\right)$である。

（数学Ⅱ・数学B第5問は次ページに続く。）

(2) 3点O, A, Bの定める平面をαとし, 点$(4, 4, -\sqrt{7})$をGとする。また, α上に点Hを$\overrightarrow{GH} \perp \overrightarrow{OA}$と$\overrightarrow{GH} \perp \overrightarrow{OB}$が成り立つようにとる。$\overrightarrow{OH}$を$\overrightarrow{OA}$, $\overrightarrow{OB}$を用いて表そう。

Hがα上にあることから, 実数s, tを用いて

$$\overrightarrow{OH} = s\overrightarrow{OA} + t\overrightarrow{OB}$$

と表される。よって

$$\overrightarrow{GH} = \boxed{シ}\ \overrightarrow{OG} + s\overrightarrow{OA} + t\overrightarrow{OB}$$

である。これと, $\overrightarrow{GH} \perp \overrightarrow{OA}$ および $\overrightarrow{GH} \perp \overrightarrow{OB}$ が成り立つことから,

$$s = \frac{\boxed{ス}}{\boxed{セ}}, \quad t = \frac{\boxed{ソ}}{\boxed{タチ}}$$ が得られる。ゆえに

$$\overrightarrow{OH} = \frac{\boxed{ス}}{\boxed{セ}}\overrightarrow{OA} + \frac{\boxed{ソ}}{\boxed{タチ}}\overrightarrow{OB}$$

となる。また, このことから, Hは $\boxed{ツ}$ であることがわかる。

$\boxed{ツ}$ の解答群

⓪	三角形OACの内部の点
①	三角形OBCの内部の点
②	点O, Cと異なる, 線分OC上の点
③	三角形OABの周上の点
④	三角形OABの内部にも周上にもない点

数学Ⅰ・数学A
数学Ⅱ・数学B

（2020年1月実施）

数学Ⅰ・数学A　　60分　　100点
数学Ⅱ・数学B　　60分　　100点

数学Ⅰ・数学A

問　題	選　択　方　法
第1問	必　　　答
第2問	必　　　答
第3問	いずれか2問を選択し，解答しなさい。
第4問	
第5問	

(注) この科目には，選択問題があります。(2ページ参照。)

第1問 (必答問題) (配点 30)

〔1〕 a を定数とする。

(1) 直線 $\ell : y = (a^2 - 2a - 8)x + a$ の傾きが負となるのは，a の値の範囲が

$$\boxed{\text{アイ}} < a < \boxed{\text{ウ}}$$

のときである。

(2) $a^2 - 2a - 8 \neq 0$ とし，(1)の直線 ℓ と x 軸との交点の x 座標を b とする。

$a > 0$ の場合，$b > 0$ となるのは $\boxed{\text{エ}} < a < \boxed{\text{オ}}$ のときである。

$a \leq 0$ の場合，$b > 0$ となるのは $a < \boxed{\text{カキ}}$ のときである。

また，$a = \sqrt{3}$ のとき

$$b = \frac{\boxed{\text{ク}} \sqrt{\boxed{\text{ケ}}} - \boxed{\text{コ}}}{\boxed{\text{サシ}}}$$

である。

(数学Ⅰ・数学A第1問は次ページに続く。)

4

〔2〕　自然数 n に関する三つの条件 p, q, r を次のように定める。

p：n は 4 の倍数である

q：n は 6 の倍数である

r：n は 24 の倍数である

条件 p, q, r の否定をそれぞれ $\bar{p}$, $\bar{q}$, $\bar{r}$ で表す。

条件 p を満たす自然数全体の集合を P とし，条件 q を満たす自然数全体の集合を Q とし，条件 r を満たす自然数全体の集合を R とする。自然数全体の集合を全体集合とし，集合 P, Q, R の補集合をそれぞれ $\bar{P}$, $\bar{Q}$, $\bar{R}$ で表す。

(1)　次の　ス　に当てはまるものを，下の⓪～⑤のうちから一つ選べ。

$32 \in$　ス　である。

⓪　$P \cap Q \cap R$ 　　　①　$P \cap Q \cap \bar{R}$ 　　　②　$P \cap \bar{Q}$

③　$\bar{P} \cap Q$ 　　　④　$\bar{P} \cap \bar{Q} \cap R$ 　　　⑤　$\bar{P} \cap \bar{Q} \cap \bar{R}$

（数学 I ・数学 A 第 1 問は次ページに続く。）

(2) 次の タ に当てはまるものを，下の⓪〜④のうちから一つ選べ。

$P \cap Q$ に属する自然数のうち最小のものは セソ である。

また， セソ タ R である。

⓪ $=$ 　　① $\subset$ 　　② $\supset$ 　　③ $\in$ 　　④ $\notin$

(3) 次の チ に当てはまるものを，下の⓪〜③のうちから一つ選べ。

自然数 セソ は，命題 チ の反例である。

⓪ 「$(p$ かつ $q) \Longrightarrow \bar{r}$」　　① 「$(p$ または $q) \Longrightarrow \bar{r}$」

② 「$r \Longrightarrow (p$ かつ $q)$」　　③ 「$(p$ かつ $q) \Longrightarrow r$」

（数学 I・数学 A 第 1 問は次ページに続く。）

〔3〕 c を定数とする。2次関数 $y = x^2$ のグラフを，2点 $(c, 0)$，$(c+4, 0)$ を通るように平行移動して得られるグラフを G とする。

(1) G をグラフにもつ2次関数は，c を用いて

$$y = x^2 - 2\left(c + \boxed{\text{ツ}}\right)x + c\left(c + \boxed{\text{テ}}\right)$$

と表せる。

2点 $(3, 0)$，$(3, -3)$ を両端とする線分と G が共有点をもつような c の値の範囲は

$$-\boxed{\text{ト}} \leqq c \leqq \boxed{\text{ナ}}, \qquad \boxed{\text{ニ}} \leqq c \leqq \boxed{\text{ヌ}}$$

である。

(2) $\boxed{\text{ニ}} \leqq c \leqq \boxed{\text{ヌ}}$ の場合を考える。G が点 $(3, -1)$ を通るとき，G は2次関数 $y = x^2$ のグラフを x 軸方向に $\boxed{\text{ネ}} + \sqrt{\boxed{\text{ノ}}}$，$y$ 軸方向に $\boxed{\text{ハヒ}}$ だけ平行移動したものである。また，このとき G と y 軸との交点の y 座標は $\boxed{\text{フ}} + \boxed{\text{ヘ}}\sqrt{\boxed{\text{ホ}}}$ である。

第2問　（必答問題）（配点　30）

〔1〕　△ABC において，BC $= 2\sqrt{2}$ とする。∠ACB の二等分線と辺 AB の交点を D とし，CD $= \sqrt{2}$，cos ∠BCD $= \dfrac{3}{4}$ とする。このとき，BD $= \boxed{\text{ア}}$ であり

$$\sin \angle ADC = \frac{\sqrt{\boxed{\text{イウ}}}}{\boxed{\text{エ}}}$$

である。$\dfrac{\text{AC}}{\text{AD}} = \sqrt{\boxed{\text{オ}}}$ であるから

$$\text{AD} = \boxed{\text{カ}}$$

である。また，△ABC の外接円の半径は $\dfrac{\boxed{\text{キ}}\sqrt{\boxed{\text{ク}}}}{\boxed{\text{ケ}}}$ である。

（数学Ⅰ・数学A第2問は次ページに続く。）

〔2〕

(1) 次の コ , サ に当てはまるものを，下の⓪～⑤のうちから
一つずつ選べ。ただし，解答の順序は問わない。

99個の観測値からなるデータがある。四分位数について述べた記述
で，どのようなデータでも成り立つものは コ と サ である。

⓪ 平均値は第1四分位数と第3四分位数の間にある。

① 四分位範囲は標準偏差より大きい。

② 中央値より小さい観測値の個数は49個である。

③ 最大値に等しい観測値を1個削除しても第1四分位数は変わらない。

④ 第1四分位数より小さい観測値と，第3四分位数より大きい観測値と
をすべて削除すると，残りの観測値の個数は51個である。

⑤ 第1四分位数より小さい観測値と，第3四分位数より大きい観測値と
をすべて削除すると，残りの観測値からなるデータの範囲はもとのデー
タの四分位範囲に等しい。

（数学Ⅰ・数学A第2問は次ページに続く。）

⑵　図 1 は，平成 27 年の男の市区町村別平均寿命のデータを 47 の都道府県
P 1 ，P 2 ，…，P 47 ごとに箱ひげ図にして，並べたものである。

　　次の（I），（II），（III）は図 1 に関する記述である。

（I）　四分位範囲はどの都道府県においても 1 以下である。

（II）　箱ひげ図は中央値が小さい値から大きい値の順に上から下へ並んで
　　　いる。

（III）　P 1 のデータのどの値と P 47 のデータのどの値とを比較しても 1.5
　　　以上の差がある。

　　次の　　シ　　に当てはまるものを，下の⓪～⑦のうちから一つ選べ。

　　（I），（II），（III）の正誤の組合せとして正しいものは　　シ　　である。

	⓪	①	②	③	④	⑤	⑥	⑦
（I）	正	正	正	誤	正	誤	誤	誤
（II）	正	正	誤	正	誤	正	誤	誤
（III）	正	誤	正	正	誤	誤	正	誤

（数学 I ・数学 A 第 2 問は次ページに続く。）

図1　男の市区町村別平均寿命の箱ひげ図
（出典：厚生労働省の Web ページにより作成）

（数学Ⅰ・数学A第2問は次ページに続く。）

(3)　ある県は 20 の市区町村からなる。図 2 はその県の男の市区町村別平均寿命のヒストグラムである。なお，ヒストグラムの各階級の区間は，左側の数値を含み，右側の数値を含まない。

図 2　市区町村別平均寿命のヒストグラム

（出典：厚生労働省の Web ページにより作成）

（数学 I・数学 A 第 2 問は次ページに続く。）

次の ス に当てはまるものを，下の ⓪〜⑦ のうちから一つ選べ。

図 2 のヒストグラムに対応する箱ひげ図は ス である。

（数学 I・数学 A 第 2 問は次ページに続く。）

⑷　図3は，平成27年の男の都道府県別平均寿命と女の都道府県別平均寿命の散布図である。2個の点が重なって区別できない所は黒丸にしている。図には補助的に切片が5.5から7.5まで0.5刻みで傾き1の直線を5本付加している。

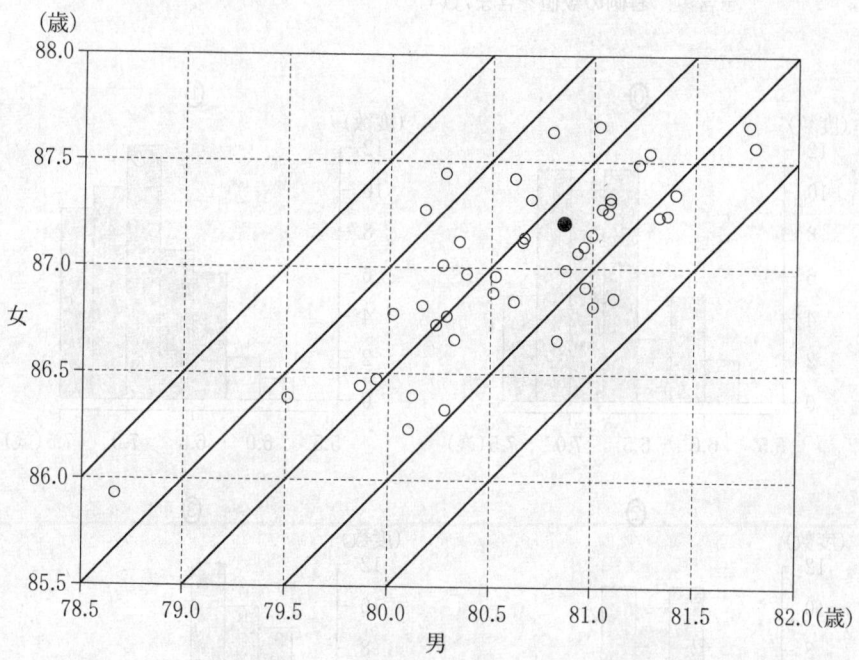

図3　男と女の都道府県別平均寿命の散布図

（出典：厚生労働省のWebページにより作成）

（数学Ⅰ・数学A第2問は次ページに続く。）

次の セ に当てはまるものを，下の⓪～③のうちから一つ選べ。

都道府県ごとに男女の平均寿命の差をとったデータに対するヒストグラムは セ である。なお，ヒストグラムの各階級の区間は，左側の数値を含み，右側の数値を含まない。

第3問～第5問は，いずれか2問を選択し，解答しなさい。

第3問　(選択問題)(配点　20)

〔1〕　次の　ア　，　イ　に当てはまるものを，下の⓪～③のうちから一
つずつ選べ。ただし，解答の順序は問わない。

正しい記述は　ア　と　イ　である。

⓪　1枚のコインを投げる試行を5回繰り返すとき，少なくとも1回は表が
出る確率をpとすると，$p > 0.95$である。

①　袋の中に赤球と白球が合わせて8個入っている。球を1個取り出し，色
を調べてから袋に戻す試行を行う。この試行を5回繰り返したところ赤球
が3回出た。したがって，1回の試行で赤球が出る確率は$\dfrac{3}{5}$である。

②　箱の中に「い」と書かれたカードが1枚，「ろ」と書かれたカードが2枚，
「は」と書かれたカードが2枚の合計5枚のカードが入っている。同時に2
枚のカードを取り出すとき，書かれた文字が異なる確率は$\dfrac{4}{5}$である。

③　コインの面を見て「オモテ(表)」または「ウラ(裏)」とだけ発言するロボッ
トが2体ある。ただし，どちらのロボットも出た面に対して正しく発言す
る確率が0.9，正しく発言しない確率が0.1であり，これら2体は互いに
影響されることなく発言するものとする。いま，ある人が1枚のコインを
投げる。出た面を見た2体が，ともに「オモテ」と発言したときに，実際に
表が出ている確率をpとすると，$p \leqq 0.9$である。

(数学Ⅰ・数学A第3問は次ページに続く。)

16

〔2〕 1枚のコインを最大で5回投げるゲームを行う。このゲームでは，1回投げるごとに表が出たら持ち点に2点を加え，裏が出たら持ち点に −1点を加える。はじめの持ち点は0点とし，ゲーム終了のルールを次のように定める。

- 持ち点が再び0点になった場合は，その時点で終了する。
- 持ち点が再び0点にならない場合は，コインを5回投げ終わった時点で終了する。

(1) コインを2回投げ終わって持ち点が −2点である確率は $\dfrac{ウ}{エ}$ である。また，コインを2回投げ終わって持ち点が1点である確率は $\dfrac{オ}{カ}$ である。

(2) 持ち点が再び0点になることが起こるのは，コインを キ 回投げ終わったときである。コインを キ 回投げ終わって持ち点が0点になる確率は $\dfrac{ク}{ケ}$ である。

(3) ゲームが終了した時点で持ち点が4点である確率は $\dfrac{コ}{サシ}$ である。

(4) ゲームが終了した時点で持ち点が4点であるとき，コインを2回投げ終わって持ち点が1点である条件付き確率は $\dfrac{ス}{セ}$ である。

第3問～第5問は，いずれか2問を選択し，解答しなさい。

第4問　（選択問題）（配点　20）

(1) x を循環小数 $2.\overset{\cdot\cdot}{36}$ とする。すなわち

$$x = 2.363636\cdots\cdots$$

とする。このとき

$$100 \times x - x = 236.\overset{\cdot\cdot}{36} - 2.\overset{\cdot\cdot}{36}$$

であるから，x を分数で表すと

$$x = \frac{\boxed{アイ}}{\boxed{ウエ}}$$

である。

（数学Ⅰ・数学A第4問は次ページに続く。）

18

(2) 有理数 y は，7進法で表すと，二つの数字の並び ab が繰り返し現れる循環小数 $2.\overset{..}{a}\overset{..}{b}_{(7)}$ になるとする。ただし，a，b は 0 以上 6 以下の**異なる**整数である。このとき

$$49 \times y - y = 2ab.\overset{..}{a}\overset{..}{b}_{(7)} - 2.\overset{..}{a}\overset{..}{b}_{(7)}$$

であるから

$$y = \frac{\boxed{オカ} + 7 \times a + b}{\boxed{キク}}$$

と表せる。

(i) y が，分子が奇数で分母が 4 である分数で表されるのは

$$y = \frac{\boxed{ケ}}{4} \quad \text{または} \quad y = \frac{\boxed{コサ}}{4}$$

のときである。$y = \dfrac{\boxed{コサ}}{4}$ のときは，$7 \times a + b = \boxed{シス}$ であるから

$$a = \boxed{セ}, \quad b = \boxed{ソ}$$

である。

(ii) $y - 2$ は，分子が 1 で分母が 2 以上の整数である分数で表されるとする。このような y の個数は，全部で $\boxed{タ}$ 個である。

第 3 問～第 5 問は，いずれか 2 問を選択し，解答しなさい。

第 5 問　(選択問題)　(配点　20)

△ABC において，辺 BC を 7 : 1 に内分する点を D とし，辺 AC を 7 : 1 に内分する点を E とする。線分 AD と線分 BE の交点を F とし，直線 CF と辺 AB の交点を G とすると

$$\frac{GB}{AG} = \boxed{\ \text{ア}\ }, \qquad \frac{FD}{AF} = \frac{\boxed{\ \text{イ}\ }}{\boxed{\ \text{ウ}\ }}, \qquad \frac{FC}{GF} = \frac{\boxed{\ \text{エ}\ }}{\boxed{\ \text{オ}\ }}$$

である。したがって

$$\frac{\triangle CDG\ \text{の面積}}{\triangle BFG\ \text{の面積}} = \frac{\boxed{\ \text{カ}\ }}{\boxed{\ \text{キク}\ }}$$

となる。

(数学 I・数学 A 第 5 問は次ページに続く。)

4点 B, D, F, G が同一円周上にあり, かつ FD = 1 のとき

$$AB = \boxed{ケコ}$$

である。さらに, $AE = 3\sqrt{7}$ とするとき, $AE \cdot AC = \boxed{サシ}$ であり

$$\angle AEG = \boxed{ス}$$

である。 $\boxed{ス}$ に当てはまるものを, 次の ⓪ ~ ③ のうちから一つ選べ。

 ⓪ $\angle BGE$ ① $\angle ADB$ ② $\angle ABC$ ③ $\angle BAD$

数学Ⅱ・数学B

問　題	選　択　方　法
第1問	必　　　　答
第2問	必　　　　答
第3問	いずれか2問を選択し、解答しなさい。
第4問	
第5問	

22

（注）この科目には，選択問題があります。（21ページ参照。）

第1問 （必答問題）（配点 30）

〔1〕

(1) $0 \leqq \theta < 2\pi$ のとき

$$\sin\theta > \sqrt{3}\,\cos\left(\theta - \frac{\pi}{3}\right) \qquad \cdots\cdots\cdots\cdots\cdots\cdots ①$$

となる θ の値の範囲を求めよう。

加法定理を用いると

$$\sqrt{3}\,\cos\left(\theta - \frac{\pi}{3}\right) = \frac{\sqrt{\boxed{ア}}}{\boxed{イ}}\cos\theta + \frac{\boxed{ウ}}{\boxed{イ}}\sin\theta$$

である。よって，三角関数の合成を用いると，①は

$$\sin\left(\theta + \frac{\pi}{\boxed{エ}}\right) < 0$$

と変形できる。したがって，求める範囲は

$$\frac{\boxed{オ}}{\boxed{カ}}\pi < \theta < \frac{\boxed{キ}}{\boxed{ク}}\pi$$

である。

（数学Ⅱ・数学B第1問は次ページに続く。）

(2)　$0 \leqq \theta \leqq \dfrac{\pi}{2}$ とし，k を実数とする。$\sin\theta$ と $\cos\theta$ は x の2次方程式

$25\,x^2 - 35\,x + k = 0$ の解であるとする。このとき，解と係数の関係によ

り $\sin\theta + \cos\theta$ と $\sin\theta\cos\theta$ の値を考えれば，$k = \boxed{\text{ケコ}}$ であることが

わかる。

　　さらに，θ が $\sin\theta \geqq \cos\theta$ を満たすとすると，$\sin\theta = \dfrac{\boxed{\text{サ}}}{\boxed{\text{シ}}}$，

$\cos\theta = \dfrac{\boxed{\text{ス}}}{\boxed{\text{セ}}}$ である。このとき，θ は $\boxed{\text{ソ}}$ を満たす。$\boxed{\text{ソ}}$ に

当てはまるものを，次の⓪〜⑤のうちから一つ選べ。

⓪　$0 \leqq \theta < \dfrac{\pi}{12}$　　　①　$\dfrac{\pi}{12} \leqq \theta < \dfrac{\pi}{6}$　　　②　$\dfrac{\pi}{6} \leqq \theta < \dfrac{\pi}{4}$

③　$\dfrac{\pi}{4} \leqq \theta < \dfrac{\pi}{3}$　　　④　$\dfrac{\pi}{3} \leqq \theta < \dfrac{5}{12}\pi$　　　⑤　$\dfrac{5}{12}\pi \leqq \theta \leqq \dfrac{\pi}{2}$

（数学II・数学B第1問は次ページに続く。）

〔2〕

(1) t は正の実数であり，$t^{\frac{1}{3}} - t^{-\frac{1}{3}} = -3$ を満たすとする。このとき

$$t^{\frac{2}{3}} + t^{-\frac{2}{3}} = \boxed{\text{タチ}}$$

である。さらに

$$t^{\frac{1}{3}} + t^{-\frac{1}{3}} = \sqrt{\boxed{\text{ツテ}}} \,, \quad t - t^{-1} = \boxed{\text{トナニ}}$$

である。

（数学 II・数学 B 第 1 問は次ページに続く。）

⑵　x, y は正の実数とする。連立不等式

$$\begin{cases} \log_3(x\sqrt{y}) \leqq 5 & \cdots\cdots\cdots\cdots\cdots ② \\ \log_{81}\dfrac{y}{x^3} \leqq 1 & \cdots\cdots\cdots\cdots\cdots ③ \end{cases}$$

について考える。

　　$X = \log_3 x$, $Y = \log_3 y$ とおくと，②は

$$\boxed{\text{ヌ}}\; X + Y \leqq \boxed{\text{ネノ}} \qquad \cdots\cdots\cdots\cdots\cdots ④$$

と変形でき，③は

$$\boxed{\text{ハ}}\; X - Y \geqq \boxed{\text{ヒフ}} \qquad \cdots\cdots\cdots\cdots\cdots ⑤$$

と変形できる。

　　X, Y が④と⑤を満たすとき，Y のとり得る最大の整数の値は $\boxed{\text{ヘ}}$ である。また，x, y が②，③と $\log_3 y = \boxed{\text{ヘ}}$ を同時に満たすとき，x のとり得る最大の整数の値は $\boxed{\text{ホ}}$ である。

第2問 （必答問題）（配点 30）

$a > 0$ とし，$f(x) = x^2 - (4a - 2)x + 4a^2 + 1$ とおく。座標平面上で，放物線 $y = x^2 + 2x + 1$ を C，放物線 $y = f(x)$ を D とする。また，ℓ を C と D の両方に接する直線とする。

(1) ℓ の方程式を求めよう。

ℓ と C は点 $(t,\ t^2 + 2t + 1)$ において接するとすると，ℓ の方程式は

$$y = \left(\boxed{\text{ア}}\,t + \boxed{\text{イ}}\right)x - t^2 + \boxed{\text{ウ}} \qquad \cdots\cdots\cdots\cdots ①$$

である。また，ℓ と D は点 $(s,\ f(s))$ において接するとすると，ℓ の方程式は

$$y = \left(\boxed{\text{エ}}\,s - \boxed{\text{オ}}\,a + \boxed{\text{カ}}\right)x$$
$$- s^2 + \boxed{\text{キ}}\,a^2 + \boxed{\text{ク}} \qquad \cdots\cdots\cdots\cdots ②$$

である。ここで，①と②は同じ直線を表しているので，$t = \boxed{\text{ケ}}$，$s = \boxed{\text{コ}}\,a$ が成り立つ。

したがって，ℓ の方程式は $y = \boxed{\text{サ}}\,x + \boxed{\text{シ}}$ である。

（数学Ⅱ・数学B第2問は次ページに続く。）

(2) 二つの放物線 C, D の交点の x 座標は □ス□ である。

C と直線 ℓ, および直線 $x = $ □ス□ で囲まれた図形の面積を S とすると,

$$S = \dfrac{a^{\boxed{セ}}}{\boxed{ソ}} \text{ である。}$$

(3) $a \geqq \dfrac{1}{2}$ とする。二つの放物線 C, D と直線 ℓ で囲まれた図形の中で

$0 \leqq x \leqq 1$ を満たす部分の面積 T は, $a > \boxed{タ}$ のとき, a の値によらず

$$T = \dfrac{\boxed{チ}}{\boxed{ツ}}$$

であり, $\dfrac{1}{2} \leqq a \leqq \boxed{タ}$ のとき

$$T = -\boxed{テ}\, a^3 + \boxed{ト}\, a^2 - \boxed{ナ}\, a + \dfrac{\boxed{ニ}}{\boxed{ヌ}}$$

である。

(4) 次に, (2), (3)で定めた S, T に対して, $U = 2T - 3S$ とおく。a が

$\dfrac{1}{2} \leqq a \leqq \boxed{タ}$ の範囲を動くとき, U は $a = \dfrac{\boxed{ネ}}{\boxed{ノ}}$ で最大値 $\dfrac{\boxed{ハ}}{\boxed{ヒフ}}$

をとる。

第3問～第5問は，いずれか2問を選択し，解答しなさい。

第3問 （選択問題）（配点 20）

数列 $\{a_n\}$ は，初項 a_1 が 0 であり，$n = 1$, 2, 3, … のとき次の漸化式を満たすものとする。

$$a_{n+1} = \frac{n+3}{n+1}\{3a_n + 3^{n+1} - (n+1)(n+2)\} \quad\cdots\cdots\cdots\cdots ①$$

(1) $a_2 = \boxed{\ \ \text{ア}\ \ }$ である。

(2) $b_n = \dfrac{a_n}{3^n(n+1)(n+2)}$ とおき，数列 $\{b_n\}$ の一般項を求めよう。

$\{b_n\}$ の初項 b_1 は $\boxed{\ \ \text{イ}\ \ }$ である。①の両辺を $3^{n+1}(n+2)(n+3)$ で割ると

$$b_{n+1} = b_n + \frac{\boxed{\ \ \text{ウ}\ \ }}{\left(n + \boxed{\text{エ}}\right)\left(n + \boxed{\text{オ}}\right)} - \left(\frac{1}{\boxed{\text{カ}}}\right)^{n+1}$$

を得る。ただし，$\boxed{\text{エ}} < \boxed{\text{オ}}$ とする。

したがって

$$b_{n+1} - b_n = \left(\frac{\boxed{\ \text{キ}\ }}{n + \boxed{\text{エ}}} - \frac{\boxed{\ \text{キ}\ }}{n + \boxed{\text{オ}}}\right) - \left(\frac{1}{\boxed{\text{カ}}}\right)^{n+1}$$

である。

（数学Ⅱ・数学B第3問は次ページに続く。）

n を2以上の自然数とするとき

$$\sum_{k=1}^{n-1}\left(\frac{\boxed{キ}}{k+\boxed{エ}}-\frac{\boxed{キ}}{k+\boxed{オ}}\right)=\frac{1}{\boxed{ク}}\left(\frac{n-\boxed{ケ}}{n+\boxed{コ}}\right)$$

$$\sum_{k=1}^{n-1}\left(\frac{1}{\boxed{カ}}\right)^{k+1}=\frac{\boxed{サ}}{\boxed{シ}}-\frac{\boxed{ス}}{\boxed{セ}}\left(\frac{1}{\boxed{カ}}\right)^{n}$$

が成り立つことを利用すると

$$b_n=\frac{n-\boxed{ソ}}{\boxed{タ}\left(n+\boxed{チ}\right)}+\frac{\boxed{ス}}{\boxed{セ}}\left(\frac{1}{\boxed{カ}}\right)^{n}$$

が得られる。これは $n=1$ のときも成り立つ。

(3) (2)により，$\{a_n\}$ の一般項は

$$a_n=\boxed{ツ}^{\,n-\boxed{テ}}\left(n^2-\boxed{ト}\right)+\frac{\left(n+\boxed{ナ}\right)\left(n+\boxed{ニ}\right)}{\boxed{ヌ}}$$

で与えられる。ただし，$\boxed{ナ}<\boxed{ニ}$ とする。

このことから，すべての自然数 n について，a_n は整数となることがわかる。

(4) k を自然数とする。a_{3k}, a_{3k+1}, a_{3k+2} を3で割った余りはそれぞれ $\boxed{ネ}$, $\boxed{ノ}$, $\boxed{ハ}$ である。また，$\{a_n\}$ の初項から第2020項までの和を3で割った余りは $\boxed{ヒ}$ である。

30

第4問 （選択問題）（配点 20）

点Oを原点とする座標空間に2点

$$A(3, 3, -6), \quad B(2 + 2\sqrt{3}, \ 2 - 2\sqrt{3}, \ -4)$$

をとる。3点O，A，Bの定める平面をαとする。また，αに含まれる点Cは

$$\overrightarrow{OA} \perp \overrightarrow{OC}, \quad \overrightarrow{OB} \cdot \overrightarrow{OC} = 24 \qquad \cdots\cdots\cdots\cdots\cdots\cdots ①$$

を満たすとする。

(1) $|\overrightarrow{OA}| = \boxed{\text{ア}} \sqrt{\boxed{\text{イ}}}$, $|\overrightarrow{OB}| = \boxed{\text{ウ}} \sqrt{\boxed{\text{エ}}}$ であり，

$\overrightarrow{OA} \cdot \overrightarrow{OB} = \boxed{\text{オカ}}$ である。

(2) 点Cは平面α上にあるので，実数s, tを用いて，$\overrightarrow{OC} = s\overrightarrow{OA} + t\overrightarrow{OB}$と表

すことができる。このとき，①から$s = \dfrac{\boxed{\text{キク}}}{\boxed{\text{ケ}}}$, $t = \boxed{\text{コ}}$である。し

たがって，$|\overrightarrow{OC}| = \boxed{\text{サ}} \sqrt{\boxed{\text{シ}}}$である。

（数学Ⅱ・数学B第4問は次ページに続く。）

(3) $\overrightarrow{CB} = \left(\boxed{\text{ス}}, \boxed{\text{セ}}, \boxed{\text{ソタ}} \right)$ である。したがって，平面 α 上の四角形 OABC は $\boxed{\text{チ}}$。$\boxed{\text{チ}}$ に当てはまるものを，次の ⓪～④ のうちから一つ選べ。ただし，少なくとも一組の対辺が平行な四角形を台形という。

⓪ 正方形である

① 正方形ではないが，長方形である

② 長方形ではないが，平行四辺形である

③ 平行四辺形ではないが，台形である

④ 台形ではない

$\overrightarrow{OA} \perp \overrightarrow{OC}$ であるので，四角形 OABC の面積は $\boxed{\text{ツテ}}$ である。

(4) $\overrightarrow{OA} \perp \overrightarrow{OD}$, $\overrightarrow{OC} \cdot \overrightarrow{OD} = 2\sqrt{6}$ かつ z 座標が1であるような点 D の座標は

$$\left(\boxed{\text{ト}} + \frac{\sqrt{\boxed{\text{ナ}}}}{\boxed{\text{ニ}}}, \boxed{\text{ヌ}} - \frac{\sqrt{\boxed{\text{ネ}}}}{\boxed{\text{ノ}}}, 1 \right)$$

である。このとき $\angle COD = \boxed{\text{ハヒ}}^\circ$ である。

3点 O, C, D の定める平面を β とする。α と β は垂直であるので，三角形 ABC を底面とする四面体 DABC の高さは $\sqrt{\boxed{\text{フ}}}$ である。したがって，四面体 DABC の体積は $\boxed{\text{ヘ}} \sqrt{\boxed{\text{ホ}}}$ である。

第3問～第5問は，いずれか2問を選択し，解答しなさい。

第5問 （選択問題）（配点 20）

以下の問題を解答するにあたっては，必要に応じて35ページの正規分布表を用いてもよい。

ある市の市立図書館の利用状況について調査を行った。

(1) ある高校の生徒720人全員を対象に，ある1週間に市立図書館で借りた本の冊数について調査を行った。

その結果，1冊も借りなかった生徒が612人，1冊借りた生徒が54人，2冊借りた生徒が36人であり，3冊借りた生徒が18人であった。4冊以上借りた生徒はいなかった。

この高校の生徒から1人を無作為に選んだとき，その生徒が借りた本の冊数を表す確率変数を X とする。

このとき，X の平均(期待値)は $E(X) = \dfrac{\boxed{ア}}{\boxed{イ}}$ であり，X^2 の平均は $E(X^2) = \dfrac{\boxed{ウ}}{\boxed{エ}}$ である。よって，X の標準偏差は $\sigma(X) = \dfrac{\sqrt{\boxed{オ}}}{\boxed{カ}}$ である。

（数学 II・数学 B 第5問は次ページに続く。）

(2)　市内の高校生全員を母集団とし，ある1週間に市立図書館を利用した生徒の割合(母比率)を p とする。この母集団から600人を無作為に選んだとき，その1週間に市立図書館を利用した生徒の数を確率変数 Y で表す。

$p = 0.4$ のとき，Y の平均は $E(Y) = $ **キクケ**，標準偏差は $\sigma(Y) = $ **コサ** になる。ここで，$Z = \dfrac{Y - \boxed{\text{キクケ}}}{\boxed{\text{コサ}}}$ とおくと，標本数600は十分に大きいので，Z は近似的に標準正規分布に従う。このことを利用して，Y が215以下となる確率を求めると，その確率は $0.$ **シス** になる。

また，$p = 0.2$ のとき，Y の平均は **キクケ** の $\dfrac{1}{\boxed{\text{セ}}}$ 倍，標準偏差は **コサ** の $\dfrac{\sqrt{\boxed{\text{ソ}}}}{3}$ 倍である。

(数学Ⅱ・数学B第5問は次ページに続く。)

(3) 市立図書館に利用者登録のある高校生全員を母集団とする。1回あたりの利用時間（分）を表す確率変数を W とし，W は母平均 m，母標準偏差 30 の分布に従うとする。この母集団から大きさ n の標本 W_1, W_2, $\cdots$, W_n を無作為に抽出した。

利用時間が 60 分をどの程度超えるかについて調査するために

$$U_1 = W_1 - 60, \quad U_2 = W_2 - 60, \quad \cdots, \quad U_n = W_n - 60$$

とおくと，確率変数 U_1, U_2, $\cdots$, U_n の平均と標準偏差はそれぞれ

$$E(U_1) = E(U_2) = \cdots = E(U_n) = m - \boxed{タチ}$$

$$\sigma(U_1) = \sigma(U_2) = \cdots = \sigma(U_n) = \boxed{ツテ}$$

である。

ここで，$t = m - 60$ として，t に対する信頼度 95 % の信頼区間を求めよう。この母集団から無作為抽出された 100 人の生徒に対して U_1, U_2, $\cdots$, U_{100} の値を調べたところ，その標本平均の値が 50 分であった。標本数は十分大きいことを利用して，この信頼区間を求めると

$$\boxed{トナ} . \boxed{ニ} \leqq t \leqq \boxed{ヌネ} . \boxed{ノ}$$

になる。

（数学Ⅱ・数学B第5問は次ページに続く。）

正 規 分 布 表

次の表は，標準正規分布の分布曲線における右図の灰
色部分の面積の値をまとめたものである。

z_0	0.00	0.01	0.02	0.03	0.04	0.05	0.06	0.07	0.08	0.09
0.0	0.0000	0.0040	0.0080	0.0120	0.0160	0.0199	0.0239	0.0279	0.0319	0.0359
0.1	0.0398	0.0438	0.0478	0.0517	0.0557	0.0596	0.0636	0.0675	0.0714	0.0753
0.2	0.0793	0.0832	0.0871	0.0910	0.0948	0.0987	0.1026	0.1064	0.1103	0.1141
0.3	0.1179	0.1217	0.1255	0.1293	0.1331	0.1368	0.1406	0.1443	0.1480	0.1517
0.4	0.1554	0.1591	0.1628	0.1664	0.1700	0.1736	0.1772	0.1808	0.1844	0.1879
0.5	0.1915	0.1950	0.1985	0.2019	0.2054	0.2088	0.2123	0.2157	0.2190	0.2224
0.6	0.2257	0.2291	0.2324	0.2357	0.2389	0.2422	0.2454	0.2486	0.2517	0.2549
0.7	0.2580	0.2611	0.2642	0.2673	0.2704	0.2734	0.2764	0.2794	0.2823	0.2852
0.8	0.2881	0.2910	0.2939	0.2967	0.2995	0.3023	0.3051	0.3078	0.3106	0.3133
0.9	0.3159	0.3186	0.3212	0.3238	0.3264	0.3289	0.3315	0.3340	0.3365	0.3389
1.0	0.3413	0.3438	0.3461	0.3485	0.3508	0.3531	0.3554	0.3577	0.3599	0.3621
1.1	0.3643	0.3665	0.3686	0.3708	0.3729	0.3749	0.3770	0.3790	0.3810	0.3830
1.2	0.3849	0.3869	0.3888	0.3907	0.3925	0.3944	0.3962	0.3980	0.3997	0.4015
1.3	0.4032	0.4049	0.4066	0.4082	0.4099	0.4115	0.4131	0.4147	0.4162	0.4177
1.4	0.4192	0.4207	0.4222	0.4236	0.4251	0.4265	0.4279	0.4292	0.4306	0.4319
1.5	0.4332	0.4345	0.4357	0.4370	0.4382	0.4394	0.4406	0.4418	0.4429	0.4441
1.6	0.4452	0.4463	0.4474	0.4484	0.4495	0.4505	0.4515	0.4525	0.4535	0.4545
1.7	0.4554	0.4564	0.4573	0.4582	0.4591	0.4599	0.4608	0.4616	0.4625	0.4633
1.8	0.4641	0.4649	0.4656	0.4664	0.4671	0.4678	0.4686	0.4693	0.4699	0.4706
1.9	0.4713	0.4719	0.4726	0.4732	0.4738	0.4744	0.4750	0.4756	0.4761	0.4767
2.0	0.4772	0.4778	0.4783	0.4788	0.4793	0.4798	0.4803	0.4808	0.4812	0.4817
2.1	0.4821	0.4826	0.4830	0.4834	0.4838	0.4842	0.4846	0.4850	0.4854	0.4857
2.2	0.4861	0.4864	0.4868	0.4871	0.4875	0.4878	0.4881	0.4884	0.4887	0.4890
2.3	0.4893	0.4896	0.4898	0.4901	0.4904	0.4906	0.4909	0.4911	0.4913	0.4916
2.4	0.4918	0.4920	0.4922	0.4925	0.4927	0.4929	0.4931	0.4932	0.4934	0.4936
2.5	0.4938	0.4940	0.4941	0.4943	0.4945	0.4946	0.4948	0.4949	0.4951	0.4952
2.6	0.4953	0.4955	0.4956	0.4957	0.4959	0.4960	0.4961	0.4962	0.4963	0.4964
2.7	0.4965	0.4966	0.4967	0.4968	0.4969	0.4970	0.4971	0.4972	0.4973	0.4974
2.8	0.4974	0.4975	0.4976	0.4977	0.4977	0.4978	0.4979	0.4979	0.4980	0.4981
2.9	0.4981	0.4982	0.4982	0.4983	0.4984	0.4984	0.4985	0.4985	0.4986	0.4986
3.0	0.4987	0.4987	0.4987	0.4988	0.4988	0.4989	0.4989	0.4989	0.4990	0.4990

数学 I・数学 A
数学 II・数学 B

（2019年 1 月実施）

2019 本試験

| 数学 I・数学 A | 60分 | 100点 |
| 数学 II・数学 B | 60分 | 100点 |

数学Ⅰ・数学A

問　題	選　択　方　法
第1問	必　　答
第2問	必　　答
第3問	いずれか2問を選択し，解答しなさい。
第4問	
第5問	

（注）この科目には，選択問題があります。（2ページ参照。）

第1問　（必答問題）（配点　30）

〔1〕　a を実数とする。

$$9a^2 - 6a + 1 = \left(\boxed{\text{ア}}\, a - \boxed{\text{イ}} \right)^2$$ である。次に

$$A = \sqrt{9a^2 - 6a + 1} + |a + 2|$$

とおくと

$$A = \sqrt{\left(\boxed{\text{ア}}\, a - \boxed{\text{イ}} \right)^2} + |a + 2|$$

である。

　次の三つの場合に分けて考える。

・$a > \dfrac{1}{3}$ のとき，$A = \boxed{\text{ウ}}\, a + \boxed{\text{エ}}$ である。

・$-2 \le a \le \dfrac{1}{3}$ のとき，$A = \boxed{\text{オカ}}\, a + \boxed{\text{キ}}$ である。

・$a < -2$ のとき，$A = -\boxed{\text{ウ}}\, a - \boxed{\text{エ}}$ である。

（数学 I・数学 A 第1問は次ページに続く。）

4

$A = 2a + 13$ となる a の値は

$$\boxed{\text{ク}}, \quad \frac{\boxed{\text{ケコ}}}{\boxed{\text{サ}}}$$

である。

（数学Ⅰ・数学A第1問は次ページに続く。）

〔2〕　二つの自然数 m, n に関する三つの条件 p, q, r を次のように定める。

p：m と n はともに奇数である

q：$3mn$ は奇数である

r：$m + 5n$ は偶数である

また，条件 p の否定を $\bar{p}$ で表す。

(1)　次の $\boxed{シ}$，$\boxed{ス}$ に当てはまるものを，下の ⓪〜② のうちから一つずつ選べ。ただし，同じものを繰り返し選んでもよい。

　　二つの自然数 m, n が条件 $\bar{p}$ を満たすとする。このとき，m が奇数ならば n は $\boxed{シ}$。また，m が偶数ならば n は $\boxed{ス}$。

⓪　偶数である

①　奇数である

②　偶数でも奇数でもよい

（数学Ⅰ・数学A第1問は次ページに続く。）

(2) 次の　セ　，　ソ　，　タ　に当てはまるものを，下の⓪～③の

うちから一つずつ選べ。ただし，同じものを繰り返し選んでもよい。

p は q であるための　セ　。

p は r であるための　ソ　。

$\bar{p}$ は r であるための　タ　。

⓪　必要十分条件である

①　必要条件であるが，十分条件ではない

②　十分条件であるが，必要条件ではない

③　必要条件でも十分条件でもない

（数学 I・数学 A 第 1 問は次ページに続く。）

〔3〕　a と b はともに正の実数とする。x の2次関数

$$y = x^2 + (2a - b)x + a^2 + 1$$

のグラフを G とする。

(1)　グラフ G の頂点の座標は

$$\left(\frac{b}{\boxed{\text{チ}}} - a, \quad -\frac{b^2}{\boxed{\text{ツ}}} + ab + \boxed{\text{テ}} \right)$$

である。

(2)　グラフ G が点 $(-1, 6)$ を通るとき，b のとり得る値の最大値は $\boxed{\text{ト}}$ であり，そのときの a の値は $\boxed{\text{ナ}}$ である。

　　$b = \boxed{\text{ト}}$，$a = \boxed{\text{ナ}}$ のとき，グラフ G は2次関数 $y = x^2$ のグラフを x 軸方向に $\dfrac{\boxed{\text{ニ}}}{\boxed{\text{ヌ}}}$，$y$ 軸方向に $\dfrac{\boxed{\text{ネノ}}}{\boxed{\text{ハ}}}$ だけ平行移動したものである。

8

第2問 (必答問題) (配点 30)

〔1〕 △ABC において，AB = 3，BC = 4，AC = 2 とする。

次の エ には，下の ⓪〜② のうちから当てはまるものを一つ選べ。

$$\cos \angle \mathrm{BAC} = \frac{\boxed{アイ}}{\boxed{ウ}}$$ であり，∠BAC は 　エ　 である。また，

$$\sin \angle \mathrm{BAC} = \frac{\sqrt{\boxed{オカ}}}{\boxed{キ}}$$ である。

⓪ 鋭角 　　　　① 直角 　　　　② 鈍角

(数学 I ・数学A第2問は次ページに続く。)

線分 AC の垂直二等分線と直線 AB の交点を D とする。

$$\cos \angle \text{CAD} = \frac{\boxed{ク}}{\boxed{ケ}}$$ であるから，$\text{AD} = \boxed{コ}$ であり，△DBC の面積

は $\dfrac{\boxed{サ}\sqrt{\boxed{シス}}}{\boxed{セ}}$ である。

（数学Ⅰ・数学A第2問は次ページに続く。）

〔2〕 全国各地の気象台が観測した「ソメイヨシノ(桜の種類)の開花日」や,「モンシロチョウの初見日(初めて観測した日)」,「ツバメの初見日」などの日付を気象庁が発表している。気象庁発表の日付は普通の月日形式であるが,この問題では該当する年の1月1日を「1」とし,12月31日を「365」(うるう年の場合は「366」)とする「年間通し日」に変更している。例えば,2月3日は,1月31日の「31」に2月3日の3を加えた「34」となる。

(1) 図1は全国48地点で観測しているソメイヨシノの2012年から2017年までの6年間の開花日を,年ごとに箱ひげ図にして並べたものである。

図2はソメイヨシノの開花日の年ごとのヒストグラムである。ただし,順番は年の順に並んでいるとは限らない。なお,ヒストグラムの各階級の区間は,左側の数値を含み,右側の数値を含まない。

次の ソ , タ に当てはまるものを,図2の⓪～⑤のうちから一つずつ選べ。

- 2013年のヒストグラムは ソ である。
- 2017年のヒストグラムは タ である。

(数学Ⅰ・数学A第2問は次ページに続く。)

図1　ソメイヨシノの開花日の年別の箱ひげ図

図2　ソメイヨシノの開花日の年別のヒストグラム

（出典：図1，図2は気象庁「生物季節観測データ」Webページにより作成）

（数学Ⅰ・数学A第2問は次ページに続く。）

(2) 図3と図4は，モンシロチョウとツバメの両方を観測している41地点における，2017年の初見日の箱ひげ図と散布図である。散布図の点には重なった点が2点ある。なお，散布図には原点を通り傾き1の直線(実線)，切片が − 15 および 15 で傾きが1の2本の直線(破線)を付加している。

次の チ ， ツ に当てはまるものを，下の⓪~⑦のうちから一つずつ選べ。ただし，解答の順序は問わない。

図3，図4から読み取れることとして正しくないものは， チ ， ツ である。

⓪ モンシロチョウの初見日の最小値はツバメの初見日の最小値と同じである。

① モンシロチョウの初見日の最大値はツバメの初見日の最大値より大きい。

② モンシロチョウの初見日の中央値はツバメの初見日の中央値より大きい。

③ モンシロチョウの初見日の四分位範囲はツバメの初見日の四分位範囲の3倍より小さい。

④ モンシロチョウの初見日の四分位範囲は15日以下である。

⑤ ツバメの初見日の四分位範囲は15日以下である。

⑥ モンシロチョウとツバメの初見日が同じ所が少なくとも4地点ある。

⑦ 同一地点でのモンシロチョウの初見日とツバメの初見日の差は15日以下である。

(数学Ⅰ・数学A第2問は次ページに続く。)

図3　モンシロチョウとツバメの初見日(2017年)の箱ひげ図

図4　モンシロチョウとツバメの初見日(2017年)の散布図

（出典：図3，図4は気象庁「生物季節観測データ」Webページにより作成）

（数学I・数学A第2問は次ページに続く。）

(3) 一般に n 個の数値 $x_1,\ x_2,\ \cdots,\ x_n$ からなるデータ X の平均値を $\bar{x}$, 分散を s^2, 標準偏差を s とする。各 x_i に対して

$$x_i' = \frac{x_i - \bar{x}}{s} \quad (i = 1,\ 2,\ \cdots,\ n)$$

と変換した $x_1',\ x_2',\ \cdots,\ x_n'$ をデータ X' とする。ただし，$n \geqq 2$，$s > 0$ とする。

次の テ ， ト ， ナ に当てはまるものを，下の ⓪～⑧ のうちから一つずつ選べ。ただし，同じものを繰り返し選んでもよい。

・X の偏差 $x_1 - \bar{x},\ x_2 - \bar{x},\ \cdots,\ x_n - \bar{x}$ の平均値は テ である。

・X' の平均値は ト である。

・X' の標準偏差は ナ である。

⓪ 0 ① 1 ② -1 ③ $\bar{x}$ ④ s

⑤ $\dfrac{1}{s}$ ⑥ s^2 ⑦ $\dfrac{1}{s^2}$ ⑧ $\dfrac{\bar{x}}{s}$

図4で示されたモンシロチョウの初見日のデータ M とツバメの初見日のデータ T について上の変換を行ったデータをそれぞれ M'，T' とする。

次の ニ に当てはまるものを，図5の ⓪～③ のうちから一つ選べ。

変換後のモンシロチョウの初見日のデータ M' と変換後のツバメの初見日のデータ T' の散布図は，M' と T' の標準偏差の値を考慮すると ニ である。

（数学 I・数学 A 第 2 問は次ページに続く。）

図5　四つの散布図

第3問～第5問は，いずれか2問を選択し，解答しなさい。

第3問 （選択問題）（配点 20）

　赤い袋には赤球2個と白球1個が入っており，白い袋には赤球1個と白球1個が入っている。

　最初に，さいころ1個を投げて，3の倍数の目が出たら白い袋を選び，それ以外の目が出たら赤い袋を選び，選んだ袋から球を1個取り出して，球の色を確認してその袋に戻す。ここまでの操作を1回目の操作とする。2回目と3回目の操作では，直前に取り出した球の色と同じ色の袋から球を1個取り出して，球の色を確認してその袋に戻す。

(1)　1回目の操作で，赤い袋が選ばれ赤球が取り出される確率は $\dfrac{\boxed{\text{ア}}}{\boxed{\text{イ}}}$ であ

　り，白い袋が選ばれ赤球が取り出される確率は $\dfrac{\boxed{\text{ウ}}}{\boxed{\text{エ}}}$ である。

(2)　2回目の操作が白い袋で行われる確率は $\dfrac{\boxed{\text{オ}}}{\boxed{\text{カキ}}}$ である。

（数学Ⅰ・数学A第3問は次ページに続く。）

(3)　1回目の操作で白球を取り出す確率を p で表すと，2回目の操作で白球が

取り出される確率は $\dfrac{\boxed{ク}}{\boxed{ケ}}\, p + \dfrac{1}{3}$ と表される。

　　よって，2回目の操作で白球が取り出される確率は $\dfrac{\boxed{コサ}}{\boxed{シスセ}}$ である。

　　同様に考えると，3回目の操作で白球が取り出される

確率は $\dfrac{\boxed{ソタチ}}{\boxed{ツテト}}$ である。

(4)　2回目の操作で取り出した球が白球であったとき，その球を取り出した袋の

色が白である条件付き確率は $\dfrac{\boxed{ナニ}}{\boxed{ヌネ}}$ である。

　　また，3回目の操作で取り出した球が白球であったとき，はじめて白球が取

り出されたのが3回目の操作である条件付き確率は $\dfrac{\boxed{ノハ}}{\boxed{ヒフヘ}}$ である。

第3問～第5問は，いずれか2問を選択し，解答しなさい。

第4問 （選択問題）（配点 20）

(1) 不定方程式

$$49x - 23y = 1$$

の解となる自然数 x, y の中で，x の値が最小のものは

$$x = \boxed{\text{ア}}, \quad y = \boxed{\text{イウ}}$$

であり，すべての整数解は，k を整数として

$$x = \boxed{\text{エオ}}\,k + \boxed{\text{ア}}, \quad y = \boxed{\text{カキ}}\,k + \boxed{\text{イウ}}$$

と表せる。

(2) 49 の倍数である自然数 A と 23 の倍数である自然数 B の組 (A, B) を考える。A と B の差の絶対値が 1 となる組 (A, B) の中で，A が最小になるのは

$$(A, B) = \left(49 \times \boxed{\text{ク}}, \quad 23 \times \boxed{\text{ケコ}}\right)$$

である。また，A と B の差の絶対値が 2 となる組 (A, B) の中で，A が最小になるのは

$$(A, B) = \left(49 \times \boxed{\text{サ}}, \quad 23 \times \boxed{\text{シス}}\right)$$

である。

（数学Ⅰ・数学A第4問は次ページに続く。）

(3) 連続する三つの自然数 a, $a+1$, $a+2$ を考える。

a と $a+1$ の最大公約数は1

$a+1$ と $a+2$ の最大公約数は1

a と $a+2$ の最大公約数は1または　セ

である。

　また，次の条件がすべての自然数 a で成り立つような自然数 m のうち，最大のものは $m =$ 　ソ　である。

条件：$a(a+1)(a+2)$ は m の倍数である。

(4) 6762 を素因数分解すると

$$6762 = 2 \times \boxed{タ} \times 7^{\boxed{チ}} \times \boxed{ツテ}$$

である。

　b を，$b(b+1)(b+2)$ が 6762 の倍数となる最小の自然数とする。このとき，b, $b+1$, $b+2$ のいずれかは $7^{\boxed{チ}}$ の倍数であり，また，b, $b+1$, $b+2$ のいずれかは　ツテ　の倍数である。したがって，$b =$ 　トナニ　である。

第3問～第5問は，いずれか2問を選択し，解答しなさい。

第5問　（選択問題）（配点　20）

△ABC において，AB = 4，BC = 7，AC = 5 とする。

このとき，$\cos \angle \text{BAC} = -\dfrac{1}{5}$，$\sin \angle \text{BAC} = \dfrac{2\sqrt{6}}{5}$ である。

△ABC の内接円の半径は $\dfrac{\sqrt{\boxed{\text{ア}}}}{\boxed{\text{イ}}}$ である。

この内接円と辺 AB との接点を D，辺 AC との接点を E とする。

$$\text{AD} = \boxed{\text{ウ}}\ ，\quad \text{DE} = \dfrac{\boxed{\text{エ}}\sqrt{\boxed{\text{オカ}}}}{\boxed{\text{キ}}}$$

である。

（数学Ⅰ・数学A第5問は次ページに続く。）

線分 BE と線分 CD の交点を P，直線 AP と辺 BC の交点を Q とする。

$$\frac{BQ}{CQ} = \frac{\boxed{ク}}{\boxed{ケ}}$$

であるから，$BQ = \boxed{コ}$ であり，△ABC の内心を I とすると

$$IQ = \frac{\sqrt{\boxed{サ}}}{\boxed{シ}}$$

である。また，直線 CP と△ABC の内接円との交点で D とは異なる点を F とすると

$$\cos \angle DFE = \frac{\sqrt{\boxed{スセ}}}{\boxed{ソ}}$$

である。

数学II・数学B

問　題	選　択　方　法
第1問	必　　　答
第2問	必　　　答
第3問	いずれか2問を選択し，解答しなさい。
第4問	
第5問	

(注) この科目には，選択問題があります。(22ページ参照。)

第1問 (必答問題) (配点 30)

〔1〕 関数 $f(\theta) = 3\sin^2\theta + 4\sin\theta\cos\theta - \cos^2\theta$ を考える。

(1) $f(0) = \boxed{\text{アイ}}$，$f\left(\dfrac{\pi}{3}\right) = \boxed{\text{ウ}} + \sqrt{\boxed{\text{エ}}}$ である。

(2) 2倍角の公式を用いて計算すると，$\cos^2\theta = \dfrac{\cos 2\theta + \boxed{\text{オ}}}{\boxed{\text{カ}}}$ とな

る。さらに，$\sin 2\theta$，$\cos 2\theta$ を用いて $f(\theta)$ を表すと

$$f(\theta) = \boxed{\text{キ}}\sin 2\theta - \boxed{\text{ク}}\cos 2\theta + \boxed{\text{ケ}} \quad\cdots\cdots\cdots\cdots ①$$

となる。

(数学Ⅱ・数学B第1問は次ページに続く。)

(3) θ が $0 \leqq \theta \leqq \pi$ の範囲を動くとき,関数 $f(\theta)$ のとり得る最大の整数の値 m とそのときの θ の値を求めよう。

三角関数の合成を用いると,①は

$$f(\theta) = \boxed{\text{コ}} \sqrt{\boxed{\text{サ}}} \sin\left(2\theta - \dfrac{\pi}{\boxed{\text{シ}}}\right) + \boxed{\text{ケ}}$$

と変形できる。したがって,$m = \boxed{\text{ス}}$ である。

また,$0 \leqq \theta \leqq \pi$ において,$f(\theta) = \boxed{\text{ス}}$ となる θ の値は,小さい

順に,$\dfrac{\pi}{\boxed{\text{セ}}}$,$\dfrac{\pi}{\boxed{\text{ソ}}}$ である。

(数学 II・数学 B 第 1 問は次ページに続く。)

〔2〕　連立方程式

$$\begin{cases} \log_2(x+2) - 2\log_4(y+3) = -1 & \cdots\cdots\cdots\cdots\cdots\text{②} \\ \left(\dfrac{1}{3}\right)^y - 11\left(\dfrac{1}{3}\right)^{x+1} + 6 = 0 & \cdots\cdots\cdots\cdots\cdots\text{③} \end{cases}$$

を満たす実数 x, y を求めよう。

　　真数の条件により，x, y のとり得る値の範囲は $\boxed{\text{タ}}$ である。$\boxed{\text{タ}}$ に当てはまるものを，次の ⓪ ～ ⑤ のうちから一つ選べ。ただし，対数 $\log_a b$ に対し，a を底といい，b を真数という。

⓪ $x > 0$, $y > 0$　　　① $x > 2$, $y > 3$　　　② $x > -2$, $y > -3$

③ $x < 0$, $y < 0$　　　④ $x < 2$, $y < 3$　　　⑤ $x < -2$, $y < -3$

　　底の変換公式により

$$\log_4(y+3) = \frac{\log_2(y+3)}{\boxed{\text{チ}}}$$

である。よって，② から

$$y = \boxed{\text{ツ}}\, x + \boxed{\text{テ}} \qquad\cdots\cdots\cdots\cdots\cdots\cdots\text{④}$$

が得られる。

（数学II・数学B第1問は次ページに続く。）

次に，$t = \left(\dfrac{1}{3}\right)^x$ とおき，④を用いて③を t の方程式に書き直すと

$$t^2 - \boxed{\text{トナ}}\, t + \boxed{\text{ニヌ}} = 0 \qquad \cdots\cdots\cdots\cdots\cdots\cdots ⑤$$

が得られる。また，x が $\boxed{\text{タ}}$ における x の範囲を動くとき，t のとり得る値の範囲は

$$\boxed{\text{ネ}} < t < \boxed{\text{ノ}} \qquad \cdots\cdots\cdots\cdots\cdots\cdots ⑥$$

である。

　⑥の範囲で方程式⑤を解くと，$t = \boxed{\text{ハ}}$ となる。したがって，連立方程式②，③を満たす実数 x，y の値は

$$x = \log_3 \dfrac{\boxed{\text{ヒ}}}{\boxed{\text{フ}}}, \qquad y = \log_3 \dfrac{\boxed{\text{ヘ}}}{\boxed{\text{ホ}}}$$

であることがわかる。

第2問　(必答問題)（配点　30）

p, q を実数とし，関数 $f(x) = x^3 + px^2 + qx$ は $x = -1$ で極値2をとるとする。また，座標平面上の曲線 $y = f(x)$ を C，放物線 $y = -kx^2$ を D，放物線 D 上の点 $(a, -ka^2)$ を A とする。ただし，$k > 0$, $a > 0$ である。

(1) 関数 $f(x)$ が $x = -1$ で極値をとるので，$f'(-1) = \boxed{\text{ア}}$ である。これと $f(-1) = 2$ より，$p = \boxed{\text{イ}}$, $q = \boxed{\text{ウエ}}$ である。よって，$f(x)$ は $x = \boxed{\text{オ}}$ で極小値 $\boxed{\text{カキ}}$ をとる。

(2) 点 A における放物線 D の接線を ℓ とする。D と ℓ および x 軸で囲まれた図形の面積 S を a と k を用いて表そう。

ℓ の方程式は

$$y = \boxed{\text{クケ}}\, kax + ka^{\boxed{\text{コ}}} \qquad\qquad \cdots\cdots\cdots\cdots ①$$

と表せる。ℓ と x 軸の交点の x 座標は $\dfrac{\boxed{\text{サ}}}{\boxed{\text{シ}}}$ であり，D と x 軸および直線 $x = a$ で囲まれた図形の面積は $\dfrac{k}{\boxed{\text{ス}}}a^{\boxed{\text{セ}}}$ である。よって，

$$S = \dfrac{k}{\boxed{\text{ソタ}}}a^{\boxed{\text{セ}}} \text{である。}$$

（数学Ⅱ・数学B第2問は次ページに続く。）

(3) さらに，点 A が曲線 C 上にあり，かつ(2)の接線 ℓ が C にも接するとする。このときの(2)の S の値を求めよう。

A が C 上にあるので，$k = \dfrac{\boxed{チ}}{\boxed{ツ}} - \boxed{テ}$ である。

ℓ と C の接点の x 座標を b とすると，ℓ の方程式は b を用いて

$$y = \boxed{ト}\left(b^2 - \boxed{ナ}\right)x - \boxed{ニ}\,b^3 \quad\cdots\cdots\cdots\cdots\cdots ②$$

と表される。②の右辺を $g(x)$ とおくと

$$f(x) - g(x) = \left(x - \boxed{ヌ}\right)^2\left(x + \boxed{ネ}\,b\right)$$

と因数分解されるので，$a = -\boxed{ネ}\,b$ となる。①と②の表す直線の傾き

を比較することにより，$a^2 = \dfrac{\boxed{ノハ}}{\boxed{ヒ}}$ である。

したがって，求める S の値は $\dfrac{\boxed{フ}}{\boxed{ヘホ}}$ である。

第3問～第5問は，いずれか2問を選択し，解答しなさい。

第3問　(選択問題)　(配点　20)

初項が3，公比が4の等比数列の初項から第n項までの和をS_nとする。また，数列$\{T_n\}$は，初項が-1であり，$\{T_n\}$の階差数列が数列$\{S_n\}$であるような数列とする。

(1)　$S_2 = \boxed{\text{アイ}}$，$T_2 = \boxed{\text{ウ}}$である。

(2)　$\{S_n\}$と$\{T_n\}$の一般項は，それぞれ

$$S_n = \boxed{\text{エ}}^{\boxed{\text{オ}}} - \boxed{\text{カ}}$$

$$T_n = \frac{\boxed{\text{キ}}^{\boxed{\text{ク}}}}{\boxed{\text{ケ}}} - n - \frac{\boxed{\text{コ}}}{\boxed{\text{サ}}}$$

である。ただし，$\boxed{\text{オ}}$と$\boxed{\text{ク}}$については，当てはまるものを，次の⓪～④のうちから一つずつ選べ。同じものを選んでもよい。

⓪　$n-1$　　①　n　　②　$n+1$　　③　$n+2$　　④　$n+3$

（数学Ⅱ・数学B第3問は次ページに続く。）

(3) 数列 $\{a_n\}$ は，初項が -3 であり，漸化式

$$na_{n+1} = 4(n+1)a_n + 8T_n \quad (n = 1, 2, 3, \cdots)$$

を満たすとする。$\{a_n\}$ の一般項を求めよう。

そのために，$b_n = \dfrac{a_n + 2T_n}{n}$ により定められる数列 $\{b_n\}$ を考える。$\{b_n\}$ の

初項は $\boxed{シス}$ である。

$\{T_n\}$ は漸化式

$$T_{n+1} = \boxed{セ}\, T_n + \boxed{ソ}\, n + \boxed{タ} \quad (n = 1, 2, 3, \cdots)$$

を満たすから，$\{b_n\}$ は漸化式

$$b_{n+1} = \boxed{チ}\, b_n + \boxed{ツ} \quad (n = 1, 2, 3, \cdots)$$

を満たすことがわかる。よって，$\{b_n\}$ の一般項は

$$b_n = \boxed{テト} \cdot \boxed{チ}^{\boxed{ナ}} - \boxed{ニ}$$

である。ただし，$\boxed{ナ}$ については，当てはまるものを，次の⓪〜④のうち

から一つ選べ。

⓪ $n-1$　　① n　　② $n+1$　　③ $n+2$　　④ $n+3$

したがって，$\{T_n\}$，$\{b_n\}$ の一般項から $\{a_n\}$ の一般項を求めると

$$a_n = \dfrac{\boxed{ヌ}\left(\boxed{ネ}\, n + \boxed{ノ}\right)\boxed{チ}^{\boxed{ナ}} + \boxed{ハ}}{\boxed{ヒ}}$$

である。

第3問～第5問は，いずれか2問を選択し，解答しなさい。

第4問 （選択問題）（配点 20）

　　四角形 ABCD を底面とする四角錐 OABCD を考える。四角形 ABCD は，辺 AD と辺 BC が平行で，AB = CD，∠ABC = ∠BCD を満たすとする。さらに，$\overrightarrow{OA} = \vec{a}$, $\overrightarrow{OB} = \vec{b}$, $\overrightarrow{OC} = \vec{c}$ として

$$|\vec{a}| = 1, \quad |\vec{b}| = \sqrt{3}, \quad |\vec{c}| = \sqrt{5}$$
$$\vec{a} \cdot \vec{b} = 1, \quad \vec{b} \cdot \vec{c} = 3, \quad \vec{a} \cdot \vec{c} = 0$$

であるとする。

(1)　∠AOC = $\boxed{\text{アイ}}$ °により，三角形 OAC の面積は $\dfrac{\sqrt{\boxed{\text{ウ}}}}{\boxed{\text{エ}}}$ である。

(2)　$\overrightarrow{BA} \cdot \overrightarrow{BC} = \boxed{\text{オカ}}$，$|\overrightarrow{BA}| = \sqrt{\boxed{\text{キ}}}$，$|\overrightarrow{BC}| = \sqrt{\boxed{\text{ク}}}$ であるから，

∠ABC = $\boxed{\text{ケコサ}}$ °である。さらに，辺 AD と辺 BC が平行であるから，

∠BAD = ∠ADC = $\boxed{\text{シス}}$ °である。よって，$\overrightarrow{AD} = \boxed{\text{セ}} \overrightarrow{BC}$ であり

$$\overrightarrow{OD} = \vec{a} - \boxed{\text{ソ}}\,\vec{b} + \boxed{\text{タ}}\,\vec{c}$$

と表される。また，四角形 ABCD の面積は $\dfrac{\boxed{\text{チ}}\sqrt{\boxed{\text{ツ}}}}{\boxed{\text{テ}}}$ である。

（数学II・数学B第4問は次ページに続く。）

(3) 三角形 OAC を底面とする三角錐 BOAC の体積 V を求めよう。

3点 O, A, C の定める平面 α 上に, 点 H を $\overrightarrow{BH} \perp \vec{a}$ と $\overrightarrow{BH} \perp \vec{c}$ が成り立つようにとる。$|\overrightarrow{BH}|$ は三角錐 BOAC の高さである。H は α 上の点であるから, 実数 s, t を用いて $\overrightarrow{OH} = s\vec{a} + t\vec{c}$ の形に表される。

$$\overrightarrow{BH} \cdot \vec{a} = \boxed{}, \quad \overrightarrow{BH} \cdot \vec{c} = \boxed{} \text{ により, } s = \boxed{}, \quad t = \frac{\boxed{}}{\boxed{}}$$

である。よって, $|\overrightarrow{BH}| = \dfrac{\sqrt{\boxed{}}}{\boxed{}}$ が得られる。したがって, (1)により,

$$V = \frac{\boxed{}}{\boxed{}} \text{ であることがわかる。}$$

(4) (3)の V を用いると, 四角錐 OABCD の体積は $\boxed{} V$ と表せる。さらに,

四角形 ABCD を底面とする四角錐 OABCD の高さは $\dfrac{\sqrt{\boxed{}}}{\boxed{}}$ である。

第3問～第5問は，いずれか2問を選択し，解答しなさい。

第5問　(選択問題)(配点　20)

　　以下の問題を解答するにあたっては，必要に応じて36ページの正規分布表を用いてもよい。

(1)　ある食品を摂取したときに，血液中の物質Aの量がどのように変化するか調べたい。食品摂取前と摂取してから3時間後に，それぞれ一定量の血液に含まれる物質Aの量(単位はmg)を測定し，その変化量，すなわち摂取後の量から摂取前の量を引いた値を表す確率変数をXとする。Xの期待値(平均)は$E(X) = -7$，標準偏差は$\sigma(X) = 5$とする。

　　　このとき，X^2の期待値は$E(X^2) = \boxed{アイ}$である。

　　　また，測定単位を変更して$W = 1000X$とすると，その期待値は$E(W) = -7 \times 10^{\boxed{ウ}}$，分散は$V(W) = 5^{\boxed{エ}} \times 10^{\boxed{オ}}$となる。

(数学Ⅱ・数学B第5問は次ページに続く。)

(2) (1)の X が正規分布に従うとするとき，物質Aの量が減少しない確率 $P(X \geq 0)$ を求めよう。この確率は

$$P(X \geq 0) = P\left(\frac{X+7}{5} \geq \boxed{カ} . \boxed{キ}\right)$$

であるので，標準正規分布に従う確率変数を Z とすると，正規分布表から，次のように求められる。

$$P\left(Z \geq \boxed{カ} . \boxed{キ}\right) = 0. \boxed{クケ} \quad \cdots\cdots\cdots\cdots\cdots\cdots ①$$

無作為に抽出された50人がこの食品を摂取したときに，物質Aの量が減少するか，減少しないかを考え，物質Aの量が減少しない人数を表す確率変数を M とする。M は二項分布 $B\left(50, 0. \boxed{クケ}\right)$ に従うので，期待値は

$$E(M) = \boxed{コ} . \boxed{サ}, \quad \text{標準偏差は} \quad \sigma(M) = \sqrt{\boxed{シ} . \boxed{ス}} \quad \text{とな}$$

る。ただし，$0. \boxed{クケ}$ は①で求めた小数第2位までの値とする。

（数学Ⅱ・数学B第5問は次ページに続く。）

(3) (1)の食品摂取前と摂取してから3時間後に，それぞれ一定量の血液に含まれる別の物質Bの量(単位はmg)を測定し，その変化量，すなわち摂取後の量から摂取前の量を引いた値を表す確率変数を Y とする。Y の母集団分布は母平均 m，母標準偏差6をもつとする。m を推定するため，母集団から無作為に抽出された100人に対して物質Bの変化量を測定したところ，標本平均 $\overline{Y}$ の値は -10.2 であった。

このとき，$\overline{Y}$ の期待値は $E(\overline{Y}) = m$，標準偏差は $\sigma(\overline{Y}) = \boxed{\text{セ}} \cdot \boxed{\text{ソ}}$ である。$\overline{Y}$ の分布が正規分布で近似できるとすれば，$Z = \dfrac{\overline{Y} - m}{\boxed{\text{セ}} \cdot \boxed{\text{ソ}}}$ は近似的に標準正規分布に従うとみなすことができる。

正規分布表を用いて $|Z| \leqq 1.64$ となる確率を求めると $0. \boxed{\text{タチ}}$ となる。このことを利用して，母平均 m に対する信頼度 $\boxed{\text{タチ}}$ % の信頼区間，すなわち，$\boxed{\text{タチ}}$ % の確率で m を含む信頼区間を求めると，$\boxed{\text{ツ}}$ となる。

$\boxed{\text{ツ}}$ に当てはまる最も適当なものを，次の⓪～③のうちから一つ選べ。

⓪ $-11.7 \leqq m \leqq -8.7$ ① $-11.4 \leqq m \leqq -9.0$

② $-11.2 \leqq m \leqq -9.2$ ③ $-10.8 \leqq m \leqq -9.6$

(数学Ⅱ・数学B第5問は次ページに続く。)

正 規 分 布 表

次の表は，標準正規分布の分布曲線における右図の灰
色部分の面積の値をまとめたものである。

z_0	0.00	0.01	0.02	0.03	0.04	0.05	0.06	0.07	0.08	0.09
0.0	0.0000	0.0040	0.0080	0.0120	0.0160	0.0199	0.0239	0.0279	0.0319	0.0359
0.1	0.0398	0.0438	0.0478	0.0517	0.0557	0.0596	0.0636	0.0675	0.0714	0.0753
0.2	0.0793	0.0832	0.0871	0.0910	0.0948	0.0987	0.1026	0.1064	0.1103	0.1141
0.3	0.1179	0.1217	0.1255	0.1293	0.1331	0.1368	0.1406	0.1443	0.1480	0.1517
0.4	0.1554	0.1591	0.1628	0.1664	0.1700	0.1736	0.1772	0.1808	0.1844	0.1879
0.5	0.1915	0.1950	0.1985	0.2019	0.2054	0.2088	0.2123	0.2157	0.2190	0.2224
0.6	0.2257	0.2291	0.2324	0.2357	0.2389	0.2422	0.2454	0.2486	0.2517	0.2549
0.7	0.2580	0.2611	0.2642	0.2673	0.2704	0.2734	0.2764	0.2794	0.2823	0.2852
0.8	0.2881	0.2910	0.2939	0.2967	0.2995	0.3023	0.3051	0.3078	0.3106	0.3133
0.9	0.3159	0.3186	0.3212	0.3238	0.3264	0.3289	0.3315	0.3340	0.3365	0.3389
1.0	0.3413	0.3438	0.3461	0.3485	0.3508	0.3531	0.3554	0.3577	0.3599	0.3621
1.1	0.3643	0.3665	0.3686	0.3708	0.3729	0.3749	0.3770	0.3790	0.3810	0.3830
1.2	0.3849	0.3869	0.3888	0.3907	0.3925	0.3944	0.3962	0.3980	0.3997	0.4015
1.3	0.4032	0.4049	0.4066	0.4082	0.4099	0.4115	0.4131	0.4147	0.4162	0.4177
1.4	0.4192	0.4207	0.4222	0.4236	0.4251	0.4265	0.4279	0.4292	0.4306	0.4319
1.5	0.4332	0.4345	0.4357	0.4370	0.4382	0.4394	0.4406	0.4418	0.4429	0.4441
1.6	0.4452	0.4463	0.4474	0.4484	0.4495	0.4505	0.4515	0.4525	0.4535	0.4545
1.7	0.4554	0.4564	0.4573	0.4582	0.4591	0.4599	0.4608	0.4616	0.4625	0.4633
1.8	0.4641	0.4649	0.4656	0.4664	0.4671	0.4678	0.4686	0.4693	0.4699	0.4706
1.9	0.4713	0.4719	0.4726	0.4732	0.4738	0.4744	0.4750	0.4756	0.4761	0.4767
2.0	0.4772	0.4778	0.4783	0.4788	0.4793	0.4798	0.4803	0.4808	0.4812	0.4817
2.1	0.4821	0.4826	0.4830	0.4834	0.4838	0.4842	0.4846	0.4850	0.4854	0.4857
2.2	0.4861	0.4864	0.4868	0.4871	0.4875	0.4878	0.4881	0.4884	0.4887	0.4890
2.3	0.4893	0.4896	0.4898	0.4901	0.4904	0.4906	0.4909	0.4911	0.4913	0.4916
2.4	0.4918	0.4920	0.4922	0.4925	0.4927	0.4929	0.4931	0.4932	0.4934	0.4936
2.5	0.4938	0.4940	0.4941	0.4943	0.4945	0.4946	0.4948	0.4949	0.4951	0.4952
2.6	0.4953	0.4955	0.4956	0.4957	0.4959	0.4960	0.4961	0.4962	0.4963	0.4964
2.7	0.4965	0.4966	0.4967	0.4968	0.4969	0.4970	0.4971	0.4972	0.4973	0.4974
2.8	0.4974	0.4975	0.4976	0.4977	0.4977	0.4978	0.4979	0.4979	0.4980	0.4981
2.9	0.4981	0.4982	0.4982	0.4983	0.4984	0.4984	0.4985	0.4985	0.4986	0.4986
3.0	0.4987	0.4987	0.4987	0.4988	0.4988	0.4989	0.4989	0.4989	0.4990	0.4990

数学Ⅰ・数学A
数学Ⅱ・数学B

（2018年1月実施）

数学Ⅰ・数学A	60分	100点
数学Ⅱ・数学B	60分	100点

数学 I ・数学 A

問　題	選　択　方　法
第 1 問	必　　　答
第 2 問	必　　　答
第 3 問	いずれか 2 問を選択し，解答しなさい。
第 4 問	
第 5 問	

(注) この科目には，選択問題があります。（2ページ参照。）

第1問 (必答問題) (配点 30)

〔1〕 x を実数とし

$$A = x(x+1)(x+2)(5-x)(6-x)(7-x)$$

とおく。整数 n に対して

$$(x+n)(n+5-x) = x(5-x) + n^2 + \boxed{\text{ア}}\, n$$

であり，したがって，$X = x(5-x)$ とおくと

$$A = X\Big(X + \boxed{\text{イ}}\,\Big)\Big(X + \boxed{\text{ウエ}}\,\Big)$$

と表せる。

$$x = \frac{5+\sqrt{17}}{2} \text{ のとき，} X = \boxed{\text{オ}} \text{ であり，} A = 2^{\boxed{\text{カ}}} \text{ である。}$$

（数学Ⅰ・数学A第1問は次ページに続く。）

4

〔2〕

(1) 全体集合 U を $U = \{x \mid x$ は 20 以下の自然数$\}$ とし，次の部分集合 A，B，C を考える。

　$A = \{x \mid x \in U$ かつ x は 20 の約数$\}$

　$B = \{x \mid x \in U$ かつ x は 3 の倍数$\}$

　$C = \{x \mid x \in U$ かつ x は偶数$\}$

集合 A の補集合を $\overline{A}$ と表し，空集合を $\varnothing$ と表す。

次の　キ　に当てはまるものを，下の **⓪**～**③** のうちから一つ選べ。

集合の関係

(a) $A \subset C$

(b) $A \cap B = \varnothing$

の正誤の組合せとして正しいものは　キ　である。

	⓪	①	②	③
(a)	正	正	誤	誤
(b)	正	誤	正	誤

（数学Ⅰ・数学Ａ第1問は次ページに続く。）

次の　ク　に当てはまるものを，下の⓪～③のうちから一つ選べ。

集合の関係

(c) $(A \cup C) \cap B = \{6, 12, 18\}$

(d) $(\overline{A} \cap C) \cup B = \overline{A} \cap (B \cup C)$

の正誤の組合せとして正しいものは　ク　である。

	⓪	①	②	③
(c)	正	正	誤	誤
(d)	正	誤	正	誤

(2) 実数 x に関する次の条件 p, q, r, s を考える。

$$p: |x - 2| > 2, \quad q: x < 0, \quad r: x > 4, \quad s: \sqrt{x^2} > 4$$

次の　ケ　，　コ　に当てはまるものを，下の⓪～③のうちからそれぞれ一つ選べ。ただし，同じものを繰り返し選んでもよい。

q または r であることは，p であるための　ケ　。また，s は r であるための　コ　。

⓪　必要条件であるが，十分条件ではない

①　十分条件であるが，必要条件ではない

②　必要十分条件である

③　必要条件でも十分条件でもない

（数学Ⅰ・数学A第1問は次ページに続く。）

6

〔3〕 a を正の実数とし

$$f(x) = ax^2 - 2(a+3)x - 3a + 21$$

とする。2次関数 $y = f(x)$ のグラフの頂点の x 座標を p とおくと

$$p = \boxed{\ サ\ } + \frac{\boxed{\ シ\ }}{a}$$

である。

$0 \leqq x \leqq 4$ における関数 $y = f(x)$ の最小値が $f(4)$ となるような a の値の範囲は

$$0 < a \leqq \boxed{\ ス\ }$$

である。

また，$0 \leqq x \leqq 4$ における関数 $y = f(x)$ の最小値が $f(p)$ となるような a の値の範囲は

$$\boxed{\ セ\ } \leqq a$$

である。

したがって，$0 \leqq x \leqq 4$ における関数 $y = f(x)$ の最小値が 1 であるのは

$$a = \frac{\boxed{\ ソ\ }}{\boxed{\ タ\ }} \quad \text{または} \quad a = \frac{\boxed{\ チ\ } + \sqrt{\boxed{\ ツテ\ }}}{\boxed{\ ト\ }}$$

のときである。

第2問 （必答問題）（配点 30）

〔1〕 四角形 ABCD において，3辺の長さをそれぞれ AB = 5，BC = 9，
CD = 3，対角線 AC の長さを AC = 6 とする。このとき

$$\cos \angle ABC = \dfrac{\boxed{ア}}{\boxed{イ}}, \qquad \sin \angle ABC = \dfrac{\boxed{ウ}\sqrt{\boxed{エ}}}{\boxed{オ}}$$

である。

（数学Ⅰ・数学A第2問は次ページに続く。）

ここで，四角形 ABCD は台形であるとする。

次の ［カ］ には下の⓪～②から，［キ］には③・④から当てはまるものを一つずつ選べ。

CD ［カ］ AB・sin ∠ABC であるから ［キ］ である。

⓪ ＜　　　　　　① ＝　　　　　　② ＞

③ 辺 AD と辺 BC が平行　　④ 辺 AB と辺 CD が平行

したがって

$$BD = \boxed{ク}\sqrt{\boxed{ケコ}}$$

である。

（数学Ⅰ・数学A第2問は次ページに続く。）

〔2〕　ある陸上競技大会に出場した選手の身長（単位は cm）と体重（単位は kg）の
データが得られた。男子短距離，男子長距離，女子短距離，女子長距離の四
つのグループに分けると，それぞれのグループの選手数は，男子短距離が
328 人，男子長距離が 271 人，女子短距離が 319 人，女子長距離が 263 人で
ある。

⑴　次ページの図 1 および図 2 は，男子短距離，男子長距離，女子短距離，
女子長距離の四つのグループにおける，身長のヒストグラムおよび箱ひげ
図である。

　　次の　サ　，　シ　に当てはまるものを，下の⓪〜⑥のうちから一
つずつ選べ。ただし，解答の順序は問わない。

　　図 1 および図 2 から読み取れる内容として正しいものは，　サ　，
　シ　である。

⓪　四つのグループのうちで範囲が最も大きいのは，女子短距離グループ
である。

①　四つのグループのすべてにおいて，四分位範囲は 12 未満である。

②　男子長距離グループのヒストグラムでは，度数最大の階級に中央値が
入っている。

③　女子長距離グループのヒストグラムでは，度数最大の階級に第 1 四分
位数が入っている。

④　すべての選手の中で最も身長の高い選手は，男子長距離グループの中
にいる。

⑤　すべての選手の中で最も身長の低い選手は，女子長距離グループの中
にいる。

⑥　男子短距離グループの中央値と男子長距離グループの第 3 四分位数
は，ともに 180 以上 182 未満である。

（数学 I・数学A 第 2 問は次ページに続く。）

図1　身長のヒストグラム

図2　身長の箱ひげ図

(出典：図1，図2はガーディアン社の Web ページにより作成)

(数学 I・数学 A 第 2 問は次ページに続く。)

⑵　身長を H, 体重を W とし, X を $X = \left(\dfrac{H}{100}\right)^2$ で, Z を $Z = \dfrac{W}{X}$ で定義

する。次ページの図3は, 男子短距離, 男子長距離, 女子短距離, 女子長距離の四つのグループにおける X と W のデータの散布図である。ただし, 原点を通り, 傾きが15, 20, 25, 30である四つの直線 l_1, l_2, l_3, l_4 も補助的に描いている。また, 次ページの図4の(a), (b), (c), (d)で示す Z の四つの箱ひげ図は, 男子短距離, 男子長距離, 女子短距離, 女子長距離の四つのグループのいずれかの箱ひげ図に対応している。

次の　ス　, 　セ　に当てはまるものを, 下の⓪~⑤のうちから一つずつ選べ。ただし, 解答の順序は問わない。

図3および図4から読み取れる内容として正しいものは, 　ス　, 　セ　である。

⓪　四つのグループのすべてにおいて, X と W には負の相関がある。

①　四つのグループのうちで Z の中央値が一番大きいのは, 男子長距離グループである。

②　四つのグループのうちで Z の範囲が最小なのは, 男子長距離グループである。

③　四つのグループのうちで Z の四分位範囲が最小なのは, 男子短距離グループである。

④　女子長距離グループのすべての Z の値は25より小さい。

⑤　男子長距離グループの Z の箱ひげ図は(c)である。

（数学Ⅰ・数学A第2問は次ページに続く。）

図3　X と W の散布図

図4　Z の箱ひげ図

（出典：図3，図4はガーディアン社の Web ページにより作成）

（数学 I ・数学 A 第 2 問は次ページに続く。）

(3)　n を自然数とする。実数値のデータ x_1, x_2, $\cdots$, x_n および w_1, w_2, $\cdots$, w_n に対して，それぞれの平均値を

$$\bar{x} = \frac{x_1 + x_2 + \cdots + x_n}{n}, \quad \bar{w} = \frac{w_1 + w_2 + \cdots + w_n}{n}$$

とおく。等式 $(x_1 + x_2 + \cdots + x_n)\bar{w} = n\bar{x}\bar{w}$ などに注意すると，偏差の積の和は

$$(x_1 - \bar{x})(w_1 - \bar{w}) + (x_2 - \bar{x})(w_2 - \bar{w}) + \cdots + (x_n - \bar{x})(w_n - \bar{w})$$
$$= x_1 w_1 + x_2 w_2 + \cdots + x_n w_n - \boxed{\text{ソ}}$$

となることがわかる。　$\boxed{\text{ソ}}$ に当てはまるものを，次の⓪～③のうちから一つ選べ。

⓪　$\bar{x}\bar{w}$　　　　　①　$(\bar{x}\bar{w})^2$　　　　　②　$n\bar{x}\bar{w}$　　　　　③　$n^2\bar{x}\bar{w}$

14

第3問～第5問は，いずれか2問を選択し，解答しなさい。

第3問 （選択問題）（配点 20）

一般に，事象 A の確率を $P(A)$ で表す。また，事象 A の余事象を $\overline{A}$ と表し，二つの事象 A，B の積事象を $A \cap B$ と表す。

大小2個のさいころを同時に投げる試行において

A を「大きいさいころについて，4の目が出る」という事象

B を「2個のさいころの出た目の和が7である」という事象

C を「2個のさいころの出た目の和が9である」という事象

とする。

(1) 事象 A，B，C の確率は，それぞれ

$$P(A) = \frac{\boxed{ア}}{\boxed{イ}}, \quad P(B) = \frac{\boxed{ウ}}{\boxed{エ}}, \quad P(C) = \frac{\boxed{オ}}{\boxed{カ}}$$

である。

(2) 事象 C が起こったときの事象 A が起こる条件付き確率は $\dfrac{\boxed{キ}}{\boxed{ク}}$ であり，

事象 A が起こったときの事象 C が起こる条件付き確率は $\dfrac{\boxed{ケ}}{\boxed{コ}}$ である。

（数学Ⅰ・数学A第3問は次ページに続く。）

(3) 次の サ , シ に当てはまるものを，下の⓪～②のうちからそれぞれ一つ選べ。ただし，同じものを繰り返し選んでもよい。

$$P(A \cap B) \boxed{\text{サ}} P(A)P(B)$$
$$P(A \cap C) \boxed{\text{シ}} P(A)P(C)$$

⓪ ＜　　　　① ＝　　　　② ＞

(4) 大小2個のさいころを同時に投げる試行を2回繰り返す。1回目に事象 $A \cap B$ が起こり，2回目に事象 $\overline{A} \cap C$ が起こる確率は $\dfrac{\boxed{\text{ス}}}{\boxed{\text{セソタ}}}$ である。三つの事象 A, B, C がいずれもちょうど1回ずつ起こる確率は $\dfrac{\boxed{\text{チ}}}{\boxed{\text{ツテ}}}$ である。

第3問~第5問は，いずれか2問を選択し，解答しなさい。

第4問 （選択問題）（配点 20）

(1) 144 を素因数分解すると

$$144 = 2^{\boxed{\text{ア}}} \times \boxed{\text{イ}}^{\boxed{\text{ウ}}}$$

であり，144 の正の約数の個数は $\boxed{\text{エオ}}$ 個である。

(2) 不定方程式

$$144x - 7y = 1$$

の整数解 x, y の中で，x の絶対値が最小になるのは

$$x = \boxed{\text{カ}}, \qquad y = \boxed{\text{キク}}$$

であり，すべての整数解は，k を整数として

$$x = \boxed{\text{ケ}}\,k + \boxed{\text{カ}}, \qquad y = \boxed{\text{コサシ}}\,k + \boxed{\text{キク}}$$

と表される。

（数学Ⅰ・数学A第4問は次ページに続く。）

(3)　144 の倍数で，7 で割ったら余りが 1 となる自然数のうち，正の約数の個数が 18 個である最小のものは 144 × ┃ ス ┃ であり，正の約数の個数が 30 個である最小のものは 144 × ┃ セソ ┃ である。

18

第5問 (選択問題)（配点 20）

△ABCにおいてAB = 2，AC = 1，∠A = 90°とする。

∠Aの二等分線と辺BCとの交点をDとすると，$BD = \dfrac{\boxed{ア}\sqrt{\boxed{イ}}}{\boxed{ウ}}$

である。

点Aを通り点Dで辺BCに接する円と辺ABとの交点でAと異なるものをE

とすると，$AB \cdot BE = \dfrac{\boxed{エオ}}{\boxed{カ}}$ であるから，$BE = \dfrac{\boxed{キク}}{\boxed{ケ}}$ である。

（数学 I ・数学A第5問は次ページに続く。）

次の　コ　には下の⓪〜②から，　サ　には③・④から当てはまるものを一つずつ選べ。

$\dfrac{BE}{BD}$　コ　$\dfrac{AB}{BC}$　であるから，直線 AC と直線 DE の交点は辺 AC の端点　サ　の側の延長上にある。

⓪　<　　　　①　=　　　　②　>　　　③　A　　　　④　C

その交点を F とすると，$\dfrac{CF}{AF} = \dfrac{\boxed{シ}}{\boxed{ス}}$ であるから，CF $= \dfrac{\boxed{セ}}{\boxed{ソ}}$ である。したがって，BF の長さが求まり，$\dfrac{CF}{AC} = \dfrac{BF}{AB}$ であることがわかる。

次の　タ　には下の⓪〜③から当てはまるものを一つ選べ。

点 D は △ABF の　タ　。

⓪　外心である　　　　①　内心である　　　　②　重心である
③　外心，内心，重心のいずれでもない

数学II・数学B

問　題	選　択　方　法
第1問	必　　答
第2問	必　　答
第3問	いずれか2問を選択し，解答しなさい。
第4問	
第5問	

（注）この科目には，選択問題があります。（20ページ参照。）

第1問 （必答問題）（配点　30）

〔1〕

(1) 1ラジアンとは，　ア　のことである。　ア　に当てはまるもの
を，次の⓪〜③のうちから一つ選べ。

⓪　半径が1，面積が1の扇形の中心角の大きさ

①　半径がπ，面積が1の扇形の中心角の大きさ

②　半径が1，弧の長さが1の扇形の中心角の大きさ

③　半径がπ，弧の長さが1の扇形の中心角の大きさ

(2) 144°を弧度で表すと $\dfrac{\boxed{イ}}{\boxed{ウ}}\pi$ ラジアンである。また，$\dfrac{23}{12}\pi$ ラジアン

を度で表すと　エオカ　°である。

（数学Ⅱ・数学B第1問は次ページに続く。）

(3) $\dfrac{\pi}{2} \leqq \theta \leqq \pi$ の範囲で

$$2\sin\left(\theta + \frac{\pi}{5}\right) - 2\cos\left(\theta + \frac{\pi}{30}\right) = 1 \quad \cdots\cdots\cdots\cdots\cdots\cdots ①$$

を満たす θ の値を求めよう。

$x = \theta + \dfrac{\pi}{5}$ とおくと，① は

$$2\sin x - 2\cos\left(x - \frac{\pi}{\boxed{\text{キ}}}\right) = 1$$

と表せる。加法定理を用いると，この式は

$$\sin x - \sqrt{\boxed{\text{ク}}}\,\cos x = 1$$

となる。さらに，三角関数の合成を用いると

$$\sin\left(x - \frac{\pi}{\boxed{\text{ケ}}}\right) = \frac{1}{\boxed{\text{コ}}}$$

と変形できる。$x = \theta + \dfrac{\pi}{5}$，$\dfrac{\pi}{2} \leqq \theta \leqq \pi$ だから，$\theta = \dfrac{\boxed{\text{サシ}}}{\boxed{\text{スセ}}}\pi$ である。

（数学 II・数学 B 第 1 問は次ページに続く。）

〔2〕　c を正の定数として，不等式

$$x^{\log_3 x} \geqq \left(\frac{x}{c}\right)^3 \qquad\qquad\qquad ②$$

を考える。

3 を底とする ② の両辺の対数をとり，$t = \log_3 x$ とおくと

$$t^{\boxed{ツ}} - \boxed{タ}\, t + \boxed{タ}\, \log_3 c \geqq 0 \qquad\qquad\qquad ③$$

となる。ただし，対数 $\log_a b$ に対し，a を底といい，b を真数という。

$c = \sqrt[3]{9}$ のとき，② を満たす x の値の範囲を求めよう。③ により

$$t \leqq \boxed{チ}\,, \qquad t \geqq \boxed{ツ}$$

である。さらに，真数の条件を考えて

$$\boxed{テ} < x \leqq \boxed{ト}\,, \qquad x \geqq \boxed{ナ}$$

となる。

（数学Ⅱ・数学B第1問は次ページに続く。）

次に，②が $x >$ 　テ　 の範囲でつねに成り立つような c の値の範囲を求めよう。

x が $x >$ 　テ　 の範囲を動くとき，t のとり得る値の範囲は 　ニ　 である。　ニ　 に当てはまるものを，次の ⓪～③ のうちから一つ選べ。

⓪　正の実数全体　　　　　　　① 　負の実数全体

②　実数全体　　　　　　　　　③ 　1以外の実数全体

この範囲の t に対して，③がつねに成り立つための必要十分条件は，

$\log_3 c \geqq \dfrac{\boxed{ヌ}}{\boxed{ネ}}$ である。すなわち，$c \geqq \sqrt[\boxed{ノ}]{\boxed{ハヒ}}$ である。

第2問 （必答問題）（配点　30）

〔1〕 $p > 0$ とする。座標平面上の放物線 $y = px^2 + qx + r$ を C とし，直線 $y = 2x - 1$ を ℓ とする。C は点 $A(1, 1)$ において ℓ と接しているとする。

(1) q と r を，p を用いて表そう。放物線 C 上の点 A における接線 ℓ の傾きは $\boxed{\ \text{ア}\ }$ であることから，$q = \boxed{\ \text{イウ}\ } p + \boxed{\ \text{エ}\ }$ がわかる。さらに，C は点 A を通ることから，$r = p - \boxed{\ \text{オ}\ }$ となる。

(2) $v > 1$ とする。放物線 C と直線 ℓ および直線 $x = v$ で囲まれた図形の面積 S は $S = \dfrac{p}{\boxed{\ \text{カ}\ }}\left(v^3 - \boxed{\ \text{キ}\ } v^2 + \boxed{\ \text{ク}\ } v - \boxed{\ \text{ケ}\ }\right)$ である。また，x 軸と ℓ および2直線 $x = 1$，$x = v$ で囲まれた図形の面積 T は，$T = v^{\boxed{\ \text{コ}\ }} - v$ である。

$U = S - T$ は $v = 2$ で極値をとるとする。このとき，$p = \boxed{\ \text{サ}\ }$ であり，$v > 1$ の範囲で $U = 0$ となる v の値を v_0 とすると，$v_0 = \dfrac{\boxed{\ \text{シ}\ } + \sqrt{\boxed{\ \text{ス}\ }}}{\boxed{\ \text{セ}\ }}$ である。$1 < v < v_0$ の範囲で U は $\boxed{\ \text{ソ}\ }$。

$\boxed{\ \text{ソ}\ }$ に当てはまるものを，次の ⓪〜④ のうちから一つ選べ。

⓪ つねに増加する　　① つねに減少する　　② 正の値のみをとる

③ 負の値のみをとる　　④ 正と負のどちらの値もとる

$p = \boxed{\ \text{サ}\ }$ のとき，$v > 1$ における U の最小値は $\boxed{\ \text{タチ}\ }$ である。

（数学II・数学B第2問は次ページに続く。）

〔2〕 関数 $f(x)$ は $x \geqq 1$ の範囲でつねに $f(x) \leqq 0$ を満たすとする。$t > 1$ のとき，曲線 $y = f(x)$ と x 軸および 2 直線 $x = 1$，$x = t$ で囲まれた図形の面積を W とする。t が $t > 1$ の範囲を動くとき，W は，底辺の長さが $2t^2 - 2$，他の 2 辺の長さがそれぞれ $t^2 + 1$ の二等辺三角形の面積とつねに等しいとする。このとき，$x > 1$ における $f(x)$ を求めよう。

$F(x)$ を $f(x)$ の不定積分とする。一般に，$F'(x) = \boxed{\text{ツ}}$，$W = \boxed{\text{テ}}$

が成り立つ。$\boxed{\text{ツ}}$，$\boxed{\text{テ}}$ に当てはまるものを，次の ⓪ ～ ⑧ のうちから一つずつ選べ。ただし，同じものを選んでもよい。

⓪ $-F(t)$ ① $F(t)$ ② $F(t) - F(1)$

③ $F(t) + F(1)$ ④ $-F(t) + F(1)$ ⑤ $-F(t) - F(1)$

⑥ $-f(x)$ ⑦ $f(x)$ ⑧ $f(x) - f(1)$

したがって，$t > 1$ において

$$f(t) = \boxed{\text{トナ}}\, t^{\boxed{\text{ニ}}} + \boxed{\text{ヌ}}$$

である。よって，$x > 1$ における $f(x)$ がわかる。

第3問～第5問は，いずれか2問を選択し，解答しなさい。

第3問　(選択問題)　(配点　20)

　　第4項が30，初項から第8項までの和が288である等差数列を$\{a_n\}$とし，$\{a_n\}$の初項から第n項までの和をS_nとする。また，第2項が36，初項から第3項までの和が156である等比数列で公比が1より大きいものを$\{b_n\}$とし，$\{b_n\}$の初項から第n項までの和をT_nとする。

(1)　$\{a_n\}$の初項は　$\boxed{アイ}$　，公差は　$\boxed{ウエ}$　であり

$$S_n = \boxed{オ}\ n^2 - \boxed{カキ}\ n$$

である。

(2)　$\{b_n\}$の初項は　$\boxed{クケ}$　，公比は　$\boxed{コ}$　であり

$$T_n = \boxed{サ}\left(\boxed{シ}^{\ n} - \boxed{ス}\right)$$

である。

(数学Ⅱ・数学B第3問は次ページに続く。)

(3) 数列 $\{c_n\}$ を次のように定義する。

$$c_n = \sum_{k=1}^{n} (n-k+1)(a_k - b_k)$$

$$= n(a_1 - b_1) + (n-1)(a_2 - b_2) + \cdots + 2(a_{n-1} - b_{n-1}) + (a_n - b_n)$$

$$(n = 1, 2, 3, \cdots)$$

たとえば

$$c_1 = a_1 - b_1, \qquad c_2 = 2(a_1 - b_1) + (a_2 - b_2)$$

$$c_3 = 3(a_1 - b_1) + 2(a_2 - b_2) + (a_3 - b_3)$$

である。数列 $\{c_n\}$ の一般項を求めよう。

$\{c_n\}$ の階差数列を $\{d_n\}$ とする。$d_n = c_{n+1} - c_n$ であるから，$d_n = \boxed{\text{セ}}$

を満たす。 $\boxed{\text{セ}}$ に当てはまるものを，次の⓪～⑦のうちから一つ選べ。

⓪ $S_n + T_n$ ① $S_n - T_n$ ② $-S_n + T_n$

③ $-S_n - T_n$ ④ $S_{n+1} + T_{n+1}$ ⑤ $S_{n+1} - T_{n+1}$

⑥ $-S_{n+1} + T_{n+1}$ ⑦ $-S_{n+1} - T_{n+1}$

したがって，(1)と(2)により

$$d_n = \boxed{\text{ソ}}\, n^2 - 2 \cdot \boxed{\text{タ}}^{\,n+\boxed{\text{チ}}}$$

である。$c_1 = \boxed{\text{ツテト}}$ であるから，$\{c_n\}$ の一般項は

$$c_n = \boxed{\text{ナ}}\, n^3 - \boxed{\text{ニ}}\, n^2 + n + \boxed{\text{ヌ}} - \boxed{\text{タ}}^{\,n+\boxed{\text{ネ}}}$$

である。

第3問～第5問は，いずれか2問を選択し，解答しなさい。

第4問　（選択問題）（配点　20）

a を $0 < a < 1$ を満たす定数とする。三角形 ABC を考え，辺 AB を 1 : 3 に内分する点を D，辺 BC を $a : (1 - a)$ に内分する点を E，直線 AE と直線 CD の交点を F とする。$\overrightarrow{FA} = \vec{p}$，$\overrightarrow{FB} = \vec{q}$，$\overrightarrow{FC} = \vec{r}$ とおく。

(1) $\overrightarrow{AB} = \boxed{ \text{ア} }$ であり

$$|\overrightarrow{AB}|^2 = |\vec{p}|^2 - \boxed{ \text{イ} }\ \vec{p} \cdot \vec{q} + |\vec{q}|^2 \quad \cdots\cdots\cdots\cdots\cdots\cdots ①$$

である。ただし，$\boxed{ \text{ア} }$ については，当てはまるものを，次の⓪～③のうちから一つ選べ。

⓪　$\vec{p} + \vec{q}$　　　　①　$\vec{p} - \vec{q}$　　　　②　$\vec{q} - \vec{p}$　　　　③　$-\vec{p} - \vec{q}$

(2) $\overrightarrow{FD}$ を $\vec{p}$ と $\vec{q}$ を用いて表すと

$$\overrightarrow{FD} = \frac{\boxed{ \text{ウ} }}{\boxed{ \text{エ} }}\ \vec{p} + \frac{\boxed{ \text{オ} }}{\boxed{ \text{カ} }}\ \vec{q} \quad \cdots\cdots\cdots\cdots\cdots\cdots ②$$

である。

（数学Ⅱ・数学B第4問は次ページに続く。）

(3) s, t をそれぞれ $\overrightarrow{FD} = s\vec{r}$, $\overrightarrow{FE} = t\vec{p}$ となる実数とする。s と t を a を用いて表そう。

$\overrightarrow{FD} = s\vec{r}$ であるから、② により

$$\vec{q} = \boxed{キク}\ \vec{p} + \boxed{ケ}\ s\vec{r} \qquad \cdots\cdots\cdots ③$$

である。また、$\overrightarrow{FE} = t\vec{p}$ であるから

$$\vec{q} = \frac{t}{\boxed{コ} - \boxed{サ}}\ \vec{p} - \frac{\boxed{シ}}{\boxed{コ} - \boxed{サ}}\ \vec{r} \qquad \cdots\cdots ④$$

である。③ と ④ により

$$s = \frac{\boxed{スセ}}{\boxed{ソ}\left(\boxed{コ} - \boxed{サ}\right)}, \qquad t = \boxed{タチ}\left(\boxed{コ} - \boxed{サ}\right)$$

である。

(4) $|\overrightarrow{AB}| = |\overrightarrow{BE}|$ とする。$|\vec{p}| = 1$ のとき、$\vec{p}$ と $\vec{q}$ の内積を a を用いて表そう。

① により

$$|\overrightarrow{AB}|^2 = 1 - \boxed{イ}\ \vec{p} \cdot \vec{q} + |\vec{q}|^2$$

である。また

$$|\overrightarrow{BE}|^2 = \boxed{ツ}\left(\boxed{コ} - \boxed{サ}\right)^2$$
$$+ \boxed{テ}\left(\boxed{コ} - \boxed{サ}\right)\vec{p} \cdot \vec{q} + |\vec{q}|^2$$

である。したがって

$$\vec{p} \cdot \vec{q} = \frac{\boxed{トナ} - \boxed{ニ}}{\boxed{ヌ}}$$

である。

第3問～第5問は，いずれか2問を選択し，解答しなさい。

第5問　（選択問題）（配点 20）

以下の問題を解答するにあたっては，必要に応じて34ページの正規分布表を用いてもよい。

(1)　a を正の整数とする。2，4，6，…，$2a$ の数字がそれぞれ一つずつ書かれた a 枚のカードが箱に入っている。この箱から1枚のカードを無作為に取り出すとき，そこに書かれた数字を表す確率変数を X とする。このとき，

$X = 2a$ となる確率は $\dfrac{\boxed{\text{ア}}}{\boxed{\text{イ}}}$ である。

$a = 5$ とする。X の平均（期待値）は $\boxed{\text{ウ}}$，X の分散は $\boxed{\text{エ}}$ である。また，s，t は定数で $s > 0$ のとき，$sX + t$ の平均が 20，分散が 32 となるように s，t を定めると，$s = \boxed{\text{オ}}$，$t = \boxed{\text{カ}}$ である。このとき，$sX + t$ が 20 以上である確率は $0.\boxed{\text{キ}}$ である。

（数学Ⅱ・数学B第5問は次ページに続く。）

(2) (1)の箱のカードの枚数 a は 3 以上とする。この箱から 3 枚のカードを同時に取り出し，それらのカードを横 1 列に並べる。この試行において，カードの数字が左から小さい順に並んでいる事象を A とする。このとき，事象 A の起

こる確率は $\dfrac{\boxed{\text{ク}}}{\boxed{\text{ケ}}}$ である。

この試行を 180 回繰り返すとき，事象 A が起こる回数を表す確率変数を Y とすると，Y の平均 m は $\boxed{\text{コサ}}$ ，Y の分散 σ^2 は $\boxed{\text{シス}}$ である。ここで，事象 A が 18 回以上 36 回以下起こる確率の近似値を次のように求めよう。

試行回数 180 は大きいことから，Y は近似的に平均 $m = \boxed{\text{コサ}}$ ，標準偏差 $\sigma = \sqrt{\boxed{\text{シス}}}$ の正規分布に従うと考えられる。ここで，$Z = \dfrac{Y - m}{\sigma}$ とおくと，求める確率の近似値は次のようになる。

$$P(18 \leqq Y \leqq 36) = P\left(-\boxed{\text{セ}}.\boxed{\text{ソタ}} \leqq Z \leqq \boxed{\text{チ}}.\boxed{\text{ツテ}}\right)$$

$$= 0.\boxed{\text{トナ}}$$

（数学II・数学B第5問は次ページに続く。）

(3)　ある都市での世論調査において，無作為に 400 人の有権者を選び，ある政策に対する賛否を調べたところ，320 人が賛成であった。この都市の有権者全体のうち，この政策の賛成者の母比率 p に対する信頼度 95 % の信頼区間を求めたい。

　　この調査での賛成者の比率（以下，これを標本比率という）は 0.　□ニ□　である。標本の大きさが 400 と大きいので，二項分布の正規分布による近似を用いると，p に対する信頼度 95 % の信頼区間は

$$0.\boxed{ヌネ} \leq p \leq 0.\boxed{ノハ}$$

である。

　　母比率 p に対する信頼区間 $A \leq p \leq B$ において，$B - A$ をこの信頼区間の幅とよぶ。以下，R を標本比率とし，p に対する信頼度 95 % の信頼区間を考える。

　　上で求めた信頼区間の幅を L_1

　　標本の大きさが 400 の場合に $R = 0.6$ が得られたときの信頼区間の幅を L_2

　　標本の大きさが 500 の場合に $R = 0.8$ が得られたときの信頼区間の幅を L_3

とする。このとき，L_1, L_2, L_3 について　□ヒ□　が成り立つ。□ヒ□　に当てはまるものを，次の⓪～⑤のうちから一つ選べ。

⓪　$L_1 < L_2 < L_3$ 　　　①　$L_1 < L_3 < L_2$ 　　　②　$L_2 < L_1 < L_3$

③　$L_2 < L_3 < L_1$ 　　　④　$L_3 < L_1 < L_2$ 　　　⑤　$L_3 < L_2 < L_1$

（数学Ⅱ・数学B第5問は次ページに続く。）

正　規　分　布　表

次の表は，標準正規分布の分布曲線における右図の灰
色部分の面積の値をまとめたものである。

z_0	0.00	0.01	0.02	0.03	0.04	0.05	0.06	0.07	0.08	0.09
0.0	0.0000	0.0040	0.0080	0.0120	0.0160	0.0199	0.0239	0.0279	0.0319	0.0359
0.1	0.0398	0.0438	0.0478	0.0517	0.0557	0.0596	0.0636	0.0675	0.0714	0.0753
0.2	0.0793	0.0832	0.0871	0.0910	0.0948	0.0987	0.1026	0.1064	0.1103	0.1141
0.3	0.1179	0.1217	0.1255	0.1293	0.1331	0.1368	0.1406	0.1443	0.1480	0.1517
0.4	0.1554	0.1591	0.1628	0.1664	0.1700	0.1736	0.1772	0.1808	0.1844	0.1879
0.5	0.1915	0.1950	0.1985	0.2019	0.2054	0.2088	0.2123	0.2157	0.2190	0.2224
0.6	0.2257	0.2291	0.2324	0.2357	0.2389	0.2422	0.2454	0.2486	0.2517	0.2549
0.7	0.2580	0.2611	0.2642	0.2673	0.2704	0.2734	0.2764	0.2794	0.2823	0.2852
0.8	0.2881	0.2910	0.2939	0.2967	0.2995	0.3023	0.3051	0.3078	0.3106	0.3133
0.9	0.3159	0.3186	0.3212	0.3238	0.3264	0.3289	0.3315	0.3340	0.3365	0.3389
1.0	0.3413	0.3438	0.3461	0.3485	0.3508	0.3531	0.3554	0.3577	0.3599	0.3621
1.1	0.3643	0.3665	0.3686	0.3708	0.3729	0.3749	0.3770	0.3790	0.3810	0.3830
1.2	0.3849	0.3869	0.3888	0.3907	0.3925	0.3944	0.3962	0.3980	0.3997	0.4015
1.3	0.4032	0.4049	0.4066	0.4082	0.4099	0.4115	0.4131	0.4147	0.4162	0.4177
1.4	0.4192	0.4207	0.4222	0.4236	0.4251	0.4265	0.4279	0.4292	0.4306	0.4319
1.5	0.4332	0.4345	0.4357	0.4370	0.4382	0.4394	0.4406	0.4418	0.4429	0.4441
1.6	0.4452	0.4463	0.4474	0.4484	0.4495	0.4505	0.4515	0.4525	0.4535	0.4545
1.7	0.4554	0.4564	0.4573	0.4582	0.4591	0.4599	0.4608	0.4616	0.4625	0.4633
1.8	0.4641	0.4649	0.4656	0.4664	0.4671	0.4678	0.4686	0.4693	0.4699	0.4706
1.9	0.4713	0.4719	0.4726	0.4732	0.4738	0.4744	0.4750	0.4756	0.4761	0.4767
2.0	0.4772	0.4778	0.4783	0.4788	0.4793	0.4798	0.4803	0.4808	0.4812	0.4817
2.1	0.4821	0.4826	0.4830	0.4834	0.4838	0.4842	0.4846	0.4850	0.4854	0.4857
2.2	0.4861	0.4864	0.4868	0.4871	0.4875	0.4878	0.4881	0.4884	0.4887	0.4890
2.3	0.4893	0.4896	0.4898	0.4901	0.4904	0.4906	0.4909	0.4911	0.4913	0.4916
2.4	0.4918	0.4920	0.4922	0.4925	0.4927	0.4929	0.4931	0.4932	0.4934	0.4936
2.5	0.4938	0.4940	0.4941	0.4943	0.4945	0.4946	0.4948	0.4949	0.4951	0.4952
2.6	0.4953	0.4955	0.4956	0.4957	0.4959	0.4960	0.4961	0.4962	0.4963	0.4964
2.7	0.4965	0.4966	0.4967	0.4968	0.4969	0.4970	0.4971	0.4972	0.4973	0.4974
2.8	0.4974	0.4975	0.4976	0.4977	0.4977	0.4978	0.4979	0.4979	0.4980	0.4981
2.9	0.4981	0.4982	0.4982	0.4983	0.4984	0.4984	0.4985	0.4985	0.4986	0.4986
3.0	0.4987	0.4987	0.4987	0.4988	0.4988	0.4989	0.4989	0.4989	0.4990	0.4990

数学Ⅰ・数学A
数学Ⅱ・数学B

（2017年1月実施）

数学Ⅰ・数学A	60分	100点
数学Ⅱ・数学B	60分	100点

数学 I・数学 A

問　題	選　択　方　法
第 1 問	必　　答
第 2 問	必　　答
第 3 問	いずれか 2 問を選択し，解答しなさい。
第 4 問	
第 5 問	

（注）この科目には，選択問題があります。（2ページ参照。）

第1問　（必答問題）（配点　30）

〔1〕　x は正の実数で，$x^2 + \dfrac{4}{x^2} = 9$ を満たすとする。このとき

$$\left(x + \frac{2}{x}\right)^2 = \boxed{\text{アイ}}$$

であるから，$x + \dfrac{2}{x} = \sqrt{\boxed{\text{アイ}}}$ である。さらに

$$x^3 + \frac{8}{x^3} = \left(x + \frac{2}{x}\right)\left(x^2 + \frac{4}{x^2} - \boxed{\text{ウ}}\right)$$

$$= \boxed{\text{エ}}\sqrt{\boxed{\text{オカ}}}$$

である。また

$$x^4 + \frac{16}{x^4} = \boxed{\text{キク}}$$

である。

（数学 I・数学A第1問は次ページに続く。）

4

〔2〕 実数 x に関する2つの条件 p, q を

$$p: \quad x = 1$$
$$q: \quad x^2 = 1$$

とする。また，条件 p, q の否定をそれぞれ $\bar{p}$, $\bar{q}$ で表す。

(1) 次の ケ ， コ ， サ ， シ に当てはまるものを，下の ⓪〜③ のうちから一つずつ選べ。ただし，同じものを繰り返し選んでもよい。

q は p であるための ケ 。

$\bar{p}$ は q であるための コ 。

(p または $\bar{q}$) は q であるための サ 。

($\bar{p}$ かつ q) は q であるための シ 。

⓪ 必要条件だが十分条件でない

① 十分条件だが必要条件でない

② 必要十分条件である

③ 必要条件でも十分条件でもない

(数学 I ・数学 A 第 1 問は次ページに続く。)

⑵　実数 x に関する条件 r を

$\quad r:\ x > 0$

とする。次の ┃ ス ┃ に当てはまるものを，下の⓪～⑦のうちから一つ選べ。

　3つの命題

A：「$(p$ かつ $q) \Longrightarrow r$」
B：「$q \Longrightarrow r$」
C：「$\bar{q} \Longrightarrow \bar{p}$」

の真偽について正しいものは ┃ ス ┃ である。

⓪　A は真，B は真，C は真

①　A は真，B は真，C は偽

②　A は真，B は偽，C は真

③　A は真，B は偽，C は偽

④　A は偽，B は真，C は真

⑤　A は偽，B は真，C は偽

⑥　A は偽，B は偽，C は真

⑦　A は偽，B は偽，C は偽

（数学 I・数学 A 第 1 問は次ページに続く。）

〔3〕 a を定数とし，$g(x) = x^2 - 2(3a^2 + 5a)x + 18a^4 + 30a^3 + 49a^2 + 16$ とおく．2次関数 $y = g(x)$ のグラフの頂点は

$$\left(\boxed{セ}\,a^2 + \boxed{ソ}\,a, \quad \boxed{タ}\,a^4 + \boxed{チツ}\,a^2 + \boxed{テト} \right)$$

である．

　a が実数全体を動くとき，頂点の x 座標の最小値は $-\dfrac{\boxed{ナニ}}{\boxed{ヌネ}}$ である．

次に，$t = a^2$ とおくと，頂点の y 座標は

$$\boxed{タ}\,t^2 + \boxed{チツ}\,t + \boxed{テト}$$

と表せる．したがって，a が実数全体を動くとき，頂点の y 座標の最小値は $\boxed{ノハ}$ である．

第2問　（必答問題）（配点　30）

〔1〕　△ABC において，AB $= \sqrt{3} - 1$，BC $= \sqrt{3} + 1$，∠ABC $= 60°$ とする。

(1)　AC $= \sqrt{\boxed{ア}}$ であるから，△ABC の外接円の半径は $\sqrt{\boxed{イ}}$ であり

$$\sin \angle BAC = \frac{\sqrt{\boxed{ウ}} + \sqrt{\boxed{エ}}}{\boxed{オ}}$$

である。ただし，$\boxed{ウ}$，$\boxed{エ}$ の解答の順序は問わない。

(2)　辺 AC 上に点 D を，△ABD の面積が $\dfrac{\sqrt{2}}{6}$ になるようにとるとき

$$AB \cdot AD = \frac{\boxed{カ}\sqrt{\boxed{キ}} - \boxed{ク}}{\boxed{ケ}}$$

であるから，AD $= \dfrac{\boxed{コ}}{\boxed{サ}}$ である。

（数学Ⅰ・数学A第2問は次ページに続く。）

〔2〕 スキージャンプは，飛距離および空中姿勢の美しさを競う競技である。選手は斜面を滑り降り，斜面の端から空中に飛び出す。飛距離 D（単位は m）から得点 X が決まり，空中姿勢から得点 Y が決まる。ある大会における 58 回のジャンプについて考える。

(1) 得点 X，得点 Y および飛び出すときの速度 V（単位は km/h）について，図 1 の 3 つの散布図を得た。

図　1

（出典：国際スキー連盟の Web ページにより作成）

（数学 I・数学 A 第 2 問は次ページに続く。）

次の　シ　，　ス　，　セ　に当てはまるものを，下の⓪～⑥の

うちから一つずつ選べ。ただし，解答の順序は問わない。

図1から読み取れることとして正しいものは，　シ　，　ス　，

セ　である。

⓪　X と V の間の相関は，X と Y の間の相関より強い。

①　X と Y の間には正の相関がある。

②　V が最大のジャンプは，X も最大である。

③　V が最大のジャンプは，Y も最大である。

④　Y が最小のジャンプは，X は最小ではない。

⑤　X が 80 以上のジャンプは，すべて V が 93 以上である。

⑥　Y が 55 以上かつ V が 94 以上のジャンプはない。

（数学Ⅰ・数学A第2問は次ページに続く。）

(2) 得点 X は，飛距離 D から次の計算式によって算出される。

$$X = 1.80 \times (D - 125.0) + 60.0$$

次の ソ ， タ ， チ にそれぞれ当てはまるものを，下の
⓪～⑥のうちから一つずつ選べ。ただし，同じものを繰り返し選んでもよい。

- X の分散は，D の分散の ソ 倍になる。

- X と Y の共分散は，D と Y の共分散の タ 倍である。ただし，共分散は，2つの変量のそれぞれにおいて平均値からの偏差を求め，偏差の積の平均値として定義される。

- X と Y の相関係数は，D と Y の相関係数の チ 倍である。

⓪ -125 ① -1.80 ② 1 ③ 1.80

④ 3.24 ⑤ 3.60 ⑥ 60.0

(数学Ⅰ・数学A第2問は次ページに続く。)

(3)　58 回のジャンプは 29 名の選手が 2 回ずつ行ったものである。1 回目の $X + Y$（得点 X と得点 Y の和）の値に対するヒストグラムと 2 回目の $X + Y$ の値に対するヒストグラムは図 2 の A，B のうちのいずれかである。また，1 回目の $X + Y$ の値に対する箱ひげ図と 2 回目の $X + Y$ の値に対する箱ひげ図は図 3 の a，b のうちのいずれかである。ただし，1 回目の $X + Y$ の最小値は 108.0 であった。

図　2

（出典：国際スキー連盟の Web ページにより作成）

図　3

（出典：国際スキー連盟の Web ページにより作成）

（数学 I・数学 A 第 2 問は次ページに続く。）

12

次の　ツ　に当てはまるものを，下の表の⓪～③のうちから一つ選べ。

1回目の $X + Y$ の値について，ヒストグラムおよび箱ひげ図の組合せとして正しいものは，　ツ　である。

	⓪	①	②	③
ヒストグラム	A	A	B	B
箱ひげ図	a	b	a	b

次の　テ　に当てはまるものを，下の⓪～③のうちから一つ選べ。

図3から読み取れることとして正しいものは，　テ　である。

⓪　1回目の $X + Y$ の四分位範囲は，2回目の $X + Y$ の四分位範囲より大きい。

①　1回目の $X + Y$ の中央値は，2回目の $X + Y$ の中央値より大きい。

②　1回目の $X + Y$ の最大値は，2回目の $X + Y$ の最大値より小さい。

③　1回目の $X + Y$ の最小値は，2回目の $X + Y$ の最小値より小さい。

第 3 問〜第 5 問は，いずれか 2 問を選択し，解答しなさい。

第 3 問　（選択問題）（配点　20）

あたりが 2 本，はずれが 2 本の合計 4 本からなるくじがある。A，B，C の 3 人がこの順に 1 本ずつくじを引く。ただし，1 度引いたくじはもとに戻さない。

(1)　A，B の少なくとも一方があたりのくじを引く事象 E_1 の確率は，

である。

(2)　次の　ウ　，　エ　，　オ　に当てはまるものを，下の⓪〜⑤のうち
から一つずつ選べ。ただし，解答の順序は問わない。

A，B，C の 3 人で 2 本のあたりのくじを引く事象 E は，3 つの排反な事象
ウ　，　エ　，　オ　の和事象である。

⓪　A がはずれのくじを引く事象

①　A だけがはずれのくじを引く事象

②　B がはずれのくじを引く事象

③　B だけがはずれのくじを引く事象

④　C がはずれのくじを引く事象

⑤　C だけがはずれのくじを引く事象

また，その和事象の確率は $\dfrac{カ}{キ}$ である。

(3)　事象 E_1 が起こったときの事象 E の起こる条件付き確率は，$\dfrac{ク}{ケ}$ である。

（数学 I・数学 A 第 3 問は次ページに続く。）

14

(4) 次の コ ， サ ， シ に当てはまるものを，下の⓪〜⑤のうち
から一つずつ選べ。ただし，解答の順序は問わない。

B，Cの少なくとも一方があたりのくじを引く事象 E_2 は，3つの排反な事
象 コ ， サ ， シ の和事象である。

⓪ A がはずれのくじを引く事象
① A だけがはずれのくじを引く事象
② B がはずれのくじを引く事象
③ B だけがはずれのくじを引く事象
④ C がはずれのくじを引く事象
⑤ C だけがはずれのくじを引く事象

また，その和事象の確率は $\dfrac{\text{ス}}{\text{セ}}$ である。他方，A，Cの少なくとも一

方があたりのくじをひく事象 E_3 の確率は，$\dfrac{\text{ソ}}{\text{タ}}$ である。

(5) 次の チ に当てはまるものを，下の⓪〜⑥のうちから一つ選べ。

事象 E_1 が起こったときの事象 E の起こる条件付き確率 p_1，事象 E_2 が起
こったときの事象 E の起こる条件付き確率 p_2，事象 E_3 が起こったときの事象
E の起こる条件付き確率 p_3 の間の大小関係は， チ である。

⓪ $p_1 < p_2 < p_3$ ① $p_1 > p_2 > p_3$ ② $p_1 < p_2 = p_3$
③ $p_1 > p_2 = p_3$ ④ $p_1 = p_2 < p_3$ ⑤ $p_1 = p_2 > p_3$
⑥ $p_1 = p_2 = p_3$

第3問〜第5問は，いずれか2問を選択し，解答しなさい。

第4問　（選択問題）（配点　20）

(1)　百の位の数が3，十の位の数が7，一の位の数が a である3桁の自然数を $37a$ と表記する。

　　$37a$ が4で割り切れるのは

$$a = \boxed{\text{ア}}, \quad \boxed{\text{イ}}$$

のときである。ただし，$\boxed{\text{ア}}$，$\boxed{\text{イ}}$ の解答の順序は問わない。

(2)　千の位の数が7，百の位の数が b，十の位の数が5，一の位の数が c である4桁の自然数を $7b5c$ と表記する。

　　$7b5c$ が4でも9でも割り切れる b, c の組は，全部で $\boxed{\text{ウ}}$ 個ある。これらのうち，$7b5c$ の値が最小になるのは $b = \boxed{\text{エ}}$，$c = \boxed{\text{オ}}$ のときで，$7b5c$ の値が最大になるのは $b = \boxed{\text{カ}}$，$c = \boxed{\text{キ}}$ のときである。

　　また，$7b5c = (6 \times n)^2$ となる b, c と自然数 n は

$$b = \boxed{\text{ク}}, \quad c = \boxed{\text{ケ}}, \quad n = \boxed{\text{コサ}}$$

である。

（数学 I・数学A第4問は次ページに続く。）

(3) 1188 の正の約数は全部で ┃シス┃ 個ある。

　これらのうち，2 の倍数は ┃セソ┃ 個，4 の倍数は ┃ タ ┃ 個ある。

　　1188 のすべての正の約数の積を 2 進法で表すと，末尾には 0 が連続して

┃チツ┃ 個並ぶ。

第 3 問～第 5 問は，いずれか 2 問を選択し，解答しなさい。

第 5 問　（選択問題）（配点　20）

△ABC において，AB = 3，BC = 8，AC = 7 とする。

(1)　辺 AC 上に点 D を AD = 3 となるようにとり，△ABD の外接円と直線 BC の交点で B と異なるものを E とする。このとき，BC・CE = $\boxed{アイ}$ であるから，CE = $\dfrac{\boxed{ウ}}{\boxed{エ}}$ である。

直線 AB と直線 DE の交点を F とするとき，$\dfrac{BF}{AF} = \dfrac{\boxed{オカ}}{\boxed{キ}}$ であるから，AF = $\dfrac{\boxed{クケ}}{\boxed{コ}}$ である。

（数学 I・数学A 第 5 問は次ページに続く。）

(2) $\angle ABC = \boxed{\text{サシ}}^\circ$ である。$\triangle ABC$ の内接円の半径は $\dfrac{\boxed{\text{ス}}\sqrt{\boxed{\text{セ}}}}{\boxed{\text{ソ}}}$

であり，$\triangle ABC$ の内心を I とすると $BI = \dfrac{\boxed{\text{タ}}\sqrt{\boxed{\text{チ}}}}{\boxed{\text{ツ}}}$ である。

数学II・数学B

問　題	選　択　方　法
第 1 問	必　　　答
第 2 問	必　　　答
第 3 問	いずれか 2 問を選択し，解答しなさい。
第 4 問	
第 5 問	

20

(注) この科目には，選択問題があります。（19ページ参照。）

第1問 （必答問題）（配点 30）

〔1〕 連立方程式

$$\begin{cases} \cos 2\alpha + \cos 2\beta = \dfrac{4}{15} & \cdots\cdots\cdots\cdots\cdots\cdots ① \\ \cos\alpha\cos\beta = -\dfrac{2\sqrt{15}}{15} & \cdots\cdots\cdots\cdots\cdots\cdots ② \end{cases}$$

を考える。ただし，$0 \le \alpha \le \pi$，$0 \le \beta \le \pi$であり，$\alpha < \beta$ かつ

$$|\cos\alpha| \ge |\cos\beta| \qquad\cdots\cdots\cdots\cdots\cdots\cdots ③$$

とする。このとき，$\cos\alpha$ と $\cos\beta$ の値を求めよう。

2倍角の公式を用いると，①から

$$\cos^2\alpha + \cos^2\beta = \frac{\boxed{\text{アイ}}}{\boxed{\text{ウエ}}}$$

が得られる。また，②から，$\cos^2\alpha\cos^2\beta = \dfrac{\boxed{\text{オ}}}{15}$ である。

（数学Ⅱ・数学B第1問は次ページに続く。）

したがって，条件 ③ を用いると

$$\cos^2\alpha = \frac{\boxed{カ}}{\boxed{キ}}, \quad \cos^2\beta = \frac{\boxed{ク}}{\boxed{ケ}}$$

である。よって，② と条件 $0 \leqq \alpha \leqq \pi$，$0 \leqq \beta \leqq \pi$，$\alpha < \beta$ から

$$\cos\alpha = \frac{\boxed{コ}\sqrt{\boxed{サ}}}{\boxed{シ}}, \quad \cos\beta = \frac{\boxed{ス}\sqrt{\boxed{セ}}}{\boxed{ソ}}$$

である。

（数学Ⅱ・数学B第1問は次ページに続く。）

〔2〕 座標平面上に点 $A\left(0, \dfrac{3}{2}\right)$ をとり、関数 $y = \log_2 x$ のグラフ上に 2 点 $B(p, \log_2 p)$, $C(q, \log_2 q)$ をとる。線分 AB を $1 : 2$ に内分する点が C であるとき、p, q の値を求めよう。

真数の条件により、$p >$ ┃ タ ┃, $q >$ ┃ タ ┃ である。ただし、対数 $\log_a b$ に対し、a を底といい、b を真数という。

線分 AB を $1 : 2$ に内分する点の座標は、p を用いて

$$\left(\frac{\boxed{\text{チ}}}{\boxed{\text{ツ}}}\, p, \quad \frac{\boxed{\text{テ}}}{\boxed{\text{ト}}} \log_2 p + \boxed{\text{ナ}} \right)$$

と表される。これが C の座標と一致するので

$$\frac{\boxed{\text{チ}}}{\boxed{\text{ツ}}}\, p = q \qquad\qquad\qquad \cdots\cdots\cdots\cdots\cdots\cdots ④$$

$$\frac{\boxed{\text{テ}}}{\boxed{\text{ト}}} \log_2 p + \boxed{\text{ナ}} = \log_2 q \qquad \cdots\cdots\cdots\cdots\cdots\cdots ⑤$$

が成り立つ。

（数学Ⅱ・数学B第1問は次ページに続く。）

⑤は

$$p = \dfrac{\boxed{\text{ニ}}}{\boxed{\text{ヌ}}} q^{\boxed{\text{ネ}}} \qquad\qquad\qquad \cdots\cdots\cdots\cdots\cdots\cdots ⑥$$

と変形できる。④と⑥を連立させた方程式を解いて，$p > \boxed{\text{タ}}$，

$q > \boxed{\text{タ}}$ に注意すると

$$p = \boxed{\text{ノ}} \sqrt{\boxed{\text{ハ}}}, \qquad q = \boxed{\text{ヒ}} \sqrt{\boxed{\text{フ}}}$$

である。

また，Cの y 座標 $\log_2\left(\boxed{\text{ヒ}}\sqrt{\boxed{\text{フ}}}\right)$ の値を，小数第2位を四捨五入して小数第1位まで求めると，$\boxed{\text{ヘ}}$ である。$\boxed{\text{ヘ}}$ に当てはまるものを，次の⓪〜ⓑのうちから一つ選べ。ただし，$\log_{10} 2 = 0.3010$，$\log_{10} 3 = 0.4771$，$\log_{10} 7 = 0.8451$ とする。

⓪　0.3　　①　0.6　　②　0.9　　③　1.3　　④　1.6　　⑤　1.9

⑥　2.3　　⑦　2.6　　⑧　2.9　　⑨　3.3　　ⓐ　3.6　　ⓑ　3.9

第2問 （必答問題）（配点 30）

O を原点とする座標平面上の放物線 $y = x^2 + 1$ を C とし，点$(a, 2a)$ を P とする。

(1) 点 P を通り，放物線 C に接する直線の方程式を求めよう。

C 上の点$(t, t^2 + 1)$ における接線の方程式は

$$y = \boxed{ア}\, tx - t^2 + \boxed{イ}$$

である。この直線が P を通るとすると，t は方程式

$$t^2 - \boxed{ウ}\, at + \boxed{エ}\, a - \boxed{オ} = 0$$

を満たすから，$t = \boxed{カ}\, a - \boxed{キ}$ ， $\boxed{ク}$ である。よって，

$a \neq \boxed{ケ}$ のとき，P を通る C の接線は 2 本あり，それらの方程式は

$$y = \left(\boxed{コ}\, a - \boxed{サ}\right) x - \boxed{シ}\, a^2 + \boxed{ス}\, a \cdots\cdots\cdots ①$$

と

$$y = \boxed{セ}\, x$$

である。

(2) (1)の方程式①で表される直線を ℓ とする。ℓ と y 軸との交点を R$(0, r)$ とすると，$r = -\boxed{シ}\, a^2 + \boxed{ス}\, a$ である。$r > 0$ となるのは，

$\boxed{ソ} < a < \boxed{タ}$ のときであり，このとき，三角形 OPR の面積 S は

$$S = \boxed{チ}\left(a^{\boxed{ツ}} - a^{\boxed{テ}}\right)$$

となる。

（数学Ⅱ・数学B第2問は次ページに続く。）

$\boxed{\text{ソ}} < a < \boxed{\text{タ}}$ のとき，S の増減を調べると，S は $a = \dfrac{\boxed{\text{ト}}}{\boxed{\text{ナ}}}$

で最大値 $\dfrac{\boxed{\text{ニ}}}{\boxed{\text{ヌネ}}}$ をとることがわかる。

(3)　$\boxed{\text{ソ}} < a < \boxed{\text{タ}}$ のとき，放物線 C と(2)の直線 ℓ および 2 直線 $x = 0$，$x = a$ で囲まれた図形の面積を T とすると

$$T = \dfrac{\boxed{\text{ノ}}}{\boxed{\text{ハ}}} a^3 - \boxed{\text{ヒ}} a^2 + \boxed{\text{フ}}$$

である。$\dfrac{\boxed{\text{ト}}}{\boxed{\text{ナ}}} \leqq a < \boxed{\text{タ}}$ の範囲において，T は $\boxed{\text{ヘ}}$。$\boxed{\text{ヘ}}$

に当てはまるものを，次の⓪〜⑤のうちから一つ選べ。

⓪　減少する　　　　　　　　①　極小値をとるが，極大値はとらない

②　増加する　　　　　　　　③　極大値をとるが，極小値はとらない

④　一定である　　　　　　　⑤　極小値と極大値の両方をとる

第3問～第5問は，いずれか2問を選択し，解答しなさい。

第3問 （選択問題）（配点 20）

以下において考察する数列の項は，すべて実数であるとする。

(1) 等比数列 $\{s_n\}$ の初項が1，公比が2であるとき

$$s_1 s_2 s_3 = \boxed{\text{ア}}, \qquad s_1 + s_2 + s_3 = \boxed{\text{イ}}$$

である。

(2) $\{s_n\}$ を初項 x，公比 r の等比数列とする。a, b を実数（ただし $a \neq 0$）とし，$\{s_n\}$ の最初の3項が

$$s_1 s_2 s_3 = a^3 \quad\cdots\cdots\cdots\cdots\cdots\cdots\cdots\cdots ①$$

$$s_1 + s_2 + s_3 = b \quad\cdots\cdots\cdots\cdots\cdots\cdots\cdots\cdots ②$$

を満たすとする。このとき

$$xr = \boxed{\text{ウ}} \quad\cdots\cdots\cdots\cdots\cdots\cdots\cdots\cdots ③$$

である。さらに，②，③を用いて r, a, b の満たす関係式を求めると

$$\boxed{\text{エ}}\, r^2 + \left(\boxed{\text{オ}} - \boxed{\text{カ}}\right)r + \boxed{\text{キ}} = 0 \quad\cdots\cdots ④$$

を得る。④を満たす実数 r が存在するので

$$\boxed{\text{ク}}\, a^2 + \boxed{\text{ケ}}\, ab - b^2 \leqq 0 \quad\cdots\cdots\cdots\cdots\cdots\cdots ⑤$$

である。

逆に，a, b が⑤を満たすとき，③，④を用いて r, x の値を求めることができる。

（数学Ⅱ・数学B第3問は次ページに続く。）

(3)　$a = 64$, $b = 336$ のとき，(2)の条件 ①，② を満たし，公比が 1 より大きい
等比数列 $\{s_n\}$ を考える。③，④ を用いて $\{s_n\}$ の公比 r と初項 x を求めると，
$r = \boxed{\text{コ}}$, $x = \boxed{\text{サシ}}$ である。

$\{s_n\}$ を用いて，数列 $\{t_n\}$ を

$$t_n = s_n \log_{\boxed{\text{コ}}} s_n \quad (n = 1, 2, 3, \cdots)$$

と定める。このとき，$\{t_n\}$ の一般項は $t_n = \left(n + \boxed{\text{ス}}\right) \cdot \boxed{\text{コ}}^{\,n + \boxed{\text{セ}}}$ で
ある。$\{t_n\}$ の初項から第 n 項までの和 U_n は，$U_n - \boxed{\text{コ}}\ U_n$ を計算するこ
とにより

$$U_n = \frac{\boxed{\text{ソ}}\,n + \boxed{\text{タ}}}{\boxed{\text{チ}}} \cdot \boxed{\text{コ}}^{\,n + \boxed{\text{ツ}}} - \frac{\boxed{\text{テト}}}{\boxed{\text{ナ}}}$$

であることがわかる。

28

第4問 （選択問題）（配点 20）

座標平面上に点A(2, 0)をとり，原点Oを中心とする半径が2の円周上に点B, C, D, E, Fを，点A, B, C, D, E, Fが順に正六角形の頂点となるようにとる。ただし，Bは第1象限にあるとする。

(1) 点Bの座標は$\left(\boxed{\text{ア}}, \sqrt{\boxed{\text{イ}}}\right)$，点Dの座標は$\left(-\boxed{\text{ウ}}, 0\right)$である。

(2) 線分BDの中点をMとし，直線AMと直線CDの交点をNとする。$\overrightarrow{ON}$を求めよう。

$\overrightarrow{ON}$は実数r, sを用いて，$\overrightarrow{ON} = \overrightarrow{OA} + r\overrightarrow{AM}$，$\overrightarrow{ON} = \overrightarrow{OD} + s\overrightarrow{DC}$と2通りに表すことができる。ここで

$$\overrightarrow{AM} = \left(-\frac{\boxed{\text{エ}}}{\boxed{\text{オ}}}, \frac{\sqrt{\boxed{\text{カ}}}}{\boxed{\text{キ}}}\right)$$

$$\overrightarrow{DC} = \left(\boxed{\text{ク}}, \sqrt{\boxed{\text{ケ}}}\right)$$

であるから

$$r = \frac{\boxed{\text{コ}}}{\boxed{\text{サ}}}, \quad s = \frac{\boxed{\text{シ}}}{\boxed{\text{ス}}}$$

である。よって

$$\overrightarrow{ON} = \left(-\frac{\boxed{\text{セ}}}{\boxed{\text{ソ}}}, \frac{\boxed{\text{タ}}\sqrt{\boxed{\text{チ}}}}{\boxed{\text{ツ}}}\right)$$

である。

（数学Ⅱ・数学B第4問は次ページに続く。）

(3)　線分 BF 上に点 P をとり，その y 座標を a とする。点 P から直線 CE に引いた垂線と，点 C から直線 EP に引いた垂線との交点を H とする。

$\overrightarrow{\text{EP}}$ が

$$\overrightarrow{\text{EP}} = \left(\boxed{\text{テ}}, \quad \boxed{\text{ト}} + \sqrt{\boxed{\text{ナ}}} \right)$$

と表せることにより，H の座標を a を用いて表すと

$$\left(\frac{\boxed{\text{ニ}} \, a^{\boxed{\text{ヌ}}} + \boxed{\text{ネ}}}{\boxed{\text{ノ}}}, \quad \boxed{\text{ハ}} \right)$$

である。

さらに，$\overrightarrow{\text{OP}}$ と $\overrightarrow{\text{OH}}$ のなす角を θ とする。$\cos\theta = \dfrac{12}{13}$ のとき，a の値は

$$a = \pm \frac{\boxed{\text{ヒ}}}{\boxed{\text{フヘ}}}$$

である。

30

第3問～第5問は，いずれか2問を選択し，解答しなさい。

第5問 （選択問題）（配点 20）

以下の問題を解答するにあたっては，必要に応じて33ページの正規分布表を用いてもよい。

(1) 1回の試行において，事象 A の起こる確率が p，起こらない確率が $1-p$ であるとする。この試行を n 回繰り返すとき，事象 A の起こる回数を W とする。確率変数 W の平均（期待値）m が $\dfrac{1216}{27}$，標準偏差 σ が $\dfrac{152}{27}$ であるとき，

$$n = \boxed{\text{アイウ}}, \quad p = \frac{\boxed{\text{エ}}}{\boxed{\text{オカ}}} \text{ である。}$$

（数学II・数学B第5問は次ページに続く。）

(2) (1)の反復試行において，W が 38 以上となる確率の近似値を求めよう。

いま

$$P(W \geq 38) = P\left(\frac{W-m}{\sigma} \geq - \boxed{\ \text{キ}\ } . \boxed{\ \text{クケ}\ }\right)$$

と変形できる。ここで，$Z = \dfrac{W-m}{\sigma}$ とおき，W の分布を正規分布で近似すると，正規分布表から確率の近似値は次のように求められる。

$$P\left(Z \geq - \boxed{\ \text{キ}\ } . \boxed{\ \text{クケ}\ }\right) = 0. \boxed{\ \text{コサ}\ }$$

（数学Ⅱ・数学B第5問は次ページに続く。）

32

(3) 連続型確率変数 X のとり得る値 x の範囲が $s \leqq x \leqq t$ で，確率密度関数が $f(x)$ のとき，X の平均 $E(X)$ は次の式で与えられる。

$$E(X) = \int_s^t x f(x)\, dx$$

a を正の実数とする。連続型確率変数 X のとり得る値 x の範囲が $-a \leqq x \leqq 2a$ で，確率密度関数が

$$f(x) = \begin{cases} \dfrac{2}{3a^2}(x+a) & (-a \leqq x \leqq 0 \text{ のとき}) \\[2mm] \dfrac{1}{3a^2}(2a-x) & (0 \leqq x \leqq 2a \text{ のとき}) \end{cases}$$

であるとする。このとき，$a \leqq X \leqq \dfrac{3}{2}a$ となる確率は $\dfrac{\boxed{シ}}{\boxed{ス}}$ である。

また，X の平均は $\dfrac{\boxed{セ}}{\boxed{ソ}}$ である。さらに，$Y = 2X + 7$ とおくと，Y の

平均は $\dfrac{\boxed{タチ}}{\boxed{ツ}} + \boxed{テ}$ である。

（数学Ⅱ・数学B第5問は次ページに続く。）

正 規 分 布 表

次の表は，標準正規分布の分布曲線における右図の灰
色部分の面積の値をまとめたものである。

z_0	0.00	0.01	0.02	0.03	0.04	0.05	0.06	0.07	0.08	0.09
0.0	0.0000	0.0040	0.0080	0.0120	0.0160	0.0199	0.0239	0.0279	0.0319	0.0359
0.1	0.0398	0.0438	0.0478	0.0517	0.0557	0.0596	0.0636	0.0675	0.0714	0.0753
0.2	0.0793	0.0832	0.0871	0.0910	0.0948	0.0987	0.1026	0.1064	0.1103	0.1141
0.3	0.1179	0.1217	0.1255	0.1293	0.1331	0.1368	0.1406	0.1443	0.1480	0.1517
0.4	0.1554	0.1591	0.1628	0.1664	0.1700	0.1736	0.1772	0.1808	0.1844	0.1879
0.5	0.1915	0.1950	0.1985	0.2019	0.2054	0.2088	0.2123	0.2157	0.2190	0.2224
0.6	0.2257	0.2291	0.2324	0.2357	0.2389	0.2422	0.2454	0.2486	0.2517	0.2549
0.7	0.2580	0.2611	0.2642	0.2673	0.2704	0.2734	0.2764	0.2794	0.2823	0.2852
0.8	0.2881	0.2910	0.2939	0.2967	0.2995	0.3023	0.3051	0.3078	0.3106	0.3133
0.9	0.3159	0.3186	0.3212	0.3238	0.3264	0.3289	0.3315	0.3340	0.3365	0.3389
1.0	0.3413	0.3438	0.3461	0.3485	0.3508	0.3531	0.3554	0.3577	0.3599	0.3621
1.1	0.3643	0.3665	0.3686	0.3708	0.3729	0.3749	0.3770	0.3790	0.3810	0.3830
1.2	0.3849	0.3869	0.3888	0.3907	0.3925	0.3944	0.3962	0.3980	0.3997	0.4015
1.3	0.4032	0.4049	0.4066	0.4082	0.4099	0.4115	0.4131	0.4147	0.4162	0.4177
1.4	0.4192	0.4207	0.4222	0.4236	0.4251	0.4265	0.4279	0.4292	0.4306	0.4319
1.5	0.4332	0.4345	0.4357	0.4370	0.4382	0.4394	0.4406	0.4418	0.4429	0.4441
1.6	0.4452	0.4463	0.4474	0.4484	0.4495	0.4505	0.4515	0.4525	0.4535	0.4545
1.7	0.4554	0.4564	0.4573	0.4582	0.4591	0.4599	0.4608	0.4616	0.4625	0.4633
1.8	0.4641	0.4649	0.4656	0.4664	0.4671	0.4678	0.4686	0.4693	0.4699	0.4706
1.9	0.4713	0.4719	0.4726	0.4732	0.4738	0.4744	0.4750	0.4756	0.4761	0.4767
2.0	0.4772	0.4778	0.4783	0.4788	0.4793	0.4798	0.4803	0.4808	0.4812	0.4817
2.1	0.4821	0.4826	0.4830	0.4834	0.4838	0.4842	0.4846	0.4850	0.4854	0.4857
2.2	0.4861	0.4864	0.4868	0.4871	0.4875	0.4878	0.4881	0.4884	0.4887	0.4890
2.3	0.4893	0.4896	0.4898	0.4901	0.4904	0.4906	0.4909	0.4911	0.4913	0.4916
2.4	0.4918	0.4920	0.4922	0.4925	0.4927	0.4929	0.4931	0.4932	0.4934	0.4936
2.5	0.4938	0.4940	0.4941	0.4943	0.4945	0.4946	0.4948	0.4949	0.4951	0.4952
2.6	0.4953	0.4955	0.4956	0.4957	0.4959	0.4960	0.4961	0.4962	0.4963	0.4964
2.7	0.4965	0.4966	0.4967	0.4968	0.4969	0.4970	0.4971	0.4972	0.4973	0.4974
2.8	0.4974	0.4975	0.4976	0.4977	0.4977	0.4978	0.4979	0.4979	0.4980	0.4981
2.9	0.4981	0.4982	0.4982	0.4983	0.4984	0.4984	0.4985	0.4985	0.4986	0.4986
3.0	0.4987	0.4987	0.4987	0.4988	0.4988	0.4989	0.4989	0.4989	0.4990	0.4990

数学Ⅰ・数学A
数学Ⅱ・数学B

（2016年1月実施）

数学Ⅰ・数学A	60分	100点
数学Ⅱ・数学B	60分	100点

数学Ⅰ・数学A

問　題	選　択　方　法
第1問	必　　答
第2問	必　　答
第3問	いずれか2問を選択し，解答しなさい。
第4問	
第5問	

(注) この科目には，選択問題があります。（2ページ参照。）

第1問 （必答問題）（配点　30）

〔1〕　a を実数とする。x の関数

$$f(x) = (1 + 2a)(1 - x) + (2 - a)x$$

を考える。

$$f(x) = \left(-\boxed{\text{ア}}\, a + \boxed{\text{イ}}\, \right)x + 2a + 1$$

である。

(1)　$0 \le x \le 1$ における $f(x)$ の最小値は，

$a \le \dfrac{\boxed{\text{イ}}}{\boxed{\text{ア}}}$ のとき，$\boxed{\text{ウ}}\, a + \boxed{\text{エ}}$ であり，

$a > \dfrac{\boxed{\text{イ}}}{\boxed{\text{ア}}}$ のとき，$\boxed{\text{オ}}\, a + \boxed{\text{カ}}$ である。

(2)　$0 \le x \le 1$ において，常に $f(x) \ge \dfrac{2(a+2)}{3}$ となる a の値の範囲は，

$\dfrac{\boxed{\text{キ}}}{\boxed{\text{ク}}} \le a \le \dfrac{\boxed{\text{ケ}}}{\boxed{\text{コ}}}$ である。

（数学 I・数学 A 第1問は次ページに続く。）

4

〔2〕 次の問いに答えよ。必要ならば，$\sqrt{7}$ が無理数であることを用いてよい。

(1) A を有理数全体の集合，B を無理数全体の集合とする。空集合を $\varnothing$ と表す。

次の(i)～(iv)が真の命題になるように，$\boxed{\text{サ}}$ ～ $\boxed{\text{セ}}$ に当てはまるものを，下の⓪～⑤のうちから一つずつ選べ。ただし，同じものを繰り返し選んでもよい。

(i) $A \boxed{\text{サ}} \{0\}$ (ii) $\sqrt{28} \boxed{\text{シ}} B$

(iii) $A = \{0\} \boxed{\text{ス}} A$ (iv) $\varnothing = A \boxed{\text{セ}} B$

⓪ $\in$ ① $\ni$ ② $\subset$ ③ $\supset$ ④ $\cap$ ⑤ $\cup$

(2) 実数 x に対する条件 p, q, r を次のように定める。

$p : x$ は無理数

$q : x + \sqrt{28}$ は有理数

$r : \sqrt{28}\, x$ は有理数

次の $\boxed{\text{ソ}}$，$\boxed{\text{タ}}$ に当てはまるものを，下の⓪～③のうちから一つずつ選べ。ただし，同じものを繰り返し選んでもよい。

p は q であるための $\boxed{\text{ソ}}$。

p は r であるための $\boxed{\text{タ}}$。

⓪ 必要十分条件である

① 必要条件であるが，十分条件でない

② 十分条件であるが，必要条件でない

③ 必要条件でも十分条件でもない

（数学Ⅰ・数学A第1問は次ページに続く。）

〔3〕　a を 1 以上の定数とし，x についての連立不等式

$$\begin{cases} x^2 + (20 - a^2)x - 20\,a^2 \le 0 & \cdots\cdots\cdots\cdots\cdots\cdots ① \\ x^2 + 4\,ax \ge 0 & \cdots\cdots\cdots\cdots\cdots\cdots ② \end{cases}$$

を考える。このとき，不等式 ① の解は $\boxed{\text{チツテ}} \le x \le a^2$ である。また，不等式 ② の解は $x \le \boxed{\text{トナ}}\,a,\ \boxed{\text{ニ}} \le x$ である。

この連立不等式を満たす負の実数が存在するような a の値の範囲は

$$1 \le a \le \boxed{\text{ヌ}}$$

である。

第2問 （必答問題）（配点 30）

〔1〕 △ABC の辺の長さと角の大きさを測ったところ，AB ＝ $7\sqrt{3}$ および ∠ACB ＝ 60° であった。したがって，△ABC の外接円 O の半径は $\boxed{\text{ア}}$ である。

外接円 O の，点 C を含む弧 AB 上で点 P を動かす。

(1) 2 PA ＝ 3 PB となるのは PA ＝ $\boxed{\text{イ}}\sqrt{\boxed{\text{ウエ}}}$ のときである。

(2) △PAB の面積が最大となるのは PA ＝ $\boxed{\text{オ}}\sqrt{\boxed{\text{カ}}}$ のときである。

(3) sin∠PBA の値が最大となるのは PA ＝ $\boxed{\text{キク}}$ のときであり，このとき △PAB の面積は $\dfrac{\boxed{\text{ケコ}}\sqrt{\boxed{\text{サ}}}}{\boxed{\text{シ}}}$ である。

（数学 I ・数学 A 第 2 問は次ページに続く。）

〔2〕　次の4つの散布図は，2003年から2012年までの120か月の東京の月別データをまとめたものである。それぞれ，1日の最高気温の月平均(以下，平均最高気温)，1日あたり平均降水量，平均湿度，最高気温25℃以上の日数の割合を横軸にとり，各世帯の1日あたりアイスクリーム平均購入額(以下，購入額)を縦軸としてある。

出典：総務省統計局(2013)『家計調査年報』，『過去の気象データ』(気象庁Webページ)などにより作成

次の　ス　，　セ　に当てはまるものを，下の⓪～④のうちから一つずつ選べ。ただし，解答の順序は問わない。

これらの散布図から読み取れることとして正しいものは，　ス　と　セ　である。

⓪　平均最高気温が高くなるほど購入額は増加する傾向がある。

①　1日あたり平均降水量が多くなるほど購入額は増加する傾向がある。

②　平均湿度が高くなるほど購入額の散らばりは小さくなる傾向がある。

③　25℃以上の日数の割合が80%未満の月は，購入額が30円を超えていない。

④　この中で正の相関があるのは，平均湿度と購入額の間のみである。

（数学Ⅰ・数学A第2問は次ページに続く。）

〔3〕 世界4都市(東京, O市, N市, M市)の2013年の365日の各日の最高気温のデータについて考える。

(1) 次のヒストグラムは, 東京, N市, M市のデータをまとめたもので, この3都市の箱ひげ図は下のa, b, cのいずれかである。

出典：『過去の気象データ』(気象庁Webページ)などにより作成

次の ソ に当てはまるものを, 下の⓪～⑤のうちから一つ選べ。

都市名と箱ひげ図の組合せとして正しいものは, ソ である。

⓪ 東京―a, N市―b, M市―c   ① 東京―a, N市―c, M市―b

② 東京―b, N市―a, M市―c   ③ 東京―b, N市―c, M市―a

④ 東京―c, N市―a, M市―b   ⑤ 東京―c, N市―b, M市―a

(数学Ⅰ・数学A第2問は次ページに続く。)

(2)　次の3つの散布図は，東京，O市，N市，M市の2013年の365日の各日の最高気温のデータをまとめたものである。それぞれ，O市，N市，M市の最高気温を縦軸にとり，東京の最高気温を横軸にとってある。

出典：『過去の気象データ』（気象庁Webページ）などにより作成

次の　タ　，　チ　に当てはまるものを，下の⓪～④のうちから一つずつ選べ。ただし，解答の順序は問わない。

これらの散布図から読み取れることとして正しいものは，　タ　と　チ　である。

⓪　東京とN市，東京とM市の最高気温の間にはそれぞれ正の相関がある。

①　東京とN市の最高気温の間には正の相関，東京とM市の最高気温の間には負の相関がある。

②　東京とN市の最高気温の間には負の相関，東京とM市の最高気温の間には正の相関がある。

③　東京とO市の最高気温の間の相関の方が，東京とN市の最高気温の間の相関より強い。

④　東京とO市の最高気温の間の相関の方が，東京とN市の最高気温の間の相関より弱い。

（数学Ⅰ・数学A第2問は次ページに続く。）

10

(3) 次の ツ ， テ ， ト に当てはまるものを，下の⓪〜⑨の

うちから一つずつ選べ。ただし，同じものを繰り返し選んでもよい。

N市では温度の単位として摂氏(℃)のほかに華氏(°F)も使われてい

る。華氏(°F)での温度は，摂氏(℃)での温度を$\dfrac{9}{5}$倍し，32を加えると

得られる。例えば，摂氏10℃は，$\dfrac{9}{5}$倍し32を加えることで華氏50°F

となる。

したがって，N市の最高気温について，摂氏での分散をX，華氏での分

散をYとすると，$\dfrac{Y}{X}$は ツ になる。

東京(摂氏)とN市(摂氏)の共分散をZ，東京(摂氏)とN市(華氏)の共

分散をWとすると，$\dfrac{W}{Z}$は テ になる(ただし，共分散は2つの変量

のそれぞれの偏差の積の平均値)。

東京(摂氏)とN市(摂氏)の相関係数をU，東京(摂氏)とN市(華氏)の

相関係数をVとすると，$\dfrac{V}{U}$は ト になる。

⓪ $-\dfrac{81}{25}$　① $-\dfrac{9}{5}$　② -1　③ $-\dfrac{5}{9}$　④ $-\dfrac{25}{81}$

⑤ $\dfrac{25}{81}$　⑥ $\dfrac{5}{9}$　⑦ 1　⑧ $\dfrac{9}{5}$　⑨ $\dfrac{81}{25}$

第3問～第5問は，いずれか2問を選択し，解答しなさい。

第3問　(選択問題)　(配点　20)

　赤球4個，青球3個，白球5個，合計12個の球がある。これら12個の球を袋の中に入れ，この袋からAさんがまず1個取り出し，その球をもとに戻さずに続いてBさんが1個取り出す。

(1)　AさんとBさんが取り出した2個の球のなかに，赤球か青球が少なくとも

　1個含まれている確率は $\dfrac{\boxed{アイ}}{\boxed{ウエ}}$ である。

(2)　Aさんが赤球を取り出し，かつBさんが白球を取り出す確率は $\dfrac{\boxed{オ}}{\boxed{カキ}}$ で

　ある。これより，Aさんが取り出した球が赤球であったとき，Bさんが取り出

　した球が白球である条件付き確率は $\dfrac{\boxed{ク}}{\boxed{ケコ}}$ である。

(数学 I・数学A第3問は次ページに続く。)

(3) Aさんは1球取り出したのち，その色を見ずにポケットの中にしまった。B さんが取り出した球が白球であることがわかったとき，Aさんが取り出した球も白球であった条件付き確率を求めたい。

Aさんが赤球を取り出し，かつBさんが白球を取り出す確率は $\dfrac{\boxed{オ}}{\boxed{カキ}}$ であり，Aさんが青球を取り出し，かつBさんが白球を取り出す確率は $\dfrac{\boxed{サ}}{\boxed{シス}}$ である。同様に，Aさんが白球を取り出し，かつBさんが白球を取り出す確率を求めることができ，これらの事象は互いに排反であるから，Bさんが白球を取り出す確率は $\dfrac{\boxed{セ}}{\boxed{ソタ}}$ である。

よって，求める条件付き確率は $\dfrac{\boxed{チ}}{\boxed{ツテ}}$ である。

第3問～第5問は，いずれか2問を選択し，解答しなさい。

第4問　（選択問題）（配点　20）

(1)　不定方程式

$$92x + 197y = 1$$

をみたす整数 x, y の組の中で，x の絶対値が最小のものは

$$x = \boxed{アイ}, \qquad y = \boxed{ウエ}$$

である。不定方程式

$$92x + 197y = 10$$

をみたす整数 x, y の組の中で，x の絶対値が最小のものは

$$x = \boxed{オカキ}, \qquad y = \boxed{クケ}$$

である。

（数学Ⅰ・数学A第4問は次ページに続く。）

(2) 2進法で $11011_{(2)}$ と表される数を 4 進法で表すと $\boxed{\text{コサシ}}_{(4)}$ である。

次の ⓪〜⑤の 6 進法の小数のうち，10 進法で表すと有限小数として表せるのは， $\boxed{\ \text{ス}\ }$ ，$\boxed{\ \text{セ}\ }$ ，$\boxed{\ \text{ソ}\ }$ である。ただし，解答の順序は問わない。

⓪　$0.3_{(6)}$ 　　① $0.4_{(6)}$

② $0.33_{(6)}$ 　　③ $0.43_{(6)}$

④ $0.033_{(6)}$ 　　⑤ $0.043_{(6)}$

第3問～第5問は，いずれか2問を選択し，解答しなさい。

第5問　（選択問題）（配点　20）

四角形 ABCD において，AB = 4，BC = 2，DA = DC であり，4つの頂点 A，B，C，D は同一円周上にある。対角線 AC と対角線 BD の交点を E，線分 AD を 2：3 の比に内分する点を F，直線 FE と直線 DC の交点を G とする。

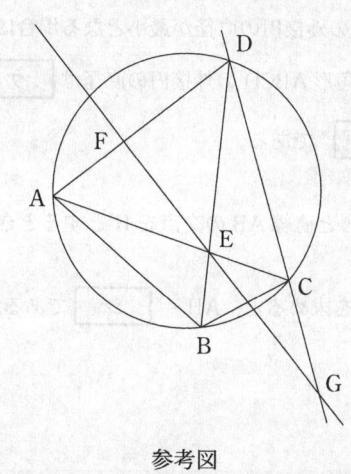

参考図

次の　ア　には，下の⓪～④のうちから当てはまるものを一つ選べ。

∠ABC の大きさが変化するとき四角形 ABCD の外接円の大きさも変化することに注意すると，∠ABC の大きさがいくらであっても，∠DAC と大きさが等しい角は，∠DCA と∠DBC と　ア　である。

⓪　∠ABD　　　　　①　∠ACB　　　　　②　∠ADB

③　∠BCG　　　　　④　∠BEG

このことより $\dfrac{EC}{AE} = \dfrac{\boxed{イ}}{\boxed{ウ}}$ である。次に，△ACD と直線 FE に着目する

と，$\dfrac{GC}{DG} = \dfrac{\boxed{エ}}{\boxed{オ}}$ である。

（数学Ⅰ・数学A第5問は次ページに続く。）

(1) 直線 AB が点 G を通る場合について考える。

このとき，△AGD の辺 AG 上に点 B があるので，BG = $\boxed{\text{カ}}$ である。

また，直線 AB と直線 DC が点 G で交わり，4 点 A，B，C，D は同一円周

上にあるので，DC = $\boxed{\text{キ}}\sqrt{\boxed{\text{ク}}}$ である。

(2) 四角形 ABCD の外接円の直径が最小となる場合について考える。

このとき，四角形 ABCD の外接円の直径は $\boxed{\text{ケ}}$ であり，

∠BAC = $\boxed{\text{コサ}}$ °である。

また，直線 FE と直線 AB の交点を H とするとき，$\dfrac{GC}{DG} = \dfrac{\boxed{\text{エ}}}{\boxed{\text{オ}}}$ の関係

に着目して AH を求めると，AH = $\boxed{\text{シ}}$ である。

数学Ⅱ・数学B

問　題	選　択　方　法
第 1 問	必　　答
第 2 問	必　　答
第 3 問	いずれか 2 問を選択し，解答しなさい。
第 4 問	
第 5 問	

(注) この科目には, 選択問題があります。(17ページ参照。)

第1問 (必答問題) (配点 30)

〔1〕

(1) $8^{\frac{5}{6}} = \boxed{\text{ア}}\sqrt{\boxed{\text{イ}}}$, $\log_{27}\dfrac{1}{9} = \dfrac{\boxed{\text{ウエ}}}{\boxed{\text{オ}}}$ である。

(2) $y = 2^x$ のグラフと $y = \left(\dfrac{1}{2}\right)^x$ のグラフは $\boxed{\text{カ}}$ である。

$y = 2^x$ のグラフと $y = \log_2 x$ のグラフは $\boxed{\text{キ}}$ である。

$y = \log_2 x$ のグラフと $y = \log_{\frac{1}{2}} x$ のグラフは $\boxed{\text{ク}}$ である。

$y = \log_2 x$ のグラフと $y = \log_2 \dfrac{1}{x}$ のグラフは $\boxed{\text{ケ}}$ である。

$\boxed{\text{カ}}$ ~ $\boxed{\text{ケ}}$ に当てはまるものを, 次の⓪~③のうちから一つずつ選べ。ただし, 同じものを繰り返し選んでもよい。

⓪ 同一のもの   ① x 軸に関して対称

② y 軸に関して対称   ③ 直線 $y = x$ に関して対称

(数学Ⅱ・数学B第1問は次ページに続く。)

(3)　$x > 0$ の範囲における関数 $y = \left(\log_2 \dfrac{x}{4}\right)^2 - 4\log_4 x + 3$ の最小値を求めよう。

$t = \log_2 x$ とおく。このとき，$y = t^2 - \boxed{コ}\, t + \boxed{サ}$ である。また，x が $x > 0$ の範囲を動くとき，t のとり得る値の範囲は $\boxed{シ}$ である。$\boxed{シ}$ に当てはまるものを，次の⓪～③のうちから一つ選べ。

⓪　$t > 0$　　　　　　　　　　① $t > 1$

②　$t > 0$ かつ $t \neq 1$　　　　③　実数全体

したがって，y は $t = \boxed{ス}$ のとき，すなわち $x = \boxed{セ}$ のとき，最小値 $\boxed{ソタ}$ をとる。

（数学Ⅱ・数学B第1問は次ページに続く。）

〔2〕 k を正の定数として

$$\cos^2 x - \sin^2 x + k\left(\frac{1}{\cos^2 x} - \frac{1}{\sin^2 x}\right) = 0 \quad \cdots\cdots\cdots\cdots ①$$

を満たす x について考える。

(1) $0 < x < \dfrac{\pi}{2}$ の範囲で①を満たす x の個数について考えよう。

① の両辺に $\sin^2 x \cos^2 x$ をかけ，2倍角の公式を用いて変形すると

$$\left(\frac{\sin^2 2x}{\boxed{チ}} - k\right)\cos 2x = 0 \quad \cdots\cdots\cdots\cdots\cdots\cdots ②$$

を得る。したがって，k の値に関係なく，$x = \dfrac{\pi}{\boxed{ツ}}$ のときはつねに

①が成り立つ。また，$0 < x < \dfrac{\pi}{2}$ の範囲で $0 < \sin^2 2x \leqq 1$ であるか

ら，$k > \dfrac{\boxed{テ}}{\boxed{ト}}$ のとき，①を満たす x は $\dfrac{\pi}{\boxed{ツ}}$ のみである。一方，

$0 < k < \dfrac{\boxed{テ}}{\boxed{ト}}$ のとき，①を満たす x の個数は $\boxed{ナ}$ 個であり，

$k = \dfrac{\boxed{テ}}{\boxed{ト}}$ のときは $\boxed{ニ}$ 個である。

（数学II・数学B第1問は次ページに続く。）

(2)　$k = \dfrac{4}{25}$ とし，$\dfrac{\pi}{4} < x < \dfrac{\pi}{2}$ の範囲で①を満たす x について考えよう。

②により $\sin 2x = \dfrac{\boxed{ヌ}}{\boxed{ネ}}$ であるから

$$\cos 2x = \dfrac{\boxed{ノハ}}{\boxed{ヒ}}$$

である。したがって

$$\cos x = \dfrac{\sqrt{\boxed{フ}}}{\boxed{ヘ}}$$

である。

第2問 （必答問題）（配点　30）

座標平面上で，放物線 $y = \dfrac{1}{2}x^2 + \dfrac{1}{2}$ を C_1 とし，放物線 $y = \dfrac{1}{4}x^2$ を C_2 とする。

(1) 実数 a に対して，2直線 $x = a$，$x = a + 1$ と C_1，C_2 で囲まれた図形 D の面積 S は

$$S = \int_a^{a+1} \left(\frac{1}{\boxed{ア}}x^2 + \frac{1}{\boxed{イ}} \right) dx$$

$$= \frac{a^2}{\boxed{ウ}} + \frac{a}{\boxed{エ}} + \frac{\boxed{オ}}{\boxed{カキ}}$$

である。S は $a = \dfrac{\boxed{クケ}}{\boxed{コ}}$ で最小値 $\dfrac{\boxed{サシ}}{\boxed{スセ}}$ をとる。

(2) 4点 $(a, 0)$，$(a+1, 0)$，$(a+1, 1)$，$(a, 1)$ を頂点とする正方形を R で表す。a が $a \geqq 0$ の範囲を動くとき，正方形 R と(1)の図形 D の共通部分の面積を T とおく。T が最大となる a の値を求めよう。

直線 $y = 1$ は，C_1 と $\left(\pm \boxed{ソ}, 1 \right)$ で，C_2 と $\left(\pm \boxed{タ}, 1 \right)$ で交わる。したがって，正方形 R と図形 D の共通部分が空集合にならないのは，$0 \leqq a \leqq \boxed{チ}$ のときである。

（数学Ⅱ・数学B第2問は次ページに続く。）

$\boxed{\text{ソ}} \leqq a \leqq \boxed{\text{チ}}$ のとき，正方形 R は放物線 C_1 と x 軸の間にあり，この範囲で a が増加するとき，T は $\boxed{\text{ツ}}$。$\boxed{\text{ツ}}$ に当てはまるものを，次の $\textcircled{0}\sim\textcircled{2}$ のうちから一つ選べ。

$\textcircled{0}$　増加する　　　　　$\textcircled{1}$　減少する　　　　　$\textcircled{2}$　変化しない

したがって，T が最大になる a の値は，$0 \leqq a \leqq \boxed{\text{ソ}}$ の範囲にある。

$0 \leqq a \leqq \boxed{\text{ソ}}$ のとき，(1)の図形 D のうち，正方形 R の外側にある部分の面積 U は

$$U = \frac{a^3}{\boxed{\text{テ}}} + \frac{a^2}{\boxed{\text{ト}}}$$

である。よって，$0 \leqq a \leqq \boxed{\text{ソ}}$ において

$$T = -\frac{a^3}{\boxed{\text{ナ}}} - \frac{a^2}{\boxed{\text{ニ}}} + \frac{a}{\boxed{\text{ヌ}}} + \frac{\boxed{\text{オ}}}{\boxed{\text{カキ}}} \quad\cdots\cdots\cdots \text{①}$$

である。①の右辺の増減を調べることにより，T は

$$a = \frac{\boxed{\text{ネノ}} + \sqrt{\boxed{\text{ハ}}}}{\boxed{\text{ヒ}}}$$

で最大値をとることがわかる。

第3問～第5問は，いずれか2問を選択し，解答しなさい。

第3問 （選択問題）（配点 20）

真分数を分母の小さい順に，分母が同じ場合には分子の小さい順に並べてできる数列

$$\frac{1}{2}, \ \frac{1}{3}, \ \frac{2}{3}, \ \frac{1}{4}, \ \frac{2}{4}, \ \frac{3}{4}, \ \frac{1}{5}, \ \cdots$$

を $\{a_n\}$ とする。真分数とは，分子と分母がともに自然数で，分子が分母より小さい分数のことであり，上の数列では，約分できる形の分数も含めて並べている。以下の問題に分数形で解答する場合は，**解答上の注意**にあるように，それ以上約分できない形で答えよ。

(1) $a_{15} = \dfrac{\boxed{\text{ア}}}{\boxed{\text{イ}}}$ である。また，分母に初めて 8 が現れる項は，$a_{\boxed{\text{ウエ}}}$ である。

(2) k を 2 以上の自然数とする。数列 $\{a_n\}$ において，$\dfrac{1}{k}$ が初めて現れる項を第 M_k 項とし，$\dfrac{k-1}{k}$ が初めて現れる項を第 N_k 項とすると

$$M_k = \frac{\boxed{\text{オ}}}{\boxed{\text{カ}}} k^2 - \frac{\boxed{\text{キ}}}{\boxed{\text{ク}}} k + \boxed{\text{ケ}}$$

$$N_k = \frac{\boxed{\text{コ}}}{\boxed{\text{サ}}} k^2 - \frac{\boxed{\text{シ}}}{\boxed{\text{ス}}} k$$

である。よって，$a_{104} = \dfrac{\boxed{\text{セソ}}}{\boxed{\text{タチ}}}$ である。

（数学Ⅱ・数学B第3問は次ページに続く。）

(3) k を2以上の自然数とする。数列 $\{a_n\}$ の第 M_k 項から第 N_k 項までの和は，

$$\frac{\boxed{ツ}}{\boxed{テ}}k - \frac{\boxed{ト}}{\boxed{ナ}}$$ である。したがって，数列 $\{a_n\}$ の初項から第 N_k 項ま

での和は

$$\frac{\boxed{ニ}}{\boxed{ヌ}}k^2 - \frac{\boxed{ネ}}{\boxed{ノ}}k$$

である。よって

$$\sum_{n=1}^{103} a_n = \frac{\boxed{ハヒフ}}{\boxed{ヘホ}}$$

である。

第 3 問～第 5 問は，いずれか 2 問を選択し，解答しなさい。

第 4 問 （選択問題）（配点 20）

四面体 OABC において，$|\overrightarrow{OA}| = 3$，$|\overrightarrow{OB}| = |\overrightarrow{OC}| = 2$，$\angle AOB = \angle BOC = \angle COA = 60°$ であるとする。また，辺 OA 上に点 P をとり，辺 BC 上に点 Q をとる。以下，$\overrightarrow{OA} = \vec{a}$，$\overrightarrow{OB} = \vec{b}$，$\overrightarrow{OC} = \vec{c}$ とおく。

(1) $0 \leq s \leq 1$，$0 \leq t \leq 1$ であるような実数 $s,\ t$ を用いて $\overrightarrow{OP} = s\vec{a}$，$\overrightarrow{OQ} = (1-t)\vec{b} + t\vec{c}$ と表す。$\vec{a} \cdot \vec{b} = \vec{a} \cdot \vec{c} = \boxed{\text{ア}}$，$\vec{b} \cdot \vec{c} = \boxed{\text{イ}}$ であることから

$$|\overrightarrow{PQ}|^2 = \left(\boxed{\text{ウ}}\,s - \boxed{\text{エ}}\right)^2 + \left(\boxed{\text{オ}}\,t - \boxed{\text{カ}}\right)^2 + \boxed{\text{キ}}$$

となる。したがって，$|\overrightarrow{PQ}|$ が最小となるのは $s = \dfrac{\boxed{\text{ク}}}{\boxed{\text{ケ}}}$，$t = \dfrac{\boxed{\text{コ}}}{\boxed{\text{サ}}}$ のときであり，このとき $|\overrightarrow{PQ}| = \sqrt{\boxed{\text{シ}}}$ となる。

（数学 II・数学 B 第 4 問は次ページに続く。）

(2)　三角形 ABC の重心を G とする。$|\overrightarrow{PQ}| = \sqrt{\boxed{\text{シ}}}$ のとき，三角形 GPQ の面積を求めよう。

$\overrightarrow{OA} \cdot \overrightarrow{PQ} = \boxed{\text{ス}}$ から，$\angle APQ = \boxed{\text{セソ}}\,°$ である。したがって，三角形 APQ の面積は $\sqrt{\boxed{\text{タ}}}$ である。また

$$\overrightarrow{OG} = \frac{\boxed{\text{チ}}}{\boxed{\text{ツ}}} \overrightarrow{OA} + \frac{\boxed{\text{テ}}}{\boxed{\text{ト}}} \overrightarrow{OQ}$$

であり，点 G は線分 AQ を $\boxed{\text{ナ}} : 1$ に内分する点である。

以上のことから，三角形 GPQ の面積は $\dfrac{\sqrt{\boxed{\text{ニ}}}}{\boxed{\text{ヌ}}}$ である。

28

第5問 （選択問題）（配点 20）

n を自然数とする。原点 O から出発して数直線上を n 回移動する点 A を考える。点 A は，1回ごとに，確率 p で正の向きに3だけ移動し，確率 $1-p$ で負の向きに1だけ移動する。ここで，$0 < p < 1$ である。n 回移動した後の点 A の座標を X とし，n 回の移動のうち正の向きの移動の回数を Y とする。

以下の問題を解答するにあたっては，必要に応じて 31 ページの正規分布表を用いてもよい。

(1) $p = \dfrac{1}{3}$，$n = 2$ のとき，確率変数 X のとり得る値は，小さい順に

$-\boxed{ア}$，$\boxed{イ}$，$\boxed{ウ}$ であり，これらの値をとる確率は，それぞれ

$\dfrac{\boxed{エ}}{\boxed{オ}}$，$\dfrac{\boxed{カ}}{\boxed{オ}}$，$\dfrac{\boxed{キ}}{\boxed{オ}}$ である。

（数学II・数学B第5問は次ページに続く。）

(2) n 回移動したとき，X と Y の間に

$$X = \boxed{\text{ク}} \, n + \boxed{\text{ケ}} \, Y$$

の関係が成り立つ。

確率変数 Y の平均（期待値）は $\boxed{\text{コ}}$，分散は $\boxed{\text{サ}}$ なので，X の平均は $\boxed{\text{シ}}$，分散は $\boxed{\text{ス}}$ である。$\boxed{\text{コ}} \sim \boxed{\text{ス}}$ に当てはまるものを，次の⓪〜ⓑのうちから一つずつ選べ。ただし，同じものを繰り返し選んでもよい。

⓪ np ① $np(1-p)$ ② $\dfrac{p(1-p)}{n}$

③ $2np$ ④ $2np(1-p)$ ⑤ $p(1-p)$

⑥ $4np$ ⑦ $4np(1-p)$ ⑧ $16np(1-p)$

⑨ $4np-n$ ⓐ $4np(1-p)-n$ ⓑ $16np(1-p)-n$

（数学Ⅱ・数学Ｂ第5問は次ページに続く。）

(3) $p = \dfrac{1}{4}$ のとき，1200 回移動した後の点 A の座標 X が 120 以上になる確率の近似値を求めよう。

(2)により，Y の平均は $\boxed{\text{セソタ}}$，標準偏差は $\boxed{\text{チツ}}$ であり，求める確率は次のようになる。

$$P(X \geqq 120) = P\left(\dfrac{Y - \boxed{\text{セソタ}}}{\boxed{\text{チツ}}} \geqq \boxed{\text{テ}} \cdot \boxed{\text{トナ}} \right)$$

いま，標準正規分布に従う確率変数を Z とすると，$n = 1200$ は十分に大きいので，求める確率の近似値は正規分布表から次のように求められる。

$$P\left(Z \geqq \boxed{\text{テ}} \cdot \boxed{\text{トナ}} \right) = 0.\boxed{\text{ニヌネ}}$$

(4) p の値がわからないとする。2400 回移動した後の点 A の座標が $X = 1440$ のとき，p に対する信頼度 95 ％ の信頼区間を求めよう。

n 回移動したときに Y がとる値を y とし，$r = \dfrac{y}{n}$ とおくと，n が十分に大きいならば，確率変数 $R = \dfrac{Y}{n}$ は近似的に平均 p，分散 $\dfrac{p(1-p)}{n}$ の正規分布に従う。

$n = 2400$ は十分に大きいので，このことを利用し，分散を $\dfrac{r(1-r)}{n}$ で置き換えることにより，求める信頼区間は

$$0.\boxed{\text{ノハヒ}} \leqq p \leqq 0.\boxed{\text{フヘホ}}$$

となる。

（数学 II・数学 B 第 5 問は次ページに続く。）

正 規 分 布 表

次の表は，標準正規分布の分布曲線における右図の灰
色部分の面積の値をまとめたものである。

z_0	0.00	0.01	0.02	0.03	0.04	0.05	0.06	0.07	0.08	0.09
0.0	0.0000	0.0040	0.0080	0.0120	0.0160	0.0199	0.0239	0.0279	0.0319	0.0359
0.1	0.0398	0.0438	0.0478	0.0517	0.0557	0.0596	0.0636	0.0675	0.0714	0.0753
0.2	0.0793	0.0832	0.0871	0.0910	0.0948	0.0987	0.1026	0.1064	0.1103	0.1141
0.3	0.1179	0.1217	0.1255	0.1293	0.1331	0.1368	0.1406	0.1443	0.1480	0.1517
0.4	0.1554	0.1591	0.1628	0.1664	0.1700	0.1736	0.1772	0.1808	0.1844	0.1879
0.5	0.1915	0.1950	0.1985	0.2019	0.2054	0.2088	0.2123	0.2157	0.2190	0.2224
0.6	0.2257	0.2291	0.2324	0.2357	0.2389	0.2422	0.2454	0.2486	0.2517	0.2549
0.7	0.2580	0.2611	0.2642	0.2673	0.2704	0.2734	0.2764	0.2794	0.2823	0.2852
0.8	0.2881	0.2910	0.2939	0.2967	0.2995	0.3023	0.3051	0.3078	0.3106	0.3133
0.9	0.3159	0.3186	0.3212	0.3238	0.3264	0.3289	0.3315	0.3340	0.3365	0.3389
1.0	0.3413	0.3438	0.3461	0.3485	0.3508	0.3531	0.3554	0.3577	0.3599	0.3621
1.1	0.3643	0.3665	0.3686	0.3708	0.3729	0.3749	0.3770	0.3790	0.3810	0.3830
1.2	0.3849	0.3869	0.3888	0.3907	0.3925	0.3944	0.3962	0.3980	0.3997	0.4015
1.3	0.4032	0.4049	0.4066	0.4082	0.4099	0.4115	0.4131	0.4147	0.4162	0.4177
1.4	0.4192	0.4207	0.4222	0.4236	0.4251	0.4265	0.4279	0.4292	0.4306	0.4319
1.5	0.4332	0.4345	0.4357	0.4370	0.4382	0.4394	0.4406	0.4418	0.4429	0.4441
1.6	0.4452	0.4463	0.4474	0.4484	0.4495	0.4505	0.4515	0.4525	0.4535	0.4545
1.7	0.4554	0.4564	0.4573	0.4582	0.4591	0.4599	0.4608	0.4616	0.4625	0.4633
1.8	0.4641	0.4649	0.4656	0.4664	0.4671	0.4678	0.4686	0.4693	0.4699	0.4706
1.9	0.4713	0.4719	0.4726	0.4732	0.4738	0.4744	0.4750	0.4756	0.4761	0.4767
2.0	0.4772	0.4778	0.4783	0.4788	0.4793	0.4798	0.4803	0.4808	0.4812	0.4817
2.1	0.4821	0.4826	0.4830	0.4834	0.4838	0.4842	0.4846	0.4850	0.4854	0.4857
2.2	0.4861	0.4864	0.4868	0.4871	0.4875	0.4878	0.4881	0.4884	0.4887	0.4890
2.3	0.4893	0.4896	0.4898	0.4901	0.4904	0.4906	0.4909	0.4911	0.4913	0.4916
2.4	0.4918	0.4920	0.4922	0.4925	0.4927	0.4929	0.4931	0.4932	0.4934	0.4936
2.5	0.4938	0.4940	0.4941	0.4943	0.4945	0.4946	0.4948	0.4949	0.4951	0.4952
2.6	0.4953	0.4955	0.4956	0.4957	0.4959	0.4960	0.4961	0.4962	0.4963	0.4964
2.7	0.4965	0.4966	0.4967	0.4968	0.4969	0.4970	0.4971	0.4972	0.4973	0.4974
2.8	0.4974	0.4975	0.4976	0.4977	0.4977	0.4978	0.4979	0.4979	0.4980	0.4981
2.9	0.4981	0.4982	0.4982	0.4983	0.4984	0.4984	0.4985	0.4985	0.4986	0.4986
3.0	0.4987	0.4987	0.4987	0.4988	0.4988	0.4989	0.4989	0.4989	0.4990	0.4990

MEMO

数学 I・数学 A
数学 II・数学 B

（2015年 1 月実施）

2015 本試験

数学 I・数学 A	60分	100点
数学 II・数学 B	60分	100点

数学 I・数学 A

問　題	選　択　方　法
第 1 問	必　　答
第 2 問	必　　答
第 3 問	必　　答
第 4 問	いずれか 2 問を選択し，解答しなさい。
第 5 問	
第 6 問	

(注) この科目には，選択問題があります。（2ページ参照。）

第1問　（必答問題）（配点　20）

2次関数

$$y = -x^2 + 2x + 2 \qquad\cdots\cdots\cdots\cdots\cdots ①$$

のグラフの頂点の座標は $\left(\boxed{\text{ア}}\ ,\ \boxed{\text{イ}} \right)$ である。また

$$y = f(x)$$

は x の2次関数で，そのグラフは，① のグラフを x 軸方向に p，y 軸方向に q だけ平行移動したものであるとする。

(1) 下の $\boxed{\text{ウ}}$，$\boxed{\text{オ}}$ には，次の⓪〜④のうちから当てはまるものを一つずつ選べ。ただし，同じものを繰り返し選んでもよい。

⓪ ＞　　①　＜　　② ≧　　③ ≦　　④ ≒

$2 \leqq x \leqq 4$ における $f(x)$ の最大値が $f(2)$ になるような p の値の範囲は

$$p \boxed{\text{ウ}} \boxed{\text{エ}}$$

であり，最小値が $f(2)$ になるような p の値の範囲は

$$p \boxed{\text{オ}} \boxed{\text{カ}}$$

である。

（数学 I・数学 A 第1問は次ページに続く。）

4

(2) 2次不等式 $f(x) > 0$ の解が $-2 < x < 3$ になるのは

$$p = \frac{\boxed{キク}}{\boxed{ケ}}, \quad q = \frac{\boxed{コサ}}{\boxed{シ}}$$

のときである。

第2問　(必答問題)(配点　25)

〔1〕　条件 p_1, p_2, q_1, q_2 の否定をそれぞれ $\overline{p_1}$, $\overline{p_2}$, $\overline{q_1}$, $\overline{q_2}$ と書く。

(1)　次の $\boxed{\text{ ア }}$ に当てはまるものを，下の⓪〜③のうちから一つ選べ。

命題「$(p_1$ かつ $p_2) \Longrightarrow (q_1$ かつ $q_2)$」の対偶は $\boxed{\text{ ア }}$ である。

⓪ $(\overline{p_1}$ または $\overline{p_2}) \Longrightarrow (\overline{q_1}$ または $\overline{q_2})$

① $(\overline{q_1}$ または $\overline{q_2}) \Longrightarrow (\overline{p_1}$ または $\overline{p_2})$

② $(\overline{q_1}$ かつ $\overline{q_2}) \Longrightarrow (\overline{p_1}$ かつ $\overline{p_2})$

③ $(\overline{p_1}$ かつ $\overline{p_2}) \Longrightarrow (\overline{q_1}$ かつ $\overline{q_2})$

(2)　自然数 n に対する条件 p_1, p_2, q_1, q_2 を次のように定める。

　　　p_1：n は素数である

　　　p_2：$n+2$ は素数である

　　　q_1：$n+1$ は5の倍数である

　　　q_2：$n+1$ は6の倍数である

　　30以下の自然数 n のなかで $\boxed{\text{ イ }}$ と $\boxed{\text{ ウエ }}$ は

命題「$(p_1$ かつ $p_2) \Longrightarrow (\overline{q_1}$ かつ $q_2)$」

の反例となる。

(数学Ⅰ・数学A第2問は次ページに続く。)

6

〔2〕 △ABC において，AB = 3，BC = 5，∠ABC = 120° とする。

このとき，AC = $\boxed{オ}$，sin∠ABC = $\dfrac{\sqrt{\boxed{カ}}}{\boxed{キ}}$ であり，

sin∠BCA = $\dfrac{\boxed{ク}\sqrt{\boxed{ケ}}}{\boxed{コサ}}$ である。

直線 BC 上に点 D を，AD = $3\sqrt{3}$ かつ ∠ADC が鋭角，となるようにとる。点 P を線分 BD 上の点とし，△APC の外接円の半径を R とすると，R のとり得る値の範囲は $\dfrac{\boxed{シ}}{\boxed{ス}} \leqq R \leqq \boxed{セ}$ である。

—674—

第3問 （必答問題）（配点　15）

〔1〕　ある高校3年生1クラスの生徒40人について，ハンドボール投げの飛距離のデータを取った。次の図1は，このクラスで最初に取ったデータのヒストグラムである。

図1　ハンドボール投げ

(1)　次の　 ア 　に当てはまるものを，下の⓪～⑧のうちから一つ選べ。

この40人のデータの第3四分位数が含まれる階級は，　 ア 　である。

⓪　5 m 以上 10 m 未満 　　　　① 　10 m 以上 15 m 未満

②　15 m 以上 20 m 未満 　　　　③ 　20 m 以上 25 m 未満

④　25 m 以上 30 m 未満 　　　　⑤ 　30 m 以上 35 m 未満

⑥　35 m 以上 40 m 未満 　　　　⑦ 　40 m 以上 45 m 未満

⑧　45 m 以上 50 m 未満

（数学Ⅰ・数学A第3問は次ページに続く。）

⑵ 次の イ ～ オ に当てはまるものを，下の⓪～⑤のうちから一

つずつ選べ。ただし， イ ～ オ の解答の順序は問わない。

　　このデータを箱ひげ図にまとめたとき，図1のヒストグラムと**矛盾する**

ものは， イ ， ウ ， エ ， オ である。

（数学Ⅰ・数学A第3問は次ページに続く。）

(3)　次の文章中の　カ　，　キ　に入れるものとして最も適当なもの
を，下の⓪～③のうちから一つずつ選べ。ただし，　カ　，　キ　の
解答の順序は問わない。

　　後日，このクラスでハンドボール投げの記録を取り直した。次に示した
A～Dは，最初に取った記録から今回の記録への変化の分析結果を記述し
たものである。a～dの各々が今回取り直したデータの箱ひげ図となる場
合に，⓪～③の組合せのうち分析結果と箱ひげ図が**矛盾するもの**は，
　カ　，　キ　である。

⓪　A-a　　　　①　B-b　　　　②　C-c　　　　③　D-d

A：どの生徒の記録も下がった。

B：どの生徒の記録も伸びた。

C：最初に取ったデータで上位 $\frac{1}{3}$ に入るすべての生徒の記録が伸びた。

D：最初に取ったデータで上位 $\frac{1}{3}$ に入るすべての生徒の記録は伸び，下

　　位 $\frac{1}{3}$ に入るすべての生徒の記録は下がった。

（数学Ⅰ・数学A第3問は次ページに続く。）

10

〔2〕 ある高校2年生40人のクラスで一人2回ずつハンドボール投げの飛距離のデータを取ることにした。次の図2は，1回目のデータを横軸に，2回目のデータを縦軸にとった散布図である。なお，一人の生徒が欠席したため，39人のデータとなっている。

図 2

	平均値	中央値	分　散	標準偏差
1回目のデータ	24.70	24.30	67.40	8.21
2回目のデータ	26.90	26.40	48.72	6.98

1回目のデータと2回目のデータの共分散	54.30

（共分散とは1回目のデータの偏差と2回目のデータの偏差の積の平均である）

次の　ク　に当てはまるものを，下の⓪～⑨のうちから一つ選べ。

1回目のデータと2回目のデータの相関係数に最も近い値は，　ク　である。

⓪ 0.67　　① 0.71　　② 0.75　　③ 0.79　　④ 0.83
⑤ 0.87　　⑥ 0.91　　⑦ 0.95　　⑧ 0.99　　⑨ 1.03

第4問～第6問は，いずれか2問を選択し，解答しなさい。

第4問 （選択問題）（配点　20）

　　同じ大きさの5枚の正方形の板を一列に並べて，図のような掲示板を作り，壁に固定する。赤色，緑色，青色のペンキを用いて，隣り合う正方形どうしが異なる色となるように，この掲示板を塗り分ける。ただし，塗り分ける際には，3色のペンキをすべて使わなければならないわけではなく，2色のペンキだけで塗り分けることがあってもよいものとする。

(1)　このような塗り方は，全部で　アイ　通りある。

(2)　塗り方が左右対称となるのは，　ウエ　通りある。

(3)　青色と緑色の2色だけで塗り分けるのは，　オ　通りある。

(4)　赤色に塗られる正方形が3枚であるのは，　カ　通りある。

（数学Ⅰ・数学A第4問は次ページに続く。）

(5) 赤色に塗られる正方形が1枚である場合について考える。

- どちらかの端の1枚が赤色に塗られるのは，　キ　通りある。

- 端以外の1枚が赤色に塗られるのは，　クケ　通りある。

よって，赤色に塗られる正方形が1枚であるのは，　コサ　通りある。

(6) 赤色に塗られる正方形が2枚であるのは，　シス　通りある。

第4問～第6問は，いずれか2問を選択し，解答しなさい。

第5問　（選択問題）（配点　20）

以下では，$a = 756$ とし，m は自然数とする。

(1)　a を素因数分解すると

$$a = 2^{\boxed{ア}} \cdot 3^{\boxed{イ}} \cdot \boxed{ウ}$$

である。

a の正の約数の個数は $\boxed{エオ}$ 個である。

(2)　$\sqrt{am}$ が自然数となる最小の自然数 m は $\boxed{カキ}$ である。$\sqrt{am}$ が自然数となるとき，m はある自然数 k により，$m = \boxed{カキ} k^2$ と表される数であり，そのときの $\sqrt{am}$ の値は $\boxed{クケコ} k$ である。

（数学I・数学A第5問は次ページに続く。）

(3) 次に, 自然数 k により $\boxed{クケコ}\,k$ と表される数で, 11 で割った余りが 1 となる最小の k を求める。 1 次不定方程式

$$\boxed{クケコ}\,k - 11\,\ell = 1$$

を解くと, $k > 0$ となる整数解 (k, ℓ) のうち k が最小のものは,

$$k = \boxed{サ}\,, \quad \ell = \boxed{シスセ} \quad \text{である。}$$

(4) $\sqrt{am}$ が 11 で割ると 1 余る自然数となるとき, そのような自然数 m のなかで最小のものは $\boxed{ソタチツ}$ である。

第4問～第6問は，いずれか2問を選択し，解答しなさい。

第6問　(選択問題)　(配点　20)

△ABC において，AB = AC = 5，BC = $\sqrt{5}$ とする。辺 AC 上に 点 D を AD = 3 となるようにとり，辺 BC の B の側の延長と△ABD の外接円との交点で B と異なるものを E とする。

CE・CB = $\boxed{アイ}$ であるから，BE = $\sqrt{\boxed{ウ}}$ である。

△ACE の重心を G とすると，AG = $\dfrac{\boxed{エオ}}{\boxed{カ}}$ である。

AB と DE の交点を P とすると

$$\frac{DP}{EP} = \frac{\boxed{キ}}{\boxed{ク}} \qquad\qquad\cdots\cdots\cdots\cdots\cdots\cdots ①$$

である。

(数学Ⅰ・数学A第6問は次ページに続く。)

△ABC と△EDC において，点 A，B，D，E は同一円周上にあるので

∠CAB＝∠CED で，∠C は共通であるから

$$DE = \boxed{ケ}\sqrt{\boxed{コ}} \qquad\qquad \cdots\cdots\cdots\cdots\cdots\cdots\cdots ②$$

である。

①，②から，$EP = \dfrac{\boxed{サ}\sqrt{\boxed{シ}}}{\boxed{ス}}$ である。

数学Ⅱ・数学B

問　題	選　択　方　法
第1問	必　　答
第2問	必　　答
第3問	いずれか2問を選択し，解答しなさい。
第4問	
第5問	

18

第1問 （必答問題）（配点 30）

〔1〕 O を原点とする座標平面上の 2 点 P$(2\cos\theta,\ 2\sin\theta)$，

Q$(2\cos\theta + \cos 7\theta,\ 2\sin\theta + \sin 7\theta)$ を考える。ただし，$\dfrac{\pi}{8} \leqq \theta \leqq \dfrac{\pi}{4}$

とする。

(1) OP = $\boxed{\ \ ア\ \ }$ ，PQ = $\boxed{\ \ イ\ \ }$ である。また

$\quad$ OQ^2 = $\boxed{\ \ ウ\ \ }$ + $\boxed{\ \ エ\ \ }$ $(\cos 7\theta \cos\theta + \sin 7\theta \sin\theta)$

$\qquad\quad$ = $\boxed{\ \ ウ\ \ }$ + $\boxed{\ \ エ\ \ }$ $\cos\left(\boxed{\ \ オ\ \ }\theta\right)$

である。

よって，$\dfrac{\pi}{8} \leqq \theta \leqq \dfrac{\pi}{4}$ の範囲で，OQ は $\theta = \dfrac{\pi}{\boxed{\ カ\ }}$ のとき最大値

$\sqrt{\boxed{\ \ キ\ \ }}$ をとる。

（数学Ⅱ・数学B第1問は次ページに続く。）

(2)　3点 O, P, Q が一直線上にあるような θ の値を求めよう。

直線 OP を表す方程式は　$\boxed{\textbf{ク}}$　である。　$\boxed{\textbf{ク}}$　に当てはまるものを，次の⓪〜③のうちから一つ選べ。

⓪　$(\cos\theta)x + (\sin\theta)y = 0$　　　①　$(\sin\theta)x + (\cos\theta)y = 0$

②　$(\cos\theta)x - (\sin\theta)y = 0$　　　③　$(\sin\theta)x - (\cos\theta)y = 0$

このことにより，$\dfrac{\pi}{8} \leqq \theta \leqq \dfrac{\pi}{4}$ の範囲で，3点 O, P, Q が一直線上にあるのは $\theta = \dfrac{\pi}{\boxed{\textbf{ケ}}}$ のときであることがわかる。

(3)　$\angle$OQP が直角となるのは OQ $= \sqrt{\boxed{\textbf{コ}}}$ のときである。したがって，$\dfrac{\pi}{8} \leqq \theta \leqq \dfrac{\pi}{4}$ の範囲で，$\angle$OQP が直角となるのは $\theta = \dfrac{\boxed{\textbf{サ}}}{\boxed{\textbf{シ}}}\pi$ のときである。

（数学Ⅱ・数学B第1問は次ページに続く。）

〔2〕 a, b を正の実数とする。連立方程式

$$(*) \begin{cases} x\sqrt{y^3} = a \\ \sqrt[3]{x}\, y = b \end{cases}$$

を満たす正の実数 x, y について考えよう。

(1) 連立方程式(*)を満たす正の実数 x, y は

$$x = a^{\boxed{ス}} b^{\boxed{セソ}}, \qquad y = a^p b^{\boxed{タ}}$$

となる。ただし

$$p = \dfrac{\boxed{チツ}}{\boxed{テ}}$$

である。

（数学Ⅱ・数学B第1問は次ページに続く。）

(2)　$b = 2\sqrt[3]{a^4}$ とする。a が $a > 0$ の範囲を動くとき，連立方程式(*)を満たす正の実数 x, y について，$x + y$ の最小値を求めよう。

　　　$b = 2\sqrt[3]{a^4}$ であるから，(*)を満たす正の実数 x, y は，a を用いて

$$x = 2^{\boxed{セソ}} a^{\boxed{トナ}}, \quad y = 2^{\boxed{タ}} a^{\boxed{ニ}}$$

と表される。したがって，相加平均と相乗平均の関係を利用すると，

$x + y$ は $a = 2^q$ のとき最小値 $\sqrt{\boxed{ヌ}}$ をとることがわかる。ただし

$$q = \dfrac{\boxed{ネノ}}{\boxed{ハ}}$$

である。

第2問 （必答問題）（配点 30）

(1) 関数 $f(x) = \dfrac{1}{2}x^2$ の $x = a$ における微分係数 $f'(a)$ を求めよう。h が 0 でないとき，x が a から $a+h$ まで変化するときの $f(x)$ の平均変化率は

$$\boxed{\text{ア}} + \frac{h}{\boxed{\text{イ}}}$$

である。したがって，求める微分係数は

$$f'(a) = \lim_{h \to \boxed{\text{ウ}}} \left(\boxed{\text{ア}} + \frac{h}{\boxed{\text{イ}}} \right) = \boxed{\text{エ}}$$

である。

(2) 放物線 $y = \dfrac{1}{2}x^2$ を C とし，C 上に点 $\mathrm{P}\left(a, \dfrac{1}{2}a^2\right)$ をとる。ただし，$a > 0$ とする。点 P における C の接線 ℓ の方程式は

$$y = \boxed{\text{オ}}\, x - \frac{1}{\boxed{\text{カ}}}a^2$$

である。直線 ℓ と x 軸との交点 Q の座標は $\left(\dfrac{\boxed{\text{キ}}}{\boxed{\text{ク}}},\ 0 \right)$ である。点 Q を通り ℓ に垂直な直線を m とすると，m の方程式は

$$y = \frac{\boxed{\text{ケコ}}}{\boxed{\text{サ}}}x + \frac{\boxed{\text{シ}}}{\boxed{\text{ス}}}$$

である。

（数学Ⅱ・数学B第2問は次ページに続く。）

直線 m と y 軸との交点を A とする。三角形 APQ の面積を S とおくと

$$S = \frac{a\left(a^2 + \boxed{セ}\right)}{\boxed{ソ}}$$

となる。また，y 軸と線分 AP および曲線 C によって囲まれた図形の面積を T とおくと

$$T = \frac{a\left(a^2 + \boxed{タ}\right)}{\boxed{チツ}}$$

となる。

$a > 0$ の範囲における $S - T$ の値について調べよう。

$$S - T = \frac{a\left(a^2 - \boxed{テ}\right)}{\boxed{トナ}}$$

である。$a > 0$ であるから，$S - T > 0$ となるような a のとり得る値の範囲は

$a > \sqrt{\boxed{ニ}}$ である。また，$a > 0$ のときの $S - T$ の増減を調べると，

$S - T$ は $a = \boxed{ヌ}$ で最小値 $\dfrac{\boxed{ネノ}}{\boxed{ハヒ}}$ をとることがわかる。

24

第3問～第5問は，いずれか2問を選択し，解答しなさい。

第3問　（選択問題）（配点　20）

自然数 n に対し，2^n の一の位の数を a_n とする。また，数列 $\{b_n\}$ は

$$b_1 = 1, \quad b_{n+1} = \frac{a_n b_n}{4} \quad (n = 1, \ 2, \ 3, \ \cdots) \cdots\cdots\cdots\cdots ①$$

を満たすとする。

(1) $a_1 = 2$，$a_2 = \boxed{\ ア\ }$，$a_3 = \boxed{\ イ\ }$，$a_4 = \boxed{\ ウ\ }$，$a_5 = \boxed{\ エ\ }$であ

る。このことから，すべての自然数 n に対して，$a_{\boxed{オ}} = a_n$ となることがわか

る。$\boxed{\ オ\ }$ に当てはまるものを，次の ⓪～④ のうちから一つ選べ。

⓪ $5n$ 　　① $4n+1$ 　　② $n+3$ 　　③ $n+4$ 　　④ $n+5$

(2) 数列 $\{b_n\}$ の一般項を求めよう。① を繰り返し用いることにより

$$b_{n+4} = \frac{a_{n+3}\, a_{n+2}\, a_{n+1}\, a_n}{2^{\boxed{カ}}} b_n \quad (n = 1, \ 2, \ 3, \ \cdots)$$

が成り立つことがわかる。ここで，$a_{n+3}\, a_{n+2}\, a_{n+1}\, a_n = 3 \cdot 2^{\boxed{キ}}$ であること

から，$b_{n+4} = \dfrac{\boxed{\ ク\ }}{\boxed{\ ケ\ }} b_n$ が成り立つ。このことから，自然数 k に対して

$$b_{4k-3} = \left(\frac{\boxed{\ コ\ }}{\boxed{\ サ\ }}\right)^{k-1}, \quad b_{4k-2} = \frac{\boxed{\ シ\ }}{\boxed{\ ス\ }}\left(\frac{\boxed{\ コ\ }}{\boxed{\ サ\ }}\right)^{k-1}$$

$$b_{4k-1} = \frac{\boxed{\ セ\ }}{\boxed{\ ソ\ }}\left(\frac{\boxed{\ コ\ }}{\boxed{\ サ\ }}\right)^{k-1}, \quad b_{4k} = \left(\frac{\boxed{\ コ\ }}{\boxed{\ サ\ }}\right)^{k-1}$$

である。

（数学Ⅱ・数学B第3問は次ページに続く。）

(3)　$S_n = \displaystyle\sum_{j=1}^{n} b_j$ とおく。自然数 m に対して

$$S_{4m} = \boxed{タ}\left(\cfrac{\boxed{コ}}{\boxed{サ}}\right)^m - \boxed{チ}$$

である。

(4)　積 $b_1 b_2 \cdots b_n$ を T_n とおく。自然数 k に対して

$$b_{4k-3}\, b_{4k-2}\, b_{4k-1}\, b_{4k} = \cfrac{1}{\boxed{ツ}}\left(\cfrac{\boxed{コ}}{\boxed{サ}}\right)^{\boxed{テ}(k-1)}$$

であることから，自然数 m に対して

$$T_{4m} = \cfrac{1}{\boxed{ツ}^{\,m}}\left(\cfrac{\boxed{コ}}{\boxed{サ}}\right)^{\boxed{ト}m^2 - \boxed{ナ}m}$$

である。また，T_{10} を計算すると，$T_{10} = \cfrac{3^{\boxed{ニ}}}{2^{\boxed{ヌネ}}}$ である。

第3問～第5問は，いずれか2問を選択し，解答しなさい。

第4問 （選択問題）（配点 20）

1辺の長さが1のひし形OABCにおいて，∠AOC = 120° とする。辺ABを2:1に内分する点をPとし，直線BC上に点Qを $\overrightarrow{OP} \perp \overrightarrow{OQ}$ となるようにとる。以下，$\overrightarrow{OA} = \vec{a}$，$\overrightarrow{OB} = \vec{b}$ とおく。

(1) 三角形OPQの面積を求めよう。$\overrightarrow{OP} = \dfrac{\boxed{ア}}{\boxed{イ}} \vec{a} + \dfrac{\boxed{ウ}}{\boxed{イ}} \vec{b}$ である。実数 t を用いて $\overrightarrow{OQ} = (1-t)\overrightarrow{OB} + t\overrightarrow{OC}$ と表されるので，$\overrightarrow{OQ} = \boxed{エ}\, t\vec{a} + \vec{b}$ である。ここで，$\vec{a} \cdot \vec{b} = \dfrac{\boxed{オ}}{\boxed{カ}}$，$\overrightarrow{OP} \cdot \overrightarrow{OQ} = \boxed{キ}$ であることから，

$t = \dfrac{\boxed{ク}}{\boxed{ケ}}$ である。

これらのことから，$|\overrightarrow{OP}| = \dfrac{\sqrt{\boxed{コ}}}{\boxed{サ}}$，$|\overrightarrow{OQ}| = \dfrac{\sqrt{\boxed{シス}}}{\boxed{セ}}$ である。

よって，三角形OPQの面積 S_1 は，$S_1 = \dfrac{\boxed{ソ}\sqrt{\boxed{タ}}}{\boxed{チツ}}$ である。

（数学Ⅱ・数学B第4問は次ページに続く。）

(2) 辺 BC を 1：3 に内分する点を R とし，直線 OR と直線 PQ との交点を T と
する。$\overrightarrow{OT}$ を $\vec{a}$ と $\vec{b}$ を用いて表し，三角形 OPQ と三角形 PRT の面積比を求め
よう。

T は直線 OR 上の点であり，直線 PQ 上の点でもあるので，実数 r，s を用
いて

$$\overrightarrow{OT} = r\overrightarrow{OR} = (1-s)\overrightarrow{OP} + s\overrightarrow{OQ}$$

と表すと，$r = \dfrac{\boxed{テ}}{\boxed{ト}}$，$s = \dfrac{\boxed{ナ}}{\boxed{ニ}}$ となることがわかる。よって，

$$\overrightarrow{OT} = \dfrac{\boxed{ヌネ}}{\boxed{ノハ}}\vec{a} + \dfrac{\boxed{ヒ}}{\boxed{フ}}\vec{b}\ である。$$

上で求めた r，s の値から，三角形 OPQ の面積 S_1 と，三角形 PRT の面積
S_2 との比は，$S_1 : S_2 = \boxed{ヘホ} : 2$ である。

第3問～第5問は，いずれか2問を選択し，解答しなさい。

第5問 （選択問題）（配点 20）

以下の問題を解答するにあたっては，必要に応じて31ページの正規分布表を用いてもよい。

また，小数の形で解答する場合，指定された桁数の一つ下の桁を四捨五入し，解答せよ。途中で割り切れた場合，指定された桁まで **⓪** にマークすること。

(1) 袋の中に白球が4個，赤球が3個入っている。この袋の中から同時に3個の球を取り出すとき，白球の個数を W とする。確率変数 W について

$$P(W=0) = \dfrac{\boxed{\text{ア}}}{\boxed{\text{イウ}}}, \quad P(W=1) = \dfrac{\boxed{\text{エオ}}}{\boxed{\text{イウ}}}$$

$$P(W=2) = \dfrac{\boxed{\text{カキ}}}{\boxed{\text{イウ}}}, \quad P(W=3) = \dfrac{\boxed{\text{ク}}}{\boxed{\text{イウ}}}$$

であり，期待値（平均）は $\dfrac{\boxed{\text{ケコ}}}{\boxed{\text{サ}}}$，分散は $\dfrac{\boxed{\text{シス}}}{\boxed{\text{セソ}}}$ である。

（数学II・数学B第5問は次ページに続く。）

⑵　確率変数 Z が標準正規分布に従うとき

$$P\left(-\boxed{\text{タ}} \leqq Z \leqq \boxed{\text{タ}}\right) = 0.99$$

が成り立つ。$\boxed{\text{タ}}$ に当てはまる最も適切なものを，次の ⓪～③ のうちから

一つ選べ。

⓪　1.64　　　①　1.96　　　②　2.33　　　③　2.58

（数学Ⅱ・数学B第5問は次ページに続く。）

(3) 母標準偏差 σ の母集団から，大きさ n の無作為標本を抽出する。ただし，n は十分に大きいとする。この標本から得られる母平均 m の信頼度（信頼係数）95 % の信頼区間を $A \leqq m \leqq B$ とし，この信頼区間の幅 L_1 を $L_1 = B - A$ で定める。

この標本から得られる信頼度 99 % の信頼区間を $C \leqq m \leqq D$ とし，この信頼区間の幅 L_2 を $L_2 = D - C$ で定めると

$$\frac{L_2}{L_1} = \boxed{\text{チ}} . \boxed{\text{ツ}}$$

が成り立つ。また，同じ母集団から，大きさ $4n$ の無作為標本を抽出して得られる母平均 m の信頼度 95 % の信頼区間を $E \leqq m \leqq F$ とし，この信頼区間の幅 L_3 を $L_3 = F - E$ で定める。このとき

$$\frac{L_3}{L_1} = \boxed{\text{テ}} . \boxed{\text{ト}}$$

が成り立つ。

（数学 II・数学 B 第 5 問は次ページに続く。）

正 規 分 布 表

　次の表は，標準正規分布の分布曲線における右図の灰色部分の面積の値をまとめたものである。

z_0	0.00	0.01	0.02	0.03	0.04	0.05	0.06	0.07	0.08	0.09
0.0	0.0000	0.0040	0.0080	0.0120	0.0160	0.0199	0.0239	0.0279	0.0319	0.0359
0.1	0.0398	0.0438	0.0478	0.0517	0.0557	0.0596	0.0636	0.0675	0.0714	0.0753
0.2	0.0793	0.0832	0.0871	0.0910	0.0948	0.0987	0.1026	0.1064	0.1103	0.1141
0.3	0.1179	0.1217	0.1255	0.1293	0.1331	0.1368	0.1406	0.1443	0.1480	0.1517
0.4	0.1554	0.1591	0.1628	0.1664	0.1700	0.1736	0.1772	0.1808	0.1844	0.1879
0.5	0.1915	0.1950	0.1985	0.2019	0.2054	0.2088	0.2123	0.2157	0.2190	0.2224
0.6	0.2257	0.2291	0.2324	0.2357	0.2389	0.2422	0.2454	0.2486	0.2517	0.2549
0.7	0.2580	0.2611	0.2642	0.2673	0.2704	0.2734	0.2764	0.2794	0.2823	0.2852
0.8	0.2881	0.2910	0.2939	0.2967	0.2995	0.3023	0.3051	0.3078	0.3106	0.3133
0.9	0.3159	0.3186	0.3212	0.3238	0.3264	0.3289	0.3315	0.3340	0.3365	0.3389
1.0	0.3413	0.3438	0.3461	0.3485	0.3508	0.3531	0.3554	0.3577	0.3599	0.3621
1.1	0.3643	0.3665	0.3686	0.3708	0.3729	0.3749	0.3770	0.3790	0.3810	0.3830
1.2	0.3849	0.3869	0.3888	0.3907	0.3925	0.3944	0.3962	0.3980	0.3997	0.4015
1.3	0.4032	0.4049	0.4066	0.4082	0.4099	0.4115	0.4131	0.4147	0.4162	0.4177
1.4	0.4192	0.4207	0.4222	0.4236	0.4251	0.4265	0.4279	0.4292	0.4306	0.4319
1.5	0.4332	0.4345	0.4357	0.4370	0.4382	0.4394	0.4406	0.4418	0.4429	0.4441
1.6	0.4452	0.4463	0.4474	0.4484	0.4495	0.4505	0.4515	0.4525	0.4535	0.4545
1.7	0.4554	0.4564	0.4573	0.4582	0.4591	0.4599	0.4608	0.4616	0.4625	0.4633
1.8	0.4641	0.4649	0.4656	0.4664	0.4671	0.4678	0.4686	0.4693	0.4699	0.4706
1.9	0.4713	0.4719	0.4726	0.4732	0.4738	0.4744	0.4750	0.4756	0.4761	0.4767
2.0	0.4772	0.4778	0.4783	0.4788	0.4793	0.4798	0.4803	0.4808	0.4812	0.4817
2.1	0.4821	0.4826	0.4830	0.4834	0.4838	0.4842	0.4846	0.4850	0.4854	0.4857
2.2	0.4861	0.4864	0.4868	0.4871	0.4875	0.4878	0.4881	0.4884	0.4887	0.4890
2.3	0.4893	0.4896	0.4898	0.4901	0.4904	0.4906	0.4909	0.4911	0.4913	0.4916
2.4	0.4918	0.4920	0.4922	0.4925	0.4927	0.4929	0.4931	0.4932	0.4934	0.4936
2.5	0.4938	0.4940	0.4941	0.4943	0.4945	0.4946	0.4948	0.4949	0.4951	0.4952
2.6	0.4953	0.4955	0.4956	0.4957	0.4959	0.4960	0.4961	0.4962	0.4963	0.4964
2.7	0.4965	0.4966	0.4967	0.4968	0.4969	0.4970	0.4971	0.4972	0.4973	0.4974
2.8	0.4974	0.4975	0.4976	0.4977	0.4977	0.4978	0.4979	0.4979	0.4980	0.4981
2.9	0.4981	0.4982	0.4982	0.4983	0.4984	0.4984	0.4985	0.4985	0.4986	0.4986
3.0	0.4987	0.4987	0.4987	0.4988	0.4988	0.4989	0.4989	0.4989	0.4990	0.4990

MEMO

MEMO

MEMO

2025大学入学共通テスト過去問レビュー
――どこよりも詳しく丁寧な解説――

書名		区分	掲載年度											数学Ⅰ・Ⅱ,地歴A				掲載回数
			24	23	22	21①	21②	20	19	18	17	16	15	24	23	22	21①	
英語		本試	●	●	●	●	●	●	●	●	●	●	●	リスニング	リスニング	リスニング	リスニング	10年19回
		追試		●	●										リスニング	リスニング		
数学Ⅰ,A Ⅱ,B,C	Ⅰ,A	本試	●	●	●	●	●	●	●	●	●	●	●	●	●	●	●	10年32回
		追試		●	●										●	●		
	Ⅱ,B,C	本試	●	●	●	●	●	●	●	●	●	●	●	●	●	●	●	
		追試		●	●										●	●		
国語		本試	●	●	●	●	●	●	●	●	●	●	●					10年13回
		追試		●	●													
物理基礎・物理	物理基礎	本試	●	●	●	●	●	●	●									10年22回
		追試		●	●													
	物理	本試	●	●	●	●	●	●	●									
		追試		●	●													
化学基礎・化学	化学基礎	本試	●	●	●	●	●	●	●									10年22回
		追試		●	●													
	化学	本試	●	●	●	●	●	●	●									
		追試		●	●													
生物基礎・生物	生物基礎	本試	●	●	●	●	●	●	●									10年22回
		追試		●	●													
	生物	本試	●	●	●	●	●	●	●									
		追試		●	●													
地学基礎・地学	地学基礎	本試	●	●	●	●	●	●										9年20回
		追試		●	●													
	地学	本試	●	●	●	●	●	●										
		追試		●	●													
地理総合,地理探究		本試	●	●	●	●	●	●	●	●	●	●	●	●	●	●	●	10年15回
		追試		●	●													
歴史総合,日本史探究		本試	●	●	●	●	●	●	●	●	●	●	●					10年15回
		追試		●	●													
歴史総合,世界史探究		本試	●	●	●	●	●	●	●	●	●	●	●					10年15回
		追試		●	●													
公共,倫理	現代社会	本試	●	●	●													6年14回
		追試																
	倫理	本試	●	●	●	●	●	●										
		追試																
公共,政治・経済	現代社会	本試	●	●	●													6年14回
		追試																
	政治・経済	本試	●	●	●	●	●	●										
		追試																

・[英語（リスニング）] の音声は、ダウンロードおよび配信でご利用いただけます。